2024

산업안전 기사 필기

— 기사/기능사 단기합격 —

기사단

산업안전
기사 필기

— 기사/기능사 단기합격 —

기사단

머리말

2022년 1월 27일 중대재해처벌법이 시행되었다. 그간 산업현장에서 중시되던 산업안전보건 등은 더 중대한 사회적 issue로 자리매김하고 있다. 사업장의 안전보건경영체계 구축 및 운영, 위험성 평가, 안전보건 교육 등 업무영역 또한 확장되고 있는 현실이다.
특히 국가기관, 공공기관, 대기업 등 전 산업분야에 안전담당 업무가 강화됨으로써 안전 전문가는 지속적으로 수요가 늘어갈 전망이다.

본 수험서는 산업안전기사 필기시험을 위한 이론과 기출문제의 풀이를 위한 해설을 제시하였다.
2023년도 산업안전분야 현황에서 산업안전기사 필기 응시 79,740명, 합격 40,751명, 실기 응시 39,933명, 합격 21,172명으로 평균 52%의 합격률을 보이고 있다. 최근의 산업안전기사의 많은 수요로 인해 난이도 조절 등을 통해 합격률이 과거보다 높아졌지만, 과거의 현황을 보면 만만치 않은 시험 중 하나이다.

본 수험서는 산업재해 예방 및 안전보건교육, 인간공학 및 위험성 평가・관리, 기계・기구 및 설비 안전관리, 전기설비 안전관리, 화학설비 안전관리, 건설공사 안전관리의 이론과 최근 5개년 기출문제 풀이로 구성하였다.

본 수험서는 수험생들이 이해하기 쉽게 구성하였으며, 2024년 개정된 출제기준에 맞추고 개정 법률 등을 전체적으로 반영하여 이론을 구성하였다. 수험생들이 보다 쉽고 빠르게 산업안전기사 자격시험에 합격한다는 목표로 집필하였다.

기사 자격시험 합격의 핵심은 기 출제된 문제를 통한 빠른 이해와 다양한 과목을 이해하고 암기하는 것이다.
이런 모든 것을 쉽게 하기 위해서는 시험공부의 기본 계획을 세워 기출문제 풀이 5회독 이상을 권한다.
이 책이 수험생들에게 많은 도움이 되길 바라며, 합격이라는 좋은 결과가 있기를 기원한다.

공편저자 김세연, 김창일, 유재운, 김도은

1

개요

생산관리에서 안전을 제외하고는 생산성 향상이 불가능하다는 인식 속에서 산업현장의 근로자를 보호하고 근로자들이 안심하고 생산성 향상에 주력할 수 있는 작업환경을 만들기 위하여 전문적인 지식을 가진 기술 인력을 양성하고자 산업안전기사 자격제도를 제정하였다.

2

수행직무

제조 및 서비스업 등 각 산업현장에 배속되어 산업재해 예방계획의 수립에 관한 사항을 수행하며, 작업환경의 점검 및 개선에 관한 사항, 유해 및 위험방지에 관한 사항, 사고사례 분석 및 개선에 관한 사항, 근로자의 안전교육 및 훈련에 관한 업무 등을 수행한다.

3

진로 및 전망

기계, 금속, 전기, 화학, 목재 등 모든 제조업체, 안전관리 대행업체, 산업안전관리 정부기관, 한국산업안전공단 등에 진출할 수 있다. 선진국의 척도는 안전수준으로 우리나라의 경우 재해율이 아직 후진국 수준에 머물러 있어 이에 대한 계속적 투자의 사회적 인식이 높아지고, 안전인증 대상을 확대하여 프레스, 용접기 등 기계·기구에서 이러한 기계·기구의 각종 방호장치까지 안전인증을 취득하도록 산업안전보건법 시행규칙의 개정에 따른 고용창출 효과가 기대되고 있다. 또한 경제회복국면과 안전보건조직 축소가 맞물림에 따라 산업 재해의 증가가 우려되고 있다. 정부는 적극적인 재해 예방정책 등으로 이 자격증 취득자에 대한 인력수요는 증가할 것이다.

시험일정 및 취득방법

① 취득방법

① 시행처 : 한국산업인력공단

② 관련학과 : 대학 및 전문대학의 안전공학, 산업안전공학, 보건안전학 관련학과

③ 시험과목

- 필기
  1. 산업재해 예방 및 안전보건교육
  2. 인간공학 및 위험성 평가 · 관리
  3. 기계 · 기구 및 설비 안전관리
  4. 전기설비 안전관리
  5. 화학설비 안전관리
  6. 건설공사 안전관리
- 실기 : 산업안전관리 실무

④ 검정방법

- 필기 : 객관식 4지 택일형, 과목당 20문항(과목당 30분), 총 120문항 출제
- 실기 : 복합형[필답형(1시간 30분, 55점) + 작업형(1시간 정도, 45점)]

⑤ 합격기준

- 필기 : 100점을 만점으로 하여 과목당 40점 이상, 전과목 평균 60점 이상
- 실기 : 100점을 만점으로 하여 60점 이상

② 응시방법

① 시험 일정은 종목별, 지역별로 상이할 수 있음

– 접수 일정 전에 공지되는 해당 회별 수험자 안내(Q-net 공지사항 게시) 참조 필수

② 원수접수시간은 원서접수 첫날 10:00부터 마지막 날 18:00까지임

③ 필기시험 합격예정자 및 최종합격자 발표시간은 해당 발표일 09:00임

④ 수수료

- 필기 : 19,400원
- 실기 : 34,600원

이 책의 구성 및 특징

2024 신 출제기준에 맞춘 핵심이론

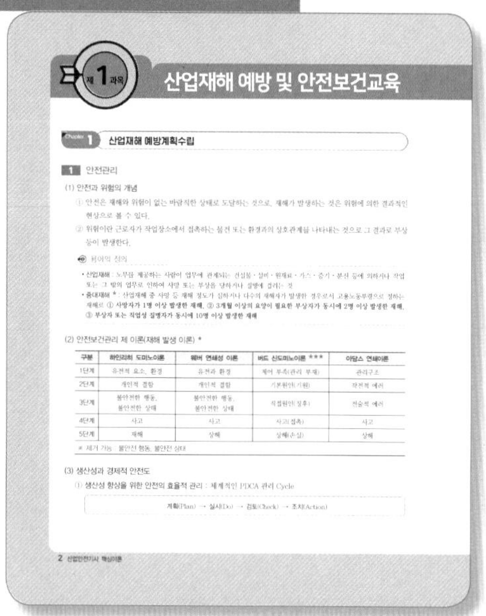

제 1 과목 산업재해 예방 및 안전보건교육

Chapter 1 산업재해 예방계획수립

1 안전관리

(1) 안전과 위험의 개념

① 안전은 재해와 위험이 없는 바람직한 상태로 도달하는 것으로, 재해가 발생하는 것은 위험에 의한 결과적인 현상으로 볼 수 있다.

② 위험이란 근로자가 작업장소에서 접촉하는 물건 또는 환경과의 상호관계를 나타내는 것으로 그 결과로 부상 등이 발생한다.

용어의 정의

- 산업재해 : 노무를 제공하는 사람이 업무에 관계되는 건설물 · 설비 · 원재료 · 가스 · 증기 · 분진 등에 의하거나 작업 또는 그 밖의 업무로 인하여 사망 또는 부상을 당하거나 질병에 걸리는 것
- 중대재해 * : 산업재해 중 사망 등 재해 정도가 심하거나 다수의 재해자가 발생한 경우로서 고용노동부령으로 정하는 재해로 ① 사망자가 1명 이상 발생한 재해, ② 3개월 이상의 요양이 필요한 부상자가 동시에 2명 이상 발생한 재해, ③ 부상자 또는 직업성 질병자가 동시에 10명 이상 발생한 재해

(2) 안전보건관리 제 이론(재해 발생 이론) *

구분	하인리히 도미노이론	웨버 연쇄성 이론	버드 신도미노이론 ***	아담스 연쇄이론
1단계	유전적 요소, 환경	유전과 환경	제어 부족(관리 부재)	관리구조
2단계	개인적 결함	개인적 결함	기본원인(기원)	작전적 에러
3단계	불안전한 행동, 불안전한 상태	불안전한 행동, 불안전한 상태	직접원인(징후)	전술적 에러
4단계	사고	사고	사고(접촉)	사고
5단계	재해	상해	상해(손실)	상해

※ 제거 가능 : 불안전 행동, 불안전 상태

(3) 생산성과 경제적 안전도

① 생산성 향상을 위한 안전의 효율적 관리 : 체계적인 PDCA 관리 Cycle

계획(Plan) → 실시(Do) → 검토(Check) → 조치(Action)

2 산업안전기사 핵심이론

2024년 새로운 출제기준에 맞춰 핵심개념을 정리하였습니다.

효율적인 이론 구성

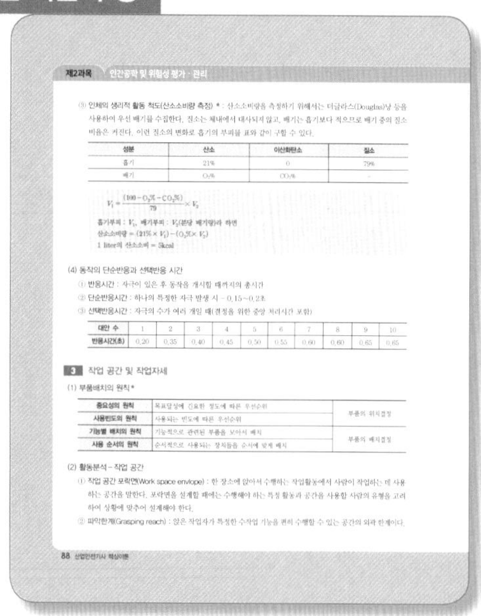

제2과목 인간공학 및 위험성 평가 · 관리

③ 인체의 생리적 활동 척도(산소소비량 측정) * : 산소소비량을 측정하기 위해서는 더글라스(Douglas)낭 등을 사용하여 우선 배기를 수집한다. 질소는 체내에서 대사되지 않고, 배기는 흡기보다 적으므로 배기 중의 질소 비율은 커진다. 이런 질소의 변화로 흡기의 부피를 표와 같이 구할 수 있다.

성분	산소	이산화탄소	질소
흡기	21%	0	79%
배기	O_2%	CO_2%	-

$$V_1 = \frac{(100 - O_2\% - CO_2\%)}{79} \times V_2$$

흡기부피 : V_1, 배기부피 : V_2(분당 배기량)라 하면

산소소비량 = $(21\% \times V_1) - (O_2\% \times V_2)$

1 liter의 산소소비 = 5kcal

(4) 동작의 단순반응과 선택반응 시간

① 반응시간 : 자극이 있은 후 동작을 개시할 때까지의 총시간

② 단순반응시간 : 하나의 특정한 자극 발생 시 – 0.15~0.2초

③ 선택반응시간 : 자극의 수가 여러 개일 때(결정을 위한 중앙 처리시간 포함)

대안 수	1	2	3	4	5	6	7	8	9	10
반응시간(초)	0.20	0.35	0.40	0.45	0.50	0.55	0.60	0.60	0.65	0.65

3 작업 공간 및 작업자세

(1) 부품배치의 원칙 *

중요성의 원칙	목표달성에 긴요한 정도에 따른 우선순위	부품의 위치결정
사용빈도의 원칙	사용되는 빈도에 따른 우선순위	
기능별 배치의 원칙	기능적으로 관련된 부품을 모아서 배치	부품의 배치결정
사용 순서의 원칙	순서적으로 사용되는 장치들을 순서에 맞게 배치	

(2) 활동분석 – 작업 공간

① 작업 공간 포락면(Work space envlope) : 한 장소에 앉아서 수행하는 작업활동에서 사람이 작업하는 데 사용하는 공간을 말한다. 포락면을 설계할 때에는 수행해야 하는 특정 활동과 공간을 사용할 사람의 유형을 고려하여 상황에 맞추어 설계해야 한다.

② 파악한계(Grasping reach) : 앉은 작업자가 특정한 수작업 기능을 편히 수행할 수 있는 공간의 외곽 한계이다.

88 산업안전기사 핵심이론

도표와 수식 등을 충분히 활용하여, 한눈에 들어올 수 있도록 이론을 효과적으로 요약하였습니다.

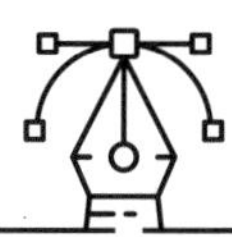

최근 빈출개념 표시

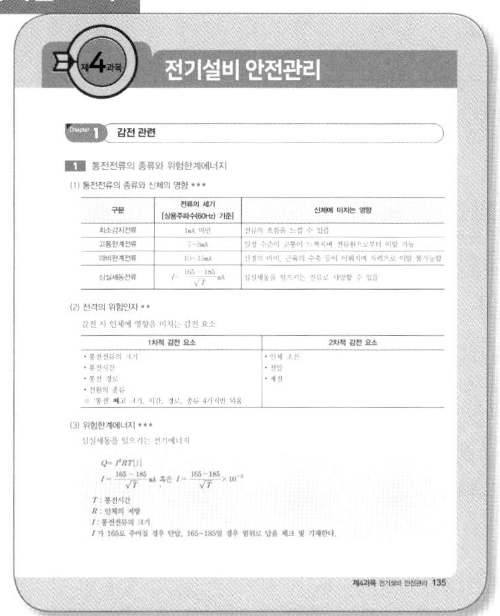

제4과목 전기설비 안전관리

Chapter 1 감전 관련

1 통전전류의 종류와 위험한계에너지

(1) 통전전류의 종류와 신체의 영향 ★★★

구분	전류의 세기 [상용주파수(60Hz) 기준]	신체에 미치는 영향
최소감지전류	1mA 미만	전류의 흐름을 느낄 수 있음
고통한계전류	7~8mA	일정 수준의 고통이 느껴지며 전류원으로부터 이탈 가능
마비한계전류	10~15mA	신경의 마비, 근육의 수축 등이 이뤄지며 자력으로 이탈 불가능함
심실세동전류	$I=\frac{165-185}{\sqrt{T}}$mA	심실세동을 일으키는 전류로 사망할 수 있음

(2) 전격의 위험인자 ★★

감전 시 인체에 영향을 미치는 감전 요소

1차적 감전 요소	2차적 감전 요소
• 통전전류의 크기 • 통전시간 • 통전 경로 • 전원의 종류 ※ '통전' 빼고 크기, 시간, 경로, 종류 4가지만 외움	• 인체 조건 • 전압 • 계절

(3) 위험한계에너지 ★★★

심실세동을 일으키는 전기에너지

$$Q=I^2RT[J]$$

$$I=\frac{165\sim185}{\sqrt{T}}\text{mA} \text{ 혹은 } I=\frac{165\sim185}{\sqrt{T}}\times10^{-3}$$

T : 통전시간
R : 인체의 저항
I : 통전전류의 크기
I가 165로 주어질 경우 단답, 165~185일 경우 범위로 답을 체크 및 기재한다.

제4과목 전기설비 안전관리 135

최근 기출문제에 출제된 개념은 ★표시를 하여 중요성을 강조하였습니다.

기출복원문제 수록

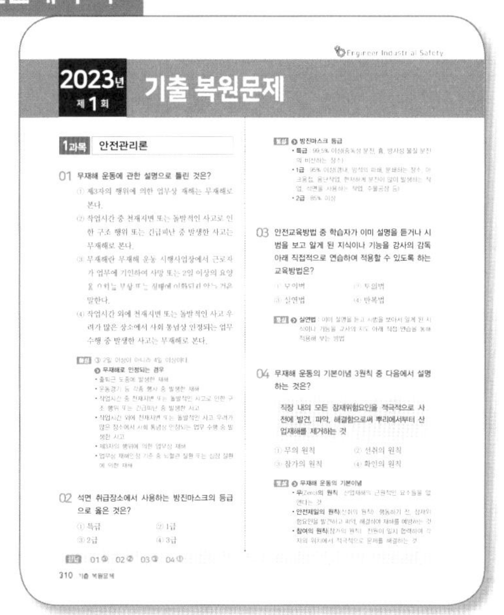

Engineer Industrial Safety

2023년 제 1 회 기출 복원문제

1과목 안전관리론

01 무재해 운동에 관한 설명으로 틀린 것은?

① 제3자의 행위에 의한 업무상 재해는 무재해로 본다.
② 작업시간 중 천재지변 또는 돌발적인 사고로 인한 구조 행위 또는 긴급피난 중 발생한 사고는 무재해로 본다.
③ 무재해란 무재해 운동 시행사업장에서 근로자가 업무에 기인하여 사망 또는 2일 이상의 요양을 요하는 부상 또는 질병에 이환되지 않는 것을 말한다.
④ 작업시간 외에 천재지변 또는 돌발적인 사고 우려가 많은 장소에서 사회 통념상 인정되는 업무수행 중 발생한 사고는 무재해로 본다.

해설 ③ 2일 이상이 아니라 4일 이상이다.
무재해로 인정되는 경우
• 출퇴근 도중에 발생한 재해
• 운동경기 등 각종 행사 중 발생한 재해
• 작업시간 중 천재지변 또는 돌발적인 사고로 인한 구조 행위 또는 긴급피난 중 발생한 사고
• 작업시간 외에 천재지변 또는 돌발적인 사고 우려가 많은 장소에서 사회 통념상 인정되는 업무 수행 중 발생한 사고
• 제3자의 행위에 의한 업무상 재해
• 업무상 재해인정 기준 중 뇌혈관 질환 또는 심장 질환에 의한 재해

02 석면 취급장소에서 사용하는 방진마스크의 등급으로 옳은 것은?

① 특급 ② 1급
③ 2급 ④ 3급

해설 방진마스크 등급
• 특급 : 99.5% 이상(독성 분진, 석면, 방사성 물질 분진의 비산하는 장소)
• 1급 : 95% 이상(갱내, 광석의 파쇄, 분쇄하는 장소, 아크용접, 용단작업, 현저하게 분진이 많이 발생하는 작업, 석면을 사용하는 작업, 주물공장 등)
• 2급 : 85% 이상

03 안전교육방법 중 학습자가 이미 설명을 듣거나 시범을 보고 알게 된 지식이나 기능을 강사의 감독 아래 직접적으로 연습하여 적용할 수 있도록 하는 교육방법은?

① 모의법 ② 토의법
③ 실연법 ④ 반복법

해설 실연법 : 이미 설명을 듣고 시범을 보아서 알게 된 지식이나 기능을 교사의 지도 아래 직접 연습을 통해 적용해 보는 방법

04 무재해 운동의 기본이념 3원칙 중 다음에서 설명하는 것은?

> 직장 내의 모든 잠재위험요인을 적극적으로 사전에 발견, 파악, 해결함으로써 뿌리에서부터 산업재해를 제거하는 것

① 무의 원칙 ② 선취의 원칙
③ 참가의 원칙 ④ 확인의 원칙

해설 무재해 운동의 기본이념
• 무(Zero)의 원칙 : 산업재해의 근원적인 요소들을 없앤다는 것
• 안전제일의 원칙(선취의 원칙) : 행동하기 전, 잠재위험요인을 발견하고 파악, 해결하여 재해를 예방하는 것
• 참여의 원칙(참가의 원칙) : 전원이 일치 협력하여 각자의 위치에서 적극적으로 문제를 해결하는 것

정답 01 ③ 02 ② 03 ③ 04 ①

310 기출 복원문제

최근 5년간 기출문제를 복원하여 해설과 함께 수록하였습니다.

산업안전기사 출제기준 (2024.1.1~2026.12.31)

I. 산업재해 예방 및 안전보건교육

주요항목	세부항목	
1. 산업재해예방 계획수립	1. 안전관리	2. 안전보건관리 체제 및 운용
2. 안전보호구 관리	1. 보호구 및 안전장구 관리	
3. 산업안전심리	1. 산업심리와 심리검사 3. 인간의 특성과 안전과의 관계	2. 직업적성과 배치
4. 인간의 행동과학	1. 조직과 인간행동 3. 집단관리와 리더십	2. 재해 빈발성 및 행동과학 4. 생체리듬과 피로
5. 안전보건교육의 내용 및 방법	1. 교육의 필요성과 목적 3. 교육실시 방법 5. 교육내용	2. 교육방법 4. 안전보건교육계획 수립 및 실시
6. 산업안전관계법규	1. 산업안전보건법령	

II. 인간공학 및 위험성 평가 · 관리

주요항목	세부항목	
1. 안전과 인간공학	1. 인간공학의 정의 3. 체계설계와 인간요소	2. 인간-기계체계 4. 인간요소와 휴먼에러
2. 위험성 파악 · 결정	1. 위험성 평가	2. 시스템 위험성 추정 및 결정
3. 위험성 감소 대책 수립 · 실행	1. 위험성 감소대책 수립 및 실행	
4. 근골격계질환 예방관리	1. 근골격계 유해요인 3. 근골격계 유해요인 관리	2. 인간공학적 유해요인 평가
5. 유해요인 관리	1. 물리적 유해요인 관리 3. 생물학적 유해요인 관리	2. 화학적 유해요인 관리
6. 작업환경 관리	1. 인체계측 및 체계제어 3. 작업 공간 및 작업자세 5. 작업환경과 인간공학	2. 신체활동의 생리학적 측정법 4. 작업측정 6. 중량물 취급 작업

III. 기계 · 기구 및 설비 안전관리

주요항목	세부항목	
1. 기계공정의 안전	1. 기계공정의 특수성 분석	2. 기계의 위험 안전조건 분석
2. 기계분야 산업재해 조사 및 관리	1. 재해조사 3. 안전점검 · 검사 · 인증 및 진단	2. 산재분류 및 통계 분석
3. 기계설비 위험요인 분석	1. 공작기계의 안전 3. 기타 산업용 기계 기구	2. 프레스 및 전단기의 안전 4. 운반기계 및 양중기
4. 기계안전시설 관리	1. 안전시설 관리 계획하기 3. 안전시설 유지 · 관리하기	2. 안전시설 설치하기
5. 설비진단 및 검사	1. 비파괴검사의 종류 및 특징	2. 소음 · 진동 방지 기술

IV. 전기설비 안전관리

주요항목	세부항목
1. 전기안전관리 업무수행	1. 전기안전관리
2. 감전재해 및 방지대책	1. 감전재해 예방 및 조치 2. 감전재해의 요인 3. 절연용 안전장구
3. 정전기 상 · 재해 관리	1. 정전기 위험요소 파악 2. 정전기 위험요소 제거
4. 전기 방폭 관리	1. 전기방폭설비 2. 전기방폭 사고예방 및 대응
5. 전기설비 위험요인 관리	1. 전기설비 위험요인 파악 2. 전기설비 위험요인 점검 및 개선

V. 화학설비 안전관리

주요항목	세부항목
1. 화재·폭발 검토	1. 화재·폭발 이론 및 발생 이해 2. 소화 원리 이해 3. 폭발방지대책 수립
2. 화학물질 안전관리 실행	1. 화학물질(위험물, 유해화학물질) 확인 2. 화학물질(위험물, 유해화학물질) 유해 위험성 확인 3. 화학물질 취급설비 개념 확인
3. 화공안전 비상조치 계획·대응	1. 비상조치계획 및 평가
4. 화공 안전운전·점검	1. 공정안전 기술 2. 안전 점검 계획 수립 3. 공정안전보고서 작성심사·확인

VI. 건설공사 안전관리

주요항목	세부항목	
1. 건설공사 특성분석	1. 건설공사 특수성 분석 2. 안전관리 고려사항 확인	
2. 건설공사 위험성	1. 건설공사 유해·위험요인 파악 2. 건설공사 위험성 추정·결정	
3. 건설업 산업안전보건 관리비 관리	1. 건설업 산업안전보건관리비 규정	
4. 건설현장 안전시설 관리	1. 안전시설 설치 및 관리	2. 건설공구 및 장비 안전수칙
5. 비계·거푸집 가시설 위험방지	1. 건설 가시설물 설치 및 관리	
6. 공사 및 작업 종류별 안전	1. 양중 및 해체 공사 3. 운반 및 하역작업	2. 콘크리트 및 PC 공사

목차

산업안전기사
핵심이론

제1과목 산업재해 예방 및 안전보건교육

제2과목 인간공학 및 위험성 평가 · 관리

제3과목 기계 · 기구 및 설비 안전관리

제4과목 전기설비 안전관리

목차

제5과목 화학설비 안전관리

제6과목 건설공사 안전관리

산업안전기사
기출 복원문제

기출 복원문제

Engineer Industrial Safety

산업안전기사
핵심이론

제1과목 산업재해 예방 및 안전보건교육
제2과목 인간공학 및 위험성 평가 · 관리
제3과목 기계 · 기구 및 설비 안전관리
제4과목 전기설비 안전관리
제5과목 화학설비 안전관리
제6과목 건설공사 안전관리

산업재해 예방 및 안전보건교육

Chapter 1 산업재해 예방계획수립

1 안전관리

(1) 안전과 위험의 개념

① 안전은 재해와 위험이 없는 바람직한 상태로 도달하는 것으로, 재해가 발생하는 것은 위험에 의한 결과적인 현상으로 볼 수 있다.

② 위험이란 근로자가 작업장소에서 접촉하는 물건 또는 환경과의 상호관계를 나타내는 것으로 그 결과로 부상 등이 발생한다.

용어의 정의

- 산업재해 : 노무를 제공하는 사람이 업무에 관계되는 건설물・설비・원재료・가스・증기・분진 등에 의하거나 작업 또는 그 밖의 업무로 인하여 사망 또는 부상을 당하거나 질병에 걸리는 것
- 중대재해 ★ : 산업재해 중 사망 등 재해 정도가 심하거나 다수의 재해자가 발생한 경우로서 고용노동부령으로 정하는 재해로 ① **사망자가 1명 이상 발생한 재해**, ② **3개월 이상의 요양이 필요한 부상자가 동시에 2명 이상 발생한 재해**, ③ **부상자 또는 직업성 질병자가 동시에 10명 이상 발생한 재해**

(2) 안전보건관리 제 이론(재해 발생 이론) ★

구분	하인리히 도미노이론	웨버 연쇄성 이론	버드 신도미노이론 ★★★	아담스 연쇄이론
1단계	유전적 요소, 환경	유전과 환경	제어 부족(관리 부재)	관리구조
2단계	개인적 결함	개인적 결함	기본원인(기원)	작전적 에러
3단계	불안전한 행동, 불안전한 상태	불안전한 행동, 불안전한 상태	직접원인(징후)	전술적 에러
4단계	사고	사고	사고(접촉)	사고
5단계	재해	상해	상해(손실)	상해

※ 제거 가능 : 불안전 행동, 불안전 상태

(3) 생산성과 경제적 안전도

① 생산성 향상을 위한 안전의 효율적 관리 : 체계적인 PDCA 관리 Cycle

계획(Plan) → 실시(Do) → 검토(Check) → 조치(Action)

② 제조물 책임법

㉠ 결함

ⓐ **제조상 결함** : 원래 의도한 설계와 다르게 제조되어 안전하지 못한 경우

ⓑ **설계상 결함** : 설계단계에서의 결함으로 인해 제조물이 안전하지 못한 경우

ⓒ **표시상 결함** : 잘못된 표시 등으로 안전하지 못한 경우

㉡ 소멸시효

ⓐ 손해배상 책임이 있는 제조업자를 안 날로부터 3년(단기 소멸시효)

ⓑ 제조업자가 제조물을 공급한 날로부터 10년

(4) 재해예방활동기법

① 재해의 예방

㉠ 재해예방의 4원칙 ★★★

ⓐ **예방 가능의 원칙** : 천재지변을 제외한 모든 인재는 예방이 가능하다.

ⓑ **손실 우연의 원칙** : 사고의 결과 손실의 유무 또는 대소는 사고 당시의 조건에 따라서 우연적으로 발생한다.

ⓒ **원인 연계의 원칙** : 사고에는 반드시 원인이 있으며, 원인은 대부분 복합적 연계 원인이다.

ⓓ **대책 선정의 원칙** : 사고의 원인이나 불안전 요소가 발견되면 반드시 대책은 선정 실시되어야 하며, 대책 선정이 가능하다. 대책에는 재해 방지의 세 기둥이라 할 수 있는 3E, 즉 기술적 대책, 교육적 대책, 규제적 대책을 들 수 있다.

㉡ 하인리히의 사고예방대책의 기본원리 5단계 ★★

ⓐ **제1단계** : 안전관리조직

경영자는 안전 목표를 설정하고 먼저 안전관리조직을 구성하여 안전활동 방침 및 계획을 수립하고자 전문적 기술을 가진 조직을 통한 안전활동을 전개함으로써 전 종업원의 참여하에 집단의 목표를 달성하도록 하여야 한다.

ⓑ **제2단계** : 사실의 발견(현상파악)

- 사고 및 활동 기록의 검토
- 작업분석
- 점검 및 검사
- 사고 조사
- 각종 안전회의 및 토의
- 근로자의 제안 및 여론조사

- 관찰 및 보고의 연구 등을 통하여 불안전 요소를 발견

ⓒ 제3단계 : 분석평가(발견된 사실 및 불안전한 요소)

- 사고 보고서 및 현장조사 분석
- 사고 기록 및 관계자료 분석
- 인적 · 물적 · 환경적 조건 분석
- 작업공정 분석
- 교육 및 훈련 분석
- 배치 사항 분석
- 안전수칙 및 작업표준 분석
- 보호 장비의 적부 등의 분석을 통하여 사고의 직접원인과 간접원인을 찾아낸다.

ⓓ 제4단계 : 시정 방법의 선정(분석을 통해 색출된 원인)★

- 기술적 개선
- 작업 배치 조정(인사조정)
- 교육 및 훈련 개선
- 안전 행정 개선
- 규정 및 수칙, 작업표준, 제도의 개선
- 안전활동 전개 등의 효과적인 개선 방법을 선정한다.

ⓔ 제5단계 : 시정책의 적용

- 목표를 설정하여 실시하고 실시 결과를 재평가하여 불합리한 점은 재조정되어 실시
- 시정책은 하비가 주장한 3E, 즉 교육(Education), 기술(Engineering), 독려 · 규제(Enforcement)를 완성함으로써 이루어진다.

② 재해 구성비율

㉠ 하인리히 법칙 ★★★(1 : 29 : 300의 법칙)

재해의 발생 = 물적 불안전 상태 + 인적 불안전 행위 + α = 설비적 결함 + 관리적 결함 + α

따라서 $\alpha = \frac{300}{1 + 29 + 300}$ (하인리히 법칙)

α : 잠재된 위험의 상태 = 재해

㉡ 버드의 법칙 ★★(1 : 10 : 30 : 600의 법칙)

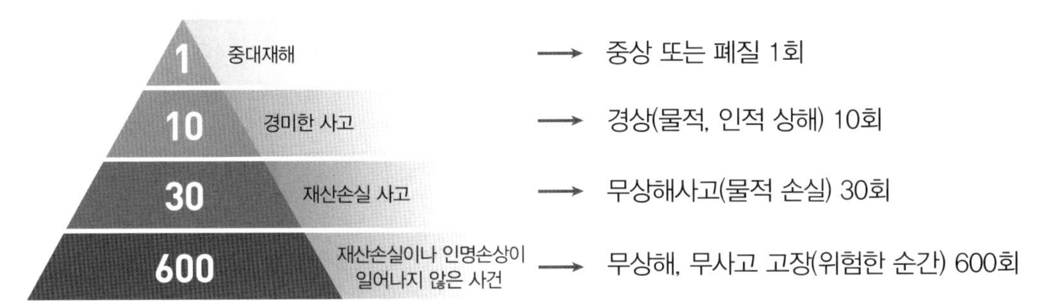

③ 재해예방대책

3E	• 기술(Engineering) • 교육(Education) • 규제(Enforcement)
4M★	• 사람(Man) : 인간으로부터 비롯되는 재해의 발생원인(착오, 실수, 불안전 행동, 오조작 등) • 기계, 설비(Machine) : 기계로부터 비롯되는 재해 발생원(설계착오, 제작착오, 배치착오, 고장 등) • 물질, 환경(Media) : 작업매체로부터 비롯되는 재해 발생원(작업정보 부족, 작업환경 불량 등) • 관리(Management) : 관리로부터 비롯되는 재해 발생원(교육 부족, 안전조직 미비, 계획 불량 등)

④ 무재해 운동 : 사업장 내의 모든 잠재적 위험요인을 사전에 발견하여 파악하고, 근원적으로 산업재해를 예방하여 일체의 산업재해를 허용하지 않는 것

㉠ 무재해 운동의 기본 3원칙 ★★★

ⓐ 무(Zero)의 원칙 ★ : 산업재해의 근원적인 요소들을 없앤다는 것

ⓑ 안전제일의 원칙(선취의 원칙) ★ : 행동하기 전, 잠재위험요인을 발견하고 파악, 해결하여 재해를 예방하는 것

ⓒ 참여의 원칙(참가의 원칙) : 전원이 일치 협력하여 각자의 위치에서 적극적으로 문제를 해결하는 것

㉡ 무재해 운동의 3기둥(요소) ★★

ⓐ 최고경영자의 엄격한 안전경영자세

ⓑ 안전활동의 라인화(라인화 철저)

ⓒ 직장 자주 안전활동의 활성화

㉢ 무재해로 인정되는 경우 ★

ⓐ 출퇴근 도중에 발생한 재해

ⓑ 운동경기 등 각종 행사 중 발생한 재해

ⓒ 작업시간 중 천재지변 또는 돌발적인 사고로 인한 구조 행위 또는 긴급피난 중 발생한 사고

⑤ 위험예지훈련의 4단계 ★★★

㉠ 제1단계 : 현상파악 – 어떤 위험이 잠재되어 있는가?

㉡ 제2단계 : 본질추구 – 이것이 위험의 point다.

㉢ 제3단계 : 대책수립 – 당신이라면 어떻게 하는가?

㉣ 제4단계 : 목표설정 – 우리들은 이렇게 한다.

⑥ 산재 분류 및 통계 분석

㉠ 재해의 발생형태 ★★

단순자극형	연쇄형	복합형
순간적으로 재해가 발생하는 유형으로 재해 발생 장소나 시점 등 일시적으로 요인이 집중되는 형태	원인들이 연쇄적 작용을 일으켜 결국 재해를 발생케 하는 형태	단순자극형과 연쇄형의 혼합형으로 대부분의 재해가 이 형태를 따른다.
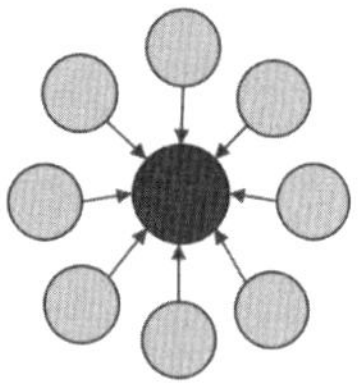	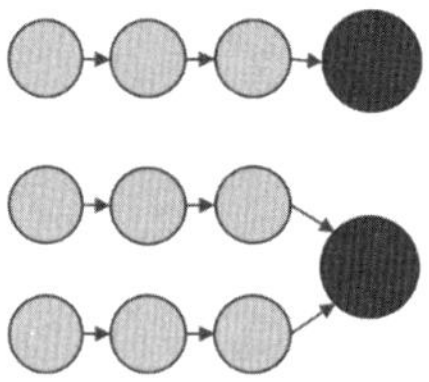	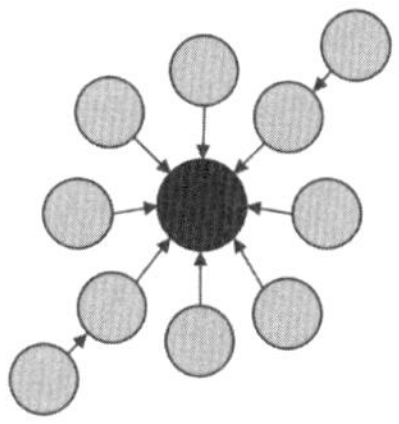

㉡ 상해 종류별 분류

ⓐ 골절 : 뼈가 부러진 상해

ⓑ 동상 : 저온물 접촉으로 생긴 동상 상해

ⓒ 부종 : 국부의 혈액순환의 이상으로 몸이 퉁퉁 부어오르는 상해

ⓓ 자상 : 칼날 등 날카로운 물건에 찔린 상해

ⓔ 좌상 : 타박, 충돌, 추락 등으로 피부 표면보다는 피하조직 또는 근육부를 다친 상해(삔 것 포함)

ⓕ 절상 : 신체 부위가 절단된 상해

ⓖ 중독, 질식 : 음식, 약물, 가스 등에 의한 중독이나 질식된 상해

ⓗ 찰과상 : 스치거나 문질러서 벗겨진 상해

ⓘ 창상 : 창, 칼 등에 베인 상해

ⓙ 화상 : 화재 또는 고온물 접촉으로 인한 상해

ⓚ 청력장해 : 청력이 감퇴 또는 난청이 된 상해

ⓛ 시력장해 : 시력이 감퇴 또는 실명된 상해

㉢ 재해 발생 형태별 분류

ⓐ 추락(떨어짐) : 사람이 건축물, 비계, 기계, 사다리, 계단, 경사면, 나무 등에서 떨어지는 것

ⓑ 전도 : 사람이 평면상으로 넘어졌을 때를 말함(과속, 미끄러짐 포함).

ⓒ 충돌(부딪힘) : 사람이 정지물에 부딪친 경우

ⓓ 낙하, 비래 : 물건이 주체가 되어 사람이 맞은 경우

ⓔ 붕괴, 도괴 : 적재물, 비계, 건축물이 무너진 경우

ⓕ 협착(끼임) : 물건에 끼워진 상태, 말려든 상태

ⓖ **감전** : 전기 접촉이나 방전에 의해 사람이 충격을 받은 경우

ⓗ **폭발** : 압력의 급격한 발생 또는 개방으로 폭음을 수반한 팽창이 일어난 경우

ⓘ **파열** : 용기 또는 장치가 물리적인 압력에 의해 파열한 경우

ⓙ **화재** : 화재로 인한 경우를 말하며 관련 물체는 발화물을 기재

ⓚ **무리한 동작** : 무거운 물건을 들다 허리를 삐거나 부자연한 자세 또는 동작의 반동으로 상해를 입은 경우

ⓛ **이상온도접촉** : 고온이나 저온에 접촉한 경우

ⓜ **유해물접촉** : 유해물 접촉으로 중독되거나 질식된 경우

(5) KOSHA GUIDE

이 가이드는 법령에서 정한 최소한의 수준이 아니라 법적 구속력은 없으나, 좀 더 높은 수준의 안전보건 향상을 위해 참고할 광범위한 기술적 사항에 대해 기술하고 있으며, 사업장의 자율적 안전보건 수준 향상을 지원하기 위한 기술지침이다.

① 안전보건기술지침 번호 부여 및 분류기호

기술지침에는 GUIDE 표시, 분야별 또는 업종별 분류기호, 공표순서, 제・개정연도의 순으로 번호를 부여한다.

〈예시〉 KOSHA GUIDE M – 1 – 2009

- 2009: 제・개정연도
- 1: 공표순서
- M: 분야별 또는 업종별 분류기호
- KOSHA GUIDE: 가이드 표시

② 분류기호

구분	분류기호	구분	분류기호	구분	분류기호
시료 채취 및 분석지침	A	안전보건 일반지침	G	산업독성지침	T
조선항만 하역지침	B	건강진단 및 관리지침	H	작업환경 관리지침	W
건설안전지침	C	화학공업지침	K	리스크관리지침	X
안전설계지침	D	기계일반지침	M	안전경영관리지침	Z
전기계장일반지침	E	점검정비유지 관리지침	O		
화재보호지침	F	공정안전지침	P		

(6) 안전보건예산 편성 및 계상

① 예산 편성에 대한 대상액 산정 : **총 공사금액 2천만 원 이상**인 공사. 다만, 다음 공사 중 단가계약에 의하여 행하는 공사는 총계약금액을 기준으로 적용

㉠ 전기공사로서 저압・고압 또는 특별고압 작업으로 이루어지는 공사

ⓒ 정보통신공사

② 안전보건관리비 계상 : 산업안전보건관리비 계상의무는 발주자 및 자기공사자에게 있다.

㉠ 공사내역이 구분되어 있는 경우는 재료비 + 직접노무비가 대상액

㉡ 공사내역이 구분되어 있지 않은 경우 총공사금액 × 70%

㉢ 건설공사도급인은 산업안전보건법 제72조 제3항에 따라 산업안전보건관리비를 사용하는 해당 건설공사의 금액이 **4천만 원 이상**인 때에는 고용노동부장관이 정하는 바에 따라 매월(건설공사가 1개월 이내에 종료되는 사업의 경우에는 해당 건설공사가 끝나는 날이 속하는 달) **사용명세서를 작성**하고, 건설공사 **종료 후 1년 동안 보존**해야 한다.

㉣ 산업안전보건관리비 계상 및 사용기준

구분 / 공사종류	대상액 5억 원 미만인 경우 적용비율[%]	대상액 5억 원 이상 50억 원 미만인 경우		대상액 50억 원 이상인 경우 적용비율[%]	영 별표 5에 따른 보건관리자 선임 대상 건설공사의 적용비율[%]
		적용비율[%]	기초액		
건축공사	2.93%	1.86%	5,349,000원	1.97%	2.15%
토목공사	3.09%	1.99%	5,499,000원	2.10%	2.29%
중건설공사	3.43%	2.35%	5,400,000원	2.44%	2.66%
특수건설공사	1.85%	1.20%	3,250,000원	1.27%	1.38%

2 안전보건관리 체제 및 운용

(1) 안전보건관리조직의 구성

① 직계식(Line) 조직 ★★★

소규모 사업장(100명 이하) : 라인형(Line) or 직계형

구분	내용
장점	• 안전에 대한 지시 및 전달이 신속・용이하다. • 명령계통이 간단・명료하다. • 참모식보다 경제적이다.
단점	• 안전에 관한 전문지식 부족 및 기술의 축적이 미흡하다. • 안전정보 및 신기술 개발이 어렵다. • 라인에 과중한 책임이 물린다.
비고	• 소규모(근로자 100명 이하) 사업장에 적용한다. • 모든 명령은 생산계통을 따라 이루어진다.

경영자 → 관리자 → 감독자 → 작업자

— 생산지시
······ 안전지시

② 참모식(Staff) 조직 ★★★

중규모 사업장(100~1,000명) : 스태프(Staff)형 or 참모형

구분	내용
장점	• 안전에 관한 전문지식 및 기술의 축적 용이 • 경영자의 조언 및 자문 역할 • 안전정보 수집이 용이하고 신속하다.
단점	• 생산부서와 유기적인 협조 필요 • 생산부분의 안전에 대한 무책임・무권한 • 생산부서와 마찰이 일어나기 쉽다.
비고	중규모(근로자 100~1,000명) 사업장에 적용한다.

③ 직계・참모식(Line・Staff) 조직 ★★★

대규모 사업장(1,000명 이상) : 라인・스태프형(Line・Staff) or 혼합형

구분	내용
장점	• 안전지식 및 기술 축적 가능 • 안전지시 및 전달이 신속・정확 • 안전에 대한 신기술의 개발 및 보급이 용이하다. • 안전활동이 생산과 분리되지 않으므로 운용이 쉽다.
단점	• 명령계통과 지도・조언 및 권고적 참여가 혼동되기 쉽다. • 스태프의 힘이 커지면 라인이 무력해진다.
비고	대규모(근로자 1,000명 이상) 사업장에 적용한다.

(2) 산업안전보건위원회 운영

① 산업안전보건위원회 및 노사협의체 구성 ★★ : 사업주는 사업장의 안전 및 보건에 관한 중요 사항을 심의・의결하기 위하여 사업장에 근로자위원과 사용자위원이 같은 수로 구성되는 산업안전보건위원회를 구성・운영하여야 한다.

구분	산업안전보건위원회	노사협의체
근로자위원	• 근로자대표 • 1명 이상의 명예산업안전감독관(근로자대표가 지명) • 9명 이내 근로자	• 근로자대표(도급/하도급 포함) • 명예산업안전감독관 1명(근로자 대표가 지명) • 공사금액 20억 원 이상인 공사의 관계수급인의 각 근로자대표
사용자위원 ★★	• 사업의 대표자 • 산업보건의 • 안전/보건관리자 각 1명 • 대표자가 지명하는 사업장 부서의 장(9명 이내)	• 사업의 대표자(도급/하도급 포함) • 안전/보건관리자 각 1명 • 공사금액 20억 원 이상인 공사의 관계수급인의 각 대표자

② 산업안전보건위원회 심의·의결 사항 및 노사협의체 협의사항 ★★

산업안전보건위원회 심의·의결 사항	노사협의체 협의사항
• 산업재해 예방계획 수립 • 안전보건관리규정 작성 및 변경 • 근로자 안전보건교육 및 건강관리 • 산업재해 통계 기록 및 유지 • 작업환경측정 등 작업환경의 점검 및 개선 • 산업재해의 원인 조사 및 재발 방지대책 수립에 관한 사항 중 중대재해 • 유해하거나 위험한 기계·기구·설비를 도입한 경우 안전 및 보건 관련 조치 • 그 밖에 해당 사업장 근로자의 안전 및 보건을 유지·증진시키기 위하여 필요한 사항	• 산업재해 예방 및 대피방법 • 작업 시작시간, 작업 및 작업자 간의 연락방법

③ 산업안전보건위원회 회의 ★

산업안전보건위원회 운영	노사협의체 운영
• 정기회의 : 분기마다 • 임시회의 : 위원장이 필요하다고 인정할 때	• 정기회의 : 2개월마다 • 임시회의 : 위원장이 필요하다고 인정할 때

④ 산업안전보건위원회 설치대상 사업의 종류 및 상시근로자 수

산업안전보건위원회 설치대상 사업	상시근로자 수
1. 토사석 광업 2. 목재 및 나무제품 제조업; 가구 제외 3. 화학물질 및 화학제품 제조업; 의약품 제외(세제, 화장품 및 광택제 제조업과 화학섬유 제조업 제외) 4. 비금속 광물제품 제조업 5. 1차 금속 제조업 6. 금속가공제품 제조업; 기계 및 가구 제외 7. 자동차 및 트레일러 제조업 8. 기타 기계 및 장비 제조업(사무용 기계 및 장비 제조업 제외) 9. 기타 운송장비 제조업(전투용 차량 제조업 제외)	상시근로자 50명 이상
10. 농업 11. 어업 12. 소프트웨어 개발 및 공급업 13. 컴퓨터 프로그래밍, 시스템 통합 및 관리업 14. 정보서비스업 15. 금융 및 보험업 16. 임대업; 부동산 제외 17. 전문, 과학 및 기술 서비스업(연구개발업 제외) 18. 사업지원 서비스업 19. 사회복지 서비스업	상시근로자 300명 이상

20. 건설업	공사금액 120억 원 이상(「건설산업기본법 시행령」 별표 1의 종합공사를 시공하는 업종의 건설업종란 제1호에 따른 토목공사업의 경우에는 150억 원 이상)★
21. 제1호부터 제20호까지의 사업을 제외한 사업	상시근로자 100명 이상

(3) 안전보건경영시스템

① 안전보건관리책임자 ★★

㉠ 안전보건관리책임자의 업무

ⓐ 사업장의 산업재해 예방계획의 수립에 관한 사항
ⓑ 안전보건관리규정의 작성 및 변경에 관한 사항
ⓒ 안전보건교육에 관한 사항
ⓓ 작업환경측정 등 작업환경의 점검 및 개선에 관한 사항
ⓔ 근로자의 건강진단 등 건강관리에 관한 사항
ⓕ 산업재해의 원인 조사 및 재발 방지대책 수립에 관한 사항
ⓖ 산업재해에 관한 통계의 기록 및 유지에 관한 사항
ⓗ 안전장치 및 보호구 구입 시 적격품 여부 확인에 관한 사항
ⓘ 그 밖에 근로자의 유해·위험 방지조치에 관한 사항으로서 고용노동부령으로 정하는 사항

㉡ 안전보건관리책임자를 두어야 하는 사업의 종류와 사업장의 상시근로자 수

안전보건관리책임자를 두어야 하는 사업	상시근로자 수
1. 토사석 광업 2. 식료품 제조업, 음료 제조업 3. 목재 및 나무제품 제조업; 가구 제외 4. 펄프, 종이 및 종이제품 제조업 5. 코크스, 연탄 및 석유정제품 제조업 6. 화학물질 및 화학제품 제조업; 의약품 제외 7. 의료용 물질 및 의약품 제조업 8. 고무 및 플라스틱제품 제조업 9. 비금속 광물제품 제조업 10. 1차 금속 제조업 11. 금속가공제품 제조업; 기계 및 가구 제외 12. 전자부품, 컴퓨터, 영상, 음향 및 통신장비 제조업 13. 의료, 정밀, 광학기기 및 시계 제조업 14. 전기장비 제조업 15. 기타 기계 및 장비 제조업 16. 자동차 및 트레일러 제조업 17. 기타 운송장비 제조업	상시근로자 50명 이상

사업	규모
18. 가구 제조업 19. 기타 제품 제조업 20. 서적, 잡지 및 기타 인쇄물 출판업 21. 해체, 선별 및 원료 재생업 22. 자동차 종합 수리업, 자동차 전문 수리업	상시근로자 50명 이상
23. 농업 24. 어업 25. 소프트웨어 개발 및 공급업 26. 컴퓨터 프로그래밍, 시스템 통합 및 관리업 27. 정보서비스업 28. 금융 및 보험업 29. 임대업; 부동산 제외 30. 전문, 과학 및 기술 서비스업(연구개발업 제외) 31. 사업지원 서비스업 32. 사회복지 서비스업	상시근로자 300명 이상
33. 건설업	공사금액 20억 원 이상 ★★★
34. 제1호부터 제33호까지의 사업을 제외한 사업	상시근로자 100명 이상 ★

② 관리감독자의 업무 ★

㉠ 사업장 내 관리감독자가 지휘 · 감독하는 작업과 관련된 기계 · 기구 또는 설비 안전 · 보건 점검 및 이상 유무 확인

㉡ 관리감독자에게 소속된 근로자의 작업복 · 보호구 및 방호장치 점검 및 착용 · 사용에 관한 교육 · 지도

㉢ 해당 작업에서 발생한 산업재해에 관한 보고 및 응급조치

㉣ 해당 작업의 작업장 정리 · 정돈 및 통로 확보에 대한 확인 · 감독

㉤ 사업장의 산업보건의, 안전관리자, 보건관리자 및 안전보건관리담당자의 지도 · 조언에 대한 협조

㉥ 위험성평가에 관한 유해 · 위험요인의 파악, 개선조치의 시행에 참여

㉦ 그 밖에 해당 작업의 안전 · 보건에 관한 사항으로서 고용노동부령으로 정하는 사항

③ 안전관리자

㉠ 안전관리자의 업무 ★★★

ⓐ 산업안전보건위원회 또는 노사협의체에서 심의 · 의결한 업무와 해당 사업장의 안전보건관리규정 및 취업규칙에서 정한 업무

ⓑ 위험성평가에 관한 보좌 및 지도 · 조언

ⓒ 안전인증대상기계등과 자율안전확인대상기계등 구입 시 적격품의 선정에 관한 보좌 및 지도 · 조언

ⓓ 해당 사업장 안전교육계획의 수립 및 안전교육 실시에 관한 보좌 및 지도 · 조언

ⓔ 사업장 순회점검, 지도 및 조치 건의

ⓕ 산업재해 발생의 원인 조사 · 분석 및 재발 방지를 위한 기술적 보좌 및 지도 · 조언

ⓖ 산업재해에 관한 통계의 유지・관리・분석을 위한 보좌 및 지도・조언

ⓗ 법 또는 법에 따른 명령으로 정한 안전에 관한 사항의 이행에 관한 보좌 및 지도・조언

ⓘ 업무 수행 내용의 기록・유지

ⓙ 그 밖에 안전에 관한 사항으로서 고용노동부장관이 정하는 사항

ⓛ 안전관리자의 증원・교체임명 명령 대상 사업장 ★★★

ⓐ 연간재해율이 같은 업종 평균재해율의 2배 이상 사업장

ⓑ 중대재해가 연간 2건 이상 발생한 사업장(다만, 해당 사업장의 전년도 사망만인율이 같은 업종 평균 이하인 경우 제외)

ⓒ 안전관리자가 3개월 이상 직무를 수행할 수 없는 사업장

ⓓ 직업성 질병자가 연간 3명 이상 발생한 사업장

※ 평균의 2배 이상, 중대재해 2건, 직업성 질병자 3명 이상, 3개월 이상 직무수행 불가 교체

④ 안전보건관리담당자의 업무 ★

㉠ 안전보건교육 실시에 관한 보좌 및 지도・조언

ⓛ 위험성평가에 관한 보좌 및 지도・조언

ⓒ 작업환경측정 및 개선에 관한 보좌 및 지도・조언

ⓡ 건강진단에 관한 보좌 및 지도・조언

ⓜ 산업재해 발생의 원인 조사, 산업재해 통계의 기록 및 유지를 위한 보좌 및 지도・조언

ⓑ 산업안전・보건과 관련된 안전장치 및 보호구 구입 시 적격품 선정에 관한 보좌 및 지도・조언

⑤ 안전보건총괄책임자

㉠ 안전보건총괄책임자 지정 대상 사업 ★

ⓐ 관계수급인에게 고용된 상시근로자 100명 이상 사업장(선박/광업/1차 금속 제조업 : 50명 이상)

ⓑ 관계수급인의 공사금액 20억 원 이상 건설업

ⓛ 안전보건총괄책임자의 직무 ★

ⓐ 위험성평가의 실시에 관한 사항

ⓑ 작업의 중지

ⓒ 도급 시 산업재해 예방조치

ⓓ 산업안전보건관리비의 관계수급인 간의 사용에 관한 협의・조정 및 그 집행의 감독

ⓔ 안전인증대상기계 등과 자율안전확인대상기계 등의 사용 여부 확인

(4) 안전보건관리규정

[안전보건관리규정을 작성해야 할 사업의 종류 및 상시근로자 수]

안전보건관리규정을 작성해야 할 사업	상시근로자 수
1. 농업 2. 어업 3. 소프트웨어 개발 및 공급업 4. 컴퓨터 프로그래밍, 시스템 통합 및 관리업 5. 정보서비스업 6. 금융 및 보험업 7. 임대업 ; 부동산 제외 8. 전문, 과학 및 기술 서비스업(연구개발업 제외) 9. 사업지원 서비스업 10. 사회복지 서비스업	300명 이상
11. 제1호부터 제10호까지의 사업을 제외한 사업	100명 이상

① 안전보건관리규정의 작성 ★

㉠ 안전보건관리규정을 작성하거나 변경할 때에는 산업안전보건위원회의 심의·의결을 거쳐야 한다. 다만, 산언안전보건위원회가 미설치된 경우 근로자대표의 동의를 받아야 한다.

㉡ 사업주는 안전보건관리규정 변경사유 발생 시, 발생한 날부터 30일 이내에 작성해야 한다.

② 안전보건관리규정 작성 시 유의사항 ★

㉠ 법적 기준을 상회하도록 작성

㉡ 관계 법령의 제정, 개정에 따라 즉시 개정

㉢ 현장의 의견을 충분히 반영

㉣ 정상 시 및 이상 시 조치에 관해서도 규정

㉤ 관리자층의 직무와 권한 등을 명확히 기재

③ 안전보건관리규정 포함사항(근로자에게 알리고 사업장에 비치할 사항) ★★

㉠ 안전 및 보건에 관한 관리조직과 그 직무에 관한 사항

㉡ 안전보건교육에 관한 사항

㉢ 작업장 안전 및 보건 관리에 관한 사항

㉣ 사고 조사 및 대책 수립에 관한 사항

㉤ 그 밖에 안전·보건에 관한 사항

(5) 안전보건개선계획의 수립·시행명령

① 안전보건개선계획 수립 대상 사업장 ★★

㉠ 산업재해율이 같은 업종의 규모별 평균 산업재해율보다 높은 사업장

㉡ 사업주가 필요한 안전조치 또는 보건조치를 이행하지 아니하여 중대재해가 발생한 사업장

ⓒ 직업성 질병자가 연간 2명 이상 발생한 사업장

ⓓ 유해인자의 노출기준을 초과한 사업장

※ 평균보다 높고, 중대재해 발생, 직업성 질병자 2명 이상, 노출기준 초과하면 개선계획

② 안전보건진단을 받아 안전보건개선계획을 수립 · 제출하도록 명할 수 있는 사업장 ★

ⓐ 산업재해율이 같은 업종 평균 산업재해율의 2배 이상 사업장

ⓑ 중대재해가 발생한 사업장

ⓒ 직업성 질병자가 연간 2명(1,000명 이상 사업장의 경우 3명) 이상 발생한 사업장

※ 평균의 2배 이상, 중대재해 발생, 직업성 질병자 2명(1,000명 사업장 3명) 이상 시 진단받아 개선

(6) 건강진단의 실시 및 일반건강진단의 주기 ★★

근로자	주기
사무직에 종사하는 근로자(공장 또는 공사현장과 같은 구역에 있지 않은 사무실에서 서무 · 인사 · 경리 · 판매 · 설계 등의 사무업무에 종사하는 근로자를 말하며, 판매업무 등에 직접 종사하는 근로자는 제외한다)	2년에 1회 이상
그 밖의 근로자	1년에 1회 이상

(7) 재해발생건수 등 재해율 공표 대상 사업장 ★★

① 사망재해자가 연간 2명 이상인 사업장

② 사망만인율이 같은 업종 평균 이상 사업장

③ 중대산업사고 발생 사업장

④ 산업재해 발생 은폐 사업장

⑤ 산업재해 발생 보고를 3년 이내 2회 이상 하지 않은 사업장

※ 사망자 2명, 평균사망만인율 이상, 중대산업사고 발생, 재해 은폐, 재해 보고 3년 동안 2번 누락하면 공표

(8) 안전보건진단 대상 사업장의 종류 ★★

① 중대재해 발생

② 안전보건개선계획 수립 · 시행명령을 받은 사업장

③ 지방노동관서의 장이 안전보건진단이 필요하다고 인정하는 사업장

(9) 유해 · 위험작업에 대한 근로시간 제한 등 ★★

① 사업주는 유해하거나 위험한 작업으로서 높은 기압에서 하는 작업 등 대통령령으로 정하는 작업에 종사하는 근로자에게는 1일 6시간, 1주 34시간을 초과하여 근로하게 해서는 안 된다.

② 사업주는 대통령령으로 정하는 유해하거나 위험한 작업에 종사하는 근로자에게 필요한 안전조치 및 보건조치 외에 작업과 휴식의 적정한 배분 및 근로시간과 관련된 근로조건의 개선을 통하여 근로자의 건강 보호를 위한 조치를 하여야 한다.

Chapter 2 안전보호구 관리, 안전보건표지

1 보호구 및 안전장구 관리

(1) 보호구의 개요

① **보호구의 정의** : 인체에 미치는 각종의 유해·위험으로부터 인체를 보호하기 위하여 착용하는 보조기구(**안전의 소극적 대책**)

② 보호구가 갖추어야 할 구비요건 및 선정 시 유의사항

구비요건	선정 시 유의사항
• 착용이 간편할 것 • 작업에 방해를 주지 않을 것 • 유해·위험요소에 대한 방호가 완전할 것 • 재료의 품질이 우수할 것 • 구조 및 표면가공이 우수할 것 • 외관상 보기가 좋을 것	• 사용목적에 적합할 것 • 검정에 합격하고 성능이 보장되는 것 • 작업에 방해가 되지 않는 것 • 착용이 쉽고 크기 등 사용자에게 편리한 것

(2) 보호구의 종류

안전인증 대상 보호구	자율안전확인 대상 보호구
• 추락 및 감전 위험 방지용 안전모 • 안전화 • 안전장갑 • 방진마스크 • 방독마스크 • 송기(送氣)마스크 • 전동식 호흡보호구 • 보호복 • 안전대 • 차광(遮光) 및 비산물(飛散物) 위험 방지용 보안경 • 용접용 보안면 • 방음용 귀마개 또는 귀덮개	• 안전모(추락 및 감전 위험 방지용 안전모 제외) • 보안경(차광 및 비산물 위험 방지용 보안경 제외) • 보안면(용접용 보안면 제외)

(3) 보호구의 성능기준 및 시험방법

① 안전모

㉠ 안전모의 종류

안전모	성능기준
AB종	물체의 낙하 또는 비래 및 추락에 의한 위험을 방지 또는 경감시키기 위한 것(낙하, 추락 방지용)
AE종	물체의 낙하 또는 비래에 의한 위험을 방지 또는 경감하고, 머리부위 감전에 의한 위험을 방지하기 위한 것(낙하, 감전 방지용, 내전압성) ※ 내전압성이란 7,000V 이하의 전압에 견디는 것을 말한다.★
ABE종	물체의 낙하 또는 비래 및 추락에 의한 위험을 방지 또는 경감하고, 머리부위 감전에 의한 위험을 방지하기 위한 것(다목적용)

㉡ 안전모의 시험성능기준 ★★★

ⓐ **내관통성** : AE, ABE종 안전모는 관통거리가 9.5mm 이하이고, AB종 안전모는 관통거리가 11.1mm 이하이어야 한다.

ⓑ **충격흡수성** : 최고전달충격력이 4,450N을 초과해서는 안 되며, 모체와 착장체의 기능이 상실되지 않아야 한다.

ⓒ **내전압성** : AE, ABE종 안전모는 교류 20kV에서 1분간 절연파괴 없이 견뎌야 하고, 이때 누설되는 충전전류는 10mA 이하이어야 한다.

ⓓ **내수성** : AE, ABE종 안전모는 질량증가율이 1% 미만이어야 한다.

$$\text{무게증가율} = \frac{\text{담근 후} - \text{담그기 전의 무게}}{\text{담그기 전의 무게}} \times 100$$

ⓔ **난연성** : 모체가 불꽃을 내며 5초 이상 연소되지 않아야 한다.

ⓕ **턱끈풀림** : 150N 이상 250N 이하에서 턱끈이 풀려야 한다.

② 안전장갑(내전압용 절연장갑)

㉠ 고압, 감전 방지 및 방수를 겸한다.

A종	300V 초과, 교류 600V, 직류 750V 이하
B종	직류 750V 초과, 3,500V 이하의 작업
C종	3,500V 초과, 7,000V 이하의 작업

㉡ 등급별 사용전압 및 등급별 색상 ★★

등급	최대사용전압		색상
	교류(V, 실횻값)	직류(V)	
00등급	500	750	갈색
0등급	1,000	1,500	빨간색
1등급	7,500	11,250	흰색
2등급	17,000	25,500	노란색
3등급	26,500	39,750	녹색
4등급	36,000	54,000	등색

③ 마스크

㉠ 방진마스크

ⓐ 등급은 분진포집효율에 따라 구분 ★

- 특급은 99.5% 이상(중독성 분진, 흄, 방사성 물질 분진을 비산하는 장소)
- 1급은 95% 이상(갱내, 암석의 파쇄, 분쇄하는 장소, 아크용접, 용단작업, 현저하게 분진이 많이 발생하는 작업, 석면을 사용하는 작업, 주물공장 등)
- 2급은 85% 이상

ⓑ 성능시험항목 : 흡기저항시험, 분진포집효율시험, 배기저항시험, 흡기저항상승시험, 배기면의 작동기밀시험

㉡ 방독마스크

ⓐ 정화통의 종류와 색깔 ★★

유기화합물용	C : 갈색(활성탄)
할로겐용(보통가스용)	A : 회색(활성탄, 소다라임)
암모니아용	H : 녹색(큐프라마이트)
일산화탄소용	E : 적색(호프칼라이트, 방습제)
아황산용	I : 노란색(산화금속, 알칼리제재)
황화수소용	K : 회색(금속염류, 알칼리제재)
시안화수소용	J : 회색(산화금속, 알칼리제재)

ⓑ 방독마스크의 시험가스 ★★

유기화합물용	시클로헥산, 디메틸에테르, 이소부탄	시안화수소용	시안화수소가스
할로겐용	염화가스 또는 증기	아황산용	아황산가스
황화수소용	황화수소가스	암모니아용	암모니아가스

2 안전보건표지

(1) 안전보건표지의 종류 · 용도 및 적용 ★★★

[안전보건표지의 종류와 형태]

1. 금지표지	101 출입금지	102 보행금지	103 차량통행금지	104 사용금지	105 탑승금지	106 금연

107 화기금지	108 물체이동금지	2. 경고표지	201 인화성물질 경고	202 산화성물질 경고	203 폭발성물질 경고	204 급성독성물질 경고

205 부식성물질 경고	206 방사성물질 경고	207 고압전기 경고	208 매달린 물체 경고	209 낙하물 경고	210 고온 경고	211 저온 경고

212 몸균형 상실 경고	213 레이저광선 경고	214 발암성 · 변이원 성 · 생식독성 · 전신독성 · 호흡 기 과민성 물질 경고	215 위험장소 경고	3. 지시표지	301 보안경 착용	302 방독마스크 착용

303 방진마스크 착용	304 보안면 착용	305 안전모 착용	306 귀마개 착용	307 안전화 착용	308 안전장갑 착용	309 안전복 착용

4. 안내표지	401 녹십자표지	402 응급구호표지	403 들것	404 세안장치	405 비상용기구	406 비상구
					비상용 기구	

407 좌측비상구	408 우측비상구

5. 관계자외 출입금지	501 허가대상물질 작업장	502 석면취급/해체 작업장	503 금지대상물질의 취급 실험실 등
	관계자외 출입금지 **(허가물질 명칭)** **제조/사용/보관 중** 보호구/보호복 착용 흡연 및 음식물 섭취 금지	**관계자외 출입금지** **석면 취급/해체 중** 보호구/보호복 착용 흡연 및 음식물 섭취 금지	**관계자외 출입금지** **발암물질 취급 중** 보호구/보호복 착용 흡연 및 음식물 섭취 금지

6. 문자추가시 예시문		
	0.1d **휘발유화기엄금** 0.25 d 이상 d	▶ 내 자신의 건강과 복지를 위하여 안전을 늘 생각한다. ▶ 내 가정의 행복과 화목을 위하여 안전을 늘 생각한다. ▶ 내 자신의 실수로써 동료를 해치지 않도록 안전을 늘 생각한다. ▶ 내 자신이 일으킨 사고로 인한 회사의 재산과 손실을 방지하기 위하여 안전을 늘 생각한다. ▶ 내 자신의 방심과 불안전한 행동이 조국의 번영에 장애가 되지 않도록 하기 위하여 안전을 늘 생각한다.

※ 안전보건표지의 제작에 있어 안전보건표지 속의 그림 또는 부호의 크기는 안전보건표지의 크기와 비례해야 하며, 안전보건표지 전체 규격의 30% 이상이 되어야 한다.

- 안전표찰 – 안전모 등에 부착하는 녹십자표지로서 작업복 또는 보호의의 우측어깨, 안전모의 좌우면, 안전완장

(2) 안전보건표지의 색채 및 색도기준 ★★

① 색채 ★

표지	기호	색채
금지표지	⃠	바탕은 흰색, 기본모형은 빨간색, 관련 부호 및 그림은 검은색
경고표지	△	바탕은 노란색, 기본모형, 관련 부호 및 그림은 검은색 다만, 인화성물질 경고, 산화성물질 경고, 폭발성물질 경고, 급성독성물질 경고, 부식성물질 경고 및 발암성・변이원성・생식독성・전신독성・호흡기과민성 물질 경고의 경우 바탕은 무색, 기본모형은 빨간색(검은색도 가능)
지시표지	○	바탕은 파란색, 관련 그림은 흰색
안내표지	□	녹십자 : 바탕은 흰색, 기본모형 및 관련 부호는 녹색 그 외 : 바탕은 녹색, 관련 부호 및 그림은 흰색
출입금지 표지	⃠	글자는 흰색 바탕에 흑색 다음 글자는 적색 - ○○○제조/사용/보관 중 - 석면취급/해체 중 - 발암물질 취급 중

② 안전보건표지의 색도기준 및 용도 ★★

색채	색도기준	용도	사용례
빨간색	7.5R 4/14	금지	정지신호, 소화설비 및 그 장소, 유해행위의 금지
		경고	화학물질 취급장소에서의 유해・위험경고
노란색	5Y 8.5/12	경고	화학물질 취급장소에서의 유해・위험경고 이외의 위험경고, 주의표지 또는 기계방호물
파란색	2.5PB 4/10	지시	특정 행위의 지시 및 사실의 고지
녹색	2.5G 4/10	안내	비상구 및 피난소, 사람 또는 차량의 통행표지
흰색	N9.5		파란색 또는 녹색에 대한 보조색
검은색	N0.5		문자 및 빨간색 또는 노란색에 대한 보조색

Chapter 3 산업안전심리

1 산업심리와 심리검사

(1) 심리검사의 종류 ★

심리검사의 종류	• 지능검사	• 적성검사	• 학력검사	• 흥미검사	• 성격검사
안전심리의 5대 요소	• 동기	• 기질	• 감정	• 습성	• 습관

(2) 심리학적 요인

① 심리의 특성

㉠ 간결성의 원리 : 최소의 에너지로써 목표에 도달하려는 심리 특성

㉡ 주의의 일점 집중현상 : 돌발사태에 직면하면 공포를 느끼게 되고 주의가 일점(주시점)에 집중되어 판단정지 및 멍청한 상태에 빠지게 되어 유효한 대응을 못하게 된다(사고 목격, 과긴장상태, 의식의 과잉).

㉢ 리스크 테이킹 : 객관적인 위험을 자기 나름대로 판정해서 의지결정을 하고 행동에 옮기는 것을 말한다.

㉣ 인간의 대피방향 : 좌측으로 피함.

㉤ 감각차단현상 : 단조로운 업무를 장시간 수행 시 의식수준 저하(졸음)

② 심리검사의 목적 및 분석방법★

목적	• 이해	• 예측	• 선발	• 진단	• 검증
분석방법	• 면접법 • 직접관찰법 • 일지작성법		• 질문지법 • 혼합방식법 • 위험사건기법		

(3) 지각과 정서

① **지각** : 감각 정보(시각, 청각, 촉각, 후각, 미각)를 조직화하고 식별하여 해석하는 과정에 관해 연구하는 심리학의 한 분야

② **정서** : 사람의 마음에 일어나는 여러 가지 감정, 또는 감정을 불러일으키는 기분이나 분위기로 정의되어 있으며, 비교적 약하고 장시간 계속되는 정취(情趣)와 구분한다. 희노애락(喜怒哀樂)·애증(愛憎)·공포·쾌고(快苦) 등이 정서이며, 의식적으로는 강한 감정이 중심이 되며, 신체적으로는 내장적(內臟的)인 생활기능의 변화를 수반하는 경우

(4) 동기·좌절·갈등

① **동기** : 행동을 일으키게 하는 내적 직접요인으로 유형에는 생리적 동기, 내재적 동기 및 외재적 동기, 자극추구 동기, 사회적 동기

② **좌절** : 심리학적으로 욕구불만 상태로 반응으로는 공격, 고착, 퇴행, 우울 등이 있다.

③ 갈등

㉠ 두 가지 이상의 목표나 동기, 정서가 서로 충돌하는 현상

㉡ 갈등상황의 3가지 기본형(레빈)

ⓐ (접근－접근)형 갈등 : 둘 이상의 목표가 모두 다 긍정적 결과를 가져다줄 경우 선택 상의 갈등

ⓑ (접근－회피)형 갈등 : 어떤 목표가 긍정적인 면과 부정적인 면을 동시에 가지고 있을 때 발생하는 갈등

ⓒ (회피－회피)형 갈등 : 둘 이상의 목표가 모두 다 부정적인 결과를 주지만 선택해야만 하는 갈등

(5) 불안과 스트레스 ★

① **스트레스의 정의** : 스트레스는 인간이 적응해야 할 어떤 변화를 의미하기도 한다. 우리가 스트레스 상황에 처하면 스트레스에 대한 신체 반응으로 자율신경계의 교감부가 활성화되고, 응급상황에 반응하도록 신체의 자원들이 동원된다. 스트레스를 유발하는 요인은 매우 다양하나, 적응의 관점에서 볼 때 스트레스를 어떻게 평가하고 대처하느냐가 중요하다.

② 스트레스의 영향으로는 생리적 반응, 심리적 반응, 행동적 반응

2 직업적성과 배치

(1) 직업적성의 분류

기계적 적성	• 손과 팔의 솜씨 : 신속, 정확한 능력 • 공간시각능력 : 형상이나 크기를 정확히 판단 • 기계적 이해능력 : 공간시각능력, 지각속도, 기술적 지식 등이 결합된 것
사무적 적성	• 지능 • 지각속도 • 정확성 ※ 사무적성이 높을수록 사무 또는 행정 계통의 직무 희망

(2) 적성검사의 주요소(9가지 적성요인) ★

① 지능(IQ)

② 수리 능력

③ 사무 능력

④ 언어 능력

⑤ 공간 판단 능력

⑥ 형태 지각 능력

⑦ 운동 조절 능력

⑧ 수지 조작 능력

⑨ 수동작 능력

(3) 직무분석 및 직무평가

① 목적 ★

㉠ 직무 재조직에 영향 → 능률적이고 효율적인 직무수행

㉡ 불필요한 시간과 노력의 제거

㉢ 장비와 작업절차상의 관계 파악

㉣ 장비 설계의 개선점을 제시 → 직무능률 향상

② 분석방법 ★★

㉠ 면접법

㉡ 질문지법

㉢ 직접관찰법

㉣ 혼합방식

㉤ 일지작성법

㉥ 위험사건기법

(4) 배치 시 고려사항 ★

① 작업의 성질과 작업의 적정한 양을 고려하여 배치

② 기능의 정도를 파악하여 배치

③ 공동 작업 시 팀워크의 효율성을 증대시킬 수 있도록 인간관계를 고려하여 배치

④ 질병자의 병력을 조사하여 근무로 인한 질병 악화가 생기지 않도록 배치

⑤ 법상 유격자가 필요한 작업은 자격 및 경력을 고려하여 배치

(5) 인사관리의 주요 기능

① 조직과 리더십

② 선발(선발시험 및 적성검사 등)

③ 배치(적성배치 포함)

④ 직무분석

⑤ 직무(업무)평가

⑥ 상담 및 노사 간의 이해

3 인간의 특성과 안전과의 관계

(1) 안전사고 요인(정신적 요소)

① 안전의식의 부족

② 주의력의 부족

③ 방심 및 공상

④ 개성적 결함 요소

(2) 산업안전심리의 5대 요소

① 기질

② 동기

③ 습관

④ 습성

⑤ 감정

(3) 착상심리

인간판단의 과오 : 사람의 생각은 항상 건전하고 올바르다고 볼 수 없다는 심리

(4) 착오

① 착오요인 ★★★

착오	내용	
인지과정 착오	생리적, 심리적 능력의 한계(정보수용능력의 한계)	착시현상 등
	정보량 저장의 한계	처리 가능한 정보량 : 6bit/sec
	감각차단현상(감성차단)	정보량 부족으로 유사한 자극 반복(계기비행, 단독비행 등) 단조로운 업무 장시간 지속(지루)
	심리적 요인	정서불안정, 불안, 공포 등
판단과정 착오	합리화, 능력 부족, 정보 부족, 환경조건 불비	
조작과정 착오	작업자의 기술능력이 미숙하거나 경험 부족에서 발생	

② 착오의 메커니즘 ★★★

㉠ 위치의 착오

㉡ 순서의 착오

㉢ 패턴의 착오

㉣ 형태의 착오

㉤ 기억의 착오

ⓐ 기억은 경험에 의해 얻은 내용을 저장, 보존하는 현상으로 과거에 형성된 행동이 어느 정도 보유되었다가 다음의 경험에 영향을 미치게 하는 활동 작용이다.

- 학습과정 : 특정 행위의 습득에 관한 과정
- 기억과정 : 특정 정보를 오랫동안 보관하는 과정과 필요 시 정보를 다시 끄집어내어 사용하는 과정

ⓑ 기억의 3가지 구성요소(3가지 모형) ★★

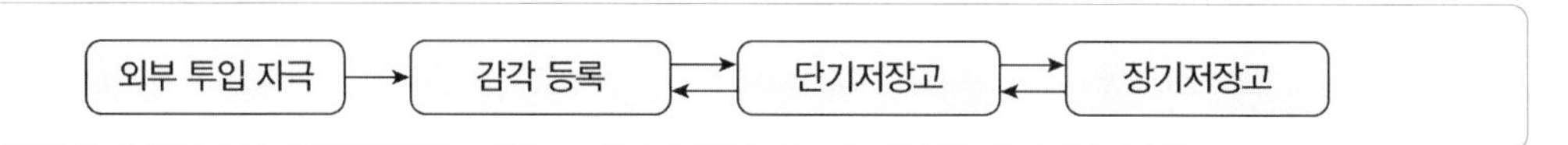

ⓒ 단기기억은 감각기관을 통하며, 한계가 한정된 수(7±2)의 청크이다.

ⓓ 망각은 약호화된 정보를 인출할 능력이 상실된 것이다.

- 망각의 원인 : 자연 쇠퇴로 학습한 시간이 경과되어 기억흔적이 쇠퇴하여 자연히 일어난 것이다.
- 간섭설은 전·후 학습자료 간의 상호 간섭에 의해 일어난다.

[인간오류의 유형] ★★

착오	상황에 대한 해석을 잘못하거나 목표에 대한 잘못된 이해로 착각하여 행하는 경우(주어진 정보가 불완전하거나 오해하는 경우에 발생하며 틀린 줄 모르고 행하는 오류)
실수	상황이나 목표에 대한 해석은 제대로 하였으나 의도와는 다른 행동을 하는 경우(주의산만이나 주의력 결핍에 의해 발생)
건망증	여러 과정이 연계적으로 계속하여 일어나는 행동 중에서 일부를 잊어버리고 하지 않거나 기억의 실패에 의해 발생
위반	정해져 있는 규칙을 알고 있으면서 고의로 따르지 않거나 무시하는 행위

(5) 착시(운동지각)

물체의 물리적인 구조가 인간의 감각기관인 시각을 통하여 인지한 구조와 현저하게 일치하지 않은 것으로 보이는 현상

① 알파운동 : 뮬러의 착시현상(화살표)

② 베타운동(가현운동) : 영화영상 기법(정지사진을 빨리 흘려 움직이는 것처럼)

③ 유도운동 : 정지해 있는 배경이 움직이는 것으로 착각

④ 자동운동 : 암실에서 강도가 낮은 작은 점을 보고 있으면 움직이는 것처럼 보이는 현상

(6) 착각현상

착각은 물리현상을 왜곡하는 지각현상이다.

[착각의 종류별 내용] ★★★

자동운동	• 암실 내에서 정지된 작은 광점이나 밤하늘의 별들을 응시하면 움직이는 것처럼 보이는 현상 • 발생하기 쉬운 조건으로 광점이 작을수록, 시야의 다른 부분이 어두울수록, 광의 강도가 작을수록, 대상이 단순할수록 발생하기 쉽다.
유도운동	• 실제로는 정지한 물체가 어느 기준 물체의 이동에 유도되어 움직이는 것처럼 느끼는 현상 • 출발하는 자동차의 창문으로 길가의 가로수를 볼 때 가로수가 움직이는 것처럼 보이는 현상
가현운동	• 정지하고 있는 대상물이 빠르게 나타나거나 사라지는 것으로 인해 대상물이 운동하는 것으로 인식되는 현상 • 영화영상기법, B운동

Chapter 4 인간의 행동과학

1 조직과 인간행동

(1) 인간관계

① 테일러의 과학적 관리법 ★★★

긍정적인 면(생산성 향상) : 시간과 동작 연구를 통하여 → 인간 노동력을 과학적으로 합리화 → 생산능률 향상에 이바지

② 호손 실험(Hawthorn Experiment)과 인간관계

㉠ 시카고에 있는 서부전기회사의 호손 공장에서 메이요와 레슬리스버거 교수가 주축이 되어 3만 명의 종업원을 대상으로 종업원의 인간성을 과학적 방법으로 연구한 실험이다.

㉡ 생산성 및 작업능률 향상에 영향을 주는 것은 물질적인 환경조건(조명, 휴식시간, 임금★ 등)이 아니라 인간적 요인(비공식집단, 감정 등)의 인간관계가 절대적인 요인으로 작용한다.

(2) 성장과 발달 이론

이론	내용
생득설	인간의 지식이나 관념 및 표상은 본래 태어날 때부터 공통적으로 갖추어져 있으며, 성장・발달의 원동력이 개체 내의 유전적 특성에 있다는 학설(유전자의 입장)
경험설	발달 원동력이 개체 밖의 환경에 영향이 있다는 이론으로 학습을 중요시하며, 개인적인 물질적・심리적 환경 요인의 작용을 주원인으로 보는 학설(환경론자의 입장)
상호작용(폭주설)	유전과 환경의 상호작용(내적인 생득적 소질과 외적인 환경의 상호작용의 결과)에 의해 발달이 이루어진다고 보는 학설
체제설	유전과 환경 및 자아의 역동 관계에 의해 발달이 이루어진다고 인식하는 학설로서 내부적 소인과 환경적 요인이 고차적으로 착용하여 하나의 새로운 체계를 이루는 역동적 과정

(3) 인간관계 메커니즘 ★★★

① 종류

㉠ 투사(Projection) : 자기 속에 억압된 것을 다른 사람의 것으로 생각하는 것

㉡ 암시(Suggestion) : 다른 사람의 판단이나 행동을 그대로 수용하는 것

㉢ 커뮤니케이션(Communication) : 갖가지 행동 양식이나 기호를 매개로 하여 어떤 사람으로부터 다른 사람에게 전달되는 과정

㉣ 모방(Imitation) : 남의 행동이나 판단을 기준으로 그에 가까운 행동을 함.

㉤ 동일화(Identification) : 다른 사람의 행동 양식이나 태도를 투입시키거나, 다른 사람 가운데서 자기와 비슷한 것을 발견하는 것

② 집단행동의 연구

㉠ 사회 측정적 연구방법(소시오메트리) ★★★ : 사회 측정법으로 집단에 있어 각 구성원 사이의 견인과 배척관계를 조사하여 어떤 개인의 집단 내에서의 관계나 위치를 발견하고 평가하는 방법(집단의 인간관계를 조사하는 방법)

㉡ 집단역학에서의 행동 ★

통제 있는 집단행동	비통제 집단행동
• 관습 • 제도적 행동 • 유행	• 군중 : 성원 사이에 지위, 역할 문화 ×, 책임감, 비판적 × • 모브 : 폭동, 감정, 공격적, 군중보다 합의성 × • 패닉 : 모브가 공격적이면 패닉은 방위적 • 심리적 전염 : 유행, 무비판적, 상당한 기간

(4) 인간의 일반적인 행동특성

① 레빈(R. Lewin)의 행동법칙 ★★★ : 인간의 행동(B)은 인간이 가진 능력과 자질, 즉 개체(P)와 주변의 심리적 환경(E)과의 상호함수관계에 있다.

$$B = f(P \cdot E)$$

B : Behavior(인간의 행동)
f : function(함수관계, P, E에 영향을 줄 수 있는 조건)
P : Person(연령, 경험, 심신상태, 성격, 지능, 소질 등)
E : Environment(심리적 환경 – 인간관계, 작업환경, 설비적 결함 등)

② 인간의 심리적인 행동특성(리스크 테이킹) ★

㉠ 객관적인 위험을 자기 편리한 대로 판단하여 의지결정을 하고 행동에 옮기는 현상

㉡ 안전태도가 양호한 자는 리스크 테이킹 정도가 적다.

㉢ 안전태도 수준이 같은 경우 작업의 달성 동기, 성격, 일의 능률, 적성배치, 심리상태 등 각종 요인의 영향으로 리스크 테이킹의 정도는 변한다.

③ Swain의 인간의 독립행동에 관한 오류 ★

㉠ Omission error : 생략오류, 누설오류, 부작위오류

㉡ Time error : 시간오류

㉢ Commission error : 작위오류

㉣ Sequential error : 순서오류

㉤ Extraneous error : 과잉행동오류

④ 기타의 행동특성 ★

㉠ 순간적인 경우의 대치 방향은 좌측(우측에 비해 2배 이상)

㉡ **동조행동** : 소속집단의 행동기준이나 원칙을 지키고 따르려고 하는 행동

㉢ **좌측보행** : 자유로운 상태에서 보행할 경우 좌측 벽면 쪽으로 보행하는 경우가 많다.

㉣ **근도반응** : 정상적인 루트가 있음에도 지름길을 택하는 현상

㉤ **생략행위** : 객관적 판단력의 약화로 나타나는 현상

⑤ 실수 및 과오의 원인 ★★★

㉠ 능력 부족

㉡ 주의 부족

㉢ 환경조건 부적당

2 재해 빈발성 및 행동과학

(1) 사고경향(사고 빈발자의 정신특성)

특성	내용
지능과 사고	• 지능에 따른 사고의 관련성은 적으며 직종에 따른 차별화 • 지적능력이 많이 소요될수록 지능 측정에 의한 선발이 효과적 • 지적능력이 적게 소요될수록 지능검사에 의한 선발은 효율성 저하
성격 특성과 사고	• 정서적 불안정, 사회적 부적응, 충동적, 외향적 성격 등 • 허영적, 쾌락 추구적, 도덕적, 결벽성 결여 등의 성격
감각운동기능과 사고	• 시각기능의 결함자는 사고 발생비율이 높게 나타남 • 반응동작(운동성)과 사고의 관련성은 일반적으로 반응속도 자체보다 반응의 정확도가 더 중요함 • 지각과 운동능력과의 불균형은 사고유발 가능성이 높다.(지각속도가 느리거나, 지각의 정확성이 불량한데 동작은 빠른 경우 사고 발생률은 증가한다.)

(2) 성격의 유형(성격의 결정요인)

① **생물학적 요인** : 신생아 때부터의 성질인 기질상의 차이가 있다는 것은 유전적 요인이 영향

② **환경적 요인(경험)** : 다양한 환경적 요인이나 개인마다 다른 경험에 의해서 성격이 형성

(3) 재해 빈발성 ★

① 재해 빈생확률

㉠ **기회설** : 개인의 문제가 아니라 작업 자체에 위험성이 많기 때문 → 교육훈련 실시 및 작업환경개선대책

㉡ **경향설** : 개인이 가지고 있는 소질이 재해를 일으킨다는 설

㉢ **암시설** : 재해를 당한 경험이 있어서 재해를 빈발한다는 설(슬럼프)

② 재해 누발자 유형 ★

유형	내용
미숙성 누발자	• 기능 미숙 • 작업환경 부적응
상황성 누발자	• 작업 자체가 어렵기 때문 • 기계설비의 결함 존재 • 주위 환경상 주의력 집중 곤란 • 심신에 근심·걱정이 있기 때문
습관성 누발자	• 경험한 재해로 인하여 대응능력 약화(겁쟁이, 신경과민) • 여러 가지 원인으로 슬럼프 상태
소질성 누발자	• 개인의 소질 중 재해 원인 요소를 가진 자(주의력 부족, 소심한 성격, 저지능, 흥분, 감각운동 부적합 등) • 특수성격의 소유자로 재해 발생 소질 소유자

(4) 동기부여

① 동기부여 방법 ★★★

㉠ 안전의 근본이념을 인식시킨다.

㉡ 안전 목표를 명확히 설정한다.

㉢ 결과의 가치를 알려준다.

㉣ 상과 벌을 준다.

㉤ 경쟁과 협동을 유도한다.

㉥ 동기유발의 최적수준을 유지하도록 한다.

② 동기부여이론

㉠ 매슬로우(Maslow)의 욕구(위계이론) 순서 – 아래서 위로! ★★★

단계		이론	설명
5단계	하위단계가 충족되어야 상위단계로 진행	자아실현의 욕구	잠재능력의 극대화, 성취의 욕구
4단계		인정받으려는 욕구	자존심, 성취감, 승진 등 자존의 욕구
3단계		사회적 욕구	소속감과 애정에 대한 욕구
2단계		안전의 욕구	자기존재에 대한 욕구, 보호받으려는 욕구
1단계		생리적 욕구	기본적 욕구로서 강도가 가장 높은 욕구

ⓛ 맥그리거(McGregor)의 X, Y이론 ★★★

ⓐ X, Y이론

X이론	Y이론
인간 불신감	상호 신뢰감
성악설	성선설
인간은 원래 게으르고 태만, 남의 지배 받기를 즐긴다.	인간은 부지런하고 근면, 적극적이며, 자주적이다.
물질욕구(저차적 욕구)	정신욕구(고차적 욕구)
명령통제에 의한 관리	목표통합과 자기통제에 의한 자율 관리
저개발국형	선진국형

ⓑ X, Y이론의 관리처방 ★

X이론의 관리처방(독재적 리더십)	Y이론의 관리처방(민주적 리더십)
• 권위주의적 리더십의 확보 • 경제적 보상체계의 강화 • 세밀한 감독과 엄격한 통제 • 상부책임제도의 강화(경영자의 간섭) • 설득, 보상, 벌, 통제에 의한 관리	• 분권화와 권한의 위임 • 민주적 리더십의 확립 • 직무확장 • 비공식적 조직의 활용 • 목표에 의한 관리 • 자체 평가제도의 활성화 • 조직목표달성을 위한 자율적인 통제

ⓒ 허즈버그(Herzberg)의 2요인이론 ★★★

ⓐ 위생–동기 이론

위생요인(직무환경, 저차원적 요구)	동기요인(직무내용, 고차원적 요구)
• 회사정책과 관리 • 개인 상호 간의 관계 • 감독 • 임금 • 보수 • 작업조건 • 지위 • 안전	• 성취감 • 책임감 • 인정감 • 성장과 발전 • 도전감 • 일 그 자체

ⓑ 위생–동기 이론의 만족 정도

요인/욕구	욕구충족이 되지 않을 경우	욕구충족이 될 경우
위생요인(불만요인)	불만 느낌	만족감 느끼지 못함
동기요인(만족요인)	불만 느끼지 않음	만족감 느낌

㉣ 알더퍼(Alderfer)의 ERG이론★★★

욕구	내용
E – 생존(존재)욕구	유기체의 생존과 유지에 관련, 의식주와 같은 기본욕구 포함(임금, 안전한 작업조건)
R – 관계욕구	타인과의 상호작용을 통하여 만족을 얻으려는 대인욕구(개인 간 관계, 소속감)
G – 성장욕구	개인의 발전과 증진에 관한 욕구, 주어진 능력이나 잠재능력을 발전시킴으로써 충족(개인의 능력개발, 창의력 발휘)

㉤ 데이비스(Davis)의 동기부여이론 ★★

- 인간의 성과 × 물질적 성과 = 경영의 성과
- 지식(knowledge) × 기능(skill) = 능력(ability)
- 상황(situation) × 태도(attitude) = 동기유발(motivation)
- 능력 × 동기유발 = 인간의 성과(human performance)

㉥ 맥클랜드(McClelland)의 성취동기이론 ★

ⓐ 성취동기이론의 특징

- 성취 그 자체에 만족한다.
- 목표설정을 중요시하고 목표를 달성할 때까지 노력한다.
- 자신이 하는 일의 구체적인 진행상황을 알기를 원한다(진행상황과 달성 결과에 대한 피드백).
- 적절한 모험을 즐기고 난이도를 잘 절충한다.
- 동료관계에 관심을 갖고 성과지향적인 동료와 일하기를 원한다.

ⓑ 성취동기이론의 모델

단계	이론	내용
1단계	성취욕구	• 어려운 일을 성취하려는 것, 스스로 능력을 성공적으로 발휘함으로써 자긍심을 높이려는 것 등에 관한 욕구 • 성공에 대한 강한 욕구를 가지고 책임을 적극적으로 수용하고, 행동에 대한 즉각적인 피드백을 선호
2단계	권력욕구	• 리더가 되어 남을 통제하는 위치에 있는 것을 선호 • 타인들로 하여금 자기가 바라는 대로 행동하도록 강요하는 경향
3단계	친화욕구	• 다른 사람들과 좋은 관계를 유지하려고 노력 • 타인들에게 친절하고 동정심이 많고 타인을 도우며 즐겁게 살려고 하는 경향

③ 욕구이론의 상호 관련성★

구분	Maslow의 욕구단계이론	Herzberg의 2요인이론	McClelland의 성취동기이론	Alderfer의 ERG이론
제1단계	생리적 욕구	위생요인	성취욕구	생존욕구(Existence)
제2단계	안전의 욕구			
제3단계	사회적 욕구		권력욕구	관계욕구(Relation)
제4단계	인정받으려는 욕구	동기요인	친화욕구	성장욕구(Growth)
제5단계	자아실현의 욕구			

④ 직무만족에 관한 이론 ★

㉠ 콜만(Coleman)의 일관성 이론

ⓐ 자기 존중을 높이는 사람은 만족 상태를 유지하기 위해 더 높은 성과를 올리며 일관성을 유지하여 사회적으로 존경받는 직업 선택

ⓑ 자기 존중을 낮게 하는 사람은 자기의 이미지와 일치하는 방식으로 행동

㉡ 브룸(Vroom)의 기대이론(3가지 원리) ★★ : 성취(P)는 모티베이션(M)과 능력(A)의 기능상 곱의 함수

$$P = f(M \times A)$$

(5) 주의와 부주의

① 주의의 3특성 ★★

㉠ **변동성** : 주의는 장시간 지속될 수 없다.

㉡ **선택성** : 주의는 한곳에만 집중할 수 있다.

㉢ **방향성** : 주의를 집중하는 곳 주변의 주의는 떨어진다.

② 부주의

㉠ 부주의의 특성 ★★★

ⓐ 부주의는 불안전한 행위나 행동뿐만 아니라 불안전한 상태에서도 통용

ⓑ 부주의란 말은 결과를 표현

ⓒ 부주의에는 발생원인이 있다.

ⓓ **부주의와 유사한 현상 구분** : 착각이나 인간능력의 한계를 초과하는 요인에 의한 동작실패는 부주의에서 제외

※ 부주의는 무의식행위나 그것에 가까운 의식의 주변에서 행해지는 행위에 한정

㉡ 부주의의 원인 및 대책 ★★

구분	원인	대책
외적 원인	작업, 환경조건 불량	환경정비
	작업순서 부적당	작업순서 조절
	작업강도	작업량, 시간, 속도 등의 조절
	기상조건	온도, 습도 등의 조절
내적 원인	소질적 요인	적성배치
	의식의 우회	상담
	경험 부족 및 미숙련	교육
	피로도	충분한 휴식
	정서불안정 등	심리적 안정 및 치료

㉢ 부주의 현상 ★★

ⓐ 의식의 우회 : 근심・걱정으로 집중하지 못함. 예 애가 아픔.

ⓑ 의식의 과잉 : 갑작스러운 사태 목격 시 멍해지는 현상(=일점 집중현상)

ⓒ 의식의 단절 : 수면상태 또는 의식을 잃어버리는 상태

ⓓ 의식의 혼란 : 경미한 자극에 주의력이 흐트러지는 현상

ⓔ 의식수준의 저하 : 단조로운 업무를 장시간 수행 시 몽롱해지는 현상(=감각차단현상)

㉣ 인간 의식단계(레벨)의 종류 및 의식수준의 5단계 ★★

단계 (phase)	뇌파패턴	의식상태(mode)	주의의 작용	생리적 상태	신뢰성
0	δ파	무의식, 실신	제로	수면, 뇌발작	없다. 0
Ⅰ	θ파	의식이 둔한 상태, 흐림, 몽롱 (subnormal)	활발하지 않음 (inactive)	피로, 단조, 졸림, 취중	낮다. 0.9
Ⅱ	α파	편안한 상태, 이완상태, 느긋함 (normal, relaxed)	수동적임 (passive)	안정적 상태, 휴식 시, 정상작업 시, 정례작업 시, 일반적으로 일을 시작할 때의 안정된 상태	다소 높다. 0.99~0.9999
Ⅲ	β파	명석한 상태, 정상의식, 분명한 의식 (normal, clear)	활발함, 적극적임 (active)	적극적 활동 시, 가장 좋은 의식수준 상태	매우 높다. 0.9999 이상
Ⅳ	γ파	흥분상태(과긴장) (hypernormal)	일점에 응집, 판단정지	긴급방위반응, 당황, 패닉	낮다. 0.9 이하

3 집단관리와 리더십

(1) 리더십의 유형

유형	개념	특징
독재적(권위주의자) 리더십 (맥그리거의 X이론 중심)	• 부하직원의 정책결정에 참여거부 • 리더의 의사에 복종 강요(리더 중심) • 집단성원의 행위는 공격적 아니면 무관심 • 집단구성원 간의 불신과 적대감	• 리더는 생산이나 효율의 극대화를 위해 완전한 통제를 하는 것이 목표
민주적 리더십 (맥그리거의 Y이론 중심)	• 집단토론이나 집단결정을 통하여 정책결정(집단 중심) • 리더나 집단에 대하여 적극적인 자세로 행동	• 참여적인 의사결정 및 목표설정(리더와 부하직원 간의 협동과 상호 의사소통이 필요)
자유방임형 (개방적) 리더십	• 집단구성원(종업원)에게 완전한 자유를 주고 리더의 권한 행사는 없음 • 집단성원 간의 합의가 안 될 경우 혼란 야기(종업원 중심)	• 리더는 자문기관으로서의 역할만 하고 부하직원들이 목표와 정책 수립

(2) 리더십과 헤드십

① 헤드십

㉠ 헤드십의 개념 : 집단 내에서 내부적으로 선출된 지도자를 리더십이라 하며, 반대로 외부에 의해 지도자가 선출되는 경우 헤드십이라 한다.

㉡ 헤드십의 권한

ⓐ 부하들의 활동 감독

ⓑ 부하들의 지배

ⓒ 처벌

② 헤드십과 리더십의 구분 ★★

구분	권한 부여 및 행사	권한 근거	상관과 부하와의 관계 및 책임귀속	부하와의 사회적 간격	지휘형태
헤드십	위에서 위임하여 임명	법적 또는 공식적	지배적, 상사	넓다	권위주의적
리더십	아래로부터의 동의에 의한 선출	개인능력	개인적인 경향, 상사와 부하	좁다	민주주의적

(3) 관리그리드의 리더십 5가지 유형 ★

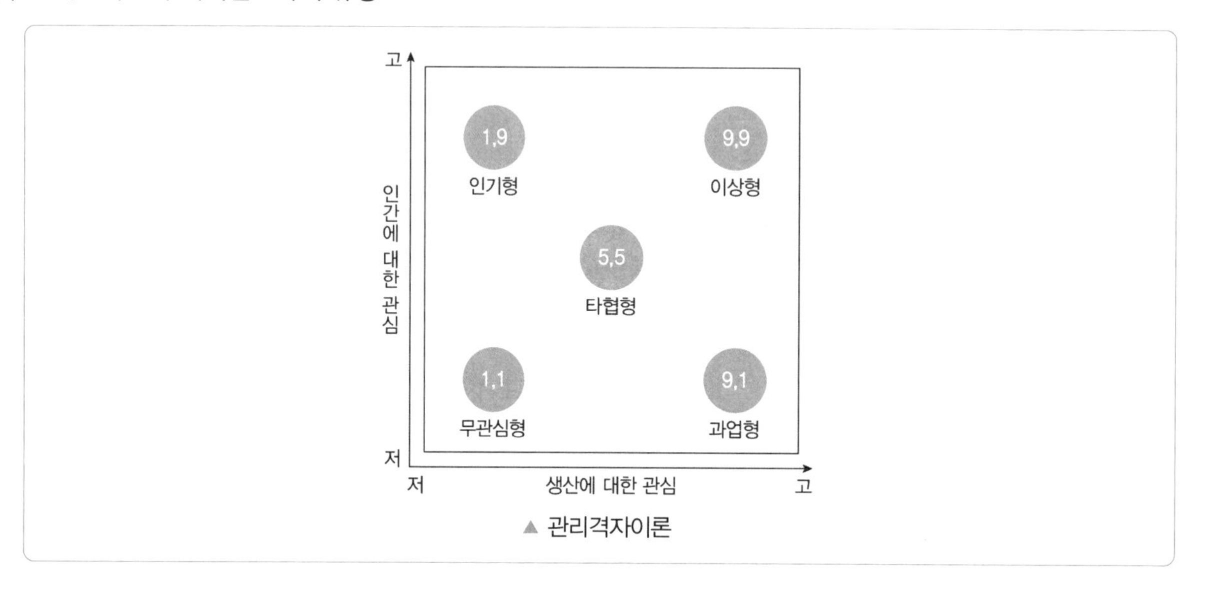

▲ 관리격자이론

① 무관심(1,1)형

- 생산과 인간에 대한 관심이 모두 낮은 무관심형
- 리더 자신의 직분을 유지하는 데 필요한 최소의 노력만을 투입하려는 리더 유형

② 인기(1,9)형

- 인간에 대한 관심은 매우 높고 생산에 대한 관심은 매우 낮은 유형
- 부서원들과의 만족스러운 관계와 친밀한 분위기를 조성하는 데 역점을 기울이는 리더 유형

③ 과업(9,1)형

- 생산에 대한 관심은 매우 높지만 인간에 대한 관심은 매우 낮은 유형
- 인간적인 요소보다도 과업수행에 대한 능력을 중요시하는 리더 유형

④ 타협(5,5)형

- 중간형(사람과 업무의 절충형)
- 과업의 생산성과 인간적 요소를 절충하여 적당한 수준의 성과를 지향하는 유형

⑤ 이상(9,9)형

4 생체리듬(Bio Rhythm)★과 피로

(1) 피로의 요인 ★★

① 개체의 조건 : 신체적·정신적 조건, 체력, 연령, 성별, 경력 등(내부인자)

② 작업조건(외부인자↓)

㉠ 질적 조건 : 작업강도(단조로움, 위험성, 복잡성, 심적·정신적 부담 등)

㉡ 양적 조건 : 작업속도, 작업시간

③ 환경조건 : 온도, 습도, 소음, 조명시설 등

④ 생활조건 : 수면, 식사, 취미활동 등

⑤ 사회적 조건 : 대인관계, 통근조건, 임금과 생활수준, 가족 간의 화목 등

(2) 피로의 측정법

① 근전도(EMG) : 근육이 수축할 때 근섬유에서 생기는 활동전위를 유도하여 증폭하여 기록한 근육활동의 전위차(말초신경에 전기자극)★

② 심전도(ECG) : 심장 근육의 전기적 변화를 전극을 통해 유도, 심전계에 입력, 증폭, 기록한 것

③ 피부전기반사(GSR) : 작업부하의 정신적 부담이 피로와 함께 증대하는 현상을 전기저항의 변화로서 측정, 정신 전류현상이라도 한다.

④ 플리커 값 : 정신적 부담이 대뇌피질에 미치는 영향을 측정한 값

플리커법(Flicker) ★★

융합한계빈도 : CFF법이라고도 한다. 사이가 벌어진 회전하는 원판으로 들어오는 광원의 빛을 단속시켜 연속광으로 보이는지 단속광으로 보이는지 경계에서의 빛의 단속 주기를 플리커 값이라고 하여 피로도 검사에 이용

(3) 작업강도와 피로

① 작업강도(에너지 대사율, RMR) : 작업강도는 휴식시간과 밀접한 관련이 있으며 이 두 조건의 적절한 조절은 작업의 능률과 생산성에 큰 영향을 줄 수 있다. 따라서 작업의 강도에 따라 에너지 소모가 다르게 나타나므로 에너지 대사율은 작업강도의 측정에 유효한 방법이다.

② 산출식 ★

• 기초대사량(BMR) : 체표면적 산출식과 기초대사량 표에 의해 산출

$$R=\frac{\text{작업 시 소비에너지}-\text{안정 시 소비에너지}}{\text{기초대사 시 소비에너지}}=\frac{\text{작업대사량}}{\text{기초대사량}}$$

작업 시 소비에너지 : 작업 중에 소비한 산소의 소모량으로 측정
안정 시 소비에너지 : 의자에 앉아서 호흡하는 동안 소비한 산소의 소모량

$$A = H^{0.725} \times W^{0.425} \times 72.46$$

A : 몸의 표면적(cm^2), H : 신장(cm), W : 체중(kg)

③ RMR에 의한 작업강도단계

단계	작업	내용
0~2 RMR	경작업	정신작업(정밀작업, 감시작업, 사무적인 작업 등)
2~4 RMR	중(中)작업	손끝으로 하는 상체작업 또는 힘이나 동작 및 속도가 작은 하체작업
4~7 RMR	중(重)작업, 강작업	힘이나 동작 및 속도가 큰 상체작업 또는 일반적인 전신작업
7 RMR 이상	초중작업	과격한 작업에 해당하는 전신작업

※ RMR7 이상은 되도록 기계화하고, RMR10 이상은 반드시 기계화 ★★

※ 작업의 지속시간

- RMR3 : 3시간 지속 가능
- RMR7 : 약 10분간 지속 가능

④ 에너지 소비수준에 영향을 미치는 인자 ★

㉠ **작업강도** : RMR 차이가 나 초중작업, 중작업, 경작업

㉡ **작업자세** : 좋은 자세는 힘이 덜 든다.

㉢ **작업방법** : 에너지가 덜 드는 작업방법을 찾는다.

㉣ **작업속도** : 속도가 빠르면 심박수도 빨라져 생리학적 부담이 증가한다.

㉤ 도구설계 에너지가 덜 드는 도구를 설계한다.

⑤ 휴식시간 산출공식 ★

$$\text{휴식시간(분) } R = \frac{60(E-S)}{E-1.5}$$

E : 작업 시 평균 에너지 소비량
60(분) : 총 작업시간
1.5(kcal/분) : 휴식시간 중의 에너지 소비량
S : 작업에 대한 평균 에너지값

(4) 생체리듬(Bio Rhythm) ★

① **생체리듬의 어원** : 인간의 생리적 주기 또는 리듬에 관한 이론

② **생체리듬의 종류 및 특징** ★★★

㉠ **육체적(신체적) 리듬** : 몸의 물리적인 상태를 나타내는 리듬으로 질병에 저항하는 면역력, 각종 체내 기관의 기능, 외부환경에 대한 신체의 반사작용 등을 알아볼 수 있는 척도로서 23일의 주기

㉡ **감성적 리듬** : 기분이나 신경계통의 상태를 나타내는 리듬으로 창조력, 대인관계, 감정의 기복 등을 알아 볼 수 있으며 28일의 주기

㉢ **지성적 리듬** : 집중력, 기억력, 논리적인 사고력, 분석력 등의 기복을 나타내는 리듬으로 주로 두뇌활동과 관련된 리듬으로 33일의 주기

③ 생체리듬(Bio리듬)의 변화 ★★

㉠ **주간 감소, 야간 증가** : 혈액의 수분 염분량

㉡ **주간 상승, 야간 감소** : 체온, 혈압, 맥박수

㉢ 특히 야간에는 체중 감소, 소화불량, 말초신경기능 저하, 피로의 자각증상 증대 등의 현상이 나타난다.

㉣ **사고 발생률이 가장 높은 시간대** ★★

ⓐ **24시간 업무 중** : 03~05시 사이

ⓑ **주간업무 중** : 오전 10~11시, 오후 15~16시 사이

(5) 위험일

① 3가지의 리듬은 안정기(+)와 불안정기(−)를 교대로 반복하면서 사인곡선을 그려 나가는데, (+)에서 (−)로 또는 (−)에서 (+)로 변하는 지점을 영(zero) 또는 위험일이라고 한다.

② 이러한 위험일에 뇌졸중은 5.4배, 자살은 6.8배나 증가한다.

Chapter 5 안전보건교육의 내용 및 방법

1 교육의 필요성과 목적

(1) 교육목적

① **교육의 정의** : 교육은 피교육자를 자연적 상태로부터 어떤 이상적인 상태로 이끌어가는 작용이다.

② **교육의 3요소** ★

㉠ **주체** : 강사

㉡ **객체** : 수강자, 학생

㉢ **매개체** : 교육내용, 교재

(2) 학습지도이론

① **학습지도의 원리** ★★

㉠ **개별화의 원리** : 학습자를 개별적 존재로 인정하며 요구와 능력에 알맞은 기회 제공

㉡ **자발성의 원리** : 학습자 스스로 능동적으로, 즉 내적 동기가 유발된 학습활동을 할 수 있도록 장려

㉢ 직관의 원리 : 언어 위주의 설명보다는 구체적 사물 제시, 직접 경험 교육
㉣ 사회화의 원리 : 집단 과정을 통한 협력적이고 우호적인 공동학습을 통한 사회화
㉤ 통합화의 원리 : 특정 부분 발전이 아니라 종합적으로 지도하는 원리, 교재적 통합과 인격적 통합 구분
㉥ 목적의 원리 : 학습목표를 분명하게 인식시켜 적극적인 학습활동에 참여 유발
㉦ 과학성의 원리 : 자연, 사회 기초지식 등을 지도하여 논리적 사고력을 발달시키는 것을 목표
㉧ 자연성의 원리 : 자유로운 분위기를 존중하며, 압박감이나 구속감을 주지 않는다.

② 학습지도이론

㉠ S-R이론(자극에 의한 반응으로 보는 이론) ★
ⓐ 시행착오설
ⓑ 조건반사설
ⓒ 접근적 조건화설
ⓓ 도구적 조건화설

㉡ 손다이크(Thorndike)의 시행착오설에 의한 학습법칙 ★
ⓐ 효과의 법칙, 준비성의 법칙, 연습의 법칙
ⓑ 준비성 → 연습/반복 → 효과

㉢ 파블로프(Pavlov)의 조건반사설(자극과 반응 이론)에 의한 학습이론의 원리 ★★
ⓐ 강도의 원리
ⓑ 일관성의 원리
ⓒ 시간의 원리
ⓓ 계속성의 원리

㉣ 톨만(Tolman)의 기호형태설 : 학습자의 머릿속에 인지적 지도 같은 인지구조를 바탕으로 학습하려는 것이다.

㉤ 합리화의 원리
ⓐ 신포도형
ⓑ 투사형
ⓒ 달콤한 레몬형
ⓓ 망상형

(3) 교육심리학의 이해

① 교육심리학의 연구방법

㉠ 관찰법

㉡ 실험법

ⓐ 관찰하려는 대상을 교육목적에 맞도록 인위적으로 조작하여 나타나는 현상을 관찰하는 방법

ⓑ 실험법의 절차

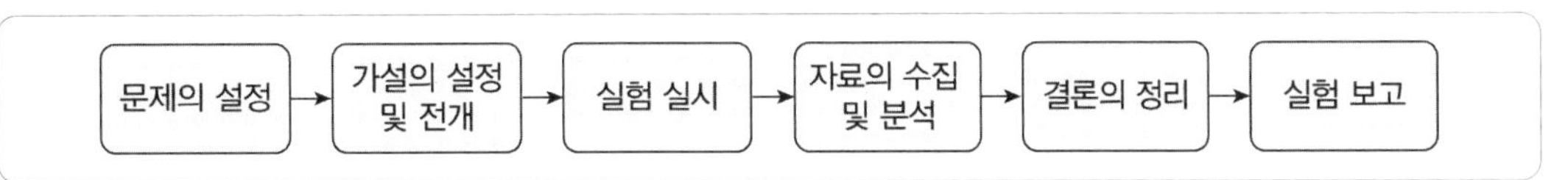

㉢ 질문지법

㉣ 면접법

㉤ 평정법

㉥ 투사법

㉦ 사례연구법

② 적응기제(適應機制, Adjustment Mechanism)

㉠ **방어기제** ★ : 자신이 조직에서 방출되지 않기 위해 방어함.

ⓐ **보상** : 결함과 무능에 의해 생긴 열등감이나 긴장을 장점 같은 것으로 그 결함을 보충하려는 행동

ⓑ **합리화** : 실패나 약점을 그럴듯한 이유로 비난받지 않도록 하거나 자위하는 행동(변명)

ⓒ **투사** : 불만이나 불안을 해소하기 위해 남에게 뒤집어씌우는 식

ⓓ **동일시** : 실현할 수 없는 적응을 타인 또는 어떤 집단에 자신과 동일한 것으로 여겨 욕구를 만족

ⓔ **승화** : 억압당한 욕구를 다른 가치 있는 목적을 실현하도록 노력하여 욕구 충족

㉡ **도피기제** ★

ⓐ **고립** : 곤란한 상황과의 접촉을 피함.

ⓑ **퇴행** : 발달단계로 역행함으로써 욕구를 충족하려는 행동

ⓒ **억압** : 불쾌한 생각, 감정을 눌러 떠오르지 않도록 함.

ⓓ **백일몽** : 공상의 세계 속에서 만족을 얻으려는 행동

※ 단어들이 모두 부정적인 의미임.

2 교육방법

(1) 교육훈련기법

① 교육과정 중 학습경험조직의 원리 ★★

㉠ **계속성** : 교육내용이나 경험을 반복적으로 조직하는 것

㉡ **계열성** : 교육내용이나 경험의 폭과 깊이를 더해지도록 조직하는 것

㉢ **통합성** : 교육내용 관련 요소들을 연관시켜 학습자 행동의 통일성을 증가시키는 것

② 학습경험선정의 원리 : 기회, 만족, 가능성, 다(多)경험, 다(多)성과, 행동의 원리

③ 안전교육의 지도 원칙(8원칙) ★★★

㉠ 상대의 입장에서 지도 교육한다(피교육자 중심 교육).

㉡ 동기부여를 충실히 한다(동기부여).

㉢ 쉬운 것에서 어려운 것으로 지도한다(level up).

㉣ 반복해서 교육한다(반복).

㉤ 인상의 강화(사실적, 구체적인 진행)

㉥ 오감(감각기관)의 활용

㉦ 기능적인 이해(요점 위주로 교육) ★

ⓐ '왜 그렇게 하지 않으면 안 되는가'에 대한 충분한 이해가 필요(암기식, 주입식 탈피)

ⓑ 기능적 이해의 효과

- 기억의 흔적이 강하게 인식되어 오랫동안 기억으로 남게 된다.
- 경솔하게 판단하거나 자기 방식으로 일을 처리하지 않게 된다.
- 손을 빼거나 기피하는 일이 없다.
- 독선적인 자기만족이 억제된다.
- 이상 발생 시 긴급조치 및 응용동작을 취할 수 있다.

㉧ 한 번에 한 가지씩 교육(교육의 성과는 양보다 질을 중시)

(2) 안전보건교육방법(TWI, O.J.T, Off.J.T. 등)

① TWI(Training Within Industry, 기업 내, 산업 내 훈련) ★★★

㉠ 교육대상자 : 관리감독자

㉡ 교육시간 : 10시간(1일 2시간씩 5일분), 한 그룹에 10명 내외

㉢ 진행방법 : 토의식과 실연법 중심으로

㉣ 훈련의 종류 ★

ⓐ Job Method Training(J.M.T) : 작업방법훈련 – 작업의 개선 방법에 대한 훈련

ⓑ Job Instruction Training(J.I.T) : 작업지도훈련 – 작업을 가르치는 기법 훈련

ⓒ Job Relations Training(J.R.T) : 인간관계훈련 – 사람을 다루는 기법 훈련

ⓓ Job Safety Training(J.S.T) : 작업안전훈련 – 작업안전에 대한 훈련

② MTP(Mamagement Training Program) · FEAF(Fast East Air Forces) ★

㉠ 교육대상자 : TWI보다 약간 높은 관리자(관리문제에 치중)

㉡ 교육시간 : 한 클래스는 10~15명, 2시간씩 20회 총 40시간을 훈련

㉢ 교육내용

ⓐ 관리의 기능

ⓑ 조직의 원칙

ⓒ 조직의 운영

ⓓ 시간관리

ⓔ 학습의 원칙

③ ATT(American Telephone & Telegram Co.) ★

㉠ **교육대상자** : 대상계층이 한정되어 있지 않다(훈련을 먼저 받은 자는 직급에 관계없이 훈련을 받지 않은 자에 대해 지도원이 될 수 있다).

㉡ **교육내용**

ⓐ 계획적인 감독

ⓑ 인원배치 및 작업의 계획

ⓒ 작업의 감독

ⓓ 공구와 자료의 보고 및 기록

ⓔ 개인작업의 개선

ⓕ 인사관계

ⓖ 종업원의 기술 향상

ⓗ 훈련

ⓘ 안전 등

④ O.J.T.(On the Job Training), Off.J.T. ★★★

구분	O.J.T	Off.J.T.
정의	현장이나 직장에서 직속 상사가 업무에 관련된 지식, 기능, 태도 등에 관하여 교육하는 실무훈련과정으로 개별교육에 적합한 교육형태	계층별 또는 직능별로 공통된 교육목적을 가진 근로자를 현장 이외의 일정한 장소에 집결시켜 실시하는 집체 교육으로 집단교육에 적합한 교육형태
교육의 형태 및 방법	현장에서의 개인에 대한 직속 상사의 개별교육 및 지도	계층별 또는 직능별(공통대상) 집합교육
특징	• 직장의 현장 실정에 맞는 구체적이고 실질적인 교육이 가능하다. • 교육의 효과가 업무에 신속히게 빈영된다. • 교육의 이해도가 빠르고 동기부여가 쉽다. • 개인의 능력과 적성에 알맞은 맞춤교육이 가능하다. • 교육으로 인해 업무가 중단되는 업무 손실이 적다. • 교육경비의 절감 효과가 있다. • 상사와의 의사소통 및 신뢰도 향상에 도움이 된다.	• 한 번에 다수의 대상을 일괄적, 조직적으로 교육할 수 있다. • 선문분야의 우수한 강사진을 초빙할 수 있다. • 교육기자재 및 특별 교재 또는 시설을 유효하게 활용할 수 있다. • 다른 분야 및 타 직장의 사람들과 지식이나 경험의 교환이 가능하다. • 업무와 분리되어 면학에 전념하는 것이 가능하다. • 교육목표를 위하여 집단적으로 협조와 협력이 가능하다. • 법규, 원리, 원칙, 개념, 이론 등의 교육에 적합하다.

(3) 학습목적과 성과

<table>
<tr><td rowspan="2">학습의 목적</td><td>구성 3요소</td><td>• 목표(학습목적과 학습목표)
• 주제(목적달성을 위한 주제)
• 학습 정도(주제를 학습시킬 범위와 내용의 정도)
※ 학습 정도의 4단계
• 인지(to acquaint)
• 지각(to know)
• 이해(to understand)
• 적용(to apply)</td></tr>
<tr><td>진행단계</td><td>인지, 지각, 이해, 적응</td></tr>
<tr><td rowspan="2">학습의 성과</td><td>개념</td><td>학습목적을 세분화하여 구체적으로 결정하는 것으로, 구체화된 학습목적 및 목표</td></tr>
<tr><td>유의사항</td><td>• 주제와 학습정의 포함
• 학습목적에 적합하고 타당할 것
• 구체적으로 서술하고 수강자의 입장에서 기술할 것</td></tr>
</table>

(4) 교육법의 4단계

① 교육방법의 4단계

단계	구분	내용
1단계	도입	동기부여 및 안정
2단계	제시	강의순서대로 진행, 교재를 통해 듣고 말하는 단계(이해)
3단계	적용	자율학습을 통해 배운 것 학습, 상호토론 및 토의 등으로 이해력 향상
4단계	확인	잘못된 이해를 수정하고 요점 정리, 복습

② 교육기능의 4단계

단계	내용
1단계	학습할 준비
2단계	작업에 대한 설명
3단계	작업을 시켜본다.
4단계	가르친 작업의 보충 지도

(5) 교육훈련의 평가방법

① 학습의 평가

㉠ 교육훈련 평가의 4단계

단계	내용
1단계	반응단계
2단계	학습단계
3단계	행동단계
4단계	결과단계

㉡ 안전교육 평가방법의 종류

종류	관찰	면접	노트	질문	시험	테스트
지식교육	▲	▲	×	▲	○	○
기능교육	▲	×	○	×	×	○
태도교육	○	○	×	▲	▲	×

② 학습평가의 기준

㉠ 타당도

㉡ 신뢰도

㉢ 객관도

㉣ 실용도

3 교육실시 방법

(1) 교수방법

① 강의법 ★ : 강의법은 가장 보편화된 방법으로 안전관리자(또는 교육담당자)가 학습자에게 직업 언어로 설명하거나 제시하여 안전수칙 등에 대한 내용을 설명하는 것으로 초보적 단계에서 효과적이다.

징점	단점
• 여러 명의 학습자에게 정보 전달이 가능하다. • 여러 수준의 지식 전달이 가능하다. • 안전관리자(또는 교육담당자)나 학습자에게 친숙한 교수법이다. • 강사의 입장에서 시간의 조정이 가능하다. • 전체적인 교육내용을 제시하는 데 유리하다. • 비교적 많은 인원을 대상으로 단시간에 지식을 부여할 수 있다.	• 안전관리자(또는 교육담당자)의 개인 능력에 따라 교육훈련의 질이 결정된다. • 학습자의 동기유발이 어렵다.

② **토의법** ★ : 토론식 교수법은 학습자와 학습자, 학습자와 교수자 사이에 정보나 아이디어, 의견 등을 나누기 위해 서로 토의하여 문제를 해결해 나가는 방식

㉠ **심포지엄(Symposium)** ★★★ : 여러 사람의 강연자가 하나의 주제에 대해서 각각 다른 입장에서 짧은 강연을 하고, 그 뒤 청중으로부터 질문이나 의견을 내어 넓은 시야에서 문제를 생각하고, 많은 사람들에 관심을 가지고, 결론을 이끌어내려고 하는 집단토론방식의 하나이다.

㉡ **포럼(Forum)** ★ : 공개토의라고도 하며, 전문가의 발표 시간은 10~20분 정도 주어진다. 포럼은 전문가와 일반 참여자가 구분되는 비대칭적 토의이다. 각자 다른 입장의 전문가가 공개적으로 자신의 의견을 옹호하고 상대의 의견을 비판하면서 논박하는 데 비중을 둔다.

㉢ **버즈세션(Buzz Session)** ★★ : 많은 사람이 시간이 별로 걸리지 않는 회의나 토론을 할 때 효과적으로 사용하는 방법이다. 전체구성원을 4~6명의 소그룹으로 나누고 각각의 소그룹이 개별적인 토의를 벌인 뒤 각 그룹의 결론을 패널형식으로 토론하고 최후의 리더가 전체적인 결론을 내리는 토의법이다. 6-6회의라고도 한다.

㉣ **브레인스토밍(Brainstorming)** ★★★ : 핵심은 아이디어의 발상 및 창작 과정에서 '좋다' 혹은 '나쁘다' 같은 아이디어의 수준을 판단하지 않고 최대한 많은 아이디어를 얻는 것으로, 어떤 생각이라도 자유롭게 말하는 '두뇌 폭풍'을 통해 창의적인 아이디어를 창출하는 것이 목표이다. 대략 6~12명의 구성원으로 진행되며 집단적 사고기법이라고 한다. 4가지의 원칙은 비판금지, 대량발언, 수정발언, 자유발언이다.

③ **실연법** : 수업에서 학습자가 설명을 듣거나 시범을 보고 일차 획득한 지적 기능이나 운동 기능을 익히기 위해서 적용 또는 연습해 보는 학습활동 또는 교수방법★

④ **프로그램학습법** ★ : 학습자가 프로그램 자료를 가지고 단독으로 학습하도록 하는 방법

⑤ **모의법** : 실제의 장면이나 상황을 인위적으로 비슷하게 만들어두고 학습하게 하는 방법

⑥ **시청각교육법** : 각종 시청각교재의 예로 영화, 환등기, TV, 괘도, 모형, 사진, 도표, 파워포인트 등을 이용하여 피교육자에 대한 교육훈련을 하는 방법

⑦ **구안법** : 참가자 스스로가 계획을 수립하고 행동하는 실천적인 학습활동 ★★

(2) 교육실행 순서 ★★

과제에 대한 목표결정 → 계획수립 → 활동 → 행동 → 평가

4 안전보건교육계획 수립 및 실시

(1) 안전보건교육의 기본방향

① 사고 사례 중심의 안전교육

② 표준작업을 위한 안전교육

③ 안전의식 향상을 위한 안전교육

(2) 안전보건교육의 단계별 교육과정 ★★★

교육 및 단계			내용
능력개발	지식교육 (제1단계)	특징	• 강의, 시청각교육 등 지식의 전달과 이해 • 다수인원에 대한 교육 가능 • 광범위한 지식의 전달 가능 • 안전의식의 제고용이 • 피교육자의 이해도 측정 곤란 • 교사의 학습 방법에 따라 차이 발생
		단계	도입(준비) → 제시(설명) → 적용(응용) → 종합, 총괄
	기능교육 (제2단계)	특징	• 시범, 견학, 현장실습을 통한 경험 체득과 이해(표준작업방법 사용) • 작업능력 및 기술능력 부여 • 작업동작의 표준화 • 교육기간의 장기화 • 다수인원 교육 곤란
		단계	학습준비 → 작업설명 → 실습 → 결과시찰
		3원칙	준비, 위험 동작의 규제, 안전작업의 표준화
인간형성	태도교육 (제3단계)	특징	• 생활지도, 작업동작지도, 안전의 습관화 및 일체감 • 자아실현욕구의 충족기회 제공 • 상사와 부하의 목표설정을 위한 대화(대인관계) • 작업자의 능력을 약간 초월하는 구체적이고 정량적인 목표설정 • 신규채용 시에도 태도교육에 중점
		단계	청취 → 이해납득 → 모범 → 평가(권장) → 장려 및 처벌
추후교육		특징	• 지식 – 기능 – 태도교육을 반복 • 정기적인 OJT 실시

(3) 안전보건교육계획

① 계획수립 절차(단계)

㉠ 교육의 필요점 및 요구사항 파악

㉡ 교육내용 및 교육방법 결정

㉢ 교육의 준비 및 실시

㉣ 교육의 성과 평가

② 계획수립 시 고려사항(포함사항) ★★★★

㉠ 교육목표

㉡ 교육의 종류 및 교육대상

㉢ 교육과목 및 교육내용

㉣ 교육장소 및 교육방법

㉤ 교육기간 및 시간

ⓑ 교육담당자 및 강사

5 교육내용

(1) 근로자

① 정기 안전보건교육내용

㉠ 산업안전 및 사고 예방에 관한 사항
㉡ 산업보건 및 직업병 예방에 관한 사항
㉢ 위험성평가에 관한 사항
㉣ 건강증진 및 질병 예방에 관한 사항
㉤ 유해·위험 작업환경 관리에 관한 사항
㉥ 산업안전보건법령 및 산업재해보상보험 제도에 관한 사항
㉦ 직무스트레스 예방 및 관리에 관한 사항
㉧ 직장 내 괴롭힘, 고객의 폭언 등으로 인한 건강장해 예방 및 관리에 관한 사항

② 채용 시 및 작업내용 변경 시 안전보건교육내용 ★

㉠ 산업안전 및 사고 예방에 관한 사항
㉡ 산업보건 및 직업병 예방에 관한 사항
㉢ 위험성평가에 관한 사항
㉣ 산업안전보건법령 및 산업재해보상보험 제도에 관한 사항
㉤ 직무스트레스 예방 및 관리에 관한 사항
㉥ 직장 내 괴롭힘, 고객의 폭언 등으로 인한 건강장해 예방 및 관리에 관한 사항
㉦ 기계·기구의 위험성과 작업의 순서 및 동선에 관한 사항
㉧ 작업 개시 전 점검에 관한 사항
㉨ 정리정돈 및 청소에 관한 사항
㉩ 사고 발생 시 긴급조치에 관한 사항
㉪ 물질안전보건자료에 관한 사항

(2) 관리감독자

① 정기 안전보건교육내용 ★★★

㉠ 산업안전 및 사고 예방에 관한 사항
㉡ 산업보건 및 직업병 예방에 관한 사항
㉢ 위험성평가에 관한 사항
㉣ 유해·위험 작업환경 관리에 관한 사항
㉤ 산업안전보건법령 및 산업재해보상보험 제도에 관한 사항

ⓗ 직무스트레스 예방 및 관리에 관한 사항
ⓢ 직장 내 괴롭힘, 고객의 폭언 등으로 인한 건강장해 예방 및 관리에 관한 사항
ⓞ 작업공정의 유해·위험과 재해 예방대책에 관한 사항
ⓩ 사업장 내 안전보건관리체제 및 안전·보건조치 현황에 관한 사항
ⓒ 표준안전 작업방법 결정 및 지도·감독 요령에 관한 사항
ⓚ 현장근로자와의 의사소통능력 및 강의능력 등 안전보건교육 능력 배양에 관한 사항
ⓣ 비상시 또는 재해 발생 시 긴급조치에 관한 사항
ⓟ 그 밖의 관리감독자의 직무에 관한 사항

② 채용 시 및 작업내용 변경 시 안전보건교육내용

㉠ 산업안전 및 사고 예방에 관한 사항
㉡ 산업보건 및 직업병 예방에 관한 사항
㉢ 위험성평가에 관한 사항
㉣ 산업안전보건법령 및 산업재해보상보험 제도에 관한 사항
㉤ 직무스트레스 예방 및 관리에 관한 사항
㉥ 직장 내 괴롭힘, 고객의 폭언 등으로 인한 건강장해 예방 및 관리에 관한 사항
㉦ 기계·기구의 위험성과 작업의 순서 및 동선에 관한 사항
㉧ 작업 개시 전 점검에 관한 사항
㉨ 물질안전보건자료에 관한 사항
㉩ 사업장 내 안전보건관리체제 및 안전·보건조치 현황에 관한 사항
㉪ 표준안전 작업방법 결정 및 지도·감독 요령에 관한 사항
㉫ 비상시 또는 재해 발생 시 긴급조치에 관한 사항
㉬ 그 밖의 관리감독자의 직무에 관한 사항

(3) 특별교육 대상 작업별 교육내용

[특별교육 대상 작업별 교육] ★★

작업명	교육내용
〈개별내용〉 1. 고압실 내 작업(잠함공법이나 그 밖의 압기공법으로 대기압을 넘는 기압인 작업실 또는 수갱 내부에서 하는 작업만 해당한다)	• 고기압 장해의 인체에 미치는 영향에 관한 사항 • 작업의 시간·작업 방법 및 절차에 관한 사항 • 압기공법에 관한 기초지식 및 보호구 착용에 관한 사항 • 이상 발생 시 응급조치에 관한 사항 • 그 밖에 안전·보건관리에 필요한 사항

2. 아세틸렌 용접장치 또는 가스집합 용접장치를 사용하는 금속의 용접·용단 또는 가열작업(발생기·도관 등에 의하여 구성되는 용접장치만 해당한다)	• 용접 흄, 분진 및 유해광선 등의 유해성에 관한 사항 • 가스용접기, 압력조정기, 호스 및 취관두(불꽃이 나오는 용접기의 앞부분) 등의 기기점검에 관한 사항 • 작업방법·순서 및 응급처치에 관한 사항 • 안전기 및 보호구 취급에 관한 사항 • 화재예방 및 초기대응에 관한 사항 • 그 밖에 안전·보건관리에 필요한 사항
3. 밀폐된 장소(탱크 내 또는 환기가 극히 불량한 좁은 장소를 말한다)에서 하는 용접작업 또는 습한 장소에서 하는 전기용접 작업 ★	• 작업순서, 안전작업방법 및 수칙에 관한 사항 • 환기설비에 관한 사항 • 전격 방지 및 보호구 착용에 관한 사항 • 질식 시 응급조치에 관한 사항 • 작업환경 점검에 관한 사항 • 그 밖에 안전·보건관리에 필요한 사항
4. 폭발성·물반응성·자기반응성·자기발열성 물질, 자연발화성 액체·고체 및 인화성 액체의 제조 또는 취급 작업(시험연구를 위한 취급 작업은 제외한다)	• 폭발성·물반응성·자기반응성·자기발열성 물질, 자연발화성 액체·고체 및 인화성 액체의 성질이나 상태에 관한 사항 • 폭발 한계점, 발화점 및 인화점 등에 관한 사항 • 취급방법 및 안전수칙에 관한 사항 • 이상 발견 시의 응급처치 및 대피 요령에 관한 사항 • 화기·정전기·충격 및 자연발화 등의 위험 방지에 관한 사항 • 작업순서, 취급주의사항 및 방호거리 등에 관한 사항 • 그 밖에 안전·보건관리에 필요한 사항
5. 액화석유가스·수소가스 등 인화성 가스 또는 폭발성 물질 중 가스의 발생장치 취급 작업	• 취급가스의 상태 및 성질에 관한 사항 • 발생장치 등의 위험 방지에 관한 사항 • 고압가스 저장설비 및 안전취급방법에 관한 사항 • 설비 및 기구의 점검 요령 • 그 밖에 안전·보건관리에 필요한 사항
6. 화학설비 중 반응기, 교반기·추출기의 사용 및 세척 작업	• 각 계측장치의 취급 및 주의에 관한 사항 • 투시창·수위 및 유량계 등의 점검 및 밸브의 조작주의에 관한 사항 • 세척액의 유해성 및 인체에 미치는 영향에 관한 사항 • 작업절차에 관한 사항 • 그 밖에 안전·보건관리에 필요한 사항
7. 화학설비의 탱크 내 작업	• 차단장치·정지장치 및 밸브 개폐장치의 점검에 관한 사항 • 탱크 내의 산소농도 측정 및 작업환경에 관한 사항 • 안전보호구 및 이상 발생 시 응급조치에 관한 사항 • 작업절차·방법 및 유해·위험에 관한 사항 • 그 밖에 안전·보건관리에 필요한 사항

8. 분말·원재료 등을 담은 호퍼(하부가 깔대기 모양으로 된 저장통)·저장창고 등 저장탱크의 내부작업	• 분말·원재료의 인체에 미치는 영향에 관한 사항 • 저장탱크 내부작업 및 복장보호구 착용에 관한 사항 • 작업의 지정·방법·순서 및 작업환경 점검에 관한 사항 • 팬·풍기(風旗) 조작 및 취급에 관한 사항 • 분진폭발에 관한 사항 • 그 밖에 안전·보건관리에 필요한 사항
9. 다음 각 목에 정하는 설비에 의한 물건의 가열·건조작업 가. 건조설비 중 위험물 등에 관계되는 설비로 속부피가 1세제곱미터 이상인 것 나. 건조설비 중 가목의 위험물 등 외의 물질에 관계되는 설비로서, 연료를 열원으로 사용하는 것(그 최대연소 소비량이 매 시간당 10킬로그램 이상인 것만 해당한다) 또는 전력을 열원으로 사용하는 것(정격소비전력이 10킬로와트 이상인 경우만 해당한다)	• 건조설비 내외면 및 기기기능의 점검에 관한 사항 • 복장보호구 착용에 관한 사항 • 건조 시 유해가스 및 고열 등이 인체에 미치는 영향에 관한 사항 • 건조설비에 의한 화재·폭발 예방에 관한 사항
10. 다음 각 목에 해당하는 집재장치(집재기·가선·운반기구·지주 및 이들에 부속하는 물건으로 구성되고, 동력을 사용하여 원목 또는 장작과 숯을 담아 올리거나 공중에서 운반하는 설비를 말한다)의 조립, 해체, 변경 또는 수리작업 및 이들 설비에 의한 집재 또는 운반 작업 가. 원동기의 정격출력이 7.5킬로와트를 넘는 것 나. 지간의 경사거리 합계가 350미터 이상인 것 다. 최대사용하중이 200킬로그램 이상인 것	• 기계의 브레이크 비상정지장치 및 운반경로, 각종 기능 점검에 관한 사항 • 작업시작 전 준비사항 및 작업방법에 관한 사항 • 취급물의 유해·위험에 관한 사항 • 구조상의 이상 시 응급처치에 관한 사항 • 그 밖에 안전·보건관리에 필요한 사항
11. 동력에 의하여 작동되는 프레스기계를 5대 이상 보유한 사업장에서 해당 기계로 하는 작업	• 프레스의 특성과 위험성에 관한 사항 • 방호장치 종류와 취급에 관한 사항 • 안전작업방법에 관한 사항 • 프레스 안전기준에 관한 사항 • 그 밖에 안전·보건관리에 필요한 사항
12. 목재가공용 기계[둥근톱기계, 띠톱기계, 대패기계, 모떼기기계 및 라우터기(목재를 자르거나 홈을 파는 기계)만 해당하며, 휴대용은 제외한다]를 5대 이상 보유한 사업장에서 해당 기계루 하는 작업	• 목재가공용 기계의 특성과 위험성에 관한 사항 • 방호장치의 종류와 구조 및 취급에 관한 사항 • 안전기준에 관한 사항 • 안전작업방법 및 목재 취급에 관한 사항 • 그 밖에 안전·보건관리에 필요한 사항
13. 운반용 등 하역기계를 5대 이상 보유한 사업장에서의 해당 기계로 하는 작업	• 운반하역기계 및 부속설비의 점검에 관한 사항 • 작업순서와 방법에 관한 사항 • 안전운전방법에 관한 사항 • 화물의 취급 및 작업신호에 관한 사항 • 그 밖에 안전·보건관리에 필요한 사항

14. 1톤 이상의 크레인을 사용하는 작업 또는 1톤 미만의 크레인 또는 호이스트를 5대 이상 보유한 사업장에서 해당 기계로 하는 작업(제39호의 작업은 제외한다)	• 방호장치의 종류, 기능 및 취급에 관한 사항 • 걸고리 · 와이어로프 및 비상정지장치 등의 기계 · 기구 점검에 관한 사항 • 화물의 취급 및 안전작업방법에 관한 사항 • 신호방법 및 공동작업에 관한 사항 • 인양 물건의 위험성 및 낙하 · 비래(飛來) · 충돌재해 예방에 관한 사항 • 인양물이 적재될 지반의 조건, 인양하중, 풍압 등이 인양물과 타워크레인에 미치는 영향 • 그 밖에 안전 · 보건관리에 필요한 사항
15. 건설용 리프트 · 곤돌라를 이용한 작업	• 방호장치의 기능 및 사용에 관한 사항 • 기계, 기구, 달기체인 및 와이어 등의 점검에 관한 사항 • 화물의 권상 · 권하 작업방법 및 안전작업 지도에 관한 사항 • 기계 · 기구에 특성 및 동작원리에 관한 사항 • 신호방법 및 공동작업에 관한 사항 • 그 밖에 안전 · 보건관리에 필요한 사항
16. 주물 및 단조(금속을 두들기거나 눌러서 형체를 만드는 일) 작업	• 고열물의 재료 및 작업환경에 관한 사항 • 출탕 · 주조 및 고열물의 취급과 안전작업방법에 관한 사항 • 고열작업의 유해 · 위험 및 보호구 착용에 관한 사항 • 안전기준 및 중량물 취급에 관한 사항 • 그 밖에 안전 · 보건관리에 필요한 사항
17. 전압이 75볼트 이상인 정전 및 활선작업	• 전기의 위험성 및 전격 방지에 관한 사항 • 해당 설비의 보수 및 점검에 관한 사항 • 정전작업 · 활선작업 시의 안전작업방법 및 순서에 관한 사항 • 절연용 보호구, 절연용 보호구 및 활선작업용 기구 등의 사용에 관한 사항 • 그 밖에 안전 · 보건관리에 필요한 사항
18. 콘크리트 파쇄기를 사용하여 하는 파쇄작업(2미터 이상인 구축물의 파쇄작업만 해당한다)	• 콘크리트 해체 요령과 방호거리에 관한 사항 • 작업안전조치 및 안전기준에 관한 사항 • 파쇄기의 조작 및 공통작업 신호에 관한 사항 • 보호구 및 방호장비 등에 관한 사항 • 그 밖에 안전 · 보건관리에 필요한 사항
19. 굴착면의 높이가 2미터 이상이 되는 지반 굴착(터널 및 수직갱 외의 갱 굴착은 제외한다)작업	• 지반의 형태 · 구조 및 굴착 요령에 관한 사항 • 지반의 붕괴재해 예방에 관한 사항 • 붕괴 방지용 구조물 설치 및 작업방법에 관한 사항 • 보호구의 종류 및 사용에 관한 사항 • 그 밖에 안전 · 보건관리에 필요한 사항

20. 흙막이 지보공의 보강 또는 동바리를 설치하거나 해체하는 작업	• 작업안전 점검 요령과 방법에 관한 사항 • 동바리의 운반 · 취급 및 설치 시 안전작업에 관한 사항 • 해체작업 순서와 안전기준에 관한 사항 • 보호구 취급 및 사용에 관한 사항 • 그 밖에 안전 · 보건관리에 필요한 사항
21. 터널 안에서의 굴착작업(굴착용 기계를 사용하여 하는 굴착작업 중 근로자가 칼날 밑에 접근하지 않고 하는 작업은 제외한다) 또는 같은 작업에서의 터널 거푸집 지보공의 조립 또는 콘크리트 작업	• 작업환경의 점검 요령과 방법에 관한 사항 • 붕괴 방지용 구조물 설치 및 안전작업 방법에 관한 사항 • 재료의 운반 및 취급 · 설치의 안전기준에 관한 사항 • 보호구의 종류 및 사용에 관한 사항 • 소화설비의 설치장소 및 사용방법에 관한 사항 • 그 밖에 안전 · 보건관리에 필요한 사항
22. 굴착면의 높이가 2미터 이상이 되는 암석의 굴착작업	• 폭발물 취급 요령과 대피 요령에 관한 사항 • 안전거리 및 안전기준에 관한 사항 • 방호물의 설치 및 기준에 관한 사항 • 보호구 및 신호방법 등에 관한 사항 • 그 밖에 안전 · 보건관리에 필요한 사항
23. 높이가 2미터 이상인 물건을 쌓거나 무너뜨리는 작업(하역기계로만 하는 작업은 제외한다)	• 원부재료의 취급 방법 및 요령에 관한 사항 • 물건의 위험성 · 낙하 및 붕괴재해 예방에 관한 사항 • 적재방법 및 전도 방지에 관한 사항 • 보호구 착용에 관한 사항 • 그 밖에 안전 · 보건관리에 필요한 사항
24. 선박에 짐을 쌓거나 부리거나 이동시키는 작업	• 하역 기계 · 기구의 운전방법에 관한 사항 • 운반 · 이송경로의 안전작업방법 및 기준에 관한 사항 • 중량물 취급 요령과 신호 요령에 관한 사항 • 작업안전 점검과 보호구 취급에 관한 사항 • 그 밖에 안전 · 보건관리에 필요한 사항
25. 거푸집 동바리의 조립 또는 해체작업	• 동바리의 조립방법 및 작업절차에 관한 사항 • 조립재료의 취급방법 및 설치기준에 관한 사항 • 조립 해체 시의 사고 예방에 관한 사항 • 보호구 착용 및 점검에 관한 사항 • 그 밖에 안전 · 보건관리에 필요한 사항
26. 비계의 조립 · 해체 또는 변경작업	• 비계의 조립순서 및 방법에 관한 사항 • 비계작업의 재료 취급 및 설치에 관한 사항 • 추락재해 방지에 관한 사항 • 보호구 착용에 관한 사항 • 비계상부 작업 시 최대 적재하중에 관한 사항 • 그 밖에 안전 · 보건관리에 필요한 사항

27. 건축물의 골조, 다리의 상부구조 또는 탑의 금속제의 부재로 구성되는 것(5미터 이상인 것만 해당한다)의 조립·해체 또는 변경작업	• 건립 및 버팀대의 설치순서에 관한 사항 • 조립 해체 시의 추락재해 및 위험요인에 관한 사항 • 건립용 기계의 조작 및 작업신호 방법에 관한 사항 • 안전장비 착용 및 해체순서에 관한 사항 • 그 밖에 안전·보건관리에 필요한 사항
28. 처마 높이가 5미터 이상인 목조건축물의 구조 부재의 조립이나 건축물의 지붕 또는 외벽 밑에서의 설치작업	• 붕괴·추락 및 재해 방지에 관한 사항 • 부재의 강도·재질 및 특성에 관한 사항 • 조립·설치 순서 및 안전작업방법에 관한 사항 • 보호구 착용 및 작업 점검에 관한 사항 • 그 밖에 안전·보건관리에 필요한 사항
29. 콘크리트 인공구조물(그 높이가 2미터 이상인 것만 해당한다)의 해체 또는 파괴작업	• 콘크리트 해체기계의 점점에 관한 사항 • 파괴 시의 안전거리 및 대피 요령에 관한 사항 • 작업방법·순서 및 신호 방법 등에 관한 사항 • 해체·파괴 시의 작업안전기준 및 보호구에 관한 사항 • 그 밖에 안전·보건관리에 필요한 사항
30. 타워크레인을 설치(상승작업을 포함한다)·해체하는 작업	• 붕괴·추락 및 재해 방지에 관한 사항 • 설치·해체 순서 및 안전작업방법에 관한 사항 • 부재의 구조·재질 및 특성에 관한 사항 • 신호방법 및 요령에 관한 사항 • 이상 발생 시 응급조치에 관한 사항 • 그 밖에 안전·보건관리에 필요한 사항
31. 보일러(소형 보일러 및 다음 각 목에서 정하는 보일러는 제외한다)의 설치 및 취급 작업 가. 몸통 반지름이 750밀리미터 이하이고 그 길이가 1,300밀리미터 이하인 증기보일러 나. 전열면적이 3제곱미터 이하인 증기보일러 다. 전열면적이 14제곱미터 이하인 온수보일러 라. 전열면적이 30제곱미터 이하인 관류보일러(물관을 사용하여 가열시키는 방식의 보일러)	• 기계 및 기기 점화장치 계측기의 점검에 관한 사항 • 열관리 및 방호장치에 관한 사항 • 작업순서 및 방법에 관한 사항 • 그 밖에 안전·보건관리에 필요한 사항
32. 게이지 압력을 제곱센티미터당 1킬로그램 이상으로 사용하는 압력용기의 설치 및 취급 작업	• 안전시설 및 안전기준에 관한 사항 • 압력용기의 위험성에 관한 사항 • 용기 취급 및 설치기준에 관한 사항 • 작업안전 점검 방법 및 요령에 관한 사항 • 그 밖에 안전·보건관리에 필요한 사항
33. 방사선 업무에 관계되는 작업(의료 및 실험용은 제외한다) ★	• 방사선의 유해·위험 및 인체에 미치는 영향 • 방사선의 측정기기 기능의 점검에 관한 사항 • 방호거리·방호벽 및 방사선물질의 취급 요령에 관한 사항 • 응급처치 및 보호구 착용에 관한 사항 • 그 밖에 안전·보건관리에 필요한 사항

34. 밀폐공간에서의 작업	• 산소농도 측정 및 작업환경에 관한 사항 • 사고 시의 응급처치 및 비상시 구출에 관한 사항 • 보호구 착용 및 보호 장비 사용에 관한 사항 • 작업내용 · 안전작업방법 및 절차에 관한 사항 • 장비 · 설비 및 시설 등의 안전점검에 관한 사항 • 그 밖에 안전 · 보건관리에 필요한 사항
35. 허가 및 관리 대상 유해물질의 제조 또는 취급 작업	• 취급물질의 성질 및 상태에 관한 사항 • 유해물질이 인체에 미치는 영향 • 국소배기장치 및 안전설비에 관한 사항 • 안전작업방법 및 보호구 사용에 관한 사항 • 그 밖에 안전 · 보건관리에 필요한 사항
36. 로봇작업	• 로봇의 기본원리 · 구조 및 작업방법에 관한 사항 • 이상 발생 시 응급조치에 관한 사항 • 안전시설 및 안전기준에 관한 사항 • 조작방법 및 작업순서에 관한 사항
37. 석면해체 · 제거작업	• 석면의 특성과 위험성 • 석면해체 · 제거의 작업방법에 관한 사항 • 장비 및 보호구 사용에 관한 사항 • 그 밖에 안전 · 보건관리에 필요한 사항
38. 가연물이 있는 장소에서 하는 화재위험작업	• 작업준비 및 작업절차에 관한 사항 • 작업장 내 위험물, 가연물의 사용 · 보관 · 설치 현황에 관한 사항 • 화재위험작업에 따른 인근 인화성 액체에 대한 방호조치에 관한 사항 • 화재위험작업으로 인한 불꽃, 불티 등의 흩날림 방지조치에 관한 사항 • 인화성 액체의 증기가 남아 있지 않도록 환기 등의 조치에 관한 사항 • 화재감시자의 직무 및 피난교육 등 비상조치에 관한 사항 • 그 밖에 안전 · 보건관리에 필요한 사항
39. 타워크레인을 사용하는 작업 시 신호업무를 하는 작업 ★	• 타워크레인의 기계적 특성 및 방호장치 등에 관한 사항 • 화물의 취급 및 안전작업방법에 관한 사항 • 신호방법 및 요령에 관한 사항 • 인양 물건의 위험성 및 낙하 · 비래 · 충돌재해 예방에 관한 사항 • 인양물이 적재될 지반의 조건, 인양하중, 풍압 등이 인양물과 타워크레인에 미치는 영향 • 그 밖에 안전 · 보건관리에 필요한 사항

(4) 건설업 기초안전보건교육에 대한 내용 및 시간

교육내용	시간
건설공사의 종류(건축・토목 등) 및 시공 절차	1시간
산업재해 유형별 위험요인 및 안전보건조치	2시간
안전보건관리체제 현황 및 산업안전보건 관련 근로자 권리・의무	1시간

(5) 안전보건교육 교육과정별 교육시간 ★

① 근로자 안전보건교육

<table>
<tr><th>교육과정</th><th colspan="2">교육대상</th><th>교육시간</th></tr>
<tr><td rowspan="3">정기교육</td><td colspan="2">사무직 종사 근로자</td><td>매 반기 6시간 이상</td></tr>
<tr><td rowspan="2">그 밖의 근로자</td><td>판매업무에 직접 종사하는 근로자</td><td>매 반기 6시간 이상</td></tr>
<tr><td>판매업무에 직접 종사하는 근로자 외의 근로자</td><td>매 반기 12시간 이상</td></tr>
<tr><td rowspan="3">채용 시 교육</td><td colspan="2">일용근로자 및 근로계약기간이 1주일 이하인 기간제 근로자</td><td>1시간 이상</td></tr>
<tr><td colspan="2">근로계약기간이 1주일 초과 1개월 이하인 기간제근로자</td><td>4시간 이상</td></tr>
<tr><td colspan="2">그 밖의 근로자</td><td>8시간 이상</td></tr>
<tr><td rowspan="2">작업내용 변경 시 교육 ★</td><td colspan="2">일용근로자 및 근로계약기간이 1주일 이하인 기간제 근로자</td><td>1시간 이상</td></tr>
<tr><td colspan="2">그 밖의 근로자</td><td>2시간 이상</td></tr>
<tr><td rowspan="3">특별교육</td><td colspan="2">일용근로자 및 근로계약기간이 1주일 이하인 기간제 근로자 : 특별교육 대상 작업별 교육(제39호는 제외)에 해당하는 작업에 종사하는 근로자에 한정한다.</td><td>2시간 이상</td></tr>
<tr><td colspan="2">일용근로자 및 근로계약기간이 1주일 이하인 기간제 근로자 : 특별교육 대상 작업별 교육 제39호에 해당하는 작업에 종사하는 근로자에 한정한다.</td><td>8시간 이상</td></tr>
<tr><td colspan="2">일용근로자 및 근로계약기간이 1주일 이하인 기간제 근로자를 제외한 근로자 : 특별교육 대상 작업별 교육에 해당하는 작업에 종사하는 근로자에 한정한다.</td><td>• 16시간 이상(최초 작업에 종사하기 전 4시간 이상 실시하고 12시간은 3개월 이내에서 분할하여 실시 가능)
• 단기간 작업 또는 간헐적 작업인 경우에는 2시간 이상</td></tr>
<tr><td>건설업 기초안전・보건교육</td><td colspan="2">건설 일용근로자</td><td>4시간 이상</td></tr>
</table>

② 관리감독자 안전보건교육

교육과정	교육시간
정기교육	연간 16시간 이상
채용 시 교육	8시간 이상
작업내용 변경 시 교육	2시간 이상
특별교육	16시간 이상(최초 작업에 종사하기 전 4시간 이상 실시하고, 12시간은 3개월 이내에서 분할하여 실시 가능)
	단기간 작업 또는 간헐적 작업인 경우에는 2시간 이상

③ 안전보건관리책임자 등에 관한 교육 ★

교육대상	교육시간	
	신규교육	보수교육
안전보건관리책임자	6시간 이상	6시간 이상
안전관리자, 안전관리전문기관의 종사자	34시간 이상	24시간 이상
보건관리자, 보건관리전문기관의 종사자	34시간 이상	24시간 이상
건설재해예방전문지도기관의 종사자	34시간 이상	24시간 이상
석면조사기관의 종사자	34시간 이상	24시간 이상
안전보건관리담당자	–	8시간 이상
안전검사기관, 자율안전검사기관의 종사자	34시간 이상	24시간 이상

④ 특수형태근로종사자에 대한 안전보건교육

교육과정	교육시간
최초 노무제공 시 교육	2시간 이상(단기간 작업 또는 간헐적 작업에 노무를 제공하는 경우에는 1시간 이상 실시하고, 특별교육을 실시한 경우는 면제)
특별교육	16시간 이상(최초 작업에 종사하기 전 4시간 이상 실시하고 12시간은 3개월 이내에서 분할하여 실시 가능)
	단기간 작업 또는 간헐적 작업인 경우에는 2시간 이상

⑤ 검사원 성능검사 교육

교육과정	교육대상	교육시간
성능검사 교육	–	28시간 이상

인간공학 및 위험성 평가 · 관리

Chapter 1 안전과 인간공학

1 인간공학의 정의

(1) 정의 및 목적

① 인간공학의 정의

㉠ 인간을 중심에 두고 더욱 효과적이고 안전한 시스템을 설계하기 위한 수단을 연구하는 학문

㉡ 인간이 편리하게 사용할 수 있도록 기계설비 및 환경을 설계하는 과정을 인간공학이라 한다(인간의 편리성을 위한 설계).

㉢ 기계나 도구, 환경 따위를 인간의 해부학, 생리학, 심리학적 특성에 알맞게 하기 위한 연구를 하는 학문

㉣ 'ergonomics' 또는 'human factor'라고 부른다.

② 인간공학의 목적 ★★★ : 인간-기계 시스템 구성요소의 최적설계를 통해 인간-기계 간의 상호작용을 개선하여 시스템의 성능을 높인다.

사회적, 인간적 측면	• 사용상의 효율성 및 편리성 향상 • 안정감 및 만족도를 증가시키고 인간의 가치기준을 향상(삶의 질적 향상) • 인간-기계 시스템에 대하여 인간의 복지, 안락함, 효율성을 향상시키는 것
산업현장 및 작업장 측면	• 안전성 향상 및 사고예방 • 직업능률 및 생산성 증대 • 작업환경의 쾌적성

(2) 배경 및 필요성

① 인간공학의 필요성 및 기대효과 ★

㉠ 작업자의 안전과 작업능률 향상

㉡ 산업재해 감소

㉢ 생산원가 절감

㉣ 재해로 인한 직무손실 감소

㉤ 직무만족도 향상

㉥ 기업의 이미지와 상품 선호도 향상으로 경쟁력 상승

㉦ 노사 간의 신뢰 구축

(3) 작업관리와 인간공학

작업관리를 인간공학적으로 우리의 실정에 맞게 수정・개선하고, 문화적・사회적 여건에 따라 실행전략을 구축하는 단계가 필요하다.

(4) 사업장에서의 인간공학 적용분야

① 사업장에서의 인간공학 적용분야 ★

㉠ 작업 관련성 유해・위험작업 분석(작업환경 분석)

㉡ 제품설계에 있어 인간에 대한 안전성 평가(장비, 공구 설계)

㉢ 작업 공간의 설계

㉣ 인간-기계 인터페이스 디자인

㉤ 재해 및 질병예방

② 인간공학의 기본적인 가정 ★

㉠ 인간 기능의 효율은 인간-기계 시스템의 효율과 연계된다.

㉡ 인간에게 적절한 동기부여가 된다면 좀 더 나은 성과를 얻게 된다.

㉢ 인간의 신체적, 심리적 능력 한계를 고려하여 인간에게 적절한 형태로 작업을 맞추는 것으로 개인의 시스템에서 효과적으로 기능을 하지 못하면 시스템의 수행도는 낮아진다.

㉣ 장비, 물건, 환경 특성이 인간의 수행도와 인간-기계 시스템의 성과에 영향을 준다.

2 인간 – 기계체계

(1) 인간-기계 시스템의 기본기능 ★★

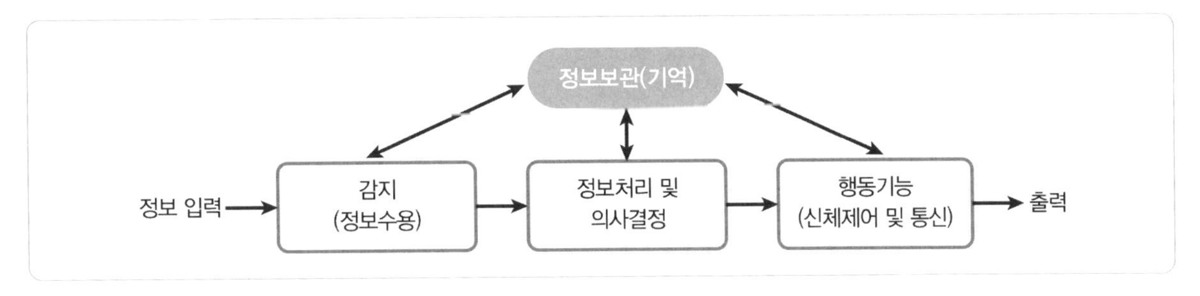

(2) 시스템의 특성

① 인간과 기계의 성능 비교 ★★

인간이 우수한 기능	기계가 우수한 기능
귀납적 추리	연역적 추리
과부하 상태에서 선택	과부하 상태에서도 효율적

② 인간-기계 시스템의 유형 및 기능 ★

유형	기능
수동시스템	• 인간의 신체적인 힘을 동력으로 사용하여 작업통제(동력원 제어 : 사람, 수공구나 기타 보조물을 사용) • 다양성 있는 체계로 역할할 수 있는 능력을 최대한 활용하는 시스템(융통성이 있는 운용 가능)
기계화시스템	• 반자동체계, 변화가 적은 기능들을 수행하도록 설계(고도로 통합된 부품들로 구성되며 융통성이 없는 체계) • 기계가 동력을 제공하며, 조정장치를 사용하는 통제는 사람이 담당
자동화시스템	• 감지, 정보처리 및 의사결정 행동을 포함한 모든 임무 수행(기계동력원 및 운전, 프로그램 감시 또는 통제, 관리) • 대부분의 폐회로 체계이며, 설계, 설치, 감시, 프로그램 작성 및 수정 정비, 유지 등은 사람이 담당

③ 인간-기계 시스템의 설계 과정 ★★★

㉠ **제1단계 : 목표 및 성능명세 결정** – 시스템 설계 전 그 목적이나 존재 이유가 있어야 함(인간 요소적인 면, 신체의 역학적 특성 및 인체측정학적 요소 고려).

㉡ **제2단계 : 시스템(체계)의 정의** – 목적을 달성하기 위한 특정한 기본기능들이 수행되어야 함.

㉢ **제3단계 : 기본 설계** – 시스템의 형태를 갖추기 시작하는 단계(직무분석, 작업설계, 기능할당)

㉣ **제4단계 : 계면(인터페이스) 설계** – 사용자 편의와 시스템 성능

㉤ **제5단계 : 촉진물(보조물) 설계** – 인간의 성능을 촉진시킬 보조물 설계

㉥ **제6단계 : 시험 및 평가** – 시스템 개발과 관련된 평가와 인간적인 요소 평가 실시

④ 인간-기계 시스템의 설계원칙(응용원칙)

㉠ 극단적 설계원칙

ⓐ 극단적(최대치/최소치) 설계

ⓑ 대상 집단의 최대치 또는 최소를 제한요소로 한 설계

ⓒ 남성 백분위수를 기준으로 설계

ⓓ 여성 백분위수를 기준으로 설계

㉡ 가변적(조절식) 설계원칙

ⓐ 어떤 설비나 장치를 설계할 때 체격이 다른 여러 사람을 수용할 수 있도록 가변적으로 만든 것

ⓑ 여성 5백분위수에서 남성 95백분위수를 수용

㉢ **평균적 설계원칙** : 극단치를 이용한 설계가 곤란한 경우에는 평균치를 이용하여 설계할 수 있다.

예 은행창구 높이를 일반적인 사람에 맞추는 경우

⑤ 인간오류에 관한 설계

㉠ **배타설계** : 오류를 범할 수 없도록 사물을 설계

㉡ **예상설계** : 오류를 범하기 어렵도록 사물을 설계

㉢ **안전설계(Fail-safe Design)** : Fool Proof, Fail Safe, Temper Proof

ⓐ **풀 프루프(Fool Proof)** ★ : 사람의 실수가 있더라도 안전사고가 발생하지 않도록 2중, 3중 통제를 가함.

ⓑ **페일 세이프(Fail Safe)** : 기계의 고장이 있더라도 안전사고가 발생하지 않도록 2중, 3중 통제를 가함.

✦ Fail Safe의 3단계 종류 ★

- Fail Passive : 기계에 고장이 나는 즉시 작동이 멈춤.
- Fail Active : 기계에 고장이 날 경우, 경보를 울리며 장시간 작동이 가능함.
- Fail Operational : 기계에 고장이 날 경우, 다음 정기점검까지 작동이 가능함.

ⓒ **템퍼 프루프(Temper Proof)** : 사용자가 고의로 안전장치를 제거할 경우 작동하지 않는 시스템

⑥ 인간-기계 안전시스템(Lock System)

㉠ Lock System의 종류(인간과 기계의 신뢰도 유지 방안에서)

ⓐ **Interlock System** : 기계에 두어 불안전한 요소에 대하여 통제를 가한다.

ⓑ **Intralock System** : 인간의 신중에 두어 불안전한 요소에 대하여 통제를 가한다.

ⓒ **Translock System** : Interlock과 Intralock 사이에 두어 불안전한 요소에 대하여 통제를 가한다.

3 체계설계와 인간요소

(1) 체계기준의 요건 ★★★

요건	내용
적절성	기준이 의도된 목적에 적합하다고 판단되는 정도
무오염성	측정하고자 하는 변수 외의 영향이 없어야 함
기준척도의 신뢰성	반복성을 통한 척도의 신뢰성이 있어야 함
민감도	피실험자 사이에서 볼 수 있는 예상 차이점에 비례하는 단위로 측정해야 함

(2) 기본 설계

시스템의 형태를 갖추기 시작하는 단계로 기능할당, 작업설계, 직무분석 등이 있다.

① 기능할당[인간, 기계(하드웨어, 소프트웨어)]

㉠ 인간과 기계의 기능 비교(상대적 재능) ★★★

구분	인간이 기계보다 우수한 기능	기계가 인간보다 우수한 기능
감지기능	• 저에너지 자극 감지 • 복잡 다양한 자극형태 식별 • 예기치 못한 사건 감지	• 인간의 정상적 감지범위 밖의 자극 감지 • 인간 및 기계에 대한 모니터 기능 • 드물게 발생하는 사상 감지
정보저장	• 많은 양의 정보를 장시간 보관	• 암호화된 정보를 신속하게 대량 보관
정보처리 및 결심	• 관찰을 통해 일반화 • 귀납적 추리 • 원칙적용 • 다양한 문제해결(정상적)	• 연역적 추리 • 정량적 정보처리
행동기능	• 과부하 상태에서는 중요한 일에 전념	• 과부하 상태에서도 효율적 작용 • 장시간 중량 작업 • 반복 작업, 동시에 여러 가지 작업 가능

㉡ 구체적인 기능의 비교

인간이 기계보다 우수한 기능	기계가 인간보다 우수한 기능
• 매우 낮은 수준의 자극도 감지(감지기관) • 수신 상태가 불량한 음극선관(CRT)의 영상처럼 배경 '잡음'이 심해도 자극(신호)을 감지 • 갑작스러운 이상 현상이나 예상치 못한 사건을 감지 • 많은 양의 정보를 장시간 보관(기억) • 항공사진의 피사체나 음성처럼 상황에 따라 변하는 복잡한 자극형태 식별 • 보관된 정보를 회수(상기)하며, 관련된 수많은 정보 항목들을 회수(회수신뢰도는 낮음) • 다양한 경험을 토대로 의사결정(상황)에 따른 적응적 결정 및 비상시 임기응변 가능 • 운용방법 실패 시 다른 방법 선택 • 귀납적 추리(관찰을 통하여 일반화) • 원칙을 적용, 다양한 문제해결 • 주관적인 추산과 평가 • 전혀 다른 새로운 해결책 찾아냄 • 과부하 상황에서는 상대적으로 중요한 활동에 전심 • 다양한 종류의 운용 요건에 따라 신체적인 반응을 적응	• 인간의 정상적인 감지범위 밖의 자극을 감지(X선, 레이더파, 초음파 등) • 연역적 추리(자극이 분류한 어떤 급에 속하는가를 판별하는 것) • 사전에 명시된 사상이나 드물게 발생하는 사상을 감지 • 암호화된 정보를 신속하게 대량으로 보관 가능 • 구체적인 지시에 의해 암호화된 정보를 신속하고 정확하게 회수 • 정해진 프로그램에 의해 정량적인 정보처리 • 입력 신호에 신속하고 일관성 있게 반응 • 반복 작업의 수행에 높은 신뢰성 • 상당히 큰 물리적인 힘을 균일하게 발휘 • 장기간에 걸쳐 원만한 작업수행(피로가 없음) • 물리적인 양을 계수하거나 측정 • 여러 개의 프로그램된 활동 동시 수행 • 과부하 상태에서도 효율적으로 작동 • 주위가 소란해도 효율적으로 작동
요약 : 인간은 융통성은 있으나 일관적 작업수행이 어렵고, 기계는 융통성이 없으나 일관성 있는 작업수행이 가능하다.	

(3) 계면 설계 포함사항

① 작업 공간

② 표시장치

③ 조정장치

④ 제어

⑤ 컴퓨터 대화 등

(4) 촉진물 설계

인간 성능을 증진시킬 보조물 설계

(5) 감성공학

① 감성공학과 인간 Interface(계면)의 3단계

신체적(형태적) 인터페이스	인간의 신체적 또는 형태적 특성의 적합성 여부(필요조건)
지적 인터페이스	인간의 인지능력, 정신적 부담의 정도(편리수준)
감성적 인터페이스	인간의 감정 및 정서의 적합성 여부(쾌적수준)

② 인간-기계 통합 체계 분석 및 설계에 있어서의 인간공학의 가치 ★

㉠ 성능의 향상

㉡ 훈련비용의 절감

㉢ 인력 이용률의 향상

㉣ 사고 및 오용으로부터의 손실 감소

㉤ 생산 및 정비 유지의 경제성 증대

㉥ 사용자의 수용도의 향상

4 인간요소와 휴먼에러

(1) 인간실수(휴먼에러)의 분류 ★★★

심리적 분류(Swain의 분류) ★★★	원인별(레벨별) 분류
• 생략오류(Omission Error) : 절차를 생략해 발생하는 오류 • 시간오류(Time Error) : 절차의 수행지연에 의한 오류 • 작위오류(Commission Error) : 절차의 불확실한 수행에 의한 오류 • 순서오류(Sequential Error) : 절차의 순서착오에 의한 오류 • 과잉행동오류(Extrancous Error) : 불필요한 작업/절차에 의한 오류	• Primary Error(1차 에러) : 작업자 자신에 의해 발생한 에러 • Secondary Error(2차 에러) : 작업 형태/조건에 의해 발생, 또는 어떤 결함으로부터 파생하여 발생하는 에러 • Command Error : 작업자가 움직일 수 없는 상태에서 발생

(2) 형태적 특성

① 형태지향적 분류

㉠ Rook의 2차원 분류방식(Payne과 Altman의 3행태 원소를 확장)

㉡ Swain의 분류

ⓐ **부작위실수(Omission Error)** : 직무의 한 단계 또는 전체 직무를 누락시킬 때 발생

ⓑ **작위실수(Commission Error)** : 직무를 수행하지만 잘못 수행할 때 발생(넓은 의미로 선택착오, 순서착오, 시간착오, 정성적 착오 포함)

② 오류의 유형 ★★★

㉠ **실수(Slip)** : 의도는 잘했지만 행동은 의도한 것과 다르게 나타남.

㉡ **착오(Mistake)** : 의도부터 잘못된 실수

㉢ **건망증(Lapse)** : 기억도 안 난 건망증

㉣ **위반(Violation)** : 일부러 범죄를 저지름.

(3) 인간실수확률에 대한 추정기법

① 인간실수율 예측 기법(THERP : Technique for Human Error Rate Prediction) ★

㉠ 인간실수율 예측 기법(THERP)은 인간 신뢰도 분석에서의 HEP에 대한 예측 기법

㉡ **인간 신뢰도 분석 사건 나무** : 분석하고자 하는 작업을 기본적 행위로 분할하여 각 행위의 성공 또는 실패 확률을 결합하여 성공 확률을 추정하는 정량적 분석방법

② 위급사건기법(CIT : Critical Incident Technique)

③ 직무위급도 분석법(TCRAM : Task Criticality Rating Analysis Method)

(4) 인간실수 예방기법

① 작업상황 개선

② 요인 변경

③ 체계의 영향 감소

Chapter 2 위험성 파악 · 결정

1 위험성평가

(1) 위험성평가의 정의 및 개요

① 위험성평가의 정의 : 사업주가 스스로 유해 · 위험요인을 파악하고 해당 유해 · 위험요인의 위험성 수준을 결정하여, 위험성을 낮추기 위한 적절한 조치를 마련하고 실행하는 과정을 말한다.

② 위험성평가의 실시

㉠ 사업주는 건설물, 기계 · 기구 · 설비, 원재료, 가스, 증기, 분진, 근로자의 작업행동 또는 그 밖의 업무로 인한 유해 · 위험요인을 찾아내어 부상 및 질병으로 이어질 수 있는 위험성의 크기가 허용 가능한 범위인지를 평가하여야 하고, 그 결과에 따라 이 법과 이 법에 따른 명령에 따른 조치를 하여야 하며, 근로자에 대한 위험 또는 건강장해를 방지하기 위하여 필요한 경우에는 추가적인 조치를 하여야 한다.

㉡ 해당 작업장의 근로자를 참여시켜야 한다.

㉢ 사업주는 ㉠에 따른 평가의 결과와 조치사항을 고용노동부령으로 정하는 바에 따라 기록하여 보존하여야 한다.

ⓐ 사업주가 위험성평가의 결과와 조치사항을 기록 · 보존할 때에는 다음의 사항이 포함되어야 한다.

- 위험성평가 대상의 유해 · 위험요인
- 위험성 결정의 내용
- 위험성 결정에 따른 조치의 내용
- 그 밖에 위험성평가의 실시내용을 확인하기 위하여 필요한 사항으로서 고용노동부장관이 정하여 고시하는 사항

ⓑ 사업주는 ⓐ에 따른 자료를 3년간 보존해야 한다.

③ 위험성평가를 추가로 실시해야 하는 경우

㉠ 사업장 건설물의 설치 · 이전 · 변경 또는 해체

㉡ 기계 · 기구, 설비, 원재료 등의 신규 도입 또는 변경

㉢ 건설물, 기계 · 기구, 설비 등의 정비 또는 보수(주기적 · 반복적 작업으로서 이미 위험성평가를 실시한 경우에는 제외)

㉣ 작업방법 또는 작업절차의 신규 도입 또는 변경

㉤ 중대산업사고 또는 산업재해(휴업 이상의 요양을 요하는 경우에 한정) 발생

㉥ 그 밖에 사업주가 필요하다고 판단한 경우

④ 위험성평가의 절차

㉠ **사전준비** : 위험성평가 실시규정을 작성하고, 위험성의 수준과 그 수준의 판단기준을 정하고, 위험성평가에 필요한 각종 자료를 수집하는 단계

㉡ **유해 · 위험요인 파악** : 사업장 순회점검, 근로자들의 상시적인 제안제도, 평상시 아차사고 발굴 등을 통해 사업장 내의 유해 · 위험요인을 빠짐없이 파악하는 단계

㉢ **위험성 결정** : 사전준비 단계에서 미리 설정한 위험성의 판단 수준과 사업장에서 허용 가능한 위험성의 크기 등을 활용하여, 유해 · 위험요인의 위험성이 허용 가능한 수준인지를 추정 · 판단하고 결정하는 단계

㉣ **위험성 감소대책 수립 및 실행** : 위험성을 결정한 결과 유해 · 위험요인의 위험수준이 사업장에서 허용 가능한 수준을 넘는다면, 합리적으로 실천 가능한 범위에서 유해 · 위험요인의 위험성을 가능한 한 낮은 수준으로 감소시키기 위한 대책을 수립하고 실행하는 단계

㉤ **위험성평가 결과의 기록 및 공유** : 파악한 유해 · 위험요인과 각 유해 · 위험요인별 위험성의 수준, 그 위험성의 수준을 결정한 방법, 그에 따른 조치사항 등을 기록하고, 근로자들이 보기 쉬운 곳에 게시하며 작업 전 안전점검회의(TBM) 등을 통해 근로자들에게 위험성평가 실시 결과를 공유하는 단계

⑤ 평가 시기

- **최초평가** : 사업장 성립(사업개시 · 실 착공일) 이후 1개월 이내 착수
- **수시평가** : 기계 · 기구 등의 신규 도입 · 변경으로 인한 추가적 유해 · 위험요인에 대해 실시
- **정기평가** : 매년 전체 위험성평가 결과의 적정성을 재검토하고, 필요시 감소대책 시행
- **상시평가** : 월 · 주 · 일 단위의 주기적 위험성평가 및 결과 공유 · 주지 등의 조치를 실시하는 경우 수시 · 정기평가를 실시한 것으로 간주

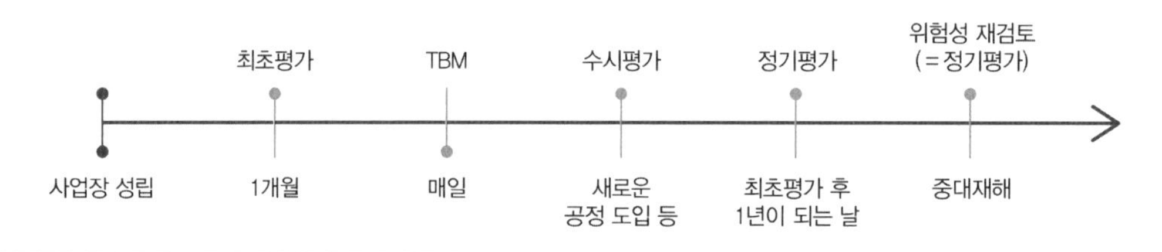

⑥ 위험성평가 실시 간주

㉠ 매월 1회 이상 근로자 제안제도 활용, 아차사고 확인, 작업과 관련된 근로자를 포함한 사업장 순회점검 등을 통해 사업장 내 유해 · 위험요인을 발굴하여 위험성 결정 및 위험성 감소대책 수립 · 실행을 할 것

㉡ 매주 안전보건관리책임자, 안전관리자, 보건관리자, 관리감독자 등(도급사업주의 경우 수급사업장의 안전 · 보건 관련 관리자 등을 포함한다)을 중심으로 ㉠의 결과 등을 논의 · 공유하고 이행상황을 점검할 것

㉢ 매 작업일마다 ㉠와 ㉡의 실시 결과에 따라 근로자가 준수하여야 할 사항 및 주의하여야 할 사항을 작업 전 안전점검회의 등을 통해 공유 · 주지할 것

(2) 평가 대상 선정

① 위험성평가의 대상

㉠ 위험성평가의 대상이 되는 유해・위험요인은 업무 중 근로자에게 노출된 것이 확인되었거나 노출될 것이 합리적으로 예견 가능한 모든 유해・위험요인이다. 다만, 매우 경미한 부상 및 질병만을 초래할 것으로 명백히 예상되는 유해・위험요인은 평가 대상에서 제외할 수 있다.

㉡ 사업주는 사업장 내 부상 또는 질병으로 이어질 가능성이 있었던 상황(이하 "아차사고"라 한다)을 확인한 경우에는 해당 사고를 일으킨 유해・위험요인을 위험성평가의 대상에 포함시켜야 한다.

㉢ 사업주는 사업장 내에서 중대재해가 발생한 때에는 지체 없이 중대재해의 원인이 되는 유해・위험요인에 대해 수시 위험성평가를 실시하고, 그 밖의 사업장 내 유해・위험요인에 대해서는 위험성평가의 결과에 대한 적정성을 1년마다 정기적으로 재검토(이때, 해당 기간 내 위험성평가의 결과가 있는 경우 함께 적정성을 재검토하여야 한다)하여야 한다.

② 근로자를 참여시켜야 하는 경우

㉠ 유해・위험요인의 위험성 수준을 판단하는 기준을 마련하고, 유해・위험요인별로 허용 가능한 위험성 수준을 정하거나 변경하는 경우

㉡ 해당 사업장의 유해・위험요인을 파악하는 경우

㉢ 유해・위험요인의 위험성이 허용 가능한 수준인지 여부를 결정하는 경우

㉣ 위험성 감소대책을 수립하여 실행하는 경우

㉤ 위험성 감소대책 실행 여부를 확인하는 경우

(3) 평가항목

① 위험성 파악 : 평가의 대상이 된 작업, 기계・기구 등에서 발생할 수 있는 위험한 상황, 결함 상태, 오류 등을 파악하고, 간단 명료하게 비교할 수 있도록 목록을 질문형 등으로 작성한다.
"어떤 부상・질병 등의 잠재적 부정적 결과가 나타나는지" 파악

② 평가항목

㉠ 평가항목을 작성할 때는 위험한 상황에 노출되는 현장 근로자의 아차사고, 위험을 느꼈던 순간 등 경험을 반영하도록 하고, 우리 사업장의 안전보건자료 등도 참고할 수 있다.

㉡ 체크리스트 항목을 가지고 현장을 점검하다가 누락된 사항이 발견되면, 수시로 평가항목을 추가하여 지속적으로 활용한다.

2 시스템 위험성 추정 및 결정

(1) 시스템 위험성 분석 및 관리

① 위험성의 분류 ★

[재해 심각도 분류(MIL-STD-882D)]

구분	분류	세부내용
범주 Ⅰ	파국적(대재앙)	인원의 사망 또는 중상, 또는 완전한 시스템 손실
범주 Ⅱ	위험(심각한)	인원의 상해 또는 중대한 시스템의 손상으로 인원이나 시스템 생존을 위해 즉시 시정 조치 필요
범주 Ⅲ	한계적(경미한)	인원의 상해 또는 중대한 시스템의 손상 없이 배제 또는 제어 가능
범주 Ⅳ	무시(무시할 만한)	인원의 손상이나 시스템의 손상은 초래하지 않는다.

② 발생빈도 ★

㉠ 자주 발생(Frequent)
㉡ 보통 발생(Probable)
㉢ 가끔 발생(Occasional)
㉣ 거의 발생하지 않음(Remote)
㉤ 극히 발생하지 않음(Improbable)

③ 위험(RISK) 통제방법(조정기술) ★

㉠ 회피(Avoidance)
㉡ 경감, 감축(Reduction)
㉢ 보류(Retention)
㉣ 전가(Transfer)

④ 안전성평가 6단계

㉠ 제1단계 : 관계자료의 정비검토
㉡ 제2단계 : 정성적 평가
㉢ 제3단계 : 정량적 평가
㉣ 제4단계 : 안전대책
㉤ 제5단계 : 재해정보에 의한 재평가
㉥ 제6단계 : FTA에 의한 재평가

(2) 위험분석과 위험관리

① 유인어

㉠ 설계의 각 부분의 완전성을 검토하기 위해 만들어진 질문들이 설계 의도로부터 설계가 벗어날 수 있는 모든 경우를 검토해 볼 수 있도록 하기 위한 것

㉡ HAZOP 기법에서 사용하는 유인어의 의미 ★★

GUIDE WORD	의미
NO 혹은 NOT	설계 의도의 완전한 부정
MORE / LESS	양의 증가 혹은 감소(정량적)
AS WELL AS	성질상의 증가(정성적 증가)
PART OF	성질상의 감소(정성적 감소)
REVERSE	설계 의도의 논리적인 역(설계 의도와 반대 현상)
OTHER THAN	완전한 대체의 필요

② 위험분석 및 작업표준

㉠ 위험분석 ★

순서	분석 목적의 결정 → 분석 대상의 결정 → 분석 범위의 결정 → 분석의 실시 → 분석 결과의 처리 → 개선안의 확정과 효과 측정
방법(E.C.R.S)	• 제거(Eliminate) • 결합(Combine) • 재조정(Rearrange) • 단순화(Simplify)

㉡ 작업표준에 따른 동작경제의 원칙 ★★★

신체의 사용에 관한 원칙 ★	• 양손은 동시에 동작을 시작하고 또 끝마쳐야 한다. • 휴식시간 이외에 양손이 동시에 노는 시간이 있어서는 안 된다. • 양팔은 각기 반대방향에서 대칭적으로 동시에 움직여야 한다. • 손의 동작은 작업을 수행할 수 있는 최소동작 이상을 해서는 안 된다. • 작업자들을 돕기 위하여 동작의 관성을 이용하여 작업하는 것이 좋다. • 구속되거나 제한된 동작 또는 급격한 방향전환보다는 유연한 동작이 좋다. • 작업동작은 율동이 맞아야 한다. • 직선동작보다는 연속적인 곡선동작을 취하는 것이 좋다. • 탄도동작(ballistic movement)은 제한되거나 통제된 동작보다 더 신속, 정확, 용이하다. • 눈을 주시시키는 동작 또는 이동시키는 동작은 되도록 적게 하여야 한다.

작업장의 배치에 관한 원칙	• 모든 공구와 재료는 일정한 위치에 정돈되어야 한다. • 공구와 재료는 작업이 용이하도록 작업자의 주위에 있어야 한다. • 재료를 될 수 있는 대로 사용위치 가까이에 공급할 수 있도록 중력을 이용한 호퍼 및 용기를 사용하여야 한다. • 가능하면 낙하시키는 방법을 이용하여야 한다. • 공구 및 재료는 동작에 가장 편리한 순서로 배치하여야 한다. • 채광 및 조명장치를 잘 하여야 한다. • 의자와 작업대의 모양과 높이는 각 작업자에게 알맞도록 설계되어야 한다. • 작업자가 좋은 자세를 취할 수 있는 모양, 높이의 의자를 지급해야 한다.
공구 및 설비의 설계에 관한 원칙	• 치구, 고정장치나 발을 사용함으로써 손의 작업을 보존하고 손은 다른 동작을 담당하도록 하면 편리하다. • 공구류는 될 수 있는 대로 두 가지 이상의 기능을 조합한 것을 사용하여야 한다. • 공구류 및 재료는 될 수 있는 대로 다음에 사용하기 쉽도록 놓아 두어야 한다. • 각 손가락이 사용되는 작업에서는 각 손가락의 힘이 같지 않음을 고려하여야 할 것이다. • 각종 손잡이는 손에 가장 알맞게 고안함으로써 피로를 감소시킬 수 있다. • 각종 레버나 핸들은 작업자가 최소의 움직임으로 사용할 수 있는 위치에 있어야 한다.

(3) 위험분석 기법

① PHA(Preliminary Hazard Analysis, 예비 사고 분석) ★★ : 시스템 최초 개발 단계의 분석으로 위험요소의 위험상태를 정성적으로 평가

시기	가급적 빠른 시기, 즉 시스템 개발 단계에 실시하는 것이 불필요한 설계변경 등을 회피하고 보다 효과적으로 경제적인 안전성을 확보할 수 있다.
기법	• 체크리스트에 의한 방법 • 경험에 따른 방법 • 기술적 판단에 기초하는 방법
목표설정	• 시스템에 관한 주요한 모든 사고식별 • 사고를 초래하는 요인식별 • 사고가 생긴다는 가정하에 시스템에 발생하는 결과를 식별하여 평가 • 식별된 사고를 4가지 범주로 분류 ★★ – 파국적 – 중대 – 한계적 – 무시가능

② FHA(Fault Hazard Analysis, 결함 위험 분석) ★ : 분업에 의해 여럿이 분담 설계한 서브시스템 간의 인터페이스를 조정하여 각각의 서브시스템 및 전체 시스템에 악영향을 미치지 않게 하기 위한 분석방법

③ FMEA(Failure Mode and Effect Analysis, 고장형태와 영향분석) ★★

㉠ 고장평점법의 평가요소 5가지 ★★★

ⓐ 고장발생의 빈도

ⓑ 고장 방지의 가능성

ⓒ 기능적 고장 영향의 중요도

ⓓ 영향을 미치는 시스템의 범위

ⓔ 신규설계의 정도

㉡ FMEA의 특징 ★★

ⓐ CA와 병행하는 일이 많다.

ⓑ FTA보다 서식이 간단하고 적은 노력으로 특별한 훈련 없이 분석이 가능하다.

ⓒ 논리성이 부족하고 각 요소 간의 영향 분석이 어려워 동시에 두 가지 이상의 요소가 고장 날 경우 분석이 곤란하다.

ⓓ 요소가 통상 물체로 한정되어 있어 인적 원인의 규명이 어렵다.

ⓔ 시스템 안전 해석 시에는 시스템에서 단계나 평가의 필요성 등에 의해 FTA 등을 병용해 가는 것이 실제적인 방법이다.

④ ETA(Event Tree Analysis, 사건수 분석) ★ : 정량적, 귀납적 기법으로 DT에서 변천해 온 것으로 설비의 설계, 심사, 제작, 검사, 보전, 운전, 안전대책의 과정에서 그 대응조치가 성공인가 실패인가를 확대해 가는 과정을 검토

⑤ CA(Criticality Analysis, 중요도 분석) ★

㉠ 고장형의 위험도 분류(SAE)

ⓐ 카테고리 1 : 생명의 상실로 이어질 염려가 있는 고장

ⓑ 카테고리 2 : 작업의 실패로 이어질 염려가 있는 고장

ⓒ 카테고리 3 : 운용의 지연 또는 손실로 이어질 고장

ⓓ 카테고리 4 : 극단적인 계획 외의 관리로 이어질 고장

⑥ THERP(Technique for Human Error Rate Prediction, 휴먼 에러율 예측기법) : 확률론적 안전기법으로서 인간의 과오에 기인된 사고원인을 분석하기 위하여 100만 운전시간당 과오도수를 기본 과오율로 하여 인간의 기본 과오율을 평가하는 기법

⑦ MORT(Management Oversight and Risk Tree, 관리감독 위험나무분석) ★★ : 원자력 산업의 고도 안전달성을 위해 개발된 기법으로, 1970년 이래 미국 에너지 연구개발청의 Johnson에 의해 개발

(4) 결함수 분석

① FTA의 특징 ★★★

㉠ 분석에는 게이트, 이벤트, 부호 등의 그래픽 기호를 사용하여 결함 단계를 표현하며, 각각의 단계에 확률을 부여하여 어떤 상황의 실패 확률 계산 가능

㉡ 연역적이고 정량적인 해석 방법(Top down 형식)

㉢ 정량적 해석기법(컴퓨터처리 가능)

ⓔ 논리기호를 사용한 특정 사상에 대한 해석이다.
ⓜ 서식이 간단해서 비전문가도 짧은 훈련으로 사용할 수 있다.
ⓑ Human Error의 검출이 어렵다.
ⓢ FTA 수행 시 기본사상 간의 독립 여부는 공분산으로 판단

② FTA(결함수 분석법)의 활용 및 기대효과 ★
㉠ 사고원인 규명의 간편화
㉡ 사고원인 분석의 일반화
㉢ 사고원인 분석의 정량화
㉣ 노력, 시간의 절감
㉤ 시스템의 결함 진단
㉥ 안전점검표 작성

③ 논리기호 및 사상기호
㉠ 게이트 기호

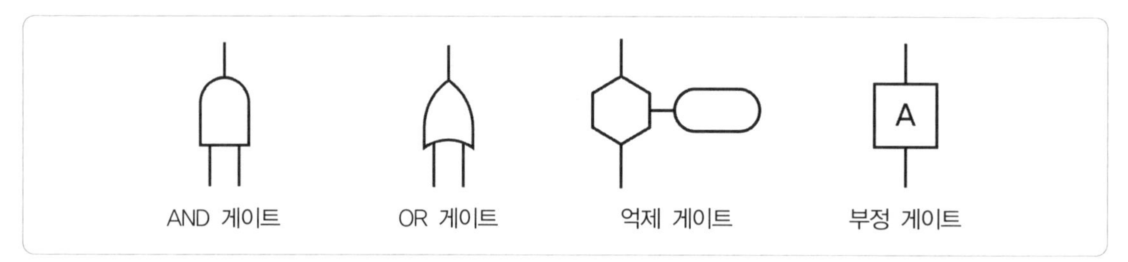

ⓐ AND 게이트에는 •를, OR 게이트에는 +를 표기하는 경우도 있다.
ⓑ AND 게이트 : 하위의 사건이 모두 만족하는 경우 출력사상이 발생하는 논리 게이트
ⓒ OR 게이트 : 하위의 사건 중 하나라도 만족하면 출력사상이 발생하는 논리 게이트 ★
ⓓ 억제 게이트 : 수정기호를 병용해서 게이트 역할, 입력이 게이트 조건에 만족 시 발생 ★
ⓔ 부정 게이트 : 입력사상의 반대사상이 출력 ★★

㉡ 사상기호★★★

통상사상	결함사상	기본사상	생략사상
전이기호(전입)	전이기호(전출)	기본사상(인간실수)	생략사상(인간실수)

㉢ 수정기호

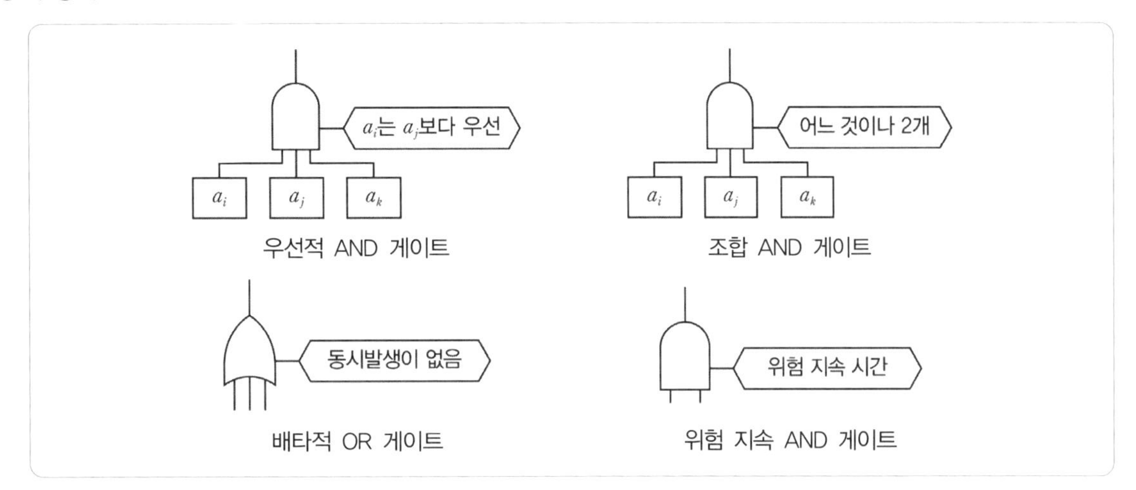

ⓐ 우선적 AND 게이트 : 입력사상 중 어떤 사상이 다른 사상보다 앞에 일어났을 때 출력사상이 발생한다.

ⓑ 조합 AND 게이트 : 3개의 입력 현상 중 임의의 시간에 2개가 발생하면 출력이 생긴다. ★★★

ⓒ 배타적 OR 게이트 : OR 게이트인데 2개 또는 그 이상의 입력이 존재하는 경우에는 출력이 발생하지 않는다. ★

ⓓ 위험 지속 AND 게이트 : 입력사상이 생겨 어떤 일정한 시간이 지속했을 때 출력이 생긴다.

④ FTA에 의한 재해사례 연구 순서 ★

1단계	톱사상의 선정	• 시스템의 안전보건 문제점 파악 • 사고, 재해의 모델화 • 문제점의 중요도 우선순위의 결정 • 해설할 톱사상의 결정
2단계	사상마다 재해원인 · 요인의 규명	• 톱사상의 재해원인의 결정 • 중간사상의 재해원인의 결정 • 말단사상까지의 전개
3단계	FT도의 작성	• 부분적 FT도를 다시 봄 • 중간사상의 발생 조건의 재검토 • 전체의 FT도의 완성
4단계	개선계획의 작성	• 안전성이 있는 개선안의 검토 • 제약의 검토와 타협 • 개선안의 결정 • 개선안의 실시 계획

⑤ Cut Set & Path Set ★★★

㉠ 컷셋(Cut Set) : 정상사상을 발생시키는 기본사상의 집합으로 그 안에 포함되는 모든 기본사상이 발생할 때 정상사상을 발생시킬 수 있는 기본사상의 집합

㉡ 패스셋(Path Set) : 그 안에 포함되는 모든 기본사상이 일어나지 않을 때 처음으로 정상사상이 일어나지 않는 기본사상의 집합 → 결함 ★

㉢ 미니멀 컷셋 ★★

ⓐ 컷셋의 집합 중에서 정상사상을 일으키기 위하여 필요한 최소한의 컷셋을 미니멀 컷셋이라 한다(시스템의 위험성 또는 안전성을 나타냄).

ⓑ 미니멀 컷셋은 시스템의 기능을 마비시키는 사고요인의 최소집합이다.

㉣ 미니멀 패스셋 ★★ : 패스란 그 속에 포함되어 있는 기본사상이 일어나지 않을 때 처음으로 정상사상이 일어 나지 않는 기본사상의 집합으로서 미니멀 패스셋은 그 필요한 최소한의 컷을 말한다.

⑥ 미니멀 컷셋 FT의 작성 ★★

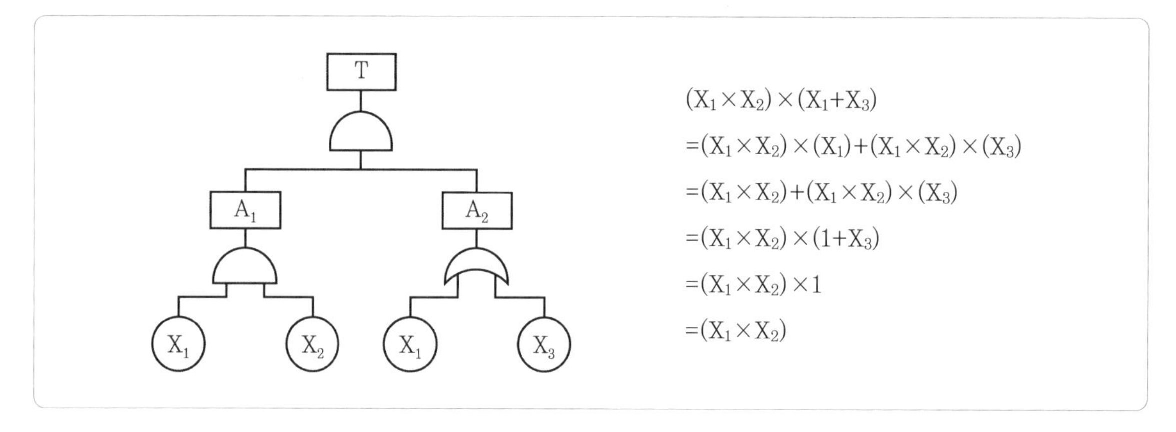

(5) 신뢰도 계산

① 신뢰도 ★★

㉠ 인간-기계 체계의 신뢰도

$$시스템의\ 신뢰도(R_S) = 인간의\ 신뢰도(R_H) \times 기계의\ 신뢰도(R_B)$$

ⓐ 직렬연결

$$R_s = r_1 \times r_2$$

ⓑ 병렬연결

$$R_p = r_1 + r_2(1 - r_1) = 1 - (1 - r_1)(1 - r_2)$$

㉡ 시스템의 신뢰도 ★

ⓐ 직렬연결

$$R_s = R_1 \times R_2 \times R_3 \times \cdots\cdots \times R_n = \prod_{i=1}^{n} R_i$$

ⓑ 병렬연결

$$R_p = 1-(1-R_1)(1-R_2)\cdots\cdots(1-R_n) = 1-\prod_{i=1}^{n}(1-R_i)$$

② 기계의 신뢰도

㉠ 1시간 가동 시 고장발생확률이 0.004일 경우의 신뢰도 계산

평균고장간격(MTBF) = 1/λ= 1/0.004 = 250hr

㉡ 10시간 가동 시 신뢰도

$$R(t) = e^{-\lambda t} = e^{-0.004 \times 10} = e^{-0.04}$$

㉢ 10시간 가동 시 고장발생확률

$$F(t) = 1 - R(t)$$

Chapter 3 위험성 감소대책 수립 · 실행

1 위험성 감소대책 수립 및 실행

(1) 위험성 개선대책(공학적 · 관리적)의 종류

① 본질적 대책 : 위험한 작업의 폐지 및 변경, 위험물질이나 유해 · 위험요인이 보다 적은 재료로 대체, 또는 설계나 계획 단계 시 위험성을 제고하거나 저감하는 조치

② 공학적 대책 : 인터록, 방호장치, 방책, 국소배기장치 설치 등의 조치

③ 관리적 대책 : 매뉴얼 정비, 출입금지, 노출관리, 교육훈련 등의 조치

④ 개인보호구의 사용 : 상기 조치 외에 추가적 조치

(2) 허용 가능한 위험수준 분석

① 허용 가능한 위험성의 수준

㉠ 위험성의 수준을 판단하는 경우 「산업안전보건법」, 「산업안전보건기준에 관한 규칙」 등의 법령상 기준과 함께 유해 · 위험요인으로 인한 사고가 발생할 가능성

㉡ 사고 발생 시 얼마만큼의 피해가 일어날 것인지 등을 종합적으로 고려하여 분석

② 위험성 수준을 높게 분류하는 경우

㉠ 「산업안전보건법」 등에서 규정하는 사항을 만족하지 않는 경우

㉡ 중대재해나 건강장해가 일어날 것이 명확하게 예상되는 경우

㉢ 많은 근로자가 위험에 노출될 것이 예상되는 경우

㉣ 동종업계 등에서 발생한 중대재해와 연관이 있는 유해 · 위험요인 등

(3) 감소대책 수립 시 고려사항

① 안전한 공법을 선택하여 위험요소 제거

② 제거가 불가능하다면 위험을 경감

③ 개인 능력, 체력, 연령 등을 고려한 적절한 작업자 배치

④ 향상된 작업방법 선정 및 기계적인 방호장치

⑤ 모든 안전조치 후 보충적인 방안으로 개인용 보호구 착용 지도

⑥ 비상조치 및 응급조치 계획 수립

⑦ 다양한 공종의 혼재작업 및 근로자 밀집도 해소

Chapter 4 근골격계질환 예방관리

1 근골격계 유해요인

(1) 근골격계질환의 정의 및 원인

① **정의** : 반복적인 동작, 부적절한 작업자세, 무리한 힘의 사용, 날카로운 면과의 신체접촉, 진동 및 온도 등의 요인에 의하여 발생하는 건강장해로서 목, 어깨, 허리, 팔 · 다리의 신경 · 근육 및 그 주변 신체조직 등에 나타나는 질환

② 근골격계의 구성

㉠ 인체의 골격계는 전신의 뼈, 연골, 관절, 인대로 구성

㉡ **뼈의 구성** : 뼈는 골질, 연골막, 골막, 골수로 구성

㉢ 뼈의 기능 ★

ⓐ 인체의 지주역할을 한다.

ⓑ 가동성연결, 즉 관절을 만들고, 골격근의 수축에 의해 운동기로서 작용한다.

ⓒ 체강의 기초를 만들고 내부의 장기들을 보호한다.

ⓓ 골수는 조혈기능을 갖는다.

ⓔ 칼슘, 인산의 중요한 저장고가 되며, 나트륨과 마그네슘 이온의 작은 저장고 역할을 한다.

③ 근골격계질환의 원인

㉠ 부적절한 작업자세

㉡ 무리한 반복작업

㉢ 과도한 힘

㉣ 부족한 휴식시간

㉤ 신체적 압박

㉥ 차가운 온도나 무더운 온도의 작업환경

(2) 근골격계부담작업의 범위

① 하루에 4시간 이상 집중적으로 자료입력 등을 위해 키보드 또는 마우스를 조작하는 작업

② 하루에 총 2시간 이상 목, 어깨, 팔꿈치, 손목 또는 손을 사용하여 같은 동작을 반복하는 작업

③ 하루에 총 2시간 이상 머리 위에 손이 있거나, 팔꿈치가 어깨 위에 있거나, 팔꿈치를 몸통으로부터 들거나, 팔꿈치를 몸통 뒤쪽에 위치하도록 하는 상태에서 이루어지는 작업

④ 지지되지 않은 상태이거나 임의로 자세를 바꿀 수 없는 조건에서, 하루에 총 2시간 이상 목이나 허리를 구부리거나 트는 상태에서 이루어지는 작업

⑤ 하루에 총 2시간 이상 쪼그리고 앉거나 무릎을 굽힌 자세에서 이루어지는 작업

⑥ 하루에 총 2시간 이상 지지되지 않은 상태에서 1kg 이상의 물건을 한 손의 손가락으로 집어 옮기거나, 2kg 이상에 상응하는 힘을 가하여 한 손의 손가락으로 물건을 쥐는 작업

⑦ 하루에 총 2시간 이상 지지되지 않은 상태에서 4.5kg 이상의 물건을 한 손으로 들거나 동일한 힘으로 쥐는 작업

⑧ 하루에 10회 이상 25kg 이상의 물체를 드는 작업

⑨ 하루에 25회 이상 10kg 이상의 물체를 무릎 아래에서 들거나, 어깨 위에서 들거나, 팔을 뻗은 상태에서 드는 작업

⑩ 하루에 총 2시간 이상, 분당 2회 이상 4.5kg 이상의 물체를 드는 작업

⑪ 하루에 총 2시간 이상 시간당 10회 이상 손 또는 무릎을 사용하여 반복적으로 충격을 가하는 작업

2 인간공학적 유해요인 평가

(1) OWAS(Ovako Working-posture Analysis System)

작업자의 부적절한 작업자세를 정의하고 평가하기 위해 개발한 방법으로 현장에 적용하기 쉬우나, 몸통과 팔의 자세 분류가 부정확하고 팔목 등에 대한 정보 미반영

분석가능 유해요인	적용신체부위	적용가능 업종
• 반복동작 • 부적절한 자세 • 과도한 힘	• 위팔 • 어깨, 목 • 몸통, 허리 • 다리, 무릎	• 조립작업, 생산작업 • 중공업, 건설업 등 부적절한 작업자세 • 인력에 의한 중량물 취급 작업 • 무리한 힘이 요구되는 작업

(2) RULA(Rapid Upper Limb Assessment)

어깨, 팔목, 손목, 목 등의 상지에 초점을 두고 작업자세로 인한 작업부하를 쉽고 빠르게 평가할 수 있고, 근육피로, 정적 또는 반복적인 작업, 직업에 필요한 힘의 크기 등에 관한 평가 및 나쁜 작업자세의 비율을 쉽고 빠르게 파악

분석가능 유해요인	적용신체부위	적용가능 업종
• 반복동작 • 부적절한 상지자세	• 손목 • 아래팔 • 팔꿈치 • 어깨, 목 • 몸통	• 조립작업, 생산작업 • 재봉업, 관리업 • 정비업, 육류가공업 • 식료품 출납원, 전화교환원 • 초음파기술자 • 치과의사/치과 기술자

(3) REBA(Rapid Entire Body Assessment)

작업 관련성 근골격계질환에 대한 유해요인의 노출 평가를 위한 목적으로 개발. REBA는 A그룹과 B그룹으로 나누어 평가한 후 종합적으로 고려하여 최종 평가함. 주요 평가는 반복성, 정적 작업, 힘, 작업자세, 연속작업

분석가능 유해요인	적용신체부위	적용가능 업종
• 반복동작 • 부적절한 전신자세 • 과도한 힘	• 손목 • 아래팔 • 팔꿈치 • 어깨, 목 • 몸통, 허리 • 다리, 무릎	• 환자를 들거나 이송, 간호사, 간호보조, 관리업, 가정부 • 식료품 창고, 식료품 출납원, 전화교환원 • 초음파기술자 • 치과의사/치위생사, 수의사

A그룹	B그룹	최종 REBA 합산 점수
몸통 목 다리 무게/힘	위팔 아래팔 손목 손잡이	단계 0/점수 1/위험 무시해도 좋음/조치 필요 없음 단계 1/점수 2~3/위험 낮음/조치 필요할 수도 있음 단계 2/점수 4~7/위험 보통/조치 필요함 단계 3/점수 8~10/위험 높음/조치 매우 필요 단계 4/점수 11~15/위험 매우 높음/조치 즉시 필요

(4) 기타

① ANSI-Z 365 : 미국표준연구원에서 개발한 것으로 상지에서 발생하는 CTDs 예방을 위한 지침을 정의하기 위해 개발

② Snook Table : 인력운반 작업에서 각 작업에 대한 작업요소(작업빈도, 작업시간, 운반거리, 손에서 물체까지의 수직거리 등)들을 고려해 작업자에 알맞은 물체의 최대 허용무게를 제시하여 요통을 예방하고자 만든 것

작업분석 · 평가도구	분석가능 유해요인	적용신체부위	적용가능 업종
Snook Table – 밀기/당기기 (Snook Push/Pull Hazard Tables)	• 과도한 힘 (밀기/당기기)	• 허리 • 몸통 • 어깨 • 다리	• 음식료품 서비스업, 세탁업 • 가정집, 관리업 • 포장물 운반/배달 • 쓰레기 수집업, 요양원 • 응급실, 앰뷸런스 • 운반수레 밀기/당기기 작업 • 대상물 운반이 포함된 작업
SI (Strain Index)	• 반복동작 • 부적절한 상지자세 • 과도한 힘(집기, 잡기)	• 손가락 • 손목	• 중소 제조업, 검사업 • 재봉업, 육류가공업 • 포장업, 자료입력 • 자료처리, 손목의 움직임이 많은 작업
ACGIH 상지부 국소진동노출기준 (ACGIH Hand/Arm Vibration TLV)	• 진동	• 손가락 • 손목 • 어깨	• 연마작업, 연사작업 • 분쇄작업, 드릴작업 • 재봉작업 • 실톱작업, 사슬톱작업 • 진동이 있는 전동공구를 사용하는 작업 • 정기적으로 진동공구를 사용하는 작업

3 근골격계 유해요인 관리

(1) 작업관리의 목적

① 목적 : 근골격계부담작업으로 인한 건강장해의 예방을 위해 유해요인 조사, 작업환경 개선, 의학적 관리, 교육 · 훈련, 평가에 관한 사항 등이 포함된 종합적인 계획을 수립하여야 한다.

② 시기

㉠ 3년마다

㉡ 신설 사업장의 경우 신설일부터 1년 이내에 최초의 유해요인 조사

③ 조사항목

㉠ 작업공정 · 작업설비 · 작업량 · 작업속도 및 최근업무의 변화 등 작업장 상황

㉡ 작업시간 · 작업자세 · 작업방법 등 작업조건

㉢ 작업과 관련된 근골격계질환 징후와 증상 유무 등

④ 지체 없이 유해요인 조사를 하여야 하는 경우

㉠ 법에 따른 임시건강진단 등에서 근골격계질환자가 발생하였거나 근로자가 근골격계질환으로 업무상 질병으로 인정받은 경우

㉡ 근골격계부담작업에 해당하는 새로운 작업 · 설비를 도입한 경우

㉢ 근골격계부담작업에 해당하는 업무의 양과 작업공정 등 작업환경을 변경한 경우

(2) 방법연구 및 작업측정

① 근로자와의 면담

② 증상 설문조사

③ 인간공학적 측면을 고려한 조사 등

(3) 문제해결 절차

① 유해요인 조사 결과 근골격계질환이 발생할 우려가 있는 경우

㉠ 인간공학적으로 설계된 인력작업 보조설비 및 편의설비를 설치

㉡ 작업환경 개선에 필요한 조치

② 근로자 주지사항

㉠ 근골격계부담작업의 유해요인

㉡ 근골격계질환의 징후와 증상

㉢ 근골격계질환 발생 시의 대처요령

㉣ 올바른 작업자세와 작업도구, 작업시설의 올바른 사용방법

㉤ 그 밖에 근골격계질환 예방에 필요한 사항

(4) 작업개선안의 원리 및 도출방법

① 근로자는 근골격계부담작업으로 인하여 운동범위의 축소, 쥐는 힘의 저하, 기능의 손실 등의 징후가 나타나는 경우 그 사실을 사업주에게 통지할 수 있다.

② 사업주는 근골격계부담작업으로 인하여 ①에 따른 징후가 나타난 근로자에 대하여 의학적 조치를 하고 필요한 경우에는 작업환경 개선 등 적절한 조치를 하여야 한다.

(5) 근골격계질환 예방관리 프로그램을 수립해야 하는 경우

① 근골격계질환으로 업무상 질병으로 인정받은 근로자가 연간 10명 이상 발생한 사업장 또는 5명 이상 발생한 사업장으로서 발생 비율이 그 사업장 근로자 수의 10퍼센트 이상인 경우

② 근골격계질환 예방과 관련하여 노사 간 이견(異見)이 지속되는 사업장으로서 고용노동부장관이 필요하다고 인정하여 근골격계질환 예방관리 프로그램을 수립하여 시행할 것을 명령한 경우

Chapter 5 유해요인 관리

1 물리적 유해요인 관리

(1) 물리적 유해요인 파악

① **소음** : 소음성난청을 유발할 수 있는 85데시벨(A) 이상의 시끄러운 소리

② **진동** : 착암기, 손망치 등의 공구를 사용함으로써 발생되는 백랍병 · 레이노 현상 · 말초순환장애 등의 국소 진동 및 차량 등을 이용함으로써 발생되는 관절통 · 디스크 · 소화장애 등의 전신 진동

③ **방사선** : 직접 · 간접으로 공기 또는 세포를 전리하는 능력을 가진 알파선 · 베타선 · 감마선 · 엑스선 · 중성자선 등의 전자선

④ **이상기압** : 게이지 압력이 제곱센티미터당 1킬로그램 초과 또는 미만인 기압

⑤ **이상기온** : 고열 · 한랭 · 다습으로 인하여 열사병 · 동상 · 피부질환 등을 일으킬 수 있는 기온

(2) 물리적 유해요인 노출기준

① **노출기준** : 근로자가 유해인자에 노출되는 경우 노출기준 이하 수준에서는 거의 모든 근로자에게 건강상 나쁜 영향을 미치지 아니하는 기준을 말하며, 1일 작업시간 동안의 시간가중평균노출기준(Time Weighted Average, TWA), 단시간노출기준(Short Term Exposure Limit, STEL) 또는 최고노출기준(Ceiling, C)으로 표시한다.

② **시간가중평균노출기준(TWA)** : 1일 8시간 작업을 기준으로 하여 유해인자의 측정치에 발생시간을 곱하여 8시간으로 나눈 값을 말하며, 다음 식에 따라 산출한다.

$$\text{TWA환산값} = \frac{C_1 \times T_1 + C_2 \times T_2 + \cdots\cdots + C_n \times T_n}{8}$$

C : 유해인자의 측정치(단위 : ppm, mg/m^3 또는 $개/cm^3$)
T : 유해인자의 발생시간(단위 : 시간)

③ **단시간노출기준(STEL)** : 15분간의 시간가중평균노출값으로서 노출농도가 시간가중평균노출기준(TWA)을 초과하고 단시간노출기준(STEL) 이하인 경우에는 1회 노출 지속시간이 15분 미만이어야 하고, 이러한 상태가 1일 4회 이하로 발생하여야 하며, 각 노출의 간격은 60분 이상이어야 한다.

④ **최고노출기준(C)** : 근로자가 1일 작업시간 동안 잠시라도 노출되어서는 안 되는 기준을 말하며, 노출기준 앞에 "C"를 붙여 표시한다.

(3) 물리적 유해요인 관리대책 수립

① 물리적 위험요인 분류 및 평가
② **예방 및 보호조치** : 물리적 위험을 최소화하기 위한 목표와 방법을 포함한 관리목표 수립대로 실행
③ 주기적으로 점검하고 수정하여 지속적으로 위험을 관리

2 화학적 유해요인 관리

(1) 화학적 유해요인 파악

유기용제, 유해가스, 산, 알칼리, 분진, 화학물질 등

(2) 화학적 유해요인 노출기준(혼합물 노출기준)

① 화학물질이 2종 이상 혼재하는 경우에 혼재하는 물질 간에 유해성이 인체의 서로 다른 부위에 작용한다는 증거가 없는 한 유해작용은 가중되므로 노출기준은 다음 식에 따라 산출하되, 산출되는 수치가 1을 초과하지 아니하는 것으로 한다.

$$\frac{C_1}{T_1} + \frac{C_2}{T_2} + \cdots\cdots + \frac{C_n}{T_n}$$

C : 화학물질 각각의 측정치
T : 화학물질 각각의 노출기준

② ①의 경우와는 달리 혼재하는 물질 간에 유해성이 인체의 서로 다른 부위에 유해작용을 하는 경우에 유해성이 각각 작용하므로 혼재하는 물질 중 어느 한 가지라도 노출기준을 넘는 경우 노출기준을 초과하는 것으로 한다.

(3) 화학적 유해요인 관리대책 수립

① 안전성평가의 6단계 ★★

단계			주요 진단 항목 등–화학설비에 대한
1	안전대책 수립하기 위한 사전평가 및 준비	관계자료의 정비 검토(작성준비)	입지조건, (화학설비, 기계실, 전기실) 배치도, 제조공정의 개요, 공정계통도, 운전요령, 요원배치계획 등
2		정성적 평가 ★★★	(설계관계) 입지조건, 공장 내의 배치, 소방설비, 공정기기 (운전관계) 수송/저장, 원재료, 중간제, 제품 등
3		정량적 평가 ★★	화학설비의 취급물질, 용량, 온도, 압력, 조작 • A(10점) : 폭발성물질, 발화성물질금속, Li, Na, K, Rb, … • B(5점) : 발화성물질, 산화성물질 중 염소산염류, 과산소산염, 무기과산화물 • C(2점) : 발화성물질 중 셀룰로이드류, 탄화칼슘, 인화석회, 마그네슘 분말, 알루미늄 분말, … • D(0점) : A, B, C 어느 것에도 속하지 않는 물질
4		안전대책 수립 ★	설비에 관한 대책, 관리적(인원배치, 보전, 교육훈련 등) 대책
5	안전대책 수립 후 평가, 재평가 및 후조치	재해정보(사례)평가	
6		FTA에 의한 재평가	결함수 분석법

② 화학설비 정량평가 ★

㉠ 위험등급 Ⅰ : 합산점수 16점 이상

㉡ 위험등급 Ⅱ : 합산점수 15점 이하

㉢ 위험등급 Ⅲ : 합산점수 10점 이하

3 생물학적 유해요인 관리

(1) 생물학적 유해요인 파악 및 노출기준

① 생물학적 인자의 분류기준

㉠ 혈액매개 감염인자 : 인간면역결핍바이러스, B형・C형간염바이러스, 매독바이러스 등 혈액을 매개로 다른 사람에게 전염되어 질병을 유발하는 인자

㉡ 공기매개 감염인자 : 결핵・수두・홍역 등 공기 또는 비말감염 등을 매개로 호흡기를 통하여 전염되는 인자

㉢ 곤충 및 동물매개 감염인자 : 쯔쯔가무시증, 렙토스피라증, 유행성출혈열 등 동물의 배설물 등에 의하여 전염되는 인자 및 탄저병, 브루셀라병 등 가축 또는 야생동물로부터 사람에게 감염되는 인자

(2) 생물학적 유해요인 관리대책 수립

① 대치

② 환기(제거)

③ 격리

Chapter 6 작업환경 관리

1 인체계측 및 체계제어

(1) 인체계측 및 응용원칙

① 인체계측 방법 ★

구조적 인체치수 (정적 인체계측)	• 신체를 고정시킨 자세에서 피측정자를 인체 측정기 등으로 측정 • 여러 가지 설계의 표준이 되는 기초적 치수 결정 • 마르틴식 인체계측기 사용 • 종류 – 골격치수 : 신체의 관절 사이를 측정 – 외곽치수 : 머리둘레, 허리둘레 등의 표면 치수 측정
기능적 인체치수 (동적 인체계측)	• 동적 치수는 운전을 위해 핸들을 조작하거나 브레이크를 밟는 행위 또는 물체를 잡기 위해 손을 뻗는 행위 등 움직이는 신체의 자세로부터 측정 • 신체적 기능 수행 시 각 신체 부위는 독립적으로 움직이는 것이 아니라, 부위별 특성이 조합되어 나타나기 때문에 정적 치수와 차별화 • 소마토그래피 : 신체적 기능 수행을 정면도, 측면도, 평면도의 형태로 표현하여 신체 부위별 상호작용을 보여주는 그림

② 인체계측 자료의 응용원칙 ★

㉠ 극단적인 사람을 위한 설계

ⓐ 극단치 설계 : 인체 측정 특성의 극단에 속하는 사람을 대상으로 설계하면 거의 모든 사람을 수용 가능

구분	최대집단치 ★	최소집단치
개념	• 대상 집단에 대한 인체 측정 변수의 상위 백분위수를 기준으로 90, 95, 99% 치가 사용	• 관련 인체 측정 변수 분포의 하위 백분위수를 기준으로 1, 5, 10% 치를 사용
적용 예	• 출입문, 통로, 의자 사이의 간격 등 • 줄사다리, 그네 등의 지지물의 최소 지지중량(강도)	• 선반의 높이 또는 조정장치까지의 거리, 버스나 전철의 손잡이 등

ⓑ 효과와 비용을 고려 : 흔히 95%나 5% 치를 사용

㉡ 조절식 설계

ⓐ 장비나 설비의 설계에 있어 때로는 여러 사람이 사용 가능하도록 조절식으로 하는 것이 바람직한 경우도 있다.

ⓑ 사무실 의자의 높낮이 조절, 자동차 좌석의 전후 조절 등 ★

ⓒ 통상 5% 치에서 95% 치까지의 90% 범위를 수용 대상으로 설계 ★

㉢ 평균치를 기준으로 한 설계 ★

ⓐ 특정 장비나 설비의 경우, 최대집단치나 최소집단치 또는 조절식으로 설계하기가 부적절하거나 불가능할 때

ⓑ 가게나 은행의 계산대, 공원의 벤치 등

(2) 신체반응의 측정

동적 근력작업, 정적 근력작업, 신경적 작업, 심적 작업으로 구분

(3) 표시장치

① 청각장치와 시각장치의 비교 ★★★

청각장치 사용	시각장치 사용
• 전언이 간단하다. • 전언이 짧다. • 전언이 후에 재참조되지 않는다. • 전언이 시간적 사상을 다룬다. • 전언이 즉각적인 행동을 요구한다(긴급할 때). • 수신장소가 너무 밝거나 암조응 유지가 필요시 • 직무상 수신자가 자주 움직일 때 • 수신자가 시각계통이 과부하 상태일 때	• 전언이 복잡하다. • 전언이 길다. • 전언이 후에 재참조된다. • 전언이 공간적인 위치를 다룬다. • 전언이 즉각적인 행동을 요구하지 않는다. • 수신장소가 너무 시끄러울 때 • 직무상 수신자가 한곳에 머물 때 • 수신자의 청각계통이 과부하 상태일 때

② 청각적 표시장치가 시각적 장치보다 유리한 경우

㉠ 신호음 자체가 음일 때

㉡ 무선거리 신호, 항로 정보 등과 같이 연속적으로 변하는 정보를 제시할 때

㉢ 음성통신 경로가 전부 사용되고 있을 때

③ 경계 및 경보신호 선택 시 지침 ★

㉠ 귀는 중음역에 가장 민감하므로 500~3,000Hz의 진동수 사용

㉡ 고음은 멀리 가지 못하므로 300m 이상 장거리용으로는 1,000Hz 이하의 진동수 사용

㉢ 신호가 장애물을 돌아가거나 칸막이를 통과해야 할 때는 500Hz 이하의 진동수 사용

㉣ 주의를 끌기 위해서는 변조된 신호를 사용

㉤ 배경소음의 진동수와 다른 신호를 사용하고 신호는 최소한 0.5~1초 동안 지속

㉥ 경보 효과를 높이기 위해서 개시 시간이 짧은 고강도 신호 사용

㉦ 주변 소음에 대한 은폐효과를 막기 위해 500~1,000Hz 신호를 사용하여, 적어도 30dB 이상 차이가 나야 한다.

④ 청각적 표시장치의 설계 시 적용하는 일반원리 ★

㉠ 검약성이란 조작자에 대한 입력신호는 꼭 필요한 정보만을 제공하는 것이다.

㉡ 근사성이란 복잡한 정보를 나타내고자 할 때 2단계의 신호를 고려하는 것이다.

㉢ 분리성이란 두 가지 이상의 채널을 듣고 있다면 각 채널의 주파수가 분리되어 있어야 한다는 의미이다.

⑤ 조종장치의 촉각적 암호화 ★

㉠ 형상을 구별하여 사용하는 경우

㉡ 표면 촉감을 사용하는 경우

㉢ 크기를 구별하여 사용하는 경우

㉣ 위치를 구별하여 사용하는 경우

㉤ 작동을 구별하여 사용하는 경우

(4) 통제표시비

① 조정

㉠ 표시장치 이동비율(Control Response(Display) ratio), C/D비 또는 C/R비

㉡ 조정장치의 움직인 거리(회전수)와 표시장치상의 지침이 움직인 거리의 비

② 종류

㉠ 선형 조정장치가 선형 표시장치를 움직일 때는 각각 직선변위의 비(제어표시비)

㉡ 회전 운동을 하는 조정장치가 선형 표시장치를 움직일 경우

$$\text{C/R비} = \frac{(a/360) \times 2\pi L}{\text{표시장치의 이동거리}}$$

L : 반경(지레의 길이)

a : 조정장치가 움직인 각도

③ 최적 C/R비 ★

㉠ 이동 동작과 조종 동작을 절충하는 동작이 수반

㉡ 최적치는 두 곡선의 교점 부호

㉢ C/R비가 작을수록 이동시간은 짧고, 조종은 어려워서 민감한 조정장치이다.

(5) 양립성 ★★

자극과 반응의 관계가 인간의 기대와 모순되지 않는 성질

① 개념적 양립성 : 외부 자극에 대해 인간의 개념적 현상의 양립성

예 빨간 버튼 온수, 파란 버튼 냉수

② 공간적 양립성 : 표시장치, 조종장치의 형태 및 공간적 배치의 양립성

예 오른쪽 조리대는 오른쪽에 조절장치로, 왼쪽 조리대는 왼쪽 조절장치로

③ 운동의 양립성 : 표시장치, 조종장치 등의 운동 방향의 양립성

예 조종장치를 오른쪽으로 돌리면 표시장치의 지침이 오른쪽으로 이동하는 것

④ 양식 양립성 : 직무에 맞는 자극과 응답 양식의 존재에 대한 양립성

(6) 수공구

① CTDs(누적손상장애)의 원인 ★

㉠ 부적절한 자세

㉡ 무리한 힘의 사용

㉢ 과도한 반복작업

㉣ 연속작업(비휴식)

㉤ 낮은 온도 등

2 신체활동의 생리학적 측정

(1) 피로측정의 방법

① 스트레인(Strain)의 측정하는 척도 ★

② 인지적 활동 – EEG

③ 정신 운동적 활동 – EOG

④ 국부적 근육 활동 – EMG

⑤ 정신적인 활동, 피부전기반사 – GSR

(2) 신체 부위 운동의 기본동작 ★

• 굴곡 – 관절에서의 각도가 감소 • 신전 – 관절에서의 각도가 증가	• 내선 – 몸 중심선으로 향하는 회전 • 외선 – 몸 중심선으로부터 회전
• 내전 – 몸 중심선으로 향하는 이동 • 외전 – 몸 중심선으로부터 멀어지는 이동	• 회내 – 몸 또는 손바닥을 아래로 향하는 • 회외 – 몸 또는 손바닥을 위로 향하는

(3) 신체활동의 에너지 소비

① 에너지 대사율(RMR : Relative Metabolic Rate) ★

㉠ 작업강도 단위로서 산소 호흡량을 측정하여 에너지의 소모량을 결정하는 방식이다.

㉡ 기초대사량(BMR : Basal Metabolic Rate) : 생명유지에 필요한 단위시간당 에너지양 ★

㉢ 작업대사량 : 운동이나 노동에 의해 소비되는 에너지양

$$RMR = \frac{\text{작업대사량}}{\text{기초대사량}} = \frac{\text{작업 시의 소비에너지} - \text{안정 시의 소비에너지}}{\text{기초대사량}}$$

② 에너지 대사율(RMR)에 따른 작업의 분류 ★

RMR	0～1	1～2	2～4	4～7	7 이상
작업	초경작업	경작업	중(보통)작업	중(무거운)작업	초중(무거운)작업

③ 인체의 생리적 활동 척도(산소소비량 측정) ★ : 산소소비량을 측정하기 위해서는 더글라스(Douglas)낭 등을 사용하여 우선 배기를 수집한다. 질소는 체내에서 대사되지 않고, 배기는 흡기보다 적으므로 배기 중의 질소 비율은 커진다. 이런 질소의 변화로 흡기의 부피를 표와 같이 구할 수 있다.

성분	산소	이산화탄소	질소
흡기	21%	0	79%
배기	O_2%	CO_2%	–

$$V_1 = \frac{(100 - O_2\% - CO_2\%)}{79} \times V_2$$

흡기부피 : V_1, 배기부피 : V_2(분당 배기량)라 하면

산소소비량 = $(21\% \times V_1) - (O_2\% \times V_2)$

1 liter의 산소소비 = 5kcal

(4) 동작의 단순반응과 선택반응 시간

① 반응시간 : 자극이 있은 후 동작을 개시할 때까지의 총시간

② 단순반응시간 : 하나의 특정한 자극 발생 시 – 0.15~0.2초

③ 선택반응시간 : 자극의 수가 여러 개일 때(결정을 위한 중앙 처리시간 포함)

대안 수	1	2	3	4	5	6	7	8	9	10
반응시간(초)	0.20	0.35	0.40	0.45	0.50	0.55	0.60	0.60	0.65	0.65

3 작업 공간 및 작업자세

(1) 부품배치의 원칙★

중요성의 원칙	목표달성에 긴요한 정도에 따른 우선순위	부품의 위치결정
사용빈도의 원칙	사용되는 빈도에 따른 우선순위	
기능별 배치의 원칙	기능적으로 관련된 부품을 모아서 배치	부품의 배치결정
사용 순서의 원칙	순서적으로 사용되는 장치들을 순서에 맞게 배치	

(2) 활동분석 – 작업 공간

① 작업 공간 포락면(Work space envlope) : 한 장소에 앉아서 수행하는 작업활동에서 사람이 작업하는 데 사용하는 공간을 말한다. 포락면을 설계할 때에는 수행해야 하는 특정 활동과 공간을 사용할 사람의 유형을 고려하여 상황에 맞추어 설계해야 한다.

② 파악한계(Grasping reach) : 앉은 작업자가 특정한 수작업 기능을 편히 수행할 수 있는 공간의 외곽 한계이다.

③ 정상 작업역과 최대 작업역

㉠ 정상 작업역 : 전완을 자연스럽게 수직으로 늘어뜨린 채, 전완만으로 편하게 뻗어 파악할 수 있는 구역 (34~45cm)

㉡ 최대 작업역 : 전완과 상완을 곧게 펴서 파악할 수 있는 구역(55~65cm)

④ 특수 작업역 : 특정한 공간에서 작업하는 구역으로 선 자세, 쪼그려 앉은 자세, 누운 자세, 의자에 앉은 자세, 구부린 자세, 엎드린 자세가 있다.

(3) 개별 작업 공간 설계지침

① 개별 작업 공간 : 표시장치와 조종장치를 포함하는 작업장을 설계할 때 따를 수 있는 지침

㉠ 1순위 : 주된 시각적 임무

㉡ 2순위 : 주시각 임무와 상호작용하는 주 조종장치

㉢ 3순위 : 조종장치와 표시장치 간의 관계

㉣ 4순위 : 순서적으로 사용되는 부품의 배치

㉤ 5순위 : 체계 내 혹은 다른 체계의 여타 배치와 일관성 있게 배치

㉥ 6순위 : 자주 사용되는 부품을 편리한 위치에 배치

② 의자의 설계원칙 종류 ★★

㉠ 의자 설계

체중분포	체중이 주로 좌골결절에 실려야 편안하다.
의자 좌판의 높이	• 대퇴부의 압박 방지를 위해 좌판 앞부분은 오금 높이보다 높지 않게 설계(치수는 5% 치 사용) • 좌판의 높이는 개인별로 조절할 수 있도록 하는 것이 바람직 • 사무실 의자의 좌판과 등판각도 – 좌판각도 : 3° – 등판각도 : 100°
의자 좌판의 깊이와 안정	폭은 큰 사람에게 맞도록, 깊이는 대퇴를 압박하지 않도록 작은 사람에게 맞도록 설계
몸통의 인징	사무실 의자의 좌판각도는 3°, 등판각도는 100°가 추천되고 휴식 및 독서를 위해서는 각도가 더 큰 것이 선호된다.

㉡ 의자 설계 시 고려해야 할 사항 ★★★

ⓐ 등받이의 굴곡은 요추의 굴곡과 일치해야 한다.

ⓑ 좌면의 높이는 사람의 신장에 따라 조절 가능해야 한다.

ⓒ 정적인 부하와 고정된 작업자세를 피해야 한다.

ⓓ 의자의 높이는 오금의 높이보다 같거나 낮아야 한다.

③ Sanders와 McCormick의 의자 설계의 일반적인 원칙 ★
㉠ 요부는 전반을 유지해야 한다(요부는 허리, 전반은 앞으로 휘어졌다는 것임. 따라서 허리는 앞으로 활처럼 휘어야 함).
㉡ 조정이 용이해야 한다.
㉢ 등근육의 정적부하를 줄인다.
㉣ 디스크가 받는 압력을 줄인다.

4 작업측정

(1) 표준시간 및 연구

① 정의
㉠ 작업측정은 제품과 서비스를 생산하는 작업시스템을 과학적으로 계획하고 관리하기 위하여 그 활동에 소요되는 시간과 자원을 측정 또는 추정하는 것
㉡ 표준시간은 표준작업 조건에서 표준작업방법으로 표준작업능력을 가진 작업자가 표준작업속도로 표준작업량을 완수하는 데 필요한 시간을 의미
㉢ 작업시스템을 과학적으로 계획, 관리하기 위하여 그 작업활동에 소요되는 시간과 자원을 측정 또는 추정하는 것이 필요

② 계산방법
㉠ 표준시간 = 정미시간 + 여유시간
㉡ 정미시간 = (총작업시간 × 실제 작업비율 / 총생산량) × 레이팅계수
㉢ 레이팅계수 = 기준작업시간 / 실제 작업시간

③ 표준시간의 활용
㉠ 단위당 생산에 필요한 소요시간을 제공하여 생산, 일정계획의 기초자료로 활용
㉡ 속도에 대한 기준으로 근로표준으로 이용되며 능률을 결정하는 데 이용될 수도 있음.

④ 측정방법
㉠ 간접측정방법
ⓐ **표준자료법** : 과거에 측정한 기록들을 기준으로 동작에 영향을 미치는 요인들을 검토하여 만든 함수식, 표, 그래프 등으로 동작시간을 예측하는 방법
ⓑ PTS : 사람이 행하는 작업을 기본동작으로 분류하고, 각 기본동작들은 동작의 성질과 조건에 따라 이미 정해진 기본 시간치를 적용하여 전체작업의 정미시간을 구하는 방법
㉡ 직접측정방법
ⓐ **시간연구법(연속적 측정)** : 스톱워치법, 촬영법, VTR분석법, 컴퓨터분석법
ⓑ Work Sampling(간헐적 측정)

(2) Work Sampling의 원리 및 절차

① 정의 : 작업자를 무작위로 관찰하여 특정 활동에 실제 소비하는 시간의 비율을 추정하고 이에 근거하여 시간 표준을 설정하는 기법

② 워크 샘플링법의 절차

㉠ 연구대상 직무나 그룹 선정

㉡ 작업자에게 연구를 수행함을 알리고 작업자의 활동을 나열기술

㉢ 필요한 관찰의 횟수 및 관찰시점 결정

㉣ 작업자의 활동을 관찰, 평정, 기록

㉤ 산출물의 단위당 정상시간 산출

$$정상시간 = \frac{총작업시간 \times 실제\ 작업\ 중인\ 비율 \times 평정계수}{총생산량}$$

㉥ 산출물의 단위당 표준시간 산출

$$표준시간 = \frac{정상시간 \times 100\%}{100 - 여유율[\%]}$$

(3) 표준자료(MTM, Work Factor)

① 개념 : 표준자료법이란 과거의 시간연구로부터 얻어진 여러 가지 요소작업에 소요되는 시간을 데이터베이스로 유지해 오고 있는 경우 이러한 표준자료에 근거하여 표준시간을 설정하는 방법

㉠ 표준자료법에서는 어떤 직무의 각 요소작업에 소요되는 시간을 표준자료에서 바로 찾거나 이에 근거하여 구한 후, 이들 시간을 합하여 그 직무의 정상시간을 구하고, 이 정상시간에 개인적 용무, 피로 및 지연에 대한 여유시간을 더하여 그 직무의 표준시간을 구함.

㉡ 표준자료법은 직접노동의 측정에 많이 쓰이며, 매우 유사한 대량의 반복작업에 특히 유용

② MTM(Method Time Measurement) : 가장 정확하고 세밀한 작업분석이 가능하고 14개의 기본동작으로 각 기본동작의 성질과 조건에 따라 미리 정해진 시간치를 적용하여 정미시간을 구한다. 현행 작업방법의 개선과 능률적인 설비와 기계류의 선택 및 작업방법을 결정한다.

③ WF(Work Factor) : 작업의 표준시간을 정하는 경우 그 작업을 상세한 요소 동작으로 분석하고, 각각에 대해 조건을 정확하게 파악하여 그 조건에 따라 미리 정하고 있는 표준시간을 적용시켜서 누계(累計)하는 데 따라 어떤 하나의 작업 표준시간으로 한다는 방법

5 작업환경과 인간공학

(1) 빛과 소음의 특성

① 반사율

㉠ 반사율 공식

$$반사율[\%] = \frac{광도[fL]}{조도[fc]} \times 100$$

㉡ 추천반사율 ★★

바닥	가구, 사무용기기, 책상	창문 발, 벽	천장
20～40%	25～45%	40～60%	80～90%

※ 암기 : 천장 → 벽 → 책상 → 바닥(위에서 아래로)

㉢ 실제로 얻을 수 있는 최대 반사율 : 약 95% 정도

② 휘광

㉠ 눈이 순응된 밝기보다 훨씬 밝은 빛

㉡ 영향 : 휘광은 성가신 느낌과 불편함을 주고 가시도와 시성능을 저하시킨다.

③ 조도(Illuminance) ★★

㉠ 물체의 표면에 도달하는 빛의 밀도(표면밝기의 정도)로 단위는 lux를 사용하며, 거리가 멀수록 역자승 법칙에 의해 감소한다. 어떤 물체나 표면에 도달하는 빛의 밀도로, 단위는 fc와 lux가 있다.

$$조도[lux] = \frac{광도[lumen]}{(거리[m])^2}$$

㉡ 작업별 조도기준 ★

초정밀작업	정밀작업	보통작업	그 밖의 작업
750lux 이상	300lux 이상	150lux 이상	75lux 이상

㉢ 주변환경의 조도기준

화면의 바탕색상	검정색 계통	흰색계통
조도기준	300～500lux	500～700lux

㉣ 국소조명 ★ : 작업면상의 필요한 장소만 높은 조도를 취하는 조명

④ 음량 ★

㉠ phon과 sone 및 인식 소음 수준 ★★

phon의 음량 수준	• 정량적 평가를 위한 음량 수준 척도 • 어떤 음의 phon 값으로 표시한 음량 수준은 이 음과 같은 크기로 들리는 1,000Hz 순음의 음압 수준(dB)
sone에 의한 음량	• 다른 음의 상대적인 주관적 크기 비교 • 40dB의 1,000Hz 순음의 크기(=40phon)를 1sone • 기준 음보다 10배 크게 들리는 음은 10sone의 음량

㉡ phon과 sone의 관계 ★

$$\text{sone치} = 2^{(\text{phon치}-40)/10}$$

※ 음량 수준이 10phon 증가하면 음량(sone)은 2배 증가된다.
1,000Hz 40dB → 40phon = 1sone
– 인식 소음 수준(PNdB) / dBA / NRN

㉢ 소음관리(소음통제 방법) ★★

ⓐ 소음원의 제거 : 가장 적극적인 대책

ⓑ 소음원의 통제 : 안전설계, 정비 및 주유, 고무 받침대 부착, 소음기 사용 등

ⓒ 소음의 격리 : 씌우개, 방이나 장벽을 이용(창문을 닫으면 10dB 감음 효과)

ⓓ 차음 장치 및 흡음재 사용

ⓔ 음향 처리제 사용

ⓕ 적절한 배치(layout)

㉣ 연속 소음으로 인한 청력손실 : 청력손실은 4,000Hz에서 가장 크게 나타남.

㉤ 강한 소음으로 인한 생리적 영향 : 말초 순환계 혈관 수축, 동공팽창, 맥박강도, EEG 등에 변화, 부신피질 기능 저하, 혈압상승, 심장박동수 및 신진대사 증가, 발한촉진, 위액 및 위장운동 억제

㉥ OSHA 허용 소음 노출기준

음압 수준 dB(A)	80	85	90	95	100	105	110	115	120	125	130
허용시간	32	16	8	4	2	1	0.5	0.25	0.125	0.063	0.031

㉦ 노출한계 20,000Hz 이상에서 110dB로 노출 한정

(2) 열교환과정과 열압박

① 열교환

㉠ 열균형 방정식

$$S(\text{열축적}) = M(\text{대사율}) - W(\text{한 일}) \pm R(\text{복사}) \pm C(\text{대류}) - E(\text{증발})$$

② 열압박

㉠ 실효온도가 증가하면 열반응을 높이기 위해 혈액순환이 피부 가까이에서 일어남.

㉡ 작업부하가 커질수록 낮은 점에서 갑자기 상승하기 시작해 피로지수로서 38.8도가 되면 기진함.

㉢ 체심온도가 증가하는 환경조건과 작업수준이 오래 지속되면 저온증 유발

열발진 < 열경련 < 열소모 < 열사병

(3) 진동이 성능에 미치는 영향

① 진동의 요소는 진폭, 변위, 속도, 가속도로 정적 자세를 유지할 때 손이 심장 높이에 있을 때 진전 현상이 감소된다.

② 진동은 진폭에 비례하여 추적능력을 손상한다. 5Hz 이하의 낮은 진동수에서 가장 극심하다.

③ 반응시간, 감시, 형태 식별 등 주로 중앙 신경처리에 달린 임무는 진동의 영향이 미약하다.

(4) 실효온도와 Oxford 지수

① 실효온도(Effective Temperature, 체감온도, 감각온도) ★ : 실제로 느끼는 온도

㉠ 영향인자 ★

ⓐ 온도

ⓑ 습도

ⓒ 공기의 유동(기류)

㉡ ET는 영향인자들이 인체에 미치는 열효과를 하나의 수치로 통합한 경험적 감각지수

㉢ 상대습도 100%일 때 건구온도에서 느끼는 것과 동일한 온감

② Oxford 지수 ★★

㉠ 습건(WD)지수라고도 부르며, 습구온도(W)와 건구온도(D)의 가중평균치로 정의

$$WD = 0.85W + 0.15D$$

㉡ 내구한계가 같은 기후의 비교에 사용

③ WBGT(습구흑구온도지수)

㉠ 옥외일 때, 햇빛이 내리쬐는 장소

WBGT = 0.7×자연습구온도+0.2×흑구온도+0.1×건구온도

㉡ 옥내일 때, 옥외지만 햇빛이 내리쬐지 않는 장소

WBGT = 0.7×자연습구온도+0.3×흑구온도

(5) 온도변화에 대한 신체의 조절작용 ★

적정온도에서 고온환경으로 변화	• 많은 양의 혈액이 피부를 경유하여 온도 상승 • 직장 온도가 내려간다. • 발한이 된다.
적정온도에서 한랭환경으로 변화	• 피부를 경유하는 혈액의 순환량이 감소하고 많은 양의 혈액이 몸의 중심부를 순환 • 피부 온도는 내려간다. • 직장 온도가 약간 올라간다. • 소름이 돋고 몸이 떨리는 오한을 느낀다.

(6) 사무/VDT 작업 설계 및 관리

① 개념 : VDT 증후군은 현대인의 필수품이라 할 수 있는 컴퓨터, 계기판 등 각종 영상 표시 단말기를 취급하는 작업이나 활동으로 인하여 어깨, 목, 허리 부위에서 발생되는 경견완증후군 및 기타 근골격계 증상, 눈의 피로, 피부 증상, 정신신경계 증상을 말한다.

② VDT 증후군과 관련된 근골격계질환의 명칭

㉠ 경견완증후군

㉡ 작업 관련 근골격계질환(미국) → WMSDs(Work-related Musculoskeletal Disorders)

㉢ 반복성 긴장장애(캐나다, 북유럽, 호주 등) → RSI(Repetitive Strain Injuries)

㉣ 누적외상성 질환 → CTDs(Cumulative Trauma Disorders)

㉤ 반복동작장애 → RMS(Repetitive Motion Disorders)

㉥ 과사용증후군 → Overuse Syndromes

③ VDT 증후군의 유해 · 위험요인

㉠ 작업조건 : 휴식시간, 작업부하 등

㉡ 작업자세 : 머리와 목의 각도, 상완 외전 및 들어올림, 손목의 구부러짐과 신전, 정적인 작업자세, 혈관과 신경조직의 압박 등

㉢ 작업환경 : 조명, 소음, 온 · 습도, 환기 등

④ 작업자세

㉠ 작업자의 시선은 수평 선상으로부터 아래로 10~15° 이내일 것

㉡ 눈으로부터 화면까지의 시거리는 40cm 이상을 유지할 것

㉢ 위팔(Upper Arm)은 자연스럽게 늘어뜨리고, 작업자의 어깨가 들리지 않아야 할 것

㉣ 팔꿈치의 내각은 90° 이상, 아래팔(Forearm)은 손등과 수평을 유지하여 키보드를 조작할 것

㉤ 의자에 앉을 때는 의자 깊숙히 앉아 의자등받이에 등이 충분히 지지되도록 할 것

㉥ 영상표시단말기 취급근로자의 발바닥 전면이 바닥면에 닿는 자세를 기본으로 하되, 그러하지 못할 때에는 발 받침대(Foot Rest)를 조건에 맞는 높이와 각도로 설치할 것

ⓢ 무릎의 내각(Knee Angle)은 90° 전후가 되도록 하되, 의자의 앉는 면의 앞부분과 영상표시단말기 취급 근로자의 종아리 사이에는 손가락을 밀어 넣을 정도의 틈새가 있도록 하여 종아리와 대퇴부에 무리한 압력이 가해지지 않도록 할 것

6 중량물 취급 작업

(1) 중량물 취급 방법 – 입식작업대

① 서서 작업하는 사람에 맞는 작업대의 높이를 구해보면 팔꿈치 높이보다 5~10cm 정도 낮은 것이 경조립작업이나 이와 비슷한 조작작업에 적당하다.

② 입식작업대 높이의 경우에도 작업의 성격에 따라서 최적높이가 달라지며, 일반적으로 섬세한 작업일수록 높아야 하고 거친 작업에는 약간 낮은 편이 낫다.

③ 작업대의 높이가 팔꿈치의 높이보다 낮은 것이 중작업에 적합하다.

④ 작업대의 높이가 팔꿈치의 높이보다 약간 높은 것이 정밀작업에 적합하다.

⑤ 중량물을 다루는 경우에는 입식작업대가 적합하다.

⑥ 포장작업에서와 같이 아랫방향으로 힘을 발휘해야 하는 경우에는 입식작업대가 적합하다.

(2) NIOSH Lifting Equation(NLE) ★★

① **개발 목적** : 들기작업에 대한 권장무게한계(RWL)를 쉽게 산출하도록 하여 작업의 위험성을 예측하여 인간공학적인 작업방법의 개선을 통해 작업자의 직업성 요통을 사전에 예방하는 것

ⓐ **작업분석 · 평가도구** : NIOSH들기작업지침(NIOSH Lifting Equation)

ⓑ **분석가능 유해요인** : 과도한 힘(들기 / 놓기)

ⓒ **적용신체부위** : 허리

ⓓ **적용가능 업종** : 대상물 취급, 포장물 배달, 음료배달, 인력에 의한 중량물 취급 작업, 무리한 힘이 요구되는 작업, 고정된 들기작업

② **들기지수(LI)**

ⓐ LI = 작업물 무게 / RWL

ⓑ **권장무게한계(RWL : Recommended Weight Limit)** ★★

$$RWL = LC \times HM \times VM \times DM \times AM \times FM \times CM$$

LC(부하상수) = 23kg
HM(수평계수) = 25/H
VM(수직계수) = 1 − (0.003 × |V − 75|)
DM(물체이동거리계수) = 0.82 + (4.5/D)
AM(비대칭계수) = 1 − (0.0032 × A)
FM(빈도계수)
CM(결합계수)

기계 · 기구 및 설비 안전관리

Chapter 1 기계공정의 안전

1 설계도(설비도면, 장비사양서 등) 검토

(1) 도면의 검사

① 치수 기입, 공차 및 끼워맞춤

② 가공기호 및 지시사항

③ 요목표

④ 재료

⑤ 표제란

(2) 도면의 변경

① 물체의 모양, 치수 또는 가공 방법의 개선 등 도면의 일부를 변경

② 도면을 변경할 경우 변경한 곳에 적당한 기호( )를 붙이고, 변경 전의 모양 및 숫자 보존

③ 변경한 날짜, 이유 등을 기입

(3) 장비사양서 매뉴얼 포함 필수사항

① 유지보수 방법, 절차 등 안전하게 사용하기 위한 모든 정보

② 예상할 수 있는 오사용을 방지할 수 있는 방법과 관련 위험에 대한 경고사항

2 특성요인도, 파레토도, 클로즈분석, 관리도

(1) 특성요인도

① 특성요인도 특징 : 결과에 원인이 어떻게 관계되며 영향을 미치고 있는가를 나타낸 그림

② 특성요인도 작성법 ★

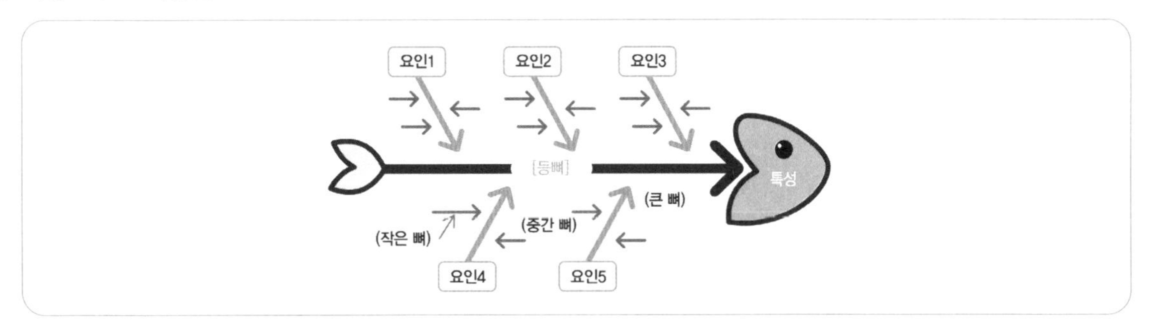

③ **작성 순서** : 특성 기입 → 뼈대 기입 → 대분류 기입 → 중분류 기입 → 소분류 기입 → 기입된 내용 중 누락된 내용 확인 → 특성에 대한 영향이 큰 요인에 대해 표시

(2) 파레토도(Pareto Diagram)

① **파레토도 특징** : 문제점을 발견하고자 하거나, 개선과 대책의 효과를 알고자 할 때 사용

② **작성 순서** : 조사사항을 결정하고 분류 항목을 선정 → 선정된 항목에 대한 데이터를 수집하고 정리 → 수집된 데이터를 이용하여 막대그래프 작성 → 누적곡선을 그림.

③ **데이터분석** : 요인 중 전체 특정 인자에 의한 영향 정도를 확인

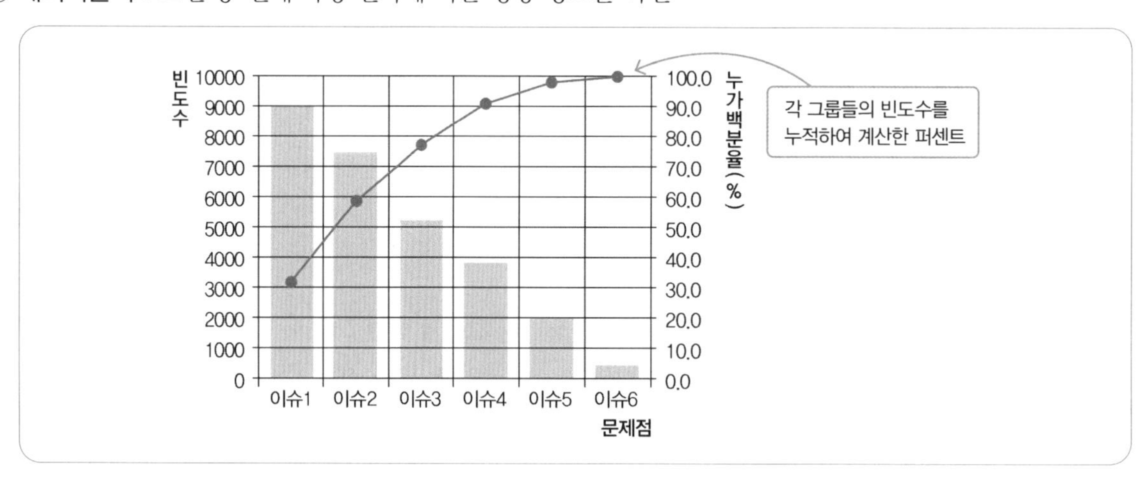

(3) Close분석

① **Close분석 특징** : 2개 이상의 문제관계를 분석하는 데 사용

② 요인별 결과 내역을 교차한 클로즈도로 작성

③ C의 재해가 A와 B에 의해 발생할 확률

$$P_C = \frac{A}{T} \times \frac{B}{T} = \frac{AB}{T^2}$$

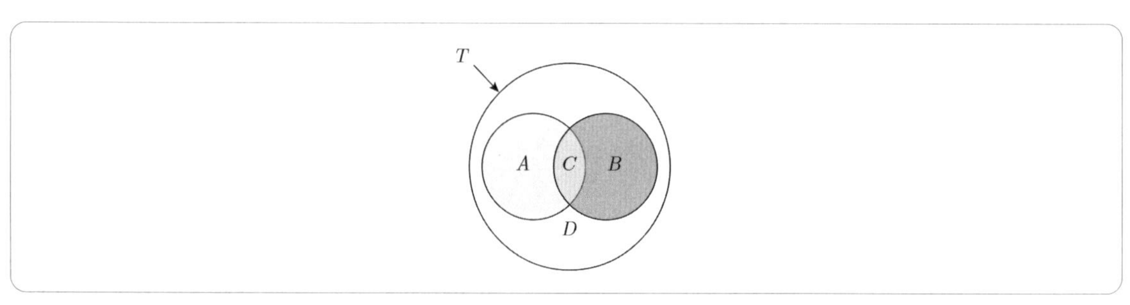

(4) 관리도(Control Chart) ★

① **관리도 특징** : 목표 관리를 위해 월별의 발생 수를 그래프화하여 관리하는 방법

② **관리도 종류** : R 관리도, P 관리도, Pn 관리도, C 관리도, U 관리도 등

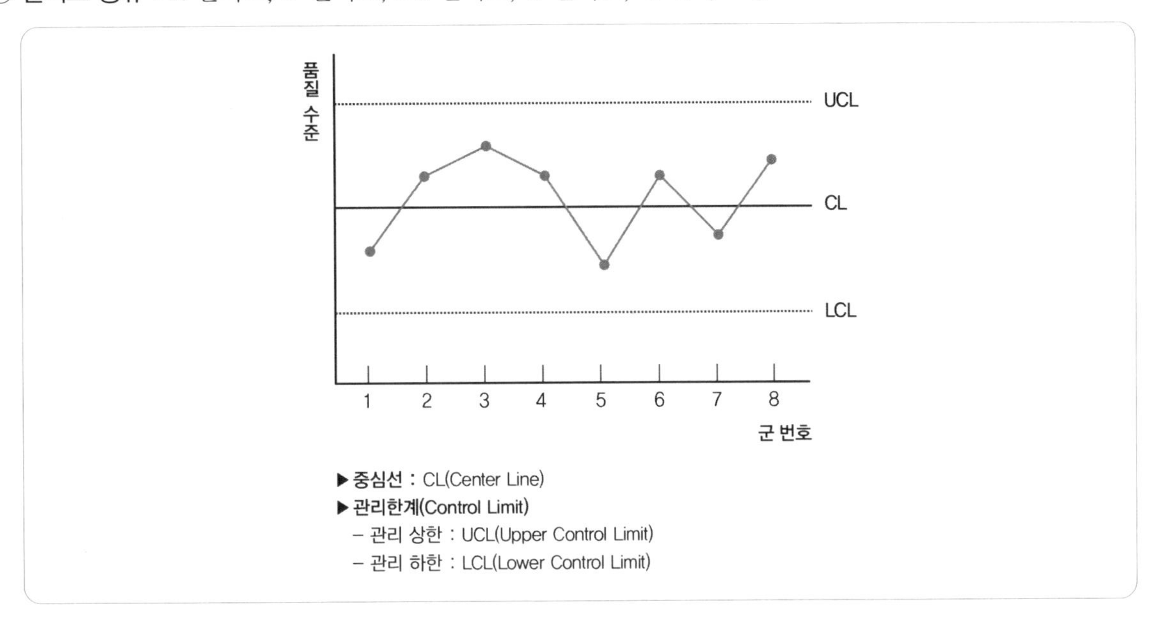

3 공정의 특수성에 따른 위험요인

① 사업장 순회점검에 의한 방법

② 청취조사에 의한 방법

③ 안전보건 자료에 의한 방법

④ 안전보건 체크리스트에 의한 방법

⑤ 그 밖에 사업장의 특성에 적합한 방법

4 표준안전작업절차서

① 작업절차서는 정상작업의 위험도가 높은 것을 우선적으로 작성

② 위험성이 높은 작업, 지켜지고 있지 않다고 생각되는 작업의 작업절차서를 꺼내어 검토

5 기계의 위험요인

(1) 위험점의 분류 ★★★

협착점 (Squeeze point)	왕복운동을 하는 동작부분과 움직임이 없는 고정부분 사이에서 형성되는 위험점 
끼임점 (Shear point)	고정부분과 회전하는 동작부분이 함께 만드는 위험점 예 연삭숫돌과 덮개, 교반기의 날개와 하우징, 프레임에서 암의 요동운동을 하는 기계부분 등 
절단점 (Cutting point)	회전하는 운동부 자체의 위험 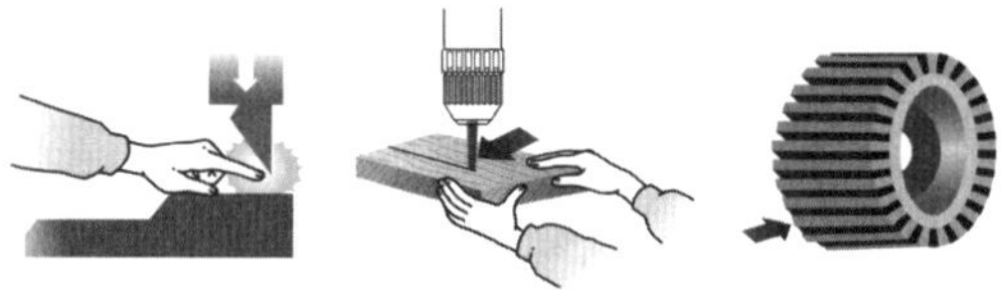
물림점 (Nip point)	회전하는 두 개의 회전체에는 물려 들어가는 위험성이 존재한다. 이때 위험점이 발생되는 조건은 회전체가 서로 반대방향으로 맞물려 회전되어야 한다. 
접선물림점 (Tangential Nip point)	회전하는 부분의 접선방향으로 물려 들어갈 위험이 존재하는 점이다(물림위치 : 접선방향). 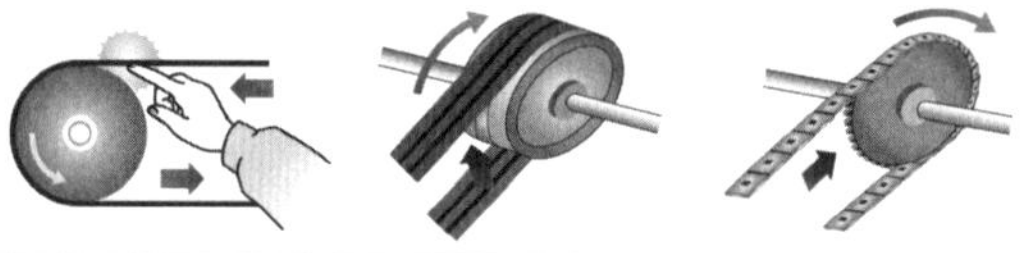
회전말림점 (Trapping point)	회전하는 물체에 작업복, 머리카락 등이 말려드는 위험이 존재하는 점이다. 

(2) 위험점의 5요소(사고체인) ★★

① 함정

② 충격

③ 접촉

④ 말림, 얽힘

⑤ 튀어나옴

(3) 원동기 · 회전축 등의 위험 방지(안전보건규칙 제87조)

① 사업주는 기계의 **원동기 · 회전축 · 기어 · 풀리 · 플라이휠 · 벨트 및 체인** 등 근로자가 위험에 처할 우려가 있는 부위에 **덮개 · 울 · 슬리브 및 건널다리** 등을 설치하여야 한다. ★★

② 사업주는 회전축・기어・풀리 및 플라이휠 등에 부속되는 **키・핀** 등의 기계요소는 **묻힘형**으로 하거나 해당 부위에 **덮개를 설치**하여야 한다. ★

③ 벨트의 이음 부분에 돌출된 고정구를 사용해서는 안 된다.

④ ①의 건널다리에는 안전난간 및 미끄러지지 아니하는 구조의 발판을 설치하여야 한다.

⑤ ~ ⑪ **덮개 또는 울** 등을 설치

6 본질적 안전

(1) 기계의 본질적 안전화

① 안전기능이 기계에 내장되어 있다.

② 인간의 착오, 미스 등 휴먼에러가 사고로 이어지지 않도록 Fool Proof 기능

③ 기계나 그 부품이 파손, 고장나더라도 안전하게 작동하도록 Fail Safe 기능

(2) 풀 프루프(Fool Proof)

① 가드

② 록기구

③ 트립기구

④ 오버런기구

⑤ 밀어내기기구

⑥ 기동방지지구

(3) 페일 세이프(Fail Safe) 기능적 3단계

① Fail Passive

② Fail Active

③ Fail Operational

7 기계의 안전 조건(기계설비의 안전화)

① 외관상의 안전화

② 기능적 안전화

③ 구조의 안전화

④ 작업의 안전화

⑤ 설비보전성의 개선

8 유해위험기계기구의 종류, 기능과 작동원리

유해 · 위험 방지를 위한 방호조치가 필요한 기계 · 기구		
예초기의 날접촉 예방장치		예초기의 절단날 또는 비산물로부터 작업자를 보호하기 위해 설치하는 보호덮개 등의 장치
원심기의 회전체 접촉 예방장치		원심기의 케이싱 또는 하우징 내부의 회전통 등에 작업자의 신체 일부가 접촉되는 것을 방지하기 위해 설치하는 덮개 등의 장치
공기압축기의 압력방출장치		공기압축기에 부속된 압력용기의 과도한 압력상승을 방지하기 위하여 설치하는 안전밸브, 언로드밸브 등의 장치
금속절단기의 날접촉 예방장치		띠톱, 둥근톱 등 금속절단기의 절단날 또는 비산물로부터 작업자를 보호하기 위하여 설치하는 장치
지게차의 헤드가드, 백레스트, 전조등, 후미등, 안전벨트	헤드가드	지게차를 이용한 작업 중에 위쪽으로부터 떨어지는 물건에 의한 위험을 방지하기 위하여 운전자의 머리 위쪽에 설치하는 덮개
	백레스트	지게차를 이용한 작업 중에 마스트를 뒤로 기울일 때 화물이 마스트 방향으로 떨어지는 것을 방지하기 위해 설치하는 짐받이 틀
포장기계(진공포장기, 랩핑기)의 구동부 방호 연동장치		진공포장기, 랩핑기의 구동부에 설치되는 방호장치 등이 장치가 닫힌 상태에서만 기계가 작동되도록 상호 연결시키는 것

방호조치를 하지 않고 양도 또는 대여, 설치, 사용, 진열해서는 안 되는 기계 · 기구

- 예초기
- 원심기
- 공기압축기
- 금속절단기
- 지게차
- 포장기계(진공포장기, 랩핑기)

9 기계 위험성

① 기계에 의한 재해는 작업자와 기계설비의 작업점과의 상호접촉에 의해 이루어질 때 발생

② 재해예방은 재해요인을 사전에 제거해야 가능

10 방호장치 분류

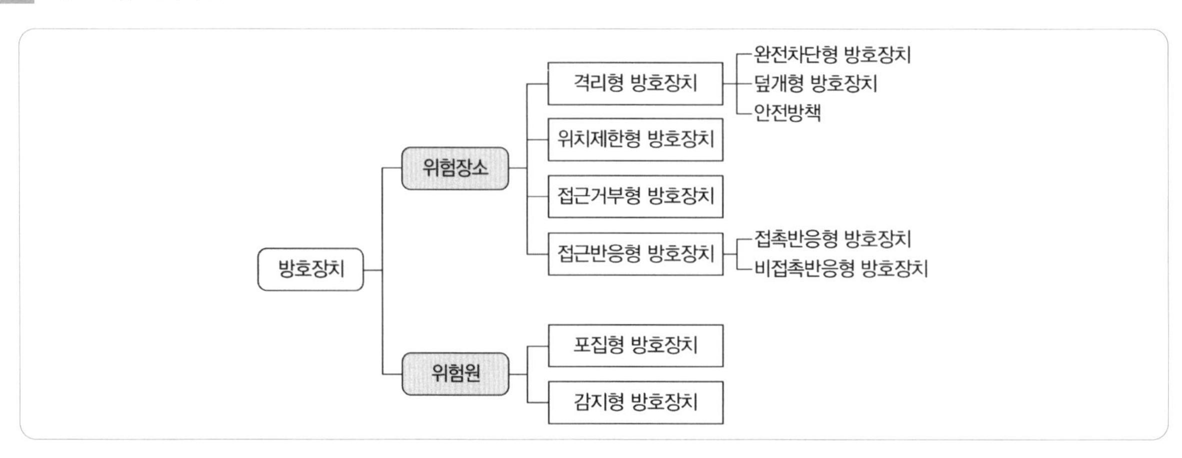

11 설비보전의 개념

① 예방보전(Preventive Maintenance)
② 일상보전(Routine Maintenance)
③ 개량보전(Corrective Maintenance)
④ 사후보전(Breakdown Maintenance)
⑤ 예측보전(Predictive Maintenance)

12 기계 작동 원리 분석 기술

① 회전동작(Rotating motion)
② 횡축동작(Rectilineal motion)
③ 왕복동작(Reciprocating motion)

Chapter 2 기계분야 산업재해조사 및 관리

1 재해조사의 목적

(1) 개요

재해의 발생원인을 규명하고, 안전대책을 수립하는 조사

(2) 법적 근거(산업안전보건법 제56조, 중대재해 원인조사 등)

사망 또는 3일 이상의 휴업을 요하는 부상을 입거나 질병에 걸린 자가 발생한 때

(3) 재해조사의 목적 ★★

① 재해 발생 상황의 진실 규명
② 재해 발생의 원인 규명
③ **예방대책의 수립** : 동종 및 유사재해 방지

2 재해조사 시 유의사항

① 사실을 수집
② 목격자 등이 증언하는 사실 이외의 추측이나 본인의 의견 등은 분리하고 참고
③ 조사는 신속히 실시하고, 2차 재해 방지를 위한 안전조치

④ 인적 · 물적 요인에 대한 조사를 병행
⑤ 객관적인 입장에서 2인 이상 실시

3 재해 발생 시 조치사항

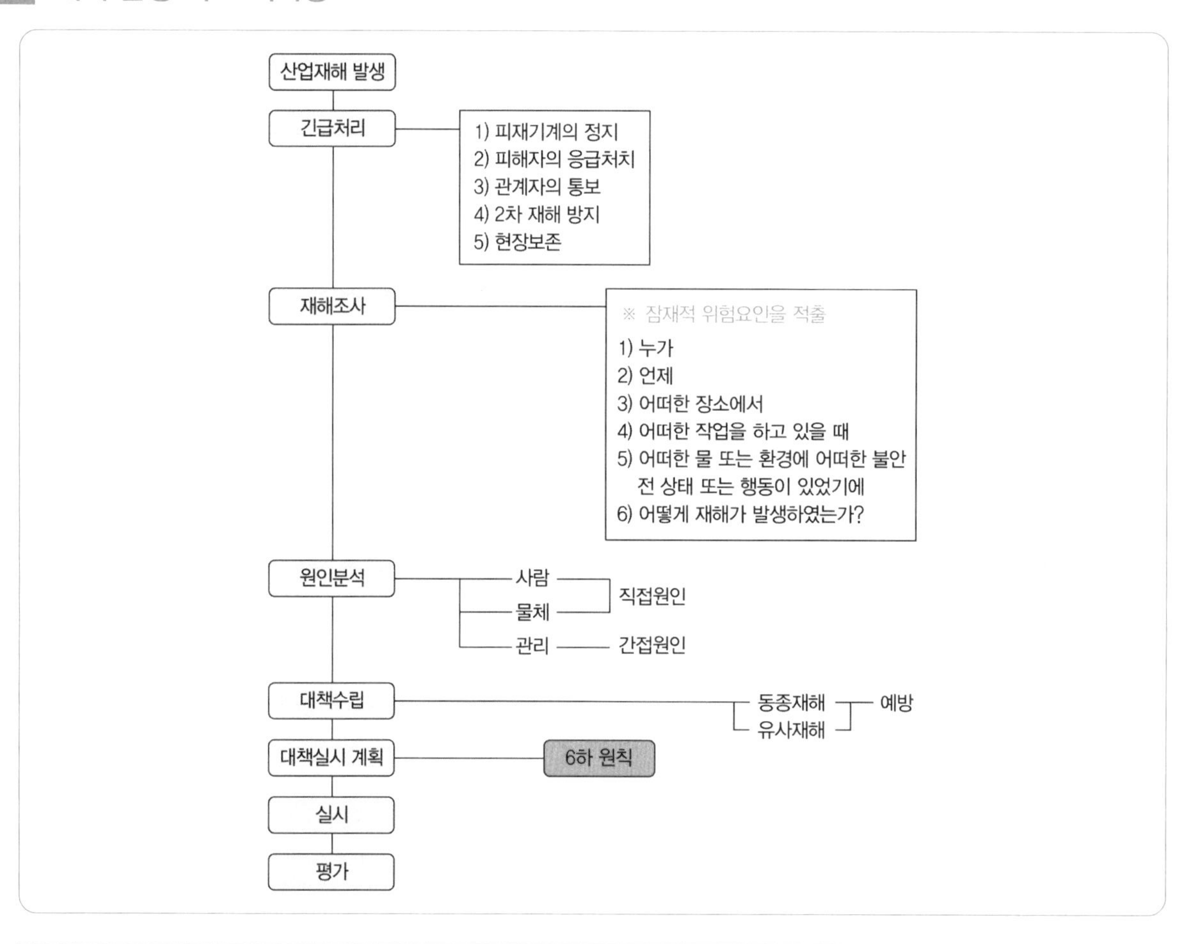

재해 발생 시 조치 순서	① 긴급조치 ③ 원인분석 ⑤ 대책실시 계획 ⑦ 평가	② 재해조사 ④ 대책수립 ⑥ 실시
긴급조치 순서	① 피재기계 정지 ③ 관계자에게 통보 ⑤ 현장보존	② 피해자 응급조치 ④ 2차 재해 방지

4 재해의 원인분석 및 조사기법

(1) 재해의 직접원인

① 인적 원인(불안전한 행동)

② 물적 원인(불안전한 상태)

(2) 재해의 간접원인

① 기술적 원인

② 교육적 원인

③ 신체적 원인

④ 정신적 원인

⑤ 작업관리상 원인

(3) 인간에러(휴먼에러)의 배후요인(4M)

Man(인간)	본인 외의 사람, 직장의 인간관계 등
Machine(기계)	기계장치 등의 물적 요인
Media(매체)	작업정보, 작업방법 등
Management(관리)	작업관리, 법규준수, 단속, 점검 등

5 산재분류의 이해

(1) 기인물 ★★

직접적으로 재해를 유발하거나 영향을 끼친 기계장치・구조물・물체・물질・사람 또는 환경

(2) 가해물

산업재해는 물건과 사람과의 충돌현상 또는 에너지를 가진 것에 접촉했을 때에 일어나는 현상

(3) ILO 근로불능 상해의 구분(상해 정도별 구분) ★★★★★

① 사망

② **영구 전 노동불능** : 신체 전체의 노동기능 완전상실(1~3급)

③ **영구 일부 노동불능** : 신체 일부의 노동기능 완전상실(4~14급)

④ **일시 전 노동불능** : 일정기간 노동 종사 불가(휴업상해)

⑤ **일시 일부 노동불능** : 일정기간 일부노동 종사 불가(통원상해)

⑥ 구급조치상해

6 재해 관련 통계의 정의

(1) 재해 통계 목적

① 재해 발생 상황을 통계적으로 산출하여 재해 방지에 활용할 정보를 위해 작성

② 다수의 재해 통계처리 결과를 안전대책으로 활용

③ 동종 및 유사재해의 예방을 목적으로 작성

(2) 재해의 발생형태★★

① 단순자극형

② 연쇄형

③ 복합형

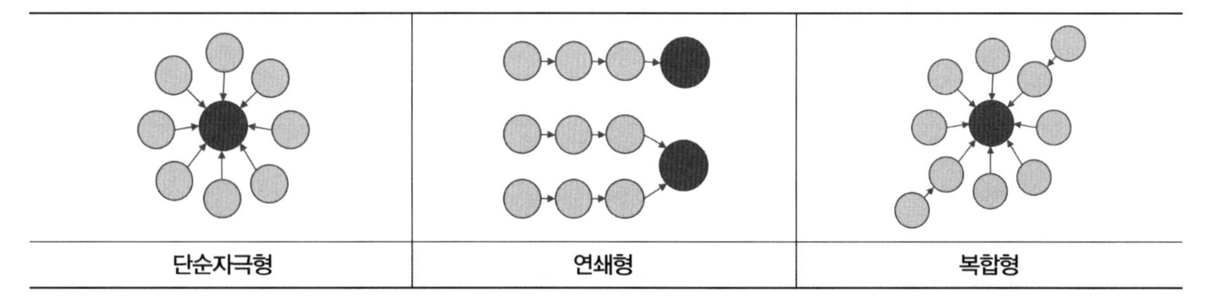

단순자극형	연쇄형	복합형

7 재해 관련 통계의 종류 및 계산

(1) 재해율

산재보험적용근로자수 100명당 발생하는 재해자수의 비율

$$\text{재해율} = \frac{\text{재해자수}}{\text{산재보험적용근로자수}} \times 100$$

- **산재보험적용근로자수** : 「산업재해보상보험법」이 적용되는 근로자수

(2) 도수율(빈도율)

1,000,000 근로시간당 재해발생건수

$$\text{도수율(빈도율)} = \frac{\text{재해건수}}{\text{연근로시간수}} \times 1{,}000{,}000$$

(3) 연천인율

$$\text{연천인율} = \frac{\text{연간재해자수}}{\text{연평균근로자수}} \times 1,000$$

- 연천인율과 도수율(빈도율)과의 관계

$$\text{연천인율} = \text{도수율(빈도율)} \times 2.4$$

$$\text{도수율} = \frac{\text{연천인율}}{2.4}$$

2.4는 연평균근로시간이 2,400시간일 때

(4) 강도율

근로시간 합계 1,000시간당 요양재해로 인한 근로손실일수

$$\text{강도율} = \frac{\text{총요양근로손실일수}}{\text{연근로시간수}} \times 1,000$$

- 총요양근로손실일수 : 재해자의 총 요양기간을 합산하여 산출하되, 사망・부상 또는 질병이나 장해자의 등급별 요양근로손실일수는 다음과 같다.

요양근로손실일수 산정요령

- 신체장해등급이 결정되었을 때는 다음과 같이 등급별 근로손실일수를 적용한다.

구분	사망	신체장해자등급											
		1~3	4	5	6	7	8	9	10	11	12	13	14
근로손실일수(일)	7,500	7,500	5,500	4,000	3,000	2,200	1,500	1,000	600	400	200	100	50

※ 부상 및 질병자의 요양근로손실일수는 요양신청서에 기재된 요양일수를 말한다.

(5) 평균강도율

$$\text{평균강도율} = \frac{\text{강도율}}{\text{도수율}} \times 1,000$$

(6) 종합재해지수(FSI)

$$\text{종합재해지수(FSI)} = \sqrt{\text{빈도율}(F.R) \times \text{강도율}(S.R)}$$

(7) 환산강도율(S)

일평생 근로하는 동안 근로손실일수

$$환산강도율 = \frac{근로손실일수}{(연간)\ 총근로시간수} \times 평생근로시간수(10^5)$$

$$환산강도율 = 강도율 \times 100$$

(8) 환산도수(빈도)율

한 사람이 평생 작업할 때 예상 재해건수

$$도수율 \times 0.1 \ 또는 \ \frac{도수율}{10}$$

0.1과 10은 100,000시간 기준

(9) 환산재해율

$$환산재해율 = \frac{환산재해자수}{상시근로자\ 수} \times 100$$

(10) 환산재해자수

$$환산재해자수 = (사망자수 \times 5) + 부상자수$$

(11) 사망만인율

산재보험적용근로자수 10,000명당 발생하는 사망자수의 비율

$$사망만인율 = \frac{사망자수}{산재보험적용근로자수} \times 10{,}000$$

- **사망자수** : 근로복지공단의 유족급여가 지급된 사망자(지방고용노동관서의 산재미보고 적발 사망자 포함)수를 말함. 다만, 사업장 밖의 교통사고(운수업, 음식숙박업은 사업장 밖의 교통사고도 포함) · 체육행사 · 폭력행위 · 통상의 출퇴근에 의한 사망, 사고 발생일로부터 1년을 경과하여 사망한 경우는 제외함.

(12) 안전활동률 : 일정기간의 안전활동률

$$안전활동률 = \frac{안전활동\ 건수}{근로시간수 \times 평균근로자수} \times 10^6$$

- **안전활동 건수** : 실시한 안전개선 권고수, 안전조치할 불안전 작업수, 불안전 행동 적발수, 불안전한 물리적 지적 건수, 안전회의 건수, 안전홍보(PR) 건수

(13) 휴업재해율

근로자수 100명당 발생하는 휴업재해자수의 비율

$$휴업재해율 = \frac{휴업재해자수}{임금근로자수} \times 100$$

- **휴업재해자수** : 근로복지공단의 휴업급여를 지급받은 재해자수를 말함. 다만, 질병에 의한 재해와 사업장 밖의 교통사고(운수업, 음식숙박업은 사업장 밖의 교통사고도 포함) · 체육행사 · 폭력행위 · 통상의 출퇴근으로 발생한 재해는 제외함.
- **임금근로자수** : 통계청의 경제활동인구조사상 임금근로자수

(14) 상시근로자 수

$$상시근로자\ 수 = \frac{연간국내공사\ 실적액 \times 노무비율}{건설업\ 월\ 평균임금 \times 12}$$
$$= \frac{사유발생일\ 전,\ 1개월\ 내에\ 사용한\ 근로자의\ 연인원수}{사유발생일\ 전,\ 1개월\ 내의\ 사업장\ 가동일수}$$

(15) 노동장비율 및 설비가동률

$$노동장비율 = \frac{유형고정자산}{노동자수} \times 100$$

$$설비가동률 = \frac{실제\ 생산량}{정상가동\ 시\ 최대\ 생산량} \times 100$$

(16) 세이프 티 스코어(Safe T Score)

① 과거와 현재의 안전을 비교 평가하는 방법

$$세이프\ 티\ 스코어 = \frac{빈도율(현재) - 빈도율(과거)}{\sqrt{\frac{빈도율(과거)}{총근로시간수(현재)} \times 10^6}}$$

② 판정기준

−2 이하	과거보다 안전이 좋아짐
−2∼+2 사이	과거와 비슷
+2 이상	과거보다 안진이 심각히 나빠짐

(17) 근로자 1인당 평생근로시간 계산

근로자 1인당 평생근로시간= 40년 × 2,400시간 + 4,000시간 = 100,000시간

1인의 평생근로연수 : 40년
1년 총근로시간수 : 2,400시간 = 300일 × 8시간
일평생 잔업시간 : 4,000시간

8 재해손실비의 종류 및 계산

(1) 하인리히 방식

총 재해 비용 = 직접비 + 간접비 (직접비 : 간접비 = 1 : 4)

직접비	간접비
치료비, 휴업급여, 요양급여, 유족급여, 장해급여, 간병급여, 직업재활급여, 상병 보상연금, 장례비	인적 · 물적 손실비, 생산손실비, 기계 · 기구손실비

(2) 시몬즈 방식

① 총 재해 코스트 = 보험 코스트 + 비보험 코스트

② 비보험 코스트 = (A × 휴업상해건수) + (B × 통원상해건수) + (C × 구급조치상해건수) + (D × 무상해사고건수)

※ A, B, C, D – 장해 정도별 비보험 비용의 평균치

③ 상해 종류

㉠ 휴업상해
㉡ 통원상해
㉢ 구급조치상해
㉣ 무상해사고

(3) 버드의 방식

총 재해 비용=보험비(1) + 비보험 비용(5~50) + 비보험 기타 비용(1~3)

(4) 콤페스 방식

총 재해 비용=공동 비용비 + 개별 이용비

9 안전점검의 정의 및 목적

(1) 안전점검의 정의

안전 확보를 위해 실태를 파악하여 설비의 불안전한 상태나 인간의 불안전한 행동에서 생기는 결함을 발견하고, 안전대책의 이상 상태를 확인하는 행동이다.

(2) 안전점검의 목적

① 안전 확보

② 안전 상태 유지

③ 인적인 안전 행동 상태 유지

④ 합리적인 생산관리

10 안전점검의 종류 ★★★★

① 정기점검

② 수시점검(일상점검)

③ 특별점검

④ 임시점검

11 안전점검표의 작성

(1) 안전점검표(체크리스트)에 포함해야 할 사항 ★

① 점검부분(점검대상)

② 점검방법(육안, 기능, 기기, 정밀)

③ 점검항목

(2) 안전점검표(체크리스트) 작성 시 유의사항 ★

① 사업장에 적합한 독자적 내용일 것

② 중점도가 높은 것부터 순서대로 작성할 것

③ 정기적으로 검토하여 재해 방지에 타당성 있게 개조된 내용일 것

④ 일정 양식을 정하여 점검대상을 정할 것

12 안전검사 및 안전인증

(1) 안전검사 대상 기계 · 기구 및 주기★★

① 대상 기계 · 기구 · 설비

㉠ 프레스

㉡ 전단기

㉢ 크레인(정격하중이 2t 미만인 것은 제외)

㉣ 리프트

㉤ 압력용기

㉥ 곤돌라

㉦ 국소 배기장치(이동식은 제외)

㉧ 원심기(산업용만 해당)

㉨ 롤러기(밀폐형 구조는 제외)

㉩ 사출성형기[형 체결력(型 締結力) 294킬로뉴턴(KN) 미만은 제외]

㉪ 고소작업대(「자동차관리법」에 따른 화물자동차 또는 특수자동차에 탑재한 고소작업대로 한정)

㉫ 컨베이어

㉬ 산업용 로봇

② 안전검사 주기★★

㉠ 양중기(이동식 크레인 제외), 리프트(이삿짐운반용 리프트 제외), 곤돌라 – 설치 끝난 날부터 3년 이내, 그 이후 2년마다(건설현장에서 사용하는 것 – 최초 설치한 날부터 6개월마다)

㉡ 이동식 크레인, 이삿짐운반용 리프트 및 고소작업대 – 신규 등록 이후 3년 이내, 그 이후 2년마다

㉢ 프레스, 전단기, 압력용기, 국소 배기장치, 원심기, 롤러기, 사출성형기, 컨베이어 및 산업용 로봇 – 설치 끝난 날부터 3년 이내, 그 이후 2년마다(공정안전보고서를 제출하여 확인받은 압력용기 – 4년마다)

(2) 안전인증 및 자율안전확인, 안전검사의 합격표시에 표시할 내용★

안전인증	자율안전확인	안전검사
형식 또는 모델명 규격 또는 등급 제조자명 제조일자 및 제조연월 안전인증 번호	형식 또는 모델명 규격 또는 등급 제조자명 제조일자 및 제조연월 자율안전확인 번호	검사 대상 유해 · 위험 기계명 신청인 형식번호(기호) 합격번호 검사유효기간

(3) 안전인증 방법

① 예비심사

② 서면심사

③ 기술능력 및 생산체계 심사

④ 제품심사

(4) 안전인증 심사기간(부득이한 사유가 있을 때 15일의 범위에서 심사기간을 연장할 수 있다)

① **예비심사** : 7일

② **서면심사** : 15일(외국에서 제조한 경우 30일)

③ **기술능력 및 생산체계 심사** : 30일(외국에서 제조한 경우는 45일)

④ **개별제품의 심사** : 15일

⑤ **형식별 제품심사** : 30일(방호장치와 같은 보호구는 60일)

13 안전진단

(1) 안전진단의 종류

① 종합진단

② 안전진단

③ 보건진단

(2) 안전진단 대상 사업장

고용노동부장관은 추락・붕괴, 화재・폭발, 유해하거나 위험한 물질의 누출 등 산업재해 발생의 위험이 현저히 높은 사업장의 사업주에게 안전보건진단기관이 실시하는 안전보건진단을 받을 것을 명할 수 있다.

Chapter 3 기계설비 위험요인 분석, 방호장치

1 절삭가공기계의 종류 및 방호장치

(1) 선반

① 회전하는 축(주축)에 공작물을 장착, 절삭공구를 사용하여 원통형의 공작물을 회전운동으로 가공하는 공작기계

② 선반의 주요 구조부

㉠ 주축대

㉡ 베드

㉢ 공구대

㉣ 왕복대

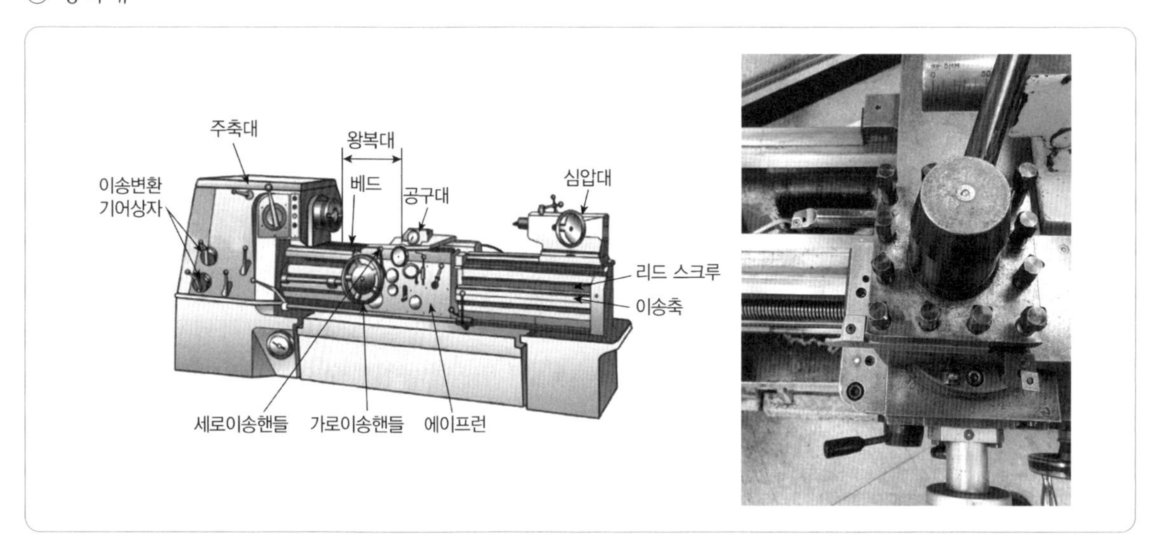

(2) 선반 작업 시 안전수칙

① 가공물을 착탈 시 스위치를 끄고 행한다.

② 스핀들을 지나치게 돌출시키지 않는다.

③ 물건의 장착이 끝나면 척, 렌치류는 곧 벗겨놓는다.

④ 작업 시 장갑 사용을 금지한다.

⑤ 긴 재료가 돌출되었을 때에는 빨간 천 등을 부착하여 위험표시를 하거나 커버를 씌운다.

⑥ 바이트 착탈은 기계를 정지시킨 다음에 한다.

⑦ 방진구는 일감의 길이가 직경의 12배 이상일 때 사용한다.

(3) 선반 작업 시 칩의 비산을 방지할 수 있는 방호장치 ★

① 칩 브레이커

② 척 커버

③ 칩 비산 방지 투명판(실드)

④ 브레이크

(4) 밀링

① 다인의 회전공구인 커터로서 공작물을 테이블에서 이송시키면서 절삭하는 절삭가공기계

② 밀링의 주요 구조부

㉠ 테이블

㉡ 아버

㉢ 니

㉣ 기둥

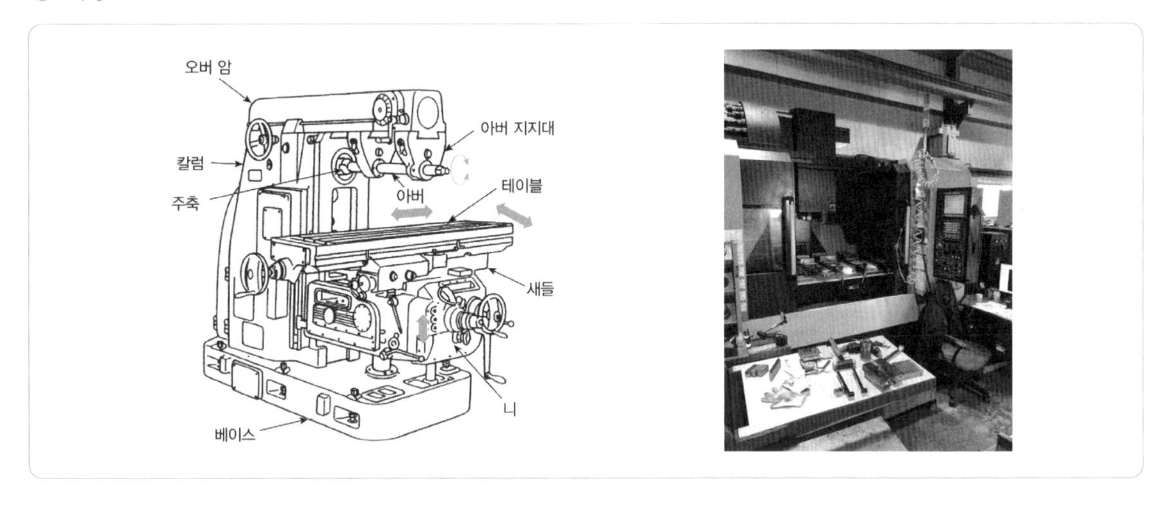

(5) 플레이너(planer)

플레이너는 평삭기라고도 하며 큰 공작물의 평면절삭에 주로 사용

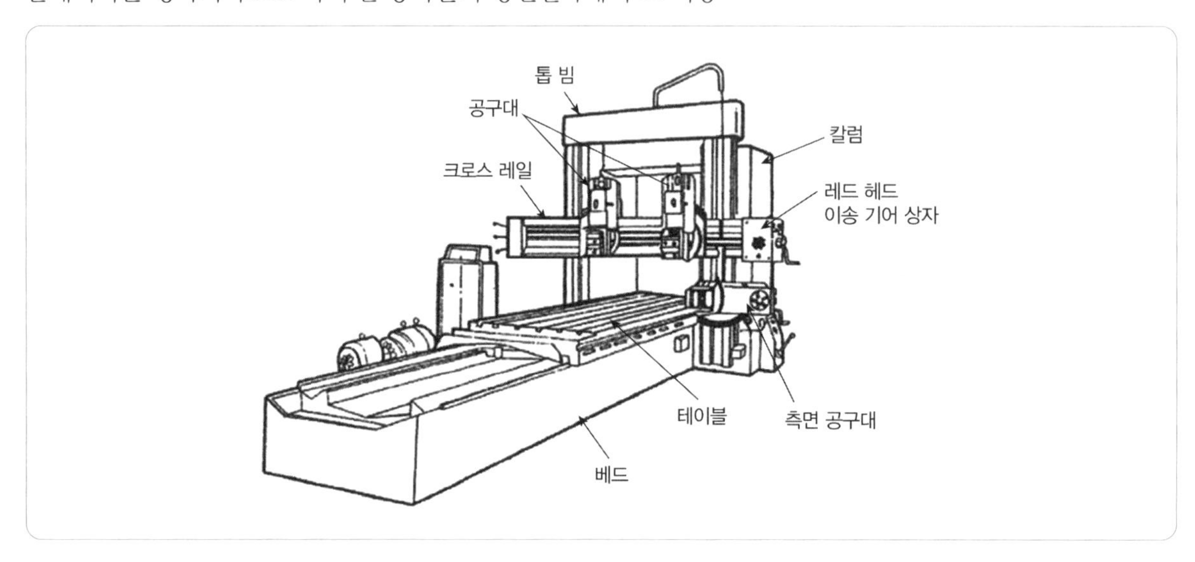

(6) 셰이퍼(형삭기)

① 셰이퍼(shaper) : 셰이퍼는 바이트를 왕복운동시켜 테이블에 고정한 공작물을 절삭하는 기계

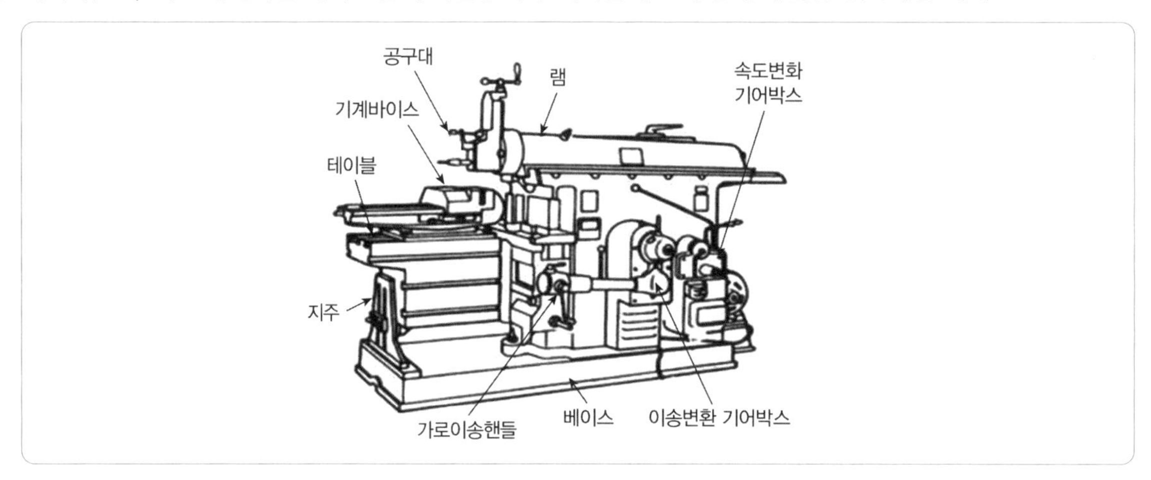

② 셰이퍼 작업 시 안전대책

㉠ 운전 중 램의 운전방향에 있으면 안 된다.

㉡ 램의 행정 내에 장애물이 있어서는 안 된다.

③ 셰이퍼의 안전장치 ★ : 칩받이, 칸막이, 울

(7) 드릴 작업 – 공작물 고정 방법

① **바이스** : 일감이 작을 때

② **볼트와 고정구** : 일감이 크고 복잡할 때

③ **지그(jig)** : 대량생산과 정밀도를 요구할 때

(8) 연삭기

① **연삭기** : 연삭기는 고속회전을 하는 연삭숫돌로 표면을 절삭함으로써 표면 정밀도를 높이는 연삭가공을 하는 공작기계

② **연삭기 덮개 각도**

125°이내, 65°이내	㉠ 일반연삭작업 등에 사용하는 것을 목적으로 하는 탁상용 연삭기의 덮개 각도	60°이상, 60°이상	㉡ 연삭숫돌의 상부를 사용하는 것을 목적으로 하는 탁상용 연삭기의 덮개 각도
80°이내, 65°이내	㉢ ㉠ 및 ㉡ 이외의 탁상용 연삭기, 그 밖에 이와 유사한 연삭기의 덮개 각도	65°이내, 180°이내	㉣ 원통연삭기, 센터리스연삭기, 공구연삭기, 만능연삭기, 그 밖에 이와 비슷한 연삭기의 덮개 각도
180°이내	㉤ 휴대용 연삭기, 스윙연삭기, 스라브연삭기, 그 밖에 이와 비슷한 연삭기의 덮개 각도	15°이상, 15°이상	㉥ 평면연삭기, 절단연삭기, 그 밖에 이와 비슷한 연삭기의 덮개 각도

③ **숫돌의 파괴원인**

㉠ 플랜지가 현저히 작을 때(숫돌 지름의 1/3 이상일 것)

㉡ 숫돌에 균열이 있을 때

㉢ 숫돌의 측면을 사용할 때

㉣ 숫돌의 회전속도가 너무 빠를 때

㉤ 숫돌에 큰 충격을 줬을 때

㉥ 숫돌의 회전중심이 제대로 잡히지 않았을 때

④ 연삭기 안전수칙
- ㉠ 지름이 5cm 이상인 덮개를 설치할 것(숫돌)
- ㉡ 작업시작 전 1분, 숫돌 교체 후 3분 이상 시운전
- ㉢ 작업시작 전 결함 유무 확인
- ㉣ 칩 비산 방지 투명판(shield) 사용
- ㉤ 작업대와 숫돌과의 간격은 3mm 이내 ★
- ㉥ 덮개의 조정편과 숫돌과의 간격은 3~10mm 이내
- ㉦ 최고 회전속도 이내에서 작업할 것

⑤ 숫돌의 회전속도

$$\text{숫돌의 원주속도}(V)[\text{m/min}] = \frac{\pi D n}{1,000} \quad ★★$$

$$[\text{mm/min}] = \pi D n$$

D : 숫돌의 직경[mm], n : 회전수[rpm]

⑥ 연삭숫돌의 3요소
- ㉠ 결합제
- ㉡ 입자
- ㉢ 기공

2 소성가공 및 방호장치

(1) 종류

① 프레스
② 단조(볼트나 너트의 제조에 이용)
③ 압출(선재나 파이프 가공에 이용)
④ 와이어 드로잉
⑤ 인발
⑥ 드로잉(판재를 구면으로 만듦)

(2) 방호장치

소성가공기계의 방호장치로는 프레스의 방호장치 등이 있다.

(3) 수공구

① 해머

② 엔빌

3 프레스 재해 방지의 근본적인 대책

(1) 프레스(press)

금형을 사이에 두고 금속 또는 비금속 물질을 압축 · 전단 또는 조형하는 데 사용하는 기계

(2) 프레스 작업 시 안전수칙

① 금형의 부착, 해체, 조정 작업 시 안전블록 사용

② 페달에 U자 덮개 설치

③ 안전울 사용

(3) 프레스기의 작업시작 전 점검항목 ★★★

① 클러치 및 브레이크의 기능 확인

② 크랭크축 · 플라이휠 · 슬라이드 · 연결봉 및 연결 나사의 풀림 여부

③ 1행정 1정지기구 · 급정지장치 및 비상정지장치의 기능

④ 슬라이드 또는 칼날에 의한 위험방지기구의 기능

(4) 프레스 또는 전단기 방호장치의 종류 및 분류

종류	분류	기능
광전자식	A-1	신체의 일부가 광선을 차단하면 기계를 급정지시키는 방호장치
	A-2	급정지기능이 없는 프레스의 클러치 개조를 통해 광선 차단 시 급정지시킬 수 있도록 한 방호장치
양수조작식	B-1(유 · 공압밸브식)	한 손이라도 떼어내면 기계를 정지시키는 방호장치
	B-2(전기버튼식)	
가드식	C	기계가 위험한 상태일 때는 가드를 열 수 없도록 한 방호장치
손쳐내기식	D	슬라이드의 작동에 연동시켜 위험상태로 되기 전에 손을 위험 영역에서 밀어내거나 쳐내는 방호장치
수인식	E	슬라이드와 작업자의 손을 끈으로 연결하여 슬라이드 하강 시 작업자의 손을 당겨 위험 영역에서 빼낼 수 있도록 한 방호장치

(5) 방호장치의 설치방법 ★★

① 광전자식

$D = 1.6(T_l + T_s)$ – 광전자식과 양수조작식

D : 안전거리[m]

T_l : 방호장치의 작동시간(손이 광선을 차단했을 때부터 급정지기구가 작동을 개시할 때까지의 시간[초])

T_s : 프레스의 최대정지시간(급정지기구가 작동을 개시할 때부터 슬라이드가 정지할 때까지의 시간[초])

② 양수기동식

$D = 1.6T$

$$T = \left(\frac{1}{\text{클러치 맞물림 개수}} + \frac{1}{2} \right) \times \frac{60,000}{\text{매분 행정수[spm]}}$$

4 금형의 안전화

No Hand in Die(본질적 안전화)	Hand in Die
• 안전울 부착 프레스 • 안전금형 부착 프레스 • 전용 프레스 • 자동송급, 배출 프레스	• 광전자식 • 양수조작식 • 가드식 • 손쳐내기식 • 수인식

5 롤러기

(1) 롤러기 방호장치

① 원주속도와 급정지거리

- 30m/min 미만 : 롤러 원주의 1/3 이내에서 급정지
- 30m/min 이상 : 롤러 원주의 1/2.5 이내에서 급정지

② 급정지장치

- 손조작식 : 1.8m 이내
- 복부조작식 : 0.8~1.1m 이내
- 무릎조작식 : 0.4~0.6m 이내

(2) 롤러기 가드 개구부 간격

① $Y = 6 + 0.15X$(비전동체-일반)

② $Y = 6 + 0.1X$(전동체-동력전달부분, 축, 밸트풀리)

Y는 개구부 간격, X는 개구부에서 위험점까지 최단거리

예제 롤러기의 회전수가 60rpm이고, 직경이 400mm일 때 표면속도와 급정지거리를 구하시오.

⇒ • 표면속도(V) = $\pi DN/1,000$ = 3.14 × 400 × 60/1,000 = 75.36m/min

• 급정지거리 = $\pi D \times 1/2.5$ = 3.14 × 400 × 1/2.5 = 502.4mm

※ 롤러의 표면속도 30 미만 – 롤러 원주의 1/3

※ 롤러의 표면속도 30 이상 – 롤러 원주의 1/2.5

6 원심기

원심기의 방호장치

① 덮개의 설치

② 운전의 정지

③ 최고사용회전수의 초과 사용 금지

7 아세틸렌 용접장치 및 가스집합 용접장치

(1) 아세틸렌 용접장치 및 가스집합 용접장치

① 게이지 압력이 127kPa을 초과하는 압력의 아세틸렌을 발생시켜 사용해서는 안 된다.

② 아세틸렌 용접장치에 대하여는 그 취관마다 안전기를 설치

③ 발생기와 가스용기 사이에 안전기를 설치
※ 발생기에서 5m, 발생기실에서 3m 이내 화기 금지

(2) 발생기실의 설치장소

① 전용의 발생기실 설치
② 발생기실은 건물의 최상층에 위치, 화기로부터 3m를 초과하는 장소에 설치 ★
③ 옥외에 설치한 경우 그 개구부를 다른 건축물로부터 1.5m 이상 떨어지도록 하여야 한다.
④ 방호장치 : 안전기(역화방지기) ★★

(3) 발생기실의 구조

① 벽의 재료는 불연성 재료를 사용할 것
② 천장과 지붕은 얇은 철판이나 가벼운 불연성 재료 구조로 할 것
③ 출입구의 문은 두께 1.5mm 이상의 철판 이상의 강도를 가진 구조로 할 것
④ 바닥면적의 16분의 1 이상의 단면적을 가진 배기통을 옥상으로 돌출시키고 그 개구부를 출입구로부터 1.5m 이상 떨어지도록 할 것

(4) 가스집합 용접장치의 안전

① 화기를 사용하는 설비로부터 5m 이상 떨어진 장소에 설치
② 배관에서 플랜지, 밸브 등의 접합부에는 개스킷을 사용하고 접합면을 상호 밀착시킨다.
③ 주관 및 분기관에 안전기를 설치, 이 경우 하나의 취관에 2개 이상의 안전기를 설치
④ 용해 아세틸렌 용접장치의 배관 및 부속기구는 구리 함유량이 70% 이상 합금 사용 금지
※ 용기색상 – 아세틸렌(황색), 산소(녹색)

8 보일러 및 압력용기

(1) 보일러 이상현상의 종류

① 프라이밍
② 포밍
③ 캐리오버
④ 워터해머

(2) 고저수위조절장치

① 고저수위 지점을 알리는 경보등・경보음장치 등을 설치 – 동작상태 쉽게 감시
② 자동으로 급수 또는 단수되도록 설치
③ 플로트식, 전극식, 차압식 등

(3) 압력방출장치

① 최고사용압력 이하에서 작동되도록 1개 또는 2개 이상 설치

② 2개 이상 설치된 경우 최고사용압력 이하에서 1개가 작동되고, 다른 압력방출장치는 최고사용압 1.05배 이하에서 작동되도록 부착

③ 1년에 1회 이상 토출압력시험 후 납으로 봉인

④ 스프링식, 중추식, 지렛대식(일반적으로 스프링식 안전밸브 많이 사용)

(4) 압력제한스위치

① 버너연소를 차단할 수 있도록 압력제한스위치 부착 사용

② 압력계가 설치된 배관상에 설치

(5) 화염검출기

연소상태를 항상 감시하고 그 신호를 프레임 릴레이가 받아서 연소차단밸브 개폐

(6) 최고사용압력 표시

압력용기 등의 최고사용압력, 제조연월일, 제조회사명 등이 지워지지 않도록 각인 표시된 것을 사용

(7) 압력방출장치

① **파열판** : 독성, 부식, 폭주 시

② **안전밸브** : 물성에 따라 safety valve, relief valve로 구분

(8) 공기압축기의 작업시작 전 점검사항★

① 공기저장 압력용기의 외관 상태

② 드레인밸브의 조작 및 배수

③ 압력방출장치의 기능

④ 언로드밸브의 기능 등

9 산업용 로봇

(1) 산업용 로봇의 사용지침 작성 시 내용★

① 로봇의 조작방법 및 순서

② 작업 중의 매니퓰레이트의 속도

③ 2인 이상 근로자에게 작업을 시킬 때의 신호방법

(2) 운전 중 위험 방지

높이 1.8m 이상의 울타리를 설치하여야 함.

10 목재가공용 기계

(1) 목재가공용 기계 방호장치

① 톱날접촉 예방장치(보호덮개)

② 반발 예방장치(분할날 : spreader) ★

(2) 분할날의 설치기준

① 설치위치는 톱날 후면 날의 12mm 이내에 설치할 것

② 길이는 톱날 후면 날의 2/3 이상일 것

③ 두께는 톱날 두께의 1.1배 이상, 치진폭 이하일 것

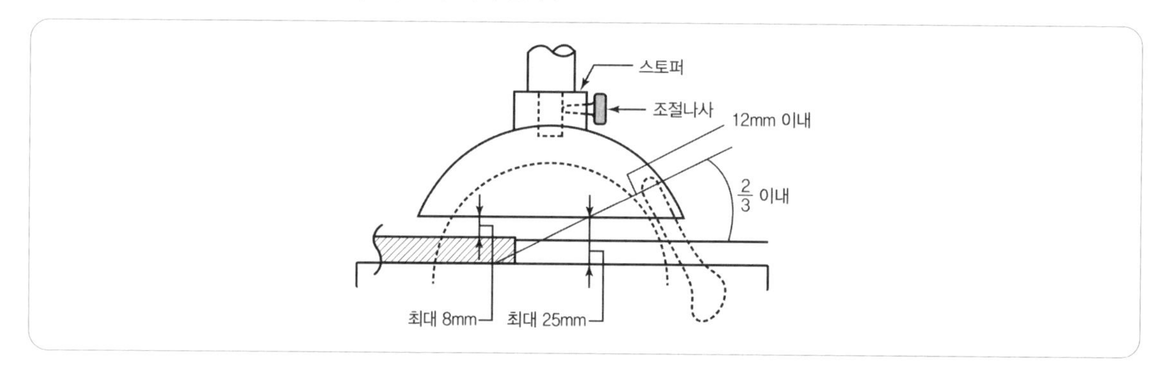

11 고속회전체

(1) 고속회전체 방호조치

① 원주속도(圓周速度)가 초당 25m를 초과하는 것으로 한정

② 덮개 = 회전체 접촉 예방장치

(2) 비파괴검사의 실시

고속회전체(회전축의 중량이 1t을 초과하고 원주속도가 초당 120m 이상인 것으로 한정)

12 사출성형기

(1) 사출성형기 등의 방호장치 ★

① 신체 일부가 말려들어갈 경우 게이트가드(gate guard) 또는 양수조작식 등에 의한 방호장치, 그 밖에 필요한 방호조치를 하여야 한다.

② ①의 게이트가드는 닫지 아니하면 기계가 작동되지 아니하는 연동구조(連動構造)여야 한다.

③ ①에 따른 기계의 히터 등의 가열 부위 또는 감전 우려가 있는 부위에는 방호덮개를 설치하는 등 필요한 안전조치를 하여야 한다.

13 지게차

(1) 지게차의 작업시작 전 점검사항

① 제동장치 및 조종장치 기능의 이상 유무

② 하역장치 및 유압장치 기능의 이상 유무

③ 바퀴의 이상 유무

④ 전조등 · 후미등 · 방향지시기 및 경보장치 기능의 이상 유무

(2) 운전위치 이탈 시 준수사항

① 포크, 버킷, 디퍼 등 장치를 가장 낮은 곳에 둘 것

② 이탈 시 시동키는 운전대에서 분리

③ 정지 시 브레이크를 확실히 걸어 이탈 방지조치를 할 것

(3) 안정도

$$W \cdot a < G \cdot b$$

W : 화물중량
G : 지게차 자체 중량
a : 앞바퀴부터 화물의 중심까지의 거리
b : 앞바퀴부터 차의 중심까지의 거리

① 하역작업 시의 전후안정도 : 4% 이내

② 하역작업 시의 좌우안정도 : 6% 이내

③ 주행 시의 전후안정도 : 18% 이내

④ 주행 시의 좌우안정도 : $(15+1.1\,V)$% 이내

(4) 헤드가드

① 강도는 지게차의 최대하중의 2배 값의 등분포정하중에 견딜 수 있을 것

② 상부틀의 각 개구의 폭 또는 길이가 16cm 미만일 것

③ 지게차의 헤드가드는 한국산업표준에서 정하는 높이 기준 이상일 것
(입식 : 1.88m 이상, 좌식 0.903m 이상)

(5) 백레스트

백레스트(backrest)를 갖추지 않은 지게차를 사용해서는 안 된다.

(6) 팔레트

① 화물의 중량에 따른 충분한 강도를 가질 것

② 심한 손상 · 변형 또는 부식이 없을 것

(7) 좌석 안전띠

지게차를 운전하는 근로자는 좌석 안전띠를 착용해야 한다.

14 컨베이어

(1) 가장 많이 사용되는 벨트 컨베이어의 특징

① 연속적인 작업 가능

② 무인화 작업 가능

③ 운반과 동시에 물건을 승 · 하역 가능

(2) 컨베이어 작업시작 전 점검사항★★

① 원동기 및 풀리 기능의 이상 유무

② 이탈 등 방지장치 기능의 이상 유무

③ 비상정지장치 기능의 이상 유무

④ 덮개, 울 등의 이상 유무

(3) 이탈 등의 방지장치

정전 · 전압강하 등에 따른 화물 또는 운반구의 이탈 및 역주행을 방지하는 장치를 갖춘다.

(4) 비상정지장치

비상시에는 즉시 컨베이어 등의 운전을 정지시킬 수 있는 장치를 설치하여야 한다.

(5) 낙하물에 의한 위험 방지

화물이 떨어져 근로자가 위험해질 우려가 있는 경우에는 덮개 또는 울을 설치한다.

(6) 트롤리 컨베이어

트롤리와 체인 · 행거(hanger)가 쉽게 벗겨지지 않도록 서로 확실하게 연결한다.

15 양중기(건설용은 제외)

(1) 양중기

① 개념 : 작업장에서 화물 또는 사람을 올리고 내리는 데 사용하는 기계

② 종류

㉠ 크레인[호이스트(hoist) 포함]

㉡ 이동식 크레인

㉢ 리프트(이삿짐운반용 리프트의 경우에는 적재하중이 0.1t 이상인 것으로 한정)

㉣ 곤돌라

㉤ 승강기

(2) 양중기에 대하여 표시할 사항

정격하중, 운전속도, 경고표시

(3) 용어의 정의

① **권상하중** : 훅, 크레인버킷 등이 중량물을 매달고 상승할 수 있는 최대하중

② **정격하중** : 권상하중에서 달기구의 중량에 상당하는 하중을 뺀 하중(화물무게)

③ **적재하중** : 짐을 싣고 상승할 수 있는 최대의 하중

④ **정격속도** : 정격하중에 상당하는 짐을 싣고 주행, 선회할 수 있는 최고속도

(4) 크레인 방호장치

① 과부하방지장치

② 권과방지장치

③ 비상정지장치

④ 훅 해지장치

(5) 와이어로프

① 로프의 구성은 '스트랜드 수 × 소선의 개수'이다.

② 보통꼬임, 랭꼬임

㉠ 보통꼬임(보통 Z꼬임, 보통 S꼬임) : 스트랜드가 꼬인 방향이 반대

㉡ 랭꼬임(랭 Z꼬임, 랭 S꼬임) : 와이어로프의 꼬임이 스트랜드의 꼬임 방향과 일치

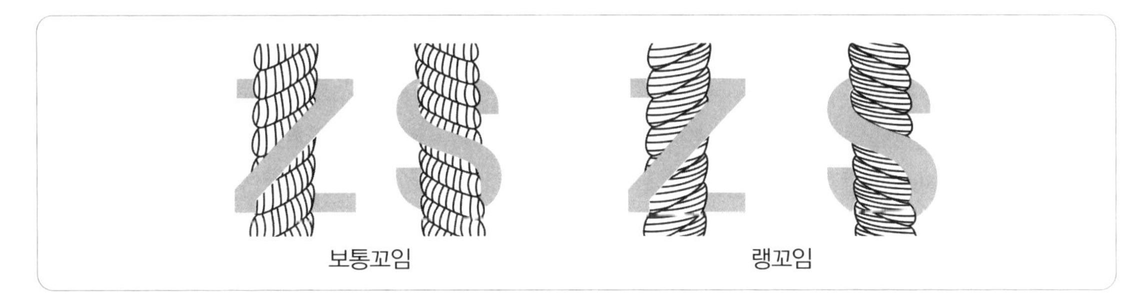

③ 안전율 산출공식

$$S=\frac{NP}{Q},\ Q=\frac{NP}{S}$$

S : 안전율
N : 로프 가닥수
P : 로프의 파단강도
Q : 허용응력

와이어로프의 종류	안전율
권상용 와이어로프 지브의 기복용 와이어로프 횡행용 와이어로프	5.0
지브의 지지용 와이어로프 보조 로프 및 고정용 와이어로프	4.0

16 운반기계

(1) 종류

지게차, 구내운반차, 고소작업대, 화물자동차, 컨베이어

(2) 방호장치

① 유효한 제동장치를 갖출 것

② 경음기를 갖출 것

③ 운전석이 차 실내에 있는 것은 좌우에 한 개씩 방향지시기를 갖출 것

④ 전조등과 후미등을 갖출 것

Chapter 4 기계안전시설 관리

1 기계 방호장치

① 격리형 방호장치

② 위치제한형 방호장치

③ 접근거부형 방호장치

④ 접근반응형 방호장치

⑤ 포집형 방호장치

2 안전작업 절차

관리감독자로 지정된 자에 대해서는 '안전작업방법'에 관한 사항을 교육하여야 한다고 의무 지워져 있다.

3 공정도를 활용한 공정분석

공정분석을 실시하는 경우 작업도표(작업공정도), 조립도표(조립공정도), 유입 유출표(흐름공정도), 공정분석표(흐름 선도), 경로도 등을 활용

4 Fool Proof

작업자가 기계를 잘못 취급하여 불안전 행동이나 실수를 하여도 기계설비의 안전기능이 작용하여 재해를 방지

5 Fail Safe

(1) Fail Safe의 정의

기계나 그 부품에 고장이나 기능불량이 생겨도 항상 안전하게 작동하는 구조와 기능을 추구

(2) Fail Safe 기능면 3가지

① Fail Passive : 부품이 고장났을 경우 기계는 정지하는 방향으로 이동(일반적인 산업기계)
② Fail Active : 부품이 고장났을 경우 기계는 경보를 울리는 가운데 짧은 시간 운전 기능
③ Fail Operational : 고장이 있더라도 기계는 추후 보수가 이루어질 때까지 안전한 기능 유지

6 KS B 규격과 ISO 규격 통칙에 대한 지식

[각국의 표준 규격]

각국 명칭	표준 규격 기호
국제 표준화 기구(International Organization for Standardization)	ISO
한국 산업 규격(Korean Industrial Standards)	KS
영국 규격(British Standards)	BS
독일 규격(Deutsches Institute fur Normung)	DIN
미국 규격(American National Standards Institute)	ANSI
스위스 규격(Schweitzerish Normen-Vereinigung)	SNV
프랑스 규격(Norme Francaise)	NF
일본 공업 규격(Japanese Industrial Standards)	JIS

[KS의 분류]

기호	부문	기호	부문	기호	부문
KS A	기본(통칙)	KS F	토건	KS M	화학
KS B	기계	KS G	일용품	KS P	의료
KS C	전기	KS H	식료품	KS R	수송기계
KS D	금속	KS K	섬유	KS V	조선
KS E	광산	KS L	요업	KS W	항공

7 유해위험기계기구 종류 및 특성

(1) 안전인증 대상 기계・기구

① 프레스

② 전단기 및 절곡기

③ 크레인

④ 리프트

⑤ 압력용기

⑥ 롤러기

⑦ 사출성형기

⑧ 고소작업대

⑨ 곤돌라

(2) 자율안전확인 대상 기계・기구

① 연삭기 또는 연마기(휴대용은 제외)

② 산업용 로봇

③ 혼합기

④ 파쇄기 또는 분쇄기

⑤ 식품가공용 기계(파쇄・절단・혼합・제면기만 해당)

⑥ 컨베이어

⑦ 자동차정비용 리프트

⑧ 공작기계(선반, 드릴기, 평삭・형사기, 밀링만 해당)

⑨ 고정형 목재가공용 기계(둥근톱, 대패, 루타기, 띠톱, 모떼기 기계만 해당)

⑩ 인쇄기

(3) 안전검사 대상 기계 등

① 프레스
② 전단기
③ 크레인(정격하중이 2t 미만인 것은 제외)
④ 리프트
⑤ 압력용기
⑥ 곤돌라
⑦ 국소 배기장치(이동식은 제외)
⑧ 원심기(산업용만 해당)
⑨ 롤러기(밀폐형 구조는 제외)
⑩ 사출성형기(형 체결력 294KN 미만은 제외)
⑪ 고소작업대(「자동차관리법」에 따른 화물 또는 특수자동차에 탑재한 고소작업대로 한정)
⑫ 컨베이어
⑬ 산업용 로봇

(4) 유해하거나 위험한 기계・기구 등

① 예초기
② 원심기
③ 공기압축기
④ 금속절단기
⑤ 지게차
⑥ 포장기계

Chapter 5 설비진단 및 검사

1 육안검사(VT : Visual Testing)

육안 또는 게이지 등을 이용하여 표면의 결함을 측정

2 누설검사(LT : Leak Testing)

① 탱크, 용기 등의 기밀(airtight), 수밀(watertight), 유밀(oiltight)을 검사

② 가장 보편적인 것은 정수압(hydrostatic pressure), 공기압에 의한 방법

3 침투검사(PT : Liquid Penetrant Testing)

① 시험물체를 침투액 속에 넣었다가 다시 집어내어 결함을 육안으로 판별하는 방법

② 형광시험법

[사용방법] ★

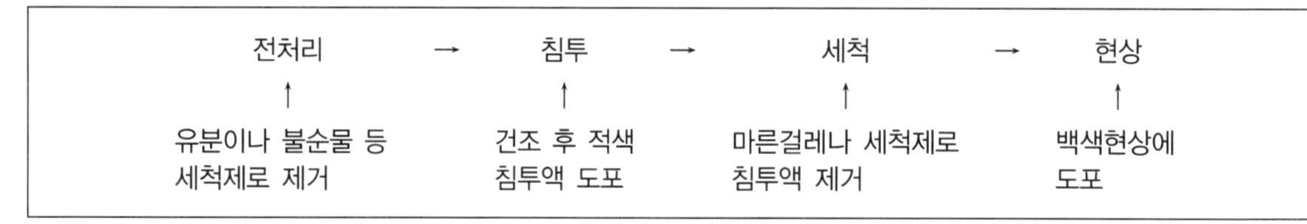

4 초음파검사(UT : Ultrasonic Testing)

① 높은 주파수를 시험체에 투입시켜 결함을 비파괴적으로 알아내는 방법

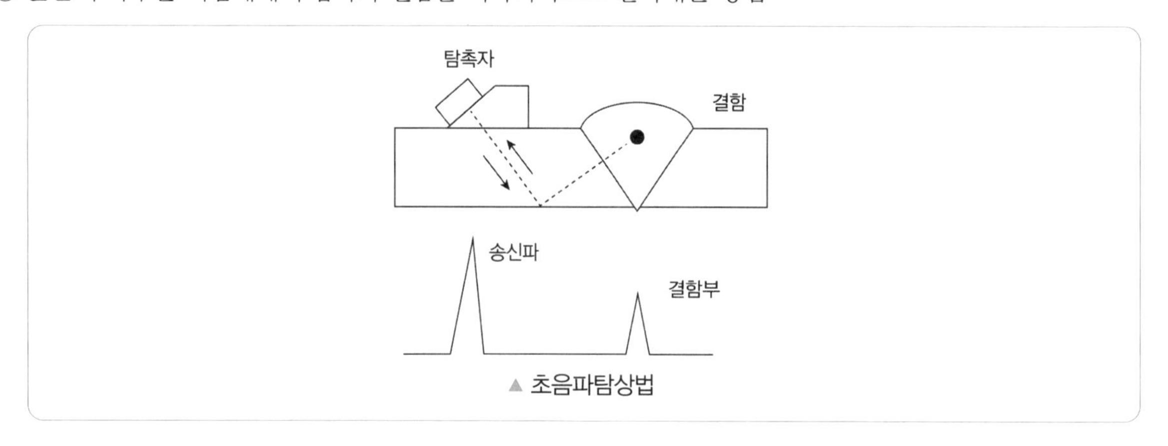

▲ 초음파탐상법

② 종류 : 반사식, 투과식, 공진식

5 자기탐상검사(MT : Magnetic Particle Testing)

① 결함부에 의해 누설된 자장에 자분을 흡착시켜 육안으로 결함을 검출하는 방법

② 시험물체의 표면에 존재하는 균열과 같은 결함의 검출에 가장 우수한 비파괴 시험방법

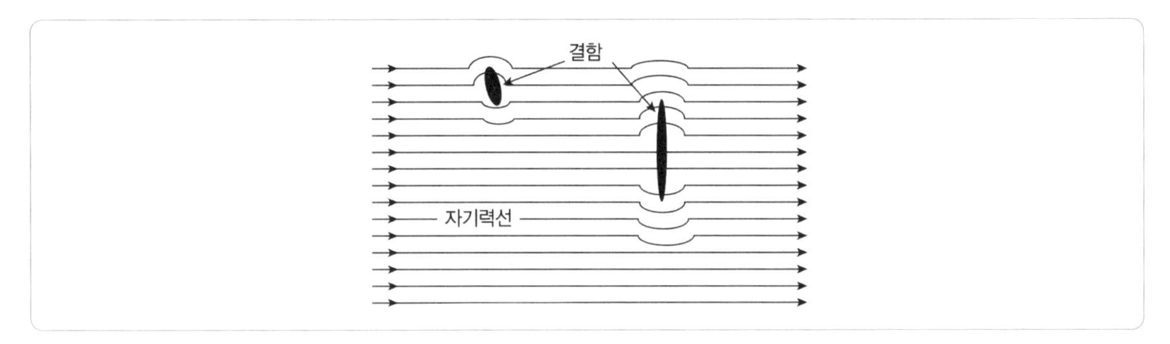

6 음향검사(AEI : Acoustic Emission Testing)

낮은 응력파를 감지하여 재료 또는 구조물이 우는(cry) 것을 탐지하는 기술방법

7 방사선투과검사(RT : Radiographic Testing)

X선이나 γ선 등의 방사선을 피검재료에 투과하여 균질성을 확인하는 방법

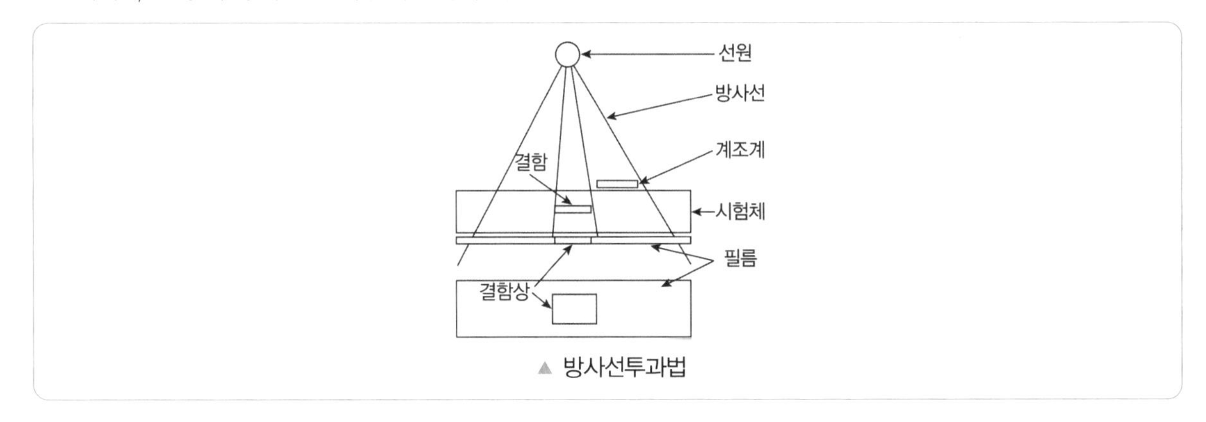

▲ 방사선투과법

8 소음 방지 방법

(1) 소음 감소조치

기계・기구 등의 대체, 시설의 밀폐・흡음(吸音) 또는 격리 등 소음 감소를 위한 조치

(2) 소음 수준의 주지

① 해당 작업장소의 소음 수준

② 인체에 미치는 영향과 증상

③ 보호구의 선정과 착용방법

(3) 난청 발생에 따른 조치

① 해당 작업장의 소음성 난청 발생원인 조사

② 청력손실을 감소시키고 청력손실의 재발을 방지하기 위한 대책 마련

(4) 보호구

청력보호구의 지급

9 진동 방지 방법

(1) 진동작업

구분	기계 · 기구
진동작업에 쓰이는 기계 · 기구의 종류	• 착암기 • 동력을 이용한 해머 • 체인톱 • 엔진커터 • 동력을 이용한 연삭기 • 임팩트 렌치 • 그 밖에 진동으로 인하여 건강장해를 유발할 수 있는 기계 · 기구
보호구 착용	• 방진장갑 등 진동보호구 착용
근로자에게 알려야 할 사항(유해성 등 주지)	• 인체에 미치는 영향 및 증상 • 보호구의 선정 및 착용방법 • 진동기계 · 기구 관리방법 • 진동장해 예방방법

(2) 진동대책

구분	진동대책
국소 진동 (hand transmited vibration)	• 진동공구에서의 진동 발생을 감소 • 적절한 휴식 • 진동공구의 무게를 10kg 이상 초과하지 않게 할 것 • 손에 진동이 도달하는 것을 감소시키며, 진동의 감폭을 위하여 장갑(glove) 사용
전신 진동대책 (근로자와 발진원 사이의 진동대책)	• 구조물의 진동을 최소화 • 발진원의 격리 • 전파 경로에 대한 수용자의 위치 • 수용자의 격리 • 측면 전파 방지 • 작업시간 단축(1일 2시간 초과 금지)

전기설비 안전관리

Chapter 1 감전 관련

1 통전전류의 종류와 위험한계에너지

(1) 통전전류의 종류와 신체의 영향 ★★★

구분	전류의 세기 [상용주파수(60Hz) 기준]	신체에 미치는 영향
최소감지전류	1mA 미만	전류의 흐름을 느낄 수 있음
고통한계전류	7~8mA	일정 수준의 고통이 느껴지며 전류원으로부터 이탈 가능
마비한계전류	10~15mA	신경의 마비, 근육의 수축 등이 이뤄지며 자력으로 이탈 불가능함
심실세동전류	$I=\dfrac{165\sim185}{\sqrt{T}}$mA	심실세동을 일으키는 전류로 사망할 수 있음

(2) 전격의 위험인자 ★★

감전 시 인체에 영향을 미치는 감전 요소

1차적 감전 요소	2차적 감전 요소
• 통전전류의 크기 • 통전시간 • 통전 경로 • 전원의 종류 ※ '통전' 빼고 크기, 시간, 경로, 종류 4가지만 외움	• 인체 조건 • 전압 • 계절

(3) 위험한계에너지 ★★★

심실세동을 일으키는 전기에너지

$$Q=I^2RT[\mathrm{J}]$$

$$I=\frac{165\sim185}{\sqrt{T}}\mathrm{mA} \text{ 혹은 } I=\frac{165\sim185}{\sqrt{T}}\times10^{-3}$$

T : 통전시간
R : 인체의 저항
I : 통전전류의 크기
I가 165로 주어질 경우 단답, 165~185일 경우 범위로 답을 체크 및 기재한다.

더 알아보기

기출문제는 T = 1초, 인체의 저항 500Ω 값으로 출제되는 경향이 높으며 이는 13.6J의 값을 갖는다. 13.6을 기준으로 단위나 값을 조정하면 계산하지 않아도 풀 수 있다.

2 인체의 저항과 변화

인체는 약 5,000Ω의 저항값을 가지며 피부는 2,500Ω의 저항값을 갖는다.
단, 다음의 경우 인체의 저항이 감소할 수 있다.

① 땀이 난 경우 건조 시보다 $\frac{1}{12}$로 감소

② 물에 젖은 경우 $\frac{1}{25}$로 감소

③ 습기가 많은 경우 $\frac{1}{10}$로 감소

예 인체가 물에 젖은 상태인 경우 $5{,}000 \times \frac{1}{25}$의 저항값을 갖는다.

3 허용접촉전압 ★★★

인체가 상태에 따라 전압원에 인체를 접촉할 수 있는 전압을 말한다.

종별	접촉 상태	허용접촉전압
제1종	• 인체의 대부분이 수중에 있는 상태	2.5V 이하
제2종	• 인체가 현저히 젖어 있는 상태 • 금속성의 전기·기계장치나 구조물에 인체의 일부가 상시 접촉되어 있는 상태	25V 이하
제3종	• 제1종, 제2종 이외의 경우로 통상의 인체 상태에서 전압이 가해지면 위험성이 높은 상태	50V 이하
제4종	• 제1종, 제2종 이외의 경우로 통상이 인체 상태에서 전압이 가해지더라도 위험성이 낮은 상태 • 접촉전압이 가해질 우려가 없는 경우	제한 없음

4 전압의 구분

전압은 DC(Direct Current)와 AC(Alternative Current)로 구분한다.

구분	직류(DC)	교류(AC)
저압	1,500V 이하	1,000V 이하
고압	1,500V 초과 7,000V 이하	1,000V 초과 7,000V 이하
특고압	7,000V 초과	7,000V 초과

5 경로별 위험도

통전 경로	위험도	통전 경로	위험도
왼손 – 가슴	1.5	왼손 – 등	0.7
오른손 – 가슴	1.3	한 손 또는 양손 – 앉아 있는 자리	0.7
왼손 – 한 발 또는 양발	1.0	왼손 – 오른손	0.4
양손 – 양발	1.0	오른손 – 등	0.3
오른손 – 한 발 또는 양발	0.8		

6 감전 시 응급조치

(1) 감전사고 발생 시 처리 순서

① 2차 감전이 일어나지 않도록 충전부의 전원을 차단하고 재해자를 구출할 것

② 호흡이 없는 경우 즉시 인공호흡을 실시할 것

③ 구조대가 도착할 때까지 인공호흡을 실시하고 병원으로 후송할 것

(2) 인공호흡의 요령

1분당 12~15회(4초 간격), 호흡이 돌아올 때까지, 30분 이상 실시

(3) 소생률

호흡정지상태에서 인공호흡 개시까지 시간	1분	2분	3분	4분	5분	6분
소생률[%]	95%	90%	75%	50%	25%	10%

7 작업별 주의사항

(1) 정전작업을 하지 않아도 되는 경우

① 비상경보설비, 비상조명 설비, 폭발위험장소의 환기설비 등의 **장치·설비의 가동이 중지되어 사고의 위험이 증가되는 경우**

② 해당 기기의 전로차단이 불가능한 경우

③ 감전, 아크 등으로 인한 화상, 화재·폭발의 위험이 없는 것으로 확인된 경우

(2) 정전작업 시 주의사항

① 정전작업 전

㉠ 공급되는 모든 전원을 관련 **도면, 배선도 등으로 확인**할 것

㉡ **전원을 차단**한 후 각 **단로기 등을 개방하고 확인**할 것

㉢ 차단장치나 단로기 등에 **잠금장치 및 꼬리표를 부착**할 것

㉣ **잔류전하를 완전히 방전**할 것

㉤ **검전기**를 이용하여 **충전 여부를 확인**할 것

㉥ **단락접지기구를 이용하여 접지**할 것

② 정전작업 중 또는 정전작업 후

㉠ 모든 작업자가 작업이 완료된 전기기기 등에서 **떨어져 있는지 확인**할 것

㉡ **잠금장치와 꼬리표는 설치한 근로자가 직접 철거**할 것

㉢ **단락접지기구, 작업기구 등을 제거**하고 전기기기 등이 안전하게 통전될 수 있는지 확인할 것

㉣ **모든 이상 유무를 확인 후 전원을 투입**할 것

③ 활선작업 시 주의사항

㉠ **근로자에게 적합한 절연용 보호구를 착용**시킬 것

㉡ **해당 전압에 적합한 절연용 방호구를 설치**할 것

㉢ 절연용 방호구를 설치·해체하는 작업의 경우 **절연용 보호구를 착용하거나 활선작업용 기구 및 장치를 사용하도록 할 것**

㉣ 고압 및 특별고압전로에서 작업을 하는 근로자에게 **활선작업용 기구 또는 장치 등을 사용하도록 할 것**

㉤ 충전전로를 방호, 차폐하거나 절연 등의 조치 작업을 하는 경우 **근로자의 신체가 직접 또는 간접 접촉되지 않도록 할 것**

㉥ **충전전로의 대지전압이 50kV 이하인 경우 300cm 이내로 간격을 두고 50kV를 넘는 경우 10kV당 10cm씩 거리를 가산하여 거리 이내로 접근할 수 없도록 할 것**

예 충전전로의 대지전압이 60kV인 경우 310cm의 거리를 두도록 한다.

㉦ 절연이 되지 않은 충전부나 인근에 **근로자가 접근하는 것을 제한하거나 막아야 할 필요가 있는 경우 울타리를 설치**하고 근로자가 쉽게 알아볼 수 있도록 할 것

ⓞ **울타리의 설치가 곤란한 경우 감시인을 배치하는 등의 조치**를 할 것

ⓩ 유자격자가 충전전로 인근에서 작업하는 경우 아래의 경우를 제외하고는 노출 충전부에 접근한계거리 이내로 접근하거나 절연 손잡이가 없는 도전체에 접근할 수 없도록 할 것

ⓐ 근로자가 노출 충전부로부터 절연된 경우 또는 해당 전압에 적합한 절연장갑을 착용한 경우

ⓑ 노출 충전부가 다른 전위를 갖는 도전체 또는 근로자와 절연된 경우

ⓒ 근로자가 다른 전위를 갖는 모든 도전체로부터 절연된 경우

④ 충전전로 인근에서의 차량·기계장치 작업

㉠ 충전전로의 인근에서 차량·기계장치 등의 작업이 있는 경우 차량 등을 충전전로의 충전부로부터 **대지전압이 50kV 이하인 경우 300cm 이내로 간격을 두고 50kV를 넘는 경우 10kV당 10cm씩 거리를 가산하여 거리 이내로 접근할 수 없도록 할 것**

㉡ 충전전로의 전압에 적합한 **절연용 방호구 등을 설치한 경우 간격을 절연용 방호구 앞면까지 하고** 차량 등의 가공 붐대의 버킷이나 끝부분 등이 **적합하게 절연되어 있고 유자격자가 작업을 수행하는 경우 간격은 접근한계거리**까지 할 수 있다.

㉢ **접지된 차량이 충전전로와 접촉할 우려가 있는 경우 근로자가 접지점에 접촉하지 않도록 조치**를 취해야 한다.

㉣ 근로자가 차량 등의 그 어느 부분과도 접촉하지 않도록 **울타리를 설치하거나 감시인 배치 등의 조치를 취해야 한다.**

✦ 울타리 설치 및 감시인 배치를 하지 않아도 되는 경우

- 근로자가 해당 전압에 적합한 절연용 보호구를 착용하거나 사용하는 경우
- 차량 등의 절연되지 않은 부분이 접근한계거리 이내로 접근하지 않도록 하는 경우

8 충전부 방호(감전 방지조치) ★

① 충전부는 **절연물로 완전히 감쌀 것**

② 해당 부분에 절연효과가 있는 **방호망 또는 절연덮개를 설치할 것**

③ 충전부가 노출되지 않도록 **폐쇄형 외함이 있는 구조**로 할 것

④ 해당 작업자가 아닌 외부인의 **출입이 금지되는 장소에 충전부를 설치**하고, **위험안내표시 등으로 방호를 강화**할 것

9 전기기계·기구 설치 시 고려사항

① 충분한 전기적 용량 및 기계적 강도

② 습기·먼지 등의 사용장소의 주위 환경

③ 전기적·기계적 **방호수단의 적정성**

10 전기기계 · 기구 조작 시 안전조치

① 전기기계 · 기구를 점검하거나 보수하는 경우 해당 기계 · 기구로부터 70cm **이상의 작업 공간을 확보**하여야 하며 작업 공간을 확보하는 것이 곤란하여 근로자에게 **절연용 보호구를 착용하도록 한 경우는 제외**된다.

② 충전전로 작업 등에서 **화상의 우려가 있는 경우 방염 처리된 작업복** 혹은 **난연성능을 가진 작업복을 착용**시킨다.

Chapter 2 전기설비의 보호장치

1 과전류 차단장치

① 과전류 차단기는 접지선이 아닌 전로에 직렬로 연결되어야 한다.

② 전로 혹은 계통에서 발생하는 **최대 과전류에 대해 충분히 차단**할 수 있도록 한다.

③ 단로기 등 계통에서의 보호장치와 협조 · 보완되어 **효과적으로 차단**할 수 있도록 한다.

2 퓨즈

① **퓨즈 정격 이상의 전류가 흐르면 용단되어 계통 및 기기를 보호**한다.

② 과전류 차단기로 전압전로에 사용하는 퓨즈는 아래와 같이 적합하여야 한다.

정격전류의 구분[A]	시간[분]	정격전류의 배수	
		불용단 전류	용단 전류
4 이하	60	1.5배	2.1배
4 초과 16 미만	60	1.5배	1.9배
16 이상 63 이하	60	1.25배	1.6배
63 초과 160 이하	120	1.25배	1.6배
160 초과 400 이하	180	1.25배	1.6배
400 초과	240	1.25배	1.6배

③ 고압용 퓨즈의 종류 및 용단시간

퓨즈의 종류	정격용량	용단시간
고압용 포장 퓨즈	정격전류의 1.25배	2배의 전류로 120분
고압용 비포장 퓨즈	정격전류의 1.3배	2배의 전류로 2분

3 단로기 ★

① 계통에서 차단기의 전・후 등에 설치되며 오직 회로의 개・폐 기능만 가지고 있고 차단능력은 없어서 차단기와 조합하여 사용된다.

② 반드시 무부하 시 개폐 조작을 해야 한다.

③ 유입차단기의 투입 및 차단 순서

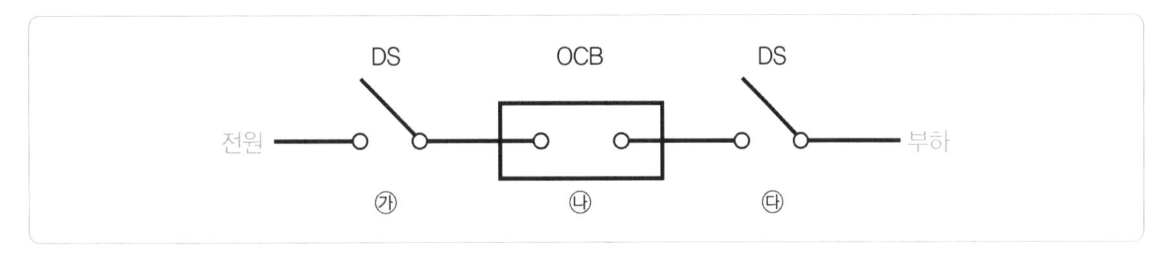

㉠ **투입 순서 : ㉰ → ㉮ → ㉯** (투입은 차단기가 맨 뒤)

㉡ **차단 순서 : ㉯ → ㉰ → ㉮** (차단은 차단기가 맨 앞)

※ 나머지는 ㉰ → ㉮만 외우고 차단기 위치만 바꿔주세요.

4 차단기의 종류

명칭	동작 방식
가스 차단기(GCB : Gas Circuit Breaker)	SF6가스를 이용하여 차단
진공 차단기(VCB : Vaccum Circuit Breaker)	진공의 절연효과를 이용
유입 차단기(OCB : Oil Circuit Breaker)	절연유(기름)를 이용
자기 차단기(MCB : Magnetic Circuit Breaker)	전자력을 이용하여 아크를 당겨서 소호
기중 차단기(ACB : Air Circuit Breaker)	공기 중에서 아크를 소호
공기 차단기(ABB : Air Blast Breaker)	압축공기로 아크를 소호(용량이 큼)

※ 명칭의 영문과 동작 방식을 매칭시키면 쉽게 외울 수 있어요.

5 누전차단기(ELB : Electric Leakge Breaker)

누전차단기는 전기기계・설비의 누설전류, 지락전류를 검출하여 사람이나 기기의 보호를 위해 설치한다.

(1) 누전차단기의 구성

검출장치, 영상변류기, 차단장치 및 시험버튼, 트립코일

(2) 누전차단기의 설치장소 ★

① 대지전압이 150V를 초과하는 이동형 또는 휴대형 전기기계・기구

② 물 등 도전성이 높은 액체가 있는 습윤장소에서 사용하는 저압용 전기기계 · 기구
③ 철판 · 철골 위 등 도전성이 높은 장소에서 사용하는 이동형 또는 휴대형 전기기계 · 기구
④ 임시배선의 전로가 설치되는 장소에서 사용하는 이동형 또는 휴대형 전기기계 · 기구

(3) 누전차단기 설치 제외 장소

① 「전기용품 및 생활용품 안전관리법」이 적용되는 이중절연 또는 이와 같은 수준 이상으로 보호되는 구조로 된 전기기계 · 기구
② 절연대 위 등과 같이 감전이 없는 장소에서 사용하는 전기기계 · 기구
③ 비접지 방식의 전로

(4) 감전 방지용 누전차단기 접속 시 준수사항

① 분기회로 또는 전기기계 · 기구마다 누전차단기를 접속할 것
② 지락보호전용 기능만 있는 누전차단기는 과전류를 차단하는 차단기나 퓨즈 등과 조합하여 사용
③ 배전반 또는 분전반 내에 접속하거나 꽂음접속기형 누전차단기를 콘센트에 접속
④ 정격감도전류가 30mA 이하이고 작동시간은 0.03초 이내일 것. 다만 부하전류가 50A 이상에 접속되는 누전차단기는 오동작 방지를 위해 200mA 이하로 작동시간은 0.1초 이내로 할 수 있다.

(5) 누설전류의 크기 ★★★

최대공급전류의 $\frac{1}{2,000}$A로 규정

예제 부하의 최대전류가 20A인 경우 누설전류의 크기는?

$$\Rightarrow \quad 20 \times \frac{1}{2,000} = \frac{1}{100}\text{A} = 100\text{mA}$$

(6) 누전차단기의 사용기준

① 부하에 적합한 차단용량을 갖출 것
② 부하에 적합한 정격전류를 갖출 것
③ 정격 부동작 전류가 정격감도전류의 50% 이상이어야 할 것
④ 절연저항이 5MΩ 이상일 것
⑤ 정격전압은 전로의 공칭전압의 90 ~ 110% 이내여야 한다.

(7) 누전차단기 설치환경 조건

① 주위온도가 −10 ~ +40℃의 범위
② 표고 1,000m 이하

③ 상대습도 45~85%

④ 먼지, 진동, 충격, 부식가스 등이 적은 장소에 설치

(8) 누전차단기의 종류 ★

구분		정격감도전류[mA]	동작시간
고감도형	고속형	5, 10, 15, 30	정격감도전류에서 0.1초 이내
	시연형		정격감도전류에서 0.1초 초과 2초 이내
	반한시형		• 정격감도전류에서 0.2초 초과 2초 이내 • 정격감도전류의 1.4배에서 0.1초 초과 0.5초 이내 • 정격감도전류의 4.4배에서 0.05초 이내
중감도형	고속형	50, 100, 200, 500, 1,000	정격감도전류에서 0.1초 이내
	시연형		정격감도전류에서 0.1초 초과 2초 이내

Chapter 3 접지

1 접지시스템의 종류 ★

종류	정의
계통접지	전력계통 및 설비에서 발생할 수 있는 지락전류, 단락전류, 누전전류 등에 대비하여 대지(Earth)와 연결하는 것으로 주 접지단자 혹은 중성점을 접지극에 연결하는 것을 말한다.
보호접지	감전에 대한 보호를 목적으로 하며 설비 또는 기기의 단독 혹은 공통으로 접지하는 것이다.
피뢰시스템 접지	뇌전류(뇌격전류)를 안전하게 대지로 흘려보내기 위한 접지를 말한다.

2 접지시설의 종류

종류	정의
단독접지	특고압, 고압, 저압계통의 접지극을 독립적으로 설치한다.
공통접지	특고압, 고압, 저압계통의 접지극을 등전위가 형성되도록 공통으로 대지나 접지극 등에 설치한다.
통합접지	전기설비의 접지계통, 피뢰설비, 통신설비 등의 접지극을 통합하여 등전위가 되도록 접지하여 전위차를 없앤다.

3 용어의 정의

(1) 노출 도전부(Exposed Conductive Part)

충전부는 아니지만 고장 시에 충전될 위험이 있고, 사람이 쉽게 접촉할 수 있는 기기의 도전성 부분을 말한다.

(2) 계통 외 도전부(Extraneous Conductive Part)

전기설비의 일부는 아니지만 지면에 전위 등을 전해줄 위험이 있는 도전성 부분을 말한다.

(3) 등전위본딩(Equipotential Bonding)

등전위를 형성하기 위해 도전부 상호 간을 전기적으로 연결하는 것을 말한다.

(4) 보호 등전위본딩(Protective Equipotential Bonding)

감전에 대한 보호 등과 같은 안전을 목적으로 하는 등전위본딩을 말한다.

(5) 보호접지/보호도체(Protective Earthing)

고장 시 감전에 대한 보호를 목적으로 기기의 한 점 또는 여러 점을 접지하는 것을 말한다.

(6) PEN 도체(Combined Protective Earthing and Neutral Conductor)

교류회로에서 중성선 겸용 보호도체를 말한다.

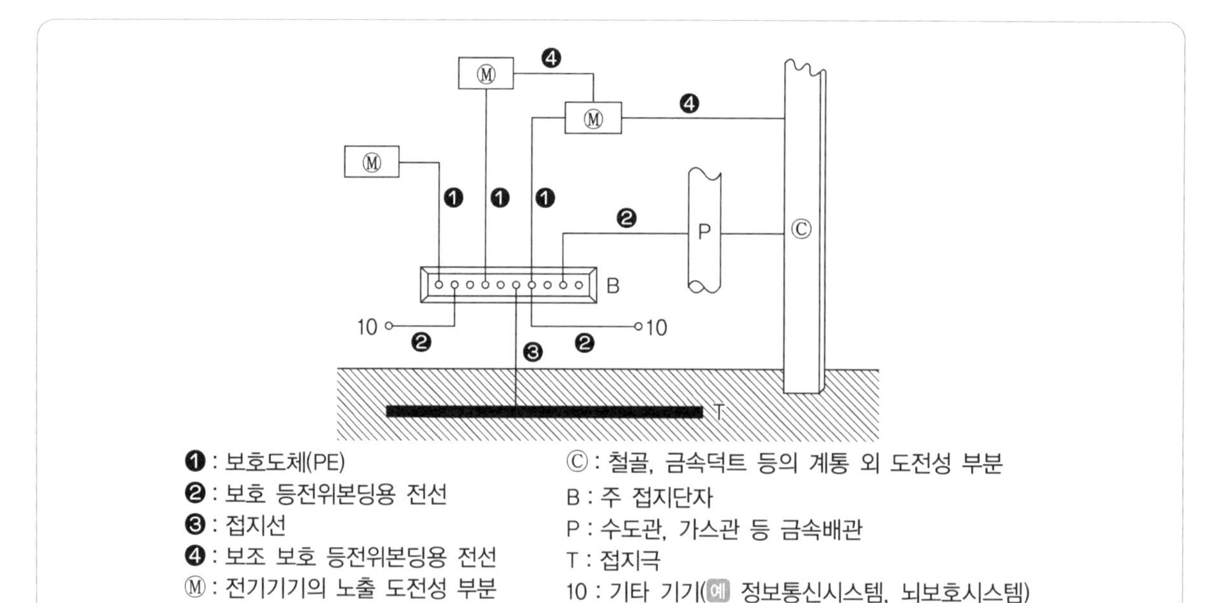

4 계통접지 방식 ★★★

계통접지 문자의 의미

이름	약어	뜻
Terra	T	대지, 땅, 흙
Neutral	N	중성선, 중성점
Combine	C	결합
Separator	S	분리, 구분
Insulation or Impedance	I	절연 또는 임피던스

① TN 방식 : 대지(T)와 중성점(N)을 연결하는 방식으로 다중접지 방식이라고도 한다.

② TN-S 방식 : 변압기(전원)은 접지되어 있고 중성선과 보호도체는 분리(S)

③ TN-C 방식 : 변압기(전원)은 접지되어 있고 중성선과 보호도체는 결합(C)되며 PE와 N을 합쳐 PEN으로 표기

④ TN-C-S 방식 : TN-S 방식과 TN-C 방식의 결합형태로 계통의 중간에서 나눔.

⑤ TT 방식 : 전기설비 측과 변압기 측을 개별적으로 접지해야 하며 독립접지 방식이라고 함.

⑥ IT 방식 : 변압기의 중성점 접지는 비접지로 하고 설비 쪽은 접지를 실시함.

5 변압기 중성점 접지 방식

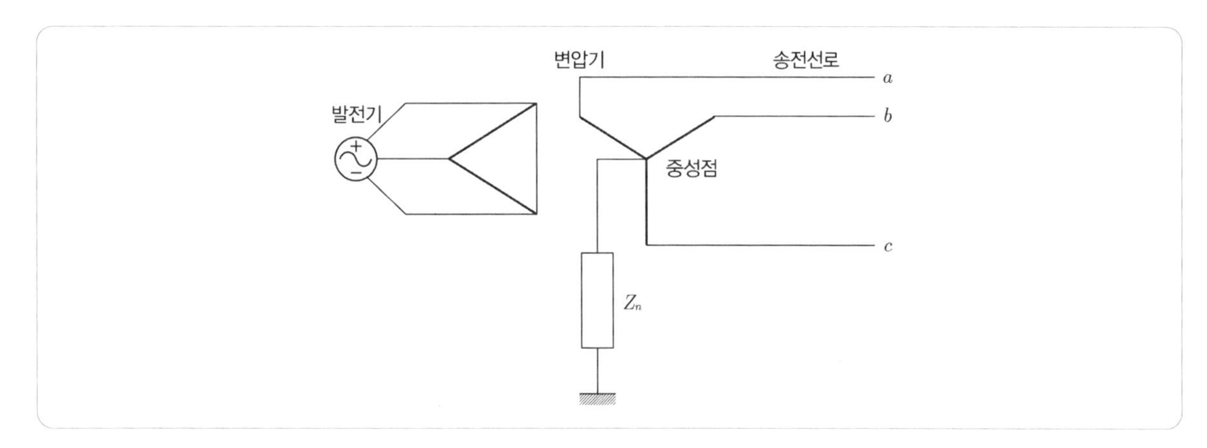

① 고압·특고압 측의 전로의 1선 지락전류로 150을 나눈 값

$$R_n = \frac{150}{I_g} \quad (I_g : \text{지락전류})$$

② 1초 초과 2초 이내에 전로를 자동으로 차단하는 경우 300을 나눈 값

$$R_n = \frac{300}{I_g}$$

③ 1초 이내에 전로를 자동으로 차단하는 경우 600을 나눈 값 이하

$$R_n = \frac{600}{I_g}$$

6 기계 · 기구의 철대 및 외함의 접지를 생략할 수 있는 경우(5가지) ★

① 철대 또는 외함의 주위에 적당한 절연대를 설치하는 경우

② 사용전압이 직류 300V 또는 교류 대지전압이 150V 이하인 기계 · 기구를 건조한 곳에 시설하는 경우

③ 저압용의 기계 · 기구를 건조한 목재의 마루, 기타 이와 유사한 절연성 물건 위에서 취급하도록 시설하는 경우

④ 「전기용품 및 생활용품 안전관리법」의 적용을 받는 이중절연구조로 되어 있는 기계 · 기구를 시설하는 경우

⑤ 외함이 없는 계기용 변성기가 고무 · 합성수지, 기타의 절연물로 피복한 것일 경우

7 접지극의 시설

① 토양 또는 콘크리트에 매입되는 접지극의 재료 및 최소 굵기 등은 KS C IEC 60364-5-54의 표 54.1(토양 또는 콘크리트에 매설되는 접지극으로 부식 방지 및 기계적 강도를 대비하여 일반적으로 사용되는 재질의 최소 굵기)에 따라야 한다.

② 접지극의 매설

㉠ 접지극은 동결 깊이를 감안하여 시설하며, 접지극의 매설깊이는 지표면으로부터 75cm 이상으로 한다.

㉡ 접지극은 토양을 오염시키지 않아야 하며, 가능한 다습한 부분에 설치한다.

㉢ 접지도체를 철주 기타의 금속체를 따라 시설하는 경우 접지극을 철주의 밑면으로부터 30cm 이상의 깊이에 매설하는 경우 이외에는 접지극을 지중에서 그 금속체로부터 1m 이상 떼어 매설하여야 한다.

8 접지저항 저감대책

화학적 저감법	물리적 저감법
① 저감제의 종류 • 반응형 : 화이트아스론, 티코겔 • 비반응형 : 염, 황산암모니아 분말, 벤토나이트 ② 저감제의 조건 • 저감효과가 크고 연속적일 것 • 접지극의 부식이 안 될 것 • 공해가 없을 것 • 경제적이고 공법이 용이할 것	① 접지극 병렬접속 ② 접지극 길이 확대 ③ 심타공법 적용 ④ 메시공법 적용 ⑤ 보링공법 적용 ⑥ 매설지지선 및 평판접지극 사용 ⑦ 다중접지 시드

9 수도관 등을 접지극으로 사용하는 경우

① 지중에 매설되어 있고 대지와의 전기저항값이 3Ω 이하의 값을 유지하고 있는 금속제 수도관로가 다음에 따르는 경우 사용이 가능하다.

㉠ 접지도체와 금속제 수도관로의 접속부를 사람이 접촉할 우려가 있는 곳에 설치하는 경우 손상을 방지하도록 방호장치를 설치하여야 한다.

㉡ 접지도체와 금속제 수도관로의 접속에 사용하는 금속제는 접속부에 전기적 부식이 생기지 않아야 한다.

㉢ 접지도체와 금속제 수도관로의 접속부를 수도계량기로부터 수도 수용가 측에 설치하는 경우 수도계량기를 사이에 두고 양측 수도관로를 등전위본딩하여야 한다.

㉣ 접지도체와 금속제 수도관로의 접속은 안지름 75mm 이상인 부분 또는 여기서 분기한 안지름 75mm 미만인 분기점으로부터 5m 이내의 부분에서 하여야 한다. 다만, 금속제 수도관로와 대지 사이의 전기저항값이 2Ω 이하인 경우 분기점으로부터 거리는 5m를 넘길 수 없다.

② 건축물・구조물의 철골 기타의 금속제는 이를 비접지식 고압전로에 시설하는 기계・기구의 철대 또는 금속제 외함의 접지공사 또는 비접지식 고압전로와 저압전로를 결합하는 변압기의 저압전로의 접지공사의 접지극으로 사용할 수 있다. 다만, 대지와의 사이의 전기저항값이 2Ω 이하인 값을 유지하는 경우에 한한다.

10 접지도체의 선정 및 보호

① 접지도체의 단면적은 보호도체의 최소 단면적에 의하며 큰 고장전류가 접지도체를 통해 흐르지 않을 경우 접지도체의 최소 단면적은 다음과 같다.

㉠ 구리 : $6mm^2$ 이상

㉡ 철제 : $50mm^2$ 이상

단, 접지도체에 피뢰시스템이 접속되는 경우 접지도체의 단면적은 구리 $16mm^2$ 또는 철 $50mm^2$ 이상으로 하여야 한다.

② 접지도체는 지하 75cm부터 지표상 2m까지 부분은 합성수지관(두께 2mm 미만의 합성수지제 전선관 및 가연성 콤바인덕트관 제외) 또는 이와 동등 이상의 절연효과와 강도를 가지는 몰드로 덮어야 한다.

③ 특고압・고압 전기설비 및 변압기 중성점 접지시스템의 도체를 선정할 때 접지도체는 절연전선(옥외용 비닐절연전선 제외) 또는 케이블(통신용 케이블 제외)을 사용하여야 한다. 다만, 접지도체를 철주 기타의 금속체를 따라 시설하는 경우 이외의 경우에는 **접지도체의 지표상 0.6m를 초과하는 부분에 대해서는 절연전선을 사용하지 않을 수 있다.**

11 접지도체의 굵기

① 특고압·고압 전기설비용 접지도체는 단면적 $6mm^2$ 이상의 연동선 또는 동등 이상의 단면적 및 강도를 가져야 한다.

② 중성점 접지용 접지도체는 공칭단면적 $16mm^2$ 이상의 연동선 또는 동등 이상의 단면적 및 세기를 가져야 한다. 다만, 다음의 경우에는 공칭단면적 $6mm^2$ 이상의 연동선 또는 동등 이상의 단면적 및 강도를 가져야 한다.

㉠ 7kV 이하의 전로

㉡ 사용전압이 25kV 이하인 특고압 가공전선로. 다만, 중성선 다중접지 방식의 것으로서 전로에 지락이 생겼을 때 2초 이내에 자동적으로 이를 전로로부터 차단하는 장치가 되어 있는 것

③ 이동하여 사용하는 전기기계·기구의 금속제 외함 등의 접지시스템

㉠ 특고압·고압 전기설비용 접지도체 및 중성점 접지용 접지도체는 클로로프렌 캡타이어 케이블(3종 및 4종) 또는 클로로설포네이트폴리에틸렌 캡타이어 케이블(3종 및 4종)의 1개 또는 다심 캡타이어 케이블의 차폐 또는 기타의 금속체로 단면적이 $10mm^2$ 이상인 것을 사용한다.

㉡ 저압 전기설비용 접지도체는 다심 코드 또는 다심 캡타이어 케이블의 1개 도체의 단면적이 $0.75mm^2$ 이상인 것을 사용한다. 다만, 기타 유연성이 있는 연동연선은 1개 도체의 단면적이 $1.5mm^2$ 이상인 것을 사용한다.

Chapter 4 전로의 절연저항

전로의 사용전압	DC시험전압[V]	절연저항[MΩ]
SELV 및 PELV	250	0.5
FELV, 500V 이하	500	1.0
500V 초과	1,000	1.0

※ 특별저압(Extra Low Voltage : 2차 전압이 AC 50V, DC 120V 이하)으로 SELV(비접지회로 구성) 및 PELV(접지회로 구성)는 1차와 2차가 전기적으로 절연된 회로, FELV는 1차와 2차가 전기적으로 절연되지 않은 회로

① 저압전선로 중 절연 부분의 전선과 대지 및 심선 상호 간의 절연저항은 사용전압에 대한 누설전류가 최대공급전류의 $\frac{1}{2,000}$이 넘지 않도록 하여야 한다.

② 고압 및 특고압의 전로(131, 회전기, 정류기, 연료전지 및 태양전지 모듈의 전로, 변압기의 전로, 기구 등의 전로 및 직류식 전기철도용 전차선을 제외)는 아래 표에서 정한 시험전압을 전로와 대지 사이에 연속하여 10분간 가하여 절연내력을 시험하였을 때에 이에 견디어야 한다. 다만, 전선에 케이블을 사용하는 교류 전로로서 표에서 정한 시험전압의 2배의 직류전압을 전로와 대지 사이에 연속하여 10분간 가하여 절연내력을 시험하였을 때에 이에 견디는 것에 대하여는 그러하지 아니하다.

[전로의 종류 및 시험전압]

전로의 종류	시험전압
1. 최대사용전압 7kV 이하인 전로	최대사용전압의 1.5배의 전압
2. 최대사용전압 7kV 초과 25kV 이하인 중성점 접지식 전로(중성선을 가지는 것으로서 그 중성선을 다중접지하는 것에 한한다)	최대사용전압의 0.92배의 전압
3. 최대사용전압 7kV 초과 60kV 이하인 전로(2란의 것을 제외한다)	최대사용전압의 1.25배의 전압(10.5kV 미만으로 되는 경우는 10.5kV)
4. 최대사용전압 60kV 초과 중성점 비접지식전로(전위변성기를 사용하여 접지하는 것을 포함한다)	최대사용전압의 1.25배의 전압
5. 최대사용전압 60kV 초과 중성점 접지식 전로(전위 변성기를 사용하여 접지하는 것 및 6란과 7란의 것을 제외한다)	최대사용전압의 1.1배의 전압 (75kV 미만으로 되는 경우에는 75kV)
6. 최대사용전압이 60kV 초과 중성점 직접접지식 전로(7란의 것을 제외한다)	최대사용전압의 0.72배의 전압
7. 최대사용전압이 170kV 초과 중성점 직접 접지식 전로로서 그 중성점이 직접 접지되어 있는 발전소 또는 변전소 혹은 이에 준하는 장소에 시설하는 것	최대사용전압의 0.64배의 전압
8. 최대사용전압이 60kV를 초과하는 정류기에 접속되고 있는 전로	교류측 및 직류 고전압측에 접속되고 있는 전로는 교류측의 최대사용전압의 1.1배의 직류전압
	직류측 중성선 또는 귀선이 되는 전로(이하 이장에서 "직류 저압측 전로"라 한다)는 아래에 규정하는 계산식에 의하여 구한 값

Chapter 5 피뢰기(LA : Lightning Arrester)

(1) 평상시에는 식별 갭에 의해 대지로부터 절연되어 있으나 낙뢰 혹은 이상전압이 발생하면 단락상태로 변환되어 대지로 방전을 시키고 방전이 끝난 후에는 속류를 신속히 차단하고 원상으로 복귀시킨다.
(피뢰기의 구성요소 : 직렬 갭 + 특성요소)

(2) 피뢰기가 갖춰야 할 성능 ★★

① 뇌전류 방전능력이 클 것

② 속류를 신속히 차단할 수 있을 것

③ 반복동작이 가능할 것

④ 충격방전 개시전압이 낮을 것

⑤ 제한전압이 낮을 것

(3) 피뢰기의 설치장소

① 발전소, 변전소 또는 이에 준하는 장소의 가공전선 인입구 및 인출구
② 가공전선로와 지중전선로가 접속되는 곳
③ 가공전선로가 접속하는 배전용 변압기의 고압측 및 특고압측
④ 고압 또는 특고압의 가공전선로로부터 공급받는 수용장소의 인입구

(4) 피뢰기의 보호여유도 ★★★

$$\text{보호여유도}[\%] = \frac{\text{충격절연강도} - \text{제한전압}}{\text{제한전압}} \times 100$$

Chapter 6 전기 화재

1 전기 화재 발생 시 조사사항

발화원, 착화물, 출화의 경과(발화형태)

2 화재의 구분

화재의 구분		표시 색	소화기의 종류
A급	일반 가연물 화재	백색	물 소화기, 산 알칼리 소화기, 강화액 소화기
B급	유류 화재	황색	포 소화기, 이산화탄소 소화기, 분말 소화기
C급	전기 화재	청색	분말 소화기, 할로겐화합물 소화기, 이산화탄소 소화기
D급	금속 화재	무색, 표시 없음	건조사, 팽창진주암, 팽창질석

3 절연물의 종류와 최고허용온도

절연의 종류	최고허용온도	절연의 종류	최고허용온도
Y종	90℃	F종	155℃
A종	105℃	H종	180℃
E종	120℃	C종	180℃ 초과
B종	130℃		

4 전기 화재의 원인과 대책

전기 화재 원인	전기 화재 대책
• 과전류에 의한 발화 • 단락에 의한 발화 • 누전 또는 지락에 의한 발화 • 접속부의 과열에 의한 발화 • 전기 스파크에 의한 발화 • 정전기 스파크에 의한 발화 • 절연열화 또는 탄화에 의한 발화 • 낙뢰에 의한 발화	• 누전차단기(ELB)를 설치한다. • 부하용량에 맞는 차단기를 설치하여 과전류를 방지한다. • 정격전류 이상의 전선 굵기를 선정한다. • 피복의 벗겨짐, 눌어붙음 등을 주의한다.

Chapter 7 정전기

1 정전기란?

정전기는 방전과 대전으로 인하여 발생한다.

① 방전 : 축적된 전하를 대지 혹은 0(zero)전위로 흘려보내는 것

② 대전 : 전하가 중성 상태일 때, 외부 에너지에 의해 + 또는 − 에너지를 띠게 되는 것

③ 대전 현상에 의해 발생된 전하가 절연물 혹은 절연물의 표면에서 이동하지 않고 정지된 상태를 유지하는 것을 '정전기'라고 한다.

2 여러 가지 대전 현상 ★★

유동대전	배관, 파이프 내에서 액체류 등이 흐를 때 액체 표면과 관 벽 사이에 발생한다.
마찰대전	두 개의 물체가 마찰 시에 발생하는 대전 현상이며, 접촉·분리에 의해 발생한다.
박리대전	두 개의 물체가 접촉상태에서 분리될 때 자유전자의 이동으로 발생한다.
충돌대전	입자와 고체의 충돌, 분체류에 의한 입자끼리의 충돌로 발생한다.
유도대전	전력선 근처에 있는 통신선 등의 도체에 대전 현상으로 인해 발생한다.
비말대전	분출된 액체류가 가늘게 비산할 때, 분리되는 과정에서 정전기가 발생한다.
적하대전	고느름에 부착되어 있던 액체가 대지로 떨어질 때 전하분리 현상으로 인해 발생한다.
분출대전	액체, 분체, 기체류가 단면적이 작은 개구부에서 분출할 때 발생하는 마찰로 인해 정전기가 발생한다.

3 정전기 발생요인

물체의 표면상태	표면이 오염될수록 혹은 표면이 거칠수록 발생량이 많아진다.
물체의 특성	물체의 대전서열이 (+)에서 (-)가 멀수록 발생량이 많아진다.
접촉면적 및 압력	접촉면적이 넓고, 압력이 클수록 발생량이 많아진다.
분리속도	분리속도가 빠를수록 발생량이 많아진다.
물체의 이력	처음에 접촉・분리될 때 발생량이 가장 많고, 반복될수록 적어진다.

4 정전기의 방전형태 ★

코로나 방전	• 전선표면의 공기가 국부적으로 절연이 파괴되어 빛과 소리를 내면서 방전되는 현상
불꽃 방전	• 평활한 도체와 대전량이 큰 물체의 간격이 작은 경우에 방전이 일어난다. • 방전에너지 밀도가 매우 커서 정전기 재해 원인이 된다.
연면 방전	• 대전물체 표면의 전위가 상승하여 표면을 따라 발생하는 방전이다. • 방전에너지 밀도가 매우 커서 정전기 재해 원인이 된다.
브러시 방전	• 코로나 방전이 강하여 전리될 때 발생될 수 있으며, 펄스상과 수지상 발광의 파괴음을 수반하는 나뭇가지 모양의 방전이다. • 방전에너지 밀도가 매우 커서 정전기 재해 원인이 된다.

5 정전기의 최소 착화에너지(정전에너지) ★★

$$E=\frac{1}{2}QV=\frac{1}{2}CV^2=\frac{Q^2}{2C}[\mathrm{J}]$$

E : 정전에너지[J]
C : 도체의 정전용량[F]
Q : 전하량[C]
V : 대지전위[V]

6 정전기 방지대책

(1) 정전기의 발생 방지조치

① 물체의 접촉횟수 감소

② 접촉・분리 속도의 감소

③ 물체 간 접촉면적 및 접촉압력 감소

④ 접촉물의 급속 박리 장치
⑤ 깨끗한 표면상태 유지
⑥ 정전기 발생이 적은 재료 사용

(2) 정전기 재해 예방대책

① 접지 실시
② 적정 습도 유지(60~70% 유지)
③ 도전성 재료 사용
④ 대전 방지제 등 화학제품 사용
⑤ **제전기의 사용** : 전압 인가식, 자기방전식, 이온 스프레이식, 방사선식

Chapter 8 전기방폭설비

1 방폭의 정의

① 폭발 위험성 = 점화원의 존재 가능성 × 위험성
② 방폭이란 '폭발 위험성'이 생성되지 않도록 점화원의 존재 가능성과 위험성 중 1개를 제거하는 것이다.
③ 전기방폭이란 점화원의 존재 가능성을 제거하기 위한 방폭구조를 의미한다.

2 전기방폭원리에 따른 구조

① 점화원의 제거(전기방폭)
② **점화원의 격리** : 내압(d) 방폭구조, 압력(p) 방폭구조, 유입(o) 방폭구조
③ **점화능력의 억제** : 본질안전(ia, ib) 방폭구조
④ **진기기기의 안전도 증가** : 안전증(e) 방폭구조

3 위험장소의 구분 및 방폭구조 ★★★

구분	특징	KS기준	방폭구조
0종 장소	평상시 폭발 분위기 형성	장기간 또는 빈번하게 있는 장소	• 본질안전 방폭구조
1종 장소	평상시 폭발 분위기 우려 혹은 간헐적 형성	정상작동 중 생성될 수 있는 장소	• 내압 방폭구조 • 압력 방폭구조 • 유입 방폭구조 • 충전 방폭구조 • 몰드 방폭구조 • 안전증 방폭구조 • 본질안전 방폭구조
2종 장소	이상 시 폭발 분위기 형성	정상작동 중에 생성될 가능성은 적고 빈도가 희박하거나 아주 짧은 시간 동안 위험한 장소	• 0종 장소 및 1종 장소에서 사용 가능한 방폭구조 • 비점화 방폭구조

4 방폭구조의 표시

EX	방폭구조	가스등급	온도등급	보호등급
예 EX	d(내압)	IIC	T4	IP54

5 방폭구조의 분류

방폭구조		가스등급			온도등급		보호등급	
방폭구조	기호	분류		기호	온도등급	전기기기의 최고표면온도[℃]	방진등급	방수등급
내압	d	산업용 II	가스, 증기	A	T1	300 초과 450 이하	0~6	0~8
압력	p			B	T2	200 초과 300 이하		
유입	o							
안전증	e			C	T3	135 초과 200 이하		
본질안전	ia, ib		먼지	11	T4	100 초과 135 이하		
충전	q			12	T5	85 초과 100 이하		
비점화	n			13	T6	85 이하		

6 방폭구조의 원리

(1) 내압 방폭구조(d) ★★★

방폭의 원리	방폭구조
전폐구조로 되어 있으며 용기 내부에서 폭발성 가스, 증기가 폭발하였을 때 그 압력에 견디며, 접합면·개구부 등을 통해 외부의 폭발성 가스에 인화될 우려가 없는 구조	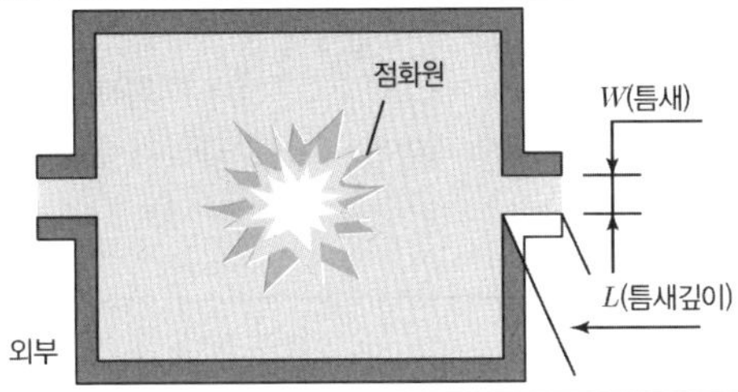

(2) 압력 방폭구조(p) ★

방폭의 원리	방폭구조
용기 내부에 보호기체를 압입하여 내부압력을 일정한 상태로 유지시켜 폭발성 가스나 증기가 침입하는 것을 방지하는 구조(통풍식, 봉입식, 밀봉식)	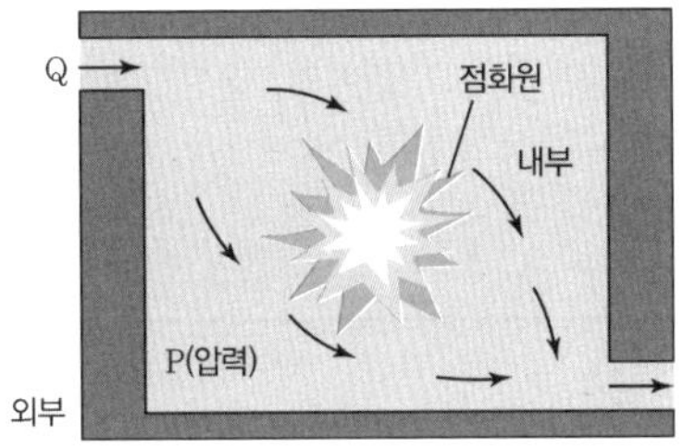

(3) 유입 방폭구조(o)

방폭의 원리	방폭구조
전기기기가 아크, 불꽃 등 고온이 발생하는 부분을 기름 속에 넣어 기름 외부에 존재하는 폭발성 가스 또는 증기에 인화될 우려가 없도록 한 구조	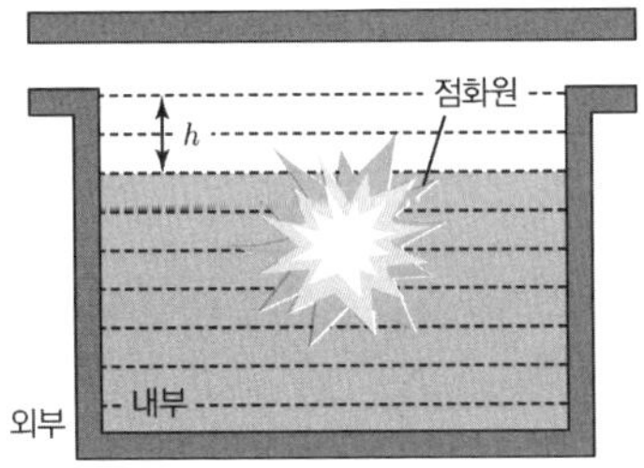

(4) 본질안전 방폭구조(ia, ib)

방폭의 원리	방폭구조
정상 개폐 및 사고 시에 발생하는 전기불꽃, 아크 또는 고온으로 인한 폭발성 가스 또는 증기에 점화되지 않는 것이 점화시험 등에 의해 확인된 구조(점화원의 본질적 억제)	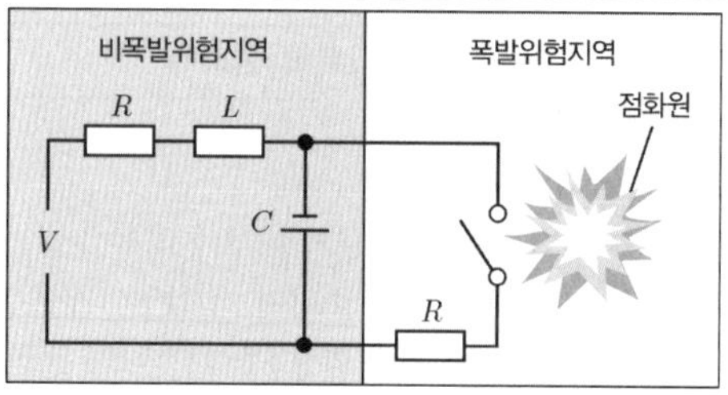 비폭발위험지역 / 폭발위험지역 / 점화원 / R / L / C / V / R

(5) 안전증 방폭구조(e)

방폭의 원리	방폭구조
정상 상태에서 아크, 고온부가 없는 전기기기가 고장이 발생하지 않도록 기계적, 전기적, 온도상승에 대해 특히 안전도를 높이는 방식	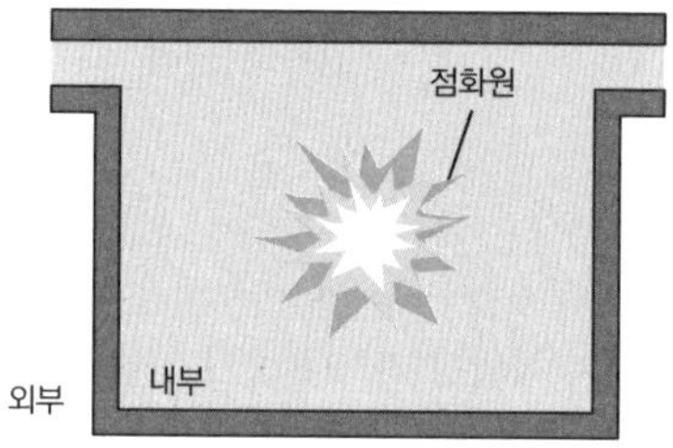 점화원 / 외부 / 내부

Chapter 9 교류아크용접기

1 교류아크용접기의 방호장치 : 자동전격방지기

(1) 기능

용접기의 1차측 또는 2차측에 부착시켜 용접기 주회로를 제어하는 기능을 보유하여야 한다.

(2) 방호방법

용접을 할 때 주회로를 폐로(on)시키고 용접을 하지 않을 때에는 개로(off)시켜서 용접기 2차(출력)측의 무부하 전압(보통 60~95V)을 25V 이하로 저하시켜 작업자가 용접봉과 모재 사이에 접촉으로 인한 감전을 방지하고 전력손실을 줄인다.

(3) 교류아크용접기에 전격방지기를 설치하여야 하는 장소

① 선박의 이중 선체 내부, 밸러스트 탱크, 보일러 내부 등 도전체에 둘러싸인 장소
② 추락할 위험이 있는 높이 2m 이상의 장소로 철골 등 도전성이 높은 물체에 근로자가 접촉할 우려가 있는 장소
③ 근로자가 물·땀 등으로 인해 도전성이 높은 습윤상태에서 작업하는 장소

(4) 전격방지장치의 사용조건

① 주위온도가 −20 ~ 45℃인 상태
② 표고 1,000m를 초과하지 않는 장소
③ 습기가 많은 장소
④ 먼지가 많은 장소
⑤ 이상한 진동 또는 충격을 받지 않는 상태
⑥ 선상 또는 해안과 같은 염분을 포함한 공기 중의 상태
⑦ 연직 또는 수평에 대해 전격방지장치의 부착편의 경사가 20°를 넘지 않은 상태

2 교류아크용접기의 사고 방지대책

① 자동전격방지장치의 사용
② 절연 용접봉 홀더의 사용
③ 적정한 케이블(클로로프렌 캡타이어 케이블) 사용
④ 절연장갑의 사용
⑤ 2차측 공통선의 연결

3 정격사용률과 허용사용률

$$\text{정격사용률} = \frac{\text{아크발생시간}}{\text{아크발생시간} + \text{무부하시간}}$$

$$\text{허용사용률} = \frac{(\text{정격 2차 전류})^2}{(\text{실제 용접 전류})^2} \times \text{정격사용률}$$

화학설비 안전관리

Chapter 1 화재 · 폭발 검토

1 연소의 정의 및 요소

(1) 연소의 정의

물질이 산소와 화합할 때 다량의 열과 빛을 발하는 현상

(2) 연소의 3요소

연소가 일어나기 위해서는 가연물, 점화원, 산소공급원의 3요소가 있어야 한다.

① **가연물(연료)** : 불에 탈 수 있는 물질(고체, 액체, 가스)

② **점화원(열)** : 발화에 필요한 열에너지

③ **산소공급원(공기)** : 산소, 공기 등 산소공급원

2 인화점 및 발화점

(1) 인화점

가연성 액체로부터 발생한 증기가 점화원에 의해 액체 표면에서 연소범위의 하한계에 도달할 수 있는 최저온도

[물질에 따른 인화점]

물질명	인화점	물질명	인화점
프로필렌	−107℃	벤젠	−11℃
에틸에테르	−45℃	톨루엔	−4.4℃
디에틸에테르	−45℃	메틸알코올	11℃
가솔린(휘발유)	−43℃	에틸알코올	13℃
산화프로필렌	−37℃	아세트산	40℃
이황화탄소	−30℃	등유	43~72℃
아세틸렌	−18℃	경유	50~70℃
아세톤	−20℃	니트로벤젠	88℃

(2) 발화점

① 외부의 점화원 없이 주위로부터 충분한 에너지를 받아서 스스로 점화되는 최저온도

② 발화점이 낮아지는 조건

㉠ 물질의 반응성이 높은 경우

㉡ 산소와의 친화력이 좋은 경우

㉢ 물질의 발열량이 높은 경우

㉣ 압력이 높은 경우

[물질에 따른 발화점]

물질명	발화점	물질명	발화점
수소	500℃	황화수소	260℃
메탄	537℃	이황화수소	346~379℃
에탄	520~630℃	벤젠	498℃
프로판	432℃	이황화탄소	90℃
에틸렌	450℃	아세톤	469℃
아세틸렌	305℃	일산화탄소	609℃

3 연소의 형태 및 종류

고체	표면연소	가연성 가스를 발생하지 않고 고체 가연물의 표면에서 산소와 반응하여 연소하는 현상 예 숯, 코크스, 목탄 등
	분해연소	고체 가연물이 점화원에 의하여 에너지를 공급할 때 열분해 반응을 일으켜 생성된 가연성 증기가 공기와 혼합하여 연소하는 현상 예 목재, 석탄, 종이, 플라스틱 등
	증발연소	고체 가연물이 점화에너지를 공급받아 가연성 증기를 발생하여 발생한 증기와 공기의 혼합상태에서 연소하는 형태 예 황, 나프탈렌, 파라핀 등
	자기연소	인화성이면서 자체 내에 산소를 함유하고 있어 공기 중의 산소를 필요로 하지 않는 연소 예 니트로화합물
액체	증발연소	액체 표면에서 발생한 가연성 증기가 공기와 혼합하여 점화원에 의해 연소하는 현상
	분무연소	액체입자를 분무하여 연소하는 형태로, 표면적을 넓게 하여 공기와의 접촉면을 크게 하여 연소하는 형태
기체	확산연소	가연성 가스가 공기 중에 확산되어 연소범위 농도에 이르러 연소하는 형태
	예혼합연소	연소되기 전, 미리 연소 가능한 혼합가스가 만들어져 연소하는 형태

4 연소범위

(1) 혼합가스의 연소범위 : 르샤틀리에(Le Chatelier) 법칙

$$L=\frac{V_1+V_2+\cdots\cdots+V_n}{\frac{V_1}{L_1}+\frac{V_2}{L_2}+\cdots\cdots+\frac{V_n}{L_n}}$$

L : 혼합가스의 연소한계[vol%]
L_n : 각 성분가스의 연소한계[vol%] → 폭발상한계, 폭발하한계
V_n : 전체 혼합가스 중 각 성분가스의 비율[vol%]

(2) 연소한계 추정식 : Jones식

실험데이터가 없어서 연소한계를 추정하는 경우에 적용하는 식이다.

LFL(연소하한계)$=0.55\,C_{st}$, UFL(연소상한계)$=3.50\,C_{st}$

(3) 최소산소농도(MOC)

화염이 전파되기 위한 최소한의 산소농도

$$MOC = \text{폭발하한계[vol\%]} \times \frac{\text{산소 mol수}}{\text{연소가스 mol수}}$$

5 위험도

연소하한계 값과 연소상한계 값의 차이를 연소하한계 값으로 나눈 것으로 기체의 폭발 위험 수준을 나타낸다. 위험도 값이 큰 가스는 폭발상한계 값과 폭발하한계 값의 차이가 크며, 위험도가 클수록 공기 중에서 폭발 위험이 크다.

$$H=\frac{U-L}{L}$$

H : 위험도
L : 폭발하한계 값
U : 폭발상한계 값

6 완전연소 조성농도(C_{st})

가연성 물질 1mol이 완전히 연소할 수 있는 공기와의 혼합비를 부피비[vol%]로 표현한 것으로 화학양론농도라고도 한다.

$$C_{st} = \frac{100}{1+4.773\left(n+\frac{m-f-2\lambda}{4}\right)} [\text{vol\%}]$$

n : 탄소
m : 수소
f : 할로겐원소
λ : 산소의 원자 수

7 연소파

발화원에서 발생한 화염이 가연성 혼합가스 중으로 이동 진행하면서 생기는 화염전파 과정에서 발생한다. 연소파는 화염의 전파가 파동의 형태로 전파되는 것이다.

8 폭굉파

(1) 폭굉(Detonation)

발열반응의 연소과정에서 화염의 전파속도가 음속보다 빠르게 이동하는 것으로, 파면 선단에 충격파를 형성하며 격렬한 파괴작용을 일으키는 현상이다.

(2) 폭굉 유도거리(DID : Detonation Inducement Distance)

관 중에 폭굉을 일으키는 가스가 존재할 때 최초의 완만한 연소가 격렬한 폭굉으로 발전할 때까지의 거리로, 이 거리가 짧을수록 폭굉이 일어나기 쉬운 위험성이 큰 가스다.

(3) 폭굉 유도거리가 짧아지는 조건

① 정상의 연소속도가 큰 혼합가스일수록
② 관 속에 방해물이 있거나 관경(관 지름)이 가늘수록
③ 압력이 높을수록
④ 점화원 에너지가 강할수록
⑤ 주위온도가 높을수록

9 폭발

(1) 정의

고온과 빠른 연소속도로 인해 체적이 급격하게 팽창되는 현상

(2) 폭발위험장소의 분류

가스폭발 위험장소	0종 장소	인화성 액체의 증기 또는 인화성 가스에 의한 폭발 위험이 지속적으로 또는 장기간 존재하는 장소
	1종 장소	정상작동 상태에서 인화성 액체의 증기 또는 인화성 가스에 의한 폭발 위험 분위기가 존재하기 쉬운 장소
	2종 장소	정상작동 상태에서 인화성 액체의 증기 또는 인화성 가스에 의한 폭발 위험 분위기가 존재할 우려가 없으나, 존재할 경우 그 빈도가 아주 적고 단기간만 존재할 수 있는 장소
분진폭발 위험장소	20종 장소	분진운 형태의 가연성 분진이 연속적, 장기간 또는 자주 폭발 분위기로 존재하는 장소
	21종 장소	분진운 형태의 가연성 분진이 정상작동 중에 빈번하게 폭발 분위기를 형성할 수 있는 장소
	22종 장소	분진운 형태의 가연성 분진이 폭발 분위기를 거의 형성하지 않고, 만약 발생하더라도 단기간만 지속될 수 있는 장소

10 폭발의 종류

(1) 폭발의 종류

물체의 연소, 분해, 중합 등의 화학반응으로 압력이 상승하는 기상폭발(화학적 폭발)과 기체나 액체, 고체의 팽창, 상변화 등의 물리현상이 압력 발생의 원인이 되는 응상폭발(물리적 폭발)로 구분한다.

기상 폭발	혼합가스의 폭발	가연성 가스와 조연성 가스의 혼합가스가 폭발범위 내에 있을 때
	가스의 분해폭발	반응열이 큰 가스 분자 분해 시 단일성분이라도 점화원에 의해 폭발
	분진(분무)폭발	가연성 고체의 미분에 의한 폭발
응상 폭발	수증기폭발	액체의 폭발적인 비등현상으로 상변화에 따른 폭발현상
	증기폭발	액화가스의 폭발적인 비등현상으로 인한 상변화에 따른 폭발현상
	전선폭발	순식간에 전선이 가열되어 용융과 기화가 급격히 진행될 경우 폭발 발생
	고상 간 전이에 의한 폭발	고체인 부정형 안티모니가 고상의 안티모니로 전이할 때 발열함으로써 주위의 공기가 팽창하여 폭발이 발생

(2) 분진폭발 ★★★

① 정의 : 가연성 고체의 미분이나 가연성 액체의 액적에 의한 폭발

② 분진폭발의 순서 : 퇴적분진 → 비산 → 분산 → 발화원 → 전면폭발 → 2차 폭발

③ 특징

㉠ 가스폭발보다 발생에너지가 크다.

㉡ 폭발압력과 연소속도는 가스폭발보다 작다.

㉢ 불완전연소로 인한 가스중독의 위험성이 크다.

㉣ 화염의 파급속도보다 압력의 파급속도가 크다.

㉤ 가스폭발에 비해 불완전 연소가 많이 발생한다.

㉥ 주위 분진에 의해 2차, 3차 폭발로 파급될 수 있다.

④ 영향을 주는 요인

㉠ 분진의 입자가 작을수록 폭발이 쉽다.

㉡ 일반적으로 부유분진이 퇴적분진에 비해 발화온도가 높다.

㉢ 연소열이 큰 분진일수록 저농도에서 폭발하고 폭발위력도 크다.

㉣ 분진의 표면적이 클수록 폭발 위험성이 높아진다.

㉤ 분진 내의 수분 농도가 작을수록 폭발 위험성이 높아진다.

⑤ **분진폭발을 일으킬 위험이 높은 물질** : 마그네슘, 알루미늄, 폴리에틸렌, 소맥분 등

⑥ **분진폭발 시험장치** : 하트만(Hartmann) 시험장치

(3) UVCE(Unconfined Vapor Cloud Explosion, 증기운폭발)

가연성 가스 또는 기화하기 쉬운 가연성 액체가 개방된 공간에 유출되어 점화원에 의하여 순간적으로 가스가 동시에 폭발하는 현상

(4) BLEVE(Boiling Liquid Expanding Vapor Explosion, 비등액 팽창증기폭발)

비점이 낮은 저장탱크 주위에 화재가 발생하였을 때, 저장탱크 내부의 비등현상으로 인한 압력상승으로 인한 증기폭발

11 가스폭발

(1) 폭발압력

$$P_m = P_1 \times \frac{n_2}{n_1} \times \frac{T_2}{T_1}$$

P_1 : 초기농도
n : 가연성 가스의 농도(mol수)
T : 온도

① 폭발압력은 초기압력, 가스농도, 온도변화에 비례한다.

② 가연성 가스의 농도가 클수록 폭발압력은 비례하여 높아진다.

③ 가연성 가스의 농도가 너무 희박하거나 진하여도 폭발압력은 낮아진다.

④ 폭발압력은 양론농도보다 약간 높은 농도에서 최대폭발압력이 된다.

⑤ 최대폭발압력의 크기는 공기보다 산소의 농도가 큰 혼합기체에서 더 높아진다.

(2) 최소발화에너지(MIE : Minimum Ignition Energy)

① 정의 : 물질을 발화시키는 데 필요한 에너지

② 특징

㉠ 일반적으로 분진의 최소발화에너지는 가연성 가스보다 큰 에너지 준위를 가진다.

㉡ 온도의 변화에 따라 최소발화에너지는 변한다.

㉢ 유속이 커지면 최소발화에너지는 커진다.

㉣ 양론농도보다도 조금 높은 농도일 때에 최솟값이 된다.

(3) 폭발등급

① 안전간격(화염일주한계) : 기구의 용기 접합면의 틈새가 길이에 비해 매우 작은 용기 내부에서 폭발이 발생하여도 폭발화염이 용기 외부의 위험 분위기로 전파되지 않는 최대안전틈새를 화염일주한계라고 한다.

② 폭발등급 : 폭발등급은 화염일주한계(=안전가격=최대안전틈새)에 따라 분류한다. 안전간격이 작은 가스일수록 위험하다.

폭발등급	안전간격	가스의 종류
1등급	0.6mm 이상	메탄, 에탄, 프로판, 부탄
2등급	0.4~0.6mm	에틸렌, 석탄가스
3등급	0.4mm 미만	수소, 아세틸렌, 이황화탄소

※ 안전간격은 참고만 할 것

12 화재의 종류 및 예방대책

(1) 화재의 종류

구분	A급 화재	B급 화재	C급 화재	D급 화재
명칭	일반 화재	유류·가스 화재	전기 화재	금속 화재
가연물	목재, 종이, 섬유 등	유류 및 가스	전기기기, 기계, 전선 등	Mg 분말, Al 분말 등
주된 소화효과	냉각효과	질식효과	냉각, 질식효과	질식효과
구분색	백색	황색	청색	무색
적용 소화제	• 물 • 산 알칼리 소화기 • 강화액 소화기	• 포 소화기 • 이산화탄소 소화기 • 분말 소화기 • 할로겐화합물 소화기 • 할론 1211 • 할론 1301	• 이산화탄소 소화기 • 분말 소화기 • 할론 1211 • 할론 1301	• 건조사 • 팽창진주암

① 일반 화재(A급 화재)

㉠ 가장 흔히 일어나는 화재로 목재, 종이, 섬유 등에 불이 붙어 일어나는 화재

㉡ 연소 후 재를 남기는 화재

② 유류 및 가스 화재(B급 화재)

㉠ 인화성 액체 및 기체 등에 의한 화재로 연소 후 재를 거의 남기지 않는다.

㉡ 질식효과에 따른 포말 소화기, 이산화탄소 소화기, 분말 소화기, 할로겐화합물 소화기 등을 사용

ⓐ **보일 오버(Boil Over)** : 유류탱크 화재 시 열파가 서서히 아래쪽으로 전파하여 탱크 저부의 물에 도달했을 때 이 물이 급히 증발하면서 대량의 수증기가 되어 상층의 유류를 밀어 올려 거대한 화염을 불러일으키며 다량의 기름을 탱크 밖으로 방출시키는 현상

ⓑ **슬롭 오버(Slop Over)** : 위험물 저장탱크 화재 시 물 또는 포를 화염이 왕성한 표면에 방사할 때 위험물과 함께 탱크 밖으로 흘러넘치는 현상

③ 전기 화재(C급 화재)

㉠ 전기를 이용하는 기계·기구 또는 전선 등에 의해 발생하는 화재

㉡ 냉각 및 질식효과, 전기적 절연성을 갖는 이산화탄소, 할론, 분말 등의 소화약제를 이용

④ 금속 화재(D급 화재)

㉠ Mg 분말, Al 분말 등 공기 중에 비산한 금속분진에 의한 화재

㉡ 물이나 이산화탄소와 접촉할 경우 화재 확산 및 폭발로 이어질 수 있어 건조사나 금속 화재용 소화약제를 사용

(2) 자연발화

일정한 장소에서 장시간 저장하면 열이 발생하여 축적됨으로써 발화점에 도달하여 점화원 없이도 발화하는 현상

① 자연발화의 구분

㉠ **산화열에 의한 발화** : 석탄, 건성유 등

㉡ **분해열에 의한 발화** : 셀룰로이드, 니트로셀룰로오스 등

㉢ **중합열에 의한 발화** : HCN, 산화에틸렌, 염화비닐 등

㉣ **흡착열에 의한 발화** : 활성탄, 목탄 등

㉤ **미생물에 의한 발화** : 퇴비, 먼지, 건초 등

② 자연발화가 일어나는 조건

㉠ 큰 발열량

㉡ 작은 열전도율

㉢ 주위의 온도가 높을 것

㉣ 표면적이 넓을 것

㉤ 적당량의 수분 존재

ⓑ 공기의 이동이 적은 장소

③ 자연발화를 방지하는 방법

㉠ 주위의 온도를 낮춤.

㉡ 통풍・환기를 통해 열의 축적을 방지

㉢ 가연성 물질을 제거

㉣ 저장실의 습도를 낮게 함.

㉤ 공기와의 접촉 면적을 최소화하여 저장

(3) 화재 예방대책

① 화재의 예방

㉠ 예방대책 : 발화원 제거 등 최초 발화를 방지하는 대책

㉡ 국한대책 : 건물・설비의 불연화, 방화벽 정비 등 화재 발생 시 연소에 의해 화재가 확대되지 않도록 하는 대책

㉢ 소화대책 : 연소의 연쇄반응이 성립되지 못하게 제어하는 대책

㉣ 피난대책 : 화재 발생 시 위험구역으로부터 안전한 장소로 대피시키는 대책

② 불활성화 : 가연성(인화성) 혼합가스에 불활성 가스를 주입시켜 산소농도를 최소산소농도(MOC) 이하로 낮추어 폭발을 방지하는 것으로 퍼지(Purge) 또는 이너팅(Inerting)이라고도 한다.

종류	특징
진공퍼지	• 일반적인 퍼지로 압력용기를 진공으로 한 후, 불활성 가스를 주입 • 대형 압력용기는 사용 불가
압력퍼지	• 용기에 가압된 불활성 가스를 주입하고 용기 내 불활성 가스가 서서히 확산되면 대기로 방출 • 진공퍼지보다 시간이 적게 소모되지만 더 많은 불활성 가스가 소모
사이폰퍼지	• 대상기기에 물이나 적합한 액체를 채운 뒤 액체를 배출시키면서 불활성 가스를 주입하는 방법
스위프퍼지	• 용기의 한쪽 개구부로 치환가스를 공급하고 다른 개구부로 배출시키는 방법 • 용기를 가압하거나 진공으로 할 수 없는 경우 사용

13 소화의 정의

화재의 온도를 발화온도 이하로 감소시키거나 산소공급의 차단 및 가연성 물질의 제거 등을 통해 연소를 중단시키는 것

14 소화의 종류

(1) 제거소화

가연물을 제거하거나 공급을 중단하여 소화하는 방법

예 촛불을 입으로 불어서 끄기, 가연성 물질을 누출시키는 용기의 밸브 폐쇄 등

(2) 질식소화

① 산소의 공급을 차단하여 연소에 필요한 산소농도(15vol%) 이하가 되도록 소화하는 방법

② 이산화탄소로 산소공급 차단, 소화분말을 이용하여 연소물을 감싸는 방법, 물을 분무상으로 방사하여 화재면을 덮는 방법

예 포 소화기, 분말 소화기, 이산화탄소 소화기, 마른모래(건조사), 팽창질석, 팽창진주암

(3) 냉각소화

물 등 액체의 증발잠열을 이용하여 가연물을 인화점 및 발화점 이하로 낮추어 소화하는 방법

예 물, 강화액 소화기, 산 알칼리 소화기

(4) 억제소화

① 가연물 분자가 산화됨으로 인하여 연소되는 과정을 억제하여 소화하는 방법

② 화학물질의 연소 반응을 억제하는 화학물질을 사용하는 소화 방법

예 할론 소화약제 등

15 소화기의 종류

(1) 포 소화기

① 포(거품)를 방사하여 화염의 표면을 덮음으로써 산소의 공급을 차단(질식소화)하여 소화

② 물에 의한 소화효과가 적거나 화재가 확대될 우려가 있는 위험물 화재 시 사용하는 방법

③ **적응화재** : A급 화재, B급 화재

(2) 분말 소화기

① 분말 입자로 가연물의 표면을 덮어 질식소화하는 방법으로 ABC 분말과 BC 분말이 있다.

㉠ ABC 분말은 A급 화재, B급 화재, C급 화재

㉡ BC 분말은 B급 화재, C급 화재

② 소화약제 종류와 화학반응식

종별	해당 물질	착색	적응화재
제1종	탄산수소나트륨($NaHCO_3$)	백색	B, C급
제2종	탄산수소칼륨($KHCO_3$)	담회색	B, C급
제3종	제1인산암모늄($NH_4H_2PO_4$)	담홍색	A, B, C급
제4종	탄산수소칼륨+요소($KHCO_3+(NH_2)_2CO$)	회(백)색	B, C급

(3) 할로겐화합물 소화기

① F, Cl, Br 등 산화력이 큰 화합물의 소화약제를 화재표면에 뿌려 증발잠열을 이용해 온도를 낮추어 냉각소화하는 방법

② 억제작용(부촉매작용) : 할로겐화합물 소화약제의 분자 안에 존재하는 Br이 가열되면 원자 상태로 분리되고 연쇄반응을 확대하는 활성물질과 결합하여 그 활성을 막음으로써 소화작용을 한다.

③ 적응화재 : B급 화재, C급 화재

④ 할론 번호의 의미 : 탄소수(C) · 불소수(F) · 염소수(Cl) · 브롬수(Br)

예 할론 1301, 할론 1211, 할론 2402 등

(4) 이산화탄소 소화기

① 이산화탄소 가스를 방사하여 연소 중 산소농도를 필요한 농도 이하로 낮추어 질식소화하는 방법

② 특징

㉠ 불연성 기체로 절연성이 높아 C급(전기 화재)과 B급(유류 화재)에 적합

㉡ 공기보다 무거우며 기체 상태이므로 화재 심부까지 침투가 용이

㉢ 반응성이 매우 낮아 부식성이 거의 없다.

㉣ 용기 내 액화탄산가스를 기화하여 가스 형태로 방출한다.

③ 적응화재 : B급 화재, C급 화재(C급 화재에 가장 효과적)

(5) 강화액 소화기

① 물에 탄산칼륨(K_2CO_3) 등을 녹인 수용액으로서 부동성이 높은 알칼리성 소화약제

② 탄산칼륨(K_2CO_3)으로 인해 어는점이 −30℃까지 낮아져 한랭지와 겨울철에도 사용 가능

③ 적응화재 : A급 화재

(6) 산 알칼리 소화기

① 황산과 탄산수소나트륨의 화학반응에 의해 생성된 이산화탄소의 압력으로 물을 방출시키는 소화

② 적응화재 : A급 화재, C급 화재(분무노즐 사용 시)

16 폭발 방지대책

(1) 폭발 방지대책

① 폭발성 분진이 공기 중에 분산되면 분진폭발의 위험이 있으므로 공기 중에 분산시키지 말아야 한다.

② 압력이 높을수록 가연성 물질의 발화지연이 짧아진다.

③ 가스 누설의 우려가 있는 장소에서는 점화원의 철저한 관리가 필요하다.

④ 도전성이 낮은 액체는 접지를 통한 정전기 방전조치를 취한다.

⑤ 가스 누설 위험장소에는 밀폐공간을 없앤다.

⑥ 국소배기장치 등 환기장치를 설치한다.

⑦ 정기적으로 가스농도를 측정한다.

(2) 밀폐공간 작업 시 안전수칙

① 해당 작업장과 외부 감시인 사이에 상시 연락을 취할 수 있는 설비를 설치하여야 한다.

② 해당 작업장을 적정한 공기 상태로 유지되도록 환기시켜야 한다.

③ 산소결핍이 우려되거나 유해가스 등의 농도가 높아서 폭발할 우려가 있는 경우는 즉시 작업을 중단하고 해당 근로자를 대피시켜야 한다.

④ 해당 장소에 근로자를 입장시킬 때와 퇴장시킬 때에 각각 인원을 점검하여야 한다.

⑤ 해당 작업장의 내부가 어두운 경우 방폭용 전등을 이용한다.

(3) 가연성(인화성) 가스 발생 우려가 있는 지하 작업장에서 작업 시 조치사항

① 작업하기 전 매일 가스농도를 측정한다.

② 가스 누출이 의심되는 경우 가스농도를 측정한다.

③ 가스가 발생하거나 정체될 위험이 있는 장소의 가스농도를 측정한다.

④ 장시간 작업 시 4시간마다 가스의 농도를 측정한다.

⑤ 가스농도가 인화하한계 값의 25% 이상일 경우 근로자를 즉시 안전한 장소로 대피시킨다.

17 폭발하한계 및 폭발상한계의 계산

(1) 폭발하한계(LEL : Lower Explosive Limit)

가스 등이 공기 중에서 점화원에 의해 착화되어 화염이 전파되는 최소농도

(2) 폭발상한계(UEL : Upper Explosive Limit)

가스 등이 공기 중에서 점화원에 의해 착화되어 화염이 전파되는 최대농도

$$\frac{LEL}{UEL} = \frac{V_1 + V_2 + \cdots\cdots + V_n}{\frac{V_1}{L_1} + \frac{V_2}{L_2} + \cdots\cdots + \frac{V_n}{L_n}}$$

LEL : 폭발하한계[vol%]

UEL : 폭발상한계[vol%]

L_n : 각 성분가스의 폭발한계[vol%] → 폭발상한계, 폭발하한계

V_n : 전체 혼합가스 중 각 성분가스의 비율[vol%]

(3) 폭발범위

폭발이 가능한 농도로 폭발하한계부터 폭발상한계까지의 범위

(4) 폭발한계에 영향을 주는 요인

① 온도가 증가하면 폭발하한계는 감소하고 폭발상한계는 증가한다.

② 압력이 증가하면 폭발하한계는 크게 변하지 않으나 폭발상한계는 증가한다.

③ 압력이 증가하면 폭발범위가 넓어진다.

④ 산소농도의 증가에 따라 비례하여 폭발상한계의 값이 증가한다.

(5) 가연성 가스의 폭발범위

가스명	폭발한계[vol%] (공기와의 혼합)		위험도
	폭발하한계	폭발상한계	
수소	4	75	17.75
메탄	5	15	2
에탄	3	12.4	3.13
프로판	2.1	9.5	3.52
부탄	1.8	8.4	3.66
벤젠	1.4	7.1	4.07
아세틸렌	2.5	81	31.4
아세톤	2.5	12.8	4.12
산화프로필렌	2.5	38.5	14.4
디에틸에테르	1.9	48	24.26
알코올	4.3	19	3.42
일산화탄소	12.5	74	4.92
암모니아	15	28	0.87

Chapter 2 화학물질 안전관리 실행

1 위험물의 기초화학

(1) 위험물의 특징

① 물 또는 산소와의 반응이 쉽다.

② 반응 시 발생되는 발열량이 크고 반응속도가 급격히 빠르다.

③ 수소와 같은 가연성 가스를 발생시킨다.

④ 화학적 구조나 결합력이 불안정하다.

(2) 화학식

실험식 (조성식)	화합물 중에 포함되어 있는 원소의 종류와 원자 수를 가장 간단한 정수비로 나타낸 식 예 H_2O_2의 실험식은 HO, C_2H_2와 C_6H_6의 실험식은 CH
분자식	한 개의 분자 중에 들어 있는 원자의 종류와 그 수를 원소기호로 표시한 식 예 $C_6H_{12}O_6$(포도당), H_2O(물)

(3) 온도

① 상대온도 : 해면의 평균대기압하에서 물의 끓는점과 어는점을 기준하여 정한 온도

㉠ 섭씨온도(℃) : 물의 어는점(0℃)과 끓는점(100℃)을 100등분하여 기준으로 정한 온도

㉡ 화씨온도(°F) : 물의 어는점(32°F)과 끓는점(212°F)을 180등분하여 기준으로 정한 온도

② 절대온도 : 분자운동이 완전 정지하여 운동에너지가 0이 되는 온도

㉠ 캘빈온도(K) : 섭씨의 절대온도(−273℃ = 0K)

㉡ 랭킨온도(°R) : 화씨의 절대온도(−460°F = 0°R)

③ ℃, °F, K, °R 간의 관계식

- $℃ = \frac{5}{9}(°F - 32)$
- $K = ℃ + 273$
- $°R = °F + 460$
- $°R = \frac{9}{5} \times K$

(4) 압력

단위면적에 미치는 힘. 단위는 kgf/cm^2, N/m^2, Pa 등

① 게이지압 = 절대압 − 대기압

절대압 = 게이지압 + 대기압

② 압력의 관계

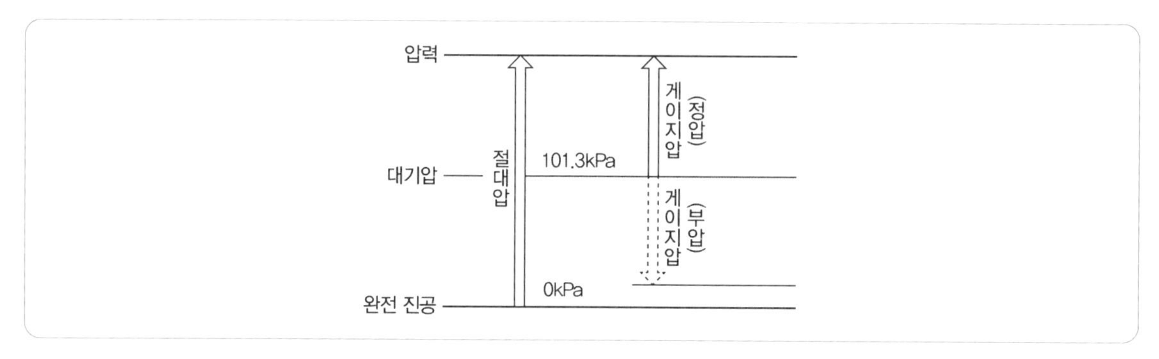

2 위험물의 정의

① 인화성 또는 발화성 등의 성질을 가지는 것으로서 대통령령이 정하는 물품
② 일반적으로 상온 20℃의 상압(1기압)에서 대기 중의 산소 또는 수분 등과 쉽게 격렬히 반응하여 수 초 이내에 방출되는 막대한 에너지로 인해 화재 및 폭발을 유발시키는 물질

3 위험물의 종류

(1) 위험물의 분류(위험물안전관리법 시행령 [별표 1])

구분	종류
제1류 위험물 (산화성 고체)	① 아염소산염류 ② 염소산염류 ③ 과염소산염류 ④ 무기과산화물 ⑤ 브롬산염류 ⑥ 질산염류 ⑦ 요오드산염류 ⑧ 과망간산염류 ⑨ 중크롬산염류
제2류 위험물 (가연성 고체)	① 황화린 ② 적린 ③ 유황 ④ 철분 ⑤ 금속분 ⑥ 마그네슘
제3류 위험물 (자연발화성 물질 및 금수성 물질)	① 칼륨 ② 나트륨 ③ 알킬알루미늄 ④ 알킬리튬 ⑤ 황린 ⑥ 알칼리금속(칼륨 및 나트륨 제외) 및 알칼리토금속 ⑦ 유기금속화합물(알킬알루미늄 및 알킬리튬 제외) ⑧ 금속의 수소화물 ⑨ 금속의 인화물 ⑩ 칼슘 또는 알루미늄의 탄화물
제4류 위험물 (인화성 액체)	① 특수인화물 ② 알코올류 ③ 제1석유류 ④ 제2석유류 ⑤ 제3석유류 ⑥ 제4석유류 ⑦ 동식물유류
제5류 위험물 (자기반응성 물질)	① 유기과산화물 ② 질산에스테르류 ③ 니트로화합물 ④ 니트로소화합물 ⑤ 아조화합물 ⑥ 디아조화합물 ⑦ 히드라진 유도체 ⑧ 히드록실아민 ⑨ 히드록실아민염류

제6류 위험물 (산화성 액체)	① 과염소산	② 과산화수소	③ 질산

① 산화성 고체
  ㉠ 대부분 무색 결정 또는 백색 분말로서 강산화성, 불연성 고체
  ㉡ 가열 · 충격 · 마찰 및 분해 촉진 물질과의 접촉으로 많은 산소를 방출하며 다른 가연물의 연소를 도움.
  ㉢ 비중은 1보다 크고 대부분 물에 잘 녹음.

② 가연성 고체
  ㉠ 상온에서 고체 상태이며 낮은 온도에서 착화되는 가연성 물질
  ㉡ 산화제와 만나면 급격하게 폭발할 수 있으며 연소속도가 빠름.
  ㉢ 화재 시 유독가스를 많이 발생
  ㉣ 비중은 1보다 크고 물에 녹지 않음.

③ 자연발화성 물질 및 금수성 물질
  ㉠ **자연발화성 물질** : 공기와의 접촉으로 연소하거나 가연성 가스를 발생하는 물질
  ㉡ **금수성 물질** : 물과 접촉하여 가연성 가스를 발생하는 물질

④ **인화성 액체** : 대부분 유기화합물로 비중이 1보다 작고 물에 잘 녹지 않음.

⑤ **자기반응성 물질** : 산소를 함유한 물질로서 자기 연소가 가능하고 연소속도가 빠름.

⑥ **산화성 액체** : 불연성 물질로 물과 접촉하면 발열반응이 일어나고, 비중이 1보다 크고 물에 잘 녹음.

(2) 위험물의 종류(산업안전보건기준에 관한 규칙 [별표 1]) ★★★

구분	종류
폭발성 물질 및 유기과산화물	① 질산에스테르류 ② 니트로화합물 ③ 니트로소화합물 ④ 아조화합물 ⑤ 디아조화합물 ⑥ 하이드라진 유도체 ⑦ 유기과산화물 ⑧ 그 밖에 위의 물질과 같은 정도의 폭발 위험이 있는 물질 ⑨ 위의 물질을 함유한 물질
물반응성 물질 및 인화성 고체	① 리튬 ② 칼륨 · 나트륨 ③ 황 ④ 황린 ⑤ 황화인 · 적린 ⑥ 셀룰로이드류 ⑦ 알킬알루미늄 · 알킬리튬 ⑧ 마그네슘 분말 ⑨ 금속 분말(마그네슘 분말 제외) ⑩ 알칼리금속(리튬 · 칼륨 및 나트륨 제외) ⑪ 유기 금속화합물(알킬알루미늄 및 알킬리튬 제외) ⑫ 금속의 수소화물 ⑬ 금속의 인화물 ⑭ 칼슘 탄화물 ⑮ 알루미늄 탄화물 ⑯ 그 밖에 위의 물질과 같은 정도의 발화성 또는 인화성이 있는 물질 ⑰ 위의 물질을 함유한 물질

산화성 액체 및 산화성 고체	① 차아염소산 및 그 염류 ② 아염소산 및 그 염류 ③ 염소산 및 그 염류 ④ 과염소산 및 그 염류 ⑤ 브롬산 및 그 염류 ⑥ 요오드산 및 그 염류 ⑦ 과산화수소 및 무기 과산화물 ⑧ 질산 및 그 염류 ⑨ 과망간산 및 그 염류 ⑩ 중크롬산 및 그 염류 ⑪ 그 밖에 위의 물질과 같은 정도의 산화성이 있는 물질 ⑫ 위의 물질을 함유한 물질
인화성 액체	① 에틸에테르, 가솔린, 아세트알데히드, 산화프로필렌, 그 밖에 인화점이 23℃ 미만이고 초기 끓는점이 35℃ 이하인 물질 ② 노르말헥산, 아세톤, 메틸에틸케톤, 메틸알코올, 에틸알코올, 이황화탄소, 그 밖에 인화점이 23℃ 미만이고 초기 끓는점이 35℃를 초과하는 물질 ③ 크실렌, 아세트산아밀, 등유, 경유, 테레핀유, 이소아밀알코올, 아세트산, 하이드라진, 그 밖에 인화점이 23℃ 이상 60℃ 이하인 물질
인화성 가스	① 수소 ② 아세틸렌 ③ 에틸렌 ④ 메탄 ⑤ 에탄 ⑥ 프로판 ⑦ 부탄 ⑧ 「산업안전보건법 시행령」 별표 13에 따른 인화성 가스
부식성 물질	① 부식성 산류 ㉠ 농도가 20% 이상인 염산, 황산, 질산, 그 밖에 이와 같은 정도 이상의 부식성을 지니는 물질 ㉡ 농도가 60% 이상인 인산, 아세트산, 불산, 그 밖에 이와 같은 정도 이상의 부식성을 가지는 물질 ② 부식성 염기류 : 농도가 40% 이상인 수산화나트륨, 수산화칼슘, 그 밖에 이와 같은 정도 이상의 부식성을 가지는 염기류
급성 독성 물질	① 쥐에 대한 경구투입실험에 의하여 실험동물의 50%를 사망시킬 수 있는 물질의 양, 즉 LD50(경구, 쥐)이 킬로그램(체중)당 300mg 이하인 화학물질 ② 쥐 또는 토끼에 대한 경피흡수실험에 의하여 실험동물의 50%를 사망시킬 수 있는 물질의 양, 즉 LD50(경피, 토끼 또는 쥐)이 킬로그램(체중)당 1,000mg 이하인 화학물질 ③ 쥐에 대한 4시간 동안의 흡입실험에 의하여 실험동물의 50%를 사망시킬 수 있는 물질의 농도, 즉 LC50(쥐, 4시간 흡입)이 2,500ppm 이하인 화학물질, 증기 LC50(쥐, 4시간 흡입)이 10mg/L 이하인 화학물질, 분진 또는 미스트 1mg/L 이하인 화학물질

(3) 독성 물질의 표현단위

① LD(Letal Dose : 경구, 경피 투입) : 고체, 액체화합물의 치사량 단위(mg/kf)

② LC(Letal Concentration : 흡입 시) : 가스 및 공기 중에서 증발하는 화합물의 치사량 단위(ppm, mg/L)

LD, LC	한 마리 동물의 치사량
MLD, MLC	실험동물 한 무리(10마리 또는 그 이상)에서 한 마리를 치사시키는 최소의 양
LD50, LC50	실험동물 한 무리(10마리 또는 그 이상)에서 50%를 치사시키는 양
LD100, LC100	실험동물 한 무리(10마리 또는 그 이상)에서 100%를 치사시키는 양

4 노출기준

(1) 정의

근로자가 유해물질에 노출되는 경우 건강상 나쁜 영향을 미치지 아니하는 정도의 기준

(2) 표시단위

① **가스 및 증기** : ppm, mg/m³

② **분진** : mg/m³(단, 석면은 개/cm³)

(3) 유해물질의 허용농도

① **시간가중평균노출기준(TWA)** : 1일 8시간 작업을 기준으로 하여 유해요인의 측정농도에 발생시간을 곱하여 8시간으로 나눈 값

$$TWA = \frac{C_1 \times T_1 + C_2 \times T_2 + \cdots\cdots + C_n \times T_n}{8}$$

C : 유해요인의 측정농도(단위 : ppm 또는 mg/m³)
T : 유해요인의 발생시간(단위 : 시간)

② **단시간노출한계(STEL)** : 근로자의 1회 15분간 유해요인에 노출되는 경우의 허용농도

③ **최고허용농도(Ceiling 농도)** : 근로자가 1일 작업시간 동안 잠시라도 노출되어서는 안 되는 최고허용온도(노출기준 앞에 "C"를 붙여 표시)

④ **혼합물질의 허용농도** : 유해물질이 2종 이상 혼재하는 경우 혼합물의 허용농도

$$\text{혼합물의 허용농도}(R) = \frac{C_1}{T_1} + \frac{C_2}{T_2} + \cdots\cdots + \frac{C_n}{T_n}$$

C_n : 화학물질 각각의 제도 또는 취급량
T_n : 화학물질 각각의 기준량

⑤ **TLV(Threshold Limit Value)** : 유해화학물질 허용농도로 작업자들이 평상시 직입할 때 공기 중의 농도가 작업사에게 영향을 미치지 않는 농도

$$TLV = \frac{f_1 + f_2 + \cdots\cdots + f_n}{\frac{f_1}{TLV_1} + \frac{f_2}{TLV_2} + \cdots\cdots + \frac{f_n}{TLV_n}}$$

f_n : 물질 1, 2, …, n의 중량
TLV_n : 화학물질 각각의 노출기준

(4) 물질의 노출기준

물질명	화학식	노출기준(TWA)
포스겐	$COCl_2$	0.1ppm
불소	F_2	0.1ppm
브롬	Br_2	0.1ppm
염소	Cl_2	0.5ppm
황화수소	H_2S	10ppm
암모니아	NH_3	25ppm
일산화탄소	CO	30ppm
톨루엔	$C_6H_5CH_3$	50ppm

5 유해화학물질의 유해요인

(1) 유해물질

인체에 어떤 경로를 통하여 침입하였을 때 생체기관의 활동에 영향을 주어 장애를 일으키거나 해를 주는 물질

① **미스트** : 액체의 미세한 입자가 공기 중에 부유하고 있는 것

② **분진** : 공기 중에 분산되어 있는 고체의 미세한 입자

③ **스모크** : 유기물의 불완전연소에 의해 생긴 작은 미립자

④ **퓸** : 금속의 증기가 공기 중에서 응고되어 화학변화를 일으켜 고체의 미립자로 되어 공기 중에 부유하고 있는 것

(2) Haber의 법칙

유해물질의 농도와 접촉시간의 관계를 나타낸 것으로 유해물질의 농도가 클수록, 근로자의 노출시간이 길수록 유해물질의 유해한 정도는 커지게 된다.

유해지수(K) = 유해물질의 농도 × 노출시간

6 위험물의 성질 및 위험성

물리적 성질에 따른 분류	가연성 가스, 가연성 액체, 가연성 고체 등
화학적 성질에 따른 분류	산화성 물질, 폭발성 물질, 자연발화성 물질, 금수성 물질

7 위험물의 저장 및 취급방법

(1) 위험물 저장 및 취급 시 주의사항

① 제1류 위험물(산화성 고체)

㉠ 조해성이 있으므로 습기에 주의하여 통풍이 잘되는 냉암소에 밀폐하여 저장

㉡ 가열·충격·마찰·타격 및 분해 촉진 물질, 환원제와의 접촉을 피함.

② 제2류 위험물(가연성 고체)

㉠ 불꽃·불티 등의 점화원과의 접촉을 피함.

㉡ 용기의 파손에 의한 누출을 피하고 통풍이 잘되는 냉암소에 저장

㉢ 마그네슘, 금속분 등을 물이나 산과의 접촉을 피함.

③ 제3류 위험물(자연발화성 및 금수성 물질) : 공기·수분의 접촉을 피하고 용기의 파손 및 부식을 방지

④ 제4류 위험물(인화성 액체)

㉠ 화기의 접근을 금하고 밀봉하여 통풍이 잘되는 냉암소에 저장

㉡ 액체의 누설 및 정전기 발생에 주의

⑤ 제5류 위험물(자기반응성 물질) : 가열·충격·마찰에 주의하여 냉암소에 저장

⑥ 제6류 위험물(산화성 액체)

㉠ 물·가연물·고체 산화제와의 접촉을 피함.

㉡ 내산성 용기를 사용하고 밀봉하여 누설을 방지

(2) 주요 물질의 저장방법

물질명	저장방법
황린	산소와 접촉 시 발화의 위험이 있어 물속에 저장
적린, 마그네슘, 칼륨	혼합폭발의 우려가 있어 격리 저장
나트륨, 칼륨	물과 반응 시 수소를 발생시키므로 석유(등유) 속에 저장
탄화칼슘, 금속나트륨, 금속칼륨 등	금수성 물질로 건조한 곳에 보관
질산은 용액	햇빛에 의해 광분해 반응을 일으키므로 갈색병에 저장
니트로셀룰로오스(질화면)	건조 시 분해폭발의 위험성으로 알코올에 습면 상태로 보관

8 인화성 가스 취급 시 주의사항

(1) 인화성 가스의 정의

인화한계 농도의 최저한도가 13% 이하 또는 최고한도와 최저한도가 차가 12% 이상인 것으로서 표준압력(101.3kPa)하의 20℃에서 가스 상태인 물질

예 수소, 아세틸렌, 에틸렌, 메탄, 에탄, 프로판, 부탄 등 유해·위험물질 규정량에 따른 인화성 가스

(2) 인화성 가스의 압력용기

① 용기의 밸브

㉠ 충전구의 나사방향 : 왼나사

㉡ 밸브에 부착하는 안전밸브

ⓐ 산소용 : 파열판식

ⓑ 염소용 : 가용전식

ⓒ 프로판용 : 스프링식

② 안전밸브의 종류 및 특징

구분	특징
스프링식	• 일반적으로 가장 널리 사용 • 용기 내의 압력이 설정된 값을 초과하면 스프링을 밀어내어 가스를 분출시켜 폭발을 방지
파열판식	• 용기 내의 압력이 급격히 상승할 경우 용기 내의 가스를 배출하는 방식 • 스프링식보다 토출 용량이 많아 압력이 급격히 변하는 곳에 적당

③ 용기의 도색 및 표시

가스 종류	도색	가스 종류	도색
액화석유가스	밝은 회색	액화암모니아	백색
수소	주황색	액화염소	갈색
아세틸렌	황색	산소	녹색
액화탄산가스	청색	질소	회색
소방용 용기	소방법에 따른 도색	그 밖의 가스	회색

④ 가스 용기 취급 시 주의사항

㉠ 용기의 온도를 40℃ 이하로 유지할 것

㉡ 전도의 위험이 없도록 할 것

㉢ 충격을 가하지 아니하도록 할 것

㉣ 운반할 때에는 캡을 씌울 것

㉤ 사용할 때에는 용기의 마개에 부착되어 있는 유류 및 먼지를 제거할 것

㉥ 밸브의 개폐는 서서히 할 것

㉦ 사용 전 또는 사용 중인 용기와 그 외의 용기를 명확히 구별하여 보관할 것

㉧ 용해 아세틸렌의 용기는 세워둘 것

㉨ 용기의 부식, 마모 또는 변형상태를 점검한 후 사용할 것

⑤ 가스정수

- 가스정수 $= \dfrac{\text{부피}}{\text{무게}}$
- 소요용기 수 $= \dfrac{\text{부피}}{\text{내용적}}$

9 물질안전보건자료(MSDS)

(1) 물질안전보건자료의 정의

화학물질에 대하여 유해・위험성, 응급조치요령, 취급방법 등 16가지 항목에 대해 상세하게 설명한 자료

(2) 물질안전보건자료대상물질을 제조하거나 수입하는 자가 작성 및 제출해야 하는 사항

① 제품명
② 화학물질의 명칭 및 함유량
③ 안전 및 보건상의 취급주의사항
④ 건강 및 환경에 대한 유해성, 물리적 위험성
⑤ 물리・화학적 특성 등 고용노동부령으로 정하는 사항

(3) 물질안전보건자료 작성 시 포함되어야 할 항목

① 화학제품과 회사에 관한 정보
② 유해성・위험성
③ 구성 성분의 명칭 및 함유량
④ 응급조치 요령
⑤ 폭발・화재 시 대처방법
⑥ 누출사고 시 대처방법
⑦ 취급 및 저장방법
⑧ 노출 방지 및 개인보호구
⑨ 물리화학적 특성
⑩ 안전성 및 반응성
⑪ 독성에 관한 정보
⑫ 환경에 미치는 영향
⑬ 폐기 시 주의사항
⑭ 운송에 필요한 정보
⑮ 법적 규제현황

⑯ 그 밖의 참고사항(자료의 출처, 작성일자 등)

(4) 물질안전보건자료의 작성・제출 제외 대상 화학물질(산업안전보건법 시행령 제86조)

① 「건강기능식품에 관한 법률」에 따른 건강기능식품

② 「농약관리법」에 따른 농약

③ 「마약류 관리에 관한 법률」에 따른 마약 및 향정신성의약품

④ 「비료관리법」에 따른 비료

⑤ 「사료관리법」에 따른 사료

⑥ 「생활주변방사선 안전관리법」에 따른 원료물질

⑦ 「생활화학제품 및 살생물제의 안전관리에 관한 법률」에 따른 안전확인대상생활화학제품 및 살생물제품 중 일반소비자의 생활용으로 제공되는 제품

⑧ 「식품위생법」에 따른 식품 및 식품첨가물

⑨ 「약사법」에 따른 의약품 및 의약외품

⑩ 「의료기기법」에 따른 의료기기

10 반응기

(1) 반응기

화학반응을 최적조건에서 최대효율이 발생되도록 하는 기구이다. 화학반응은 반응물질의 농도, 온도, 압력, 시간, 촉매 등에 영향을 받고, 반응장치에 있어서는 물질이동 및 열 이동에 큰 영향을 받기 때문에 이들을 만족하도록 하는 적합한 반응기를 선정하는 것이 중요하다.

(2) 반응기의 분류

① **조작방법에 의한 분류** : 회분식 균일상 반응기, 반회분식 반응기, 연속식 반응기

② **구조방식에 의한 분류** : 관형 반응기, 탑형 반응기, 교반조형 반응기, 유동층형 반응기

(3) 반응기의 구비조건

① 고온, 고압에 견딜 것

② 원료 물질의 균일한 혼합이 가능할 것

③ 촉매의 활성에 영향을 주지 않을 것

④ 적당한 체류시간이 있을 것

⑤ 냉각장치 및 가열장치를 가질 것

11 증류탑

(1) 증류탑

두 개 또는 그 이상의 액체의 혼합물을 끓는점(비점) 차이를 이용하여 분리하기 위한 장치로 기체와 액체를 접촉시켜 물질전달 및 열전달을 이용하여 분리하는 장치이다.

(2) 증류탑의 종류

① 단순증류
② 평형증류
③ 평형증류
④ 수증기증류
⑤ 분별증류
⑥ 공비증류

(3) 증류탑의 점검사항

일상점검 항목	자체점검(개방점검) 항목
• 보온재 및 보냉재의 파손상황 • 도장의 열화상태 • 플랜지부, 맨홀부, 용접부에서의 외부누출 여부 • 기초볼트의 헐거움 여부 • 증기배관에 열팽창에 의한 과압 여부 • 부식 등으로 인한 벽체가 얇아졌는지 여부	• 트레이의 부식상태, 정도, 범위 • 폴리머, 녹 등으로 인한 포종의 막힘 여부 • 트레이 다공판의 들뜸 여부, 유닛의 고정 여부 • 둑의 높이가 설계와 같은지 여부 • 용접선의 상태, 포종 고정 여부 • 라이닝, 코팅 상태

12 열교환기

(1) 열교환기

열에너지 보유량이 서로 다른 두 유체가 그 사이에서 열에너지를 교환하게 해주는 장치, 상대적으로 고온 또는 저온인 유체 간의 온도차에 의해 열교환이 이루어진다.

(2) 열교환기의 분류

① **열교환기(heat exchanger)** : 두 공정 흐름 사이의 열을 교환하는 장치
② **냉각기(cooler)** : 고온 측 유체를 냉각시키는 장치
③ **가열기(heater)** : 저온 측 유체를 가열시키는 장치
④ **응축기(condenser)** : 증기를 응축시키는 장치
⑤ **증발기(evaporator)** : 저온 측 유체를 증발시키는 장치

(3) 열교환기의 점검사항

일상점검 항목	자체점검(개방점검) 항목
• 보온재 및 보냉재의 파손상황 • 도장의 노후상황 • 플랜지부, 용접부 등의 누설 여부 • 기초볼트의 조임 상태	• 내부 부식의 형태, 정도, 범위 • 부착물에 의한 오염의 상황 • 라이닝 또는 코팅의 상태 • 용접선의 상황 • 내부 관의 부식 및 누설 유무

(4) 열교환 능률을 향상시키는 방법

① 유체의 유속을 적절하게 조절한다.

② 유체의 흐르는 방향을 향류로 한다.

③ 열교환을 하는 유체의 온도차를 크게 한다.

④ 열전도율이 높은 재료를 사용한다.

13 화학설비 및 부속설비 · 특수화학설비

(1) 화학설비

① 반응기 · 혼합조 등 화학물질 반응 또는 혼합장치

② 증류탑 · 흡수탑 · 추출탑 · 감압탑 등 화학물질 분리장치

③ 저장탱크 · 계량탱크 · 호퍼 · 사일로 등 화학물질 저장설비 또는 계량설비

④ 응축기 · 냉각기 · 가열기 · 증발기 등 열교환기류

⑤ 고로 등 점화기를 직접 사용하는 열교환기류

⑥ 캘린더(calender) · 혼합기 · 발포기 · 인쇄기 · 압출기 등 화학제품 가공설비

⑦ 분쇄기 · 분체분리기 · 용융기 등 분체화학물질 취급장치

⑧ 결정조 · 유동탑 · 탈습기 · 건조기 등 분체화학물질 분리장치

⑨ 펌프류 · 압축기 · 이젝터(ejector) 등의 화학물질 이송 또는 압축설비

(2) 화학설비의 부속설비 ★★

① 배관 · 밸브 · 관 · 부속류 등 화학물질 이송 관련 설비

② 온도 · 압력 · 유량 등을 지시 · 기록 등을 하는 자동제어 관련 설비

③ 안전밸브 · 안전판 · 긴급차단 또는 방출밸브 등 비상조치 관련 설비

④ 가스누출감지 및 경보 관련 설비

⑤ 세정기, 응축기, 벤트스택(bent stack), 플레어스택(flare stack) 등 폐가스처리설비

⑥ 사이클론, 백필터(bag filter), 전기집진기 등 분진처리설비

⑦ 위 ①부터 ⑥까지의 설비를 운전하기 위하여 부속된 전기 관련 설비

⑧ 정전기 제거장치, 긴급 샤워설비 등 안전 관련 설비

(3) 특수화학설비

위험물을 기준량 이상으로 제조하거나 취급하는 화학설비

① 발열반응이 일어나는 반응장치

② 증류 · 정류 · 증발 · 추출 등 분리를 하는 장치

③ 가열시켜 주는 물질의 온도가 가열되는 위험물질의 분해온도 또는 발화점보다 높은 상태에서 운전되는 설비

④ 반응 폭주 등 이상 화학반응에 의하여 위험물질이 발생할 우려가 있는 설비

⑤ 온도가 섭씨 350도 이상이거나 게이지 압력이 980kPa 이상인 상태에서 운전되는 설비

⑥ 가열로 또는 가열기

14 건조설비

(1) 정의

증기가 있는 재료를 처리하여 수분을 제거하고 조작하는 기구로 본체, 가열장치, 부속장치로 구성되어 있다.

(2) 건조설비 취급 시 준수사항 ★

① 위험물 건조설비를 사용하는 경우에는 미리 내부를 청소하거나 환기할 것

② 위험물 건조설비를 사용하는 경우에는 건조로 인하여 발생하는 가스 · 증기 또는 분진에 의하여 폭발 · 화재의 위험이 있는 물질을 안전한 장소로 배출시킬 것

③ 위험물 건조설비를 사용하여 가열건조하는 건조물은 쉽게 이탈되지 않도록 할 것

④ 고온으로 가열건조한 인화성 액체는 발화의 위험이 없는 온도로 냉각한 후에 격납시킬 것

⑤ 건조설비(바깥 면이 현저히 고온이 되는 설비만 해당)에 가까운 장소에는 인화성 액체를 두지 않도록 할 것

(3) 건조설비의 구조(위험물 건조설비를 설치하는 건축물의 구조)

다음의 어느 하나에 해당하는 위험물 건조설비 중 건조실을 설치하는 건축물의 구조는 독립된 단층건물로 하여야 한다. 다만, 해당 건조실을 건축물의 최상층에 설치하거나 건축물이 내화구조의 경우에는 그러하지 아니하다.

① 위험물 또는 위험물이 발생하는 물질을 가열 · 건조하는 경우 내용적이 $1m^3$ 이상인 건조설비

② 위험물이 아닌 물질을 가열 · 건조하는 경우로서 다음의 어느 하나의 용량에 해당하는 건조설비

㉠ 고체 또는 액체연료의 최대사용량이 시간당 10kg 이상

㉡ 기체연료의 최대사용량이 시간당 $1m^3$ 이상

㉢ 전기사용 정격용량이 10kW 이상

Chapter 3 화공안전 비상조치계획 · 대응

1 비상조치계획

비상조치계획에 포함해야 할 내용

① 비상조치를 위한 장비 · 인력 보유현황

② 사고 발생 시 각 부서 · 관련 기관과의 비상연락체계

③ 사고 발생 시 비상조치를 위한 조직의 임무 및 수행 절차

④ 비상조치계획에 따른 교육계획

⑤ 주민홍보계획

⑥ 그 밖에 비상조치 관련 사항

2 비상대응 교육 훈련 및 비상조치계획 자체매뉴얼 개발

(1) 비상대응 교육 훈련

사고 발생 시 신속하고 적절하게 대응할 수 있는 체제를 갖추어 피해를 최소화하기 위하여 실행하는 훈련

① 개인별 대피요령 및 역할 숙지

② 사고 발생 시 긴급대피 요령

③ 사고 발생 시 관계기관에 신고 요령

④ 사고원인 · 대응 적절성 조사

⑤ 재발 방지조치를 통한 실천

(2) 비상조치계획 자체매뉴얼 개발

① 비상조치계획 원칙에 의거하여 계획을 수립한다.

㉠ 비상시 대피 절차와 비상 대피로를 지정한다.

㉡ 대피 전 주요 공정설비에 대한 안전조치 대상과 절차를 확인한다.

㉢ 피해자에 대한 구조 · 응급조치 절차를 계획한다.

㉣ 중대산업사고 발생 시 내 · 외부의 연락 및 통신체계를 수립한다.

㉤ 비상사태 발생 시 통제조직 및 업무분장을 확인한다.

㉥ 사고 발생 및 비상대피 시 보호구 착용지침을 정한다.

㉦ 비상사태 종료 후 오염물질 제거 등의 수습 절차를 계획한다.

㉧ 주민 홍보 계획을 세운다.

② 근로자의 인명 및 재산 손실에 최우선적 목표를 둔다.

③ 모든 가능한 비상사태에 대비하여 준비한다.

④ 비상통제조직을 만들어 각 구성원에게 업무분장과 임무를 부여한다.
⑤ 비상조치계획 수립 시 확실하고 명료하게 작성하여 모든 근로자가 볼 수 있게 한다.
⑥ 비상조치계획은 문서로 작성하여 접근이 쉬운 곳에 비치한다.

Chapter 4 화공안전운전 · 점검

1 공정안전의 개요

(1) 공정안전보고서의 내용

① 공정안전자료
② 공정위험성평가서
③ 안전운전계획
④ 비상조치계획
⑤ 그 밖에 공정상의 안전과 관련하여 고용노동부장관이 필요하다고 인정하여 고시하는 사항

(2) 공정안전보고서의 제출 시기

① 유해하거나 위험한 설비의 설치 · 이전 또는 주요 구조부분의 변경공사의 착공일 30일 전까지 공정안전보고서를 2부 작성하여 한국산업안전보건공단에 제출하여야 한다.
② 공정안전보고서의 내용을 변경하여야 할 사유가 발생한 경우에는 지체 없이 그 내용을 보완하여야 한다.

(3) 공정안전보고서 제출 대상

① 원유 정제처리업
② 기타 석유정제물 재처리업
③ 석유화학계 기초화학물질 제조업 또는 합성수지 및 기타 플라스틱물질 제조업
④ 질소 화합물, 질소 · 인산 및 칼리질 화학비료 제조업 중 질소질 비료 제조
⑤ 복합비료 및 기타 화학비료 제조업 중 복합비료 제조(단순혼합 또는 배합에 의한 경우는 제외)
⑥ 화학 살균 · 살충제 및 농업용 약제 제조업
⑦ 화약 및 불꽃제품 제조업

2 각종 장치(제어장치, 송풍기, 압축기, 배관 및 피팅류)

(1) 제어장치

① **수동제어** : 제어장치 및 조작부의 기능을 인간이 주관하여 제어하는 것

② **자동제어**

㉠ **시스템 작동 순서** : 공정상황 → 검출(검출부) → 조절계(조절부) → 조작계(조작부)

㉡ **각 부분별 기능**

ⓐ **검출부** : 공정의 온도, 압력, 유량 등을 계기에서 검출하고 이것을 공기압, 전기 등으로 전환한 신호를 조절부로 전달하는 부분

ⓑ **조절부** : 검출부에서 신호를 받아 제어알고리즘을 이용하여 제어할 값을 결정하는 장치

ⓒ **조작부** : 조절부로부터 신호에 의해 개폐 동작을 하는 조절밸브

(2) 송풍기

[기체를 이동시키는 기기]

구분	회전식	용적형
종류	원심식, 축류식	회전식, 왕복동식
원리	기계적 회전에너지를 이용한 기체 송풍	실린더 내에 기체를 흡입, 분출하여 송풍

① **원심식 송풍기** : 내부의 임펠러를 회전시켜 원심력에 의해 기체를 송풍

② **축류식 송풍기** : 프로펠러 회전에 의한 추력에 의해 기체를 송풍

③ **회전식 송풍기** : 내부에 한 개 또는 여러 개의 피스톤을 설치하고 이것을 회전시켜 피스톤 사이 체적 감소를 이용하여 송풍

④ **왕복동식 송풍기** : 실린더의 피스톤을 왕복시켜 흡입밸브와 토출밸브를 작동하여 기체를 송풍

(3) 압축기

고압의 생성 또는 고압 유체의 수송에 사용되는 기계

구분	회전식	용적형
종류	원심식, 축류식	회전식, 왕복동식, 다이어프램식
원리	기계적 회전에너지를 이용한 기체 송풍	실린더 내에 기체를 흡입, 분출하여 송풍

(4) 배관 및 피팅류

① 관 부속품

부품	용도
소켓(Socket)	동일 지름의 관을 직선 결합
엘보(Elbow)	관로의 방향을 변경
유니언(Union)	동일 지름의 관을 직선 결합
커플링(Coupling)	축과 축을 연결하는 부품
플러그(Plug)	유로를 차단하기 위해 관 끝을 막는 부품
플랜지(Flange)	관과 관, 관과 다른 기계 부분을 결합할 때 쓰는 부품
니플(Nipple)	암나사와 암나사의 연결 시 사용하는 배관 부품
리듀서(Reducer)	관의 지름을 변경하는 부품
체크밸브	유체의 역류를 방지하기 위한 밸브

② 개스킷(Gasket) : 물질의 누출 방지용으로 접합면을 밀착시키기 위한 부품

3 펌프의 이상현상

(1) 공동현상(Cavitatioin)

① 정의 : 유체가 관 속을 흐를 때 유동하는 물속의 어느 부분의 정압이 그때의 유체의 증기압보다 낮을 경우 물이 증발하여 부분적으로 증기가 발생되어 배관의 부식을 초래하는 현상

② 발생조건 및 예방방법

발생조건	예방방법
• 흡입양정이 지나치게 클 경우 • 흡입관의 저항이 증대될 경우 • 흡입액의 과속으로 유량이 증대될 경우 • 관내 온도가 상승할 경우	• 펌프의 회전수를 낮춘다. • 흡입비 속도를 작게 한다. • 펌프의 흡입관의 두(Head) 손실을 줄인다. • 펌프의 설치 높이를 낮게 하여 흡입양정을 짧게 한다.

(2) 수격작용(Water Hammering)

펌프에서 유체를 압송하고 있을 때 정전 등으로 급히 펌프가 멈춘 경우와 수량조절밸브를 급히 개폐한 경우 관내의 유속이 급변하면서 물에 심한 압력 변화가 생기는 현상

(3) 서징(Surging)

펌프 운전 중에 펌프의 입구와 출구의 진공계, 압력계의 지침이 흔들리면서 송출유량이 변화되는 현상

4 안전장치의 종류

(1) 안전밸브 ★

① 설비나 배관의 압력이 설정압력을 초과하는 경우 작동하여 내부압력을 분출하는 장치

② 종류 : 스프링식, 중추식, 지렛대식

(2) 파열판

① 밀폐된 압력용기나 화학설비 등이 설정압력 이상으로 급격하게 압력이 상승하면 파열되면서 압력을 토출하는 장치로 짧은 시간 내에 급격하게 압력이 변하는 경우 적합

② 파열판을 설치하여야 하는 경우

㉠ 반응 폭주 등 급격한 압력상승의 우려가 있는 경우

㉡ 급성 독성 물질의 누출로 인하여 주위의 작업환경을 오염시킬 우려가 있는 경우

㉢ 운전 중 안전밸브에 이상물질이 누적되어 안전밸브가 작동되지 아니할 우려가 있는 경우

③ 특징

㉠ 압력 방출속도가 빠르고 분출량이 많다.

㉡ 높은 점성의 슬러리나 부식성 유체에 적용할 수 있다.

㉢ 설정압력 이하에서 파열될 수 있다.

㉣ 한 번 작동하면 파열되므로 교체하여야 한다.

(3) 화염방지기 ★

비교적 저압이 또는 상압에서 가연성 증기를 발생시키는 인화성 물질 등을 저장하는 탱크에서 외부에 그 증기를 방출하거나 탱크 내에 외기를 흡입하는 부분에 설치하는 안전장치이다. 외부로부터의 화염을 방지하기 위하여 화염방지기를 설비의 상단에 설치해야 한다.

(4) 밴트스택(Vent Stack)

탱크 내의 압력을 정상 상태로 유지하기 위한 안전장치로 상압탱크에서 직사광선에 의한 온도상승 시 탱크 내의 공기를 자동으로 대기에 방출하여 내부압력의 상승을 막아주는 역할을 한다.

(5) 플레어스택(Flare Stack)

가스나 고휘발성 액체의 증기를 연소하여 안전하게 밖으로 배출시키기 위하여 사용하는 설비

(6) 체크밸브(Check Valve)

유체의 역류를 방지하기 위한 장치로 스윙형, 리프트형, 볼형 등이 있다.

(7) 블로우 밸브(Blow Valve)

과잉압력을 방출하는 밸브

(8) 스팀트랩(Steam Trap)

기기, 배관 등에서 증기가 배출되지 않도록 하면서 응축수를 자동적으로 배출하는 장치

(9) 긴급차단장치

이상 상태가 발생하는 때에 해당 설비를 신속히 차단하도록 하는 장치

(10) 내화기준 ★★

가스폭발 위험장소 또는 분진폭발 위험장소에 설치되는 건축물 등에 대해서는 다음에 해당하는 부분을 내화구조로 해야 한다.

① **건축물의 기둥 및 보** : 지상 1층(지상 1층의 높이가 6m를 초과하는 경우에는 6m까지)
② **위험물 저장·취급용기의 지지대(높이가 30cm 이하인 것은 제외)** : 지상으로부터 지지대의 끝부분까지
③ **배관·전선관 등의 지지대** : 지상으로부터 1단(1단의 높이가 6m를 초과하는 경우에는 6m)까지

(11) 안전거리

구분	안전거리
단위공정시설 및 설비로부터 다른 단위 공정시설 및 설비의 사이	설비의 바깥 면으로부터 10m 이상
플레어스택으로부터 단위공정시설 및 설비, 위험물질 저장탱크 또는 위험물질 하역설비의 사이	플레어스택으로부터 반경 20m 이상. 다만, 단위공정시설 등이 불연재로 시공된 지붕 아래에 설치된 경우에는 그러하지 아니하다.
위험물질 저장탱크로부터 단위공정시설 및 설비, 보일러 또는 가열로의 사이	저장탱크의 바깥 면으로부터 20m 이상. 다만, 저장탱크의 방호벽, 원격조종화설비 또는 살수설비를 설치한 경우에는 그러하지 아니하다.
사무실·연구실·실험실·정비실 또는 식당으로부터 단위공정시설 및 설비, 위험물질 저장탱크, 위험물질 하역설비, 보일러 또는 가열로의 사이	사무실 등의 바깥 면으로부터 20m 이상. 다만, 난방용 보일러인 경우 또는 사무실 등의 벽을 방호구조로 설치한 경우에는 그러하지 아니하다.

5 안전운전계획

안전운전계획에 포함해야 할 내용

① 안전운전지침서
② 설비점검·검사 및 보수계획, 유지계획 및 지침서
③ 안전작업허가
④ 도급업체 안전관리계획
⑤ 근로자 등 교육계획
⑥ 가동 전 점검지침

⑦ 변경요소 관리계획
⑧ 자체감사 및 사고조사계획
⑨ 그 밖에 안전운전에 필요한 사항

6 공정안전자료

공정안전자료에 포함해야 할 내용

① 취급·저장하고 있거나 취급·저장하려는 유해·위험물질의 종류 및 수량
② 유해·위험물질에 대한 물질안전보건자료
③ 유해하거나 위험한 설비의 목록 및 사양
④ 유해하거나 위험한 설비의 운전방법을 알 수 있는 공정도면
⑤ 각종 건물·설비의 배치도
⑥ 폭발위험장소 구분도 및 전기단선도
⑦ 위험설비의 안전설계·제작 및 설치 관련 지침서

7 위험성평가

(1) 위험성평가

사업주가 근로자에게 부상이나 질병 등을 일으킬 수 있는 유해·위험요인이 무엇인지 사전에 찾아내어 얼마나 위험한지를 살펴보고, 위험하다면 그것을 감소시키기 위한 대책을 수립하고 실행하는 과정

(2) 위험성평가의 방법

① 체크리스트법
② 상대위험순위 결정
③ 작업자 실수 분석(HEA : Human Error Analysis)
④ 사고 예상 질문 분석(What-if)
⑤ 위험과 운전 분석 기법(HAZOP)
⑥ 이상 위험도 분석 기법(FMECA)
⑦ 결함수 분석 기법(FTA)
⑧ 사건수 분석 기법(ETA)
⑨ 원인 결과 분석 기법(CCA)

건설공사 안전관리

Chapter 1 건설공사 특성분석

1 안전관리계획 수립

(1) 안전관리계획 작성내용

① 착공 전 시공과정의 위험요소를 발굴, 건설현장에 적합한 안전관리계획을 수립・유도

② 안전관리계획의 작성 및 제출기한

구분	작성기준	제출기한
총괄 안전관리계획	건설공사 전반에 대하여 작성	건설공사 착공 전까지
공종별 세부 안전관리계획	해당하는 공종별로 작성	공종별로 구분하여 해당 공종의 착공 전까지
안전관리계획서의 본문에는 반드시 필요한 내용만 작성하며, 해당 사항이 없는 내용에 대해서는 “해당 사항 없음”으로 작성		

(2) 안전관리계획의 수립기준

① 건설공사의 개요 및 안전관리조직

② 공정별 안전점검계획

③ 공사장 주변의 안전관리대책

④ 통행안전시설의 설치 및 교통 소통에 관한 계획

⑤ 안전관리비 집행계획

⑥ 안전교육 및 비상시 긴급조치계획

⑦ 공종별 안전관리계획(대상 시설물별 건설공법 및 시공 절차를 포함한다.)

2 공사장 작업환경 특수성

(1) 작업환경 특수성

① 주문생산

② 옥외작업

③ 비고정적인 생산현장

(2) 작업자체의 위험성

① 작업도구나 위치가 이동성을 가짐.

② 종합적인 작업이 한 장소에서 동시에 이루어짐.

㉠ 복잡, 다양한 재해 위험성

㉡ 건설현장 내 작업, 직종별 의사소통이 어려움

(3) 공사환경의 변화

① 사전고려사항 확대 → 공해방지시설 등

② 공사의 대형화 → 신공법, 신기술 도입

③ 잠재적 위험성 증대 → 고도의 기술 요구

3 계약조건의 특수성

(1) 발주자 – 시공사 – 협력업체

① 계약의 불평등 : 과다한 수주경쟁

② 발주시기, 공사관리, 품질관리, 안전관리가 부적절하게 진행될 수 있음.

4 설계도서 검토

① 설계도서에 따라 시공했는지 확인

② 건설공사 시방서(示方書)에 따라 시공했는지 확인

③ 「건축물의 구조기준 등에 관한 규칙」에 따른 구조기준을 준수했는지 확인

5 안전관리 조직

(1) 안전보건조직의 목적

산업재해 방지와 예방활동을 목적으로 안전보건조직을 구성

(2) 안전보건조직의 종류 ★

① 직계식(Line) 조직

② 참모식(Staff) 조직

③ 직계 · 참모식(Line · Staff) 조직

(3) 안전보건 관리체계 조직도

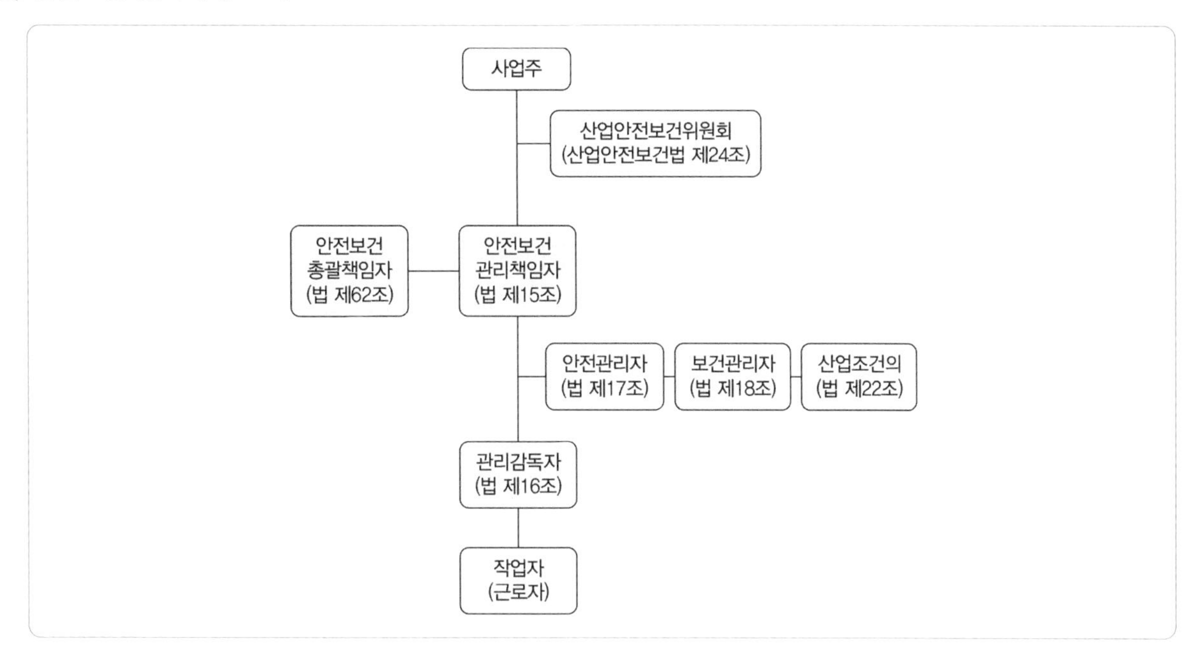

6 시공 및 재해사례검토

(1) 위험요소로 인해 발생되는 사고의 유형을 인적 및 물적 유형으로 분류

물적 피해 유형	인적 피해 유형
• 무너짐 • 넘어짐 • 화재, 폭발, 파열 • 화학물질 누출	• 떨어짐 • 넘어짐 • 깔림 • 부딪힘 • 맞음 • 끼임 • 절단, 베임 • 감전 • 교통사고 • 화학물질 접촉, 산소결핍

(2) 사고유형의 판단은 객관적으로 이루어질 수 있도록 하여야 한다.

(3) 사고유형 분석을 위해 설계도면을 파악하는 것이 중요하며, 작업순서나 작업방법을 상상하면서 발생 가능한 재해를 추정

Chapter 2 건설공사 위험성

1 유해 · 위험요인 선정(유해 · 위험요소 인식 및 선정 방법)

① 브레인스토밍 등과 같은 의사결정 방법들을 활용하여 위험요소를 도출
② 잠재적인 위험요소를 검토, 안전한 환경에서 작업할 수 있도록 설계도면을 작성
③ 시공 순서 및 공법을 판단하여 작업자의 입장에서 위험요소를 도출
④ 공종별로 설계도면에서 나타나는 위험요소에 대하여 의논하고 협의

2 안전보건자료

(1) 물질안전보건자료(Material Safety Data Sheet)에 관한 교육

① 대상화학물질의 명칭(또는 제품명)
② 물리적 위험성 및 건강 유해성
③ 취급상의 주의사항
④ 적절한 보호구
⑤ 응급조치 요령 및 사고 시 대처방법
⑥ 물질안전보건자료 및 경고표지를 이해하는 방법

(2) MSDS 발생 주요 공종

공종명		주요 MSDS
토공사		유류, 산소, LPG, 아세틸렌, 벤토나이트액
골조공사		시멘트, 박리제, 산소, LPG, 아세틸렌, 유류
마감공사	방수	방수제(프라이머, 에폭시), 우레탄
	도장	페인트, 시너(신나)
	조적	시멘트
	미장	시멘트
	타일	접착제(본드류)
	창호	유리섬유(글라스울)
	내화피복(뿜칠)	급결제, 방동제

3 유해위험방지계획서

(1) 유해위험방지계획서를 제출해야 할 건설공사의 종류 ★★★

① 지상높이가 31m 이상인 건축물 또는 인공구조물

② 연면적 3만m^2 이상인 건축물

③ 연면적 5천m^2 이상인 시설로서 다음의 어느 하나에 해당하는 시설

㉠ 문화 및 집회시설(전시장 및 동물원・식물원은 제외한다.)

㉡ 판매시설, 운수시설(고속철도의 역사 및 집배송시설은 제외한다.)

㉢ 종교시설

㉣ 의료시설 중 종합병원

㉤ 숙박시설 중 관광숙박시설

㉥ 지하도상가

㉦ 냉동・냉장 창고시설

④ 연면적 5천m^2 이상인 냉동・냉장 창고시설의 설비공사 및 단열공사

⑤ 최대 지간(支間)길이(다리의 기둥과 기둥의 중심 사이의 거리)가 50m 이상인 다리의 건설등 공사★

⑥ 터널의 건설등 공사

⑦ 저수용량 2천만t 이상의 용수 전용 댐 및 지방상수도 전용 댐의 건설등 공사

⑧ 깊이 10m 이상인 굴착공사

(2) 유해위험방지계획서 첨부서류

[공사 개요 및 안전보건관리계획] ★

- 공사 개요서
- 공사현장의 주변 현황 및 주변과의 관계를 나타내는 도면(매설물 현황을 포함한다.)
- 전체 공정표
- 산업안전보건관리비 사용계획서(별지 제102호 서식)
- 안전관리 조직표
- 재해 발생 위험 시 연락 및 대피방법

4 위험성 추정 및 평가 방법

(1) 위험성평가의 정의

유해・위험요인을 파악하고 부상 또는 질병의 발생 가능성(빈도)과 중대성(강도)을 추정, 감소대책을 수립하는 일련의 과정

(2) 위험성평가의 절차

① 평가대상의 선정 등 사전준비

② 근로자의 작업과 관계되는 유해·위험요인의 파악

③ 파악된 유해·위험요인별 위험성의 추정[상시근로자 수 20명 미만 사업장(총 공사금액 20억원 미만의 건설공사 시) 생략 가능]

④ 추정한 위험성이 허용 가능한 위험성인지 여부의 결정

⑤ 위험성 감소대책의 수립 및 실행

⑥ 위험성평가 실시내용 및 결과에 관한 기록

5 위험성 결정 관련 지침 활용

(1) 위험성 감소조치 목적은 위험성을 감소시키기 위한 다양한 방안을 선택, 실행

① 위험성 감소대책을 공식화하고 대안을 검토

② 위험 처리 계획 및 실행

③ 해당 조치의 효과성 평가

④ 잔여 위험이 수용 가능한지 결정

⑤ 허용되지 않는 경우 추가적인 조치 실시

(2) 위험성 감소대책에는 다음 중 하나 이상이 포함될 수 있다.

① 위험을 유발하는 활동의 제거

② 위험원 제거

③ 가능성 변경

④ 심각성 변경

⑤ 위험 공유

예 계약, 보험 구매

Chapter 3 건설업 산업안전보건관리비 관리

1 건설업 산업안전보건관리비의 계상 및 사용기준

(1) 산업안전보건관리비의 효율적인 사용기준

① 사업의 규모별 · 종류별 계상기준

② 건설공사의 진척 정도에 따른 사용비율 등 기준

③ 그 밖에 산업안전보건관리비의 사용에 필요한 사항

(2) 건설공사의 안전관리비로 포함되는 비용 및 공사금액 계상기준

① 안전관리계획의 작성 및 검토 비용 또는 소규모안전관리계획의 작성 비용

② 안전점검 비용

③ 발파 · 굴착 등의 건설공사로 인한 주변 건축물 등의 피해 방지대책 비용

④ 공사장 주변의 통행안전관리대책 비용

⑤ 계측장비, 폐쇄회로 텔레비전 등 안전 모니터링 장치의 설치 · 운용 비용

⑥ 가설구조물의 구조적 안전성 확인에 필요한 비용

(3) 건설공사의 추가 발생하는 안전관리비 계상기준

① 공사기간의 연장

② 설계변경 등으로 인한 건설공사 내용의 추가

③ 안전점검의 추가편성 등 안전관리계획의 변경

④ 그 밖에 발주자가 안전관리비의 증액이 필요하다고 인정하는 사유

(4) 산업안전보건관리비 사용 시 재해예방 전문지도기관의 지도를 받지 않아도 되는 공사

① 공사기간이 1개월 미만인 공사

② 육지와 연결되지 않은 섬 지역(제주특별자치도는 제외)에서 이루어지는 공사

③ 사업주가 안전관리자의 자격을 가진 사람을 선임하여 안전관리자의 업무만을 전담하도록 하는 공사

④ 유해위험방지계획서를 제출해야 하는 공사

2 건설업 산업안전보건관리비 대상액 작성요령

공사종류 및 규모별 산업안전보건관리비 계상기준표 ★★★

구분 / 공사종류	대상액 5억 원 미만인 경우 적용비율[%]	대상액 5억 원 이상 50억 원 미만인 경우		대상액 50억 원 이상인 경우 적용비율[%]	영 별표 5에 따른 보건관리자 선임 대상 건설공사의 적용비율[%]
		적용비율[%]	기초액		
건축공사	2.93%	1.86%	5,349,000원	1.97%	2.15%
토목공사	3.09%	1.99%	5,499,000원	2.10%	2.29%
중건설공사	3.43%	2.35%	5,400,000원	2.44%	2.66%
특수건설공사	1.85%	1.20%	3,250,000원	1.27%	1.38%

3 건설업 산업안전보건관리비의 항목별 사용내역

(1) 산업안전보건관리비의 계상기준

① 대상액이 5억 원 미만 또는 50억 원 이상일 경우 대상액에 산업안전보건관리비 계상기준표에서 정한 비율을 곱한 금액

② 대상액이 5억 원 이상 50억 원 미만일 때에는 대상액에 산업안전보건관리비 계상기준표 비율을 곱한 금액에 기초액을 합한 금액

(2) 설계변경 시 산업안전보건관리비 조정・계상 방법

설계변경에 따른 산업안전보건관리비는 다음 계산식에 따라 산정한다.

설계변경에 따른 산업안전보건관리비 = 설계변경 전의 안전관리비 + 설계변경으로 인한 안전관리비 증감액

(3) 공사진척에 따른 산업안전보건관리비 사용기준 ★★

공정률	50% 이상 70% 미만	70% 이상 90% 미만	90% 이상
사용기준	50% 이상	70% 이상	90% 이상

(4) 산업안전보건관리비 사용가능 항목 ★★★

① 안전관리자・보건관리자의 임금 등

② 안전시설비 등

③ 보호구 등

④ 안전보건진단비 등

⑤ 안전보건교육비 등

⑥ 근로자 건강장해예방비

⑦ 건설재해예방 기술지도비

Chapter 4 건설현장 안전시설 관리

1 추락 방지용 안전시설

(1) 분석 및 발생원인 ★

① 추락의 개요 및 형태

㉠ 개요 : 추락은 사람이나 물체가 중간 단계의 접촉 없이 낙하

㉡ 추락의 형태

ⓐ 고소에 의한 추락

ⓑ 개구부 및 작업대 끝에서의 추락

ⓒ 비계로부터의 추락

ⓓ 사다리 및 작업대에서의 추락

ⓔ 철골 등의 조립작업 시의 추락

ⓕ 해체작업 중의 추락

② 추락의 방지대책

㉠ 추락하거나 넘어질 위험이 경우 비계(飛階)를 조립하는 등의 방법으로 작업발판을 설치

㉡ 작업발판을 설치하기 곤란한 경우 기준에 맞는 추락방호망을 설치

ⓐ 추락방호망의 설치위치는 가능하면 작업면으로부터 가까운 지점에 설치

ⓑ 추락방호망은 수평으로 설치, 망의 처짐은 짧은 변 길이의 12% 이상

ⓒ 바깥쪽으로 설치하는 경우 내민 길이는 벽면으로부터 3m 이상 되도록 할 것

- 높이 10m 이내마다 설치하고, 내민 길이는 벽면으로부터 2m 이상으로 할 것
- 수평면과의 각도는 20° 이상 30° 이하를 유지할 것

㉢ 추락방호망의 인장강도 ★★★

그물코의 크기 (단위 : cm)	방망의 종류(단위 : kg)			
	매듭 없는 방망		매듭 방망	
	신품에 대한	폐기 시	신품에 대한	폐기 시
10	240	150	200	135
5	–		110	50

③ 지붕 위에서의 위험 방지 : 지붕 위에서 작업을 할 때에 다음의 조치를 해야 한다.

㉠ 지붕의 가장자리에 인진난간을 설치할 것

㉡ 채광창(skylight)에는 견고한 구조의 덮개를 설치할 것

㉢ 슬레이트 등 강도가 약한 재료로 덮은 지붕에는 폭 30cm 이상의 발판을 설치할 것

④ 슬레이트 지붕 위의 작업 시 안전대책

㉠ 폭 30cm 이상의 발판 설치

㉡ 방망 설치

㉢ 안전대 착용

㉣ 표준안전난간 설치

㉤ 적당한 조명 유지

⑤ **승강설비의 설치** : 높이 또는 깊이가 2m를 초과하는 장소에서 작업하는 경우 승강하기 위한 건설용 리프트 등의 설비를 설치

⑥ **울타리의 설치** ★ : 케틀(kettle, 가열 용기), 호퍼(hopper, 깔때기 모양의 출입구가 있는 큰 통), 피트(pit, 구덩이) 등이 있는 경우에 필요한 장소에 높이 90cm 이상의 울타리를 설치

⑦ **조명의 유지** : 높이 2m 이상에서 작업을 하는 경우 필요한 조명 75lux 이상을 유지

(2) 방호 및 방지설비 ★

① **개구부 등의 방호조치**

㉠ 추락 위험이 있는 장소에는 안전난간, 울타리, 수직형 추락방망 또는 덮개 등의 방호조치

㉡ 난간 설치가 곤란하거나 임시로 난간 등을 해체하는 경우 추락방호망을 설치

② **안전난간의 구조 및 설치요건** ★★

㉠ 상부 난간대, 중간 난간대, 발끝막이판 및 난간기둥으로 구성 ★

㉡ 상부 난간대는 바닥면 등으로부터 90cm 이상 지점에 설치, 상부 난간대를 120cm 이하에 설치하는 경우에는 중간 난간대는 상부 난간대와 바닥면 등의 중간에 설치, 120cm 이상 지점에 설치하는 경우에는 중간 난간대를 2단 이상으로 균등하게 설치하고 난간의 상하 간격은 60cm 이하가 되도록 할 것

㉢ 발끝막이판은 바닥면 등으로부터 10cm 이상의 높이를 유지할 것

㉣ 난간기둥은 상부 난간대와 중간 난간대를 견고하게 떠받칠 수 있도록 간격을 유지

㉤ 상부 난간대와 중간 난간대는 난간 길이 전체에 걸쳐 바닥면 등과 평행을 유지할 것

㉥ 난간대는 지름 2.7cm 이상의 금속제 파이프나 그 이상의 강도가 있는 재료일 것

㉦ 안전난간은 구조적으로 가장 취약한 지점에서 가장 취약한 방향으로 작용하는 100kg 이상의 하중에 견딜 수 있는 튼튼한 구조일 것

③ **추락위험이 있는 구간에 대하여 조치할 사항** ★

㉠ 작업발판 설치

㉡ 추락방지망 설치

㉢ 안전난간, 울 및 손잡이 설치

㉣ 안전대 등 보호구 착용

(3) 개인보호구

① 안전대

㉠ **안전대의 부착설비** : 추락할 위험이 있는 높이 2m 이상의 장소에서 근로자에게 안전대를 착용시킨 경우 안전대를 안전하게 걸어 사용할 수 있는 설비 등을 설치

㉡ **안전대의 종류 및 사용구분**

종류	사용구분
벨트식 안전그네식	U자 걸이용
	1개 걸이용
안전그네식	안전블록
	추락방지대

② **구명줄** : 로프 또는 레일 등과 같은 유연하거나 단단한 고정줄 ★

2 붕괴 방지용 안전시설

(1) 토석 붕괴의 원인 ★

① 외적 원인

㉠ 사면, 법면의 경사 및 구배의 증가

㉡ 절토 및 성토 높이의 증가

㉢ 공사에 의한 진동 및 반복하중의 증가

㉣ 지표수 및 지하수의 침투에 의한 토사 중량의 증가

㉤ 지진, 차량, 구조물의 하중

② 내적 원인

㉠ 절토사면의 토질, 암질

㉡ 사면의 토질

㉢ 토석의 강도 저하

(2) 붕괴의 형태

① 미끄러져 내림

② 점토면의 붕괴

③ 얕은 표층의 붕괴

④ 성도법면의 붕괴

(3) 예방대책

① 지반 등을 굴착하는 경우에는 굴착면의 기울기를 기준에 맞도록 하여야 한다.

② 굴착면의 기울기 기준 ★★★

지반의 종류	굴착면의 기울기
모래	1 : 1.8
연암 및 풍화암	1 : 1.0
경암	1 : 0.5
그 밖의 흙	1 : 1.2

③ 비가 올 경우를 대비하여 측구(側溝)를 설치 ★

(4) 비탈면 보호공법 ★★

① 식생공
② 뿜어붙이기공
③ 돌쌓기공
④ 배수공
⑤ 표층안정공

(5) 굴착공사에 있어서 비탈면 붕괴를 방지하기 위하여 실시하는 대책

① 지표수의 침투를 막기 위해 표면배수공을 한다.
② 지하수위를 내리기 위해 수평배수공을 설치한다.
③ 비탈면 하단을 성토한다.
④ 비탈면 하부에 토사를 적재한다.

(6) 흙막이 지보공

① 흙막이 지보공의 재료
㉠ 흙막이 지보공의 재료로 변형・부식되거나 심하게 손상된 것을 사용해서는 안 된다.
㉡ 흙막이 지보공을 조립하는 경우 조립도에 따라 조립
② 흙막이 지보공의 조립도 : 흙막이판・말뚝・버팀대 및 띠장 등 부재의 배치・치수・재질 및 설치방법과 순서 명시 ★
③ 흙막이 지보공의 붕괴 등의 방지를 위한 점검사항 ★★
㉠ 부재의 손상・변형・부식・변위 및 탈락의 유무와 상태
㉡ 버팀대의 긴압(緊壓)의 정도
㉢ 부재의 접속부・부착부 및 교차부의 상태
㉣ 침하의 정도

(7) 터널굴착 작업을 할 때 시공계획에 포함시켜야 할 사항 ★

① 굴착의 방법

② 터널 지보공 및 복공의 시공방법과 용수의 처리방법

③ 환기 또는 조명시설을 하는 때에는 그 방법

(8) 붕괴 등의 방지를 위한 터널 지보공 설치 시 점검사항 ★★

① 부재의 손상・변형・부식・변위 탈락의 유무 및 상태

② 부재의 긴압 정도

③ 부재의 접속부 및 교차부의 상태

④ 기둥침하의 유무 및 상태

(9) 잠함, 우물통, 수직갱 등 굴착작업을 하는 때의 준수사항 ★

① 산소결핍의 우려가 있는 때에는 산소의 농도를 측정하는 자를 지명하여 측정

② 근로자가 안전하게 승강하기 위한 설비를 설치

③ 굴착 깊이가 20m를 초과하는 때는 통신설비 설치

④ 산소의 결핍이 인정될 경우에는 송기를 위한 설비를 설치

3 낙하, 비래 방지용 안전시설

(1) 발생원인

① 자재류의 낙하・비래

② 크레인 등을 이용 자재 인양 중 낙하・비래

③ 터널 내부, 굴착사면 토사석 낙하・비래

(2) 예방대책 ★

① 물체의 낙하・비래에 대한 방호선반의 점검사항 ★

㉠ 작업발판(폭 40cm 이상, 간격 3mm 이하) 점검

㉡ 가새 설치(기둥 간격 10m마다 45° 방향 설치) 확인

㉢ 난간대 설치(상부난간 90cm, 중간대 45cm)의 견고성 확인 ★

㉣ 표지판(최대적재하중 표시 400kg 이하, 위험표시) 설치 확인

② 위험의 방지를 위한 조치사항 ★★

㉠ 낙하물 방지망

㉡ 수직보호망 또는 방호선반의 설치

㉢ 출입금지구역의 설정

㉣ 보호구의 착용

③ 물체의 낙하・비래 및 비산에 대한 방호조치
㉠ 방호울타리 설치
㉡ 방호선반
㉢ 양생철망 또는 양생시트 설치

④ 낙하물 방지망 또는 방호선반 설치 시 준수사항
㉠ 높이 10m 이내마다 설치하고, 내민 길이는 벽면으로부터 2m 이상으로 할 것
㉡ 수평면과의 각도는 20° 이상 30° 이하를 유지할 것
㉢ 울타리를 설치하는 등 관계 근로자가 아닌 사람의 출입을 금지

4 건설공구의 종류 및 안전수칙

(1) 석재가공 공구

① 채석 및 할석
② 석재 가공업
㉠ 혹두기
㉡ 정다듬
㉢ 도드락다듬
㉣ 잔다듬
㉤ 물갈기
㉥ 버너마감

(2) 철근가공 방법

① 철근은 설계도에 따라 가공
② 철근의 구부리는 반지름이 명시되어 있지 않는 경우 설계 기준에 의하여 철근을 가공
③ 철근은 재질을 손상하지 않도록 상온에서 가공

5 건설장비의 종류 및 안전수칙

(1) 굴착장비

① 셔블(Shovel)계 굴착기계 : 작업장치에 따른 분류

종류	용도
파워셔블	• 굳은 점토 등 지반면보다 높은 곳의 땅파기에 적합 • 앞으로 흙을 긁어서 굴착하는 방식 • 셔블계 굴착기 중에서 가장 기본적인 것으로 산의 절삭에 적합하고 붐(boom)이 단단하여 굳은 지반의 굴착에도 사용

드래그셔블/ 백호(back hoe)	• 토목공사 중 수중굴착에 많이 사용 • 지하층이나 기초의 굴착에 사용 • 지면보다 낮은 장소의 굴착에 적당하고 수중굴착 가능 • 굳은 지반의 토질에서 정확한 굴착 가능
드래그라인 (drag line)	• 작업범위가 광범위하고 수중굴착 및 연약한 지반의 굴착에 적합 • 기체가 높은 위치에서 깊은 곳을 굴착하는 데 적합 • 기계가 서 있는 위치보다 낮은 장소의 굴착에 적당하고 백호만큼 굳은 토질에서의 굴착은 되지 않지만 굴착 반지름이 큼
크램쉘	• 연약지반이나 수중굴착 및 자갈 등을 싣는 데 적합 • 깊은 땅파기 공사와 흙막이 버팀대를 설치하는 데 사용 • 수중굴착 및 수조물의 기초바닥 등과 같은 협소하고 상당히 깊은 범위의 굴착과 호퍼(hopper)에 적합
항타기 (pile driver)	• 붐(boom)에 항타용 부속장치를 부착하여 낙하해머 또는 디젤해머에 의하여 강관말뚝, 콘크리트말뚝, 널말뚝 등의 항타 작업에 사용
어스드릴 (earth drill)	• 붐에 어스드릴용 장치를 부착하여 땅속에 규모가 큰 구멍을 파서 기초 공사 작업에 사용 • 상부선 회체를 대선과 고정하여 준설과 허퍼 작업, 크레인 작업 등에도 사용 • 셔블계 굴착기에서는 디퍼(dipper) 또는 버킷을 들어올리기, 밀어내기, 끌어당기기, 붐의 기도, 선회, 주행 등의 동작을 하기 위하여 원동기로부터 동력이 전달됨

② 트랙터계 기계

종류	용도
셔블불도저	• 토사의 굴착 및 단거리 운반, 깔기, 고르기, 메우기 등에 사용 • 특수 블레이드(blade)를 부착하고 스크레이퍼의 푸셔로 사용 • 트랙터로서 스크레이퍼, 롤러류, 플라우, 해로우 • 유압리퍼에 의한 연암 굴삭에 사용
버킷도저	
휠불도저	
모터스크레이퍼	
피견인식 스크레이퍼	

③ 셔블계 굴착기계의 안전장치

㉠ 붐 전도 방지장치

㉡ 붐 기복 방지장치

㉢ 붐 권상 드럼의 역회전 방지장치

(2) 운반장비

① 지게차(Forklift)

㉠ 앞바퀴 구동에 뒷바퀴로 환향하고 최소회진반경이 적으며, 승강용 마스터를 갖추고 있다.

㉡ 마스터의 경사각은 전경각 5~6°, 후경각 10~12° 범위

㉢ 경화물의 적재, 운반에 이용하고 원동기식과 전동식이 있다.

㉣ 포크리프트의 안정도

시험번호	시험의 종류	바퀴의 상태	밑바닥 기울기[%]
1	전후안정도	최대하중상태에서 포크를 최고로 올린 상태	4(최대하중 5t 미만) 3.5(최대하중 5t 이상)
2	전후안정도	주행 시의 기준부하상태	18
3	좌우안정도	최대하중상태에서 포크를 최고로 올리고 마스트를 최대 후경한 상태	6
4	좌우안정도	주행 시의 기준무부하상태	$15+1.1V$

㉤ 지게차의 헤드가드 구비요건

ⓐ 상부프레임의 각 개구의 폭 또는 길이는 16cm 미만일 것

ⓑ 강도는 포크리프트의 최대하중의 2배 값의 등분포정하중에 견딜 수 있을 것

ⓒ 서서 조작하는 방식에서는 헤드가드의 상부프레임 아래까지의 높이는 1.88m 이상일 것

ⓓ 앉아서 조작할 때 좌석 상면에서 헤드가드의 상부프레임 하면까지 높이는 0.903m 이상일 것

② 컨베이어 : 자재 및 콘크리트 등의 수송에 주로 사용

종류	용도
포터블(portable) 컨베이어	모래, 자갈의 운반과 채취에 사용
스크루(screw) 컨베이어	모래, 시멘트, 콘크리트 운반에 사용
벨트(belt) 컨베이어	흙, 쇄석, 골재 운반에 가장 많이 사용
대형 컨베이어	흙, 모래, 자갈, 쇄석 등의 수송에 사용

③ 차량용 건설기계 작업계획 작성 시 포함되어야 할 사항 ★

㉠ 차량계 건설기계의 종류 및 성능 ★★

㉡ 차량계 건설기계의 운행경로

㉢ 차량계 건설기계에 의한 작업방법 및 조작자 주지내용

(3) 다짐장비 등

① 전동식 다짐기계

㉠ 진동롤러

㉡ 진동타이어롤러

㉢ 진동 콤팩트

② 충격식 다짐기계

㉠ Rammer

㉢ Frog Rammer

㉢ Tamper

③ 전압식 다짐기계

㉠ 도로용 롤러

㉡ 타이어롤러

㉢ 탬핑롤러

(4) 안전수칙

① 셔블계 굴착기계의 안전대책

㉠ 버킷이나 다른 부수장치에 사람을 태우지 말아야 한다.

㉡ 유압계를 분리 시 반드시 붐을 지면에 놓고 엔진 정지 후 유압을 제거한 후 행해야 한다.

㉢ 주차 시는 경사지나 작업장으로부터 충분히 이격하고 버킷은 반드시 지면에 놓아야 한다.

㉣ 운전반경 내에 사람이 있을 때엔 회전하여서는 안 된다.

㉤ 전선(고압선) 밑에서는 주의하여 작업

② 지게차의 안전대책

㉠ 주행 시 포크는 반드시 내리고 운전

㉡ 지면 또는 상판 등 지반이 포크 중량에 견딜 수 있는가 확인한 후 운행

㉢ 운전원 외에 어떤 자도 승차 금지

㉣ 오버헤드가드를 설치, 운전원 자신을 보호

③ 불도저를 이용한 작업 중 안전조치사항

㉠ 작업종료와 동시에 삽날을 지면으로 내리고 주차 제동장치를 건다.

㉡ 모든 조종간은 엔진 시동 전에 중립 위치에 놓는다.

㉢ 장비의 승차 및 하차 시 뛰어내리거나 오르지 말고 안전하게 잡고 오르내린다.

㉣ 야간작업 시 자주 장비에서 내려와 장비 주위를 살피며 점검하여야 한다.

④ 헤드가드를 설치해야 할 차량계 건설기계 : 불도저, 트랙터, 로더, 파워셔블, 드래그셔블, 셔블

Chapter 5 비계 · 거푸집 가시설 위험 방지

1 비계

(1) 비계의 종류 및 기준

① 비계의 기준 및 요건

㉠ 비계의 재료로 변형 · 부식 또는 심하게 손상된 것을 사용해서는 안 된다.

㉡ 강관비계(鋼管飛階)의 재료로 한국산업표준에서 정하는 기준 이상의 것을 사용

㉢ 비계의 요건

ⓐ 안전성

ⓑ 작업성

ⓒ 경제성

② 비계의 종류

㉠ 달비계(곤돌라의 달비계 제외)의 안전계수 ★★★

ⓐ 달기 와이어로프 및 달기 강선의 안전계수 : 10 이상

ⓑ 달기 체인 및 달기 훅의 안전계수 : 5 이상

ⓒ 달기 강대와 달비계의 하부 및 상부 지점의 안전계수 : 강재(鋼材)의 경우 2.5 이상, 목재의 경우 5 이상

※ 안전계수는 와이어로프 등의 절단하중 값을 그 와이어로프 등에 걸리는 하중의 최댓값으로 나눈 값을 말한다.

㉡ 곤돌라형 달비계

ⓐ 달비계에 사용 금지 와이어로프 ★★

- 이음매가 있는 것
- 와이어로프의 한 꼬임에서 끊어진 소선의 수가 10% 이상인 것
- 지름의 감소가 공칭지름의 7%를 초과하는 것

ⓑ 달비계의 사용 금지 달기 체인

- 달기 체인의 길이가 달기 체인이 제조된 때의 길이의 5%를 초과한 것
- 링의 단면지름이 달기 체인이 제조된 때의 해당 링의 지름의 10%를 초과하여 감소한 것

ⓒ 달기 강선 및 달기 강대는 심하게 손상 · 변형 또는 부식된 것을 사용하지 않도록 할 것

ⓓ 달기 와이어로프, 달기 체인, 달기 강선, 달기 강대는 한쪽 끝을 비계의 보 등에, 다른 쪽 끝을 내민 보, 앵커볼트 또는 건축물의 보 등에 각각 풀리지 않도록 설치할 것

ⓔ 작업발판은 폭을 40cm 이상으로 하고 틈새가 없도록 할 것 ★★

㉢ 작업의자형 달비계

ⓐ 근로자의 하중을 견딜 수 있는 강도의 재료를 사용하여 견고한 구조로 제작할 것

ⓑ 작업대의 4개 모서리에 로프를 매달아 작업대가 뒤집히거나 떨어지지 않도록 연결할 것

ⓒ 작업용 섬유로프는 철재 구조물 등 2개 이상의 견고한 고정점에 풀리지 않도록 결속할 것

㉣ 달대비계

ⓐ 달대비계를 조립하여 사용하는 경우 하중에 충분히 견딜 수 있도록 조치하여야 한다.

ⓑ 달비계 위에서 높은 디딤판, 사다리 등을 사용하여 작업을 시켜서는 안 된다.

㉤ 걸침비계

ⓐ 지지점이 되는 매달림부재의 고정부는 구조물로부터 이탈되지 않도록 견고히 고정할 것

ⓑ 비계재료 간에는 서로 움직임, 뒤집힘 등이 없어야 한다.

㉥ 말비계 및 이동식비계

ⓐ 말비계를 조립하여 사용하는 경우의 준수사항

- 지주부재(支柱部材)의 하단에는 미끄럼 방지장치를 하고, 근로자가 양측 끝부분에 올라서서 작업하지 않도록 할 것
- 지주부재와 수평면의 기울기를 75° 이하로 하고, 지주부재와 지주부재 사이를 고정시키는 보조부재를 설치할 것 ★★★
- 말비계의 높이가 2m를 초과하는 경우에는 작업발판의 폭을 40cm 이상으로 할 것

ⓑ 이동식비계를 조립하여 작업을 하는 경우의 준수사항 ★★

- 이동식비계의 바퀴에는 뜻밖의 갑작스러운 이동 또는 전도를 방지하기 위하여 브레이크・쐐기 등으로 바퀴를 고정시킨 다음 비계의 일부를 견고한 시설물에 고정하거나 아웃트리거(outrigger, 전도방지용 지지대)를 설치하는 등 필요한 조치를 할 것
- 승강용사다리는 견고하게 설치할 것
- 비계의 최상부에서 작업을 하는 경우에는 안전난간을 설치할 것
- 작업발판은 항상 수평을 유지하고 작업발판 위에서 안전난간을 딛고 작업을 하거나 받침대 또는 사다리를 사용하여 작업하지 않도록 할 것 ★
- 작업발판의 최대적재하중은 250kg을 초과하지 않도록 할 것 ★

㉦ 시스템 비계

ⓐ 시스템 비계를 구성하는 경우의 준수사항

- 수직재・수평재・가새재를 견고하게 연결하는 구조가 되도록 할 것
- 연결부의 겹침길이는 받침철물 전체길이의 3분의 1 이상이 되도록 할 것
- 수평재는 수직재와 직각으로 설치하며, 체결 후 흔들림이 없도록 견고하게 설치할 것
- 수직재와 수직재의 연결철물은 이탈되지 않도록 견고한 구조로 할 것
- 벽 연결재의 설치간격은 제조사가 정한 기준에 따라 설치할 것

ⓑ 시스템 비계의 조립작업 시 준수사항

- 시스템 비계가 항상 수평 및 수직을 유지하도록 할 것

- 경사진 바닥에 설치하는 경우에는 피벗형 받침철물 또는 쐐기 등을 사용하여 밑받침철물의 바닥면이 수평을 유지하도록 할 것
- 가공전로에 근접하여 설치하는 경우 가공전로를 이설하거나 가공전로에 절연용 방호구를 설치 조치
- 지정된 통로를 이용하도록 주지시킬 것
- 비계작업 근로자는 같은 수직면상의 위와 아래 동시 작업을 금지할 것
- 작업발판에는 제조사가 정한 최대적재하중을 초과하여 적재해서는 아니 된다.

ⓞ 통나무 비계

ⓐ 통나무 비계의 조립 시 준수사항

- 비계기둥의 간격은 2.5m 이하, 지상으로부터 첫 번째 띠장은 3m 이하의 위치에 설치할 것
- 비계기둥이 미끄러지거나 침하하는 것을 방지
- 비계기둥의 이음이 겹침이음인 경우에는 이음 부분에서 1m 이상을 서로 겹쳐서 두 군데 이상을 묶고, 비계기둥의 이음이 맞댄이음인 경우에는 비계기둥을 쌍기둥틀로 하거나 1.8m 이상의 덧댐목을 사용하여 네 군데 이상을 묶을 것
- 비계기둥 · 띠장 · 장선 등 접속 및 교차부는 철선이나 그 밖의 튼튼한 재료로 견고하게 묶을 것
- 교차 가새로 보강할 것
- 외줄비계 · 쌍줄비계 또는 돌출비계에 대해서는 다음에 따른 벽이음 및 버팀을 설치할 것
  - 간격은 수직방향에서 5.5m 이하, 수평방향에서는 7.5m 이하로 할 것
  - 강관 · 통나무 등의 재료를 사용하여 견고한 것으로 할 것
  - 인장재와 압축재로 구성되어 있는 경우에는 인장재와 압축재의 간격은 1m 이내로 할 것

ⓑ 통나무 비계의 사용 : 지상높이 4층 이하 또는 12m 이하인 건축물 · 공작물 등의 건조 · 해체 및 조립 등의 작업에만 사용할 수 있다.

ⓩ 강관비계

ⓐ 강관비계 조립 시 준수사항 ★★

- 비계기둥에는 미끄러지거나 침하하는 것을 방지
- 교차부(交叉部)는 적합한 부속철물을 사용하여 접속하거나 단단히 묶을 것
- 교차 가새로 보강할 것
- 외줄비계 · 쌍줄비계에 대해서는 다음에서 정하는 바에 따라 벽이음 및 버팀을 설치할 것
  - 강관비계의 조립간격은 단관비계의 경우, 수직방향 5m, 수평방향 6m로, 틀비계는 수직방향 6m, 수평방향 8m로 할 것 ★
  - 강관 · 통나무 등의 재료를 사용하여 견고한 것으로 할 것
  - 인장재(引張材)와 압축재로 구성된 경우에는 인장재와 압축재의 간격을 1m 이내로 할 것
- 가공전로(架空電路)에 근접하여 비계를 설치하는 경우에는 가공전로를 이설(移設)하거나 가공전로에 절연용 방호구를 장착하는 등 가공전로와의 접촉을 방지하기 위한 조치를 할 것

ⓑ 강관비계의 조립간격

강관비계의 종류	조립간격(단위 : m)	
	수직방향	수평방향
단관비계 ★	5	5
틀비계(높이가 5m 미만인 것은 제외한다)	6	8

ⓒ 강관비계의 구조 및 강도 식별 ★★

- 비계기둥의 간격은 띠장 방향에서는 1.85m 이하, 장선(長線) 방향에서는 1.5m 이하로 할 것
- 띠장 간격은 2.0m 이하로 할 것
- 비계기둥의 제일 윗부분으로부터 31m 되는 지점 밑부분의 비계기둥은 2개의 강관으로 묶어 세울 것
- 비계기둥 간의 적재하중은 400kg을 초과하지 않도록 할 것

㉧ 강관틀비계

ⓐ 강관틀비계 조립 사용 시 준수기준 ★★

- 수직방향으로 6m, 수평방향으로 8m 이내마다 벽이음을 할 것
- 주틀 간에 교차 가새를 설치하고 최상층 및 5층 이내마다 수평재를 설치할 것 ★
- 길이가 띠장 방향으로 4m 이하이고 높이가 10m를 초과하는 경우에는 10m 이내마다 띠장 방향으로 버팀기둥을 설치할 것 ★
- 비계기둥의 밑둥에는 밑받침철물을 사용하여야 하며 밑받침에 고저차(高低差)가 있는 경우에는 조절형 밑받침철물을 사용하여 각각의 강관틀비계가 항상 수평 및 수직을 유지하도록 할 것
- 높이가 20m를 초과하거나 중량물의 적재를 수반하는 작업을 할 경우에는 주틀 간의 간격을 1.8m 이하로 할 것

ⓑ 벽이음 설치간격

종류	수직방향	수평방향
단관비계	5m 이하	5m 이하
틀비계(5m 이하)	6m 이하	8m 이하
통나무 비계	5.5m 이하	7.5m 이하
브라켓 외줄비계	3.6m 이하	3.6m 이하
방호시트	3.6m 이하	3.6m 이하

(2) 비계작업 시 안전조치사항

① 비계의 점검 및 보수

㉠ 발판재료의 손상 여부 및 부착 또는 걸림 상태

㉡ 해당 비계의 연결부 또는 접속부의 풀림 상태

㉢ 연결재료 및 연결철물의 손상 또는 부식 상태

㉣ 손잡이의 탈락 여부

② 비계기둥 이음요령

㉠ 겹침이음

㉡ 맞댄이음

③ 비계로부터의 추락 방지대책

㉠ 작업발판

㉡ 방망 설치

㉢ 안전대 착용

④ 가설구조물의 조건

구분	상세
비계	• 높이 31m 이상 • 브라켓(bracket) 비계
거푸집 및 동바리	작업발판 일체형 거푸집(갱 폼 등) • 높이가 5m 이상인 거푸집 • 높이가 5m 이상인 동바리
지보공	터널 지보공 • 높이 2m 이상 흙막이 지보공
가설구조물★	높이 10m 이상에서 외부작업을 하기 위하여 작업발판 및 안전시설물을 일체화하여 설치하는 가설구조물(SWC, RCS, ACS, WORKFLAT FORM 등) • 공사현장에서 제작하여 조립·설치하는 복합형 가설구조물(가설벤트, 작업대차, 라이닝폼, 합벽지지대 등) • 동력을 이용하여 움직이는 가설구조물(FCM, ILM, MSS 등) • 발주자 또는 인·허가기관의 장이 필요하다고 인정하는 가설구조물

⑤ 가설구조물의 특징 ★

㉠ 연결재가 부실한 구조로 되기 쉽다.

㉡ 불안전한 부재 결함 부분이 많다.

㉢ 구조물이라는 통상 개념이 확고하지 않아 조립의 정밀도가 낮다.

㉣ 부재는 과소 단면이거나 부실한 재료가 되기 쉽다.

2 작업통로 및 발판

(1) 작업통로의 종류

① 가설통로의 종류

㉠ 경사로

㉡ 통로발판

㉢ 고정사다리
㉣ 옥외용 사다리
㉤ 목재사다리
㉥ 이동식 사다리
㉦ 미끄럼 방지장치
㉧ 기계사다리
㉨ 연장사다리

② 가설통로의 설치기준 ★★★

㉠ 견고한 구조로 할 것
㉡ 경사는 30° 이하로 할 것. 다만, 계단을 설치하거나 높이 2m 미만의 가설통로로서 튼튼한 손잡이를 설치한 경우에는 그러하지 아니하다.
㉢ 경사가 15°를 초과하는 경우에는 미끄러지지 아니하는 구조로 할 것 ★
㉣ 추락할 위험이 있는 장소에는 안전난간을 설치할 것
㉤ 수직갱에 가설된 통로의 길이가 15m 이상인 경우에는 10m 이내마다 계단참을 설치할 것
㉥ 건설공사에 사용하는 높이 8m 이상인 비계다리에는 7m 이내마다 계단참을 설치할 것

(2) 작업통로 설치 시 준수사항

① 작업통로의 설치기준

㉠ 안전한 통로를 설치하고 항상 사용할 수 있는 상태로 유지하여야 한다.
㉡ 통로의 주요 부분에 통로표시를 하고, 근로자가 안전하게 통행할 수 있도록 하여야 한다.
㉢ 통로 면으로부터 높이 2m 이내에는 장애물이 없도록 하여야 한다.

② 통로의 조명★ : 근로자가 안전하게 통행할 수 있도록 통로에 75lux 이상의 채광 또는 조명시설 설치

③ 사다리식 통로 등의 구조 ★★★

㉠ 견고한 구조로 할 것
㉡ 심한 손상·부식 등이 없는 재료를 사용할 것
㉢ 발판의 간격은 일정하게 할 것
㉣ 발판과 벽과의 사이는 15cm 이상의 간격을 유지할 것
㉤ 폭은 30cm 이상으로 할 것
㉥ 사다리가 넘어지거나 미끄러지는 것을 방지하기 위한 조치를 할 것
㉦ 사다리의 상단은 걸쳐놓은 지점으로부터 60cm 이상 올라가도록 할 것
㉧ 통로의 길이가 10m 이상인 경우에는 5m 이내마다 계단참을 설치할 것★
㉨ 통로의 기울기는 75° 이하로 할 것. 다만, 고정식 사다리식 통로의 기울기는 90° 이하로 하고, 그 높이가 7m 이상인 경우에는 바닥으로부터 높이가 2.5m 되는 지점부터 등받이 울을 설치할 것★

㉧ 접이식 사다리 기둥은 사용 시 접혀지거나 펼쳐지지 않도록 철물 등을 사용하여 견고하게 조치할 것

④ 이동식 사다리 조립, 제작 시 준수사항

㉠ 견고한 구조로 할 것

㉡ 재료는 심한 손상, 부식 등이 없는 것으로 할 것

㉢ 폭은 30cm 이상으로 할 것

⑤ 계단의 설치기준 ★★

㉠ 매 m^2당 500kg 이상의 하중에 견딜 수 있는 강도를 가진 구조로 설치, 안전율은 4 이상으로 하여야 한다.

㉡ 바닥을 구멍이 있는 재료로 만드는 경우 공구 등이 낙하할 위험이 없는 구조로 한다.

㉢ 계단을 설치하는 경우 그 폭을 1m 이상으로 하여야 한다.

㉣ 계단에 손잡이 외의 다른 물건 등을 설치하거나 쌓아두어서는 안 된다.

㉤ 계단을 설치하는 경우 바닥면으로부터 높이 2m 이내의 공간에 장애물이 없도록 하여야 한다.

㉥ 높이 1m 이상인 계단의 개방된 측면에 안전난간을 설치하여야 한다.

(3) 작업발판 설치기준 및 준수사항

① 비계(달비계, 달대비계 및 말비계는 제외한다)의 높이가 2m 이상인 작업장소에 다음의 기준에 맞는 작업발판을 설치하여야 한다.

㉠ 발판재료는 작업 시의 하중을 견딜 수 있도록 견고한 것으로 할 것

㉡ 작업발판의 폭은 40cm 이상으로 하고, 발판재료 간의 틈은 3cm 이하로 할 것. 다만, 외줄비계의 경우에는 고용노동부장관이 별도로 정하는 기준에 따른다.

㉢ 추락의 위험이 있는 장소에는 안전난간을 설치할 것

㉣ 작업발판의 지지물은 하중에 의하여 파괴될 우려가 없는 것을 사용할 것

㉤ 재료는 뒤집히거나 떨어지지 아니하도록 둘 이상의 지지물에 연결하거나 고정시킬 것 ★

㉥ 작업발판을 작업에 따라 이동시킬 때에는 위험 방지에 필요한 조치를 할 것

② 선박블록 또는 엔진실 등의 좁은 작업 공간에 작업발판의 폭을 30cm 이상으로 할 수 있고, 발판재료 간의 틈을 3cm 이하로 유지하기 곤란하면 5cm 이하로 할 수 있다.

(4) 가설발판의 지지력 계산

① 가설통로의 개요 : 통로의 주요한 부분에는 통로 표시를 하고 근로자가 안전하게 통행할 수 있도록 하여야 하며, 가설통로의 종류에는 경사로, 통로발판, 사다리, 가설계단, 승강로 등이 있다.

② 가설발판의 지지력

㉠ 근로자가 작업 및 이동하기에 충분한 넓이 확보

㉡ 추락의 위험이 있는 곳에 안전난간 또는 철책 설치

㉢ 발판을 겹쳐 이음하는 경우 장선 위에서 이음을 하고 겹침길이는 20cm 이상

3 거푸집 및 동바리

(1) 거푸집의 필요조건

① **거푸집 및 동바리의 구조** : 거푸집 및 동바리를 사용하는 경우에는 거푸집의 형상 및 콘크리트 타설(打設)방법 등에 따른 견고한 구조의 것을 사용

② **거푸집 및 동바리의 조립**

㉠ 거푸집 및 동바리를 조립하는 경우에는 그 구조를 검토한 후 조립도를 작성하고 조립도에 따라 한다.

㉡ 조립도에는 거푸집 및 동바리를 구성하는 부재의 재질 · 단면규격 · 설치간격 및 이음방법 등을 명시 ★

㉢ **거푸집 조립 시 안전조치** ★ : 동바리로 사용하는 파이프 서포트에 대해서는 다음의 사항을 따를 것 ★★

ⓐ 파이프 서포트를 3개 이상 이어서 사용하지 않도록 할 것 ★

ⓑ 파이프 서포트를 이어서 사용하는 경우에는 4개 이상의 볼트 또는 전용철물을 사용하여 이을 것 ★★

③ **거푸집 및 동바리의 콘크리트의 타설작업** ★

㉠ 거푸집 및 동바리의 변형 · 변위 및 지반의 침하 유무 등을 점검 보수할 것

㉡ 작업 중에는 감시자를 배치하는 등의 방법으로 변형 · 변위 및 침하 유무 등을 확인

(2) 거푸집 재료의 선정방법

① **재료** : 거푸집 및 동바리의 재료로 변형 · 부식 또는 심하게 손상된 것을 사용해서는 안 된다.

② **부재의 재료 사용기준** : 사업주는 거푸집 및 동바리에 사용하는 부재의 재료는 한국산업표준에서 정하는 기준 이상의 것을 사용해야 한다.

③ **거푸집에 사용되는 재료 중 금속재 패널의 장단점**

장점	단점
• 수밀성 좋다. • 강도가 크다. • 운용도가 좋다. • 강성이 크고 정밀도가 높다. • 평면이 평활한 콘크리트가 된다.	• 외부 온도의 영향을 받기 쉽다. • 초기의 투자율이 높다. • 콘크리트가 녹물로 오염될 염려가 있다. • 중량이 무거워 취급이 어렵다. • 미장 마무리를 할 때에는 정으로 쪼아서 거칠게 하여야 한다.

(3) 조립 등 작업 시 안전조치사항

① **거푸집 및 동바리의 조립 등 작업 시의 준수사항** ★

㉠ 해당 작업을 하는 구역에는 관계 근로자가 아닌 사람의 출입을 금지할 것

㉡ 비, 눈, 그 밖의 기상상태의 불안정으로 날씨가 몹시 나쁜 경우에는 그 작업을 중지할 것

㉢ 재료, 공구 등을 올리거나 내리는 경우 근로자로 하여금 달줄 · 달포대 등을 사용하도록 할 것

② **철근조립 등의 작업 시 준수사항**

㉠ 양중기로 철근을 운반할 경우에는 두 군데 이상 묶어서 수평으로 운반할 것

㉡ 작업위치의 높이가 2m 이상일 경우에는 작업발판을 설치하거나 안전대를 착용

③ 작업발판 일체형 거푸집의 안전조치
㉠ 작업발판 일체형 거푸집 ★★
ⓐ 갱 폼(gang form)
ⓑ 슬립 폼(slip form)
㉡ 갱 폼의 조립·이동·양중·해체 시 준수사항
ⓐ 조립 등의 범위 및 작업절차를 미리 그 작업에 종사하는 근로자에게 주지시킬 것
ⓑ 안전하게 구조물 내부에서 갱 폼의 작업발판으로 출입할 수 있는 이동통로를 설치할 것

④ 작업위치의 높이가 2m 이상일 경우에는 작업발판을 설치하거나 안전대를 착용하게 하는 등 위험 방지를 위하여 필요한 조치를 할 것 ★
㉠ 작업발판의 폭은 40cm 이상으로 한다.
㉡ 작업발판재료는 뒤집히거나 떨어지지 않도록 둘 이상의 지지물에 연결하거나 고정시킨다.
㉢ 발판재료 간의 틈은 3cm 이하로 한다.
㉣ 작업발판의 지지물은 하중에 의하여 파괴될 우려가 없는 것을 사용한다.

⑤ 콘크리트 타설 시 거푸집의 측압이 커지는 요소 ★★
㉠ 콘크리트 부어넣기 속도가 빠를수록 측압은 크다.
㉡ 온도가 낮을수록 측압은 크다.
㉢ 콘크리트 시공연도가 클수록 측압은 크다.

(4) 거푸집 해체작업 시 유의사항 ★★
① 일반적으로 연직부재의 거푸집은 수평부재의 거푸집보다 빨리 떼어낸다.
② 해체된 거푸집이나 각목 등에 박혀있는 못 또는 날카로운 돌출물은 즉시 제거하여야 한다.
③ 상하 동시 작업은 원칙적으로 금지

4 흙막이

(1) 흙막이 지보공의 설치기준
① 흙막이 지보공의 재료로 변형·부식되거나 심하게 손상된 것을 사용해서는 안 된다.
② 조립하는 경우 미리 그 구조를 검토한 후 조립도를 작성하여 그 조립도에 따라 조립하도록 해야 한다.
③ 조립도는 설치방법과 순서가 명시되어야 한다.

(2) 계측기의 종류 및 사용목적
① 계측장치의 설치 : 필요한 계측장치 등을 설치하여 위험을 방지하기 위한 조치를 하여야 한다.
② 계측기의 종류
㉠ 지중경사계

㉡ 지표침하계
㉢ 지하수위계
㉣ 변형률계
㉤ 균열측정기
㉥ 간극수압계

Chapter 6 공사 및 작업 종류별 안전

1 양중공사 시 안전수칙

(1) 양중기의 종류와 기능 ★

① 양중기의 종류
㉠ 크레인[호이스트(hoist) 포함]
㉡ 이동식 크레인
㉢ 리프트(이삿짐운반용 리프트의 경우에는 적재하중이 0.1t 이상인 것으로 한정)
㉣ 곤돌라
㉤ 승강기

② 종류에 따른 양중기의 기능
㉠ 크레인 : 동력을 사용 중량물을 매달아 운반하는 것을 목적으로 하는 기계
㉡ 이동식 크레인 : 원동기를 내장하고 불특정 장소에 스스로 이동할 수 있는 크레인
㉢ 리프트 : 동력을 사용하여 사람이나 화물을 운반하는 것을 목적으로 하는 기계설비
㉣ 곤돌라 : 와이어로프에 의하여 운반구가 전용 승강장치에 의하여 오르내리는 설비
㉤ 승강기 : 사람이나 화물을 승강장으로 옮기는 데에 사용되는 설비

③ 승강설비 설치 : 높이 또는 깊이가 2m를 초과하는 장소에서 작업하는 경우 해당 작업에 종사하는 근로자가 안전하게 승강하기 위한 건설용 리프트 등의 설비 설치 ★

④ 정격하중 등의 표시 : 작업자가 보기 쉬운 곳에 해당 기계의 정격하중, 운전속도, 경고표시 등을 부착

(2) 양중기의 안전수칙

① 와이어로프 등 달기구의 안전계수 ★

$$\text{안전계수} = \frac{\text{절단하중}}{\text{최대하중}}$$

㉠ 근로자가 탑승하는 운반구를 지지하는 달기 와이어로프 또는 달기 체인의 경우 : 10 이상
㉡ 화물의 하중을 직접 지지하는 달기 와이어로프 또는 달기 체인의 경우 : 5 이상 ★
㉢ 훅, 샤클, 클램프, 리프팅 빔의 경우 : 3 이상
㉣ 그 밖의 경우 : 4 이상

② 와이어로프에 걸리는 하중 계산
㉠ 와이어로프에 걸리는 총하중 = 정하중 + 동하중

예제 로프에 1t의 중량을 걸어 10m/sec의 가속도로 들어올릴 때 로프에 걸리는 하중

⇒ 동하중 = $(W \times a) / g = (1{,}000 \times 10) / 9.8 = 1{,}020.41$kg
총하중 = $1{,}000 + 1{,}020.41 = 2{,}020.41$kg

㉡ 슬링와이어로프(sling wire rope)의 한 가닥에 걸리는 하중 = (정하중 / 2) ÷ $\cos(\theta / 2)$

③ 그 외 안전수칙
㉠ 와이어로프의 절단방법
ⓐ 와이어로프를 절단하여 양중(揚重)작업용구를 제작하는 경우 반드시 기계적인 방법으로 절단
ⓑ 아크(arc), 화염, 고온부 접촉 등 열영향을 받은 와이어로프를 사용해서는 안 된다.
㉡ 사용 금지 와이어로프 등
ⓐ 이음매가 있는 와이어로프 ★
ⓑ 와이어로프의 한 가닥에서 소선의 수가 10% 이상 절단된 것
ⓒ 지름의 감소가 공칭지름의 7%를 초과하는 것
ⓓ 꼬임이 끊어진 섬유로프 등
ⓔ 심하게 변형, 부식 또는 열과 전기충격에 손상된 것
㉢ 달기 체인의 사용 금지사항
ⓐ 달기 체인의 길이가 제조 당시보다 5%를 초과한 것
ⓑ 고리의 단면 직경이 제조 당시보다 10%를 초과하여 감소한 것
ⓒ 균열이 있거나 심하게 변형된 것
㉣ 와이어로프 및 달기 체인의 검사방법
ⓐ 육안검사
ⓑ 기능검사
ⓒ 규격검사
ⓓ 형식검사

④ 크레인
㉠ 안전밸브의 조정

㉡ 해지장치의 사용 ★

㉢ 경사각의 제한

㉣ 크레인의 수리 등의 작업

㉤ 폭풍에 의한 이탈 방지 ★

㉥ 크레인의 설치 · 조립 · 수리 · 점검 또는 해체 작업 시 조치

㉦ 악천후 및 강풍 시 작업 중지 ★

ⓐ 기상상태의 불안정으로 인하여 근로자가 위험해질 우려가 있는 경우 작업을 중지

ⓑ 순간풍속이 초당 10m를 초과하는 경우 설치 · 수리 · 점검 또는 해체 작업을 중지, 순간풍속이 초당 15m를 초과하는 경우에는 운전작업을 중지

㉧ 와이어로프의 안전율

와이어로프의 종류	안전율
권상용 와이어로프 지브의 기복용 와이어로프 횡행용 와이어로프	5.0
지브의 지지용 와이어로프 보조 로프 및 고정용 와이어로프	4.0

⑤ 이동식 크레인

㉠ 설계기준 준수

㉡ 안전밸브의 조정

㉢ 해지장치의 사용

㉣ 경사각의 제한

⑥ 리프트

㉠ 운반구 이탈 등의 위험을 방지하기 위한 장치

㉡ 무인 금지 행위

㉢ 리프트의 피트 등의 바닥을 청소하는 경우 운반구의 낙하에 의한 근로자의 위험을 방지하기 위한 조치

㉣ 붕괴 등의 방지조치

⑦ 곤돌라 : 곤돌라가 고장이 났을 때의 처치방법을 그 곤돌라를 사용하는 근로자에게 주지시켜야 한다.

⑧ 승강기

㉠ 폭풍에 의한 무너짐 방지

㉡ 조립 등의 작업

㉢ 작업지휘자의 이행사항

⑨ 타워크레인 설치 및 해체작업 : 안전점검 및 안전교육

⑩ 콘크리트 인공구조물(그 높이가 2m 이상인 것만 해당한다)의 해체 또는 파괴작업 : 안전점검 및 안전교육

2 해체공사 시 안전수칙

(1) 해체용 기구의 종류

① 압쇄기
② 잭(jack)
③ 철해머

(2) 해체용 기구의 취급안전

① 압쇄기의 취급상 안전기준
② 잭의 취급 시 안전기준
③ 철해머의 안전기준
④ 해체공사 시 작업용 기계・기구의 취급 안전기준 ★
⑤ 건물 등의 해체작업 시 계획에 포함되어야 할 사항

3 콘크리트공사 시 안전수칙

① 콘크리트 타설작업 시 준수사항
② 콘크리트 타설 시 측압이 커지는 경우
③ 철골공사 시 안전작업방법 및 준수사항 ★
④ 철골공사 해체작업 중 유의해야 할 사항
⑤ 철근 인력 운반
⑥ **철골작업의 제한** ★★
　㉠ 풍속이 초당 10m 이상인 경우
　㉡ 강우량이 시간당 1mm 이상인 경우
　㉢ 강설량이 시간당 1cm 이상인 경우

4 PC공사 시 안전수칙(PC 운반・조립・설치의 안전)

① 공기의 단축, 공사비의 절감, 품질 관리의 용이, 내구성 증대 등의 장점이 있다.
② 프리캐스트 콘크리트란 공장 또는 현장 근처에서 미리 제작한 콘크리트 제품을 말한다.
③ 프리스트레스트는 미리 계획적으로 부재에 주어지는 응력을 말한다.

5 운반작업 시 안전수칙

(1) 취급 · 운반의 5원칙 ★★

① 연속운반을 할 것

② 생산을 최고로 하는 운반을 생각할 것

③ 운반작업을 집중하여 시킬 것

④ 직선운반을 할 것

⑤ 최대한 시간과 경비를 절약할 수 있는 운반방법을 고려할 것

(2) 인력운반과 기계운반 작업의 구분

인력운반	기계운반
• 두뇌적인 판단이 필요한 작업 – 분류, 판독, 검사 • 단독적이고 소량 취급 작업 • 취급물의 형상, 성질, 크기 등이 다양한 작업 • 취급물이 경량물인 경우	• 단순하고 반복적인 작업 • 표준화되어 있어 지속적이고 운반량이 많은 작업 • 취급물의 형상, 성질, 크기 등이 일정한 작업 • 취급물이 중량인 작업

산업안전기사
기출 복원문제

2019년 1회 기출 복원문제
2019년 2회 기출 복원문제
2019년 3회 기출 복원문제
2020년 1 · 2회 기출 복원문제
2020년 3회 기출 복원문제
2020년 4회 기출 복원문제
2021년 1회 기출 복원문제
2021년 2회 기출 복원문제
2021년 3회 기출 복원문제
2022년 1회 기출 복원문제
2022년 2회 기출 복원문제
2022년 3회 기출 복원문제
2023년 1회 기출 복원문제
2023년 2회 기출 복원문제
2023년 3회 기출 복원문제

2019년 제 1 회 기출 복원문제

1과목 안전관리론

01 안전교육방법 중 학습자가 이미 설명을 듣거나 시범을 보고 알게 된 지식이나 기능을 강사의 감독 아래 직접적으로 연습하여 적용할 수 있도록 하는 교육방법은?

① 모의법 ② 토의법
③ 실연법 ④ 반복법

해설 **실연법** : 이미 설명을 듣고 시범을 보아서 알게 된 지식이나 기능을 교사의 지도 아래 직접 연습을 통해 적용해 보는 방법

02 산업안전보건법상의 안전보건표지 종류 중 관계자외출입금지표지에 해당되는 것은?

① 안전모 착용
② 폭발성물질 경고
③ 방사성물질 경고
④ 석면취급 및 해체・제거

해설

501 허가대상물질 작업장	502 석면취급/해체 작업장	503 금지대상물질의 취급 실험실 등
관계자외 출입금지 (허가물질 명칭) 제조/사용/보관 중	관계자외 출입금지 석면 취급/해체 중	관계자외 출입금지 발암물질 취급 중
보호구/보호복 착용 흡연 및 음식물 섭취 금지	보호구/보호복 착용 흡연 및 음식물 섭취 금지	보호구/보호복 착용 흡연 및 음식물 섭취 금지

03 국제노동기구(ILO)의 산업재해 정도구분에서 부상 결과 근로자가 신체장해등급 제12급 판정을 받았다면 이는 어느 정도의 부상을 의미하는가?

① 영구 전노동불능
② 영구 일부노동불능
③ 일시 전노동불능
④ 일시 일부노동불능

해설 **산업재해 정도구분**
- 사망
- **영구 전노동불능** : 신체 전체의 노동기능 완전상실(1~3급)
- **영구 일부노동불능** : 신체 일부의 노동기능 완전상실(4~14급)
- **일시 전노동불능** : 일정기간 노동 종사 불가(휴업상해)
- **일시 일부노동불능** : 일정기간 일부노동 종사 불가(통원상해)
- 구급조치상해

04 특정과업에서 에너지 소비수준에 영향을 미치는 인자가 아닌 것은?

① 작업방법 ② 작업속도
③ 작업관리 ④ 도구

해설 **특정과업에서의 에너지 소비수준**
- **작업강도** : RMR 차이가 나 초중작업, 중작업, 경작업
- **작업자세** : 좋은 자세는 힘이 덜 듦.
- **작업방법** : 에너지가 덜 드는 작업방법을 찾는다.
- **작업속도** : 속도가 빠르면 심박수도 빨라져 생리학적 부담 증가
- **도구설계** : 에너지가 덜 드는 도구를 설계한다.

정답 01 ③ 02 ④ 03 ② 04 ③

05 사고예방대책의 기본원리 5단계 중 틀린 것은?

① 1단계 : 안전관리계획
② 2단계 : 현상파악
③ 3단계 : 분석평가
④ 4단계 : 대책의 선정

해설 **사고예방대책의 기본원리 5단계**(하인리히)
- **1단계** : 안전 관리 조직
- **2단계** : 사실의 발견(현상파악)
- **3단계** : 분석평가(발견된 사실 및 불안전한 요소)
- **4단계** : 시정 방법의 선정(분석을 통해 색출된 원인)
- **5단계** : 시정 방법의 적용

06 주의의 수준이 Phase 0인 상태에서의 의식상태는?

① 무의식상태　② 의식의 이완상태
③ 명료한상태　④ 과긴장상태

해설

단계 (phase)	뇌파 패턴	의식상태 (mode)	주의의 작용	생리적 상태	신뢰성
0	δ파	무의식, 실신	제로	수면, 뇌발작	0
I	θ파	의식이 둔한 상태	활발하지 않음	피로, 단조, 졸림, 취중	0.9
II	α파	편안한 상태	수동적임	안정적 상태, 휴식시, 정상 작업시	0.99~0.9999
III	β파	명석한 상태	활발함, 적극적임	적극적 활동시	0.9999 이상
IV	γ파	흥분상태 (과긴장)	일점에 응집, 판단정지	긴급 방위 반응, 당황, 패닉	0.9 이하

07 한 사람, 한 사람의 위험에 대한 감수성 향상을 도모하기 위하여 삼각 및 원 포인트 위험예지훈련을 통합한 활용기법은?

① 1인 위험예지훈련
② TBM 위험예지훈련
③ 자문자답 위험예지훈련
④ 시나리오 역할연기훈련

해설 ① **1인 위험예지훈련** : 각자가 위험에 대한 감수성 향상을 도모하기 위하여 삼각 및 원 포인트 위험예지훈련을 하는 것이다.

08 재해예방의 4원칙에 관한 설명으로 틀린 것은?

① 재해의 발생에는 반드시 원인이 존재한다.
② 재해의 발생과 손실의 발생은 우연적이다.
③ 재해를 예방할 수 있는 안전대책은 반드시 존재한다.
④ 재해는 원인 제거가 불가능하므로 예방만이 최선이다.

해설 **재해예방의 4원칙**
- **예방 가능의 원칙** : 천재지변을 제외한 모든 인재는 예방이 가능하다.
- **손실 우연의 원칙** : 사고의 결과 손실의 유무 또는 대소는 사고 당시의 조건에 따라서 우연적으로 발생한다.
- **원인 연계의 원칙** : 사고에는 반드시 원인이 있고 원인은 대부분 연계 원인이다.
- **대책 선정의 원칙** : 사고의 원인이나 불안전 요소가 발견되면 반드시 대책은 실시되어야 하며, 대책 선정이 가능하다. 대책에는 재해 방지의 세 기둥이라 할 수 있는 3E, 즉 기술적 대책, 교육적 대책, 규제적 대책을 들 수 있다.

05 ① 06 ① 07 ① 08 ④ 정답

09 적응기제(適應機制, Adjustment Mechanism)의 종류 중 도피적 기제(행동)에 해당하지 않는 것은?

① 고립 ② 퇴행
③ 억압 ④ 합리화

해설 ❯ 도피기제
- **고립** : 곤란한 상황과의 접촉을 피함
- **퇴행** : 발달단계로 역행함으로써 욕구를 충족하려는 행동
- **억압** : 불쾌한 생각, 감정을 눌러 떠오르지 않도록 함
- **백일몽** : 공상의 세계 속에서 만족을 얻으려는 행동

(※ 단어들이 다 부정적인 의미임)

10 인간오류에 관한 분류 중 독립행동에 의한 분류가 아닌 것은?

① 생략오류
② 실행오류
③ 명령오류
④ 시간오류

해설 ❯ Swain의 인간의 독립행동에 관한 오류
- Omission : 생략오류, 누설오류, 부작위오류
- Time error : 시간오류
- Commission error : 작위오류
- Sequential error : 순서오류
- Extraneous error : 과잉행동오류

11 다음 중 안전보건교육계획을 수립할 때 고려할 사항으로 가장 거리가 먼 것은?

① 현장의 의견을 충분히 반영한다.
② 대상자의 필요한 정보를 수집한다.
③ 안전교육시행체계와의 연관성을 고려한다.
④ 정부 규정에 의한 교육에 한정하여 실시한다.

해설 ❯ 안전보건교육계획 수립 시 고려사항
- 교육목표
- 교육의 종류 및 교육대상
- 교육과목 및 교육내용
- 교육장소 및 교육방법
- 교육기간 및 시간
- 교육담당자 및 강사

12 사고의 원인분석방법에 해당하지 않는 것은?

① 통계적 원인분석
② 종합적 원인분석
③ 클로즈(close)분석
④ 관리도

해설
- 재해원인 분석방법에는 개별적 기법과 통계적 기법이 있다.
- 통계적 기법에는 특성요인도, 파레토도, 관리도, 크로스도, 클로즈분석이 있다.

13 하인리히의 재해 코스트 평가방식 중 직접비에 해당하지 않는 것은?

① 산재보상비 ② 치료비
③ 간호비 ④ 생산손실

해설 ❯ 하인리히방식

총재해비용 = 직접비 + 간접비(1 : 4)

직접비	간접비
치료비, 휴업, 요양, 유족, 장해, 간병, 직업재활급여, 상병 보상연금, 장례비	인적 · 물적손실비, 생산손실비, 기계 · 기구손실비

정답 09 ④ 10 ③ 11 ④ 12 ② 13 ④

14 **안전관리조직의 참모식(staff형)에 대한 장점이 아닌 것은?**

① 경영자의 조언과 자문역할을 한다.
② 안전정보 수집이 용이하고 빠르다.
③ 안전에 관한 명령과 지시는 생산라인을 통해 신속하게 전달한다.
④ 안전전문가가 안전계획을 세워 문제해결 방안을 모색하고 조치한다.

해설 **참모식(staff) 조직**

장점	• 안전에 관한 전문지식 및 기술의 축적이 용이하다. • 경영자의 조언 및 자문역할 • 안전정보 수집이 용이하고 신속하다.
단점	• 생산부서와 유기적인 협조 필요 • 생산부분의 안전에 대한 무책임·무권한 • 생산부서와 마찰이 일어나기 쉽다.

15 **산업안전보건법령상 의무안전인증대상 기계·기구 및 설비가 아닌 것은?**

① 연삭기
② 롤러기
③ 압력용기
④ 고소(高所) 작업대

해설 **안전인증 대상**

- 크레인, 리프트, 고소작업대, 프레스, 전단기, 사출성형기, 롤러기, 절곡기, 곤돌라
- 압력용기
- 방폭구조 전기기계·기구 및 부품
- 가설기자재

16 **제일선의 감독자를 교육대상으로 하고, 작업을 지도하는 방법, 작업개선방법 등의 주요 내용을 다루는 기업내 교육방법은?**

① TWI ② MTP
③ ATT ④ CCS

해설 **TWI**(Training with industry, 기업내, 산업내 훈련)

- **교육대상자** : 관리감독자
- **교육시간** : 10시간(1일 2시간씩 5일분) 한 그룹에 10명 내외
- **진행방법** : 토의식과 실연법 중심으로

17 **안전검사기관 및 자율검사프로그램 인정기관은 고용노동부장관에게 그 실적을 보고하도록 관련 법에 명시되어 있는데 그 주기로 옳은 것은?**

① 매월 ② 격월
③ 분기 ④ 반기

해설 3개월 이내에 보고하도록 하고 있다.

18 **다음 재해사례에서 기인물에 해당하는 것은?**

> 기계작업에 배치된 작업자가 반장의 지시를 받기 전에 정지된 선반을 운전시키면서 변속치차의 덮개를 벗겨내고 치차를 저속으로 운전하면서 급유하려고 할 때 오른손이 변속치차에 맞물려 손가락이 절단되었다.

① 덮개 ② 급유
③ 선반 ④ 변속치차

해설 **기인물** : 직접적으로 재해를 유발하거나 영향을 끼친 에너지원을 지닌 기계장치·구조물·물체·물질·사람 또는 환경을 말한다.

14 ③ 15 ① 16 ① 17 ③ 18 ③ **정답**

19 보호구 안전인증 고시에 따른 분리식 방진마스크의 성능기준에서 포집효율이 특급인 경우, 염화나트륨(NaCl) 및 파라핀 오일(Paraffin oil)시험에서의 포집효율은?

① 99.95% 이상
② 99.9% 이상
③ 99.5% 이상
④ 99.0% 이상

해설
- **분리식** : 특급(99.95% 이상), 1급(94% 이상), 2급(80% 이상)
- **안면부** : 특급(99% 이상), 1급(94% 이상), 2급(80% 이상)

20 산업안전보건법령상 특별안전보건교육에서 방사선 업무에 관계되는 작업을 할 때 교육내용으로 거리가 먼 것은?

① 방사선의 유해·위험 및 인체에 미치는 영향
② 방사선 측정기기 기능의 점검에 관한 사항
③ 비상시 응급처치 및 보호구 착용에 관한 사항
④ 산소농도측정 및 작업환경에 관한 사항

해설 **방사선 업무 관련 작업 교육**
- 방사선의 유해·위험 및 인체에 미치는 영향
- 방사선의 측정기기 기능의 점검에 관한 사항
- 방호거리·방호벽 및 방사선물질의 취급 요령에 관한 사항
- 응급처치 및 보호구 착용에 관한 사항
- 그 밖에 안전보건관리에 필요한 사항

2과목 인간공학 및 시스템안전공학

21 수리가 가능한 어떤 기계의 가용도(availability)는 0.9이고, 평균수리시간(MTTR)이 2시간일 때, 이 기계의 평균수명(MTBF)은?

① 15시간 ② 16시간
③ 17시간 ④ 18시간

해설 $\lambda = \dfrac{1}{MTBF}$, 고장률$(\lambda) = \dfrac{\text{기간 중의 총 고장수}(r)}{\text{총 동작시간}(T)}$

가동률 $= MTBF/(MTBF + MTTR)$
$0.9 = MTBF/(MTBF + 2)$
$0.9 \times (MTBF + 2) = MTBF$
$0.9 \times 2 = MTBF(1-0.9)$
$MTBF = 0.9 \times 2/(1-0.9)$
(가동률 ≒ 가용도)

22 산업안전보건법령에 따라 제조업 중 유해·위험방지계획서 제출대상 사업의 사업주가 유해·위험방지계획서를 제출하고자 할 때 첨부하여야 하는 서류에 해당하지 않는 것은? (단, 기타 고용노동부장관이 정하는 도면 및 서류 등은 제외한다.)

① 공사개요서
② 기계·설비의 배치도면
③ 기계·설비의 개요를 나타내는 서류
④ 원재료 및 제품의 취급, 제조 등의 작업방법의 개요

해설 **유해·위험방지계획서 제출 시 첨부서류**
- 건축물 각 층의 평면도
- 기계·설비의 개요를 나타내는 서류
- 기계·설비의 배치도면
- 원재료 및 제품의 취급, 제조 등의 작업방법의 개요
- 그 밖에 고용노동부장관이 정하는 도면 및 서류
  - 사업의 개요
  - 제조 공정 및 기계·설비에 관한 자료

정답 19 ① 20 ④ 21 ④ 22 ①

23 생명유지에 필요한 단위시간당 에너지량을 무엇이라 하는가?

① 기초 대사량 ② 산소 소비율
③ 작업 대사량 ④ 에너지 소비율

해설 ▶ **기초대사량**(BMR, Basal Metabolic Rate) : 생명유지에 필요한 단위시간당 에너지량

24 다음의 각 단계를 결함수분석법(FTA)에 의한 재해사례의 연구 순서대로 나열한 것은?

> ㉠ 정상사상의 선정
> ㉡ FT도 작성 및 분석
> ㉢ 개선 계획의 작성
> ㉣ 각 사상의 재해원인 규명

① ㉠ → ㉡ → ㉢ → ㉣
② ㉠ → ㉣ → ㉢ → ㉡
③ ㉠ → ㉢ → ㉡ → ㉣
④ ㉠ → ㉣ → ㉡ → ㉢

해설 ㉠ Top사상의 선정 → ㉣ 사상마다 재해원인의 규명 → ㉡ F.T도 작성 → ㉢ 계선계획의 작성

25 인간-기계시스템의 연구 목적으로 가장 적절한 것은?

① 정보 저장의 극대화
② 운전시 피로의 평준화
③ 시스템의 신뢰성 극대화
④ 안전의 극대화 및 생산능률의 향상

해설 ▶ 인간-기계시스템의 연구 목적
- 안전성 향상 및 사고예방
- 직업능률 및 생산성 증대
- 작업환경의 쾌적성

26 염산을 취급하는 A업체에서는 신설 설비에 관한 안전성 평가를 실시해야 한다. 정성적 평가단계의 주요 진단 항목에 해당하는 것은?

① 공장 내의 배치
② 제조공정의 개요
③ 재평가 방법 및 계획
④ 안전보건교육 훈련계획

해설 ▶ **정성적 평가단계의 주요 진단 항목** : 입지조건, 공장 내의 배치, 소방 설비, 공정기기, 수송/저장, 원재료, 중간제, 제품

27 인간-기계시스템의 설계를 6단계로 구분할 때, 첫 번째 단계에서 시행하는 것은?

① 기본설계
② 시스템의 정의
③ 인터페이스 설계
④ 시스템의 목표와 성능명세 결정

해설 ▶ 인간-기계시스템의 설계
- **제1단계** : 목표 및 성능명세 결정 – 시스템 설계 전 그 목적이나 존재 이유가 있어야 함(인간 요소적인 면, 신체의 역학적 특성 및 인체특정학적 요소 고려)
- **제2단계** : 시스템(체계)의 정의 – 목적을 달성하기 위한 특정한 기본기능들이 수행되어야 함
- **제3단계** : 기본설계 – 시스템의 형태를 갖추기 시작하는 단계(직무분석, 작업설계, 기능할당)
- **제4단계** : 계면(인터페이스) 설계 – 사용자 편의와 시스템 성능
- **제5단계** : 촉진물(보조물) 설계 – 인간의 성능을 촉진시킬 보조물 설계
- **제6단계** : 시험 및 평가 – 시스템 개발과 관련된 평가와 인간적인 요소 평가 실시

23 ① 24 ④ 25 ④ 26 ① 27 ④ 정답

28 점광원으로부터 0.3m 떨어진 구면에 비추는 광량이 5Lumen일 때, 조도는 약 몇 [lux]인가?

① 0.06 ② 16.7
③ 55.6 ④ 83.4

해설 $\text{조도} = \dfrac{\text{광량}}{(\text{거리})^2} = \dfrac{5}{0.3^2}$

29 음량수준을 측정할 수 있는 3가지 척도에 해당되지 않는 것은?

① sone ② 럭스
③ phon ④ 인식소음 수준

해설 ② **럭스** : 빛의 조명도를 나타내는 단위

30 실린더 블록에 사용하는 가스켓의 수명은 평균 10,000시간이며, 표준편차는 200시간으로 정규분포를 따른다. 사용시간이 9,600시간일 경우에 신뢰도는 약 얼마인가? (단, 표준정규분포표에서 $u_{0.8413} = 1$, $u_{0.9772} = 2$이다.)

① 84.13% ② 88.73%
③ 92.72% ④ 97.72%

해설 (사용 − 평균)/표준편차 = Z
(9600 − 10000)/200 = −2
$Z \le 2 = 0.9772$
∴ 97.72%

31 음압수준이 70dB인 경우, 1000Hz에서 순음의 phon치는?

① 50phon ② 70phon
③ 90phon ④ 100phon

해설 1000Hz에서 순음의 [dB]를 phon이라고 한다.

32 인체계측자료의 응용원칙 중 조절 범위에서 수용하는 통상의 범위는 얼마인가?

① 5~95%tile
② 20~80%tile
③ 30~70%tile
④ 40~60%tile

해설 통상 5% 치에서 95% 치까지의 범위를 수용 대상으로 설계

33 동작 경제 원칙에 해당되지 않는 것은?

① 신체사용에 관한 원칙
② 작업장 배치에 관한 원칙
③ 사용자 요구 조건에 관한 원칙
④ 공구 및 설비 디자인에 관한 원칙

해설 **동작 경제의 원칙**
- 신체사용에 관한 원칙
- 작업장 배치에 관한 원칙
- 공구 및 설비 디자인에 관한 원칙

34 정신적 작업 부하에 관한 생리적 척도에 해당하지 않는 것은?

① 부정맥 지수 ② 근전도
③ 점멸융합주파수 ④ 뇌파도

해설 **생리적 척도** : 주로 단일 감각기관에 의존하는 경우에 작업에 대한 정신부하를 측정할 때 이용되는 방법으로 부정맥, 점멸융합주파수, 전기피부 반응, 눈 깜빡임, 뇌파 등이 정신 작업부하 평가에 이용된다.

정답 28 ③ 29 ② 30 ④ 31 ② 32 ① 33 ③ 34 ②

35 FMEA의 장점이라 할 수 있는 것은?

① 분석방법에 대한 논리적 배경이 강하다.
② 물적, 인적요소 모두가 분석대상이 된다.
③ 서식이 간단하고 비교적 적은 노력으로 분석이 가능하다.
④ 두 가지 이상의 요소가 동시에 고장 나는 경우에도 분석이 용이하다.

해설 ◆ FMEA의 특징
- CA와 병행하는 일이 많다.
- FTA보다 서식이 간단하고 적은 노력으로 특별한 훈련 없이 분석이 가능하다.
- 논리성이 부족하고 각 요소 간의 영향 분석이 어려워 동시에 두 가지 이상의 요소가 고장 날 경우 분석이 곤란하다.
- 요소가 통상 물체로 한정되어 있어 인적원인의 규명이 어렵다.
- 시스템 안전 해석 시에는 시스템에서 단계나 평가의 필요성 등에 의해 FTA 등을 병용해 가는 것이 실제적인 방법이다.

36 의도는 올바른 것이었지만, 행동이 의도한 것과는 다르게 나타나는 오류를 무엇이라 하는가?

① Slip　② Mistake
③ Lapse　④ Violation

해설 ◆ 오류의 유형
- Slip(실수) : 의도는 잘 했지만 행동은 의도한 것과 다르게 나타남.
- Mistake(착오) : 의도부터 잘못된 실수
- Lapse(건망증) : 기억도 안 난 건망증
- Violation(위반) : 일부러 범죄를 저지름.

37 시스템 수명주기 단계 중 마지막 단계인 것은?

① 구상단계　② 개발단계
③ 운전단계　④ 생산단계

해설 ◆ 시스템 수명주기
구상 → 정의 → 개발 → 생산 → 배치 및 운용(운전)

38 FT도에 사용되는 다음 게이트의 명칭은?

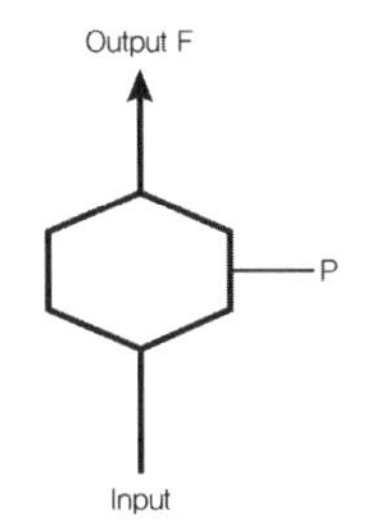

① 부정 게이트　② 억제 게이트
③ 배타적 OR 게이트　④ 우선적 AND 게이트

해설 수정기호를 병용해서 게이트 역할

39 FTA에서 시스템의 기능을 살리는 데 필요한 최소 요인의 집합을 무엇이라 하는가?

① critical set
② minimal gate
③ minimal path
④ Boolean indicated cut set

해설 모든 기본사상이 일어나지 않을 때 처음으로 정상사상이 일어나지 않는 기본사상의 집합인 패스셋에서 필요 최소한의 것

40 쾌적 환경에서 추운 환경으로 변화 시 신체의 조절작용이 아닌 것은?

① 피부온도가 내려간다.
② 직장온도가 약간 내려간다.
③ 몸이 떨리고 소름이 돋는다.
④ 피부를 경유하는 혈액 순환량이 감소한다.

해설 ◆ 추운 환경으로 변화 시 신체 작용
- 피부를 경유하는 혈액의 순환량이 감소하고 많은 양의 혈액이 몸의 중심부를 순환
- 피부 온도는 내려간다.
- 직장 온도가 약간 올라간다.
- 소름이 돋고 몸이 떨리는 오한을 느낀다.

35 ③　36 ①　37 ③　38 ②　39 ③　40 ② **정답**

3과목 기계위험방지기술

41 다음 중 프레스를 제외한 사출성형기·주형조형기 및 형단조기 등에 관한 안전조치 사항으로 틀린 것은?

① 근로자의 신체 일부가 말려들어갈 우려가 있는 경우에는 양수조작식 방호장치를 설치하여 사용한다.
② 게이트가드식 방호장치를 설치할 경우에는 연동구조를 적용하여 문을 닫지 않아도 동작할 수 있도록 한다.
③ 사출성형기의 전면에 작업용 발판을 설치할 경우 근로자가 쉽게 미끄러지지 않는 구조여야 한다.
④ 기계의 히터 등의 가열부위, 감전우려가 있는 부위에는 방호덮개를 설치하여 사용한다.

해설 ② 가드식은 interlock이 적용된 가드와 비슷하다. 기계를 작동하려면 우선 게이트(문)가 위험점을 폐쇄하여야 비로소 기계가 작동되도록 한 장치를 말한다.

42 자분탐사검사에서 사용하는 자화방법이 아닌 것은?

① 축통전법　② 전류 관통법
③ 극간법　④ 임피던스법

해설 ● **자분탐사 방법**

구분	특징
직각 통전법	시험품의 축에 대해 직각인 방향에 직접 전류를 흘려서 전류 주위에 생기는 자장을 이용하여 자화시키는 방법
극간법	시험품의 일부분 또는 전체를 전자석 또는 영구자석의 자극 간에 놓고 자화시키는 방법
축 통전법	시험품의 축 방향의 끝단에 전류를 흘려, 전류 둘레에 생기는 원형 자장을 이용하여 자화시키는 방법
자속 관통법	시험품의 구멍 등에 철심을 놓고 교류 자속을 흘림으로써 시험품 구멍 주변에 유도 전료를 발생시켜, 그 전류가 만드는 자장에 의해서 시험품을 자화시키는 방법

43 다음 중 소성가공을 열간가공과 냉간가공으로 분류하는 가공온도의 기준은?

① 융해점 온도
② 공석점 온도
③ 공정점 온도
④ 재결정 온도

해설 응력에 의해 변형된 결정입자가 원시 복원력에 의해 몇 개인가의 작은 결정입자로 변화하는 것을 재결정이라고 하며 그때의 온도를 재결정온도라고 한다. 일반적으로 가공도가 높아지면 재결정온도는 낮아지는데 어느 일정한 가공도가 되면 대개 일정한 온도로 된다.

44 컨베이어 설치 시 주의사항에 관한 설명으로 옳지 않은 것은?

① 컨베이어에 설치된 보도 및 운전실 상면은 가능한 수평이어야 한다.
② 근로자가 컨베이어를 횡단하는 곳에는 바닥면 등으로부터 90cm 이상 120cm 이하에 상부난간대를 설치하고, 바닥면과의 중간에 중간난간대가 설치된 건널다리를 설치한다.
③ 폭발의 위험이 있는 가연성 분진 등을 운반하는 컨베이어 또는 폭발의 위험이 있는 장소에 사용되는 컨베이어의 전기기계 및 기구는 방폭구조이어야 한다.
④ 보도, 난간, 계단, 사다리의 설치 시 컨베이어를 가동시킨 후에 설치하면서 설치상황을 확인한다.

해설 ④ 보도, 난간, 계단, 사다리의 설치 시 컨베이어를 중지시킨 후에 설치하면서 설치상황을 확인한다.

정답 41 ② 42 ④ 43 ④ 44 ④

45 다음 중 용접 결함의 종류에 해당하지 않는 것은?

① 비드(bead)

② 기공(blow hole)

③ 언더컷(under cut)

④ 용입 불량(incomplt penetration)

해설 ① 비드는 모재와 용접봉이 녹아서 생긴 띠 모양의 길쭉한 파형의 용착자국이다.

46 다음 중 산업안전보건법령상 연삭숫돌을 사용하는 작업의 안전수칙으로 틀린 것은?

① 연삭숫돌을 사용하는 경우 작업시작 전과 연삭숫돌을 교체한 후에는 1분 정도 시운전을 통해 이상 유무를 확인한다.

② 회전 중인 연삭숫돌이 근로자에 위험을 미칠 우려가 있는 경우에 그 부위에 덮개를 설치하여야 한다.

③ 연삭숫돌의 최고 사용회전속도를 초과하여 사용하여서는 안 된다.

④ 측면을 사용하는 목적으로 하는 연삭숫돌 이외에는 측면을 사용해서는 안 된다.

해설
- 숫돌 속도 제한 장치를 개조하거나 최고 회전 속도를 초과하여 사용하지 않도록 한다.
- 워크레스트를 1~3mm 정도로 유지하고 숫돌의 결정된 사용면 이외에는 사용하지 않는다.
- 연삭숫돌의 파괴 시 작업자는 물론 근로자도 보호해야 하므로 안전덮개, 칸막이 또는 작업장을 격리시켜야 한다.
- 연삭숫돌의 교체 시에는 3분 이상 시운전하고 정상 작업 전에는 최소한 1분 이상 시운전하여 이상 유무를 파악하도록 해야 한다.
- 투명 비산방지판을 설치한다.

47 프레스 및 전단기에 사용되는 손쳐내기식 방호장치의 성능기준에 대한 설명 중 옳지 않은 것은?

① 진동각도・진폭시험 : 행정길이가 최소일 때 진동각도는 60~90°이다.

② 진동각도・진폭시험 : 행정길이가 최대일 때 진동각도는 30~60°이다.

③ 완충시험 : 손쳐내기봉에 의한 과도한 충격이 없어야 한다.

④ 무부하 동작시험 : 1회의 오동작도 없어야 한다.

해설
- 행정길이가 최소일 때 60~90° 진동각도
- 행정길이가 최대일 때 45~90° 진동각도

48 다음 중 산업용 로봇에 의한 작업 시 안전조치 사항으로 적절하지 않은 것은?

① 로봇이 운전으로 인해 근로자가 로봇에 부딪칠 위험이 있을 때에는 1.8m 이상의 울타리를 설치하여야 한다.

② 작업을 하고 있는 동안 로봇의 기동스위치 등은 작업에 종사하고 있는 근로자가 아닌 사람이 그 스위치 등을 조작할 수 없도록 필요한 조치를 한다.

③ 로봇의 조작방법 및 순서, 작업 중의 매니퓰레이터의 속도 등에 관한 지침에 따라 작업을 하여야 한다.

④ 작업에 종사하는 근로자가 이상을 발견하면, 관리 감독자에게 우선 보고하고, 지시에 따라 로봇의 운전을 정지시킨다.

해설 ④ 작업에 종사하는 근로자가 이상을 발견하면, 로봇의 운전을 정지시키고 관리 감독자에게 보고하고 지시에 따른다.

45 ① 46 ① 47 ① 48 ④ 정답

49 **프레스 작업 시작 전 점검해야 할 사항으로 거리가 먼 것은?**

① 매니퓰레이터 작동의 이상 유무
② 클러치 및 브레이크 기능
③ 슬라이드, 연결봉 및 연결 나사의 풀림 여부
④ 프레스 금형 및 고정볼트 상태

해설 **프레스 작업 시작 전 점검사항**
- 클러치 및 브레이크의 기능
- 크랭크축 · 플라이휠 · 슬라이드 · 연결봉 및 연결 나사의 풀림 여부
- 1행정 1정지기구 · 급정지장치 및 비상정지장치의 기능
- 슬라이드 또는 칼날에 의한 위험방지 기구의 기능
- 프레스의 금형 및 고정볼트 상태
- 방호장치의 기능
- 전단기(剪斷機)의 칼날 및 테이블의 상태

50 **압력용기 등에 설치하는 안전밸브에 관련한 설명으로 옳지 않은 것은?**

① 안지름이 150mm를 초과하는 압력용기에 대해서는 과압에 따른 폭발을 방지하기 위하여 규정에 맞는 안전밸브를 설치해야 한다.
② 급성 독성물질이 지속적으로 외부에 유출될 수 있는 화학설비 및 그 부속설비에는 파열판과 안전밸브를 병렬로 설치한다.
③ 안전밸브는 보호하려는 설비의 최고사용압력 이하에서 작동되도록 하여야 한다.
④ 안전밸브의 배출용량은 그 작동원인에 따라 각각의 소요분출량을 계산하여 가장 큰 수치를 해당 안전밸브의 배출용량으로 하여야 한다.

해설 ② 급성 독성물질이 지속적으로 외부에 유출될 수 있는 화학설비 및 그 부속설비에는 파열판과 안전밸브를 직렬로 설치한다.

51 **유해 · 위험기계 · 기구 중에서 진동과 소음을 동시에 수반하는 기계설비로 가장 거리가 먼 것은?**

① 컨베이어 ② 사출 성형기
③ 가스 용접기 ④ 공기 압축기

해설 ③ 가스용접기는 소음을 수반한다.

52 **기능의 안전화 방안을 소극적 대책과 적극적 대책으로 구분할 때 다음 중 적극적 대책에 해당하는 것은?**

① 기계의 이상을 확인하고 급정지시켰다.
② 원활한 작동을 위해 급유를 하였다.
③ 회로를 개선하여 오동작을 방지하도록 하였다.
④ 기계를 볼트 및 너트가 이완되지 않도록 다시 조립하였다.

해설 회로의 개선 등은 적극적 대책으로 분류한다.

53 **프레스기의 비상정지스위치 작동 후 슬라이드가 하사점까지 도달시간이 0.15초 걸렸다면 양수기동식 방호장치의 안전거리는 최소 몇 [cm] 이상이어야 하는가?**

① 24 ② 240
③ 15 ④ 150

해설 $1.6 \times Tm$[ms]
$= 1.6 \times 150\text{ms} = 240\text{mm} = 24\text{cm}$

정답 49 ① 50 ② 51 ③ 52 ③ 53 ①

54 컨베이어(conveyor) 역전방지장치의 형식을 기계식과 전기식으로 구분할 때 기계식에 해당하지 않는 것은?

① 라쳇식 ② 밴드식
③ 스러스트식 ④ 롤러식

해설 • **기계식** : 라쳇식, 롤러식, 밴드식, 웜기어 등
• **전기식** : 전기브레이크, 스러스트브레이크 등

55 재료의 강도시험 중 항복점을 알 수 있는 시험의 종류는?

① 비파괴시험 ② 충격시험
③ 인장시험 ④ 피로시험

해설 인장시험을 통해 항복점을 알 수 있다.

56 휴대용 연삭기 덮개의 개방부 각도는 몇 도[°] 이내여야 하는가?

① 60° ② 90°
③ 125° ④ 180°

해설

구분	노출 각도
• 탁상용 연삭기	90°
• 휴대용 연삭기	180°
• 연삭숫돌의 상부를 사용하는 것을 목적으로 하는 연삭기	60°
• 절단 및 평면 연삭기	150°

57 롤러기 급정지장치 조작부에 사용하는 로프의 성능 기준으로 적합한 것은? (단, 로프의 재질은 관련 규정에 적합한 것으로 본다.)

① 지름 1mm 이상의 와이어로프
② 지름 2mm 이상의 합성섬유로프
③ 지름 3mm 이상의 합성섬유로프
④ 지름 4mm 이상의 와이어로프

해설 조작부에 와이어로프를 사용할 경우는 한국산업규격에 정한 적합한 규격이 4mm 이상의 와이어로프 또는 직경이 6mm 이상이고 절단하중이 2.94kN 이상의 합성섬유로프를 사용하여야 한다.

58 다음 중 공장 소음에 대한 방지계획에 있어 소음원에 대한 대책에 해당하지 않는 것은?

① 해당 설비의 밀폐
② 설비실의 차음벽 시공
③ 작업자의 보호구 착용
④ 소음기 및 흡음장치 설치

해설 강렬한 소음작업이나 충격소음작업 장소에 대하여 기계·기구 등의 대체, 시설의 밀폐·흡음(吸音) 또는 격리 등 소음 감소를 위한 조치를 하여야 한다.

59 와이어로프의 꼬임은 일반적으로 특수로프를 제외하고는 보통 꼬임(Ordinary Lay)과 랭 꼬임(Lang's Lay)으로 분류할 수 있다. 다음 중 랭 꼬임과 비교하여 보통 꼬임의 특징에 관한 설명으로 틀린 것은?

① 킹크가 잘 생기지 않는다.
② 내마모성, 유연성, 저항성이 우수하다.
③ 로프의 변형이나 하중을 걸었을 때 저항성이 크다.
④ 스트랜드의 꼬임 방향과 로프의 꼬임 방향이 반대이다.

54 ③ 55 ③ 56 ④ 57 ④ 58 ③ 59 ② 정답

해설 ② 내마모성, 유연성, 저항성이 우수하다. → 랭 꼬임의 특징

랭 꼬임

보통 꼬임

60 **보일러 등에 사용하는 압력방출장치의 봉인은 무엇으로 실시해야 하는가?**

① 구리 테이프　　② 납
③ 봉인용 철사　　④ 알루미늄 실(seal)

해설 압력계를 이용하여 설정압력에서 안전밸브가 적정하게 작동하는지를 검사한 후 납으로 봉인하여 사용하여야 한다.

4과목 전기위험방지기술

61 **정격감도전류에서 동작시간이 가장 짧은 누전차단기는?**

① 시연형 누전차단기
② 반한시형 누전차단기
③ 고속형 누전차단기
④ 감전보호용 누전차단기

해설 누전에 30ms(0.03sec) 이내에 작동하는 누전차단기 설치(감전보호용)

62 **방폭지역 구분 중 폭발성 가스 분위기가 정상상태에서 조성되지 않거나 조성된다 하더라도 짧은 기간에만 존재할 수 있는 장소는?**

① 0종 장소　　② 1종 장소
③ 2종 장소　　④ 비방폭지역

해설
- **0종 장소** : 장치 및 기기들이 정상 가동되는 경우에 폭발성 가스가 항상 존재하는 장소이다.
- **1종 장소** : 장치 및 기기들이 정상 가동 상태에서 폭발성 가스가 가끔 누출되어 위험 분위기가 존재하는 장소이다.
- **2종 장소** : 작업자의 조작상 실수나 이상운전으로 폭발성 가스가 누출되거나 유출된 가스가 체류하여 폭발을 일으킬 우려가 있는 장소이다.

63 **전기설비기술기준에서 정의하는 전압의 구분으로 틀린 것은?**

① 교류 저압 : 1000V 이하
② 직류 저압 : 1500V 이하
③ 직류 고압 : 1500V 초과 7000V 이하
④ 특고압 : 7000V 이상

정답 60 ② 61 ④ 62 ③ 63 ④

해설 ④ 특고압은 7000V를 초과하는 직교류전압이다.

전압의 구분

전압 구분	직류	교류
저압	1.5kV 이하	1kV 이하
고압	1.5kV 초과, 7kV 이하	1kV 초과, 7kV 이하
특고압	7kV 초과	

64 피뢰기의 구성요소로 옳은 것은?

① 직렬 갭, 특성요소
② 병렬 갭, 특성요소
③ 직렬 갭, 충격요소
④ 병렬 갭, 충격요소

해설 **피뢰기의 구성요소**
- **직렬 갭** : 이상 전압 내습 시 뇌전압을 방전하고 그 속류를 차단, 상시에는 누설전류 방지
- **특성요소** : 뇌전류 방전 시 피뢰기 자신의 전위상승을 억제하여 자신의 절연파괴를 방지

65 내압방폭구조의 필요충분조건에 대한 사항으로 틀린 것은?

① 폭발화염이 외부로 유출되지 않을 것
② 습기침투에 대한 보호를 충분히 할 것
③ 내부에서 폭발한 경우 그 압력에 견딜 것
④ 외함의 표면온도가 외부의 폭발성 가스를 점화하지 않을 것

해설 **내압방폭구조**
- 전기설비에서 아크 또는 고열이 발생하여 폭발성 가스에 점화할 우려가 있는 부분을 전폐한 용기에 넣음으로써 폭발이 일어날 경우 이 용기가 압력에 견디고 외부의 폭발성 가스에 인화될 위험이 없도록 한 구조의 방폭구조이다.
- 폭발 후에는 협격을 통해서 고온의 가스를 서서히 방출시킴으로써 냉각되게 하는 구조로 방폭구조체

66 역률개선용 커패시터(capacitor)가 접속되어 있는 전로에서 정전작업을 할 경우 다른 정전작업과는 달리 주의 깊게 취해야 할 조치사항으로 옳은 것은?

① 안전표지 부착
② 개폐기 전원투입 금지
③ 잔류전하 방전
④ 활선 근접작업에 대한 방호

해설 역률개선용 커패시터(capacitor)가 전하를 모으고 있어 잔류방전의 전하에 주의

67 감전사고를 방지하기 위한 방법으로 틀린 것은?

① 전기기기 및 설비의 위험부에 위험표지
② 전기설비에 대한 누전차단기 설치
③ 전기기기에 대한 정격표시
④ 무자격자는 전기기계 및 기구에 전기적인 접촉 금지

해설 ③ 전기기기에 대한 정격표시 방법은 틀린 방법이다.

68 전기기기 방폭의 기본 개념이 아닌 것은?

① 점화원의 방폭적 격리
② 전기기기의 안전도 증강
③ 점화능력의 본질적 억제
④ 전기설비 주위 공기의 절연능력 향상

해설 ④ 공기는 절연능력이 없다.

64 ① 65 ② 66 ③ 67 ③ 68 ④ 정답

69 대전물체의 표면전위를 검출전극에 의한 용량분할을 통해 측정할 수 있다. 대전물체의 표면전위 V_s는? (단, 대전물체와 검출전극 간의 정전용량은 C_1, 검출전극과 대지 간의 정전용량은 C_2, 검출전극의 전위는 V_e이다.)

① $V_s = \left(\dfrac{C_1 + C_2}{C_1} + 1\right) V_e$

② $V_s = \dfrac{C_1 + C_2}{C_1} V_e$

③ $V_s = \dfrac{C_2}{C_1 + C_2} V_e$

④ $V_s = \left(\dfrac{C_1}{C_1 + C_2} + 1\right) V_e$

해설 CV = 일정
대전물체 : 검출전극과 상호작용
검출전극 : 대전물체와 대지와 상호작용
$V_s \times C_1 = V_e \times (C_1 + C_2)$
$V_s = V_e \times (C_1 + C_2) / C_1$

70 감전사고가 발생했을 때 피해자를 구출하는 방법으로 틀린 것은?

① 피해자가 계속하여 전기설비에 접촉되어 있다면 우선 그 설비의 전원을 신속히 차단한다.
② 감전 사항을 빠르게 판단하고 피해자의 몸과 충전부가 접촉되어 있는지를 확인한다.
③ 충전부에 감전되어 있으면 몸이나 손을 잡고 피해자를 곧바로 이탈시켜야 한다.
④ 절연 고무장갑, 고무장화 등을 착용한 후에 구원해 준다.

해설 ③ 충전부에 감전되어 있으면 몸이나 손을 잡지 않고 피해자를 곧바로 이탈시켜야 한다.

71 다음 중 불꽃(spark)방전의 발생 시 공기 중에 생성되는 물질은?

① O_2　② O_3
③ H_2　④ C

해설 오존이 생성된다.

72 샤워시설이 있는 욕실에 콘센트를 시설하고자 한다. 이때 설치되는 인체감전보호용 누전차단기의 정격감도전류는 몇 [mA] 이하인가?

① 5　② 15
③ 30　④ 60

해설 물이 있는 곳은 인체감전보호용 누전차단기를 설치(정격감도전류 15mA 이하, 동작시간은 0.03초 이하의 전류 동작형으로 한다.)

73 접지의 종류와 목적이 바르게 짝지어지지 않은 것은?

① 계통접지 – 고압전로와 저압전로가 혼촉되었을 때의 감전이나 화재 방지를 위하여
② 지락검출용 접지 – 차단기의 동작을 확실하게 하기 위하여
③ 기능용 접지 – 피뢰기 등의 기능손상을 방지하기 위하여
④ 등전위 접지 – 병원에 있어서 의료기기 사용시 안전을 위하여

해설 ③ **기능용 접지** : 건축물 내 설치된 전자기기의 안정적 가동을 확보

정답 69 ② 70 ③ 71 ② 72 ② 73 ③

74 인체의 저항을 500Ω이라 할 때 단상 440V의 회로에서 누전으로 인한 감전재해를 방지할 목적으로 설치하는 누전 차단기의 규격은?

① 30mA, 0.1초 ② 30mA, 0.03초
③ 50mA, 0.1초 ④ 50mA, 0.3초

해설 누전차단기와 접속된 각각의 기계기구에 대하여 정격 감도전류 30mA 이하이며 동작시간은 0.03초 이내일 것

75 방폭기기–일반요구사항(KS C IEC 60079–0) 규정에서 제시하고 있는 방폭기기 설치 시 표준환경조건이 아닌 것은?

① 압력 : 80~110kpa
② 상대습도 : 40~80%
③ 주위온도 : –20~40℃
④ 산소 함유율 21%v/v의 공기

해설 ② 상대습도는 45~85%

76 정전작업 시 작업 중의 조치사항으로 옳은 것은?

① 검전기에 의한 정전확인
② 개폐기의 관리
③ 잔류전하의 방전
④ 단락접지 실시

해설 **정전작업 시 조치사항**
- 작업지휘자에 의해 작업한다.
- 개폐기를 관리한다.
- 단락접지 상태를 확인·관리한다.
- 근접활선에 대한 방호상태를 관리한다.

77 자동전격방지장치에 대한 설명으로 틀린 것은?

① 무부하 시 전력손실을 줄인다.
② 무부하 전압을 안전전압 이하로 저하시킨다.
③ 용접을 할 때에만 용접기의 주회로를 개로(OFF)시킨다.
④ 교류 아크용접기의 안전장치로서 용접기의 1차 또는 2차측에 부착한다.

해설 ③ 용접을 할 때에만 용접기의 주회로를 개로(OFF)시키면 작업 불가

78 인체의 전기저항 R을 1000Ω이라고 할 때 위험 한계 에너지의 최저는 약 몇 [J]인가? (단, 통전시간은 1초이고, 심실세동전류 $I=\frac{165}{\sqrt{T}}$ mA이다.)

① 17.23 ② 27.23
③ 37.23 ④ 47.23

해설 $W=I^2\times R$
$W=I^2\times R=165^2\times 1000$
[mA]를 [A]로 계산

79 전기화재가 발생되는 비중이 가장 큰 발화원은?

① 주방기기
② 이동식 전열기구
③ 회전체 전기기계 및 기구
④ 전기배선 및 배선기구

해설 전기화재는 전기배선 및 배선기구가 가장 비중이 크다.

74 ② 75 ② 76 ② 77 ③ 78 ② 79 ④ 정답

80 다음 그림과 같이 완전 누전되고 있는 전기기기의 외함에 사람이 접촉하였을 경우 인체에 흐르는 전류[I_m]는? (단, E[V]는 전원의 대지전압, R_2[Ω]는 변압기 1선 접지, 제2종 접지저항, R_3[Ω]은 전기기기 외함 접지, 제3종 접지저항, R_m[Ω]은 인체저항이다.)

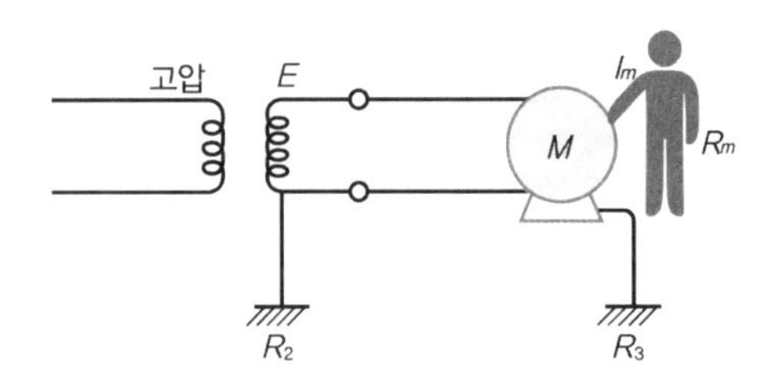

① $\dfrac{E}{R_2 + \dfrac{R_3 \times R_m}{R_3 + R_m}} \times \dfrac{R_3}{R_3 + R_m}$

② $\dfrac{E}{R_2 + \dfrac{R_3 + R_m}{R_3 \times R_m}} \times \dfrac{R_3}{R_3 + R_m}$

③ $\dfrac{E}{R_2 + \dfrac{R_3 \times R_m}{R_3 + R_m}} \times \dfrac{R_m}{R_3 + R_m}$

④ $\dfrac{E}{R_3 + \dfrac{R_2 \times R_m}{R_2 + R_m}} \times \dfrac{R_3}{R_3 + R_m}$

해설 계산식은 동일하나, 2021년 개정되어 종별 접지는 폐지되었다.

5과목 화학설비위험방지기술

81 다음 중 가연성가스가 밀폐된 용기 안에서 폭발할 때 최대폭발압력에 영향을 주는 인자로 가장 거리가 먼 것은?

① 가연성가스의 농도(몰수)
② 가연성가스의 초기온도
③ 가연성가스의 유속
④ 가연성가스의 초기압력

해설 ◎ **밀폐된 용기 안에서 폭발압력에 영향을 주는 요인**
- **기체 몰수 및 온도와의 관계** : 최대폭발압력(P_m)은 처음 압력(P_1), 기체 몰수의 변화량($n_1 \rightarrow n_2$), 온도변화($T_1 \rightarrow T_2$)에 비례하여 높아진다.
  $\because P_m = P_1 \times \dfrac{n_2}{n_1} \times \dfrac{T_2}{T_1}$
- 폭발압력과 인화성 가스의 농도와의 관계

82 물이 관 속을 흐를 때 유동하는 물속의 어느 부분의 정압이 그 때의 물의 증기압보다 낮을 경우 물이 증발하여 부분적으로 증기가 발생되어 배관의 부식을 초래하는 경우가 있다. 이러한 현상을 무엇이라 하는가?

① 서어징(surging)
② 공동현상(cavitation)
③ 비말동반(entrainment)
④ 수격작용(water hammering)

해설 ① **서어징**(surging) : 압력 유량 변동으로 진동, 소음이 발생
③ **비말동반**(entrainment) : 작은 액체 방울이 섞여 증기와 함께 증발관 밖으로 함께 배출
④ **수격작용**(water hammering) : 관속에 가득 차 흐르는 물을 갑자기 멈추게 하거나 움직이게 했을 때의 충격파

정답 80 ① 81 ③ 82 ②

83 메탄이 공기 중에서 연소될 때의 이론혼합비(화학양론조성)는 약 몇 [vol%]인가?

① 2.21 ② 4.03
③ 5.76 ④ 9.50

해설 $C_{st}=\dfrac{100}{1+4.773\left(n+\dfrac{m-f-2\lambda}{4}\right)}$

$=\dfrac{100}{1+4.773\left(1+\dfrac{4}{4}\right)}=9.5$

(n : 탄소, m : 수소, f : 할로겐원소, λ : 산소의 원자수)

84 고압의 환경에서 장시간 작업하는 경우에 발생할 수 있는 잠함병(潛函病) 또는 잠수병(潛水病)은 다음 중 어떤 물질에 의하여 중독현상이 일어나는가?

① 질소 ② 황화수소
③ 일산화탄소 ④ 이산화탄소

해설 **질소** : 급격한 감압 시에 혈액 속의 질소가 혈액과 조직에 기포를 형성하여 혈액순환 장해와 조직손상을 일으킨다.

85 공기 중에서 A가스의 폭발하한계는 2.2vol%이다. 이 폭발하한계 값을 기준으로 하여 표준 상태에서 A가스와 공기의 혼합기체 $1m^3$에 함유되어 있는 A가스의 질량을 구하면 약 몇 [g]인가? (단, A가스의 분자량은 26이다.)

① 19.02 ② 25.54
③ 29.02 ④ 35.54

해설 STP상태에서 기체 1mol은 22.4L이고 $0.0224m^3$
A가스 1mol의 분자량이 26g이므로,
$26g/0.0224m^3 = 1160.7143g/m^3$
A가스의 폭발하한계는 2.2vol%이므로
$1160.7143g/m^3 \times 0.022 = 25.5357$

86 다음 중 열교환기의 보수에 있어 일상점검항목과 정기적 개방점검항목으로 구분할 때 일상점검항목으로 가장 거리가 먼 것은?

① 도장의 노후상황
② 부착물에 의한 오염의 상황
③ 보온재, 보냉재의 파손 여부
④ 기초볼트의 체결정도

해설 ② 생성물, 부착물에 의한 오염은 내부에서 일어나는 현상이므로 개방점검에 해당한다.

일상점검항목
- 보온재 및 보냉재의 파손상황
- 도장의 노후 상황
- 플랜지(Flange)부, 용접부 등의 누설 여부
- 기초볼트의 조임 상태

87 헥산 1vol%, 메탄 2vol%, 에틸렌 2vol%, 공기 95vol%로 된 혼합가스의 폭발하한계 값[vol%]은 약 얼마인가? (단, 헥산, 메탄, 에틸렌의 폭발하한계 값은 각각 1.1, 5.0, 2.7vol%이다.)

① 2.44 ② 12.89
③ 21.78 ④ 48.78

해설 르 샤틀리에 공식 적용
(1+2+2)/[(1/1.1)+(2/5.0)+(2/2.7)] = 2.439

83 ④ 84 ① 85 ② 86 ② 87 ① **정답**

88 산업안전보건기준에 관한 규칙 중 급성 독성물질에 관한 기준 중 일부이다. (A)와 (B)에 알맞은 수치를 옳게 나타낸 것은?

- 쥐에 대한 경구투입실험에 의하여 실험동물의 50%를 사망시킬 수 있는 물질의 양, 즉 LD50(경구, 쥐)이 [kg]당 (A)mg-(체중) 이하인 화학물질
- 쥐 또는 토끼에 대한 경피흡수실험에 의하여 실험동물의 50%를 사망시킬 수 있는 물질의 양, 즉 LD50(경피, 토끼 또는 쥐)이 kg당 (B) [mg]-(체중) 이하인 화학물질

① A : 1000, B : 300　② A : 1000, B : 1000
③ A : 300, B : 300　④ A : 300, B : 1000

해설 LD50(경구, 쥐)이 [kg]당 300mg
LD50(경피, 토끼 또는 쥐)이 [kg]당 1000mg

89 이산화탄소소화약제의 특징으로 가장 거리가 먼 것은?

① 전기절연성이 우수하다.
② 액체로 저장할 경우 자체 압력으로 방사할 수 있다.
③ 기화상태에서 부식성이 매우 강하다.
④ 저장에 의한 변질이 없어 장기간 저장이 용이한 편이다.

해설 ③ 기화상태에서 부식이 되지 않는다.

90 분진폭발을 방지하기 위하여 첨가하는 불활성첨가물로 적합하지 않은 것은?

① 탄산칼슘　② 모래
③ 석분　④ 마그네슘

해설 ④ 마그네슘은 분진의 폭발 물질

91 다음 중 가연성 가스이며 독성 가스에 해당하는 것은?

① 수소　② 프로판
③ 산소　④ 일산화탄소

해설 일산화탄소는 폭발등급 G1 가연성 가스이며, 독성 가스(연탄가스)이다.

92 위험물질을 저장하는 방법으로 틀린 것은?

① 황린은 물속에 저장
② 나트륨은 석유 속에 저장
③ 칼륨은 석유 속에 저장
④ 리튬은 물속에 저장

해설 ④ 리튬은 석유 속에 저장하며, 리튬은 금수성 물질로 물과 접촉할 경우 화재나 폭발의 위험성이 증가한다.

93 다음 중 인화성 가스가 아닌 것은?

① 부탄　② 메탄
③ 수소　④ 산소

해설 ④ 산소는 연소를 도와주는 조연성 가스이다.

94 다음 중 자연 발화의 방지법으로 가장 거리가 먼 것은?

① 직접 인화할 수 있는 불꽃과 같은 점화원만 제거하면 된다.
② 저장소 등의 주위 온도를 낮게 한다.
③ 습기가 많은 곳에는 저장하지 않는다.
④ 통풍이나 저장법을 고려하여 열의 축적을 방지한다.

정답 88 ④　89 ③　90 ④　91 ④　92 ④　93 ④　94 ①

해설 ◉ 자연 발화 방지법
- 통풍이 잘되게 할 것
- 저장실 온도를 낮출 것
- 열이 축적되지 않는 퇴적방법을 선택할 것
- 습도가 높지 않도록 할 것

95 **인화성 가스가 발생할 우려가 있는 지하작업장에서 작업을 할 경우 폭발이나 화재를 방지하기 위한 조치사항 중 가스의 농도를 측정하는 기준으로 적절하지 않은 것은?**

① 매일 작업을 시작하기 전에 측정한다.
② 가스의 누출이 의심되는 경우 측정한다.
③ 장시간 작업할 때에는 매 8시간마다 측정한다.
④ 가스가 발생하거나 정체할 위험이 있는 장소에 대하여 측정한다.

해설 ③ 장시간 작업할 때에는 매 4시간마다 측정한다.

96 **위험물 또는 가스에 의한 화재를 경보하는 기구에 필요한 설비가 아닌 것은?**

① 간이완강기 ② 자동화재감지기
③ 축전지설비 ④ 자동화재수신기

해설 ① 간이완강기는 피난기구이다.
◉ **위험물 · 가스화재 경보설비** : 자동화재감지기, 축전지설비, 가스누출감지기, 경보기, 자동화재수신기, 자동경보장치 등

97 **산업안전보건기준에 관한 규칙에서 지정한 '화학설비 및 그 부속설비의 종류' 중 화학설비의 부속설비에 해당하는 것은?**

① 응축기 · 냉각기 · 가열기 등의 열교환기류
② 반응기 · 혼합조 등의 화학물질 반응 또는 혼합장치
③ 펌프류 · 압축기 등의 화학물질 이송 또는 압축설비
④ 온도 · 압력 · 유량 등을 지시 · 기록하는 자동제어 관련 설비

해설 ◉ **화학설비의 부속설비**(안전보건규칙 별표 7)
- 배관 · 밸브 · 관 · 부속류 등 화학물질 이송 관련 설비
- 온도 · 압력 · 유량 등을 지시 · 기록 등을 하는 자동제어 관련 설비
- 안전밸브 · 안전판 · 긴급차단 또는 방출밸브 등 비상조치 관련 설비
- 가스누출감지 및 경보 관련 설비
- 세정기, 응축기, 벤트스택(bent stack), 플레어스택(flare stack) 등 폐가스처리설비
- 사이클론, 백필터(bag filter), 전기집진기 등 분진처리설비
- 위의 설비를 운전하기 위하여 부속된 전기 관련 설비
- 정전기 제거장치, 긴급 샤워설비 등 안전 관련 설비

98 **다음 중 반응기를 조작방식에 따라 분류할 때 이에 해당하지 않는 것은?**

① 회분식 반응기 ② 반회분식 반응기
③ 연속식 반응기 ④ 관형식 반응기

해설
- **조작(운전)방식에 의한 분류** : 회분식, 반회분식, 연속식
- **구조에 의한 분류** : 관형반응기, 탑형반응기, 교반기형반응기, 유동층형반응기

95 ③ 96 ① 97 ④ 98 ④ 정답

99 다음 중 물과 반응하여 수소가스를 발생할 위험이 가장 낮은 물질은?

① Mg ② Zn
③ Cu ④ Na

해설 ③ Cu(구리)는 물과 반응하지 않는다.
①·②·④ 마그네슘, 아연, 나트륨은 제3류 위험물로 물과 반응해 수소가스를 발생시킨다.

100 다음 중 가연성 물질이 연소하기 쉬운 조건으로 옳지 않은 것은?

① 연소 발열량이 클 것
② 점화에너지가 작을 것
③ 산소와 친화력이 클 것
④ 입자의 표면적이 작을 것

해설 ④ 입자의 표면적이 클 것

6과목 건설안전기술

101 부두·안벽 등 하역작업을 하는 장소에서 부두 또는 안벽의 선을 따라 통로를 설치하는 경우에는 폭을 최소 얼마 이상으로 해야 하는가?

① 70cm ② 80cm
③ 90cm ④ 100cm

해설 부두 또는 안벽의 선을 따라 통로를 설치하는 경우에는 폭을 90cm 이상으로 할 것(안전보건규칙 제390조 제2호)

102 건설작업장에서 근로자가 상시 작업하는 장소의 작업면 조도기준으로 옳지 않은 것은? (단, 갱내 작업장과 감광재료를 취급하는 작업장의 경우는 제외)

① 초정밀작업 : 600lux 이상
② 정밀작업 : 300lux 이상
③ 보통작업 : 150lux 이상
④ 초정밀, 정밀, 보통작업을 제외한 기타 작업 : 75lux 이상

해설 **작업장별 조도기준**(안전보건규칙 제8조)
- **초정밀작업** : 750lux 이상
- **정밀작업** : 300lux 이상
- **보통작업** : 150lux 이상
- **그 밖의 작업** : 75lux 이상

103 승강기 강선의 과다감기를 방지하는 장치는?

① 비상정지장치 ② 권과방지장치
③ 해지장치 ④ 과부하방지장치

해설 **권과방지장치** : 와이어 로프가 일정한 정도 이상으로 감기는 것을 방지하는 장치

정답 99 ③ 100 ④ 101 ③ 102 ① 103 ②

104 흙막이 지보공을 설치하였을 때 정기적으로 점검하여야 할 사항과 거리가 먼 것은?

① 경보장치의 작동상태
② 부재의 손상·변형·부식·변위 및 탈락의 유무와 상태
③ 버팀대의 긴압(緊壓)의 정도
④ 부재의 접속부·부착부 및 교차부의 상태

해설 **흙막이 지보공 설치 시 정기적 점검사항**(안전보건규칙 제347조 제1항)
- 부재의 손상·변형·부식·변위 및 탈락의 유무와 상태
- 버팀대의 긴압(緊壓)의 정도
- 부재의 접속부·부착부 및 교차부의 상태
- 침하의 정도

105 사질지반 굴착 시, 굴착부와 지하수위차가 있을 때 수두차에 의하여 삼투압이 생겨 흙막이벽 근입부분을 침식하는 동시에 모래가 액상화되어 솟아오르는 현상은?

① 동상현상 ② 연화현상
③ 보일링현상 ④ 히빙현상

해설 **보일링현상** : 지하 수위가 높은 사질토에서 발생하며 지면의 액상화 현상, 굴착면과 배면토의 수두차에 의해 삼투압현상이 발생하는 것

106 건설업 중 교량건설 공사의 유해위험방지계획서를 제출하여야 하는 기준으로 옳은 것은?

① 최대 지간길이가 40m 이상인 다리의 건설 등 공사
② 최대 지간길이가 50m 이상인 다리의 건설 등 공사
③ 최대 지간길이가 60m 이상인 다리의 건설 등 공사
④ 최대 지간길이가 70m 이상인 다리의 건설 등 공사

해설 최대 지간길이(다리의 기둥과 기둥의 중심사이의 거리)가 50m 이상인 다리의 건설 등 공사(산업안전보건법 시행령 제42조 제3항)

107 구축물이 풍압·지진 등에 의하여 붕괴 또는 전도하는 위험을 예방하기 위한 조치와 가장 거리가 먼 것은?

① 설계도면을 준수하여 필요한 조치
② 시방서 등을 준수하여 필요한 조치
③ 「건축물의 구조기준 등에 관한 규칙」에 따른 구조 설계도서, 해체계획서 등 설계도서를 준수하여 필요한 조치
④ 보호구 및 방호장치의 성능검정 합격품을 사용했는지 확인

해설 **구축물 등의 안전 유지**(안전보건규칙 제51조)
사업주는 구축물 등이 고정하중, 적재하중, 시공·해체 작업 중 발생하는 하중, 적설, 풍압(風壓), 지진이나 진동 및 충격 등에 의하여 전도·폭발하거나 무너지는 등의 위험을 예방하기 위하여 설계도면, 시방서(示方書), 「건축물의 구조기준 등에 관한 규칙」 제2조 제15호에 따른 구조설계도서, 해체계획서 등 설계도서를 준수하여 필요한 조치를 해야 한다.

108 철골건립준비를 할 때 준수하여야 할 사항과 가장 거리가 먼 것은?

① 지상 작업장에서 건립준비 및 기계기구를 배치할 경우에는 낙하물의 위험이 없는 평탄한 장소를 선정하여 정비하고 경사지에는 작업대나 임시발판 등을 설치하는 등 안전조치를 한 후 작업하여야 한다.
② 건립작업에 다소 지장이 있다하더라도 수목은 제거하여서는 안 된다.
③ 사용 전에 기계기구에 대한 정비 및 보수를 철저히 실시하여야 한다.
④ 기계에 부착된 앵커 등 고정장치와 기초구조 등을 확인하여야 한다.

해설 ② 건립작업에 다소 지장이 있다면 수목은 제거하여 안전작업을 실시하여야 한다.

104 ① 105 ③ 106 ② 107 ④ 108 ② 정답

109 건설현장에서 높이 5m 이상인 콘크리트 교량의 설치작업을 하는 경우 재해예방을 위해 준수해야 할 사항으로 옳지 않은 것은?

① 작업을 하는 구역에는 관계 근로자가 아닌 사람의 출입을 금지할 것
② 재료, 기구 또는 공구 등을 올리거나 내릴 경우에는 근로자로 하여금 크레인을 이용하도록 하고, 달줄, 달포대 등의 사용을 금하도록 할 것
③ 중량물 부재를 크레인 등으로 인양하는 경우에는 부재에 인양용 고리를 견고하게 설치하고, 인양용 로프는 부재에 두 군데 이상 결속하여 인양하여야 하며, 중량물이 안전하게 거치되기 전까지는 걸이로프를 해제시키지 아니할 것
④ 자재나 부재의 낙하・전도 또는 붕괴 등에 의하여 근로자에게 위험을 미칠 우려가 있을 경우에는 출입금지구역의 설정, 자재 또는 가설시설의 좌굴(挫屈) 또는 변형 방지를 위한 보강재 부착 등의 조치를 할 것

해설 ② 재료, 기구 또는 공구 등을 올리거나 내릴 경우에는 근로자로 하여금 달줄, 달포대 등을 사용하게 해야 한다.

110 건축공사[법 개정 전 : 일반건설공사(갑)]로서 대상액이 5억원 이상 50억원 미만인 경우에 산업안전보건관리비의 비율(가) 및 기초액(나)으로 옳은 것은?

① (가) 1.86%, (나) 5,349,000원
② (가) 1.99%, (나) 5,499,000원
③ (가) 2.35%, (나) 5,400,000원
④ (가) 1.57%, (나) 4,411,000원

해설

구분 / 공사 종류	대상액 5억원 미만인 경우 적용 비율 [%]	대상액 5억원 이상 50억원 미만인 경우		대상액 50억원 이상인 경우 적용 비율 [%]	영 별표5에 따른 보건 관리자 선임 대상 건설 공사의 적용비율 [%]
		적용 비율 [%]	기초액		
건축공사	2.93%	1.86%	5,349,000원	1.97%	2.15%
토목공사	3.09%	1.99%	5,499,000원	2.10%	2.29%
중건설 공사	3.43%	2.35%	5,400,000원	2.44%	2.66%
특수건설 공사	1.85%	1.20%	3,250,000원	1.27%	1.38%

111 중량물을 운반할 때의 바른 자세로 옳은 것은?

① 허리를 구부리고 양손으로 들어올린다.
② 중량은 보통 체중의 60%가 적당하다.
③ 물건은 최대한 몸에서 멀리 떼어서 들어올린다.
④ 길이가 긴 물건은 앞쪽을 높게 하여 운반한다.

해설 ④ 중량물을 운반할 때 길이가 긴 물건은 앞쪽을 높게 하여 운반한다.

112 추락방지용 방망의 그물코의 크기가 10cm인 신품 매듭 방망사의 인장강도는 몇 [kg] 이상이어야 하는가?

① 80　② 110
③ 150　④ 200

해설

그물코의 크기 (단위 : cm)	방망의 종류(단위 : kg)	
	매듭 없는 방망	매듭 방망
10	240	200
5	–	110

정답 109 ② 110 ① 111 ④ 112 ④

113 **다음 중 방망에 표시해야 할 사항이 아닌 것은?**

① 방망의 신축성 ② 제조자명
③ 제조년월 ④ 재봉 치수

해설 ▶ **방망에 표시해야 할 사항** : 제조자명, 제조연월, 재봉 치수, 그물코, 신품일 경우 방망의 강도

114 **강관비계 조립 시의 준수사항으로 옳지 않은 것은?**

① 비계기둥에는 미끄러지거나 침하하는 것을 방지하기 위하여 밑받침철물을 사용한다.
② 지상높이 4층 이하 또는 12m 이하인 건축물의 해체 및 조립 등의 작업에서만 사용한다.
③ 교차가새로 보강한다.
④ 외줄비계·쌍줄비계 또는 돌출비계에 대해서는 벽이음 및 버팀을 설치한다.

해설 ▶ **강관비계 조립 시 준수사항**(안전보건규칙 제59조)
- 비계기둥에는 미끄러지거나 침하하는 것을 방지하기 위하여 밑받침철물을 사용하거나 깔판·받침목 등을 사용하여 밑둥잡이를 설치하는 등의 조치를 할 것
- 강관의 접속부 또는 교차부(交叉部)는 적합한 부속철물을 사용하여 접속하거나 단단히 묶을 것
- 교차가새로 보강할 것
- 외줄비계·쌍줄비계 또는 돌출비계에 대해서는 벽이음 및 버팀을 설치할 것. 다만, 창틀의 부착 또는 벽면의 완성 등의 작업을 위하여 벽이음 또는 버팀을 제거하는 경우, 그 밖에 작업의 필요상 부득이한 경우로서 해당 벽이음 또는 버팀 대신 비계기둥 또는 띠장에 사재(斜材)를 설치하는 등 비계가 넘어지는 것을 방지하기 위한 조치를 한 경우에는 그러하지 아니하다.

115 **사다리식 통로 등을 설치하는 경우 고정식 사다리식 통로의 기울기는 최대 몇 [°] 이하로 하여야 하는가?**

① 60° ② 75°
③ 80° ④ 90°

해설 사다리식 통로의 기울기는 75° 이하로 할 것. 다만, 고정식 사다리식 통로의 기울기는 90° 이하로 하고, 그 높이가 7m 이상인 경우에는 바닥으로부터 높이가 2.5m 되는 지점부터 등받이 울을 설치할 것(안전보건규칙 제24조 제1항 제9호)

116 **산업안전보건법령에 따른 동바리를 조립하는 경우의 준수사항으로 옳지 않은 것은?**

① 개구부 상부에 동바리를 설치하는 경우에는 상부하중을 견딜 수 있는 견고한 받침대를 설치할 것
② 동바리의 이음은 같은 품질의 재료를 사용할 것
③ 강재의 접속부 및 교차부는 철선을 사용하여 단단히 연결할 것
④ 거푸집의 형상에 따른 부득이한 경우를 제외하고는 깔판이나 받침목은 2단 이상 끼우지 않도록 할 것

해설 ▶ **동바리 조립 시의 안전조치**(안전보건규칙 제332조)
- 받침목이나 깔판의 사용, 콘크리트 타설, 말뚝박기 등 동바리의 침하를 방지하기 위한 조치를 할 것
- 동바리의 상하 고정 및 미끄러짐 방지 조치를 할 것
- 상부·하부의 동바리가 동일 수직선상에 위치하도록 하여 깔판·받침목에 고정시킬 것
- 개구부 상부에 동바리를 설치하는 경우에는 상부하중을 견딜 수 있는 견고한 받침대를 설치할 것
- U헤드 등의 단판이 없는 동바리의 상단에 멍에 등을 올릴 경우에는 해당 상단에 U헤드 등의 단판을 설치하고, 멍에 등이 전도되거나 이탈되지 않도록 고정시킬 것
- 동바리의 이음은 같은 품질의 재료를 사용할 것
- 강재의 접속부 및 교차부는 볼트·클램프 등 전용철물을 사용하여 단단히 연결할 것
- 거푸집의 형상에 따른 부득이한 경우를 제외하고는 깔판이나 받침목은 2단 이상 끼우지 않도록 할 것
- 깔판이나 받침목을 이어서 사용하는 경우에는 그 깔판·받침목을 단단히 연결할 것

113 ① 114 ② 115 ④ 116 ③ 정답

117 타워 크레인(Tower Crane)을 선정하기 위한 사전 검토사항으로서 가장 거리가 먼 것은?

① 붐의 모양　② 인양능력
③ 작업반경　④ 붐의 높이

해설 타워크레인을 선정하기 위해서는 인양능력, 작업반경, 붐의 높이를 사전검토해야 한다.

118 건설현장에서 근로자의 추락재해를 예방하기 위한 안전난간을 설치하는 경우 그 구성요소와 거리가 먼 것은?

① 상부난간대　② 중간난간대
③ 사다리　④ 발끝막이판

해설 **안전난간의 구성요소**(안전보건규칙 제13조) : 상부난간대, 중간난간대, 발끝막이판, 난간기둥

119 달비계(곤돌라의 달비계는 제외)의 최대적재하중을 정하는 경우에 사용하는 안전계수의 기준으로 옳은 것은?

① 달기체인의 안전계수 : 10 이상
② 달기강대와 달비계의 하부 및 상부지점의 안전계수(목재의 경우) : 2.5 이상
③ 달기와이어로프의 안전계수 : 5 이상
④ 달기강선의 안전계수 : 10 이상

해설
- 달기 와이어로프 및 달기 강선의 안전계수 : 10 이상
- 달기 체인 및 달기 훅의 안전계수 : 5 이상
- 달기 강대와 달비계의 하부 및 상부 지점의 안전계수 : 강재(鋼材)의 경우 2.5 이상, 목재의 경우 5 이상

※ 안전계수는 와이어로프 등의 절단하중 값을 그 와이어로프 등에 걸리는 하중의 최댓값으로 나눈 값을 말한다.

120 달비계의 구조에서 달비계 작업발판의 폭은 최소 얼마 이상이어야 하는가?

① 30cm　② 40cm
③ 50cm　④ 60cm

해설 작업발판의 폭을 40cm 이상으로 하고, 틈새가 없도록 할 것(안전보건규칙 제63조 제1항 제6호)

정답 117 ① 118 ③ 119 ④ 120 ②

2019년 제2회 기출 복원문제

1과목 안전관리론

01 허츠버그(Herzberg)의 일을 통한 동기부여 원칙으로 틀린 것은?

① 새롭고 어려운 업무의 부여
② 교육을 통한 간접적 정보제공
③ 자기과업을 위한 작업자의 책임감 증대
④ 작업자에게 불필요한 통제를 배제

해설 **동기요인**(직무내용, 고차원적 요구)
- 성취감
- 책임감
- 인정감
- 성장과 발전
- 도전감
- 일 그 자체

02 산업안전보건법령상 환기가 극히 불량한 좁고 밀폐된 장소에서 용접작업을 하는 근로자 대상의 특별안전보건교육 교육내용에 해당하지 않는 것은? (단, 기타 안전보건관리에 필요한 사항은 제외한다.)

① 환기설비에 관한 사항
② 작업환경 점검에 관한 사항
③ 질식 시 응급조치에 관한 사항
④ 화재예방 및 초기대응에 관한 사항

해설 **특별교육 대상 작업별 교육**(밀폐된 장소에서의 용접 작업 또는 습한 장소에서 하는 전기용접 작업)
- 작업순서, 안전작업방법 및 수칙에 관한 사항
- 환기설비에 관한 사항
- 전격 방지 및 보호구 착용에 관한 사항
- 질식 시 응급조치에 관한 사항
- 작업환경 점검에 관한 사항
- 그 밖에 안전보건관리에 필요한 사항

03 다음의 무재해운동의 이념 중 "선취의 원칙"에 대한 설명으로 가장 적절한 것은?

① 사고의 잠재요인을 사후에 파악하는 것
② 근로자 전원이 일체감을 조성하여 참여하는 것
③ 위험요소를 사전에 발견, 파악하여 재해를 예방 또는 방지하는 것
④ 관리감독자 또는 경영층에서의 자발적 참여로 안전 활동을 촉진하는 것

해설 **안전제일의 원칙**(선취의 원칙) : 행동하기 전, 잠재위험요인을 발견하고 파악, 해결하여 재해를 예방하는 것

04 산업안전보건법령상 유기화합물용 방독마스크의 시험가스로 옳지 않은 것은?

① 이소부탄 ② 시클로헥산
③ 디메틸에테르 ④ 염소가스 또는 증기

해설 **방독마스크의 시험가스**
- **유기화합물용** : 시클로헥산, 디메틸에테르, 이소부탄
- **할로겐용** : 염화가스 또는 증기
- **황화수소용** : 황화수소가스
- **시안화수소용** : 시안화수소가스
- **아황산용** : 아황산가스
- **암모니아용** : 암모니아가스

01 ② 02 ④ 03 ③ 04 ④ 정답

05 산업안전보건법령상 근로자 안전보건교육 중 작업내용 변경 시의 교육을 할 때 일용근로자 및 근로계약기간이 1주일 이하인 기간제 근로자를 제외한 근로자의 교육시간으로 옳은 것은?

① 1시간 이상 ② 2시간 이상
③ 4시간 이상 ④ 8시간 이상

해설 ➋ 근로자 안전보건교육

교육과정	교육대상		교육시간
정기교육	사무직 종사 근로자		매반기 6시간 이상
	그 밖의 근로자	판매업무에 직접 종사하는 근로자	매반기 6시간 이상
		판매업무에 직접 종사하는 근로자 외의 근로자	매반기 12시간 이상
채용 시 교육	일용근로자 및 근로계약기간이 1주일 이하인 기간제근로자		1시간 이상
	근로계약기간이 1주일 초과 1개월 이하인 기간제근로자		4시간 이상
	그 밖의 근로자		8시간 이상
작업내용 변경 시 교육	일용근로자 및 근로계약기간이 1주일 이하인 기간제근로자		1시간 이상
	그 밖의 근로자		2시간 이상
특별교육	일용근로자 및 근로계약기간이 1주일 이하인 기간제근로자: 별표 5 제1호 라목(제39호는 제외한다)에 해당하는 작업에 종사하는 근로자에 한정한다.		2시간 이상
	일용근로자 및 근로계약기간이 1주일 이하인 기간제근로자: 별표 5 제1호 라목 제39호에 해당하는 작업에 종사하는 근로자에 한정한다.		8시간 이상
	일용근로자 및 근로계약기간이 1주일 이하인 기간제근로자를 제외한 근로자: 별표 5 제1호 라목에 해당하는 작업에 종사하는 근로자에 한정한다.		• 16시간 이상(최초 작업에 종사하기 전 4시간 이상 실시하고 12시간은 3개월 이내에서 분할하여 실시 가능) • 단기간 작업 또는 간헐적 작업인 경우에는 2시간 이상
건설업 기초안전·보건교육	건설 일용근로자		4시간 이상

06 매슬로우의 욕구단계이론 중 자기의 잠재력을 최대한 살리고 자기가 하고 싶었던 일을 실현하려는 인간의 욕구에 해당하는 것은?

① 생리적 욕구
② 사회적 욕구
③ 자아실현의 욕구
④ 학생의 학습과 과정의 평가를 과학적으로 할 수 있다.

해설 ➋ **매슬로우 욕구단계이론** : 하위 단계가 충족되어야 상위 단계로 진행

- **자아실현의 욕구** : 잠재능력의 극대화, 성취의 욕구
- **인정받으려는 욕구** : 자존심, 성취감, 승진 등 자존의 욕구
- **사회적 욕구** : 소속감과 애정에 대한 욕구
- **안전의 욕구** : 자기존재에 대한 욕구, 보호받으려는 욕구
- **생리적 욕구** : 기본적 욕구로서 강도가 가장 높은 욕구

07 수업매체별 장·단점 중 '컴퓨터 수업(computer assisted instruction)'의 장점으로 옳지 않은 것은?

① 개인차를 최대한 고려할 수 있다.
② 학습자가 능동적으로 참여하고, 실패율이 낮다.
③ 교사와 학습자가 시간을 효과적으로 이용할 수 없다.
④ 학생의 학습과 과정의 평가를 과학적으로 할 수 있다.

정답 05 ② 06 ③ 07 ③

해설 ❯ **컴퓨터 수업의 장점**
- 개인차를 최대한 고려할 수 있다.
- 학습자가 능동적으로 참여하고, 실패율이 낮다.
- 교사와 학습자가 시간을 효과적으로 이용할 수 있다.
- 학생의 학습과 과정의 평가를 과학적으로 할 수 있다.

08 산업안전보건법령상 산업안전보건위원회의 구성에서 사용자위원 구성원이 아닌 것은? (단, 해당 위원이 사업장에 선임이 되어 있는 경우에 한한다.)

① 안전관리자　　② 보건관리자
③ 산업보건의　　④ 명예산업안전감독관

해설 ❯ **산업안전보건위원회의 사용자위원**
- 해당 사업의 대표자(같은 사업으로서 다른 지역에 사업장이 있는 경우에는 그 사업장의 안전보건관리책임자)
- 안전관리자(안전관리자를 두어야 하는 사업장으로 한정하되, 안전관리자의 업무를 안전관리전문기관에 위탁한 사업장의 경우에는 그 안전관리전문기관의 해당 사업장 담당자) 1명
- 보건관리자(보건관리자를 두어야 하는 사업장으로 한정하되, 보건관리자의 업무를 보건관리전문기관에 위탁한 사업장의 경우에는 그 보건관리전문기관의 해당 사업장 담당자) 1명
- 산업보건의(해당 사업장에 선임되어 있는 경우로 한정)
- 해당 사업의 대표자가 지명하는 9명 이내의 해당 사업장 부서의 장

09 다음 중 상황성 누발자의 재해유발원인으로 옳지 않은 것은?

① 작업의 난이성　　② 기계설비의 결함
③ 도덕성의 결여　　④ 심신의 근심

해설 ❯ **상황성 누발자 재해유발원인**
- 작업 자체가 어렵기 때문
- 기계설비의 결함존재
- 주위 환경상 주의력 집중 곤란
- 심신에 근심 걱정이 있기 때문

10 다음 중 안전보건교육의 단계별 교육과정 순서로 옳은 것은?

① 안전 태도교육 → 안전 지식교육 → 안전 기능교육
② 안전 지식교육 → 안전 기능교육 → 안전 태도교육
③ 안전 기능교육 → 안전 지식교육 → 안전 태도교육
④ 안전 자세교육 → 안전 지식교육 → 안전 기능교육

해설 ❯ **안전보건교육의 단계별 교육과정**
- **지식교육** : 기초지식주입, 광범위한 지식의 습득 및 전달
- **기능교육** : 교육자가 스스로 행함, 경험과 적응, 전문적 기술 기능, 작업능력 및 기술능력부여, 작업동작의 표준화, 교육기간의 장기화, 대규모 인원에 대한 교육 곤란
- **태도교육** : 습관형성, 안전의식향상, 안전책임감 주입

11 재해통계에 있어 강도율이 2.0인 경우에 대한 설명으로 옳은 것은?

① 재해로 인해 전체 작업비용의 2.0%에 해당하는 손실이 발생하였다.
② 근로자 100명당 2.0건의 재해가 발생하였다.
③ 근로시간 1000시간당 2.0건의 재해가 발생하였다.
④ 근로시간 1000시간당 2.0일의 근로손실일수가 발생하였다.

해설 ❯ **근로시간 합계 1000시간당 재해로 인한 근로손실일수**

$$강도율 = \frac{총요양근로손실일수}{연근로시간수} \times 1000$$

$$환산강도율 = 강도율 \times 100$$

- **근로손실일수 계산 시 주의 사항**
  휴업일수는 300/365 × 휴업일수로 손실일수 계산
  ※ 강도율이 2.0이라는 뜻 : 연간 1000시간당 작업 시 근로손실일수가 2.0일

08 ④　09 ③　10 ②　11 ④ **정답**

12 산업안전보건법령상 안전모의 시험성능기준 항목으로 옳지 않은 것은?

① 내열성　　② 턱끈풀림
③ 내관통성　　④ 충격흡수성

해설 ▶ 안전모의 시험 성능기준
- 내관통성시험
- 충격흡수성시험
- 내전압성시험
- 내수성시험
- 난연성시험
- 턱끈풀림

13 다음 중 산업안전심리의 5대 요소에 포함되지 않는 것은?

① 습관　　② 동기
③ 감정　　④ 지능

해설 ▶ 산업안전심리의 5대 요소
- 습관
- 동기
- 감정
- 습성
- 기질

14 교육훈련 방법 중 OJT(On the Job Training)의 특징으로 옳지 않은 것은?

① 동시에 다수의 근로자들을 조직적으로 훈련이 가능하다.
② 개개인에게 적절한 지도 훈련이 가능하다.
③ 훈련효과에 의해 상호 신뢰 및 이해도가 높아진다.
④ 직장의 실정에 맞게 실제적 훈련이 가능하다.

해설 ▶ OJT(On the Job Training)의 특징
- 직장의 현장 실정에 맞는 구체적이고 실질적인 교육이 가능하다.
- 교육의 효과가 업무에 신속하게 반영된다.
- 교육의 이해도가 빠르고 동기부여가 쉽다.
- 개인의 능력과 적성에 알맞은 맞춤교육이 가능하다.

15 기술교육의 형태 중 존 듀이(J. Dewey)의 사고과정 5단계에 해당하지 않는 것은?

① 추론한다.　　② 시사를 받는다.
③ 가설을 설정한다.　　④ 가슴으로 생각한다.

해설 ▶ 듀이(J. Dewey)의 사고과정 5단계
- **제1단계** : 시사(Suggestion)를 받는다.
- **제2단계** : 지식화(Intellectualization)한다.
- **제3단계** : 가설(Hypothesis)을 설정한다.
- **제4단계** : 추론(Reasoning)한다.
- **제5단계** : 행동에 의하여 가설을 검토한다.

16 연천인율 45인 사업장의 도수율은 얼마인가?

① 10.8　　② 18.75
③ 108　　④ 187.5

해설 연천인율 = 도수율×2.4
= 45/2.4

17 다음 중 산업안전보건법령상 안전인증대상 기계·기구 등의 안전인증 표시로 옳은 것은?

①

②

③

④

해설 안전인증대상 기계 등이 아닌 유해·위험기계 등의 안전인증의 표시

정답 12 ① 13 ④ 14 ① 15 ④ 16 ② 17 ①

18 불안전 상태와 불안전 행동을 제거하는 안전관리의 시책에는 적극적인 대책과 소극적인 대책이 있다. 다음 중 소극적인 대책에 해당하는 것은?

① 보호구의 사용
② 위험공정의 배제
③ 위험물질의 격리 및 대체
④ 위험성평가를 통한 작업환경 개선

해설

구분	원인	대책
외적 원인	작업, 환경조건 불량	환경정비
	작업순서 부적당	작업순서 조절
	작업강도	작업량, 시간, 속도 등의 조절
	기상조건	온도, 습도 등의 조절
내적 원인	소질적 요인	적성배치
	의식의 우회	상담
	경험 부족 및 미숙련	교육
	피로도	충분한 휴식
	정서불안정 등	심리적 안정 및 치료

19 다음 중 브레인스토밍(Brain Storming)의 4원칙을 올바르게 나열한 것은?

① 자유분방, 비판금지, 대량발언, 수정발언
② 비판자유, 소량발언, 자유분방, 수정발언
③ 대량발언, 비판자유, 자유분방, 수정발언
④ 소량발언, 자유분방, 비판금지, 수정발언

해설 ➲ **브레인스토밍의 원칙** : 비판금지, 대량발언, 수정발언, 자유발언이다.

20 안전조직 중에서 라인-스태프(Line-Staff) 조직의 특징으로 옳지 않은 것은?

① 라인형과 스태프형의 장점을 취한 절충식 조직 형태이다.
② 중규모 사업장(100명 이상~500명 미만)에 적합하다.
③ 라인의 관리, 감독자에게도 안전에 관한 책임과 권한이 부여된다.
④ 안전 활동과 생산업무가 분리될 가능성이 낮기 때문에 균형을 유지할 수 있다.

해설 ➲ **라인-스태프형 조직**(직계참모조직)

장점	• 안전지식 및 기술 축적 가능 • 안전지시 및 전달이 신속·정확하다. • 안전에 대한 신기술의 개발 및 보급이 용이하다. • 안전활동이 생산과 분리되지 않으므로 운용이 쉽다.
단점	• 명령계통과 지도·조언 및 권고적 참여가 혼동되기 쉽다. • 스태프의 힘이 커지면 라인이 무력해진다.
비고	대규모(1,000인 이상) 사업장에 적용

18 ① 19 ① 20 ② 정답

2과목 인간공학 및 시스템안전공학

21 정성적 표시장치의 설명으로 틀린 것은?

① 정성적 표시장치의 근본 자료 자체는 정량적인 것이다.
② 전력계에서와 같이 기계적 혹은 전자적으로 숫자가 표시된다.
③ 색채 부호가 부적합한 경우에는 계기판 표시 구간을 형상 부호화하여 나타낸다.
④ 연속적으로 변하는 변수의 대략적인 값이나 변화추세, 변화율 등을 알고자 할 때 사용된다.

해설 ❯ **정성적 표시장치**
- 온도, 압력, 속도처럼 연속적으로 변하는 변수의 대략적인 값이나 또는 변화 추세율 등을 알고자 할 때
- 정량적 자료를 정성적 판독의 근거로 사용할 경우

22 FT도에 사용하는 기호에서 3개의 입력현상 중 임의의 시간에 2개가 발생하면 출력이 생기는 기호의 명칭은?

① 억제 게이트
② 조합 AND 게이트
③ 배타적 OR 게이트
④ 우선적 AND 게이트

해설 ① **억제 게이트** : 수정기호를 병용해서 게이트 역할, 입력이 게이트 조건에 만족 시 발생
③ **배타적 OR 게이트** : OR 게이트인데 2개 또는 그 이상의 입력이 존재하는 경우에는 출력이 발생하지 않는다.
④ **우선적 AND 게이트** : 입력사상 중 어떤 사상이 다른 사상보다 앞에 일어났을 때 출력사상이 발생한다.

23 공정안전관리(process safety management : PSM)의 적용대상 사업장이 아닌 것은?

① 복합비료 제조업
② 농약 원제 제조업
③ 차량 등의 운송설비업
④ 합성수지 및 기타 플라스틱물질 제조업

해설 ❯ **유해하거나 위험한 설비로 보지 않는 사업장**
- 원자력 설비
- 군사시설
- 사업주가 해당 사업장 내에서 직접 사용하기 위한 난방용 연료의 저장설비 및 사용설비
- 도매·소매시설
- 차량 등의 운송설비
- 「액화석유가스의 안전관리 및 사업법」에 따른 액화석유가스의 충전·저장시설
- 「도시가스사업법」에 따른 가스공급시설
- 그 밖에 고용노동부장관이 누출·화재·폭발 등의 사고가 있더라도 그에 따른 피해의 정도가 크지 않다고 인정하여 고시하는 설비

24 아령을 사용하여 30분간 훈련한 후, 이두근의 근육 수축작용에 대한 전기적인 신호 데이터를 모았다. 이 데이터들을 이용하여 분석할 수 있는 것은 무엇인가?

① 근육의 질량과 밀도
② 근육의 활성도와 밀도
③ 근육의 피로도와 크기
④ 근육의 피로도와 활성도

해설 근육의 피로도와 활성도(근전도)

25 착석식 작업대의 높이 설계를 할 경우 고려해야 할 사항과 가장 관계가 먼 것은?

① 의자의 높이
② 대퇴 여유
③ 작업의 성격
④ 작업대의 형태

정답 21 ② 22 ② 23 ③ 24 ④ 25 ④

해설 ◎ 착석식 작업대의 높이 설계 시 고려 사항
- 조절식으로 설계하여 개인에 맞추는 것이 가장 바람직
- 작업 높이가 팔꿈치 높이와 동일
- 섬세한 작업(미세부품조립 등)일수록 높아야 하며(팔꿈치 높이보다 5~15cm), 거친 작업에는 약간 낮은 편이 유리
- 작업 면 하부 여유 공간이 가장 큰 사람의 대퇴부가 자유롭게 움직일 수 있도록 설계
- 의자의 높이, 작업대 두께, 대퇴 여유 등

26 결함수분석의 기대효과와 가장 관계가 먼 것은?

① 시스템의 결함 진단
② 시간에 따른 원인 분석
③ 사고원인 규명의 간편화
④ 사고원인 분석의 정량화

해설 ◎ 결함수분석의 기대효과
- 사고원인 규명의 간편화
- 사고원인 분석의 일반화
- 사고원인 분석의 정량화
- 노력, 시간의 절감
- 시스템의 결함 진단
- 안전점검표 작성

27 인간공학에 대한 설명으로 틀린 것은?

① 인간이 사용하는 물건, 설비, 환경의 설계에 적용된다.
② 인간을 작업과 기계에 맞추는 설계 철학이 바탕이 된다.
③ 인간 – 기계 시스템의 안전성과 편리성, 효율성을 높인다.
④ 인간의 생리적, 심리적인 면에서의 특성이나 한계점을 고려한다.

해설 ② 인간이 편리하게 사용할 수 있도록 기계 설비 및 환경을 설계하는 과정을 인간공학이라 한다.

28 빨강, 노랑, 파랑의 3가지 색으로 구성된 교통 신호등이 있다. 신호등은 항상 3가지 색 중 하나가 켜지도록 되어 있다. 1시간 동안 조사한 결과, 파란등은 총 30분 동안, 빨간등과 노란등은 각각 총 15분 동안 켜진 것으로 나타났다. 이 신호등의 총 정보량은 몇 [bit]인가?

① 0.5 ② 0.75
③ 1.0 ④ 1.5

해설 ◎ **정보량** : 실현 가능성이 같은 n개의 대안이 있을 때 총 정보량
- **시간**
  파랑 : 30/60 = 0.5
  빨강 : 15/60 = 0.25
  노랑 : 15/60 = 0.25
- **정보량**
  파랑 : $\log(\frac{1}{0.5})/\log(2) = 1$
  빨강, 노랑 : $\log(\frac{1}{0.25})/\log(2) = 2$
- **총정보량** = (0.5 × 1) + (0.25 × 2) + (0.25 × 2) = 1.5

29 다음과 같은 실내 표면에서 일반적으로 추천반사율의 크기를 맞게 나열한 것은?

㉠ 바닥 ㉡ 천장 ㉢ 가구 ㉣ 벽

① ㉠<㉣<㉢<㉡
② ㉣<㉠<㉡<㉢
③ ㉠<㉢<㉣<㉡
④ ㉣<㉡<㉠<㉢

해설 실내 표면에서의 추천반사율의 크기는 바닥<가구<벽<천장의 순서이다.

바닥	20~40%
가구, 사무용기기, 책상	25~45%
창문 발, 벽	40~60%
천장	80~90%

26 ② 27 ② 28 ④ 29 ③ 정답

30 어떤 결함수를 분석하여 minimal cut set을 구한 결과 다음과 같았다. 각 기본사상의 발생확률을 q_i, i=1, 2, 3이라 할 때, 정상사상의 발생확률함수로 맞는 것은?

$k_1=[1, 2]$ $k_2=[1, 3]$ $k_3=[2, 3]$

① $q_1q_2 + q_1q_2 - q_2q_3$

② $q_1q_2 + q_1q_3 - q_1q_2$

③ $q_1q_2 + q_1q_3 + q_2q_3 - q_1q_2q_3$

④ $q_1q_2 + q_1q_3 + q_2q_3 - 2q_1q_2q_3$

해설 $q_1q_2 + q_1q_3 + q_2q_3 - 2q_1q_2q_3$

31 산업안전보건법령에 따라 유해위험방지 계획서의 제출대상 사업은 해당 사업으로서 전기 계약용량이 얼마 이상의 사업인가?

① 150kW ② 200kW

③ 300kW ④ 500kW

해설 전기 계약용량이 300kW 이상인 경우를 말한다.

32 음량수준을 평가하는 척도와 관계없는 것은?

① HSI ② phon

③ dB ④ sone

해설 ① HSI(human-system interface) : 인간-시스템 인터페이스

33 인간의 오류모형에서 "알고 있음에도 의도적으로 따르지 않거나 무시한 경우"를 무엇이라 하는가?

① 실수(Slip) ② 착오(Mistake)

③ 건망증(Lapse) ④ 위반(Violation)

해설 ❯ 오류 유형
- Slip(실수) : 의도는 잘 했지만 행동은 의도한 것과 다르게 나타남.
- Mistake(착오) : 의도부터 잘못된 실수
- Lapse(건망증) : 기억도 안 난 건망증
- Violation(위반) : 일부러 범죄를 저지름.

34 그림과 같이 7개의 부품으로 구성된 시스템의 신뢰도는 약 얼마인가? (단, 네모 안의 숫자는 각 부품의 신뢰도이다.)

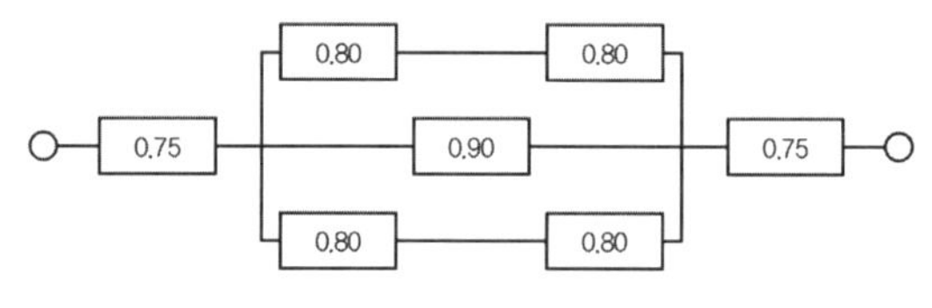

① 0.5552 ② 0.5427

③ 0.6234 ④ 0.9740

해설 $0.75\times[1-(1-0.80\times0.80)\times(1-0.90)\times(1-0.80\times0.80)]\times0.75=0.55521$

35 소음방지 대책에 있어 가장 효과적인 방법은?

① 음원에 대한 대책

② 수음자에 대한 대책

③ 전파경로에 대한 대책

④ 거리감쇠와 지향성에 대한 대책

해설 적극적인 방법이 가장 효과적이다.

정답 30 ④ 31 ③ 32 ① 33 ④ 34 ① 35 ①

36 화학설비에 대한 안정성 평가(safety assessment)에서 정량적 평가 항목이 아닌 것은?

① 습도 ② 온도
③ 압력 ④ 용량

해설 ▶ **정량적 평가 항목** : 화학설비의 취급물질, 용량, 온도, 압력, 조작

37 신체 부위의 운동에 대한 설명으로 틀린 것은?

① 굴곡(flexion)은 부위 간의 각도가 증가하는 신체의 움직임을 의미한다.
② 외전(abduction)은 신체 중심선으로부터 이동하는 신체의 움직임을 의미한다.
③ 내전(adduction)은 신체의 외부에서 중심선으로 이동하는 신체의 움직임을 의미한다.
④ 외선(lateral rotation)은 신체의 중심선으로부터 회전하는 신체의 움직임을 의미한다.

해설 ① **굴곡** : 관절에서의 각도가 감소

38 n개의 요소를 가진 병렬 시스템에 있어 요소의 수명(MTTF)이 지수분포를 따를 경우 이 시스템의 수명을 구하는 식으로 맞는 것은?

① $MTTF \times n$
② $MTTF \times \frac{1}{n}$
③ $MTTF(1 + \frac{1}{2} + \cdots + \frac{1}{n})$
④ $MTTF(1 \times \frac{1}{2} \times \cdots \times \frac{1}{n})$

해설 평균수명으로서 시스템 부품 등이 고장 나기까지의 동작시간 평균치이다. MTBF와 다른 점은 시스템을 수리하여 사용할 수 없는 경우 MTTF라고 한다.

$$MTTF_s = MTTF\left(1 + \frac{1}{2} + \frac{1}{3} + \cdots + \frac{1}{n}\right)$$

39 인간 전달 함수(Human Transfer Function)의 결점이 아닌 것은?

① 입력의 협소성
② 시점적 제약성
③ 정신운동의 묘사성
④ 불충분한 직무 묘사

해설 ▶ **인간 전달 함수의 단점**
- 입력의 협소성(= 한계성)
- 불충분한 직무묘사
- 시점적 제약성

40 고장형태와 영향분석(FMEA)에서 평가요소로 틀린 것은?

① 고장발생의 빈도
② 고장의 영향크기
③ 고장방지의 가능성
④ 기능적 고장 영향의 중요도

해설 ▶ FMEA(고장형태와 영향분석) **평가요소**
- 고장발생의 빈도
- 고장방지의 가능성
- 기능적 고장 영향의 중요도
- 영향을 미치는 시스템의 범위
- 신규설계의 정도

36 ① 37 ① 38 ③ 39 ③ 40 ② 정답

3과목 기계위험방지기술

41 프레스기에 설치하는 방호장치에 관한 사항으로 틀린 것은?

① 수인식 방호장치의 수인끈 재료는 합성섬유로 직경이 4mm 이상이어야 한다.
② 양수조작식 방호장치는 1행정마다 누름버튼에서 양손을 떼지 않으면 다음 작업의 동작을 할 수 없는 구조이어야 한다.
③ 광전자식 방호장치는 정상동작표시램프는 적색, 위험표시램프는 녹색으로 하며, 쉽게 근로자가 볼 수 있는 곳에 설치해야 한다.
④ 손쳐내기식 방호장치는 슬라이드 하행정거리의 3/4위치에서 손을 완전히 밀어내야 한다.

해설 ③ 광전자식 방호장치는 정상동작표시램프는 녹색, 위험표시램프는 적색으로 하며, 쉽게 근로자가 볼 수 있는 곳에 설치해야 한다.

42 회전 중인 연삭숫돌이 근로자에게 위험을 미칠 우려가 있을 시 덮개를 설치하여야 할 연삭숫돌의 최소 지름은?

① 지름이 5cm 이상인 것
② 지름이 10cm 이상인 것
③ 지름이 15cm 이상인 것
④ 지름이 20cm 이상인 것

해설 회전 중인 연삭숫돌(지름이 5cm 이상인 것으로 한정한다)이 근로자에게 위험을 미칠 우려가 있는 경우에 그 부위에 덮개를 설치하여야 한다.

43 프레스 금형부착, 수리 작업 등의 경우 슬라이드의 낙하를 방지하기 위하여 설치하는 것은?

① 슈트　　② 키이록
③ 안전블록　　④ 스트리퍼

해설 프레스 등의 금형을 부착·해체 또는 조정작업을 하는 때에는 신체의 일부가 위험한계 내에 들어갈 때에 슬라이드가 불시에 하강함으로써 발생하는 위험을 방지하기 위하여 안전블록을 사용하여야 한다.

44 다음 중 기계설비의 정비·청소·급유·검사·수리 등의 작업 시 근로자가 위험해질 우려가 있는 경우 필요한 조치와 거리가 먼 것은?

① 근로자의 위험방지를 위하여 해당 기계를 정지시킨다.
② 작업지휘자를 배치하여 갑작스러운 기계가동에 대비한다.
③ 기계 내부에 압출된 기체나 액체가 불시에 방출될 수 있는 경우에는 사전에 방출조치를 실시한다.
④ 기계 운전을 정지한 경우에는 기동장치에 잠금장치를 하고 다른 작업자가 그 기계를 임의 조작할 수 있도록 열쇠를 찾기 쉬운 곳에 보관한다.

해설 ④ 기계 운전을 정지한 경우에는 기동장치에 잠금장치를 하고 다른 작업자가 그 기계를 임의 조작할 수 없도록 열쇠를 감독자가 관리한다.

45 아세틸렌 용접 시 역류를 방지하기 위하여 설치하여야 하는 것은?

① 안전기　　② 청정기
③ 발생기　　④ 유량기

해설 안전기는 가스가 역류하고 역화 폭발을 할 때 위험을 확실히 방호할 수 있는 구조이어야 한다.

정답 41 ③ 42 ① 43 ③ 44 ④ 45 ①

46 **와이어 로프의 꼬임에 관한 설명으로 틀린 것은?**

① 보통꼬임에는 S꼬임이나 Z꼬임이 있다.
② 보통꼬임은 스트랜드의 꼬임방향과 로프의 꼬임방향이 반대로 된 것을 말한다.
③ 랭꼬임은 로프의 끝이 자유로이 회전하는 경우나 킹크가 생기기 쉬운 곳에 적당하다.
④ 랭꼬임은 보통꼬임에 비하여 마모에 대한 저항성이 우수하다.

해설 ③ 보통꼬임은 로프의 끝이 자유로이 회전하는 경우나 킹크가 생기기 쉬운 곳에 적당하다.

47 **구내운반차의 제동장치 준수사항에 대한 설명으로 틀린 것은?**

① 조명이 없는 장소에서 작업 시 전조등과 후미등을 갖출 것
② 운전석이 차 실내에 있는 것은 좌우에 한 개씩 방향지시기를 갖출 것
③ 핸들의 중심에서 차체 바깥 측까지의 거리가 70cm 이상일 것
④ 주행을 제동하거나 정지상태를 유지하기 위하여 유효한 제동장치를 갖출 것

해설 출제당시는 ③ 70cm가 아니라 65cm여서 ③이 답이었으나, 이 규정은 2021년 삭제되었다.

구내운반차의 제동장치 준수사항(안전보건규칙 제184조)

- 주행을 제동하거나 정지상태를 유지하기 위하여 유효한 제동장치를 갖출 것
- 경음기를 갖출 것
- 운전석이 차 실내에 있는 것은 좌우에 한개씩 방향지시기를 갖출 것
- 전조등과 후미등을 갖출 것. 다만, 작업을 안전하게 하기 위하여 필요한 조명이 있는 장소에서 사용하는 구내운반차에 대해서는 그러하지 아니하다.

48 **프레스의 방호장치 중 광전자식 방호장치에 관한 설명으로 틀린 것은?**

① 연속 운전작업에 사용할 수 있다.
② 핀클러치 구조의 프레스에 사용할 수 있다.
③ 기계적 고장에 의한 2차 낙하에는 효과가 없다.
④ 시계를 차단하지 않기 때문에 작업에 지장을 주지 않는다.

해설 ② 급정지장치가 없는 핀클러치 방식의 재래식 프레스에는 사용할 수 없다.

49 **다음 용접 중 불꽃 온도가 가장 높은 것은?**

① 산소 – 메탄 용접
② 산소 – 수소 용접
③ 산소 – 프로판 용접
④ 산소 – 아세틸렌 용접

해설
- **아세틸렌 용접** : 3460℃
- **프로판 용접** : 2820℃
- **메탄 용접** : 2700℃
- **수소 용접** : 2900℃

50 **기계설비 구조의 안전화 중 가공결함 방지를 위해 고려할 사항이 아닌 것은?**

① 안전율 ② 열처리
③ 가공경화 ④ 응력집중

해설 기계설비 구조의 안전화 중 가공결함 방지를 위해 고려할 사항은 열처리, 가공경화, 응력의 집중이다.

46 ③ 47 ③ 48 ② 49 ④ 50 ① **정답**

51 **다음 중 선반 작업 시 지켜야 할 안전수칙으로 거리가 먼 것은?**

① 작업 중 절삭칩이 눈에 들어가지 않도록 보안경을 착용한다.
② 공작물 세팅에 필요한 공구는 세팅이 끝난 후 바로 제거한다.
③ 상의의 옷자락은 안으로 넣고, 끈을 이용하여 소맷자락을 묶어 작업을 준비한다.
④ 공작물은 전원스위치를 끄고 바이트를 충분히 멀리 위치시킨 후 고정한다.

해설 ③ 상의의 옷자락은 안으로 넣고, 끈을 이용하지 않는다.

52 **회전수가 300rpm, 연삭숫돌의 지름이 200mm일 때 숫돌의 원주속도는 약 몇 [m/min]인가?**

① 60.0 ② 94.2
③ 150.0 ④ 188.5

해설 $\pi \times D \times N/1000$($D$: 직경[mm], N : 회전수[rpm])
$\pi \times 200 \times 300/1000 = 188.5$

53 **일반적으로 장갑을 착용해야 하는 작업은?**

① 드릴작업
② 밀링작업
③ 선반작업
④ 전기용접작업

해설 드릴, 밀링, 선반 작업은 말려들어갈 위험이 있어서 사용을 금지한다.

54 **산업용 로봇에 사용되는 안전 매트의 종류 및 일반구조에 관한 설명으로 틀린 것은?**

① 단선 경보장치가 부착되어 있어야 한다.
② 감응시간을 조절하는 장치가 부착되어 있어야 한다.
③ 감응도 조절장치가 있는 경우 봉인되어 있어야 한다.
④ 안전 매트의 종류는 연결사용 가능여부에 따라 단일 감지기와 복합 감지기가 있다.

해설 ② 감응시간을 조절하는 장치가 봉인되어 있어야 한다.

55 **지게차의 방호장치인 헤드가드에 대한 설명으로 맞는 것은?**

① 상부틀의 각 개구의 폭 또는 길이는 16cm 미만일 것
② 운전자가 앉아서 조작하는 방식의 지게차의 경우에는 운전자의 좌석 윗면에서 헤드가드의 상부틀 아랫면까지의 높이는 1.5m 이상일 것
③ 지게차에는 최대하중의 2배(5t을 넘는 값에 대해서는 5t으로 한다.)에 해당하는 등분포정하중에 견딜 수 있는 강도의 헤드가드를 설치하여야 한다.
④ 운전자가 서서 조작하는 방식의 지게차의 경우에는 운전석의 바닥면에서 헤드가드의 상부틀 하면까지의 높이는 1.8m 이상일 것

해설
- 강도는 지게차의 최대하중의 2배 값(4t을 넘는 값에 대해서는 4t으로 한다)의 등분포정하중(等分布靜荷重)에 견딜 수 있을 것
- 상부틀의 각 개구의 폭 또는 길이가 16cm 미만일 것
- 운전자가 앉아서 조작하거나 서서 조작하는 지게차의 헤드가드는 한국산업표준에서 정하는 높이 기준 이상일 것(좌식 0.903m 이상, 입식 1.88m 이상)

정답 51 ③ 52 ④ 53 ④ 54 ② 55 ①

56 컨베이어 방호장치에 대한 설명으로 맞는 것은?

① 역전방지장치에 롤러식, 라쳇식, 권과방지식, 전기브레이크식 등이 있다.
② 작업자가 임의로 작업을 중단할 수 없도록 비상정지장치를 부착하지 않는다.
③ 구동부 측면에 롤러 안내가이드 등의 이탈방지장치를 설치한다.
④ 롤러컨베이어의 롤 사이에 방호판을 설치할 때 롤과의 최대간격은 8mm이다.

해설 컨베이어 방호장치
1. **역전방지장치**
   - 기계식(라쳇식, 롤러식, 밴드식)
   - 전기식(전기브레이크, 스러스트브레이크)
2. **비상정지장치** : 근로자의 신체의 일부가 말려드는 등 근로자가 위험해질 우려가 있는 경우 및 비상시에는 즉시 컨베이어 등의 운전을 정지시킬 수 있는 장치를 설치하여야 한다.

57 가스 용접에 이용되는 아세틸렌가스 용기의 색상으로 옳은 것은?

① 녹색　② 회색
③ 황색　④ 청색

해설 ① 녹색 : 산소
② 회색 : 알곤, 질소
④ 청색 : 탄산가스

58 롤러가 맞물림점의 전방에 개구부의 간격을 30mm로 하여 가드를 설치하고자 한다. 가드의 설치 위치는 맞물림점에서 적어도 얼마의 간격을 유지하여야 하는가?

① 154mm　② 160mm
③ 166mm　④ 172mm

해설 개구부 간격 = 6 + 0.15X
30 = 6 + 0.15X
X = 160mm

59 비파괴시험의 종류가 아닌 것은?

① 자분 탐상시험　② 침투 탐상시험
③ 와류 탐상시험　④ 샤르피 충격시험

해설 비파괴 검사에는 육안검사, 누설검사, 침투검사, 초음파검사, 자기탐상, 음향, 방사선투과 등이 있다.

60 소음에 관한 사항으로 틀린 것은?

① 소음에는 익숙해지기 쉽다.
② 소음계는 소음에 한하여 계측할 수 있다.
③ 소음의 피해는 정신적, 심리적인 것이 주가 된다.
④ 소음이란 귀에 불쾌한 음이나 생활을 방해하는 음을 통틀어 말한다.

해설 ② 소음계는 소음이나 소음이 아닌 음의 레벨을 정해진 방법으로 계측하는 장비이다.

56 ③　57 ③　58 ②　59 ④　60 ② 정답

4과목 전기위험방지기술

61 전기기기, 설비 및 전선로 등의 충전 유무 등을 확인하기 위한 장비는?

① 위상검출기
② 디스콘 스위치
③ COS
④ 저압 및 고압용 검전기

해설 **검전기** : 저압용, 고압용, 특고압용 – 충전 유무 확인

62 다음 ( ) 안에 들어갈 내용으로 알맞은 것은?

> 과전류차단장치는 반드시 접지선이 아닌 전로에 ( )로 연결하여 과전류 발생 시 전로를 자동으로 차단하도록 설치할 것

① 직렬　② 병렬
③ 임시　④ 직병렬

해설 과전류차단장치는 반드시 접지선이 아닌 전로에 직렬로 연결하여 과전류 발생 시 전로를 자동으로 차단하도록 설치할 것

63 일반 허용접촉전압과 그 종별을 짝지은 것으로 틀린 것은?

① 제1종 : 0.5V 이하　② 제2종 : 25V 이하
③ 제3종 : 50V 이하　④ 제4종 : 제한 없음

해설

종별	허용접촉전압[V]
제1종	2.5V 이하
제2종	25V 이하
제3종	50V
제4종	무제한

64 누전된 전동기에 인체가 접촉하여 500mA의 누전전류가 흘렀고 정격감도전류 500mA인 누전차단기가 동작하였다. 이때 인체전류를 약 10mA로 제한하기 위해서는 전동기 외함에 설치할 접지저항의 크기는 약 몇 [Ω]인가? (단, 인체저항은 500[Ω]이며, 다른 저항은 무시한다.)

① 5　② 10
③ 50　④ 100

해설 **종합접지** : 10Ω 이하

65 내부에서 폭발하더라도 틈의 냉각 효과로 인하여 외부의 폭발성 가스에 착화될 우려가 없는 방폭구조는?

① 내압 방폭구조　② 유입 방폭구조
③ 안전증 방폭구조　④ 본질안전 방폭구조

해설 ② **유입방폭구조(o)** : 유입방폭구조는 아크 또는 고열을 발생하는 전기설비를 용기에 넣고 그 용기 안에 다시 기름을 채워서 외부의 폭발성 가스와 점화원이 접촉하여 인화할 위험이 없도록 하는 구조로 유입 개폐부분에는 가스를 빼내는 배기공을 설치하여야 한다.
③ **안전증방폭구조(e)** : 안전증방폭구조란 정상운전 중에 폭발성 가스 또는 증기에 점화원이 될 전기불꽃, 아크 또는 고온이 되어서는 안 될 부분에 이런 것의 발생을 방지하기 위하여 기계적, 전기적구조상 또는 온도상승에 대해서 특히 안전도를 증강 시킨 구조이다.
④ **본질안전방폭구조** : 정상시 및 사고시(단선, 단락, 지락 등)에 발생하는 전기 불꽃, 아크 또는 고온에 의하여 폭발성 가스 또는 증기에 점화되지 않는 것이 점화시험, 그 밖에 의하여 확인된 구조를 말한다.

정답 61 ④　62 ①　63 ①　64 ②　65 ①

66 내압 방폭구조에서 안전간극(safe gap)을 적게 하는 이유로 옳은 것은?

① 최소점화에너지를 높게 하기 위해
② 폭발화염이 외부로 전파되지 않도록 하기 위해
③ 폭발압력에 견디고 파손되지 않도록 하기 위해
④ 설치류가 전선 등을 훼손하지 않도록 하기 위해

해설 ◎ **안전간극(화염일주한계)을 적게 하는 이유**
- 최소점화에너지 이하로 열을 식히기 위해
- 폭발화염이 외부로 전파되지 않도록 하기 위해

67 정전작업 시 작업 전 조치하여야 할 실무사항으로 틀린 것은?

① 잔류전하의 방전
② 단락 접지기구의 철거
③ 검전기에 의한 정전확인
④ 개로개폐기의 잠금 또는 표시

해설 ◎ **정전작업 시 작업 전 조치사항**
- 잔류전하의 방전
- 검전기에 의한 정전확인
- 개로개폐기의 잠금 또는 표시
- 전기기기 등에 공급되는 모든 전원을 관련 도면, 배선도 등으로 확인할 것
- 전원을 차단한 후 각 단로기 등을 개방하고 확인할 것
- 차단장치나 단로기 등에 잠금장치 및 꼬리표를 부착할 것
- 개로된 전로에서 유도전압 또는 전기에너지가 축적되어 근로자에게 전기위험을 끼칠 수 있는 전기기기 등은 접촉하기 전에 잔류전하를 완전히 방전시킬 것
- 검전기를 이용하여 작업 대상 기기가 충전되었는지를 확인할 것
- 전기기기 등이 다른 노출 충전부와의 접촉, 유도 또는 예비동력원의 역송전 등으로 전압이 발생할 우려가 있는 경우에는 충분한 용량을 가진 단락 접지기구를 이용하여 접지할 것

68 인체감전보호용 누전차단기의 정격감도전류[mA]와 동작시간(초)의 최댓값은?

① 10mA, 0.03초　② 20mA, 0.01초
③ 30mA, 0.03초　④ 50mA, 0.1초

해설 정격감도전류 30mA 이하이며 동작시간은 0.03초 이내일 것

69 방폭전기기기의 온도등급의 기호는?

① E　② S
③ T　④ N

해설

온도등급	최고표면온도의 범위[℃]
T1	300 < t ≤ 450
T2	200 < t ≤ 300
T3	135 < t ≤ 200
T4	100 < t ≤ 135
T5	85 < t ≤ 100
T6	t ≤ 85

70 산업안전보건기준에 관한 규칙에서 일반 작업장에 전기위험 방지 조치를 취하지 않아도 되는 전압은 몇 [V] 이하인가?

① 24　② 30
③ 50　④ 100

해설 일반 작업장 전기위험 방지조치를 하지 않아도 되는 안전전압은 30V이다.

66 ② 67 ② 68 ③ 69 ③ 70 ② 정답

71 폭발위험장소에서의 본질안전 방폭구조에 대한 설명으로 틀린 것은?

① 본질안전 방폭구조의 기본적 개념은 점화능력의 본질적 억제이다.
② 본질안전 방폭구조는 Exib는 fault에 대한 2중 안전보장으로 0종~2종 장소에 사용할 수 있다.
③ 이론적으로는 모든 전기기기를 본질안전 방폭구조를 적용할 수 있으나, 동력을 직접 사용하는 기기는 실제적으로 적용이 곤란하다.
④ 온도, 압력, 액면유량 등의 검출용 측정기는 대표적인 본질안전 방폭구조의 예이다.

해설 본질안전 방폭구조란 정상시 및 사고시(단선, 단락, 지락 등)에 발생하는 전기 불꽃, 아크 또는 고온에 의하여 폭발성 가스 또는 증기에 점화되지 않는 것이 점화시험, 그 밖에 의하여 확인된 구조를 말한다.

72 감전사고를 방지하기 위한 대책으로 틀린 것은?

① 전기설비에 대한 보호 접지
② 전기기기에 대한 정격 표시
③ 전기설비에 대한 누전차단기 설치
④ 충전부가 노출된 부분에는 절연 방호구 사용

해설
- 충전부 전체를 절연한다.
- 기기구조상 안전조치로서 노출형 배전설비 등은 폐쇄 전반형으로 하고 전동기 등에는 적절한 방호구조의 형식을 사용하고 있는데 이들 기기들이 고가가 되는 단점이 있다.
- 설치장소의 제한, 즉 별도의 실내 또는 울타리를 설치한 지역으로 평소에 열쇠가 잠겨 있어야 한다.
- 교류아크용접기, 도금장치, 용해로 등의 충전부의 절연은 원리상 또는 작업상 불가능하므로 보호절연, 즉 작업장 주위의 바닥이나 그 밖에 도전성 물체를 절연물로 도포하고 작업자는 절연화, 절연도구 등 보호장구를 사용하는 방법을 이용하여야 한다.
- 덮개, 방호망 등으로 충전부를 방호한다.
- 안전전압 이하의 기기를 사용한다.

73 인체 피부의 전기저항에 영향을 주는 주요인자와 가장 거리가 먼 것은?

① 접촉면적　② 인가전압의 크기
③ 통전경로　④ 인가시간

해설 ③ 통전경로는 인체 피부의 전기저항에 영향을 주는 주요인자와 가장 거리가 멀다.

74 다음 중 전동기를 운전하고자 할 때 개폐기의 조작순서로 옳은 것은?

① 메인 스위치 → 분전반 스위치 → 전동기용 개폐기
② 분전반 스위치 → 메인 스위치 → 전동기용 개폐기
③ 전동기용 개폐기 → 분전반 스위치 → 메인 스위치
④ 분전반 스위치 → 전동기용 스위치 → 메인 스위치

해설 **▶ 전동기를 운전하고자 할 때 개폐기의 조작순서**
메인 스위치 → 분전반 스위치 → 전동기용 개폐기

75 정전기 발생현상의 분류에 해당되지 않는 것은?

① 유체대전　② 마찰대전
③ 박리대전　④ 교반대전

해설 **▶ 정전기 발생현상의 분류**
- 마찰대전 • 박리대전 • 유도대전
- 분출대전 • 충돌대전 • 파괴대전
- 교반대전

76 교류 아크용접기의 허용사용률[%]은? (단, 정격사용률은 10%, 2차 정격전류는 500A, 교류 아크용접기의 사용전류는 250A이다.)

① 30　② 40
③ 50　④ 60

정답 71 ② 72 ② 73 ③ 74 ① 75 ① 76 ②

해설 허용사용률 = (정격2차전류^2/실제사용 용접전류^2)× 정격사용률[%]

$$= \frac{500^2}{250^2} \times 10\% = 40$$

77 피뢰기의 여유도가 33%이고, 충격절연강도가 1000kV라고 할 때 피뢰기의 제한전압은 약 몇 [kV]인가?

① 852 ② 752
③ 652 ④ 552

해설 여유도 $= \frac{\text{충격절연강도} - \text{제한전압}}{\text{제한전압}} \times 100$

$$\frac{\text{큰 값} - \text{작은 값}}{\text{작은 값}} \times 100$$

$$33\% = \frac{(1000 - \text{제한전압})}{\text{제한전압}} \times 100$$

$$\frac{33 \times \text{제한전압}}{100} = (1000 - \text{제한전압})$$

$$\frac{133}{100} \times \text{제한전압} = 1000$$

$$\text{제한전압} = 1000 \times \frac{100}{133} = 751.87\text{kV}$$

78 전력용 피뢰기에서 직렬 갭의 주된 사용 목적은?

① 방전내량을 크게 하고 장시간 사용 시 열화를 적게 하기 위하여
② 충격방전 개시전압을 높게 하기 위하여
③ 이상전압 발생 시 신속히 대지로 방류함과 동시에 속류를 즉시 차단하기 위하여
④ 충격파 침입 시에 대지로 흐르는 방전전류를 크게 하여 제한전압을 낮게 하기 위하여

해설 **직렬 갭** : 이상 전압 내습 시 뇌전압을 방전하고 그 속류를 차단하며, 상시에는 누설전류를 방지한다.

79 방전전극에 약 7000V의 전압을 인가하면 공기가 전리되어 코로나 방전을 일으킴으로써 발생한 이온으로 대전체의 전하를 중화시키는 방법을 이용한 제전기는?

① 전압인가식 제전기
② 자기방전식 제전기
③ 이온스프레이식 제전기
④ 이온식 제전기

해설
- **자기방전식 제전기** : 스테인리스, 카본, 도전성 섬유 등에 의해 작은 코로나방전을 일으켜 제전하는 것으로 대전체 자체를 이용하여 방전시키는 방식이며, 2kV 내외의 대전이 남게 된다.
- **이온식 제전기** : 7,000V의 교류전압이 인가된 칩을 배치하고 코로나방전에 의해 발생한 이온을 대전체에 내뿜는 방식이다. 분체의 제전에 효과가 있고 폭발위험이 있는 곳에 적당하나 제전효율이 낮다.
- **이온스프레이식 제전기** : 코로나 방전에 의해 발생한 이온을 blower로 대전체에 내뿜는 방식
- **방사선식 제전기** : 방사선 원소의 전리작용을 이용하여 제전

80 전류가 흐르는 상태에서 단로기를 끊었을 때 여러 가지 파괴작용을 일으킨다. 다음 그림에서 유입차단기의 차단순위와 투입순위가 안전수칙에 가장 적합한 것은?

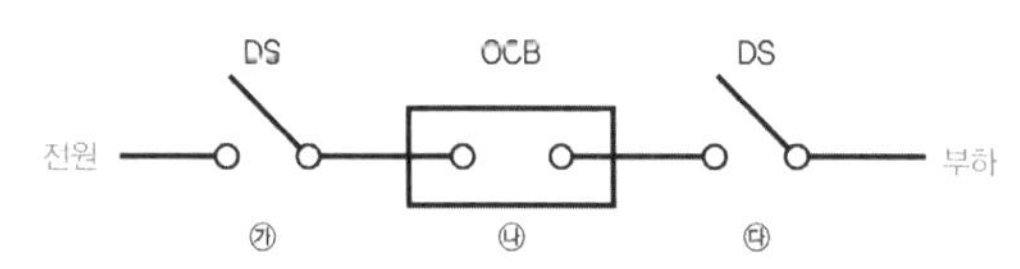

① 차단: ㉮ → ㉯ → ㉰, 투입: ㉮ → ㉯ → ㉰
② 차단: ㉯ → ㉰ → ㉮, 투입: ㉯ → ㉰ → ㉮
③ 차단: ㉰ → ㉯ → ㉮, 투입: ㉰ → ㉮ → ㉯
④ 차단: ㉯ → ㉰ → ㉮, 투입: ㉰ → ㉮ → ㉯

해설 차단은 OCB(유입차단기)부터 시계반대방향으로, 투입은 부하쪽 DS(단로기)부터 시계반대방향으로 한다.

77 ② 78 ③ 79 ① 80 ④ **정답**

5과목 화학설비위험방지기술

81 산업안전보건법령상 사업주가 인화성액체 위험물을 액체상태로 저장하는 저장탱크를 설치하는 경우에는 위험물질이 누출되어 확산되는 것을 방지하기 위하여 무엇을 설치하여야 하는가?

① Flame arrester ② Ventstack
③ 긴급방출장치 ④ 방유제

해설 탱크 내의 내용물이 흘러나와 재해를 확산시키는 것을 방지하기 위해 철근 콘크리트, 철골철근 콘크리트 등으로 방유제를 설치한다.

82 다음 가스 중 가장 독성이 큰 것은?

① CO ② $COCl_2$
③ NH_3 ④ H_2

해설 ② $COCl_2$(포스겐) : 0.1ppm
① CO(일산화탄소) : 30ppm
③ NH_3(암모니아) : 25ppm
④ H_2(수소) : 무독성
※ 수치가 낮을수록 독성이 강함

83 건조설비를 사용하여 작업을 하는 경우에 폭발이나 화재를 예방하기 위하여 준수하여야 하는 사항으로 틀린 것은?

① 위험물 건조설비를 사용하는 경우에는 미리 내부를 청소하거나 환기를 할 것
② 위험물 건조설비를 사용하여 가열건조하는 건조물은 쉽게 이탈되도록 할 것
③ 고온으로 가열건조한 인화성 액체는 발화의 위험이 없는 온도로 냉각한 후에 격납시킬 것
④ 바깥 면이 현저히 고온이 되는 건조설비에 가까운 장소에는 인화성 액체를 두지 않도록 할 것

해설 ❯ 건조설비 사용 시 준수사항
- 위험물 건조설비를 사용하는 경우에는 미리 내부를 청소하거나 환기할 것
- 위험물 건조설비를 사용하는 경우에는 건조로 인하여 발생하는 가스·증기 또는 분진에 의하여 폭발·화재의 위험이 있는 물질을 안전한 장소로 배출시킬 것
- 위험물 건조설비를 사용하여 가열건조하는 건조물은 쉽게 이탈되지 않도록 할 것
- 고온으로 가열건조한 인화성 액체는 발화의 위험이 없는 온도로 냉각한 후에 격납시킬 것
- 건조설비(바깥 면이 현저히 고온이 되는 설비만 해당한다)에 가까운 장소에는 인화성 액체를 두지 않도록 할 것

84 가솔린(휘발유)의 일반적인 연소범위에 가장 가까운 값은?.

① 2.7~27.8vol% ② 3.4~11.8vol%
③ 1.4~7.6vol% ④ 5.1~18.2vol%

해설 가솔린의 연소범위는 1.4~7.6vol%

85 가스 또는 분진폭발 위험장소에 설치되는 건축물의 내화구조를 설명한 것으로 틀린 것은?

① 건축물 기둥 및 보는 지상 1층까지 내화구조로 한다.
② 위험물 저장·취급용기의 지지대는 지상으로부터 지지대의 끝부분까지 내화구조로 한다.
③ 건축물 주변에 자동소화설비를 설치한 경우 건축물 화재 시 1시간 이상 그 안전성을 유지한 경우는 내화구조로 하지 아니할 수 있다.
④ 배관·전선관 등의 지지대는 지상으로부터 1단까지 내화구조로 한다.

정답 81 ④ 82 ② 83 ② 84 ③ 85 ③

해설 ❯ **내화기준**(안전보건규칙 제270조)
- **건축물의 기둥 및 보** : 지상 1층(지상 1층의 높이가 6m를 초과하는 경우에는 6m)까지
- **위험물 저장 · 취급용기의 지지대**(높이가 30cm 이하인 것은 제외) : 지상으로부터 지지대의 끝부분까지
- **배관 · 전선관 등의 지지대** : 지상으로부터 1단(1단의 높이가 6m를 초과하는 경우에는 6m)까지
- 건축물 등의 주변에 자동소화설비를 설치하여 건축물 화재시 2시간 이상 그 안전성을 유지한 경우는 내화구조로 하지 아니할 수 있다.

86 다음 물질이 물과 접촉하였을 때 위험성이 가장 낮은 것은?

① 과산화칼륨　② 나트륨
③ 메틸리튬　④ 이황화탄소

해설 이황화탄소는 물속에 보관한다.

87 화염방지기의 설치에 관한 사항으로 (　)에 알맞은 것은?

> 사업주는 인화성 액체 및 인화성 가스를 저장 취급하는 화학설비에서 증기나 가스를 대기로 방출하는 경우에는 외부로부터의 화염을 방지하기 위하여 화염방지기를 그 설비 (　)에 설치하여야 한다.

① 상단　② 하단
③ 중앙　④ 무게중심

해설 화염방지기는 flame arrester로 굴뚝 같은 통기관에 끼워서 상단에 설치해야 한다.
인화성 액체 및 인화성 가스를 저장 · 취급하는 화학설비에서 증기나 가스를 대기로 방출하는 경우에는 외부로부터의 화염을 방지하기 위하여 화염방지기를 그 설비 상단에 설치해야 한다. 다만, 대기로 연결된 통기관에 화염방지 기능이 있는 통기밸브가 설치되어 있거나, 인화점이 섭씨 38℃ 이상 60℃ 이하인 인화성 액체를 저장 · 취급할 때에 화염방지 기능을 가지는 인화방지망을 설치한 경우에는 그렇지 않다(안전보건규칙 제269조 제1항).

88 폭발원인물질의 물리적 상태에 따라 구분할 때 기상폭발(gas explosion)에 해당되지 않는 것은?

① 분진폭발　② 응상폭발
③ 분무폭발　④ 가스폭발

해설
- **기상폭발** : 기체상태의 폭발(분진, 분무, 가스폭발)
- **응상폭발** : 고체와 액체상태의 폭발(수증기, 증기, 전선폭발)

89 공정안전보고서에 포함하여야 할 세부 내용 중 공정안전자료의 세부내용이 아닌 것은?

① 유해 · 위험설비의 목록 및 사양
② 폭발위험장소 구분도 및 전기단선도
③ 유해 · 위험물질에 대한 물질안전보건자료
④ 설비점검 · 검사 및 보수계획, 유지계획 및 지침서

해설 ❯ **공정안전보고서에 포함될 공정안전자료**(산업안전보건법 시행규칙 제50조)
- 취급 · 저장하고 있거나 취급 · 저장하려는 유해 · 위험물질의 종류 및 수량
- 유해 · 위험물질에 대한 물질안전보건자료
- 유해하거나 위험한 위험설비의 목록 및 사양
- 유해하거나 위험한 위험설비의 운전방법을 알 수 있는 공정도면
- 각종 건물 · 설비의 배치도
- 폭발위험장소 구분도 및 전기단선도
- 위험설비의 안전설계 · 제작 및 설치 관련 지침서

90 산업안전보건법령상 화학설비와 화학설비의 부속설비를 구분할 때 화학설비에 해당하는 것은?

① 응축기 · 냉각기 · 가열기 · 증발기 등 열 교환기류
② 사이클론 · 백필터 · 전기집진기 등 분진처리설비
③ 온도 · 압력 · 유량 등을 지시 · 기록 등을 하는 자동제어 관련설비
④ 안전밸브 · 안전판 · 긴급차단 또는 방출밸브 등 비상조치 관련설비

86 ④　87 ①　88 ②　89 ④　90 ①　**정답**

해설 ① 응축기・냉각기・가열기・증발기 등 열 교환기류 – 화학설비
② 사이클론・백필터・전기집진기 등 분진처리설비 – 부속설비
③ 온도・압력・유량 등을 지시・기록 등을 하는 자동제어 관련설비 – 부속설비
④ 안전밸브・안전판・긴급차단 또는 방출밸브 등 비상조치 관련설비 – 부속설비

91 산업안전보건법령에 따라 사업주가 특수화학설비를 설치하는 때에 그 내부의 이상상태를 조기에 파악하기 위하여 설치하여야 하는 장치는?

① 자동경보장치
② 긴급차단장치
③ 자동문개폐장치
④ 스크러버개방장치

해설 특수화학설비를 설치하는 경우에는 그 내부의 이상 상태를 조기에 파악하기 위하여 필요한 자동경보장치를 설치하여야 한다.

92 다음 중 위험물과 그 소화방법이 잘못 연결된 것은?

① 염소산칼륨 – 다량의 물로 냉각소화
② 마그네슘 – 건조사 등에 의한 질식소화
③ 칼륨 – 이산화탄소에 의한 질식소화
④ 아세트알데히드 – 다량의 물에 의한 희석소화

해설 ③ 칼륨 – 3류 위험물 금속으로 건조사(모래), 팽창 질석, 팽창 진주암에 의한 질식소화

93 부탄(C_4H_{10})의 연소에 필요한 최소산소농도(MOC)를 추정하여 계산하면 약 몇 [vol%]인가? (단, 부탄의 폭발하한계는 공기 중에서 1.6vol%이다.)

① 5.6　② 7.8
③ 10.4　④ 14.1

해설 $C_4H_{10}+6.5/O_2 \rightarrow 4CO_2+5H_2O$
부탄 1mol당 O_2는 6.5mol
MOC = LEL × O_2 = 1.6×6.5 = 10.4

94 다음 중 산화성 물질이 아닌 것은?

① KNO_3　② NH_4ClO_3
③ HNO_3　④ P_4S_3

해설 ④ P_4S_3(삼황화인) – 인화성고체
① KNO_3(질산칼륨)
② NH_4ClO_3(염소산암모늄)
③ HNO_3(질산)

95 위험물안전관리법령상 제4류 위험물 중 제2석유류로 분류되는 물질은?

① 실린더유　② 휘발유
③ 등유　④ 중유

해설
- **제1석유류** : 아세톤, 휘발유 그 밖에 1기압에서 인화점이 섭씨 21℃ 미만인 것
- **제2석유류** : 등유, 경유, 그 밖에 1기압에서 인화점이 섭씨 21℃ 이상 70℃ 미만인 것
- **제3석유류** : 중유, 클레오소트유 그 밖에 1기압에서 인화점이 섭씨 70℃ 이상 섭씨 200℃ 미만인 것
- **제4석유류** : 기어유, 실린더유 그 밖에 1기압에서 인화점이 섭씨 200℃ 이상 섭씨 250℃ 미만인 것

정답 91 ① 92 ③ 93 ③ 94 ④ 95 ③

96 가연성 가스 혼합물을 구성하는 각 성분의 조성과 연소범위가 다음 [표]와 같을 때 혼합 가스의 연소하한값은 약 몇 [vol%]인가?

성분	조성 [vol%]	연소하한값 [vol%]	연소상한값 [vol%]
헥산	1	1.1	7.4
메탄	2.5	5.0	15.0
에틸렌	0.5	2.7	36.0
공기	96	–	–

① 2.51 ② 7.51
③ 12.07 ④ 15.01

해설 (1+2.5+0.5)/[(1/1.1)+(2.5/5.0)+(0.5/2.7)] = 2.508vol%

97 다음 중 자연발화의 방지법으로 적절하지 않은 것은?

① 통풍을 잘 시킬 것
② 습도가 높은 곳에 저장할 것
③ 저장실의 온도 상승을 피할 것
④ 공기가 접촉되지 않도록 불활성물질 중에 저장할 것

해설 **자연발화 방지법**
- 통풍을 잘한다.
- 퇴적방법이나 수납방법을 생각하여 열이 쌓이지 않게 한다.
- 저장실의 온도를 낮춘다.
- 습도가 높은 곳을 피한다.

98 알루미늄분이 고온의 물과 반응하였을 때 생성되는 가스는?

① 산소 ② 수소
③ 메탄 ④ 에탄

해설 알루미늄이 고온의 물과 반응하면 수소를 생성한다.

99 20℃, 1기압의 공기를 5기압으로 단열압축하면 공기의 온도는 약 몇 [℃]가 되겠는가? (단, 공기의 비열비는 1.4이다.)

① 32 ② 191
③ 305 ④ 464

해설 $T_2 = T_1 \times \left(\frac{P_2}{P_1}\right)^{\frac{K-1}{K}}$

$= (273+20)\times(5/1)^{\frac{1.4-1}{1.4}} = 464k$

$464-273 = 191℃$

- T_2 = 단열압축 후 절대온도
- T_1 = 단열압축 전 절대온도
- P_1 = 압축 전 압력
- P_2 = 압축 후 압력
- K = 압축비(비열비)

100 가연성물질을 취급하는 장치를 퍼지하고자 할 때 잘못된 것은?

① 대상물질의 물성을 파악한다.
② 사용하는 불활성가스의 물성을 파악한다.
③ 퍼지용 가스를 가능한 한 빠른 속도로 단시간에 다량 송입한다.
④ 장치 내부를 세정한 후 퍼지용 가스를 송입한다.

해설 ③ 퍼지하고자 하는 가스는 장시간에 걸쳐 천천히 주의하여 주입하여야 한다.

96 ① 97 ② 98 ② 99 ② 100 ③ 정답

6과목 건설안전기술

101 다음은 달비계 또는 높이 5m 이상의 비계를 조립·해체하거나 변경하는 작업을 하는 경우에 대한 내용이다. (　)에 알맞은 숫자는?

> 비계재료의 연결·해체작업을 하는 경우에는 폭 (　)cm 이상의 발판을 설치하고 근로자로 하여금 안전대를 사용하도록 하는 등 추락을 방지하기 위한 조치를 할 것

① 15　② 20
③ 25　④ 30

해설 비계재료의 연결·해체 작업을 하는 경우에는 폭 20cm 이상의 발판을 설치하고 근로자로 하여금 안전대를 사용하도록 하는 등 추락을 방지하기 위한 조치를 할 것(안전보건규칙 제57조 제1항 제5호)

102 다음은 사다리식 통로 등을 설치하는 경우의 준수사항이다. (　) 안에 들어갈 숫자로 옳은 것은?

> 사다리의 상단은 걸쳐놓은 지점으로부터 (　　) cm 이상 올라가도록 할 것

① 30　② 40
③ 50　④ 60

해설 **사다리식 통로 등의 구조**(안전보건규칙 제24조)
- 견고한 구조로 할 것
- 심한 손상·부식 등이 없는 재료를 사용할 것
- 발판의 간격은 일정하게 할 것
- 발판과 벽과의 사이는 15cm 이상의 간격을 유지할 것
- 폭은 30cm 이상으로 할 것
- 사다리가 넘어지거나 미끄러지는 것을 방지하기 위한 조치를 할 것
- 사다리의 상단은 걸쳐놓은 지점으로부터 60cm 이상 올라가도록 할 것
- 사다리식 통로의 길이가 10m 이상인 경우에는 5m 이내마다 계단참을 설치할 것
- 사다리식 통로의 기울기는 75° 이하로 할 것. 다만, 고정식 사다리식 통로의 기울기는 90° 이하로 하고, 그 높이가 7m 이상인 경우에는 바닥으로부터 높이가 2.5m 되는 지점부터 등받이 울을 설치할 것
- 접이식 사다리 기둥은 사용 시 접혀지거나 펼쳐지지 않도록 철물 등을 사용하여 견고하게 조치할 것

103 다음은 가설통로를 설치하는 경우의 준수사항이다. (　)안에 들어갈 숫자로 옳은 것은?

> 건설공사에 사용하는 높이 8m 이상인 비계다리에는 (　)m 이내마다 계단참을 설치할 것

① 7　② 6
③ 5　④ 4

해설 건설공사에 사용하는 높이 8m 이상인 비계다리에는 7m 이내마다 계단참을 설치할 것(안전보건규칙 제23조 제6호)

104 건설업 산업안전 보건관리비의 사용내역에 대하여 수급인 또는 자기공사자는 공사 시작 후 몇 개월마다 1회 이상 발주자 또는 감리원의 확인을 받아야 하는가?

① 3개월　② 4개월
③ 5개월　④ 6개월

해설 건설업 산업안전 보건관리비의 사용내역에 대하여 수급인 또는 자기공사자는 공사 시작 후 6개월마다 1회 이상 발주자 또는 감리원의 확인을 받아야 하며, 6개월 이내에 공사가 종료되는 경우에는 종료 시 확인을 받아야 한다.

정답 101 ② 102 ④ 103 ① 104 ④

105 **터널 지보공을 설치한 경우에 수시로 점검하여 이상을 발견 시 즉시 보강하거나 보수해야 할 사항이 아닌 것은?**

① 부재의 손상·변형·부식·변위·탈락의 유무 및 상태
② 부재의 긴압의 정도
③ 부재의 접속부 및 교차부의 상태
④ 계측기 설치상태

해설 **터널 지보공 설치 시 점검사항**(안전보건규칙 제366조)
- 부재의 손상·변형·부식·변위 탈락의 유무 및 상태
- 부재의 긴압 정도
- 부재의 접속부 및 교차부의 상태
- 기둥침하의 유무 및 상태

106 **강관비계의 설치 기준으로 옳은 것은?**

① 비계기둥의 간격은 띠장 방향에서는 1.5m 이상 1.8m 이하로 하고, 장선방향에서는 2.0m 이하로 한다.
② 띠장 간격은 1.8m 이하로 설치하되, 첫 번째 띠장은 지상으로부터 2m 이하의 위치에 설치한다.
③ 비계기둥 간의 적재하중은 400kg을 초과하지 않도록 한다.
④ 비계기둥의 제일 윗부분으로부터 21m 되는 지점 밑부분의 비계기둥은 2개의 강관으로 묶어 세운다.

해설 **강관비계의 구조**(안전보건규칙 제60조)
- 비계기둥의 간격은 띠장 방향에서는 1.85m 이하, 장선(長線) 방향에서는 1.5m 이하로 할 것. 다음에 해당하는 작업의 경우에는 안전성에 대한 구조검토를 실시하고 조립도를 작성하면 띠장 방향 및 장선 방향으로 각각 2.7m 이하로 할 수 있다.
  - 선박 및 보트 건조작업
  - 그 밖에 장비 반입·반출을 위하여 공간 등을 확보할 필요가 있는 등 작업의 성질상 비계기둥 간격에 관한 기준을 준수하기 곤란한 작업
- 띠장 간격은 2.0m 이하로 할 것. 다만, 작업의 성질상 이를 준수하기가 곤란하여 쌍기둥틀 등에 의하여 해당 부분을 보강한 경우에는 그러하지 아니하다.
- 비계기둥의 제일 윗부분으로부터 31m 되는 지점 밑부분의 비계기둥은 2개의 강관으로 묶어 세울 것. 다만, 브라켓(bracket, 까치발) 등으로 보강하여 2개의 강관으로 묶을 경우 이상의 강도가 유지되는 경우에는 그러하지 아니하다.
- 비계기둥 간의 적재하중은 400kg을 초과하지 않도록 할 것

107 **다음 중 유해·위험방지계획서를 작성 및 제출하여야 하는 공사에 해당되지 않는 것은?**

① 지상높이가 31m인 건축물의 건설·개조 또는 해체
② 최대 지간길이가 50m인 교량건설 등 공사
③ 깊이가 9m인 굴착공사
④ 터널 건설 등의 공사

해설 ③ 깊이 10m 이상인 굴착공사

108 **건립 중 강풍에 의한 풍압 등 외압에 대한 내력이 설계에 고려되었는지 확인하여야 하는 철골구조물의 기준으로 옳지 않은 것은?**

① 높이 20m 이상의 구조물
② 구조물의 폭과 높이의 비가 1 : 4 이상인 구조물
③ 이음부가 공장 제작인 구조물
④ 연면적당 철골량이 50kg/m^2 이하인 구조물

해설 **외압 내력설계 철골구조물의 기준**
- 높이 20m 이상인 철골구조물
- 폭과 높이의 비가 1 : 4 이상인 철골 구조물
- 철골 설치 구조가 비정형적인 구조물(캔틸레버 구조물 등)
- 타이플레이트(Tie Plate)형 기둥을 사용한 철골 구조물
- 이음부가 현장 용접인 철골 구조물

105 ④ 106 ③ 107 ③ 108 ③ 정답

109 **흙막이 가시설 공사 시 사용되는 각 계측기 설치 목적으로 옳지 않은 것은?**

① 지표침하계 – 지표면 침하량 측정
② 수위계 – 지반 내 지하수위의 변화 측정
③ 하중계 – 상부 적재하중 변화 측정
④ 지중경사계 – 지중의 수평 변위량 측정

해설 ③ **하중계** : 버팀보, 어스앵커 등의 실제 축하중 변화를 측정하는 계측기기

110 **건설현장의 가설계단 및 계단참을 설치하는 경우 얼마 이상의 하중에 견딜 수 있는 강도를 가진 구조로 설치하여야 하는가?**

① $200kg/m^2$ ② $300kg/m^2$
③ $400kg/m^2$ ④ $500kg/m^2$

해설 계단 및 계단참을 설치하는 경우 $500kg/m^2$ 이상의 하중에 견딜 수 있는 강도를 가진 구조로 설치하여야 하며, 안전율[안전의 정도를 표시하는 것으로서 재료의 파괴응력도(破壞應力度)와 허용응력도(許容應力度)의 비율을 말한다]은 4 이상으로 하여야 한다(안전보건규칙 제26조 제1항).

111 **터널굴착작업을 하는 때 미리 작성하여야 하는 작업계획서에 포함되어야 할 사항이 아닌 것은?**

① 굴착의 방법
② 암석의 분할방법
③ 환기 또는 조명시설을 설치할 때에는 그 방법
④ 터널지보공 및 복공의 시공방법과 용수의 처리방법

해설 **터널굴착 시 사전 작성 작업계획서의 포함사항**
- 굴착의 방법
- 터널지보공 및 복공의 시공 방법과 용수의 처리방법
- 환기 또는 조명시설을 하는 때에는 그 방법

112 **근로자에게 작업 중 또는 통행 시 전락(轉落)으로 인하여 근로자가 화상·질식 등의 위험에 처할 우려가 있는 케틀(kettle), 호퍼(hopper), 피트(pit) 등이 있는 경우에 그 위험을 방지하기 위하여 최소 높이 얼마 이상의 울타리를 설치하여야 하는가?**

① 80cm 이상
② 85cm 이상
③ 90cm 이상
④ 95cm 이상

해설 근로자가 화상·질식 등의 위험에 처할 우려가 있는 케틀(kettle, 가열 용기), 호퍼(hopper, 깔때기 모양의 출입구가 있는 큰 통), 피트(pit, 구덩이) 등이 있는 경우에 그 위험을 방지하기 위하여 필요한 장소에 높이 90cm 이상의 울타리를 설치하여야 한다(안전보건규칙 제48조).

113 **거푸집 해체작업 시 유의사항으로 옳지 않은 것은?**

① 일반적으로 수평부재의 거푸집은 연직부재의 거푸집보다 빨리 떼어낸다.
② 해체된 거푸집이나 각목 등에 박혀있는 못 또는 날카로운 돌출물은 즉시 제거하여야 한다.
③ 상하 동시 작업은 원칙적으로 금지하며 부득이한 경우에는 긴밀히 연락을 취하며 작업을 하여야 한다.
④ 거푸집 해체작업장 주위에는 관계자를 제외하고는 출입을 금지시켜야 한다.

해설 ① 일반적으로 연직부재의 거푸집은 수평부재의 거푸집보다 빨리 떼어낸다.

정답 109 ③ 110 ④ 111 ② 112 ③ 113 ①

114 비계(달비계, 달대비계 및 말비계는 제외한다.)의 높이가 2m 이상인 작업장소에 설치하여야 하는 작업발판의 기준으로 옳지 않은 것은?

① 작업발판의 폭은 40cm 이상으로 하고, 발판재료 간의 틈은 3cm 이하로 할 것
② 추락의 위험이 있는 장소에는 안전난간을 설치할 것
③ 작업발판의 지지물은 하중에 의하여 파괴될 우려가 없는 것을 사용할 것
④ 작업발판재료는 뒤집히거나 떨어지지 않도록 1개 이상의 지지물에 연결하거나 고정시킬 것

해설 ④ 작업발판재료는 뒤집히거나 떨어지지 않도록 2개 이상의 지지물에 연결하거나 고정시킬 것(안전보건규칙 제56조)

115 안전대의 종류는 사용구분에 따라 벨트식과 안전그네식으로 구분되는데 이 중 안전그네식에만 적용하는 것은?

① 추락방지대, 안전블록
② 1개 걸이용, U자 걸이용
③ 1개 걸이용, 추락방지대
④ U자 걸이용, 안전블록

해설

종류	사용구분
벨트식	U자 걸이용
	1개 걸이용
안전그네식	안전블록
	추락방지대

116 그물코의 크기가 5cm인 매듭 방망사의 폐기 시 인장강도 기준으로 옳은 것은?

① 200kg ② 100kg
③ 60kg ④ 30kg

해설

그물코의 크기 (단위 : cm)	방망의 종류(단위 : kg)			
	매듭 없는 방망		매듭 방망	
	신품에 대한	폐기 시	신품에 대한	폐기 시
10	240	150	200	135
5	–		110	60

117 크레인 또는 데릭에서 붐각도 및 작업반경별로 작용시킬 수 있는 최대하중에서 훅(Hook), 와이어로프 등 달기구의 중량을 공제한 하중은?

① 작업하중 ② 정격하중
③ 이동하중 ④ 적재하중

해설 ② 정격하중은 크레인의 권상하중에서 훅, 그래브 또는 버킷 등 달기구의 중량에 상당하는 하중을 뺀 중량을 말한다.

118 차량계 하역운반기계를 사용하는 작업을 할 때 그 기계가 넘어지거나 굴러떨어짐으로써 근로자에게 위험을 미칠 우려가 있는 경우에 우선적으로 조치하여야 할 사항과 가장 거리가 먼 것은?

① 해당 기계에 대한 유도자 배치
② 지반의 부동침하 방지 조치
③ 갓길 붕괴 방지 조치
④ 경보장치 설치

해설 ④ 경보장치의 설치는 우선적 조치사항이 아니다.

114 ④ 115 ① 116 ③ 117 ② 118 ④ 정답

119 **모래 지반을 「건설기술 진흥법」에 따른 건설기준에 맞게 작성한 설계도서상의 굴착면의 기울기를 준수하거나 흙막이 등 기울기면의 붕괴 방지를 위하여 적절한 조치를 하지 않고 굴착하려 할 때 기울기 기준으로 옳은 것은?**

① 1 : 1 ~ 1 : 1.5　　② 1 : 0.5 ~ 1 : 1
③ 1 : 1.8　　④ 1 : 2

해설 **굴착면의 기울기 기준**(안전보건규칙 별표 11)

지반의 종류	굴착면의 기울기
모래	1 : 1.8
연암 및 풍화암	1 : 1.0
경암	1 : 0.5
그 밖의 흙	1 : 1.2

(※ 안전기준 : 2023.11.14. 개정)

120 **차량계 하역운반기계 등에 화물을 적재하는 경우에 준수하여야 할 사항으로 옳지 않은 것은?**

① 하중이 한쪽으로 치우쳐서 효율적으로 적재되도록 할 것
② 구내운반차 또는 화물자동차의 경우 화물의 붕괴 또는 낙하에 의한 위험을 방지하기 위하여 화물에 로프를 거는 등 필요한 조치를 할 것
③ 운전자의 시야를 가리지 않도록 화물을 적재할 것
④ 최대적재량을 초과하지 않도록 할 것

해설 **차량계 하역운반기계에 화물 적재 시 준수사항**(안전보건규칙 제173조)

- 하중이 한쪽으로 치우치지 않도록 적재할 것
- 구내운반차 또는 화물자동차의 경우 화물의 붕괴 또는 낙하에 의한 위험을 방지하기 위하여 화물에 로프를 거는 등 필요한 조치를 할 것
- 운전자의 시야를 가리지 않도록 화물을 적재할 것
- 최대적재량을 초과하지 않도록 할 것

정답 119 ③　120 ①

2019년 제3회 기출 복원문제

1과목 안전관리론

01 하인리히 방식의 재해코스트 산정에서 직접비에 해당되지 않은 것은?

① 휴업보상비 ② 병상위문금
③ 장해특별보상비 ④ 상병보상연금

해설 ▶ **하인리히 재해코스트 산정**
총재해비용 = 직접비 + 간접비(1 : 4)

직접비	간접비
치료비, 휴업, 요양, 유족, 장해, 간병, 직업재활급여, 상병 보상연금, 장례비	인적·물적손실비, 생산손실비, 기계·기구손실비

02 산업안전보건법령상 관리감독자 대상 정기 안전보건교육의 교육내용으로 옳은 것은?

① 작업 개시 전 점검에 관한 사항
② 정리정돈 및 청소에 관한 사항
③ 작업공정의 유해·위험과 재해 예방대책에 관한 사항
④ 기계·기구의 위험성과 작업의 순서 및 동선에 관한 사항

해설 **관리감독자 정기 안전보건교육**(제26조 제1항 관련)
- 산업안전 및 사고 예방에 관한 사항
- 산업보건 및 직업병 예방에 관한 사항
- 위험성평가에 관한 사항
- 유해·위험 작업환경 관리에 관한 사항
- 산업안전보건법령 및 산업재해보상보험 제도에 관한 사항
- 직무스트레스 예방 및 관리에 관한 사항
- 직장 내 괴롭힘, 고객의 폭언 등으로 인한 건강장해 예방 및 관리에 관한 사항
- 작업공정의 유해·위험과 재해 예방대책에 관한 사항
- 사업장 내 안전보건관리체제 및 안전·보건조치 현황에 관한 사항
- 표준안전 작업방법 결정 및 지도·감독 요령에 관한 사항
- 현장근로자와의 의사소통능력 및 강의능력 등 안전보건교육 능력 배양에 관한 사항
- 비상시 또는 재해 발생 시 긴급조치에 관한 사항
- 그 밖의 관리감독자의 직무에 관한 사항

03 산업안전보건법령상 ( )에 알맞은 기준은?

> 안전·보건표지의 제작에 있어 안전보건표지 속의 그림 또는 부호의 크기는 안전보건표지의 크기와 비례하여야 하며, 안전보건표지 전체 규격의 ( ) 이상이 되어야 한다.

① 20% ② 30%
③ 40% ④ 50%

해설 규격의 30% 이상이 되어야 한다.

04 산업안전보건법령상 주로 고음을 차음하고, 저음은 차음하지 않는 방음보호구의 기호로 옳은 것은?

① NRR ② EM
③ EP-1 ④ EP-2

해설 ▶ **방음보호구**

종류	구분	기호	성능
귀마개	1종	EP-1	저음부터 고음까지 차음
	2종	EP-2	주로 고음을 차음하고, 저음(회화음 영역)은 차음하지 않음
귀덮개	–	EM	–

정답 01 ② 02 ③ 03 ② 04 ④

05 산업재해의 기본원인 중 "작업정보, 작업방법 및 작업환경" 등이 분류되는 항목은?

① Man ② Machine
③ Media ④ Management

해설
- **사람**(man) : 인간으로부터 비롯되는 재해의 발생원인(착오, 실수, 불안전행동, 오조작 등)
- **기계, 설비**(machine) : 기계로부터 비롯되는 재해발생원(설계착오, 제작착오, 배치착오, 고장 등)
- **물질, 환경**(media) : 작업매체로부터 비롯되는 재해발생원(작업정보 부족, 작업환경 불량 등)
- **관리**(management) : 관리로부터 비롯되는 재해 발생원(교육 부족, 안전조직미비, 계획불량 등)

06 1년간 80건의 재해가 발생한 A사업장은 1000명의 근로자가 1주일당 48시간, 1년간 52주를 근무하고 있다. A사업장의 도수율은? (단, 근로자들은 재해와 관련 없는 사유로 연간 노동시간의 3%를 결근하였다.)

① 31.06 ② 32.05
③ 33.04 ④ 34.03

해설 ❯ **도수율**(빈도율) : 100만 근로시간당 재해발생 건수

$$\text{도수율} = \frac{\text{재해건수}}{\text{연근로시간수}} \times 1,000,000$$

$$\text{환산도수율} = \text{도수율} \div 10$$

$$\frac{80}{(1,000 \times 48 \times 52) \times 97\%} \times 1,000,000 = 33.04$$

07 안전보건교육의 단계에 해당하지 않는 것은?

① 지식교육 ② 기초교육
③ 태도교육 ④ 기능교육

해설 지식 – 기능 – 태도

08 위험예지훈련의 문제해결 4라운드에 속하지 않는 것은?

① 현상파악 ② 본질추구
③ 원인결정 ④ 대책수립

해설 ❯ **위험예지훈련의 4단계**
- **제1단계** : 현상파악 – 어떤 위험이 잠재되어 있는가?
- **제2단계** : 본질추구 – 이것이 위험의 point다.
- **제3단계** : 대책수립 – 당신이라면 어떻게 하는가?
- **제4단계** : 목표설정 – 우리들은 이렇게 한다.

09 산소결핍이 예상되는 맨홀 내에서 작업을 실시할 때의 사고 방지 대책으로 적절하지 않은 것은?

① 작업 시작 전 및 작업 중 충분한 환기 실시
② 작업 장소의 입장 및 퇴장 시 인원점검
③ 방진마스크의 보급과 착용 철저
④ 작업장과 외부와의 상시 연락을 위한 설비 설치

해설 ③ 송기마스크의 보급과 착용 철저

10 안전교육방법 중 강의법에 대한 설명으로 옳지 않은 것은?

① 단기간의 교육 시간 내에 비교적 많은 내용을 전달할 수 있다.
② 다수의 수강자를 대상으로 동시에 교육할 수 있다.
③ 다른 교육방법에 비해 수강자의 참여가 제약된다.
④ 수강자 개개인의 학습진도를 조절할 수 있다.

해설 ❯ **강의법** : 안전지식을 강의식으로 전달하는 방법(초보적 단계에서 효과적)이다.
- 강사의 입장에서 시간의 조정이 가능하다.
- 전체적인 교육내용을 제시하는 데 유리하다.
- 비교적 많은 인원을 대상으로 단시간에 지식을 부여할 수 있다.

정답 05 ③ 06 ③ 07 ② 08 ③ 09 ③ 10 ④

11 적응기제(適應機制)의 형태 중 방어적 기제에 해당하지 않는 것은?

① 고립 ② 보상
③ 승화 ④ 합리화

해설 ▶ 방어기제
- **보상** : 결함과 무능에 의해 생긴 열등감이나 긴장을 장점 같은 것으로 그 결함을 보충하려는 행동
- **합리화** : 실패나 약점을 그럴듯한 이유로 비난받지 않도록 하거나 자위하는 행동(변명)
- **투사** : 불만이나 불안을 해소하기 위해 남에게 뒤집어 씌우는 식
- **동일시** : 실현할 수 없는 적응을 타인 또는 어떤 집단에 자신과 동일한 것으로 여겨 욕구를 만족
- **승화** : 억압당한 욕구를 다른 가치 있는 목적을 실현하도록 노력하여 욕구 충족

12 부주의의 발생원인에 포함되지 않는 것은?

① 의식의 단절 ② 의식의 우회
③ 의식수준의 저하 ④ 의식의 지배

해설 ▶ 부주의 발생원인
- **의식의 우회** : 근심걱정으로 집중 못함(애가 아픔)
- **의식의 과잉** : 갑작스러운 사태 목격 시 멍해지는 현상(= 일점 집중현상)
- **의식의 단절** : 수면상태 또는 의식을 잃어버리는 상태
- **의식의 혼란** : 경미한 자극에 주의력이 흐트러지는 현상
- **의식수준의 저하** : 단조로운 업무를 장시간 수행 시 몽롱해지는 현상(= 감각차단현상)

13 안전교육 훈련에 있어 동기부여 방법에 대한 설명으로 가장 거리가 먼 것은?

① 안전 목표를 명확히 설정한다.
② 안전활동의 결과를 평가, 검토하도록 한다.
③ 경쟁과 협동을 유발시킨다.
④ 동기유발 수준을 과도하게 높인다.

해설 ▶ 동기부여
- 안전의 근본이념을 인식시킨다.
- 안전 목표를 명확히 설정한다.
- 결과의 가치를 알려준다.
- 상과 벌을 준다.
- 경쟁과 협동을 유도한다.
- 동기유발의 최적수준을 유지하도록 한다.

14 산업안전보건법령상 유해위험방지계획서 제출대상 공사에 해당하는 것은?

① 깊이가 5m 이상인 굴착공사
② 최대 지간거리 30m 이상인 교량건설 공사
③ 지상 높이 21m 이상인 건출물 공사
④ 터널 건설 공사

해설 ▶ 유해위험방지계획서 제출대상 공사
- 지상높이가 31m 이상인 건축물 또는 인공구조물, 연면적 30,000m^2 이상인 건축물, 연면적 5,000m^2 이상의 문화 및 집회시설(전시장 및 동물원・식물원 제외), 판매시설, 운수시설(고속철도의 역사 및 집배송시설 제외), 종교시설, 의료시설 중 종합병원, 숙박시설 중 관광숙박시설, 지하도 상가, 냉동・냉장 창고시설의 건설・개조 또는 해체(이하 '건설등')
- 연면적 5,000m^2 이상의 냉동・냉장 창고시설의 설비공사 및 단열공사
- 최대 지간길이가 50m 이상인 다리의 건설 등 공사
- 터널의 건설 등 공사
- 다목적댐, 발전용댐, 저수용량 2천만t 이상의 용수 전용 댐, 지방상수도 전용 댐의 건설 등 공사
- 깊이 10m 이상인 굴착공사

15 스트레스의 요인 중 외부적 자극 요인에 해당하지 않는 것은?

① 자존심의 손상 ② 대인관계 갈등
③ 가족의 죽음, 질병 ④ 경제적 어려움

해설 ① 자존심의 자극 요인은 내부적 요인이다.

11 ① 12 ④ 13 ④ 14 ④ 15 ① 정답

16 적성요인에 있어 직업적성을 검사하는 항목이 아닌 것은?

① 지능 ② 촉각 적응력
③ 형태식별능력 ④ 운동속도

해설 ❯ 직업적성검사 항목
- 지능(IQ)
- 수리 능력
- 사무 능력
- 언어 능력
- 공간 판단 능력
- 형태 지각 능력
- 운동 조절 능력
- 수지 조작 능력
- 수동작 능력

17 라인(Line)형 안전관리조직에 대한 설명으로 옳은 것은?

① 명령계통과 조언이나 권고적 참여가 혼동되기 쉽다.
② 생산부서와의 마찰이 일어나기 쉽다.
③ 명령계통이 간단명료하다.
④ 생산부분에는 안전에 대한 책임과 권한이 없다.

해설 ❯ 라인(Line)형 조직

구분	내용
장점	• 안전에 대한 지시 및 전달이 신속・용이하다. • 명령계통이 간단・명료하다. • 참모식보다 경제적이다.
단점	• 안전에 관한 전문지식 부족 및 기술의 축적이 미흡하다. • 안전정보 및 신기술 개발이 어렵다 • 라인에 과중한 책임이 물린다.
비고	• 소규모(100인 미만) 사업장에 적용 • 모든 명령은 생산계통을 따라 이루어진다.

18 안전점검의 종류 중 태풍이나 폭우 등의 천재지변이 발생한 후에 실시하는 기계・기구 및 설비 등에 대한 점검의 명칭은?

① 정기점검 ② 수시점검
③ 특별점검 ④ 임시점검

해설 안전강조기간 등에 시행하는 특별점검에 대한 내용이다.

19 새로 손을 얹고 팀의 행동구호를 외치는 무재해 운동 추진 기법의 하나로, 스킨십(Skinship)에 바탕을 두고 팀 전원의 일체감, 연대감을 느끼게 하며, 대뇌피질에 안전태도 형성에 좋은 이미지를 심어주는 기법은?

① Touch and call
② Brain Storming
③ Error cause removal
④ Safety training observation program

해설 ❯ **터치 앤드 콜** : 피부를 맞대고 같이 소리치는 것으로 전원의 스킨십(Skinship)이라 할 수 있다. 이는 팀의 일체감, 연대감을 조성할 수 있고 동시에 대뇌 구피질에 좋은 이미지를 불어 넣어 안전행동을 하도록 하는 것이다. 작업현장에서 같이 호흡하는 동료끼리 서로의 피부를 맞대고 느낌을 교류하면 동료애가 저절로 우러나온다.

20 하인리히 안전론에서 ( ) 안에 들어갈 단어로 적합한 것은?

> • 안전은 사고예방
> • 사고예방은 ( )와/과 인간 및 기계의 관계를 통제하는 과학이자 기술이다.

① 물리적 환경 ② 화학적 요소
③ 위험요인 ④ 사고 및 재해

해설 전 목표를 설정하여 안전 관리를 함에 있어 맨 먼저 안전 관리 조직을 구성하여 안전 활동 방침 및 계획을 수립하고자 전문적 기술을 가진 조직을 통한 안전 활동을 전개하고 물리적 환경과 인간 및 기계를 통제하는 과학이자 기술이다.

정답 16 ② 17 ③ 18 ③ 19 ① 20 ①

2과목 인간공학 및 시스템안전공학

21 FTA에서 사용하는 수정게이트의 종류 중 3개의 입력현상 중 2개가 발생한 경우에 출력이 생기는 것은?

① 위험지속기호 ② 조합 AND 게이트
③ 배타적 OR 게이트 ④ 억제 게이트

해설 ➋ 조합 AND 게이트

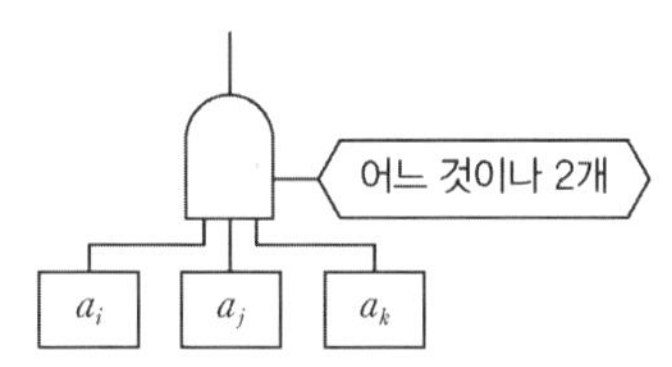

3개의 입력 현상 중 임의의 시간에 2개가 발생하면 출력이 생긴다.

22 인간의 신뢰도가 0.6, 기계의 신뢰도가 0.9이다. 인간과 기계가 직렬체제로 작업할 때의 신뢰도는?

① 0.32 ② 0.54
③ 0.75 ④ 0.96

해설 시스템의 신뢰도(R_S) = 인간의 신뢰도(R_H)×기계의 신뢰도(R_B)

$R_s = r_1 \times r_2$ = 0.6×0.9

23 8시간 근무를 기준으로 남성작업자 A의 대사량을 측정한 결과, 산소소비량이 1.3L/min으로 측정되었다. Murrell 방법으로 계산 시, 8시간의 총 근로시간에 포함되어야 할 휴식시간은?

① 124분 ② 134분
③ 144분 ④ 154분

해설 작업자의 평균 에너지 소비량 = 산소소비량×에너지소비량

1.3×5 = 6.5

$\frac{60(6.5-5)}{6.5-1.5}$ = 18분/hr

8시간에 포함되어야 할 휴식시간은

18분×8시간 = 144(분)

24 국소진동에 지속적으로 노출된 근로자에게 발생할 수 있으며, 말초혈관 장해로 손가락이 창백해지고 동통을 느끼는 질환의 명칭은?

① 레이노병(Raynaud's phenomenon)
② 파킨슨병(Parkinson's disease)
③ 규폐증
④ C5-dip 현상

해설 ① **레이노병** : 국소진동에 지속적으로노출된 근로자에게 발생할 수 있으며, 말초혈관 장해로 손가락이 창백해지고 동통을 느낌
② **파킨슨병** : 신경세포 손실로 발생되는 대표적 퇴행성 신경질환
③ **규폐증** : 유리규산 분진을 흡입함에 따라 발생되는 폐의 섬유화질환
④ **C5-dip 현상** : 소음성 난청의 초기단계로 4000Hz에서 청력장애가 현저히 커지는 현상

25 암호체계의 사용상에 있어서, 일반적인 지침에 포함되지 않는 것은?

① 암호의 검출성 ② 부호의 양립성
③ 암호의 표준화 ④ 암호의 단일 차원화

해설 ➋ **암호체계 사용의 일반적인 지침** : 암호의 검출성, 암호의 변별성, 부호의 양립성, 부호의 의미, 암호의 표준화, 다차원 암호의 사용

21 ② 22 ② 23 ③ 24 ① 25 ④ 정답

26 온도와 습도 및 공기 유동이 인체에 미치는 열효과를 하나의 수치로 통합한 경험적 감각지수로, 상대습도 100%일 때의 건구온도에서 느끼는 것과 동일한 온감을 의미하는 온열조건의 용어는?

① Oxford 지수
② 발한율
③ 실효온도
④ 열압박지수

해설 ❯ **실효온도**(체감온도, 감각온도)
- 실효온도의 영향인자
  - 온도
  - 습도
  - 공기의 유동(기류)
- ET는 영향인자들이 인체에 미치는 열효과를 하나의 수치로 통합한 경험적 감각지수
- 상대습도 100%일 때 건구온도에서 느끼는 것과 동일한 온감

27 화학설비의 안전성 평가 5단계 중 4단계에 해당하는 것은?

① 안전대책 ② 정성적 평가
③ 정량적 평가 ④ 재평가

해설 ❯ **화학설비의 안전성 평가**

단계	내용
1단계	관계 자료의 정비 검토(작성준비)
2단계	정성적 평가
3단계	정량적 평가
4단계	안전대책수립
5단계	재해정보(사례) 평가

28 양립성의 종류에 포함되지 않는 것은?

① 공간 양립성 ② 형태 양립성
③ 개념 양립성 ④ 운동 양립성

해설 ❯ **양립성** : 자극과 반응의 관계가 인간의 기대와 모순되지 않는 성질
- **개념적 양립성** : 외부 자극에 대해 인간의 개념적 현상의 양립성
  예 빨간 버튼=온수, 파란 버튼=냉수
- **공간적 양립성** : 표시장치, 조종장치의 형태 및 공간적 배치의 양립성
  예 오른쪽 조리대는 오른쪽에 조절장치로, 왼쪽 조리대는 왼쪽 조절장치로
- **운동의 양립성** : 표시장치, 조종장치 등의 운동 방향의 양립성
  예 조종장치를 오른쪽으로 돌리면 표시장치의 지침이 오른쪽으로 이동하는 것
- **양식 양립성** : 직무에 맞는 자극과 응답 양식의 존재에 대한 양립

29 다음 설명에 해당하는 설비보전방식의 유형은?

> 설비보전 정보와 신기술을 기초로 신뢰성, 조작성, 보전성, 안전성, 경제성 등이 우수한 설비의 선정, 조달 또는 설계를 통하여 궁극적으로 설비의 설계, 제작 단계에서 보전활동이 불필요한 체제를 목표로 한 설비보전 방법을 말한다.

① 개량보전 ② 보전예방
③ 사후보전 ④ 일상보전

해설 ❯ **보전예방의 실시방법**
- 설비의 갱신
- 갱신의 경우 보전성, 안전성, 신뢰성 등의 보전실시
- 기존설비의 보전보다 설계, 제작단계까지 소급하여 보전이 필요 없을 정도의 안전한 설계 및 제작이 필요

정답 26 ③ 27 ① 28 ② 29 ②

30 **원자력 산업과 같이 상당한 안전이 확보되어 있는 장소에서 추가적인 고도의 안전 달성을 목적으로 하고 있으며, 관리, 설계, 생산, 보전 등 광범위한 안전을 도모하기 위하여 개발된 분석기법은?**

① DT ② FTA
③ THERP ④ MORT

해설 **MORT** : 원자력 산업의 고도 안전달성을 위해 개발된 기법
- 1970년 이래 미국 에너지 연구개발청의 Johnson에 의해 개발
- 방법
  - MORT란 이름을 붙인 해석 트리를 중심으로 하여 FTA와 동일한 논리 기법 사용
  - 관리, 생산, 설계, 보전 등의 광범위하게 안전을 도모하는 것

31 **다음 FT도에서 최소컷셋(Minimal cut set)으로만 올바르게 나열한 것은?**

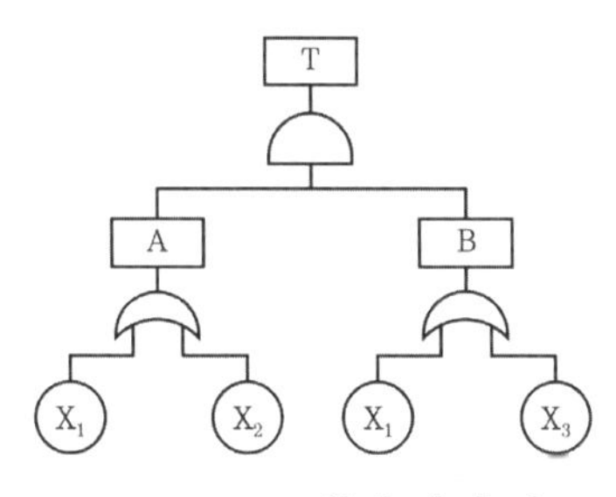

① [X_1] ② [X_1], [X_2]
③ [X_1, X_2, X_3] ④ [X_1, X_2], [X_1, X_3]

해설 정상사상에서 차례로 하단의 사상으로 치환하면서 AND 게이트는 가로로, OR 게이트는 세로로 나열한 후 중복사상을 제거한다.

$$T = A \cdot B = \begin{matrix} X_1 & X_1 \\ X_2 & X_3 \end{matrix}$$

$= (X_1), (X_1, X_3), (X_1, X_2), (X_2, X_3)$

즉, 미니멀 컷셋은 (X_1), (X_2, X_3) 중 하나이다.

32 **결함수분석(FTA)에 관한 설명으로 틀린 것은?**

① 연역적 방법이다.
② 버텀-업(Bottom-Up)방식이다.
③ 기능적 결함의 원인을 분석하는 데 용이하다.
④ 정량적 분석이 가능하다.

해설 **연역적이고 정량적인 해석 방법**(Top down 형식)
- 정량적 해석기법(컴퓨터처리 가능)이다.
- 논리기호를 사용한 특정사상에 대한 해석이다.
- 서식이 간단해서 비전문가도 짧은 훈련으로 사용할 수 있다.
- Human Error의 검출이 어렵다.

33 **조종-반응비(Control-Response Ratio, C/R비) 에 대한 설명 중 틀린 것은?**

① 조종장치와 표시장치의 이동 거리 비율을 의미한다.
② C/R비가 클수록 조종장치는 민감하다.
③ 최적 C/R비는 조정시간과 이동시간의 교점이다.
④ 이동시간과 조정시간을 감안하여 최적 C/R비를 구할 수 있다

해설 ② C/R비가 작을수록 이동시간은 짧고, 조종은 어려워서 민감한 조정장치이다.

34 **인간의 정보처리 과정 3단계에 포함되지 않는 것은?**

① 인지 및 정보처리단계
② 반응단계
③ 행동단계
④ 인식 및 감지단계

해설 **인간의 정보처리 과정** : 감지(정보수용), 정보보관, 정보처리 및 의사결정, 행동기능

30 ④ 31 ① 32 ② 33 ② 34 ② **정답**

35 시각 표시장치보다 청각 표시장치의 사용이 바람직한 경우는?

① 전언이 복잡한 경우
② 전언이 재참조되는 경우
③ 전언이 즉각적인 행동을 요구하는 경우
④ 직무상 수신자가 한 곳에 머무는 경우

해설 ❯ **청각 장치를 사용하는 경우**
- 전언이 간단하다.
- 전언이 짧다.
- 전언이 후에 재참조되지 않는다.
- 전언이 시간적 사상을 다룬다.
- 전언이 즉각적인 행동을 요구한다(긴급할 때).
- 수신장소가 너무 밝거나 암조응유지가 필요시
- 직무상 수신자가 자주 움직일 때
- 수신자가 시각계통이 과부하 상태일 때

36 작업의 강도는 에너지 대사율(RMR)에 따라 분류된다. 분류 기간 중, 중(中)작업(보통작업)의 에너지 대사율은?

① 0~1RMR ② 2~4RMR
③ 4~7RMR ④ 7~9RMR

해설

RMR	0~1	1~2	2~4	4~7	7 이상
작업	초경 작업	경작업	중 (보통 작업)	중 (무거운) 작업	초중 (무거운) 작업

37 산업안전보건법령상 유해위험방지계획서의 제출 시 첨부하는 서류에 포함되지 않는 것은?

① 설비 점검 및 유지계획
② 기계·설비의 배치도면
③ 건축물 각 층의 평면도
④ 원재료 및 제품의 취급, 제조 등의 작업방법의 개요

해설 ❯ **유해위험방지계획서 제출 시 첨부서류**
- 건축물 각 층의 평면도
- 기계·설비의 개요를 나타내는 서류
- 기계·설비의 배치도면
- 원재료 및 제품의 취급, 제조 등의 작업방법의 개요
- 그 밖에 고용노동부장관이 정하는 도면 및 서류
  - 사업의 개요
  - 제조공정 및 기계·설비에 관한 자료

38 인간의 실수 중 수행해야 할 작업 및 단계를 생략하여 발생하는 오류는?

① omission error ② commission error
③ sequence error ④ timing error

해설 ❯ **휴먼에러의 심리적 분류**
- **생략오류**(omission error) : 절차를 생략해 발생하는 오류
- **시간오류**(time error) : 절차의 수행지연에 의한 오류
- **작위오류**(commission error) : 절차의 불확실한 수행에 의한 오류
- **순서오류**(sequential error) : 절차의 순서착오에 의한 오류
- **과잉행동오류**(extraneous error) : 불필요한 작업, 절차에 의한 오류

39 초기고장과 마모고장 각각의 고장형태와 그 예방대책에 관한 연결로 틀린 것은?

① 초기고장 – 감소형 – 번인(Burn in)
② 마모고장 – 증가형 – 예방보전(PM)
③ 초기고장 – 감소형 – 디버깅(debugging)
④ 마모고장 – 증가형 – 스크리닝(screening)

해설
- **초기고장** : 감소형(debugging 기간, burn-in 기간)
  ※ debugging 기간 : 인간시스템의 신뢰도에서 결함을 찾아내 고장률을 안정시키는 기간
- **우발고장** : 일정형
- **마모고장** : 증가형

정답 35 ③ 36 ② 37 ① 38 ① 39 ④

40 작업개선을 위하여 도입되는 원리인 ECRS에 포함되지 않는 것은?

① Combine ② Standard
③ Eliminate ④ Rearrange

해설 ECRS
- E : 제거(Eliminate)
- C : 결합(Combine)
- R : 재조정(Rearrange)
- S : 단순화(Simplify)

3과목 기계위험방지기술

41 산업안전보건법령에 따라 아세틸렌 용접장치의 아세틸렌 발생기를 설치하는 경우, 발생기실의 설치장소에 대한 설명 중 A, B에 들어갈 내용으로 옳은 것은?

- 발생기실은 건물의 최상층에 위치하여야 하며, 화기를 사용하는 설비로부터 (A)를 초과하는 장소에 설치하여야 한다.
- 발생기실을 옥외에 설치한 경우에는 그 개구부를 다른 건축물로부터 (B) 이상 떨어지도록 하여야 한다.

① A : 1.5m, B : 3m
② A : 2m, B : 4m
③ A : 3m, B : 1.5m
④ A : 4m, B : 2m

해설
- 발생기실은 건물의 최상층에 위치하여야 하며, 화기를 사용하는 설비로부터 3m를 초과하는 장소에 설치하여야 한다.
- 발생기실을 옥외에 설치한 경우에는 그 개구부를 다른 건축물로부터 1.5m 이상 떨어지도록 하여야 한다.

42 프레스기의 방호장치 중 위치제한형 방호장치에 해당되는 것은?

① 수인식 방호장치
② 광전자식 방호장치
③ 손쳐내기식 방호장치
④ 양수조작식 방호장치

해설
- **위치제한형 방호장치**(위험장소) : 조작자의 신체부위가 위험한계 밖에 있도록 기계의 조작장치를 위험구역에서 일정거리 이상 떨어지게 한 방호장치
  예 양수조작식 안전장치
- **접근거부형 방호장치**(위험장소) : 작업자의 신체부위가 위험한계 내로 접근하면 기계의 동작위치에 설치해 놓은 기구가 접근하는 신체부위를 안전한 위치로 되돌리는 것
  예 손쳐내기식 안전장치, 수인식
- **접근반응형 방호장치**(위험장소) : 작업자의 신체부위가 위험한계로 들어오게 되면 이를 감지하여 작동 중인 기계를 즉시 정지시키거나 스위치가 꺼지도록 하는 기능
  예 광전자식 안전장치

43 프레스 방호장치 중 수인식 방호장치의 일반구조에 대한 사항으로 틀린 것은?

① 수인끈의 재료는 합성섬유로 지름이 4mm 이상이어야 한다.
② 수인끈의 길이는 작업자에 따라 임의로 조정할 수 없도록 해야 한다.
③ 수인끈의 안내통은 끈의 마모와 손상을 방지할 수 있는 조치를 해야 한다.
④ 손목밴드(wrist band)의 재료는 유연한 내유성 피혁 또는 이와 동등한 재료를 사용해야 한다.

해설 수인식 안전장치는 손을 구속하게 되므로 작업간 손의 활동범위를 고려해서 선택, 적용하여야 한다.

40 ② 41 ③ 42 ④ 43 ② 정답

44 산업안전보건법령에 따라 원동기·회전축 등의 위험 방지를 위한 설명 중 괄호 안에 들어갈 내용은?

> 사업주는 회전축·기어·풀리 및 플라이휠 등에 부속되는 키·핀 등의 기계요소는 (   )으로 하거나 해당 부위에 덮개를 설치하여야 한다.

① 개방형 ② 돌출형
③ 묻힘형 ④ 고정형

해설 안전을 위해 덮개는 묻힘형으로 한다.

45 공기압축기의 방호장치가 아닌 것은?

① 언로드 밸브
② 압력방출장치
③ 수봉식 안전기
④ 회전부의 덮개

해설 ③ 수봉식 안전기는 아세틸렌 용접장치 및 가스 집합 용접장치의 방호장치이다.

46 재료가 변형 시에 외부응력이나 내부의 변형과정에서 방출되는 낮은 응력파(stress wave)를 감지하여 측정하는 비파괴시험은?

① 와류탐상 시험
② 침투탐상 시험
③ 음향탐상 시험
④ 방사선투과 시험

해설 음향탐상 시험은 재료가 변형될 때에 외부응력이나 내부의 변형과정에서 방출하게 되는 낮은 응력파를 감지하여 공학적인 방법으로 재료 또는 구조물이 우는(cry) 것을 탐지하는 기술방법이다.

47 산업안전보건법령에 따라 다음 괄호 안에 들어갈 내용으로 옳은 것은?

> 사업주는 바닥으로부터 짐 윗면까지의 높이가 (   )m 이상인 화물자동차에 짐을 싣는 작업 또는 내리는 작업을 하는 경우에는 근로자의 추가 위험을 방지하기 위하여 해당 작업에 종사하는 근로자가 바닥과 적재함의 짐 윗면간을 안전하게 오르내리기 위한 설비를 설치하여야 한다.

① 1.5 ② 2
③ 2.5 ④ 3

해설 2m 이상인 화물자동차에 짐을 싣는 작업 또는 내리기 작업을 하는 경우에는 근로자의 추가 위험을 방지하기 위하여 해당 작업에 종사하는 근로자가 바닥과 적재함의 짐 윗면간을 안전하게 오르내리기 위한 설비를 설치하여야 한다.

48 진동에 의한 1차 설비진단법 중 정상, 비정상, 악화의 정도를 판단하기 위한 방법에 해당하지 않는 것은?

① 상호 판단 ② 비교 판단
③ 절대 판단 ④ 평균 판단

해설

목적	방법	내용
정상, 비정상 악화 정도의 판단	상호 판단	같은 종류의 기계가 다수 있을 때 그 기체들 상호 간에 비교, 판단
	비교 판단	조기치가 증가되는 정도가 주의 또는 위험의 판단으로 사용
	절대 판단	측정장치가 직접적으로 양호, 주의, 위험 수준으로 판단
실패의 원인과 발생한 장소의 탐지	직접 방법	진동의 주 방향이 비정상의 원인을 탐지하는 데 사용(불평형, 중심을 잘못 맞춘 상태)
	평균 방법	최고치와 평균치 비의 증가가 비정상의 원인을 탐지하는 데 사용(흠집, 마멸)
	주파수 방법	주파수 영역이 비정상의 원인을 탐지하는 데 사용(회전부와 롤러 베어링)

정답 44 ③ 45 ③ 46 ③ 47 ② 48 ④

49 **둥근톱 기계의 방호장치에서 분할날과 톱날 원주면과의 거리는 몇 [mm] 이내로 조정, 유지할 수 있어야 하는가?**

① 12　　② 14
③ 16　　④ 18

해설 반발예방장치는 경강(硬鋼)이나 반경강을 사용하며, 톱날로부터 2/3 이상에 걸쳐 12mm 이상 떨어지지 않게 톱날의 곡선에 따라 만든다.

50 **산업안전보건법령에 따라 사업주가 보일러의 폭발 사고를 예방하기 위하여 유지·관리하여야 할 안전장치가 아닌 것은?**

① 압력방호판　　② 화염 검출기
③ 압력방출장치　　④ 고저수위 조절장치

해설
- 고저수위 조절장치
- 압력방출장치
- 압력제한 스위치
- 화염 검출기

51 **질량이 100kg인 물체를 그림과 같이 길이가 같은 2개의 와이어로프로 매달아 옮기고자 할 때 와이어로프 Ta에 걸리는 장력은 약 몇 [N]인가?**

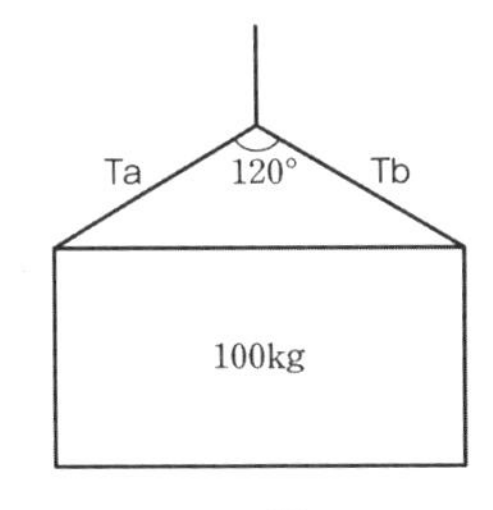

① 200　　② 400
③ 490　　④ 980

해설 와이어로프 Ta의 장력만이므로 Tb는 제외된다.
두 장력의 합력이 100kg×9.8 = 980N
Ta = (980/cos60°)/2 = (980/(1/2))/2 = (980×2)/2
= 980

52 **다음 중 드릴 작업의 안전수칙으로 가장 적합한 것은?**

① 손을 보호하기 위하여 장갑을 착용한다.
② 작은 일감은 양손으로 견고히 잡고 작업한다.
③ 정확한 작업을 위하여 구멍에 손을 넣어 확인한다.
④ 작업시작 전 척 렌치(chuck wrench)를 반드시 제거하고 작업한다.

해설 **드릴 작업의 안전수칙**
- 회전하고 있는 주축이나 드릴에 손이나 걸레를 대거나 머리를 가까이 하지 말 것
- 드릴 사용 전에 점검하고 상처나 균열이 있는 것은 사용하지 않는다.
- 가공 중에 드릴의 절삭률이 불량해지고 이상음이 발생하면 중지하고 즉시 드릴을 바꾼다.
- 드릴의 착탈은 회전이 완전히 멈춘 다음 행한다.
- 작은 물건은 바이스나 클램프를 사용하여 장착하고 직접 손으로 지지하는 것을 피한다.
- 가공 중 드릴이 깊이 먹어 들어가면 기계를 멈추고 손돌리기로 드릴을 뽑아낸다.
- 드릴이나 척을 뽑을 때는 공구를 사용하고 해머 등으로 두드려서는 안 된다.
- 드릴이나 척을 뽑을 때는 되도록 주축을 내려서 낙하거리를 적게 하고 테이블 등에 나뭇조각 등을 놓고 받는다.
- 레디얼드릴머신은 작업 중 컬럼(column)과 암(arm)을 확실하게 체결하여 암을 선회시킬 때 주위에 조심한다. 정지시는 암을 베이스의 중심 위치에 놓는다.
- 공작물과 드릴이 함께 회전하는 경우 : 거의 구멍을 뚫었을 때

49 ① 50 ① 51 ④ 52 ④ 정답

53 **산업안전보건법령에 따라 레버풀러(lever puller) 또는 체인블록(chain block)을 사용하는 경우 훅의 입구(hook mouth) 간격이 제조자가 제공하는 제품사양서 기준으로 몇 [%] 이상 벌어진 것은 폐기하여야 하는가?**

① 3 ② 5
③ 7 ④ 10

해설 레버풀러(lever puller) 또는 체인블록(chain block)을 사용하는 경우 훅의 입구(hook mouth) 간격이 제조자가 제공하는 제품사양서 기준으로 10% 이상 벌어진 것은 폐기하도록 정하고 있다.

54 **금형의 설치, 해체, 운반 시 안전사항에 관한 설명으로 틀린 것은?**

① 운반을 위하여 관통 아이볼트가 사용될 때는 구멍 틈새가 최소화되도록 한다.
② 금형을 설치하는 프레스의 T홈 안길이는 설치 볼트 지름의 1/2배 이하로 한다.
③ 고정볼트는 고정 후 가능하면 나사산이 3~4개 정도 짧게 남겨 설치 또는 해체 시 슬라이드 면과의 사이에 협착이 발생하지 않도록 해야 한다.
④ 운반 시 상부금형과 하부금형이 닿을 위험이 있을 때는 고정 패드를 이용한 스트랩, 금속재질이나 우레탄 고무의 블록 등을 사용한다.

해설 ② 금형을 설치하는 프레스의 T홈 안길이는 설치 볼트 지름의 2배 이상으로 한다.

55 **연삭기에서 숫돌의 바깥지름이 180mm일 경우 숫돌 고정용 평형플랜지의 지름으로 적합한 것은?**

① 30mm 이상 ② 40mm 이상
③ 50mm 이상 ④ 60mm 이상

해설 평형플랜지의 지름은 숫돌 지름의 1/3 이상이어야 한다.

56 **밀링작업의 안전조치에 대한 설명으로 적절하지 않은 것은?**

① 절삭 중의 칩 제거는 칩 브레이커로 한다.
② 공작물을 고정할 때에는 기계를 정지시킨 후 작업한다.
③ 강력절삭을 할 경우에는 공작물을 바이스에 깊게 물려 작업한다.
④ 가공 중 공작물의 치수를 측정할 때에는 기계를 정지시킨 후 측정한다.

해설 ① 절삭 중의 칩 제거는 운전을 정지하고 브러시를 사용한다.

57 **산업안전보건법령에 따라 산업용 로봇의 작동범위에서 교시 등의 작업을 하는 경우에 로봇에 의한 위험을 방지하기 위한 조치사항으로 틀린 것은?**

① 2명 이상의 근로자에게 작업을 시킬 경우의 신호방법을 정한다.
② 작업 중의 매니퓰레이터 속도에 관한 지침을 정하고 그 지침에 따라 작업한다.
③ 작업을 하는 동안 다른 작업자가 작동시킬 수 없도록 기동스위치에 작업 중 표시를 한다.
④ 작업에 종사하고 있는 근로자가 이상을 발견하면 즉시 안전담당자에게 보고하고 계속해서 로봇을 운전한다.

해설 ④ 작업에 종사하고 있는 근로자가 이상을 발견하면 즉시 로봇을 정지하고 안전담당자에게 보고한다.

58 **산업안전보건법령에 따른 승강기의 종류에 해당하지 않는 것은?**

① 리프트 ② 승용 승강기
③ 에스컬레이터 ④ 화물용 승강기

정답 53 ④ 54 ② 55 ④ 56 ① 57 ④ 58 ①

해설 건축물이나 고정된 시설물에 설치되어 일정한 경로에 따라 사람이나 화물을 승강장으로 옮기는 데 사용하는 설비로 화물용 엘리베이터, 승객용 엘리베이터, 에스컬레이터가 있다.

59 기준무부하 상태에서 지게차 주행 시의 좌우 안정도 기준은? (단, V는 구내최고속도[km/h]이다.)

① $(15+1.1\times V)$% 이내
② $(15+1.5\times V)$% 이내
③ $(20+1.1\times V)$% 이내
④ $(20+1.5\times V)$% 이내

해설 ▶ 지게차의 안정도 기준
- **하역작업 시의 전·후 안정도** : 4% 이내
- **주행 시의 전·후 안정도** : 18% 이내
- **하역작업 시의 좌·우 안정도** : 6% 이내
- **주행 시의 좌·우 안정도** : $(15+1.1V)$% 이내

60 산업안전보건법령에 따라 사다리식 통로를 설치하는 경우 준수해야 할 기준으로 틀린 것은?

① 사다리식 통로의 기울기는 60° 이하로 할 것
② 발판과 벽과의 사이는 15cm 이상의 간격을 유지할 것
③ 사다리의 상단은 걸쳐놓은 지점으로부터 60cm 이상 올라가도록 할 것
④ 사다리식 통로의 길이가 10m 이상인 경우에는 5m 이내마다 계단참을 설치할 것

해설 ① 사다리식 통로의 기울기는 75° 이하로 할 것. 다만, 고정식 사나리 통로의 기울기는 90° 이하로 하고 그 높이가 7m 이상인 경우에는 바닥으로부터 높이가 2.5m 되는 지점부터 등받이울을 설치할 것

4과목 전기위험방지기술

61 1종 위험장소로 분류되지 않는 것은?

① 탱크류의 벤트(Vent) 개구부 부근
② 인화성 액체 탱크 내의 액면 상부의 공간부
③ 점검수리 작업에서 가연성 가스 또는 증기를 방출하는 경우의 밸브 부근
④ 탱크롤리, 드럼관 등이 인화성 액체를 충전하고 있는 경우의 개구부 부근

해설
- **0종 장소** : 장치 및 기기들이 정상 가동되는 경우에 폭발성 가스가 항상 존재하는 장소이다.
- **1종 장소** : 장치 및 기기들이 정상 가동 상태에서 폭발성 가스가 가끔 누출되어 위험 분위기가 존재하는 장소이다.
- **2종 장소** : 작업자의 조작상 실수나 이상운전으로 폭발성 가스가 누출되거나 유출된 가스가 체류하여 폭발을 일으킬 우려가 있는 장소이다.

62 기중차단기의 기호로 옳은 것은?

① VCB ② MCCB
③ OCB ④ ACB

해설 ④ **ACB** : 기중차단기(기중은 공기중을 말함)
① **VCB** : 진공차단기
② **MCCB** : 배선용차단기
③ **OCB** : 유입차단기

59 ① 60 ① 61 ② 62 ④ 정답

63 누전사고가 발생될 수 있는 취약 개소가 아닌 것은?

① 나선으로 접속된 분기회로의 접속점
② 전선의 열화가 발생한 곳
③ 부도체를 사용하여 이중절연이 되어 있는 곳
④ 리드선과 단자와의 접속이 불량한 곳

해설 ③ 부도체는 전기가 안 통하는 물체로 누전사고가 발생될 수 없다.

64 지락전류가 거의 0에 가까워서 안정도가 양호하고 무정전의 송전이 가능한 접지방식은?

① 직접접지방식
② 리액터접지방식
③ 저항접지방식
④ 소호리액터접지방식

해설 소호리액터접지방식은 병렬공진에 의해 지락전류 소멸이 가능하고 안정도가 높으며, 지락전류가 없어 유도장해가 없다.

65 피뢰기가 갖추어야 할 특성으로 알맞은 것은?

① 충격방전 개시전압이 높을 것
② 제한 전압이 높을 것
③ 뇌전류의 방전 능력이 클 것
④ 속류를 차단하지 않을 것

해설 **피뢰기가 갖추어야 할 특성**
- 충격방전 개시전압이 낮을 것
- 제한전압이 낮을 것
- 반복동작이 가능할 것
- 구조가 견고하고 특성이 변화하지 않은 것
- 점검, 보수가 간단할 것
- 뇌전류에 대한 방전능력이 클 것
- 속류의 차단이 확실할 것

66 동작 시 아크를 발생하는 고압용 개폐기 · 차단기 · 피뢰기 등은 목재의 벽 또는 천장 기타의 가연성 물체로부터 몇 [m] 이상 떼어 놓아야 하는가?

① 0.3　　② 0.5
③ 1.0　　④ 1.5

해설 전극간 거리는 1m 이상 떼어 놓아야 한다.

67 6600/100V, 15kVA의 변압기에서 공급하는 저압 전선로의 허용 누설전류는 몇 [A]를 넘지 않아야 하는가?

① 0.025　　② 0.045
③ 0.075　　④ 0.085

해설 최대공급전류의 $\frac{1}{2000}$A로 규정
공급전류는 15kVA/1000V = 15000VA/100V = 150A
150/2000 = 0.075A

68 이동하여 사용하는 전기기계 · 기구의 금속제 외함 등에 제1종 접지공사를 하는 경우, 접지선 중 가요성을 요하는 부분의 접지선 종류와 단면적의 기준으로 옳은 것은?

① 다심코드, 0.75mm^2 이상
② 다심캡타이어 케이블, 2.5mm^2 이상
③ 3종 클로로프렌캡타이어 케이블, 4mm^2 이상
④ 3종 클로로프렌캡타이어 케이블, 10mm^2 이상

해설 출제 당시에는 정답이 ④였으나, 2021년 개정되어 정답 없음

정답 63 ③ 64 ④ 65 ③ 66 ③ 67 ③ 68 정답 없음

69 **정전기 발생에 대한 방지대책의 설명으로 틀린 것은?**

① 가스용기, 탱크 등의 도체부는 전부 접지한다.
② 배관 내 액체의 유속을 제한한다.
③ 화학섬유의 작업복을 착용한다.
④ 대전 방지제 또는 제전기를 사용한다.

해설 ③ 일반 작업복 대신 제전복을 착용한다.

70 **정전기의 유동대전에 가장 크게 영향을 미치는 요인은?**

① 액체의 밀도
② 액체의 유동속도
③ 액체의 접촉면적
④ 액체의 분출온도

해설 **유동대전** : 액체류가 파이프 등 내부에서 유동할 때 액체와 관 벽 사이에서 정전기가 발생되는 현상

71 **과전류에 의해 전선의 허용전류보다 큰 전류가 흐르는 경우 절연물이 화구가 없더라도 자연히 발화하고 심선이 용단되는 발화단계의 전선 전류밀도 [A/mm^2]는?**

① 10~20 ② 30~50
③ 60~120 ④ 130~200

해설
- **인화단계** : 40~43A/mm^2
- **착화단계** : 43~60A/mm^2
- **발화단계** : 60~120A/mm^2
- **순간용단단계** : 120A/mm^2 이상

72 **방폭구조에 관계있는 위험 특성이 아닌 것은?**

① 발화 온도 ② 증기 밀도
③ 화염 일주한계 ④ 최소 점화전류

해설
- **방폭구조에 관계있는 특성** : 발화온도, 화염일주한계, 최소점화전류
- **폭발성분위기 생성조건 관련** : 증기밀도, 인화점, 폭발한계

73 **금속관의 방폭형 부속품에 대한 설명으로 틀린 것은?**

① 재료는 아연도금을 하거나 녹이 스는 것을 방지하도록 한 강 또는 가단주철일 것
② 안쪽 면 및 끝부분은 전선의 피복을 손상하지 않도록 매끈한 것일 것
③ 전선관과의 접속부분의 나사는 5턱 이상 완전히 나사결합이 될 수 있는 길이일 것
④ 완성품은 유입방폭구조의 폭발압력시험에 적합할 것

해설 ④ 유입방폭구조까지 적합하지 않아도 된다.

74 **접지의 목적과 효과로 볼 수 없는 것은?**

① 낙뢰에 의한 피해방지
② 송배전선에서 지락사고의 발생 시 보호계전기를 신속하게 작동시킴
③ 설비의 절연물이 손상되었을 때 흐르는 누설전류에 의한 감전방지
④ 송배전선로의 지락사고 시 대지전위의 상승을 억제하고 절연강도를 저하시킴

해설 ④ 송배전선로의 지락사고 시 대지전위의 상승을 억제하고 절연강도를 상승시킴

69 ③ 70 ② 71 ③ 72 ② 73 ④ 74 ④ 정답

75 **방폭전기설비의 용기 내부에 보호가스를 압입하여 내부압력을 외부 대기 이상의 압력으로 유지함으로써 용기 내부에 폭발성 가스 분위기가 형성되는 것을 방지하는 방폭구조는?**

① 내압 방폭구조
② 압력 방폭구조
③ 안전증 방폭구조
④ 유입 방폭구조

해설 ① **내압 방폭구조** : 전기설비에서 아크 또는 고열이 발생하여 폭발성 가스에 점화할 우려가 있는 부분을 전폐한 용기에 넣음으로써 폭발이 일어날 경우 이 용기가 압력에 견디고 외부의 폭발성 가스에 인화될 위험이 없도록 한 구조의 방폭구조이다.
③ **안전증 방폭구조** : 안전증 방폭구조란 정상운전 중에 폭발성 가스 또는 증기에 점화원이 될 전기불꽃, 아크 또는 고온이 되어서는 안 될 부분에 이런 것의 발생을 방지하기 위하여 기계적, 전기적 구조상 또는 온도상승에 대해서 특히 안전도를 증강시킨 구조이다.
④ **유입 방폭구조** : 유입 방폭구조는 아크 또는 고열을 발생하는 전기설비를 용기에 넣고 그 용기 안에 다시 기름을 채워서 외부의 폭발성 가스와 점화원이 접촉하여 인화할 위험이 없도록 하는 구조로 유입 개폐부분에는 가스를 빼내는 배기공을 설치하여야 한다.

76 **아래 그림과 같이 인체가 전기설비의 외함에 접촉하였을 때 누전사고가 발생하였다. 인체통과전류[mA]는 약 얼마인가?**

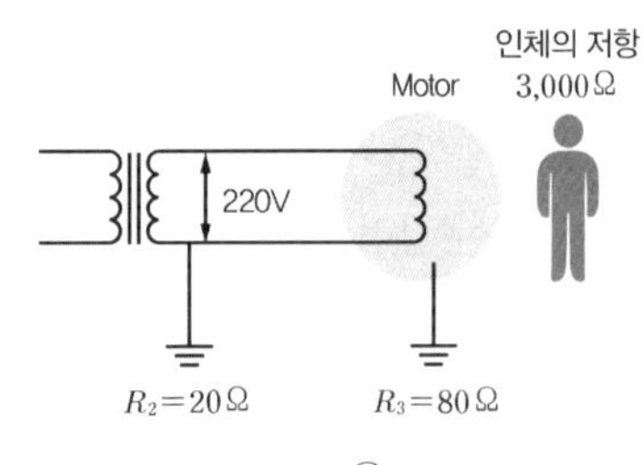

① 35　　② 47
③ 58　　④ 66

해설 전체저항 = 직렬R_2 + 병렬(R_3, 3000)
병렬(R_3, 3000)은
$1/R = 1/80 + 1/3000$
$R = (80\times3000)/(80+3000) = 77.9\Omega$
전체저항 $R = 20 + 77.9 = 97.9\Omega$
전체전류 = 220/97.9 = 2.247A
병렬저항 내부에서 각 저항별로 통과전류는 저항에 반비례
$2.247\times80/(80+3000) = 0.058 = 58\text{mA}$

77 **전기화재 발생 원인으로 틀린 것은?**

① 발화원　　② 내화물
③ 착화물　　④ 출화의 경과

해설 ② 내화물은 불에 견디는 물질이다.

78 **사용전압이 380V인 전동기 전로에서 절연저항은 몇 [MΩ] 이상이어야 하는가?**

① 0.1　　② 0.2
③ 0.3　　④ 0.4

해설 출제 당시에는 정답이 ③이었으나, 2021년 개정되어 정답 없음

79 **정전에너지를 나타내는 식으로 알맞은 것은? (단, Q는 대전 전하량, C는 정전용량이다.)**

① $\dfrac{Q}{2C}$　　② $\dfrac{Q}{2C^2}$
③ $\dfrac{Q^2}{2C}$　　④ $\dfrac{Q^2}{2C^2}$

정답 75 ② 76 ③ 77 ② 78 정답 없음 79 ③

해설 정전에너지 = $\frac{1}{2} \times C \times V^2$

$Q = C \times V(V = Q/C$로)

정전에너지는 $\frac{1}{2} \times C \times \left(\frac{Q}{C}\right)^2 = \frac{Q^2}{2C}$

80 누전차단기의 설치가 필요한 것은?

① 이중절연 구조의 전기기계・기구
② 비접지식 전로의 전기기계・기구
③ 절연대 위에서 사용하는 전기기계・기구
④ 도전성이 높은 장소의 전기기계・기구

해설
- 대지전압이 150V를 초과하는 이동형 또는 휴대형 전기기계・기구
- 물 등 도전성이 높은 액체가 있는 습윤장소에서 사용하는 저압(750V 이하 직류전압이나 600V 이하의 교류전압을 말한다)용 전기기계・기구
- 철판・철골 위 등 도전성이 높은 장소에서 사용하는 이동형 또는 휴대형 전기기계・기구
- 임시배선의 전로가 설치되는 장소에서 사용하는 이동형 또는 휴대형 전기기계・기구

5과목 화학설비위험방지기술

81 펌프의 사용 시 공동현상(cavitation)을 방지하고자 할 때의 조치사항으로 틀린 것은?

① 펌프의 회전수를 높인다.
② 흡입비 속도를 작게 한다.
③ 펌프의 흡입관의 두(head) 손실을 줄인다.
④ 펌프의 설치높이를 낮추어 흡입양정을 짧게 한다.

해설 ① 펌프의 회전수를 낮추고 속도를 느리게 한다.

82 다음 중 연소속도에 영향을 주는 요인으로 가장 거리가 먼 것은?

① 가연물의 색상
② 촉매
③ 산소와의 혼합비
④ 반응계의 온도

해설 **연소속도에 영향을 주는 요인** : 촉매, 산소와의 혼합비, 반응계의 온도, 농도, 활성화 에너지, 가연물질의 표면적 등

83 기체의 자연발화온도 측정법에 해당하는 것은?

① 중량법 ② 접촉법
③ 예열법 ④ 발열법

해설 자연발화온도는 열을 서서히 가하는 예열법을 사용한다.

80 ④ 81 ① 82 ① 83 ③ 정답

84 디에틸에테르와 에틸알코올이 3 : 1로 혼합증기의 몰비가 각각 0.75, 0.25이고, 디에틸에테르와 에틸알코올의 폭발하한값이 각각 1.9vol%, 4.3vol%일 때 혼합가스의 폭발하한값은 약 몇 [vol%]인가?

① 2.2　② 3.5
③ 22.0　④ 34.7

해설 $(75+25)/L = 75/1.9 + 25/4.3$
또는
$(3+1)/L = 3/1.9 + 1/4.3$
$L = 2.2$

85 프로판가스 $1m^3$를 완전 연소시키는 데 필요한 이론 공기량은 몇 $[m^3]$인가? (단, 공기 중의 산소농도는 20vol%이다.)

① 20　② 25
③ 30　④ 35

해설 프로판 1mol 연소 시 산소 5mol 소요
프로판 $1m^3$ 연소 시 산소 $5m^3$ 소요
공기 중 산소농도가 20vol%이므로 1/20% = 5배하여 이론 공기량은 $25m^3$
$(100/20) \times 5 = 25$

86 분진폭발의 특징으로 옳은 것은?

① 연소속도가 가스폭발보다 크다.
② 완전연소로 가스중독의 위험이 작다.
③ 화염의 파급속도보다 압력의 파급속도가 크다.
④ 가스 폭발보다 연소시간은 짧고 발생에너지는 작다.

해설 ➲ **분진폭발의 특징**
- 가스폭발과 비교하여 작지만 연소시간이 길다.
- 발생에너지가 크기 때문에 파괴력과 타는 정도가 크다.
- 그러나 발화에너지는 상대적으로 훨씬 크다.
- 압력속도는 300m/s 정도이다.
- 화염속도보다는 압력속도가 훨씬 빠르다.

87 독성가스에 속하지 않은 것은?

① 암모니아
② 황화수소
③ 포스겐
④ 질소

해설 ④ 공기의 79%가 질소로 구성
➲ **독성가스**

일산화탄소	CO
산화에틸렌	C_2H_4O
염화메틸	CH_3Cl
암모니아	NH_3
시안화수소	HCN
포스겐	$COCl_2$
아황산가스(이산화유황)	SO_2
염소	Cl_2
아르곤	Ar

88 Burgess-Wheeler의 법칙에 따르면 서로 유사한 탄화수소계의 가스에서 폭발하한계의 농도[vol%]와 연소열[kcal/mol]의 곱의 값은 약 얼마 정도인가?

① 1100　② 2800
③ 3200　④ 3800

해설 포화탄화수소계의 가스에서는 폭발하한계의 농도와 그 연소열의 곱은 약 1100으로 일정하다.

정답 84 ①　85 ②　86 ③　87 ④　88 ①

89 **위험물안전관리법령상 제3류 위험물 중 금수성 물질에 대하여 적응성이 있는 소화기는?**

① 포소화기
② 이산화탄소소화기
③ 할로겐화합물소화기
④ 탄산수소염류분말소화기

해설 제3류 위험물 중 금수성 물질에 대한 소화는 탄산수소염류분말소화기를 사용한다.

90 **공기 중에서 이황화탄소(CS_2)의 폭발한계는 하한값이 1.25vol%, 상한값이 44vol%이다. 이를 20℃ 대기압하에서 [mg/L]의 단위로 환산하면 하한값과 상한값은 각각 약 얼마인가? (단, 이황화탄소의 분자량은 76.1이다.)**

① 하한값 : 61, 상한값 : 640
② 하한값 : 39.6, 상한값 : 1393
③ 하한값 : 146, 상한값 : 860
④ 하한값 : 55.4, 상한값 : 1642

해설
- 0도씨 1기압에서 1mol은 22.4L
- 이상기체 방정식 $PV = nRT$에서 부피 V는 절대온도 T에 비례(0도는 약 273°k)
- 20℃로 환산하면
  22.4×(273+20)/273 = 24.04L
  이황화탄소밀도 76.1/24.04 = 3.165g/L = 3165mg/L
- 하한값 : 3165×1.25% = 39.56
- 상한값 : 3165×44% = 1392.6

91 **일산화탄소에 대한 설명으로 틀린 것은?**

① 무색・무취의 기체이다.
② 염소와 촉매 존재 하에 반응하여 포스겐이 된다.
③ 인체 내의 헤모글로빈과 결합하여 산소운반기능을 저하시킨다.
④ 불연성가스로서, 허용농도가 10ppm이다.

해설 ④ 불연성가스로서, 허용농도가 30ppm이다.

92 **금속의 용접・용단 또는 가열에 사용되는 가스 등의 용기를 취급할 때의 준수사항으로 틀린 것은?**

① 전도의 위험이 없도록 한다.
② 밸브를 서서히 개폐한다.
③ 용해아세틸렌의 용기는 세워서 보관한다.
④ 용기의 온도를 섭씨 65℃ 이하로 유지한다.

해설 ④ 용기의 온도를 40℃ 이하로 유지할 것

93 **산업안전보건법령상 건조설비를 사용하여 작업을 하는 경우 폭발 또는 화재를 예방하기 위하여 준수하여야 하는 사항으로 적절하지 않은 것은?**

① 위험물 건조설비를 사용하는 때에는 미리 내부를 청소하거나 환기할 것
② 위험물 건조설비를 사용하는 때에는 건조로 인하여 발생하는 가스・증기 또는 분진에 의하여 폭발・화재의 위험이 있는 물질을 안전한 장소로 배출시킬 것
③ 위험물 건조설비를 사용하여 가열건조하는 건조물은 쉽게 이탈되도록 할 것
④ 고온으로 가열건조한 가연성 물질은 발화의 위험이 없는 온도로 냉각한 후에 격납시킬 것

89 ④ 90 ② 91 ④ 92 ④ 93 ③ **정답**

해설 ◆ 건조설비 사용 시 준수사항
- 위험물 건조설비를 사용하는 경우에는 미리 내부를 청소하거나 환기할 것
- 위험물 건조설비를 사용하는 경우에는 건조로 인하여 발생하는 가스·증기 또는 분진에 의하여 폭발·화재의 위험이 있는 물질을 안전한 장소로 배출시킬 것
- 위험물 건조설비를 사용하여 가열건조하는 건조물은 쉽게 이탈되지 않도록 할 것
- 고온으로 가열건조한 인화성 액체는 발화의 위험이 없는 온도로 냉각한 후에 격납시킬 것
- 건조설비(바깥 면이 현저히 고온이 되는 설비만 해당한다)에 가까운 장소에는 인화성 액체를 두지 않도록 할 것

94 유류저장탱크에서 화염의 차단을 목적으로 외부에 증기를 방출하기도 하고 탱크 내 외기를 흡입하기도 하는 부분에 설치하는 안전장치는?

① vent stack ② safety valve
③ gate valve ④ flame arrester

해설
- flame arrester : 화염의 차단을 목적으로 한 장치(화염방지기)
- vent stack : 탱크 내의 압력을 정상인 상태로 유지하기 위한 가스방출장치

95 다음 중 공기와 혼합 시 최소착화에너지 값이 가장 작은 것은?

① CH_4 ② C_3H_8
③ C_6H_6 ④ H_2

해설 수소가 착화에너지 값이 가장 작다.

96 고체의 연소형태 중 증발연소에 속하는 것은?

① 나프탈렌 ② 목재
③ TNT ④ 목탄

해설 ◆ 고체연소의 종류
- **표면연소** : 열분해에 의하여 인화성 가스를 발생하지 않고 물질 그 자체가 연소하는 형태를 말한다.
  예 코크스, 목탄, 금속분, 석탄 등
- **분해연소** : 충분한 열에너지 공급시 가열분해에 의해 발생된 인화성 가스가 공기와 혼합되어 연소하는 형태를 말한다. 예 목재, 종이, 플라스틱, 알루미늄
- **증발연소** : 황, 나프탈렌과 같은 고체위험물을 가열하면 열분해를 일으켜 액체가 된 후 어떤 일정온도에서 발생된 인화성 증기가 연소되는데 이를 증발연소라고 한다. 예 알코올
- **자기연소** : 제5류 위험물은 인화성이면서 자체 내에 산소를 함유하고 있어 공기 중의 산소를 필요로 하지 않고 연소되는데 이를 자기연소라 한다.
  예 니트로 화합물, 수소

97 산업안전보건법령상 "부식성 산류"에 해당하지 않는 것은?

① 농도 20%인 염산
② 농도 40%인 인산
③ 농도 50%인 질산
④ 농도 60%인 아세트산

해설 ◆ 부식성 산류
- 농도가 20% 이상인 염산·황산·질산, 그 밖에 이와 동등 이상의 부식성을 가지는 물질
- 농도가 60% 이상인 인산·아세트산·불산, 그 밖에 이와 동등 이상의 부식성을 가지는 물질

98 뜨거운 금속에 물이 닿으면 튀는 현상과 같이 핵비등(nucleate boiling) 상태에서 막비등(film boiling)으로 이행하는 온도를 무엇이라 하는가?

① Burn-out point
② Leidenfrost point
③ Entrainment point
④ Sub-cooling boiling point

정답 94 ④ 95 ④ 96 ① 97 ② 98 ②

해설 ◆ **Leidenfrost point**(라이덴프로스트 점) : 요리에서 팬을 충분히 달구면 물방울이 떠있는 액체가 끓는점보다 더 뜨거운 부분과 접촉할 때 증기로 이루어진 단열층이 만들어지는 현상이 발생하는 온도이다.

99 위험물의 취급에 관한 설명으로 틀린 것은?

① 모든 폭발성 물질은 석유류에 침지시켜 보관해야 한다.

② 산화성 물질의 경우 가연물과의 접촉을 피해야 한다.

③ 가스 누설의 우려가 있는 장소에서는 점화원의 철저한 관리가 필요하다.

④ 도전성이 나쁜 액체는 정전기 발생을 방지하기 위한 조치를 취한다.

해설 ① 금속나트륨(Na), 금속칼륨(K) 정도만 석유(등유) 속에 저장하고, 발화성 물질인 황린(P_4)은 녹지 않으므로 pH 9 정도의 물속에 저장한다.

100 이상반응 또는 폭발로 인하여 발생되는 압력의 방출장치가 아닌 것은?

① 과열판 ② 폭압방산구

③ 화염방지기 ④ 가용합금안전밸브

해설 ③ 화염방지기, 즉 플레임 어레스터는 철망이라 압력의 방출장치가 될 수 없다.

6과목 건설안전기술

101 건설현장에 달비계를 설치하여 작업 시 달비계에 사용가능한 와이어로프로 볼 수 있는 것은?

① 이음매가 있는 것

② 와이어로프의 한 꼬임에서 끊어진 소선의 수가 5%인 것

③ 지름의 감소가 공칭지름의 10%인 것

④ 열과 전기충격에 의해 손상된 것

해설 ◆ **와이어로프의 사용금지 기준**(안전보건규칙 제63조 제1항 제1호)

- 이음매가 있는 것
- 와이어로프의 한 꼬임[스트랜드(strand)를 말한다.]에서 끊어진 소선(素線)[필러(pillar)선은 제외한다.]의 수가 10% 이상(비자전로프의 경우에는 끊어진 소선의 수가 와이어로프 호칭지름의 6배 길이 이내에서 4개 이상이거나 호칭지름 30배 길이 이내에서 8개 이상)인 것
- 지름의 감소가 공칭지름의 7%를 초과하는 것
- 꼬인 것
- 심하게 변형되거나 부식된 것
- 열과 전기충격에 의해 손상된 것

102 토질시험(soil test)방법 중 전단시험에 해당하지 않는 것은?

① 1면 전단 시험

② 베인 테스트

③ 일축 압축 시험

④ 투수시험

해설 ④ 투수시험은 투수계수를 측정하기 위한 역학적 시험의 종류이다.

99 ① 100 ③ 101 ② 102 ④ 정답

103 **철골 건립기계 선정 시 사전 검토사항과 가장 거리가 먼 것은?**

① 건립기계의 소음영향
② 건립기계로 인한 일조권 침해
③ 건물형태
④ 작업반경

해설 ② 건립기계로 인한 일조권 침해는 철골 건립기계 선정 시 사전 검토사항이 아니다.

104 **감전재해의 직접적인 요인으로 가장 거리가 먼 것은?**

① 통전전압의 크기
② 통전전류의 크기
③ 통전시간
④ 통전경로

해설
- **1차 감전요소** : 통전류의 크기, 통전경로, 통전시간, 전원의 종류
- **2차 감전요소** : 인체의 조건(인체의 저항, 전압의 크기, 계절 등의 주위 환경이다.

105 **크램쉘(Clam shell)의 용도로 옳지 않은 것은?**

① 잠함안의 굴착에 사용된다.
② 수면 아래의 자갈, 모래를 굴착하고 준설선에 많이 사용된다.
③ 건축구조물의 기초 등 정해진 범위의 깊은 굴착에 적합하다.
④ 단단한 지반의 작업도 가능하며 작업속도가 빠르고 특히 암반굴착에 적합하다.

해설 **크램쉘의 용도**
- 좁은 장소의 깊은 굴삭에 효과적이다.
- 정확한 굴삭과 단단한 지반작업은 어렵지만 수중굴삭, 교량기초, 건축물 지하실 공사 등에 쓰인다.

106 **굴착기계의 운행 시 안전대책으로 옳지 않은 것은?**

① 버킷에 사람의 탑승을 허용해서는 안 된다.
② 운전반경 내에 사람이 있을 때 회전은 10rpm 정도의 느린 속도로 하여야 한다.
③ 장비의 주차 시 경사지나 굴착작업장으로부터 충분히 이격시켜 주차한다.
④ 전선이나 구조물 등에 인접하여 붐을 선회해야 할 작업에는 사전에 회전반경, 높이제한 등 방호조치를 강구한다.

해설 ② 운전반경 내 사람이 있어서는 안 된다.

107 **폭우 시 옹벽배면의 배수시설이 취약하면 옹벽 저면을 통하여 침투수(seepage)의 수위가 올라간다. 이 침투수가 옹벽의 안정에 미치는 영향으로 옳지 않은 것은?**

① 옹벽 배면토의 단위수량 감소로 인한 수직 저항력 증가
② 옹벽 바닥면에서의 양압력 증가
③ 수평 저항력(수동토압)의 감소
④ 포화 또는 부분 포화에 따른 뒷채움용 흙무게의 증가

해설 ① 옹벽 배면토의 단위수량이 증가하여 수직 저항력이 감소한다.

정답 103 ② 104 ① 105 ④ 106 ② 107 ①

108 그물코의 크기가 5cm인 매듭방망일 경우 방망사의 인장강도는 최소 얼마 이상이어야 하는가? (단, 방망사는 신품인 경우이다.)

① 50kg ② 100kg
③ 110kg ④ 150kg

해설

그물코의 크기 (단위 : cm)	방망의 종류(단위 : kg)			
	매듭 없는 방망		매듭 방망	
	신품에 대한	폐기 시	신품에 대한	폐기 시
10	240	150	200	135
5	–		110	60

109 부두 등의 하역작업장에서 부두 또는 안벽의 선에 따라 통로를 설치하는 경우, 최소 폭 기준은?

① 90cm 이상 ② 75cm 이상
③ 60cm 이상 ④ 45cm 이상

해설 부두 등의 하역작업장에서 부두 또는 안벽의 선에 따라 통로를 설치하는 경우, 최소 폭은 90cm 이상으로 해야 한다(안전보건규칙 제390조 제2호).

110 건설업 산업안전보건관리비 계상 및 사용기준(고용노동부 고시)은 산업재해보상보험법의 적용을 받는 공사 중 총 공사금액이 얼마 이상인 공사에 적용하는가?

① 4천만원 ② 3천만원
③ 2천만원 ④ 1천만원

해설 ▶ **건설업 산업안전보건관리비 계상 및 사용기준 제3조**
이 고시는 산업안전보건법 제2조 제11호의 건설공사 중 총 공사금액 2천만원 이상인 공사에 적용한다. 다만, 다음 각 호의 어느 하나에 해당되는 공사 중 단가계약에 의하여 행하는 공사에 대하여는 총계약금액을 기준으로 적용한다.
- 전기공사업법 제2조에 따른 전기공사로서 저압・고압 또는 특별고압 작업으로 이루어지는 공사
- 정보통신공사업법 제2조에 따른 정보통신공사

※ 출제 당시에는 답이 4천만원 이상이었으나, 고시 개정으로 2천만원 이상으로 수정되었다.

111 가설통로를 설치하는 경우 준수하여야 할 기준으로 옳지 않은 것은?

① 경사는 30° 이하로 할 것
② 경사가 15°를 초과하는 경우에는 미끄러지지 아니하는 구조로 할 것
③ 수직갱에 가설된 통로의 길이가 15m 이상인 때에는 15m 이내마다 계단참을 설치할 것
④ 건설공사에 사용하는 높이 8m 이상의 비계다리에는 7m 이내마다 계단참을 설치할 것

해설 ▶ **가설통로 설치 기준**(안전보건규칙 제23조)
- 견고한 구조로 할 것
- 경사는 30° 이하로 할 것. 다만, 계단을 설치하거나 높이 2m 미만의 가설통로로서 튼튼한 손잡이를 설치한 경우에는 그러하지 아니하다.
- 경사가 15°를 초과하는 경우에는 미끄러지지 아니하는 구조로 할 것
- 추락할 위험이 있는 장소에는 안전난간을 설치할 것. 다만, 작업상 부득이한 경우에는 필요한 부분만 임시로 해체할 수 있다.
- 수직갱에 가설된 통로의 길이가 15m 이상인 경우에는 10m 이내마다 계단참을 설치할 것
- 건설공사에 사용하는 높이 8m 이상인 비계다리에는 7m 이내마다 계단참을 설치할 것

108 ③ 109 ① 110 ③ 111 ③ 정답

112 온도가 하강함에 따라 토층수가 얼어 부피가 약 9% 정도 증대하게 됨으로써 지표면이 부풀어오르는 현상은?

① 동상현상　② 연화현상
③ 리칭현상　④ 액상화현상

해설 동상현상은 지반내 토층수가 동결하여 부피가 증가하면서 지표면이 부풀어 오르는 현상이다.

113 강관틀비계를 조립하여 사용하는 경우 준수해야 할 기준으로 옳지 않은 것은?

① 높이가 20m를 초과하거나 중량물의 적재를 수반하는 작업을 할 경우에는 주틀 간의 간격을 2.4m 이하로 할 것
② 수직방향으로 6m, 수평방향으로 8m 이내마다 벽이음을 할 것
③ 길이가 띠장 방향으로 4m 이하이고 높이가 10m를 초과하는 경우에는 10m 이내마다 띠장 방향으로 버팀기둥을 설치할 것
④ 주틀 간에 교차 가새를 설치하고 최상층 및 5층 이내마다 수평재를 설치할 것

해설 **강관틀비계 조립 · 사용 시 준수사항**(안전보건규칙 제62조)
- 비계기둥의 밑둥에는 밑받침 철물을 사용하여야 하며 밑받침에 고저차(高低差)가 있는 경우에는 조절형 밑받침철물을 사용하여 각각의 강관틀비계가 항상 수평 및 수직을 유지하도록 할 것
- 높이가 20m를 초과하거나 중량물의 적재를 수반하는 작업을 할 경우에는 주틀 간의 간격을 1.8m 이하로 할 것
- 주틀 간에 교차 가새를 설치하고 최상층 및 5층 이내마다 수평재를 설치할 것
- 수직방향으로 6m, 수평방향으로 8m 이내마다 벽이음을 할 것
- 길이가 띠장 방향으로 4m 이하이고 높이가 10m를 초과하는 경우에는 10m 이내마다 띠장 방향으로 버팀기둥을 설치할 것

114 근로자의 추락 등의 위험을 방지하기 위한 안전난간의 구조 및 설치요건에 관한 기준으로 옳지 않은 것은?

① 상부난간대는 바닥면 · 발판 또는 경사로의 표면으로부터 90cm 이상 지점에 설치할 것
② 발끝막이판은 바닥면 등으로부터 10cm 이상의 높이를 유지할 것
③ 난간대는 지름 1.5cm 이상의 금속제 파이프나 그 이상의 강도를 가진 재료일 것
④ 안전난간은 구조적으로 가장 취약한 지점에서 가장 취약한 방향으로 작용하는 100kg 이상의 하중에 견딜 수 있는 튼튼한 구조일 것

해설 ③ 난간대는 지름 2.7cm 이상의 금속제 파이프나 그 이상의 강도가 있는 재료일 것(안전보건규칙 제13조 제6호)

115 건설공사 유해 · 위험방지계획서를 제출해야 할 대상공사에 해당하지 않는 것은?

① 깊이 10m인 굴착공사
② 다목적댐 건설공사
③ 최대 지간길이가 40m인 교량건설 공사
④ 연면적 5000m^2인 냉동 · 냉장 창고시설의 설비공사

해설 ③ 최대 지간(支間)길이(다리의 기둥과 기둥의 중심 사이의 거리)가 50m 이상인 다리의 건설 등 공사

정답 112 ① 113 ① 114 ③ 115 ③

116 다음은 동바리로 사용하는 파이프 서포트의 설치 기준이다. ( ) 안에 들어갈 내용으로 옳은 것은?

> 파이프 서포트를 ( ) 이상 이어서 사용하지 않도록 할 것

① 2개 ② 3개
③ 4개 ④ 5개

해설 파이프 서포트를 3개 이상 이어서 사용하지 않도록 할 것 (안전보건규칙 제332조의2 제1호 가목)

117 콘크리트 타설 시 거푸집 측압에 관한 설명으로 옳지 않은 것은?

① 타설속도가 빠를수록 측압이 커진다.
② 거푸집의 투수성이 낮을수록 측압은 커진다.
③ 타설높이가 높을수록 측압이 커진다.
④ 콘크리트의 온도가 높을수록 측압이 커진다.

해설 ◎ **거푸집의 측압**
- 콘크리트 부어넣기 속도가 빠를수록 측압은 크다.
- 온도가 낮을수록 측압은 크다.
- 콘크리트 시공연도가 클수록 측압은 크다.
- 콘크리트 다지기가 충분할수록 측압은 크다.
- 벽 두께가 두꺼울수록 측압은 커진다.
- 철골 또는 철근량이 적을수록 측압은 크다.

118 권상용 와이어로프의 절단하중이 200t일 때 와이어로프에 걸리는 최대하중은? (단, 안전계수는 5임)

① 1000t ② 400t
③ 100t ④ 40t

해설 안전계수 = 절대하중/최대하중

$5=\frac{200}{\text{최대 하중}}$, 최대 하중 $=\frac{200}{5}=40$

119 터널 지보공을 설치한 경우에 수시로 점검하고, 이상을 발견한 경우에는 즉시 보강하거나 보수해야 할 사항이 아닌 것은?

① 부재의 긴압 정도
② 기둥침하의 유무 및 상태
③ 부재의 접속부 및 교차부 상태
④ 부재를 구성하는 재질의 종류 확인

해설 ◎ **터널 지보공 설치 시 점검사항**(안전보건규칙 제366조)
- 부재의 손상·변형·부식·변위 탈락의 유무 및 상태
- 부재의 긴압 정도
- 부재의 접속부 및 교차부의 상태
- 기둥침하의 유무 및 상태

120 선창의 내부에서 화물취급작업을 하는 근로자가 안전하게 통행할 수 있는 설비를 설치하여야 하는 기준은 갑판의 윗면에서 선창 밑바닥까지의 깊이가 최소 얼마를 초과할 때인가?

① 1.3m ② 1.5m
③ 1.8m ④ 2.0m

해설 선창의 내부에서 화물취급작업을 하는 근로자가 안전하게 통행할 수 있는 설비를 설치하여야 하는 기준은 갑판의 윗면에서 선창 밑바닥까지의 깊이가 최소 1.5m를 초과할 때이다(안전보건규칙 제394조).

116 ② 117 ④ 118 ④ 119 ④ 120 ② 정답

2020년 제1·2회 기출 복원문제

1과목 안전관리론

01 재해예방의 4원칙에 해당하지 않는 것은?

① 예방가능의 원칙 ② 손실가능의 원칙
③ 원인연계의 원칙 ④ 대책선정의 원칙

해설 재해예방의 4원칙
- **예방가능의 원칙** : 천재지변을 제외한 모든 인재는 예방이 가능하다.
- **손실우연의 원칙** : 사고의 결과 손실의 유무 또는 대소는 사고 당시의 조건에 따라서 우연적으로 발생한다.
- **원인연계의 원칙** : 사고에는 반드시 원인이 있고 원인은 대부분 연계 원인이다.
- **대책선정의 원칙** : 사고의 원인이나 불안전 요소가 발견되면 반드시 대책은 실시되어야 하며, 대책 선정이 가능하다. 대책에는 재해 방지의 세 기둥이라 할 수 있는 3E, 즉 기술적 대책, 교육적 대책, 규제적 대책을 들 수 있다.

02 관리감독자를 대상으로 교육하는 TWI의 교육내용이 아닌 것은?

① 문제해결훈련 ② 작업지도훈련
③ 인간관계훈련 ④ 작업방법훈련

해설 TWI
- Job Method Training(J.M.T. 작업방법훈련) : 작업의 개선방법에 대한 훈련
- Job Instruction Training(J.I.T. 작업지도훈련) : 작업을 가르치는 기법 훈련
- Job Relations Training(J.R.T. 인간관계훈련) : 사람을 다루는 기법 훈련
- Job Safety Training(J.S.T. 작업안전훈련) : 작업안전에 대한 훈련기법

03 위험예지훈련 4R(라운드) 기법의 진행방법에서 3R에 해당하는 것은?

① 목표설정 ② 대책수립
③ 본질추구 ④ 현상파악

해설 위험예지훈련 4R
- **제1단계** : 현상파악 – 어떤 위험이 잠재되어 있는가?
- **제2단계** : 본질추구 – 이것이 위험의 point다.
- **제3단계** : 대책수립 – 당신이라면 어떻게 하는가?
- **제4단계** : 목표설정 – 우리들은 이렇게 한다.

04 무재해운동의 기본이념 3원칙 중 다음에서 설명하는 것은?

> 직장 내의 모든 잠재위험요인을 적극적으로 사전에 발견, 파악, 해결함으로써 뿌리에서부터 산업재해를 제거하는 것

① 무의 원칙 ② 선취의 원칙
③ 참가의 원칙 ④ 확인의 원칙

해설 무재해운동의 기본이념
- **무(Zero)의 원칙** : 산업재해의 근원적인 요소들을 없앤다는 것
- **안전제일의 원칙** : 행동하기 전, 잠재위험요인을 발견하고 파악, 해결하여 재해를 예방하는 것
- **참여의 원칙** : 전원이 일치 협력하여 각자의 위치에서 적극적으로 문제를 해결하는 것

05 방진마스크의 사용 조건 중 산소농도의 최소기준으로 옳은 것은?

① 16% ② 18%
③ 21% ④ 23.5%

정답 01 ② 02 ① 03 ② 04 ① 05 ②

해설 산소 농도가 18%

06 산업안전보건법상 안전관리자의 업무는?

① 직업성질환 발생의 원인조사 및 대책수립
② 해당 사업장 안전교육계획의 수립 및 안전교육 실시에 관한 보좌 조언・지도
③ 근로자의 건강장해의 원인조사와 재발방지를 위한 의학적 조치
④ 당해 작업에서 발생한 산업재해에 관한 보고 및 이에 대한 응급조치

해설 **안전관리자의 업무**
- 안전보건관리규정 및 취업규칙에서 정한 업무
- 위험성 평가에 관한 보좌 및 지도・조언
- 안전인증대상기계 등과 자율안전확인대상기계 등 구입 시 적격품의 선정에 관한 보좌 및 지도・조언
- 해당 사업장 안전교육계획의 수립 및 안전교육 실시에 관한 보좌 및 지도・조언
- 사업장 순회점검, 지도 및 조치 건의
- 산업재해 발생의 원인 조사・분석 및 재발 방지를 위한 기술적 보좌 및 지도・조언
- 산업재해에 관한 통계의 유지・관리・분석을 위한 보좌 및 지도・조언
- 법 또는 법에 따른 명령으로 정한 안전에 관한 사항의 이행에 관한 보좌 및 지도・조언
- 업무 수행 내용의 기록・유지
- 그 밖에 안전에 관한 사항으로서 고용노동부장관이 정하는 사항

07 어느 사업장에서 물적손실이 수반된 무상해 사고가 180건 발생하였다면 중상은 몇 건이나 발생할 수 있는가? (단, 버드의 재해구성 비율법칙에 따른다.)

① 6건　　② 18건
③ 20건　　④ 29건

해설 **1 : 10 : 30 : 600의 법칙**
- 중상 또는 폐질 1
- 경상(물적, 인적 상해) 10
- 무상해 사고(물적 손실) 30
- 무상해, 무사고 고장(위험한 순간) 600

08 안전보건교육 계획에 포함해야 할 사항이 아닌 것은?

① 교육지도안
② 교육장소 및 교육방법
③ 교육의 종류 및 대상
④ 교육의 과목 및 교육내용

해설 ① 교육지도안은 교육지도단계에 필요하다.

09 Y・G 성격검사에서 "안정, 적응, 적극형"에 해당하는 형의 종류는?

① A형　　② B형
③ C형　　④ D형

해설 **Y・G 성격검사**
- **A형**(평균형) : 조화적, 적응적
- **B형**(우편형) : 정서 불안정, 활동적, 외향적(불안정, 적극형, 부적응)
- **C형**(좌편형) : 안정, 소극형(온순, 소극적, 안정, 내향적, 비활동)
- **D형**(우하형) : 안정, 적응, 적극형(정서 안정, 활동적, 사회 적응, 대인 관계 양호)
- **E형**(좌하형) : 불안정, 부적응, 수동형(D형과 반대)

06 ②　07 ①　08 ①　09 ④ 정답

10 **안전교육에 대한 설명으로 옳은 것은?**

① 사례 중심과 실연을 통하여 기능적 이해를 돕는다.
② 사무직과 기능직은 그 업무가 판이하게 다르므로 분리하여 교육한다.
③ 현장 작업자는 이해력이 낮으므로 단순반복 및 암기를 시킨다.
④ 안전교육에 건성으로 참여하는 것을 방지하기 위하여 인사고과에 필히 반영한다.

해설 **안전교육의 기본방향**
- 사고 사례 중심의 안전교육
- 안전 작업(표준작업)을 위한 안전교육
- 안전 의식 향상을 위한 안전교육

11 **산업안전보건법령에 따라 환기가 극히 불량한 좁은 밀폐된 장소에서 용접작업을 하는 근로자를 대상으로 한 특별안전보건교육 내용에 포함되지 않는 것은? (단, 일반적인 안전·보건에 필요한 사항은 제외한다.)**

① 환기설비에 관한 사항
② 질식 시 응급조치에 관한 사항
③ 작업순서, 안전작업방법 및 수칙에 관한 사항
④ 폭발 한계점, 발화점 및 인화점 등에 관한 사항

해설 **특별교육 대상** : 밀폐된 장소에서 하는 용접작업 또는 습한 장소에서 하는 전기용접 작업
- 작업순서, 안전작업방법 및 수칙에 관한 사항
- 환기설비에 관한 사항
- 전격 방지 및 보호구 착용에 관한 사항
- 질식 시 응급조치에 관한 사항
- 작업환경 점검에 관한 사항
- 그 밖에 안전보건관리에 필요한 사항

12 **크레인, 리프트 및 곤돌라는 사업장에 설치가 끝난 날부터 몇 년 이내에 최초의 안전검사를 실시해야 하는가? (단, 이동식 크레인, 이삿짐운반용 리프트는 제외한다.)**

① 1년 ② 2년
③ 3년 ④ 4년

해설 **안전검사** : 프레스, 전단기, 압력용기, 국소 배기장치, 원심기, 롤러기, 사출성형기, 컨베이어 및 산업용 로봇
- 설치 끝난 후 3년 이내
- 그 후 2년마다

13 **재해코스트 산정에 있어 시몬즈(R. H. Simonds) 방식에 의한 재해코스트 산정법으로 옳은 것은?**

① 직접비+간접비
② 간접비+비보험코스트
③ 보험코스트+비보험코스트
④ 보험코스트+사업부보상금 지급액

해설 **시몬즈의 재해코스트 산정법**
총재해코스트 = 보험코스트 + 비보험코스트
= 산재보험료 + (A×휴업상해건수) + (B×통원상해건수) + (C×구급조치상해건수) + (D×무상해사고건수)

14 **다음 중 맥그리거(McGregor)의 Y이론과 가장 거리가 먼 것은?**

① 성선설 ② 상호신뢰
③ 선진국형 ④ 권위주의적 리더십

정답 10 ① 11 ④ 12 ③ 13 ③ 14 ④

해설

McGregor의 X, Y이론	
X이론	Y이론
• 인간 불신감	• 상호 신뢰감
• 성악설	• 성선설
• 인간은 원래 게으르고 태만하여 남의 지배 받기를 즐긴다.	• 인간은 부지런하고, 근면, 적극적이며, 자주적이다.
• 물질욕구(저차적 욕구)	• 정신욕구(고차적 욕구)
• 명령 통제에 의한 관리	• 목표통합과 자기통제에 의한 자율 관리
• 저개발국형	• 선진국형

15 **생체 리듬(Bio Rhythm) 중 일반적으로 28일을 주기로 반복되며, 주의력 · 창조력 · 예감 및 통찰력 등을 좌우하는 리듬은?**

① 육체적 리듬 ② 지성적 리듬
③ 감성적 리듬 ④ 정신적 리듬

해설 ③ **감성적 리듬**(적색) : 28일을 주기로 교감신경계를 지배하여 정서와 감정의 에너지를 지배한다.
① **육체적 리듬**(청색) : 23일을 주기로 근육세포와 근섬유계를 지배하여 건강상태를 결정한다.
② **지성적 리듬**(녹색) : 33일을 주기로 뇌세포 활동을 지배하여 정신력, 냉철함, 판단력, 이해력 등에 영향을 주는 리듬이다.

16 **산업안전보건법령상 안전보건표지의 종류 중 경고표지에 해당하지 않는 것은?**

① 레이저광선 경고
② 급성독성물질 경고
③ 매달린 물체 경고
④ 차량통행 경고

해설 ▶ 경고표시

201 인화성물질 경고	202 산화성물질 경고	203 폭발성물질 경고	204 급성독성물질 경고
205 부식성물질 경고	206 방사성물질 경고	207 고압전기 경고	208 매달린 물체 경고
209 낙하물 경고	210 고온 경고	211 저온 경고	212 몸균형 상실 경고
213 레이저광선 경고	214 발암성 · 변이원성 · 생식독성 · 전신독성 · 호흡기 과민성 물질 경고	215 위험장소 경고	

17 **몇 사람의 전문가에 의하여 과제에 관한 견해를 발표한 뒤에 참가자로 하여금 의견이나 질문을 하게 하여 토의하는 방법을 무엇이라 하는가?**

① 심포지엄(symposium)
② 버즈 세션(buzz session)
③ 케이스 메소드(case method)
④ 패널 디스커션(panel discussion)

해설 ② **버즈 세션** : 전체 구성원을 4~6명의 소그룹으로 나누고 각각의 소그룹이 개별적인 토의를 벌인 뒤 각 그룹의 결론을 패널형식으로 토론하고 최후의 리더가 전체적인 결론을 내리는 '토의법', 6-6회의라고도 한다.
③ **케이스 메소드** : 교육훈련의 주제에 관한 실제의 사례를 작성하여 배부하고 여기에 관한 토론을 실시하는 교육훈련방법
④ **패널 디스커션** : 토론집단을 패널 멤버와 청중으로 나누고 먼저 소정의 문제에 대해 패널 멤버인 각 분야의 전문가로 하여금 토론하게 한 다음 청중과 패널 멤버 사이에 질의응답을 하도록 하는 토론 형식. 많은 사람이 토론에 참여할 수 있으며 비교적 성과가 큰 것이 특징이다.

15 ③ 16 ④ 17 ① **정답**

18 작업을 하고 있을 때 긴급 이상상태 또는 돌발 사태가 되면 순간적으로 긴장하게 되어 판단능력의 둔화 또는 정지상태가 되는 것은?

① 의식의 우회
② 의식의 과잉
③ 의식의 단절
④ 의식의 수준저하

해설 ① **의식의 우회** : 근심걱정으로 집중 못함(애가 아픔)
③ **의식의 단절** : 수면상태 또는 의식을 잃어버리는 상태
④ **의식수준의 저하** : 단조로운 업무를 장시간 수행시 몽롱해지는 현상(= 감각차단현상)

19 A사업장의 2019년 도수율이 10이라 할 때 연천인율은 얼마인가?

① 2.4　　② 5
③ 12　　④ 24

해설 연천인율 = 도수율×2.4

20 산업안전보건법령상 산업안전보건위원회의 사용자위원에 해당되지 않는 사람은? (단, 각 사업장은 해당하는 사람을 선임하여야 하는 대상 사업장으로 한다.)

① 안전관리자
② 산업보건의
③ 명예산업안전감독관
④ 해당 사업장 부서의 장

해설 **사용자위원** : 해당사업의 대표, 안전관리자 1명, 보건관리자 1명, 산업보건의, 해당 사업의 대표자가 지명하는 9명 이내의 해당 사업장 부서의 장

2과목 인간공학 및 시스템안전공학

21 FT도에서 사용하는 기호 중 다음 그림과 같이 OR 게이트이지만 2개 또는 그 이상의 입력이 동시에 존재할 때 출력이 생기지 않는 경우 사용하는 것은?

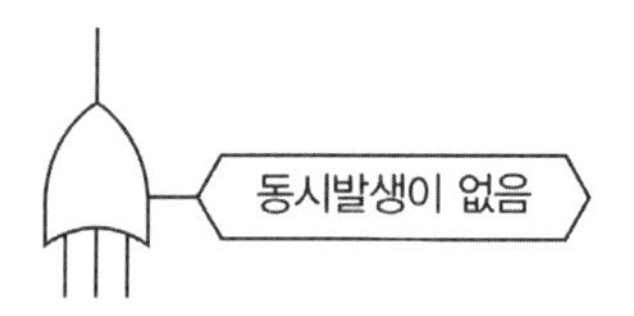

① 부정 OR 게이트
② 배타적 OR 게이트
③ 억제 게이트
④ 조합 OR 게이트

해설 **배타적 OR 게이트** : OR 게이트인데 2개 또는 그 이상의 입력이 존재하는 경우에는 출력이 발생하지 않는다.

22 적절한 온도의 작업환경에서 추운 환경으로 온도가 변할 때 우리의 신체가 수행하는 조절작용이 아닌 것은?

① 발한(發汗)이 시작된다.
② 피부의 온도가 내려간다.
③ 직장(直腸)온도가 약간 올라간다.
④ 혈액의 많은 양이 몸의 중심부를 위주로 순환한다.

해설 **추운 환경으로 변할 때 신체의 조절작용**
- 피부를 경유하는 혈액의 순환량이 감소하고 많은 양의 혈액이 몸의 중심부를 순환
- 피부 온도는 내려간다.
- 직장 온도가 약간 올라간다.
- 소름이 돋고 몸이 떨리는 오한을 느낀다.

정답 18 ② 19 ④ 20 ③ 21 ② 22 ①

23 **휴먼 에러(Human Error)의 요인을 심리적 요인과 물리적 요인으로 구분할 때, 심리적 요인에 해당하는 것은?**

① 일이 너무 복잡한 경우
② 일의 생산성이 너무 강조될 경우
③ 동일 형상의 것이 나란히 있을 경우
④ 서두르거나 절박한 상황에 놓여있을 경우

해설 ①·②·③의 경우 물리적 요인, ④는 심리적 요인이다.

24 **시스템안전 MIL-STD-882B 분류기준의 위험성 평가 매트릭스에서 발생빈도에 속하지 않는 것은?**

① 거의 발생하지 않는(remote)
② 전혀 발생하지 않는(impossible)
③ 보통 발생하는(reasonably probable)
④ 극히 발생하지 않을 것 같은(extremely improbable)

해설
- 자주 발생(Frequent)
- 보통 발생(Probable)
- 가끔 발생(Occasional)
- 거의 발생하지 않음(Remote)
- 극히 발생하지 않음(Improbable)

25 **FTA에 의한 재해사례 연구순서 중 2단계에 해당하는 것은?**

① FT도의 작성
② 톱 사상의 선정
③ 개선계획의 작성
④ 사상의 재해원인을 규명

해설 Top 사상의 선정 → 사상마다 재해원인의 규명 → F.T도 작성 → 개선계획의 작성

26 **의자 설계 시 고려해야 할 일반적인 원리와 가장 거리가 먼 것은?**

① 자세고정을 줄인다.
② 조정이 용이해야 한다.
③ 디스크가 받는 압력을 줄인다.
④ 요추 부위의 후만곡선을 유지한다.

해설 **의자 설계 시 고려해야 할 사항**
- 등받이의 굴곡은 요추의 굴곡과 일치해야 한다.
- 좌면의 높이는 사람의 신장에 따라 조절 가능해야 한다.
- 정적인 부하와 고정된 작업자세를 피해야 한다.
- 의자의 높이는 오금의 높이보다 같거나 낮아야 한다.

27 **다음 FT도에서 시스템에 고장이 발생할 확률은 약 얼마인가? (단, X_1과 X_2의 발생확률은 각각 0.05, 0.03이다.)**

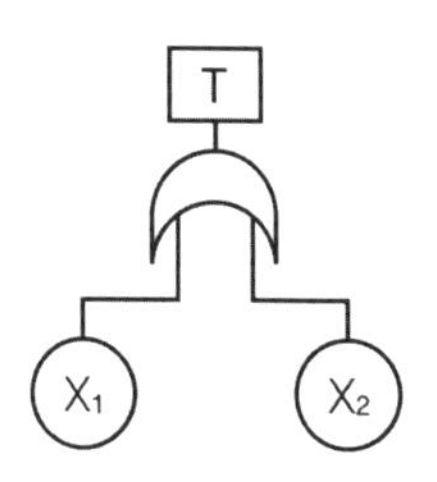

① 0.0015 ② 0.0785
③ 0.9215 ④ 0.9985

해설 $R_p = 1-(1-R_1)(1-R_2)\cdots\cdots(1-R_n)$

$= 1-\prod_{i=1}^{n}(1-R_i)$

$1-(1-0.05)\times(1-0.030)$

정답 23 ④ 24 ② 25 ④ 26 ④ 27 ②

28 반사율이 85%, 글자의 밝기가 400cd/m^2인 VDT 화면에 350lux의 조명이 있다면 대비는 약 얼마인가?

① −6.0 ② −5.0
③ −4.2 ④ −2.8

해설 대비[%]$=\dfrac{L_b-L_t}{L_b}\times100$

반사율[%]$=\dfrac{\text{광도}}{\text{조도}}\times100$

$L_b=(0.85\times350)/3.14=94.75$

$L_t=400+94.75=494.75$

대비 $=(94.75-494.75)/94.75=-4.2$

29 화학설비에 대한 안전성 평가 중 정량적 평가항목에 해당되지 않는 것은?

① 공정 ② 취급물질
③ 압력 ④ 화학설비용량

해설 **정량적 평가항목** : 취급물질, 온도, 압력, 용량, 조작

30 산업안전보건법령상 사업주가 유해위험방지 계획서를 제출할 때에는 사업장 별로 관련 서류를 첨부하여 해당 작업 시작 며칠 전까지 해당 기관에 제출하여야 하는가?

① 7일 ② 15일
③ 30일 ④ 60일

해설 제조업 등 유해위험방지계획서에 관련 서류를 첨부하여 해당 작업 시작 15일 전까지 공단에 2부를 제출해야 한다.

31 시각 장치와 비교하여 청각 장치 사용이 유리한 경우는?

① 메시지가 길 때
② 메시지가 복잡할 때
③ 정보 전달 장소가 너무 소란할 때
④ 메시지에 대한 즉각적인 반응이 필요할 때

해설 **청각장치를 사용하는 경우**
- 전언이 간단하다.
- 전언이 짧다.
- 전언이 후에 재참조되지 않는다.
- 전언이 시간적 사상을 다룬다.
- 전언이 즉각적인 행동을 요구한다(긴급할 때).
- 수신장소가 너무 밝거나 암조응유지가 필요시
- 직무상 수신자가 자주 움직일 때
- 수신자가 시각계통이 과부하 상태일 때

32 인간-기계 시스템을 설계할 때에는 특정기능을 기계에 할당하거나 인간에게 할당하게 된다. 이러한 기능할당과 관련된 사항으로 옳지 않은 것은? (단, 인공지능과 관련된 사항은 제외한다.)

① 인간은 원칙을 적용하여 다양한 문제를 해결하는 능력이 기계에 비해 우월하다.
② 일반적으로 기계는 장시간 일관성이 있는 작업을 수행하는 능력이 인간에 비해 우월하다.
③ 인간은 소음, 이상온도 등의 환경에서 작업을 수행하는 능력이 기계에 비해 우월하다.
④ 일반적으로 인간은 주위가 이상하거나 예기치 못한 사건을 감지하여 대처하는 능력이 기계에 비해 우월하다.

해설

인간이 우수한 기능	기계가 우수한 기능
귀납적 추리	연역적 추리
과부하 상태에서 선택	과부하 상태에서도 효율적

정답 28 ③ 29 ① 30 ② 31 ④ 32 ③

33 **모든 시스템 안전분석에서 제일 첫 번째 단계의 분석으로, 실행되고 있는 시스템을 포함한 모든 것의 상태를 인식하고 시스템의 개발단계에서 시스템 고유의 위험상태를 식별하여 예상되고 있는 재해의 위험수준을 결정하는 것을 목적으로 하는 위험분석 기법은?**

① 결함위험분석(FHA: Fault Hazard Analysis)
② 시스템위험분석(SHA: System Hazard Analysis)
③ 예비위험분석(PHA: Preliminary Hazard Analysis)
④ 운용위험분석(OHA: Operating Hazard Analysis)

해설 ➋ **PHA**(Preliminary Hazard Analysis : 예비사고 분석)
시스템 최초 개발 단계의 분석으로 위험 요소의 위험 상태를 정성적으로 평가

34 **컷셋(cut set)과 패스셋(pass set)에 관한 설명으로 옳은 것은?**

① 동일한 시스템에서 패스셋의 개수와 컷셋의 개수는 같다.
② 패스셋은 동시에 발생했을 때 정상사상을 유발하는 사상들의 집합이다.
③ 일반적으로 시스템에서 최소 컷셋의 개수가 늘어나면 위험 수준이 높아진다.
④ 최소 컷셋은 어떤 고장이나 실수를 일으키지 않으면 재해는 일어나지 않는다고 하는 것이다.

해설
- **컷셋** : 정상사상을 발생시키는 기본사상의 집합으로 그 안에 포함되는 모든 기본사상이 발생할 때 정상사상을 발생시킬 수 있는 기본사상의 집합
- **패스셋** : 그 안에 포함되는 모든 기본사상이 일어나지 않을 때 처음으로 정상사상이 일어나지 않는 기본사상의 집합 → 결함

35 **조종장치를 촉각적으로 식별하기 위하여 사용되는 촉각적 코드화의 방법으로 옳지 않은 것은?**

① 색감을 활용한 코드화
② 크기를 이용한 코드화
③ 조종장치의 형상 코드화
④ 표면 촉감을 이용한 코드화

해설
- 형상을 구별하여 사용하는 경우
- 표면 촉감을 사용하는 경우
- 크기를 구별하여 사용하는 경우

36 **인체 계측 자료의 응용 원칙이 아닌 것은?**

① 기존 동일 제품을 기준으로 한 설계
② 최대치수와 최소치수를 기준으로 한 설계
③ 조절범위를 기준으로 한 설계
④ 평균치를 기준으로 한 설계

해설 ➋ **인체계측자료의 응용 원칙**
- 최대치수와 최소치수를 기준으로 설계
- 조절범위를 기준으로 한 설계
- 평균치를 기준으로 한 설계

37 **인체에서 뼈의 주요 기능이 아닌 것은?**

① 인체의 지주 ② 장기의 보호
③ 골수의 조혈 ④ 근육의 대사

해설 ➋ **뼈의 기능**
- 인체의 지주역할을 한다.
- 가동성연결, 즉 관절을 만들고, 골격근의 수축에 의해 운동기로서 작용한다.
- 체강의 기초를 만들고 내부의 장기들을 보호한다.
- 골수는 조혈기능을 갖는다.
- 칼슘, 인산의 중요한 저장고가 되며, 나트륨과 마그네슘 이온의 작은 저장고 역할을 한다.

33 ③ 34 ③ 35 ① 36 ① 37 ④ 정답

38 각 부품의 신뢰도가 다음과 같을 때 시스템의 전체 신뢰도는 약 얼마인가?

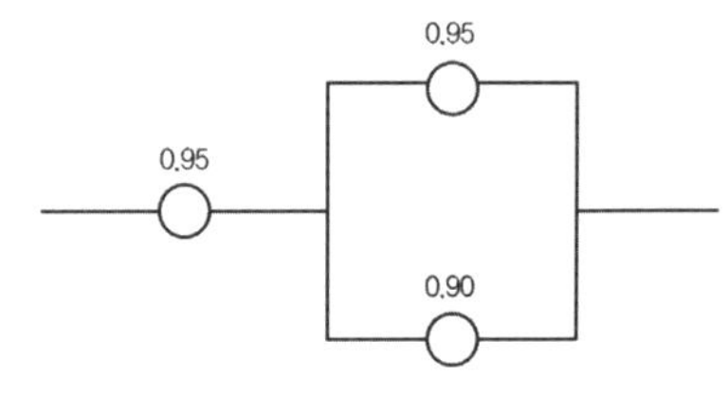

① 0.8123 ② 0.9453
③ 0.9553 ④ 0.9953

해설
- 직렬 : $R_s = r_1 \times r_2$
- 병렬 : $R_p = r_1 + r_2(1-r_1)$
  $= 1-(1-r_1)(1-r_2)$

신뢰도 = 0.95×[1−(1−0.95)×(1−0.90)]

39 손이나 특정 신체부위에 발생하는 누적손상장애(CTD)의 발생인자와 가장 거리가 먼 것은?

① 무리한 힘
② 다습한 환경
③ 장시간의 진동
④ 반복도가 높은 작업

해설 **CTD의 원인**
- 부적절한 자세
- 무리한 힘의 사용
- 과도한 반복작업
- 연속작업(비휴식)
- 낮은 온도 등

40 인간공학 연구조사에 사용되는 기준의 구비조건과 가장 거리가 먼 것은?

① 다양성 ② 적절성
③ 무오염성 ④ 기준 척도의 신뢰성

해설 **체계기준의 요건**

적절성	기준이 의도된 목적에 적합하다고 판단되는 정도
무오염성	측정하고자 하는 변수 외의 영향이 없어야 한다.
기준척도의 신뢰성	반복성을 통한 척도의 신뢰성이 있어야 한다.
민감도	피실험자 사이에서 볼 수 있는 예상 차이점에 비례하는 단위로 측정해야 한다.

3과목 기계위험방지기술

41 다음 중 설비의 진단방법에 있어 비파괴 시험이나 검사에 해당하지 않는 것은?

① 피로시험 ② 음향탐상검사
③ 방사선투과시험 ④ 초음파탐상검사

해설 ① 피로시험은 파괴검사로 분류된다.
비파괴검사 : 육안검사, 누설검사, 침투검사, 초음파검사, 자기탐사검사, 음향검사, 방사선투과검사

42 지름 5cm 이상을 갖는 회전 중인 연삭숫돌이 근로자들에게 위험을 미칠 우려가 있는 경우에 필요한 방호장치는?

① 받침대 ② 과부하 방지장치
③ 덮개 ④ 프레임

해설 칩비산 방지대책으로 덮개를 설치한다.

정답 38 ② 39 ② 40 ① 41 ① 42 ③

43 프레스 금형의 파손에 의한 위험방지 방법이 아닌 것은?

① 금형에 사용하는 스프링은 반드시 인장형으로 할 것
② 작업 중 진동 및 충격에 의해 볼트 및 너트의 헐거워짐이 없도록 할 것
③ 금형의 하중 중심은 원칙적으로 프레스 기계의 하중 중심과 일치하도록 할 것
④ 캠, 기타 충격이 반복해서 가해지는 부분에는 완충장치를 설치할 것

해설 ① 금형에 사용하는 스프링은 반드시 압축형으로 할 것

44 기계설비의 작업능률과 안전을 위해 공장의 설비배치 3단계를 올바른 순서대로 나열한 것은?

① 지역배치 → 건물배치 → 기계배치
② 건물배치 → 지역배치 → 기계배치
③ 기계배치 → 건물배치 → 지역배치
④ 지역배치 → 기계배치 → 건물배치

해설 큰 순서대로 한다. 지역 → 건물 → 기계의 순이다.

45 다음 중 연삭숫돌의 파괴원인으로 거리가 먼 것은?

① 플랜지가 현저히 클 때
② 숫돌에 균열이 있을 때
③ 숫돌의 측면을 사용할 때
④ 숫돌의 치수 특히 내경의 크기가 적당하지 않을 때

해설
- 최고 사용 원주 속도를 초과하였다.
- 제조사의 결함으로 숫돌에 균열이 발생하였다.
- 플랜지의 과소, 지름의 불균일이 발생하였다.
- 부적당한 연삭숫돌을 사용하였다.
- 작업 방법이 불량하였다.

46 밀링작업 시 안전수칙으로 틀린 것은?

① 보안경을 착용한다.
② 칩은 기계를 정지시킨 다음에 브러시로 제거한다.
③ 가공 중에는 손으로 가공면을 점검하지 않는다.
④ 면장갑을 착용하여 작업한다.

해설 ④ 밀링작업 시는 면장갑을 착용하지 않는다.

47 크레인의 방호장치에 해당되지 않은 것은?

① 권과방지장치　② 과부하방지장치
③ 비상정지장치　④ 자동보수장치

해설 과부하방지장치, 권과방지장치(捲過防止裝置), 비상정지장치 및 제동장치, 그 밖의 방호장치[승강기의 파이널 리미트 스위치(final limit switch), 속도조절기, 출입문 인터 록(inter lock) 등을 말한다]가 정상적으로 작동될 수 있도록 미리 조정해 두어야 한다.

48 무부하 상태에서 지게차로 20km/h의 속도로 주행할 때, 좌우 안정도는 몇 [%] 이내이어야 하는가?

① 37%　② 39%
③ 41%　④ 43%

해설 주행 시 좌우 안정도는 $15+1.1V$% 이내
$15+1.1\times20=37\%$

43 ① 44 ① 45 ① 46 ④ 47 ④ 48 ① 정답

49 선반가공 시 연속적으로 발생되는 칩으로 인해 작업자가 다치는 것을 방지하기 위하여 칩을 짧게 절단시켜 주는 안전장치는?

① 커버 ② 브레이크
③ 보안경 ④ 칩 브레이커

해설 ❯ **칩 브레이커** : 칩을 짧게 끊어주는 선반전용 안전장치

50 아세틸렌 용접장치에 관한 설명 중 틀린 것은?

① 아세틸렌발생기로부터 5m 이내, 발생기실로부터 3m 이내에는 흡연 및 화기사용을 금지한다.
② 발생기실에는 관계 근로자가 아닌 사람이 출입하는 것을 금지한다.
③ 아세틸렌 용기는 뉘어서 사용한다.
④ 건식안전기의 형식으로 소결금속식과 우회로식이 있다.

해설 ③ 아세틸렌 용기는 세워서 사용한다.

51 산업안전보건법령상 프레스의 작업시작 전 점검사항이 아닌 것은?

① 금형 및 고정볼트 상태
② 방호장치의 기능
③ 전단기의 칼날 및 테이블의 상태
④ 트롤리(trolley)가 횡행하는 레일의 상태

해설 ❯ **프레스의 작업시작 전 점검사항**
- 클러치 및 브레이크의 기능
- 크랭크축·플라이휠·슬라이드·연결봉 및 연결 나사의 풀림 여부
- 1행정 1정지기구·급정지장치 및 비상정지장치의 기능
- 슬라이드 또는 칼날에 의한 위험방지 기구의 기능
- 프레스의 금형 및 고정볼트 상태
- 방호장치의 기능
- 전단기(剪斷機)의 칼날 및 테이블의 상태

52 프레스 양수조작식 방호장치 누름버튼의 상호 간 내측거리는 몇 [mm] 이상인가?

① 50 ② 100
③ 200 ④ 300

해설 단추와 레버의 거리는 300mm 이상 격리시켜야 한다.

53 산업안전보건법령상 승강기의 종류에 해당하지 않는 것은?

① 리프트
② 에스컬레이터
③ 화물용 엘리베이터
④ 승객용 엘리베이터

해설 ① 리프트는 승강기 종류가 아니다.

54 롤러기의 앞면 롤의 지름이 300mm, 분당회전수가 30회일 경우 허용되는 급정지장치의 급정지거리는 약 몇 [mm] 이내이어야 하는가?

① 37.7 ② 31.4
③ 377 ④ 314

해설 30m/min 미만 – 앞면 롤러 원주의 1/3에서 $300 \times \pi/3$

55 어떤 로프의 최대하중이 700N이고, 정격하중은 100N이다. 이때 안전계수는 얼마인가?

① 5 ② 6
③ 7 ④ 8

해설 안전계수 = 700/100

정답 49 ④ 50 ③ 51 ④ 52 ④ 53 ① 54 ④ 55 ③

56 **산업안전보건법령상 로봇에 설치되는 제어장치의 조건에 적합하지 않은 것은?**

① 누름버튼은 오작동 방지를 위한 가드를 설치하는 등 불시기동을 방지할 수 있는 구조로 제작·설치되어야 한다.
② 로봇에는 외부 보호 장치와 연결하기 위해 하나 이상의 보호정지회로를 구비해야 한다.
③ 전원공급램프, 자동운전, 결함검출 등 작동제어의 상태를 확인할 수 있는 표시장치를 설치해야 한다.
④ 조작버튼 및 선택스위치 등 제어장치에는 해당 기능을 명확하게 구분할 수 있도록 표시해야 한다.

해설 ② 로봇에는 외부 보호 장치와 연결하기 위해 하나 이상의 보호정지회로를 구비해야 한다. → 보호장치의 조건이다.

57 **컨베이어의 제작 및 안전기준상 작업구역 및 통행구역에 덮개, 울 등을 설치해야 하는 부위에 해당하지 않는 것은?**

① 컨베이어의 동력전달 부분
② 컨베이어의 제동장치 부분
③ 호퍼, 슈트의 개구부 및 장력 유지장치
④ 컨베이어 벨트, 풀리, 롤러, 체인, 스프라켓, 스크류 등

해설 기계의 원동기·회전축·기어·풀리·플라이휠·벨트 및 체인 등 근로자가 위험에 처할 우려가 있는 부위에 덮개·울·슬리브 및 건널다리 등을 설치하여야 한다. 제동장치 부분은 이 부위에 해당하지 않는다.

58 **산업안전보건법령상 탁상용 연삭기의 덮개에는 작업 받침대와 연삭숫돌과의 간격을 몇 [mm] 이하로 조정할 수 있어야 하는가?**

① 3 ② 4
③ 5 ④ 10

해설 탁상용 연삭기는 워크레스트와 조정편을 설치할 것(워크레스트와 숫돌과의 간격은 3mm 이내)

59 **다음 중 회전축, 커플링 등 회전하는 물체에 작업복 등이 말려드는 위험을 초래하는 위험점은?**

① 협착점
② 접선물림점
③ 절단점
④ 회전말림점

해설 ④ **회전말림점**(Trapping-point) : 회전하는 물체에 작업복, 머리카락 등이 말려드는 위험이 존재하는 점이다.
예 회전하는 축, 커플링, 돌출된 키나 고정나사, 회전하는 공구 등
① **협착점**(Squeeze-point) : 왕복운동을 하는 동작부분과 움직임이 없는 고정부분 사이에서 형성되는 위험점으로 사업장의 기계설비에서 많이 볼 수 있다.
예 프레스기, 전단기, 성형기, 굽힘기계(bending machine) 등
② **접선물림점**(Tangential Nip-point) : 회전하는 부분의 접선방향으로 물려 들어갈 위험이 존재하는 점이다.
예 벨트와 풀리, 체인과 스프로킷, 랙과 피니언 등
③ **절단점**(Cutting-point) : 고정부분과 운동부분이 만드는 위험점이 아니고 회전하는 운동부 자체의 위험이나 운동하는 기계 부분 자체의 위험에서 초래되는 위험점이다.
예 밀링의 커터, 띠톱이나 둥근톱의 톱날, 벨트의 이음 부분 등

56 ② 57 ② 58 ① 59 ④ 정답

60 가공기계에 쓰이는 주된 풀 프루프(Fool Proof)에서 가드(Guard)의 형식으로 틀린 것은?

① 인터록 가드(Interlock Guard)
② 안내 가드(Guide Guard)
③ 조정 가드(Adjustable Guard)
④ 고정 가드(Fixed Guard)

해설 ◎ **풀 프루프의 가드 형식** : 인터록 가드, 조정 가드, 고정 가드

4과목 전기위험방지기술

61 인체의 표면적이 $0.5m^2$이고 정전용량은 $0.02pF/cm^2$이다. 3300V의 전압이 인가되어 있는 전선에 접근하여 작업을 할 때 인체에 축적되는 정전기 에너지[J]는?

① 5.445×10^{-2} ② 5.445×10^{-4}
③ 2.723×10^{-2} ④ 2.723×10^{-4}

해설 정전용량 $C = 0.02\times10^{-12}F/cm^2\times0.5\times10^4cm^2 = 10^{-10}F$

인체에 축적되는 에너지

$W = \frac{1}{2}CV^2 = \frac{1}{2}\times10^{-10}\times(3300)^2 = 5.445\times10^{-4}J$

62 제3종 접지공사를 시설하여야 하는 장소가 아닌 것은?

① 금속몰드 배선에 사용하는 몰드
② 고압계기용 변압기의 2차측 전로
③ 고압용 금속제 케이블트레이 계통의 금속트레이
④ 400V 미만의 저압용 기계기구의 철대 및 금속제 외함

해설 출제 당시에는 정답이 ③이었으나 2021년 개정되어 정답 없음

63 전자파 중에서 광량자 에너지가 가장 큰 것은?

① 극저주파 ② 마이크로파
③ 가시광선 ④ 적외선

해설 자외선>가시광선>적외선>마이크로파>극저주파

64 다음 중 폭발위험장소에 전기설비를 설치할 때 전기적인 방호조치로 적절하지 않은 것은?

① 다상 전기기기는 결상운전으로 인한 과열방지 조치를 한다.
② 배선은 단락·지락 사고시의 영향과 과부하로부터 보호한다.
③ 자동차단이 점화의 위험보다 클 때는 경보장치를 사용한다.
④ 단락보호장치는 고장상태에서 자동복구 되도록 한다.

해설 ④ 단락보호장치가 자동복구 되면 방호에 위험이 있다.

65 감전사고 방지대책으로 틀린 것은?

① 설비의 필요한 부분에 보호접지 실시
② 노출된 충전부에 통전망 설치
③ 안전전압 이하의 전기기기 사용
④ 전기기기 및 설비의 정비

해설 ② 통전망은 전기가 흐르는 망으로 절연용 방호구를 설치해야 한다.

정답 60 ② 61 ② 62 정답 없음 63 ③ 64 ④ 65 ②

66 **감전사고를 일으키는 주된 형태가 아닌 것은?**

① 충전전로에 인체가 접촉되는 경우
② 이중절연 구조로 된 전기기계・기구를 사용하는 경우
③ 고전압의 전선로에 인체가 근접하여 섬락이 발생된 경우
④ 충전 전기회로에 인체가 단락회로의 일부를 형성하는 경우

해설 ② 이중절연 구조로 된 전기기계・기구를 사용하는 경우는 감전사고를 일으킬 가능성이 낮다.

67 **화재가 발생하였을 때 조사해야 하는 내용으로 가장 관계가 먼 것은?**

① 발화원
② 착화물
③ 출화의 경과
④ 응고물

해설 화재발생 시 발화원, 착화물, 출화의 경과를 조사한다.

68 **정전기에 관한 설명으로 옳은 것은?**

① 정전기는 발생에서부터 억제 – 축적방지 – 안전한 방전이 재해를 방지할 수 있다.
② 정전기발생은 고체의 분쇄공정에서 가장 많이 발생한다.
③ 액체의 이송 시는 그 속도(유속)를 7m/s 이상 빠르게 하여 정전기의 발생을 억제한다.
④ 접지 값은 10Ω 이하로 하되 플라스틱 같은 절연도가 높은 부도체를 사용한다.

해설 ② 정전기발생은 고체의 분쇄공정에서 가장 많이 발생하지 않는다.
③ 액체의 이송 시는 그 속도(유속)를 7m/s 이상 느리게 하여 정전기의 발생을 억제한다.
④ 접지 값은 10Ω 이하로 하되 플라스틱 같은 절연도가 낮은 도체를 사용한다.

69 **전기설비의 필요한 부분에 반드시 보호접지를 실시하여야 한다. 접지공사의 종류에 따른 접지저항과 접지선의 굵기가 틀린 것은?**

① 제1종 : 10Ω 이하, 공칭단면적 $6mm^2$ 이상의 연동선
② 제2종 : $\frac{150}{1선지락전류}$Ω 이하, 공칭단면적 $2.5mm^2$ 이상의 연동선
③ 제3종 : 100Ω 이하, 공칭단면적 $2.5mm^2$ 이상의 연동선
④ 특별 제3종 : 10Ω 이하, 공칭단면적 $2.5mm^2$ 이상의 연동선

해설 출제 당시에는 정답이 ②였으나 2021년 개정되어 정답 없음

70 **교류아크 용접기에 전격 방지기를 설치하는 요령 중 틀린 것은?**

① 이완 방지 조치를 한다.
② 직각으로만 부착해야 한다.
③ 동작 상태를 알기 쉬운 곳에 설치한다.
④ 테스트 스위치는 조작이 용이한 곳에 위치시킨다.

해설 ② 직각에서 20° 내로 부착 가능하다.

66 ② 67 ④ 68 ① 69 정답 없음 70 ② **정답**

71 전기기기의 Y종 절연물의 최고 허용온도는?

① 80℃
② 85℃
③ 90℃
④ 105℃

해설 절연물의 종류와 온도
- Y종 절연 : 90℃
- A종 절연 : 105℃
- E종 절연 : 120℃
- B종 절연 : 130℃
- F종 절연 : 155℃
- H종 절연 : 180℃
- C종 절연 : 180℃ 초과

72 내압방폭구조의 기본적 성능에 관한 사항으로 틀린 것은?

① 내부에서 폭발할 경우 그 압력에 견딜 것
② 폭발화염이 외부로 유출되지 않을 것
③ 습기침투에 대한 보호가 될 것
④ 외함 표면온도가 주위의 가연성 가스에 점화하지 않을 것

해설 전기설비에서 아크 또는 고열이 발생하여 폭발성 가스에 점화할 우려가 있는 부분을 전폐한 용기에 넣음으로써 폭발이 일어날 경우 이 용기가 압력에 견디고 외부의 폭발성 가스에 인화될 위험이 없도록 한 구조의 방폭구조이다.

73 온도조절용 바이메탈과 온도 퓨즈가 회로에 조합되어 있는 다리미를 사용한 가정에서 화재가 발생했다. 다리미에 부착되어 있던 바이메탈과 온도퓨즈를 대상으로 화재사고를 분석하려 하는데 논리기호를 사용하여 표현하고자 한다. 어느 기호가 적당한가? (단, 바이메탈의 작동과 온도 퓨즈가 끊어졌을 경우를 0, 그렇지 않을 경우를 1이라 한다.)

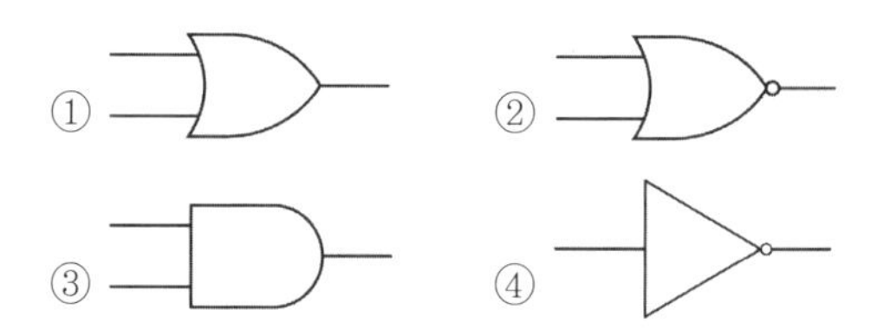

해설 바이메탈이 작동하지 않고, 온도 퓨즈가 끊어지지 않을 시 동시에 발생하면 1이므로 AND Gate가 적당하다.

74 화염일주한계에 대한 설명으로 옳은 것은?

① 폭발성 가스와 공기의 혼합기에 온도를 높인 경우 화염이 발생 할 때까지의 시간 한계치
② 폭발성 분위기에 있는 용기의 접합면 틈새를 통해 화염이 내부에서 외부로 전파되는 것을 저지할 수 있는 틈새의 최대간격치
③ 폭발성 분위기 속에서 전기불꽃에 의하여 폭발을 일으킬 수 있는 화염을 발생시키기에 충분한 교류파형의 1주기치
④ 방폭설비에서 이상이 발생하여 불꽃이 생성된 경우에 그것이 점화원으로 작용하지 않도록 화염의 에너지를 억제하여 폭발하한계로 되도록 화염 크기를 조정하는 한계치

해설 화염일주한계와 안전간격과 최대안전틈새는 같으며, 좁은 한계라는 뜻이다.

정답 71 ③ 72 ③ 73 ③ 74 ②

75 **폭발위험이 있는 장소의 설정 및 관리와 가장 관계가 먼 것은?**

① 인화성 액체의 증기 사용
② 가연성 가스의 제조
③ 가연성 분진 제조
④ 종이 등 가연성 물질 취급

해설 ④ 가연성 물질이 있다고 폭발위험이 있지 않다.

76 **충격전압시험시의 표준충격파형을 1.2×50㎲로 나타내는 경우 1.2와 50이 뜻하는 것은?**

① 파두장 – 파미장
② 최초섬락시간 – 최종섬락시간
③ 라이징타임 – 스테이블타임
④ 라이징타임 – 충격전압인가시간

해설 표준충격파형 1.2×50㎲에서,
×는 충격파를 표현하는 방법이고, 1.2는 파두장, 50은 파미장이다.

77 **폭발위험장소의 분류 중 인화성 액체의 증기 또는 가연성 가스에 의한 폭발위험이 지속적으로 또는 장기간 존재하는 장소는 몇 종 장소로 분류되는가?**

① 0종 장소 ② 1종 장소
③ 2종 장소 ④ 3종 장소

해설 ① **0종 장소** : 장치 및 기기들이 정상 가동되는 경우에 폭발성 가스가 항상 존재하는 장소이다.
② **1종 장소** : 장치 및 기기들이 정상 가동 상태에서 폭발성 가스가 가끔 누출되어 위험 분위기가 존재하는 장소이다.
③ **2종 장소** : 작업자의 조작상 실수나 이상운전으로 폭발성 가스가 누출되거나 유출된 가스가 체류하여 폭발을 일으킬 우려가 있는 장소이다.

78 **활선 작업 시 사용할 수 없는 전기작업용 안전장구는?**

① 전기안전모
② 절연장갑
③ 검전기
④ 승주용 가제

해설 ④ 승주용 가제는 기둥에 오르기 위한 도기를 일컫는 말이다.

79 **인체의 전기저항을 500Ω이라 한다면 심실세동을 일으키는 위험에너지[J]는? (단, 심실세동전류 $I=\frac{165}{\sqrt{T}}$mA, 통전시간은 1초이다.)**

① 13.61 ② 23.21
③ 33.42 ④ 44.63

해설 전기에너지
$Q=I^2RT$[J] [Q[J], I[A], R[Ω], T[sec]]
$=(165/\sqrt{T}\times10^{-3})^2\times500\times T$
$=165^2\times10^{-6}\times500=13.6$

80 **피뢰침의 제한전압이 800kV, 충격절연강도가 1000kV라 할 때, 보호여유도는 몇 [%]인가?**

① 25 ② 33
③ 47 ④ 63

해설 보호여유도[%] $=\frac{\text{충격전열강도}-\text{제한전압}}{\text{제한전압}}\times100$

75 ④ 76 ① 77 ① 78 ④ 79 ① 80 ① **정답**

5과목 화학설비위험방지기술

81 소화약제 IG-100의 구성성분은?

① 질소 ② 산소
③ 이산화탄소 ④ 수소

해설 • 소화약제 IG-100에서 IG는 Inert Gas로 불에 타지 않는 불활성 가스이면서 독성이 없어야 한다.
• IG-100의 구성성분은 질소이다.

82 프로판(C_3H_8)의 연소에 필요한 최소 산소농도의 값은 약 얼마인가? (단, 프로판의 폭발하한은 Jone식에 의해 추산한다.)

① 8.1%v/v ② 11.1%v/v
③ 15.1%v/v ④ 20.1%v/v

해설 ▶ **Jone식** : 연료몰수와 완전연소에 필요한 공기몰수를 이용하여 화학양론적 계수(*Cst*)를 계산한 후 이를 이용하여 폭발하한계와 상한계를 추산하는 식이다.
X1(LEL : 폭발하한계) = 0.55*Cst*
X2(UEL : 폭발상한계) = 3.50*Cst*
(C_3H_8) + $5O_2$ = $3CO_2$ + $4H_2O$, 1 : 5가 최적 산소농도로 산소는 공기중 21%만 있으므로,
1/(1 + 5/0.21) × 0.55 = 0.022, 2.2vol%
최소산소농도는 5 × 2.2vol% = 11vol%

83 다음 중 물과 반응하여 아세틸렌을 발생시키는 물질은?

① Zn ② Mg
③ Al ④ CaC_2

해설 CaC_2(탄산칼슘) + H_2O(물) → C_2H_2(아세틸렌)

84 메탄 1vol%, 헥산 2vol%, 에틸렌 2vol%, 공기 95vol%로 된 혼합가스의 폭발하한계 값[vol%]은 약 얼마인가? (단, 메탄, 헥산, 에틸렌의 폭발하한계 값은 각각 5.0, 1.1, 2.7vol%이다.)

① 1.8 ② 3.5
③ 12.8 ④ 21.7

해설 르 샤틀리에 공식
5/폭발하한계 = 1/5 + 2/1.1 + 2/2.7 = 2.76
폭발하한계 = 5/2.76
= 1.812

85 가열 · 마찰 · 충격 또는 다른 화학물질과의 접촉 등으로 인하여 산소나 산화제의 공급이 없더라도 폭발 등 격렬한 반응을 일으킬 수 있는 물질은?

① 에틸알코올 ② 인화성 고체
③ 니트로화합물 ④ 테레핀유

해설 ▶ **폭발성 물질 및 유기과산화물**
• **질산에스테르류** : 니트로셀룰로오스, 니트로글리세린, 질산메틸, 질산에틸 등
• **니트로화합물** : 피크린산(트리니트로페놀), 트리니트로톨루엔(TNT) 등
• **니트로소화합물** : 파라니트로소벤젠, 디니트로소레조르신 등
• 아조화합물 및 디아조화합물
• 하이드라진 유도체
• **유기과산화물** : 메틸에틸케톤, 과산화물, 과산화벤조일, 과산화아세틸 등

86 다음 중 독성이 가장 강한 가스는?

① NH_3 ② $COCl_2$
③ $C_6H_5CH_3$ ④ H_2S

정답 81 ① 82 ② 83 ④ 84 ① 85 ③ 86 ②

해설 ② $COCl_2$(포스겐) : 0.1ppm
③ $C_6H_5CH_3$(톨루엔) : 50ppm
① NH_3(암모니아) : 25ppm
④ H_2S(황화수소) : 10ppm

87 **다음 중 분해 폭발의 위험성이 있는 아세틸렌의 용제로 가장 적절한 것은?**

① 에테르
② 에틸알코올
③ 아세톤
④ 아세트알데히드

해설 아세틸렌가스는 압축하거나 액화시키면 분해 폭발을 일으키므로 용기에 다공 물질과 가스를 잘 녹이는 용제(아세톤, 디메틸포름아미드 등)를 넣어 용해시켜 충전한다.

88 **분진폭발의 발생 순서로 옳은 것은?**

① 비산 → 분산 → 퇴적분진 → 발화원 → 2차폭발 → 전면폭발
② 비산 → 퇴적분진 → 분산 → 발화원 → 2차폭발 → 전면폭발
③ 퇴적분진 → 발화원 → 분산 → 비산 → 전면폭발 → 2차폭발
④ 퇴적분진 → 비산 → 분산 → 발화원 → 전면폭발 → 2차폭발

해설 ◎ **분진폭발의 발생 순서** : 퇴적분진 → 비산 → 분산 → 발화원 → 전면폭발 → 2차 폭발

89 **폭발방호대책 중 이상 또는 과잉압력에 대한 안전장치로 볼 수 없는 것은?**

① 안전 밸브(safety valve)
② 릴리프 밸브(relief valve)
③ 파열판(bursting disk)
④ 플레임 어레스터(flame arrester)

해설 플레임 어레스터(flame arrester)는 철망으로 40mesh 이상의 가는 철망을 여러 장 겹쳐서 화염을 차단한다.

90 **다음 인화성 가스 중 가장 가벼운 물질은?**

① 아세틸렌　② 수소
③ 부탄　④ 에틸렌

해설 수소는 H_2로 분자량이 2이며, 가장 가벼운 물질이다.

91 **가연성 가스 및 증기의 위험도에 따른 방폭전기기기의 분류로 폭발등급을 사용하는데, 이러한 폭발등급을 결정하는 것은?**

① 발화도
② 화염일주한계
③ 폭발한계
④ 최소발화에너지

해설 폭발등급은 화염일주한계(= 안전간격 = 최대안전틈새)로 결정되며, 다음과 같다.

구분	안전간격	대상가스의 종류
폭발 1등급	0.6mm 이상	메탄, 에탄, 일산화탄소, 암모니아, 아세톤
폭발 2등급	0.4~0.6mm	에틸렌(C_2H_4), 석탄가스
폭발 3등급	0.4mm 이하	아세틸렌, 아황산가스, 수성가스, 수소

87 ③　88 ④　89 ④　90 ②　91 ② **정답**

92 다음 중 메타인산(HPO_3)에 의한 소화효과를 가진 분말소화약제의 종류는?

① 제1종 분말소화약제
② 제2종 분말소화약제
③ 제3종 분말소화약제
④ 제4종 분말소화약제

해설

종류	주성분		분말색	적용 화재
	품명	화학식		
제1종	탄산수소나트륨	$NaHCO_3$	백색	B, C급 화재
제2종	탄산수소칼륨	$KHCO_3$	담청색	B, C급 화재
제3종	인산암모늄	$NH_4H_2PO_4$	담홍색	A, B, C급 화재
제4종	탄산수소칼륨과 요소와의 반응물	$KC_2N_2H_3O_3$	쥐색	B, C급 화재

※ 인산암모늄의 열분해로 생성된 메타인산을 소화효과에 이용

93 다음 중 파열판에 관한 설명으로 틀린 것은?

① 압력 방출속도가 빠르다.
② 한번 파열되면 재사용 할 수 없다.
③ 한번 부착한 후에는 교환할 필요가 없다.
④ 높은 점성의 슬러리나 부식성 유체에 적용할 수 있다.

해설 ③ 파열판은 찢어지기도 해서 교체해야 한다.

94 공기 중에서 폭발범위가 12.5~74vol%인 일산화탄소의 위험도는 얼마인가?

① 4.92　② 5.26
③ 6.26　④ 7.05

해설 위험도$(H) = \dfrac{U_2 - U_1}{U_1}$

(U_1 : 폭발하한계, U_2 : 폭발상한계)

$\dfrac{74 - 12.5}{12.5} = 4.92$

95 산업안전보건법령에 따라 유해하거나 위험한 설비의 설치·이전 또는 주요 구조부분의 변경공사 시 공정안전보고서의 제출시기는 착공일 며칠 전까지 관련기관에 제출하여야 하는가?

① 15일　② 30일
③ 60일　④ 90일

해설 유해·위험 설비의 설치·이전 또는 주요 구조부분의 변경공사의 착공일 30일 전까지 공정안전보고서를 2부 작성하여 공단에 제출하여야 한다(산업안전보건법 시행규칙 제51조).

96 다음 관(pipe) 부속품 중 관로의 방향을 변경하기 위하여 사용하는 부속품은?

① 니플(nipple)　② 유니온(union)
③ 플랜지(flange)　④ 엘보우(elbow)

해설 ④ **엘보우**(elbow) : 방향변경에 사용
① **니플**(nipple) : 2개의 관을 연결
② **유니온**(union) : 2개의 관을 연결
③ **플랜지**(flange) : 2개의 관을 연결

정답 92 ③　93 ③　94 ①　95 ②　96 ④

97 산업안전보건기준에 관한 규칙상 국소배기장치의 후드 설치 기준이 아닌 것은?

① 유해물질이 발생하는 곳마다 설치할 것
② 후드의 개구부 면적은 가능한 한 크게 할 것
③ 외부식 또는 리시버식 후드는 해당 분진 등의 발산원에 가장 가까운 위치에 설치할 것
④ 후드 형식은 가능하면 포위식 또는 부스식 후드를 설치할 것

해설 ◆ **후드 설치 기준**(안전보건규칙 제72조)
- 유해물질이 발생하는 곳마다 설치할 것
- 유해인자의 발생형태와 비중, 작업방법 등을 고려하여 해당 분진 등의 발산원(發散源)을 제어할 수 있는 구조로 설치할 것
- 후드(hood) 형식은 가능하면 포위식 또는 부스식 후드를 설치할 것
- 외부식 또는 리시버식 후드는 해당 분진 등의 발산원에 가장 가까운 위치에 설치할 것

98 「산업안전보건기준에 관한 규칙」에 따르면 쥐에 대한 경구투입실험에 의하여 실험동물의 50%를 사망시킬 수 있는 물질의 양, 즉 LD50(경구, 쥐)이 [kg]당 몇 [mg]-(체중) 이하인 화학물질이 급성 독성 물질에 해당하는가?

① 25　② 100
③ 300　④ 500

해설 ◆ **급성독성물질**(안전보건규칙 별표 1)
- **경구** : 300mg/kg
- **경피** : 1000mg/kg
- **가스** : 2500ppm
- **증기** : 10mg/L
- **분진 또는 미스트** : 1mg/L

99 반응성 화학물질의 위험성은 실험에 의한 평가 대신 문헌조사 등을 통해 계산에 의해 평가하는 방법을 사용할 수 있다. 이에 관한 설명으로 옳지 않은 것은?

① 위험성이 너무 커서 물성을 측정할 수 없는 경우 계산에 의한 평가 방법을 사용할 수 도 있다.
② 연소열, 분해열, 폭발열 등의 크기에 의해 그 물질의 폭발 또는 발화의 위험예측이 가능하다.
③ 계산에 의한 평가를 하기 위해서는 폭발 또는 분해에 따른 생성물의 예측이 이루어져야 한다.
④ 계산에 의한 위험성 예측은 모든 물질에 대해 정확성이 있으므로 더 이상의 실험을 필요로 하지 않는다.

해설 ④ 계산에 의한 위험성 예측은 모든 물질에 대해 정확성이 있다고 보기 어려워 실험이 필요하다.

100 압축기와 송풍의 관로에 심한 공기의 맥동과 진동을 발생하면서 불안정한 운전이 되는 서징(surging) 현상의 방지법으로 옳지 않은 것은?

① 풍량을 감소시킨다.
② 배관의 경사를 완만하게 한다.
③ 교축밸브를 기계에서 멀리 설치한다.
④ 토출가스를 흡입측에 바이패스 시키거나 방출밸브에 의해 대기로 방출시킨다.

해설 ③ 교축밸브를 기계에서 가까이 설치한다.

97 ②　98 ③　99 ④　100 ③ 정답

6과목 건설안전기술

101 **다음은 안전대와 관련된 설명이다. 아래 내용에 해당되는 용어로 옳은 것은?**

> 로프 또는 레일 등과 같은 유연하거나 단단한 고정줄로서 추락발생 시 추락을 저지시키는 추락방지대를 지탱해 주는 줄 모양의 부품

① 안전블록 ② 수직구명줄
③ 죔줄 ④ 보조죔줄

해설 수직구명줄은 추락방지대를 지탱해 주는 줄 모양의 부품이다.

102 **크레인의 운전실 또는 운전대를 통하는 통로의 끝과 건설물 등의 벽체의 간격은 최대 얼마 이하로 하여야 하는가?**

① 0.2m ② 0.3m
③ 0.4m ④ 0.5m

해설 ◆ **건설물 등의 벽체와 통로의 간격 등**(안전보건규칙 제145조)
사업주는 다음 각 호의 간격을 0.3m 이하로 하여야 한다. 다만, 근로자가 추락할 위험이 없는 경우에는 그 간격을 0.3m 이하로 유지하지 아니할 수 있다.
- 크레인의 운전실 또는 운전대를 통하는 통로의 끝과 건설물 등의 벽체의 간격
- 크레인 거더(girder)의 통로 끝과 크레인 거더의 간격
- 크레인 거더의 통로로 통하는 통로의 끝과 건설물 등의 벽체의 간격

103 **달비계의 최대 적재하중을 정하는 경우 그 안전계수 기준으로 옳지 않은 것은?**

① 달기와이어로프 및 달기강선의 안전계수 : 10 이상
② 달기체인 및 달기 훅의 안전계수 : 5 이상
③ 달기강대와 달비계의 하부 및 상부지점의 안전계수 : 강재의 경우 3 이상
④ 달기강대와 달비계의 하부 및 상부지점의 안전계수 : 목재의 경우 5 이상

해설
- 달기 와이어로프 및 달기 강선의 안전계수 : 10 이상
- 달기 체인 및 달기 훅의 안전계수 : 5 이상
- 달기 강대와 달비계의 하부 및 상부 지점의 안전계수 : 강재(鋼材)의 경우 2.5 이상, 목재의 경우 5 이상

※ 안전계수는 와이어로프 등의 절단하중값을 그 와이어로프 등에 걸리는 하중의 최댓값으로 나눈 값을 말한다.

104 **달비계에 사용이 불가한 와이어로프의 기준으로 옳지 않은 것은?**

① 이음매가 있는 것
② 와이어로프의 한 꼬임에서 끊어진 소선의 수가 7% 이상인 것
③ 지름의 감소가 공칭지름의 7%를 초과하는 것
④ 심하게 변형되거나 부식된 것

해설 ◆ **와이어로프의 사용금지 기준**(안전보건규칙 제63조 제1항 제1호)
- 이음매가 있는 것
- 와이어로프의 한 꼬임[스트랜드(strand)를 말한다.]에서 끊어진 소선(素線)[필러(pillar)선은 제외한다]의 수가 10% 이상(비자전로프의 경우에는 끊어진 소선의 수가 와이어로프 호칭지름의 6배 길이 이내에서 4개 이상이거나 호칭지름 30배 길이 이내에서 8개 이상)인 것
- 지름의 감소가 공칭지름의 7%를 초과하는 것
- 꼬인 것
- 심하게 변형되거나 부식된 것
- 열과 전기충격에 의해 손상된 것

정답 101 ② 102 ② 103 ③ 104 ②

105 흙막이 지보공을 설치하였을 때 정기적으로 점검하여 이상 발견 시 즉시 보수하여야 할 사항이 아닌 것은?

① 굴착 깊이의 정도
② 버팀대의 긴압의 정도
③ 부재의 접속부 · 부착부 및 교차부의 상태
④ 부재의 손상 · 변형 · 부식 · 변위 및 탈락의 유무와 상태

해설 **흙막이 지보공 설치 시 정기 점검사항**(안전보건규칙 제347조 제1항)
- 부재의 손상 · 변형 · 부식 · 변위 및 탈락의 유무와 상태
- 버팀대의 긴압(緊壓)의 정도
- 부재의 접속부 · 부착부 및 교차부의 상태
- 침하의 정도

106 강관비계의 수직방향 벽이음 조립간격[m]으로 옳은 것은? (단, 틀비계이며 높이가 5m 이상일 경우)

① 2m ② 4m
③ 6m ④ 9m

해설 **강관비계의 조립간격**(안전보건규칙 별표 5)

강관비계의 종류	조립간격(단위 : m)	
	수직방향	수평방향
단관비계	5	5
틀비계(높이가 5m 미만인 것은 제외한다)	6	8

107 굴착과 싣기를 동시에 할 수 있는 토공기계가 아닌 것은?

① Pover shovel ② Tractor shovel
③ Back hoe ④ Motor grader

해설 ④ **모터그레이더**(motor grader) : 땅 고르는 기계

108 구축물에 대한 구조검토, 안전진단 등 안전성 평가를 실시하여 근로자에게 미칠 위험성을 미리 제거하여야 하는 경우가 아닌 것은?

① 구축물 등의 인근에서 굴착 · 항타작업 등으로 침하 · 균열 등이 발생하여 붕괴의 위험이 예상될 경우
② 구축물 등이 그 자체의 무게 · 적설 · 풍압 또는 그 밖에 부가되는 하중 등으로 붕괴 등의 위험이 있을 경우
③ 화재 등으로 구축물 등의 내력(耐力)이 심하게 저하됐을 경우
④ 구축물의 구조체가 안전측으로 과도하게 설계가 되었을 경우

해설 **구축물 등의 안전성 평가**(안전보건규칙 제52조)
- 구축물 등의 인근에서 굴착 · 항타작업 등으로 침하 · 균열 등이 발생하여 붕괴의 위험이 예상될 경우
- 구축물 등에 지진, 동해(凍害), 부동침하(不同沈下) 등으로 균열 · 비틀림 등이 발생하였을 경우
- 구축물 등이 그 자체의 무게 · 적설 · 풍압 또는 그 밖에 부가되는 하중 등으로 붕괴 등의 위험이 있을 경우
- 화재 등으로 구축물 등의 내력(耐力)이 심하게 저하되었을 경우
- 오랜 기간 사용하지 아니하던 구축물 등을 재사용하게 되어 안전성을 검토하여야 하는 경우
- 구축물 등의 주요구조부에 대한 설계 및 시공 방법의 전부 또는 일부를 변경하는 경우
- 그 밖의 잠재위험이 예상될 경우

109 다음 중 방망사의 폐기 시 인장강도에 해당하는 것은? (단, 그물코의 크기는 10cm이며 매듭 없는 방망의 경우임)

① 50kg ② 100kg
③ 150kg ④ 200kg

105 ① 106 ③ 107 ④ 108 ④ 109 ③ 정답

해설

그물코의 크기 (단위 : cm)	방망의 종류(단위 : kg)			
	매듭 없는 방망		매듭 방망	
	신품에 대한	폐기 시	신품에 대한	폐기 시
10	240	150	200	135
5	–		110	60

110 작업장에 계단 및 계단참을 설치하는 경우 매제곱미터당 최소 몇 [kg] 이상의 하중에 견딜 수 있는 강도를 가진 구조로 설치하여야 하는가?

① 300kg ② 400kg
③ 500kg ④ 600kg

해설 계단 및 계단참을 설치하는 경우 500kg/m^2 이상의 하중에 견딜 수 있는 강도를 가진 구조로 설치하여야 하며, 안전율[안전의 정도를 표시하는 것으로서 재료의 파괴응력도(破壞應力度)와 허용응력도(許容應力度)의 비율을 말한다]은 4 이상으로 하여야 한다(안전보건규칙 제26조 제1항).

111 굴착공사에서 비탈면 또는 비탈면 하단을 성토하여 붕괴를 방지하는 공법은?

① 배수공
② 배토공
③ 공작물에 의한 방지공
④ 압성토공

해설 ▶ **압성토공법** : 연약 지반 위에 흙쌓기를 할 때 흙쌓기 본체가 그 자체 중량으로 인해 지반으로 눌려 박혀 침하함으로써 비탈끝 근처의 지반이 올라온다. 이것을 방지하기 위해 흙쌓기 본체의 양측에 흙쌓기하는 공법을 압성토 공법이라 한다.

112 공정률이 65%인 건설현장의 경우 공사 진척에 따른 산업안전보건관리비의 최소 사용기준으로 옳은 것은? (단, 공정률은 기성공정률을 기준으로 함)

① 40% 이상
② 50% 이상
③ 60% 이상
④ 70% 이상

해설

공정률	50% 이상 70% 미만	70% 이상 90% 미만	90% 이상
사용기준	50% 이상	70% 이상	90% 이상

113 해체공사 시 작업용 기계기구의 취급 안전기준에 관한 설명으로 옳지 않은 것은?

① 철제해머와 와이어로프의 결속은 경험이 많은 사람으로서 선임된 자에 한하여 실시하도록 하여야 한다.
② 팽창제 천공간격은 콘크리트 강도에 의하여 결정되나 70~120cm 정도를 유지하도록 한다.
③ 쐐기타입으로 해체 시 천공구멍은 타입기 삽입부분의 직경과 거의 같아야 한다.
④ 화염방사기로 해체작업 시 용기 내 압력은 온도에 의해 상승하기 때문에 항상 40℃ 이하로 보존해야 한다.

해설 ② 팽창제 천공간격은 콘크리트 강도에 의하여 결정되나 30~70cm 정도를 유지하도록 한다.

정답 110 ③ 111 ④ 112 ② 113 ②

114 가설통로의 설치에 관한 기준으로 옳지 않은 것은?

① 경사는 30° 이하로 한다.
② 건설공사에 사용하는 높이 8m 이상인 비계다리에는 7m 이내마다 계단참을 설치한다.
③ 작업상 부득이한 경우에는 필요한 부분에 한하여 안전난간을 임시로 해체할 수 있다.
④ 수직갱에 가설된 통로의 길이가 10m 이상인 경우에는 5m 이내마다 계단참을 설치한다.

해설 **가설통로의 설치 기준**(안전보건규칙 제23조)
- 견고한 구조로 할 것
- 경사는 30° 이하로 할 것
- 경사는 15°를 초과하는 때에는 미끄러지지 아니하는 구조로 할 것
- 추락의 위험이 있는 장소에는 안전난간을 설치할 것. 다만, 작업상 부득이한 경우에는 필요한 부분만 임시로 해체할 수 있다.
- 수직갱에 가설된 통로의 길이가 15m 이상인 때에는 10m 이내마다 계단참을 설치할 것
- 건설공사에 사용하는 높이 8m 이상인 비계다리에는 7m 이내마다 계단참을 설치할 것

115 작업으로 인하여 물체가 떨어지거나 날아올 위험이 있는 경우 필요한 조치와 가장 거리가 먼 것은?

① 투하설비 설치
② 낙하물 방지망 설치
③ 수직보호망 설치
④ 출입금지구역 설정

해설 작업으로 인하여 물체가 떨어지거나 날아올 위험이 있는 경우 낙하물 방지망, 수직보호망 또는 방호선반의 설치, 출입금지구역의 설정, 보호구의 착용 등 위험을 방지하기 위하여 필요한 조치를 하여야 한다(안전보건규칙 제14조 제2항).

116 사업주가 유해위험방지 계획서 제출 후 건설공사 중 6개월 이내마다 안전보건공단의 확인을 받아야 할 내용이 아닌 것은?

① 유해위험방지 계획서의 내용과 실제공사 내용이 부합하는지 여부
② 유해위험방지 계획서 변경 내용의 적정성
③ 자율안전관리 업체 유해·위험방지 계획서 제출·심사 면제
④ 추가적인 유해·위험요인의 존재 여부

해설 유해위험방지 계획서를 제출한 사업주는 해당 건설물·기계·기구 및 설비의 시운전단계에서, 건설공사 중 6개월 이내마다 다음 각 호의 사항에 관하여 공단의 확인을 받아야 한다(산업안전보건법 시행규칙 제46조 제1항).
- 유해위험방지 계획서의 내용과 실제공사 내용이 부합하는지 여부
- 유해위험방지 계획서 변경 내용의 적정성
- 추가적인 유해·위험요인의 존재 여부

117 철골공사 시 안전작업방법 및 준수사항으로 옳지 않은 것은?

① 강풍, 폭우 등과 같은 악천우시에는 작업을 중지하여야 하며 특히 강풍시에는 높은 곳에 있는 부재나 공구류가 낙하비래하지 않도록 조치하여야 한다.
② 철골부재 반입 시 시공순서가 빠른 부재는 상단부에 위치하도록 한다.
③ 구명줄 설치 시 마닐라 로프 직경 10mm를 기준하여 설치하고 작업방법을 충분히 검토하여야 한다.
④ 철골보의 두 곳을 매어 인양시킬 때 와이어로프의 내각은 60° 이하이어야 한다.

해설 ③ 구명줄 설치 시 마닐라 로프 직경 16mm를 기준하여 설치하고 작업방법을 충분히 검토하여야 한다.

114 ④ 115 ① 116 ③ 117 ③ 정답

118 **지면보다 낮은 땅을 파는 데 적합하고 수중굴착도 가능한 굴착기계는?**

① 백호
② 파워셔블
③ 가이데릭
④ 파일드라이버

해설 **백호** : 굴착하는 데 적합(지면보다 낮은 장소)

119 **산업안전보건법령에 따른 지반의 종류별 굴착면의 기울기 기준으로 옳지 않은 것은?**

① 모래 – 1 : 1.8
② 경암 – 1 : 1.2
③ 풍화암 – 1 : 1.0
④ 연암 – 1 : 1.0

해설 **굴착면의 기울기 기준**(안전보건규칙 별표 11)

지반의 종류	굴착면의 기울기
모래	1 : 1.8
연암 및 풍화암	1 : 1.0
경암	1 : 0.5
그 밖의 흙	1 : 1.2

(※ 안전기준 : 2023.11.14. 개정)

120 **콘크리트 타설 시 거푸집 측압에 관한 설명으로 옳지 않은 것은?**

① 기온이 높을수록 측압은 크다.
② 타설속도가 클수록 측압은 크다.
③ 슬럼프가 클수록 측압은 크다.
④ 다짐이 과할수록 측압은 크다.

해설 **거푸집의 측압**

- 콘크리트 부어넣기 속도가 빠를수록 측압은 크다.
- 온도가 낮을수록 측압은 크다.
- 콘크리트 시공연도가 클수록 측압은 크다.
- 콘크리트 다지기가 충분할수록 측압은 크다.
- 벽 두께가 두꺼울수록 측압은 커진다.
- 철골 또는 철근량이 적을수록 측압은 크다.

정답 118 ① 119 ② 120 ①

2020년 제3회 기출 복원문제

1과목 안전관리론

01 재해분석도구 중 재해발생의 유형을 어골상(魚骨像)으로 분류하여 분석하는 것은?

① 파레토도　　② 특성요인도
③ 관리도　　④ 클로즈분석

해설 결과에 원인이 어떻게 관계되며 영향을 미치고 있는가를 나타낸 그림으로 어골도(Fish-Bone Diagram), 어골상(魚骨像)이라고 한다.
특성요인도의 작성은 사업장 분임조, 안전관리팀 전원이 참여하며 개인보다는 단체가 참여하는 브레인스토밍의 원칙을 적용한다.

02 다음 중 안전모의 성능시험에 있어서 AE, ABE종에만 한하여 실시하는 시험은?

① 내관통성시험, 충격흡수성시험
② 난연성시험, 내수성시험
③ 난연성시험, 내전압성시험
④ 내전압성시험, 내수성시험

해설 ◎ **안전모의 성능시험**

- **내관통성시험** : A, AB, AE, ABE 안전모의 시험방법 0.45kg의 철제추를 낙하시켜 관통거리 측정
- **충격흡수성시험** : A, AB, ABE 안전모 시험방법 무게 3.6kg의 철제추의 충격, 전달충격력을 측정
- **내전압성시험** : AE, ABE 안전모 시험방법, 주파수 60Hz, 20kV의 전압을 가하여 측정, 이때의 충격전류는 10mA 이하이어야 한다.
- **내수성시험** : AE, ABE 안전모 시험방법, 20~25℃의 물에 24시간 담가 무게증가율[%] 산출

$$\text{무게증가율} = \frac{\text{담근 후} - \text{담그기 전의 무게}}{\text{담그기 전의 무게}} \times 100$$

- **난연성시험** : AE, ABE의 시험방법

03 플리커 검사(flicker test)의 목적으로 가장 적절한 것은?

① 혈중 알코올농도 측정
② 체내 산소량 측정
③ 작업강도 측정
④ 피로의 정도 측정

해설 사이가 벌어진 회전하는 원판으로 들어오는 광원의 빛의 단속시켜 연속광으로 보이는지 단속광으로 보이는지 경계에서의 빛의 단속 주기를 플리커 치라고 하여 피로도 검사에 이용한다.

04 강도율에 관한 설명 중 틀린 것은?

① 사망 및 영구 전노동불능(신체장해등급 1~3급)의 근로손실일수는 7500일로 환산한다.
② 신체장해등급 중 제14급은 근로손실일수를 50일로 환산한다.
③ 영구 일부 노동불능은 신체장해등급에 따른 근로손실일수에 300/365를 곱하여 환산한다.
④ 일시 전노동불능은 휴업일수에 300/365를 곱하여 근로손실일수를 환산한다.

해설 ◎ **근로시간 합계 1000시간당 재해로 인한 근로손실일수**

$$\text{강도율} = \frac{\text{총요양근로손실일수}}{\text{연근로시간수}} \times 1000$$

$$\text{환산강도율} = \text{강도율} \times 100$$

- **근로손실일수 계산 시 주의 사항**
  휴업일수는 300/365 × 휴업일수로 손실일수 계산
  ※ 강도율이 1.5라는 뜻 : 연간 1000시간당 작업 시 근로손실일수가 1.5일
- **사망 및 1, 2, 3급의 근로손실일수**
  25년×365일 = 7500일

01 ②　02 ④　03 ④　04 ③ 정답

05 다음 중 브레인스토밍의 4원칙과 가장 거리가 먼 것은?

① 자유로운 비평
② 자유분방한 발언
③ 대량적인 발언
④ 타인 의견의 수정 발언

해설 ▶ **브레인스토밍의 4원칙**
- 비평 금지
- 자유 분방
- 대량 발언
- 수정 발언

06 다음 중 산업재해의 원인으로 간접적 원인에 해당되지 않는 것은?

① 기술적 원인　② 물적 원인
③ 관리적 원인　④ 교육적 원인

해설 ▶ **간접원인**
- **기술적 원인** : 건물, 기계장치의 설계불량, 구조, 재료의 부적합, 생산방법의 부적합, 점검, 정비, 보존불량
- **교육적 원인** : 안전지식의 부족, 안전수칙의 오해, 경험・훈련의 미숙, 작업방법의 교육 불충분, 유해・위험작업의 교육 불충분
- **작업관리상의 원인** : 안전관리조직 결함, 안전수칙 미제정, 작업준비 불충분, 인원배치 부적당, 작업지시 부적당

07 산업안전보건법령상 안전보건관리책임자 등에 대한 교육시간 기준으로 틀린 것은?

① 보건관리자, 보건관리전문기관의 종사자 보수교육 : 24시간 이상
② 안전관리자, 안전관리전문기관의 종사자 신규교육 : 34시간 이상
③ 안전보건관리책임자 보수교육 : 6시간 이상
④ 건설재해예방전문지도기관의 종사자 신규교육 : 24시간 이상

해설

교육대상	교육시간	
	신규	보수
• 안전보건관리책임자	6시간 이상	6시간 이상
• 안전관리자, 안전관리전문기관의 종사자	34시간 이상	24시간 이상
• 보건관리자, 보건관리전문기관의 종사자	34시간 이상	24시간 이상
• 건설재해예방전문지도기관의 종사자	34시간 이상	24시간 이상
• 석면조사기관의 종사자	34시간 이상	24시간 이상
• 안전보건관리담당자	–	8시간 이상
• 안전검사기관, 자율안전검사기관의 종사자	34시간 이상	24시간 이상

08 매슬로우(Maslow)의 욕구단계 이론 중 제2단계 욕구에 해당하는 것은?

① 자아실현의 욕구　② 안전에 대한 욕구
③ 사회적 욕구　④ 생리적 욕구

해설 ▶ **매슬로우 욕구단계**
- **제1단계** : 생리적 욕구
- **제2단계** : 안전 욕구
- **제3단계** : 사회적 욕구
- **제4단계** : 인정받으려는 욕구
- **제5단계** : 자아실현의 욕구

09 다음 중 재해예방의 4원칙과 관련이 가장 적은 것은?

① 모든 재해의 발생 원인은 우연적인 상황에서 발생한다.
② 재해손실은 사고가 발생할 때 사고 대상의 조건에 따라 달라진다.
③ 재해예방을 위한 가능한 안전대책은 반드시 존재한다.
④ 재해는 원칙적으로 원인만 제거되면 예방이 가능하다.

정답 05 ① 06 ② 07 ④ 08 ② 09 ①

해설 ❯ **재해예방의 4원칙**
- **예방 가능의 원칙** : 천재지변을 제외한 모든 인재는 예방이 가능하다.
- **손실 우연의 원칙** : 사고의 결과 손실의 유무 또는 대소는 사고 당시의 조건에 따라서 우연적으로 발생한다.
- **원인 연계의 원칙** : 사고에는 반드시 원인이 있고 원인은 대부분 연계 원인이다.
- **대책 선정의 원칙** : 사고의 원인이나 불안전 요소가 발견되면 반드시 대책은 실시되어야 하고, 대책 선정이 가능하다. 대책에는 재해 방지의 세 기둥이라 할 수 있는 3E, 즉 기술적 대책, 교육적 대책, 규제적 대책을 들 수 있다.

10 **파블로프(Pavlov)의 조건반사설에 의한 학습이론의 원리가 아닌 것은?**

① 일관성의 원리
② 계속성의 원리
③ 준비성의 원리
④ 강도의 원리

해설 ❯ **파블로프의 조건반사설에 의한 학습이론** : 강도의 원리, 일관성의 원리, 시간의 원리, 계속성의 원리

11 **인간의 동작특성 중 판단과정의 착오요인이 아닌 것은?**

① 합리화
② 정서불안정
③ 작업조건불량
④ 정보부족

해설 ❯ **판단과정의 착오** : 합리화, 능력부족, 정보부족, 환경조건불비

12 **산업안전보건법령상 안전보건표지의 색채와 사용사례의 연결로 틀린 것은?**

① 노란색 – 정지신호, 소화설비 및 그 장소, 유해행위의 금지
② 파란색 – 특정 행위의 지시 및 사실의 고지
③ 빨간색 – 화학물질 취급장소에서의 유해/위험 경고
④ 녹색 – 비상구 및 피난소, 사람 또는 차량의 통행표지

해설

분류	기호	색채
금지표지	⃠	바탕은 흰색, 기본모형은 빨간색, 관련 부호 및 그림은 검은색
경고표지	△	바탕은 노란색, 기본모형, 관련 부호 및 그림은 검은색 다만, 인화성물질 경고, 산화성물질 경고, 폭발성물질 경고, 급성독성물질 경고, 부식성물질 경고 및 발암성・변이원성・생식독성・전신독성・호흡기과민성 물질 경고의 경우 바탕은 무색, 기본모형은 빨간색(검은색도 가능)
지시표지	○	바탕은 파란색, 관련 그림은 흰색
안내표지	□	바탕은 흰색, 기본모형 및 관련 부호는 녹색, 바탕은 녹색, 관련 부호 및 그림은 흰색
출입금지표지	⃠	글자는 흰색 바탕에 흑색 다음 글자는 적색 • ○○○제조/사용/보관 중 • 석면취급/해체 중 • 발암물질 취급 중

10 ③ 11 ② 12 ① **정답**

13 **산업안전보건법령상 안전/보건표지의 종류 중 다음 표지의 명칭은? (단, 마름모 테두리는 빨간색이며, 안의 내용은 검은색이다.)**

① 폭발성물질 경고　② 산화성물질 경고
③ 부식성물질 경고　④ 급성독성물질 경고

해설 제시된 표지는 급성독성물질 경고 표지이며, 안전보건표지는 전체적인 암기가 필요하다.

14 **하인리히의 재해발생 이론이 다음과 같이 표현될 때, α가 의미하는 것으로 옳은 것은?**

재해의 발생=설비적 결함+관리적 결함+α

① 노출된 위험의 상태
② 재해의 직접적인 원인
③ 물적 불안전 상태
④ 잠재된 위험의 상태

해설 재해의 발생 = 물적 불안전상태 + 인적 불안전행위 + α
= 설비적 결함 + 관리적 결함 + α
따라서 α = 300/1 + 29 + 300(하인리히 법칙)
α : 잠재된 위험의 상태 = 재해

15 **허즈버그(Herzberg)의 위생-동기 이론에서 동기요인에 해당하는 것은?**

① 감독　② 안전
③ 책임감　④ 작업조건

해설

Herzberg의 위생-동기 2요인 이론

위생요인(직무환경, 저차원적 요구)	**동기요인**(직무내용, 고차원적 요구)
• 회사정책과 관리 • 개인상호 간의 관계 • 감독 • 임금 • 보수 • 작업조건 • 지위 • 안전	• 성취감 • 책임감 • 인정감 • 성장과 발전 • 도전감 • 일 그 자체

16 **레빈(Lewin)의 인간 행동 특성을 다음과 같이 표현하였다. 변수 'E'가 의미하는 것은?**

$$B = f(P \cdot E)$$

① 연령　② 성격
③ 환경　④ 지능

해설
- B : Behavior(인간의 행동)
- f : function(함수관계) $P \cdot E$에 영향을 줄 수 있는 조건
- P : Person(연령, 경험, 심신상태, 성격, 지능, 소질 등)
- E : Environment(심리적 환경 – 인간관계, 작업환경, 설비적 결함 등)

17 **다음 중 안전교육의 형태 중 OJT(On The Job of training) 교육에 대한 설명과 거리가 먼 것은?**

① 다수의 근로자에게 조직적 훈련이 가능하다.
② 직장의 실정에 맞게 실제적인 훈련이 가능하다.
③ 훈련에 필요한 업무의 지속성이 유지된다.
④ 직장의 직속상사에 의한 교육이 가능하다.

정답 13 ④　14 ④　15 ③　16 ③　17 ①

해설 **OJT 교육의 특징**

- 직장의 현장 실정에 맞는 구체적이고 실질적인 교육이 가능하다.
- 교육의 효과가 업무에 신속하게 반영된다.
- 교육의 이해도가 빠르고 동기부여가 쉽다.
- 개인의 능력과 적성에 알맞은 맞춤교육이 가능하다.
- 교육으로 인해 업무가 중단되는 업무 손실이 적다.
- 교육경비의 절감 효과가 있다.
- 상사와의 의사소통 및 신뢰도 향상에 도움이 된다.

18 다음 중 안전교육의 기본 방향과 가장 거리가 먼 것은?

① 생산성 향상을 위한 교육
② 사고 사례 중심의 안전교육
③ 안전작업을 위한 교육
④ 안전의식 향상을 위한 교육

해설 **안전교육의 기본 방향**

- 사고 사례 중심의 안전교육
- 안전 작업(표준작업)을 위한 안전교육
- 안전 의식 향상을 위한 안전교육

19 다음 설명의 학습지도 형태는 어떤 토의법 유형인가?

> 6-6 회의라고도 하며, 6명씩 소집단으로 구분하고, 집단별로 각각의 사회자를 선발하여 6분간씩 자유토의를 행하여 의견을 종합하는 방법

① 포럼(Forum)
② 버즈세션(Buzz session)
③ 케이스 메소드(case method)
④ 패널 디스커션(Panel Discussion)

해설 ① **포럼** : 공개토의라고도 하며, 전문가의 발표 시간은 10~20분 정도 주어진다. 포럼은 전문가와 일반 참여자가 구분되는 비대칭적 토의이다

③ **사례연구법**(Case Method) : 교육훈련의 주제에 관한 실제의 사례를 작성하여 배부하고 여기에 관한 토론을 실시하는 교육훈련방법으로 피교육자에 대하여 많은 사례를 연구하고 분석하게 한다.

④ **패널 디스커션** : 토론집단을 패널 멤버와 청중으로 나누고 먼저 소정의 문제에 대해 패널 멤버인 각 분야의 전문가로 하여금 토론하게 한 다음 청중과 패널 멤버 사이에 질의응답을 하도록 하는 토론 형식

20 안전점검의 종류 중 태풍, 폭우 등에 의한 침수, 지진 등의 천재지변이 발생한 경우나 이상사태 발생시 관리자나 감독자가 기계, 기구, 설비 등이 기능상 이상 유무에 대하여 점검하는 것은?

① 일상점검 ② 정기점검
③ 특별점검 ④ 수시점검

해설 **안전점검의 종류**

- **정기점검** : 일정기간마다 정기적으로 실시(법적 기준, 사내규정을 따름)
- **수시점검**(일상점검) : 매일 작업 전, 중, 후에 실시
- **특별점검** : 기계, 기구, 설비의 신설·변경 또는 고장 수리시
- **임시점검** : 기계, 기구, 설비 이상 발견시 임시로 점검

18 ① 19 ② 20 ③ **정답**

2과목 인간공학 및 시스템안전공학

21 인간이 기계보다 우수한 기능으로 옳지 않은 것은? (단, 인공지능은 제외한다.)

① 암호화된 정보를 신속하게 대량으로 보관할 수 있다.
② 관찰을 통해서 일반화하여 귀납적으로 추리한다.
③ 항공사진의 피사체나 말소리처럼 상황에 따라 변화하는 복잡한 자극의 형태를 식별할 수 있다.
④ 수신 상태가 나쁜 음극선관에 나타나는 영상과 같이 배경 잡음이 심한 경우에도 신호를 인지할 수 있다.

해설

구분	인간이 기계보다 우수한 기능	기계가 인간보다 우수한 기능
감지 기능	• 저에너지 자극감시 • 복잡 다양한 자극 형태 식별 • 예기치 못한 사건 감지	• 인간의 정상적 감지 범위 밖의 자극 감지 • 인간 및 기계에 대한 모니터 기능 • 드물게 발생하는 사상 감지
정보 저장	• 많은 양의 정보를 장시간 보관	• 암호화된 정보를 신속하게 대량보관
정보 처리 및 결심	• 관찰을 통해 일반화 • 귀납적 추리 • 원칙적용 • 다양한 문제해결 (정상적)	• 연역적 추리 • 정량적 정보처리
행동 기능	• 과부하 상태에서는 중요한 일에 전념	• 과부하 상태에서도 효율적 작용 • 장시간 중량 작업 • 반복작업 • 동시에 여러 가지 작업 가능

22 FTA에서 사용되는 최소 컷셋에 대한 설명으로 옳지 않은 것은?

① 일반적으로 Fussell Algorithm을 이용한다.
② 정상사상(Top event)을 일으키는 최소한의 집합이다.
③ 반복되는 사건이 많은 경우 Limnios와 Ziani Algorithm을 이용하는 것이 유리하다.
④ 시스템에 고장이 발생하지 않도록 하는 모든 사상의 집합이다.

해설 컷셋의 집합 중에서 정상사상을 일으키기 위하여 필요한 최소한의 컷셋을 미니멀 컷셋이라 한다(시스템의 위험성 또는 안전성을 나타냄).
미니멀 컷셋은 시스템의 기능을 마비시키는 사고요인의 최소집합이다.

23 직무에 대하여 청각적 자극 제시에 대한 음성 응답을 하도록 할 때 가장 관련 있는 양립성은?

① 공간적 양립성　② 양식 양립성
③ 운동 양립성　④ 개념적 양립성

해설 **인간-기계 시스템 설계원칙의 양립성**
- **개념적 양립성** : 외부 자극에 대해 인간의 개념적 현상의 양립성
  예 빨간 버튼 온수, 파란 버튼 냉수
- **공간적 양립성** : 표시장치, 조종장치의 형태 및 공간적 배치의 양립성
  예 오른쪽 조리대는 오른쪽에 조절장치로, 왼쪽 조절장치는 왼쪽 조절장치로
- **운동의 양립성** : 표시장치, 조종장치 등의 운동 방향의 양립성
  예 조종장치를 오른쪽으로 돌리면 표시장치의 지침이 오른쪽으로 이동하는 것
- **양식 양립성** : 직무에 맞는 자극과 응답 양식의 존재에 대한 양립성

정답 21 ①　22 ④　23 ②

24 **컴퓨터 스크린 상에 있는 버튼을 선택하기 위해 커서를 이동시키는 데 걸리는 시간을 예측하는 가장 적합한 법칙은?**

① Fitts의 법칙
② Lewin의 법칙
③ Hick의 법칙
④ Weber의 법칙

해설 표적이 작을수록, 이동거리가 길수록 작업의 난이도와 소요 이동시간이 증가한다는 이론으로 Fitts의 법칙은 동작시간의 법칙이다.

25 **설비의 고장과 같이 발생확률이 낮은 사건의 특정 시간 또는 구간에서의 발생횟수를 측정하는 데 가장 적합한 확률분포는?**

① 이항분포(Binomial distribution)
② 푸아송분포(Poisson distribution)
③ 와이블분포(Weibulll distribution)
④ 지수분포(Exponential distribution)

해설 푸아송분포(Poisson distribution)는 확률론에서 단위 시간 안에 어떤 사건이 몇 번 발생할 것인지를 표현하는 이산확률분포이다.

26 **Sanders와 McCormick의 의자 설계의 일반적인 원칙으로 옳지 않은 것은?**

① 요부 후반을 유지한다.
② 조정이 용이해야 한다.
③ 등근육의 정적부하를 줄인다.
④ 디스크가 받는 압력을 줄인다.

해설 ① 요부는 전반을 유지해야 한다.

27 **후각적 표시장치(olfactory display)와 관련된 내용으로 옳지 않은 것은?**

① 냄새의 확산을 제어할 수 없다.
② 시각적 표시장치에 비해 널리 사용되지 않는다.
③ 냄새에 대한 민감도의 개별적 차이가 존재한다.
④ 경보 장치로서 실용성이 없기 때문에 사용되지 않는다.

해설 후각은 특정 자극을 식별하는 데 사용하기보다는 냄새의 존재 여부를 탐지하는 데 효과적이다.

28 **그림의 FT도에서 $F_1 = 0.015$, $F_2 = 0.02$, $F_3 = 0.05$이면, 정상사상 T가 발생할 확률은 약 얼마인가?**

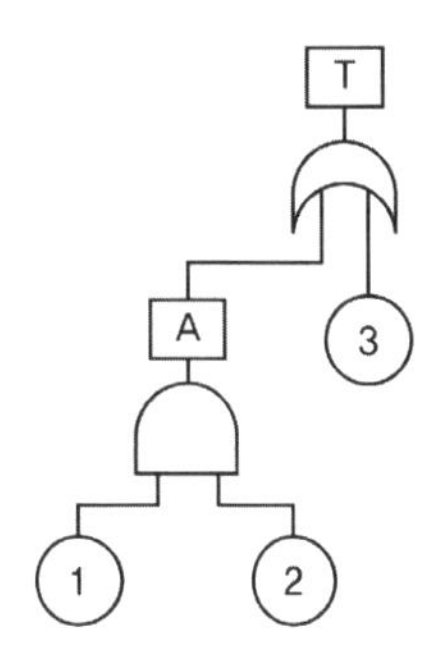

① 0.0002
② 0.0283
③ 0.0503
④ 0.9500

해설 $F_1 \times F_2 = 0.015 \times 0.02$
$1-(1-F_3)\times(1-F_1 \times F_2)$
$1-(1-0.05)\times(1-0.015\times0.02)$

24 ① 25 ② 26 ① 27 ④ 28 ③ 정답

29 **NOISH lifting guideline에서 권장무게한계(RWL) 산출에 사용되는 계수가 아닌 것은?**

① 휴식 계수
② 수평 계수
③ 수직 계수
④ 비대칭 계수

해설
- LC = 부하상수 = 23kg
- HM = 수평계수 = 25/H
- VM = 수직계수 = 1 − (0.003 × |V − 75|)
- DM = 거리계수 = 0.82 + (4.5/D)
- AM = 비대칭계수 = 1 − (0.0032 × A)
- FM = 빈도계수
- CM = 결합계수

30 **인간공학을 기업에 적용할 때의 기대효과로 볼 수 없는 것은?**

① 노사 간의 신뢰 저하
② 작업손실시간의 감소
③ 제품과 작업의 질 향상
④ 작업자의 건강 및 안전 향상

해설 **인간공학을 기업에 적용할 때의 기대효과**
- 작업자의 안전과 작업능률 향상
- 산업재해 감소
- 생산원가 절감
- 재해로 인한 직무손실 감소
- 직무만족도 향상
- 기업의 이미지와 상품 선호도 향상으로 경쟁력 상승
- 노사 간의 신뢰 구축

31 **THERP(Technique for Human Error Rate Prediction)의 특징에 대한 설명으로 옳은 것을 모두 고른 것은?**

> ㉠ 인간-기계 시스템(SYSTEM)에서 여러 가지의 인간의 에러와 이에 의해 발생할 수 있는 위험성의 예측과 개선을 위한 기법
> ㉡ 인간의 과오를 정성적으로 평가하기 위하여 개발된 기법
> ㉢ 가지처럼 갈라지는 형태의 논리구조와 나무 형태의 그래프를 이용

① ㉠, ㉡
② ㉠, ㉢
③ ㉡, ㉢
④ ㉠, ㉡, ㉢

해설 ㉠ 인간 실수율 예측 기법(THERP)은 인간 신뢰도 분석에서의 HEP(인간실수 확률)에 대한 예측 기법
㉢ 인간 신뢰도 분석 사건 나무

32 **차폐효과에 대한 설명으로 옳지 않은 것은?**

① 차폐음과 배음의 주파수가 가까울 때 차폐효과가 크다.
② 헤어드라이어 소음 때문에 전화 음을 듣지 못한 것과 관련이 있다.
③ 유의적 신호와 배경 소음의 차이를 신호/소음(S/N) 비로 나타낸다.
④ 차폐효과는 어느 한 음 때문에 다른 음에 대한 감도가 증가되는 현상이다.

해설 ④ 차폐효과는 어느 한 음 때문에 다른 음에 대한 감도가 감소하는 현상이다.

정답 29 ① 30 ① 31 ② 32 ④

33 산업안전보건기준에 관한 규칙상 '강렬한 소음 작업'에 해당하는 기준은?

① 85dB 이상의 소음이 1일 4시간 이상 발생하는 작업
② 85dB 이상의 소음이 1일 8시간 이상 발생하는 작업
③ 90dB 이상의 소음이 1일 4시간 이상 발생하는 작업
④ 90dB 이상의 소음이 1일 8시간 이상 발생하는 작업

해설 **강렬한 소음작업**
- 90dB 이상의 소음이 1일 8시간 이상 발생하는 작업
- 95dB 이상의 소음이 1일 4시간 이상 발생하는 작업
- 100dB 이상의 소음이 1일 2시간 이상 발생하는 작업
- 105dB 이상의 소음이 1일 1시간 이상 발생하는 작업
- 110dB 이상의 소음이 1일 30분 이상 발생하는 작업
- 115dB 이상의 소음이 1일 15분 이상 발생하는 작업

34 HAZOP 기법에서 사용하는 가이드 워드와 의미가 잘못 연결된 것은?

① No/Not – 설계 의도의 완전한 부정
② More/Less – 정량적인 증가 또는 감소
③ Part of – 성질상의 감소
④ Other than – 기타 환경적인 요인

해설
- **NO 혹은 NOT** : 설계 의도의 완전한 부정
- **MORE LESS** : 양의 증가 혹은 감소(정량적)
- **AS WELL AS** : 성질상의 증가(정성적 증가)
- **PART OF** : 성질상의 감소(정성적 감소)
- **REVERSE** : 설계 의도의 논리적인 역(설계의도와 반대 현상)
- **OTHER THAN** : 완전한 대체의 필요

35 그림과 같이 신뢰도가 95%인 펌프 A가 각각 신뢰도 90%인 밸브 B와 밸브 C의 병렬밸브계와 직렬계를 이룬 시스템의 실패확률은 약 얼마인가?

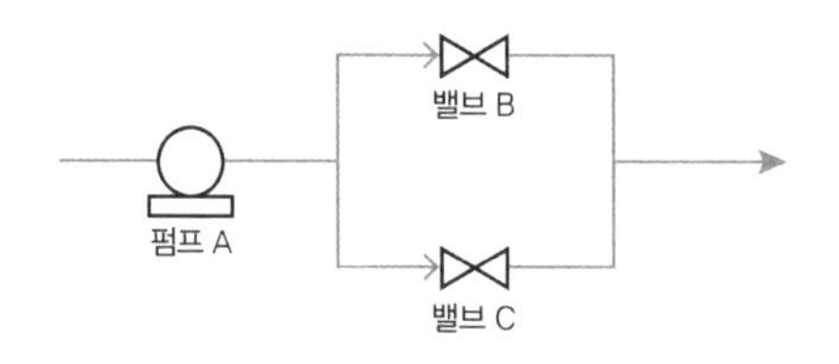

① 0.0091　　② 0.0595
③ 0.9405　　④ 0.9811

해설 $0.95\times[1-(1-0.9)\times(1-0.9)]$
$= 0.95\times(1-0.1\times0.1)$
$= 0.95\times0.99$
$= 0.9405$
여기서 실패확률을 구해야 하므로
$1-0.9405 = 0.0595$

36 인간 에러(human error)에 관한 설명으로 틀린 것은?

① omission error : 필요한 작업 또는 절차를 수행하지 않는 데 기인한 에러
② commission error : 필요한 작업 또는 절차의 수행지연으로 인한 에러
③ extraneous error : 불필요한 작업 또는 절차를 수행함으로써 기인한 에러
④ sequential error : 필요한 작업 또는 절차의 순서 착오로 인한 에러

해설
- **작위오류**(commission error) : 절차의 불확실한 수행에 의한 오류
- **시간오류**(time error) : 절차의 수행지연에 의한 오류

33 ④　34 ④　35 ②　36 ② **정답**

37 화학설비의 안전성 평가에서 정량적 평가의 항목에 해당되지 않는 것은?

① 훈련
② 조작
③ 취급물질
④ 화학설비용량

해설 ◇ **안전성 평가의 정량적 평가항목** : 화학설비의 취급물질, 용량, 온도, 압력, 조작

38 다음은 유해위험방지계획서의 제출에 관한 설명이다. ( ) 안에 들어갈 내용으로 옳은 것은?

> 산업안전보건법령상 "대통령령으로 정하는 사업의 종류 및 규모에 해당하는 사업으로서 해당 제품의 생산 공정과 직접적으로 관련된 건설물·기계·기구 및 설비 등 일체를 설치·이전하거나 그 주요 구조 부분을 변경하려는 경우"에 해당하는 사업주는 유해위험방지계획서에 관련 서류를 첨부하여 해당 작업 시작 (㉠)까지 공단에 (㉡)부를 제출하여야 한다.

① ㉠ : 7일 전, ㉡ : 2
② ㉠ : 7일 전, ㉡ : 4
③ ㉠ : 15일 전, ㉡ : 2
④ ㉠ : 15일 전, ㉡ : 4

해설 사업주가 유해위험방지계획서를 제출할 때에는 사업장별로 제조업 등 유해위험방지계획서에 규정된 서류를 첨부하여 해당 작업 시작 15일 전까지 공단에 2부를 제출해야 한다. 이 경우 유해위험방지계획서의 작성기준, 작성자, 심사기준, 그 밖에 심사에 필요한 사항은 고용노동부장관이 정하여 고시한다.

39 그림과 같이 FTA로 분석된 시스템에서 현재 모든 기본사상에 대한 부품이 고장난 상태이다. 부품 X_1부터 부품 X_5까지 순서대로 복구한다면 어느 부품을 수리 완료하는 시점에서 시스템이 정상가동되는가?

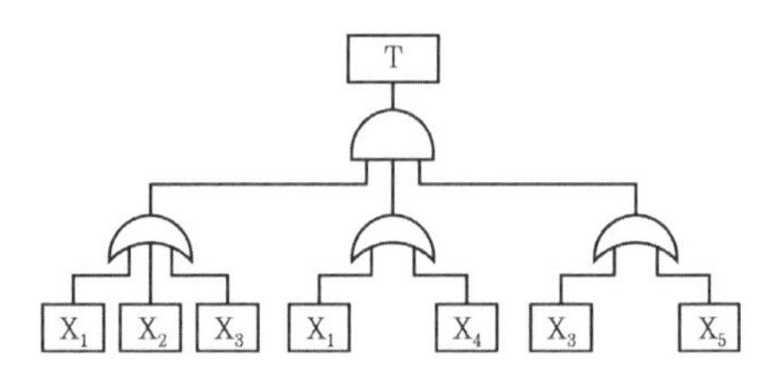

① 부품 X_2
② 부품 X_3
③ 부품 X_4
④ 부품 X_5

해설 모든 부품이 고장이라 정상사상은 T도 고장이다. 정상사상 바로 밑이 AND 사상이므로, 그 밑에 3개의 OR사상이 모두 복구되어야 움직인다. 부품 X_1부터 부품 X_5까지 순서대로 복구하는 것으로 하나씩 풀어보면,

- **X_1 복구** : 1번 OR 2번 복구 → 3번 OR 고장으로 여전히 고장
- **X_2 복구** : 변경 없음. 즉, X_1 복구와 동일함
- **X_3 복구** : 3번 OR 복구되어 3개의 OR이 모두 복구, 정상사상 복구, 시스템 정상가동

40 눈과 물체의 거리가 23cm, 시선과 직각으로 측정한 물체의 크기가 0.03cm일 때 시각(분)은 얼마인가? (단, 시각은 600 이하이며, radian 단위를 분으로 환산하기 위한 상수값은 57.3과 60을 모두 적용하여 계산하도록 한다.)

① 0.001
② 0.007
③ 4.48
④ 24.55

해설 시각 $= 57.3 \times 60 \times \frac{L}{D}$
$= 57.3 \times 60 \times 0.03/23$
L : 물체의 크기
D : 물체와 눈과의 거리

정답 37 ① 38 ③ 39 ② 40 ③

3과목 기계위험방지기술

41 **산업안전보건법령상 보일러의 과열을 방지하기 위하여 최고사용압력과 상용압력 사이에서 보일러의 버너 연소를 차단하여 정상 압력으로 유도하는 방호장치로 가장 적절한 것은?**

① 압력방출장치
② 고저수위조절장치
③ 언로우드밸브
④ 압력제한스위치

해설

종류	설치방법
고저수위 조절장치	• 고저수위 지점을 알리는 경보등 · 경보음 장치 등을 설치–동작상태 쉽게 감시 • 자동으로 급수 또는 단수되도록 설치 • 플로트식, 전극식, 차압식 등
압력방출 장치	• 보일러 규격에 적합한 압력방출장치를 최고사용압력 이하에서 작동되도록 1개 또는 2개 이상 설치 • 2개 이상 설치된 경우 최고사용압력 이하에서 1개가 작동되고, 다른 압력방출장치는 최고사용압력 1.05배 이하에서 작동되도록 부착 • 1년에 1회 이상 토출압력시험 후 납으로 봉인(공정안전관리 이행수준 평가결과가 우수한 사업장은 4년에 1회 이상 토출압력시험 실시) • 스프링식, 중추식, 지렛대식(일반적으로 스프링식 안전밸브가 많이 사용)
압력제한 스위치	• 보일러의 과열방지를 위해 최고사용압력과 상용압력 사이에서 버너연소를 차단할 수 있도록 압력제한스위치 부착 사용 • 압력계가 설치된 배관상에 설치
화염 검출기	• 연소상태를 항상 감시하고 그 신호를 프레임 릴레이가 받아서 연소차단밸브 개폐

42 **산업안전보건법령상 산업용 로봇의 작업 시작 전 점검사항으로 가장 거리가 먼 것은?**

① 외부 전선의 피복 또는 외장의 손상 유무
② 압력방출장치의 이상 유무
③ 매니퓰레이터 작동 이상 유무
④ 제동장치 및 비상정지 장치의 기능

해설
• 자동운전 중 로봇의 작업자를 격리시키고 로봇의 가동범위 내에 작업자가 불필요하게 출입할 수 없도록 또는 출입하지 않도록 한다.
• 작업개시 전에 외부전선의 피복손상, 팔의 작동상황, 제동장치, 비상정지장치 등의 기능을 점검한다.
• 안전한 작업위치를 선정하면서 작업한다.
• 될 수 있는 한 복수로 작업하고 1인이 감시인이 된다.
• 로봇의 검사, 수리, 조정 등의 작업은 로봇의 가동범위 외측에서 한다.
• 가동범위 내에서 검사 등을 행할 때는 운전을 정지하고 행한다.

43 **프레스 작동 후 슬라이드가 하사점에 도달할 때까지의 소요시간이 0.5s일 때 양수기동식 방호장치의 안전거리는 최소 얼마인가?**

① 200mm
② 400mm
③ 600mm
④ 800mm

해설 거리[cm]
= 160×프레스기 작동 후 작업점까지 도달 시간(초)
0.5s = 0.5×1000ms
안전거리 = 1.6×(0.5×1000) = 800mm

41 ④ 42 ② 43 ④ 정답

44 둥근톱기계의 방호장치 중 반발예방장치의 종류로 틀린 것은?

① 분할날
② 반발방지 기구(finger)
③ 보조 안내판
④ 안전덮개

해설 ④ 안전덮개는 비산되는 파편으로부터 작업자를 보호하기 위한 방호장치이다.

45 산업안전보건법령상 형삭기(slotter, shaper)의 주요 구조부로 가장 거리가 먼 것은? (단, 수치제어식은 제외)

① 공구대
② 공작물 테이블
③ 램
④ 아버

해설 ④ 아버는 밀링 머신에 장치하여 사용하는 축이다.

46 산업안전보건법령상 프레스 및 전단기에서 안전블록을 사용해야 하는 작업으로 가장 거리가 먼 것은?

① 금형 가공작업 ② 금형 해체작업
③ 금형 부착작업 ④ 금형 조정작업

해설
- 프레스 등의 금형을 부착·해체 또는 조정작업을 하는 때에는 신체의 일부가 위험한계 내에 들어갈 때에 슬라이드가 불시에 하강함으로써 발생하는 위험을 방지하기 위하여 안전블록을 사용하여야 한다.
- 금형가공작업과 같이 프레스 및 전단기가 가동 중인 경우 안전블록을 설치하면 작업을 할 수 없다.

47 다음 중 기계 설비의 안전조건에서 안전화의 종류로 가장 거리가 먼 것은?

① 재질의 안전화
② 작업의 안전화
③ 기능의 안전화
④ 외형의 안전화

해설 **기계 설비의 안전조건**
- 외형의 안전화
- 작업의 안전화
- 작업점의 안전화
- 기능상 안전화
- 구조의 안전화
- 보전작업의 안전화

48 다음 중 비파괴검사법으로 틀린 것은?

① 인장검사
② 자기탐상검사
③ 초음파탐상검사
④ 침투탐상검사

해설 ① 인장검사는 파괴검사이다.

49 산업안전보건법령상 아세틸렌 용접장치를 사용하여 금속의 용접·용단 또는 가열작업을 하는 경우 게이지 압력은 얼마를 초과하는 압력의 아세틸렌을 발생시켜 사용하면 안 되는가?

① 98kPa ② 127kPa
③ 147kPa ④ 196kPa

해설 아세틸렌 용접장치를 사용하여 금속의 용접·용단 또는 가열작업을 하는 경우에는 게이지 압력이 127kPa을 초과하는 압력의 아세틸렌을 발생시켜 사용해서는 안 된다.

정답 44 ④ 45 ④ 46 ① 47 ① 48 ① 49 ②

50 산업안전보건법령상 산업용 로봇으로 인하여 근로자에게 발생할 수 있는 부상 등의 위험이 있는 경우 위험을 방지하기 위하여 울타리를 설치할 때 높이는 최소 몇 [m] 이상으로 해야 하는가? (단, 산업표준화법 및 국제적으로 통용되는 안전기준은 제외한다.)

① 1.8 ② 2.1
③ 2.4 ④ 1.2

해설 근로자에게 발생할 수 있는 부상 등의 위험을 방지하기 위하여 높이 1.8m 이상의 울타리(로봇의 가동범위 등을 고려하여 높이로 인한 위험성이 없는 경우에는 높이를 그 이하로 조절할 수 있다)를 설치하여야 한다.

51 크레인의 사용 중 하중이 정격을 초과하였을 때 자동적으로 상승이 정지되는 장치는?

① 해지장치 ② 이탈방지장치
③ 아우트리거 ④ 과부하방지장치

해설 ◎ **과부하방지장치**
- 정격하중 이상이 적재될 경우 작동을 정지시키는 기능
- 전도모멘트의 크기와 안정모멘트의 크기가 비슷해지면 경보를 발하는 기능

52 인간이 기계 등의 취급을 잘못해도 그것이 바로 사고나 재해와 연결되는 일이 없는 기능을 의미하는 것은?

① fail safe ② fail active
③ fail operational ④ fool proof

해설 ◎ **Fool Proof** : 인간의 착오, 미스 등 이른바 휴먼에러가 발생하더라도 기계설비나 그 부품은 안전쪽으로 작동하게 설계하는 안전설계의 기법이다.

53 산업안전보건법령상 컨베이어를 사용하여 작업을 할 때 작업시작 전 점검사항으로 가장 거리가 먼 것은?

① 원동기 및 풀리(pulley) 기능의 이상 유무
② 이탈 등의 방지장치 기능의 이상 유무
③ 유압장치의 기능의 이상 유무
④ 비상정지장치 기능의 이상 유무

해설
- 원동기 및 풀리 기능의 이상 유무
- 이탈 등 방지장치 기능의 이상 유무
- 비상정지장치 기능의 이상 유무
- 덮개, 울 등의 이상 유무

54 다음 중 기계설비에서 반대로 회전하는 두 개의 회전체가 맞닿는 사이에 발생하는 위험점으로 가장 적절한 것은?

① 물림점 ② 협착점
③ 끼임점 ④ 절단점

해설
① **물림점**(Nip-point) : 회전하는 두 개의 회전체에는 물려 들어가는 위험성이 존재한다. 이때 위험점이 발생되는 조건은 회전체가 서로 반대방향으로 맞물려 회전되어야 한다.
예 롤러와 롤러의 물림, 기어와 기어의 물림 등
② **협착점**(Squeeze-point) : 왕복운동을 하는 동작부분과 움직임이 없는 고정부분 사이에서 형성되는 위험점으로 사업장의 기계설비에서 많이 볼 수 있다.
예 프레스기, 전단기, 성형기, 굽힘기계(bending machine) 등
③ **끼임점**(Shear-point) : 고정부분과 회전하는 동작부분이 함께 만드는 위험점
예 연삭숫돌과 덮개, 교반기의 날개와 하우징, 프레임에서 암의 요동운동을 하는 기계부분 등
④ **절단점**(Cutting-point) : 고정부분과 운동부분이 만드는 위험점이 아니고 회전하는 운동부 자체의 위험이나 운동하는 기계 부분 자체의 위험에서 초래되는 위험점이다.
예 밀링의 커터, 띠톱이나 둥근톱의 톱날, 벨트의 이음 부분 등

50 ① 51 ④ 52 ④ 53 ③ 54 ① 정답

55 선반 작업 시 안전수칙으로 가장 적절하지 않은 것은?

① 기계에 주유 및 청소 시 반드시 기계를 정지시키고 한다.
② 칩 제거 시 브러시를 사용한다.
③ 바이트에는 칩 브레이커를 설치한다.
④ 선반의 바이트는 끝을 길게 장치한다.

해설
- 가공물을 착탈 시에는 반드시 스위치를 끄고 바이트를 충분히 연 다음 행한다.
- 캐리어(공구대)는 적당한 크기의 것을 선택하고 심압대는 스핀들을 지나치게 내놓지 않는다.
- 물건의 장착이 끝나면 척, 렌치류는 곧 벗겨놓는다.
- 무게가 편중된 가공물의 장착에는 균형추를 부착한다. 장착물은 방진구에 사용 커버를 씌운다.
- 긴 재료가 돌출되었을 때에는 빨간 천 등을 부착하여 위험표시를 하거나 커버를 씌운다.
- 바이트 착탈은 기계를 정지시킨 다음에 한다.
- 방진구는 일감의 길이가 직경의 12배 이상일 때 사용한다.

56 산업안전보건법령상 양중기를 사용하여 작업하는 운전자 또는 작업자가 보기 쉬운 곳에 해당 양중기에 대해 표시하여야 할 내용으로 가장 거리가 먼 것은? (단, 승강기는 제외한다.)

① 정격 하중
② 운전 속도
③ 경고 표시
④ 최대 인양 높이

해설 사업주는 양중기(승강기는 제외한다) 및 달기구를 사용하여 작업하는 운전자 또는 작업자가 보기 쉬운 곳에 해당 기계의 정격하중, 운전속도, 경고표시 등을 부착하여야 한다.

57 롤러기의 급정지장치에 관한 설명으로 가장 적절하지 않은 것은?

① 복부 조작식은 조작부 중심점을 기준으로 밑면으로부터 1.2~1.4m 이내의 높이로 설치한다.
② 손 조작식은 조작부 중심점을 기준으로 밑면으로부터 1.8m 이내의 높이로 설치한다.
③ 급정지장치의 조작부에 사용하는 줄은 사용 중에 늘어져서는 안 된다.
④ 급정지장치의 조작부에 사용하는 줄은 충분한 인장강도를 가져야 한다.

해설

급정지장치 조작부의 종류	위치	비고
손으로 조작하는 것	밑면으로부터 1.8m 이내	위치는 급정지장치 조작부의 중심점을 기준으로 함.
복부로 조작하는 것	밑면으로부터 0.8m 이상 1.1m 이내	
무릎으로 조작하는 것	밑면으로부터 0.4m 이상 0.6m 이내	

58 롤러기의 가드와 위험점 간의 거리가 100mm일 경우 ILO 규정에 의한 가드 개구부의 안전간격은?

① 11mm
② 21mm
③ 26mm
④ 31mm

해설 개구부 간격(Y) = 6 + 0.15X(X : 가드와 위험점 간의 거리)
= 6 + 0.15 × 100 = 21

정답 55 ④ 56 ④ 57 ① 58 ②

59 연삭기의 안전작업수칙에 대한 설명 중 가장 거리가 먼 것은?

① 숫돌의 정면에 서서 숫돌 원주면을 사용한다.
② 숫돌 교체 시 3분 이상 시운전을 한다.
③ 숫돌의 회전은 최고 사용 원주속도를 초과하여 사용하지 않는다.
④ 연삭숫돌에 충격을 가하지 않는다.

해설
- 사업주는 회전 중인 연삭숫돌(지름이 5cm 이상인 것으로 한정한다)이 근로자에게 위험을 미칠 우려가 있는 경우에 그 부위에 덮개를 설치하여야 한다.
- 사업주는 연삭숫돌을 사용하는 작업의 경우 작업을 시작하기 전에는 1분 이상, 연삭숫돌을 교체한 후에는 3분 이상 시험운전을 하고 해당 기계에 이상이 있는지를 확인하여야 한다.
- 시험운전에 사용하는 연삭숫돌은 작업시작 전에 결함이 있는지를 확인한 후 사용하여야 한다.
- 사업주는 연삭숫돌의 최고 사용회전속도를 초과하여 사용하도록 해서는 아니 된다.
- 사업주는 측면을 사용하는 것을 목적으로 하지 않는 연삭숫돌을 사용하는 경우 측면을 사용하도록 해서는 아니 된다.

60 지게차의 포크에 적재된 화물이 마스트 후방으로 낙하함으로써 근로자에게 미치는 위험을 방지하기 위하여 설치하는 것은?

① 헤드가드
② 백레스트
③ 낙하방지장치
④ 과부하방지장치

해설 백레스트(backrest)를 갖추지 아니한 지게차를 사용해서는 아니 된다. 다만, 마스트의 후방에서 화물이 낙하함으로써 근로자가 위험해질 우려가 없는 경우에는 그러하지 아니하다.

4과목 전기위험방지기술

61 Dalziel에 의하여 동물 실험을 통해 얻어진 전류값을 인체에 적용했을 때 심실세동을 일으키는 전기에너지[J]는 약 얼마인가? (단, 인체 전기저항은 500Ω으로 보며, 흐르는 전류 $I=\frac{165}{\sqrt{T}}$mA로 한다.)

① 9.8　② 13.6
③ 19.6　④ 27

해설 $Q=I^2RT$[J] [Q[J], I[A], R[Ω], T[sec]]
$=(165/\sqrt{T}\times10^{-3})^2\times500\times T$
$=165^2\times10^{-6}\times500=13.6$

62 전기설비의 방폭구조의 종류가 아닌 것은?

① 근본 방폭구조
② 압력 방폭구조
③ 안전증 방폭구조
④ 본질안전 방폭구조

해설 ① 근본 방폭구조는 없다.

63 작업자가 교류전압 7000V 이하의 전로에 활선 근접작업 시 감전사고 방지를 위한 절연용 보호구는?

① 고무절연관
② 절연시트
③ 절연커버
④ 절연안전모

해설 보호구는 몸에 착용하는 것으로 안전모는 머리에 착용하는 것이다.

59 ① 60 ② 61 ② 62 ① 63 ④ 정답

64 방폭전기기기에 "Ex ia ⅡC T4 Ga"라고 표시되어 있다. 해당 기기에 대한 설명으로 틀린 것은?

① 정상 작동, 예상된 오작동에 또는 드문 오작동 중에 점화원이 될 수 없는 "매우 높은" 보호등급의 기기이다.

② 온도 등급이 T4이므로 최고표면온도가 150℃를 초과해서는 안 된다.

③ 본질안전 방폭구조로 0종 장소에서 사용이 가능하다.

④ 수소 및 아세틸렌 등의 가스가 존재하는 곳에 사용이 가능하다.

해설 ② 온도 등급이 T4이므로 최고표면온도가 135℃를 초과해서는 안 된다.

최고표면온도의 범위[℃]	온도 등급
300 초과 450 이하	T1
200 초과 300 이하	T2
135 초과 200 이하	T3
100 초과 135 이하	T4
85 초과 100 이하	T5
85 이하	T6

65 전기기계 · 기구의 기능 설명으로 옳은 것은?

① CB는 부하전류를 개폐시킬 수 있다.

② ACB는 진공 중에서 차단동작을 한다.

③ DS는 회로의 개폐 및 대용량부하를 개폐시킨다.

④ 피뢰침은 뇌나 계통의 개폐에 의해 발생하는 이상 전압을 대지로 방전시킨다.

해설 ② ACB는 공기 중에서 차단동작을 한다.
③ 단로기는 회로의 개폐 및 무부하전류를 개폐한다.

66 산업안전보건기준에 관한 규칙 제319조에 따라 감전될 우려가 있는 장소에서 작업을 하기 위해서는 전로를 차단하여야 한다. 전로 차단을 위한 시행 절차 중 틀린 것은?

① 전기기기 등에 공급되는 모든 전원을 관련 도면, 배선도 등으로 확인

② 각 단로기를 개방한 후 전원 차단

③ 단로기 개방 후 차단장치나 단로기 등에 잠금장치 및 꼬리표를 부착

④ 잔류전하 방전 후 검전기를 이용하여 작업 대상 기기가 충전되어 있는지 확인

해설 ② 전원 차단 후 각 단로기 개방

67 유자격자가 아닌 근로자가 방호되지 않은 충전전로 인근의 높은 곳에서 작업할 때에 근로자의 몸은 충전전로에서 몇 [cm] 이내로 접근할 수 없도록 하여야 하는가? (단, 대지전압이 50kV이다.)

① 50

② 100

③ 200

④ 300

해설 유자격자가 아닌 근로자가 충전전로 인근의 높은 곳에서 작업할 때에 근로자의 몸 또는 긴 도전성 물체가 방호되지 않은 충전전로에서 대지전압이 50kV 이하인 경우에는 300cm 이내로, 대지전압이 50kV를 넘는 경우에는 10kV당 10cm씩 더한 거리 이내로 각각 접근할 수 없도록 할 것

정답 64 ② 65 ① 66 ② 67 ④

68 **다음 중 정전기의 재해방지 대책으로 틀린 것은?**

① 설비의 도체 부분을 접지
② 작업자는 정전화를 착용
③ 작업장의 습도를 30% 이하로 유지
④ 배관 내 액체의 유속제한

해설 ③ 작업장의 습도를 30% 이상으로 유지해야 한다.

69 **가스(발화온도 120℃)가 존재하는 지역에 방폭기기를 설치하고자 한다. 설치가 가능한 기기의 온도 등급은?**

① T2 ② T3
③ T4 ④ T5

해설

가스발화점[℃]	온도 등급
450 초과	T1
300~450	T2
200~300	T3
135~200	T4
100~135	T5
85~100	T6

70 **변압기의 중성점을 제2종 접지한 수전전압 22.9kV, 사용전압 220V인 공장에서 외함을 제3종 접지공사를 한 전동기가 운전 중에 누전되었을 경우에 작업자가 접촉될 수 있는 최소전압은 약 몇 [V]인가? (단, 1선 지락전류 10A, 제3종 접지저항 30Ω, 인체저항 : 10000Ω이다.)**

① 116.7 ② 127.5
③ 146.7 ④ 165.6

해설 2021년 한국전기설비규정 개정에 따라 종별접지는 폐지되었다. 계산 결과에는 변동이 없지만, 향후 유사 문제가 출제된다면 현재 제시된 조건의 변동이 필수적이다.

71 **제전기의 종류가 아닌 것은?**

① 전압인가식 제전기 ② 정전식 제전기
③ 방사선식 제전기 ④ 자기방전식 제전기

해설 제전기는 정전기를 막기 위한 장치이다.

72 **정전기 방전현상에 해당되지 않는 것은?**

① 연면방전 ② 코로나 방전
③ 낙뢰방전 ④ 스팀방전

해설 **방전현상** : 코로나방전, 연면방전, 불꽃방전, 스파크방전

73 **전로에 지락이 생겼을 때에 자동적으로 전로를 차단하는 장치를 시설해야 하는 전기기계의 사용전압 기준은? (단, 금속제 외함을 가지는 저압의 기계 기구로서 사람이 쉽게 접촉할 우려가 있는 곳에 시설되어 있다.)**

① 30V 초과 ② 50V 초과
③ 90V 초과 ④ 150V 초과

해설 전로에 지락이 생겼을 때에 자동적으로 전로를 차단하는 장치를 시설해야 하는 전기기계의 사용전압 기준은 50V 초과

74 **정전용량 $C = 20\mu F$, 방전 시 전압 $V = 2kV$일 때 정전에너지[J]는 얼마인가?**

① 40 ② 80
③ 400 ④ 800

해설 정전에너지[J] $= 1/2 \times CV^2 = 1/2 \times 20 \times 10^{-6} \times 2000^2$

68 ③ 69 ④ 70 ③ 71 ② 72 ④ 73 ② 74 ① 정답

75 **전로에 시설하는 기계기구의 금속제 외함에 접지 공사를 하지 않아도 되는 경우로 틀린 것은?**

① 저압용의 기계기구를 건조한 목재의 마루 위에서 취급하도록 시설한 경우
② 외함 주위에 적당한 절연대를 설치한 경우
③ 교류 대지 전압이 300V 이하인 기계기구를 건조한 곳에 시설한 경우
④ 전기용품 및 생활용품 안전관리법의 적용을 받는 2중 절연구조로 되어 있는 기계기구를 시설하는 경우

해설 ③ 교류 대지 전압이 150V 이하인 기계기구를 건조한 곳에 시설한 경우

76 **피뢰기가 구비하여야 할 조건으로 틀린 것은?**

① 제한전압이 낮아야 한다.
② 상용 주파 방전 개시 전압이 높아야 한다.
③ 충격방전 개시전압이 높아야 한다.
④ 속류 차단 능력이 충분하여야 한다.

해설 **피뢰기**
- 충격방전 개시전압이 낮을 것
- 제한전압이 낮을 것
- 반복동작이 가능할 것
- 구조가 견고하고 특성이 변화하지 않은 것
- 점검, 보수가 간단할 것
- 뇌전류에 대한 방전능력이 클 것
- 속류의 차단이 확실할 것

77 **다음 중 정전기의 발생 현상에 포함되지 않는 것은?**

① 파괴에 의한 발생
② 분출에 의한 발생
③ 전도 대전
④ 유동에 의한 대전

해설 **정전기의 발생 현상**
- 마찰대전
- 박리대전
- 유도대전
- 분출대전
- 충돌대전
- 파괴대전
- 비중차에 의한 대전
- 근처의 전자 또는 전리 이온에 의한 대전

78 **방폭기기에 별도의 주위 온도 표시가 없을 때 방폭기기의 주위 온도 범위는? (단, 기호 "X"의 표시가 없는 기기이다.)**

① 20~40℃
② −20~40℃
③ 10~50℃
④ −10~50℃

해설 **전기설비의 표준환경 조건**
- **주변온도** : −20~40℃
- **표고** : 1000m 이하
- **상대습도** : 45~85%
- **압력** : 80~110kPa
- **산소 함유율** : 21%v/v

79 **정전기로 인한 화재 및 폭발을 방지하기 위하여 조치가 필요한 설비가 아닌 것은?**

① 드라이클리닝 설비
② 위험물 건조설비
③ 화약류 제조설비
④ 위험기구의 제전설비

해설 ④ 제전설비는 정전기를 막는 설비이다.

정답 75 ③ 76 ③ 77 ③ 78 ② 79 ④

80 300A의 전류가 흐르는 저압 가공전선로의 1선에서 허용 가능한 누설전류[mA]는?

① 600 ② 450
③ 300 ④ 150

해설 누설전류 = 최대공급전류의 $\frac{1}{2000}$A로 규정
300×1000×1/2000 = 150mA

5과목 화학설비위험방지기술

81 탄화수소 증기의 연소하한값 추정식은 연료의 양론농도(Cst)의 0.55배이다. 프로판 1mol의 연소반응식이 다음과 같을 때 연소하한값은 약 몇 [vol%]인가?

$$C_3H_8 + 5O_2 \rightarrow 3CO_2 + 4H_2O$$

① 2.22 ② 4.03
③ 4.44 ④ 8.06

해설 • 프로판의 $Cst = \frac{100}{1+4.773\left(3+\frac{8}{4}\right)} = 4.02$
• 프로판의 연소하한값 = 0.55×4.02 = 2.2

82 에틸알코올(C_2H_5OH) 1mol이 완전연소할 때 생성되는 CO_2의 [mol]수로 옳은 것은?

① 1 ② 2
③ 3 ④ 4

해설 에틸알코올(C_2H_5OH)의 연소방식은 $C_2H_5OH + 3O_2 \rightarrow 2CO_2 + 3H_2O$이므로 에틸알코올 1mol이 완전연소할 때 생성되는 CO_2와 H_2O의 [mol]수는 2mol과 3mol이다.

83 프로판과 메탄의 폭발하한계가 각각 2.5, 5.0vol%이라고 할 때 프로판과 메탄이 3:1의 체적비로 혼합되어 있다면 이 혼합가스의 폭발하한계는 약 몇 [vol%]인가? (단, 상온, 상압 상태이다.)

① 2.9 ② 3.3
③ 3.8 ④ 4.0

해설 ❯ 르 샤틀리에 법칙
(75%+25%)/하한계
=75%/2.5+25%/5
하한계 = 100/(75/2.5+25/5)
= 100/35 = 2.9

84 다음 중 소화약제로 사용되는 이산화탄소에 관한 설명으로 틀린 것은?

① 사용 후에 오염의 영향이 거의 없다.
② 장시간 저장하여도 변화가 없다.
③ 주된 소화효과는 억제소화이다.
④ 자체 압력으로 방사가 가능하다.

해설 ③ 주된 소화효과는 질식소화이다.

85 다음 중 물질의 자연발화를 촉진시키는 요인으로 가장 거리가 먼 것은?

① 표면적이 넓고, 발열량이 클 것
② 열전도율이 클 것
③ 주위 온도가 높을 것
④ 적당한 수분을 보유할 것

해설 ❯ 자연발화 조건
• 발열량이 클 것
• 열전도율이 작을 것
• 주위의 온도가 높을 것
• 표면적이 넓을 것
• 수분이 적당량 존재할 것

80 ④ 81 ① 82 ② 83 ① 84 ③ 85 ② 정답

86 증기 배관 내에 생성하는 응축수를 제거할 때 증기가 배출되지 않도록 하면서 응축수를 자동적으로 배출하기 위한 장치를 무엇이라 하는가?

① Vent stack ② Steam trap
③ Blow down ④ Relief valve

해설 ▶ **스팀 트랩** : 증기 중의 응축수만을 배출하고 증기의 누설을 막기 위한 자동밸브이다.

87 다음 중 수분(H_2O)과 반응하여 유독성 가스인 포스핀이 발생되는 물질은?

① 금속나트륨 ② 알루미늄 분발
③ 인화칼슘 ④ 수소화리튬

해설 Ca_3P_2(인화칼슘)$+6H_2O \rightarrow 2PH_3$(포스핀)$+3Ca(OH)_2$

88 대기압에서 사용하나 증발에 의한 액체의 손실을 방지함과 동시에 액면 위의 공간에 폭발성 위험가스를 형성할 위험이 적은 구조의 저장탱크는?

① 유동형 지붕 탱크 ② 원추형 지붕 탱크
③ 원통형 저장 탱크 ④ 구형 저장탱크

해설 floating으로 액체의 손실을 방지함과 동시에 액면 위의 공간이기에 유동성 지붕 탱크이다.

89 자동화재탐지설비의 감지기 종류 중 열감지기가 아닌 것은?

① 차동식 ② 정온식
③ 보상식 ④ 광전식

해설 ④ 광전식은 빛감지기이다.

90 산업안전보건법령에서 규정하고 있는 위험물질의 종류 중 부식성 염기류로 분류되기 위하여 농도가 40% 이상이어야 하는 물질은?

① 염산 ② 아세트산
③ 불산 ④ 수산화칼륨

해설 ▶ **부식성 염기류** : 농도가 40% 이상인 수산화나트륨·수산화칼륨, 그 밖에 이와 동등 이상의 부식성을 가지는 염기류

91 인화점이 각 온도 범위에 포함되지 않는 물질은?

① −30℃ 미만 : 디에틸에테르
② −30℃ 이상 0℃ 미만 : 아세톤
③ 0℃ 이상 30℃ 미만 : 벤젠
④ 30℃ 이상 65℃ 이하 : 아세트산

해설 ③ **벤젠** : −11℃
① **디에틸에테르** : −45℃
② **아세톤** : −18℃
④ **아세트산** : 41.7℃

92 다음 중 아세틸렌을 용해가스로 만들 때 사용되는 용제로 가장 적합한 것은?

① 아세톤 ② 메탄
③ 부탄 ④ 프로판

해설 아세틸렌을 용해가스로 만들 때 사용되는 용제는 아세톤

정답 86 ② 87 ③ 88 ① 89 ④ 90 ④ 91 ③ 92 ①

93 **다음 중 산업안전보건법령상 화학설비의 부속설비로만 이루어진 것은?**

① 사이클론, 백필터, 전기집진기 등 분진처리설비
② 응축기, 냉각기, 가열기, 증발기 등 열교환기류
③ 고로 등 점화기를 직접 사용하는 열교환기류
④ 혼합기, 발포기, 압출기 등 화학제품 가공설비

해설 ① 사이클론, 백필터, 전기집진기 등 분진처리설비 – 부속설비
② 응축기, 냉각기, 가열기, 증발기 등 열교환기류 – 화학설비
③ 고로 등 점화기를 직접 사용하는 열교환기류 – 화학설비
④ 혼합기, 발포기, 압출기 등 화학제품 가공설비 – 화학설비

94 **다음 중 밀폐 공간 내 작업 시의 조치사항으로 가장 거리가 먼 것은?**

① 산소결핍이나 유해가스로 인한 질식의 우려가 있으면 진행 중인 작업에 방해되지 않도록 주의하면서 환기를 강화하여야 한다.
② 해당 작업장을 적정한 공기상태로 유지되도록 환기하여야 한다.
③ 그 장소에 근로자를 입장시킬 때와 퇴장시킬 때마다 인원을 점검하여야 한다.
④ 그 작업장과 외부의 감시인 간에 항상 연락을 취할 수 있는 설비를 설치하여야 한다.

해설 ① 산소결핍이나 유해가스로 인한 질식의 우려가 있으면 작업을 중지한다.

95 **산업안전보건법령상 폭발성 물질을 취급하는 화학설비를 설치하는 경우에 단위공정설비로부터 다른 단위공정설비 사이의 안전거리는 설비 바깥 면으로부터 몇 [m] 이상이어야 하는가?**

① 10 ② 15
③ 20 ④ 30

해설 설비의 바깥 면으로부터 10m 이상이어야 한다(안전보건규칙 별표 8).

96 **다음 중 압축기 운전 시 토출압력이 갑자기 증가하는 이유로 가장 적절한 것은?**

① 윤활유의 과다
② 피스톤 링의 가스 누설
③ 토출관 내에 저항 발생
④ 저장조 내 가스압의 감소

해설 토출관 내 저항 발생으로 면적이 감소하여 토출압력이 증가한다.

97 **진한 질산이 공기 중에서 햇빛에 의해 분해되었을 때 발생하는 갈색증기는?**

① N_2 ② NO_2
③ NH_3 ④ NH_2

해설 질산은 햇빛을 받으면 햇빛에 의해 분해되어 물과 산소로 분해되며 이산화질소(NO_2)를 발생시킨다. 따라서 보관시 갈색병에 넣어 보관해야 한다.
N_2 : 질소, NO_2 : 이산화질소, NH_3 : 암모니아, $-NH_2$: 아미노기

93 ① 94 ① 95 ① 96 ③ 97 ② **정답**

98 **고온에서 완전 열분해하였을 때 산소를 발생하는 물질은?**

① 황화수소 ② 과염소산칼륨
③ 메틸리튬 ④ 적린

해설 ② 과염소산칼륨은 1류 위험물로 산소가 과하게 있어 분해하면 산소가 튀어나온다.

99 **다음 중 분진폭발에 관한 설명으로 틀린 것은?**

① 폭발한계 내에서 분진의 휘발성분이 많으면 폭발 위험성이 높다.
② 분진이 발화 폭발하기 위한 조건은 가연성, 미분상태, 공기 중에서의 교반과 유동 및 점화원의 존재이다.
③ 가스폭발과 비교하여 연소의 속도나 폭발의 압력이 크고, 연소시간이 짧으며, 발생에너지가 작다.
④ 폭발한계는 입자의 크기, 입도분포, 산소농도, 함유수분, 가연성가스의 혼입 등에 의해 같은 물질의 분진에서도 달라진다.

해설 **분진폭발의 특징**
- 가스폭발과 비교하여 작지만 연소시간이 길다.
- 발생에너지가 크기 때문에 파괴력과 타는 정도가 크다.
- 발화에너지는 상대적으로 훨씬 크다.

100 **다음 중 유류화재의 화재급수에 해당하는 것은?**

① A급 ② B급
③ C급 ④ D급

해설

A급 화재	B급 화재	C급 화재	D급 화재
보통화재	유류, 가스화재	전기화재	금속화재 (Al분, Mg분)

6과목 건설안전기술

101 **토질시험 중 연약한 점토 지반의 점착력을 판별하기 위하여 실시하는 현장시험은?**

① 베인테스트(Vane Test)
② 표준관입시험(SPT)
③ 하중재하시험
④ 삼축압축시험

해설 베인테스트(Vane Test)는 연약한 지반에 적합하다.

102 **항만하역작업에서의 선박승강설비 설치기준으로 옳지 않은 것은?**

① 200톤급 이상의 선박에서 하역작업을 하는 경우에 근로자들이 안전하게 오르내릴 수 있는 현문(舷門) 사다리를 설치하여야 하며, 이 사다리 밑에 안전망을 설치하여야 한다.
② 현문 사다리는 견고한 재료로 제작된 것으로 너비는 55cm 이상이어야 한다.
③ 현문 사다리의 양측에는 82cm 이상의 높이로 울타리를 설치하여야 한다.
④ 현문 사다리는 근로자의 통행에만 사용하여야 하며, 화물용 발판 또는 화물용 보판으로 사용하도록 해서는 아니 된다.

해설 **선박승강설비의 설치**(안전보건규칙 제397조)
- 사업주는 300톤급 이상의 선박에서 하역작업을 하는 경우에 근로자들이 안전하게 오르내릴 수 있는 현문(舷門) 사다리를 설치하여야 하며, 이 사다리 밑에 안전망을 설치하여야 한다.
- 현문 사다리는 견고한 재료로 제작된 것으로 너비는 55cm 이상이어야 하고, 양측에 82cm 이상의 높이로 울타리를 설치하여야 하며, 바닥은 미끄러지지 않도록 적합한 재질로 처리되어야 한다.
- 현문 사다리는 근로자의 통행에만 사용하여야 하며, 화물용 발판 또는 화물용 보판으로 사용하도록 해서는 아니 된다.

정답 98 ② 99 ③ 100 ② 101 ① 102 ①

103 **비계의 부재 중 기둥과 기둥을 연결시키는 부재가 아닌 것은?**

① 띠장
② 장선
③ 가새
④ 작업발판

해설 작업발판은 비계의 부재 중 기둥과 기둥을 연결시키는 부재에 해당하지 않는다. 띠장 장선, 가새는 모두 비계의 연결부재이다.

104 **다음 중 유해위험방지계획서 제출 대상 공사가 아닌 것은?**

① 지상높이가 30m인 건축물 건설공사
② 최대 지간길이가 50m인 교량건설공사
③ 터널 건설공사
④ 깊이가 11m인 굴착공사

해설 ① 지상높이가 31m 이상인 건축물 또는 인공구조물

105 **본 터널(main tunnel)을 시공하기 전에 터널에서 약간 떨어진 곳에 지질조사, 환기, 배수, 운반 등의 상태를 알아보기 위하여 설치하는 터널은?**

① 프리패브(prefab) 터널
② 사이드(side) 터널
③ 쉴드(shield) 터널
④ 파일럿(pilot) 터널

해설 본 터널(main tunnel)을 시공하기 전에 터널에서 약간 떨어진 곳에 지질조사, 환기, 배수, 운반 등의 상태를 알아보기 위하여 설치하는 터널은 파일럿(pilot) 터널이다.

106 **터널작업 시 자동경보장치에 대하여 당일의 작업 시작 전 점검하여야 할 사항으로 옳지 않은 것은?**

① 검지부의 이상 유무
② 조명시설의 이상 유무
③ 경보장치의 작동 상태
④ 계기의 이상 유무

해설 **터널작업 전 자동경보장치 점검사항**(안전보건규칙 제350조 제4항)
- 계기의 이상 유무
- 검지부의 이상 유무
- 경보장치의 작동상태

107 **다음은 강관틀비계를 조립하여 사용하는 경우 준수해야 할 기준이다. (   ) 안에 알맞은 숫자를 나열한 것은?**

> 길이가 띠장 방향으로 (A)m 이하이고 높이가 (B)m를 초과하는 경우에는 (C)m 이내마다 띠장 방향으로 버팀기둥을 설치할 것

① A : 4, B : 10, C : 5
② A : 4, B : 10, C : 10
③ A : 5, B : 10, C : 5
④ A : 5, B : 10, C : 10

해설 길이가 띠장 방향으로 4m 이하이고 높이가 10m를 초과하는 경우에는 10m 이내마다 띠장 방향으로 비딤기둥을 설치할 것(안전보건규칙 제62조)

108 **지반의 종류가 다음과 같을 때 굴착면의 기울기 기준으로 옳은 것은?**

> 연암 및 풍화암

① 1 : 0.5 ~ 1 : 1　② 1 : 1.0
③ 1 : 0.8　④ 1 : 0.5

103 ④ 104 ① 105 ④ 106 ② 107 ② 108 ② 정답

해설 ◆ **굴착면의 기울기 기준**(안전보건규칙 별표 11)

지반의 종류	굴착면의 기울기
모래	1 : 1.8
연암 및 풍화암	1 : 1.0
경암	1 : 0.5
그 밖의 흙	1 : 1.2

109 동력을 사용하는 항타기 또는 항발기에 대하여 무너짐을 방지하기 위하여 준수하여야 할 기준으로 옳지 않은 것은?

① 연약한 지반에 설치하는 경우에는 아웃트리거・받침 등 지지구조물의 침하를 방지하기 위하여 깔판・깔목 등을 사용할 것
② 아웃트리거・받침 등 지지구조물이 미끄러질 우려가 있는 경우에는 말뚝 또는 쐐기 등을 사용하여 해당 지지구조물을 고정시킬 것
③ 상단 부분은 버팀대・버팀줄로 고정하여 안정시키고, 그 하단 부분은 견고한 버팀・말뚝 또는 철골 등으로 고정시킬 것
④ 시설 또는 가설물 등에 설치하는 경우에는 그 내력을 확인할 필요가 없다.

해설 시설 또는 가설물 등에 설치하는 경우에는 그 내력을 확인하고 내력이 부족하면 그 내력을 보강할 것(안전보건규칙 제209조)

110 운반작업을 인력운반작업과 기계운반작업으로 분류할 때 기계운반작업으로 실시하기에 부적당한 대상은?

① 단순하고 반복적인 작업
② 표준화되어 있어 지속적이고 운반량이 많은 작업
③ 취급물의 형상, 성질, 크기 등이 다양한 작업
④ 취급물이 중량인 작업

해설 ③ 취급물의 형상, 성질, 크기 등이 다양한 작업은 기계운반이 부적당하다.

111 터널 등의 건설작업을 하는 경우에 낙반 등에 의하여 근로자가 위험해질 우려가 있는 경우에 필요한 직접적인 조치사항과 거리가 먼 것은?

① 터널지보공 설치　② 부석의 제거
③ 울 설치　④ 록볼트 설치

해설 ③ 울 설치는 추락위험 방지를 위한 조치사항이다.

112 장비 자체보다 높은 장소의 땅을 굴착하는 데 적합한 장비는?

① 파워셔블(Power Shovel)
② 불도저(Bulldozer)
③ 드래그라인(Drag line)
④ 크램쉘(Clam Shell)

해설 파워셔블은 장비 자체보다 높은 장소의 땅을 굴착하는 데 적합하다.

113 사다리식 통로의 길이가 10m 이상일 때 얼마 이내마다 계단참을 설치하여야 하는가?

① 3m 이내마다
② 4m 이내마다
③ 5m 이내마다
④ 6m 이내마다

해설 사다리식 통로의 길이가 10m 이상인 때에는 5m 이내마다 계단참을 설치할 것(안전보건규칙 제24조 제1항 제8호)

정답 109 ④　110 ③　111 ③　112 ①　113 ③

114 **추락방지망 설치 시 그물코의 크기가 10cm인 매듭 있는 방망의 신품에 대한 인장강도 기준으로 옳은 것은?**

① 100kgf 이상

② 200kgf 이상

③ 300kgf 이상

④ 400kgf 이상

해설

그물코의 크기(단위 : cm)	방망의 종류(단위 : kg)			
	매듭 없는 방망		매듭 방망	
	신품에 대한	폐기 시	신품에 대한	폐기 시
10	240	150	200	135
5	–		110	60

115 **타워크레인을 자립고(自立高) 이상의 높이로 설치할 때 지지벽체가 없어 와이어로프로 지지하는 경우의 준수사항으로 옳지 않은 것은?**

① 와이어로프를 고정하기 위한 전용 지지프레임을 사용할 것

② 와이어로프 설치각도는 수평면에서 60° 이내로 하되, 지지점은 4개소 이상으로 하고, 같은 각도로 설치할 것

③ 와이어로프와 그 고정부위는 충분한 강도와 장력을 갖도록 설치하되, 와이어로프를 클립・샤클(shackle) 등의 기구를 사용하여 고정하지 않도록 유의할 것

④ 와이어로프가 가공전선에 근접하지 않도록 할 것

해설 **타워크레인을 와이어로프로 지지하는 경우의 준수사항** (안전보건규칙 제142조)

- 제조사의 설치작업설명서에 따라 설치할 것
- 와이어로프를 고정하기 위한 전용 지지프레임을 사용할 것
- 와이어로프 설치각도는 수평면에서 60° 이내로 하되, 지지점은 4개소 이상으로 하고, 같은 각도로 설치할 것
- 와이어로프와 그 고정부위는 충분한 강도와 장력을 갖도록 설치하고, 와이어로프를 클립・샤클(shackle, 연결고리) 등의 고정기구를 사용하여 견고하게 고정시켜 풀리지 아니하도록 하며, 사용 중에는 충분한 강도와 장력을 유지하도록 할 것
- 와이어로프가 가공전선(架空電線)에 근접하지 않도록 할 것

116 **콘크리트 타설을 위한 거푸집 및 동바리의 구조검토 시 가장 선행되어야 할 작업은?**

① 각 부재에 생기는 응력에 대하여 안전한 단면을 산정한다.

② 가설물에 작용하는 하중 및 외력의 종류, 크기를 산정한다.

③ 하중 및 외력에 의하여 각 부재에 생기는 응력을 구한다.

④ 사용할 거푸집 및 동바리의 설치간격을 결정한다.

해설 가설물에 작용하는 하중 및 외력의 종류, 크기를 산정하는 것이 우선 검토 대상이다.

117 **다음 중 해체작업용 기계 기구로 가장 거리가 먼 것은?**

① 압쇄기 ② 핸드 브레이커

③ 철제 햄머 ④ 진동롤러

해설 ④ 진동롤러는 전륜 또는 후륜에 기동장치를 부착하고, 철 바퀴를 진동시키는 데 따라 자중(自重) 및 진동을 주어서 다지는 기계를 말한다.

114 ② 115 ③ 116 ② 117 ④ 정답

118 동바리를 조립하는 경우에 준수하여야 할 안전조치기준으로 옳지 않은 것은?

① 동바리로 사용하는 조립강주는 조립강주의 높이가 4m를 초과하는 경우에는 높이 4m 이내마다 수평연결재를 2개 방향으로 설치하고 수평연결재의 변위를 방지할 것
② 동바리로 사용하는 파이프 서포트는 3개 이상이어서 사용하지 않도록 할 것
③ 동바리로 사용하는 파이프 서포트를 이어서 사용하는 경우에는 3개 이상의 볼트 또는 전용철물을 사용하여 이을 것
④ 동바리로 사용하는 강관틀과 강관틀 사이에는 교차가새를 설치할 것

해설 ③ 파이프 서포트를 이어서 사용하는 경우에는 4개 이상의 볼트 또는 전용철물을 사용하여 이을 것(안전보건규칙 제332조의2)

119 다음은 말비계를 조립하여 사용하는 경우에 관한 준수사항이다. (   ) 안에 들어갈 내용으로 옳은 것은?

- 지주부재와 수평면의 기울기를 (A)° 이하로 하고 지주부재와 지주부재 사이를 고정시키는 보조부재를 설치할 것
- 말비계의 높이가 2m를 초과하는 경우에는 작업발판의 폭을 (B)cm 이상으로 할 것

① A : 75, B : 30　② A : 75, B : 40
③ A : 85, B : 30　④ A : 85, B : 40

해설 **말비계**(안전보건규칙 제67조)
- 지주부재의 하단에는 미끄럼 방지장치를 하고, 양측 끝부분에 올라서서 작업하지 아니하도록 할 것
- 지주부재와 수평면과의 기울기를 75° 이하로 하고, 지주부재와 지주부재 사이를 고정시키는 보조부재를 설치할 것
- 말비계의 높이가 2m를 초과할 경우에는 작업발판의 폭을 40cm 이상으로 할 것

120 산업안전보건관리비계상기준에 따른 토목공사, 대상액 '5억원 이상~50억원 미만'의 안전관리비 비율 및 기초액으로 옳은 것은?

① 비율 : 1.86%, 기초액 : 5,349,000원
② 비율 : 1.99%, 기초액 : 5,499,000원
③ 비율 : 2.35%, 기초액 : 5,400,000원
④ 비율 : 1.57%, 기초액 : 4,411,000원

해설

구분 / 공사 종류	대상액 5억원 미만인 경우 적용 비율 [%]	대상액 5억원 이상 50억원 미만인 경우		대상액 50억원 이상인 경우 적용 비율 [%]	영 별표5에 따른 보건관리자 선임 대상 건설공사의 적용비율 [%]
		적용 비율 [%]	기초액		
건축공사	2.93%	1.86%	5,349,000원	1.97%	2.15%
토목공사	3.09%	1.99%	5,499,000원	2.10%	2.29%
중건설공사	3.43%	2.35%	5,400,000원	2.44%	2.66%
특수건설공사	1.85%	1.20%	3,250,000원	1.27%	1.38%

정답 118 ③ 119 ② 120 ②

2020년 제4회 기출 복원문제

1과목 안전관리론

01 다음 재해원인 중 간접원인에 해당하지 않는 것은?

① 기술적 원인　② 교육적 원인
③ 관리적 원인　④ 인적 원인

해설 ▶ 재해 발생 원인

간접 원인	• 기술적 원인 : 건물, 기계장치의 설계불량, 구조, 재료의 부적합, 생산방법의 부적합, 점검, 정비, 보존불량 • 교육적 원인 : 안전지식의 부족, 안전수칙의 오해, 경험·훈련의 미숙, 작업방법의 교육 불충분, 유해·위험작업의 교육 불충분 • 작업관리상 원인 : 안전관리조직 결함, 안전수칙 미제정, 작업준비 불충분, 인원배치 부적당, 작업지시 부적당
직접 원인	• 불안전한 행동(인적) : 위험장소 접근, 안전장치의 기능 제거, 기계기구의 잘못 사용, 운전중인 기계장치의 손질, 위험물 취급 부주의, 방호장치의 무단탈거 등 • 불안전한 상태(물적) : 물 자체의 결함, 안전방호장치의 결함, 복장·보호구의 결함, 물의 배치 및 작업장소 결함, 생산공정의 결함

02 재해원인 분석방법의 통계적 원인분석 중 사고의 유형, 기인물 등 분류항목을 큰 순서대로 도표화한 것은?

① 파레토도　② 특성요인도
③ 크로스도　④ 관리도

해설 ▶ 파레토도 작성순서
조사 사항을 결정하고 분류 항목을 선정 → 선정된 항목에 대한 데이터를 수집하고 정리 → 수집된 데이터를 이용하여 막대그래프 작성 → 누적곡선을 그림

03 다음 중 헤드십(headship)에 관한 설명과 가장 거리가 먼 것은?

① 권한의 근거는 공식적이다.
② 지휘의 형태는 민주주의적이다.
③ 상사와 부하와의 사회적 간격은 넓다.
④ 상사와 부하와의 관계는 지배적이다.

해설 ▶ 헤드십과 리더십의 비교

구분	헤드십	리더십
권한 부여 및 행사	• 위에서 위임하여 임명	• 아래로부터의 동의에 의한 선출
권한 근거	• 법적 또는 공식적	• 개인 능력
상관과 부하와의 관계 및 책임 귀속	• 지배적 상사	• 개인적인 영향, 상사와 부하
부하와의 사회적 간격	• 넓다	• 좁다
지휘 형태	• 권위주의적	• 민주주의적

04 안전교육의 단계에 있어 교육대상자가 스스로 행함으로써 습득하게 하는 교육은?

① 의식교육　② 기능교육
③ 지식교육　④ 태도교육

해설 ▶ 안전보건교육 3단계
• **지식교육** : 기초지식 주입, 광범위한 지식의 습득 및 전달
• **기능교육** : 교육자가 스스로 행함, 경험과 적응, 전문적 기술 기능, 작업능력 및 기술능력부여, 작업동작의 표준화, 교육기간의 장기화, 대규모 인원에 대한 교육 곤란
• **태도교육** : 습관 형성, 안전의식 향상, 안전책임감 주입

정답 01 ④ 02 ① 03 ② 04 ②

05 다음 설명에 해당하는 학습지도의 원리는?

> 학습자가 지니고 있는 각자의 요구와 능력 등에 알맞은 학습활동의 기회를 마련해주어야 한다는 원리

① 직관의 원리 ② 자기활동의 원리
③ 개별화의 원리 ④ 사회화의 원리

해설 ❯ **학습지도 원리**

- **개별화의 원리** : 학습자를 개별적 존재로 인정하며 요구와 능력에 알맞은 기회 제공
- **자발성의 원리** : 학습자 스스로 능동적으로, 즉 내적 동기가 유발된 학습 활동을 할 수 있도록 장려
- **직관의 원리** : 언어 위주의 설명보다는 구체적 사물 제시, 직접 경험 교육
- **사회화의 원리** : 집단 과정을 통한 협력적이고 우호적인 공동학습을 통한 사회화
- **통합화의 원리** : 특정 부분 발전이 아니라 종합적으로 지도하는 원리, 교재적 통합과 인격적 통합으로 구분
- **목적의 원리** : 학습 목표를 분명하게 인식시켜 적극적인 학습 활동에 참여 유발
- **과학성의 원리** : 자연, 사회 기초지식 등을 지도하여 논리적 사고력을 발달시키는 것이 목표
- **자연성의 원리** : 자유로운 분위기를 존중하며 압박감이나 구속감을 주지 않는다.

06 타인의 비판 없이 자유로운 토론을 통하여 다량의 독창적인 아이디어를 이끌어내고, 대안적 해결안을 찾기 위한 집단적 사고기법은?

① Role playing ② Brain storming
③ Action playing ④ Fish Bowl playing

해설 ❯ **브레인스토밍** : 핵심은 아이디어의 발상 및 창작 과정에서 '좋다' 혹은 '나쁘다' 같은 아이디어의 수준을 판단하지 않고 최대한 많은 아이디어를 얻는 것으로, 어떤 생각이라도 자유롭게 말하는 '두뇌 폭풍'을 통해 창의적인 아이디어를 창출하는 것이 목표이다. 4가지의 원칙은 비판금지, 대량발언, 수정발언, 자유발언이다.

07 강도율 7인 사업장에서 한 작업자가 평생 동안 작업을 한다면 산업재해로 인한 근로손실일수는 며칠로 예상되는가? (단, 이 사업장의 연근로시간과 한 작업자의 평생근로시간은 100000시간으로 가정한다.)

① 500 ② 600
③ 700 ④ 800

해설 강도율 $= \dfrac{\text{총요양근로손실일수}}{\text{연근로시간수}} \times 1000$

$$7 = \frac{x}{100000} \times 1000$$

$x = 700$

08 산업안전보건법령상 유해·위험 방지를 위한 방호 조치가 필요한 기계·기구가 아닌 것은?

① 예초기 ② 지게차
③ 금속절단기 ④ 금속탐지기

해설 ❯ **유해·위험 방지를 위한 방호조치가 필요한 기계·기구**

- 예초기
- 원심기
- 공기압축기
- 금속절단기
- 지게차
- 포장기계(진공포장기, 래핑기로 한정한다)

09 산업안전보건법령상 안전보건표지의 색채와 사용 사례의 연결로 틀린 것은?

① 노란색 – 화학물질 취급장소에서의 유해·위험 경고 이외의 위험경고
② 파란색 – 특정 행위의 지시 및 사실의 고지
③ 빨간색 – 화학물질 취급장소에서의 유해·위험 경고
④ 녹색 – 정지신호, 소화설비 및 그 장소, 유해행위의 금지

정답 05 ③ 06 ② 07 ③ 08 ④ 09 ④

해설 ④ 녹색 – 비상구 및 피난소, 사람 또는 차량의 통행표지
빨간색 – 정지신호, 소화설비 및 그 장소, 유해행위의 금지

10 재해의 발생형태 중 다음 그림이 나타내는 것은?

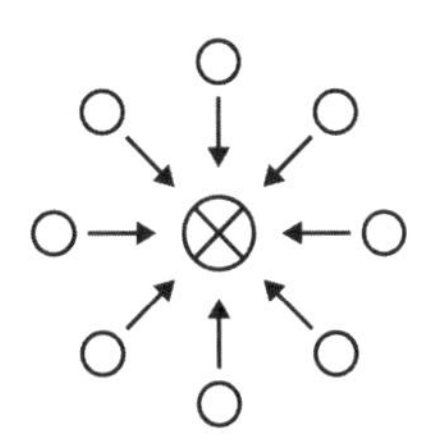

① 단순연쇄형 ② 복합연쇄형
③ 단순자극형 ④ 복합형

해설

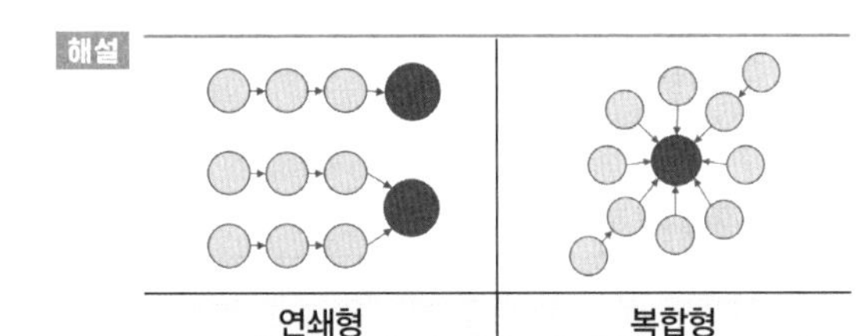

- **단순자극형** : 순간적으로 재해가 발생하는 유형으로 재해 발생 장소나 시점 등 일시적으로 요인이 집중되는 형태
- **연쇄형** : 원인들이 연쇄적 작용을 일으켜 결국 재해를 발생케 하는 형태
- **복합형** : 단순자극형과 연쇄형의 혼합형으로 대부분의 재해가 이 형태를 따른다.

11 생체리듬의 변화에 대한 설명으로 틀린 것은?

① 야간에는 체중이 감소한다.
② 야간에는 말초운동 기능이 증가된다.
③ 체온, 혈압, 맥박수는 주간에 상승하고 야간에 감소한다.
④ 혈액의 수분과 염분량은 주간에 감소하고 야간에 상승한다.

해설 ◎ 생체리듬의 변화
- **주간 감소, 야간 증가** : 혈액의 수분, 염분량
- **주간 상승, 야간 감소** : 체온, 혈압, 맥박수
- 특히 야간에는 체중 감소, 소화불량, 말초신경기능 저하, 피로의 자각증상 증대 등의 현상이 나타난다.

12 무재해 운동을 추진하기 위한 조직의 세 기둥으로 볼 수 없는 것은?

① 최고경영자의 경영자세
② 소집단 자주활동의 활성화
③ 전 종업원의 안전요원화
④ 라인관리자에 의한 안전보건의 추진

해설 ◎ 무재해운동의 3기둥(요소)
- 최고경영자의 엄격한 안전경영자세
- 안전활동의 라인화(라인화 철저)
- 직장 자주 안전활동의 활성화

13 안전인증 절연장갑에 안전인증 표시 외에 추가로 표시하여야 하는 등급별 색상의 연결로 옳은 것은? (단, 고용노동부 고시를 기준으로 한다.)

① 00등급 : 갈색 ② 0등급 : 흰색
③ 1등급 : 노란색 ④ 2등급 : 빨간색

해설 ◎ 절연장갑의 등급별 색상

등급	색상	등급	색상
00	갈색	2	노란색
0	빨간색	3	녹색
1	흰색	4	등색

14 안전교육방법 중 구안법(Project Method)의 4단계의 순서로 옳은 것은?

① 계획수립 → 목적결정 → 활동 → 평가
② 평가 → 계획수립 → 목적결정 → 활동
③ 목적결정 → 계획수립 → 활동 → 평가
④ 활동 → 계획수립 → 목적결정 → 평가

10 ③ 11 ② 12 ③ 13 ① 14 ③ **정답**

해설 ❯ 교육실행 순서
과제에 대한 목표결정 → 계획수립 → 활동 시킨다 → 행동 → 평가

15 산업안전보건법령상 사업 내 안전보건교육 중 관리 감독자 정기교육의 내용이 아닌 것은?

① 유해·위험 작업환경 관리에 관한 사항
② 표준안전작업방법 및 지도 요령에 관한 사항
③ 작업공정의 유해·위험과 재해 예방대책에 관한 사항
④ 기계·기구의 위험성과 작업의 순서 및 동선에 관한 사항

해설 ❯ **관리감독자 정기 안전보건교육**(제26조 제1항)
- 산업안전 및 사고 예방에 관한 사항
- 산업보건 및 직업병 예방에 관한 사항
- 위험성평가에 관한 사항
- 유해·위험 작업환경 관리에 관한 사항
- 산업안전보건법령 및 산업재해보상보험 제도에 관한 사항
- 직무스트레스 예방 및 관리에 관한 사항
- 직장 내 괴롭힘, 고객의 폭언 등으로 인한 건강장해 예방 및 관리에 관한 사항
- 작업공정의 유해·위험과 재해 예방대책에 관한 사항
- 사업장 내 안전보건관리체제 및 안전·보건조치 현황에 관한 사항
- 표준안전 작업방법 결정 및 지도·감독 요령에 관한 사항
- 현장근로자와의 의사소통능력 및 강의능력 등 안전보건교육 능력 배양에 관한 사항
- 비상시 또는 재해 발생 시 긴급조치에 관한 사항
- 그 밖의 관리감독자의 직무에 관한 사항

16 레빈(Lewin)의 인간 행동 특성을 다음과 같이 표현하였다. 변수 'P'가 의미하는 것은?

$$B = f(P \cdot E)$$

① 행동 ② 소질
③ 환경 ④ 함수

해설

$$B = f(P \cdot E)$$

- B : Behavior(인간의 행동)
- f : function(함수관계) $P \cdot E$에 영향을 줄 수 있는 조건
- P : Person(연령, 경험, 심신상태, 성격, 지능, 소질 등)
- E : Environment(심리적 환경 – 인간관계, 작업환경, 설비적 결함 등)

17 라인(Line)형 안전관리 조직의 특징으로 옳은 것은?

① 안전에 관한 기술의 축적이 용이하다.
② 안전에 관한 지시나 조치가 신속하다.
③ 조직원 전원을 자율적으로 안전활동에 참여 시킬 수 있다.
④ 권한 다툼이나 조정 때문에 통제수속이 복잡해지며, 시간과 노력이 소모된다.

해설 ❯ 라인형 조직

장점	• 안전에 대한 지시 및 전달이 신속·용이하다. • 명령계통이 간단·명료하다. • 참모식보다 경제적이다.
단점	• 안전에 관한 전문지식 부족 및 기술의 축적이 미흡하다. • 안전정보 및 신기술 개발이 어렵다. • 라인에 과중한 책임이 물린다.

18 Y-K(Yutaka – Kohate) 성격검사에 관한 사항으로 옳은 것은?

① C,C형은 적응이 빠르다.
② M,M형은 내구성, 집념이 부족하다.
③ S,S형은 담력, 자신감이 강하다
④ P,P형은 운동, 결단이 빠르다.

정답 15 ④ 16 ② 17 ② 18 ①

해설 ❯ C,C형 : 담즙질
- 운동, 결단, 기민 빠름
- 적응 빠름
- 세심하지 않음
- 내구, 집념 부족
- 자신감 강함

19 재해예방의 4원칙이 아닌 것은?

① 손실우연의 원칙 ② 사전준비의 원칙
③ 원인계기의 원칙 ④ 대책선정의 원칙

해설 ❯ 재해예방 4원칙
- **예방 가능의 원칙** : 천재지변을 제외한 모든 인재는 예방이 가능하다.
- **손실 우연의 원칙** : 사고의 결과 손실의 유무 또는 대소는 사고 당시의 조건에 따라서 우연적으로 발생한다.
- **원인 연계의 원칙** : 사고에는 반드시 원인이 있고 원인은 대부분 연계 원인이다.
- **대책 선정의 원칙** : 사고의 원인이나 불안전 요소가 발견되면 반드시 대책은 실시되어야 하고, 대책 선정이 가능하다. 대책에는 재해 방지의 세 기둥이라 할 수 있는 3E, 즉 기술적 대책, 교육적 대책, 규제적 대책을 들 수 있다.

20 재해의 발생확률은 개인적 특성이 아니라 그 사람이 종사하는 작업의 위험성에 기초한다는 이론은?

① 암시설 ② 경향설
③ 미숙설 ④ 기회설

해설
- **기회설** : 개인의 문제가 아니라 작업 자체에 위험성이 많기 때문 → 교육훈련실시 및 작업환경개선대책
- **경향설** : 개인이 가지고 있는 소질이 재해를 일으킨다는 설
- **암시설** : 재해를 당한 경험이 있어서 재해를 빈발한다는 설(슬럼프)

2과목 인간공학 및 시스템안전공학

21 신호검출이론(SDT)의 판정결과 중 신호가 없었는데도 있었다고 말하는 경우는?

① 긍정(hit)
② 누락(miss)
③ 허위(false alarm)
④ 부정(correct rejection)

해설
- **신호의 정확한 판정**(Hit) : 신호가 나타났을 때 신호라고 판정 P(S/S)
- **허위경보**(False Alarm) : 잡음을 신호로 판정P(S/N)
- **신호검출실패**(Miss) : 신호가 나타났어도 잡음으로 판정P(N/S)
- **잡음을 제대로 판정**(Correct Noise) : 잡음만 있을 때 잡음으로 판정P(N/N)

22 촉감의 일반적인 척도의 하나인 2점 문턱값(two-point Threshold)이 감소하는 순서대로 나열된 것은?

① 손가락 → 손바닥 → 손가락 끝
② 손바닥 → 손가락 → 손가락 끝
③ 손가락 끝 → 손가락 → 손바닥
④ 손가락 끝 → 손바닥 → 손가락

해설 ❯ **문턱값** : 감지 가능한 가장 작은 자극의 크기
손바닥 → 손가락 → 손가락 끝

23 시스템 안전분석 방법 중 HAZOP에서 "완전대체"를 의미하는 것은?

① NOT ② REVERSE
③ PART OF ④ OTHER THAN

19 ② 20 ④ 21 ③ 22 ② 23 ④ **정답**

해설
- NO 혹은 NOT : 설계 의도의 완전한 부정
- MORE LESS : 양의 증가 혹은 감소(정량적)
- AS WELL AS : 성질상의 증가(정성적 증가)
- PART OF : 성질상의 감소(정성적 감소)
- REVERSE : 설계 의도의 논리적인 역(설계의도와 반대 현상)
- OTHER THAN : 완전한 대체의 필요

24 어느 부품 1000개를 100000시간 동안 가동하였을 때 5개의 불량품이 발생하였을 경우 평균 동작시간(MTTF)은?

① 1×10^{6}시간　② 2×10^{7}시간
③ 1×10^{8}시간　④ 2×10^{9}시간

해설 1000×100000/5

25 신체활동의 생리학적 측정법 중 전신의 육체적인 활동을 측정하는 데 가장 적합한 방법은?

① Flicker 측정
② 산소 소비량 측정
③ 근전도(EMG) 측정
④ 피부전기반사(GSR) 측정

해설 ① Flicker 측정 → 정신
③ 근전도(EMG) 측정 → 국부육체활동
④ 피부전기반사(GSR) 측정 → 정신적인 활동

26 산업안전보건법령상 유해위험방지계획서의 제출 대상 제조업은 전기 계약 용량이 얼마 이상인 경우에 해당되는가? (단, 기타 예외사항은 제외한다)

① 50kW　② 100kW
③ 200kW　④ 300kW

해설 유해위험방지계획서 제출대상은 전기 계약용량이 300kW 이상인 경우이다.

27 인간-기계 시스템에서 시스템의 설계를 다음과 같이 구분할 때 제3단계인 기본설계에 해당되지 않는 것은?

1단계 : 시스템의 목표와 성능 명세 결정
2단계 : 시스템의 정의
3단계 : 기본설계
4단계 : 인터페이스 설계
5단계 : 보조물 설계
6단계 : 시험 및 평가

① 화면 설계　② 작업 설계
③ 직무 분석　④ 기능 할당

해설 **인간-기계 시스템 설계**
- **제1단계** : 목표 및 성능명세 결정 - 시스템 설계 전 그 목적이나 존재 이유가 있어야 한다(인간 요소적인 면, 신체의 역학적 특성 및 인체특정학적 요소 고려).
- **제2단계** : 시스템(체계)의 정의 - 목적을 달성하기 위한 특정한 기본기능들이 수행되어야 한다.
- **제3단계** : 기본설계 : 시스템의 형태를 갖추기 시작하는 단계(직무분석, 작업설계, 기능할당)
- **제4단계** : 계면(인터페이스) 설계 - 사용자 편의와 시스템 성능
- **제5단계** : 촉진물(보조물) 설계 - 인간의 성능을 촉진시킬 보조물 설계
- **제6단계** : 시험 및 평가 - 시스템 개발과 관련된 평가와 인간적인 요소 평가 실시

28 결함수분석법에서 Path set에 관한 설명으로 옳은 것은?

① 시스템의 약점을 표현한 것이다.
② Top 사상을 발생시키는 조합이다.
③ 시스템이 고장나지 않도록 하는 사상의 조합이다.
④ 시스템 고장을 유발시키는 필요불가결한 기본사상들의 집합이다.

해설 **패스셋** : 그 안에 포함되는 모든 기본사상이 일어나지 않을 때 처음으로 정상사상이 일어나지 않는 기본사상의 집합 → 결함

정답 24 ② 25 ② 26 ④ 27 ① 28 ③

29 연구 기준의 요건과 내용이 옳은 것은?

① 무오염성 : 실제로 의도하는 바와 부합해야 한다.
② 적절성 : 반복 실험 시 재현성이 있어야 한다.
③ 신뢰성 : 측정하고자 하는 변수 이외의 다른 변수의 영향을 받아서는 안 된다.
④ 민감도 : 피실험자 사이에서 볼 수 있는 예상 차이점에 비례하는 단위로 측정해야 한다.

해설

구분	내용
적절성	기준이 의도된 목적에 접합하다고 판단되는 정도
무오염성	측정하고자 하는 변수외의 영향이 없어야 함
기준척도의 신뢰성	반복성을 통한 촉도의 신뢰성이 있어야 함
민감도	피실험자 사이에서 볼 수 있는 예상 차이점에 비례하는 단위로 측정해야 한다.

30 FTA결과 다음과 같은 패스셋을 구하였다. 최소 패스셋(Minimal path sets)으로 옳은 것은?

{X_2, X_3, X_4}
{X_1, X_3, X_4}
{X_3, X_4}

① {X_3, X_4}
② {X_1, X_3, X_4}
③ {X_2, X_3, X_4}
④ {X_2, X_3, X_4}와 {X_3, X_4}

해설 그 안에 포함되는 모든 기본사상이 일어나지 않을 때 처음으로 정상사상이 일어니지 않는 기본사상의 집합인 패스셋에서 필요 최소한의 것을 미니멀 패스셋이라 한다(시스템의 신뢰성을 나타냄).

31 인체측정에 대한 설명으로 옳은 것은?

① 인체측정은 동적측정과 정적측정이 있다.
② 인체측정학은 인체의 생화학적 특징을 다룬다.
③ 자세에 따른 인체지수의 변화는 없다고 가정한다.
④ 측정항목에 무게, 둘레, 두께, 길이는 포함되지 않는다.

해설

구분	내용
구조적 인체치수 (정적 인체계측)	• 신체를 고정시킨 자세에서 피측정자를 인체 측정기 등으로 측정 • 여러 가지 설계의 표준이 되는 기초적 치수 결정 • 마르틴 식 인체 계측기 사용 • 종류 – 골격치수 : 신체의 관절 사이를 측정 – 외곽치수 : 머리둘레, 허리둘레 등의 표면 치수 측정
기능적 인체치수 (동적 인체계측)	• 동적 치수는 운전을 위해 핸들을 조작하거나 브레이크를 밟는 행위 또는 물체를 잡기위해 손을 뻗는 행위 등 움직이는 신체의 자세로부터 측정 • 신체적 기능 수행 시 각 신체 부위는 독립적으로 움직이는 것이 아니라, 부위별 특성이 조합되어 나타나기 때문에 정적 치수와 차별화 • **소마토그래피** : 신체적 기능 수행을 정면도, 측면도, 평면도의 형태로 표현하여 신체 부위별 상호작용을 보여주는 그림

32 실린더 블록에 사용하는 가스켓의 수명 분포는 $X \sim N(10000, 200^2)$인 정규분포를 따른다. $t = 9600$ 시간일 경우에 신뢰도($R(t)$)는? (단, $P(Z \le 1) = 0.8413$, $P(Z \le 1.5) = 0.9332$, $P(Z \le 2) = 0.9772$, $P(Z \le 3) = 0.9987$이다.)

① 84.13%
② 93.32%
③ 97.72%
④ 99.87%

해설 (사용 − 평균)/표준편차 = Z
(9600 − 10000)/200 = −2
0.9772 = 97.2%

29 ④ 30 ① 31 ① 32 ③ 정답

33 다음 중 열 중독증(heat illness)의 강도를 올바르게 나열한 것은?

ⓐ 열소모(heat exhaustion)
ⓑ 열발진(heat rash)
ⓒ 열경련(heat cramp)
ⓓ 열사병(heat stroke)

① ⓒ < ⓑ < ⓐ < ⓓ
② ⓒ < ⓑ < ⓓ < ⓐ
③ ⓑ < ⓒ < ⓐ < ⓓ
④ ⓑ < ⓓ < ⓐ < ⓒ

해설 열발진 → 열경련 → 열소모 → 열사병

34 사무실 의자나 책상에 적용할 인체 측정 자료의 설계 원칙으로 가장 적합한 것은?

① 평균치 설계
② 조절식 설계
③ 최대치 설계
④ 최소치 설계

해설 ② 사무실 의자의 높낮이 조절, 자동차 좌석의 전후 조절 등
• 장비나 설비의 설계에 있어 때로는 여러 사람이 사용 가능하도록 조절식으로 하는 것이 바람직한 경우도 있다.

35 암호체계의 사용 시 고려해야 될 사항과 거리가 먼 것은?

① 정보를 암호화한 자극은 검출이 가능하여야 한다.
② 다차원의 암호보다 단일 차원화된 암호가 정보 전달이 촉진된다.
③ 암호를 사용할 때는 사용자가 그 뜻을 분명히 알 수 있어야 한다.
④ 모든 암호 표시는 감지장치에 의해 검출될 수 있고, 다른 암호 표시와 구별될 수 있어야 한다.

해설 **암호체계 사용 시 고려사항**
• 암호의 검출성
• 암호의 변별성
• 부호의 양립성
• 부호의 의미
• 암호의 표준화
• 다차원 암호의 사용

36 결함수분석의 기호 중 입력사상이 어느 하나라도 발생할 경우 출력사상이 발생하는 것은?

① NOR GATE
② AND GATE
③ OR GATE
④ NAND GATE

해설 • **OR GATE** : 하위의 사건중 하나라도 만족하면 출력사상이 발생하는 논리 게이트
• **AND GATE** : 하위의 사건이 모두 만족하는 경우 출력사상이 발생하는 논리게이트

37 가스밸브를 잠그는 것을 잊어 사고가 발생했다면 작업자는 어떤 인적 오류를 범한 것인가?

① 생략 오류(omission error)
② 시간지연 오류(time error)
③ 순서 오류(sequential error)
④ 작위적 오류(commission error)

해설 **인적 오류**(휴먼 에러) – 심리적 분류
• **생략오류(omission error)** : 절차를 생략해 발생하는 오류
• **시간오류(time error)** : 절차의 수행지연에 의한 오류
• **작위오류(commission error)** : 절차의 불확실한 수행에 의한 오류
• **순서오류(sequential error)** : 절차의 순서착오에 의한 오류
• **과잉행동오류(extraneous error)** : 불필요한 작업/절차에 의한 오류

정답 33 ③ 34 ② 35 ② 36 ③ 37 ①

38 시스템 안전분석 방법 중 예비위험분석(PHA)단계에서 식별하는 4가지 범주에 속하지 않는 것은?

① 위기상태 ② 무시가능상태
③ 파국적상태 ④ 예비조치상태

해설 재해 심각도 분류

범주	구분	내용
범주Ⅰ	파국적 (대재앙)	인원의 사망 또는 중상, 또는 완전한 시스템 손실
범주Ⅱ	위험 (심각한)	인원의 상해 또는 중대한 시스템의 손상으로 인원이나 시스템 생존을 위해 즉시 시정 조치 필요
범주Ⅲ	한계적 (경미한)	인원의 상해 또는 중대한 시스템의 손상 없이 배제 또는 제어 가능
범주Ⅳ	무시 (무시할만한)	인원의 손상이나 시스템의 손상은 초래하지 않는다.

39 다음은 불꽃놀이용 화학물질취급설비에 대한 정량적 평가이다. 해당 항목에 대한 위험등급이 올바르게 연결된 것은?

항목	A (10점)	B (5점)	C (2점)	D (0점)
취급물질	○	○	○	
조작		○		○
화학설비의 용량	○		○	
온도	○	○		
압력		○	○	○

① 취급물질 – Ⅰ등급, 화학설비의 용량 – Ⅰ등급
② 온도 – Ⅰ등급, 화학설비의 용량 – Ⅱ등급
③ 취급물질 – Ⅰ등급, 조작 – Ⅳ등급
④ 온도 – Ⅱ등급, 압력 – Ⅲ등급

해설
- 위험등급 Ⅰ : 합산점수 16점 이상
- 위험등급 Ⅱ : 합산점수 15점 이하
- 위험등급 Ⅲ : 합산점수 10점 이하

40 어떤 소리가 1000Hz, 60dB인 음과 같은 높이임에도 4배 더 크게 들린다며, 이 소리의 음압수준은 얼마인가?

① 70dB ② 80dB
③ 90dB ④ 100dB

해설 소음이 2배일 경우 10dB 증가, 소음 4배의 경우 20dB 증가
60dB + 20dB = 80dB

3과목 기계위험방지기술

41 다음 중 프레스 방호장치에서 게이트 가드식 방호장치의 종류를 작동방식에 따라 분류할 때 가장 거리가 먼 것은?

① 경사식 ② 하강식
③ 도립식 ④ 횡슬라이드식

해설 가드식 안전장치는 게이트가 하강식, 상승식, 도입식, 횡슬라이드식 등이 있으며 작업조건에 따라서 게이트의 작동을 선정하여야 한다.

42 선반작업의 안전수칙으로 가장 거리가 먼 것은?

① 기계에 주유 및 청소를 할 때에는 저속회전에서 한다.
② 일반적으로 가공물의 길이가 지름의 12배 이상일 때는 방진구를 사용하여 선반작업을 한다.
③ 바이트는 가급적 짧게 설치한다.
④ 면장갑을 사용하지 않는다.

해설 ① 기계에 주유 및 청소를 할 때에는 기계 정지 후에 한다.

38 ④ 39 ④ 40 ② 41 ① 42 ① 정답

43 **다음 중 보일러 운전 시 안전수칙으로 가장 적절하지 않은 것은?**

① 가동 중인 보일러에는 작업자가 항상 정위치를 떠나지 아니할 것
② 보일러의 각종 부속장치의 누설상태를 점검할 것
③ 압력방출장치는 매 7년마다 정기적으로 작동시험을 할 것
④ 노 내의 환기 및 통풍장치를 점검할 것

해설 ③ 압력방출장치는 1년에 1회 이상 표준압력계를 이용하여 토출압력을 시험한 후 납으로 봉인하여 사용할 것

44 **산업안전보건법령상 크레인에서 권과방지장치의 달기구 윗면이 권상장치의 아랫면과 접촉할 우려가 있는 경우 최소 몇 [m] 이상 간격이 되도록 조정하여야 하는가? (단, 직동식 권과방지장치의 경우는 제외)**

① 0.1　　② 0.15
③ 0.25　　④ 0.3

해설 양중기에 대한 권과방지장치는 훅·버킷 등 달기구의 윗면(그 달기구에 권상용 도르래가 설치된 경우에는 권상용 도르래의 윗면)이 드럼, 상부 도르래, 트롤리프레임 등 권상장치의 아랫면과 접촉할 우려가 있는 경우에 그 간격이 0.25m 이상[직동식(直動式) 권과방지장치는 0.05m 이상으로 한다]이 되도록 조정하여야 한다.(안전보건규칙 제134조 제2항)

45 **슬라이드가 내려옴에 따라 손을 쳐내는 막대가 좌우로 왕복하면서 위험한계에 있는 손을 보호하는 프레스 방호장치는?**

① 수인식　　② 게이트 가드식
③ 반발예방장치　　④ 손쳐내기식

해설 ④ **손쳐내기식** : 기계가 작동할 때 레버나 링크 혹은 캠으로 연결된 제수봉이 위험구역의 전면에 있는 작업자의 손을 우에서 좌, 좌에서 우로 쳐내는 것을 말한다.
① **수인식** : 작업자의 손과 기계의 운동부분을 케이블이나 로프로 연결하고 기계의 위험한 작동에 따라서 손을 위험구역 밖으로 끌어내는 장치
② **게이트가드식** : 기계를 작동하려면 우선 게이트(문)가 위험점을 폐쇄하여야 비로소 기계가 작동되도록 한 장치
③ **반발예방장치** : 안전덮개

46 **산업안전보건법령상 로봇을 운전하는 경우 근로자가 로봇에 부딪칠 위험이 있을 때 높이는 최소 얼마 이상의 울타리를 설치하여야 하는가? (단, 로봇의 가동범위 등을 고려하여 높이로 인한 위험성이 없는 경우는 제외)**

① 0.9m　　② 1.2m
③ 1.5m　　④ 1.8m

해설 근로자에게 발생할 수 있는 부상 등의 위험을 방지하기 위하여 높이 1.8m 이상의 울타리(로봇의 가동범위 등을 고려하여 높이로 인한 위험성이 없는 경우에는 높이를 그 이하로 조절할 수 있다)를 설치하여야 한다.

47 **일반적으로 전류가 과대하고, 용접속도가 너무 빠르며, 아크를 짧게 유지하기 어려운 경우 모재 및 용접부의 일부가 녹아서 홈 또는 오목한 부분이 생기는 용접부 결함은?**

① 잔류응력　　② 융합불량
③ 기공　　④ 언더컷

해설 언더컷은 홈 또는 오목한 부분이다.

정답 43 ③ 44 ③ 45 ④ 46 ④ 47 ④

48 산업안전보건법령상 승강기의 종류로 옳지 않은 것은?

① 승객용 엘리베이터
② 리프트
③ 화물용 엘리베이터
④ 승객화물용 엘리베이터

해설 ② 리프트는 승강기의 종류가 아니다.

49 다음 중 선반의 방호장치로 가장 거리가 먼 것은?

① 실드(Shield) ② 슬라이딩
③ 척 커버 ④ 칩 브레이커

해설 선반의 방호장치로는 실드, 척 커버, 칩 브레이커가 있다.

50 산업안전보건법령상 목재가공용 둥근톱 작업에서 분할날과 톱날 원주면과의 간격은 최대 얼마 이내가 되도록 조정하는가?

① 10mm ② 12mm
③ 14mm ④ 16mm

해설 분할날(dividing knife)이 대면하는 둥근톱날의 원주면과의 거리는 12mm 이내가 되도록 하여야 한다.

51 기계설비에서 기계 고장률의 기본 모형으로 옳지 않은 것은?

① 조립 고장 ② 초기 고장
③ 우발 고장 ④ 마모 고장

해설 고장률의 기본 모형으로는 초기, 우발, 마모고장이 있다.

52 산업안전보건법령상 화물의 낙하에 의해 운전자가 위험을 미칠 경우 지게차의 헤드가드(head guard)는 지게차의 최대하중의 몇 배가 되는 등분포정하중에 견디는 강도를 가져야 하는가? (단, 4t을 넘는 값은 제외)

① 1배 ② 1.5배
③ 2배 ④ 3배

해설 강도는 지게차의 최대하중의 2배 값(4t을 넘는 값에 대해서는 4t으로 한다)의 등분포정하중(等分布靜荷重)에 견딜 수 있을 것

53 다음 중 컨베이어의 안전장치로 옳지 않은 것은?

① 비상정지장치
② 반발예방장치
③ 역회전방지장치
④ 이탈방지장치

해설 ② 반발예방장치는 둥근톱, 빠른 속도로 도는 물체이다.

54 크레인에 돌발 상황이 발생한 경우 안전을 유지하기 위하여 모든 전원을 차단하여 크레인을 급정지시키는 방호장치는?

① 호이스트
② 이탈방지장치
③ 비상정지장치
④ 아우트리거

해설 비상정지장치는 비상시에 즉시 컨베이어 등의 운전을 정지시킬 수 있는 장치이다.

48 ② 49 ② 50 ② 51 ① 52 ③ 53 ② 54 ③ **정답**

55 산업안전보건법령상 프레스 등을 사용하여 작업을 할 때에 작업시작 전 점검사항으로 가장 거리가 먼 것은?

① 압력방출장치의 기능
② 클러치 및 브레이크의 기능
③ 프레스의 금형 및 고정볼트 상태
④ 1행정 1정지기구·급정지장치 및 비상정지장치의 기능

해설 ❯ **프레스 등 작업 전 점검사항**
- 클러치 및 브레이크의 기능
- 크랭크축·플라이휠·슬라이드·연결봉 및 연결 나사의 풀림 여부
- 1행정 1정지기구·급정지장치 및 비상정지장치의 기능
- 슬라이드 또는 칼날에 의한 위험방지 기구의 기능
- 프레스의 금형 및 고정볼트 상태
- 방호장치의 기능
- 전단기(剪斷機)의 칼날 및 테이블의 상태

56 산업안전보건법령상 롤러기의 방호장치 중 롤러의 앞면 표면 속도가 30m/min 이상일 때 무부하 동작에서 급정지거리는?

① 앞면 롤러 원주의 1/2.5 이내
② 앞면 롤러 원주의 1/3 이내
③ 앞면 롤러 원주의 1/3.5 이내
④ 앞면 롤러 원주의 1/5.5 이내

해설

앞면롤의 표면속도[m/min]	급정지거리
30 미만	앞면 롤 원주의 1/3
30 이상	앞면 롤 원주의 1/2.5

57 극한하중이 600N인 체인에 안전계수가 4일 때 체인의 정격하중[N]은?

① 130　② 140
③ 150　④ 160

해설 정격하중 = 극한하중/안전계수
= 600/4

58 연삭작업에서 숫돌의 파괴원인으로 가장 적절하지 않은 것은?

① 숫돌의 회전속도가 너무 빠를 때
② 연삭작업 시 숫돌의 정면을 사용할 때
③ 숫돌에 큰 충격을 줬을 때
④ 숫돌의 회전중심이 제대로 잡히지 않았을 때

해설 ❯ **연삭숫돌의 파괴 원인**
- 숫돌의 속도가 너무 빠를 때
- 숫돌에 균열이 있을 때
- 플랜지가 현저히 작을 때
- 숫돌의 치수(특히 구멍지름)가 부적당할 때
- 숫돌에 과대한 충격을 줄 때
- 작업에 부적당한 숫돌을 사용할 때
- 숫돌의 불균형이나 베어링의 마모에 의한 진동이 있을 때
- 숫돌의 측면을 사용할 때
- 반지름방향의 온도변화가 심할 때

59 산업안전보건법령상 용접장치의 안전에 관한 준수사항으로 옳은 것은?

① 아세틸렌 용접장치의 발생기실을 옥외에 설치한 경우에는 그 개구부를 다른 건축물로부터 1m 이상 떨어지도록 하여야 한다.
② 가스집합장치로부터 7m 이내의 장소에서는 화기의 사용을 금지시킨다.
③ 아세틸렌 발생기에서 10m 이내 또는 발생기실에서 4m 이내의 장소에서는 화기의 사용을 금지시킨다.
④ 아세틸렌 용접장치를 사용하여 용접작업을 할 경우 게이지 압력이 127kPa을 초과하는 압력의 아세틸렌을 발생시켜 사용해서는 아니 된다.

정답 55 ① 56 ① 57 ③ 58 ② 59 ④

해설 ① 발생기실을 옥외에 설치한 경우에는 그 개구부를 다른 건축물로부터 1.5m 이상 떨어지도록 하여야 한다.
② 가스집합장치에 대해서는 화기를 사용하는 설비로부터 5m 이상 떨어진 장소에 설치하여야 한다.
③ 발생기에서 5m 이내 또는 발생기실에서 3m 이내의 장소에서는 흡연, 화기의 사용 또는 불꽃이 발생할 위험한 행위를 금지시킬 것

60 500rpm으로 회전하는 연삭숫돌의 지름이 300 mm일 때 원주속도[m/min]는?

① 약 748　② 약 650
③ 약 532　④ 약 471

해설 원주속도 $= \pi \times D \times n$
(D : 숫돌의 직경[m], n : 회전수[rpm])
원주속도 $= 3.14 \times 0.3 \times 500$

4과목 전기위험방지기술

61 전기시설의 직접 접촉에 의한 감전방지 방법으로 적절하지 않은 것은?

① 충전부는 내구성이 있는 절연물로 완전히 덮어 감쌀 것
② 충전부가 노출되지 않도록 폐쇄형 외함이 있는 구조로 할 것
③ 충전부에 충분한 절연효과가 있는 방호망 또는 절연 덮개를 설치할 것
④ 충전부는 출입이 용이한 전개된 장소에 설치하고, 위험표시 등의 방법으로 방호를 강화할 것

해설 ④ 충전부는 출입이 용이하지 않아야 한다.

62 심실세동을 일으키는 위험한계 에너지는 약 몇 [J]인가? (단, 심실세동전류 $I = \frac{165}{\sqrt{T}}$ mA, 인체의 전기저항 $R = 800\Omega$, 통전시간 $T = 1$초이다.)

① 12　② 22
③ 32　④ 42

해설
- 심실세동전류 $= 165/\sqrt{1} = 165$mA $= 0.165$A
- 에너지 = 전압×전류, 전압 = 전류×저항
- 에너지 = 전류^2×저항
  $= 0.165^2 \times 800$

63 전기기계 · 기구에 설치되어 있는 감전방지용 누전차단기의 정격감도전류 및 작동시간으로 옳은 것은? (단, 정격전부하전류가 50A 미만이다.)

① 15mA 이하, 0.1초 이내
② 30mA 이하, 0.03초 이내
③ 50mA 이하, 0.5초 이내
④ 100mA 이하, 0.05초 이내

해설 누전차단기와 접속된 각각의 기계기구에 대하여 정격감도전류 30mA 이하이며 동작시간은 0.03초 이내일 것

64 피뢰레벨에 따른 회전구체 반경이 틀린 것은?

① 피뢰레벨 Ⅰ : 20m
② 피뢰레벨 Ⅱ : 30m
③ 피뢰레벨 Ⅲ : 50m
④ 피뢰레벨 Ⅳ : 60m

해설 ③ 피뢰레벨 Ⅲ : 45m

60 ④　61 ④　62 ②　63 ②　64 ③ **정답**

65 지락사고 시 1초를 초과하고 2초 이내에 고압전로를 자동차단하는 장치가 설치되어 있는 고압전로에 제2종 접지공사를 하였다. 접지저항은 몇 [Ω] 이하로 유지해야 하는가? (단, 변압기의 고압측 전로의 1선 지락전류는 10A이다.)

① 10Ω ② 20Ω
③ 30Ω ④ 40Ω

해설 출제 당시에는 정답이 ③이었으나 2021년 개정되어 정답 없음

66 우리나라의 안전전압으로 볼 수 있는 것은 약 몇 [V]인가?

① 30 ② 50
③ 60 ④ 70

해설 우리나라의 안전전압은 30V

67 산업안전보건기준에 관한 규칙에 따라 누전에 의한 감전의 위험을 방지하기 위하여 접지를 하여야 하는 대상의 기준으로 틀린 것은? (단, 예외조건은 고려하지 않는다.)

① 전기기계·기구의 금속제 외함
② 고압 이상의 전기를 사용하는 전기기계·기구 주변의 금속제 칸막이
③ 고정배선에 접속된 전기기계·기구 중 사용전압이 대지 전압 100V를 넘는 비충전 금속체
④ 코드와 플러그를 접속하여 사용하는 전기기계·기구 중 휴대형 전동기계·기구의 노출된 비충전 금속체

해설 ③ 고정배선에 접속된 전기기계·기구 중 사용전압이 대지 전압 150V를 넘는 비충전 금속체

68 정전유도를 받고 있는 접지되어 있지 않은 도전성 물체에 접촉한 경우 전격을 당하게 되는데 이때 물체에 유도된 전압 V[V]를 옳게 나타낸 것은? (단, E는 송전선의 대지전압, C_1은 송전선과 물체 사이의 정전용량, C_2는 물체와 대지 사이의 정전용량이며, 물체와 대지 사이의 저항은 무시한다.)

① $V = \dfrac{C_1}{C_1 + C_2} \times E$

② $V = \dfrac{C_1 + C_2}{C_1} \times E$

③ $V = \dfrac{C_1}{C_1 \times C_2} \times E$

④ $V = \dfrac{C_1 \times C_2}{C_1} \times E$

해설 송전선 – 물체 – 대지에서
송전선 – 물체 = C_1, 물체 – 대지 = C_2이다.
물체에서 대지로 넘어가기 전 송전선 – 물체구간의 유도전압 = (송전선 – 물체 정전용량)/전체정전용량 × 송전선의 대지전압(E)

69 교류 아크 용접기의 자동전격방지장치는 전격의 위험을 방지하기 위하여 아크 발생이 중단된 후 약 1초 이내에 출력 측 무부하 전압을 자동적으로 몇 [V] 이하로 저하시켜야 하는가?

① 85 ② 70
③ 50 ④ 25

해설 용접장치의 무부하 전압은 보통 60~90V이다. 자동전격방지장치를 사용하게 되면 25V 이하로 저하시켜 용접기 무부하 시에 작업자가 용접봉과 모재 사이에 접촉함으로 발생하는 감전 위험을 방지한다.

70 정전기 발생에 영향을 주는 요인으로 가장 적절하지 않은 것은?

① 분리속도 ② 물체의 질량
③ 접촉면적 및 압력 ④ 물체의 표면상태

정답 65 정답 없음 66 ① 67 ③ 68 ① 69 ④ 70 ②

해설 정전기 발생에 영향을 주는 요인으로는 물체의 특성, 물체의 표면상태, 물질의 이력, 접촉면적 및 압력, 분리속도가 있다.

71 다음에서 설명하고 있는 방폭구조는?

> 전기기기의 정상 사용 조건 및 특정 비정상 상태에서 과도한 온도 상승, 아크 또는 스파크의 발생위험을 방지하기 위해 추가적인 안전 조치를 취한 것으로 Ex e라고 표시한다.

① 유입 방폭구조　　② 압력 방폭구조
③ 내압 방폭구조　　④ 안전증 방폭구조

해설 ① **유입 방폭구조**(o) : 아크 또는 고열을 발생하는 전기설비를 용기에 넣고 그 용기 안에 다시 기름을 채워서 외부의 폭발성 가스와 점화원이 접촉하여 인화할 위험이 없도록 하는 구조로 유입 개폐부분에는 가스를 빼내는 배기공을 설치하여야 한다.
② **압력 방폭구조**(p) : 용기 내부에 불연성 가스인 공기나 질소를 압입시켜 내부압력을 유지함으로써 외부의 폭발성 가스가 용기 내부에 침투하지 못하도록 한 구조로 용기 안의 압력을 항상 용기 외부의 압력보다 높게 해 두어야 한다.
③ **내압 방폭구조** : 전기설비에서 아크 또는 고열이 발생하여 폭발성 가스에 점화할 우려가 있는 부분을 전폐한 용기에 넣음으로써 폭발이 일어날 경우 이 용기가 압력에 견디고 외부의 폭발성 가스에 인화될 위험이 없도록 한 구조의 방폭구조이다.

72 KS C IEC 60079-6에 따른 유입방폭구조 "o" 방폭장비의 최소 IP 등급은?

① IP44　　② IP54
③ IP55　　④ IP66

해설 KS C IEC 60079-6에 따른 유입방폭구조에 따라 최소 IP66에 적합하다.

73 20Ω의 저항 중에 5A의 전류를 3분간 흘렸을 때의 발열량[cal]은?

① 4320　　② 90000
③ 21600　　④ 376560

해설
- 에너지 = 전압×전류, 전압 = 전류×저항
- 에너지 = 저항×전류^2 = 20×5^2 = 500J
- 일 = 열 = 500×3×60 = 90000
- 열량으로 바꾸면
  1칼로리 = 4.2J
  90000/4.2

74 다음은 어떤 방전에 대한 설명인가?

> 정전기가 대전되어 있는 부도체에 접지체가 접근한 경우 대전물체와 접지체 사이에 발생하는 방전과 거의 동시에 부도체의 표면을 따라서 발생하는 나뭇가지 형태의 발광을 수반하는 방전

① 코로나 방전　　② 뇌상 방전
③ 연면 방전　　④ 불꽃 방전

해설
- **코로나 방전** : 국부적으로 전계가 집중되기 쉬운 돌기상 부분에서는 발광방전에 도달하기 전에 먼저 자속방전이 발생하고 다른 부분은 절연이 파괴되지 않은 상태의 방전이며 국부파괴(Paryial Breakdown) 상태이다(공기 중 O_3 발생).
- **불꽃 방전** : 표면전하밀도가 아주 높게 축적되어 분극화된 절연판 표면 또는 도체가 대전되었을 때 접지된 도체 사이에서 발생하는 강한 발광과 파괴음을 수반하는 방전형태로 방전에너지가 아주 높다.

75 가연성 가스가 있는 곳에 저압 옥내전기설비를 금속관 공사에 의해 시설하고자 한다. 관 상호 간 또는 관과 전기기계·기구와는 몇 턱 이상 나사조임으로 접속하여야 하는가?

① 2턱　　② 3턱
③ 4턱　　④ 5턱

정답 71 ④　72 ④　73 ③　74 ③　75 ④

해설 가연성 가스가 있는 곳에 저압 옥내전기설비를 금속관 공사에 의해 시설하고자 할 때는 관 상호 간 또는 관과 전기기계·기구와는 5턱 이상 나사조임으로 접속하여야 한다.

76 KS C IEC 60079-0에 따른 방폭기기에 대한 설명이다. 다음 빈칸에 들어갈 알맞은 용어는?

(ⓐ)은 EPL로 표현되며 점화원이 될 수 있는 가능성에 기초하여 기기에 부여된 보호등급이다. EPL의 등급 중 (ⓑ)는 정상 작동, 예상된 오작동, 드문 오작동 중에 점화원이 될 수 없는 "매우 높은" 보호 등급의 기기이다.

① ⓐ Explosion Protection Level, ⓑ EPL Ga
② ⓐ Explosion Protection Level, ⓑ EPL Gc
③ ⓐ Equipment Protection Level, ⓑ EPL Ga
④ ⓐ Equipment Protection Level, ⓑ EPL Gc

해설
- **Ga** : 정상 작동, 예상된 오작동, 드문 오작동 중에 점화원이 될 수 없는 매우 높은 보호 등급의 기기
- **Gb** : 정상 작동, 예상된 오작동 중에 점화원이 될 수 없는 높은 보호 등급의 기기
- **Gc** : 정상작동 중에 점화원이 될 수 없고 정기적인 고장 발생시 점화원의 비활성 상태의 유지를 보장하기 위하여 추가적인 보호장치가 있을 수 있는 강화된 보호 등급의 기기

77 접지계통 분류에서 TN접지방식이 아닌 것은?

① TN-S 방식 ② TN-C 방식
③ TN-T 방식 ④ TN-C-S 방식

해설
- **T** : Earth 접지
- **N** : Neutral 중성적인
- **S** : Seperate 분리된
- **C** : Combined 결합된
- **I** : Isolated 절연
- **TN계통** : TN-C, TN-C-S, TN-S

그 외 TT 계통, IT 계통

78 접지공사의 종류에 따른 접지선(연동선)의 굵기 기준으로 옳은 것은?

① 제1종 : 공칭단면적 $6mm^2$ 이상
② 제2종 : 공칭단면적 $12mm^2$ 이상
③ 제3종 : 공칭단면적 $5mm^2$ 이상
④ 특별 제3종 : 공칭단면적 $3.5mm^2$ 이상

해설 출제 당시에는 정답이 ①이었으나 2021년 개정되어 정답 없음

79 최소 착화에너지가 0.26mJ인 가스에 정전용량이 100pF인 대전 물체로부터 정전기 방전에 의하여 착화할 수 있는 전압은 약 몇 [V]인가?

① 2240 ② 2260
③ 2280 ④ 2300

해설 $W = 1/2 \times C \times V^2$

$0.26 \times 10^{-3} = 1/2 \times 10^{-12} \times V^2$

$$V = \sqrt{\frac{0.26 \times 10^{-3}}{\frac{1}{2} \times 10^{-12}}}$$

단위에 주의!

80 누전차단기의 구성요소가 아닌 것은?

① 누전검출부 ② 영상변류기
③ 차단장치 ④ 전력퓨즈

해설 ❯ **누전차단기의 구성요소** : 영상변류기, 누전검출부, 트립코일, 차단장치 및 시험버튼

정답 76 ③ 77 ③ 78 정답 없음 79 ③ 80 ④

5과목 화학설비위험방지기술

81 액화 프로판 310kg을 내용적 50L 용기에 충전할 때 필요한 소요 용기의 수는 몇 개인가? (단, 액화 프로판의 가스정수는 2.35이다.)

① 15 ② 17
③ 19 ④ 21

해설 액화가스용기의 저장능력(W)= $\frac{V_2}{C}$

(V_2 : 내용적[L], C : 가스정수)

$\frac{50}{2.35}=21.28$kg, 용기 하나에 21.28kg을 충전할 수 있으므로, $\frac{310}{21.28}=14.6$이다.

따라서 필요한 용기의 수는 15개이다.

82 다음 중 가연성 가스의 연소형태에 해당하는 것은?

① 분해연소 ② 증발연소
③ 표면연소 ④ 확산연소

해설 ❯ 가연성 가스의 연소형태
- **분해연소** : 가연성 가스가 공기와 혼합되어 연소
- **증발연소** : 가열에 의해 발생한 가연성 증기가 연소
- **표면연소** : 물질 그 자체가 연소
- **확산연소** : 가연성 가스가 공기 중에 확산되어 연소

83 다음 중 산업안전보건법령상 위험물질의 종류에 있어 인화성 가스에 해당하지 않는 것은?

① 수소 ② 부탄
③ 에틸렌 ④ 과산화수소

해설 ④ 과산화수소는 분류상 산화성 액체에 속한다.

❯ **인화성 가스**(안전보건규칙 별표 1)
수소, 아세틸렌, 에틸렌, 메탄, 에탄, 프로판, 부탄, 영 별표 13에 따른 인화성 가스

84 반응폭주 등 급격한 압력상승의 우려가 있는 경우에 설치하여야 하는 것은?

① 파열판 ② 통기밸브
③ 체크밸브 ④ Flame arrester

해설 ❯ **파열판의 설치**(안전보건규칙 제262조)
- 반응 폭주 등 급격한 압력 상승 우려가 있는 경우
- 급성 독성물질의 누출로 인하여 주위의 작업환경을 오염시킬 우려가 있는 경우
- 운전 중 안전밸브에 이상 물질이 누적되어 안전밸브가 작동되지 아니할 우려가 있는 경우

85 다음 중 응상폭발이 아닌 것은?

① 분해폭발
② 수증기폭발
③ 전선폭발
④ 고상 간의 전이에 의한 폭발

해설
- 응상폭발은 기상폭발(기체폭발)이 아닌 고체나 액체 폭발이며, 분해폭발은 기상폭발에 해당한다.
- 전선폭발은 고체 상태에서 급속하게 액체 상태를 거쳐 기체 상태로 바뀔 때 일어나는 폭발이다.

86 가연성물질의 저장 시 산소농도를 일정한 값 이하로 낮추어 연소를 방지할 수 있는데 이때 첨가하는 물질로 적합하지 않은 것은?

① 질소 ② 이산화탄소
③ 헬륨 ④ 일산화탄소

해설 ④ 일산화탄소는 가연성 물질로, 가연성 방지 물질로는 적합하지 않다.

87 다음 중 물과의 반응성이 가장 큰 물질은?

① 니트로글리세린 ② 이황화탄소
③ 금속나트륨 ④ 석유

81 ① 82 ④ 83 ④ 84 ① 85 ① 86 ④ 87 ③ 정답

해설 금속나트륨과 물의 반응 시 다량의 수소가 발생하여 폭발 위험이 있다.
$2Na + 2H_2O \rightarrow 2NaOH + H_2$

88 산업안전보건법령상 위험물질의 종류에서 폭발성 물질에 해당하는 것은?

① 니트로화합물 ② 등유
③ 황 ④ 질산

해설 ➋ **위험물질의 종류**(안전보건규칙 별표 1)

폭발성 물질 및 유기 과산 화물	• **질산에스테르류** : 니트로셀룰로오스, 니트로글리세린, 질산메틸, 질산에틸 등 • **니트로화합물** : 피크린산(트리니트로페놀), 트리니트로톨루엔(TNT) 등 • **니트로소화합물** : 파라니트로소벤젠, 디니트로소레조르신 등 • 아조화합물 및 디아조화합물 • 하이드라진 유도체 • **유기과산화물** : 메틸에틸케톤, 과산화물, 과산화벤조일, 과산화아세틸 등

89 어떤 습한 고체재료 10kg을 완전 건조 후 무게를 측정하였더니 6.8kg이었다. 이 재료의 건량 기준 함수율은 몇 [kg · H_2O/kg]인가?

① 0.25 ② 0.36
③ 0.47 ④ 0.58

해설 함수율 = (원재료무게－건조 후 무게)/건조 후 무게
= (10－6.8)/6.8
= 0.47

90 대기압하에서 인화점이 0℃ 이하인 물질이 아닌 것은?

① 메탄올 ② 이황화탄소
③ 산화프로필렌 ④ 디에틸에테르

해설 ① **메탄올** : 13℃
② **이황화탄소** : －30℃
③ **산화프로필렌** : －37.2℃
④ **디에틸에테르** : －45℃

91 가연성가스의 폭발범위에 관한 설명으로 틀린 것은?

① 압력 증가에 따라 폭발상한계와 하한계가 모두 현저히 증가한다.
② 불활성가스를 주입하면 폭발범위는 좁아진다.
③ 온도의 상승과 함께 폭발범위는 넓어진다.
④ 산소 중에서 폭발범위는 공기 중에서 보다 넓어진다.

해설 ① 압력 증가에 따라 폭발상한계는 증가하고 하한계는 영향이 없다. 온도의 상승으로 폭발하한계는 약간 하강하고 폭발상한계는 상승한다.

92 열교환기의 정기적 점검을 일상점검과 개방점검으로 구분할 때 개방점검 항목에 해당하는 것은?

① 보냉재의 파손 상황
② 플랜지부나 용접부에서의 누출 여부
③ 기초볼트의 체결 상태
④ 생성물, 부착물에 의한 오염 상황

해설 생성물, 부착물에 의한 오염은 내부에서 일어나는 현상이므로 개방점검에 해당한다.

93 다음 중 분진폭발을 일으킬 위험이 가장 높은 물질은?

① 염소 ② 마그네슘
③ 산화칼슘 ④ 에틸렌

정답 88 ① 89 ③ 90 ① 91 ① 92 ④ 93 ②

해설 ◎ **분진폭발의 위험성이 높은 물질**
- **금속** : Al, Mg, Fe, Mn, Si, Sn
- **분말** : 티탄, 바나듐, 아연, Dow합금
- **농산물** : 밀가루, 녹말, 솜, 쌀, 콩, 코코아, 커리

94 **산업안전보건법령에서 인화성 액체를 정의할 때 기준이 되는 표준압력은 몇 [kPa]인가?**

① 1　② 100
③ 101.3　④ 273.15

해설 ◎ **인화성 액체**(산업안전보건법 시행규칙 별표 18) : 표준압력(101.3kPa)에서 인화점이 93℃ 이하인 액체

95 **사업주는 가스폭발 위험장소 또는 분진폭발 위험장소에 설치되는 건축물 등에 대해서는 규정에서 정한 부분을 내화구조로 하여야 한다. 다음 중 내화구조로 하여야 하는 부분에 대한 기준이 틀린 것은?**

① 건축물의 기둥 : 지상 1층(지상 1층의 높이가 6m를 초과하는 경우에는 6m)까지
② 위험물 저장・취급용기의 지지대(높이가 30cm 이하인 것은 제외) : 지상으로부터 지지대의 끝부분까지
③ 건축물의 보 : 지상 2층(지상 2층의 높이가 10m를 초과하는 경우에는 10m)까지
④ 배관・전선관 등의 지지대 : 지상으로부터 1단(1단의 높이가 6m를 초과하는 경우에는 6m)까지

해설 ◎ **내화기준**(안전보건규칙 제270조)
- **건축물의 기둥 및 보** : 지상 1층(지상 1층의 높이가 6m를 초과하는 경우에는 6m)까지
- **위험물 저장・취급용기의 지지대**(높이가 30cm 이하인 것은 제외한다) : 지상으로부터 지지대의 끝부분까지
- **배관・전선관 등의 지지대** : 지상으로부터 1단(1단의 높이가 6m를 초과하는 경우에는 6m)까지

96 **다음 중 C급 화재에 해당하는 것은?**

① 금속화재　② 전기화재
③ 일반화재　④ 유류화재

해설 C급 화재로는 전기화재, 전기절연성을 갖는 소화제를 사용해야만 하는 전기기계・기구 등의 화재를 말한다. A급 화재는 일반, B급 화재는 유류, D급 화재는 금속화재이다.

97 **다음 물질 중 인화점이 가장 낮은 물질은?**

① 이황화탄소　② 아세톤
③ 크실렌　④ 경유

해설 ① **이황화탄소** : −30℃
② **아세톤** : −18℃
③ **크실렌** : 약 25℃
④ **경유** : 40~85℃

98 **물의 소화력을 높이기 위하여 물에 탄산칼륨(K_2CO_3)과 같은 염류를 첨가한 소화약제를 일반적으로 무엇이라 하는가?**

① 포 소화약제　② 분말 소화약제
③ 강화액 소화약제　④ 산알칼리 소화약제

해설 강화액 소화약제는 0℃에서 얼어버리는 물에 탄산칼륨 등을 첨가하여 어는점을 낮추어 겨울철이나 한랭지역에 사용 가능하도록 한 소화약제를 말한다.

99 **다음 중 분진의 폭발위험성을 증대시키는 조건에 해당하는 것은?**

① 분진의 온도가 낮을수록
② 분위기 중 산소 농도가 작을수록
③ 분진 내의 수분농도가 작을수록
④ 분진의 표면적이 입자체적에 비교하여 작을수록

94 ③　95 ③　96 ②　97 ①　98 ③　99 ③　**정답**

해설 ① 분진의 온도가 높을수록
② 분위기 중 산소 농도가 클수록
④ 분진의 표면적이 입자체적에 비교하여 클수록

100 **다음 중 관의 지름을 변경하는 데 사용되는 관의 부속품으로 가장 적절한 것은?**

① 엘보우(Elbow)
② 커플링(Coupling)
③ 유니온(Union)
④ 리듀서(Reducer)

해설 ④ **리듀서**(Reducer) : 줄어든다는 표현으로 배관의 지름을 감소
① **엘보우**(Elbow) : 배관의 방향을 변경
② **커플링**(Coupling) : 축과 축을 연결하는 부품
③ **유니온**(Union) : 동일 지름의 관을 직선 연결

6과목 건설안전기술

101 **작업발판 및 통로의 끝이나 개구부로서 근로자가 추락할 위험이 있는 장소에서 난간 등의 설치가 매우 곤란하거나 작업의 필요상 임시로 난간 등을 해체하여야 하는 경우에 설치하여야 하는 것은?**

① 구명구
② 수직보호망
③ 석면포
④ 추락방호망

해설 사업주는 난간 등을 설치하는 것이 매우 곤란하거나 작업의 필요상 임시로 난간 등을 해체하여야 하는 경우 제42조 제2항 각 호의 기준에 맞는 추락방호망을 설치하여야 한다(안전보건규칙 제43조).

102 **흙막이 공법을 흙막이 지지방식에 의한 분류와 구조방식에 의한 분류로 나눌 때 다음 중 지지방식에 의한 분류에 해당하는 것은?**

① 수평 버팀대식 흙막이 공법
② H-Pile 공법
③ 지하연속벽 공법
④ Top down method 공법

해설 **흙막이 설치공법의 분류**
- **지지방식에 의한 분류**
  - 자립식 공법 : 어미말뚝식 공법, 연결재당겨매기식 공법, 줄기초흙막이 공법
  - 버팀대식 공법 : 수평버팀대 공법, 경사버팀대식 공법, 어스앵커 공법
- **구조방식에 의한 분류** : H-Pile 공법, 지하연속벽 공법, 엄지말뚝식 공법, 목제널말뚝 공법, 강제(철제)널말뚝 공법

103 **철골용접부의 내부결함을 검사하는 방법으로 가장 거리가 먼 것은?**

① 알칼리 반응시험 ② 방사선 투과시험
③ 자기분말 탐상시험 ④ 침투 탐상시험

해설 방사선 투과시험이 용접 내부결함 검사법으로 적당하다. 다만, 알칼리 반응시험이 내부결함 검사법과 가장 거리가 멀어 ①이 가답안에서 정답이었으나, 확정답안에서는 자기분말 탐상시험과 침투 탐상시험도 인정되어 ③과 ④도 정답으로 인정되었다.

104 **유해위험방지 계획서를 제출하려고 할 때 그 첨부 서류와 가장 거리가 먼 것은?**

① 공사개요서
② 산업안전보건관리비 작성요령
③ 전체 공정표
④ 재해 발생 위험 시 연락 및 대피방법

정답 100 ④ 101 ④ 102 ① 103 ①, ③, ④ 104 ②

해설 ⊙ **유해위험방지 계획서 첨부서류**(산업안전보건법 시행규칙 별표 10)
- 공사 개요서
- 공사현장의 주변 현황 및 주변과의 관계를 나타내는 도면(매설물 현황을 포함한다)
- 전체 공정표
- 산업안전보건관리비 사용계획서(별지 제102호서식)
- 안전관리 조직표
- 재해 발생 위험 시 연락 및 대피방법

105 콘크리트 타설작업과 관련하여 준수하여야 할 사항으로 가장 거리가 먼 것은?

① 당일의 작업을 시작하기 전에 해당 작업에 관한 거푸집 및 동바리 등의 변형·변위 및 지반의 침하 유무 등을 점검하고 이상이 있으면 보수할 것
② 콘크리트를 타설하는 경우에는 편심이 발생하지 않도록 골고루 분산하여 타설할 것
③ 진동기의 사용은 많이 할수록 균일한 콘크리트를 얻을 수 있으므로 가급적 많이 사용할 것
④ 설계도서상의 콘크리트 양생기간을 준수하여 거푸집 및 동바리를 해체할 것

해설 ⊙ **콘크리트 타설작업 시 준수사항**(안전보건규칙 334조)
- 당일의 작업을 시작하기 전에 해당 작업에 관한 거푸집 및 동바리의 변형·변위 및 지반의 침하 유무 등을 점검하고 이상이 있으면 보수할 것
- 작업 중에는 감시자를 배치하는 등의 방법으로 거푸집 및 동바리의 변형·변위 및 침하 유무 등을 확인해야 하며, 이상이 있으면 작업을 중지하고 근로자를 대피시킬 것
- 콘크리트 타설작업 시 거푸집 붕괴의 위험이 발생할 우려가 있으면 충분한 보강조치를 할 것
- 설계도서상의 콘크리트 양생기간을 준수하여 거푸집 및 동바리를 해체할 것
- 콘크리트를 타설하는 경우에는 편심이 발생하지 않도록 골고루 분산하여 타설할 것

106 건설현장에 설치하는 사다리식 통로의 설치기준으로 옳지 않은 것은?

① 발판과 벽과의 사이는 15cm 이상의 간격을 유지할 것
② 발판의 간격은 일정하게 할 것
③ 사다리의 상단은 걸쳐놓은 지점으로부터 60cm 이상 올라가도록 할 것
④ 사다리식 통로의 길이가 10m 이상인 경우에는 3m 이내마다 계단참을 설치할 것

해설 ⊙ **사다리식 통로 등의 구조**(안전보건규칙 제24조)
- 견고한 구조로 할 것
- 심한 손상·부식 등이 없는 재료를 사용할 것
- 발판의 간격은 일정하게 할 것
- 발판과 벽과의 사이는 15cm 이상의 간격을 유지할 것
- 폭은 30cm 이상으로 할 것
- 사다리가 넘어지거나 미끄러지는 것을 방지하기 위한 조치를 할 것
- 사다리의 상단은 걸쳐놓은 지점으로부터 60cm 이상 올라가도록 할 것
- 사다리식 통로의 길이가 10m 이상인 경우에는 5m 이내마다 계단참을 설치할 것
- 사다리식 통로의 기울기는 75° 이하로 할 것. 다만, 고정식 사다리식 통로의 기울기는 90° 이하로 하고, 그 높이가 7m 이상인 경우에는 바닥으로부터 높이가 2.5m 되는 지점부터 등받이울을 설치할 것
- 접이식 사다리 기둥은 사용 시 접혀지거나 펼쳐지지 않도록 철물 등을 사용하여 견고하게 조치할 것

107 불도저를 이용한 작업 중 안전조치사항으로 옳지 않은 것은?

① 작업종료와 동시에 삽날을 지면에서 띄우고 주차 제동장치를 건다.
② 모든 조종간은 엔진 시동 전에 중립 위치에 놓는다.
③ 장비의 승차 및 하차 시 뛰어내리거나 오르지 말고 안전하게 잡고 오르내린다.
④ 야간작업 시 자주 장비에서 내려와 장비 주위를 살피며 점검하여야 한다.

105 ③ 106 ④ 107 ① **정답**

해설 ① 작업종료와 동시에 삽날을 지면으로 내리고 주차 제동장치를 건다.

108 건설공사의 산업안전보건관리비 계상 시 대상액이 구분되어 있지 않은 공사는 도급계약 또는 자체사업 계획상의 총 공사금액 중 얼마를 대상액으로 하는가?

① 50% ② 60%
③ 70% ④ 80%

해설 대상액이 구분되어 있지 않은 공사는 도급계약 또는 자체사업계획상의 총공사금액의 70%를 대상액으로 하여 「건설업 산업안전보건관리비 계상 및 사용기준」 제4조에 따라 안전보건관리비를 계상하여야 한다.

109 도심지 폭파해체공법에 관한 설명으로 옳지 않은 것은?

① 장기간 발생하는 진동, 소음이 적다.
② 해체 속도가 빠르다.
③ 주위의 구조물에 끼치는 영향이 적다.
④ 많은 분진 발생으로 민원을 발생시킬 우려가 있다.

해설 도심지 폭파 해체 작업 시 해체물의 비산, 진동, 분진발생 등으로 주변 구조물에 영향을 줄 수 있다.

110 NATM공법 터널공사의 경우 록 볼트 작업과 관련된 계측결과에 해당되지 않은 것은?

① 내공변위 측정 결과
② 천단침하 측정 결과
③ 인발시험 결과
④ 진동 측정 결과

해설 록 볼트 작업과 관련된 계측에는 내공변위 측정, 천단침하 측정, 인발시험 등이 있다.

111 동바리를 조립하는 경우에 준수하여야 할 사항으로 옳지 않은 것은?

① 받침목이나 깔판의 사용, 콘크리트 타설, 말뚝박기 등 동바리의 침하를 방지하기 위한 조치를 할 것
② 개구부 상부에 동바리를 설치하는 경우에는 상부하중을 견딜 수 있는 견고한 받침대를 설치할 것
③ 거푸집의 형상에 따른 부득이한 경우를 제외하고는 깔판이나 받침목은 2단 이상 끼우지 않도록 할 것
④ 동바리의 이음은 맞댄이음이나 장부이음을 피할 것

해설 **동바리 조립 시의 안전조치**(안전보건규칙 제332조)

- 받침목이나 깔판의 사용, 콘크리트 타설, 말뚝박기 등 동바리의 침하를 방지하기 위한 조치를 할 것
- 동바리의 상하 고정 및 미끄러짐 방지 조치를 할 것
- 상부·하부의 동바리가 동일 수직선상에 위치하도록 하여 깔판·받침목에 고정시킬 것
- 개구부 상부에 동바리를 설치하는 경우에는 상부하중을 견딜 수 있는 견고한 받침대를 설치할 것
- U헤드 등의 단판이 없는 동바리의 상단에 멍에 등을 올릴 경우에는 해당 상단에 U헤드 등의 단판을 설치하고, 멍에 등이 전도되거나 이탈되지 않도록 고정시킬 것
- 동바리의 이음은 같은 품질의 재료를 사용할 것
- 강재의 접속부 및 교차부는 볼트·클램프 등 전용철물을 사용하여 단단히 연결할 것
- 거푸집의 형상에 따른 부득이한 경우를 제외하고는 깔판이나 받침목은 2단 이상 끼우지 않도록 할 것
- 깔판이나 받침목을 이어서 사용하는 경우에는 그 깔판·받침목을 단단히 연결할 것

112 말비계를 조립하여 사용하는 경우 지주부재와 수평면의 기울기는 얼마 이하로 하여야 하는가?

① 65° ② 70°
③ 75° ④ 80°

정답 108 ③ 109 ③ 110 ④ 111 ④ 112 ③

해설 지주부재와 수평면의 기울기를 75° 이하로 하고, 지주부재와 지주부재 사이를 고정시키는 보조부재를 설치할 것(안전보건규칙 제67조)

113 비계의 높이가 2m 이상인 작업장소에 설치하는 작업발판의 설치기준으로 옳지 않은 것은? (단, 달비계, 달대비계 및 말비계는 제외)

① 작업발판의 폭은 40cm 이상으로 한다.
② 작업발판재료는 뒤집히거나 떨어지지 않도록 하나 이상의 지지물에 연결하거나 고정시킨다.
③ 발판재료 간의 틈은 3cm 이하로 한다.
④ 작업발판의 지지물은 하중에 의하여 파괴될 우려가 없는 것을 사용한다.

해설 ② 작업발판재료는 뒤집히거나 떨어지지 않도록 둘 이상의 지지물에 연결하거나 고정시킨다(안전보건규칙 제56조).

114 흙막이 지보공을 설치하였을 경우 정기적으로 점검하고 이상을 발견하면 즉시 보수하여야 하는 사항과 가장 거리가 먼 것은?

① 부재의 접속부·부착부 및 교차부의 상태
② 버팀대의 긴압(緊壓)의 정도
③ 부재의 손상·변형·부식·변위 및 탈락의 유무와 상태
④ 지표수의 흐름 상태

해설 **흙막이 지보공 설치 시 정기 점검사항**(안전보건규칙 제347조 제1항)
- 부재의 손상·변형·부식·변위 및 탈락의 유무와 상태
- 버팀대의 긴압의 정도
- 부재의 접속부·부착부 및 교차부의 상태
- 침하의 정도

115 지반 등의 굴착 시 위험을 방지하기 위한 연암 지반 굴착면의 기울기 기준으로 옳은 것은? (기준 개정에 의한 문제 수정 반영)

① 1 : 0.3 ② 1 : 0.4
③ 1 : 0.5 ④ 1 : 1.0

해설 **굴착면의 기울기 기준**(안전보건규칙 별표 11)

지반의 종류	굴착면의 기울기
모래	1 : 1.8
연암 및 풍화암	1 : 1.0
경암	1 : 0.5
그 밖의 흙	1 : 1.2

116 건설재해대책의 사면보호공법 중 식물을 생육시켜 그 뿌리로 사면의 표층토를 고정하여 빗물에 의한 침식, 동상, 이완 등을 방지하고, 녹화에 의한 경관조성을 목적으로 시공하는 것은?

① 식생공 ② 쉴드공
③ 뿜어 붙이기공 ④ 블록공

해설
- **식생공** : 건설재해대책의 사면보호공법 중 식물을 생육시켜 그 뿌리로 사면의 표층토를 고정하여 빗물에 의한 침식, 동상, 이완 등을 방지하고, 녹화에 의한 경관조성이 목적이다.
- **뿜어붙이기공** : 콘크리트 또는 시멘트모터로 뿜어 붙임
- **돌쌓기공** : 견치석 또는 콘크리트 블록을 쌓아 보호
- **배수공** : 지반의 강도를 저하시키는 물을 배제
- **표층안정공** : 약액 또는 시멘트를 지반에 그라우팅

117 산업안전보건법령에 따른 양중기의 종류에 해당하지 않는 것은?

① 곤돌라 ② 리프트
③ 크램쉘 ④ 크레인

113 ② 114 ④ 115 ④ 116 ① 117 ③ 정답

해설 ➋ **양중기의 종류**(안전보건규칙 제132조)
- 크레인[호이스트(hoist)를 포함한다]
- 이동식 크레인
- 리프트(이삿짐운반용 리프트의 경우에는 적재하중이 0.1t 이상인 것으로 한정한다)
- 곤돌라
- 승강기

118 화물취급작업과 관련한 위험방지를 위해 조치하여야 할 사항으로 옳지 않은 것은?

① 하역작업을 하는 장소에서 작업장 및 통로의 위험한 부분에는 안전하게 작업할 수 있는 조명을 유지할 것
② 하역작업을 하는 장소에서 부두 또는 안벽의 선을 따라 통로를 설치하는 경우에는 폭을 50cm 이상으로 할 것
③ 차량 등에서 화물을 내리는 작업을 하는 경우에 해당 작업에 종사하는 근로자에게 쌓여 있는 화물 중간에서 화물을 빼내도록 하지 말 것
④ 꼬임이 끊어진 섬유로프 등을 화물운반용 또는 고정용으로 사용하지 말 것

해설 ② 부두 또는 안벽의 선을 따라 통로를 설치하는 경우에는 폭을 90cm 이상으로 할 것(안전보건규칙 제390조)

119 표준관입시험에 관한 설명으로 옳지 않은 것은?

① N치(N-value)는 지반을 30cm 굴진하는 데 필요한 타격횟수를 의미한다.
② N치 4~10일 경우 모래의 상대밀도는 매우 단단한 편이다.
③ 63.5kg 무게의 추를 76cm 높이에서 자유낙하하여 타격하는 시험이다.
④ 사질지반에 적용하며, 점토지반에서는 편차가 커서 신뢰성이 떨어진다.

해설 ② **타격횟수에 따른 모래의 상대밀도**
- 0~4 : 대단히 느슨
- 4~10 : 느슨
- 10~30 : 중간
- 30~50 : 조밀
- 50 이상 : 대단히 조밀

120 근로자의 추락 등의 위험을 방지하기 위한 안전난간의 설치요건에서 상부난간대를 120cm 이상 지점에 설치하는 경우 중간난간대를 최소 몇 단 이상 균등하게 설치하여야 하는가?

① 2단　　② 3단
③ 4단　　④ 5단

해설 상부 난간대는 바닥면·발판 또는 경사로의 표면(이하 "바닥면등"이라 한다)으로부터 90cm 이상 지점에 설치하고, 상부 난간대를 120cm 이하에 설치하는 경우에는 중간 난간대는 상부 난간대와 바닥면 등의 중간에 설치해야 하며, 120cm 이상 지점에 설치하는 경우에는 중간 난간대를 2단 이상으로 균등하게 설치하고 난간의 상하 간격은 60cm 이하가 되도록 할 것(안전보건규칙 제13조 제2호)

정답 118 ② 119 ② 120 ①

2021년 제 1 회 기출 복원문제

1과목 안전관리론

01 산업안전보건법령상 보안경 착용을 포함하는 안전보건표지의 종류는?

① 지시표지　② 안내표지
③ 금지표지　④ 경고표지

해설

보안경 착용	녹십자 등	동그라미 슬러시	마름모, 세모
지시표지	안내표지	금지표지	경고표지

02 보호구에 관한 설명으로 옳은 것은?

① 유해물질이 발생하는 산소결핍지역에서는 필히 방독마스크를 착용하여야 한다.
② 차광용보안경의 사용구분에 따른 종류에는 자외선용, 적외선용, 복합용, 용접용이 있다.
③ 선반작업과 같이 손에 재해가 많이 발생하는 작업장에서는 장갑 착용을 의무화한다.
④ 귀마개는 처음에는 저음만을 차단하는 제품부터 사용하며, 일정 기간이 지난 후 고음까지 모두 차단할 수 있는 제품을 사용한다.

해설 ① 유해물질이 발생하는 산소농도 18% 이하인 지역에서 사용한다.
③ 선반작업과 같이 회전말림점이 있는 곳에서는 장갑을 끼지 않아야 한다.
④ 귀마개는 소음 영역에 맞게 착용한다.

03 산업안전보건법령상 사업 내 안전보건교육의 교육시간에 관한 설명으로 옳은 것은?

① 일용근로자의 작업내용 변경 시의 교육은 2시간 이상이다.
② 사무직에 종사하는 근로자의 정기교육은 매반기 6시간 이상이다.
③ 근로계약기간이 1주일 초과 1개월 이하인 기간제근로자 채용시 교육은 6시간 이상이다.
④ 관리감독자의 지위에 있는 사람의 정기교육은 연간 8시간 이상이다.

해설 ① 일용근로자 및 근로계약기간이 1주일 이하인 기간제근로자의 작업내용 변경시의 교육시간은 1시간 이상이다.
③ 근로계약기간이 1주일 초과 1개월 이하인 기간제근로자 채용시 교육은 4시간 이상이다.
④ 관리감독자의 지위에 있는 사람의 정기교육은 연간 16시간 이상이다.

04 브레인스토밍 기법에 관한 설명으로 옳은 것은?

① 타인의 의견을 수정하지 않는다.
② 지정된 표현방식에서 벗어나 자유롭게 의견을 제시한다.
③ 참여자에게는 동일한 횟수의 의견제시 기회가 부여된다.
④ 주제와 내용이 다르거나 잘못된 의견은 지적하여 조정한다.

해설 브레인스토밍 4가지 원칙은 수정발언, 자유발언, 대량발언, 비평금지이며, ②는 자유발언에 해당한다.

01 ①　02 ②　03 ②　04 ② 정답

05 집단에서의 인간관계 메커니즘(Mechanism)과 가장 거리가 먼 것은?

① 분열, 강박　② 모방, 암시
③ 동일화, 일체화　④ 커뮤니케이션, 공감

해설 ◆ 인간관계 메커니즘
- **투사**(Projection) : 자기 속에 억압된 것을 다른 사람의 것으로 생각하는 것
- **암시**(Suggestion) : 다른 사람의 판단이나 행동을 그대로 수용하는 것
- **커뮤니케이션**(Communication) : 갖가지 행동 양식이나 기호를 매개로 하여 어떤 사람으로부터 다른 사람에게 전달되는 과정
- **모방**(Initation) : 남의 행동이나 판단을 기준으로 그에 가까운 행동을 함
- **동일화**(Identification) : 다른 사람의 행동 양식이나 태도를 투입시키거나, 다른 사람 가운데서 자기와 비슷한 것을 발견하는 것

06 재해의 빈도와 상해의 강약도를 혼합하여 집계하는 지표로 옳은 것은?

① 강도율　② 종합재해지수
③ 안전활동률　④ Safe-T-Score

해설 종합재해지수(FSI)= $\sqrt{빈도율(F.R) \times 강도율(S.R)}$

07 안전교육 중 같은 것을 반복하여 개인의 시행착오에 의해서만 점차 그 사람에게 형성되는 것은?

① 안전기술의 교육　② 안전지식의 교육
③ 안전기능의 교육　④ 안전태도의 교육

해설 ◆ 안전보건교육의 3단계
- **지식교육** : 기초지식 주입, 광범위한 지식의 습득 및 전달
- **기능교육** : 교육자가 스스로 행함, 경험과 적응, 전문적 기술 기능, 작업능력 및 기술능력 부여, 작업동작의 표준화, 교육기간의 장기화, 대규모 인원에 대한 교육 곤란
- **태도교육** : 습관 형성, 안전의식 향상, 안전책임감 주입

08 산업안전보건법령상 안전인증대상기계 등에 포함되는 기계, 설비, 방호장치에 해당하지 않는 것은?

① 롤러기
② 크레인
③ 동력식 수동대패용 칼날 접촉 방지장치
④ 방폭구조(防爆構造) 전기기계・기구 및 부품

해설 ◆ 안전인증 대상

구분	내용
기계・설비	크레인, 리프트, 고소작업대, 프레스, 전단기, 사출성형기, 롤러기, 절곡기, 곤돌라, 압력용기
방호장비	• 프레스 및 전단기 방호장치 • 양중기용(揚重機用) 과부하 방지장치 • 보일러 압력방출용 안전밸브 • 압력용기 압력방출용 안전밸브 • 압력용기 압력방출용 파열판 • 절연용 방호구 및 활선작업용(活線作業用) 기구 • 방폭구조(防爆構造) 전기기계・기구 및 부품 • 추락・낙하 및 붕괴 등의 위험 방지 및 보호에 필요한 가설기자재로서 고용노동부장관이 정하여 고시하는 것 • 충돌・협착 등의 위험 방지에 필요한 산업용 로봇 방호장치로서 고용노동부장관이 정하여 고시하는 것

09 상황성 누발자의 재해 유발 원인과 가장 거리가 먼 것은?

① 작업이 어렵기 때문이다.
② 심신에 근심이 있기 때문이다.
③ 기계설비의 결함이 있기 때문이다.
④ 도덕성이 결여되어 있기 때문이다.

해설 ◆ 상황성 누발자의 재해 유발 원인
- 작업 자체가 어렵기 때문
- 기계설비의 결함존재
- 주위 환경상 주의력 집중 곤란
- 심신에 근심 걱정이 있기 때문

정답 05 ① 06 ② 07 ③ 08 ③ 09 ④

10 작업자 적성의 요인이 아닌 것은?

① 지능 ② 인간성
③ 흥미 ④ 연령

해설 ④ 연령은 작업자 적성의 요인이 아니다.

11 재해로 인한 직접비용으로 8000만원의 산재보상비가 지급되었을 때, 하인리히 방식에 따른 총 손실비용은?

① 16000만원 ② 24000만원
③ 32000만원 ④ 40000만원

해설 총재해비용 = 직접비(1) + 간접비(4)
직접비(8000만원) + 간접비(8000만원 × 4) = 40,000만원

12 재해조사의 목적과 가장 거리가 먼 것은?

① 재해예방 자료수집
② 재해관련 책임자 문책
③ 동종 및 유사재해 재발방지
④ 재해발생 원인 및 결함 규명

해설 ❯ 재해조사의 목적
- 재해발생 상황의 진실 규명
- 재해발생의 원인 규명
- 예방대책의 수립 : 동종 및 유사재해 방지

13 교육훈련기법 중 Off.J.T(Off the Job Training)의 장점이 아닌 것은?

① 업무의 계속성이 유지된다.
② 외부의 전문가를 강사로 활용할 수 있다.
③ 특별교재, 시설을 유효하게 사용할 수 있다.
④ 다수의 대상자에게 조직적 훈련이 가능하다.

해설 ❯ OJT의 장점
- 직장의 현장 실정에 맞는 구체적이고 실질적인 교육이 가능하다.
- 교육의 효과가 업무에 신속하게 반영된다.
- 교육의 이해도가 빠르고 동기부여가 쉽다.

14 산업안전보건법령상 중대재해의 범위에 해당하지 않는 것은?

① 1명의 사망자가 발생한 재해
② 1개월의 요양을 요하는 부상자가 동시에 5명 발생한 재해
③ 3개월의 요양을 요하는 부상자가 동시에 3명 발생한 재해
④ 10명의 직업성 질병자가 동시에 발생한 재해

해설 ❯ 중대재해의 범위
- 사망자가 1명 이상 발생한 재해
- 3개월 이상의 요양이 필요한 부상자가 동시에 2명 이상 발생한 재해
- 부상자 또는 직업성 질병자가 동시에 10명 이상 발생한 재해

15 참가자에게 일정한 역할을 주어 실제적으로 연기를 시켜봄으로써 자기의 역할을 보다 확실히 인식할 수 있도록 체험학습을 시키는 교육방법은?

① Symposium
② Brain Storming
③ Role Playing
④ Fish Bowl Playing

해설 ❯ Role Playing(롤플레잉) : 일상생활에서의 여러 역할을 모의로 실연(實演)하는 일. 개인이나 집단의 사회적 적응을 향상하기 위한 치료 및 훈련 방법의 하나이다.

10 ④ 11 ④ 12 ② 13 ① 14 ② 15 ③ 정답

16 Thorndike의 시행착오설에 의한 학습의 원칙이 아닌 것은?

① 연습의 원칙 ② 효과의 원칙
③ 동일성의 원칙 ④ 준비성의 원칙

해설 ❯ **시행착오설에 의한 학습법칙**
- 효과의 법칙, 준비성의 법칙, 연습의 법칙
- 준비성 → 연습, 반복 → 효과

17 일반적으로 시간의 변화에 따라 야간에 상승하는 생체리듬은?

① 혈압 ② 맥박수
③ 체중 ④ 혈액의 수분

해설 ❯ **생체리듬의 변화**
- **주간 감소, 야간 증가** : 혈액의 수분, 염분량
- **주간 상승, 야간 감소** : 체온, 혈압, 맥박수
- 특히 야간에는 체중 감소, 소화불량, 말초신경기능 저하, 피로의 자각증상 증대 등의 현상이 나타난다.
- **사고발생률이 가장 높은 시간대**
  - 24시간 업무 중 : 03~05시 사이
  - 주간업무 중 : 오전 10~11시, 오후 15~16시 사이

18 하인리히의 재해구성비율 "1 : 29 : 300"에서 "29"에 해당되는 사고발생비율은?

① 8.8% ② 9.8%
③ 10.8% ④ 11.8%

해설 ❯ **하인리히의 법칙**
- 사망 또는 중상 1회
- 경상 29회
- 무상해 사고 300회
- 29/(1 + 29 + 300) ≒ 8.8

19 무재해 운동의 3원칙에 해당되지 않는 것은?

① 무의 원칙
② 참가의 원칙
③ 선취의 원칙
④ 대책선정의 원칙

해설 ❯ **무재해 운동의 기본 3원칙**
- **무(Zero)의 원칙** : 산업재해의 근원적인 요소들을 없앤다는 것
- **참여의 원칙**(참가의 원칙) : 전원이 일치 협력하여 각자의 위치에서 적극적으로 문제를 해결하는 것
- **안전제일의 원칙**(선취의 원칙) : 행동하기 전, 잠재위험요인을 발견하고 파악, 해결하여 재해를 예방하는 것

20 안전보건관리조직의 형태 중 라인-스태프(Line-Staff)형에 관한 설명으로 틀린 것은?

① 조직원 전원을 자율적으로 안전 활동에 참여시킬 수 있다.
② 라인의 관리, 감독자에게도 안전에 관한 책임과 권한이 부여된다.
③ 중규모 사업장(100명 이상~500명 미만)에 적합하다.
④ 안전 활동과 생산업무가 유리될 우려가 없기 때문에 균형을 유지할 수 있어 이상적인 조직형태이다.

해설 ❯ **라인-스태프**(직계 · 참모)**형 조직**

장점	• 안전지식 및 기술 축적 가능 • 안전지시 및 전달이 신속 · 정확하다. • 안전에 대한 신기술의 개발 및 보급이 용이하다. • 안전활동이 생산과 분리되지 않으므로 운용이 쉽다.
단점	• 명령계통과 지도 · 조언 및 권고적 참여가 혼동되기 쉽다. • 스태프의 힘이 커지면 라인이 무력해진다.
규모	대규모(1,000인 이상) 사업장에 적용

정답 16 ③ 17 ④ 18 ① 19 ④ 20 ③

2과목 인간공학 및 시스템안전공학

21 정신작업 부하를 측정하는 척도를 크게 4가지로 분류할 때 심박수의 변동, 뇌 전위, 동공 반응 등 정보처리에 중추신경계 활동이 관여하고 그 활동이나 징후를 측정하는 것은?

① 주관적(subjective) 척도
② 생리적(physiological) 척도
③ 주 임무(primary task) 척도
④ 부 임무(secondary task) 척도

해설 **생리적 측정** : 주로 단일 감각기관에 의존하는 경우에 작업에 대한 정신부하를 측정할 때 이용되는 방법으로 부정맥, 점멸융합주파수, 피부전기 반응, 눈깜박거림, 뇌파 등이 정신작업 부하 평가에 이용된다.

22 서브시스템, 구성요소, 기능 등의 잠재적 고장 형태에 따른 시스템의 위험을 파악하는 위험 분석 기법으로 옳은 것은?

① ETA(Event Tree Analysis)
② HEA(Human Error Analysis)
③ PHA(Preliminary Hazard Analysis)
④ FMEA(Failure Mode and Effect Analysis)

해설 ④ FMEA : 시스템 안전분석에 이용되는 전형적인 정성적 귀납적 분석방법으로 시스템에 영향을 미치는 전체 요소의 고장을 유형별로 분석하여 그 영향을 검토하는 것
① ETA : 정량적 귀납적(정상 또는 고장)으로 발생경로를 파악하는 방법
② HEA : 확률론적 안전기법으로 인간의 과오에 기인된 사고원인 분석기법
③ PHA : 시스템 내의 위험요소가 얼마나 위험상태인가를 평가하는 시스템안전프로그램

23 불필요한 작업을 수행함으로써 발생하는 오류로 옳은 것은?

① Command Error ② Extraneous Error
③ Secondary Error ④ Commission Error

해설 **휴먼에러의 오류**
- **생략오류**(Omission Error) : 절차를 생략해 발생하는 오류
- **시간오류**(Time Error) : 절차의 수행지연에 의한 오류
- **작위오류**(Commission Error) : 절차의 불확실한 수행에 의한 오류
- **순서오류**(Sequential Error) : 절차의 순서착오에 의한 오류
- **과잉행동오류**(Extraneous Error) : 불필요한 작업, 절차에 의한 오류

24 불(Boole) 대수의 정리를 나타낸 관계식으로 틀린 것은?

① A・A=A ② A+A=0
③ A+AB=A ④ A+A=A

해설 **불 대수의 관계식**

항등 법칙	A+0=A, A+1=1	A・1=A, A・0=0
동일 법칙	A+A=A	A・A=A
보원 법칙	$A+\overline{A}=1$	$A \cdot \overline{A}=0$
다중 부정	$\overline{\overline{A}}=A$, $\overline{\overline{A}}=\overline{A}$	
교환 법칙	A+B=B+A	A・B=B・A
결합 법칙	A+(B+C) =(A+B)+C	A・(B・C) =(A・B)・C
분배 법칙	A・(B+C) =AB+AC	A+B・C =(A+B)・(A+C)
흡수 법칙	A+A・B=A	A・(A+B)=A
드모르간 정리	$\overline{A+B}=\overline{A} \cdot \overline{B}$	$\overline{A \cdot B}=\overline{A}+\overline{B}$

21 ② 22 ④ 23 ② 24 ② 정답

25 Chapanis가 정의한 위험의 확률수준과 그에 따른 위험발생률로 옳은 것은?

① 전혀 발생하지 않는(impossible) 발생빈도 : 10^{-8}/day
② 극히 발생할 것 같지 않는(extremely unlikely) 발생빈도 : 10^{-7}/day
③ 거의 발생하지 않은(remote) 발생빈도 : 10^{-6}/day
④ 가끔 발생하는(occasional) 발생빈도 : 10^{-5}/day

해설

발생빈도	평점	발생확률
자주	6	10^{-2}/day
보통	5	10^{-3}/day
가끔	4	10^{-4}/day
거의	3	10^{-5}/day
극히	2	10^{-6}/day
전혀	1	10^{-8}/day

26 화학설비에 대한 안정성 평가 중 정성적 평가방법의 주요 진단 항목으로 볼 수 없는 것은?

① 건조물 ② 취급물질
③ 입지 조건 ④ 공장 내 배치

해설 ➋ **정성적 평가 주요 진단 항목** : 입지조건, 공장 내의 배치, 소방 설비, 공정기기, 수송/저장, 원재료, 중간제, 제품

27 작업면상의 필요한 장소만 높은 조도를 취하는 조명은?

① 완화조명 ② 전반조명
③ 투명조명 ④ 국소조명

해설 필요한 장소만 높은 조도를 취하는 것은 국소조명이다.

28 동작경제의 원칙에 해당하지 않는 것은?

① 공구의 기능을 각각 분리하여 사용하도록 한다.
② 두 팔의 동작은 동시에 서로 반대방향으로 대칭적으로 움직이도록 한다.
③ 공구나 재료는 작업동작이 원활하게 수행되도록 그 위치를 정해준다.
④ 가능하다면 쉽고도 자연스러운 리듬이 작업동작에 생기도록 작업을 배치한다.

해설 ➋ **동작경제의 원칙 중 신체사용**
- 양손은 동시에 동작을 시작하고 또 끝마쳐야 한다.
- 휴식시간 이외에 양손이 동시에 노는 시간이 있어서는 안 된다.
- 양팔은 각기 반대방향에서 대칭적으로 동시에 움직여야 한다.
- 손의 동작은 작업을 수행할 수 있는 최소동작 이상을 해서는 안 된다.
- 작업자들을 돕기 위하여 동작의 관성을 이용하여 작업하는 것이 좋다.
- 구속되거나 제한된 동작 또는 급격한 방향전환보다는 유연한 동작이 좋다.
- 작업동작은 율동이 맞아야 한다.
- 직선동작보다는 연속적인 곡선동작을 취하는 것이 좋다.
- 탄도동작(ballistic movement)은 제한되거나 통제된 동작보다 더 신속, 정확, 용이하다.
- 눈을 주시시키는 동작 또는 이동시키는 동작은 되도록 적게 하여야 한다.

29 시각적 표시장치보다 청각적 표시장치를 사용하는 것이 더 유리한 경우는?

① 정보의 내용이 복잡하고 긴 경우
② 정보가 공간적인 위치를 다룬 경우
③ 직무상 수신자가 한 곳에 머무르는 경우
④ 수신 장소가 너무 밝거나 암순응이 요구될 경우

정답 25 ① 26 ② 27 ④ 28 ① 29 ④

해설 ❯ **청각적 표시장치가 유리한 경우**
- 전언이 간단하다.
- 전언이 짧다.
- 전언이 후에 재참조되지 않는다.
- 전언이 시간적 사상을 다룬다.
- 전언이 즉각적인 행동을 요구한다(긴급할 때).
- 수신장소가 너무 밝거나 암조응유지가 필요시
- 직무상 수신자가 자주 움직일 때
- 수신자가 시각계통이 과부하 상태일 때

30 인간이 기계보다 우수한 기능이라 할 수 있는 것은? (단, 인공지능은 제외한다.)

① 일반화 및 귀납적 추리
② 신뢰성 있는 반복 작업
③ 신속하고 일관성 있는 반응
④ 대량의 암호화된 정보의 신속한 보관

해설

인간이 우수한 기능	기계가 우수한 기능
귀납적 추리	연역적 추리
과부하 상태에서 선택	과부하 상태에서도 효율적

31 다음 현상을 설명한 이론은?

> 인간이 감지할 수 있는 외부의 물리적 자극 변화의 최소범위는 표준 자극의 크기에 비례한다.

① 피츠(Fitts) 법칙
② 웨버(Weber) 법칙
③ 신호검출이론(SDT)
④ 힉-하이만(Hick-Hyman) 법칙

해설 물리적 자극을 상대적으로 판단하는 데 있어 특정감각의 변화감지역은 기준 자극의 크기에 비례한다. 웨버의 비가 작을수록 감각의 분별력이 뛰어나다.
① **피츠의 법칙** : 인간행동에서의 속도와 정확성 간의 관계
④ **힉-하이만 법칙** : 선택과 반응시간의 법칙

32 다음 시스템의 신뢰도 값은?

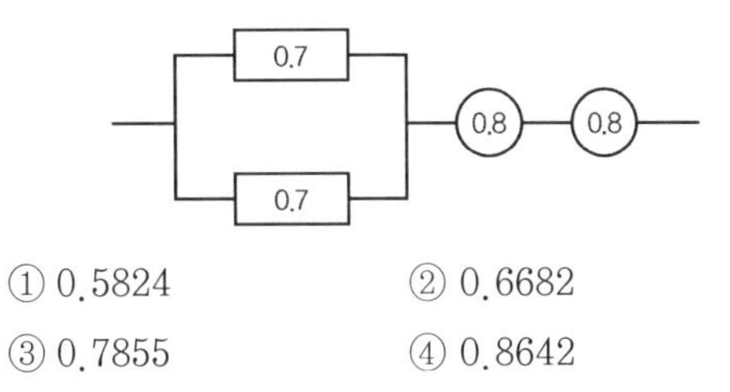

① 0.5824　　② 0.6682
③ 0.7855　　④ 0.8642

해설 $[1-(1-0.7)\times(1-0.7)]\times0.8\times0.8$

33 그림과 같은 FT도에서 정상사상 T의 발생 확률은? (단, X_1, X_2, X_3의 발생 확률은 각각 0.1, 0.15, 0.1이다.)

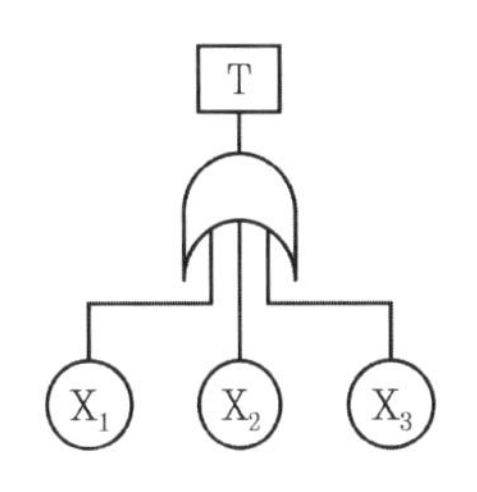

① 0.3115　　② 0.35
③ 0.496　　④ 0.9985

해설 $1-(1-0.1)\times(1-0.15)\times(1-0.1)$

34 산업안전보건법령상 해당 사업주가 유해위험방지계획서를 작성하여 제출해야 하는 대상은?

① 시・도지사　　② 관할 구청장
③ 고용노동부장관　　④ 행정안전부장관

해설 사업주는 유해・위험 방시에 관한 사항을 적은 계획서(유해위험방지계획서)를 작성하여 고용노동부령으로 정하는 바에 따라 고용노동부장관에게 제출하고 심사를 받아야 한다(산업안전보건법 제42조 제1항).

30 ①　31 ②　32 ①　33 ①　34 ③ **정답**

35 **인간의 위치 동작에 있어 눈으로 보지 않고 손을 수평면상에서 움직이는 경우 짧은 거리는 지나치고, 긴 거리는 못 미치는 경향이 있는데 이를 무엇이라고 하는가?**

① 사정효과(range effect)
② 반응효과(reaction effect)
③ 간격효과(distance effect)
④ 손동작효과(hand action effect)

해설 **사정효과(Range effect)**
- 보지 않고 손을 움직일 경우 짧은 거리는 지나치고 긴 거리는 못 미치는 경향
- 작은 오차에는 과잉반응하고 큰 오차에는 과소반응

36 **컷셋(Cut Sets)과 최소 패스셋(Minimal Path Sets)의 정의로 옳은 것은?**

① 컷셋은 시스템 고장을 유발시키는 필요 최소한의 고장들의 집합이며, 최소 패스셋은 시스템의 신뢰성을 표시한다.
② 컷셋은 시스템 고장을 유발시키는 기본고장들의 집합이며, 최소 패스셋은 시스템의 불신뢰도를 표시한다.
③ 컷셋은 그 속에 포함되어 있는 모든 기본사상이 일어났을 때 정상사상을 일으키는 기본사상의 집합이며, 최소 패스셋은 시스템의 신뢰성을 표시한다.
④ 컷셋은 그 속에 포함되어 있는 모든 기본사상이 일어났을 때 정상사상을 일으키는 기본사상의 집합이며, 최소 패스셋은 시스템의 성공을 유발하는 기본사상의 집합이다.

해설
- **컷셋** : 정상사상을 발생시키는 기본사상의 집합으로 그 안에 포함되는 모든 기본사상이 발생할 때 정상사상을 발생시킬 수 있는 기본사상의 집합
- **패스셋** : 그 안에 포함되는 모든 기본사상이 일어나지 않을 때 처음으로 정상사상이 일어나지 않는 기본사상의 집합 → 결함

37 **인체측정 자료를 장비, 설비 등의 설계에 적용하기 위한 응용원칙에 해당하지 않는 것은?**

① 조절식 설계
② 극단치를 이용한 설계
③ 구조적 치수 기준의 설계
④ 평균치를 기준으로 한 설계

해설 ③ 구조적 치수(정적계측) 기준은 인체치수의 계측 시 사용한다.

38 **시스템의 수명 및 신뢰성에 관한 설명으로 틀린 것은?**

① 병렬설계 및 디레이팅 기술로 시스템의 신뢰성을 증가시킬 수 있다.
② 직렬시스템에서는 부품들 중 최소 수명을 갖는 부품에 의해 시스템 수명이 정해진다.
③ 수리가 가능한 시스템의 평균 수명(MTBF)은 평균 고장률(λ)과 정비례 관계가 성립한다.
④ 수리가 불가능한 구성요소로 병렬구조를 갖는 설비는 중복도가 늘어날수록 시스템 수명이 길어진다.

해설 평균수명은 평균고장률 λ 와 역수관계이다.

$$\lambda = \frac{1}{MTBF},\ 고장률(\lambda) = \frac{기간\ 중의\ 총\ 고장수(r)}{총\ 동작시간(T)}$$

$$MTBF = \frac{1}{\lambda}$$

정답 35 ① 36 ③ 37 ③ 38 ③

39 작업공간의 배치에 있어 구성요소 배치의 원칙에 해당하지 않는 것은?

① 기능성의 원칙
② 사용빈도의 원칙
③ 사용순서의 원칙
④ 사용방법의 원칙

해설 ▶ **부품 배치의 4원칙**
- 중요성의 원칙
- 사용 빈도의 원칙
- 기능별 배치의 원칙
- 사용순서의 원칙

40 자동차를 생산하는 공장의 어떤 근로자가 95dB(A)의 소음수준에서 하루 8시간 작업하며 매 시간 조용한 휴게실에서 20분씩 휴식을 취한다고 가정하였을 때, 8시간 시간가중평균(TWA)은? (단, 소음은 누적소음노출량측정기로 측정하였으며, OSHA에서 정한 95dB(A)의 허용시간은 4시간이라 가정한다.)

① 약 91dB(A) ② 약 92dB(A)
③ 약 93dB(A) ④ 약 94dB(A)

해설

$$\text{TWA} = 16.61\log\left(\frac{D}{100}\right) + 90$$

TWA : 시간가중평균 소음수준 [dB](A)
D : 누적소음노출량[%]

소음노출량 = 가동시간(95dB)/기준시간[hr]
= 8×(60−20)/60/4 = 133%
시간가중평균치(TWA) = 16.61×log(133/100)+90

3과목 기계위험방지기술

41 산업안전보건법령상 숫돌 지름이 60cm인 경우 숫돌 고정 장치인 평형 플랜지의 지름은 최소 몇 [cm] 이상인가?

① 10 ② 20
③ 30 ④ 60

해설 ▶ **연삭숫돌의 플랜지 지름** : 연삭숫돌 지름의 1/3 이상일 것

$$d = D \times \frac{1}{3} = 60 \times \frac{1}{3} = 20$$

42 기계설비의 위험점 중 연삭숫돌과 작업받침대, 교반기의 날개와 하우스 등 고정부분과 회전하는 동작 부분 사이에서 형성되는 위험점은?

① 끼임점 ② 물림점
③ 협착점 ④ 절단점

해설 ▶ **기계설비의 위험점**
- **끼임점**(Shear point) : 고정부분과 회전하는 동작부분이 함께 만드는 위험점
  예 연삭숫돌과 덮개, 교반기의 날개와 하우징, 프레임에서 암의 요동운동을 하는 기계부분 등
- **물림점**(Nip point) : 회전하는 두 개의 회전체에는 물려 들어가는 위험성이 존재한다. 이때 위험점이 발생되는 조건은 회전체가 서로 반대방향으로 맞물려 회전되어야 한다.
  예 롤러와 롤러의 물림, 기어와 기어의 물림 등
- **협착점**(Squeeze point) : 왕복운동을 하는 동작부분과 움직임이 없는 고정 부분 사이에서 형성되는 위험점으로 사업장의 기계설비에서 많이 볼 수 있다.
- **절단점**(Cutting point) : 고정부분과 운동부분이 만드는 위험점이 아니고 회전하는 운동부 자체의 위험이나 운동하는 기계 부분 자체의 위험에서 초래되는 위험점이다.
  예 밀링의 커터, 띠톱이나 둥근톱의 톱날, 벨트의 이음 부분 등

39 ④ 40 ② 41 ② 42 ① 정답

43 **500rpm으로 회전하는 연삭숫돌의 지름이 300 mm일 때 회전속도[m/min]는?**

① 471　② 551
③ 751　④ 1025

해설 지름×π×[rpm]
0.3×π×500

> 숫돌의 원주속도(V)[m/분] = πDn
> D : 숫돌의 직경[m]
> n : 회전수[rpm]

44 **산업안전보건법령상 정상적으로 작동될 수 있도록 미리 조정해 두어야 할 이동식 크레인의 방호장치로 가장 적절하지 않은 것은?**

① 제동장치
② 권과방지장치
③ 과부하방지장치
④ 파이널 리미트 스위치

해설 ④ 파이널 리미트 스위치는 승강기의 방호장치이다.

45 **비파괴 검사 방법으로 틀린 것은?**

① 인장 시험
② 음향 탐상 시험
③ 와류 탐상 시험
④ 초음파 탐상 시험

해설 ① 인장시험은 파괴검사에 속한다.

비파괴검사	파괴검사
• 초음파 탐상 시험 • 음향 탐상 시험 • 와류 탐상 시험	• 인장 시험 • 압축 시험 • 전단 시험

46 **산업안전보건법령상 롤러기의 방호장치 설치 시 유의해야 할 사항으로 가장 적절하지 않은 것은?**

① 손으로 조작하는 급정지장치의 조작부는 롤러기의 전면 및 후면에 각각 1개씩 수평으로 설치하여야 한다.
② 앞면 롤러의 표면속도가 30m/min 미만인 경우 급정지 거리는 앞면 롤러 원주의 1/2.5 이하로 한다.
③ 급정지장치의 조작부에 사용하는 줄은 사용 중 늘어져서는 안 된다.
④ 급정지장치의 조작부에 사용하는 줄은 충분한 인장강도를 가져야 한다.

해설 ② 앞면 롤러의 표면속도가 30m/min 미만인 경우 급정지 거리는 앞면 롤러 원주의 1/3 이하로 한다.

47 **보일러 부하의 급변, 수위의 과상승 등에 의해 수분이 증기와 분리되지 않아 보일러 수면이 심하게 솟아올라 올바른 수위를 판단하지 못하는 현상은?**

① 프라이밍　② 모세관
③ 워터해머　④ 역화

해설 **프라이밍 현상**
• 보일러의 과부하로 물방울 비산
• 증기 발생으로 보일러 수위가 불안정한 현상

48 **자동화 설비를 사용하고자 할 때 기능의 안전화를 위하여 검토할 사항으로 거리가 가장 먼 것은?**

① 재료 및 가공 결함에 의한 오동작
② 사용압력 변동 시의 오동작
③ 전압강하 및 정전에 따른 오동작
④ 단락 또는 스위치 고장 시의 오동작

정답 43 ① 44 ④ 45 ① 46 ② 47 ① 48 ①

해설 ▶ **기능의 안전화를 위하여 검토할 사항**
- 사용압력 변동 시의 오동작
- 전압강하 및 정전에 따른 오동작
- 단락 또는 스위치 고장 시의 오동작

49 산업안전보건법령상 금속의 용접, 용단에 사용하는 가스 용기를 취급할 때 유의사항으로 틀린 것은?

① 밸브의 개폐는 서서히 할 것
② 운반하는 경우에는 캡을 벗길 것
③ 용기의 온도는 40℃ 이하로 유지할 것
④ 통풍이나 환기가 불충분한 장소에는 설치하지 말 것

해설 ② 운반하는 경우에는 캡을 벗기지 말 것

50 크레인 로프에 질량 2000kg의 물건을 $10m/s^2$의 가속도로 감아올릴 때, 로프에 걸리는 총 하중[kN]은? (단, 중력가속도는 $9.8m/s^2$)

① 9.6 ② 19.6
③ 29.6 ④ 39.6

해설 힘 = 질량×가속도
질량×(끌어올리는 가속도+중력가속도)
2000×(10+9.8) = 39600N = 39.6kN

51 산업안전보건법령상 보일러에 설치해야 하는 안전장치로 거리가 가장 먼 것은?

① 해지장치
② 압력방출장치
③ 압력제한스위치
④ 고・저수위조절장치

해설 ① **해지장치** : 훅걸이용 와이어로프 등이 훅으로부터 벗겨지는 것을 방지하기 위한 장치이다.
▶ **보일러에 설치해야 하는 안전장치**
- 고저수위 조절장치
- 압력방출장치
- 압력제한스위치
- 화염검출기

52 프레스 작동 후 작업점까지의 도달시간이 0.3초인 경우 위험한계로부터 양수조작식 방호장치의 최단 설치거리는?

① 48cm 이상 ② 58cm 이상
③ 68cm 이상 ④ 78cm 이상

해설 D[mm] = 1.6×0.3×1000 = 480mm = 48cm

$$D = 1.6(T_l + T_s)$$

여기서, D : 안전거리[m]
T_l : 방호장치의 작동시간[즉, 손이 광선을 차단했을 때부터 급정지기구가 작동을 개시할 때까지의 시간(초)]
T_s : 프레스의 최대정지시간[즉, 급정지기구가 작동을 개시할 때부터 슬라이드가 정지할 때까지의 시간(초)]

53 산업안전보건법령상 고속회전체의 회전시험을 하는 경우 미리 회전축의 재질 및 형상 등에 상응하는 종류의 비파괴검사를 해서 결함 유무를 확인해야 한다. 이때 검사 대상이 되는 고속회전체의 기준은?

① 회전축의 중량이 0.5t을 초과하고, 원주속도가 100m/s 이내인 것
② 회전축의 중량이 0.5t을 초과하고, 원주속도가 120m/s 이상인 것
③ 회전축의 중량이 1t을 초과하고, 원주속도가 100m/s 이내인 것
④ 회전축의 중량이 1t을 초과하고, 원주속도가 120m/s 이상인 것

49 ② 50 ④ 51 ① 52 ① 53 ④ **정답**

해설 ⊙ **비파괴검사대상 고속회전체 기준**
회전축의 중량이 1t을 초과하고 원주속도가 120m/s 이상인 것

54 **프레스의 손쳐내기식 방호장치 설치기준으로 틀린 것은?**

① 방호판의 폭이 금형 폭의 1/2 이상이어야 한다.
② 슬라이드 행정수가 300spm 이상의 것에 사용한다.
③ 손쳐내기봉의 행정(Stroke) 길이를 금형의 높이에 따라 조정할 수 있고 진동폭은 금형폭 이상이어야 한다.
④ 슬라이드 하행정거리의 3/4 위치에서 손을 완전히 밀어내야 한다.

해설 기계의 슬라이드 작동에 의해서 제수봉의 길이 및 진폭을 조절할 수 있는 구조로 되어야 하며, 손의 안전을 확보할 수 있는 방호판이 구비되어야 한다. 이 방호판의 폭은 금형 폭의 1/2(금형의 폭이 200mm 이하에서 사용하는 방호판의 폭은 100mm) 이상이어야 하며 또 높이가 행정길이(행정길이가 300mm를 넘는 것은 300mm의 방호판) 이상이 되어야 한다.

55 **산업안전보건법령상 컨베이어에 설치하는 방호장치로 거리가 가장 먼 것은?**

① 건널다리
② 반발예방장치
③ 비상정지장치
④ 역주행방지장치

해설 ② **반발예방장치** : 둥근톱 작업 시 가공재의 반발을 방지하기 위하여 설치하는 분할날

56 **휴대형 연삭기 사용 시 안전사항에 대한 설명으로 가장 적절하지 않은 것은?**

① 잘 안 맞는 장갑이나 옷은 착용하지 말 것
② 긴 머리는 묶고 모자를 착용하고 작업할 것
③ 연삭숫돌을 설치하거나 교체하기 전에 전선과 압축공기 호스를 설치할 것
④ 연삭작업 시 클램핑 장치를 사용하여 공작물을 확실히 고정할 것

해설
- 연삭숫돌을 설치하거나 교체한 후에 전선과 압축공기 호스를 설치할 것
- 연삭작업 시 클램핑 장치를 사용하여 고정시키고 회전체에 장애물을 제거할 것

57 **선반 작업에 대한 안전수칙으로 가장 적절하지 않은 것은?**

① 선반의 바이트는 끝을 짧게 장치한다.
② 작업 중에는 면장갑을 착용하지 않도록 한다.
③ 작업이 끝난 후 절삭 칩의 제거는 반드시 브러시 등의 도구를 사용한다.
④ 작업 중 일감의 치수 측정 시 기계 운전 상태를 저속으로 하고 측정한다.

해설 ⊙ **선반작업 시 안전수칙**
- 브러시 등 도구를 사용하여 절삭 칩 제거
- 면장갑 착용 금지
- 기계 정지 후 치수 측정

58 **지게차의 방호장치에 해당하는 것은?**

① 버킷 ② 포크
③ 마스트 ④ 헤드가드

해설 ⊙ **지게차 방호장치**
- 헤드가드
- 전조등, 후미등
- 백레스트
- 안전벨트

정답 54 ② 55 ② 56 ③ 57 ④ 58 ④

59 **다음 중 금형을 설치 및 조정할 때 안전수칙으로 가장 적절하지 않은 것은?**

① 금형을 체결할 때에는 적합한 공구를 사용한다.
② 금형의 설치 및 조정은 전원을 끄고 실시한다.
③ 금형을 부착하기 전에 하사점을 확인하고 설치한다.
④ 금형을 체결할 때에는 안전블록을 잠시 제거하고 실시한다.

해설 ④ 금형을 체결할 때에는 안전블록을 설치하고 실시한다.

60 **다음 중 절삭가공으로 틀린 것은?**

① 선반　② 밀링
③ 프레스　④ 보링

해설

절삭가공기계	비절삭가공기계
선반, 밀링, 보링기계	프레스, 절곡기

4과목 전기위험방지기술

61 **고압 및 특고압 전로에 시설하는 피뢰기의 설치장소로 잘못된 곳은?**

① 가공전선로와 지중전선로가 접속되는 곳
② 발전소, 변전소의 가공전선 인입구 및 인출구
③ 고압 가공전선로에 접속하는 배전용 변압기의 저압측
④ 고압 가공전선로로부터 공급을 받는 수용장소의 인입구

해설 **피뢰기의 설치장소**
- 발전소, 변전소 또는 이에 준하는 장소의 가공전선 인입구 및 인출구
- 가공전선로에 접속하는 배전용 변압기의 고압측 및 특고압측
- 고압 또는 특고압의 가공전선로로부터 공급을 받는 수용장소의 인입구
- 가공전선로와 지중전선로가 접속되는 곳

62 **산업안전보건기준에 관한 규칙 제319조에 의한 정전전로에서의 정전 작업을 마친 후 전원을 공급하는 경우에 사업주가 작업에 종사하는 근로자 및 전기기기와 접촉할 우려가 있는 근로자에게 감전의 위험이 없도록 준수해야 할 사항이 아닌 것은?**

① 단락 접지기구 및 작업기구를 제거하고 전기기기 등이 안전하게 통전될 수 있는지 확인한다.
② 모든 작업자가 작업이 완료된 전기기기에서 떨어져 있는지 확인한다.
③ 잠금장치와 꼬리표를 근로자가 직접 설치한다.
④ 모든 이상 유무를 확인한 후 전기기기 등의 전원을 투입한다.

59 ④　60 ③　61 ③　62 ③ 정답

해설 ③ 잠금장치와 꼬리표는 설치한 근로자가 직접 철거할 것
① 작업기구, 단락 접지기구 등을 제거하고 전기기기 등이 안전하게 통전될 수 있는지를 확인할 것
② 모든 작업자가 작업이 완료된 전기기기 등에서 떨어져 있는지를 확인할 것
④ 모든 이상 유무를 확인한 후 전기기기 등의 전원을 투입할 것

63 변압기의 최소 IP 등급은? (단, 유입 방폭구조의 변압기이다.)

① IP55 ② IP56
③ IP65 ④ IP66

해설 기기의 보호등급은 KS C IEC 60529에 따라 최소 IP66에 적합하다.

64 가스그룹이 IIB인 지역에 내압방폭구조 "d"의 방폭기기가 설치되어 있다. 기기의 플랜지 개구부에서 장애물까지의 최소 거리[mm]는?

① 10 ② 20
③ 30 ④ 40

해설 **가스그룹/최소이격거리[mm]**
- IIA/10
- IIB/30
- IIC/40

65 방폭전기설비의 용기 내부에서 폭발성 가스 또는 증기가 폭발하였을 때 용기가 그 압력에 견디고 접합면이나 개구부를 통해서 외부의 폭발성 가스나 증기에 인화되지 않도록 한 방폭구조는?

① 내압방폭구조 ② 압력방폭구조
③ 유입방폭구조 ④ 본질안전방폭구조

해설 ② **압력방폭구조** : 용기 내부에 불연성 가스인 공기나 질소를 압입시켜 내부압력을 유지함으로써 외부의 폭발성 가스가 용기 내부에 침투하지 못하도록 한 구조로 용기 안의 압력을 항상 용기 외부의 압력보다 높게 해 두어야 한다.
③ **유입방폭구조** : 아크 또는 고열을 발생하는 전기설비를 용기에 넣고 그 용기 안에 다시 기름을 채워서 외부의 폭발성 가스와 점화원이 접촉하여 인화할 위험이 없도록 하는 구조로 유입 개폐부분에는 가스를 빼내는 배기공을 설치하여야 한다.
④ **본질안전방폭구조** : 정상시 및 사고시(단선, 단락, 지락 등)에 발생하는 전기 불꽃, 아크 또는 고온에 의하여 폭발성 가스 또는 증기에 점화되지 않는 것이 점화시험, 그 밖에 의하여 확인된 구조를 말한다.

66 정전기가 대전된 물체를 제전시키려고 한다. 다음 중 대전된 물체의 절연저항이 증가되어 제전의 효과를 감소시키는 것은?

① 접지한다.
② 건조시킨다.
③ 도전성 재료를 첨가한다.
④ 주위를 가습한다.

해설 건조할 경우 절연저항이 증가되어 제전효과를 감소시킨다.

67 감전 등의 재해를 예방하기 위하여 특고압용 기계·기구 주위에 관계자 외 출입을 금하도록 울타리를 설치할 때, 울타리의 높이와 울타리로부터 충전부분까지의 거리의 합이 최소 몇 [m] 이상이 되어야 하는가? (단, 사용전압이 35kV 이하인 특고압용 기계기구이다.)

① 5m ② 6m
③ 7m ④ 9m

해설 35kV 이하 5m
35kV 초과 160kV 이하 6m

정답 63 ④ 64 ③ 65 ① 66 ② 67 ①

68 개폐기로 인한 발화는 스파크에 의한 가연물의 착화화재가 많이 발생한다. 이를 방지하기 위한 대책으로 틀린 것은?

① 가연성증기, 분진 등이 있는 곳은 방폭형을 사용한다.
② 개폐기를 불연성 상자 안에 수납한다.
③ 비포장 퓨즈를 사용한다.
④ 접속부분의 나사풀림이 없도록 한다.

해설 ③ 포장 퓨즈를 사용한다.

69 극간 정전용량이 1000pF이고, 착화에너지가 0.019 mJ인 가스에서 폭발한계 전압[V]은 약 얼마인가? (단, 소수점 이하는 반올림한다.)

① 3900 ② 1950
③ 390 ④ 195

해설 $W = 1/2 \times C \times V^2$

$0.019 \times 10^{-3} = 1/2 \times 1000 \times 10^{-12} \times V^2$

$$V = \sqrt{\frac{0.019 \times 10^{-3}}{\frac{1}{2} \times 1000 \times 10^{-12}}}$$

단위에 주의!

70 개폐기, 차단기, 유도 전압조정기의 최대 사용 전압이 7kV 이하인 전로의 경우 절연 내력 시험은 최대 사용 전압의 1.5배의 전압을 몇 분간 가하는가?

① 10 ② 15
③ 20 ④ 25

해설 개폐기, 차단기, 유도 전압조정기의 최대 사용 전압이 7kV 이하인 전로의 경우 절연 내력 시험은 최대 사용 전압의 1.5배의 전압을 10분간 가한다.

71 한국전기설비규정에 따라 욕조나 샤워시설이 있는 욕실 등 인체가 물에 젖어있는 상태에서 전기를 사용하는 장소에 인체감전보호용 누전차단기가 부착된 콘센트를 시설하는 경우 누전차단기의 정격감도전류 및 동작시간은?

① 15mA 이하, 0.01초 이하
② 15mA 이하, 0.03초 이하
③ 30mA 이하, 0.01초 이하
④ 30mA 이하, 0.03초 이하

해설 물이 있는 곳은 인체감전보호용 누전차단기를 설치(정격감도전류 15mA 이하, 동작시간은 0.03s 이하의 전류 동작형으로 한다.)

72 불활성화할 수 없는 탱크, 탱크롤리 등에 위험물을 주입하는 배관은 정전기 재해방지를 위하여 배관 내 액체의 유속제한을 한다. 배관 내 유속제한에 대한 설명으로 틀린 것은?

① 물이나 기체를 혼합하는 비수용성 위험물의 배관 내 유속은 1m/s 이하로 할 것
② 저항률이 $10^{10}\Omega \cdot cm$ 미만의 도전성 위험물의 배관 내 유속은 7m/s 이하로 할 것
③ 저항률이 $10^{10}\Omega \cdot cm$ 이상인 위험물의 배관 내 유속은 관내경이 0.05m이면 3.5m/s 이하로 할 것
④ 이황화탄소 등과 같이 유동대전이 심하고 폭발 위험성이 높은 것은 배관 내 유속을 3m/s 이하로 할 것

해설 배관 내 유속제한

- 저항률이 $10^{10}\Omega \cdot m$ 미만인 도전성 위험물의 배관유속 : 7m/s 이하
- 에테르, 이황화탄소 등과 같이 유동성이 심하고 폭발 위험성이 높은 것 : 1m/s 이하
- 물이나 기체를 혼합한 비수용성 위험물 : 1m/s
- 저항률이 $10^{10}\Omega \cdot m$ 이상인 위험물의 유관의 유속은 유입구가 액면 아래로 충분히 잠길 때까지 : 1m/s 이하

68 ③ 69 ④ 70 ① 71 ② 72 ④ 정답

73 절연물의 절연계급을 최고허용온도가 낮은 온도에서 높은 온도 순으로 배치한 것은?

① Y종 → A종 → E종 → B종
② A종 → B종 → E종 → Y종
③ Y종 → E종 → B종 → A종
④ B종 → Y종 → A종 → E종

해설
- Y종 절연 : 90℃
- A종 절연 : 105℃
- E종 절연 : 120℃
- B종 절연 : 130℃
- F종 절연 : 155℃
- H종 절연 : 180℃
- C종 절연 : 180℃ 초과

74 다른 두 물체가 접촉할 때 접촉 전위차가 발생하는 원인으로 옳은 것은?

① 두 물체의 온도 차
② 두 물체의 습도 차
③ 두 물체의 밀도 차
④ 두 물체의 일함수 차

해설 일함수는 에너지를 일컫는 말로 고체의 표면에서 한 개의 전자를 고체 밖으로 빼내는 데 필요한 에너지이다.

75 방폭인증서에서 방폭부품을 나타내는 데 사용되는 인증번호의 접미사는?

① "G" ② "X"
③ "D" ④ "U"

해설 방폭부품이란 전기기기 및 모듈의 부품을 말하며 기호로는 "U"로 표시하고 폭발성 가스 분위기에서 사용하는 전기기기 및 시스템에 사용할 때 단독으로 사용하지 않고 추가로 고려사항이 요구된다.

76 속류를 차단할 수 있는 최고의 교류전압을 피뢰기의 정격전압이라고 하는데 이 값은 통상적으로 어떤 값으로 나타내고 있는가?

① 최댓값 ② 평균값
③ 실횻값 ④ 파곳값

해설 실횻값으로 실제로 효과가 있는 값을 말한다.

77 전로에 시설하는 기계기구의 철대 및 금속제 외함에 접지공사를 생략할 수 없는 경우는?

① 30V 이하의 기계기구를 건조한 곳에 시설하는 경우
② 물기 없는 장소에 설치하는 저압용 기계기구를 위한 전로에 정격감도전류 40mA 이하, 동작시간 2초 이하의 전류동작형 누전차단기를 시설하는 경우
③ 철대 또는 외함의 주위에 적당한 절연대를 설치하는 경우
④ 「전기용품 및 생활용품 안전관리법」의 적용을 받는 이중절연구조로 되어 있는 기계기구를 시설하는 경우

해설 ② 물기 없는 장소에 설치하는 저압용 기계기구를 위한 전로에 정격감도전류 30mA 이하, 동작시간 0.03초 이하의 전류동작형 누전차단기를 시설하는 경우

78 인체의 전기저항을 500Ω으로 하는 경우 심실세동을 일으킬 수 있는 에너지는 약 얼마인가? (단, 심실세동전류 $I=\frac{165}{\sqrt{T}}$ mA로 한다.)

① 13.6J ② 19.0J
③ 13.6mJ ④ 19.0mJ

정답 73 ① 74 ④ 75 ④ 76 ③ 77 ② 78 ①

해설 • 심실세동전류 = $165/\sqrt{1}$ = 165mA = 0.165A
• 에너지 = 전압×전류, 전압 = 전류×저항
• 에너지 = 전류^2×저항
= $0.165^2 \times 500$

79 전기설비에 접지를 하는 목적으로 틀린 것은?

① 누설전류에 의한 감전방지
② 낙뢰에 의한 피해방지
③ 지락사고 시 대지전위 상승유도 및 절연강도 증가
④ 지락사고 시 보호계전기 신속동작

해설 ③ 지락사고 시 대지전위 상승억제 및 절연강도 증가

80 한국전기설비규정에 따라 과전류차단기로 저압전로에 사용하는 범용 퓨즈(gG)의 용단전류는 정격전류의 몇 배인가? (단, 정격전류가 4A 이하인 경우이다.)

① 1.5배 ② 1.6배
③ 1.9배 ④ 2.1배

해설 한국전기설비규정에 따라 과선류차단기로 저압전로에 사용하는 범용 퓨즈(gG)의 용단전류는 정격전류의 2.1배이다.

5과목 화학설비위험방지기술

81 다음 중 분진이 발화 폭발하기 위한 조건으로 거리가 먼 것은?

① 불연성질
② 미분상태
③ 점화원의 존재
④ 산소 공급

해설 • 불연은 불이 붙지 않는 성질이다.
• 미분상태는 미세한 가루상태여서 표면적이 넓어 불붙기 좋다.

82 다음 중 폭발한계[vol%]의 범위가 가장 넓은 것은?

① 메탄 ② 부탄
③ 톨루엔 ④ 아세틸렌

해설 ④ **아세틸렌** : 2.5~81
① **메탄** : 5~15
② **부탄** : 1.9~8.5
③ **톨루엔** : 1.4~6.7

83 다음 중 최소발화에너지(E[J])를 구하는 식으로 옳은 것은? (단, I는 전류[A], R은 저항[Ω], V는 전압[V], C는 콘덴서용량[F], T는 시간[초]이라 한다.)

① $E = IRT$
② $E = 0.24I^2\sqrt{R}$
③ $E = \frac{1}{2}CV^2$
④ $E = \frac{1}{2}\sqrt{C^2V}$

해설 $E = 1/2 \times C \times V^2$

79 ③ 80 ④ 81 ① 82 ④ 83 ③ 정답

84 공기 중에서 A 물질의 폭발하한계가 4vol%, 상한계가 75vol%라면 이 물질의 위험도는?

① 16.75 ② 17.75
③ 18.75 ④ 19.75

해설 위험도 = (상한계 − 하한계)/하한계
= (75 − 4)/4 = 17.75

85 산업안전보건법령상 다음 내용에 해당하는 폭발위험장소는?

> 20종 장소 밖으로서 분진운 형태의 가연성 분진이 폭발농도를 형성할 정도의 충분한 양이 정상작동 중에 존재할 수 있는 장소를 말한다.

① 21종 장소 ② 22종 장소
③ 0종 장소 ④ 1종 장소

해설 ❯ 분진폭발위험장소

20종 장소	• 밀폐방진방폭구조(DIP A20 또는 B20) • 그 밖에 관련 공인 인증기관이 20종 장소에서 사용이 가능한 방폭구조로 인증한 방폭구조
21종 장소	• 밀폐방진방폭구조(DIP A20 또는 A21, DIP B20 또는 B21) • 밀폐방전방폭구조(SDP) • 그 밖에 관련 공인 인증기간이 21종 장소에서 사용이 가능한 방폭구조로 인증한 방폭구조
22종 장소	• 20종 장소 및 21종 장소에 사용 가능한 방폭구조 • 일반방진방폭구조(DIP A22 또는 B22) • 그 밖에 22종 장소에서 사용하도록 특별히 고안된 비방폭형 구조

86 다음 중 관의 지름을 변경하고자 할 때 필요한 관 부속품은?

① elbow ② reducer
③ plug ④ valve

해설 ② reducer : 배관의 지름을 감소(줄어든다)
① elbow : 배관의 방향을 변경
③ plug : 배관의 끝을 막을 때
④ valve : 유체 흐름 개폐

87 Li과 Na에 관한 설명으로 틀린 것은?

① 두 금속 모두 실온에서 자연발화의 위험성이 있으므로 알코올 속에 저장해야 한다.
② 두 금속은 물과 반응하여 수소기체를 발생한다.
③ Li은 비중 값이 물보다 작다.
④ Na는 은백색의 무른 금속이다.

해설 ① 두 금속 모두 실온에서 자연발화의 위험성이 있으므로 석유 속에 저장해야 한다.

88 다음 중 누설 발화형 폭발재해의 예방 대책으로 가장 거리가 먼 것은?

① 발화원 관리
② 밸브의 오동작 방지
③ 가연성 가스의 연소
④ 누설물질의 검지 경보

해설 ③ 가연성가스의 연소를 막아야 한다.

89 수분을 함유하는 에탄올에서 순수한 에탄올을 얻기 위해 벤젠과 같은 물질을 첨가하여 수분을 제거하는 증류 방법은?

① 공비증류
② 추출증류
③ 가압증류
④ 감압증류

정답 84 ② 85 ① 86 ② 87 ① 88 ③ 89 ①

해설 ① **공비증류** : 물질을 첨가하여 수분을 제거하는 방법
② **추출증류** : 두 성분의 분리를 허용하기 위해 이원혼합물에 세 번째 성분을 첨가
③ **가압증류** : 대기압보다 높은 압력을 가하는 증류
④ **감압증류** : 끓는점이 비교적 높은 액체 혼합물을 분리하기 위하여 액체에 작용한 압력을 감소

90 다음 중 인화점에 관한 설명으로 옳은 것은?

① 액체의 표면에서 발생한 증기농도가 공기 중에서 연소하한 농도가 될 수 있는 가장 높은 액체온도
② 액체의 표면에서 발생한 증기농도가 공기 중에서 연소상한 농도가 될 수 있는 가장 낮은 액체온도
③ 액체의 표면에 발생한 증기농도가 공기 중에서 연소하한 농도가 될 수 있는 가장 낮은 액체온도
④ 액체의 표면에서 발생한 증기농도가 공기 중에서 연소상한 농도가 될 수 있는 가장 높은 액체온도

해설 인화점은 기체 또는 휘발성 액체에서 발생하는 증기가 공기와 섞여 가연성 또는 완폭발성 혼합기체를 형성하고 여기에 불꽃을 가까이 댔을 때 순간적으로 섬광을 내면서 연소, 인화되는 최저의 온도를 말한다.

91 분진폭발의 특징에 관한 설명으로 옳은 것은?

① 가스폭발보다 발생에너지가 작다.
② 폭발압력과 연소속도는 가스폭발보다 크다.
③ 입자의 크기, 부유성 등이 분진폭발에 영향을 준다.
④ 불완전연소로 인한 가스중독의 위험성은 작다.

해설 **분진폭발의 특징**
- 가스폭발과 비교히여 작지만 언소시간이 길다.
- 발생에너지가 크기 때문에 파괴력과 타는 정도가 크다.
- 발화에너지는 상대적으로 훨씬 크다.

92 위험물안전관리법령상 제1류 위험물에 해당하는 것은?

① 과염소산나트륨 ② 과염소산
③ 과산화수소 ④ 과산화벤조일

해설 ② **과염소산** : 제6류 위험물
③ **과산화수소** : 제6류 위험물
④ **과산화벤조일** : 제5류 위험물

93 다음 중 질식소화에 해당하는 것은?

① 가연성 기체의 분출화재 시 주 밸브를 닫는다.
② 가연성 기체의 연쇄반응을 차단하여 소화한다.
③ 연료 탱크를 냉각하여 가연성 가스의 발생속도를 작게 한다.
④ 연소하고 있는 가연물이 존재하는 장소를 기계적으로 폐쇄하여 공기의 공급을 차단한다.

해설 질식소화는 가연물이 연소할 때 공기 중의 산소농도(약 21%)를 10~15%로 떨어뜨려 연소를 중단시키는 방법으로 대부분의 액체는 공기 중의 산소함량이 15% 이하로 되면 소화되고 고체는 6%, 아세틸렌은 4% 이하가 되면 소화된다. 이의 대표적인 소화제가 이산화탄소(CO_2)이다.
① 가연성 기체의 분출화재 시 주 밸브를 닫는다. – 제거소화
② 가연성 기체의 연쇄반응을 차단하여 소화한다. – 억제소화
③ 연료 탱크를 냉각하여 가연성 가스의 발생속도를 작게 한다. – 냉각소화

94 산업안전보건기준에 관한 규칙에서 정한 위험물질의 종류에서 “물반응성 물질 및 인화성 고체”에 해당하는 것은?

① 질산에스테르류 ② 니트로화합물
③ 칼륨 · 나트륨 ④ 니트로소화합물

90 ③ 91 ③ 92 ① 93 ④ 94 ③ 정답

해설 ❯ **물반응성 물질 및 인화성 고체**(안전보건규칙 별표 1)
- 리튬
- 칼륨 · 나트륨
- 황
- 황린
- 황화인 · 적린
- 셀룰로이드류
- 알킬알루미늄 · 알킬리튬
- 마그네슘 분말
- 금속 분말(마그네슘 분말은 제외한다)
- 알칼리금속(리튬 · 칼륨 및 나트륨은 제외한다)
- 유기금속화합물(알킬알루미늄 및 알킬리튬은 제외한다)
- 금속의 수소화물
- 금속의 인화물
- 칼슘 탄화물, 알루미늄 탄화물
- 위의 물질과 같은 정도의 발화성 또는 인화성 있는 물질
- 위의 물질을 함유한 물질

95 공기 중 아세톤의 농도가 200ppm(TLV 500ppm), 메틸에틸케톤(MEK)의 농도가 100ppm(TLV 200 ppm)일 때 혼합물질의 허용농도[ppm]는? (단, 두 물질은 서로 상가작용을 하는 것으로 가정한다.)

① 150 ② 200
③ 270 ④ 333

해설 200/500＋100/200＝0.9(노출지수)
허용농도＝혼합물의 공기 중 농도/노출지수
＝(200＋100)/0.9＝333ppm

96 포스겐가스 누설검지의 시험지로 사용되는 것은?

① 연당지 ② 염화파라듐지
③ 하리슨시험지 ④ 초산벤젠지

해설 포스겐가스 누설검지의 시험지는 해리슨(하리슨)시험지로 유자색이다.

97 안전밸브 전단 · 후단에 자물쇠형 또는 이에 준하는 형식의 차단밸브 설치를 할 수 있는 경우에 해당하지 않는 것은?

① 자동압력조절밸브와 안전밸브 등이 직렬로 연결된 경우
② 화학설비 및 그 부속설비에 안전밸브 등이 복수 방식으로 설치되어 있는 경우
③ 열팽창에 의하여 상승된 압력을 낮추기 위한 목적으로 안전밸브가 설치된 경우
④ 인접한 화학설비 및 그 부속설비에 안전밸브 등이 각각 설치되어 있고, 해당 화학설비 및 그 부속설비의 연결배관에 차단밸브가 없는 경우

해설 ① 자동압력조절밸브와 안전밸브 등이 병렬로 연결된 경우

98 산업안전보건법령상 대상 설비에 설치된 안전밸브에 대해서는 경우에 따라 구분된 검사주기마다 안전밸브가 적정하게 작동하는지 검사하여야 한다. 화학공정 유체와 안전밸브의 디스크 또는 시트가 직접 접촉될 수 있도록 설치된 경우의 검사주기로 옳은 것은?

① 매년 1회 이상
② 2년마다 1회 이상
③ 3년마다 1회 이상
④ 4년마다 1회 이상

해설 화학공정 유체와 안전밸브의 디스크 또는 시트가 직접 접촉될 수 있도록 설치된 경우 매년 1회 이상이다.

정답 95 ④ 96 ③ 97 ① 98 ①

99 **압축하면 폭발할 위험성이 높아 아세톤 등에 용해시켜 다공성 물질과 함께 저장하는 물질은?**

① 염소 ② 아세틸렌
③ 에탄 ④ 수소

해설 아세틸렌가스는 압축하거나 액화시키면 분해 폭발을 일으키므로 용기에 다공 물질과 가스를 잘 녹이는 용제(아세톤, 디메틸포름아미드 등)를 넣어 용해시켜 충전한다.

100 **위험물을 산업안전보건법령에서 정한 기준량 이상으로 제조하거나 취급하는 설비로서 특수화학설비에 해당되는 것은?**

① 가열시켜 주는 물질의 온도가 가열되는 위험물질의 분해온도보다 높은 상태에서 운전되는 설비
② 상온에서 게이지 압력으로 200kPa의 압력으로 운전되는 설비
③ 대기압 하에서 300℃로 운전되는 설비
④ 흡열반응이 행하여지는 반응설비

해설 **특수화학설비**(안전보건규칙 제273조)
- 발열반응이 일어나는 반응장치
- 증류・정류・증발・추출 등 분리를 하는 장치
- 가열시켜 주는 물질의 온도가 가열되는 위험물질의 분해온도 또는 발화점보다 높은 상태에서 운전되는 설비
- 반응폭주 등 이상 화학반응에 의하여 위험물질이 발생할 우려가 있는 설비
- 온도가 섭씨 350℃ 이상이거나 게이지 압력이 980kPa 이상인 상태에서 운전되는 설비
- 가열로 또는 가열기

6과목 건설안전기술

101 **산업안전보건법령에서 규정하는 철골작업을 중지하여야 하는 기후조건에 해당하지 않는 것은?**

① 풍속이 초당 10m 이상인 경우
② 강우량이 시간당 1mm 이상인 경우
③ 강설량이 시간당 1cm 이상인 경우
④ 기온이 영하 5℃ 이하인 경우

해설 **철골작업 시 안전상 작업중지 사유**(안전보건규칙 제383조)
- 풍속이 초당 10m 이상인 경우
- 강우량이 시간당 1mm 이상인 경우
- 강설량이 시간당 1cm 이상인 경우

102 **유해위험방지계획서를 고용노동부장관에게 제출하고 심사를 받아야 하는 대상 건설공사 기준으로 옳지 않은 것은?**

① 최대 지간길이가 50m 이상인 다리의 건설등 공사
② 지상높이 25m 이상인 건축물 또는 인공구조물의 건설등 공사
③ 깊이 10m 이상인 굴착공사
④ 다목적댐, 발전용댐, 저수용량 2천만t 이상의 용수 전용 댐 및 지방상수도 전용 댐의 건설등 공사

해설 ② 지상높이가 31m 이상(10층 정도)인 건축물 또는 인공구조물(산업안전보건법 시행령 제42조 제3항 제1호 가목)

103 **차량계 건설기계를 사용하여 작업을 하는 경우 작업계획서 내용에 포함되지 않는 사항은?**

① 사용하는 차량계 건설기계의 종류 및 성능
② 차량계 건설기계의 운행경로
③ 차량계 건설기계에 의한 작업방법
④ 차량계 건설기계 사용 시 유도자 배치 위치

99 ② 100 ① 101 ④ 102 ② 103 ④ 정답

해설 ◆ **차량계 건설기계 작업계획서 포함사항**(안전보건규칙 별표 4)
- 사용하는 차량계 건설기계의 종류 및 성능
- 차량계 건설기계의 운행경로
- 차량계 건설기계에 의한 작업방법

104 공사진척에 따른 공정률이 다음과 같을 때 안전관리비 사용기준으로 옳은 것은? (단, 공정률은 기성공정률을 기준으로 함)

공정률 : 70% 이상, 90% 미만

① 50% 이상 ② 60% 이상
③ 70% 이상 ④ 80% 이상

해설

공정률	50% 이상 70% 미만	70% 이상 90% 미만	90% 이상
사용기준	50% 이상	70% 이상	90% 이상

105 미리 작업장소의 지형 및 지반상태 등에 적합한 제한속도를 정하지 않아도 되는 차량계 건설기계의 속도 기준은?

① 최대제한속도가 10km/h 이하
② 최대제한속도가 20km/h 이하
③ 최대제한속도가 30km/h 이하
④ 최대제한속도가 40km/h 이하

해설 차량계 하역운반기계, 차량계 건설기계(최대제한속도가 10km/h 이하인 것은 제외한다)를 사용하여 작업을 하는 경우 미리 작업장소의 지형 및 지반 상태 등에 적합한 제한속도를 정하고, 운전자로 하여금 준수하도록 하여야 한다(안전보건규칙 제98조).

106 사면 보호 공법 중 구조물에 의한 보호 공법에 해당되지 않는 것은?

① 블록공
② 식생구멍공
③ 돌쌓기공
④ 현장타설 콘크리트 격자공

해설 ② 식생공은 건설재해대책의 사면보호공법 중 식물을 생육시켜 그 뿌리로 사면의 표층토를 고정하여 빗물에 의한 침식, 동상, 이완 등을 방지하고, 녹화에 의한 경관조성이 목적이다.

107 안전계수가 4이고 2000MPa의 인장강도를 갖는 강선의 최대허용응력은?

① 500MPa ② 1000MPa
③ 1500MPa ④ 2000MPa

해설 $\text{허용응력} = \dfrac{\text{인장강도}}{\text{안전계수}} = \dfrac{2{,}000}{4} = 500$

108 터널공사의 전기발파작업에 관한 설명으로 옳지 않은 것은?

① 전선은 점화하기 전에 화약류를 충진한 장소로부터 30m 이상 떨어진 안전한 장소에서 도통시험 및 저항시험을 하여야 한다.
② 점화는 충분한 허용량을 갖는 발파기를 사용하고 규정된 스위치를 반드시 사용하여야 한다.
③ 발파 후 발파기와 발파모선의 연결을 유지한 채 그 단부를 절연시킨 후 재점화가 되지 않도록 한다.
④ 점화는 선임된 발파책임자가 행하고 발파기의 핸들을 점화할 때 이외는 시건장치를 하거나 모선을 분리하여야 하며 발파책임자의 엄중한 관리하에 두어야 한다.

해설 ③ 발파 후 발파기와 발파모선의 연결을 분리한 후 그 단부를 절연시킨 후 재점화가 되지 않도록 한다.

정답 104 ③ 105 ① 106 ② 107 ① 108 ③

109 화물을 적재하는 경우의 준수사항으로 옳지 않은 것은?

① 침하 우려가 없는 튼튼한 기반 위에 적재할 것
② 건물의 칸막이나 벽 등이 화물의 압력에 견딜 만큼의 강도를 지니지 아니한 경우에는 칸막이나 벽에 기대어 적재하지 않도록 할 것
③ 불안정한 정도로 높이 쌓아 올리지 말 것
④ 하중을 한쪽으로 치우치더라도 화물을 최대한 효율적으로 적재할 것

해설 **화물 적재 시 준수사항**(안전보건규칙 제393조)
- 침하 우려가 없는 튼튼한 기반 위에 적재할 것
- 건물의 칸막이나 벽 등이 화물의 압력에 견딜 만큼의 강도를 지니지 아니한 경우에는 칸막이나 벽에 기대어 적재하지 않도록 할 것
- 불안정할 정도로 높이 쌓아 올리지 말 것
- 하중이 한쪽으로 치우치지 않도록 쌓을 것

110 발파구간 인접구조물에 대한 피해 및 손상을 예방하기 위한 건물기초에서의 허용진동치[cm/sec] 기준으로 옳지 않은 것은? (단, 기존 구조물에 금이 가 있거나 노후구조물 대상일 경우 등은 고려하지 않는다.)

① 문화재 : 0.2cm/sec
② 주택, 아파트 : 0.5cm/sec
③ 상가 : 1.0cm/sec
④ 철골콘크리트 빌딩 : 0.8~1.0cm/sec

해설

건물분류	문화재	주택 아파트	상가 (금이 없는 상태)	철골 콘크리트 빌딩 및 상가
허용진동치 [cm/sec]	0.2	0.5	1.0	1.0~4.0

111 거푸집 및 동바리 등을 조립 또는 해체하는 작업을 하는 경우의 준수사항으로 옳지 않은 것은?

① 재료, 기구 또는 공구 등을 올리거나 내리는 경우에는 근로자로 하여금 달줄·달포대 등의 사용을 금하도록 할 것
② 낙하·충격에 의한 돌발적 재해를 방지하기 위하여 버팀목을 설치하고 거푸집 및 동바리를 인양장비에 매단 후에 작업을 하도록 하는 등 필요한 조치를 할 것
③ 비, 눈, 그 밖의 기상상태의 불안정으로 날씨가 몹시 나쁜 경우에는 그 작업을 중지할 것
④ 해당 작업을 하는 구역에는 관계 근로자가 아닌 사람의 출입을 금지할 것

해설 **거푸집 및 동바리 조립·해체작업 시 준수사항**(안전보건규칙 제333조)
- 해당 작업을 하는 구역에는 관계 근로자가 아닌 사람의 출입을 금지할 것
- 비, 눈, 그 밖의 기상상태의 불안정으로 날씨가 몹시 나쁜 경우에는 그 작업을 중지할 것
- 재료, 기구 또는 공구 등을 올리거나 내리는 경우에는 근로자로 하여금 달줄·달포대 등을 사용하도록 할 것
- 낙하·충격에 의한 돌발적 재해를 방지하기 위하여 버팀목을 설치하고 거푸집 및 동바리를 인양장비에 매단 후에 작업을 하도록 하는 등 필요한 조치를 할 것

112 강관을 사용하여 비계를 구성하는 경우 준수하여야 할 기준으로 옳지 않은 것은?

① 비계기둥의 간격은 띠장 방향에서는 1.85m 이하, 장선(長線) 방향에서는 1.5m 이하로 할 것
② 띠장 간격은 2.0m 이하로 할 것
③ 비계기둥의 제일 윗부분으로부터 31m 되는 지점 밑부분의 비계기둥은 3개의 강관으로 묶어 세울 것
④ 비계기둥 간의 적재하중은 400kg을 초과하지 않도록 할 것

109 ④ 110 ④ 111 ① 112 ③ 정답

해설 ③ 비계기둥의 제일 윗부분으로부터 31m 되는 지점 밑부분의 비계기둥은 2개의 강관으로 묶어 세울 것. 다만, 브라켓(bracket, 까치발) 등으로 보강하여 2개의 강관으로 묶을 경우 이상의 강도가 유지되는 경우에는 그러하지 아니하다.
① 비계기둥의 간격은 띠장 방향에서는 1.85m 이하, 장선(長線) 방향에서는 1.5m 이하로 할 것. 다만, 선박 및 보트 건조작업의 경우 안전성에 대한 구조검토를 실시하고 조립도를 작성하면 띠장 방향 및 장선 방향으로 각각 2.7m 이하로 할 수 있다.
② 띠장 간격은 2.0m 이하로 할 것. 다만, 작업의 성질상 이를 준수하기가 곤란하여 쌍기둥틀 등에 의하여 해당 부분을 보강한 경우에는 그러하지 아니하다.
④ 비계기둥 간의 적재하중은 400kg을 초과하지 않도록 할 것

113 지하수위 상승으로 포화된 사질토 지반의 액상화 현상을 방지하기 위한 가장 직접적이고 효과적인 대책은?

① well point 공법 적용
② 동다짐 공법 적용
③ 입도가 불량한 재료를 입도가 양호한 재료로 치환
④ 밀도를 증가시켜 한계간극비 이하로 상대밀도를 유지하는 방법 강구

해설 well point 공법은 지름 5cm, 길이 1m 정도의 필터가 달린 흡수기(well point)를 1~2m 간격으로 설치하고 펌프로 지하수를 빨아 올림으로써 지하수위를 낮추는 방법이다.

114 크레인 등 건설장비의 가공전선로 접근 시 안전대책으로 옳지 않은 것은?

① 안전 이격거리를 유지하고 작업한다.
② 장비를 가공전선로 밑에 보관한다.
③ 장비의 조립, 준비 시부터 가공전선로에 대한 감전 방지 수단을 강구한다.
④ 장비 사용 현장의 장애물, 위험물 등을 점검 후 작업계획을 수립한다.

해설 ② 가공전선로를 최대한 멀리한다.

115 흙의 투수계수에 영향을 주는 인자에 관한 설명으로 옳지 않은 것은?

① 포화도 : 포화도가 클수록 투수계수도 크다.
② 공극비 : 공극비가 클수록 투수계수는 작다.
③ 유체의 점성계수 : 점성계수가 클수록 투수계수는 작다.
④ 유체의 밀도 : 유체의 밀도가 클수록 투수계수는 크다.

해설 ② 공극비가 작을수록 투수계수는 작다.

116 다음 중 지하수위 측정에 사용되는 계측기는? (문제 오류로 정답 없음 처리됨)

① Load Cell ② Inclinometer
③ Extensometer ④ Piezometer

해설 ① Load Cell : 하중측정
② Inclinometer : 지중 수평 변위 측정
③ Extensometer : 지중 수직 변위 측정
④ Piezometer : 지하수면이나 정수압면의 표고값을 관측하기 위해 설치
※ 당초에는 답이 ④로 발표되었으나, 최종발표에서 정답 없음으로 모두 정답처리되었다.
굴착공사 계측관리 기술지침에 의하면, 지하수위 변화는 지하수위계(water level meter)로 계측한다.

117 이동식비계를 조립하여 작업을 하는 경우에 준수하여야 할 기준으로 옳지 않은 것은?

① 승강용사다리는 견고하게 설치할 것
② 비계의 최상부에서 작업을 하는 경우에는 안전난간을 설치할 것
③ 작업발판의 최대적재하중은 400kg을 초과하지 않도록 할 것
④ 작업발판은 항상 수평을 유지하고 작업발판 위에서 안전난간을 딛고 작업을 하거나 받침대 또는 사다리를 사용하여 작업하지 않도록 할 것

정답 113 ① 114 ② 115 ② 116 정답 없음 117 ③

해설 ④ 작업발판의 최대적재하중은 250kg을 초과하지 않도록 하여야 한다(안전보건규칙 제68조).

118 터널 지보공을 조립하거나 변경하는 경우에 조치하여야 하는 사항으로 옳지 않은 것은?

① 목재의 터널 지보공은 그 터널 지보공의 각 부재에 작용하는 긴압 정도를 체크하여 그 정도가 최대한 차이나도록 할 것
② 강(鋼)아치 지보공의 조립은 연결볼트 및 띠장 등을 사용하여 주재 상호 간을 튼튼하게 연결할 것
③ 기둥에는 침하를 방지하기 위하여 받침목을 사용하는 등의 조치를 할 것
④ 주재(主材)를 구성하는 1세트의 부재는 동일 평면 내에 배치할 것

해설 **터널 지보공 조립 · 변경 시 조치사항**(안전보건규칙 제364조)
- 주재(主材)를 구성하는 1세트의 부재는 동일 평면 내에 배치할 것
- 목재의 터널 지보공은 그 터널 지보공의 각 부재의 긴압 정도가 균등하게 되도록 할 것
- 기둥에는 침하를 방지하기 위하여 받침목을 사용하는 등의 조치를 할 것
- 강(鋼)아치 지보공의 조립은 다음의 사항을 따를 것
  - 조립간격은 조립도에 따를 것
  - 주재가 아치작용을 충분히 할 수 있도록 쐐기를 박는 등 필요한 조치를 할 것
  - 연결볼트 및 띠장 등을 사용하여 주재 상호 간을 튼튼하게 연결할 것
  - 터널 등의 출입구 부분에는 받침대를 설치할 것
  - 낙하물이 근로자에게 위험을 미칠 우려가 있는 경우에는 널판 등을 설치할 것

119 동바리를 조립하는 경우에 준수하여야 하는 기준으로 옳지 않은 것은?

① 동바리로 사용하는 파이프 서포트를 이어서 사용하는 경우에는 3개 이상의 볼트 또는 전용철물을 사용하여 이을 것
② 동바리로 사용하는 강관은 높이 2m 이내마다 수평연결재를 2개 방향으로 만들 것
③ 깔목의 사용, 콘크리트 타설, 말뚝박기 등 동바리의 침하를 방지하기 위한 조치를 할 것
④ 동바리로 사용하는 파이프 서포트를 3개 이상 이어서 사용하지 않도록 할 것

해설 ① 파이프 서포트를 이어서 사용하는 경우에는 4개 이상의 볼트 또는 전용철물을 사용하여 이을 것(안전보건규칙 제332조의2 제1호)

120 가설통로를 설치하는 경우 준수하여야 할 기준으로 옳지 않은 것은?

① 경사는 30° 이하로 할 것
② 경사가 15°를 초과하는 경우에는 미끄러지지 아니하는 구조로 할 것
③ 추락할 위험이 있는 장소에는 안전난간을 설치할 것
④ 수직갱에 가설된 통로의 길이가 15m 이상인 경우에는 7m 이내마다 계단참을 설치할 것

해설 ④ 수직갱에 가설된 통로의 길이가 15m 이상인 경우에는 10m 이내마다 계단참을 설치하여야 한다(안전보건규칙 제23조).

118 ① 119 ① 120 ④ 정답

2021년 제2회 기출 복원문제

1과목 안전관리론

01 학습을 자극(Stimulus)에 의한 반응(Response)으로 보는 이론에 해당하는 것은?

① 장설(Field Theory)
② 통찰설(Insight Theory)
③ 기호형태설(Sign-gestalt Theory)
④ 시행착오설(Trial and Error Theory)

해설 **S-R이론**(자극에 의한 반응으로 보는 이론)
- 시행착오설
- 조건반사설
- 접근적 조건화설
- 도구적 조건화설

02 하인리히의 사고방지 기본원리 5단계 중 시정방법의 선정 단계에 있어서 필요한 조치가 아닌 것은?

① 인사조정
② 안전행정의 개선
③ 교육 및 훈련의 개선
④ 안전점검 및 사고조사

해설 **제4단계 – 시정 방법의 선정**(분석을 통해 색출된 원인)
- 기술적 개선
- 배치 조정(인사조정)
- 교육 및 훈련 개선
- 안전 행정 개선
- 규정 및 수칙, 작업표준, 제도의 개선
- 안전 운동 전개 등의 효과적인 개선 방법을 선정한다.

03 산업안전보건법령상 안전보건교육 교육대상별 교육내용 중 관리감독자 정기교육의 내용으로 틀린 것은?

① 정리정돈 및 청소에 관한 사항
② 유해・위험 작업환경 관리에 관한 사항
③ 표준안전작업방법 및 지도 요령에 관한 사항
④ 작업공정의 유해・위험과 재해 예방대책에 관한 사항

해설 **관리감독자 정기 안전보건교육**(제26조 제1항 관련)
- 산업안전 및 사고 예방에 관한 사항
- 산업보건 및 직업병 예방에 관한 사항
- 위험성평가에 관한 사항
- 유해・위험 작업환경 관리에 관한 사항
- 산업안전보건법령 및 산업재해보상보험 제도에 관한 사항
- 직무스트레스 예방 및 관리에 관한 사항
- 직장 내 괴롭힘, 고객의 폭언 등으로 인한 건강장해 예방 및 관리에 관한 사항
- 작업공정의 유해・위험과 재해 예방대책에 관한 사항
- 사업장 내 안전보건관리체제 및 안전・보건조치 현황에 관한 사항
- 표준안전 작업방법 결정 및 지도・감독 요령에 관한 사항
- 현장근로자와의 의사소통능력 및 강의능력 등 안전보건교육 능력 배양에 관한 사항
- 비상시 또는 재해 발생 시 긴급조치에 관한 사항
- 그 밖의 관리감독자의 직무에 관한 사항

정답 01 ④ 02 ④ 03 ①

04 산업안전보건법령상 협의체 구성 및 운영에 관한 사항으로 ( )에 알맞은 내용은?

> 도급인은 관계수급인 근로자가 도급인의 사업장에서 작업을 하는 경우 도급인과 수급인을 구성원으로 하는 안전 및 보건에 관한 협의체를 구성 및 운영하여야 한다. 이 협의체는 ( ) 정기적으로 회의를 개최하고 그 결과를 기록·보존해야 한다.

① 매월 1회 이상 ② 2개월마다 1회
③ 3개월마다 1회 ④ 6개월마다 1회

해설 노사협의체의 회의는 정기회의와 임시회의로 구분하여 개최하되, 정기회의는 2개월마다 노사협의체의 위원장이 소집하며, 임시회의는 위원장이 필요하다고 인정할 때에 소집한다.

05 산업안전보건법령상 프레스를 사용하여 작업을 할 때 작업시작 전 점검사항으로 틀린 것은?

① 방호장치의 기능
② 언로드밸브의 기능
③ 금형 및 고정볼트 상태
④ 클러치 및 브레이크의 기능

해설 ◐ **프레스 작업시작 전 점검사항**
- 클러치 및 브레이크의 기능
- 크랭크축·플라이휠·슬라이드·연결봉 및 연결 나사의 풀림 여부
- 1행정 1정지기구·급정지장치 및 비상정지장치의 기능
- 슬라이드 또는 칼날에 의한 위험방지 기구의 기능
- 프레스의 금형 및 고정볼트 상태
- 방호장치의 기능
- 전단기(剪斷機)의 칼날 및 테이블의 상태

06 데이비스(K. Davis)의 동기부여 이론에 관한 등식에서 그 관계가 틀린 것은?

① 지식×기능 = 능력
② 상황×능력 = 동기유발
③ 능력×동기유발 = 인간의 성과
④ 인간의 성과×물질의 성과 = 경영의 성과

해설
- 경영의 성과=인간의 성과×물적인 성과
- 능력(ability)=지식(knowledge)×기능(skill)
- 동기유발(motivation)=상황(situation)×태도(attitude)
- 인간의 성과(human performance)=능력(ability)×동기유발(motivation)

07 산업안전보건법령상 보호구 안전인증 대상 방독마스크의 유기화합물용 정화통 외부 측면 표시 색으로 옳은 것은?

① 갈색 ② 녹색
③ 회색 ④ 노란색

해설 ◐ **정화통 외부 측면의 표시 색**

종 류	표시 색
유기화합물용 정화통	갈 색
할로겐용 정화통	회 색
황화수소용 정화통	
시안화수소용 정화통	
아황산용 정화통	노란색
암모니아용 정화통	녹 색
복합용 및 겸용의 정화통	복합용의 경우 – 해당가스 모두 표시(2층 분리)
	겸용의 경우 – 백색과 해당가스 모두 표시(2층 분리)

※ 증기밀도가 낮은 유기화합물 정화통의 경우 색상표시 및 화학물질명 또는 화학기호를 표기

정답 04 ② 05 ② 06 ② 07 ①

08 재해원인 분석기법의 하나인 특성요인도의 작성 방법에 대한 설명으로 틀린 것은?

① 큰뼈는 특성이 일어나는 요인이라고 생각되는 것을 크게 분류하여 기입한다.
② 등뼈는 원칙적으로 우측에서 좌측으로 향하여 가는 화살표를 기입한다.
③ 특성의 결정은 무엇에 대한 특성요인도를 작성할 것인가를 결정하고 기입한다.
④ 중뼈는 특성이 일어나는 큰뼈의 요인마다 다시 미세하게 원인을 결정하여 기입한다.

해설 ◈ 특성요인도 작성법
- 특성(문제점)을 정한다.
- 등뼈를 기입하고 등뼈는 특성을 오른쪽에 적고, 굵은 화살표(등뼈)를 기입한다.
- 큰뼈를 기입한다. 큰뼈는 특성이 생기는 원인이라고 생각되는 것을 크게 분류하면 어떤 것이 있는가를 찾아내어 그것을 큰뼈로서 화살표로 기입한다. 큰뼈는 4~8개 정도가 적당하다.
- 중뼈, 잔뼈를 기입한다. 큰뼈의 하나하나에 대해서 특성이 발생되는 원인을 생각하여 중뼈를 화살표로 기입한다. 그 다음 중뼈에 대하여 그 원인이 되는 것(잔뼈)을 화살표로 기입한다.
- 기입 누락이 없는가를 체크한다. 큰뼈 전부에 중뼈, 잔뼈의 기입이 끝났으면, 전체에 대해 원인으로 생각되는 것이 빠짐없이 들어갔는가를 체크하여 기입 누락이 있으면 추가 기입한다.
- 영향이 큰 것에 표를 한다.

09 TWI의 교육 내용 중 인간관계 관리방법, 즉 부하 통솔법을 주로 다루는 것은?

① JST(Job Safety Training)
② JMT(Job Method Training)
③ JRT(Job Relation Training)
④ JIT(Job Instruction Training)

해설 ◈ TWI 훈련의 종류
- Job Method Training(J. M. T) : 작업방법훈련 – 작업의 개선방법에 대한 훈련
- Job Instruction Training(J. I. T) : 작업지도훈련 – 작업을 가르치는 기법 훈련
- Job Relations Training(J. R. T) : 인간관계훈련 – 사람을 다루는 기법훈련
- Job Safety Training(J. S. T) : 작업안전훈련 – 작업안전에 대한 훈련기법

10 산업안전보건법령상 안전보건관리규정에 반드시 포함되어야 할 사항이 아닌 것은? (단, 그 밖에 안전 및 보건에 관한 사항은 제외한다.)

① 재해코스트 분석 방법
② 사고 조사 및 대책 수립
③ 작업장 안전 및 보건관리
④ 안전 및 보건 관리조직과 그 직무

해설 ◈ 안전보건관리규정 작성
- 안전 및 보건에 관한 관리조직과 그 직무에 관한 사항
- 안전보건교육에 관한 사항
- 작업장의 안전 및 보건 관리에 관한 사항
- 사고 조사 및 대책 수립에 관한 사항
- 그 밖에 안전 및 보건에 관한 사항

11 재해조사에 관한 설명으로 틀린 것은?

① 조사목적에 무관한 조사는 피한다.
② 조사는 현장을 정리한 후에 실시한다.
③ 목격자나 현장 책임자의 진술을 듣는다.
④ 조사자는 객관적이고 공정한 입장을 취해야 한다.

해설 ◈ 재해조사
- **현장보존** : 재해조사는 재해발생 직후에 실시한다.
- **사실수집**
  - 현장의 물리적 흔적(증거)을 수집 및 보관한다(사실수집).
  - 재해현장의 상황을 기록하고 사진을 촬영한다.
- **진술확보**
  - 목격자 및 현장 관계자의 진술을 확보한다.
  - 재해 피해자와 면담(사고 직전의 상황청취 등)

정답 08 ② 09 ③ 10 ① 11 ②

12 **산업안전보건법령상 안전보건표지의 종류 중 경고표지의 기본모형(형태)이 다른 것은?**

① 고압전기 경고
② 방사성물질 경고
③ 폭발성물질 경고
④ 매달린 물체 경고

해설

고압전기 경고	방사성 물질경고	폭발성 물질경고	매달린 물체경고

13 **무재해운동 추진의 3요소에 관한 설명이 아닌 것은?**

① 안전보건은 최고경영자의 무재해 및 무질병에 대한 확고한 경영자세로 시작된다.
② 안전보건을 추진하는 데에는 관리감독자들의 생산 활동 속에 안전보건을 실천하는 것이 중요하다.
③ 모든 재해는 잠재요인을 사전에 발견·파악·해결함으로써 근원적으로 산업재해를 없애야 한다.
④ 안전보건은 각자 자신의 문제이며, 동시에 동료의 문제로서 직장의 팀 멤버와 협동 노력하여 자주적으로 추진하는 것이 필요하다.

해설 ▶ **무재해운동 추진의 3요소**
- 최고경영자의 엄격한 안전경영자세
- 안전 활동의 라인화(라인화 철저)
- 직장 자주안전 활동의 활성화

14 **헤링(Hering)의 착시현상에 해당하는 것은?**

①
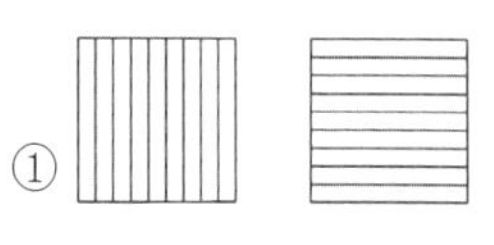

②
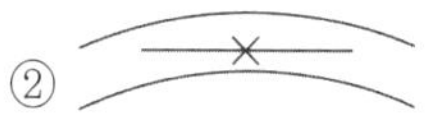

③
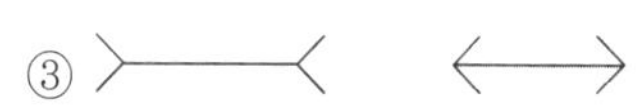

④

해설

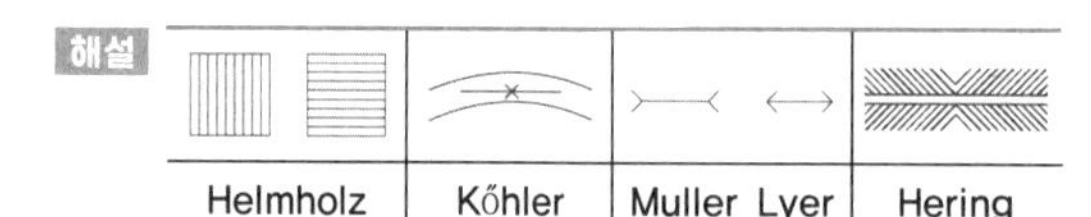

Helmholz	Kőhler	Muller Lyer	Hering

15 **도수율이 24.5이고, 강도율이 1.15인 사업장에서 한 근로자가 입사하여 퇴직할 때까지의 근로손실일수는?**

① 2.45일 ② 115일
③ 215일 ④ 245일

해설 입사하여 퇴직할 때까지의 근로시간 100,000시간
근로손실일수 = (강도율×총 근로시간)/1,000

$$강도율 = \frac{총요양근로손실일수}{연근로시간수} \times 1,000$$

※ 강도율이 1.15라는 뜻 : 연간 1,000시간당 작업 시 근로손실일수가 1.15일

16 **학습자가 자신의 학습속도에 적합하도록 프로그램 자료를 가지고 단독으로 학습하도록 하는 안전교육 방법은?**

① 실연법 ② 모의법
③ 토의법 ④ 프로그램 학습법

해설 학습자가 프로그램 자료를 가지고 단독으로 학습하도록 하는 방법

12 ③ 13 ③ 14 ④ 15 ② 16 ④ 정답

17 헤드십의 특성이 아닌 것은?

① 지휘형태는 권위주의적이다.
② 권한행사는 임명된 헤드이다.
③ 구성원과의 사회적 간격은 넓다.
④ 상관과 부하와의 관계는 개인적인 영향이다.

해설

구분	헤드십	리더십
권한 부여 및 행사	• 위에서 위임하여 임명	• 아래로부터의 동의에 의한 선출
권한 근거	• 법적 또는 공식적	• 개인 능력
상관과 부하와의 관계 및 책임 귀속	• 지배적 상사	• 개인적인 영향, 상사와 부하
부하와의 사회적 간격	• 넓다	• 좁다
지휘 형태	• 권위주의적	• 민주주의적

18 산업안전보건법령상 특정행위의 지시 및 사실의 고지에 사용되는 안전보건표지의 색도기준으로 옳은 것은?

① 2.5G 4/10 ② 5Y 8.5/12
③ 2.5PB 4/10 ④ 7.5R 4/14

해설 특정행위의 지시 및 사실의 고지 – 2.5PB 4/10 – 파란색

19 인간관계의 메커니즘 중 다른 사람의 행동 양식이나 태도를 투입시키거나 다른 사람 가운데서 자기와 비슷한 것을 발견하는 것은?

① 공감 ② 모방
③ 동일화 ④ 일체화

해설 인간관계 메커니즘
- **투사**(Projection) : 자기 속에 억압된 것을 다른 사람의 것으로 생각하는 것
- **암시**(Suggestion) : 다른 사람의 판단이나 행동을 그대로 수용하는 것
- **커뮤니케이션**(Communication) : 갖가지 행동 양식이나 기호를 매개로 하여 어떤 사람으로부터 다른 사람에게 전달되는 과정
- **모방**(Initation) : 남의 행동이나 판단을 기준으로 그에 가까운 행동을 함
- **동일화**(Identification) : 다른 사람의 행동 양식이나 태도를 투입시키거나, 다른 사람 가운데서 자기와 비슷한 것을 발견하는 것

20 다음의 교육내용과 관련 있는 교육은?

- 작업 동작 및 표준작업방법의 습관화
- 공구·보호구 등의 관리 및 취급태도의 확립
- 작업 전후의 점검, 검사요령의 정확화 및 습관화

① 지식교육 ② 기능교육
③ 태도교육 ④ 문제해결교육

해설 ③ **태도교육** : 습관형성, 안전의식향상, 안전책임감 주입
① **지식교육** : 기초지식주입, 광범위한 지식의 습득 및 전달
② **기능교육** : 교육자가 스스로 행함, 경험과 적응, 전문적 기술 기능, 작업능력 및 기술능력부여, 작업동작의 표준화, 교육기간의 장기화, 대규모 인원에 대한 교육 관란

정답 17 ④ 18 ③ 19 ③ 20 ③

2과목 인간공학 및 시스템안전공학

21 중량물 들기 작업 시 5분간의 산소소비량을 측정한 결과 90L의 배기량 중에 산소가 16%, 이산화탄소가 4%로 분석되었다. 해당 작업에 대한 산소소비량[L/min]은 약 얼마인가? (단, 공기 중 질소는 79vol%, 산소는 21vol%이다.)

① 0.948 ② 1.948
③ 4.74 ④ 5.74

해설

$$V_1 = \frac{(100 - O_2\% - CO_2\%)}{79} \times V_2$$

$$\text{산소소비량} = (21\% \times V_1) - (O_2\% \times V_2)$$

분당배기량(V_2) = 90L/5분 = 18L/min
분당흡기량(V_1) = (100% − 16% − 4%)/79% × 18L
=18.23L/min
산소소비량 = 21% × 18.23L/min − 16% × 18L/min
= 0.948L/min

22 의도는 올바른 것이었지만, 행동이 의도한 것과는 다르게 나타나는 오류는?

① Slip ② Mistake
③ Lapse ④ Violation

해설 ① Slip : 의도는 잘했지만 행동은 의도한 것과 다르게 나타남
② Mistake : 의도부터 잘못된 실수
③ Lapse : 기억도 인 닌 건망증
④ Violation : 일부러 범죄함

23 동작경제의 원칙과 가장 거리가 먼 것은?

① 급작스러운 방향의 전환은 피하도록 할 것
② 가능한 관성을 이용하여 작업하도록 할 것
③ 두 손의 동작은 같이 시작하고 같이 끝나도록 할 것
④ 두 팔의 동작은 동시에 같은 방향으로 움직일 것

해설 ▸ 동작경제의 원칙 중 신체사용
- 양손은 동시에 동작을 시작하고 또 끝마쳐야 한다.
- 휴식시간 이외에 양손이 동시에 노는 시간이 있어서는 안 된다.
- 양팔은 각기 반대방향에서 대칭적으로 동시에 움직여야 한다.
- 손의 동작은 작업을 수행할 수 있는 최소동작 이상을 해서는 안 된다.
- 작업자들을 돕기 위하여 동작의 관성을 이용하여 작업하는 것이 좋다.
- 구속되거나 제한된 동작 또는 급격한 방향전환보다는 유연한 동작이 좋다.
- 작업동작은 율동이 맞아야 한다.
- 직선동작보다는 연속적인 곡선동작을 취하는 것이 좋다.
- 탄도동작(ballistic movement)은 제한되거나 통제된 동작보다 더 신속, 정확, 용이하다.
- 눈을 주시시키는 동작 또는 이동시키는 동작은 되도록 적게 하여야 한다.

24 두 가지 상태 중 하나가 고장 또는 결함으로 나타나는 비정상적인 사건은?

① 톱사상 ② 결함사상
③ 정상적인 사상 ④ 기본적인 사상

해설 ▸ **결함사상** : 결함으로 나타나는 사상

25 설비보전 방법 중 설비의 열화를 방지하고 그 진행을 지연시켜 수명을 연장하기 위한 점검, 청소, 주유 및 교체 등의 활동은?

① 사후 보전 ② 개량 보전
③ 일상 보전 ④ 보전 예방

해설 사업주는 작업장, 사무실 등의 청소, 청결 등은 일상적으로 실시해야 한다.

정답 21 ① 22 ① 23 ④ 24 ② 25 ③

26 음량수준을 평가하는 척도와 관계없는 것은?

① dB ② HSI
③ phon ④ sone

해설 ① dB : 음의 강도 척도
③ phon : 음량수준척도
④ sone : 음량수준으로 다른 음의 상대적인 주관적 크기 비교

27 실효 온도(effective temperature)에 영향을 주는 요인이 아닌 것은?

① 온도 ② 습도
③ 복사열 ④ 공기 유동

해설 ◎ **실효온도의 영향인자** : 온도, 습도, 공기의 유동(기류)

28 FT도에서 시스템의 신뢰도는 얼마인가? (단, 모든 부품의 발생확률은 0.1이다.)

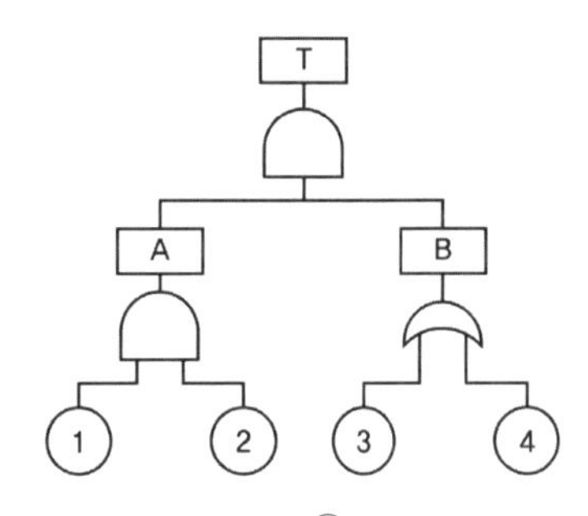

① 0.0033 ② 0.0062
③ 0.9981 ④ 0.9936

해설 A(직렬) = 0.1×0.1 = 0.01
B(병렬) = 1 − (1 − 0.1)×(1 − 0.1) = 0.19
T의 고장발생확률 = 0.01×0.19 = 0.0019
신뢰도 = 1 − 고장발생확률
따라서, 신뢰도는 1 − 0.0019

29 인간공학 연구방법 중 실제의 제품이나 시스템이 추구하는 특성 및 수준이 달성되는지를 비교하고 분석하는 연구는?

① 조사연구 ② 실험연구
③ 분석연구 ④ 평가연구

해설 ◎ **평가연구** : 달성 수준을 비교 분석하는 연구

30 어떤 설비의 시간당 고장률이 일정하다고 할 때 이 설비의 고장간격은 다음 중 어떤 확률분포를 따르는가?

① t분포 ② 와이블분포
③ 지수분포 ④ 아이링(Eyring)분포

해설 고장확률밀도 함수 등 지수분포를 따른다.
③ **지수분포** : 연속확률분포의 일정지수에 사용하는 분포
① **t분포** : t검정이라고 하며 독립적인 표준정규분포의 x와 자유도가 k인 카이제곱(x^2)에 대한 분포
② **와이블분포** : 신뢰성 데이터를 분석하는 데 가장 일반적으로 사용하는 분포

31 시스템 수명주기에 있어서 예비위험분석(PHA)이 이루어지는 단계에 해당하는 것은?

① 구상단계 ② 점검단계
③ 운전단계 ④ 생산단계

해설 ◎ **예비사고 분석** : 시스템 최초 개발 단계의 분석으로 위험 요소의 위험 상태를 정성적으로 평가

정답 26 ② 27 ③ 28 ③ 29 ④ 30 ③ 31 ①

32 **FTA에서 사용하는 다음 사상기호에 대한 설명으로 맞는 것은?**

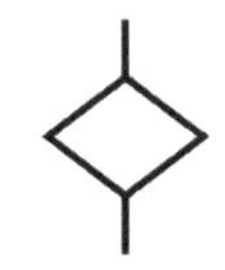

① 시스템 분석에서 좀 더 발전시켜야 하는 사상
② 시스템의 정상적인 가동상태에서 일어날 것이 기대되는 사상
③ 불충분한 자료로 결론을 내릴 수 없어 더 이상 전개할 수 없는 사상
④ 주어진 시스템의 기본사상으로 고장원인이 분석되었기 때문에 더 이상 분석할 필요가 없는 사상

해설 생략사상에 대한 설명이다.

33 **정보를 전송하기 위해 청각적 표시장치보다 시각적 표시장치를 사용하는 것이 더 효과적인 경우는?**

① 정보의 내용이 간단한 경우
② 정보가 후에 재참조되는 경우
③ 정보가 즉각적인 행동을 요구하는 경우
④ 정보의 내용이 시간적인 사건을 다루는 경우

해설 **시각적 표시장치 사용이 효과적인 경우**
- 전언이 복잡하다.
- 전언이 길다.
- 전언이 후에 재참조된다.
- 전언이 공간적인 위치를 다룬다.
- 전언이 즉각적인 행동을 요구하지 않는다.
- 수신장소가 너무 시끄러울 때
- 직무상 수신자가 한곳에 머물 때
- 수신자의 청각 계통이 과부하 상태일 때

34 **감각저장으로부터 정보를 작업기억으로 전달하기 위한 코드화 분류에 해당되지 않는 것은?**

① 시각코드　② 촉각코드
③ 음성코드　④ 의미코드

해설 ② 촉각코드는 분류를 달리한다.

35 **인간-기계시스템 설계과정 중 직무분석을 하는 단계는?**

① 제1단계 : 시스템의 목표와 성능명세 결정
② 제2단계 : 시스템의 정의
③ 제3단계 : 기본 설계
④ 제4단계 : 인터페이스 설계

해설 **인간-기계시스템 설계과정상 직무분석단계**
- **제1단계** : 목표 및 성능명세 결정 – 시스템 설계 전 그 목적이나 존재 이유가 있어야 함(인간 요소적인 면, 신체의 역학적 특성 미친 인체특정학적 요소 고려)
- **제2단계** : 시스템(체계)의 정의 – 목적을 달성하기 위한 특정한 기본기능들이 수행되어야 함
- **제3단계** : 기본설계 – 시스템의 형태를 갖추기 시작하는 단계(직무분석, 작업설계, 기능할당)
- **제4단계** : 계면(인터페이스)설계 – 사용자 편의와 시스템 성능
- **제5단계** : 촉진물(보조물)설계 – 인간의 성능을 촉진시킬 보조물 설계
- **제6단계** : 시험 및 평가 – 시스템 개발과 관련된 평가와 인간적인 요소 평가 실시

36 **일반적으로 은행의 접수대 높이나 공원의 벤치를 설계할 때 가장 적합한 인체 측정 자료의 응용원칙은?**

① 조절식 설계
② 평균치를 이용한 설계
③ 최대치수를 이용한 설계
④ 최소치수를 이용한 설계

32 ③　33 ②　34 ②　35 ③　36 ② **정답**

해설 ➲ **인체 측정 자료의 응용원칙**
- **조절식 설계** : 장비나 설비의 설계에 있어 때로는 여러 사람이 사용 가능하도록 조절식으로 하는 것이 바람직한 경우
- **최대치수설계** : 대상 집단에 대한 인체 측정 변수의 상위 백분위수를 기준으로 90, 95, 99% 치를 사용
- **최소치수설계** : 관련 인체 측정 변수 분포의 하위 백분위수를 기준으로 1, 5, 10% 치 사용
- **평균치 설계** : 특정 장비나 설비의 경우, 최대 집단치나 최소 집단치 또는 조절식으로 설계하기가 부적절하거나 불가능할 때

37 위험분석기법 중 고장이 시스템의 손실과 인명의 사상에 연결되는 높은 위험도를 가진 요소나 고장의 형태에 따른 분석법은?

① CA ② ETA
③ FHA ④ FTA

해설 ① CA : 위험성이 높은 요소 특히 고장이 직접 시스템의 손해나 인원의 사상에 연결되는 요소에 대해서는 특별한 주의와 해석이 필요
② ETA : 정량적 귀납적 기법으로 DT에서 변천해 온 것으로 설비의 설계, 심사, 제작, 검사, 보전, 운전, 안전대책의 과정에서 그 대응조치가 성공인가 실패인가를 확대해 가는 과정을 검토
③ FHA : 분업에 의해 여럿이 분담 설계한 서브시스템 간의 인터페이스를 조정하여 각각의 서브시스템 및 전체 시스템에 악영향을 미치지 않게 하기 위한 분석 방법
④ FTA : 분석에는 게이트, 이벤트, 부호 등의 그래픽 기호를 사용하여 결함 단계를 표현하며, 각각의 단계에 확률을 부여하여 어떤 상황의 실패 확률 계산 가능

38 작업장의 설비 3대에서 각각 80dB, 86dB, 78dB의 소음이 발생되고 있을 때 작업장의 음압수준은?

① 약 81.3dB ② 약 85.5dB
③ 약 87.5dB ④ 약 90.3dB

해설 $SPL[\text{dB}] = 10\log(10^{A_1/10} + 10^{A_2/10} + 10^{A_3/10} + \cdots)$
A_1, A_2, A_3 : 소음

39 일반적인 화학설비에 대한 안전성 평가(safety assessment) 절차에 있어 안전대책 단계에 해당되지 않는 것은?

① 보전 ② 위험도 평가
③ 설비적 대책 ④ 관리적 대책

해설 ➲ **안전대책 단계** : 설비에 관한 대책, 관리적(인원배치, 보전, 교육훈련 등) 대책

40 욕조곡선에서의 고장 형태에서 일정한 형태의 고장률이 나타나는 구간은?

① 초기 고장구간 ② 마모 고장구간
③ 피로 고장구간 ④ 우발 고장구간

해설 ➲ **욕조곡선에서의 고장 형태**
- **초기고장** : 감소형(debugging 기간, burn-in 기간)
  ※ debugging 기간 : 인간시스템의 신뢰도에서 결함을 찾아내 고장률을 안정시키는 기간
- **우발고장** : 일정형
- **마모고장** : 증가형

3과목 기계위험방지기술

41 산업안전보건법령상 컨베이어, 이송용 롤러 등을 사용하는 경우 정전·전압강하 등에 의한 위험을 방지하기 위하여 설치하는 안전장치는?

① 권과방지장치
② 동력전달장치
③ 과부하방지장치
④ 화물의 이탈 및 역주행 방지장치

해설 컨베이어, 이송용 롤러 등을 사용하는 경우에는 정전·전압강하 등에 따른 화물 또는 운반구의 이탈 및 역주행을 방지하는 장치를 갖추어야 한다.

정답 37 ① 38 ③ 39 ② 40 ④ 41 ④

42 회전하는 동작부분과 고정부분이 함께 만드는 위험점으로 주로 연삭숫돌과 작업대, 교반기의 교반날개와 몸체 사이에서 형성되는 위험점은?

① 협착점 ② 절단점
③ 물림점 ④ 끼임점

해설 ④ **끼임점**(Shear point) : 고정부분과 회전하는 동작부분이 함께 만드는 위험점

예 연삭숫돌과 덮개, 교반기의 날개와 하우징, 프레임에서 암의 요동운동을 하는 기계부분 등

① **협착점**(Squeeze point) : 왕복운동을 하는 동작부분과 움직임이 없는 고정 부분 사이에서 형성되는 위험점으로 사업장의 기계설비에서 많이 볼 수 있다.

예 프레스기, 전단기, 성형기, 굽힘기계(bending machine) 등

② **절단점**(Cutting point) : 고정부분과 운동부분이 만드는 위험점이 아니고 회전하는 운동부 자체의 위험이나 운동하는 기계 부분 자체의 위험에서 초래되는 위험점이다.

예 밀링의 커터, 띠톱이나 둥근톱의 톱날, 벨트의 이음 부분 등

③ **물림점**(Nip point) : 회전하는 두 개의 회전체에는 물려 들어가는 위험성이 존재한다. 이때 위험점이 발생되는 조건은 회전체가 서로 반대방향으로 맞물려 회전되어야 한다.

예 롤러와 롤러의 물림, 기어와 기어의 물림 등

43 다음 중 드릴 작업의 안전사항으로 틀린 것은?

① 옷소매가 길거나 찢어진 옷은 입지 않는다.
② 작고, 길이가 긴 물건은 손으로 잡고 뚫는다.
③ 회전하는 드릴에 걸레 등을 가까이 하지 않는다.
④ 스핀들에서 드릴을 뽑아낼 때에는 드릴 아래에 손을 내밀지 않는다.

해설 ▶ **드릴 작업의 안전사항**

- 회전하고 있는 주축이나 드릴에 손이나 걸레를 대거나 머리를 가까이 하지 말 것
- 드릴 사용 전에 점검하고 상처나 균열이 있는 것은 사용하지 않는다.
- 가공 중에 드릴의 절삭률이 불량해지고 이상음이 발생하면 중지하고 즉시 드릴을 바꾼다.
- 드릴의 착탈은 회전이 완전히 멈춘 다음 행한다.
- 작은 물건은 바이스나 클램프를 사용하여 장착하고 직접 손으로 지지하는 것을 피한다.
- 가공 중 드릴이 깊이 먹어 들어가면 기계를 멈추고 손돌리기로 드릴을 뽑아낸다.
- 드릴이나 척을 뽑을 때는 공구를 사용하고 해머 등으로 두드려서는 안 된다.
- 드릴이나 척을 뽑을 때는 되도록 주축을 내려서 낙하거리를 적게 하고 테이블 등에 나뭇조각 등을 놓고 받는다.
- 레디얼드릴머신은 작업중 컬럼(column)과 암(arm)을 확실하게 체결하여 암을 선회시킬 때 주위에 조심한다. 정지시는 암을 베이스의 중심 위치에 놓는다.
- 공작물과 드릴이 함께 회전하는 경우 : 거의 구멍을 뚫었을 때

44 산업안전보건법령상 양중기의 과부하방지장치에서 요구하는 일반적인 성능기준으로 가장 적절하지 않은 것은?

① 과부하방지장치 작동 시 경보음과 경보램프가 작동되어야 하며 양중기는 작동이 되지 않아야 한다.
② 외함의 전선 접촉부분은 고무 등으로 밀폐되어 물과 먼지 등이 들어가지 않도록 한다.
③ 과부하방지장치와 타 방호장치는 기능에 서로 장애를 주지 않도록 부착할 수 있는 구조이어야 한다.
④ 방호장치의 기능을 정지 및 제거할 때 양중기의 기능이 동시에 원활하게 작동하는 구조이며 정지해서는 안 된다.

해설 ④ 방호장치의 기능을 정지 및 제거할 때 양중기의 기능이 상호 간섭을 주지 않아야 한다.

45 프레스기의 SPM(stroke per minute)이 200이고, 클러치의 맞물림 개소수가 6인 경우 양수기동식 방호장치의 안전거리는?

① 120mm ② 200mm
③ 320mm ④ 400mm

42 ④ 43 ② 44 ④ 45 ③ **정답**

해설 • 양수기동식 프레스

$Dm = 1.6\,Tm$

Tm = (1/클러치 맞물림 개소수+1/2)×60000/매분 스토로크수(SPM)

Dm = 1.6×(1/6+1/2)×60000/200 = 320mm

• 양수조작식 프레스

$D = 1.6(T_l + T_s)$

여기서, D : 안전거리m

T_l : 방호장치의 작동시간[즉, 손이 광선을 차단했을 때부터 급정지기구가 작동을 개시할 때까지의 시간(초)]

T_s : 프레스의 최대정지시간[즉, 급정지기구가 작동을 개시할 때부터 슬라이드가 정지할 때까지의 시간(초)]

46 산업안전보건법령상 보일러의 압력방출장치가 2개 설치된 경우 그중 1개는 최고사용압력 이하에서 작동된다고 할 때 다른 압력방출장치는 최고사용압력의 최대 몇 배 이하에서 작동되도록 하여야 하는가?

① 0.5　② 1
③ 1.05　④ 2

해설 2개 이상 설치된 경우 최고사용압력 이하에서 1개가 작동되고, 다른 압력방출장치는 최고사용압력 1.05배 이하에서 작동되도록 부착하여야 한다.

47 상용운전압력 이상으로 압력이 상승할 경우 보일러의 파열을 방지하기 위하여 버너의 연소를 차단하여 정상압력으로 유도하는 장치는?

① 압력방출장치　② 고저수위 조절장치
③ 압력제한 스위치　④ 통풍제어 스위치

해설 압력제한 스위치는 보일러의 과열방지를 위해 최고사용압력과 상용압력 사이에서 버너연소를 차단할 수 있도록 압력제한스위치 부착 사용, 압력계가 설치된 배관상에 설치하여야 한다.

48 용접부 결함에서 전류가 과대하고, 용접속도가 너무 빨라 용접부의 일부가 홈 또는 오목하게 생기는 결함은?

① 언더컷　② 기공
③ 균열　④ 융합불량

해설 전류가 과대하고 용접속도가 너무 빠르며 아크를 짧게 유지하기 어려운 경우 모재 및 용접부의 일부가 녹아서 발생하는 홈 또는 오목하게 생긴 결함이다.

49 물체의 표면에 침투력이 강한 적색 또는 형광성의 침투액을 표면 개구 결함에 침투시켜 직접 또는 자외선 등으로 관찰하여 결함장소와 크기를 판별하는 비파괴시험은?

① 피로시험　② 음향탐상시험
③ 와류탐상시험　④ 침투탐상시험

해설 **침투탐상시험**

• 시험물체를 침투액 속에 넣었다가 다시 집어내어 결함을 육안으로 판별하는 방법
• 침투액에 형광물질을 첨가하여 더욱 정확하게 검출할 수도 있다(형광시험법)

50 연삭숫돌의 파괴원인으로 거리가 가장 먼 것은?

① 숫돌이 외부의 큰 충격을 받았을 때
② 숫돌의 회전속도가 너무 빠를 때
③ 숫돌 자체에 이미 균열이 있을 때
④ 플랜지 직경이 숫돌 직경의 1/3 이상일 때

해설 **연삭숫돌의 파괴원인**

• 최고 사용 원주 속도를 초과하였다.
• 제조사의 결함으로 숫돌에 균열이 발생하였다.
• 플랜지의 과소, 지름의 불균일이 발생하였다.
• 부적당한 연삭숫돌을 사용하였다.
• 작업 방법이 불량하였다.

정답 46 ③　47 ③　48 ①　49 ④　50 ④

51 산업안전보건법령상 프레스 등 금형을 부착·해체 또는 조정하는 작업을 할 때, 슬라이드가 갑자기 작동함으로써 근로자에게 발생할 우려가 있는 위험을 방지하기 위해 사용해야 하는 것은? (단, 해당 작업에 종사하는 근로자의 신체가 위험한계 내에 있는 경우)

① 방진구 ② 안전블록
③ 시건장치 ④ 날접촉예방장치

해설 프레스 등의 금형을 부착·해체 또는 조정작업을 하는 때에는 신체의 일부가 위험한계 내에 들어갈 때에 슬라이드가 불시에 하강함으로써 발생하는 위험을 방지하기 위하여 안전블록을 사용하여야 한다.

52 페일 세이프(fail safe)의 기능적인 면에서 분류할 때 거리가 가장 먼 것은?

① Fool proof ② Fail passive
③ Fail active ④ Fail operational

해설 Fool Proof는 작업자의 착오, 미스 등 이른바 휴먼에러가 발생하더라도 기계설비나 그 부품은 안전 쪽으로 작동하게 설계하는 안전설계의 기법 중 하나이다.
Fail Safe는 부품의 고장에 대한 안전화기능이다.

53 산업안전보건법령상 크레인에서 정격하중에 대한 정의는? (단, 지브가 있는 크레인은 제외)

① 부하할 수 있는 최대하중
② 부하할 수 있는 최대하중에서 달기기구의 중량에 상당하는 하중을 뺀 하중
③ 짐을 싣고 상승할 수 있는 최대하중
④ 가장 위험한 상태에서 부하할 수 있는 최대하중

해설 ▶ **정격하중** : 크레인으로서 지브가 없는 것은 매다는 하중에서, 지브가 있는 크레인에서는 지브경사각 및 길이와 지브 위의 도르래 위치에 따라 부하할 수 있는 최대의 하중에서 각각 훅, 크레인버킷 등의 달기구의 중량에 상당하는 하중을 뺀 하중을 말한다.

54 기계설비의 안전조건인 구조의 안전화와 거리가 가장 먼 것은?

① 전압 강하에 따른 오동작 방지
② 재료의 결함 방지
③ 설계상의 결함 방지
④ 가공 결함 방지

해설 ① **기능의 안전화** : 전압강하에 따른 오동작을 방지한다.

55 공기압축기의 작업안전수칙으로 가장 적절하지 않은 것은?

① 공기압축기의 점검 및 청소는 반드시 전원을 차단한 후에 실시한다.
② 운전 중에 어떠한 부품도 건드려서는 안 된다.
③ 공기압축기 분해 시 내부의 압축공기를 이용하여 분해한다.
④ 최대공기압력을 초과한 공기압력으로는 절대로 운전하여서는 안 된다.

해설 ③ 분해 시 공기 압축기, 공기탱크 및 관로 안의 압축공기를 완전히 배출 뒤에 실시한다.

56 산업안전보건법령상 보일러 수위가 이상현상으로 인해 위험수위로 변하면 작업자가 쉽게 감지할 수 있도록 경보등, 경보음을 발하고 자동적으로 급수 또는 단수되어 수위를 조절하는 방호장치는?

① 압력방출장치 ② 고저수위 조절장치
③ 압력제한 스위치 ④ 과부하방지장치

51 ② 52 ① 53 ② 54 ① 55 ③ 56 ② 정답

해설

종류	설치방법
고저수위 조절장치	• 고저수위 지점을 알리는 경보등・경보음 장치 등을 설치-동작상태 쉽게 감시 • 자동으로 급수 또는 단수되도록 설치 • 플로트식, 전극식, 차압식 등
압력방출 장치	• 보일러 규격에 적합한 압력방출장치를 최고사용압력 이하에서 작동되도록 1개 또는 2개 이상 설치 • 2개 이상 설치된 경우 최고사용압력 이하에서 1개가 작동되고, 다른 압력방출장치는 최고사용압력 1.05배 이하에서 작동되도록 부착 • 1년에 1회 이상 토출압력시험 후 납으로 봉인(공정안전관리 이행수준 평가결과가 우수한 사업장은 4년에 1회 이상 토출압력시험 실시) • 스프링식, 중추식, 지렛대식(일반적으로 스프링식 안전밸브가 많이 사용)
압력제한 스위치	• 보일러의 과열방지를 위해 최고사용압력과 상용압력 사이에서 버너연소를 차단할 수 있도록 압력제한스위치 부착 사용 • 압력계가 설치된 배관상에 설치

57 프레스 작업에서 제품 및 스크랩을 자동적으로 위험한계 밖으로 배출하기 위한 장치로 틀린 것은?

① 피더 ② 키커
③ 이젝터 ④ 공기 분사 장치

해설 ① 피더(feeder)는 공급 장치이다.

58 산업안전보건법령상 로봇의 작동범위 내에서 그 로봇에 관하여 교시 등 작업을 행하는 때 작업시작 전 점검사항으로 옳은 것은? (단, 로봇의 동력원을 차단하고 행하는 것은 제외)

① 과부하방지장치의 이상 유무
② 압력제한스위치의 이상 유무
③ 외부 전선의 피복 또는 외장의 손상 유무
④ 권과방지장치의 이상 유무

해설 ◆ 로봇 작업시작 전 점검사항
• 자동운전 중 로봇의 작업자를 격리시키고 로봇의 가동범위 내에 작업자가 불필요하게 출입할 수 없도록 또는 출입하지 않도록 한다.
• 작업개시 전에 외부전선의 피복손상, 팔의 작동상황, 제동장치, 비상정지장치 등의 기능을 점검한다.
• 안전한 작업위치를 선정하면서 작업한다.
• 될 수 있는 한 복수로 작업하고 1인이 감시인이 된다.
• 로봇의 검사, 수리, 조정 등의 작업은 로봇의 가동범위 외측에서 한다.
• 가동범위 내에서 검사 등을 행할 때는 운전을 정지하고 행한다.

59 산업안전보건법령상 지게차 작업시작 전 점검사항으로 거리가 가장 먼 것은?

① 제동장치 및 조종장치 기능의 이상 유무
② 압력방출장치의 작동 이상 유무
③ 바퀴의 이상 유무
④ 전조등・후미등・방향지시기 및 경보장치 기능의 이상 유무

해설 ◆ 지게차 작업시작 전 점검사항
• 제동장치 및 조종장치 기능의 이상 유무
• 하역장치 및 유압장치 기능의 이상 유무
• 바퀴의 이상 유무
• 전조등・후미등・방향지시기 및 경보장치 기능의 이상 유무

60 다음 중 가공재료의 칩이나 절삭유 등이 비산되어 나오는 위험으로부터 보호하기 위한 선반의 방호장치는?

① 바이트 ② 권과방지장치
③ 압력제한스위치 ④ 쉴드(shield)

해설 ◆ **쉴드** : 칩이나 절삭유의 비산을 방지하기 위해 설치하는 장치이다.

정답 57 ① 58 ③ 59 ② 60 ④

4과목 전기위험방지기술

61 지락이 생긴 경우 접촉상태에 따라 접촉전압을 제한할 필요가 있다. 인체의 접촉상태에 따른 허용접촉전압을 나타낸 것으로 다음 중 옳지 않은 것은?

① 제1종 : 2.5V 이하
② 제2종 : 25V 이하
③ 제3종 : 35V 이하
④ 제4종 : 제한 없음

해설

종별	접촉상태	허용접촉 전압[V]
제1종	• 인체의 대부분이 수중에 있는 상태	2.5V 이하
제2종	• 인체가 많이 젖어 있는 상태 • 금속제 전기기계장치나 구조물에 인체의 일부가 상시 접촉되어 있는 상태	25V 이하
제3종	• 제1, 제2종 이외의 경우로서 통상적인 인체 상태에 있어서 접촉전압이 가해지면 위험성이 높은 상태	50V
제4종	• 제1, 제2종 이외의 경우로서 통상적인 인체 상태에 있어서 접촉전압이 가해져도 위험성이 낮은 상태 • 접촉전압이 가해질 우려가 없는 경우	무제한

62 계통접지로 적합하지 않은 것은?

① TN계통　② TT계통
③ IN계통　④ IT계통

해설 ▶ KEC 접지방식
• 계통접지 : TN, TT, IT
• 보호접지 : 등전위본딩 등
• 피뢰시스템접지

63 정전기 재해의 방지를 위하여 배관 내 액체의 유속 제한이 필요하다. 배관의 내경과 유속 제한 값으로 적절하지 않은 것은?

① 관내경[mm] : 25
　제한유속[m/s] : 6.5
② 관내경[mm] : 50
　제한유속[m/s] : 3.5
③ 관내경[mm] : 100
　제한유속[m/s] : 2.5
④ 관내경[mm] : 200
　제한유속[m/s] : 1.8

해설

관내경(단위 : m)	유속(단위 : m/s)
0.01	8.0
0.025	4.9
0.05	3.5
0.1	2.5
0.2	1.8
0.4	1.3

64 정전기재해의 방지대책에 대한 설명으로 적합하지 않는 것은?

① 접지의 접속은 납땜, 용접 또는 멈춤나사로 실시한다.
② 회전부품의 유막저항이 높으면 도전성의 윤활제를 사용한다.
③ 이동식의 용기는 절연성 고무제 바퀴를 달아서 폭발위험을 제거한다.
④ 폭발의 위험이 있는 구역은 도전성 고무류로 바닥 처리를 한다.

해설 ③ 이동식의 용기는 도전성 고무제 바퀴를 달아서 폭발위험을 제거한다. 절연성으로 하게 되면 정전기가 발생한다.

61 ③ 62 ③ 63 ① 64 ③ 정답

65 정전기 발생에 영향을 주는 요인이 아닌 것은?

① 물체의 분리속도
② 물체의 특성
③ 물체의 접촉시간
④ 물체의 표면상태

해설 ▶ **정전기 발생에 영향을 주는 요인** : 물체의 특성, 물체의 표면상태, 물체의 이력, 접촉면적 및 압력, 분리속도이다.

66 정전기 방지대책 중 적합하지 않은 것은?

① 대전서열이 가급적 먼 것으로 구성한다.
② 카본 블랙을 도포하여 도전성을 부여한다.
③ 유속을 저감 시킨다.
④ 도전성 재료를 도포하여 대전을 감소시킨다.

해설 ① 대전서열에서 두 물질이 가까운 위치에 있으면 정전기의 발생량이 적고 먼 위치에 있으면 정전기의 발생량이 커진다.

67 다음 중 방폭전기기기의 구조별 표시방법으로 틀린 것은?

① 내압방폭구조 : p
② 본질안전방폭구조 : ia, ib
③ 유입방폭구조 : o
④ 안전증방폭구조 : e

해설 ① **내압방폭구조** : d

68 내접압용 절연장갑의 등급에 따른 최대사용전압이 틀린 것은? (단, 교류전압은 실횻값이다.)

① 등급 00 : 교류 500V
② 등급 1 : 교류 7500V
③ 등급 2 : 직류 17000V
④ 등급 3 : 직류 39750V

해설 ▶ **내전압용 절연장갑의 등급에 따른 최대사용전압**

등급	교류전압	직류전압(교류×1.5)
00	500	750
0	1000	1500
1	7500	11250
2	17000	25500
3	26500	39750
4	36000	54000

69 저압전로의 절연성능에 관한 설명으로 적합하지 않은 것은?

① 전로의 사용전압이 SELV 및 PELV일 때 절연저항은 0.5MΩ 이상이어야 한다.
② 전로의 사용전압이 FELV일 때 절연저항은 1MΩ 이상이어야 한다.
③ 전로의 사용전압이 FELV일 때 DC 시험 전압은 500V이다.
④ 전로의 사용전압이 600V일 때 절연저항은 1MΩ 이상이어야 한다.

해설 ④ 전로의 사용전압이 500V일 때 절연저항은 1MΩ 이상이어야 한다.

70 다음 중 0종 장소에 사용될 수 있는 방폭구조의 기호는?

① Ex ia　② Ex ib
③ Ex d　④ Ex e

정답 65 ③ 66 ① 67 ① 68 ③ 69 ④ 70 ①

해설 ① Ex ia : 본질안전방폭 : 0, 1, 2종
② EX ib : 본질안전방폭 : 1, 2종
③ EX d : 내압방폭 : 1, 2종
④ EX e : 안전증 방폭 : 2종

71 다음 중 전기화재의 주요 원인이라고 할 수 없는 것은?

① 절연전선의 열화 ② 정전기 발생
③ 과전류 발생 ④ 절연저항값의 증가

해설 전기화재의 원인은 단락, 누전, 과전류, 스파크, 접촉부 과열, 절연열화에 의한 발열, 지락이고 절연저항값의 감소이다.

72 배전선로에 정전작업 중 단락 접지기구를 사용하는 목적으로 가장 적합한 것은?

① 통신선 유도 장해 방지
② 배전용 기계 기구의 보호
③ 배전선 통전 시 전위경도 저감
④ 혼촉 또는 오동작에 의한 감전방지

해설 ▶ **단락접지기구 사용목적** : 오동작, 다른 전로와의 혼촉 등 불의에 그 전로가 충전되는 경우의 위험을 방지하기 위해 가급적 공사개소 가까이 충분한 용량을 구비한 단락접지기구를 사용해서 정전전로에 단락접지를 해둔다.

73 어느 변전소에서 고장전류가 유입되었을 때 도전성 구조물과 그 부근 지표상의 점과의 사이(약 1m)의 허용접촉전압은 약 몇 [V]인가? (단, 심실세동전류 : $I_k = \frac{0.165}{\sqrt{t}}$A, 인체의 저항 : 1000Ω, 지표면의 저항률 : 150Ω·m, 통전시간을 1초로 한다.)

① 164 ② 186
③ 202 ④ 228

해설 심실세동전류 = 0.165 / $\sqrt{1}$ = 0.165A
허용접촉전압 = [인체저항 + (3/2×지표면저항률)] ×심실세동전류
= (1000 + 3/2×150)×0.165 = 202V

74 방폭기기 그룹에 관한 설명으로 틀린 것은?

① 그룹Ⅰ, 그룹 Ⅱ, 그룹 Ⅲ가 있다.
② 그룹Ⅰ의 기기는 폭발성 갱내 가스에 취약한 광산에서의 사용을 목적으로 한다.
③ 그룹 Ⅱ의 세부 분류로 ⅡA, ⅡB, ⅡC가 있다.
④ ⅡA로 표시된 기기는 그룹 ⅡB기기를 필요로 하는 지역에 사용할 수 있다.

해설 ④ ⅡB기기를 필요로 하는 지역에 ⅡA로 표시된 지역에 사용할 수 있다.

75 한국전기설비규정에 따라 피뢰설비에서 외부피뢰시스템의 수뢰부시스템으로 적합하지 않은 것은?

① 돌침 ② 수평도체
③ 메시도체 ④ 환상도체

해설 수뢰부 시스템은 돌침, 수평도체, 메시도체의 요소 중에 한 가지 또는 이를 조합한 형식으로 시설하여야 한다.

76 폭발한계에 도달한 메탄가스가 공기에 혼합되었을 경우 착화한계전압[V]은 약 얼마인가? (단, 메탄의 최소착화에너지는 0.2mJ, 극간용량은 10pF으로 한다.)

① 6325 ② 5225
③ 4135 ④ 3035

해설 $E = \frac{1}{2}CV^2$ (C : 극간 용량[F], V : 방전 전압[V])
0.2mJ = 1/2 × 10pF × V^2
$0.2 \times 10^{-3} = 1/2 \times 10 \times 10^{-12} \times V^2$
V = 6325

71 ④ 72 ④ 73 ③ 74 ④ 75 ④ 76 ① 정답

77 Q = 2×10^{-7}C으로 대전하고 있는 반경 25cm 도체구의 전위[kV]는 약 얼마인가?

① 7.2　② 12.5
③ 14.4　④ 25

해설 $Q = 4\pi\varepsilon \times R \times V$($\varepsilon$는 유전율로 8.855×10^{-12})

$$V = \frac{Q}{4\pi\varepsilon \times R}$$

$V = 2\times10^{-7}/(4\times\pi\times8.855\times10^{-12}\times0.25) = 7.2$kV
2×10^{-7}C일 경우 도체구의 전위는 7.2이다.

78 다음 중 누전차단기를 시설하지 않아도 되는 전로가 아닌 것은? (단, 전로는 금속제 외함을 가지는 사용전압이 50V를 초과하는 저압의 기계기구에 전기를 공급하는 전로이며, 기계기구에는 사람이 쉽게 접촉할 우려가 있다.)

① 기계기구를 건조한 장소에 시설하는 경우
② 기계기구가 고무, 합성수지, 기타 절연물로 피복된 경우
③ 대지전압 200V 이하인 기계기구를 물기가 있는 곳 이외의 곳에 시설하는 경우
④ 「전기용품 및 생활용품 안전관리법」의 적용을 받는 이중절연구조의 기계기구를 시설하는 경우

해설 ◎ 누전차단기를 설치해야 하는 경우
- 대지전압이 150V를 초과하는 이동형 또는 휴대형 전기기계・기구
- 물 등 도전성이 높은 액체가 있는 습윤장소에서 사용하는 저압(750V 이하 직류전압이나 600V 이하의 교류전압을 말한다)용 전기기계・기구
- 철판・철골 위 등 도전성이 높은 장소에서 사용하는 이동형 또는 휴대형 전기기계・기구
- 임시배선의 전로가 설치되는 장소에서 사용하는 이동형 또는 휴대형 전기기계・기구

79 고압전로에 설치된 전동기용 고압전류 제한퓨즈의 불용단전류의 조건은?

① 정격전류 1.3배의 전류로 1시간 이내에 용단되지 않을 것
② 정격전류 1.3배의 전류로 2시간 이내에 용단되지 않을 것
③ 정격전류 2배의 전류로 1시간 이내에 용단되지 않을 것
④ 정격전류 2배의 전류로 2시간 이내에 용단되지 않을 것

해설

퓨즈의 종류	전격 용량	용단 시간
고압용 포장퓨즈	정격전류의 1.3배	2배의 전류로 120분
고압용 비포장퓨즈	정격전류의 1.25배	2배의 전류로 2분

80 누전차단기의 시설방법 중 옳지 않은 것은?

① 시설장소는 배전반 또는 분전반 내에 설치한다.
② 정격전류용량은 해당 전로의 부하전류 값 이상이어야 한다.
③ 정격감도전류는 정상의 사용상태에서 불필요하게 동작하지 않도록 한다.
④ 인체감전보호형은 0.05초 이내에 동작하는 고감도고속형이어야 한다.

해설

종류		정격감도전류[mA]・동작시간	
고감도형	고속형	5, 10, 15, 30	• 정격감도전류에서 0.1초 이내, • 인체감전보호형은 0.03초 이내
	시연형		• 정격감도전류에서 0.1초를 초과하고 2초 이내
	반한시형		• 정격감도전류에서 0.2초를 초과하고 1초 이내 • 정격감도전류에서 1.4배의 전류에서 0.1초를 초과하고 0.5초 이내 • 정격감도전류에서 4.4배의 전류에서 0.05초 이내

정답 77 ① 78 ③ 79 ② 80 ④

5과목 화학설비위험방지기술

81 다음 중 왕복펌프에 속하지 않는 것은?

① 피스톤 펌프 ② 플런저 펌프
③ 기어 펌프 ④ 격막 펌프

해설 ③ 기어펌프는 회전펌프이다.

82 두 물질을 혼합하면 위험성이 커지는 경우가 아닌 것은?

① 이황화탄소+물 ② 나트륨+물
③ 염소산칼륨+적린 ④ 과산화나트륨+염산

해설 ① 이황화탄소는 제4류 특수인화물로 안전을 위해서 물에 넣어서 보관한다.

83 5% NaOH 수용액과 10% NaOH 수용액을 반응기에 혼합하여 6% 100kg의 NaOH 수용액을 만들려면 각각 몇 [kg]의 NaOH 수용액이 필요한가?

① 5% NaOH 수용액 : 33.3
10% NaOH 수용액 : 66.7
② 5% NaOH 수용액 : 50
10% NaOH 수용액 : 50
③ 5% NaOH 수용액 : 66.7
10% NaOH 수용액 : 33.3
④ 5% NaOH 수용액 : 80
10% NaOH 수용액 : 20

해설 6%의 혼합 수용액이 100kg이므로, 5% 수용액의 무게를 $x$kg이라 하면, 10% 수용액의 무게는 $(100-x)$kg이 된다.
따라서 $0.06 \times 100 = 0.05x + 0.1(100-x)$
$6 = 0.05x + 10 - 0.1x$, $0.05x = 4$
$\therefore x = 80$
따라서 5% 수용액은 80kg,
10% 수용액은 20(=100−80)kg이 된다.

84 다음 중 노출기준(TWA, [ppm]) 값이 가장 작은 물질은?

① 염소 ② 암모니아
③ 에탄올 ④ 메탄올

해설 ① 염소 0.5ppm
② 암모니아 25ppm
③ 에탄올 1000ppm
④ 메탄올 200ppm

85 산업안전보건법령에 따라 위험물 건조설비 중 건조실을 설치하는 건축물의 구조를 독립된 단층 건물로 하여야 하는 건조설비가 아닌 것은?

① 위험물 또는 위험물이 발생하는 물질을 가열·건조하는 경우 내용적이 $2m^3$인 건조설비
② 위험물이 아닌 물질을 가열·건조하는 경우 액체연료의 최대사용량이 5kg/h인 건조설비
③ 위험물이 아닌 물질을 가열·건조하는 경우 기체연료의 최대사용량이 $2m^3/h$인 건조설비
④ 위험물이 아닌 물질을 가열·건조하는 경우 전기사용 정격용량이 20kW인 건조설비

해설 ② 위험물이 아닌 물질을 가열·건조하는 경우 액체연료의 최대사용량이 10kg/h인 건조설비(안전보건규칙 제280조)

86 산업안전보건법령상 위험물질의 종류를 구분할 때 다음 물질들이 해당하는 것은?

> 리튬, 칼륨·나트륨, 황, 황린, 황화인·적린

① 폭발성 물질 및 유기과산화물
② 산화성 액체 및 산화성 고체
③ 물반응성 물질 및 인화성 고체
④ 급성 독성 물질

81 ③ 82 ① 83 ④ 84 ① 85 ② 86 ③ 정답

해설 ◆ **물반응성 물질 및 인화성 고체**(안전보건규칙 별표 1)
- 리튬
- 칼륨 · 나트륨
- 황
- 황린
- 황화인 · 적린
- 셀룰로이드류
- 알킬알루미늄 · 알킬리튬
- 마그네슘 분말
- 금속 분말(마그네슘 분말은 제외한다)
- 알칼리금속(리튬 · 칼륨 및 나트륨은 제외한다)
- 유기금속화합물(알킬알루미늄 및 알킬리튬은 제외한다)
- 금속의 수소화물
- 금속의 인화물
- 칼슘 탄화물, 알루미늄 탄화물

87 제1종 분말소화약제의 주성분에 해당하는 것은?

① 사염화탄소 ② 브롬화메탄
③ 수산화암모늄 ④ 탄산수소나트륨

해설

종류	주 성 분		분말색	적용 화재
	품명	화학식		
제1종	탄산수소나트륨	$NaHCO_3$	백색	B, C급 화재
제2종	탄산수소칼륨	$KHCO_3$	담청색	B, C급 화재
제3종	인산암모늄	$NH_4H_2PO_4$	담홍색	A, B, C급 화재
제4종	탄산수소칼륨과 요소와의 반응물	$KC_2N_2H_3O_3$	쥐색	B, C급 화재

88 탄화칼슘이 물과 반응하였을 때 생성물을 옳게 나타낸 것은?

① 수산화칼슘 + 아세틸렌
② 수산화칼슘 + 수소
③ 염화칼슘 + 아세틸렌
④ 염화칼슘 + 수소

해설 CaC_2(탄화칼슘) + $2H_2O$(물) → $CaOH_2$(수산화칼슘) + C_2H_2(아세틸렌)

89 다음 중 분진폭발의 특징으로 옳은 것은?

① 가스폭발보다 연소시간이 짧고, 발생에너지가 작다.
② 압력의 파급속도보다 화염의 파급속도가 빠르다.
③ 가스폭발에 비하여 불완전 연소의 발생이 없다.
④ 주위의 분진에 의해 2차, 3차의 폭발로 파급될 수 있다.

해설 ① 가스폭발과 비교하여 작지만 연소시간이 길다.
② 발생에너지가 크기 때문에 파괴력과 타는 정도가 크다.
③ 가스폭발에 비해 불완전연소의 가능성이 크다.

90 가연성 가스 A의 연소범위를 2.2~9.5vol%라 할 때 가스 A의 위험도는 얼마인가?

① 2.52 ② 3.32
③ 4.91 ④ 5.64

해설 위험도 = (상한 값 − 하한 값)/하한 값
= (9.5 − 2.2)/2.2
= 3.32

91 다음 중 증기배관 내에 생성된 증기의 누설을 막고 응축수를 자동적으로 배출하기 위한 안전장치는?

① Steam trap ② Vent stack
③ Blow down ④ Flame arrester

해설 ◆ **스팀 트랩 :** 증기 중의 응축수만을 배출하고 증기의 누설을 막기 위한 자동밸브이다.

정답 87 ④ 88 ① 89 ④ 90 ② 91 ①

92 CF_3Br 소화약제의 하론 번호를 옳게 나타낸 것은?

① 하론 1031　② 하론 1311
③ 하론 1301　④ 하론 1310

해설 ③ **하론 1301** : 탄소 1개, 불소 3개, 염소 0개, 브롬 1개

93 산업안전보건법령에 따라 공정안전보고서에 포함해야 할 세부내용 중 공정안전자료에 해당하지 않는 것은?

① 안전운전지침서
② 각종 건물・설비의 배치도
③ 유해하거나 위험한 설비의 목록 및 사양
④ 위험설비의 안전설계・제작 및 설치관련 지침서

해설 **공정안전보고서의 공정안전자료 포함사항**(산업안전보건법 시행규칙 제50조)
- 취급・저장하고 있는 유해・위험물질의 종류와 수량
- 유해・위험물질에 대한 물질안전보건자료
- 유해・위험설비의 목록 및 사양
- 유해・위험설비의 운전방법을 알 수 있는 공정도면
- 각종 건물・설비의 배치도
- 폭발위험장소구분도 및 전기단선도
- 위험설비의 안전설계・제작 및 설치관련지침서

94 산업안전보건법령상 단위공정시설 및 설비로부터 다른 단위공정 시설 및 설비 사이의 안전거리는 설비의 바깥 면부터 얼마 이상이 되어야 하는가?

① 5m　② 10m
③ 15m　④ 20m

해설 설비의 바깥 면으로부터 10m 이상

95 자연발화 성질을 갖는 물질이 아닌 것은?

① 질화면　② 목탄분말
③ 아마인유　④ 과염소산

해설 ④ 과염소산은 산화성 액체로 자연발화하지 않는다.

96 산업안전보건법령상 특수화학설비를 설치할 때 내부의 이상상태를 조기에 파악하기 위하여 필요한 계측장치를 설치하여야 한다. 이러한 계측장치로 거리가 먼 것은?

① 압력계　② 유량계
③ 온도계　④ 비중계

해설 내부의 이상 상태를 조기에 파악하기 위하여 필요한 온도계・유량계・압력계 등의 계측장치를 설치하여야 한다(안전보건규칙 제273조).

97 불연성이지만 다른 물질의 연소를 돕는 산화성 액체 물질에 해당하는 것은?

① 히드라진　② 과염소산
③ 벤젠　④ 암모니아

해설 **산화성 액체** : 차아염소산, 아염소산, 과염소산, 브롬산, 요오드산, 과산화수소, 질산

98 아세톤에 대한 설명으로 틀린 것은?

① 증기는 유독하므로 흡입하지 않도록 주의해야 한다.
② 무색이고 휘발성이 강한 액체이다.
③ 비중이 0.79이므로 물보다 가볍다.
④ 인화점이 20℃이므로 여름철에 인화 위험이 더 높다.

해설 ④ 인화점이 −18℃이므로 여름철에 더 인화 위험이 낮다.

92 ③　93 ①　94 ②　95 ④　96 ④　97 ②　98 ④ 정답

99 화학물질 및 물리적 인자의 노출기준에서 정한 유해인자에 대한 노출기준의 표시단위가 잘못 연결된 것은?

① 에어로졸 : ppm
② 증기 : ppm
③ 가스 : ppm
④ 고온 : 습구흑구온도지수(WBGT)

해설 ① 에어로졸 : mg/m^3

100 다음 [표]를 참조하여 메탄 70vol%, 프로판 21 vol%, 부탄 9vol%인 혼합가스의 폭발범위를 구하면 약 몇 [vol%]인가?

가스	폭발하한계 [vol%]	폭발상한계 [vol%]
C_4H_{10}	1.8	8.4
C_3H_8	2.1	9.5
C_2H_6	3.0	12.4
CH_4	5.0	15.0

① 3.45~9.11　② 3.45~12.58
③ 3.85~9.11　④ 3.85~12.58

해설 $$L=\frac{100}{\frac{V_1}{L_1}+\frac{V_2}{L_2}+\cdot\cdot\cdot+\frac{V_n}{L_n}}$$

L : 혼합가스의 폭발한계
$L_1, L_2, \cdot\cdot\cdot, L_n$: 각 성분가스의 폭발한계[vol%]
$V_1, V_2, \cdot\cdot\cdot, V_n$: 각 성분가스의 혼합비[vol%]
LEL = 100/(70/5)+(21/2.1)+(9/1.8)
= 3.45
UEL = 100/(70/15)+(21/9.5)+(9/8.4)
= 12.58

6과목 건설안전기술

101 산업안전보건법령에 따른 건설공사 중 다리건설공사의 경우 유해위험방지계획서를 제출하여야 하는 기준으로 옳은 것은?

① 최대 지간길이가 40m 이상인 다리의 건설등 공사
② 최대 지간길이가 50m 이상인 다리의 건설등 공사
③ 최대 지간길이가 60m 이상인 다리의 건설등 공사
④ 최대 지간길이가 70m 이상인 다리의 건설등 공사

해설 최대 지간(支間)길이(다리의 기둥과 기둥의 중심 사이의 거리)가 50m 이상인 다리의 건설등 공사(산업안전보건법 시행령 제42조 제3항 제3호)

102 가설통로 설치에 있어 경사가 최소 얼마를 초과하는 경우에는 미끄러지지 아니하는 구조로 하여야 하는가?

① 15°　② 20°
③ 30°　④ 40°

해설 경사가 15°를 초과하는 경우에는 미끄러지지 아니하는 구조로 할 것(안전보건규칙 제23조)

103 굴착과 싣기를 동시에 할 수 있는 토공기계가 아닌 것은?

① 트랙터 셔블(tractor shovel)
② 백호(back hoe)
③ 파워 셔블(power shovel)
④ 모터 그레이더(motor grader)

해설 ④ 모터 그레이더(motor grader)는 땅 고르는 건설기계, 그 외는 굴착기계

정답 99 ① 100 ② 101 ② 102 ① 103 ④

104 **강관틀비계를 조립하여 사용하는 경우 준수하여야 할 사항으로 옳지 않은 것은?**

① 비계기둥의 밑둥에는 밑받침 철물을 사용할 것
② 높이가 20m를 초과하거나 중량물의 적재를 수반하는 작업을 할 경우에는 주틀 간의 간격을 1.8m 이하로 할 것
③ 주틀 간에 교차 가새를 설치하고 최하층 및 3층 이내마다 수평재를 설치할 것
④ 길이가 띠장 방향으로 4m 이하이고 높이가 10m를 초과하는 경우에는 10m 이내마다 띠장 방향으로 버팀기둥을 설치할 것

해설 **강관틀비계 조립·사용 시 준수사항**(안전보건규칙 제62조)
- 비계기둥의 밑둥에는 밑받침 철물을 사용하여야 하며 밑받침에 고저차(高低差)가 있는 경우에는 조절형 밑받침철물을 사용하여 각각의 강관틀비계가 항상 수평 및 수직을 유지하도록 할 것
- 높이가 20m를 초과하거나 중량물의 적재를 수반하는 작업을 할 경우에는 주틀 간의 간격을 1.8m 이하로 할 것
- 주틀 간에 교차 가새를 설치하고 최상층 및 5층 이내마다 수평재를 설치할 것
- 수직방향으로 6m, 수평방향으로 8m 이내마다 벽이음을 할 것
- 길이가 띠장 방향으로 4m 이하이고 높이가 10m를 초과하는 경우에는 10m 이내마다 띠장 방향으로 버팀기둥을 설치할 것

105 **산업안전보건법령에 따른 양중기의 종류에 해당하지 않는 것은?**

① 고소작업차 ② 이동식 크레인
③ 승강기 ④ 리프트(Lift)

해설 **양중기의 종류**(안전보건규칙 제132조)
- 크레인[호이스트(hoist) 포함]
- 이동식 크레인
- 리프트(이삿짐운반용 리프트의 경우에는 적재하중이 0.1t 이상인 것으로 한정한다)
- 곤돌라
- 승강기

106 **강관을 사용하여 비계를 구성하는 경우 준수해야 할 사항으로 옳지 않은 것은?**

① 비계기둥의 간격은 띠장 방향에서는 1.85m 이하, 장선(長線) 방향에서는 1.5m 이하로 할 것
② 띠장 간격은 2.0m 이하로 할 것
③ 비계기둥의 제일 윗부분으로부터 31m 되는 지점 밑부분의 비계기둥은 3개의 강관으로 묶어 세울 것
④ 비계기둥 간의 적재하중은 400kg을 초과하지 않도록 할 것

해설 ③ 비계기둥의 제일 윗부분으로부터 31m 되는 지점 밑부분의 비계기둥은 2개의 강관으로 묶어 세울 것. 다만, 브라켓(bracket, 까치발) 등으로 보강하여 2개의 강관으로 묶을 경우 이상의 강도가 유지되는 경우에는 그러하지 아니하다.
① 비계기둥의 간격은 띠장 방향에서는 1.85m 이하, 장선(長線) 방향에서는 1.5m 이하로 할 것. 다만, 선박 및 보트 건조작업의 경우 안전성에 대한 구조검토를 실시하고 조립도를 작성하면 띠장 방향 및 장선 방향으로 각각 2.7m 이하로 할 수 있다.
② 띠장 간격은 2.0m 이하로 할 것. 다만, 작업의 성질상 이를 준수하기가 곤란하여 쌍기둥틀 등에 의하여 해당 부분을 보강한 경우에는 그러하지 아니하다.
④ 비계기둥 간의 적재하중은 400kg을 초과하지 않도록 할 것

107 **다음은 산업안전보건법령에 따른 시스템 비계의 구조에 관한 사항이다. (　) 안에 들어갈 내용으로 옳은 것은?**

> 비계 밑단의 수직재와 받침철물은 밀착되도록 설치하고, 수직재와 받침철물의 연결부의 겹침길이는 받침철물 전체 길이의 (　) 이상이 되도록 할 것

① 2분의 1 ② 3분의 1
③ 4분의 1 ④ 5분의 1

104 ③ 105 ① 106 ③ 107 ② **정답**

해설 비계 밑단의 수직재와 받침철물은 서로 밀착되도록 설치하고, 수직재와 받침철물의 연결부의 겹침길이는 받침철물 전체길이의 3분의 1 이상 되도록 할 것(안전보건규칙 제69조 제2호)

108 건설현장에서 작업으로 인하여 물체가 떨어지거나 날아올 위험이 있는 경우에 대한 안전조치에 해당하지 않는 것은?

① 수직보호망 설치
② 방호선반 설치
③ 울타리 설치
④ 낙하물 방지망 설치

해설 작업으로 인하여 물체가 떨어지거나 날아올 위험이 있는 경우 낙하물 방지망, 수직보호망 또는 방호선반의 설치, 출입금지구역의 설정, 보호구의 착용 등 위험을 방지하기 위하여 필요한 조치를 하여야 한다. 이 경우 낙하물 방지망 및 수직보호망은 「산업표준화법」에 따른 한국산업표준에서 정하는 성능기준에 적합한 것을 사용하여야 한다(안전보건규칙 제14조).

109 흙막이 가시설 공사 중 발생할 수 있는 보일링(Boiling) 현상에 관한 설명으로 옳지 않은 것은?

① 이 현상이 발생하면 흙막이 벽의 지지력이 상실된다.
② 지하수위가 높은 지반을 굴착할 때 주로 발생된다.
③ 흙막이벽의 근입장 깊이가 부족할 경우 발생한다.
④ 연약한 점토지반에서 굴착면의 융기로 발생한다.

해설 ◆ **보일링 현상** : 지하수위가 높은 사질토에서 발생하며 지면의 액상화 현상, 굴착면과 배면토의 수두차에 의해 삼투압현상이 발생하는 것

110 거푸집동바리 등을 조립하는 경우에 준수해야 할 기준으로 옳지 않은 것은?

① 동바리의 상하 고정 및 미끄러짐 방지조치를 하고, 하중의 지지상태를 유지한다.
② 강재와 강재의 접속부 및 교차부는 볼트·클램프 등 전용철물을 사용하여 단단히 연결한다.
③ 파이프 서포트를 제외한 동바리로 사용하는 강관은 높이 2m마다 수평연결재를 2개 방향으로 만들고 수평연결재의 변위를 방지할 것
④ 동바리로 사용하는 파이프 서포트는 4개 이상 이어서 사용하지 않도록 할 것

해설 ④ 동바리로 사용하는 파이프 서포트를 3개 이상 이어서 사용하지 않도록 할 것(안전보건규칙 제332조의2 제1호 가목)

111 장비가 위치한 지면보다 낮은 장소를 굴착하는 데 적합한 장비는?

① 트럭크레인 ② 파워셔블
③ 백호 ④ 진폴

해설 백호는 굴착기이며, 지면보다 낮은 장소를 굴착하는 데 적합하다.

112 콘크리트 타설 시 안전수칙으로 옳지 않은 것은?

① 타설순서는 계획에 의하여 실시하여야 한다.
② 진동기는 최대한 많이 사용하여야 한다.
③ 콘크리트를 치는 도중에는 거푸집, 지보공 등의 이상 유무를 확인하여야 한다.
④ 손수레로 콘크리트를 운반할 때에는 손수레를 타설하는 위치까지 천천히 운반하여 거푸집에 충격을 주지 아니하도록 타설하여야 한다.

정답 108 ③ 109 ④ 110 ④ 111 ③ 112 ②

해설 ② 진동기를 너무 많이 사용할 경우 거푸집 붕괴의 위험이 발생할 수 있다.

113 건설공사도급인은 건설공사 중에 가설구조물의 붕괴 등 산업재해가 발생할 위험이 있다고 판단되면 건축·토목 분야의 전문가의 의견을 들어 건설공사 발주자에게 해당 건설공사의 설계변경을 요청할 수 있는데, 이러한 가설구조물의 기준으로 옳지 않은 것은?

① 높이 20m 이상인 비계
② 작업발판 일체형 거푸집 또는 높이 6m 이상인 거푸집 동바리
③ 터널의 지보공 또는 높이 2m 이상인 흙막이 지보공
④ 동력을 이용하여 움직이는 가설구조물

해설 ① 높이 31m 이상의 비계

114 산업안전보건법령에 따른 작업발판 일체형 거푸집에 해당되지 않는 것은?

① 갱 폼(Gang Form)
② 슬립 폼(Slip Form)
③ 유로 폼(Euro Form)
④ 클라이밍 폼(Climbing Form)

해설 **작업발판 일체형 거푸집**(안전보건규칙 제337조 제1항)
- 갱 폼(gang form)
- 슬립 폼(slip form)
- 클라이밍 폼(climbing form)
- 터널 라이닝 폼(tunnel lining form)
- 그 밖에 거푸집과 작업발판이 일체로 제작된 거푸집 등

115 터널 지보공을 조립하는 경우에는 미리 그 구조를 검토한 후 조립도를 작성하고, 그 조립도에 따라 조립하도록 하여야 하는데 이 조립도에 명시하여야 할 사항과 가장 거리가 먼 것은?

① 이음방법 ② 단면규격
③ 재료의 재질 ④ 재료의 구입처

해설 조립도에는 재료의 재질, 단면규격, 설치간격 및 이음방법 등을 명시하여야 한다(안전보건규칙 제363조 제2항).

116 부두·안벽 등 하역작업을 하는 장소에서 부두 또는 안벽의 선을 따라 통로를 설치하는 경우에는 폭을 최소 얼마 이상으로 하여야 하는가?

① 85cm ② 90cm
③ 100cm ④ 120cm

해설 부두 또는 안벽의 선을 따라 통로를 설치하는 경우에는 폭을 90cm 이상으로 할 것(안전보건규칙 제390조)

117 다음은 산업안전보건법령에 따른 산업안전보건관리비의 사용에 관한 규정이다. (　) 안에 들어갈 내용은 순서대로 옳게 작성한 것은?

> 건설공사도급인은 고용노동부장관이 정하는 바에 따라 해당 건설공사를 위하여 계상된 산업안전보건관리비를 그가 사용하는 근로자와 그의 관계수급인이 사용하는 근로자의 산업재해 및 건강장해 예방에 사용하고, 그 사용명세서를 (　) 작성하고 건설공사 종료 후 (　)간 보존해야 한다.

① 매월, 6개월 ② 매월, 1년
③ 2개월 마다, 6개월 ④ 2개월 마다, 1년

113 ① 114 ③ 115 ④ 116 ② 117 ② **정답**

해설 • 건설공사도급인은 산업안전보건관리비를 사용하는 해당 건설공사의 금액(고용노동부장관이 정하여 고시하는 방법에 따라 산정한 금액을 말한다)이 4천만원 이상인 때에는 고용노동부장관이 정하는 바에 따라 매월(건설공사가 1개월 이내에 종료되는 사업의 경우에는 해당 건설공사가 끝나는 날이 속하는 달을 말한다) 사용명세서를 작성하고, 건설공사 종료 후 1년 동안 보존해야 한다.

118 **지반의 굴착 작업에 있어서 비가 올 경우를 대비한 직접적인 대책으로 옳은 것은?**

① 측구 설치
② 낙하물 방지망 설치
③ 추락 방호망 설치
④ 매설물 등의 유무 또는 상태 확인

해설 사업주는 비가 올 경우를 대비하여 측구(側溝)를 설치하거나 굴착경사면에 비닐을 덮는 등 빗물 등의 침투에 의한 붕괴재해를 예방하기 위하여 필요한 조치를 해야 한다(안전보건규칙 제339조).

119 **강관틀비계(높이 5m 이상)의 넘어짐을 방지하기 위하여 사용하는 벽이음 및 버팀의 설치간격 기준으로 옳은 것은?**

① 수직방향 5m, 수평방향 5m
② 수직방향 6m, 수평방향 7m
③ 수직방향 6m, 수평방향 8m
④ 수직방향 7m, 수평방향 8m

해설 ❯ **틀비계** : 수직방향 6m 이하, 수평방향 8m 이하

120 **굴착공사에 있어서 비탈면붕괴를 방지하기 위하여 실시하는 대책으로 옳지 않은 것은?**

① 지표수의 침투를 막기 위해 표면배수공을 한다.
② 지하수위를 내리기 위해 수평배수공을 설치한다.
③ 비탈면 하단을 성토한다.
④ 비탈면 상부에 토사를 적재한다.

해설 ④ 비탈면 하부에 토사를 적재한다.

정답 118 ① 119 ③ 120 ④

2021년 제3회 기출 복원문제

1과목 안전관리론

01 상황성 누발자의 재해유발원인이 아닌 것은?

① 심신의 근심　② 작업의 어려움
③ 도덕성의 결여　④ 기계설비의 결함

해설 ◎ 상황성 누발자의 재해유발원인
- 작업자체가 어렵기 때문
- 기계설비의 결함존재
- 주위 환경 상 주의력 집중 곤란
- 심신에 근심 걱정이 있기 때문

02 인간의 의식 수준을 5단계로 구분할 때 의식이 몽롱한 상태의 단계는?

① Phase Ⅰ　② Phase Ⅱ
③ Phase Ⅲ　④ Phase Ⅳ

해설

단계 (phase)	뇌파 패턴	의식상태 (mode)	주의의 작용	생리적 상태	신뢰성
0	δ파	무의식, 실신	제로	수면, 뇌발작	0
Ⅰ	θ파	의식이 둔한 상태	활발하지 않음	피로, 단조, 졸림, 취중	0.9
Ⅱ	α파	편안한 상태	수동적임	안정적 상태, 휴식시, 정상 작업시	0.99~0.9999
Ⅲ	β파	명석한 상태	활발함, 적극적임	적극적, 활동시	0.9999 이상
Ⅳ	γ파	흥분상태 (과긴장)	일점에 응집, 판단정지	긴급 방위 반응, 당황, 패닉	0.9 이하

03 산업안전보건법령상 사업장에서 산업재해 발생 시 사업주가 기록·보존하여야 하는 사항을 모두 고른 것은? (단, 산업재해조사표와 요양신청서의 사본은 보존하지 않았다.)

ㄱ. 사업장의 개요 및 근로자의 인적사항
ㄴ. 재해 발생의 일시 및 장소
ㄷ. 재해 발생의 원인 및 과정
ㄹ. 재해 재발방지 계획

① ㄱ, ㄹ　② ㄴ, ㄷ, ㄹ
③ ㄱ, ㄴ, ㄷ　④ ㄱ, ㄴ, ㄷ, ㄹ

해설 ◎ **산업재해 기록·보존** : 산업재해가 발생한 경우 다음 사항을 기록하고, 3년간 보존
- 사업장의 개요 및 근로자의 인적사항
- 재해발생 일시 및 장소
- 재해발생 원인 및 과정
- 재해 재발방지 계획

04 A사업장의 조건이 다음과 같을 때 A사업장에서 연간재해발생으로 인한 근로손실일수는?

- 강도율 : 0.4
- 근로자 수 : 1000명
- 연근로시간수 : 2400시간

① 480　② 720
③ 960　④ 1440

해설 $강도율 = \dfrac{총요양근로손실일수}{연근로시간수} \times 1000$

0.4×(1000×2400)/1000

01 ③　02 ①　03 ④　04 ③ 정답

05 무재해운동의 이념 중 선취의 원칙에 대한 설명으로 옳은 것은?

① 사고의 잠재요인을 사후에 파악하는 것
② 근로자 전원이 일체감을 조성하여 참여하는 것
③ 위험요소를 사전에 발견, 파악하여 재해를 예방 또는 방지하는 것
④ 관리감독자 또는 경영층에서의 자발적 참여로 안전 활동을 촉진하는 것

해설 **무재해운동의 이념**
- **무(Zero)의 원칙** : 산업재해의 근원적인 요소들을 없앤다는 것
- **안전제일의 원칙**(선취의 원칙) : 행동하기 전, 잠재위험요인을 발견하고 파악, 해결하여 재해를 예방하는 것
- **참여의 원칙**(참가의 원칙) : 전원이 일치 협력하여 각자의 위치에서 적극적으로 문제를 해결하는 것

06 산업안전보건법령상 명시된 타워크레인을 사용하는 작업에서 신호업무를 하는 작업 시 특별교육 대상 작업별 교육 내용이 아닌 것은? (단, 그 밖에 안전보건관리에 필요한 사항은 제외한다.)

① 신호방법 및 요령에 관한 사항
② 걸고리·와이어로프 점검에 관한 사항
③ 화물의 취급 및 안전작업방법에 관한 사항
④ 인양물이 적재될 지반의 조건, 인양하중, 풍압 등이 인양물과 타워크레인에 미치는 영향

해설 **타워크레인 사용작업 시 신호업무 대상 교육**
- 타워크레인의 기계적 특성 및 방호장치 등에 관한 사항
- 화물의 취급 및 안전작업방법에 관한 사항
- 신호방법 및 요령에 관한 사항
- 인양 물건의 위험성 및 낙하·비래·충돌재해 예방에 관한 사항
- 인양물이 적재될 지반의 조건, 인양하중, 풍압 등이 인양물과 타워크레인에 미치는 영향
- 그 밖에 안전보건관리에 필요한 사항

07 보호구 안전인증 고시상 추락방지대가 부착된 안전대 일반구조에 관한 내용 중 틀린 것은?

① 죔줄은 합성섬유로프를 사용해서는 안 된다.
② 고정된 추락방지대의 수직구명줄은 와이어로프 등으로 하며 최소지름이 8mm 이상이어야 한다.
③ 수직구명줄에서 걸이설비와의 연결부위는 훅 또는 카라비너 등이 장착되어 걸이설비와 확실히 연결되어야 한다.
④ 추락방지대를 부착하여 사용하는 안전대는 신체지지의 방법으로 안전그네만을 사용하여야 하며 수직구명줄이 포함되어야 한다.

해설 ① 죔줄은 합성섬유로프 사용

08 하인리히 재해 구성 비율 중 무상해사고가 600건이라면 사망 또는 중상 발생 건수는?

① 1 ② 2
③ 29 ④ 58

해설 **하인리히의 1 : 29 : 300의 법칙**
- 사망 또는 중상 1회
- 경상 29회
- 무상해 사고 300회

09 재해사례연구 순서로 옳은 것은?

> 재해 상황의 파악 → (㉠) → (㉡) → 근본적 문제점의 결정 → (㉢)

① ㉠ 문제점의 발견, ㉡ 대책수립, ㉢ 사실의 확인
② ㉠ 문제점의 발견, ㉡ 사실의 확인, ㉢ 대책수립
③ ㉠ 사실의 확인, ㉡ 대책수립, ㉢ 문제점의 발견
④ ㉠ 사실의 확인, ㉡ 문제점의 발견, ㉢ 대책수립

정답 05 ③ 06 ② 07 ① 08 ② 09 ④

해설 ◎ 재해사례연구 순서
- **제0단계** : 재해상황 파악
- **제1단계** : 사실의 확인
- **제2단계** : 문제점 발견(작업표준 등을 근거)
- **제3단계** : 근본적인 문제점 결정(각 문제점마다 재해요인의 인적·물적·관리적 원인 결정)
- **제4단계** : 대책수립

10 강의식 교육지도에서 가장 많은 시간을 소비하는 단계는?

① 도입
② 제시
③ 적용
④ 확인

해설

구분	도입	제시	적용	확인
강의식	5분	40분	10분	5분
토의식	5분	10분	40분	5분

11 위험예지훈련 4단계의 진행 순서를 바르게 나열한 것은?

① 목표설정 → 현상파악 → 대책수립 → 본질추구
② 목표설정 → 현상파악 → 본질추구 → 대책수립
③ 현상파악 → 본질추구 → 대책수립 → 목표설정
④ 현상파악 → 본질추구 → 목표설정 → 대책수립

해설 ◎ 위험예지훈련 4단계
- **제1단계** : 현상파악 – 어떤 위험이 잠재되어 있는가?
- **제2단계** : 본질추구 – 이것이 위험의 point다.
- **제3단계** : 대책수립 – 당신이라면 어떻게 하는가?
- **제4단계** : 목표설정 – 우리들은 이렇게 한다.

12 레빈(Lewin, K)에 의하여 제시된 인간의 행동에 관한 식을 올바르게 표현한 것은? (단, B는 인간의 행동, P는 개체, E는 환경, f는 함수관계를 의미한다.)

① $B=f(P \cdot E)$
② $B=f(P+1)^E$
③ $P=E \cdot f(B)$
④ $E=f(P \cdot B)$

해설

$$B=f(P \cdot E)$$

- B : Behavior(인간의 행동)
- f : function(함수관계) $P \cdot E$에 영향을 줄 수 있는 조건
- P : Person(연령, 경험, 심신상태, 성격, 지능, 소질 등)
- E : Environment(심리적 환경 – 인간관계, 작업환경, 설비적 결함 등)

13 산업안전보건법령상 근로자에 대한 일반 건강진단의 실시 시기 기준으로 옳은 것은?

① 사무직에 종사하는 근로자 : 1년에 1회 이상
② 사무직에 종사하는 근로자 : 2년에 1회 이상
③ 사무직 외의 업무에 종사하는 근로자 : 6월에 1회 이상
④ 사무직 외의 업무에 종사하는 근로자 : 2년에 1회 이상

해설

근로자	주기
사무직에 종사하는 근로자(공장 또는 공사현장과 같은 구역에 있지 않은 사무실에서 서무·인사·경리·판매·설계 등의 사무업무에 종사하는 근로자를 말하며, 판매업무 등에 직접 종사하는 근로자는 제외한다)	2년에 1회 이상
그 밖의 근로자	1년에 1회 이상

10 ② 11 ③ 12 ① 13 ② 정답

14 매슬로우(Maslow)의 욕구 5단계 이론 중 안전욕구의 단계는?

① 제1단계 ② 제2단계
③ 제3단계 ④ 제4단계

해설

단계		이론
하위단계가 충족되어야 상위단계로 진행	5단계	자아실현의 욕구
	4단계	인정받으려는 욕구
	3단계	사회적 욕구
	2단계	안전의 욕구
	1단계	생리적 욕구

15 교육계획 수립 시 가장 먼저 실시하여야 하는 것은?

① 교육내용의 결정
② 실행교육계획서 작성
③ 교육의 요구사항 파악
④ 교육실행을 위한 순서, 방법, 자료의 검토

해설 **안전보건교육 계획수립 절차**
교육의 필요점 및 요구사항 파악 → 교육내용 및 방법 결정 → 교육의 준비 및 실시 → 교육의 성과 평가

16 안전점검표(체크리스트) 항목 작성 시 유의사항으로 틀린 것은?

① 정기적으로 검토하여 설비나 작업방법이 타당성 있게 개조된 내용일 것
② 사업장에 적합한 독자적 내용을 가지고 작성할 것
③ 위험성이 낮은 순서 또는 긴급을 요하는 순서대로 작성할 것
④ 점검항목을 이해하기 쉽게 구체적으로 표현할 것

해설 **안전점검표 항목 작성 시 유의사항**
- 사업장에 적합한 독자적 내용일 것
- 중점도가 높은 것부터 순서대로 작성할 것
- 정기적으로 검토하여 재해 방지에 타당성 있게 개조된 내용일 것
- 일정양식을 정하여 점검 대상을 정할 것
- 점검표의 내용은 이해하기 쉽도록 표현하고 구체적일 것

17 안전교육에 있어서 동기부여방법으로 가장 거리가 먼 것은?

① 책임감을 느끼게 한다.
② 관리감독을 철저히 한다.
③ 자기 보존본능을 자극한다.
④ 물질적 이해관계에 관심을 두도록 한다.

해설 **안전교육 시 동기부여방법**
- 안전의 근본이념을 인식시킨다.
- 안전 목표를 명확히 설정한다.
- 결과의 가치를 알려준다.
- 상과 벌을 준다.
- 경쟁과 협동을 유도한다.
- 동기 유발의 최적수준을 유지하도록 한다.

18 교육과정 중 학습경험조직의 원리에 해당하지 않는 것은?

① 기회의 원리
② 계속성의 원리
③ 계열성의 원리
④ 통합성의 원리

해설 **학습경험조직의 원리**
- **계속성** : 교육내용이나 경험을 반복적으로 조직하는 것
- **계열성** : 교육내용이나 경험의 폭과 깊이를 더해지도록 조직하는 것
- **통합성** : 교육내용 관련 요소들을 연관시켜 학습자 행동의 통일성을 증가시키는 것

정답 14 ② 15 ③ 16 ③ 17 ② 18 ①

19 근로자 1000명 이상의 대규모 사업장에 적합한 안전관리 조직의 유형은?

① 직계식 조직
② 참모식 조직
③ 병렬식 조직
④ 직계참모식 조직

해설 안전관리 조직의 유형
- **직계식** : 소규모(근로자 100인 미만) 사업장에 적용
- **참모식** : 중규모(근로자 100~1000명) 사업장에 적용
- **직계참모식** : 대규모(근로자 1000명 이상) 사업장에 적용

20 산업안전보건법령상 안전보건표지의 종류와 형태 중 관계자 외 출입금지에 해당하지 않는 것은?

① 관리대상물질 작업장
② 허가대상물질 작업장
③ 석면취급・해체 작업장
④ 금지대상물질의 취급 실험실

해설

501 허가대상물질 작업장	502 석면취급/해체 작업장	503 금시대상불질의 취급 실험실 등
관계자 외 출입금지 (허가물질 명칭) 제조/사용/보관 중 보호구/보호복 착용 흡연 및 음식물 섭취 금지	관계자 외 출입금지 석면 취급/해체 중 보호구/보호복 착용 흡연 및 음식물 섭취 금지	관계자 외 출입금지 발암물질 취급 중 보호구/보호복 착용 흡연 및 음식물 섭취 금지

2과목 인간공학 및 시스템안전공학

21 다음 그림에서 명료도 지수는?

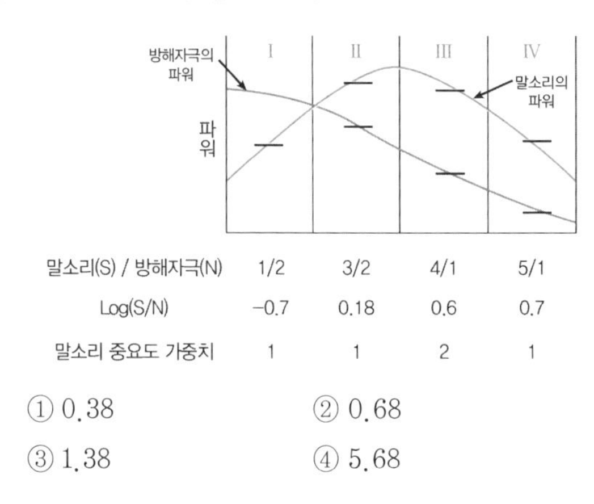

말소리(S) / 방해자극(N)	1/2	3/2	4/1	5/1
Log(S/N)	−0.7	0.18	0.6	0.7
말소리 중요도 가중치	1	1	2	1

① 0.38　② 0.68
③ 1.38　④ 5.68

해설 명료도 지수는 통화이해도를 측정하는 지표로 각 옥타브(octave)대의 음성과 잡음의 [dB]값에 가중치를 곱한다.
$-0.7+0.18+(0.6\times2)+0.7$

22 정보수용을 위한 작업자의 시각 영역에 대한 설명으로 옳은 것은?

① 판별시야 – 안구운동만으로 정보를 주시하고 순간적으로 특정정보를 수용할 수 있는 범위
② 유효시야 – 시력, 색판별 등의 시각 기능이 뛰어나며 정밀도가 높은 정보를 수용할 수 있는 범위
③ 보조시야 – 머리부분의 운동이 안구운동을 돕는 형태로 발생하며 무리 없이 주시가 가능한 범위
④ 유도시야 – 제시된 정보의 존재를 판별할 수 있는 정도의 식별능력밖에 없지만 인간의 공간좌표 감각에 영향을 미치는 범위

해설 **유도시야** : 제시된 정보의 존재를 판별할 수 있는 정도의 식별능력밖에 없지만 인간의 공간좌표 감각에 영향을 미치는 범위

19 ④　20 ①　21 ③　22 ④ **정답**

23 **FMEA 분석 시 고장평점법의 5가지 평가요소에 해당하지 않는 것은?**

① 고장발생의 빈도
② 신규설계의 가능성
③ 기능적 고장 영향의 중요도
④ 영향을 미치는 시스템의 범위

해설 **FMEA 분석 시 고장평점법의 5가지 요소**
- 고장발생의 빈도
- 고장방지의 가능성
- 기능적 고장 영향의 중요도
- 영향을 미치는 시스템의 범위
- 신규설계의 정도

24 **건구온도 30℃, 습구온도 35℃일 때의 옥스퍼드(Oxford) 지수는?**

① 20.75 ② 24.58
③ 30.75 ④ 34.25

해설 $WD = 0.85W + 0.15D$ (W : 습구온도, D : 건구온도)
$= 0.85 \times 35 + 0.15 \times 30$
$= 29.75 + 4.5 = 34.25$

25 **설비보전에서 평균수리시간을 나타내는 것은?**

① MTBF ② MTTR
③ MTTF ④ MTBP

해설 ② **MTTR**(Mean Time To Repair) : 평균수리시간
① **MTBF**(Mean Time Between Failure) : 평균고장간격
③ **MTTF**(Mean Time To Failure) : 평균동작시간

26 **발생 확률이 동일한 64가지의 대안이 있을 때 얻을 수 있는 총 정보량은?**

① 6bit ② 16bit
③ 32bit ④ 64bit

해설 $\log_2(64) = 6$
$\therefore 2^6 = 64$

27 **인간-기계 시스템의 설계 과정을 다음과 같이 분류할 때 다음 중 인간, 기계의 기능을 할당하는 단계는?**

1단계 : 시스템의 목표와 성능명세 결정
2단계 : 시스템의 정의
3단계 : 기본 설계
4단계 : 인터페이스 설계
5단계 : 보조물 설계 혹은 편의수단 설계
6단계 : 평가

① 기본 설계
② 인터페이스 설계
③ 시스템의 목표와 성능명세 결정
④ 보조물 설계 혹은 편의수단 설계

해설 **인간-기계 시스템의 설계 과정**
- **제1단계** : 목표 및 성능명세 결정 – 시스템 설계 전 그 목적이나 존재 이유가 있어야 함(인간 요소적인 면, 신체의 역학적 특성 미친 인체특정학적 요소 고려)
- **제2단계** : 시스템(체계)의 정의 – 목적을 달성하기 위한 특정한 기본기능들이 수행되어야 함
- **제3단계** : 기본설계 – 시스템의 형태를 갖추기 시작하는 단계(직무분석, 작업설계, 기능할당)
- **제4단계** : 계면(인터페이스)설계 – 사용자 편의와 시스템 성능
- **제5단계** : 촉진물(보조물)설계 – 인간의 성능을 촉진시킬 보조물 설계
- **제6단계** : 시험 및 평가 – 시스템 개발과 관련된 평가와 인간적인 요소 평가 실시

정답 23 ② 24 ④ 25 ② 26 ① 27 ①

28 **FT도에서 최소 컷셋을 올바르게 구한 것은?**

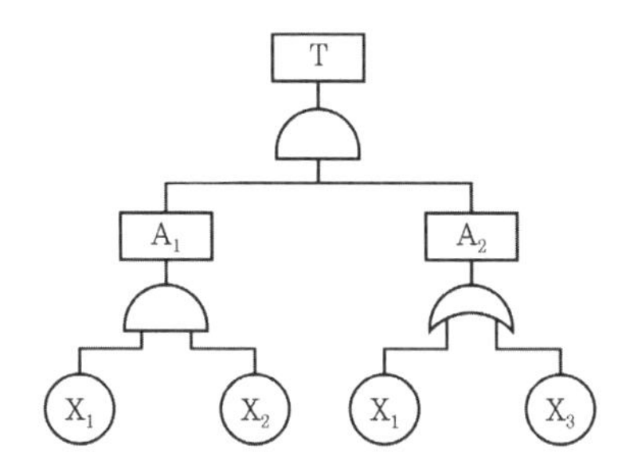

① (X_1, X_2)
② (X_1, X_3)
③ (X_2, X_3)
④ (X_1, X_2, X_3)

해설 $(X_1 \times X_2) \times (X_1 + X_3)$
$= (X_1 \times X_2) \times (X_1) + (X_1 \times X_2) \times (X_3)$
$= (X_1 \times X_2) + (X_1 \times X_2) \times (X_3)$
$= (X_1 \times X_2) \times (1 + X_3)$
$= (X_1 \times X_2) \times 1$
$= (X_1 \times X_2)$

29 **일반적으로 인체측정치의 최대집단치를 기준으로 설계하는 것은?**

① 선반의 높이
② 공구의 크기
③ 출입문의 크기
④ 안내 데스크의 높이

해설 ❯ **인체측정치의 최대집단치**

구분	최대집단치
개념	대상 집단에 대한 인체측정 변수의 상위 백분위수를 기준으로 90, 95, 99% 치 사용
적용 예	• 출입문, 통로, 의자 사이의 간격 등 • 줄사다리, 그네 등의 지지물의 최소 지지 중량(강도)

30 **인간공학의 궁극적인 목적과 가장 관계가 깊은 것은?**

① 경제성 향상
② 인간 능력의 극대화
③ 설비의 가동률 향상
④ 안전성 및 효율성 향상

해설 ❯ **인간공학의 궁극적인 목적**
- 사용상의 효율성 및 편리성 향상
- 안정감 및 만족도를 증가시키고 인간의 가치기준을 향상(삶의 질적 향상)
- 인간・기계 시스템에 대하여 인간의 복지, 안락함, 효율성을 향상시키는 것
- 안전성 향상 및 사고예방
- 직업능률 및 생산성 증대
- 작업환경의 쾌적성

31 **'화재 발생'이라는 시작(초기)사상에 대하여, 화재 감지기, 화재 경보, 스프링클러 등의 성공 또는 실패 작동 여부와 그 확률에 따른 피해 결과를 분석하는 데 가장 적합한 위험 분석 기법은?**

① FTA ② ETA
③ FHA ④ THERP

해설 ❯ **ETA**(Event Tree Analysis : 사건 수 분석)
정량적 귀납적 기법으로 DT에서 변천해 온 것으로 설비의 설계, 심사, 제작, 검사, 보선, 운전, 안전대책의 과정에서 그 대응조치가 성공인가 실패인가를 확대해 가는 과정을 검토

32 **여러 사람이 사용하는 의자의 좌판 높이 설계 기준으로 옳은 것은?**

① 5% 오금높이 ② 50% 오금높이
③ 75% 오금높이 ④ 95% 오금높이

28 ① 29 ③ 30 ④ 31 ② 32 ① **정답**

해설 ◐ 다중사용 의자의 좌판 높이 설계 기준
- 대퇴부의 압박 방지를 위해 좌판 앞부분은 오금 높이보다 높지 않게 설계(치수는 5% 치 사용)
- 좌판의 높이는 개인별로 조절할 수 있도록 하는 것이 바람직
- 사무실 의자의 좌판과 등판각도
  - 좌판각도 : 3°
  - 등판각도 : 100°

33 FTA에서 사용되는 사상기호 중 결합사상을 나타낸 기호로 옳은 것은?

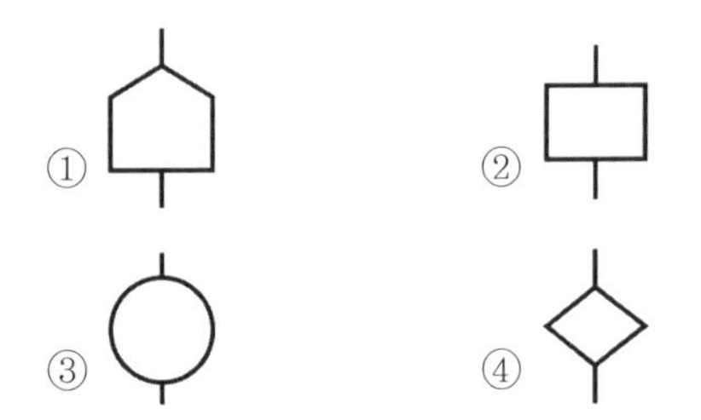

해설
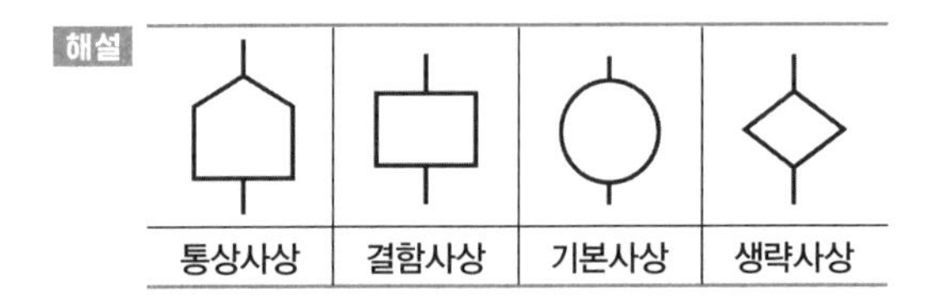

34 기술개발과정에서 효율성과 위험성을 종합적으로 분석·판단할 수 있는 평가방법으로 가장 적절한 것은?

① Risk Assessment
② Risk Management
③ Safety Assessment
④ Technology Assessment

해설 ◐ Technology Assessment : 기술의 재검토 또는 기술의 사전평가라는 뜻으로 마이너스면에 주목하여 2차, 3차의 파급 효과라든지 그 영향 등을 중시, 재검토하여 기술을 평가하려는 것을 말한다.

35 자동차를 타이어가 4개인 하나의 시스템으로 볼 때, 타이어 1개가 파열될 확률이 0.01이라면, 이 자동차의 신뢰도는 약 얼마인가?

① 0.91 ② 0.93
③ 0.96 ④ 0.99

해설 타이어가 1개라도 파열되면 자동차는 고장이므로, 타이어 4개가 모두 안전한 직렬로 $(1-0.01)^4$ 계산

36 다음 상황은 인간실수의 분류 중 어느 것에 해당하는가?

> 전자기기 수리공이 어떤 제품의 분해·조립 과정을 거쳐서 수리를 마친 후 부품 하나가 남았다.

① Time Error ② Omission Error
③ Command Error ④ Extraneous Error

해설 ◐ 인간실수의 분류
- **생략오류**(Omission Error) : 절차를 생략해 발생하는 오류
- **시간오류**(Time Error) : 절차의 수행지연에 의한 오류
- **작위오류**(Commission Error) : 절차의 불확실한 수행에 의한 오류
- **순서오류**(Sequential Error) : 절차의 순서착오에 의한 오류
- **과잉행동오류**(Extraneous Error) : 불필요한 작업/절차에 의한 오류

37 스트레스의 영향으로 발생된 신체 반응의 결과인 스트레인(strain)을 측정하는 척도가 잘못 연결된 것은?

① 인지적 활동 – EEG
② 육체적 동적 활동 – GSR
③ 정신 운동적 활동 – EOG
④ 국부적 근육 활동 – EMG

정답 33 ② 34 ④ 35 ③ 36 ② 37 ②

해설 ② 정신적인 활동 – GSR(Galvanic Skin Responser, 피부전기반사)
- EEG(뇌파도)
- EOG(안전위도)
- EMG(근전도)

38 **일반적인 시스템의 수명곡선(욕조곡선)에서 고장형태 중 증가형 고장률을 나타내는 기간으로 옳은 것은?**

① 우발 고장기간
② 마모 고장기간
③ 초기 고장기간
④ Burn–in 고장기간

해설 **수명곡선의 고장형태**
- **초기고장** : 감소형(debugging 기간, burn–in 기간)
  ※ debugging 기간 : 인간시스템의 신뢰도에서 결함을 찾아내 고장률을 안정시키는 기간
- **우발고장** : 일정형
- **마모고장** : 증가형

39 **청각적 표시장치의 설계 시 적용하는 일반 원리에 대한 설명으로 틀린 것은?**

① 양립성이란 긴급용 신호일 때는 낮은 주파수를 사용하는 것을 의미한다.
② 검약성이란 조작자에 대한 입력신호는 꼭 필요한 정보만을 제공하는 것이다.
③ 근사성이란 복잡한 정보를 나타내고자 할 때 2단계의 신호를 고려하는 것이다.
④ 분리성이란 두 가지 이상의 채널을 듣고 있다면 각 채널의 주파수가 분리되어 있어야 한다는 의미이다.

해설 ① 양립성은 자극과 반응의 관계가 인간의 기대와 모순되지 않는 성질

40 **FTA에 대한 설명으로 가장 거리가 먼 것은?**

① 정성적 분석만 가능
② 하향식(top–down) 방법
③ 복잡하고 대형화된 시스템에 활용
④ 논리게이트를 이용하여 도해적으로 표현하여 분석하는 방법

해설 **FTA**
- 연역적이고 정량적인 해석 방법(Top down 형식)
- 정량적 해석기법(컴퓨터처리 가능)이다.
- 논리기호를 사용한 특정사상에 대한 해석이다.
- 서식이 간단해서 비전문가도 짧은 훈련으로 사용할 수 있다.
- Human Error의 검출이 어렵다.

3과목 기계위험방지기술

41 **프레스기의 안전대책 중 손을 금형 사이에 집어넣을 수 없도록 하는 본질적 안전화를 위한 방식(no–hand in die)에 해당하는 것은?**

① 수인식
② 광전자식
③ 방호울식
④ 손쳐내기식

해설 방호울은 본실식 안전화를 위한 방식이다.

42 **회전하는 부분의 접선방향으로 물려 들어갈 위험이 존재하는 점으로 주로 체인, 풀리, 벨트, 기어와 랙 등에서 형성되는 위험점은?**

① 끼임점　　② 협착점
③ 절단점　　④ 접선물림점

정답 38 ② 39 ① 40 ① 41 ③ 42 ④

해설 ④ **접선물림점**(Tangential Nip point) : 회전하는 부분의 접선방향으로 물려 들어갈 위험이 존재하는 점이다.
예 벨트와 풀리, 체인과 스프로킷, 랙과 피니언
① **끼임점**(Shear point) : 고정부분과 회전하는 동작부분이 함께 만드는 위험점
예 연삭숫돌과 덮개, 교반기의 날개와 하우징, 프레임에서 암의 요동운동을 하는 기계부분 등
② **협착점**(Squeeze point) : 왕복운동을 하는 동작부분과 움직임이 없는 고정부분 사이에서 형성되는 위험점으로 사업장의 기계설비에서 많이 볼 수 있다.
예 프레스기, 전단기, 성형기, 굽힘기계(bending machine) 등
③ **절단점**(Cutting point) : 고정부분과 운동부분이 만드는 위험점이 아니고 회전하는 운동부 자체의 위험이나 운동하는 기계 부분 자체의 위험에서 초래되는 위험점이다.
예 밀링의 커터, 띠톱이나 둥근톱의 톱날, 벨트의 이음 부분 등

43 산업안전보건법령상 양중기에 해당하지 않는 것은?

① 곤돌라
② 이동식 크레인
③ 적재하중 0.05t의 이삿짐운반용 리프트 화물용 엘리베이터
④ 화물용 엘리베이터

해설 **양중기**
- 크레인[호이스트(hoist)를 포함한다]
- 이동식 크레인
- 리프트(이삿짐운반용 리프트의 경우에는 적재하중이 0.1t 이상인 것으로 한정한다.)
- 곤돌라
- 승강기(최대하중이 0.25t 이상인 것으로 한정한다)

44 다음 설명 중 ( ) 안에 알맞은 내용은?

산업안전보건법령상 롤러기의 급정지장치는 롤러를 무부하로 회전시킨 상태에서 앞면 롤러의 표면속도가 30m/min 미만일 때에는 급정지거리가 앞면 롤러 원주의 ( ) 이내에서 롤러를 정지시킬 수 있는 성능을 보유해야 한다.

① 1/4　② 1/3
③ 1/2.5　④ 1/2

해설

앞면 롤의 표면속도[m/min]	급정지거리
30 미만	앞면 롤 원주의 1/3
30 이상	앞면 롤 원주의 1/2.5

45 산업안전보건법령상 지게차에서 통상적으로 갖추고 있어야 하나, 마스트의 후방에서 화물이 낙하함으로써 근로자에게 위험을 미칠 우려가 없는 때에는 반드시 갖추지 않아도 되는 것은?

① 전조등　② 헤드가드
③ 백레스트　④ 포크

해설 백레스트(backrest)를 갖추지 아니한 지게차를 사용해서는 아니 된다. 다만, 마스트의 후방에서 화물이 낙하함으로써 근로자가 위험해질 우려가 없는 경우에는 그러하지 아니하다.

46 산업안전보건법령상 압력용기에서 안전인증된 파열판에 안전인증 표시 외에 추가로 나타내어야 하는 사항이 아닌 것은?

① 분출차[%]　② 호칭지름
③ 용도(요구성능)　④ 유체의 흐름방향 지시

정답 43 ③ 44 ② 45 ③ 46 ①

해설 압력용기란 화학공장의 탑류, 반응기, 열교환기, 저장용기 및 공기압축기의 공기 저장탱크로서 상용압력이 0.2kg/cm² 이상이 되고 사용압력(단위 : kg/cm²)과 용기내 용적(단위 : m³)의 곱이 1 이상인 것을 말한다. 압력용기에는 안전인증된 파열판에는 안전인증 표시 외에 추가로 호칭지름, 용도, 유체의 흐름방향지시가 있어야 한다.

47 선반에서 일감의 길이가 지름에 비하여 상당히 길 때 사용하는 부속품으로 절삭 시 절삭저항에 의한 일감의 진동을 방지하는 장치는?

① 칩 브레이커 ② 척 커버
③ 방진구 ④ 실드

해설 방진구는 일감의 길이가 직경의 12배 이상일 때 사용하며 공작 기계 등에서 가늘고 긴 공작물을 가공할 때 진동을 방지하는 기구이다.

48 산업안전보건법령상 프레스를 제외한 사출성형기·주형조형기 및 형단조기 등에 관한 안전조치 사항으로 틀린 것은?

① 근로자의 신체 일부가 말려들어갈 우려가 있는 경우에는 양수조작식 방호장치를 설치하여 사용한다.
② 게이트 가드식 방호장치를 설치할 경우에는 연동구조를 적용하여 문을 닫지 않아도 동작할 수 있도록 한다.
③ 사출성형기의 전면에 작업용 발판을 설치할 경우 근로자가 쉽게 미끄러지지 않는 구조여야 한다.
④ 기계의 히터 등의 가열 부위, 감전 우려가 있는 부위에는 방호덮개를 설치하여 사용한다.

해설 ◎ 사출성형기 등의 방호장치

- 사업주는 사출성형기(射出成形機)·주형조형기(鑄型造形機) 및 형단조기(프레스등은 제외한다) 등에 근로자의 신체 일부가 말려들어갈 우려가 있는 경우 게이트가드(gate guard) 또는 양수조작식 등에 의한 방호장치, 그 밖에 필요한 방호 조치를 하여야 한다.
- 게이트가드는 닫지 아니하면 기계가 작동되지 아니하는 연동구조(連動構造)여야 한다.
- 사업주는 기계의 히터 등의 가열 부위 또는 감전 우려가 있는 부위에는 방호덮개를 설치하는 등 필요한 안전 조치를 하여야 한다.

49 연강의 인장강도가 420MPa이고, 허용응력이 140MPa이라면 안전율은?

① 1 ② 2
③ 3 ④ 4

해설 안전율은 인장강도/허용응력
420/140 = 3

50 밀링 작업 시 안전 수칙에 관한 설명으로 틀린 것은?

① 칩은 기계를 정지시킨 다음에 브러시 등으로 제거한다.
② 일감 또는 부속장치 등을 설치하거나 제거할 때는 반드시 기계를 정지시키고 작업한다.
③ 면장갑을 반드시 끼고 작업한다.
④ 강력 절삭을 할 때는 일감을 바이스에 깊게 물린다.

해설 ③ 밀링 작업 시는 말려들어갈 위험으로 인해 면장갑 착용을 금지

51 다음 중 프레스기에 사용되는 방호장치에 있어 원칙적으로 급정지기구가 부착되어야만 사용할 수 있는 방식은?

① 양수조작식 ② 손쳐내기식
③ 가드식 ④ 수인식

47 ③ 48 ② 49 ③ 50 ③ 51 ① 정답

해설 ◇ **양수조작식** : 양손으로 누름단추 등의 조작장치를 계속 누르고 있으면 기계는 계속 작동하지만 두 손 중 한 손만 조작장치에서 떼면 기계는 즉시 정지한다. 급정지 성능이 약화하지 않는 한 작업자를 슬라이드에 의한 위험거리에서 완전히 방호한다.

52 산업안전보건법령상 지게차의 최대하중의 2배 값이 6t일 경우 헤드가드의 강도는 몇 [t]의 등분포정하중에 견딜 수 있어야 하는가?

① 4　　② 6
③ 8　　④ 10

해설 강도는 지게차의 최대하중의 2배 값(4t을 넘는 값에 대해서는 4t으로 한다)의 등분포정하중(等分布靜荷重)에 견딜 수 있을 것

53 강자성체를 자화하여 표면의 누설자속을 검출하는 비파괴 검사 방법은?

① 방사선 투과 시험　　② 인장시험
③ 초음파 탐상 시험　　④ 자분 탐상 시험

해설 ④ **자분탐상시험** : 강자성체(Fe, Ni, Co 및 그 합금)에 발생한 표면 크랙을 찾아내는 것으로, 결함을 가지고 있는 시험에 적절한 자장을 가해 자속(磁束)을 흐르게 하여, 결함부에 의해 누설된 누설자속에 의해 생긴 자장에 자분을 흡착시켜 큰 자분 모양으로 나타내어 육안으로 결함을 검출하는 방법(시험물체가 강자성체가 아니면 적용할 수 없지만 시험물체의 표면에 존재하는 균열과 같은 결함의 검출에 가장 우수한 비파괴 시험방법)

① **방사선투과시험** : X선이나 γ선 등의 방사선은 물질을 잘 투과하기 쉬우나 투과 도중에 흡수 또는 산란을 받게 되어, 투과 후의 세기는 투과 전의 세기에 비해 약해지며 이 약해진 정도는 물체의 두께, 물체의 재질 및 방사선의 종류에 따라 달라진다.

③ **초음파 탐상시험** : 높은 주파수(보통 1~5MHz : 100만Hz~50만Hz의 음파, 즉 초음파의 펄스(pulse)를 탐촉자로부터 시험체에 투입시켜 내부 결함을 반사에 의해 탐촉자에 수신되는 현상을 이용하여, 결함의 소재나 결함의 위치 및 크기를 비파괴적으로 알아내는 방법으로써 결함 탐상 이외에 기계가공에서 초음파 구멍 뚫기, 초음파 절단, 초음파 용접 작업 등에 사용되고 있다.

54 산업안전보건법령상 보일러 방호장치로 거리가 가장 먼 것은?

① 고저수위 조절장치
② 아우트리거
③ 압력방출장치
④ 압력제한스위치

해설 ◇ **산업안전보건법령상 보일러 방호장치**
- 고저수위조절장치
- 압력방출장치
- 압력제한스위치
- 화염검출기

55 산업안전보건법령상 아세틸렌 용접장치에 관한 설명이다. (　) 안에 공통으로 들어갈 내용으로 옳은 것은?

- 사업주는 아세틸렌 용접장치의 취관마다 (　)를 설치하여야 한다.
- 사업주는 가스용기가 발생기와 분리되어 있는 아세틸렌 용접장치에 대하여 발생기와 가스용기 사이에 (　)를 설치하여야 한다.

① 분기장치　　② 자동발생 확인장치
③ 유수 분리장치　　④ 안전기

해설 아셀틸렌 용접장치의 취관마다 안전기를 설치하여야 한다.

정답 52 ① 53 ④ 54 ② 55 ④

56 **산업안전보건법령상 사업장내 근로자 작업환경 중 '강렬한 소음작업'에 해당하지 않는 것은?**

① 85dB 이상의 소음이 1일 10시간 이상 발생하는 작업
② 90dB 이상의 소음이 1일 8시간 이상 발생하는 작업
③ 95dB 이상의 소음이 1일 4시간 이상 발생하는 작업
④ 100dB 이상의 소음이 1일 2시간 이상 발생하는 작업

해설 ① 85dB 이상의 소음이 1일 10시간 이상 발생하는 작업은 강렬한 소음작업에 속하지 않는다.

57 **산업안전보건법령상 프레스의 작업시작 전 점검사항이 아닌 것은?**

① 슬라이드 또는 칼날에 의한 위험방지 기구의 기능
② 프레스의 금형 및 고정볼트 상태
③ 전단기의 칼날 및 테이블의 상태
④ 권과방지장치 및 그 밖의 경보장치의 기능

해설 **프레스의 작업시작 전 점검사항**
- 클러치 및 브레이크의 기능
- 크랭크축·플라이휠·슬라이드·연결봉 및 연결 나사의 풀림 여부
- 1행정 1정지기구·급정지장치 및 비상정지장치의 기능
- 슬라이드 또는 칼날에 의한 위험방지 기구의 기능
- 프레스의 금형 및 고정볼트 상태
- 방호장치의 기능
- 전단기(剪斷機)의 칼날 및 테이블의 상태

58 **동력전달부분의 전방 35cm 위치에 일반 평형보호망을 설치하고자 한다. 보호망의 최대 구멍의 크기는 몇 [mm]인가?**

① 41　② 45
③ 51　④ 55

해설 안전거리(보호망, 전동체)
Ymm = 6 + 0.1 × 거리mm
6 + 0.1 × 350 = 41

59 **다음 연삭숫돌의 파괴원인 중 가장 적절하지 않은 것은?**

① 숫돌의 회전속도가 너무 빠른 경우
② 플랜지의 직경이 숫돌 직경의 1/3 이상으로 고정된 경우
③ 숫돌 자체에 균열 및 파손이 있는 경우
④ 숫돌에 과대한 충격을 준 경우

해설 **연삭숫돌의 파괴원인**
- 숫돌의 속도가 너무 빠를 때
- 숫돌에 균열이 있을 때
- 플랜지가 현저히 작을 때
- 숫돌의 치수(특히 구멍지름)가 부적당할 때
- 숫돌에 과대한 충격을 줄 때
- 작업에 부적당한 숫돌을 사용할 때
- 숫돌의 불균형이나 베어링의 마모에 의한 진동이 있을 때
- 숫돌의 측면을 사용할 때
- 반지름방향의 온도변화가 심할 때

60 **화물중량이 200kgf, 지게차의 중량이 400kgf, 앞바퀴에서 화물의 무게중심까지의 최단거리가 1m일 때 지게차가 안정되기 위하여 앞바퀴에서 지게차의 무게중심까지 최단거리는 최소 몇 [m]를 초과해야 하는가?**

① 0.2m　② 0.5m
③ 1m　④ 2m

해설 화물의 모멘트 평형 = 지게차의 모멘트 평형
200 × 1 = 400 × X
X = 200/400

56 ① 57 ④ 58 ① 59 ② 60 ② 정답

4과목 전기위험방지기술

61 50kW, 60Hz 3상 유도전동기가 380V 전원에 접속된 경우 흐르는 전류[A]는 약 얼마인가? (단, 역률은 80%이다.)

① 82.24 ② 94.96
③ 116.30 ④ 164.47

해설 3상으로 $\sqrt{3}$ 이 들어간다.
교류이기 때문에 Power factor를 곱한다.
$W = \sqrt{3} \times V \times I \times$ 역률
$50000 = \sqrt{3} \times 380 \times I \times$ 역률

62 인체저항을 500Ω이라 한다면, 심실세동을 일으키는 위험 한계 에너지는 약 몇 [J]인가? (단, 심실세동전류값 $I = \frac{165}{\sqrt{T}}$ mA의 Dalziel의 식을 이용하며, 통전시간은 1초로 한다.)

① 11.5 ② 13.6
③ 15.3 ④ 16.2

해설
- 심실세동전류 = 165 / $\sqrt{1}$ = 165mA = 0.165A
- 에너지 = 전압×전류, 전압 = 전류×저항
- 에너지 = 전류^2×저항
  = $0.165^2 \times 500$

63 KS C IEC 60079-0의 정의에 따라 '두 도전부 사이의 고체 절연물 표면을 따른 최단거리'를 나타내는 명칭은?

① 전기적 간격 ② 절연공간거리
③ 연면거리 ④ 충전물 통과거리

해설 **연면거리**(沿面距離 : Creepage 또는 Creeping Distance)
절연 표면을 따라 측정한 두 전도성 부품 간 또는 전도성 부품과 장비의 경계면 간 최단 경로를 말한다. 불꽃 방전을 일으키는 두 전극 간 거리를 고체 유전체의 표면을 따라서 그 최단 거리로 나타낸 값이다.

64 내압방폭용기 "d"에 대한 설명으로 틀린 것은?

① 원통형 나사 접합부의 체결 나사산 수는 5산 이상이어야 한다.
② 가스/증기 그룹이 ⅡB일 때 내압 접합면과 장애물과의 최소 이격거리는 20mm이다.
③ 용기 내부의 폭발이 용기 주위의 폭발성 가스 분위기로 화염이 전파되지 않도록 방지하는 부분은 내압방폭 접합부이다.
④ 가스/증기 그룹이 ⅡC일 때 내압 접합면과 장애물과의 최소 이격거리는 40mm이다.

해설 ② 가스/증기 그룹이 ⅡB일 때 내압 접합면과 장애물과의 최소 이격거리는 30mm이다.

65 접지 목적에 따른 분류에서 병원설비의 의료용 전기전자(M·E)기기와 모든 금속부분 또는 도전바닥에도 접지하여 전위를 동일하게 하기 위한 접지를 무엇이라 하는가?

① 계통 접지
② 등전위 접지
③ 노이즈방지용 접지
④ 정전기 장해방지용 접지

해설 등전위 접지 또는 등전위 본딩이라고 한다.

66 정격사용률이 30%, 정격2차전류가 300A인 교류아크 용접기를 200A로 사용하는 경우의 허용사용률[%]은?

① 13.3 ② 67.5
③ 110.3 ④ 157.5

해설 허용사용률 = (2차 정격전류/사용전류)^2×정격사용률
= $(300/200)^2 \times 30 = 67.5$

정답 61 ② 62 ② 63 ③ 64 ② 65 ② 66 ②

67 피뢰기의 제한 전압이 752kV이고 변압기의 기준 충격 절연강도가 1050kV이라면, 보호 여유도[%]는 약 얼마인가?

① 18 ② 28
③ 40 ④ 43

해설 $\text{보호여유도}[\%] = \dfrac{\text{충격전열강도} - \text{제한전압}}{\text{제한전압}} \times 100$

$= \dfrac{1050 - 752}{752} \times 100 = 40$

68 절연물의 절연불량 주요원인으로 거리가 먼 것은?

① 진동, 충격 등에 의한 기계적 요인
② 산화 등에 의한 화학적 요인
③ 온도상승에 의한 열적 요인
④ 정격전압에 의한 전기적 요인

해설 ④ 정격전압에 의한 전기적 요인은 절연불량 요인이 아니다.

69 고장전류를 차단할 수 있는 것은?

① 차단기(CB) ② 유입 개폐기(OS)
③ 단로기(DS) ④ 선로 개폐기(LS)

해설 고장전류를 차단할 수 있는 것은 차단기이다.

70 주택용 배선차단기 B타입의 경우 순시동작범위는? (단, I_n는 차단기 정격전류이다.)

① $3I_n$ 초과 ~ $5I_n$ 이하
② $5I_n$ 초과 ~ $10I_n$ 이하
③ $10I_n$ 초과 ~ $15I_n$ 이하
④ $10I_n$ 초과 ~ $20I_n$ 이하

해설 주택용 배선차단기 B타입의 경우 순시동작범위 $3I_n$ 초과 ~ $5I_n$ 이하이다.

71 다음 중 방폭구조의 종류가 아닌 것은?

① 유압 방폭구조(k)
② 내압 방폭구조(d)
③ 본질안전 방폭구조(i)
④ 압력 방폭구조(p)

해설 ① 유압방폭구조는 없다. 유입방폭구조(o)가 있다.

72 동작 시 아크가 발생하는 고압 및 특고압용 개폐기·차단기의 이격거리(목재의 벽 또는 천장, 기타 가연성 물체로부터의 거리) 외 기준으로 옳은 것은? (단, 사용전압이 35kV 이하의 특고압용의 기구 등으로서 동작할 때에 생기는 아크의 방향과 길이를 화재가 발생할 우려가 없도록 제한하는 경우가 아니다.)

① 고압용 : 0.8m 이상, 특고압용 : 1.0m 이상
② 고압용 : 1.0m 이상, 특고압용 : 2.0m 이상
③ 고압용 : 2.0m 이상, 특고압용 : 3.0m 이상
④ 고압용 : 3.5m 이상, 특고압용 : 4.0m 이상

해설 한국전기설비규정(KEC) 341.7 아크를 발생하는 기구의 시설

아크를 발생하는 기구의 시설 시 이격거리

기구 등의 구분	이격거리
고압용의 것	1m 이상
특고압용의 것	2m 이상(사용전압이 35kV 이하의 특고압용의 기구 등으로서 동작할 때에 생기는 아크의 방향과 길이를 화재가 발생할 우려가 없도록 제한하는 경우에는 1m 이상)

67 ③ 68 ④ 69 ① 70 ① 71 ① 72 ② 정답

73 3300/220V, 20kVA인 3상 변압기로부터 공급받고 있는 저압 전선로의 절연 부분의 전선과 대지 간의 절연저항의 최솟값은 약 몇 [Ω]인가? (단, 변압기의 저압측 중성점에 접지가 되어 있다.)

① 1240 ② 2794
③ 4840 ④ 8383

해설 P(20000) = $\sqrt{3}\times V(220)\times I$, $I=52.49$
누설전류는 최대 공급전류의 1/2000을 넘지 않도록 하여야 한다(전기설비기술기준 제27조).
$R=\frac{V}{I}$이므로 220/(52.49/2000) = 8383

74 감전사고로 인한 전격사의 메커니즘으로 가장 거리가 먼 것은?

① 흉부수축에 의한 질식
② 심실세동에 의한 혈액순환기능의 상실
③ 내장파열에 의한 소화기계통의 기능상실
④ 호흡중추신경 마비에 따른 호흡기능 상실

해설 ③ 내장파열에 의한 소화기계통의 기능상실감전사고로 인한 전격사의 메커니즘과 관계가 없다.

75 욕조나 샤워시설이 있는 욕실 또는 화장실에 콘센트가 시설되어 있다. 해당 전로에 설치된 누전차단기의 정격감도전류와 동작시간은?

① 정격감도전류 15mA 이하, 동작시간 0.01초 이하
② 정격감도전류 15mA 이하, 동작시간 0.03초 이하
③ 정격감도전류 30mA 이하, 동작시간 0.01초 이하
④ 정격감도전류 30mA 이하, 동작시간 0.03초 이하

해설
- 전기설비기술기준 판단기준으로 욕조나 샤워시설이 있는 욕실 또는 화장실에 콘센트가 시설되어 있는 곳은 인체감전보호용 누전차단기를 설치하여야 한다.
- 정격감도전류 15mA 이하, 동작시간 0.03초 이하로 하여야 한다.

76 피뢰시스템의 등급에 따른 회전구체의 반지름으로 틀린 것은?

① Ⅰ등급 : 20m ② Ⅱ등급 : 30m
③ Ⅲ등급 : 40m ④ Ⅳ등급 : 60m

해설 ③ **Ⅲ등급** : 45m

77 전류가 흐르는 상태에서 단로기를 끊었을 때 여러 가지 파괴작용을 일으킨다. 다음 그림에서 유입차단기의 차단순서와 투입순서가 안전수칙에 가장 적합한 것은?

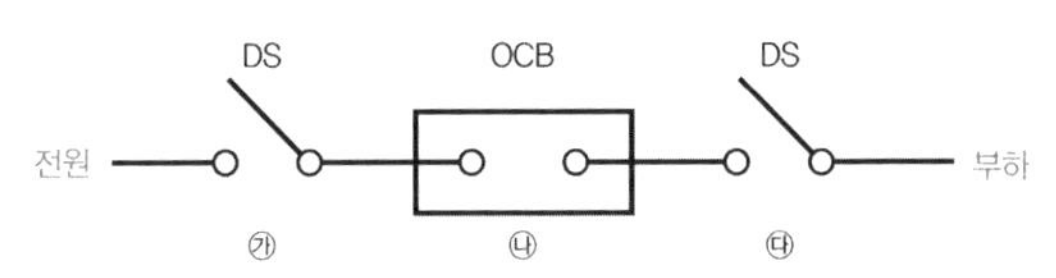

① 차단 : ㉮ → ㉯ → ㉰, 투입 : ㉮ → ㉯ → ㉰
② 차단 : ㉯ → ㉰ → ㉮, 투입 : ㉯ → ㉰ → ㉮
③ 차단 : ㉰ → ㉯ → ㉮, 투입 : ㉰ → ㉮ → ㉯
④ 차단 : ㉯ → ㉰ → ㉮, 투입 : ㉰ → ㉮ → ㉯

해설 차단은 ㉯ → ㉰ → ㉮ 순으로 하고, 투입은 ㉰ → ㉮ → ㉯로 한다.

78 다음은 무슨 현상을 설명한 것인가?

> 전위차가 있는 2개의 대전체가 특정거리에 접근하게 되면 등전위가 되기 위하여 전하가 절연공간을 깨고 순간적으로 빛과 열을 발생하며 이동하는 현상

① 대전 ② 충전
③ 방전 ④ 열전

해설 방전에 대한 설명이다.

정답 73 ④ 74 ③ 75 ② 76 ③ 77 ④ 78 ③

79 정전기 재해를 예방하기 위해 설치하는 제전기의 제전효율은 설치 시에 얼마 이상이 되어야 하는가?

① 40% 이상　② 50% 이상
③ 70% 이상　④ 90% 이상

해설 제전기의 제전효율은 설치 시에 90% 이상이어야 된다.

80 정전기 화재폭발 원인으로 인체대전에 대한 예방대책으로 옳지 않은 것은?

① Wrist Strap을 사용하여 접지선과 연결한다.
② 대전방지제를 넣은 제전복을 착용한다.
③ 대전방지 성능이 있는 안전화를 착용한다.
④ 바닥 재료는 고유저항이 큰 물질로 사용한다.

해설 ④ 저항이 적어야 정전기가 발생하지 않는다.

5과목 화학설비위험방지기술

81 산업안전보건법령상 위험물질의 종류에서 "폭발성 물질 및 유기과산화물"에 해당하는 것은?

① 디아조화합물　② 황린
③ 알킬알루미늄　④ 마그네슘 분말

해설 ◆ 안전보건규칙 별표 1

폭발성 물질 및 유기과산화물	• **질산에스테르류 :** 니트로셀룰로오스, 니트로글리세린, 질산메틸, 질산에틸 등 • **니트로화합물 :** 피크린산(트리니트로페놀), 트리니트로톨루엔(TNT) 등 • **니트로소화합물 :** 파라니트로소벤젠, 디니트로소레조르신 등 • 아조화합물 및 디아조화합물 • 하이드라진 유도체 • **유기과산화물 :** 메틸에틸케톤, 과산화물, 과산화벤조일, 과산화아세틸 등

82 화염방지기의 설치에 관한 사항으로 (　)에 알맞은 것은?

> 사업주는 인화성 액체 및 인화성 가스를 저장·취급하는 화학설비에서 증기나 가스를 대기로 방출하는 경우에는 외부로부터의 화염을 방지하기 위하여 화염방지기를 그 설비 (　)에 설치하여야 한다.

① 상단　② 하단
③ 중앙　④ 무게중심

해설 사업주는 인화성 액체 및 인화성 가스를 저장·취급하는 화학설비에서 증기나 가스를 대기로 방출하는 경우에는 외부로부터의 화염을 방지하기 위하여 화염방지기를 그 설비 상단에 설치해야 한다(안전보건규칙 제269조 제1항).

83 다음 중 인화성 가스가 아닌 것은?

① 부탄　② 메탄
③ 수소　④ 산소

해설 ④ 산소는 조연성 가스이다.
◆ **인화성 가스 :** 수소, 아세틸렌, 에틸렌, 메탄, 에탄, 프로판, 부탄, 영 별표 13에 따른 인화성 가스

84 다음 중 가연성 물질과 산화성 고체가 혼합하고 있을 때 연소에 미치는 현상으로 옳은 것은?

① 착화온도(발화점)가 높아진다.
② 최소점화에너지가 감소하며, 폭발의 위험성이 증가한다.
③ 가스나 가연성 증기의 경우 공기혼합보다 연소범위가 축소된다.
④ 공기 중에서보다 산화작용이 약하게 발생하여 화염온도가 감소하며 연소속도가 늦어진다.

79 ④　80 ④　81 ①　82 ①　83 ④　84 ② 정답

해설 ① 착화온도(발화점)가 내려간다.
③ 가스나 가연성 증기의 경우 공기혼합보다 연소범위가 확대된다.
④ 공기 중에서보다 산화작용이 강하게 발생하여 화염온도가 증가하며 연소속도가 빨라진다.

85 **반응기를 조작방식에 따라 분류할 때 해당되지 않는 것은?**

① 회분식 반응기 ② 반회분식 반응기
③ 연속식 반응기 ④ 관형식 반응기

해설 • **조작(운전)방식에 의한 분류** : 회분식, 연속식, 반회분식
• **구조에 의한 분류** : 관형, 탑형, 교반기형, 유동층형

86 **공기 중에서 A 가스의 폭발하한계는 2.2vol%이다. 이 폭발하한계 값을 기준으로 하여 표준 상태에서 A 가스와 공기의 혼합기체 $1m^3$에 함유되어 있는 A 가스의 질량을 구하면 약 몇 [g]인가? (단, A 가스의 분자량은 26이다.)**

① 19.02 ② 25.54
③ 29.02 ④ 35.54

해설 STP상태에서 기체 1mol은 22.4L이고 $0.0224m^3$
A 가스 1mol의 분자량이 26g이므로,
$26g/0.0224m^3 = 1160.7143g/m^3$
A 가스의 폭발하한계는 2.2vol%
$1160.7143g/m^3 \times 0.022 = 25.5357$

87 **다음 물질 중 물에 가장 잘 융해되는 것은?**

① 아세톤 ② 벤젠
③ 톨루엔 ④ 휘발유

해설 아세톤(CH_3COCH_3)은 인화성액체로 물에 잘 융해된다.

88 **가스누출감지경보기 설치에 관한 기술상의 지침으로 틀린 것은?**

① 암모니아를 제외한 가연성가스 누출감지경보기는 방폭성능을 갖는 것이어야 한다.
② 독성가스 누출감지경보기는 해당 독성가스 허용농도의 25% 이하에서 경보가 울리도록 설정하여야 한다.
③ 하나의 감지대상가스가 가연성이면서 독성인 경우에는 독성가스를 기준하여 가스누출감지경보기를 선정하여야 한다.
④ 건축물 안에 설치되는 경우, 감지대상가스의 비중이 공기보다 무거운 경우에는 건축물 내의 하부에 설치하여야 한다.

해설 **경보 설정치**(가스누출감지경보기 설치기술상 지침)
• 가연성 가스누출감지경보기는 감지대상가스의 폭발하한계 25% 이하
• 독성가스 누출감지경보기는 해당 독성가스의 허용농도 이하에서 경보가 울리도록 설정할 것

89 **폭발을 기상폭발과 응상폭발로 분류할 때 기상폭발에 해당되지 않는 것은?**

① 분진폭발 ② 혼합가스폭발
③ 분무폭발 ④ 수증기폭발

해설 • **기상폭발** : 기체상태의 폭발(분진, 분무, 가스)
• **응상폭발** : 고체와 액체상태의 폭발(수증기, 증기, 전선)
※ 수증기는 기체가 아니고 액체이다.

90 **다음 가스 중 가장 독성이 큰 것은?**

① CO ② $COCl_2$
③ NH_3 ④ H_2

정답 85 ④ 86 ② 87 ① 88 ② 89 ④ 90 ②

해설 ② $COCl_2$(포스겐) 1차 세계대전 독가스로 0.1ppm
① CO(일산화탄소) 50ppm
③ NH_3(암모니아) 25ppm
④ H_2(수소) 무독성 30ppm
※ ppm이 낮을수록 독성이 강하다.

91 처음 온도가 20℃인 공기를 절대압력 1기압에서 3기압으로 단열압축하면 최종온도는 약 몇 도인가? (단, 공기의 비열비 1.4이다.)

① 68℃ ② 75℃
③ 128℃ ④ 164℃

해설 $T_2 = T_1 \times \left(\frac{P_2}{P_1}\right)^{\frac{K-1}{K}}$

$= (273+20)\times(3/1)^{\frac{1.4-1}{1.4}} = 401.04k$

$401.04 - 273 = 128℃$

- T_2 = 단열압축 후 절대온도
- T_1 = 단열압축 전 절대온도
- P_1 = 압축 전 압력
- P_2 = 압축 후 압력
- K = 압축비(비열비)

92 물질의 누출방지용으로써 접합면을 상호 밀착시키기 위하여 사용하는 것은?

① 개스킷 ② 체크밸브
③ 플러그 ④ 콕크

해설 접합면을 상호 밀착시키기 위해 사용하는 것은 개스킷이다.

93 건조설비의 구조를 구조부분, 가열장치, 부속설비로 구분할 때 다음 중 "부속설비"에 속하는 것은?

① 보온판 ② 열원장치
③ 소화장치 ④ 철골부

해설 소화장치가 부속설비이다. 철골부는 구조부분이고, 보온판, 열원장치는 가열장치이다.

94 에틸렌(C_2H_4)이 완전연소하는 경우 다음의 Jones 식을 이용하여 계산할 경우 연소하한계는 약 몇 [vol%]인가?

Jones식 : LEL = 0.55 × Cst

① 0.55 ② 3.6
③ 6.3 ④ 8.5

해설 연료몰수와 완전연소에 필요한 공기몰수를 이용하여 화학양론적 계수(Cst)를 계산한 후 이를 이용하여 폭발하한계와 상한계를 추산하는 식은
X1(LEL) = 0.55Cst
X2(UEL) = 3.50Cst
$C_2H_4 + 3O_2 = 2CO_2 + 2H_2O$, 따라서 1 : 3이 최적 산소농도
산소는 공기 중에 21%만 있으므로
1/(1 + 3/0.21) × 0.55 = 0.036
연소하한계는 3.6vol%

95 [보기]의 물질을 폭발 범위가 넓은 것부터 좁은 순서로 옳게 배열한 것은?

H_2 C_3H_8 CH_4 CO

① $CO > H_2 > C_3H_8 > CH_4$
② $H_2 > CO > CH_4 > C_3H_8$
③ $C_3H_8 > CO > CH_4 > H_2$
④ $CH_4 > H_2 > CO > C_3H$

해설 H_2(수소 4~75) > CO(일산화탄소 12.7~74) > CH_4(메탄 5~15) > C_3H_8(프로판 2.1~9.5)

96 다음 중 고체연소의 종류에 해당하지 않는 것은?

① 표면연소 ② 증발연소
③ 분해연소 ④ 예혼합연소

91 ③ 92 ① 93 ③ 94 ② 95 ② 96 ④ 정답

해설 ▶ 고체연소의 종류

- **표면연소** : 열분해에 의하여 인화성 가스를 발생하지 않고 물질 그 자체가 연소하는 형태를 말한다.
  예 코크스, 목탄, 금속분, 석탄 등
- **분해연소** : 충분한 열에너지 공급 시 가열분해에 의해 발생된 인화성 가스가 공기와 혼합되어 연소하는 형태를 말한다.
  예 목재, 종이, 플라스틱, 알루미늄
- **증발연소** : 황, 나프탈렌과 같은 고체위험물을 가열하면 분해를 일으켜 액체가 된 후 어떤 일정온도에서 발생된 인화성 증기가 연소되는데 이를 증발연소라고 한다.
  예 알코올
- **자기연소** : 제5류 위험물은 인화성이면서 자체 내에 산소를 함유하고 있어 공기 중의 산소를 필요로 하지 않고 연소되는데 이를 자기연소라고 한다.
  예 니트로 화합물, 수소

97 가연성물질을 취급하는 장치를 퍼지하고자 할 때 잘못된 것은?

① 대상물질의 물성을 파악한다.
② 사용하는 불활성가스의 물성을 파악한다.
③ 퍼지용 가스를 가능한 한 빠른 속도로 단시간에 다량 송입한다.
④ 장치내부를 세정한 후 퍼지용 가스를 송입한다.

해설 ③ 퍼지(purge)란 주로 불활성가스(inert gas)로 배관을 청소하는 것을 말한다. 퍼지용 가스를 가능한 한 느리게 천천히 송입한다.

98 위험물질에 대한 설명 중 틀린 것은?

① 과산화나트륨에 물이 접촉하는 것은 위험하다.
② 황린은 물속에 저장한다.
③ 염소산나트륨은 물과 반응하여 폭발성의 수소 기체를 발생한다.
④ 아세트알데히드는 0℃ 이하의 온도에서도 인화할 수 있다.

해설 ③ 염소산나트륨은 산과 반응하여 유독한 폭발성 이산화염소(ClO_2)를 발생시킨다.

99 공정안전보고서 중 공정안전자료에 포함하여야 할 세부내용에 해당하는 것은?

① 비상조치계획에 따른 교육계획
② 안전운전지침서
③ 각종 건물 · 설비의 배치도
④ 도급업체 안전관리계획

해설 ▶ **공정안전보고서의 공정안전자료 포함사항**(산업안전보건법 시행규칙 제50조)

- 취급 · 저장하고 있는 유해 · 위험물질의 종류와 수량
- 유해 · 위험물질에 대한 물질안전보건자료
- 유해 · 위험설비의 목록 및 사양
- 유해 · 위험설비의 운전방법을 알 수 있는 공정도면
- 각종 건물 · 설비의 배치도
- 폭발위험장소구분도 및 전기단선도
- 위험설비의 안전설계 · 제작 및 설치관련지침서

100 디에틸에테르의 연소범위에 가장 가까운 값은?

① 2~10.4%　② 1.9~48%
③ 2.5~15%　④ 1.5~7.8%

해설 디에틸에테르의 비점 34.6℃, 인화점 −45℃, 발화점 180℃, 연소범위 1.9~48%

정답 97 ③ 98 ③ 99 ③ 100 ②

6과목 건설안전기술

101 다음은 산업안전보건법령에 따른 화물자동차의 승강설비에 관한 사항이다. (　　) 안에 알맞은 내용으로 옳은 것은?

> 사업주는 바닥으로부터 짐 윗면까지의 높이가 (　　) 이상인 화물자동차에 짐을 싣는 작업 또는 내리는 작업을 하는 경우에는 근로자의 추가 위험을 방지하기 위하여 해당 작업에 종사하는 근로자가 바닥과 적재함의 짐 윗면 간을 안전하게 오르내리기 위한 설비를 설치하여야 한다.

① 2m　　② 4m
③ 6m　　④ 8m

해설 높이 또는 깊이가 2m를 초과하는 장소에서 작업하는 경우 해당 작업에 종사하는 근로자가 안전하게 승강하기 위한 건설용 리프트 등의 설비를 설치해야 한다(안전보건규칙 제46조).

102 달비계의 최대 적재하중을 정함에 있어서 활용하는 안전계수의 기준으로 옳은 것은? (단, 곤돌라의 달비계를 제외한다.)

① 달기 훅 : 5 이상
② 달기 강선 : 5 이상
③ 달기 체인 : 3 이상
④ 달기 와이어로프 : 5 이상

해설 **안전계수의 기준**(안전보건규칙 제55조)
- 달기 와이어로프 및 달기 강선의 안전계수 : 10 이상
- 달기 체인 및 달기 훅의 안전계수 : 5 이상
- 달기 강대와 달비계의 하부 및 상부 지점의 안전계수 : 강재(鋼材)의 경우 2.5 이상, 목재의 경우 5 이상

※ 안전계수는 와이어로프 등의 절단하중 값을 그 와이어로프 등에 걸리는 하중의 최댓값으로 나눈 값을 말한다.

103 유한사면에서 원형활동면에 의해 발생하는 일반적인 사면파괴의 종류에 해당하지 않는 것은?

① 사면내파괴(Slope failure)
② 사면선단파괴(Toe failure)
③ 사면인장파괴(Tension failure)
④ 사면저부파괴(Base failure)

해설 원형활동면에 의해 발생하는 사면파괴로는 사면내파괴, 사면선단파괴, 사면저부파괴가 있으며, 사면인장파괴는 이에 해당되지 않는다.

104 강관비계를 사용하여 비계를 구성하는 경우 준수해야 할 기준으로 옳지 않은 것은?

① 비계기둥의 간격은 띠장 방향에서는 1.85m 이하, 장선(長線) 방향에서는 1.5m 이하로 할 것
② 띠장 간격은 2.0m 이하로 할 것
③ 비계기둥의 제일 윗부분으로부터 31m 되는 지점 밑부분의 비계기둥은 2개의 강관으로 묶어 세울 것
④ 비계기둥 간의 적재하중은 600kg을 초과하지 않도록 할 것

해설 **강관비계의 구조**(안전보건규칙 제60조)
- 비계기둥의 간격은 띠장 방향에서는 1.85m 이하, 장선(長線) 방향에서는 1.5m 이하로 할 것. 다만, 선박 및 보트 건조작업의 경우 안전성에 대한 구조검토를 실시하고 조립도를 작성하면 띠장 방향 및 장선 방향으로 각각 2.7m 이하로 할 수 있다.
- 띠장 간격은 2.0m 이하로 할 것. 다만, 작업의 성질상 이를 준수하기가 곤란하여 쌍기둥틀 등에 의하여 해당 부분을 보강한 경우에는 그러하지 아니하다.
- 비계기둥의 제일 윗부분으로부터 31m 되는 지점 밑부분의 비계기둥은 2개의 강관으로 묶어 세울 것. 다만, 브라켓(bracket, 까치발) 등으로 보강하여 2개의 강관으로 묶을 경우 이상의 강도가 유지되는 경우에는 그러하지 아니하다.
- 비계기둥 간의 적재하중은 400kg을 초과하지 않도록 할 것

정답 101 ① 102 ① 103 ③ 104 ④

105 **발파작업 시 암질변화 구간 및 이상암질의 출현 시 반드시 암질판별을 실시하여야 하는데, 이와 관련된 암질판별기준과 가장 거리가 먼 것은?**

① R.Q.D[%]　② 탄성파속도[m/sec]
③ 전단강도[kg/cm^2]　④ R.M.R

해설 **암질변화구간 및 이상암질 출현 시 암질판별 방법**
- RQD
- RMR
- 탄성파속도
- 진동치속도
- 일축압축강도

106 **흙 속의 전단응력을 증대시키는 원인에 해당하지 않는 것은?**

① 자연 또는 인공에 의한 지하공동의 형성
② 함수비의 감소에 따른 흙의 단위체적 중량의 감소
③ 지진, 폭파에 의한 진동 발생
④ 균열내에 작용하는 수압증가

해설 ② 함수비의 증가에 따른 흙의 단위체적 중량의 증가

107 **다음은 산업안전보건법령에 따른 항타기 또는 항발기에 권상용 와이어로프를 사용하는 경우에 준수하여야 할 사항이다. (　) 안에 알맞은 내용으로 옳은 것은?**

> 권상용 와이어로프는 추 또는 해머가 최저의 위치에 있을 때 또는 널말뚝을 빼내기 시작할 때를 기준으로 권상장치의 드럼에 적어도 (　) 감기고 남을 수 있는 충분한 길이일 것

① 1회　② 2회
③ 4회　④ 6회

해설 권상용 와이어로프는 추 또는 해머가 최저의 위치에 있을 때 또는 널말뚝을 빼내기 시작할 때를 기준으로 권상장치의 드럼에 적어도 2회 감기고 남을 수 있는 충분한 길이일 것(안전보건규칙 제212조)

108 **산업안전보건법령에 따른 유해위험방지계획서 제출 대상 공사로 볼 수 없는 것은?**

① 지상 높이가 31m 이상인 건축물의 건설공사
② 터널 건설공사
③ 깊이 10m 이상인 굴착공사
④ 다리의 전체길이가 40m 이상인 건설공사

해설 ④ 최대 지간(支間)길이(다리의 기둥과 기둥의 중심 사이의 거리)가 50m 이상인 다리의 건설등 공사

109 **사다리식 통로 등을 설치하는 경우 고정식 사다리식 통로의 기울기는 최대 몇 [°] 이하로 하여야 하는가?**

① 60°　② 75°
③ 80°　④ 90°

해설 사다리식 통로의 기울기는 75° 이하로 할 것. 다만, 고정식 사다리식 통로의 기울기는 90° 이하로 하고, 그 높이가 7m 이상인 경우에는 바닥으로부터 높이가 2.5m 되는 지점부터 등받이울을 설치할 것(안전보건규칙 제24조)

110 **거푸집동바리 구조에서 높이가 $L = 3.5$m인 파이프서포트의 좌굴하중은? (단, 상부받이판과 하부받이판은 힌지로 가정하고, 단면2차모멘트 $I = 8.31cm^4$, 탄성계수 $E = 2.1 \times 10^5$MPa)**

① 14060N　② 15060N
③ 16060N　④ 17060N

정답 105 ③　106 ②　107 ②　108 ④　109 ④　110 ①

해설 기둥부재의 좌굴하중공식

$$P_{cr} = \frac{\pi^2 \times E \times I}{(K \times L)^2}$$

$$= \frac{\pi^2 \times (2.1 \times 10^5 \times 10^6) \times \left(\frac{8.31}{10^{-4}}\right)}{(1 \times 3.5)^2}$$

$$= 14059.96\text{N}$$

이때, 양단이 힌지일 경우, K(좌굴길이계수)의 값은 1이 된다.

111 하역작업 등에 의한 위험을 방지하기 위하여 준수하여야 할 사항으로 옳지 않은 것은?

① 꼬임이 끊어진 섬유로프를 화물운반용으로 사용해서는 안 된다.

② 심하게 부식된 섬유로프를 고정용으로 사용해서는 안 된다.

③ 차량 등에서 화물을 내리는 작업 시 해당 작업에 종사하는 근로자에게 쌓여 있는 화물 중간에서 화물을 빼내도록 할 경우에는 사전 교육을 철저히 한다.

④ 부두 또는 안벽의 선을 따라 통로를 설치하는 경우에는 폭을 90cm 이상으로 한다.

해설 ③ 사업주는 차량 등에서 화물을 내리는 작업을 하는 경우에 해당 작업에 종사하는 근로자에게 쌓여 있는 화물 중간에서 화물을 빼내도록 해서는 아니 된다(안전보건규칙 제389조).

112 추락방지용 방망 중 그물코의 크기가 5cm인 매듭방망 신품의 인장강도는 최소 몇 [kg] 이상이어야 하는가?

① 60　　② 110

③ 150　　④ 200

해설

그물코의 크기 (단위 : cm)	방망의 종류(단위 : kg)			
	매듭 없는 방망		매듭 방망	
	신품에 대한	폐기 시	신품에 대한	폐기 시
10	240	150	200	135
5	–		110	60

113 단관비계의 도괴 또는 전도를 방지하기 위하여 사용하는 벽이음의 간격기준으로 옳은 것은?

① 수직방향 5m 이하, 수평방향 5m 이하

② 수직방향 6m 이하, 수평방향 6m 이하

③ 수직방향 7m 이하, 수평방향 7m 이하

④ 수직방향 8m 이하, 수평방향 8m 이하

해설 벽이음 간격기준

- **단관비계** : 수직방향 5m 이하, 수평방향 5m 이하
- **통나무 비계** : 수직방향 5.5m 이하, 수평방향 7.5m 이하
- **틀비계** : 수직방향 6m 이하, 수평방향 8m 이하

114 인력으로 하물을 인양할 때의 몸의 자세와 관련하여 준수하여야 할 사항으로 옳지 않은 것은?

① 한쪽 발은 들어올리는 물체를 향하여 안전하게 고정시키고 다른 발은 그 뒤에 안전하게 고정시킬 것

② 등은 항상 직립한 상태와 90° 각도를 유지하여 가능한 한 지면과 수평이 되도록 할 것

③ 팔은 몸에 밀착시키고 끌어당기는 자세를 취하며 가능한 한 수평거리를 짧게 할 것

④ 손가락으로만 인양물을 잡아서는 아니 되며 손바닥으로 인양물 전체를 잡을 것

해설 ② 허리를 펴고 무릎으로 물건을 든다.

111 ③　112 ②　113 ①　114 ② 정답

115 **산업안전보건관리비 항목 중 안전시설비로 사용 가능한 것은?**

① 원활한 공사수행을 위한 가설시설 중 비계설치 비용
② 소음관련 민원예방을 위한 건설현장 소음방지용 방음시설 설치 비용
③ 근로자의 재해예방을 위한 목적으로만 사용하는 CCTV에 사용되는 비용
④ 기계·기구 등과 일체형 안전장치의 구입비용

해설 ❯ **안전관리비의 사용 불가 내역**
원활한 공사수행을 위해 공사현장에 설치하는 시설물, 장치, 자재, 안내·주의·경고 표지 등과 공사 수행 도구·시설이 안전장치와 일체형인 경우 등에 해당하는 경우 그에 소요되는 구입·수리 및 설치·해체 비용 등
1. 원활한 공사수행을 위한 가설시설, 장치, 도구, 자재 등
• 외부인 출입금지, 공사장 경계표시를 위한 가설울타리
• 각종 비계, 작업발판, 가설계단·통로, 사다리 등
※ 안전발판, 안전통로, 안전계단 등과 같이 명칭에 관계없이 공사 수행에 필요한 가시설들은 사용 불가
※ 다만, 비계·통로·계단에 추가 설치하는 추락방지용 안전난간, 사다리 전도방지장치, 틀비계에 별도로 설치하는 안전난간·사다리, 통로의 낙하물방호선반 등은 사용 가능함
• 절토부 및 성토부 등의 토사유실 방지를 위한 설비
• 작업장 간 상호 연락, 작업 상황 파악 등 통신수단으로 활용되는 통신시설·설비
• 공사 목적물의 품질 확보 또는 건설장비 자체의 운행 감시, 공사 진척상황 확인, 방범 등의 목적을 가진 CCTV 등 감시용 장비
※ 다만 근로자의 재해예방을 위한 목적으로만 사용하는 CCTV에 소요되는 비용은 사용 가능함
2. 소음·환경관련 민원예방, 교통통제 등을 위한 각종 시설물, 표지
• 건설현장 소음방지를 위한 방음시설, 분진망 등 먼지·분진 비산 방지시설 등
• 도로 확·포장공사, 관로공사, 도심지 공사 등에서 공사차량 외의 차량유도, 안내·주의·경고 등을 목적으로 하는 교통안전시설물
※ 공사안내·경고 표지판, 차량유도등·점멸등, 라바콘, 현장경계휀스, PE드럼 등
3. 기계·기구 등과 일체형 안전장치의 구입비용
※ 기성제품에 부착된 안전장치 고장 시 수리 및 교체비용은 사용 가능
• 기성제품에 부착된 안전장치
※ 톱날과 일체식으로 제작된 목재가공용 둥근톱의 톱날접촉예방장치, 플러그와 접지 시설이 일체식으로 제작된 접지형플러그 등
• 공사수행용 시설과 일체형인 안전시설
4. 동일 시공업체 소속의 타 현장에서 사용한 안전시설물을 전용하여 사용할 때의 자재비(운반비는 안전관리비로 사용할 수 있다)

116 **건설현장에서 사용되는 작업발판 일체형 거푸집의 종류에 해당되지 않는 것은?**

① 갱 폼(gang form)
② 슬립 폼(slip form)
③ 클라이밍 폼(climbing form)
④ 유로 폼(euro form)

해설 ❯ **작업발판 일체형 거푸집**(안전보건규칙 제331조의3 제1항)
• 갱 폼(gang form)
• 슬립 폼(slip form)
• 클라이밍 폼(climbing form)
• 터널 라이닝 폼(tunnel lining form)
• 그 밖에 거푸집과 작업발판이 일체로 제작된 거푸집 등

117 **콘크리트 타설작업을 하는 경우 준수하여야 할 사항으로 옳지 않은 것은?**

① 당일의 작업을 시작하기 전에 해당 작업에 관한 거푸집 및 동바리의 변형·변위 및 지반의 침하 유무 등을 점검하고 이상이 있으면 보수할 것
② 콘크리트를 타설하는 경우에는 편심이 발생하지 않도록 골고루 분산하여 타설할 것
③ 설계도서상의 콘크리트 양생기간을 준수하여 거푸집 및 동바리를 해체할 것
④ 작업 중에는 거푸집 및 동바리 등의 변형·변위 및 침하 유무 등을 감시할 수 있는 감시자를 배치하여 이상이 있으면 작업을 중지하지 아니하고, 즉시 충분한 보강조치를 실시할 것

정답 115 ③ 116 ④ 117 ④

해설 ▶ **콘크리트 타설작업 시 준수사항**(안전보건규칙 334조)
- 당일의 작업을 시작하기 전에 해당 작업에 관한 거푸집 및 동바리의 변형・변위 및 지반의 침하 유무 등을 점검하고 이상이 있으면 보수할 것
- 작업 중에는 감시자를 배치하는 등의 방법으로 거푸집 및 동바리의 변형・변위 및 침하 유무 등을 확인해야 하며, 이상이 있으면 작업을 중지하고 근로자를 대피시킬 것
- 콘크리트 타설작업 시 거푸집 붕괴의 위험이 발생할 우려가 있으면 충분한 보강조치를 할 것
- 설계도서상의 콘크리트 양생기간을 준수하여 거푸집 및 동바리를 해체할 것
- 콘크리트를 타설하는 경우에는 편심이 발생하지 않도록 골고루 분산하여 타설할 것

118 **버팀보, 앵커 등의 축하중 변화상태를 측정하여 이들 부재의 지지효과 및 그 변화 추이를 파악하는데 사용되는 계측기기는?**

① water level meter ② load cell
③ piezo meter ④ strain gauge

해설 ② load cell : 무게를 숫자로 표시하는 전자저울에 필수적인 무게측정 소자
① water level meter : 수위계
③ piezo meter : 공급수압을 측정하는 장치
④ strain gauge : 구조체 변형 상태와 양을 측정하는 기계

119 **차량계 건설기계를 사용하여 작업을 하는 경우 작업계획서 내용에 포함되지 않는 것은?**

① 사용하는 차량계 건설기계의 종류 및 성능
② 차량계 건설기계의 운행경로
③ 차량계 건설기계에 의한 작업방법
④ 차량계 건설기계의 유지보수방법

해설 ▶ **차량계 건설기계 작업계획서 포함사항**(안전보건규칙 별표 4)
- 사용하는 차량계 건설기계의 종류 및 성능
- 차량계 건설기계의 운행경로
- 차량계 건설기계에 의한 작업방법

120 **근로자의 추락 등의 위험을 방지하기 위한 안전난간의 설치기준으로 옳지 않은 것은?**

① 상부 난간대와 중간 난간대는 난간 길이 전체에 걸쳐 바닥면등과 평행을 유지할 것
② 발끝막이판은 바닥면 등으로부터 20cm 이상의 높이를 유지할 것
③ 난간대는 지름 2.7cm 이상의 금속제 파이프나 그 이상의 강도가 있는 재료일 것
④ 안전난간은 구조적으로 가장 취약한 지점에서 가장 취약한 방향으로 작용하는 100kg 이상의 하중에 견딜 수 있는 튼튼한 구조일 것

해설 ▶ **추락방지 안전난간의 설치기준**(안전보건규칙 제13조)
- 상부 난간대, 중간 난간대, 발끝막이판 및 난간기둥으로 구성할 것. 다만, 중간 난간대, 발끝막이판 및 난간기둥은 이와 비슷한 구조와 성능을 가진 것으로 대체할 수 있다.
- 상부 난간대는 바닥면・발판 또는 경사로의 표면(이하 "바닥면 등"이라 한다)으로부터 90cm 이상 지점에 설치하고, 상부 난간대를 120cm 이하에 설치하는 경우에는 중간 난간대는 상부 난간대와 바닥면 등의 중간에 설치하여야 하며, 120cm 이상 지점에 설치하는 경우에는 중간 난간대를 2단 이상으로 균등하게 설치하고 난간의 상하 간격은 60cm 이하가 되도록 할 것. 다만, 계단의 개방된 측면에 설치된 난간기둥 간의 간격이 25cm 이하인 경우에는 중간 난간대를 설치하지 아니할 수 있다.
- 발끝막이판은 바닥면 등으로부터 10cm 이상의 높이를 유지할 것. 다만, 물체가 떨어지거나 날아올 위험이 없거나 그 위험을 방지할 수 있는 망을 설치하는 등 필요한 예방 조치를 한 장소는 제외한다.
- 난간기둥은 상부 난간대와 중간 난간대를 견고하게 떠받칠 수 있도록 적정한 간격을 유지할 것
- 상부 난간대와 중간 난간대는 난간 길이 전체에 걸쳐 바닥면등과 평행을 유지할 것
- 난간대는 지름 2.7cm 이상의 금속제 파이프나 그 이상의 강도가 있는 재료일 것
- 안전난간은 구조적으로 가장 취약한 지점에서 가장 취약한 방향으로 작용하는 100kg 이상의 하중에 견딜 수 있는 튼튼한 구조일 것

118 ② 119 ④ 120 ② 정답

2022년 제 1 회 기출 복원문제

1과목 안전관리론

01 사회행동의 기본 형태가 아닌 것은?

① 모방 ② 대립
③ 도피 ④ 협력

해설 ▶ 사회행동의 기본 형태
- **협력** : 조력, 분업
- **대립** : 공격, 경쟁
- **도피** : 고립, 정신병, 자살
- **융합** : 강제타협

02 위험예지훈련의 문제해결 4라운드에 해당하지 않는 것은?

① 현상파악 ② 본질추구
③ 대책수립 ④ 원인결정

해설 ▶ 위험예지훈련의 4단계
- **제1단계** : 현상파악 – 어떤 위험이 잠재되어 있는가?
- **제2단계** : 본질추구 – 이것이 위험의 point다.
- **제3단계** : 대책수립 – 당신이라면 어떻게 하는가?
- **제4단계** : 목표설정 – 우리들은 이렇게 한다.

03 바이오리듬(생체리듬)에 관한 설명 중 틀린 것은?

① 안정기(+)와 불안정기(−)의 교차점을 위험일이라 한다.
② 감성적 리듬은 33일을 주기로 반복하며, 주의력, 예감 등과 관련되어 있다.
③ 지성적 리듬은 "I"로 표시하며 사고력과 관련이 있다.
④ 육체적 리듬은 신체적 컨디션의 율동적 발현, 즉 식욕·활동력 등과 밀접한 관계를 갖는다.

해설 ② **감성적 리듬**(적색) : 28일을 주기로 교감신경계를 지배하여 정서와 감정의 에너지를 지배한다.

04 운동의 시지각(착각현상) 중 자동운동이 발생하기 쉬운 조건에 해당하지 않는 것은?

① 광점이 작은 것
② 대상이 단순한 것
③ 광의 강도가 큰 것
④ 시야의 다른 부분이 어두운 것

해설 ▶ 자동운동
- 암실 내에서 정지된 작은 광점이나 밤하늘의 별들을 응시하면 움직이는 것처럼 보이는 현상
- 발생하기 쉬운 조건으로 광점이 작을수록, 시야의 다른 부분이 어두울수록, 광의 강도가 작을수록, 대상이 단순할수록 발생하기 쉽다.

05 보호구 안전인증 고시상 안전인증 방독마스크의 정화통 종류와 외부 측면의 표시 색이 잘못 연결된 것은?

① 할로겐용 – 회색 ② 황화수소용 – 회색
③ 암모니아용 – 회색 ④ 시안화수소용 – 회색

해설 정화통 외부 측면의 표시 색

종 류	표시 색
유기화합물용 정화통	갈 색
할로겐용 정화통	회 색
황화수소용 정화통	회 색
시안화수소용 정화통	회 색
아황산용 정화통	노란색
암모니아용 정화통	녹 색
복합용 및 겸용의 정화통	복합용의 경우 – 해당가스 모두 표시(2층 분리) 겸용의 경우 – 백색과 해당가스 모두 표시(2층 분리)

※ 증기밀도가 낮은 유기화합물 정화통의 경우 색상표시 및 화학물질명 또는 화학기호를 표기

정답 01 ① 02 ④ 03 ② 04 ③ 05 ③

06 학습지도의 형태 중 몇 사람의 전문가가 주제에 대한 견해를 발표하고 참가자로 하여금 의견을 내거나 질문을 하게 하는 토의방식은?

① 포럼(Forum)
② 심포지엄(Symposium)
③ 버즈세션(Buzz session)
④ 자유토의법(Free discussion method)

해설 ① **포럼**(Forum) : 공개토의라고도 하며, 전문가의 발표시간은 10~20분 정도 주어진다. 포럼은 전문가와 일반 참여자가 구분되는 비대칭적 토의이다.
③ **버즈세션**(Buzz session) : 전체구성원을 4~6명의 소그룹으로 나누고 각각의 소그룹이 개별적인 토의를 벌인 뒤, 각 그룹의 결론을 패널형식으로 토론하고, 최후에 리더가 전체적인 결론을 내리는 토의법
④ **자유토의법**(Free discussion method) : 자유롭게 토론하는 방법

07 버드(Bird)의 신 도미노이론 5단계에 해당하지 않는 것은?

① 제어부족(관리)　② 직접원인(징후)
③ 간접원인(평가)　④ 기본원인(기원)

해설 **신 도미노이론 5단계(버드)**
- **1단계** – 관리의 부족(관리의 부재, 통제부족)
- **2단계** – 기본원인(기원)
- **3단계** – 직접원인(징후) – 불안전한 행동, 불안전한 상태
- **4단계** – 사고
- **5단계** – 재해, 상해

08 산업안전보건법령상 근로자 안전보건교육 대상에 따른 교육시간 기준 중 틀린 것은? (단, 상시작업이며, 일용근로자 및 근로계약기간이 1개월 이하인 기간제근로자는 제외한다.)

① 특별교육 – 16시간 이상
② 채용 시 교육 – 8시간 이상
③ 작업내용 변경 시 교육 – 2시간 이상
④ 사무직 종사 근로자 정기교육 – 매분기 1시간 이상

해설 **근로자 안전보건교육**

<table>
<tr><th>교육과정</th><th colspan="2">교육대상</th><th>교육시간</th></tr>
<tr><td rowspan="3">정기교육</td><td colspan="2">사무직 종사 근로자</td><td>매반기 6시간 이상</td></tr>
<tr><td rowspan="2">그 밖의 근로자</td><td>판매업무에 직접 종사하는 근로자</td><td>매반기 6시간 이상</td></tr>
<tr><td>판매업무에 직접 종사하는 근로자 외의 근로자</td><td>매반기 12시간 이상</td></tr>
<tr><td rowspan="3">채용 시 교육</td><td colspan="2">일용근로자 및 근로계약기간이 1주일 이하인 기간제근로자</td><td>1시간 이상</td></tr>
<tr><td colspan="2">근로계약기간이 1주일 초과 1개월 이하인 기간제근로자</td><td>4시간 이상</td></tr>
<tr><td colspan="2">그 밖의 근로자</td><td>8시간 이상</td></tr>
<tr><td rowspan="2">작업내용 변경 시 교육</td><td colspan="2">일용근로자 및 근로계약기간이 1주일 이하인 기간제근로자</td><td>1시간 이상</td></tr>
<tr><td colspan="2">그 밖의 근로자</td><td>2시간 이상</td></tr>
<tr><td rowspan="3">특별교육</td><td colspan="2">일용근로자 및 근로계약기간이 1주일 이하인 기간제근로자: 별표 5 제1호 라목(제39호는 제외한다)에 해당하는 작업에 종사하는 근로자에 한정한다.</td><td>2시간 이상</td></tr>
<tr><td colspan="2">일용근로자 및 근로계약기간이 1주일 이하인 기간제근로자: 별표 5 제1호 라목 제39호에 해당하는 작업에 종사하는 근로자에 한정한다.</td><td>8시간 이상</td></tr>
<tr><td colspan="2">일용근로자 및 근로계약기간이 1주일 이하인 기간제근로자를 제외한 근로자: 별표 5 제1호 라목에 해당하는 작업에 종사하는 근로자에 한정한다.</td><td>• 16시간 이상(최초 작업에 종사하기 전 4시간 이상 실시하고 12시간은 3개월 이내에서 분할하여 실시 가능)
• 단기간 작업 또는 간헐적 작업인 경우에는 2시간 이상</td></tr>
<tr><td>건설업 기초안전·보건교육</td><td colspan="2">건설 일용근로자</td><td>4시간 이상</td></tr>
</table>

06 ② 07 ③ 08 ④ 정답

09 재해예방의 4원칙에 해당하지 않는 것은?

① 예방가능의 원칙 ② 손실우연의 원칙
③ 원인연계의 원칙 ④ 재해 연쇄성의 원칙

해설 ◎ 재해예방의 4원칙
- **예방가능의 원칙** : 천재지변을 제외한 모든 인재는 예방이 가능하다.
- **손실우연의 원칙** : 사고의 결과 손실의 유무 또는 대소는 사고 당시의 조건에 따라서 우연적으로 발생한다.
- **원인연계(계기)의 원칙** : 사고에는 반드시 원인이 있으며, 원인은 대부분 복합적 연계 원인이다.
- **대책선정의 원칙** : 사고의 원인이나 불안전 요소가 발견되면 반드시 대책은 선정 실시되어야 하며, 대책 선정이 가능하다. 대책에는 재해 방지의 세 기둥이라 할 수 있는 3E, 즉 기술적 대책, 교육적 대책, 규제적 대책을 들 수 있다.

10 안전점검을 점검시기에 따라 구분할 때 다음에서 설명하는 안전점검은?

> 작업담당자 또는 해당 관리감독자가 맡고 있는 공정의 설비, 기계, 공구 등을 매일 작업 전 또는 작업 중에 일상적으로 실시하는 안전점검

① 정기점검 ② 수시점검
③ 특별점검 ④ 임시점검

해설 ② **수시점검**(일상점검) : 매일 작업 전, 중, 후에 실시
① **정기점검** : 일정기간마다 정기적으로 실시(법적기준, 사내규정을 따름)
③ **특별점검** : 기계, 기구, 설비의 신설·변경 또는 고장 수리시
④ **임시점검** : 기계, 기구, 설비 이상 발견시 임시로 점검

11 타일러(Tyler)의 교육과정 중 학습경험선정의 원리에 해당하는 것은?

① 기회의 원리 ② 계속성의 원리
③ 계열성의 원리 ④ 통합성의 원리

해설
- **학습경험선정원리** : 기회, 만족, 가능성, 다(多)경험, 다(多)성과, 행동의 원리
- **학습경험의 조직** : 수직적 조직원리, 수평적 조직원리
- **학습경험 조직원리의 특성** : 계속성, 계열성, 통합성

12 주의(Attention)의 특성에 관한 설명 중 틀린 것은?

① 고도의 주의는 장시간 지속하기 어렵다.
② 한 지점에 주의를 집중하면 다른 곳의 주의는 약해진다.
③ 최고의 주의 집중은 의식의 과잉 상태에서 가능하다.
④ 여러 자극을 지각할 때 소수의 현란한 자극에 선택적 주의를 기울이는 경향이 있다.

해설 ③ 의식의 과잉 상태에서는 의식이 일점에 응집되어 판단이 정지될 수 있다.
◎ 주의의 특징
- **변동성** : 주의는 장시간 지속될 수 없다.
- **방향성** : 주의를 집중하는 곳 주변의 주의는 떨어진다.
- **선택성** : 주의는 한곳에만 집중할 수 있다.

13 산업재해보상보험법령상 보험급여의 종류가 아닌 것은?

① 장례비 ② 간병급여
③ 직업재활급여 ④ 생산손실비용

해설 ◎ **보험급여의 종류**(산업재해보상보험법 제36조 제1항)
- 요양급여
- 휴업급여
- 장해급여
- 간병급여
- 유족급여
- 상병(傷病)보상연금
- 장례비
- 직업재활급여

정답 09 ④ 10 ② 11 ① 12 ③ 13 ④

14 산업안전보건법령상 그림과 같은 기본 모형이 나타내는 안전·보건표시의 표시사항으로 옳은 것은? (단, L은 안전·보건표시를 인식할 수 있거나 인식해야 할 안전거리를 말한다.)

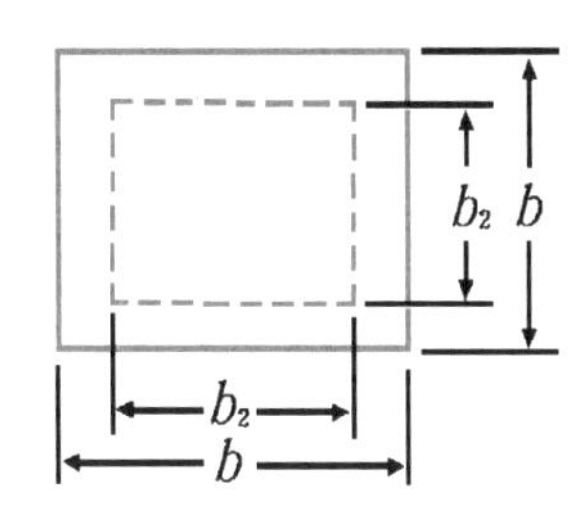

$(b \geq 0.0224L, \ b_2 = 0.8b)$

① 금지　② 경고
③ 지시　④ 안내

해설 ◉ 안전보건표지의 색채

분류	기호	색채
금지표지	⃠	• 바탕은 흰색, 기본모형은 빨간색, 관련 부호 및 그림은 검은색
경고표지	△	• 바탕은 노란색, 기본모형, 관련 부호 및 그림은 검은색 다만, 일부 경고표지의 경우 바탕은 무색, 기본 모형은 빨간색(검은색도 가능)
지시표지	○	• 바탕은 파란색, 관련 그림은 흰색
안내표지	□	• 바탕이 흰색이면, 기본모형 및 관련 부호는 녹색 • 바탕이 녹색이면, 관련 부호 및 그림은 흰색
출입금지표지	⃠	• 글자는 흰색 바탕에 흑색 • 다음 글자는 적색 - ○○○제조/사용/보관 중 - 석면취급/해체 중 - 발암물질 취급 중

15 기업 내의 계층별 교육훈련 중 주로 관리감독자를 교육대상자로 하며 작업을 가르치는 능력, 작업방법을 개선하는 기능 등을 교육내용으로 하는 기업 내 정형교육은?

① TWI(Training Within Industry)
② ATT(American Telephone Telegram)
③ MTP(Management Training Program)
④ ATP(Administration Training Program)

해설 ① TWI : 초급관리자 대상 교육, 작업지도, 개선 방법 등 교육
② ATT : 고급관리자 대상, 정책수립, 조직 운용 관련 교육
③ MTP : 중간계층 관리자 대상
④ ATP : 경영자 대상 교육

16 산업안전보건법령상 산업안전보건위원회의 구성·운영에 관한 설명 중 틀린 것은?

① 정기회의는 분기마다 소집한다.
② 위원장은 위원 중에서 호선(互選)한다.
③ 근로자대표가 지명하는 명예산업안전감독관은 근로자위원에 속한다.
④ 공사금액 100억원 이상의 건설업의 경우 산업안전보건위원회를 구성·운영해야 한다.

해설 ④ 공사금액 120억원 이상(「건설산업기본법 시행령」 별표 1의 종합공사를 시공하는 업종의 건설업종란 제1호에 따른 토목공사업의 경우에는 150억원 이상)

17 산업안전보건법령상 잠함(潛函) 또는 잠수 작업 등 높은 기압에서 작업하는 근로자의 근로시간 기준은?

① 1일 6시간, 1주 32시간 초과 금지
② 1일 6시간, 1주 34시간 초과 금지
③ 1일 8시간, 1주 32시간 초과 금지
④ 1일 8시간, 1주 34시간 초과 금지

14 ④　15 ①　16 ④　17 ②　정답

해설 사업주는 유해하거나 위험한 작업으로서 높은 기압에서 하는 작업 등 대통령령으로 정하는 작업에 종사하는 근로자에게는 1일 6시간, 1주 34시간을 초과하여 근로하게 해서는 안 된다.

18 **산업현장에서 재해 발생 시 조치 순서로 옳은 것은?**

① 긴급처리 → 재해조사 → 원인분석 → 대책수립
② 긴급처리 → 원인분석 → 대책수립 → 재해조사
③ 재해조사 → 원인분석 → 대책수립 → 긴급처리
④ 재해조사 → 대책수립 → 원인분석 → 긴급처리

해설 **재해 발생 시 조치 순서**
- **제1단계** : 긴급처리(기계정지 – 응급처치 – 통보 – 2차 재해방지 – 현장보존)
- **제2단계** : 재해조사(6하원칙에 의해서)
- **제3단계** : 원인강구(중점분석대상 : 사람 – 물체 – 관리)
- **제4단계** : 대책수립(이유 : 동종 및 유사재해의 예방)
- **제5단계** : 대책실시 계획
- **제6단계** : 대책실시
- **제7단계** : 평가

19 **산업재해보험적용근로자 1000명인 플라스틱 제조 사업장에서 작업 중 재해 5건이 발생하였고, 1명이 사망하였을 때 이 사업장의 사망만인율은?**

① 2 ② 5
③ 10 ④ 20

해설 **사망만인율** : 사망자수의 10,000배를 임금근로자수(산재보험적용근로자수)로 나눈 값

$$사망만인율 = \frac{사망자수}{임금근로자수} \times 10,000$$

$$= \frac{1}{1,000} \times 10,000 = 10$$

20 **안전보건 교육계획 수립 시 고려사항 중 틀린 것은?**

① 필요한 정보를 수집한다.
② 현장의 의견을 고려하지 않는다.
③ 지도안은 교육대상을 고려하여 작성한다.
④ 법령에 의한 교육에만 그치지 않아야 한다.

해설 **안전보건 교육계획 수립 시 고려사항**
- 교육목표
- 교육의 종류 및 교육대상
- 교육과목 및 교육내용
- 교육장소 및 교육방법
- 교육기간 및 시간
- 교육담당자 및 강사

2과목 인간공학 및 시스템안전공학

21 **태양광이 내리쬐지 않는 옥내의 습구흑구 온도지수(WBGT) 산출 식은?**

① 0.6 × 자연습구온도 + 0.3 × 흑구온도
② 0.7 × 자연습구온도 + 0.3 × 흑구온도
③ 0.6 × 자연습구온도 + 0.4 × 흑구온도
④ 0.7 × 자연습구온도 + 0.4 × 흑구온도

해설
- **옥외**(태양광선이 내리쬐는 장소) 7 : 2 : 1
 WBGT[℃] = (0.7×자연습구온도) + (0.2×흑구온도) + (0.1×건구온도)
- **옥내 또는 옥외**(태양광선이 내리쬐지 않는 장소) 7 : 3
 WBGT[℃] = (0.7×자연습구온도) + (0.3×흑구온도)

22 **FTA에서 사용되는 논리게이트 중 입력과 반대되는 현상으로 출력되는 것은?**

① 부정 게이트 ② 억제 게이트
③ 배타적 OR 게이트 ④ 우선적 AND 게이트

정답 18 ① 19 ③ 20 ② 21 ② 22 ①

해설 ▶ 게이트 기호

- AND 게이트에는 •를, OR 게이트에는 +를 표기하는 경우도 있다.
- **억제 게이트** : 수정기호를 병용해서 게이트 역할, 입력이 게이트 조건에 만족 시 발생
- **부정 게이트** : 입력사상의 반대사상이 출력
- **OR GATE** : 하위의 사건 중 하나라도 만족하면 출력사상이 발생하는 논리 게이트
- **AND GATE** : 하위의 사건이 모두 만족하는 경우 출력사상이 발생하는 논리 게이트

23 부품고장이 발생하여도 기계가 추후 보수될 때까지 안전한 기능을 유지할 수 있도록 하는 기능은?

① Fail – Soft

② Fail – Active

③ Fail – Operational

④ Fail – Passive

해설 ▶ Fail Safe의 3단계 종류

- **Fail Passive** : 부품이 고장나면 통상 기계는 정비방향으로 옮긴다.
- **Fail Active** : 부품이 고장나면 기계는 경보음을 내면서 짧은 시간의 운전이 가능하다.
- **Fail Operational** : 부품이 고장나더라도 기계는 보수가 이루어질 때까지 안전한 기능을 유지한다.

24 양립성의 종류가 아닌 것은?

① 개념의 양립성

② 감성의 양립성

③ 운동의 양립성

④ 공간의 양립성

해설 ▶ **양립성의 종류** : 개념의 양립성, 공간의 양립성, 운동의 양립성, 양식의 양립성

25 James Reason의 원인적 휴먼에러 종류 중 다음 설명의 휴먼에러 종류는?

> 자동차가 우측 운행하는 한국의 도로에 익숙해진 운전자가 좌측 운행을 해야 하는 일본에서 우측 운행을 하다가 교통사고를 냈다.

① 고의 사고(Violation)

② 숙련 기반 에러(Skill Based Error)

③ 규칙 기반 착오(Rule Based Mistake)

④ 지식 기반 착오(Knowledge Based Mistake)

해설 ▶ 휴먼에러의 분류

1. **A. Swain의 행위 관점 분류**
   - **작위오류**(Commission Error) : 수행해야 할 작업을 부정확하게 수행하는 오류
   - **누락오류**(Omission Error) : 수행해야 할 작업을 빠뜨리는 오류
   - **순서오류**(Sequence Error) : 수행해야 할 작업의 순서를 틀리게 수행하는 오류
   - **시간오류**(Time Error) : 수행해야 할 작업을 정해진 시간 동안 완수하지 못하는 오류
   - **불필요한 수행오류**(Extraneous Error) : 작업 완수에 불필요한 작업을 수행하는 오류
2. **James Reason의 원인 관점 분류** – 라스무센(Rassmussen)의 모델 사용
   - **숙련 기반 에러**(Skill Based Error) : 무의식에 의한 행동, 실수(slip), 망각(lapse)
   - **규칙 기반 착오**(Rule Based Mistake) : 잘못된 규칙을 기억하거나, 정확한 규칙이라도 상황에 맞지 않게 잘못 적용
   - **지식 기반 착오**(Knowledge Based Mistake) : 장기 기억 속에 관련 지식이 없는 경우, 추론이나 유추로 지식 처리 중에 실패 또는 과오로 이어진 경우

26 불(Boole) 대수의 관계식으로 틀린 것은?

① $A + \overline{A} = 1$

② $A + AB = A$

③ $A(A + B) = A + B$

④ $A + \overline{A}B = A + B$

정답 23 ③ 24 ② 25 ③ 26 ③

해설 ◎ 불 대수의 관계식

항등 법칙	A+0=A, A+1=1	A·1=A, A·0=0
동일 법칙	A+A=A	A·A=A
보원 법칙	$A+\overline{A}=1$	$A\cdot\overline{A}=0$
다중 부정	$\overline{\overline{A}}=A$, $\overline{\overline{\overline{A}}}=\overline{A}$	
교환 법칙	A+B=B+A	A·B=B·A
결합 법칙	A+(B+C) =(A+B)+C	A·(B·C) =(A·B)·C
분배 법칙	A·(B+C) =AB+AC	A+B·C =(A+B)·(A+C)
흡수 법칙	A+A·B=A	A·(A+B)=A
드모르간 정리	$\overline{A+B}=\overline{A}\cdot\overline{B}$	$\overline{A\cdot B}=\overline{A}+\overline{B}$

27 인간공학의 목표와 거리가 가장 먼 것은?

① 사고 감소 ② 생산성 증대
③ 안전성 향상 ④ 근골격계질환 증가

해설 ④ 근골격계질환의 감소이다.

28 통화 이해도 척도로서 통화 이해도에 영향을 주는 잡음의 영향을 추정하는 지수는?

① 명료도 지수 ② 통화 간섭 수준
③ 이해도 점수 ④ 통화 공진 수준

해설 ◎ **통화 간섭 수준** : 통화 이해도(speech intelligibility)에 끼치는 소음의 영향을 추정하는 지수. 주어진 상황에서의 통화 간섭 수준은 500, 1000, 2000Hz에 중심을 둔 3옥타브 대의 소음[dB] 수준의 평균치이다. 소음의 주파수별 분포가 평평할 경우 특히 유용한 지표이다.

29 예비위험분석(PHA)에서 식별된 사고의 범주가 아닌 것은?

① 중대(critical) ② 파국적(catastrophic)
③ 한계적(marginal) ④ 수용가능(acceptable)

해설 ◎ **PHA에서 식별된 사고의 범주** : 파국적, 중대, 한계적, 무시가능

30 어떤 결함수를 분석하여 minimal cut set을 구한 결과 다음과 같았다. 각 기본사상의 발생확률은 q_i, i = 1, 2, 3이라 할 때, 정상사상의 발생확률함수로 맞는 것은?

$$k_1=[1,2],\ k_2=[1,3],\ k_3=[2,3]$$

① $q_1q_2 + q_1q_2 - q_2q_3$
② $q_1q_2 + q_1q_3 - q_2q_3$
③ $q_1q_2 + q_1q_3 + q_2q_3 - q_1q_2q_3$
④ $q_1q_2 + q_1q_3 + q_2q_3 - 2q_1q_2q_3$

해설 정상사상 T가 k_1, k_2, k_3 중간사상 3개를 OR게이트로 연결되어 있으므로
$T=1-(1-k_1)(1-k_2)(1-k_3)$ 공식에 적용
$k_1=(q_1\cdot q_2)$, $k_2=(q_1\cdot q_3)$, $k_3=(q_2\cdot q_3)$을 대입하면,
$T=1-(1-k_1)(1-k_2)(1-k_3)$
$=k_1+k_2+k_3-k_1\cdot k_2-k_2\cdot k_3-k_2\cdot k_3+k_1\cdot k_2\cdot k_3$
$=(q_1\cdot q_2)+(q_1\cdot q_3)+(q_2\cdot q_3)-(q_1\cdot q_2\cdot q_1\cdot q_3)$
$-(q_1\cdot q_3\cdot q_2\cdot q_3)-(q_1\cdot q_3\cdot q_2\cdot q_3)$
$+(q_1\cdot q_2\cdot q_1\cdot q_3\cdot q_2\cdot q_3)$
$=(q_1\cdot q_2)+(q_1\cdot q_3)+(q_2\cdot q_3)-(q_1\cdot q_2\cdot q_3)$
$-(q_1\cdot q_2\cdot q_3)-(q_1\cdot q_2\cdot q_3)+(q_1\cdot q_2\cdot q_3)$
$=(q_1\cdot q_2)+(q_1\cdot q_3)+(q_2\cdot q_3)-2(q_1\cdot q_2\cdot q_3)$

31 반사경 없이 모든 방향으로 빛을 발하는 점광원에서 3m 떨어진 곳의 조도가 300lux라면 2m 떨어진 곳에서 조도[lux]는?

① 375 ② 675
③ 875 ④ 975

해설 조도 = 광도/거리, 광도 = 조도 × 거리^2
광도 = 300 × 3^2 = 2700cd
따라서 2m 떨어진 곳의 조도는
2700 = X × 2^2
→ X = 2700 / 2^2 = 675

정답 27 ④ 28 ② 29 ④ 30 ④ 31 ②

32 **근골격계 부담작업의 범위 및 유해요인조사 방법에 관한 고시상 근골격계 부담작업에 해당하지 않는 것은? (단, 상시작업을 기준으로 한다.)**

① 하루에 10회 이상 25kg 이상의 물체를 드는 작업
② 하루에 총 2시간 이상 쪼그리고 앉거나 무릎을 굽힌 자세에서 이루어지는 작업
③ 하루에 총 2시간 이상 시간당 5회 이상 손 또는 무릎을 사용하여 반복적으로 충격을 가하는 작업
④ 하루에 4시간 이상 집중적으로 자료입력 등을 위해 키보드 또는 마우스를 조작하는 작업

해설 **근골격계 부담작업**

- 하루에 4시간 이상 집중적으로 자료입력 등을 위해 키보드 또는 마우스를 조작하는 작업
- 하루에 총 2시간 이상 목, 어깨, 팔꿈치, 손목 또는 손을 사용하여 같은 동작을 반복하는 작업
- 하루에 총 2시간 이상 머리 위에 손이 있거나, 팔꿈치가 어깨 위에 있거나, 팔꿈치를 몸통으로부터 들거나, 팔꿈치를 몸통 뒤쪽에 위치하도록 하는 상태에서 이루어지는 작업
- 지지되지 않은 상태이거나 임의로 자세를 바꿀 수 없는 조건에서, 하루에 총 2시간 이상 목이나 허리를 구부리거나 트는 상태에서 이루어지는 작업
- 하루에 총 2시간 이상 쪼그리고 앉거나 무릎을 굽힌 자세에서 이루어지는 작업
- 하루에 총 2시간 이상 지지되지 않은 상태에서 1kg 이상의 물건을 한손의 손가락으로 집어 옮기거나, 2kg 이상에 상응하는 힘을 가하여 한손의 손가락으로 물건을 쥐는 작업
- 하루에 총 2시간 이상 지지되지 않은 상태에서 4.5kg 이상의 물건을 한 손으로 들거나 동일한 힘으로 쥐는 작업
- 하루에 10회 이상 25kg 이상의 물체를 드는 작업
- 하루에 25회 이상 10kg 이상의 물체를 무릎 아래에서 들거나, 어깨 위에서 들거나, 팔을 뻗은 상태에서 드는 작업
- 하루에 총 2시간 이상, 분당 2회 이상 4.5kg 이상의 물체를 드는 작업
- 하루에 총 2시간 이상 시간당 10회 이상 손 또는 무릎을 사용하여 반복적으로 충격을 가하는 작업

33 **시각적 식별에 영향을 주는 각 요소에 대한 설명 중 틀린 것은?**

① 조도는 광원의 세기를 말한다.
② 휘도는 단위 면적당 표면에 반사 또는 방출되는 광량을 말한다.
③ 반사율은 물체의 표면에 도달하는 조도와 광도의 비를 말한다.
④ 광도 대비란 표적의 광도와 배경의 광도의 차이를 배경 광도로 나눈 값을 말한다.

해설 ① 조도는 물체의 표면에 도달하는 빛의 밀도(표면밝기의 정도)로 단위는 [lux]를 사용하며, 거리가 멀수록 역자승 법칙에 의해 감소한다.

34 **부품 배치의 원칙 중 기능적으로 관련된 부품들을 모아서 배치한다는 원칙은?**

① 중요성의 원칙　② 사용 빈도의 원칙
③ 사용 순서의 원칙　④ 기능별 배치의 원칙

해설 **부품 배치의 원칙**

중요성의 원칙	목표달성에 긴요한 정도에 따른 우선순위
사용 빈도의 원칙	사용되는 빈도에 따른 우선순위
기능별 배치의 원칙	기능적으로 관련된 부품을 모아서 배치
사용 순서의 원칙	순서적으로 사용되는 장치들을 순서에 맞게 배치

35 **HAZOP 분석기법의 장점이 아닌 것은?**

① 학습 및 적용이 쉽다.
② 기법 적용에 큰 전문성을 요구하지 않는다.
③ 짧은 시간에 저렴한 비용으로 분석이 가능하다.
④ 다양한 관점을 가진 팀 단위 수행이 가능하다.

32 ③　33 ①　34 ④　35 ③ 정답

해설 ▶ HAZOP : 각각의 장비에 대해 잠재된 위험이나 기능 저하, 운전 잘못 등과 전체로서의 시설을 결과적으로 미칠 수 있는 영향 등을 평가하기 위해서 공정이나 설계도 등에 체계적이고 비판적인 검토를 행하는 것을 말한다.
전체로서의 시설, 체계적이고 비판적인 검토를 하려면 시간이 많이 걸리고 비용도 많이 사용된다.

36 인간공학적 연구에 사용되는 기준 척도의 요건 중 다음 설명에 해당하는 것은?

> 기준 척도는 측정하고자 하는 변수 외의 다른 변수들의 영향을 받아서는 안 된다.

① 신뢰성 ② 적절성
③ 검출성 ④ 무오염성

해설 ▶ **체계기준의 요건**
- **적절성** : 기준이 의도된 목적에 적합하다고 판단되는 정도
- **무오염성** : 측정하고자 하는 변수 외의 영향이 없어야 함
- **기준 척도의 신뢰성** : 반복성을 통한 척도의 신뢰성이 있어야 함
- **민감도** : 피실험자 사이에서 볼 수 있는 예상 차이점에 비례하는 단위로 측정해야 함

37 그림과 같은 시스템에서 부품 A, B, C, D의 신뢰도가 모두 r로 동일할 때 이 시스템의 신뢰도는?

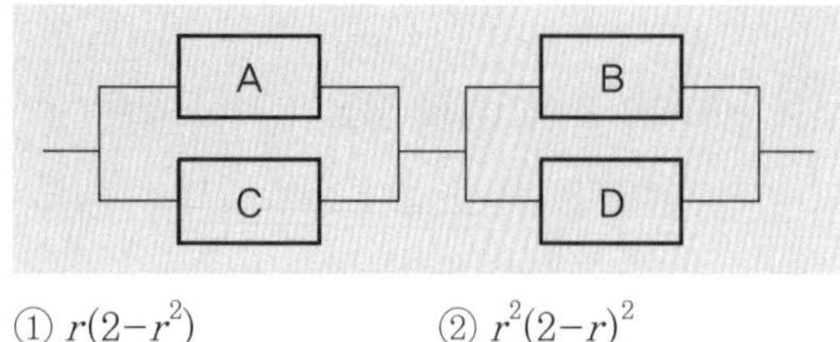

① $r(2-r^2)$ ② $r^2(2-r)^2$
③ $r^2(2-r^2)$ ④ $r^2(2-r)$

해설 A와 C의 신뢰도 $= 1-(1-Ra)\times(1-Rc)$
$= 1-(1-r)\times(1-r)$
$= 1-(1-r-r+r^2) = 2r-r^2 = r(2-r)$
B와 D의 신뢰도 $= 1-(1-Rb)\times(1-Rd)$
$= 1-(1-r)\times(1-r)$
$= 1-(1-r-r+r^2) = 2r-r^2 = r(2-r)$
전체신뢰도 : $r(2-r)\times r(2-r) = r^2(2-r)^2$

38 서브시스템 분석에 사용되는 분석방법으로 시스템 수명주기에서 ㉠에 들어갈 위험분석기법은?

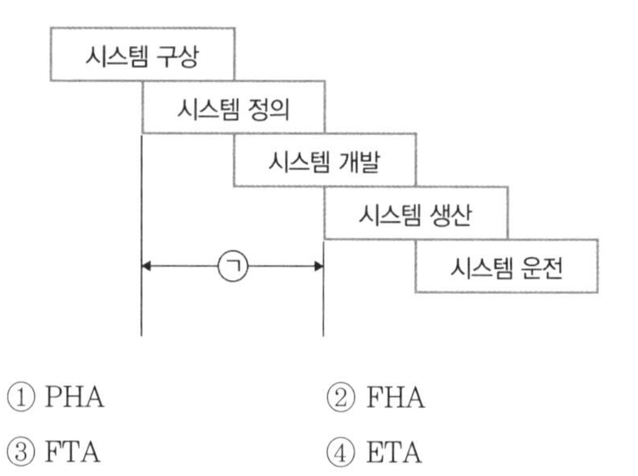

① PHA ② FHA
③ FTA ④ ETA

해설 ▶ FHA(결함위험분석) : 분업에 의해 여럿이 분담 설계한 서브시스템 간의 인터페이스를 조정하여 각각의 서브시스템 및 전체 시스템에 악영향을 미치지 않게 하기 위한 분석방법으로, 시스템 정의단계와 시스템 개발단계에서 적용

39 정신적 작업 부하에 관한 생리적 척도에 해당하지 않는 것은?

① 근전도
② 뇌파도
③ 부정맥 지수
④ 점멸융합주파수

정답 36 ④ 37 ② 38 ② 39 ①

해설 ① **근전도**(EMG) : 근육이 수축할 때 근섬유에서 생기는 활동전위를 유도하여 증폭 기록한 근육활동의 전위차(말초신경에 전기자극)로, 신체적 작업 부하에 측정함

40 A사의 안전관리자는 자사 화학설비의 안전성 평가를 실시하고 있다. 그중 제2단계인 정성적 평가를 진행하기 위하여 평가 항목을 설계단계 대상과 운전관계 대상으로 분류하였을 때 설계관계 항목이 아닌 것은?

① 건조물　② 공장 내 배치
③ 입지조건　④ 원재료, 중간제품

해설 **위험성 평가의 단계**
1. **정량적 평가** : 물질, 화학설비의 용량, 온도, 압력, 조작
2. **정성적 평가**
   - **설계관계** : 입지조건, 공장 내 배치, 건조물, 소방설비
   - **운전관계** : 원재료, 중간제 제품, 공정, 수송, 저장, 공정기기 등

3과목 기계위험방지기술

41 산업안전보건법령상 다음 중 보일러의 방호장치와 가장 거리가 먼 것은?

① 언로드밸브　② 압력방출장치
③ 압력제한스위치　④ 고저수위 조절장치

해설 ① 언로드밸브는 압송밸브로 보일러 방호장치가 아니다.

42 다음 중 롤러기 급정지장치의 종류가 아닌 것은?

① 어깨조작식　② 손조작식
③ 복부조작식　④ 무릎조작식

해설 **롤러기 급정지장치 위치**

급정지장치 조작부의 종류	위치
손으로 조작하는 것	밑면에서 1.8m 이내
작업자의 복부로 조작하는 것	밑면에서 0.8m 이상, 1.1m 이내
작업자의 무릎으로 조작하는 것	밑면에서 0.4m 이상, 0.6m 이내

※ 위치는 급정지장치의 조작부의 중심점을 기준으로 한다.

43 산업안전보건법령에 따라 레버풀러(lever puller) 또는 체인블록(chain block)을 사용하는 경우 훅의 입구(hook mouth) 간격이 제조자가 제공하는 제품사양서 기준으로 몇 [%] 이상 벌어진 것은 폐기하여야 하는가?

① 3　② 5
③ 7　④ 10

해설 레버풀러 또는 체인블록을 사용하는 경우 훅의 입구(hook mouth) 간격이 제조자가 제공하는 제품사양서 기준으로 10% 이상 벌어진 것은 폐기한다.

44 컨베이어(conveyor) 역전방지장치의 형식을 기계식과 전기식으로 구분할 때 기계식에 해당하지 않는 것은?

① 라쳇식　② 밴드식
③ 스러스트식　④ 롤러식

해설 **컨베이어 역전방지장치의 형식**
- **기계식** : 라쳇식, 롤러식, 밴드식, 웜기어 등
- **전기식** : 전기브레이크, 스러스트브레이크 등

45 다음 중 연삭숫돌의 3요소가 아닌 것은?

① 결합제　② 입자
③ 저항　④ 기공

40 ④　41 ①　42 ①　43 ④　44 ③　45 ③ 정답

해설 ◎ 연삭숫돌의 3요소
- **숫돌 입자** : 절삭하는 날
- **결합제** : 숫돌 입자를 고정시키는 본드
- **기공** : 절삭칩이 쌓이는 장소

46 **산업안전보건법령상 프레스 작업시작 전 점검해야 할 사항에 해당하는 것은?**

① 와이어로프가 통하고 있는 곳 및 작업장소의 지반상태
② 하역장치 및 유압장치 기능
③ 권과방지장치 및 그 밖의 경보장치의 기능
④ 1행정 1정지기구·급정지장치 및 비상정지장치의 기능

해설 ◎ 작업시작 전 점검사항
- 클러치 및 브레이크의 기능
- 크랭크축·플라이휠·슬라이드·연결봉 및 연결 나사의 풀림 여부
- 1행정 1정지기구·급정지장치 및 비상정지장치의 기능
- 슬라이드 또는 칼날에 의한 위험방지 기구의 기능
- 프레스의 금형 및 고정볼트 상태
- 방호장치의 기능
- 전단기(剪斷機)의 칼날 및 테이블의 상태

47 **방호장치를 분류할 때는 크게 위험장소에 대한 방호장치와 위험원에 대한 방호장치로 구분할 수 있는데, 다음 중 위험장소에 대한 방호장치가 아닌 것은?**

① 격리형 방호장치
② 접근거부형 방호장치
③ 접근반응형 방호장치
④ 포집형 방호장치

해설
- 격리형, 접근거부형, 접근반응형 = 위험장소
- 포집형 = 위험원

48 **산업안전보건법령상 목재가공용 기계에 사용되는 방호장치의 연결이 옳지 않은 것은?**

① 둥근톱기계 : 톱날접촉예방장치
② 띠톱기계 : 날접촉예방장치
③ 모떼기기계 : 날접촉예방장치
④ 동력식 수동대패기계 : 반발예방장치

해설 ④ 동력식 수동대패기계 : 날접촉예방장치

49 **다음 중 금속 등의 도체에 교류를 통한 코일을 접근시켰을 때, 결함이 존재하면 코일에 유기되는 전압이나 전류가 변하는 것을 이용한 검사방법은?**

① 자분탐상검사 ② 초음파탐상검사
③ 와류탐상검사 ④ 침투형광탐상검사

해설 ① **자분탐상검사** : 금속표면의 비교적 낮은 부분의 결함을 발견하는 것에 이용하는 자력을 이용한 비파괴 검사의 일종
② **초음파탐상검사** : 초음파를 피검사체에 전파하고 그의 음향적 성질을 이용해서 재료 내의 결함의 유무를 조사하는 검사
④ **침투형광탐상검사** : 형광염료(황록색)를 포함하고 있는 침투액을 사용하여 암실 또는 어두운 장소(20lux 이하)에서 자외선(320~400nm)을 조사하여 결함지시모양을 관찰하는 방법

50 **산업안전보건법령상에서 정한 양중기의 종류에 해당하지 않는 것은?**

① 크레인[호이스트(hoist)를 포함한다]
② 도르래
③ 곤돌라
④ 승강기

정답 46 ④ 47 ④ 48 ④ 49 ③ 50 ②

해설 ◎ 양중기의 종류
- 크레인[호이스트(hoist)를 포함한다]
- 이동식 크레인
- 리프트(이삿짐운반용 리프트의 경우에는 적재하중이 0.1t 이상인 것으로 한정한다)
- 곤돌라
- 승강기

51 롤러의 급정지를 위한 방호장치를 설치하고자 한다. 앞면 롤러 직경이 36cm이고, 분당회전속도가 50rpm이라면 급정지거리는 약 얼마 이내이어야 하는가? (단, 무부하동작에 해당한다.)

① 45cm ② 50cm
③ 55cm ④ 60cm

해설
- 표면속도가 30m/min 이상인 경우 : 앞면 롤러직경($3.14 \times D$)의 1/2.5
- 표면속도가 30m/min 미만인 경우 : 앞면 롤러직경($3.14 \times D$)의 1/3

급정지거리 $= \frac{3.14 \times D}{2.5} = \frac{3.14 \times 36}{2.5} = 45.216$

52 다음 중 금형 설치 · 해체작업의 일반적인 안전사항으로 틀린 것은?

① 고정볼트는 고정 후 가능하면 나사산이 3~4개 정도 짧게 남겨 슬라이드 면과의 사이에 협착이 발생하지 않도록 해야 한다.
② 금형 고정용 브래킷(물림판)을 고정시킬 때 고정용 브래킷은 수평이 되게 하고, 고정볼트는 수직이 되게 고정하여야 한다.
③ 금형을 설치하는 프레스의 T홈 안길이는 설치볼트 직경 이하로 한다.
④ 금형의 설치용구는 프레스의 구조에 적합한 형태로 한다.

해설 ③ 금형을 설치하는 프레스의 T홈의 안길이는 설치볼트 직경의 2배 이상으로 한다.

53 산업안전보건법령상 보일러에 설치하는 압력방출장치에 대하여 검사 후 봉인에 사용되는 재료에 가장 적합한 것은?

① 납 ② 주석
③ 구리 ④ 알루미늄

해설 1년에 1회 이상 토출압력시험 후 납으로 봉인(공정안전관리 이행수준 평가결과가 우수한 사업장은 4년에 1회 이상 토출압력시험 실시)

54 슬라이드가 내려옴에 따라 손을 쳐내는 막대가 좌우로 왕복하면서 위험점으로부터 손을 보호하여 주는 프레스의 안전장치는?

① 수인식 방호장치
② 양손조작식 방호장치
③ 손쳐내기식 방호장치
④ 게이트 가드식 방호장치

해설
① **수인식** : 작업자의 손과 기계의 운동부분을 케이블이나 로프로 연결하고 기계의 위험한 작동에 따라서 손을 위험구역 밖으로 끌어내는 장치
② **양손조작식** : 기계를 가동할 때 위험한 작업점에 손이 놓이지 않도록 조작단추나 조작레버를 2개 준비하고 양손으로 동시에 단추나 레버를 작동시키도록 한 것
④ **게이트 가드식** : 기계를 작동하려면 우선 게이트(문)가 위험점을 폐쇄하여야 비로소 기계가 작동되도록 한 장치

55 산업안전보건법령에 따라 사업주는 근로자가 안전하게 통행할 수 있도록 통로에 얼마 이상의 채광 또는 조명시설을 하여야 하는가?

① 50lux ② 75lux
③ 90lux ④ 100lux

51 ① 52 ③ 53 ① 54 ③ 55 ② **정답**

해설 근로자가 안전하게 통행할 수 있도록 통로에 75lux 이상의 채광 또는 조명시설을 하여야 한다. 다만, 갱도 또는 상시 통행을 하지 아니하는 지하실 등을 통행하는 근로자에게 휴대용 조명기구를 사용하도록 한 경우에는 그러하지 아니하다.

56 산업안전보건법령상 사업주가 진동작업을 하는 근로자에게 충분히 알려야 할 사항과 거리가 가장 먼 것은?

① 인체에 미치는 영향과 증상
② 진동기계·기구 관리방법
③ 보호구 선정과 착용방법
④ 진동재해 시 비상연락체계

해설 **진동작업 시 근로자 주시사항**
- 인체에 미치는 영향과 증상
- 보호구의 선정과 착용방법
- 진동기계·기구 관리방법
- 진동 장해 예방방법

57 산업안전보건법령상 크레인에 전용탑승설비를 설치하고 근로자를 달아 올린 상태에서 작업에 종사시킬 경우 근로자의 추락 위험을 방지하기 위하여 실시해야 할 조치 사항으로 적합하지 않은 것은?

① 승차석 외의 탑승 제한
② 안전대나 구명줄의 설치
③ 탑승설비의 하강시 동력하강방법을 사용
④ 탑승설비가 뒤집히거나 떨어지지 않도록 필요한 조치

해설 ① 승차석 외의 탑승 제한은 안전보건규칙 제86조 제7항의 내용이다.
사업주는 차량계 하역운반기계(화물자동차는 제외한다)를 사용하여 작업을 하는 경우 승차석이 아닌 위치에 근로자를 탑승시켜서는 아니 된다.
②, ③, ④ 안전보건규칙 제86조 제1항 1~3호

58 연삭기에서 숫돌의 바깥지름이 150mm일 경우 평형플랜지 지름은 몇 [mm] 이상이어야 하는가?

① 30
② 50
③ 60
④ 90

해설 **연삭숫돌의 고정법** : 플랜지는 연삭숫돌 지름의 1/3 크기

59 플레이너 작업 시의 안전대책이 아닌 것은?

① 베드 위에 다른 물건을 올려놓지 않는다.
② 바이트는 되도록 짧게 나오도록 설치한다.
③ 프레임 내의 피트(pit)에는 뚜껑을 설치한다.
④ 칩 브레이커를 사용하여 칩이 길게 되도록 한다.

해설 작업장에서는 이동테이블에 사람이나 운반기계가 부딪치지 않도록 플레이너의 운동 범위에 방책을 설치한다. 또 플레이너의 프레임 중앙부의 피트에는 덮개를 설치해서 물건이나 공구류를 두지 않도록 해야 하고 테이블과 고정벽 또는 다른 기계와의 최소거리가 40cm 이하가 될 때는 기계의 양쪽에 방책을 설치하여 통행을 차단하여야 한다.

정답 56 ④ 57 ① 58 ② 59 ④

60 **양중기 과부하방지장치의 일반적인 공통사항에 대한 설명 중 부적합한 것은?**

① 과부하방지장치와 타 방호장치는 기능에 서로 장애를 주지 않도록 부착할 수 있는 구조이어야 한다.
② 방호장치의 기능을 변형 또는 보수할 때 양중기의 기능도 동시에 정지할 수 있는 구조이어야 한다.
③ 과부하방지장치에는 정상동작상태의 녹색램프와 과부하 시 경고 표시를 할 수 있는 붉은색램프와 경보음을 발하는 장치 등을 갖추어야 하며, 양중기 운전자가 확인할 수 있는 위치에 설치해야 한다.
④ 과부하방지장치 작동 시 경보음과 경보램프가 작동되어야 하며 양중기는 작동이 되지 않아야 한다. 다만, 크레인은 과부하 상태 해지를 위하여 권상된 만큼 권하시킬 수 있다.

해설 **양중기 과부하방지장치의 일반 공통사항**
- 과부하방지장치 작동 시 경보음과 경보램프가 작동되어야 하며 양중기는 작동이 되지 않아야 한다. 다만, 크레인은 과부하 상태 해지를 위하여 권상된 만큼 권하시킬 수 있다.
- 외함은 납봉인 또는 시건할 수 있는 구조이어야 한다.
- 외함의 전선 접촉부분은 고무 등으로 밀폐되어 물과 먼지 등이 들어가지 않도록 한다.
- 과부하방지장치와 타 방호장치는 기능에 서로 장애를 주지 않도록 부착할 수 있는 구조이어야 한다.
- 방호장치의 기능을 제거 또는 정지할 때 양중기의 기능도 동시에 정지할 수 있는 구조이어야 한다.
- 과부하방지장치는 별표 2의2 각 호의 시험 후 정격하중의 1.1배 권상 시 경보와 함께 권상동작이 정지되고 횡행과 주행동작이 불가능한 구조이어야 한다. 다만, 타워크레인은 정격하중의 1.05배 이내로 한다.
- 과부하방지장치에는 정상동작상태의 녹색램프와 과부하 시 경고 표시를 할 수 있는 붉은색램프와 경보음을 발하는 장치 등을 갖추어야 하며, 양중기 운전자가 확인할 수 있는 위치에 설치해야 한다.

4과목 전기위험방지기술

61 **다음 ( ) 안의 알맞은 내용을 나타낸 것은?**

> 폭발성 가스의 폭발등급 측정에 사용되는 표준용기는 내용적이 (㉮)cm^3, 반구상의 플랜지 접합면의 안길이 (㉯)mm의 구상용기의 틈새를 통과시켜 화염일주 한계를 측정하는 장치이다.

① ㉮ 600, ㉯ 0.4
② ㉮ 1800, ㉯ 0.6
③ ㉮ 4500, ㉯ 8
④ ㉮ 8000, ㉯ 25

해설 **안전간격**(화염일주 한계) : 표준용기(8L, 틈의 안길이 25mm의 구형 용기) 내에 폭발성 가스를 채우고 점화시켰을 때 폭발 화염이 용기 외부까지 전달되지 않는 한계의 틈
8L = 8,000cm^3

62 **다음 차단기는 개폐기구가 절연물의 용기 내에 일체로 조립한 것으로 과부하 및 단락사고 시에 자동적으로 전로를 차단하는 장치는?**

① OS
② VCB
③ MCCB
④ ACB

해설 **MCCB**(배선용차단기) : 부하전류를 개폐하는 전원스위치의 역할을 하며 과전류 및 단락 시 전기사고를 예방하기 위해 자동으로 회로를 차단해 주는 역할의 차단기

60 ② 61 ④ 62 ③ 정답

63 한국전기설비규정에 따라 보호등전위본딩 도체로서 주접지단자에 접속하기 위한 등전위본딩 도체(구리 도체)의 단면적은 몇 [mm^2] 이상이어야 하는가? (단, 등전위본딩 도체는 설비 내에 있는 가장 큰 보호접지 도체 단면적의 1/2 이상의 단면적을 가지고 있다.)

① 2.5 ② 6
③ 16 ④ 50

해설 • **구리 도체** : $6mm^2$
• **알루미늄 도체** : $16mm^2$
• **강철 도체** : $50mm^2$

64 저압전로의 절연성능 시험에서 전로의 사용전압이 380V인 경우 전로의 전선 상호 간 및 전로와 대지 사이의 절연저항은 최소 몇 [MΩ] 이상이어야 하는가?

① 0.1 ② 0.3
③ 0.5 ④ 1

해설 절연저항 1MΩ 이상일 것

65 전격의 위험을 결정하는 주된 인자로 가장 거리가 먼 것은?

① 통전전류 ② 통전시간
③ 통전경로 ④ 접촉전압

해설 **전격위험 요인**
• 통전전류
• 통전시간
• 통전경로
• 전원의 종류

66 교류 아크용접기의 허용사용률[%]은? (단, 정격사용률은 10%, 2차 정격전류는 500A, 교류 아크용접기의 사용전류는 250A이다.)

① 30 ② 40
③ 50 ④ 60

해설 **교류 아크용접기의 허용사용률[%]**

$$\text{허용사용률} = \left(\frac{\text{정격 2차전류}^2}{\text{실제사용 용접전류}^2}\right) \times \text{정격사용률}$$

$$= \frac{500^2}{250^2} \times 10\%$$

$$= 40\%$$

67 내압방폭구조의 필요충분조건에 대한 사항으로 틀린 것은?

① 폭발화염이 외부로 유출되지 않을 것
② 습기침투에 대한 보호를 충분히 할 것
③ 내부에서 폭발한 경우 그 압력에 견딜 것
④ 외함의 표면온도가 외부의 폭발성가스를 점화되지 않을 것

해설 **내압방폭구조** : 전기설비에서 아크 또는 고열이 발생하여 폭발성 가스에 점화할 우려가 있는 부분을 전폐한 용기에 넣음으로써 폭발이 일어날 경우 이 용기가 압력에 견디고 외부의 폭발성 가스에 인화될 위험이 없도록 한 구조의 방폭구조이다.

68 다음 중 전동기를 운전하고자 할 때 개폐기의 조작순서로 옳은 것은?

① 메인 스위치 → 분전반 스위치 → 전동기용 개폐기
② 분전반 스위치 → 메인 스위치 → 전동기용 개폐기
③ 전동기용 개폐기 → 분전반 스위치 → 메인 스위치
④ 분전반 스위치 → 전동기용 스위치 → 메인 스위치

해설 **전동기 개폐기의 조작순서**
메인 스위치 → 분전반 스위치 → 전동기용 개폐기

정답 63 ② 64 ④ 65 ④ 66 ② 67 ② 68 ①

69 다음 빈칸에 들어갈 내용으로 알맞은 것은?

> 교류 특고압 가공전선로에서 발생하는 극저주파 전자계는 지표상 1m에서 전계가 (ⓐ), 자계가 (ⓑ)가 되도록 시설하는 등 상시 정전유도 및 전자유도 작용에 의하여 사람에게 위험을 줄 우려가 없도록 시설하여야 한다.

① ⓐ 0.35kV/m 이하, ⓑ 0.833μT 이하
② ⓐ 3.5kV/m 이하, ⓑ 8.33μT 이하
③ ⓐ 3.5kV/m 이하, ⓑ 83.3μT 이하
④ ⓐ 35kV/m 이하, ⓑ 833μT 이하

해설 ▶ **유도장해 방지**(전기설비기술기준 제17조 제1항)
교류 특고압 가공전선로에서 발생하는 극저주파 전자계는 지표상 1m에서 전계가 3.5kV/m 이하, 자계가 83.3μT 이하가 되도록 시설하고, 직류 특고압 가공전선로에서 발생하는 직류전계는 지표면에서 25kV/m 이하, 직류자계는 지표상 1m에서 400,000μT 이하가 되도록 시설하는 등 상시 정전유도 및 전자유도 작용에 의하여 사람에게 위험을 줄 우려가 없도록 시설하여야 한다.

70 감전사고를 방지하기 위한 방법으로 틀린 것은?

① 전기기기 및 설비의 위험부에 위험표지
② 전기설비에 대한 누전차단기 설치
③ 전기기기에 대한 정격표시
④ 무자격자는 전기계 및 기구에 전기적인 접촉 금지

해설 ③ 정격표시는 모든 기기에 다 되어 있다.

71 외부피뢰시스템에서 접지극은 지표면에서 몇 [m] 이상 깊이로 매설하여야 하는가? (단, 동결심도는 고려하지 않는 경우이다.)

① 0.5 ② 0.75
③ 1 ④ 1.25

해설 접지극은 지하 75cm 이상 깊이에 매설할 것

72 정전기의 재해방지 대책이 아닌 것은?

① 부도체에는 도전성을 향상 또는 제전기를 설치 운영한다.
② 접촉 및 분리를 일으키는 기계적 작용으로 인한 정전기 발생을 적게 하기 위해서는 가능한 접촉 면적을 크게 하여야 한다.
③ 저항률이 $10^{10}\Omega \cdot cm$ 미만의 도전성 위험물의 배관유속은 7m/s 이하로 한다.
④ 생산공정에 별다른 문제가 없다면, 습도를 70% 정도 유지하는 것도 무방하다.

해설 ② 접촉 및 분리를 일으키는 기계적 작용으로 인한 정전기 발생을 적게 하기 위해서는 가능한 접촉 면적을 적게 하여야 한다.

73 어떤 부도체에서 정전용량이 10pF이고, 전압이 5kV일 때 전하량[C]은?

① 9×10^{-12} ② 6×10^{-10}
③ 5×10^{-8} ④ 2×10^{-6}

해설 $Q = CV$ 공식에서
C : 도체의 정전용량[F], V : 대전전위[V]
$Q = 10\times10^{-12}\times5\times10^{3}$
$= 50\times10^{-9}$
$= 5\times10^{-8}$

74 KS C IEC 60079-0에 따른 방폭에 대한 설명으로 틀린 것은?

① 기호 "X"는 방폭기기의 특정사용조건을 나타내는 데 사용되는 인증번호의 접미사이다.
② 인화하한(LEL)과 인화상한(UEL) 사이의 범위가 클수록 폭발성 가스 분위기 형성 가능성이 크다.
③ 기기그룹에 따라 폭발성가스를 분류할 때 ⅡA의 대표 가스로 에틸렌이 있다.
④ 연면거리는 두 도전부 사이의 고체 절연물 표면을 따른 최단거리를 말한다.

69 ③ 70 ③ 71 ② 72 ② 73 ③ 74 ③ 정답

해설
- **EX** : Explosion Protection(방폭구조)
- **IP** : Type of Protection(보호등급)
- **IIA** : Gas Group(가스 증기 및 분진의 그룹)
- **T5** : Temperatre(표면최고 온도 등급)
- **G1, G2** : (발화도 등급)
- **IIA의 대표 가스** : 암모니아, 일산화탄소, 벤젠, 아세톤, 에탄올, 메탄올, 프로판
- **IIB의 대표 가스** : 에틸렌, 부타디엔, 틸렌옥사이드, 도시가스

75 **다음 중 활선근접 작업 시의 안전조치로 적절하지 않은 것은?**

① 근로자가 절연용 방호구의 설치·해체작업을 하는 경우에는 절연용 보호구를 착용하거나 활선작업용 기구 및 장치를 사용하도록 하여야 한다.
② 저압인 경우에는 해당 전기작업자가 절연용 보호구를 착용하되, 충전전로에 접촉할 우려가 없는 경우에는 절연용 방호구를 설치하지 아니할 수 있다.
③ 유자격자가 아닌 근로자가 근로자의 몸 또는 긴 도전성 물체가 방호되지 않은 충전전로에서 대지전압이 50kV 이하인 경우에는 400cm 이내로 접근할 수 없도록 하여야 한다.
④ 고압 및 특별고압의 전로에서 전기작업을 하는 근로자에게 활선작업용 기구 및 장치를 사용하여야 한다.

해설 ③ 유자격자가 아닌 근로자가 충전전로 인근의 높은 곳에서 작업할 때에 근로자의 몸 또는 긴 도전성 물체가 방호되지 않은 충전전로에서 대지전압이 50kV 이하인 경우에는 300cm 이내로, 대지전압이 50kV를 넘는 경우에는 10kV당 10cm씩 더한 거리 이내로 각각 접근할 수 없도록 할 것

76 **밸브 저항형 피뢰기의 구성요소로 옳은 것은?**

① 직렬 갭, 특성요소
② 병렬 갭, 특성요소
③ 직렬 갭, 충격요소
④ 병렬 갭, 충격요소

해설 **피뢰기의 구성요소**
- **직렬 갭** : 이상 전압 내습 시 뇌전압을 방전하고 그 속류를 차단, 상시에는 누설전류 방지
- **특성요소** : 뇌전류 방전 시 피뢰기 자신의 전위상승을 억제하여 자신의 절연파괴를 방지

77 **정전기 제거 방법으로 가장 거리가 먼 것은?**

① 작업장 바닥을 도전처리한다.
② 설비의 도체 부분은 접지시킨다.
③ 작업자는 대전방지화를 신는다.
④ 작업장을 항온으로 유지한다.

해설 ④ 정전기와 온도와는 관계가 크지 않다.

78 **인체의 전기저항을 0.5kΩ이라고 하면 심실세동을 일으키는 위험한계 에너지는 몇 [J]인가? (단, 심실세동전류값 $I = \frac{165}{\sqrt{T}}$ mA의 Dalziel의 식을 이용하며, 통전시간은 1초로 한다.)**

① 13.6 ② 12.6
③ 11.6 ④ 10.6

해설 $I = \frac{165}{\sqrt{1}} = 165\text{mA} = 0.165\text{A}$

위험한계 에너지
$= I^2 \times R \times T$
$= (0.165)^2 \times 500 \times 1$
$= 13.61\text{J}$

정답 75 ③ 76 ① 77 ④ 78 ①

79 다음 중 전기설비기술기준에 따른 전압의 구분으로 틀린 것은?

① 저압 : 직류 1kV 이하
② 고압 : 교류 1kV를 초과, 7kV 이하
③ 특고압 : 직류 7kV 초과
④ 특고압 : 교류 7kV 초과

해설

	교류	직류
저압	1kV 이하	1.5kV 이하
고압	1kV 초과 ~ 7kV 이하	1.5kV 초과 ~ 7kV 이하
특고압	7kV 초과	

80 가스 그룹 IIB 지역에 설치된 내압방폭구조 "d" 장비의 플랜지 개구부에서 장애물까지의 최소 거리[mm]는?

① 10 ② 20
③ 30 ④ 40

해설 **내압방폭구조 플랜지 개구부와 장애물까지의 최소 거리**
- IIA : 10mm
- IIB : 30mm
- IIC : 40mm

5과목 화학설비위험방지기술

81 다음 설명이 의미하는 것은?

> 온도, 압력 등 제어상태가 규정의 조건을 벗어나는 것에 의해 반응속도가 지수함수적으로 증대되고, 반응용기 내의 온도, 압력이 급격히 이상 상승되어 규정 조건을 벗어나고, 반응이 과격화되는 현상

① 비등 ② 과열·과압
③ 폭발 ④ 반응폭주

해설 ① **비등** : 액체가 끓어오름. 액체가 어느 온도 이상으로 가열되어, 그 증기압이 주위의 압력보다 커져서 액체의 표면뿐만 아니라 내부에서도 기화하는 현상
② **과열** : 지나치게 뜨거워짐. 또는 그런 열
과압 : 지나치게 높은 압력
③ **폭발** : 물질이 급격한 화학 변화나 물리 변화를 일으켜 부피가 몹시 커져 폭발음이나 파괴 작용이 따름. 또는 그런 현상

82 다음 중 폭발범위에 관한 설명으로 틀린 것은?

① 상한값과 하한값이 존재한다.
② 온도에는 비례하지만 압력과는 무관하다.
③ 가연성 가스의 종류에 따라 각각 다른 값을 갖는다.
④ 공기와 혼합된 가연성 가스의 체적 농도로 나타낸다.

해설 **폭발범위**
- 압력이 고압이 되면 폭발할 수 있는 조성의 범위는 커진다.
- 압력이 1atm보다 낮을 때에는 큰 변화가 없다.
- 발화온도는 압력에 가장 큰 영향을 준다.
- 연쇄반응이 일어나면 상압보다 낮은 곳에서도 폭발은 일어난다.
- 폭발은 압력, 온도, 조성의 관계에서 발생한다.
- 온도와 압력이 높아지면 폭발범위는 넓어진다.

79 ① 80 ③ 81 ④ 82 ② 정답

83 다음 중 전기화재의 종류에 해당하는 것은?

① A급　② B급
③ C급　④ D급

해설 ③ **C급 화재** : 전기화재, 전기절연성을 갖는 소화제를 사용해야만 하는 전기기계·기구 등의 화재를 말한다.
① **A급 화재**
- 일반화재, 다량의 물 또는 물을 다량 함유한 용액으로 소화한다.
- 냉각효과가 효과적인 화재이며 목재, 종이, 유지류 등 보통화재를 말한다.

② **B급 화재** : 기름화재, 가연성 액체(에테르, 가솔린, 등유, 경유, 벤젠, 콜타르, 식물류 등), 고체유지류(그리스, 피치, 아스팔트 등) 화재가 있다.
④ **D급 화재** : 금속화재를 말한다.

84 다음 표와 같은 혼합가스의 폭발범위[vol%]로 옳은 것은?

종류	용적비율 [vol%]	폭발 하한계 [vol%]	폭발 상한계 [vol%]
CH_4	70	5	15
C_2H_6	15	3	12.5
C_3H_8	5	2.1	9.5
C_4H_{10}	10	1.9	8.5

① 3.75~13.21　② 4.33~13.21
③ 4.33~15.22　④ 3.75~15.22

해설 폭발범위는 폭발 하한계 ~ 폭발 상한계

$$L=\frac{100}{\frac{V_1}{L_1}+\frac{V_2}{L_2}+\cdot\cdot\cdot\cdot+\frac{V_n}{L_n}}$$

- 폭발 하한계

$$\left(\frac{100}{\frac{70}{5}+\frac{15}{3}+\frac{5}{2.1}+\frac{10}{1.9}}\right)=3.75\text{vol\%}$$

- 폭발 상한계

$$\left(\frac{100}{\frac{70}{15}+\frac{15}{12.5}+\frac{5}{9.5}+\frac{10}{8.5}}\right)=13.21\text{vol\%}$$

85 위험물을 저장·취급하는 화학설비 및 그 부속설비를 설치할 때 '단위공정시설 및 설비로부터 다른 단위공정시설 및 설비의 사이' 안전거리는 설비의 바깥 면으로부터 몇 [m] 이상이 되어야 하는가?

① 5　② 10
③ 15　④ 20

해설 ❯ **안전거리**(안전보건기준규칙 별표 8)

구분	안전거리
1. 단위공정시설 및 설비로부터 다른 단위공정시설 및 설비의 사이	설비의 바깥 면으로부터 10m 이상
2. 플레어스택으로부터 단위공정시설 및 설비, 위험물질 저장탱크 또는 위험물질 하역설비의 사이	플레어스택으로부터 반경 20m 이상 (다만, 단위공정시설 등이 불연재로 시공된 지붕 아래에 설치된 경우에는 그러하지 아니하다.)
3. 위험물질 저장탱크로부터 단위공정시설 및 설비, 보일러 또는 가열로의 사이	저장탱크의 바깥 면으로부터 20m 이상 (다만, 저장탱크의 방호벽, 원격조종 화설비 또는 살수설비를 설치한 경우에는 그러하지 아니하다.)
4. 사무실·연구실·실험실·정비실 또는 식당으로부터 단위공정시설 및 설비, 위험물질 저장탱크, 위험물질 하역설비, 보일러 또는 가열로의 사이	사무실 등의 바깥 면으로부터 20m 이상 (다만, 난방용 보일러인 경우 또는 사무실 등의 벽을 방호구조로 설치한 경우에는 그러하지 아니하다.)

86 열교환기의 열교환 능률을 향상시키기 위한 방법으로 거리가 먼 것은?

① 유체의 유속을 적절하게 조절한다.
② 유체의 흐르는 방향을 병류로 한다.
③ 열교환기 입구와 출구의 온도차를 크게 한다.
④ 열전도율이 좋은 재료를 사용한다.

해설 ② 유체의 흐르는 방향을 향류로 해야 한다.

정답 83 ③　84 ①　85 ②　86 ②

87 다음 중 인화성 물질이 아닌 것은?

① 디에틸에테르 ② 아세톤
③ 에틸알코올 ④ 과염소산칼륨

해설 ④ 과염소산칼륨 → 제1류(산화성 고체)

88 산업안전보건법령상 위험물질의 종류에서 "폭발성 물질 및 유기과산화물"에 해당하는 것은?

① 리튬 ② 아조화합물
③ 아세틸렌 ④ 셀룰로이드류

해설 **폭발성 물질 및 유기과산화물**(안전보건규칙 별표 1)
- **질산에스테르류** : 니트로셀룰로오스, 니트로글리세린, 질산메틸, 질산에틸 등
- **니트로화합물** : 피크린산(트리니트로페놀), 트리니트로톨루엔(TNT) 등
- **니트로소화합물** : 파라니트로소벤젠, 디니트로소레조르신 등
- 아조화합물 및 디아조화합물
- 하이드라진 유도체
- **유기과산화물** : 메틸에틸케톤, 과산화물, 과산화벤조일, 과산화아세틸 등

89 건축물 공사에 사용되고 있으나, 불에 타는 성질이 있어서 화재 시 유독한 시안화수소 가스가 발생되는 물질은?

① 염화비닐
② 염화에틸렌
③ 메타크릴산메틸
④ 우레탄

해설 ① **염화비닐** : 중합하면 폴리염화비닐(염화비닐 수지)이 된다. 폴리염화비닐은 공업재료로 많이 사용되어 플라스틱 폐기물로서 공해의 원인이 되고 있다. 염화비닐과 폴리염화비닐은 혼용하여 사용하는 경우가 많다.
② **염화에틸렌** : 염하비닐의 다른 이름
③ **메타크릴산메틸** : 메타크릴산과 메타놀의 에스터 화합물. 무색의 맑은 액체로 중합하여 유기 유리를 만든다.

90 반응기를 설계할 때 고려하여야 할 요인으로 가장 거리가 먼 것은?

① 부식성 ② 상의 형태
③ 온도 범위 ④ 중간생성물의 유무

해설 **반응기 설계 시 고려하여야 할 요인**
- 부식성
- 상의 형태
- 온도 범위
- 운전압력
- 체류시간과 공간속도
- 열전달
- 온도조절
- 조작방법
- 수율

91 에틸알코올 1mol이 완전 연소 시 생성되는 CO_2와 H_2O의 [mol]수로 옳은 것은?

① CO_2 : 1, H_2O : 4
② CO_2 : 2, H_2O : 3
③ CO_2 : 3, H_2O : 2
④ CO_2 : 4, H_2O : 1

해설 에틸알코올(C_2H_5OH)의 연소방식은 $C_2H_5OH + 3O_2 \rightarrow 2CO_2 + 3H_2O$이므로 에틸알코올 1mol이 완전연소할 때 생성되는 CO_2와 H_2O의 [mol]수는 2mol과 3mol이다.

92 산업안전보건법령상 각 물질이 해당하는 위험물질의 종류를 옳게 연결한 것은?

① 아세트산(농도 90%) – 부식성 산류
② 아세톤(농도 90%) – 부식성 염기류
③ 이황화탄소 – 인화성 가스
④ 수산화칼륨 – 인화성 가스

87 ④ 88 ② 89 ④ 90 ④ 91 ② 92 ① 정답

해설 ②·③ 아세톤(CH_3COCH_3), 이황화탄소(CS_2) – 인화성 액체
④ 수산화칼륨(농도 40% 이상) – 부식성 염기류
부식성 물질
1. 부식성 산류
- 20% 이상 HCl, H_2SO_4, HNO_3
- 60% 이상 H_3PO_4, CH_3COOH, HF
2. 부식성 염기류 : 40% 이상 KOH, NaOH

93 물과의 반응으로 유독한 포스핀가스를 발생하는 것은?

① HCl ② NaCl
③ Ca_3P_2 ④ $Al(OH)_3$

해설 포스핀가스 = PH_3
인(P)이 들어있는 것이 답이다.

94 분진폭발의 요인을 물리적 인자와 화학적 인자로 분류할 때 화학적 인자에 해당하는 것은?

① 연소열 ② 입도분포
③ 열전도율 ④ 입자의 형성

해설 **분진폭발요인의 화학적 인자**
- 연소열
- 산화속도

95 메탄올에 관한 설명으로 틀린 것은?

① 무색투명한 액체이다.
② 비중은 1보다 크고, 증기는 공기보다 가볍다.
③ 금속나트륨과 반응하여 수소를 발생한다.
④ 물에 잘 녹는다.

해설 ② 비중은 0.79로 1보다 작다.

96 다음 중 자연발화가 쉽게 일어나는 조건으로 틀린 것은?

① 주위온도가 높을수록
② 열 축적이 클수록
③ 적당량의 수분이 존재할 때
④ 표면적이 작을수록

해설 **자연발화조건**
- 발열량이 클 것
- 열전도율이 작을 것
- 주위의 온도가 높을 것
- 표면적이 넓을 것
- 수분이 적당량 존재할 것

97 다음 중 인화점이 가장 낮은 것은?

① 벤젠 ② 메탄올
③ 이황화탄소 ④ 경유

해설 ③ **이황화탄소** : −30℃
① **벤젠** : −11℃(벤진 : −40℃ 이하)
② **메탄올**(메틸알코올) : 11℃(에탄올 : 13℃)
④ **경유** : 50~70℃(등유 : 40~60℃, 중유 : 60~100℃)

98 자연발화성을 가진 물질이 자연발화를 일으키는 원인으로 거리가 먼 것은?

① 분해열 ② 증발열
③ 산화열 ④ 중합열

해설 **자연발화 형태**
- 산화열(건성유, 석탄분말, 금속분말)
- 분해열(니트로셀룰로스, 셀룰로이드 등)
- 흡착열(목탄, 활성탄)
- 중합열(시안화수소)
- 미생물에 의한 발화(먼지, 퇴비)

정답 93 ③ 94 ① 95 ② 96 ④ 97 ③ 98 ②

99 비점이 낮은 가연성 액체 저장탱크 주위에 화재가 발생했을 때 저장탱크 내부의 비등현상으로 인한 압력 상승으로 탱크가 파열되어 그 내용물이 증발, 팽창하면서 발생되는 폭발현상은?

① Back Draft
② BLEVE
③ Flash Over
④ UVCE

해설 ▶ **BLEVE**(Boiling Liquid Expending Vapor Explosion) : 비등액 팽창증기 폭발

100 사업주는 산업안전보건법령에서 정한 설비에 대해서는 과압에 따른 폭발을 방지하기 위하여 안전밸브 등을 설치하여야 한다. 다음 중 이에 해당하는 설비가 아닌 것은?

① 원심펌프
② 정변위 압축기
③ 정변위 펌프(토출축에 차단밸브가 설치된 것만 해당한다)
④ 배관(2개 이상의 밸브에 의하여 차단되어 대기온도에서 액체의 열팽창에 의하여 파열될 우려가 있는 것으로 한정한다)

해설 ▶ **안전밸브 등의 설치**
- 압력용기(안지름이 150mm 이하인 압력용기는 제외하며, 압력용기 중 관형 열교환기의 경우에는 관의 파열로 인하여 상승한 압력이 압력용기의 최고사용압력을 초과할 우려가 있는 경우만 해당한다)
- 정변위 압축기
- 정변위 펌프(토출축에 차단밸브가 설치된 것만 해당한다)
- 배관(2개 이상의 밸브에 의하여 차단되어 대기온도에서 액체의 열팽창에 의하여 파열될 우려가 있는 것으로 한정한다)
- 그 밖의 화학설비 및 그 부속설비로서 해당 설비의 최고사용압력을 초과할 우려가 있는 것

6과목 건설안전기술

101 비계의 높이가 2m 이상인 작업장소에 작업발판을 설치할 경우 준수하여야 할 기준으로 옳지 않은 것은?

① 작업발판의 폭은 30cm 이상으로 한다.
② 발판재료 간의 틈은 3cm 이하로 한다.
③ 추락의 위험성이 있는 장소에는 안전난간을 설치한다.
④ 발판재료는 뒤집히거나 떨어지지 않도록 2개 이상의 지지물에 연결하거나 고정시킨다.

해설 ▶ **작업발판 설치기준 및 준수사항**(안전보건규칙 제56조)
비계(달비계, 달대비계 및 말비계는 제외한다)의 높이가 2m 이상인 작업장소에 다음의 기준에 맞는 작업발판을 설치하여야 한다.
- 발판재료는 작업시의 하중을 견딜 수 있도록 견고한 것으로 할 것
- 작업발판의 폭은 40cm 이상으로 하고, 발판재료 간의 틈은 3cm 이하로 할 것. 다만, 외줄비계의 경우에는 고용노동부장관이 별도로 정하는 기준에 따른다.
- 추락의 위험성이 있는 장소에는 안전난간을 설치할 것
- 작업발판의 지지물은 하중에 의하여 파괴될 우려가 없는 것을 사용할 것
- 작업발판재료는 뒤집히거나 떨어지지 아니하도록 둘 이상의 지지물에 연결하거나 고정시킬 것
- 작업발판을 작업에 따라 이동시킬 때에는 위험 방지에 필요한 조치를 할 것
- 선박 및 보트 건조작업의 경우 선박블록 또는 엔진실 등이 좁은 작업공간에 작업발판을 설치하기 위하여 필요하면 작업발판의 폭을 30cm 이상으로 할 수 있고, 걸침비계의 경우 강관기둥 때문에 발판재료 간의 틈을 3cm 이하로 유지하기 곤란하면 5cm 이하로 할 수 있다. 이 경우 그 틈 사이로 물체 등이 떨어질 우려가 있는 곳에는 출입금지 등의 조치를 하여야 한다.

99 ② 100 ① 101 ① 정답

102 **사면지반 개량공법으로 옳지 않은 것은?**

① 전기 화학적 공법
② 석회 안정처리 공법
③ 이온 교환 공법
④ 옹벽 공법

해설 • **사면보강공법** : 누름성토공법, 옹벽공법, 보강토공법, 미끄럼 방지 말뚝공법, 앵커공법 등
• **사면지반 개량공법** : 주입공법, 이온교환공법, 전기화학적 공법, 시멘트 안정처리 공법, 석회 안정처리 공법, 소결공법 등

103 **법면 붕괴에 의한 재해 예방조치로서 옳은 것은?**

① 지표수와 지하수의 침투를 방지한다.
② 법면의 경사를 증가한다.
③ 절토 및 성토 높이를 증가한다.
④ 토질의 상태에 관계없이 구배조건을 일정하게 한다.

해설 ①은 예방조치에 해당하나, ②·③·④는 붕괴의 원인이 될 수 있다.

토석 붕괴의 원인

1. **외적 원인**
   • 사면, 법면의 경사 및 기울기의 증가
   • 절토 및 성토 높이의 증가
   • 공사에 의한 진동 및 반복하중의 증가
   • 지표수 및 지하수의 침투에 의한 토사 중량의 증가
   • 지진, 차량, 구조물의 하중작용
   • 토사 및 암석의 혼합층 두께
2. **내적 원인**
   • 절토 사면의 토질, 암질
   • 성토 사면의 토질구성 및 분포
   • 토석의 강도 저하

104 **취급 · 운반의 원칙으로 옳지 않은 것은?**

① 운반 작업을 집중하여 시킬 것
② 생산을 최고로 하는 운반을 생각할 것
③ 곡선 운반을 할 것
④ 연속 운반을 할 것

해설 **취급 · 운반의 5원칙**
• 운반 작업을 집중하여 시킬 것
• 생산을 최고로 하는 운반을 생각할 것
• 직선 운반을 한다.
• 연속 운반을 할 것
• 최대한 시간과 경비를 절약할 수 있는 운반방법을 고려할 것

105 **가설통로의 설치기준으로 옳지 않은 것은?**

① 경사가 15°를 초과하는 때에는 미끄러지지 않는 구조로 한다.
② 건설공사에 사용하는 높이 8m 이상인 비계다리에는 7m 이내마다 계단참을 설치한다.
③ 수직갱에 가설된 통로의 길이가 15m 이상일 경우에는 15m 이내마다 계단참을 설치한다.
④ 추락의 위험이 있는 장소에는 안전난간을 설치한다.

해설 **가설통로의 설치기준**(안전보건규칙 제23조)
• 견고한 구조로 할 것
• 경사는 30° 이하로 할 것. 다만, 계단을 설치하거나 높이 2m 미만의 가설통로로서 튼튼한 손잡이를 설치한 경우에는 그러하지 아니하다.
• 경사가 15°를 초과하는 경우에는 미끄러지지 아니하는 구조로 할 것
• 추락할 위험이 있는 장소에는 안전난간을 설치할 것. 다만, 작업상 부득이한 경우에는 필요한 부분만 임시로 해체할 수 있다.
• 수직갱에 가설된 통로의 길이가 15m 이상인 경우에는 10m 이내마다 계단참을 설치할 것
• 건설공사에 사용하는 높이 8m 이상인 비계다리에는 7m 이내마다 계단참을 설치할 것

정답 102 ④ 103 ① 104 ③ 105 ③

106 **작업장 출입구 설치 시 준수해야 할 사항으로 옳지 않은 것은?**

① 출입구의 위치·수 및 크기가 작업장의 용도와 특성에 맞도록 한다.
② 출입구에 문을 설치하는 경우에는 근로자가 쉽게 열고 닫을 수 있도록 한다.
③ 주된 목적이 하역운반기계용인 출입구에는 보행자용 출입구를 따로 설치하지 않는다.
④ 계단이 출입구와 바로 연결된 경우에는 작업자의 안전한 통행을 위하여 그 사이에 1.2m 이상 거리를 두거나 안내표지 또는 비상벨 등을 설치한다.

해설 ③ 주된 목적이 하역운반기계용인 출입구에는 인접하여 보행자용 출입구를 따로 설치할 것(안전보건규칙 제11조)

107 **건설작업장에서 근로자가 상시 작업하는 장소의 작업면 조도기준으로 옳지 않은 것은? (단, 갱내 작업장과 감광재료를 취급하는 작업장의 경우는 제외)**

① 초정밀작업 : 600lux 이상
② 정밀작업 : 300lux 이상
③ 보통작업 : 150lux 이상
④ 초정밀, 정밀, 보통작업을 제외한 기타 작업 : 75lux 이상

해설 ▶ **작업장별 조도기준**(안전보건규칙 제8조)
- **초정밀작업** : 750lux 이상
- **정밀작업** : 300lux 이상
- **보통작업** : 150lux 이상
- **그 외 작업** : 75lux 이상

108 **건설업 산업안전보건관리비 계상 및 사용기준에 따른 안전관리비의 개인보호구 및 안전장구 구입비 항목에서 안전관리비로 사용이 가능한 경우는?**

① 안전·보건관리자가 선임되지 않은 현장에서 안전·보건업무를 담당하는 현장관계자용 무전기, 카메라, 컴퓨터, 프린터 등 업무용 기기
② 혹한·혹서에 장기간 노출로 인해 건강장해를 일으킬 우려가 있는 경우 특정 근로자에게 지급되는 기능성 보호 장구
③ 근로자에게 일률적으로 지급하는 보냉·보온장구
④ 감리원이나 외부에서 방문하는 인사에게 지급하는 보호구

해설 ▶ **산업안전보건관리비 사용가능 항목**
- 안전관리자 등 인건비 및 각종 업무수당
- 안전시설비 등
- 개인보호구 및 안전장구 구입비 등
- 안전진단비 등
- 안전보건교육비 및 행사비 등
- 근로자 건강관리비
- 건설재해예방 기술지도비

109 **옥외에 설치되어 있는 주행크레인에 대하여 이탈방지장치를 작동시키는 등 그 이탈을 방지하기 위한 조치를 하여야 하는 순간풍속에 대한 기준으로 옳은 것은?**

① 순간풍속이 초당 10m를 초과하는 바람이 불어올 우려가 있는 경우
② 순간풍속이 초당 20m를 초과하는 바람이 불어올 우려가 있는 경우
③ 순간풍속이 초당 30m를 초과하는 바람이 불어올 우려가 있는 경우
④ 순간풍속이 초당 40m를 초과하는 바람이 불어올 우려가 있는 경우

106 ③ 107 ① 108 ② 109 ③ **정답**

해설 순간풍속이 초당 30m를 초과하는 바람이 불거나 중진(中震) 이상 진도의 지진이 있은 후에 옥외에 설치되어 있는 양중기를 사용하여 작업을 하는 경우에는 미리 기계 각 부위에 이상이 있는지를 점검하여야 한다(안전보건규칙 제143조).

110 지반 등의 굴착작업 시 연암의 굴착면 기울기로 옳은 것은?

① 1 : 0.3　② 1 : 0.5

③ 1 : 0.8　④ 1 : 1.0

해설

지반의 종류	굴착면의 기울기
모래	1 : 1.8
연암 및 풍화암	1 : 1.0
경암	1 : 0.5
그 밖의 흙	1 : 1.2

111 철골작업 시 철골부재에서 근로자가 수직방향으로 이동하는 경우엔 설치하여야 하는 고정된 승강로의 최대 답단 간격은 얼마 이내인가?

① 20cm　② 25cm

③ 30cm　④ 40cm

해설 근로자가 수직방향으로 이동하는 철골부재에는 답단 간격이 30cm 이내인 고정된 승강로를 설치하여야 하며, 수평방향 철골과 수직방향 철골이 연결되는 부분에는 연결작업을 위하여 작업발판 등을 설치하여야 한다(안전보건규칙 제381조).

112 재해사고를 방지하기 위하여 크레인에 설치된 방호장치로 옳지 않은 것은?

① 공기정화장치　② 비상정지장치

③ 제동장치　④ 권과방지장치

해설 **크레인에 설치된 방호장치의 종류**
- 과부하방지장치
- 권과방지장치
- 비상방지장치
- 제동장치
- 안전밸브

113 흙막이벽 근입 깊이를 깊게 하고, 전면의 굴착부분을 남겨두어 흙의 중량으로 대항하게 하거나, 굴착예정부분의 일부를 미리 굴착하여 기초콘크리트를 타설하는 등의 대책과 가장 관계가 깊은 것은?

① 파이핑현상이 있을 때

② 히빙현상이 있을 때

③ 지하수위가 높을 때

④ 굴착깊이가 깊을 때

해설 연약한 점토지반을 굴착할 때 흙막이벽 배면 흙의 중량이 굴착저면 이하의 흙보다 중량이 클 경우 굴착저면 이하의 지지력보다 크게 되어 흙막이 배면에 있는 흙이 안으로 밀려들어 굴착저면이 솟아오르는 현상을 히빙이라고 한다.

114 가설구조물의 문제점으로 옳지 않은 것은?

① 도괴재해의 가능성이 크다.

② 추락재해 가능성이 크다.

③ 부재의 결합이 간단하나 연결부가 견고하다.

④ 구조물이라는 통상의 개념이 확고하지 않으며 조립의 정밀도가 낮다.

해설 **가설구조물의 특징**
- 연결재가 부실한 구조로 되기 쉽다.
- 불안전한 부재 결합 부분이 많다.
- 구조물이라는 통상 개념이 확고하지 않아 조립의 정밀도가 낮다.
- 부재는 과소 단면이거나 부실한 재료가 되기 쉽다.

정답 110 ④ 111 ③ 112 ① 113 ② 114 ③

115 **강관틀비계를 조립하여 사용하는 경우 준수해야 할 기준으로 옳지 않은 것은?**

① 수직방향으로 6m, 수평방향으로 8m 이내마다 벽이음을 할 것
② 높이가 20m를 초과하거나 중량물의 적재를 수반하는 작업을 할 경우에는 주틀 간의 간격을 2.4m 이하로 할 것
③ 길이가 띠장 방향으로 4m 이하이고 높이가 10m를 초과하는 경우에는 10m 이내마다 띠장 방향으로 버팀기둥을 설치할 것
④ 주틀 간에 교차 가새를 설치하고 최상층 및 5층 이내마다 수평재를 설치할 것

해설 **강관틀비계 조립·사용 시 준수사항**(안전보건규칙 제62조)
- 비계기둥의 밑둥에는 밑받침 철물을 사용하여야 하며 밑받침에 고저차(高低差)가 있는 경우에는 조절형 밑받침철물을 사용하여 각각의 강관틀비계가 항상 수평 및 수직을 유지하도록 할 것
- 높이가 20m를 초과하거나 중량물의 적재를 수반하는 작업을 할 경우에는 주틀 간의 간격을 1.8m 이하로 할 것
- 주틀 간에 교차 가새를 설치하고 최상층 및 5층 이내마다 수평재를 설치할 것
- 수직방향으로 6m, 수평방향으로 8m 이내마다 벽이음을 할 것
- 길이가 띠장 방향으로 4m 이하이고 높이가 10m를 초과하는 경우에는 10m 이내마다 띠장 방향으로 버팀기둥을 설치할 것

116 **유해·위험방지계획서 제출 시 첨부서류로 옳지 않은 것은?**

① 공사현장의 주변 현황 및 주변과의 관계를 나타내는 도면
② 공사개요서
③ 전체공정표
④ 작업인부의 배치를 나타내는 도면 및 서류

해설 **유해·위험방지계획서 첨부서류**
- 공사개요서
- 공사현장의 주변 현황 및 주변과의 관계를 나타내는 도면(매설물 현황을 포함한다)
- 전체공정표
- 산업안전보건관리비 사용계획서(별지 제102호 서식)
- 안전관리 조직표
- 재해 발생 위험 시 연락 및 대피방법

117 **사다리식 통로 등을 설치하는 경우 통로 구조로서 옳지 않은 것은?**

① 발판의 간격은 일정하게 한다.
② 발판과 벽과의 사이는 15cm 이상의 간격을 유지한다.
③ 사다리의 상단은 걸쳐놓은 지점으로부터 60cm 이상 올라가도록 한다.
④ 폭은 40cm 이상으로 한다.

해설 **사다리식 통로 등의 구조**(안전보건규칙 제24조)
- 견고한 구조로 할 것
- 심한 손상·부식 등이 없는 재료를 사용할 것
- 발판의 간격은 일정하게 할 것
- 발판과 벽과의 사이는 15cm 이상의 간격을 유지할 것
- 폭은 30cm 이상으로 할 것
- 사다리가 넘어지거나 미끄러지는 것을 방지하기 위한 조치를 할 것
- 사다리의 상단은 걸쳐놓은 지점으로부터 60cm 이상 올라가도록 할 것
- 통로의 길이가 10m 이상인 경우에는 5m 이내마다 계단참을 설치할 것
- 통로의 기울기는 75° 이하로 할 것. 다만, 고정식 사다리식 통로의 기울기는 90° 이하로 하고, 그 높이가 7m 이상인 경우에는 바닥으로부터 높이가 2.5m 되는 지점부터 등받이 울을 설치할 것
- 접이식 사다리 기둥은 사용 시 접혀지거나 펼쳐지지 않도록 철물 등을 사용하여 견고하게 조치할 것

115 ② 116 ④ 117 ④ 정답

118 **거푸집 해체작업 시 유의사항으로 옳지 않은 것은?**

① 일반적으로 수평부재의 거푸집은 연직부재의 거푸집보다 빨리 떼어낸다.
② 해체된 거푸집이나 각목 등에 박혀있는 못 또는 날카로운 돌출물은 즉시 제거하여야 한다.
③ 상하 동시 작업은 원칙적으로 금지하여 부득이 한 경우에는 긴밀히 연락을 위하며 작업을 하여야 한다.
④ 거푸집 해체작업장 주위에는 관계자를 제외하고는 출입을 금지시켜야 한다.

해설 ❯ **거푸집 해체작업 시 유의사항**
- 일반적으로 연직부재의 거푸집은 수평부재의 거푸집보다 빨리 떼어낸다.
- 해체된 거푸집이나 각목 등에 박혀있는 못 또는 날카로운 돌출물은 즉시 제거하여야 한다.
- 상하 동시 작업은 원칙적으로 금지하여 부득이한 경우에는 긴밀히 연락을 위하여 작업을 하여야 한다.
- 거푸집 해체작업장 주위에는 관계자를 제외하고는 출입을 금지시켜야 한다.

119 **추락 재해방지 설비 중 근로자의 추락재해를 방지할 수 있는 설비로 작업발판 설치가 곤란한 경우에 필요한 설비는?**

① 경사로 ② 추락방호망
③ 고정사다리 ④ 달비계

해설 작업발판을 설치하기 곤란한 경우 기준에 맞는 추락방호망을 설치해야 한다. 다만, 추락방호망을 설치하기 곤란한 경우에는 근로자에게 안전대를 착용하도록 하는 등 추락위험을 방지하기 위해 필요한 조치를 해야 한다(안전보건규칙 제42조).

120 **콘크리트 타설작업을 하는 경우에 준수해야 할 사항으로 옳지 않은 것은?**

① 당일의 작업을 시작하기 전에 해당 작업에 관한 거푸집 및 동바리의 변형・변위 및 지반의 침하 유무 등을 점검하고 이상이 있으면 보수한다.
② 작업 중에는 감시자를 배치하는 등의 방법으로 거푸집 및 동바리의 변형・변위 및 침하 유무 등을 확인해야 하며, 이상이 있으면 작업을 빠른 시간 내 우선 완료하고 근로자를 대피시킨다.
③ 콘크리트 타설작업 시 거푸집 붕괴의 위험이 발생할 우려가 있으면 충분한 보강조치를 한다.
④ 콘크리트를 타설하는 경우에는 편심이 발생하지 않도록 골고루 분산하여 타설한다.

해설 ❯ **콘크리트 타설작업 시 준수사항**(안전보건규칙 334조)
- 당일의 작업을 시작하기 전에 해당 작업에 관한 거푸집 및 동바리의 변형・변위 및 지반의 침하 유무 등을 점검하고 이상이 있으면 보수할 것
- 작업 중에는 감시자를 배치하는 등의 방법으로 거푸집 및 동바리의 변형・변위 및 침하 유무 등을 확인해야 하며, 이상이 있으면 작업을 중지하고 근로자를 대피시킬 것
- 콘크리트 타설작업 시 거푸집 붕괴의 위험이 발생할 우려가 있으면 충분한 보강조치를 할 것
- 설계도서상의 콘크리트 양생기간을 준수하여 거푸집 및 동바리를 해체할 것
- 콘크리트를 타설하는 경우에는 편심이 발생하지 않도록 골고루 분산하여 타설할 것

정답 118 ① 119 ② 120 ②

2022년 제2회 기출 복원문제

1과목 안전관리론

01 기업 내 정형교육 중 TWI(Training Within Industry)의 교육내용이 아닌 것은?

① Job Method Training
② Job Relation Training
③ Job Instruction Training
④ Job Standardization Training

해설 ◎ TWI훈련의 종류
- Job Method Training(J. M. T) : 작업방법훈련
- Job Relations Training(J. R. T) : 인간관계훈련
- Job Instruction Training(J. I. T) : 작업지도훈련
- Job Safety Training(J. S. T) : 작업안전훈련

02 레빈(Lewin)의 법칙 $B=f(P \cdot E)$ 중 B가 의미하는 것은?

① 행동
② 경험
③ 환경
④ 인간관계

해설 인간의 행동(B)은 인간이 가진 능력과 자질, 즉 개체(P)와 주변의 심리적 환경(E)과의 상호함수

$$B=f(P \cdot E)$$

B : Behavior(인간의 행동)
f : function(함수관계) $P \cdot E$에 영향을 줄 수 있는 조건
P : Person(연령, 경험, 심신상태, 성격, 지능, 소질 등)
E : Environment(심리적 환경 : 인간관계, 작업환경, 설비적 결함 등)

03 재해원인을 직접원인과 간접원인으로 분류할 때 직접원인에 해당하는 것은?

① 물적 원인
② 교육적 원인
③ 정신적 원인
④ 관리적 원인

해설
- 재해의 직접원인
  - **물적 원인** : 불안전한 상태(환경, 설비 등의 불안전)
  - **인적 원인** : 불안전한 행동(보호수칙 미준수)
- 재해의 간접원인
  - 교육적 원인
  - 정신적 원인
  - 관리적 원인
  - 기술적 원인
  - 신체적 원인

04 헤드십(headship)의 특성에 관한 설명으로 틀린 것은?

① 지휘형태는 권위주의적이다.
② 상사의 권한 증거는 비공식적이다.
③ 상사와 부하의 관계는 지배적이다.
④ 상사와 부하의 사회적 간격은 넓다.

해설

구분	헤드십	리더십
권한 부여 및 행사	• 위에서 위임하여 임명	• 아래로부터의 동의에 의한 선출
권한 근거	• 법적 또는 공식적	• 개인 능력
상관과 부하와의 관계 및 책임 귀속	• 지배적 상사	• 개인적인 영향, 상사와 부하
부하와의 사회적 간격	• 넓다	• 좁다
지휘 형태	• 권위주의적	• 민주주의적

01 ④ 02 ① 03 ① 04 ② 정답

05 산업안전보건법령상 안전관리자의 업무가 아닌 것은? (단, 그 밖에 고용노동부장관이 정하는 사항은 제외한다.)

① 업무 수행 내용의 기록
② 산업재해에 관한 통계의 유지·관리·분석을 위한 보좌 및 지도·조언
③ 안전교육계획의 수립 및 안전교육 실시에 관한 보좌 및 지도·조언
④ 작업장 내에서 사용되는 전체 환기장치 및 국소 배기장치 등에 관한 설비의 점검

해설 **안전관리자의 업무**(산업안전보건법 시행령 제18조 제1항)
- 안전보건관리규정 및 취업규칙에서 정한 업무
- 위험성평가에 관한 보좌 및 지도·조언
- 안전인증대상기계 등과 자율안전확인대상기계 등 구입 시 적격품의 선정에 관한 보좌 및 지도·조언
- 해당 사업장 안전교육계획의 수립 및 안전교육 실시에 관한 보좌 및 지도·조언
- 사업장 순회점검, 지도 및 조치 건의
- 산업재해 발생의 원인 조사·분석 및 재발 방지를 위한 기술적 보좌 및 지도·조언
- 산업재해에 관한 통계의 유지·관리·분석을 위한 보좌 및 지도·조언
- 법 또는 법에 따른 명령으로 정한 안전에 관한 사항의 이행에 관한 보좌 및 지도·조언
- 업무 수행 내용의 기록·유지
- 그 밖에 안전에 관한 사항으로서 고용노동부장관이 정하는 사항

06 산업재해의 분석 및 평가를 위하여 재해발생 건수 등의 추이에 대해 한계선을 설정하여 목표 관리를 수행하는 재해통계 분석기법은?

① 관리도
② 안전 T점수
③ 파레토도
④ 특성 요인도

해설 ① **관리도** : 목표 관리를 행하기 위해 월별의 발생수를 그래프화하여 관리선을 설정하여 관리하는 방법
② **안전 T점수** : 상해발생률의 시점 간 비교를 할 수 있어서, 현재와 과거의 상해발생률을 비교하는 등의 경우에 사용
③ **파레토도** : 중요한 문제점을 발견하고자 하거나, 문제점의 원인을 조사하고자 할 때, 또는 개선과 대책의 효과를 알고자 할 때 사용
④ **특성 요인도** : 결과에 원인이 어떻게 관계되고 영향을 미치고 있는가를 나타낸 그림(어골도, 어골상)

07 산업안전보건법령상 안전보건관리규정 작성 시 포함되어야 하는 사항을 모두 고른 것은? (단, 그 밖에 안전 및 보건에 관한 사항은 제외한다.)

ㄱ. 안전보건교육에 관한 사항
ㄴ. 재해사례 연구·토의결과에 관한 사항
ㄷ. 사고 조사 및 대책 수립에 관한 사항
ㄹ. 작업장의 안전 및 보건 관리에 관한 사항
ㅁ. 안전 및 보건에 관한 관리조직과 그 직무에 관한 사항

① ㄱ, ㄴ, ㄷ, ㄹ　② ㄱ, ㄴ, ㄹ, ㅁ
③ ㄱ, ㄷ, ㄹ, ㅁ　④ ㄴ, ㄷ, ㄹ, ㅁ

해설 **안전보건관리규정에 포함될 사항**(산업안전보건법 제25조 제1항)
- 안전보건교육에 관한 사항
- 사고 조사 및 대책 수립에 관한 사항
- 작업장의 안전 및 보건 관리에 관한 사항
- 안전 및 보건에 관한 관리조직과 그 직무에 관한 사항
- 그 밖에 안전 및 보건에 관한 사항

08 억측판단이 발생하는 배경으로 볼 수 없는 것은?

① 정보가 불확실할 때
② 타인의 의견에 동조할 때
③ 희망적인 관측이 있을 때
④ 과거에 성공한 경험이 있을 때

정답 05 ④ 06 ① 07 ③ 08 ②

해설 억측판단은 자기 멋대로 하는 주관적인 판단이므로, 타인의 의견에 동조하는 것은 억측판단에 해당되지 않는다.

09 하인리히의 사고예방원리 5단계 중 교육 및 훈련의 개선, 인사조정, 안전관리규정 및 수칙의 개선 등을 행하는 단계는?

① 사실의 발견 ② 분석 평가
③ 시정방법의 선정 ④ 시정책의 적용

해설 **하인리히의 사고예방원리 5단계**
- **제1단계** : 안전 관리 조직
- **제2단계** : 사실의 발견(현상파악)
- **제3단계** : 분석 평가(발견된 사실 및 불안전한 요소)
- **제4단계** : 시정방법의 선정(분석을 통해 색출된 원인)
  - 기술적 개선
  - 교육 및 훈련의 개선
  - 규정, 수칙, 작업표준, 제도의 개선
  - 배치조정(인사조정) 등
- **제5단계** : 시정책의 적용

10 재해예방의 4원칙에 대한 설명으로 틀린 것은?

① 재해발생은 반드시 원인이 있다.
② 손실과 사고와의 관계는 필연적이다.
③ 재해는 원인을 제거하면 예방이 가능하다.
④ 재해를 예방하기 위한 대책은 반드시 존재한다.

해설 **재해예방의 4원칙**
- **예방 가능의 원칙** : 천새시변을 제외한 모든 인재는 예방이 가능하다.
- **손실 우연의 원칙** : 사고의 결과 손실의 유무 또는 대소는 사고 당시의 조건에 따라서 우연적으로 발생한다.
- **원인 연계의 원칙** : 사고에는 반드시 원인이 있고 원인은 대부분 연계 원인이다.
- **대책 선정의 원칙** : 사고의 원인이나 불안전 요소가 발견되면 이를 제거하기 위한 대책이 반드시 선정되고 실행되어야 하며, 대책에는 재해 방지의 세 기둥이라 할 수 있는 3E, 즉 기술직 대책, 교육적 대책, 규제적 대책을 들 수 있다.

11 산업안전보건법령상 안전보건진단을 받아 안전보건개선계획의 수립 및 명령을 할 수 있는 대상이 아닌 것은?

① 유해인자의 노출기준을 초과한 사업장
② 산업재해율이 같은 업종 평균 산업재해율의 2배 이상인 사업장
③ 사업주가 필요한 안전조치 또는 보건조치를 이행하지 아니하여 중대재해가 발생한 사업장
④ 상시근로자 1천명 이상인 사업장에서 직업성 질병자가 연간 2명 이상 발생한 사업장

해설 ④ 상시근로자 1천명 이상 사업장의 직업성 질병자 발생 기준은 연간 3명이다.

안전보건진단을 받아 안전보건개선계획을 수립 · 제출하도록 명할 수 있는 사업장(산업안전보건법 시행령 제49조)
- 산업재해율이 같은 업종 평균 산업재해율의 2배 이상인 사업장
- 중대재해 발생 사업장
- 직업성 질병자 연간 2명(1000명 이상 3명) 이상 발생한 사업장

12 버드(Bird)의 재해분포에 따르면 20건의 경상(물적, 인적상해)사고가 발생했을 때 무상해 · 무사고(위험순간) 고장 발생 건수는?

① 200 ② 600
③ 1200 ④ 12000

해설 ③ 경상이 20건 발생하였으므로 무상해, 무사고 고장 발생건수는 1200건이다.

1 : 10 : 30 : 600의 법칙(버드의 재해구성 비율법칙)
- 중상 또는 폐질 1
- 경상(물적, 인적 상해) 10
- 무상해 사고(물적 손실) 30
- 무상해, 무사고 고장(위험한 순간) 600

09 ③ 10 ② 11 ④ 12 ③ 정답

13 산업안전보건법령상 거푸집 동바리의 조립 또는 해체작업 시 특별교육 내용이 아닌 것은? (단, 그 밖에 안전 · 보건관리에 필요한 사항은 제외한다.)

① 비계의 조립순서 및 방법에 관한 사항
② 조립 해체 시의 사고 예방에 관한 사항
③ 동바리의 조립방법 및 작업 절차에 관한 사항
④ 조립재료의 취급방법 및 설치기준에 관한 사항

해설 ◐ 거푸집 동바리의 조립 또는 해체작업 시 특별교육 내용 (산업안전보건법 시행규칙 제26조 별표 5)
- 조립 해체 시의 사고 예방에 관한 사항
- 동바리의 조립방법 및 작업 절차에 관한 사항
- 조립재료의 취급방법 및 설치기준에 관한 사항
- 보호구 착용 및 점검에 관한 사항
- 그 밖에 안전 · 보건관리에 필요한 사항

14 산업안전보건법령상 다음의 안전보건표지 중 기본모형이 다른 것은?

① 위험장소 경고 ② 레이저 광선 경고
③ 방사성 물질 경고 ④ 부식성 물질 경고

해설 ①, ②, ③은 삼각형 모형(△)의 경고표지, ④는 마름모 모형(◇)의 경고표지이다.

15 학습정도(Level of learning)의 4단계를 순서대로 나열한 것은?

① 인지 → 이해 → 지각 → 적용
② 인지 → 지각 → 이해 → 적용
③ 지각 → 이해 → 인지 → 적용
④ 지각 → 인지 → 이해 → 적용

해설 ◐ 학습 정도의 4단계
- 인지(to acquaint)
- 지각(to know)
- 이해(to understand)
- 적용(to apply)

16 매슬로우(Maslow)의 인간의 욕구단계 중 5번째 단계에 속하는 것은?

① 안전 욕구 ② 존경의 욕구
③ 사회적 욕구 ④ 자아실현의 욕구

해설 ◐ 매슬로우의 욕구단계

제1단계	생리적 욕구
제2단계	안전 욕구
제3단계	사회적 욕구
제4단계	인정받으려는 욕구
제5단계	자아실현의 욕구

17 A사업장의 현황이 다음과 같을 때 이 사업장의 강도율은?

- 근로자수 : 500명
- 연근로시간수 : 2400시간
- 신체장해등급
  - 2급 : 3명
  - 10급 : 5명
- 의사 진단에 의한 휴업일수 : 1500일

① 0.22 ② 2.22
③ 22.28 ④ 222.88

해설 $\text{강도율} = \dfrac{\text{총요양근로손실일수}}{\text{연근로시간수}} \times 1000$

$$= \frac{(3 \times 7500) + (5 \times 600) + \left(1500 \times \frac{300}{365}\right)}{500 \times 2400} \times 1000$$

$= 22.28$

- 신체장해등급 1~3급 : 근로손실일수 7500일
- 신체장해등급 10급 : 근로손실일수 600일
- 휴업일수 : 300/365×휴업일수로 손실일수 계산

정답 13 ① 14 ④ 15 ② 16 ④ 17 ③

18 **보호구 자율안전확인 고시상 자율안전확인 보호구에 표시하여야 하는 사항을 모두 고른 것은?**

ㄱ. 모델명　　ㄴ. 제조번호
ㄷ. 사용기한　　ㄹ. 자율안전확인 번호

① ㄱ, ㄴ, ㄷ　　② ㄱ, ㄴ, ㄹ
③ ㄱ, ㄷ, ㄹ　　④ ㄴ, ㄷ, ㄹ

해설 **보호구 자율안전확인 고시**(제11조)
자율안전확인 제품에는 산업안전보건법 시행규칙 제121조에 따른 표시 외에 다음 각 목의 사항을 표시한다.
가. 형식 또는 모델명
나. 규격 또는 등급 등
다. 제조자명
라. 제조번호 및 제조연월
마. 자율안전확인 번호

19 **학습지도의 형태 중 참가자에게 일정한 역할을 주어 실제적으로 연기를 시켜봄으로써 자기의 역할을 보다 확실히 인식시키는 방법은?**

① 포럼(Forum)
② 심포지엄(Symposium)
③ 롤 플레잉(Role playing)
④ 사례연구법(Case study method)

해설 ③ **롤 플레잉** : 일상생활에서의 여러 역할을 모의로 실연하는 일로, 개인이나 집단의 사회적 적응을 향상하기 위한 치료 및 훈련 방법의 하나이다.
① **포럼** : 공개토의라고도 하며, 전문가의 발표 시간은 10~20분 정도 주어진다. 포럼은 전문가와 일반 참여자가 구분되는 비대칭적 토의이다.
② **심포지엄** : 여러 사람의 강연자가 하나의 주제에 대해서 각각 다른 입장에서 짧은 강연을 하고, 그 뒤부터 청중으로부터 질문이나 의견을 내어 넓은 시야에서 문제를 생각하고, 많은 사람들에 관심을 가지고, 결론을 이끌어 내려고 하는 집단토론방식의 하나이다.
④ **사례연구법** : 교육훈련의 주제에 관한 실제의 사례를 작성하여 배부하고 여기에 관한 토론을 실시하는 교육훈련방법으로 피교육자에 대하여 많은 사례를 연구하고 분석하게 한다.

20 **보호구 안전인증 고시상 전로 또는 평로 등의 작업 시 사용하는 방열두건의 차광도 번호는?**

① #2 ~ #3　　② #3 ~ #5
③ #6 ~ #8　　④ #9 ~ #11

해설 **보호구 안전인증 고시**(별표 8 : 방열복의 성능기준)

차광도 번호	사용구분
#2~#3	고로강판가열로, 조괴 등의 작업
#3~#5	전로 또는 평로 등의 작업
#6~#8	전기로의 작업

2과목 인간공학 및 시스템안전공학

21 **양식 양립성의 예시로 가장 적절한 것은?**

① 자동차 설계 시 고도계 높낮이 표시
② 방사능 사업장에 방사능 폐기물 표시
③ 청각적 자극 제시와 이에 대한 음성 응답
④ 자동차 설계 시 제어장치와 표시장치의 배열

해설 ③ 청각적 자극을 제시하였으므로 이에 맞는 양식인 음성으로 응답하는 것이 양식 양립성에 해당된다.
양식 양립성 : 직무에 맞는 자극과 응답 양식의 존재에 대한 양립

22 **다음에서 설명하는 용어는?**

유해·위험요인을 파악하고 해당 유해·위험요인에 의한 부상 또는 질병의 발생 가능성(빈도)과 중대성(강도)을 추정·결정하고 감소대책을 수립하여 실행하는 일련의 과정을 말한다.

① 위험성 결정　　② 위험성 평가
③ 위험빈도 추정　　④ 유해·위험요인 파악

18 ②　19 ③　20 ②　21 ③　22 ② 정답

해설 ② 제시된 내용은 위험성 평가의 정의에 해당된다.
①, ③, ④ 위험성 평가 절차의 세부 내용에 해당된다.
위험성평가 실시 절차 5단계
- **1단계** : 사전준비
- **2단계** : 유해·위험요인 파악
- **3단계** : 위험성 추정
- **4단계** : 위험성 결정
- **5단계** : 위험성 감소 대책수립 및 실행

23 태양광선이 내리쬐는 옥외장소의 자연습구온도 20℃, 흑구온도 18℃, 건구온도 30℃일 때 습구흑구온도지수(WBGT)는?

① 20.6℃　② 22.5℃
③ 25.0℃　④ 28.5℃

해설 **습구흑구온도지수**(WBGT)
- **태양광선이 내리쬐는 옥외장소**
(0.7 × 자연습구온도) + (0.2 × 흑구온도) + (0.1 × 건구온도)
= (0.7 × 20) + (0.2 × 18) + (0.1 × 30)
= 14 + 3.6 + 3
= 20.6
- **태양광선이 내리쬐지 않는 옥외장소 또는 실내**
(0.7 × 자연습구온도) + (0.3 × 흑구온도)

24 FTA(Fault Tree Analysis)에 관한 설명으로 옳은 것은?

① 정성적 분석만 가능하다.
② 복잡하고 대형화된 시스템의 신뢰성 분석 및 안정성 분석에 이용되는 기법이다.
③ FT에 동일한 사건이 중복되어 나타나는 경우 상향식(Bottom-up)으로 정상 사건 T의 발생 확률을 계산할 수 있다.
④ 기초사건과 생략사건의 확률 값이 주어지게 되더라도 정상 사건의 최종적인 발생확률을 계산할 수 없다.

해설 FTA
- 연역적이고 정량적인 해석 방법(Top down 형식)
- 정량적 해석기법(컴퓨터처리 가능)이다.
- 논리기호를 사용한 특정 사상에 대한 해석이다.
- 서식이 간단해서 비전문가도 짧은 훈련으로 사용할 수 있다.
- 미사일의 우발사고 예측 등 복잡하고 대형화된 시스템의 분석에 사용된다.
- Human Error의 검출이 어렵다.

25 1[sone]에 관한 설명으로 ( )에 알맞은 수치는?

> 1[sone] : (ㄱ)Hz, (ㄴ)dB의 음압수준을 가진 순음의 크기

① ㄱ : 1000, ㄴ : 1
② ㄱ : 4000, ㄴ : 1
③ ㄱ : 1000, ㄴ : 40
④ ㄱ : 4000, ㄴ : 40

해설 sone
- 다른 음의 상대적인 주관적 크기 비교
- 40dB의 1000Hz 순음의 크기(40phon) = 1sone
- 기준 음보다 10배 크게 들리는 음은 10sone의 음량

26 인간공학에 대한 설명으로 틀린 것은?

① 인간-기계 시스템의 안전성, 편리성, 효율성을 높인다.
② 인간을 작업과 기계에 맞추는 설계 철학이 바탕이 된다.
③ 인간이 사용하는 물건, 설비, 환경의 설계에 적용된다.
④ 인간의 생리적, 심리적인 면에서의 특성이나 한계점을 고려한다.

해설 인간이 편리하게 사용할 수 있도록 인간에 맞춘 기계 설비 및 환경을 설계하는 과정을 인간공학이라 한다.

정답 23 ① 24 ② 25 ③ 26 ②

27 HAZOP 기법에서 사용하는 가이드워드와 그 의미가 잘못 연결된 것은?

① Part of : 성질상의 감소

② As well as : 성질상의 증가

③ Other than : 기타 환경적인 요인

④ More/Less : 정량적인 증가 또는 감소

해설

GUIDE WORD	의미
NO 혹은 NOT	설계 의도의 완전한 부정
MORE / LESS	양의 증가 혹은 감소(정량적)
AS WELL AS	성질상의 증가(정성적 증가)
PART OF	성질상의 감소(정성적 감소)
REVERSE	설계 의도의 논리적인 역 (설계의도와 반대 현상)
OTHER THAN	완전한 대체의 필요

28 그림과 같은 FT도에 대한 최소 컷셋(minimal cut sets)으로 옳은 것은? (단, Fussell의 알고리즘을 따른다.)

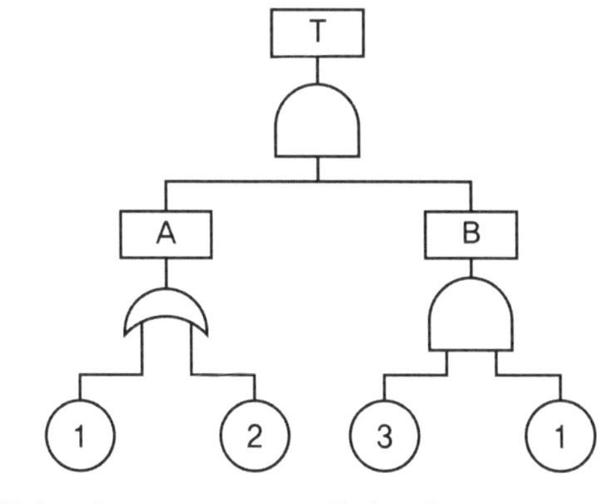

① {1, 2}　② {1, 3}

③ {2, 3}　④ {1, 2, 3}

해설 $(1+2) \times (3 \times 1)$

$= (3 \times 1) \times (1 + 2)$

$= (3 \times 1 \times 1) + (3 \times 2 \times 1)$

$= (3 \times 1) + (3 \times 2 \times 1)$

{1, 3}과 {1, 2, 3} 중 최소 컷셋은 {1, 3}이다.

29 경계 및 경보신호의 설계지침으로 틀린 것은?

① 주의를 환기시키기 위하여 변조된 신호를 사용한다.

② 배경소음의 진동수와 다른 진동수의 신호를 사용한다.

③ 귀는 중음역에 민감하므로 500~3000Hz의 진동수를 사용한다.

④ 300m 이상의 장거리용으로는 1000Hz를 초과하는 진동수를 사용한다.

해설 ◎ 경계 및 경보신호의 설계지침

- 귀는 중음역에 가장 민감하므로 500~3,000Hz의 진동수를 사용
- 고음은 멀리 가지 못하므로 300m 이상 장거리용으로는 1,000Hz 이하의 진동수 사용
- 신호가 장애물을 돌아가거나 칸막이를 통과해야 할 때는 500Hz 이하의 진동수 사용
- 주의를 끌기 위해서는 변조된 신호를 사용
- 배경소음의 진동수와 다른 신호를 사용하고 신호는 최소한 0.5~1초 동안 지속
- 경보 효과를 높이기 위해서 개시 시간이 짧은 고강도 신호 사용
- 주변 소음에 대한 은폐효과를 막기 위해 500~1,000Hz 신호를 사용하여, 적어도 30dB 이상 차이가 나야 함

30 FTA(Fault Tree Analysis)에서 사용되는 사상 기호 중 통상의 작업이나 기계의 상태에서 재해의 발생 원인이 되는 요소가 있는 것은?

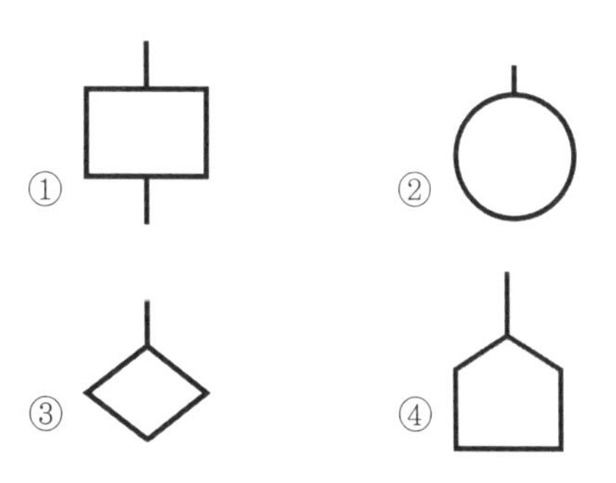

정답 27 ③　28 ②　29 ④　30 ④

해설

통상사상	결함사상	기본사상	생략사상
통상적으로 발생할 것으로 예상되는 사상	개별적인 결함사상	더 이상 전개되지 않는 기본적인 결함사상	정보부족 등으로 더 이상 전개 불가능한 사상

31 불(Bool) 대수의 정리를 나타낸 관계식 중 틀린 것은?

① A·0=0　② A+1=1
③ $A \cdot \overline{A}=1$　④ A(A+B)=A

해설

항등 법칙	A+0=A, A+1=1	A·1=A, A·0=0
동일 법칙	A+A=A	A·A=A
보원 법칙	$A+\overline{A}=1$	$A \cdot \overline{A}=0$
다중 부정	$\overline{\overline{A}}=A$, $\overline{\overline{\overline{A}}}=\overline{A}$	
교환 법칙	A+B=B+A	A·B=B·A
결합 법칙	A+(B+C) =(A+B)+C	A·(B·C) =(A·B)·C
분배 법칙	A·(B+C) =AB+AC	A+B·C =(A+B)·(A+C)
흡수 법칙	A+A·B=A	A·(A+B)=A
드모르간 정리	$\overline{A+B}=\overline{A} \cdot \overline{B}$	$\overline{A \cdot B}=\overline{A}+\overline{B}$

32 근골격계질환 작업분석 및 평가 방법인 OWAS의 평가요소를 모두 고른 것은?

ㄱ. 상지　ㄴ. 무게(하중)
ㄷ. 하지　ㄹ. 허리

① ㄱ, ㄴ　② ㄱ, ㄷ, ㄹ
③ ㄴ, ㄷ, ㄹ　④ ㄱ, ㄴ, ㄷ, ㄹ

해설 OWAS : 작업자의 부적절한 작업 자세를 정의하고 평가하기 위해 개발한 방법으로, 상지(팔), 하지(다리), 허리(등) 및 이에 대한 하중(무게)을 기준으로 적절한 자세를 분류하여 평가함(팔목, 손목 등에 대한 정보는 RULA 기법에서 반영)

33 다음 중 좌식 작업이 가장 적합한 작업은?

① 정밀 조립 작업
② 4.5kg 이상의 중량물을 다루는 작업
③ 작업장이 서로 떨어져 있으며 작업장 간 이동이 잦은 작업
④ 작업자의 정면에서 매우 높거나 낮은 곳으로 손을 자주 뻗어야 하는 작업

해설 무거운 중량을 다루거나, 작업장이 서로 떨어져 있거나, 작업자가 높은 곳으로 손을 자주 뻗어야 하는 작업은 좌식 작업에 적합하지 않다.

34 n개의 요소를 가진 병렬 시스템에 있어 요소의 수명(MTTF)이 지수 분포를 따를 경우, 이 시스템의 수명으로 옳은 것은?

① $MTTF \times n$
② $MTTF \times \frac{1}{n}$
③ $MTTF \times \left(1+\frac{1}{2}+\cdots+\frac{1}{n}\right)$
④ $MTTF \times \left(1 \times \frac{1}{2} \times \cdots \times \frac{1}{n}\right)$

해설 평균수명으로서 시스템 부품 등이 고장 나기까지의 동작시간 평균치이다. MTBF와 달리 시스템을 수리하여 사용할 수 없는 경우 MTTF라고 한다.

$$MTTF_s = MTTF\left(1+\frac{1}{2}+\frac{1}{3}+\cdots+\frac{1}{n}\right)$$

정답 31 ③ 32 ④ 33 ① 34 ③

35 인간-기계 시스템에 관한 설명으로 틀린 것은?

① 자동 시스템에서는 인간요소를 고려하여야 한다.
② 자동차 운전이나 전기 드릴 작업은 반자동 시스템의 예시이다.
③ 자동 시스템에서 인간은 감시, 정비유지, 프로그램 등의 작업을 담당한다.
④ 수동 시스템에서 기계는 동력원을 제공하고 인간의 통제 하에서 제품을 생산한다.

해설

수동 시스템	• 인간의 신체적인 힘을 동력으로 사용하여 작업통제 • 다양성 있는 체계로 역할 가능한 능력을 최대한 활용(융통성이 있는 운용 가능)
기계화 시스템	• 반자동체계, 변화가 적은 기능들을 수행하도록 설계(융통성이 없는 체계) • 기계가 동력을 제공하며, 조정 장치를 사용하는 통제는 사람이 담당
자동화 시스템	• 기계가 감지, 정보처리 및 의사결정 행동을 포함한 모든 임무 수행(동력원 제공 및 운전 수행) • 대부분의 폐회로 체계이며, 설계, 설치, 감시, 프로그램 작성 및 수정 정비, 유지 등은 사람이 담당

36 위험분석 기법 중 시스템 수명주기 관점에서 적용 시점이 가장 빠른 것은?

① PHA ② FHA
③ OHA ④ SHA

해설 ▶ PHA(Preliminary Hazard Analysis, 예비사고 분석) 시스템 최초 개발 단계의 분석으로 위험 요소의 위험 상태를 정성적으로 평가

37 상황해석을 잘못하거나 목표를 잘못 설정하여 발생하는 인간의 오류 유형은?

① 실수(Slip) ② 착오(Mistake)
③ 위반(Violation) ④ 건망증(Lapse)

해설 ② Mistake(착오) : 의도부터 잘못된 실수
① Slip(실수) : 의도는 잘 했지만 행동은 의도한 것과 다르게 나타남
③ Violation(위반) : 정해진 규칙을 고의로 따르지 않거나 무시
④ Lapse(건망증) : 기억의 실패

38 A작업의 평균 에너지소비량이 다음과 같을 때, 60분간의 총 작업시간 내에 포함되어야 하는 휴식시간(분)은?

• 휴식중 에너지소비량 : 1.5kcal/min
• A작업 시 평균 에너지소비량 : 6kcal/min
• 기초대사를 포함한 작업에 대한 평균 에너지 소비량 상한 : 5kcal/min

① 10.3 ② 11.3
③ 12.3 ④ 13.3

해설 휴식시간(분)
= 60(작업 시 평균 에너지 소비량 − 작업에 대한 평균 에너지값) ÷ (작업 시 평균 에너지 소비량 − 1.5)
= 60(6 − 5) ÷ (6 − 1.5) = 13.3

39 시스템의 수명곡선(욕조곡선)에 있어서 디버깅(Debugging)에 관한 설명으로 옳은 것은?

① 초기 고장의 결함을 찾아 고장률을 안정시키는 과정이다.
② 우발 고장의 결함을 찾아 고장률을 안정시키는 과정이다.
③ 마모 고장의 결함을 찾아 고장률을 안정시키는 과정이다.
④ 기계 결함을 발견하기 위해 동작시험을 하는 기간이다.

35 ④ 36 ① 37 ② 38 ④ 39 ① 정답

해설 ① **초기 고장** : 감소형(debugging 기간, burn-in 기간)
※ debugging 기간 : 인간시스템의 신뢰도에서 결함을 찾아내 고장률을 안정시키는 기간
② **우발 고장** : 일정형
③ **마모 고장** : 증가형

40 밝은 곳에서 어두운 곳으로 갈 때 망막에 시홍이 형성되는 생리적 과정인 암조응이 발생하는데, 완전 암조응(Dark adaptation)이 발생하는 데 소요되는 시간은?

① 약 3~5분 ② 약 10~15분
③ 약 30~40분 ④ 약 60~90분

해설 ③ **완전 암조응** : 보통 30~40분 소요
(명조응은 수초 내지 1~2분 소요)

3과목 기계위험방지기술

41 설비보전은 예방보전과 사후보전으로 대별된다. 다음 중 예방보전의 종류가 아닌 것은?

① 시간계획보전 ② 개량보전
③ 상태기준보전 ④ 적응보전

해설 • **예방보전** : 시간계획보전(TBM), 상태기준보전(CBM), 적응보전(AM)
• **사후보전** : 계획 사후보전, 긴급 사후보전

42 천장크레인에 중량 3kN의 화물을 2줄로 매달았을 때 매달기용 와이어(sling wire)에 걸리는 장력은 약 몇 [kN]인가? (단, 매달기용 와이어(sling wire) 2줄 사이의 각도는 55°이다.)

① 1.3 ② 1.7
③ 2.0 ④ 2.3

해설 $$\frac{\frac{\text{중량}(=3)}{2}}{\cos\left(\frac{55[°]}{2}\right)}=\frac{1.5}{0.887011}=1.69$$

43 다음 중 롤러의 급정지 성능으로 적합하지 않은 것은?

① 앞면 롤러 표면 원주속도가 25m/min, 앞면 롤러의 원주가 5m일 때 급정지거리 1.6m 이내
② 앞면 롤러 표면 원주속도가 35m/min, 앞면 롤러의 원주가 7m일 때 급정지거리 2.8m 이내
③ 앞면 롤러 표면 원주속도가 30m/min, 앞면 롤러의 원주가 6m일 때 급정지거리 2.6m 이내
④ 앞면 롤러 표면 원주속도가 20m/min, 앞면 롤러의 원주가 8m일 때 급정지거리 2.6m 이내

해설

앞면 롤의 표면속도[m/min]	급정지거리
30 미만	앞면 롤 원주의 1/3
30 이상	앞면 롤 원주의 1/2.5

③ 원주속도가 30m/min 이상이므로, 급정지거리는 2.4m 이내여야 한다.

44 조작자의 신체부위가 위험한계 밖에 위치하도록 기계의 조작장치를 위험구역에서 일정거리 이상 떨어지게 하는 방호장치는?

① 덮개형 방호장치
② 차단형 방호장치
③ 위치제한형 방호장치
④ 접근반응형 방호장치

정답 40 ③ 41 ② 42 ② 43 ③ 44 ③

해설 ◇ 방호장치의 종류

- **위치제한형 방호장치** : 조작자의 신체부위가 위험한계 밖에 있도록 기계의 조작장치를 위험구역에서 일정거리 이상 떨어지게 한 방호장치
  예 양수조작식 안전장치
- **접근거부형 방호장치** : 작업자의 신체부위가 위험한계 내로 접근하면 기계의 동작위치에 설치해 놓은 기구가 접근하는 신체부위를 안전한 위치로 되돌리는 것
  예 손쳐내기식 안전장치, 수인식
- **접근반응형 방호장치** : 작업자의 신체부위가 위험한계로 들어오게 되면 이를 감지하여 작동 중인 기계를 즉시 정지시키거나 스위치가 꺼지도록 하는 기능
  예 광전자식 안전장치

45 산업안전보건법령상 아세틸렌 용접장치의 아세틸렌 발생기실을 설치하는 경우 준수하여야 하는 사항으로 옳은 것은?

① 벽은 가연성 재료로 하고 철근 콘크리트 또는 그 밖에 이와 동등하거나 그 이상의 강도를 가진 구조로 할 것

② 바닥면적의 16분의 1 이상의 단면적을 가진 배기통을 옥상으로 돌출시키고 그 개구부를 창이나 출입구로부터 1.5m 이상 떨어지도록 할 것

③ 출입구의 문은 불연성 재료로 하고 두께 1.0mm 이하의 철판이나 그 밖에 그 이상의 강도를 가진 구조로 할 것

④ 발생기실을 옥외에 설치한 경우에는 그 개구부를 다른 건축물로부터 1.0m 이내 떨어지도록 할 것

해설 ② 바닥면적의 16분의 1 이상의 단면적을 가진 배기통을 옥상으로 돌출시키고 그 개구부를 창이나 출입구로부터 1.5m 이상 떨어지도록 할 것(안전보건규칙 제287조 제3호)

① 벽은 불연성 재료로 하고 철근 콘크리트 또는 그 밖에 이와 같은 수준이거나 그 이상의 강도를 가진 구조로 할 것(안전보건규칙 제287조 제1호)

③ 출입구의 문은 불연성 재료로 하고 두께 1.5mm 이상의 철판이나 그 밖에 그 이상의 강도를 가진 구조로 할 것(안전보건규칙 제287조 제4호)

④ 발생기실을 옥외에 설치한 경우에는 그 개구부를 다른 건축물로부터 1.5m 이상 떨어지도록 하여야 한다(안전보건규칙 제286조 제3항).

46 금형의 설치, 해체, 운반 시 안전사항에 관한 설명으로 틀린 것은?

① 운반을 통하여 관통 아이볼트가 사용될 때는 구멍 틈새가 최소화되도록 한다.

② 금형을 설치하는 프레스의 T홈 안길이는 설치 볼트 지름의 1/2 이하로 한다.

③ 고정볼트는 고정 후 가능하면 나사산을 3~4개 정도 짧게 남겨 설치 또는 해체 시 슬라이드 면과의 사이에 협착이 발생하지 않도록 해야 한다.

④ 운반 시 상부금형과 하부금형이 닿을 위험이 있을 때는 고정 패드를 이용한 스트랩, 금속재질이나 우레탄 고무의 블록 등을 사용한다.

해설 ② 금형을 설치하는 프레스의 T홈 안길이는 설치 볼트 직경의 2배 이상으로 한다.

47 다음 중 산업안전보건법령상 안전인증대상 방호장치에 해당하지 않는 것은?

① 연삭기 덮개

② 압력용기 압력방출용 파열판

③ 압력용기 압력방출용 안전밸브

④ 방폭구조(防爆構造) 전기기계・기구 및 부품

해설 ◇ **안전인증대상 방호장치**

- 프레스 및 전단기 방호장치
- 양중기용 과부하 방지장치
- 보일러 압력방출용 안전밸브
- 압력용기 압력방출용 안전밸브
- 압력용기 압력방출용 파열판
- 절연용 방호구 및 활선작업용 기구
- 방폭구조 전기기계・기구 및 부품

45 ② 46 ② 47 ① 정답

48 선반에서 절삭 가공 시 발생하는 칩을 짧게 끊어지도록 공구에 설치되어 있는 방호장치의 일종인 칩 제거 기구를 무엇이라 하는가?

① 칩 브레이커 ② 칩 받침
③ 칩 쉴드 ④ 칩 커터

해설 **칩 브레이커** : 칩을 짧게 끊어주는 선반전용 안전장치

49 인장강도가 250N/mm^{2}인 강판에서 안전율이 4라면 이 강판의 허용응력[N/mm^2]은 얼마인가?

① 42.5 ② 62.5
③ 82.5 ④ 102.5

해설 $\text{허용응력} = \frac{\text{인장강도}}{\text{안전율}} = \frac{250}{4} = 62.5$

50 산업안전보건법령상 강렬한 소음작업에서 데시벨에 따른 노출시간으로 적합하지 않은 것은?

① 100dB 이상의 소음이 1일 2시간 이상 발생하는 직업
② 110dB 이상의 소음이 1일 30분 이상 발생하는 직업
③ 115dB 이상의 소음이 1일 15분 이상 발생하는 직업
④ 120dB 이상의 소음이 1일 7분 이상 발생하는 직업

해설 **강렬한 소음작업**(안전보건규칙 제512조 제2호)
- 90dB 이상의 소음이 1일 8시간 이상 발생하는 작업
- 95dB 이상의 소음이 1일 4시간 이상 발생하는 작업
- 100dB 이상의 소음이 1일 2시간 이상 발생하는 작업
- 105dB 이상의 소음이 1일 1시간 이상 발생하는 작업
- 110dB 이상의 소음이 1일 30분 이상 발생하는 작업
- 115dB 이상의 소음이 1일 15분 이상 발생하는 작업

51 방호장치 안전인증 고시에 따라 프레스 및 전단기에 사용되는 광전자식 방호장치의 일반구조에 대한 설명으로 가장 적절하지 않은 것은?

① 정상동작표시램프는 녹색, 위험표시램프는 붉은색으로 하며, 근로자가 쉽게 볼 수 있는 곳에 설치해야 한다.
② 슬라이드 하강 중 정전 또는 방호장치의 이상 시에 정지할 수 있는 구조이어야 한다.
③ 방호장치는 릴레이, 리미트 스위치 등의 전기부품의 고장, 전원전압의 변동 및 정전에 의해 슬라이드가 불시에 동작하지 않아야 하며, 사용전원전압의 ±(100분의 10)의 변동에 대하여 정상으로 작동되어야 한다.
④ 방호장치의 감지기능은 규정한 검출영역 전체에 걸쳐 유효하여야 한다(다만, 블랭킹 기능이 있는 경우 그렇지 않다).

해설 **광전자식 방호장치의 일반구조**(방호장치 안전인증 고시 별표 1)
- 정상동작표시램프는 녹색, 위험표시램프는 붉은색으로 하며, 쉽게 근로자가 볼 수 있는 곳에 설치해야 한다.
- 슬라이드 하강 중 정전 또는 방호장치의 이상 시에 정지할 수 있는 구조이어야 한다.
- 방호장치는 릴레이, 리미트 스위치 등의 전기부품의 고장, 전원전압의 변동 및 정전에 의해 슬라이드가 불시에 동작하지 않아야 하며, 사용전원전압의 ±(100분의 20)의 변동에 대하여 정상으로 작동되어야 한다.
- 방호장치의 정상작동 중에 감지가 이루어지거나 공급전원이 중단되는 경우 적어도 두 개 이상의 독립된 출력신호 개폐장치가 꺼진 상태로 돼야 한다.
- 방호장치의 감지기능은 규정한 검출영역 전체에 걸쳐 유효하여야 한다(다만, 블랭킹 기능이 있는 경우 그렇지 않다).
- 방호장치에 제어기(Controller)가 포함되는 경우에는 이를 연결한 상태에서 모든 시험을 한다.
- 방호장치를 무효화하는 기능이 있어서는 안 된다.

정답 48 ① 49 ② 50 ④ 51 ③

52 **다음과 같은 기계요소가 단독으로 발생시키는 위험점은?**

밀링커터, 둥근톱날

① 협착점　　② 끼임점
③ 절단점　　④ 물림점

해설 **위험점의 분류**
- **협착점**(Squeeze point) : 왕복운동을 하는 동작부분과 움직임이 없는 고정부분 사이에서 형성되는 위험점으로 사업장의 기계설비에서 많이 볼 수 있다.
  예 프레스기, 전단기, 성형기, 굽힘기계 등
- **끼임점**(Shear point) : 고정부분과 회전하는 동작부분이 함께 만드는 위험점
  예 연삭숫돌과 덮개, 교반기의 날개와 하우징, 프레임에서 암의 요동운동을 하는 기계부분 등
- **절단점**(Cutting point) : 고정부분과 운동부분이 만드는 위험점이 아니고 회전하는 운동부 자체의 위험이나 운동하는 기계 부분 자체의 위험에서 초래되는 위험점이다.
  예 밀링의 커터, 띠톱이나 둥근톱의 톱날, 벨트의 이음부분 등
- **물림점**(Nip point) : 회전하는 두 개의 회전체에는 물려 들어가는 위험성이 존재한다. 이때 위험점이 발생되는 조건은 회전체가 서로 반대방향으로 맞물려 회전되어야 한다.
  예 롤러와 롤러의 물림, 기어와 기어의 물림 등
- **접선물림점**(Tangential Nip point) : 회전하는 부분의 접선방향으로 물려 들어갈 위험이 존재하는 점이다.
  예 벨트와 풀리, 체인과 스프로킷, 랙과 피니언 등
- **회전말림점**(Trapping point) : 회전하는 물체에 작업복, 머리카락 등이 말려드는 위험이 존재하는 점이다.
  예 회전하는 축, 커플링, 돌출된 키나 고정나사, 회전하는 공구 등

53 **다음 중 크레인의 방호장치로 가장 거리가 먼 것은?**

① 권과방지장치　　② 과부하방지장치
③ 비상정지장치　　④ 자동보수장치

해설 크레인의 방호장치로는 과부하방지장치, 권과방지장치, 비상방지장치 및 제동장치, 안전밸브 등이 있다.

54 **산업안전보건법령상 연삭기 작업 시 작업자가 안심하고 작업을 할 수 있는 상태는?**

① 탁상용 연삭기에서 숫돌과 작업 받침대의 간격이 5mm이다.
② 덮개 재료의 인장강도는 224MPa이다.
③ 숫돌 교체 후 2분 정도 시험운전을 실시하여 해당 기계의 이상 여부를 확인하였다.
④ 작업 시작 전 1분 정도 시험운전을 실시하여 해당 기계의 이상 여부를 확인하였다.

해설 ① 탁상용 연삭기는 워크레스트(작업 받침대)와 조정편을 설치할 것(워크레스트와 숫돌과의 간격은 3mm 이내)
② 덮개 재료의 인장강도는 274.5MPa 이상이다.
③, ④ 사업주는 연삭숫돌을 사용하는 작업의 경우 작업을 시작하기 전에는 1분 이상, 연삭숫돌을 교체한 후에는 3분 이상 시험운전을 하고 해당 기계에 이상이 있는지를 확인하여야 한다.

55 **산업안전보건법령상 프레스기를 사용하여 작업을 할 때 작업시작 전 점검사항으로 틀린 것은?**

① 클러치 및 브레이크의 기능
② 압력방출장치의 기능
③ 크랭크축 · 플라이휠 · 슬라이드 · 연결봉 및 연결나사의 풀림 유무
④ 프레스의 금형 및 고정 볼트의 상태

해설 **프레스기 작업시작 전 점검사항**
- 클러치 및 브레이크의 기능
- 크랭크축 · 플라이휠 · 슬라이드 · 연결봉 및 연결 나사의 풀림 여부
- 1행정 1정지기구 · 급정지장치 및 비상정지장치의 기능
- 슬라이드 또는 칼날에 의한 위험방지 기구의 기능
- 프레스의 금형 및 고정볼트 상태
- 방호장치의 기능
- 전단기(剪斷機)의 칼날 및 테이블의 상태

52 ③　53 ④　54 ④　55 ②　**정답**

56 밀링 작업 시 안전수칙으로 옳지 않은 것은?

① 테이블 위에 공구나 기타 물건 등을 올려놓지 않는다.
② 제품 치수를 측정할 때는 절삭 공구의 회전을 정지한다.
③ 강력 절삭을 할 때는 일감을 바이스에 짧게 물린다.
④ 상・하, 좌・우 이송장치의 핸들은 사용 후 풀어 둔다.

해설 ③ 강력 절삭을 할 때는 일감을 바이스에 깊게 물린다.

57 산업안전보건법령상 산업용 로봇에 의한 작업 시 안전조치 사항으로 적절하지 않은 것은?

① 로봇의 운전으로 인해 근로자가 로봇에 부딪칠 위험이 있을 때에는 높이 1.8m 이상의 울타리를 설치하여야 한다.
② 작업을 하고 있는 동안 로봇의 기동스위치 등은 작업에 종사하고 있는 근로자가 아닌 사람이 그 스위치 등을 조작할 수 없도록 필요한 조치를 한다.
③ 로봇의 조작방법 및 순서, 작업 중의 매니퓰레이터의 속도 등에 관한 지침에 따라 작업을 하여야 한다.
④ 작업에 종사하는 근로자가 이상을 발견하면, 관리 감독자에게 우선 보고하고, 지시가 나올 때까지 작업을 진행한다.

해설 ④ 작업에 종사하는 근로자가 이상을 발견하면, 로봇의 운전을 정지시키고 관리 감독자에게 보고하고 지시에 따른다.

58 다음 중 와이어 로프의 구성요소가 아닌 것은?

① 클립 ② 소선
③ 스트랜드 ④ 심강

해설 ● 와이어 로프의 구성
코어(심강)+스트랜드[소선(wire)을 모은 후 꼬아서 구성]

59 다음 중 지게차의 작업 상태별 안정도에 관한 설명으로 틀린 것은? (단, V는 최고속도[km/h]이다.)

① 기준 부하상태의 하역작업 시의 전후 안정도는 20% 이내이다.
② 기준 부하상태의 하역작업 시의 좌우 안정도는 6% 이내이다.
③ 기준 무부하상태에서 주행 시의 전후 안정도는 18% 이내이다.
④ 기준 무부하상태의 주행 시의 좌우 안정도는 $(15+1.1V)$% 이내이다.

해설 ① 하역작업 시의 전후 안정도 : 4% 이내
② 하역작업 시의 좌우 안정도 : 6% 이내
③ 주행 시의 전후 안정도 : 18% 이내
④ 주행 시의 좌우 안정도 : $(15+1.1V)$% 이내

60 산업안전보건법령상 보일러의 안전한 가동을 위하여 보일러 규격에 맞는 압력방출장치가 2개 이상 설치된 경우에 최고사용압력 이하에서 1개가 작동되고, 다른 압력방출장치는 최고사용압력의 몇 배 이하에서 작동되도록 부착하여야 하는가?

① 1.03배 ② 1.05배
③ 1.2배 ④ 1.5배

해설 2개 이상 설치된 경우 최고사용압력 이하에서 1개가 작동되고, 다른 압력방출장치는 최고사용압력 1.05배 이하에서 작동되도록 부착하여야 한다.

정답 56 ③ 57 ④ 58 ① 59 ① 60 ②

4과목 전기위험방지기술

61 다음 중 방폭구조의 종류가 아닌 것은?

① 본질안전 방폭구조 ② 고압 방폭구조
③ 압력 방폭구조 ④ 내압 방폭구조

해설 ② 고압 방폭구조는 없다.

62 심실세동전류 $I=\dfrac{165}{\sqrt{T}}$ mA라면 심실세동 시 인체에 직접 받는 전기에너지[cal]는 약 얼마인가? (단, T는 통전시간으로 1초이며, 인체의 저항은 500Ω으로 한다.)

① 0.52 ② 1.35
③ 2.14 ④ 3.27

해설 $W=I^2RT=\left(\dfrac{165}{\sqrt{T}}\times 10^{-3}\right)^2\times 500\times T=13.61\text{J}$

$13.61\text{J}\times 0.24 \fallingdotseq 3.27\text{cal}$

63 산업안전보건기준에 관한 규칙에 따른 전기기계·기구의 설치 시 고려할 사항으로 거리가 먼 것은?

① 전기기계·기구의 충분한 전기적 용량 및 기계적 강도
② 전기기계·기구의 안전효율을 높이기 위한 시간 가동률
③ 습기·분진 등 사용장소의 주위 환경
④ 전기적·기계적 방호수단의 적정성

해설 **전기기계·기구 설치 시 고려사항**(안전보건규칙 제303조 제1항)
- 전기기계·기구의 충분한 전기적 용량 및 기계적 강도
- 습기·분진 등 사용장소의 주위 환경
- 전기적·기계적 방호수단의 적정성

64 정전작업 시 조치사항으로 틀린 것은?

① 작업 전 전기설비의 잔류 전하를 확실히 방전한다.
② 개로된 전로의 충전 여부를 검전기구에 의하여 확인한다.
③ 개폐기에 잠금장치를 하고 통전금지에 관한 표지판은 제거한다.
④ 예비 동력원의 역송전에 의한 감전의 위험을 방지하기 위해 단락접지 기구를 사용하여 단락 접지를 한다.

해설 ③ 개폐기에 시건장치(잠금장치)를 하고 통전금지에 관한 표지판을 부착한다.

65 정전기로 인한 화재 폭발의 위험이 가장 높은 것은?

① 드라이클리닝 설비 ② 농작물 건조기
③ 가습기 ④ 전동기

해설 습도가 낮아지면 정전기로 인한 화재 폭발의 위험이 높다. 드라이클리닝의 대상인 섬유는 농작물에 비하여 정전기의 발생 확률이 더 높다.

66 다음 중 방폭설비의 보호등급(IP)에 대한 설명으로 옳은 것은?

① 제1 특성 숫자가 "1"인 경우 지름 50mm 이상의 외부 분진에 대한 보호
② 제1 특성 숫자가 "2"인 경우 지름 10mm 이상의 외부 분진에 대한 보호
③ 제2 특성 숫자가 "1"인 경우 지름 50mm 이상의 외부 분진에 대한 보호
④ 제2 특성 숫자가 "2"인 경우 지름 10mm 이상의 외부 분진에 대한 보호

61 ② 62 ④ 63 ② 64 ③ 65 ① 66 ① 정답

해설 ▶ 저압전기설비에서의 감전예방을 위한 기술지침

제1 특성 숫자	0	무보호
	1	50mm보다 큰 고형물질에 대한 보호
	2	12mm보다 큰 고형물질에 대한 보호
	3	2.5mm보다 큰 고형물질에 대한 보호
	4	1.0mm보다 큰 고형물질에 대한 보호
	5	분진
	6	먼지가 통하지 않음
제2 특성 숫자	0	무보호
	1	똑똑 떨어지는 물방울에 대한 보호
	2	15°까지 경사시켰을 때 떨어지는 물방울에 대한 보호
	3	물보라에 대한 보호
	4	튀기는 물에 대한 보호
	5	물분출에 대한 보호
	6	강한 물분사에 대한 보호
	7	일시적 침수의 영향에 대한 보호
	8	잠수에 대한 보호

67 정전기 발생에 영향을 주는 요인에 대한 설명으로 틀린 것은?

① 물체의 분리속도가 빠를수록 발생량은 적어진다.
② 접촉면적이 크고 접촉압력이 높을수록 발생량이 많아진다.
③ 물체 표면이 수분이나 기름으로 오염되면 산화 및 부식에 의해 발생량이 많아진다.
④ 정전기의 발생은 처음 접촉, 분리할 때가 최대로 되고 접촉, 분리가 반복됨에 따라 발생량은 감소한다.

해설 ① 물체의 분리속도가 빠를수록 발생량은 많아진다.

68 전기기기, 설비 및 전선로 등의 충전 유무 등을 확인하기 위한 장비는?

① 위상검출기
② 디스콘 스위치
③ COS
④ 저압 및 고압용 검전기

해설 ④ **검전기**(저압용, 고압용, 특고압용) : 충전 유무 확인

69 피뢰기로서 갖추어야 할 성능 중 틀린 것은?

① 충격 방전 개시전압이 낮을 것
② 뇌전류 방전 능력이 클 것
③ 제한전압이 높을 것
④ 속류 차단을 확실하게 할 수 있을 것

해설 ▶ **피뢰기 성능 요건**
- 충격 방전 개시전압이 낮을 것
- 제한전압이 낮을 것
- 반복동작이 가능할 것
- 구조가 견고하고 특성이 변화하지 않을 것
- 점검, 보수가 간단할 것
- 뇌전류에 대한 방전능력이 클 것
- 속류의 차단이 확실할 것

70 접지저항 저감 방법으로 틀린 것은?

① 접지극의 병렬 접지를 실시한다.
② 접지극의 매설 깊이를 증가시킨다.
③ 접지극의 크기를 최대한 작게 한다.
④ 접지극 주변의 토양을 개량하여 대지 저항률을 떨어뜨린다.

해설 ▶ **접지저항 저감 방법**
- 접지극 길이를 길게(크기를 확대)
- 접지극 병렬 접속
- 심타공법으로 시공
- 접지봉 매설 깊이 증가
- 접지저항 저감제 사용
- 접지극 주변토양 개량

정답 67 ① 68 ④ 69 ③ 70 ③

71 교류 아크용접기의 사용에서 무부하 전압이 80V, 아크 전압 25V, 아크 전류 300A일 경우 효율은 약 몇 [%]인가? (단, 내부손실은 4kW이다.)

① 65.2 ② 70.5
③ 75.3 ④ 80.6

해설 $효율 = \frac{출력}{입력} = \frac{출력}{출력+손실}$

$$= \frac{25\times300}{(25\times300)+(4000)} = 65.2\%$$

72 아크방전의 전압전류 특성으로 가장 옳은 것은?

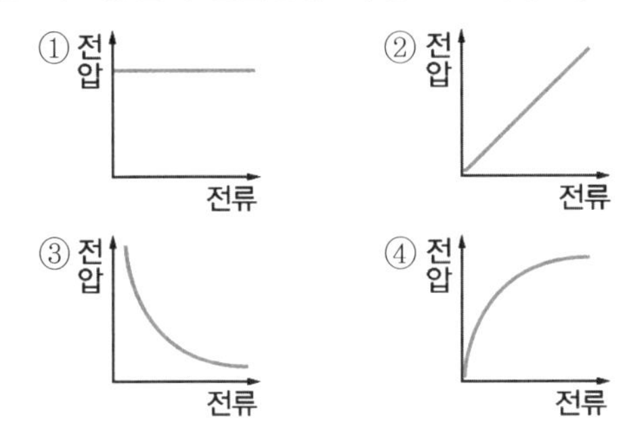

해설 아크방전의 전압과 전류는 서로 반비례한다.

73 다음 중 기기보호등급(EPL)에 해당하지 않는 것은?

① EPL Ga
② EPL Ma
③ EPL Dc
④ EPL Mc

해설 ❯ **기기보호등급**(EPL) : c에서 a로 갈수록 등급이 높다.
- **EPL Ma, Mb** : 화재가 발생할 수 있는 광산의 장비
- **EPL Ga, Gb, Gc** : 폭발성 가스 대기용 장비
- **EPL Da, Db, Dc** : 분진에서 사용하기 위한 장비

74 다음 중 산업안전보건기준에 관한 규칙에 따라 누전차단기를 설치하지 않아도 되는 곳은?

① 철판·철골 위 등 도전성이 높은 장소에서 사용하는 이동형 전기기계·기구
② 대지전압이 220V인 휴대형 전기기계·기구
③ 임시배선의 전로가 설치되는 장소에서 사용하는 이동형 전기기계·기구
④ 절연대 위에서 사용하는 전기기계·기구

해설 ④ 절연대 위 등과 같이 감전위험이 없는 장소에서 사용하는 전기기계·기구에는 누전차단기를 설치하지 않는다.

❯ **누전차단기 설치대상**(안전보건규칙 제304조 제1항)
- 대지전압이 150V를 초과하는 이동형 또는 휴대형 전기기계·기구
- 물 등 도전성이 높은 액체가 있는 습윤장소에서 사용하는 저압(1.5천V 이하 직류전압이나 1천V 이하의 교류전압을 말한다)용 전기기계·기구
- 철판·철골 위 등 도전성이 높은 장소에서 사용하는 이동형 또는 휴대형 전기기계·기구
- 임시배선의 전로가 설치되는 장소에서 사용하는 이동형 또는 휴대형 전기기계·기구

75 다음 설명이 나타내는 현상은?

> 전압이 인가된 이극 도체 간의 고체 절연물 표면에 이물질이 부착되면 미소방전이 일어난다. 이 미소방전이 반복되면서 절연물 표면에 도전성 통로가 형성되는 현상이다.

① 흑연화현상
② 트래킹현상
③ 반단선현상
④ 절연이동현상

해설 전선의 피복이 경년변화나 이물질 부착 등에 의해 탄화되면 누전(도전성)에 의한 원인으로 화재가 발생하게 되는데, 이러한 현상을 트래킹 현상이라고 한다.

71 ① 72 ③ 73 ④ 74 ④ 75 ② **정답**

76 대지에서 용접작업을 하고 있는 작업자가 용접봉에 접촉한 경우 통전전류는? [단, 용접기의 출력측 무부하전압 : 90V, 접촉저항(손, 용접봉 등 포함) : 10kΩ, 인체의 내부저항 : 1kΩ, 발과 대지의 접촉저항 : 20kΩ이다.]

① 약 0.19mA ② 약 0.29mA
③ 약 1.96mA ④ 약 2.90mA

해설 $\text{전류} = \frac{\text{전압}}{\text{저항}} = \frac{90}{10+1+20} = 2.90$

77 KS C IEC 60079-10-2에 따라 공기 중에 분진운의 형태로 폭발성 분진 분위기가 지속적으로 또는 장기간 또는 빈번히 존재하는 장소는?

① 0종 장소 ② 1종 장소
③ 20종 장소 ④ 21종 장소

해설 ①, ② 0종~2종 장소는 가스폭발 위험장소이다.

분진폭발 위험장소
- **20종** : 불이 붙을 수 있는 먼지가 지속적으로 존재하는 장소
- **21종** : 분진이 24시간 동안 3mm 이상 축적되는 장소, 정상 운전 시 불이 붙을 수 있는 분진이 퇴적되는 장소
- **22종** : 21종 주변장소로 고장으로 인한 불이 붙을 수 있는 분진이 간헐적 발생, 드물게 짧은 순간에 존재 가능성이 있는 장소

78 설비의 이상현상에 나타나는 아크(Arc)의 종류가 아닌 것은?

① 단락에 의한 아크
② 지락에 의한 아크
③ 차단기에서의 아크
④ 전선저항에 의한 아크

해설 ④ 전선저항에 의한 아크는 발생하지 않는다.

79 정전기 재해방지에 관한 설명 중 틀린 것은?

① 이황화탄소의 수송 과정에서 배관 내의 유속을 2.5m/s 이상으로 한다.
② 포장 과정에서 용기를 도전성 재료에 접지한다.
③ 인쇄 과정에서 도포량을 소량으로 하고 접지한다.
④ 작업장의 습도를 높여 전하가 제거되기 쉽게 한다.

해설 ① 이황화탄소의 수송 과정에서 배관 내의 유속을 1.0m/s 이상으로 한다.

80 한국전기설비규정에 따라 사람이 쉽게 접촉할 우려가 있는 곳에 금속제 외함을 가지는 저압의 기계기구가 시설되어 있다. 이 기계기구의 사용전압이 몇 [V]를 초과할 때 전기를 공급하는 전로에 누전차단기를 시설해야 하는가? (단, 누전차단기를 시설하지 않아도 되는 조건은 제외한다.)

① 30V
② 40V
③ 50V
④ 60V

해설 **한국전기설비규정(KEC) 211.2.4 누전차단기의 시설**
금속제 외함을 가지는 사용전압이 50V를 초과하는 저압의 기계기구로서 사람이 쉽게 접촉할 우려가 있는 곳에 시설하는 것에 전기를 공급하는 전로에 누전차단기를 시설해야 한다.

정답 76 ④ 77 ③ 78 ④ 79 ① 80 ③

5과목 화학설비위험방지기술

81 다음 중 공기 중 최소 발화에너지 값이 가장 작은 물질은?

① 에틸렌 ② 아세트알데히드
③ 메탄 ④ 에탄

해설 ① 에틸렌 : 0.07mJ
② 아세트알데히드 : 0.36mJ
③ 메탄 : 0.28mJ
④ 에탄 : 0.24mJ

82 다음 표의 가스(A~D)를 위험도가 큰 것부터 작은 순으로 나열한 것은?

	폭발하한값	폭발상한값
A	4.0vol%	75.0vol%
B	3.0vol%	80.0vol%
C	1.25vol%	44.0vol%
D	2.5vol%	81.0vol%

① D – B – C – A ② D – B – A – C
③ C – D – A – B ④ C – D – B – A

해설 $위험도 = \frac{폭발상한값 - 폭발하한값}{폭발하한값}$

A = 17.75, B = 25.67, C = 34.2, D = 31.4
따라서 위험도가 큰 순서로 나열하면 C – D – B – A가 된다.

83 알루미늄분이 고온의 물과 반응하였을 때 생성되는 가스는?

① 이산화탄소 ② 수소
③ 메탄 ④ 에탄

해설 알루미늄이 고온의 물과 반응하면 수소를 생성한다.

84 메탄, 에탄, 프로판의 폭발하한계가 각각 5vol%, 2vol%, 2.1vol%일 때 다음 중 폭발하한계가 가장 낮은 것은? (단, Le Chatelier의 법칙을 이용한다.)

① 메탄 20vol%, 에탄 30vol%, 프로판 50vol%의 혼합가스
② 메탄 30vol%, 에탄 30vol%, 프로판 40vol%의 혼합가스
③ 메탄 40vol%, 에탄 30vol%, 프로판 30vol%의 혼합가스
④ 메탄 50vol%, 에탄 30vol%, 프로판 20vol%의 혼합가스

해설 르 샤틀리에의 공식

$$L = \frac{100}{\frac{V_1}{L_1} + \frac{V_2}{L_2} + \cdots + \frac{V_n}{L_n}}$$

① $\frac{100}{\frac{20}{5} + \frac{30}{2} + \frac{50}{2.1}} = 2.336$

② $\frac{100}{\frac{30}{5} + \frac{30}{2} + \frac{40}{2.1}} = 2.497$

③ $\frac{100}{\frac{40}{5} + \frac{30}{2} + \frac{30}{2.1}} = 2.681$

④ $\frac{100}{\frac{50}{5} + \frac{30}{2} + \frac{20}{2.1}} = 2.897$

85 고압가스 용기 파열사고의 주요 원인 중 하나는 용기의 내압력(耐壓力, capacity to resist presure) 부족이다. 다음 중 내압력 부족의 원인으로 거리가 먼 것은?

① 용기 내벽의 부식 ② 강재의 피로
③ 과잉 충전 ④ 용접 불량

해설 ▶ **내압력 부족의 원인** : 용기 내벽의 부식, 강재의 피로, 용접 불량, 용기낙하・충돌・충격 및 기타 타격, 용기의 절단 등

81 ① 82 ④ 83 ② 84 ① 85 ③ 정답

86 **질화면(Nitrocellulose)은 저장 · 취급 중에는 에틸알코올 등으로 습면상태를 유지해야 한다. 그 이유를 옳게 설명한 것은?**

① 질화면은 건조 상태에서는 자연적으로 분해하면서 발화할 위험이 있기 때문이다.
② 질화면은 알코올과 반응하여 안정한 물질을 만들기 때문이다.
③ 질화면은 건조 상태에서 공기 중의 산소와 환원반응을 하기 때문이다.
④ 질화면은 건조 상태에서 유독한 중합물을 형성하기 때문이다.

해설 질화면은 주로 다이너마이트나 로켓 연료 등에 사용된다. 건조한 상태에서는 쉽게 발화하므로 알코올에 담가서 보관한다.

87 **분진폭발의 특징으로 옳은 것은?**

① 연소속도가 가스폭발보다 크다.
② 완전연소로 가스중독의 위험이 작다.
③ 화염의 파급속도보다 압력의 파급속도가 빠르다.
④ 가스폭발보다 연소시간은 짧고 발생에너지는 작다.

해설 **분진폭발의 특징**
- 가스폭발과 비교하여 작지만 연소시간이 길다.
- 발생에너지가 크기 때문에 파괴력과 타는 정도가 크다.
- 발화에너지는 상대적으로 훨씬 크다.
- 압력속도는 300m/s 정도이다.
- 화염의 파급속도보다 압력의 파급속도가 훨씬 빠르다.

88 **크롬에 대한 설명으로 옳은 것은?**

① 은백색 광택이 있는 금속이다.
② 중독 시 미나마타병이 발병한다.
③ 비중이 물보다 작은 값을 나타낸다.
④ 3가 크롬이 인체에 가장 유해하다.

해설 ② 중독 시 피부궤양이나 비중격천공 등이 나타난다. 미나마타병은 수은 중독으로 발병한다.
③ 비중이 물보다 큰 값을 나타낸다.
④ 크롬 중독은 6가 크롬에 의하여 발생한다.

89 **사업주는 인화성 액체 및 인화성 가스를 저장 취급하는 화학설비에서 증기나 가스를 대기로 방출하는 경우에는 외부로부터의 화염을 방지하기 위하여 화염방지기를 설치하여야 한다. 다음 중 화염방지기의 설치 위치로 옳은 것은?**

① 설비의 상단 ② 설비의 하단
③ 설비의 측면 ④ 설비의 조작부

해설 사업주는 인화성 액체 및 인화성 가스를 저장 · 취급하는 화학설비에서 증기나 가스를 대기로 방출하는 경우에는 외부로부터의 화염을 방지하기 위하여 화염방지기를 그 설비 상단에 설치해야 한다. 다만, 대기로 연결된 통기관에 화염방지 기능이 있는 통기밸브가 설치되어 있거나, 인화점이 섭씨 38℃ 이상 60℃ 이하인 인화성 액체를 저장 · 취급할 때에 화염방지 기능을 가지는 인화방지망을 설치한 경우에는 그렇지 않다(안전보건규칙 제269조 제1항).

90 **열교환탱크 외부를 두께 0.2m의 단열재(열전도율 k = 0.037kcal/m · h · ℃)로 보온하였더니 단열재 내면은 40℃, 외면은 20℃이었다. 면적 $1m^2$당 1시간에 손실되는 열량[kcal]은?**

① 0.0037 ② 0.037
③ 1.37 ④ 3.7

해설 손실되는 열량 = 열전도율 × $\frac{\text{온도차}}{\text{두께}}$

$$= 0.037 \times \frac{40-20}{0.2}$$

$$= 0.037 \times \frac{200}{2} = 3.7$$

정답 86 ① 87 ③ 88 ① 89 ① 90 ④

91 **산업안전보건법령상 다음 인화성 가스의 정의에서 (　　) 안에 알맞은 값은?**

> "인화성 가스"란 인화한계 농도의 최저한도가 (㉠)% 이하 또는 최고한도와 최저한도의 차가 (㉡)% 이상인 것으로서 표준압력(101.3kPa, 20℃에서 가스 상태인 물질을 말한다.

① ㉠ 13, ㉡ 12　　② ㉠ 13, ㉡ 15
③ ㉠ 12, ㉡ 13　　④ ㉠ 12, ㉡ 15

해설 인화성 가스란 인화한계 농도의 최저한도가 13% 이하 또는 최고한도와 최저한도의 차가 12% 이상인 것으로서 표준압력의 20℃에서 가스 상태인 물질을 말한다.

92 **액체 표면에서 발생한 증기농도가 공기 중에서 연소하한농도가 될 수 있는 가장 낮은 액체온도를 무엇이라 하는가?**

① 인화점　　② 비등점
③ 연소점　　④ 발화온도

해설 인화점이란, 기체 또는 휘발성 액체에서 발생하는 증기가 공기와 섞여 가연성 또는 완폭발성 혼합기체를 형성하고 여기에 불꽃을 가까이 댔을 때 순간적으로 섬광을 내면서 연소, 인화되는 최저의 온도를 말한다.

93 **위험물의 저장방법으로 적절하지 않은 것은?**

① 탄화칼슘은 물속에 저장한다.
② 벤젠은 산화성 물질과 격리시킨다.
③ 금속나트륨은 석유 속에 저장한다.
④ 질산은 갈색병에 넣어 냉암소에 보관한다.

해설 단화칼슘(CaC_2)은 물(H_2O)을 만나면 가연성 C_2H_2(아세틸렌)을 발생시키기 때문에 습기 없는 밀폐용기에 불연성가스를 넣어서 보관한다.

94 **다음 중 열교환기의 보수에 있어 일상점검항목과 정기적 개방점검항목으로 구분할 때 일상점검항목으로 거리가 먼 것은?**

① 도장의 노후상황
② 부착물에 의한 오염의 상황
③ 보온재, 보냉재의 파손 여부
④ 기초볼트의 체결정도

해설 ② 생성물, 부착물에 의한 오염은 내부에서 일어나는 현상이므로 개방점검에 해당한다.

일상점검항목
- 보온재 및 보냉재의 파손상황
- 도장의 노후상황
- 플랜지(Flange)부, 용접부 등의 누설 여부
- 기초볼트의 조임 상태

95 **다음 중 반응기의 구조 방식에 의한 분류에 해당하는 것은?**

① 탑형 반응기　　② 연속식 반응기
③ 반회분식 반응기　　④ 회분식 균일상반응기

해설 **반응기의 분류**
- **조작(운전)방식에 의한 분류** : 회분식, 연속식, 반회분식
- **구조에 의한 분류** : 관형, 탑형, 교본기형, 유동충형

96 **「산업안전보건법」에서 정한 위험물질을 기준량 이상 제조하거나 취급하는 화학설비로서 내부의 이상상태를 조기에 파악하기 위하여 필요한 온도계·유량계·압력계 등의 계측장치를 설치하여야 하는 대상이 아닌 것은?**

① 가열로 또는 가열기
② 증류·정류·증발·추출 등 분리를 하는 장치
③ 반응폭주 등 이상 화학반응에 의하여 위험물질이 발생할 우려가 있는 설비
④ 흡열반응이 일어나는 반응장치

91 ①　92 ①　93 ①　94 ②　95 ①　96 ④ **정답**

해설 ❯ **계측장치 등을 설치해야 할 특수화학설비**(안전보건규칙 제273조)
- 발열반응이 일어나는 반응장치
- 증류・정류・증발・추출 등 분리를 하는 장치
- 가열시켜 주는 물질의 온도가 가열되는 위험물질의 분해온도 또는 발화점보다 높은 상태에서 운전되는 설비
- 반응폭주 등 이상 화학반응에 의하여 위험물질이 발생할 우려가 있는 설비
- 온도가 섭씨 350℃ 이상이거나 게이지 압력이 980kPa 이상인 상태에서 운전되는 설비
- 가열로 또는 가열기

97 다음 중 퍼지(purge)의 종류에 해당하지 않는 것은?

① 압력퍼지　② 진공퍼지
③ 스위프퍼지　④ 가열퍼지

해설 퍼지의 종류로는 진공퍼지(저압퍼지), 압력퍼지, 스위프퍼지가 있다.

98 폭발한계와 완전 연소조정관계인 Jones식을 이용하여 부탄(C_4H_{10})의 폭발하한계를 구하면 몇 [vol%]인가?

① 1.4　② 1.7
③ 2.0　④ 2.3

해설
- Jones식 폭발하한계 = 0.55 × Cst
- $Cst = \dfrac{100}{1+4.773\left(n+\dfrac{m-f-2\lambda}{4}\right)}$

$= \dfrac{100}{1+4.773\left(4+\dfrac{10}{4}\right)} = 3.1226$

폭발하한계 = 3.1226 × 0.55 = 1.72

99 가스를 분류할 때 독성가스에 해당하지 않는 것은?

① 황화수소
② 시안화수소
③ 이산화탄소
④ 산화에틸렌

해설 ③ 이산화탄소는 독성가스에 해당하지 않지만, 일산화탄소는 독성가스에 해당한다.

100 다음 중 폭발 방호대책과 가장 거리가 먼 것은?

① 불활성화　② 억제
③ 방산　④ 봉쇄

해설 ① 불활성화는 소화대책에 해당된다.
❯ **폭발화재의 근본대책**
- 폭발봉쇄
- 폭발억제
- 폭발방산

정답 97 ④ 98 ② 99 ③ 100 ①

6과목 건설안전기술

101 터널공사에서 발파작업 시 안전대책으로 옳지 않은 것은?

① 발파전 도화선 연결상태, 저항치 조사 등의 목적으로 도통시험 실시 및 발파기의 작동상태에 대한 사전점검 실시
② 모든 동력선은 발원점으로부터 최소한 15m 이상 후방으로 옮길 것
③ 지질, 암의 절리 등에 따라 화약량에 대한 검토 및 시방기준과 대비하여 안전조치 실시
④ 발파용 점화회선은 타동력선 및 조명회선과 한 곳으로 통합하여 관리

해설 ④ 발파용 점화회선은 타동력선 및 조명회선으로부터 분리되어야 한다.

102 건설업 산업안전보건관리비 계상 및 사용기준은 산업재해보상 보험법의 적용을 받는 공사 중 총 공사금액이 얼마 이상인 공사에 적용하는가? (단, 전기공사업법, 정보통신공사업법에 의한 공사는 제외)

① 4천만원 ② 3천만원
③ 2천만원 ④ 1천만원

해설 **건설업 산업안전보건관리비 계상 및 사용기준**(제3조)
이 고시는 산업안전보건법 제2조 제11호의 건설공사 중 총 공사금액 2천만원 이상인 공사에 적용한다. 다만, 다음의 어느 하나에 해당되는 공사 중 단가계약에 의하여 행하는 공사에 대하여는 총계약금액을 기준으로 적용한다.
- 「전기공사업법」에 따른 전기공사로서 저압·고압 또는 특별고압 작업으로 이루어지는 공사
- 「정보통신공사업법」에 따른 정보통신공사

103 건설업의 공사금액이 850억원일 경우 산업안전보건법령에 따른 안전관리자의 수로 옳은 것은? (단, 전체 공사기간을 100으로 할 때 공사 전·후 15에 해당하는 경우는 고려하지 않는다.)

① 1명 이상
② 2명 이상
③ 3명 이상
④ 4명 이상

해설 **안전관리자의 선임**(산업안전보건법 시행령 별표 3)
- 공사금액 50억원 이상(관계 수급인은 100억원 이상) 120억원 미만 : 1명 이상
- 공사금액 120억원 이상 800억원 미만 : 1명 이상
- 공사금액 800억원 이상 1500억원 미만 : 2명 이상

104 동바리의 침하를 방지하기 위한 직접적인 조치로 옳지 않은 것은?

① 수평연결재 사용 ② 깔판의 사용
③ 콘크리트의 타설 ④ 말뚝박기

해설 **동바리의 침하를 방지하기 위한 조치**(안전보건규칙 제332조 제1호)
- 받침목 사용
- 깔판의 사용
- 콘크리트 타설
- 말뚝박기

105 달비계에 사용하는 와이어로프의 사용금지 기준으로 옳지 않은 것은?

① 이음매가 있는 것
② 열과 전기 충격에 의해 손상된 것
③ 지름의 감소가 공칭지름의 7%를 초과하는 것
④ 와이어로프의 한 꼬임에서 끊어진 소선의 수가 7% 이상인 것

101 ④ 102 ③ 103 ② 104 ① 105 ④ 정답

해설 ◎ **와이어로프의 사용금지 기준**(안전보건규칙 제63조)

- 이음매가 있는 것
- 와이어로프의 한 꼬임[스트랜드(strand)]에서 끊어진 소선(素線)[필러(pillar)선은 제외]의 수가 10% 이상(비자전로프의 경우에는 끊어진 소선의 수가 와이어로프 호칭지름의 6배 길이 이내에서 4개 이상이거나 호칭지름 30배 길이 이내에서 8개 이상)인 것
- 지름의 감소가 공칭지름의 7%를 초과하는 것
- 꼬인 것
- 심하게 변형되거나 부식된 것
- 열과 전기충격에 의해 손상된 것

106 건설업 중 유해위험방지계획서 제출 대상 사업장으로 옳지 않은 것은?

① 지상높이가 31m 이상인 건축물 또는 인공구조물, 연면적 30000m^2 이상인 건축물 또는 연면적 5000m^2 이상의 문화 및 집회시설의 건설공사

② 연면적 3000m^2 이상의 냉동·냉장 창고시설의 설비공사 및 단열공사

③ 깊이 10m 이상인 굴착공사

④ 최대 지간길이가 50m 이상인 다리의 건설공사

해설 ② 연면적 5000m^2 이상의 냉동·냉장 창고시설의 설비공사 및 단열공사가 유해위험방지계획서 제출 대상이다(산업안전보건법 시행령 제42조).

107 건설작업용 타워크레인의 안전장치로 옳지 않은 것은?

① 권과방지장치

② 과부하방지장치

③ 비상정지장치

④ 호이스트 스위치

해설 ④ 호이스트 스위치는 호이스트 크레인의 안전장치이다.

108 항타기 또는 항발기의 사용 시 준수사항으로 옳지 않은 것은?

① 증기나 공기를 차단하는 장치를 작업관리자가 쉽게 조작할 수 있는 위치에 설치한다.

② 해머의 운동에 의하여 공기호스와 해머의 접속부가 파손되거나 벗겨지는 것을 방지하기 위하여 그 접속부가 아닌 부위를 선정하여 공기호스를 해머에 고정시킨다.

③ 항타기나 항발기의 권상장치의 드럼에 권상용 와이어로프가 꼬인 경우에는 와이어로프에 하중을 걸어서는 안 된다.

④ 항타기나 항발기의 권상장치에 하중을 건 상태로 정지하여 두는 경우에는 쐐기장치 또는 역회전방지용 브레이크를 사용하여 제동하는 등 확실하게 정지시켜 두어야 한다.

해설 ◎ **항타기 및 항발기 사용 시 조치**(안전보건규칙 제217조)

- 사업주는 압축공기를 동력원으로 하는 항타기나 항발기를 사용하는 경우에는 다음의 사항을 준수하여야 한다.
  - 해머의 운동에 의하여 공기호스와 해머의 접속부가 파손되거나 벗겨지는 것을 방지하기 위하여 그 접속부가 아닌 부위를 선정하여 공기호스를 해머에 고정시킬 것
  - 공기를 차단하는 장치를 해머의 운전자가 쉽게 조작할 수 있는 위치에 설치할 것
- 사업주는 항타기나 항발기의 권상장치의 드럼에 권상용 와이어로프가 꼬인 경우에는 와이어로프에 하중을 걸어서는 아니 된다.
- 사업주는 항타기나 항발기의 권상장치에 하중을 건 상태로 정지하여 두는 경우에는 쐐기장치 또는 역회전방지용 브레이크를 사용하여 제동하는 등 확실하게 정지시켜 두어야 한다.

정답 106 ② 107 ④ 108 ①

109 **이동식 비계를 조립하여 작업을 하는 경우의 준수 기준으로 옳지 않은 것은?**

① 비계의 최상부에서 작업을 할 때에는 안전난간을 설치하여야 한다.
② 작업발판의 최대적재하중은 400kg을 초과하지 않도록 한다.
③ 승강용 사다리는 견고하게 설치하여야 한다.
④ 작업발판은 항상 수평을 유지하고 작업발판 위에서 안전난간을 딛고 작업을 하거나 받침대 또는 사다리를 사용하여 작업하지 않도록 한다.

해설 ② 작업발판의 최대적재하중은 250kg을 초과하지 않도록 한다.

110 **토사붕괴원인으로 옳지 않은 것은?**

① 경사 및 기울기 증가
② 성토높이의 증가
③ 건설기계 등 하중작용
④ 토사중량의 감소

해설 ④ 토사중량이 증가하면 토사붕괴의 원인이 된다.

111 **건설용 리프트의 붕괴 등을 방지하기 위해 받침의 수를 증가시키는 등 안전조치를 하여야 하는 순간풍속 기준은?**

① 초당 15m 초과 ② 초당 25m 초과
③ 초당 35m 초과 ④ 초당 45m 초과

해설 순간풍속이 초당 35m를 초과하는 바람이 불어올 우려가 있는 경우 건설용 리프트(지하에 설치되어 있는 것은 제외한다)에 대하여 받침의 수를 증가시키는 등 그 붕괴 등을 방지하기 위한 조치를 하여야 한다(안전보건규칙 제154조 제2항).

112 **토사붕괴에 따른 재해를 방지하기 위한 흙막이 지보공 부재로 옳지 않은 것은?**

① 흙막이판
② 말뚝
③ 턴버클
④ 띠장

해설 ▶ **흙막이 지보공 부재** : 흙막이판 · 말뚝 · 버팀대 및 띠장

113 **가설구조물의 특징으로 옳지 않은 것은?**

① 연결재가 적은 구조로 되기 쉽다.
② 부재 결합이 간략하여 불안전 결합이다.
③ 구조물이라는 개념이 확고하여 조립의 정밀도가 높다.
④ 사용부재는 과소단면이거나 결함재가 되기 쉽다.

해설 ③ 건축물의 시공 후 철거되는 임시 구조물이므로 조립의 정밀도가 높지 않다.

114 **사다리식 통로 등의 구조에 대한 설치기준으로 옳지 않은 것은?**

① 발판의 간격은 일정하게 할 것
② 발판과 벽과의 사이는 15cm 이상의 간격을 유지할 것
③ 사다리식 통로의 길이가 10m 이상인 때에는 7m 이내마다 계단참을 설치할 것
④ 사다리의 상단은 걸쳐놓은 지점으로부터 60cm 이상 올라가도록 할 것

109 ② 110 ④ 111 ③ 112 ③ 113 ③ 114 ③ 정답

해설 ◆ **사다리식 통로 등의 구조**(안전보건규칙 제24조)
- 견고한 구조로 할 것
- 심한 손상·부식 등이 없는 재료를 사용할 것
- 발판의 간격은 일정하게 할 것
- 발판과 벽과의 사이는 15cm 이상의 간격을 유지할 것
- 폭은 30cm 이상으로 할 것
- 사다리가 넘어지거나 미끄러지는 것을 방지하기 위한 조치를 할 것
- 사다리의 상단은 걸쳐놓은 지점으로부터 60cm 이상 올라가도록 할 것
- 사다리식 통로의 길이가 10m 이상인 경우에는 5m 이내마다 계단참을 설치할 것
- 사다리식 통로의 기울기는 75° 이하로 할 것. 다만, 고정식 사다리식 통로의 기울기는 90° 이하로 하고, 그 높이가 7m 이상인 경우에는 바닥으로부터 높이가 2.5m 되는 지점부터 등받이울을 설치할 것
- 접이식 사다리 기둥은 사용 시 접혀지거나 펼쳐지지 않도록 철물 등을 사용하여 견고하게 조치할 것

115 가설통로를 설치하는 경우 준수해야 할 기준으로 옳지 않은 것은?

① 경사는 30° 이하로 할 것
② 경사가 25°를 초과하는 경우에는 미끄러지지 아니하는 구조로 할 것
③ 건설공사에 사용하는 높이 8m 이상인 비계다리에는 7m 이내마다 계단참을 설치할 것
④ 수직갱에 가설된 통로의 길이가 15m 이상인 때에는 10m 이내마다 계단참을 설치할 것

해설 ◆ **가설통로의 설치기준**(안전보건규칙 제23조)
- 견고한 구조로 할 것
- 경사는 30° 이하로 할 것. 다만, 계단을 설치하거나 높이 2m 미만의 가설통로로서 튼튼한 손잡이를 설치한 경우에는 그러하지 아니하다.
- 경사가 15°를 초과하는 경우에는 미끄러지지 아니하는 구조로 할 것
- 추락할 위험이 있는 장소에는 안전난간을 설치할 것. 다만, 작업상 부득이한 경우에는 필요한 부분만 임시로 해체할 수 있다.
- 수직갱에 가설된 통로의 길이가 15m 이상인 경우에는 10m 이내마다 계단참을 설치할 것
- 건설공사에 사용하는 높이 8m 이상인 비계다리에는 7m 이내마다 계단참을 설치할 것

116 건설현장에 거푸집동바리 설치 시 준수사항으로 옳지 않은 것은?

① 파이프서포트 높이가 4.5m를 초과하는 경우에는 높이 2m 이내마다 2개 방향으로 수평 연결재를 설치한다.
② 동바리의 침하 방지를 위해 깔목의 사용, 콘크리트 타설, 말뚝박기 등을 실시한다.
③ 강재와 강재의 접속부는 볼트 또는 클램프 등 전용철물을 사용한다.
④ 강관틀 동바리는 강관틀과 강관틀 사이에 교차가새를 설치한다.

해설 ① 높이가 3.5m를 초과하는 경우에는 높이 2m 이내마다 2개 방향으로 수평 연결재를 설치한다(안전보건규칙 제332조의2).

117 고소작업대를 설치 및 이동하는 경우에 준수하여야 할 사항으로 옳지 않은 것은?

① 와이어로프 또는 체인의 안전율은 3 이상일 것
② 붐의 최대 지면경사각을 초과 운전하여 전도되지 않도록 할 것
③ 고소작업대를 이동하는 경우 작업대를 가장 낮게 내릴 것
④ 작업대에 끼임·충돌 등 재해를 예방하기 위한 가드 또는 과상승방지장치를 설치할 것

해설 ① 와이어로프 또는 체인의 안전율은 5 이상이어야 한다.

정답 115 ② 116 ① 117 ①

118 건설공사의 유해위험방지계획서 제출 기준일로 옳은 것은?

① 당해공사 착공 1개월 전까지
② 당해공사 착공 15일 전까지
③ 당해공사 착공 전날까지
④ 당해공사 착공 15일 후까지

해설 사업주가 유해위험방지계획서를 제출할 때에는 건설공사 유해위험방지계획서에 서류를 첨부하여 해당 공사의 착공 전날까지 공단에 2부를 제출해야 한다(산업안전보건법 시행규칙 제42조 제3항).

119 철골건립준비를 할 때 준수하여야 할 사항으로 옳지 않은 것은?

① 지상 작업장에서 건립준비 및 기계기구를 배치할 경우에는 낙하물의 위험이 없는 평탄한 장소를 선정하여 정비하여야 한다.
② 건립작업에 다소 지장이 있다 하더라도 수목은 제거하거나 이설하여서는 안 된다.
③ 사용 전에 기계기구에 대한 정비 및 보수를 철저히 실시하여야 한다.
④ 기계에 부착된 앵커 등 고정장치와 기초구조 등을 확인하여야 한다.

해설 ② 건립작업에 다소 지장이 있다면 수목은 제거하여 안전작업을 실시하여야 한다.

120 가설공사 표준안전 작업지침에 따른 통로발판을 설치하여 사용함에 있어 준수사항으로 옳지 않은 것은?

① 추락의 위험이 있는 곳에는 안전난간이나 철책을 설치하여야 한다.
② 작업발판의 최대폭은 1.6m 이내이어야 한다.
③ 비계발판의 구조에 따라 최대 적재하중을 정하고 이를 초과하지 않도록 하여야 한다.
④ 발판을 겹쳐 이음하는 경우 장선 위에서 이음을 하고 겹침길이는 10cm 이상으로 하여야 한다.

해설 **가설발판의 지지력**

- 근로자가 작업 및 이동하기에 충분한 넓이 확보
- 추락의 위험이 있는 곳에 안전난간 또는 철책 설치
- 발판을 겹쳐 이음 시 장선 위에 이음하고 겹침길이는 20cm 이상
- 발판 1개에 대한 지지물은 2개 이상
- 작업발판의 최대폭은 1.6m 이내
- 작업발판 위에는 돌출된 못, 옹이, 철선 등이 없을 것
- 비계발판의 구조에 따라 최대적재하중을 정하고 초과 금지

118 ③ 119 ② 120 ④ 정답

2022년 제 3 회 기출 복원문제

1과목 안전관리론

01 매슬로우(Maslow)의 욕구단계 이론 중 2단계에 해당되는 것은?

① 생리적 욕구
② 안전에 대한 욕구
③ 자아실현의 욕구
④ 존경과 긍지에 대한 욕구

해설 ▶ 매슬로우의 욕구단계 이론

단계	이론	설명
5단계	자아실현의 욕구	잠재능력의 극대화, 성취의 욕구
4단계	인정받으려는 욕구	자존심, 성취감, 승진 등 자존의 욕구
3단계	사회적 욕구	소속감과 애정에 대한 욕구
2단계	안전의 욕구	자기존재에 대한 욕구, 보호받으려는 욕구
1단계	생리적 욕구	기본적 욕구로서 강도가 가장 높은 욕구

02 기업 내 정형교육 중 TWI(Training Within Industry)의 교육내용이 아닌 것은?

① Job Method Training
② Job Relation Training
③ Job Instruction Training
④ Job Standardization Training

해설
- Job Method Training(J.M.T) : 작업방법훈련
- Job Instruction Training(J.I.T) : 작업지도훈련
- Job Relations Training(J.R.T) : 인간관계훈련
- Job Safety Training(J.S.T) : 작업안전훈련

03 라인(Line)형 안전관리 조직의 특징으로 옳은 것은?

① 안전에 관한 기술의 축적이 용이하다.
② 안전에 관한 지시나 조치가 신속하다.
③ 조직원 전원을 자율적으로 안전활동에 참여시킬 수 있다.
④ 권한 다툼이나 조정 때문에 통제수속이 복잡해지며, 시간과 노력이 소모된다.

해설 ▶ 라인형 조직

구분	내용
장점	• 안전에 대한 지시 및 전달이 신속・용이하다. • 명령계통이 간단・명료하다. • 참모식보다 경제적이다.
단점	• 안전에 관한 전문지식 부족 및 기술의 축적이 미흡하다. • 안전정보 및 신기술 개발이 어렵다 • 라인에 과중한 책임이 물린다.

04 참가자에게 일정한 역할을 주어 실제적으로 연기를 시켜봄으로써 자기의 역할을 보다 확실히 인식할 수 있도록 체험학습을 시키는 교육방법은?

① Role playing
② Brain storming
③ Action playing
④ Fish Bowl plaing

해설 일상생활에서의 여러 역할을 모의로 실연(實演)하는 일. 개인이나 집단의 사회적 적응을 향상하기 위한 치료 및 훈련 방법의 하나이다.

05 주의의 수준이 Phase 0인 상태에서의 의식상태로 옳은 것은?

① 무의식 상태
② 의식의 이완 상태
③ 명료한 상태
④ 과긴장 상태

정답 01 ② 02 ④ 03 ② 04 ① 05 ①

해설

단계(phase)	뇌파 패턴	의식상태(mode)	주의의 작용	생리적 상태	신뢰성
0	δ파	무의식, 실신	제로	수면, 뇌발작	0
I	θ파	의식이 둔한 상태	활발하지 않음	피로, 단조, 졸림, 취중	0.9
II	α파	편안한 상태	수동적임	안정적 상태, 휴식시, 정상 작업시	0.99~0.9999
III	β파	명석한 상태	활발함, 적극적임	적극적 활동시	0.9999 이상
IV	γ파	흥분상태(과긴장)	일점에 응집, 판단정지	긴급 방위 반응, 당황, 패닉	0.9 이하

06 최대사용전압이 교류(실효값) 500V 또는 직류 750V인 내전압용 절연장갑의 등급은?

① 00
② 0
③ 1
④ 2

해설

등급	최대사용전압		색상
	교류([V], 실횻값)	직류[V]	
00등급	500	750	갈색
0등급	1000	1500	빨간색
1등급	7500	11250	흰색
2등급	17000	25500	노란색
3등급	26500	39750	녹색
4등급	36000	54000	등색

07 인간의 적응기제 중 방어기제로 볼 수 없는 것은?

① 승화　② 고립
③ 합리화　④ 보상

해설 ◆ 인간의 방어기제
- **보상** : 결함과 무능에 의해 생긴 열등감이나 긴장을 장점 같은 것으로 그 결함을 보충하려는 행동
- **합리화** : 실패나 약점을 그럴듯한 이유로 비난받지 않도록 하거나 자위하는 행동(변명)
- **투사** : 불만이나 불안을 해소하기 위해 남에게 뒤집어 씌우는 식
- **동일시** : 실현할 수 없는 적응을 타인 또는 어떤 집단에 자신과 동일한 것으로 여겨 욕구를 만족
- **승화** : 억압당한 욕구를 다른 가치 있는 목적을 실현하도록 노력하여 욕구 충족

※ 방어기제는 긍정적 요소로 부정적 요소가 방어기제가 아님.

08 교육훈련 기법 중 off.J.T의 장점에 해당되지 않는 것은?

① 우수한 전문가를 강사로 활용할 수 있다.
② 특별 교재, 교구, 설비를 유효하게 활용할 수 있다.
③ 다수의 근로자에게 조직적 훈련이 가능하다.
④ 직장의 실정에 맞는 실제적인 교육이 가능하다.

해설 ◆ Off.J.T와 OJT 비교

구분	내용
Off.J.T	• 한 번에 다수의 대상을 일괄적, 조직적으로 교육할 수 있다. • 전문분야의 우수한 강사진을 초빙할 수 있다. • 교육기자재 및 특별 교재 또는 시설을 유효하게 활용할 수 있다.
OJT	• 직장의 현장 실정에 맞는 구체적이고 실질적인 교육이 가능하다. • 교육의 효과가 업무에 신속하게 반영된다. • 교육의 이해도가 빠르고 동기부여가 쉽다.

06 ① 07 ② 08 ④ 정답

09 **산업안전보건법상 안전관리자의 업무에 해당되지 않는 것은?**

① 업무수행 내용의 기록 · 유지
② 산업재해에 관한 통계의 유지 · 관리 · 분석을 위한 보좌 및 조언 · 지도
③ 법 또는 법에 따른 명령으로 정한 안전에 관한 사항의 이행에 관한 보좌 및 조언 · 지도
④ 작업장 내에서 사용되는 전체 환기장치 및 국소 배기장치 등에 관한 설비의 점검과 작업방법의 공학적 개선에 관한 보좌 및 조언 · 지도

해설 **안전관리자의 업무**(산업안전보건법 시행령 제18조 제1항)
- 안전보건관리규정 및 취업규칙에서 정한 업무
- 위험성평가에 관한 보좌 및 지도 · 조언
- 안전인증대상기계 등에 따른 자율안전확인대상기계 등 구입 시 적격품의 선정에 관한 보좌 및 지도 · 조언
- 해당 사업장 안전교육계획의 수립 및 안전교육 실시에 관한 보좌 및 지도 · 조언
- 사업장 순회점검, 지도 및 조치 건의
- 산업재해 발생의 원인 조사 · 분석 및 재발 방지를 위한 기술적 보좌 및 지도 · 조언
- 산업재해에 관한 통계의 유지 · 관리 · 분석을 위한 보좌 및 지도 · 조언
- 법 또는 법에 따른 명령으로 정한 안전에 관한 사항의 이행에 관한 보좌 및 지도 · 조언
- 업무 수행 내용의 기록 · 유지
- 그 밖에 안전에 관한 사항으로서 고용노동부장관이 정하는 사항

10 **근로자수 300명, 총 근로시간수 48시간×50주이고, 연재해건수는 200건일 때 이 사업장의 강도율은? (단, 연 근로손실일수는 800일로 한다.)**

① 1.11 ② 0.90
③ 0.16 ④ 0.84

해설 $\text{강도율} = \frac{\text{총요양근로손실일수}}{\text{연근로시간수}} \times 1000$
$= \frac{800}{300 \times 48 \times 50} \times 1000 = 1.11$

11 **재해예방의 4원칙이 아닌 것은?**

① 손실우연의 원칙 ② 사실확인의 원칙
③ 원인계기의 원칙 ④ 대책선정의 원칙

해설 **재해예방 4원칙**
- **예방가능의 원칙** : 천재지변을 제외한 모든 인재는 예방이 가능하다.
- **손실우연의 원칙** : 사고의 결과 손실의 유무 또는 대소는 사고 당시의 조건에 따라서 우연적으로 발생한다.
- **원인연계의 원칙** : 사고에는 반드시 원인이 있고 원인은 대부분 연계 원인이다.
- **대책선정의 원칙** : 사고의 원인이나 불안전 요소가 발견되면 반드시 대책은 실시되어야 하며 대책 선정이 가능하다. 대책에는 재해 방지의 세 기둥이라 할 수 있는 3E, 즉 기술적 대책, 교육적 대책, 규제적 대책을 들 수 있다.

12 **A 사업장의 강도율이 2.5이고, 연간 재해발생 건수가 12건, 연간 총 근로시간수가 120만 시간일 때 이 사업장의 종합재해지수는 약 얼마인가?**

① 1.6 ② 5.0
③ 27.6 ④ 230

해설
- 종합재해지수(FSI) $= \sqrt{\text{빈도율}(F.R) \times \text{강도율}(S.R)}$
$= \sqrt{10 \times 2.5} = 5$
- 빈도율(도수율) $= \frac{\text{재해건수}}{\text{연근로시간수}} \times 10^6$

13 **재해코스트 산정에 있어 시몬즈(R.H. Simonds) 방식에 의한 재해코스트 산정법으로 옳은 것은?**

① 직접비 + 간접비
② 간접비 + 비보험코스트
③ 보험코스트 + 비보험코스트
④ 보험코스트 + 사업부보상금 지급액

정답 09 ④ 10 ① 11 ② 12 ② 13 ③

해설 총재해코스트 = 보험코스트 + 비보험코스트
= 산재보험료 + (A × 휴업상해건수) + (B × 통원상해건수)
+ (C × 구급조치상해건수) + (D × 무상해사고건수)

14 산업현장에서 재해 발생 시 조치 순서로 옳은 것은?

① 긴급처리 → 재해조사 → 원인분석 → 대책수립 → 실시계획 → 실시 → 평가
② 긴급처리 → 원인분석 → 재해조사 → 대책수립 → 실시 → 평가
③ 긴급처리 → 재해조사 → 원인분석 → 실시계획 → 실시 → 대책수립 → 평가
④ 긴급처리 → 실시계획 → 재해조사 → 대책수립 → 평가 → 실시

해설 **재해 발생 시 조치 순서**
- **제1단계** : 긴급처리(기계정지–응급처치–통보–2차 재해방지–현장보존)
- **제2단계** : 재해조사(6하원칙에 의해서)
- **제3단계** : 원인강구(중점분석대상 : 사람 – 물체 – 관리)
- **제4단계** : 대책수립(이유 : 동종 및 유사재해의 예방)
- **제5단계** : 대책실시 계획
- **제6단계** : 대책실시
- **제7단계** : 평가

15 산업안전보건법령상 안전 · 보건표지의 색채와 사용사례의 연결로 틀린 것은?

① 노란색 – 화학물질 취급장소에서의 유해 · 위험경고 이외의 위험경고
② 파란색 – 특정 행위의 지시 및 사실의 고지
③ 빨간색 – 화학물질 취급장소에서의 유해 · 위험경고
④ 녹색 – 정지신호, 소화설비 및 그 장소, 유해행위의 금지

해설 ④ 녹색 – 안내 – 비상구 및 피난소, 사람 또는 차량의 통행표시
빨간색 – 금지 – 정지신호, 소화설비 및 그 장소, 유해행위의 금지

16 산업재해의 분석 및 평가를 위하여 재해발생 건수 등의 추이에 대해 한계선을 설정하여 목표 관리를 수행하는 재해통계 분석기법은?

① 폴리건(polygon)
② 관리도(control chart)
③ 파레토도(pareto diagram)
④ 특성 요인도(cause &effect diagram)

해설 관리도는 목표 관리를 행하기 위해 월별의 발생수를 그래프화하여 관리선을 설정하여 관리하는 방법이다.

17 헤드십의 특성이 아닌 것은?

① 지휘형태는 권위주의적이다.
② 권한행사는 임명된 헤드이다.
③ 구성원과의 사회적 간격은 넓다.
④ 상관과 부하와의 관계는 개인적인 영향이다.

해설

구분	헤드십	리더십
권한 부여 및 행사	위에서 위임하여 임명	아래로부터의 동의에 의한 선출
권한 근거	법적 또는 공식적	개인 능력
상관과 부하와의 관계 및 책임 귀속	지배적 상사	개인적인 영향, 상사와 부하
부하와의 사회적 간격	넓다	좁다
지휘 형태	권위주의적	민주주의적

14 ① 15 ④ 16 ② 17 ④ 정답

18 무재해운동에 관한 설명으로 틀린 것은?

① 제3자의 행위에 의한 업무상 재해는 무재해로 본다.

② 작업 시간 중 천재지변 또는 돌발적인 사고로 인한 구조행위 또는 긴급피난 중 발생한 사고는 무재해로 본다.

③ 무재해란 무재해운동 시행사업장에서 근로자가 업무에 기인하여 사망 또는 2일 이상의 요양을 요하는 부상 또는 질병에 이환되지 않는 것을 말한다.

④ 작업 시간 외에 천재지변 또는 돌발적인 사고 우려가 많은 장소에서 사회통념상 인정되는 업무수행 중 발생한 사고는 무재해로 본다.

해설 ③ 2일 이상이 아니라 4일 이상이다.

무재해로 인정되는 경우

- 출, 퇴근 도중에 발생한 재해
- 운동 경기 등 각종 행사 중 발생한 재해
- 작업 시간 중 천재지변 또는 돌발적인 사고로 인한 구조 행위 또는 긴급피난 중 발생한 사고
- 작업 시간 외에 천재지변 또는 돌발적인 사고 우려가 많은 장소에서 사회 통념상 인정되는 업무수행 중 발생한 사고
- 제3자의 행위에 의한 업무상 재해
- 업무상 재해인정 기준 중 뇌혈관 질환 또는 심장질환에 의한 재해

19 맥그리거(McGregor)의 X, Y이론에서 X이론에 대한 관리 처방으로 볼 수 없는 것은?

① 직무의 확장

② 권위주의적 리더십의 확립

③ 경제적 보상체제의 강화

④ 면밀한 감독과 엄격한 통제

해설

X이론의 관리적 처방 (독재적 리더십)	Y이론의 관리적 처방 (민주적 리더십)
• 권위주의적 리더십의 확보 • 경제적 보상체계의 강화 • 세밀한 감독과 엄격한 통제 • 상부책임제도의 강화(경영자의 간섭) • 설득, 보상, 처벌, 통제에 의한 관리	• 분권화와 권한의 위임 • 민주적 리더십의 확립 • 직무확장 • 비공식적 조직의 활용 • 목표에 의한 관리 • 자체 평가제도의 활성화 • 조직목표달성을 위한 자율적인 통제

20 버드(Bird)의 재해분포에 따르면 20건의 경상(물적, 인적상해) 사고가 발생했을 때 무상해, 무사고(위험순간) 고장은 몇 건이 발생하겠는가?

① 600건 ② 800건

③ 1200건 ④ 1600건

해설 **1 : 10 : 30 : 600의 법칙**

- 중상 또는 폐질 1
- 경상(물적, 인적 상해) 10
- 무상해 사고(물적 손실) 30
- 무상해, 무사고 고장(위험한 순간) 600

정답 18 ③ 19 ① 20 ③

2과목 인간공학 및 시스템안전공학

21 설비보전에서 평균수리시간의 의미로 맞는 것은?

① MTTR ② MTBF
③ MTTF ④ MTBP

해설 ① MTTR(Mean Time To Repair) : 평균수리시간
② MTBF(Mean Time Between Failure) : 평균고장간격
③ MTTF(Mean Time To Failure) : 평균동작시간

22 산업안전보건기준에 관한 규칙상 작업장의 작업면에 따른 적정 조명 수준은 초정밀 작업에서 (㉠)lux 이상이고, 보통 작업에서는 (㉡)lux 이상이다. ( ) 안에 들어갈 내용은?

① ㉠ : 650, ㉡ : 150 ② ㉠ : 650, ㉡ : 250
③ ㉠ : 750, ㉡ : 150 ④ ㉠ : 750, ㉡ : 250

해설 ◉ 작업별 조도기준
- **기타 작업** : 75lux 이상
- **보통 작업** : 150lux 이상
- **정밀 작업** : 300lux 이상
- **초정밀 작업** : 750lux 이상

23 다음 FT도에서 최소 컷셋을 올바르게 구한 것은?

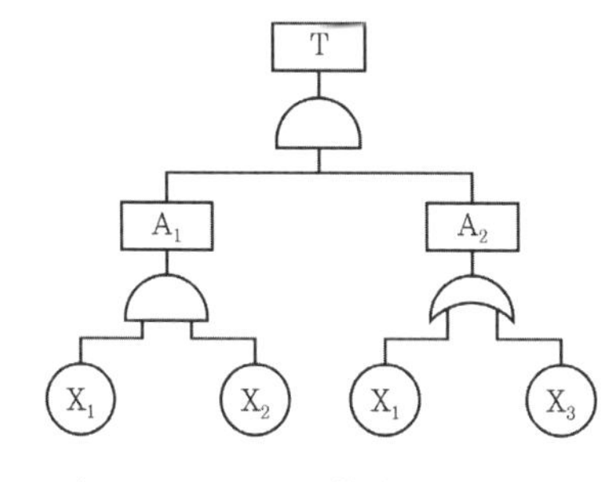

① (X_1, X_2) ② (X_1, X_3)
③ (X_2, X_3) ④ (X_1, X_2, X_3)

해설 $(X_1 \times X_2) \times (X_1 + X_3)$
$= (X_1 \times X_2) \times (X_1) + (X_1 \times X_2) \times (X_3)$
$= (X_1 \times X_2) + (X_1 \times X_2) \times (X_3)$
$= (X_1 \times X_2) \times (1 + X_3)$
$= (X_1 \times X_2) \times 1$
$= (X_1 \times X_2)$

24 보기의 실내면에서 빛의 반사율이 낮은 곳에서부터 높은 순서대로 나열한 것은?

A : 바닥 B : 천장 C : 가구 D : 벽

① A<B<C<D ② A<C<B<D
③ A<C<D<B ④ A<D<C<B

해설

바닥	가구, 사무용기기, 책상	창문 발, 벽	천장
20~40%	25~45%	40~60%	80~90%

25 A 회사에서는 새로운 기계를 설계하면서 레버를 위로 올리면 압력이 올라가도록 하고, 오른쪽 스위치를 눌렀을 때 오른쪽 전등이 켜지도록 하였다면, 이것은 각각 어떤 유형의 양립성을 고려한 것인가?

① 레버 – 공간양립성, 스위치 – 개념양립성
② 레버 – 운동양립성, 스위치 – 개념양립성
③ 레버 – 개념양립성, 스위치 – 운동양립성
④ 레버 – 운동양립성, 스위치 – 공간양립성

해설

공간적 양립성	표시장치나 조정장치에서 물리적 형태 및 공간적 배치
운동 양립성	표시장치의 움직이는 방향과 조정장치의 방향이 사용자의 기대와 일치
개념적 양립성	이미 사람들이 학습을 통해 알고 있는 개념적 연상

21 ① 22 ③ 23 ① 24 ③ 25 ④ 정답

26 **인간의 귀의 구조에 대한 설명으로 틀린 것은?**

① 외이는 귓바퀴와 외이도로 구성된다.
② 고막은 중이와 내이의 경계부위에 위치해 있으며 음파를 진동으로 바꾼다.
③ 중이에는 인두와 교통하여 고실 내압을 조절하는 유스타키오관이 존재한다.
④ 내이는 신체의 평형감각수용기인 반규관과 청각을 담당하는 전정기관 및 와우로 구성되어 있다.

해설 ② 고막은 외이와 중이의 경계에 위치하는 얇고 투명한 두께 0.1mm의 막이며, 외이로부터 전달된 음파에 진동이 되어 내이로 전달시키는 역할을 한다.

27 **인간-기계 시스템의 설계를 6단계로 구분할 때, 첫 번째 단계에서 시행하는 것은?**

① 기본설계
② 시스템의 정의
③ 인터페이스 설계
④ 시스템의 목표와 성능명세 결정

해설 **인간-기계시스템의 설계 6단계**
- **제1단계** : 목표 및 성능명세 결정 – 시스템 설계 전 그 목적이나 존재 이유가 있어야 함(인간 요소적인 면, 신체의 역학적 특성 및 인체특정학적 요소 고려)
- **제2단계** : 시스템(체계)의 정의 – 목적을 달성하기 위한 특정한 기본기능들이 수행되어야 함
- **제3단계** : 기본설계 – 시스템의 형태를 갖추기 시작하는 단계(직무분석, 작업설계, 기능할당)
- **제4단계** : 계면(인터페이스) 설계 – 사용자 편의와 시스템 성능
- **제5단계** : 촉진물(보조물) 설계 – 인간의 성능을 촉진시킬 보조물 설계
- **제6단계** : 시험 및 평가 – 시스템 개발과 관련된 평가와 인간적인 요소 평가 실시

28 **빨강, 노랑, 파랑의 3가지 색으로 구성된 교통 신호등이 있다. 신호등은 항상 3가지 색 중 하나가 켜지도록 되어 있다. 1시간 동안 조사한 결과, 파란등은 총 30분 동안, 빨간등과 노란등은 각각 총 15분 동안 켜진 것으로 나타났다. 이 신호등의 총 정보량은 몇 [bit]인가?**

① 0.5
② 0.75
③ 1.0
④ 1.5

해설 총정보량은 = (0.5 × 1) + (0.25 × 2) + (0.25 × 2) = 1.5

정보량 : 실현 가능성이 같은 n개의 대안이 있을 때 총 정보량

1. **시간**
   - 파랑 : 30/60 = 0.5
   - 빨강 : 15/60 = 0.25
   - 노랑 : 15/60 = 0.25
2. **정보량**
   - 파랑 : $\log(\frac{1}{0.5})/\log(2) = 1$
   - 빨강, 노랑 : $\log(\frac{1}{0.25})/\log(2) = 2$

29 **결함수분석(FTA)에 관한 설명으로 틀린 것은?**

① 연역적 방법이다.
② 버텀-업(Bottom-Up)방식이다.
③ 기능적 결함의 원인을 분석하는 데 용이하다.
④ 정량적 분석이 가능하다.

해설 **연역적이고 정량적인 해석 방법(Top down 형식)**
- 정량적 해석기법(컴퓨터처리 가능)이다.
- 논리기호를 사용한 특정사상에 대한 해석이다.
- 서식이 간단해서 비전문가도 짧은 훈련으로 사용할 수 있다.
- Human Error의 검출이 어렵다.

정답 26 ② 27 ④ 28 ④ 29 ②

30 **시각 장치와 비교하여 청각 장치 사용이 유리한 경우는?**

① 메시지가 길 때
② 메시지가 복잡할 때
③ 정보 전달 장소가 너무 소란할 때
④ 메시지에 대한 즉각적인 반응이 필요할 때

해설 **청각장치 사용이 유리한 경우**
- 전언이 간단하다.
- 전언이 짧다.
- 전언이 후에 재참조되지 않는다.
- 전언이 시간적 사상을 다룬다.
- 전언이 즉각적인 행동을 요구한다(긴급할 때).
- 수신장소가 너무 밝거나 암조응유지가 필요시
- 직무상 수신자가 자주 움직일 때
- 수신자가 시각계통이 과부하 상태일 때

31 **NOISH lifting guideline에서 권장무게한계(RWL) 산출에 사용되는 계수가 아닌 것은?**

① 휴식 계수　② 수평 계수
③ 수직 계수　④ 비대칭 계수

해설 **권장무게한계 계수**
- LC = 부하상수 = 23kg
- HM = 수평계수 = 25/H
- VM = 수직계수 = 1−(0.003×|V−75|)
- DM = 거리계수 = 0.82+(4.5/D)
- AM = 비대칭계수 = 1−(0.0032×A)
- FM = 빈도계수
- CM − 결합계수

32 **인체측정에 대한 설명으로 옳은 것은?**

① 인체측정은 동적측정과 정적측정이 있다.
② 인체측정학은 인체의 생화학적 특징을 다룬다.
③ 자세에 따른 인체지수의 변화는 없다고 가정한다.
④ 측정항목에 무게, 둘레, 두께, 길이는 포함되지 않는다.

해설

구조적 인체치수 (정적 인체계측)	• 신체를 고정시킨 자세에서 피측정자를 인체 측정기 등으로 측정 • 여러 가지 설계의 표준이 되는 기초적 치수 결정 • 마르틴 식 인체 계측기 사용 • 종류 – 골격치수 – 신체의 관절 사이를 측정 – 외곽치수 – 머리둘레, 허리둘레 등의 표면 치수 측정
기능적 인체치수 (동적 인체계측)	• 동적 치수는 운전을 위해 핸들을 조작하거나 브레이크를 밟는 행위 또는 물체를 잡기위해 손을 뻗는 행위 등 움직이는 신체의 자세로부터 측정 • 신체적 기능 수행 시 각 신체 부위는 독립적으로 움직이는 것이 아니라, 부위별 특성이 조합되어 나타나기 때문에 정적 치수와 차별화 • 소마토그래피 : 신체적 기능 수행을 정면도, 측면도, 평면도의 형태로 표현하여 신체 부위별 상호작용을 보여주는 그림

33 **시스템이 저장되어 이동되고 실행됨에 따라 발생하는 작동시스템의 기능이나 과업, 활동으로부터 발생되는 위험에 초점을 맞춘 위험분석 차트는?**

① 결함수분석(FTA : Fault Tree Analysis)
② 사상수분석(ETA : Event Tree Analysis)
③ 결함위험분석(FHA : Fault Hazard Analysis)
④ 운용위험분석(OHA : Operating Hazard Analysis)

해설 OHA는 시스템의 모든 사용 단계에서 생산, 보전, 시험, 운반, 저장, 운전 비상탈출, 구조, 훈련 및 폐기 등에 사용되는 인원, 순서, 설비에 관하여 위험을 통제하고 제어한다.

30 ④　31 ①　32 ①　33 ④ **정답**

34 인간이 기계보다 우수한 기능이라 할 수 있는 것은? (단, 인공지능은 제외한다.)

① 일반화 및 귀납적 추리
② 신뢰성 있는 반복 작업
③ 신속하고 일관성 있는 반응
④ 대량의 암호화된 정보의 신속한 보관

해설

인간이 우수한 기능	기계가 우수한 기능
귀납적 추리	연역적 추리
과부하 상태에서 선택	과부하 상태에서도 효율적

35 건구온도 30℃, 습구온도 35℃일 때의 옥스퍼드(Oxford) 지수는 얼마인가?

① 27.75℃
② 24.58℃
③ 32.78℃
④ 34.25℃

해설 $WD = 0.85W + 0.15D$(W : 습구온도, D : 건구온도)
$= (0.85 \times 35) + (0.15 \times 30) = 34.25$℃

36 작업자가 용이하게 기계·기구를 식별하도록 암호화(Coding)를 한다. 암호화 방법이 아닌 것은?

① 강도 ② 형상
③ 크기 ④ 색채

해설 ❯ **암호화 방법**
- 모양
- 표면촉감
- 크기
- 위치
- 색
- 표시
- 조작법 등

37 반사형 없이 모든 방향으로 빛을 발하는 점광원에서 5m 떨어진 곳의 조도가 120lux라면 2m 떨어진 곳의 조도는?

① 150lux ② 192.2lux
③ 750lux ④ 3000lux

해설 $조도 = \frac{광량}{거리^2}$
$광량 = 조도 \times 거리^2$
$120lux \times 5^2 = 3000lumen$
2m 떨어진 곳에서의 조도 $= 3000/2^2 = 750lux$

38 동작경제의 원칙과 가장 거리가 먼 것은?

① 급작스러운 방향의 전환은 피하도록 할 것
② 가능한 관성을 이용하여 작업하도록 할 것
③ 두 손의 동작은 같이 시작하고 같이 끝나도록 할 것
④ 두 팔의 동작은 동시에 같은 방향으로 움직일 것

해설 ❯ **동작경제의 원칙 중 신체사용에 관한 원칙**
- 양손은 동시에 동작을 시작하고 또 끝마쳐야 한다.
- 휴식시간 이외에 양손이 동시에 노는 시간이 있어서는 안 된다.
- 양팔은 각기 반대방향에서 대칭적으로 동시에 움직여야 한다.
- 손의 동작은 작업을 수행할 수 있는 최소동작 이상을 해서는 안 된다.
- 작업자들을 돕기 위하여 동작의 관성을 이용하여 작업하는 것이 좋다.
- 구속되거나 제한된 동작 또는 급격한 방향전환보다는 유연한 동작이 좋다.
- 작업동작은 율동이 맞아야 한다.
- 직선동작보다는 연속적인 곡선동작을 취하는 것이 좋다.
- 탄도동작(ballistic movement)은 제한되거나 통제된 동작보다 더 신속, 정확, 용이하다.
- 눈을 주시시키는 동작 또는 이동시키는 동작은 되도록 적게 하여야 한다.

정답 34 ① 35 ④ 36 ① 37 ③ 38 ④

39 여러 사람이 사용하는 의자의 좌판 높이 설계 기준으로 옳은 것은?

① 5% 오금 높이
② 50% 오금 높이
③ 75% 오금 높이
④ 95% 오금 높이

해설 **의자 좌판의 높이**
- 대퇴부의 압박 방지를 위해 좌판 앞부분은 오금 높이보다 높지 않게 설계(치수는 5% 치 사용)
- 좌판의 높이는 개인별로 조절할 수 있도록 하는 것이 바람직
- 사무실 의자의 좌판과 등판각도
  - 좌판각도 : 3°
  - 등판각도 : 100°

40 다음 그림에서 명료도 지수는?

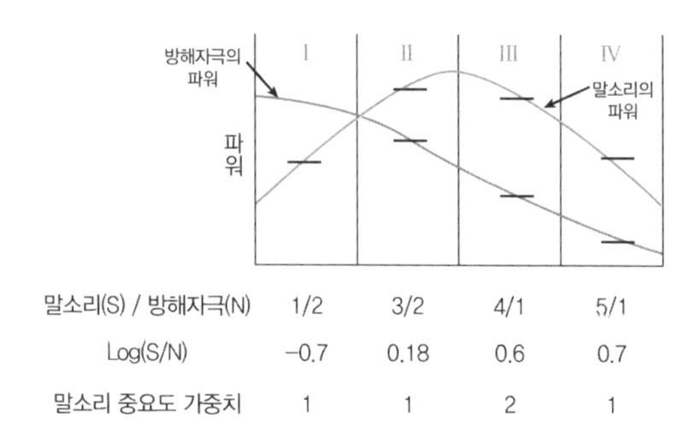

① 0.38
② 0.68
③ 1.38
④ 5.68

해설 명료도 지수는 통화이해도를 측정하는 지표로 각 옥타브(octave)대의 음성과 잡음의 [dB]값에 가중치를 곱한다.
$-0.7 + 0.18 + (0.6 \times 2) + 0.7 = 1.38$

3과목 기계위험방지기술

41 다음 중 드릴작업의 안전사항이 아닌 것은?

① 옷소매가 길거나 찢어진 옷은 입지 않는다.
② 작고, 길이가 긴 물건은 플라이어로 잡고 뚫는다.
③ 회전하는 드릴에 걸레 등을 가까이 하지 않는다.
④ 스핀들에서 드릴을 뽑아낼 때에는 드릴 아래에 손을 내밀지 않는다.

해설 **드릴작업의 안전사항**
- 회전하고 있는 주축이나 드릴에 손이나 걸레를 대거나 머리를 가까이 하지 말 것
- 드릴 사용 전에 점검하고 상처나 균열이 있는 것은 사용하지 않는다.
- 가공 중에 드릴의 절삭률이 불량해지고 이상음이 발생하면 중지하고 즉시 드릴을 바꾼다.
- 드릴의 착탈은 회전이 완전히 멈춘 다음 행한다.
- 작은 물건은 바이스나 클램프를 사용하여 장착하고 직접 손으로 지지하는 것을 피한다.
- 가공 중 드릴이 깊이 먹어 들어가면 기계를 멈추고 손돌리기로 드릴을 뽑아낸다.
- 드릴이나 척을 뽑을 때는 공구를 사용하고 해머 등으로 두드려서는 안 된다.
- 드릴이나 척을 뽑을 때는 되도록 주축을 내려서 낙하거리를 적게 하고 테이블 등에 나뭇조각 등을 놓고 받는다.
- 레디얼드릴머신은 작업 중 컬럼(column)과 암(arm)을 확실하게 체결하여 암을 선회시킬 때 주위에 조심한다. 정지 시는 암을 베이스의 중심 위치에 놓는다.
- 공작물과 드릴이 함께 회전하는 경우 : 거의 구멍을 뚫었을 때

42 슬라이드 행정수가 100spm 이하이거나, 행정길이가 50mm 이상의 프레스에 설치해야 하는 방호장치 방식은?

① 양수조작식 ② 수인식
③ 가드식 ④ 광전자식

해설 제시된 기준은 수인식 방호장치의 설치기준이다.

39 ① 40 ③ 41 ② 42 ② **정답**

43 그림과 같이 50kN의 중량물을 와이어 로프를 이용하여 상부에 60°의 각도가 되도록 들어 올릴 때, 로프 하나에 걸리는 하중(T)은 약 몇 [kN]인가?

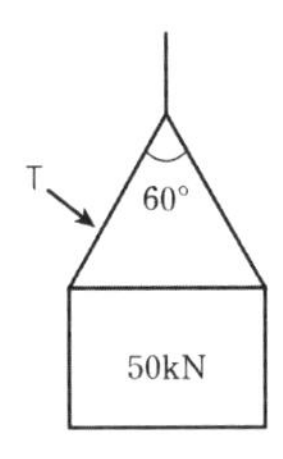

① 16.8　　② 24.5
③ 28.9　　④ 37.9

해설 $\dfrac{\frac{50}{2}}{\cos\left(\frac{60^\circ}{2}\right)} = \dfrac{25}{0.8660254} = 28.867$

44 광전자식 방호장치의 광선에 신체의 일부가 감지된 후로부터 급정지기구가 작동을 개시하기까지의 시간이 40ms이고, 광축의 최소설치거리(안전거리)가 200mm일 때 급정지기구가 작동을 개시한 때로부터 프레스기의 슬라이드가 정지될 때까지의 시간은 약 몇 [ms]인가?

① 60ms　　② 85ms
③ 105ms　　④ 130ms

해설

$$D = 1.6(T_l + T_s)$$

D : 안전거리[m]
T_l : 방호장치의 작동시간[즉, 손이 광선을 차단했을 때부터 급정지기구가 작동을 개시할 때까지의 시간(초)]
T_s : 프레스의 최대정지시간[즉, 급정지기구가 작동을 개시할 때부터 슬라이드가 정지할 때까지의 시간(초)]

$200 = 1.6 \times (40 + T_S)$
$T_S = 200/1.6 - 40 = 85$

45 크레인 로프에 2t의 중량을 걸어 $20m/s^2$ 가속도로 감아올릴 때 로프에 걸리는 총 하중은 약 몇 [kN]인가?

① 42.8
② 59.6
③ 74.5
④ 91.3

해설 힘 = 질량 × 가속도
질량 × (끌어올리는 가속도 + 중력가속도)
2000kg × (20 + 9.8) = 59.6

46 연삭기 덮개의 개구부 각도가 그림과 같이 150° 이하여야 하는 연삭기의 종류로 옳은 것은?

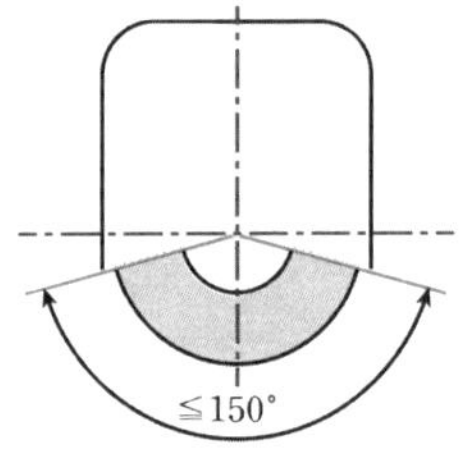

① 센터리스 연삭기
② 탁상용 연삭기
③ 내면 연삭기
④ 평면 연삭기

해설

구분	노출 각도
• 탁상용 연삭기	90°
• 휴대용 연삭기, 스윙연삭기, 스라브연삭기	180°
• 연삭숫돌의 상부를 사용하는 것을 목적으로 하는 연삭기	60°
• 절단 및 평면 연삭기	150°

정답 43 ③　44 ②　45 ②　46 ④

47 와이어로프의 꼬임은 일반적으로 특수로프를 제외하고는 보통 꼬임(Ordinary Lay)과 랭 꼬임(Lang's Lay)으로 분류할 수 있다. 다음 중 랭 꼬임과 비교하여 보통 꼬임의 특징에 관한 설명으로 틀린 것은?

① 킹크가 잘 생기지 않는다.
② 내마모성, 유연성, 저항성이 우수하다.
③ 로프의 변형이나 하중을 걸었을 때 저항성이 크다.
④ 스트랜드의 꼬임 방향과 로프의 꼬임 방향이 반대이다.

해설 ② 내마모성, 유연성, 저항성이 우수하다. → 랭 꼬임의 특징

랭 꼬임

보통 꼬임

48 다음 중 선반 작업 시 지켜야 할 안전수칙으로 거리가 먼 것은?

① 작업 중 절삭칩이 눈에 들어가지 않도록 보안경을 착용한다.
② 공작물 세팅에 필요한 공구는 세팅이 끝난 후 바로 제거한다.
③ 상의의 옷자락은 안으로 넣고, 끈을 이용하여 소맷자락을 묶어 작업을 준비한다.
④ 공작물은 전원스위치를 끄고 바이트를 충분히 멀리 위치시킨 후 고정한다.

해설 ③ 상의의 옷자락은 안으로 넣고, 끈을 이용하지 않는다.

49 다음 (　　) 안에 들어갈 용어로 알맞은 것은?

> 사업주는 보일러의 과열을 방지하기 위하여 최고사용압력과 상용압력 사이에서 보일러의 버너 연소를 차단할 수 있도록 (　　)을/를 부착하여 사용하여야 한다.

① 고저수위 조절장치
② 압력방출장치
③ 압력제한스위치
④ 파열판

해설 보일러의 과열방지를 위해 최고사용압력과 상용압력 사이에서 버너연소를 차단할 수 있도록 압력제한스위치 부착 사용

50 아세틸렌 용접장치에 관한 설명 중 틀린 것은?

① 아세틸렌발생기로부터 5m 이내, 발생기실로부터 3m 이내에는 흡연 및 화기사용을 금지한다.
② 발생기실에는 관계 근로자가 아닌 사람이 출입하는 것을 금지한다.
③ 아세틸렌 용기는 뉘어서 사용한다.
④ 건식안전기의 형식으로 소결금속식과 우회로식이 있다.

해설 ③ 아세틸렌 용기는 세워서 사용한다.

51 크레인의 사용 중 하중이 정격을 초과하였을 때 자동적으로 상승이 정지되는 장치는?

① 해지장치　② 이탈방지장치
③ 아우트리거　④ 과부하방지장치

해설 **과부하방지장치**
- 정격하중 이상이 적재될 경우 작동을 정지시키는 기능
- 전도모멘트의 크기와 안정모멘트의 크기가 비슷해지면 경보를 발하는 기능

47 ②　48 ③　49 ③　50 ③　51 ④ 정답

52 산업안전보건법령상 화물의 낙하에 의해 운전자가 위험을 미칠 경우 지게차의 헤드가드(head guard)는 지게차의 최대하중의 몇 배가 되는 등분포정하중에 견디는 강도를 가져야 하는가? (단, 4t을 넘는 값은 제외)

① 1배
② 1.5배
③ 2배
④ 3배

해설 강도는 지게차의 최대하중의 2배 값(4t을 넘는 값에 대해서는 4t으로 한다)의 등분포정하중(等分布靜荷重)에 견딜 수 있을 것

53 산업안전보건법령상 고속회전체의 회전시험을 하는 경우 미리 회전축의 재질 및 형상 등에 상응하는 종류의 비파괴검사를 해서 결함 유무를 확인해야 한다. 이때 검사 대상이 되는 고속회전체의 기준은?

① 회전축의 중량이 0.5t을 초과하고, 원주속도가 100m/s 이내인 것
② 회전축의 중량이 0.5t을 초과하고, 원주속도가 120m/s 이상인 것
③ 회전축의 중량이 1t을 초과하고, 원주속도가 100m/s 이내인 것
④ 회전축의 중량이 1t을 초과하고, 원주속도가 120m/s 이상인 것

해설 **비파괴검사대상 고속회전체 기준** : 회전축의 중량이 1t을 초과하고 원주속도가 120m/s 이상인 것

54 다음 중 금속 등의 도체에 교류를 통한 코일을 접근시켰을 때, 결함이 존재하면 코일에 유기되는 전압이나 전류가 변하는 것을 이용한 검사방법은?

① 자분탐상검사
② 초음파탐상검사
③ 와류탐상검사
④ 침투형광탐검사

해설 전기가 비교적 잘 통하는 물체를 교번 자계(交番磁界 : 방향이 바뀌는 자계) 내에 두면 그 물체에 전류가 흐르는데, 만약 물체 내에 홈이나 결함이 있으면 전류의 흐름이 난조(亂調)를 보이며 변동한다. 그 변화하는 상태를 관찰함으로써 물체 내의 결함의 유무를 검사한다.

55 회전하는 동작부분과 고정부분이 함께 만드는 위험점으로 주로 연삭숫돌과 작업대, 교반기의 교반날개와 몸체 사이에서 형성되는 위험점은?

① 협착점　② 절단점
③ 물림점　④ 끼임점

해설 ④ **끼임점**(Shear point) : 고정부분과 회전하는 동작부분이 함께 만드는 위험점
예 연삭숫돌과 덮개, 교반기의 날개와 하우징, 프레임에서 암의 요동운동을 하는 기계부분 등

① **협착점**(Squeeze point) : 왕복운동을 하는 동작부분과 움직임이 없는 고정부분 사이에서 형성되는 위험점으로 사업장의 기계설비에서 많이 볼 수 있다.
예 프레스기, 전단기, 성형기, 굽힘기계(bending machine) 등

② **절단점**(Cutting point) : 고정부분과 운동부분이 만드는 위험점이 아니고 회전하는 운동부 자체의 위험이나 운동하는 기계 부분 자체의 위험에서 초래되는 위험점이다.
예 밀링의 커터, 띠톱이나 둥근톱의 톱날, 벨트의 이음 부분 등

③ **물림점**(Nip point) : 회전하는 두 개의 회전체에는 물려 들어가는 위험성이 존재한다. 이때 위험점이 발생되는 조건은 회전체가 서로 반대방향으로 맞물려 회전되어야 한다.
예 롤러와 롤러의 물림, 기어와 기어의 물림 등

정답 52 ③ 53 ④ 54 ③ 55 ④

56 롤러기의 앞면 롤의 지름이 300mm, 분당회전수가 30회일 경우 허용되는 급정지장치의 급정지거리는 약 몇 [mm] 이내이어야 하는가?

① 37.7 ② 31.4
③ 377 ④ 314

해설 • 표면속도 30m/min 이상 : 앞면 롤러 원주의 1/2.5
• 표면속도 30m/min 미만 : 앞면 롤러 원주의 1/3
표면속도(V) = πDN
3.14 × 300 × 30/1000 = 28.26(30m/min 미만)
앞면 롤러 원주 = $D\pi$ = 300π
300 × π/3 = 314mm

57 단면적이 1800mm^{2}인 알루미늄 봉의 파괴강도는 70MPa이다. 안전율을 2로 하였을 때 봉에 가해질 수 있는 최대하중은 얼마인가?

① 6.3kN
② 126kN
③ 63kN
④ 12.6kN

해설 1800 × 70/2 = 63kN

58 원동기, 풀리, 기어 등 근로자에게 위험을 미칠 우려가 있는 부위에 설치하는 위험방지 장치가 아닌 것은?

① 덮개 ② 슬리브
③ 건널다리 ④ 램

해설 원동기, 풀리, 기어 등 근로자에게 위험을 미칠 우려가 있는 부위에 설치하는 위험방지 장치로 덮개, 울, 슬리브, 건널다리 등을 설치해야 한다.

59 롤러기의 급정지장치로 사용되는 정지봉 또는 로프의 설치에 관한 설명으로 틀린 것은?

① 복부 조작식은 밑면으로부터 1200~1400mm 이내의 높이로 설치한다.
② 손 조작식은 밑면으로부터 1800mm 이내의 높이로 설치한다.
③ 손 조작식은 앞면 롤 끝단으로부터 수평거리가 50mm 이내에 설치한다.
④ 무릎 조작식은 밑면으로부터 400~600mm 이내의 높이로 설치한다.

해설 • **손조작로프식** : 바닥면으로부터 1.8m 이내
• **복부조작식** : 바닥면으로부터 0.8~1.1m 이내
• **무릎조작식** : 바닥면으로부터 0.4~0.6m 이내

60 다음 중 프레스의 방호장치에 관한 설명으로 틀린 것은?

① 양수조작식 방호장치는 1행정 1정지기구에 사용할 수 있어야 한다.
② 손쳐내기식 방호장치는 슬라이드 하행정거리의 3/4 위치에서 손을 완전히 밀어내야 한다.
③ 광전자식 방호장치의 정상동작 표기램프는 붉은색, 위험 표시램프는 녹색으로 하며, 쉽게 근로자가 볼 수 있는 곳에 설치해야 한다.
④ 게이트 가드 방호장치는 가드가 열린 상태에서 슬라이드를 동작시킬 수 없고 또한 슬라이드 작동 중에는 게이트 가드를 열 수 없어야 한다.

해설 ③ 정상동작 표기램프는 녹색, 위험표시램프는 붉은색

56 ④ 57 ③ 58 ④ 59 ① 60 ③ 정답

4과목 전기위험방지기술

61 피뢰기의 설치장소가 아닌 것은? (단, 직접 접속하는 전선이 짧은 경우 및 피보호기기가 보호범위 내에 위치하는 경우가 아니다.)

① 저압을 공급받는 수용장소의 인입구
② 지중전선로와 가공전선로가 접속되는 곳
③ 가공전선로에 접속하는 배전용 변압기의 고압측
④ 발전소 또는 변전소의 가공전선 인입구 및 인출구

해설 **피뢰기의 설치장소**
- 발전소, 변전소 또는 이에 준하는 장소의 가공전선 인입구 및 인출구
- 가공전선로에 접속하는 배전용 변압기의 고압측 및 특고압측
- 고압 또는 특고압의 가공전선로로부터 공급을 받는 수용장소의 인입구
- 가공전선로와 지중전선로가 접속되는 곳

62 전격의 위험을 결정하는 주된 인자로 가장 거리가 먼 것은?

① 통전전류
② 통전시간
③ 통전경로
④ 통전전압

해설 **전격위험도 결정조건**
- 통전전류의 크기
- 통전시간
- 통전경로
- 전원의 종류(직류보다 상용주파수의 교류전원이 더 위험한 이유 : 극성변화)
- 주파수 및 파형
- 전격인가위상

63 방폭전기설비의 용기 내부에서 폭발성 가스 또는 증기가 폭발하였을 때 용기가 그 압력에 견디고 접합면이나 개구부를 통해서 외부의 폭발성 가스나 증기에 인화되지 않도록 한 방폭구조는?

① 내압 방폭구조
② 압력 방폭구조
③ 유입 방폭구조
④ 본질안전 방폭구조

해설 ② **압력방폭구조(p)** : 용기 내부에 불연성 가스인 공기나 질소를 압입시켜 내부압력을 유지함으로써 외부의 폭발성 가스가 용기 내부에 침투하지 못하도록 한 구조로 용기 안의 압력을 항상 용기 외부의 압력보다 높게 해 두어야 한다.
③ **유입방폭구조** : 아크 또는 고열을 발생하는 전기설비를 용기에 넣고 그 용기 안에 다시 기름을 채워서 외부의 폭발성 가스와 점화원이 접촉하여 인화할 위험이 없도록 하는 구조로 유입 개폐부분에는 가스를 빼내는 배기공을 설치하여야 한다.
④ **본질안전방폭구조** : 정상시 및 사고시(단선, 단락, 지락 등)에 발생하는 전기 불꽃, 아크 또는 고온에 의하여 폭발성 가스 또는 증기에 점화되지 않는 것이 점화시험, 그 밖에 의하여 확인된 구조를 말한다.

64 누전차단기의 시설방법 중 옳지 않은 것은?

① 시설장소는 배전반 또는 분전반 내에 설치한다.
② 정격전류용량은 해당 전로의 부하전류 값 이상이어야 한다.
③ 정격감도전류는 정상의 사용상태에서 불필요하게 동작하지 않도록 한다.
④ 인체감전보호형은 0.05초 이내에 동작하는 고감도고속형이어야 한다.

정답 61① 62④ 63① 64④

해설

종류		정격감도전류[mA]·동작시간	
고감도형	고속형	5, 10, 15, 30	• 정격감도전류에서 0.1초 이내, • 인체감전보호형은 0.03초 이내
	시연형		• 정격감도전류에서 0.1초를 초과하고 2초 이내
	반한시형		• 정격감도전류에서 0.2초를 초과하고 1초 이내 • 정격감도전류에서 1.4배의 전류에서 0.1초를 초과하고 0.5초 이내 • 정격감도전류에서 4.4배의 전류에서 0.05초 이내

65 감전사고로 인한 전격사의 메커니즘으로 가장 거리가 먼 것은?

① 흉부수축에 의한 질식
② 심실세동에 의한 혈액순환기능의 상실
③ 내장파열에 의한 소화기계통의 기능상실
④ 호흡중추신경 마비에 따른 호흡기능 상실

해설 ③ 감전사고는 내장파열에 이르지 않는다.

66 정전유도를 받고 있는 접지되어 있지 않은 도전성 물체에 접촉한 경우 전격을 당하게 되는데 이때 물체에 유도된 전압 V[V]를 옳게 나타낸 것은? (단, E는 송전선의 대지전압, C_1은 송전선과 물체 사이의 정전용량, C_2는 물체와 대지 사이의 정전용량이며, 물체와 대지 사이의 저항은 무시한다.)

① $V = \frac{C_1}{C_1 + C_2} \cdot E$

② $V = \frac{C_1 + C_2}{C_1} \cdot E$

③ $V = \frac{C_1}{C_1 \times C_2} \cdot E$

④ $V = \frac{C_1 \times C_2}{C_1} \cdot E$

해설 송전선 – 물체 – 대지에서
송전선 – 물체 = C_1, 물체 – 대지 = C_2이다. 따라서 (송전선 – 물체 정전용량)/전체정전용량 × 송전선의 대지전압(E)

67 감전사고가 발생했을 때 피해자를 구출하는 방법으로 틀린 것은?

① 피해자가 계속하여 전기설비에 접촉되어 있다면 우선 그 설비의 전원을 신속히 차단한다.
② 감전 사항을 빠르게 판단하고 피해자의 몸과 충전부가 접촉되어 있는지를 확인한다.
③ 충전부에 감전되어 있으면 몸이나 손을 잡고 피해자를 곧바로 이탈시켜야 한다.
④ 절연 고무장갑, 고무장화 등을 착용한 후에 구원해 준다.

해설 ③ 충전부에 감전되어 있으면 몸이나 손을 잡지 않고 피해자를 곧바로 이탈시켜야 한다.

68 인체감전보호용 누전차단기의 정격감도전류[mA]와 동작시간(초)의 최댓값은?

① 10mA, 0.03초　② 20mA, 0.01초
③ 30mA, 0.03초　④ 50mA, 0.1초

해설 정격감도전류 30mA 이하이며, 동작시간은 0.03초 이내일 것

69 작업자가 교류전압 7000V 이하의 전로에 활선 근접작업 시 감전사고 방지를 위한 절연용 보호구는?

① 고무절연관　② 절연시트
③ 절연커버　④ 절연안전모

해설 보호구는 몸에 착용하는 것으로 안전모는 머리에 착용하는 것이다.

65 ③ 66 ① 67 ③ 68 ③ 69 ④ 정답

70 **전기시설의 직접 접촉에 의한 감전방지 방법으로 적절하지 않은 것은?**

① 충전부는 내구성이 있는 절연물로 완전히 덮어 감쌀 것
② 충전부가 노출되지 않도록 폐쇄형 외함이 있는 구조로 할 것
③ 충전부에 충분한 절연효과가 있는 방호망 또는 절연 덮개를 설치할 것
④ 충전부는 관계자 외 출입이 용이한 전개된 장소에 설치하고 위험표시 등의 방법으로 방호를 강화할 것

해설 **직접 접촉에 의한 감전방지 방법**
- 충전부 전체를 절연한다.
- 기기구조상 안전조치로서 노출형 배전설비 등은 폐쇄 전반형으로 하고 전동기 등에는 적절한 방호구조의 형식을 사용하고 있는데 이들 기기들이 고가가 되는 단점이 있다.
- 설치장소의 제한, 즉 별도의 실내 또는 울타리를 설치한 지역으로 평소에 열쇠가 잠겨 있어야 한다.
- 교류아크용접기, 도금장치, 용해로 등의 충전부의 절연은 원리상 또는 작업상 불가능하므로 보호절연, 즉 작업장 주위의 바닥이나 그 밖에 도전성 물체를 절연물로 도포하고 작업자는 절연화, 절연도구 등 보호장구를 사용하는 방법을 이용하여야 한다.
- 덮개, 방호망 등으로 충전부를 방호한다.
- 안전전압 이하의 기기를 사용한다.

71 **다음은 어떤 방전에 대한 설명인가?**

> 정전기가 대전되어 있는 부도체에 접지체가 접근한 경우 대전물체와 접지체 사이에 발생하는 방전과 거의 동시에 부도체의 표면을 따라서 발생하는 나뭇가지 형태의 발광을 수반하는 방전

① 코로나 방전 ② 뇌상 방전
③ 연면방전 ④ 불꽃 방전

해설
- **코로나 방전** : 국부적으로 전계가 집중되기 쉬운 돌기상 부분에서는 발광방전에 도달하기 전에 먼저 자속방전이 발생하고 다른 부분은 절연이 파괴되지 않은 상태의 방전이며 국부파괴(Paryial Breakdown) 상태이다(공기 중 O_3 발생).
- **불꽃 방전** : 표면전하밀도가 아주 높게 축적되어 분극화된 절연판 표면 또는 도체가 대전되었을 때 접지된 도체 사이에서 발생하는 강한 발광과 파괴음을 수반하는 방전형태로 방전에너지가 아주 높다.

72 **불활성화할 수 없는 탱크, 탱크롤리 등에 위험물을 주입하는 배관은 정전기 재해방지를 위하여 배관 내 액체의 유속제한을 한다. 배관 내 유속제한에 대한 설명으로 틀린 것은?**

① 물이나 기체를 혼합하는 비수용성 위험물의 배관 내 유속은 1m/s 이하로 할 것
② 저항률이 $10^{10}\Omega \cdot cm$ 미만의 도전성 위험물의 배관 내 유속은 7m/s 이하로 할 것
③ 저항률이 $10^{10}\Omega \cdot cm$ 이상인 위험물의 배관 내 유속은 관내경이 0.05m이면 3.5m/s 이하로 할 것
④ 이황화탄소 등과 같이 유동대전이 심하고 폭발 위험성이 높은 것은 배관 내 유속을 3m/s 이하로 할 것

해설 **배관 내 유속제한**
- 저항률이 $10^{10}\Omega \cdot m$ 미만인 도전성 위험물의 배관유속 : 7m/s 이하
- 에테르, 이황화탄소 등과 같이 유동성이 심하고 폭발 위험성이 높은 것 : 1m/s 이하
- 물이나 기체를 혼합한 비수용성 위험물 : 1m/s
- 저항률이 $10^{10}\Omega \cdot m$ 이상인 위험물의 유관의 유속은 유입구가 액면 아래로 충분히 잠길 때까지 : 1m/s 이하

73 **누전화재가 발생하기 전에 나타나는 현상으로 거리가 가장 먼 것은?**

① 인체 감전현상
② 전등 밝기의 변화현상
③ 빈번한 퓨즈 용단현상
④ 전기 사용 기계장치의 오동작 감소

정답 70 ④ 71 ③ 72 ④ 73 ④

해설 ④ 전기 사용 기계장치의 오동작이 증가한다.

74 정전기 발생에 영향을 주는 요인이 아닌 것은?

① 물체의 분리속도
② 물체의 특성
③ 물체의 접촉시간
④ 물체의 표면상태

해설 ▶ **정전기 발생에 영향을 주는 요인** : 물체의 특성, 물체의 표면상태, 물체의 이력, 접촉면적 및 압력, 분리속도이다.

75 다음은 무슨 현상을 설명한 것인가?

> 전위차가 있는 2개의 대전체가 특정거리에 접근하게 되면 등전위가 되기 위하여 전하가 절연공간을 깨고 순간적으로 빛과 열을 발생하며 이동하는 현상

① 대전 ② 충전
③ 방전 ④ 열전

해설 방전에 대한 설명이다.

76 전류가 흐르는 상태에서 단로기를 끊었을 때 여러 가지 파괴작용을 일으킨다. 다음 그림에서 유입차단기의 차단순서와 투입순서가 안전수칙에 가장 적합한 것은?

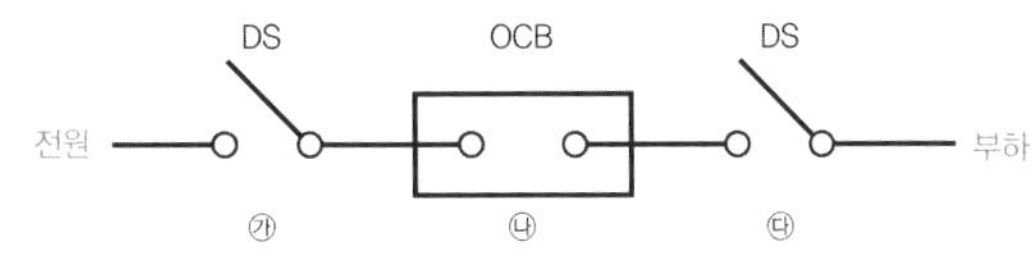

① 차단 : ㉮→㉯→㉰, 투입 : ㉮→㉯→㉰
② 차단 : ㉯→㉰→㉮, 투입 : ㉯→㉰→㉮
③ 차단 : ㉰→㉯→㉮, 투입 : ㉰→㉮→㉯
④ 차단 : ㉯→㉰→㉮, 투입 : ㉰→㉮→㉯

해설 차단은 ㉯ → ㉰ → ㉮ 순으로 하고, 투입은 ㉰ → ㉮ → ㉯로 한다.

77 KS C IEC 60079-0의 정의에 따라 '두 도전부 사이의 고체 절연물 표면을 따른 최단거리'를 나타내는 명칭은?

① 전기적 간격 ② 절연공간거리
③ 연면거리 ④ 충전물 통과거리

해설 ▶ **연면거리**(沿面距離 : Creepage 또는 Creeping Distance) : 절연 표면을 따라 측정한 두 전도성 부품 간 또는 전도성 부품과 장비의 경계면 간 최단 경로를 말한다. 불꽃 방전을 일으키는 두 전극 간 거리를 고체 유전체의 표면을 따라서 그 최단 거리로 나타낸 값

78 KS C IEC 60079-0에 따른 방폭에 대한 설명으로 틀린 것은?

① 기호 "X"는 방폭기기의 특정사용조건을 나타내는 데 사용되는 인증번호의 접미사이다.
② 인화하한(LEL)과 인화상한(UEL) 사이의 범위가 클수록 폭발성 가스 분위기 형성 가능성이 크다.
③ 기기그룹에 따라 폭발성 가스를 분류할 때 ⅡA의 대표 가스로 에틸렌이 있다.
④ 연면거리는 두 도전부 사이의 고체 절연물 표면을 따른 최단거리를 말한다.

해설
- **EX** : Explosion Protection(방폭구조)
- **IP** : Type of Protection(보호등급)
- **IIA** : Gas Group(가스 증기 및 분진의 그룹)
- **T5** : Temperatre(표면최고 온도 등급)
- **G1, G2** : (발화도 등급)
- **IIA의 대표 가스** : 암모니아, 일산화탄소, 벤젠, 아세톤, 에탄올, 메탄올, 프로판
- **IIB의 대표 가스** : 에틸렌, 부타디엔, 틸렌옥사이드, 도시가스

74 ③ 75 ③ 76 ④ 77 ③ 78 ③ **정답**

79 정전기 제거 방법으로 가장 거리가 먼 것은?

① 작업장 바닥을 도전처리한다.

② 설비의 도체 부분은 접지시킨다.

③ 작업자는 대전방지화를 신는다.

④ 작업장을 항온으로 유지한다.

해설 ④ 작업장을 항온으로 유지한다.
→ 온도는 정전기와 별 상관이 없다. 습도를 높인다면 정전기 제거에 도움이 된다.
① 작업장 바닥을 도전처리한다.
→ 정전기는 전기가 정지해 있는 상태. 따라서 도전(전류를 흐르게 함)하여 전류를 움직이게 한다.
② 설비의 도체 부분은 접지시킨다.
→ 역시 전류를 흐르게 한다.
③ 작업자는 대전방지화를 신는다.
→ 정전기 재해 예방으로 대전물체의 전하축적을 예방한다.

80 가스 그룹 IIB 지역에 설치된 내압방폭구조 "d" 장비의 플랜지 개구부에서 장애물까지의 최소 거리[mm]는?

① 10

② 20

③ 30

④ 40

해설 **내압방폭구조 플랜지 개구부와 장애물까지의 최소거리**
- IIA : 10mm
- IIB : 30mm
- IIC : 40mm

5과목 화학설비위험방지기술

81 산업안전보건법령상 안전밸브 등의 전단·후단에는 차단밸브를 설치하여서는 아니되지만 다음 중 자물쇠형 또는 이에 준하는 형식의 차단밸브를 설치할 수 있는 경우로 틀린 것은?

① 인접한 화학설비 및 그 부속설비에 안전밸브 등이 각각 설치되어 있고, 해당 화학설비 및 그 부속설비의 연결배관에 차단밸브가 없는 경우

② 안전밸브 등의 배출용량의 4분의 1 이상에 해당하는 용량의 자동압력조절밸브와 안전밸브 등이 직렬로 연결된 경우

③ 화학설비 및 그 부속설비에 안전밸브 등이 복수방식으로 설치되어 있는 경우

④ 열팽창에 의하여 상승된 압력을 낮추기 위한 목적으로 안전밸브가 설치된 경우

해설 **차단밸브의 설치**(안전보건규칙 제266조)
사업주는 안전밸브 등의 전단·후단에 차단밸브를 설치해서는 안 된다. 다만, 다음의 경우에는 자물쇠형 또는 이에 준하는 형식의 차단밸브를 설치할 수 있다.
- 인접한 화학설비 및 그 부속설비에 안전밸브 등이 각각 설치되어 있고, 해당 화학설비 및 그 부속설비의 연결배관에 차단밸브가 없는 경우
- 안전밸브 등의 배출용량의 2분의 1 이상에 해당하는 용량의 자동압력조절밸브(구동용 동력원의 공급을 차단하는 경우 열리는 구조인 것으로 한정한다)와 안전밸브 등이 병렬로 연결된 경우
- 화학설비 및 그 부속설비에 안전밸브 등이 복수방식으로 설치되어 있는 경우
- 예비용 설비를 설치하고 각각의 설비에 안전밸브 등이 설치되어 있는 경우
- 열팽창에 의하여 상승된 압력을 낮추기 위한 목적으로 안전밸브가 설치된 경우
- 하나의 플레어 스택(flare stack)에 둘 이상의 단위공정의 플레어 헤더(flare header)를 연결하여 사용하는 경우로서 각각의 단위공정의 플레어헤더에 설치된 차단밸브의 열림·닫힘 상태를 중앙제어실에서 알 수 있도록 조치한 경우

정답 79 ④ 80 ③ 81 ②

82 **화재 감지에 있어서 열감지 방식 중 차동식에 해당하지 않는 것은?**

① 공기관식 ② 열전대식
③ 바이메탈식 ④ 열반도체식

해설 공기관식, 열전대식, 열반도체식은 차동식 감지장치이다. 차동식은 실내온도 상승속도가 한도 이상으로 빠른 경우 경보를 울림. 가장 간단하고 저렴한 방식이며, 온도 변화가 작은 사무실이나 거실, 방 등에 많이 사용

83 **각 물질(A~D)의 폭발상한계와 하한계가 다음 [표]와 같을 때 다음 중 위험도가 가장 큰 물질은?**

구분	A	B	C	D
폭발 상한계	9.5	8.4	15	13
폭발 하한계	2.1	1.8	5	2.6

① A ② B
③ C ④ D

해설 위험도$(H) = \frac{U_2 - U_1}{U_1}$

(U_1 : 폭발하한계, U_2 : 폭발상한계)
위험은 범위가 넓은 것이 위험하다.
A = (9.5−2.1)/2.1 = 3.5, B = (8.4−1.8)/1.8 = 3.7
C = (15−5)/5 = 2, D = (13−2.6)/2.6 = 4

84 **위험물안전관리법령에서 정한 위험물의 유형 구분이 나머지 셋과 다른 하나는?**

① 질산 ② 질산칼륨
③ 과염소산 ④ 과산화수소

해설
- **질산칼륨** : 산화성고체로 제1류 위험물
- **질산, 과염소산, 과산화수소** : 산화성액체로 제6류 위험물

85 **위험물을 산업안전보건법령에서 정한 기준량 이상으로 제조하거나 취급하는 설비로서 특수화학설비에 해당되는 것은?**

① 가열시켜 주는 물질의 온도가 가열되는 위험물질의 분해온도보다 높은 상태에서 운전되는 설비
② 상온에서 게이지 압력으로 200kPa의 압력으로 운전되는 설비
③ 대기압 하에서 섭씨 300℃로 운전되는 설비
④ 흡열반응이 행하여지는 반응설비

해설 **특수화학설비**(안전보건규칙 제273조)
- 발열반응이 일어나는 반응장치
- 증류 · 정류 · 증발 · 추출 등 분리를 하는 장치
- 가열시켜 주는 물질의 온도가 가열되는 위험물질의 분해온도 또는 발화점보다 높은 상태에서 운전되는 설비
- 반응폭주 등 이상 화학반응에 의하여 위험물질이 발생할 우려가 있는 설비
- 온도가 섭씨 350℃ 이상이거나 게이지 압력이 980kPa 이상인 상태에서 운전되는 설비
- 가열로 또는 가열기

86 **다음 중 유류화재에 해당하는 화재의 급수는?**

① A급 ② B급
③ C급 ④ D급

해설

급 별	명칭
A급 화재(백색)	일반화재
B급 화재(황색)	유류화재
C급 화재(청색)	전기화재
D급 화재(무색)	금속화재

정답 82 ③ 83 ④ 84 ② 85 ① 86 ②

87 헥산 1vol%, 메탄 2vol%, 에틸렌 2vol%, 공기 95vol%로 된 혼합가스의 폭발하한계 값[vol%]은 약 얼마인가? (단, 헥산, 메탄, 에틸렌의 폭발하한계 값은 각각 1.1, 5.0, 2.7vol%이다.)

① 2.44 ② 12.89
③ 21.78 ④ 48.78

해설 르 샤틀리에 공식 적용
(1+2+2)/[(1/1.1)+(2/5.0)+(2/2.7)]=2.439

88 화염방지기의 설치에 관한 사항으로 (　　)에 알맞은 것은?

> 사업주는 인화성 액체 및 인화성 가스를 저장 취급하는 화학설비에서 증기나 가스를 대기로 방출하는 경우에는 외부로부터의 화염을 방지하기 위하여 화염방지기를 그 설비 (　　)에 설치하여야 한다.

① 상단
② 하단
③ 중앙
④ 무게중심

해설 화염방지기는 flame arrester로 굴뚝 같은 통기관에 끼워서 상단에 설치해야 한다.
인화성 액체 및 인화성 가스를 저장・취급하는 화학설비에서 증기나 가스를 대기로 방출하는 경우에는 외부로부터의 화염을 방지하기 위하여 화염방지기를 그 설비 상단에 설치해야 한다. 다만, 대기로 연결된 통기관에 화염방지 기능이 있는 통기밸브가 설치되어 있거나, 인화점이 섭씨 38℃ 이상 60℃ 이하인 인화성 액체를 저장・취급할 때에 화염방지 기능을 가지는 인화방지망을 설치한 경우에는 그렇지 않다(안전보건규칙 제269조 제1항).

89 위험물안전관리법령상 제3류 위험물 중 금수성 물질에 대하여 적응성이 있는 소화기는?

① 포소화기
② 이산화탄소소화기
③ 할로겐화합물소화기
④ 탄산수소염류분말소화기

해설 제3류 위험물 중 금수성 물질에 대한 소화는 탄산수소염류분말소화기를 사용한다.

90 다음 인화성 가스 중 가장 가벼운 물질은?

① 아세틸렌 ② 수소
③ 부탄 ④ 에틸렌

해설 수소는 H_2로 분자량이 2이며, 가장 가벼운 물질이다.

91 다음 중 분진폭발에 관한 설명으로 틀린 것은?

① 폭발한계 내에서 분진의 휘발성분이 많으면 폭발 위험성이 높다.
② 분진이 발화 폭발하기 위한 조건은 가연성, 미분상태, 공기 중에서의 교반과 유동 및 점화원의 존재이다.
③ 가스폭발과 비교하여 연소의 속도나 폭발의 압력이 크고, 연소시간이 짧으며, 발생에너지가 작다.
④ 폭발한계는 입자의 크기, 입도분포, 산소농도, 함유수분, 가연성가스의 혼입 등에 의해 같은 물질의 분진에서도 달라진다.

정답 87 ① 88 ① 89 ④ 90 ② 91 ③

해설 ◎ 분진폭발의 특징
- 가스폭발과 비교하여 작지만 연소시간이 길다.
- 발생에너지가 크기 때문에 파괴력과 타는 정도가 크다.
- 발화에너지는 상대적으로 훨씬 크다.

92 가연성가스의 폭발범위에 관한 설명으로 틀린 것은?

① 압력 증가에 따라 폭발 상한계와 하한계가 모두 현저히 증가한다.
② 불활성가스를 주입하면 폭발범위는 좁아진다.
③ 온도의 상승과 함께 폭발범위는 넓어진다.
④ 산소 중에서 폭발범위는 공기 중에서 보다 넓어진다.

해설 ① 압력 증가에 따라 폭발상한계는 증가하고 하한계는 영향이 없다. 온도의 상승으로 폭발하한계는 약간 하강하고 폭발상한계는 상승한다.

93 사업주는 특수산화설비를 설치할 때 내부의 이상 상태를 조기에 파악하기 위하여 필요한 계측장치를 설치하여야 한다. 다음 중 이에 해당하는 특수화학설비가 아닌 것은?

① 발열 반응이 일어나는 반응장치
② 증류, 증발 등 분리를 행하는 장치
③ 가열로 또는 가열기
④ 액체의 누설을 방지하는 방유장치

해설 ◎ **특수화학설비**(안전보건규칙 제273조)
- 발열반응이 일어나는 반응장치
- 증류·정류·증발·추출 등 분리를 하는 장치
- 가열시켜 주는 물질의 온도가 가열되는 위험물질의 분해온도 또는 발화점보다 높은 상태에서 운전되는 설비
- 반응폭주 등 이상 화학반응에 의하여 위험물질이 발생할 우려가 있는 설비
- 온도가 섭씨 350℃ 이상이거나 게이지 압력이 980kPa 이상인 상태에서 운전되는 설비
- 가열로 또는 가열기

94 가스 또는 분진폭발 위험장소에 설치되는 건축물의 내화구조로 설명한 것으로 틀린 것은?

① 건축물 기둥 및 보는 지상층까지 내화구조로 한다.
② 위험물 저장·취급용기의 지지대는 지상으로부터 지지대의 끝부분까지 내화구조로 한다.
③ 건축물 주변에 자동소화설비를 설치한 경우 건축물 화재 시 1시간 이상 그 안전성을 유지한 경우는 내화구조로 하지 아니할 수 있다.
④ 배관·전선관 등의 지지대는 지상으로부터 1단까지 내화구조로 한다.

해설 ◎ **내화구조**(안전보건규칙 제270조 제1항 단서)
- 건축물의 기둥 및 보 : 지상 1층(지상 1층의 높이가 6m를 초과하는 경우에는 6m)까지
- 위험물 저장·취급용기의 지지대(높이가 30cm 이하인 것은 제외한다) : 지상으로부터 지지대의 끝부분까지
- 배관·전선관 등의 지지대 : 지상으로부터 1단(1단의 높이가 6m를 초과하는 경우에는 6m)까지
- 건축물 등의 주변에 화재에 대비하여 물 분무시설 또는 폼 헤드(foam head)설비 등의 자동소화설비를 설치하여 건축물 등이 화재시에 2시간 이상 그 안전성을 유지할 수 있도록 한 경우에는 내화구조로 하지 아니할 수 있다.

95 건조설비를 사용하여 작업을 하는 경우에 폭발이나 화재를 예방하기 위하여 준수하여야 하는 사항으로 틀린 것은?

① 위험물 건조설비를 사용하는 경우에는 미리 내부를 청소하거나 환기할 것
② 위험물 건조설비를 사용하여 가열건조하는 건조물은 쉽게 이탈되도록 할 것
③ 고온으로 가열건조한 인화성 액체는 발화의 위험이 없는 온도로 냉각한 후에 격납시킬 것
④ 바깥 면이 현저히 고온이 되는 건조설비에 가까운 장소에는 인화성 액체를 두지 않도록 할 것

92 ① 93 ④ 94 ③ 95 ② 정답

해설 ◆ **건조설비의 사용**(안전보건규칙 제283조)
- 위험물 건조설비를 사용하는 경우에는 미리 내부를 청소하거나 환기할 것
- 위험물 건조설비를 사용하는 경우에는 건조로 인하여 발생하는 가스·증기 또는 분진에 의하여 폭발·화재의 위험이 있는 물질을 안전한 장소로 배출시킬 것
- 위험물 건조설비를 사용하여 가열건조하는 건조물은 쉽게 이탈되지 않도록 할 것
- 고온으로 가열건조한 인화성 액체는 발화의 위험이 없는 온도로 냉각한 후에 격납시킬 것
- 건조설비(바깥 면이 현저히 고온이 되는 설비만 해당한다)에 가까운 장소에는 인화성 액체를 두지 않도록 할 것

96 고압가스의 분류 중 압축가스에 해당되는 것은?

① 질소 ② 프로판
③ 산화에틸렌 ④ 염소

해설 압축가스는 상온에서 압축해도 액화되지 않고 기체로 압축된다. 이에는 수소, 산소, 질소, 메탄 등이 있다.

97 액화 프로판 310kg을 내용적 50L 용기에 충전할 때 필요한 소요 용기의 수는 몇 개인가? (단, 액화 프로판의 가스정수는 2.35이다.)

① 15 ② 17
③ 19 ④ 21

해설 가스정수 = 부피/무게
2.35 = 필요부피/310
필요부피 = 2.35 × 310 = 728.5
필요한 개수 = $\frac{728.5}{50}$ = 14.57 ⇒ 15개

98 산업안전보건법령상 위험물질의 종류와 해당물질의 연결이 옳은 것은?

① 폭발성 물질 : 마그네슘분말
② 인화성 고체 : 중크롬산
③ 산화성 물질 : 니트로소화합물
④ 인화성 가스 : 에탄

해설 ① **물반응성 물질 및 인화성 고체** : 마그네슘분말
② **산화성 액체 및 산화성 고체** : 중크롬산
③ **폭발성 물질 및 유기과산화물** : 니트로소화합물

99 가연성 기체의 분출 화재 시 주 공급밸브를 닫아서 연료공급을 차단하여 소화하는 방법은?

① 제거소화 ② 냉각소화
③ 희석소화 ④ 억제소화

해설
- **제거소화** : 가연물(연료)을 제거하거나 가연성 액체의 농도를 희석시켜 연소를 저지하는 것을 말한다.
- **냉각소화** : 액체 또는 고체소화제를 사용하여 가연물을 냉각시켜 인화점 및 발화점 이하로 떨어뜨려 소화하는 방법으로 이의 대표적인 소화제는 물이다.
- **억제소화** : 물이나 할로겐 소화

100 산업안전보건법령에 따라 위험물 건조설비 중 건조실을 설치하는 건축물의 구조를 독립된 단층 건물로 하여야 하는 건조설비가 아닌 것은?

① 위험물 또는 위험물이 발생하는 물질을 가열·건조하는 경우 내용적이 $2m^3$인 건조설비
② 위험물이 아닌 물질을 가열·건조하는 경우 액체연료의 최대사용량이 5kg/h인 건조설비
③ 위험물이 아닌 물질을 가열·건조하는 경우 기체연료의 최대사용량이 $2m^3$/h인 건조설비
④ 위험물이 아닌 물질을 가열·건조하는 경우 전기사용 정격용량이 20kW인 건조설비

해설 ② 위험물이 아닌 물질을 가열·건조하는 경우 액체연료의 최대사용량이 10kg/h 이상인 건조설비(안전보건규칙 제280조)

정답 96 ① 97 ① 98 ④ 99 ① 100 ②

6과목 건설안전기술

101 **산업안전보건관리비 계상 및 사용기준에 따른 공사 종류별 계상기준으로 옳은 것은? (단, 중건설공사이고, 대상액이 5억원 미만인 경우)**

① 1.85%　② 2.45%
③ 3.09%　④ 3.43%

해설

구분 / 공사 종류	대상액 5억원 미만인 경우 적용 비율[%]	대상액 5억원 이상 50억원 미만인 경우		대상액 50억원 이상인 경우 적용 비율[%]	영 별표5에 따른 보건관리자 선임 대상 건설공사의 적용비율[%]
		적용 비율[%]	기초액		
건축공사	2.93%	1.86%	5,349,000원	1.97%	2.15%
토목공사	3.09%	1.99%	5,499,000원	2.10%	2.29%
중건설공사	3.43%	2.35%	5,400,000원	2.44%	2.66%
특수건설공사	1.85%	1.20%	3,250,000원	1.27%	1.38%

102 **공정률이 65%인 건설현장의 경우 공사 진척에 따른 산업안전보건관리비의 최소 사용기준으로 옳은 것은?**

① 40% 이상　② 50% 이상
③ 60% 이상　④ 70% 이상

해설

공정률	50% 이상 70% 미만	70% 이상 90% 미만	90% 이상
사용기준	50% 이상	70% 이상	90% 이상

103 **강관비계를 조립할 때 준수하여야 할 사항으로 옳지 않은 것은?**

① 띠장간격은 1.5m 이하로 설치할 것
② 비계기둥의 간격은 띠장 방향에서 1.85m 이하로 할 것
③ 비계기둥의 제일 윗부분으로부터 31m 되는 지점 밑부분의 비계기둥은 2개의 강관으로 묶어 세울 것
④ 비계기둥 간의 적재하중은 400kg을 초과하지 않도록 할 것

해설 **강관비계의 구조**(안전보건규칙 제60조)

- 비계기둥의 간격은 띠장 방향에서는 1.85m 이하, 장선(長線) 방향에서는 1.5m 이하로 할 것. 다음의 어느 하나에 해당하는 작업의 경우에는 안전성에 대한 구조검토를 실시하고 조립도를 작성하면 띠장 방향 및 장선 방향으로 각각 2.7m 이하로 할 수 있다.
  - 선박 및 보트 건조작업
  - 그 밖에 장비 반입·반출을 위하여 공간 등을 확보할 필요가 있는 등 작업의 성질상 비계기둥 간격에 관한 기준을 준수하기 곤란한 작업
- 띠장 간격은 2.0m 이하로 할 것. 다만, 작업의 성질상 이를 준수하기가 곤란하여 쌍기둥틀 등에 의하여 해당 부분을 보강한 경우에는 그러하지 아니하다.
- 비계기둥의 제일 윗부분으로부터 31m 되는 지점 밑부분의 비계기둥은 2개의 강관으로 묶어 세울 것. 다만, 브라켓(bracket, 까치발) 등으로 보강하여 2개의 강관으로 묶을 경우 이상의 강도가 유지되는 경우에는 그러하지 아니하다.
- 비계기둥 간의 적재하중은 400kg을 초과하지 않도록 할 것

104 **터널붕괴를 방지하기 위한 지보공에 대한 점검사항과 가장 거리가 먼 것은?**

① 부재의 긴압 정도
② 부재의 손상·변형·부식·변위 탈락의 유무 및 상태
③ 기둥침하의 유무 및 상태
④ 경보장치의 작동상태

101 ④　102 ②　103 ①　104 ④ 정답

해설 ◎ **터널 지보공 설치 시 점검사항**(안전보건규칙 제366조)
- 부재의 손상·변형·부식·변위 탈락의 유무 및 상태
- 부재의 긴압 정도
- 부재의 접속부 및 교차부의 상태
- 기둥침하의 유무 및 상태

105 콘크리트 타설작업 시 안전에 대한 유의사항으로 옳지 않은 것은?

① 콘크리트를 치는 도중에는 지보공·거푸집 등의 이상 유무를 확인한다.
② 높은 곳으로부터 콘크리트를 타설할 때는 호퍼로 받아 거푸집 내에 꽂아 넣는 슈트를 통해서 부어 넣어야 한다.
③ 진동기를 가능한 한 많이 사용할수록 거푸집에 작용하는 측압상 안전하다.
④ 콘크리트를 한 곳에만 치우쳐서 타설하지 않도록 주의한다.

해설 ③ 진동기를 넣고 나서 뺄 때까지 시간은 보통 5~15초가 적당하며 많이 사용할수록 거푸집에 측압이 상승하여 도괴의 원인이 된다.

106 건설공사 위험성평가에 관한 내용으로 옳지 않은 것은?

① 건설물, 기계·기구, 설비 등에 의한 유해·위험요인을 찾아내어 위험성을 결정하고 그 결과에 따른 조치를 하는 것을 말한다.
② 사업주는 위험성평가의 실시내용 및 결과를 기록·보존하여야 한다.
③ 위험성평가 기록물의 보존기간은 2년이다.
④ 위험성평가 기록물에는 평가대상의 유해·위험요인, 위험성결정의 내용 등이 포함된다.

해설 ③ 사업주는 위험성 평가 기록물을 3년간 보존해야 한다.

107 구축물이 풍압·지진 등에 의하여 붕괴 또는 전도하는 위험을 예방하기 위한 조치 시 준수하여야 할 서류와 가장 거리가 먼 것은?

① 설계도면 확인
② 시방서 확인
③ 「건축물의 구조기준 등에 관한 규칙」에 따른 구조설계도서 확인
④ 보호구 및 방호장치의 성능검정 합격품을 사용했는지 확인

해설 ◎ **구축물 등의 안전유지**(안전보건규칙 제51조)
사업주는 구축물 등이 고정하중, 적재하중, 시공·해체 작업 중 발생하는 하중, 적설, 풍압(風壓), 지진이나 진동 및 충격 등에 의하여 전도·폭발하거나 무너지는 등의 위험을 예방하기 위하여 설계도면, 시방서(示方書), 「건축물의 구조기준 등에 관한 규칙」 제2조 제15호에 따른 구조설계도서, 해체계획서 등 설계도서를 준수하여 필요한 조치를 해야 한다.

108 건립 중 강풍에 의한 풍압 등 외압에 대한 내력이 설계에 고려되었는지 확인하여야 하는 철골구조물의 기준으로 옳지 않은 것은?

① 높이 20m 이상의 구조물
② 구조물의 폭과 높이의 비가 1 : 4 이상인 구조물
③ 이음부가 공장 제작인 구조물
④ 연면적당 철골량이 50kg/m^2 이하인 구조물

해설 ◎ **외압 내력설계 철골구조물의 기준**
- 높이 20m 이상인 철골구조물
- 폭과 높이의 비가 1 : 4 이상인 철골 구조물
- 철골 설치 구조가 비정형적인 구조물(캔틸레버 구조물 등)
- 타이플레이트(Tie Plate)형 기둥을 사용한 철골 구조물
- 이음부가 현장 용접인 철골 구조물

정답 105 ③ 106 ③ 107 ④ 108 ③

109 그물코의 크기가 5cm인 매듭 방망일 경우 방망사의 인장강도는 최소 얼마 이상이어야 하는가? (단, 방망사는 신품인 경우이다.)

① 50kg　② 100kg
③ 110kg　④ 150kg

해설

그물코의 크기 (단위 : cm)	방망의 종류(단위 : kg)			
	매듭 없는 방망		매듭 방망	
	신품에 대한	폐기 시	신품에 대한	폐기 시
10	240	150	200	135
5	–		110	60

110 작업장에 계단 및 계단참을 설치하는 경우 매제곱미터당 최소 몇 [kg] 이상의 하중에 견딜 수 있는 강도를 가진 구조로 설치하여야 하는가?

① 300kg　② 400kg
③ 500kg　④ 600kg

해설 계단 및 계단참을 설치하는 경우 매제곱미터당 500kg 이상의 하중에 견딜 수 있는 강도를 가진 구조로 설치하여야 하며, 안전율[안전의 정도를 표시하는 것으로서 재료의 파괴응력도(破壞應力度)와 허용응력도(許容應力度)의 비율을 말한다]은 4 이상으로 하여야 한다(안전보건규칙 제26조).

111 터널 등의 건설작업을 하는 경우에 낙반 등에 의하여 근로자가 위험해질 우려가 있는 경우에 필요한 직접적인 조치사항과 거리가 먼 것은?

① 터널지보공 설치　② 부석의 제거
③ 울 설치　④ 록볼트 설치

해설 ③ 울 설치는 추락위험 방지를 위한 조치사항이다.

112 비계의 높이가 2m 이상인 작업장소에 설치하는 작업발판의 설치기준으로 옳지 않은 것은? (단, 달비계, 달대비계 및 말비계는 제외)

① 작업발판의 폭은 40cm 이상으로 한다.
② 작업발판재료는 뒤집히거나 떨어지지 않도록 하나 이상의 지지물에 연결하거나 고정시킨다.
③ 발판재료 간의 틈은 3cm 이하로 한다.
④ 작업발판의 지지물은 하중에 의하여 파괴될 우려가 없는 것을 사용한다.

해설 ② 작업발판재료는 뒤집히거나 떨어지지 않도록 둘 이상의 지지물에 연결하거나 고정시킨다(안전보건규칙 제56조).

113 차량계 건설기계를 사용하여 작업을 하는 경우 작업계획서 내용에 포함되지 않는 사항은?

① 사용하는 차량계 건설기계의 종류 및 성능
② 차량계 건설기계의 운행경로
③ 차량계 건설기계에 의한 작업방법
④ 차량계 건설기계 사용 시 유도자 배치 위치

해설 ❯ **차량계 건설기계 작업계획서 내용**(안전보건규칙 별표 4)
- 사용하는 차량계 건설기계의 종류 및 성능
- 차량계 건설기계의 운행경로
- 차량계 건설기계에 의한 작업방법

114 산업안전보건법령에 따른 작업발판 일체형 거푸집에 해당되지 않는 것은?

① 갱 폼(Gang Form)
② 슬립 폼(Slip Form)
③ 유로 폼(Euro Form)
④ 클라이밍 폼(Climbing Form)

109 ③　110 ③　111 ③　112 ②　113 ④　114 ③ 정답

해설 **작업발판 일체형 거푸집**(안전보건규칙 제331조의3 제1항)
'작업발판 일체형 거푸집'이란 거푸집의 설치·해체, 철근 조립, 콘크리트 타설, 콘크리트 면처리 작업 등을 위하여 거푸집을 작업발판과 일체로 제작하여 사용하는 다음의 거푸집이다.
- 갱 폼(gang form)
- 슬립 폼(slip form)
- 클라이밍 폼(climbing form)
- 터널 라이닝 폼(tunnel lining form)
- 그 밖에 거푸집과 작업발판이 일체로 제작된 거푸집 등

115 산업안전보건법령에 따른 양중기의 종류에 해당하지 않는 것은?

① 고소작업차
② 이동식 크레인
③ 승강기
④ 리프트(Lift)

해설 **양중기의 종류**(안전보건규칙 제132조 제1항)
- 크레인[호이스트(hoist)를 포함한다]
- 이동식 크레인
- 리프트(이삿짐운반용 리프트의 경우에는 적재하중이 0.1t 이상인 것으로 한정)
- 곤돌라
- 승강기

116 산업안전보건관리비 항목 중 안전시설비로 사용 가능한 것은?

① 원활한 공사수행을 위한 가설시설 중 비계설치 비용
② 소음관련 민원예방을 위한 건설현장 소음방지용 방음시설 설치 비용
③ 근로자의 재해예방을 위한 목적으로만 사용하는 CCTV에 사용되는 비용
④ 기계·기구 등과 일체형 안전장치의 구입비용

해설 **안전관리비의 사용 불가 내역**
원활한 공사수행을 위해 공사현장에 설치하는 시설물, 장치, 자재, 안내·주의·경고 표지 등과 공사 수행 도구·시설이 안전장치와 일체형인 경우 등에 해당하는 경우 그에 소요되는 구입·수리 및 설치·해체 비용 등
1. **원활한 공사수행을 위한 가설시설, 장치, 도구, 자재 등**
   - 외부인 출입금지, 공사장 경계표시를 위한 가설울타리
   - 각종 비계, 작업발판, 가설계단·통로, 사다리 등
     ※ 안전발판, 안전통로, 안전계단 등과 같이 명칭에 관계없이 공사 수행에 필요한 가시설들은 사용 불가
     ※ 다만, 비계·통로·계단에 추가 설치하는 추락방지용 안전난간, 사다리 전도방지장치, 틀비계에 별도로 설치하는 안전난간·사다리, 통로의 낙하물방호선반 등은 사용 가능함
   - 절토부 및 성토부 등의 토사유실 방지를 위한 설비
   - 작업장 간 상호 연락, 작업 상황 파악 등 통신수단으로 활용되는 통신시설·설비
   - 공사 목적물의 품질 확보 또는 건설장비 자체의 운행 감시, 공사 진척상황 확인, 방범 등의 목적을 가진 CCTV 등 감시용 장비
     ※ 다만 근로자의 재해예방을 위한 목적으로만 사용하는 CCTV에 소요되는 비용은 사용 가능함
2. **소음·환경관련 민원예방, 교통통제 등을 위한 각종 시설물, 표지**
   - 건설현장 소음방지를 위한 방음시설, 분진망 등 먼지·분진 비산 방지시설 등
   - 도로 확·포장공사, 관로공사, 도심지 공사 등에서 공사차량 외의 차량유도, 안내·주의·경고 등을 목적으로 하는 교통안전시설물
     ※ 공사안내·경고 표지판, 차량유도등·점멸등, 라바콘, 현장경계휀스, PE드럼 등
3. **기계·기구 등과 일체형 안전장치의 구입비용**
   ※ 기성제품에 부착된 안전장치 고장 시 수리 및 교체비용은 사용 가능
   - 기성제품에 부착된 안전장치
     ※ 톱날과 일체식으로 제작된 목재가공용 둥근톱의 톱날접촉예방장치, 플러그와 접지 시설이 일체식으로 제작된 접지형플러그 등
   - 공사수행용 시설과 일체형인 안전시설
4. 동일 시공업체 소속의 타 현장에서 사용한 안전시설물을 전용하여 사용할 때의 자재비(운반비는 안전관리비로 사용할 수 있다)

정답 115 ① 116 ③

117 달비계의 최대 적재하중을 정함에 있어서 활용하는 안전계수의 기준으로 옳은 것은? (단, 곤돌라의 달비계를 제외한다.)

① 달기 훅 : 5 이상

② 달기 강선 : 5 이상

③ 달기 체인 : 3 이상

④ 달기 와이어로프 : 5 이상

해설 **안전계수**(안전보건규칙 제55조)

- 달기 와이어로프 및 달기 강선의 안전계수 : 10 이상
- 달기 체인 및 달기 훅의 안전계수 : 5 이상
- 달기 강대와 달비계의 하부 및 상부 지점의 안전계수 : 강재(鋼材)의 경우 2.5 이상, 목재의 경우 5 이상

118 사다리식 통로 등을 설치하는 경우 통로 구조로서 옳지 않은 것은?

① 발판의 간격은 일정하게 한다.

② 발판과 벽과의 사이는 15cm 이상의 간격을 유지한다.

③ 사다리의 상단은 걸쳐놓은 지점으로부터 60cm 이상 올라가도록 한다.

④ 폭은 40cm 이상으로 한다.

해설 **사다리식 통로**(안전보건규칙 제24조 제1항)

- 견고한 구조로 할 것
- 심한 손상·부식 등이 없는 재료를 사용할 것
- 발판의 간격은 일정하게 할 것
- 발판과 벽과의 사이는 15cm 이상의 간격을 유지할 것
- 폭은 30cm 이상으로 할 것
- 사다리가 넘어지거나 미끄러지는 것을 방지하기 위한 조치를 할 것
- 사다리의 상단은 걸쳐놓은 지점으로부터 60cm 이상 올라가도록 할 것
- 사다리식 통로의 길이가 10m 이상인 경우에는 5m 이내마다 계단참을 설치할 것
- 사다리식 통로의 기울기는 75° 이하로 할 것. 다만, 고정식 사다리식 통로의 기울기는 90° 이하로 하고, 그 높이가 7m 이상인 경우에는 바닥으로부터 높이가 2.5m 되는 지점부터 등받이울을 설치할 것
- 접이식 사다리 기둥은 사용 시 접혀지거나 펼쳐지지 않도록 철물 등을 사용하여 견고하게 조치할 것

119 유해위험방지계획서 제출 시 첨부서류로 옳지 않은 것은?

① 공사현장의 주변 현황 및 주변과의 관계를 나타내는 도면

② 공사개요서

③ 전체공정표

④ 작업인부의 배치를 나타내는 도면 및 서류

해설 **유해위험방지계획서 첨부서류**(산업안전보건법 시행규칙 별표 10)

- 공사 개요서
- 공사현장의 주변 현황 및 주변과의 관계를 나타내는 도면(매설물 현황을 포함한다)
- 전체 공정표
- 산업안전보건관리비 사용계획서(별지 제102호 서식)
- 안전관리 조직표
- 재해 발생 위험 시 연락 및 대피방법

120 법면 붕괴에 의한 재해 예방조치로서 옳은 것은?

① 지표수와 지하수의 침투를 방지한다.

② 법면의 경사를 증가한다.

③ 절토 및 성토높이를 증가한다.

④ 토질의 상태에 관계없이 구배조건을 일정하게 한다.

해설 ①은 예방조치에 해당하며, ②·③·④는 붕괴의 원인이 될 수 있다.

토석 붕괴의 원인

1. **외적 원인**
   - 사면, 법면의 경사 및 기울기의 증가
   - 절토 및 성토 높이의 증가
   - 공사에 의한 진동 및 반복하중의 증가
   - 지표수 및 지하수의 침투에 의한 토사 중량의 증가
   - 지진, 차량, 구조물의 하중작용
   - 토사 및 암석의 혼합층 두께
2. **내적 원인**
   - 절토 사면의 토질, 암질
   - 성토 사면의 토질구성 및 분포
   - 토석의 강도 저하

117 ① 118 ④ 119 ④ 120 ① 정답

2023년 제 1 회 기출 복원문제

1과목 안전관리론

01 무재해 운동에 관한 설명으로 틀린 것은?

① 제3자의 행위에 의한 업무상 재해는 무재해로 본다.

② 작업시간 중 천재지변 또는 돌발적인 사고로 인한 구조 행위 또는 긴급피난 중 발생한 사고는 무재해로 본다.

③ 무재해란 무재해 운동 시행사업장에서 근로자가 업무에 기인하여 사망 또는 2일 이상의 요양을 요하는 부상 또는 질병에 이환되지 않는 것을 말한다.

④ 작업시간 외에 천재지변 또는 돌발적인 사고 우려가 많은 장소에서 사회 통념상 인정되는 업무수행 중 발생한 사고는 무재해로 본다.

해설 ③ 2일 이상이 아니라 4일 이상이다.

무재해로 인정되는 경우

- 출퇴근 도중에 발생한 재해
- 운동경기 등 각종 행사 중 발생한 재해
- 작업시간 중 천재지변 또는 돌발적인 사고로 인한 구조 행위 또는 긴급피난 중 발생한 사고
- 작업시간 외에 천재지변 또는 돌발적인 사고 우려가 많은 장소에서 사회 통념상 인정되는 업무 수행 중 발생한 사고
- 제3자의 행위에 의한 업무상 재해
- 업무상 재해인정 기준 중 뇌혈관 질환 또는 심장 질환에 의한 재해

02 석면 취급장소에서 사용하는 방진마스크의 등급으로 옳은 것은?

① 특급　② 1급

③ 2급　④ 3급

해설 **방진마스크 등급**

- **특급** : 99.5% 이상(중독성 분진, 흄, 방사성 물질 분진의 비산하는 장소)
- **1급** : 95% 이상(갱내, 암석의 파쇄, 분쇄하는 장소, 아크용접, 용단작업, 현저하게 분진이 많이 발생하는 작업, 석면을 사용하는 작업, 주물공장 등)
- **2급** : 85% 이상

03 안전교육방법 중 학습자가 이미 설명을 듣거나 시범을 보고 알게 된 지식이나 기능을 강사의 감독 아래 직접적으로 연습하여 적용할 수 있도록 하는 교육방법은?

① 모의법　② 토의법

③ 실연법　④ 반복법

해설 **실연법** : 이미 설명을 듣고 시범을 보아서 알게 된 지식이나 기능을 교사의 지도 아래 직접 연습을 통해 적용해 보는 방법

04 무재해 운동의 기본이념 3원칙 중 다음에서 설명하는 것은?

> 직장 내의 모든 잠재위험요인을 적극적으로 사전에 발견, 파악, 해결함으로써 뿌리에서부터 산업재해를 제거하는 것

① 무의 원칙　② 선취의 원칙

③ 참가의 원칙　④ 확인의 원칙

해설 **무재해 운동의 기본이념**

- **무(Zero)의 원칙** : 산업재해의 근원적인 요소들을 없앤다는 것
- **안전제일의 원칙**(선취의 원칙) : 행동하기 전, 잠재위험요인을 발견하고 파악, 해결하여 재해를 예방하는 것
- **참여의 원칙**(참가의 원칙) : 전원이 일치 협력하여 각자의 위치에서 적극적으로 문제를 해결하는 것

정답 01 ③　02 ②　03 ③　04 ①

05 재해의 빈도와 상해의 강약도를 혼합하여 집계하는 지표로 옳은 것은?

① 강도율 ② 종합재해지수
③ 안전활동률 ④ Safe T Score

해설 종합재해지수(FSI)= $\sqrt{빈도율(F.R)\times 강도율(S.R)}$

06 바이오리듬(생체리듬)에 관한 설명 중 틀린 것은?

① 안정기(+)와 불안정기(-)의 교차점을 위험일이라 한다.
② 감성적 리듬은 33일을 주기로 반복하며, 주의력, 예감 등과 관련되어 있다.
③ 지성적 리듬은 "I"로 표시하며 사고력과 관련이 있다.
④ 육체적 리듬은 신체적 컨디션의 율동적 발현, 즉 식욕・활동력 등과 밀접한 관계를 갖는다.

해설 ② **감성적 리듬**(적색) : 28일을 주기로 교감신경계를 지배하여 정서와 감정의 에너지를 지배한다.

07 안전교육훈련의 진행 제3단계에 해당하는 것은?

① 적용 ② 제시
③ 도입 ④ 확인

해설 **안전교육훈련의 진행단계**
- **제1단계** : 도입(준비) – 학습할 준비를 시킨다.
- **제2단계** : 제시(설명) – 작업을 설명한다.
- **제3단계** : 적용(응용) – 작업을 시켜본다.
- **제4단계** : 확인(총괄, 평가) – 가르친 뒤 살펴본다.

08 적응기제 중 도피기제의 유형이 아닌 것은?

① 합리화 ② 고립
③ 퇴행 ④ 억압

해설 **적응기제 중 도피기제**
- **고립** : 곤란한 상황과의 접촉을 피함.
- **퇴행** : 발달단계로 역행함으로써 욕구를 충족하려는 행동
- **억압** : 불쾌한 생각, 감정을 눌러 떠오르지 않도록 함.
- **백일몽** : 공상의 세계 속에서 만족을 얻으려는 행동

09 국제노동기구(ILO)의 산업재해 정도구분에서 부상 결과 근로자가 신체장해등급 제12급 판정을 받았다면 이는 어느 정도의 부상을 의미하는가?

① 영구 전 노동불능
② 영구 일부 노동불능
③ 일시 전 노동불능
④ 일시 일부 노동불능

해설 **산업재해 정도구분**
- **사망**
- **영구 전 노동불능** : 신체 전체의 노동기능 완전상실(1~3급)
- **영구 일부 노동불능** : 신체 일부의 노동기능 완전상실(4~14급)
- **일시 전 노동불능** : 일정기간 노동 종사 불가(휴업상해)
- **일시 일부 노동불능** : 일정기간 일부노동 종사 불가(통원상해)
- **구급조치상해**

10 방진마스크의 사용조건 중 산소농도의 최소기준으로 옳은 것은?

① 16% ② 18%
③ 21% ④ 23.5%

해설 산소농도가 18%

05 ② 06 ② 07 ① 08 ① 09 ② 10 ② 정답

11 작업자 적성의 요인이 아닌 것은?

① 지능 ② 인간성
③ 흥미 ④ 연령

해설 ④ 연령은 작업자 적성의 요인이 아니다.

12 기업 내의 계층별 교육훈련 중 주로 관리감독자를 교육대상자로 하며 작업을 가르치는 능력, 작업방법을 개선하는 기능 등을 교육내용으로 하는 기업 내 정형교육은?

① TWI(Training Within Industry)
② ATT(American Telephone Telegram)
③ MTP(Management Training Program)
④ ATP(Administration Training Program)

해설 ① TWI : 초급관리자 대상 교육, 작업지도, 개선 방법 등 교육
② ATT : 고급관리자 대상, 정책수립, 조직 운용 관련 교육
③ MTP : 중간계층 관리자 대상
④ ATP : 경영자 대상 교육

13 산업안전보건법령상 안전보건표지의 색채와 사용 사례의 연결이 틀린 것은?

① 노란색 – 정지신호, 소화설비 및 그 장소, 유해행위의 금지
② 파란색 – 특정 행위의 지시 및 사실의 고지
③ 빨간색 – 화학물질 취급장소에서의 유해·위험 경고
④ 녹색 – 비상구 및 피난소, 사람 또는 차량의 통행표지

해설 ① **노란색** – 경고신호 – 화학물질 취급장소에서의 유해·위험경고 이외의 위험경고, 주의표지 또는 기계방호물

14 안전보건관리조직의 유형 중 스태프(Staff)형 조직의 특징이 아닌 것은?

① 생산부문은 안전에 대한 책임과 권한이 없다.
② 권한 다툼이나 조정 때문에 통제수속이 복잡해지며 시간과 노력이 소모된다.
③ 생산부분에 협력하여 안전명령을 전달, 실시하므로 안전지시가 용이하지 않으며 안전과 생산을 별개로 취급하기 쉽다.
④ 명령계통과 조언, 권고적 참여가 혼동되기 쉽다.

해설 ◎ **스태프형 조직의 장·단점**

장점	• 안전에 관한 전문지식 및 기술의 축적 용이 • 경영자의 조언 및 자문 역할 • 안전정보 수집이 용이하고 신속하다.
단점	• 생산부서와 유기적인 협조 필요 • 생산부분의 안전에 대한 무책임·무권한 • 생산부서와 마찰이 일어나기 쉽다.

15 산업안전보건법령에 따라 환기가 극히 불량한 좁은 밀폐된 장소에서 용접작업을 하는 근로자를 대상으로 한 특별안전보건교육 내용에 포함되지 않는 것은? (단, 일반적인 안전·보건에 필요한 사항은 제외한다.)

① 환기설비에 관한 사항
② 질식 시 응급조치에 관한 사항
③ 작업순서, 안전작업방법 및 수칙에 관한 사항
④ 폭발 한계점, 발화점 및 인화점 등에 관한 사항

해설 ◎ **특별교육 대상** : 밀폐된 장소에서 하는 용접작업 또는 습한 장소에서 하는 전기용접 작업
• 작업순서, 안전작업방법 및 수칙에 관한 사항
• 환기설비에 관한 사항
• 전격 방지 및 보호구 착용에 관한 사항
• 질식 시 응급조치에 관한 사항
• 작업환경 점검에 관한 사항
• 그 밖에 안전보건관리에 필요한 사항

정답 11 ④ 12 ① 13 ① 14 ④ 15 ④

16 작업을 하고 있을 때 긴급 이상 상태 또는 돌발 사태가 되면 순간적으로 긴장하게 되어 판단능력의 둔화 또는 정지상태가 되는 것은?

① 의식의 우회　② 의식의 과잉
③ 의식의 단절　④ 의식의 수준저하

해설 ① **의식의 우회** : 근심·걱정으로 집중하지 못함.
③ **의식의 단절** : 수면상태 또는 의식을 잃어버리는 상태
④ **의식수준의 저하** : 단조로운 업무를 장시간 수행 시 몽롱해지는 현상(= 감각차단현상)

17 안전교육 중 같은 것을 반복하여 개인의 시행착오에 의해서만 점차 그 사람에게 형성되는 것은?

① 안전기술의 교육　② 안전지식의 교육
③ 안전기능의 교육　④ 안전태도의 교육

해설 ▶ **안전보건교육의 3단계**
- **지식교육** : 기초지식 주입, 광범위한 지식의 습득 및 전달
- **기능교육** : 교육자가 스스로 행함, 경험과 적응, 전문적 기술 기능, 작업능력 및 기술능력 부여, 작업동작의 표준화, 교육기간의 장기화, 대규모 인원에 대한 교육 곤란
- **태도교육** : 습관 형성, 안전의식 향상, 안전책임감 주입

18 다음 중 안전보건교육계획을 수립할 때 고려할 사항으로 가장 거리가 먼 것은?

① 현장의 의견을 충분히 반영한다.
② 대상자의 필요한 정보를 수집한다.
③ 안전교육시행체계와의 연관성을 고려한다.
④ 정부 규정에 의한 교육에 한정하여 실시한다.

해설 ▶ **안전보건교육계획 수립 시 고려사항**
- 교육목표
- 교육의 종류 및 교육대상
- 교육과목 및 교육내용
- 교육장소 및 교육방법
- 교육기간 및 시간
- 교육담당자 및 강사

19 산업안전보건법령상 잠함(潛函) 또는 잠수 작업 등 높은 기압에서 작업하는 근로자의 근로시간 기준은?

① 1일 6시간, 1주 32시간 초과 금지
② 1일 6시간, 1주 34시간 초과 금지
③ 1일 8시간, 1주 32시간 초과 금지
④ 1일 8시간, 1주 34시간 초과 금지

해설 사업주는 유해하거나 위험한 작업으로서 높은 기압에서 하는 작업 등 대통령령으로 정하는 작업에 종사하는 근로자에게는 1일 6시간, 1주 34시간을 초과하여 근로하게 해서는 안 된다.

20 산업안전보건법령상 안전인증대상기계등에 포함되는 기계, 설비, 방호장치에 해당하지 않는 것은?

① 롤러기
② 크레인
③ 동력식 수동대패용 칼날접촉 방지장치
④ 방폭구조(防爆構造) 전기기계·기구 및 부품

해설 ▶ **안전인증 대상**

	안전인증 대상 기계·기구
기계·설비	• 프레스 • 전단기 및 절곡기 • 크레인 • 리프트 • 압력용기 • 롤러기 • 사출성형기 • 고소작업대 • 곤돌라
방호장치	• 프레스 및 전단기 방호장치 • 양중기용(揚重機用) 과부하 방지장치 • 보일러 압력방출용 안전밸브 • 압력용기 압력방출용 안전밸브 • 압력용기 압력방출용 파열판 • 절연용 방호구 및 활선작업용(活線作業用) 기구 • 방폭구조(防爆構造) 전기기계·기구 및 부품 • 추락·낙하 및 붕괴 등의 위험 방지 및 보호에 필요한 가설기자재로서 고용노동부장관이 정하여 고시하는 것 • 충돌·협착 등의 위험 방지에 필요한 산업용 로봇 방호장치로서 고용노동부장관이 정하여 고시하는 것

16 ② 17 ③ 18 ④ 19 ② 20 ③ 정답

2과목 인간공학 및 시스템안전공학

21 산업안전보건법령상 유해위험방지계획서 제출 대상 사업은 기계 및 가구를 제외한 금속가공제품 제조업으로서 전기 계약용량이 얼마 이상인 사업을 말하는가?

① 50kW ② 100kW
③ 200kW ④ 300kW

해설 산업안전보건법 시행령에 정하는 사업으로 전기 계약용량이 300kW 이상인 경우는 유해위험방지계획서를 작성하여 고용노동부장관에게 제출하고 심사를 받아야 한다.

22 경계 및 경보신호의 설계지침으로 틀린 것은?

① 주의를 환기시키기 위하여 변조된 신호를 사용한다.
② 배경소음의 진동수와 다른 진동수의 신호를 사용한다.
③ 귀는 중음역에 민감하므로 500~3,000Hz의 진동수를 사용한다.
④ 300m 이상의 장거리용으로는 1,000Hz를 초과하는 진동수를 사용한다.

해설 **경계 및 경보신호의 설계지침**
- 귀는 중음역에 가장 민감하므로 500~3,000Hz의 진동수 사용
- 고음은 멀리 가지 못하므로 300m 이상 장거리용으로는 1,000Hz 이하의 진동수 사용
- 신호가 장애물을 돌아가거나 칸막이를 통과해야 할 때는 500Hz 이하의 진동수 사용
- 주의를 끌기 위해서는 변조된 신호를 사용
- 배경소음의 진동수와 다른 신호를 사용하고 신호는 최소한 0.5~1초 동안 지속
- 경보 효과를 높이기 위해서 개시 시간이 짧은 고강도 신호 사용
- 주변 소음에 대한 은폐효과를 막기 위해 500~1,000Hz 신호를 사용하여, 적어도 30dB 이상 차이가 나야 함.

23 수리가 가능한 어떤 기계의 가용도(availability)는 0.9이고, 평균수리시간(MTTR)이 2시간일 때, 이 기계의 평균수명(MTBF)은?

① 15시간 ② 16시간
③ 17시간 ④ 18시간

해설 $\lambda = \dfrac{1}{MTBF}$

$고장률(\lambda) = \dfrac{기간\ 중의\ 총\ 고장수(r)}{총\ 동작시간(T)}$

가동률 = MTBF / (MTBF + MTTR)
0.9 = MTBF / (MTBF + 2)
0.9 × (MTBF + 2) = MTBF
0.9 × 2 = MTBF(1 − 0.9)
MTBF = 0.9 × 2 / (1 − 0.9)
(가동률 ≒ 가용도)

24 컷셋(cut set)과 패스셋(pass set)에 관한 설명으로 옳은 것은?

① 동일한 시스템에서 패스셋의 개수와 컷셋의 개수는 같다.
② 패스셋은 동시에 발생했을 때 정상사상을 유발하는 사상들의 집합이다.
③ 일반적으로 시스템에서 최소 컷셋의 개수가 늘어나면 위험 수준이 높아진다.
④ 최소 컷셋은 어떤 고장이나 실수를 일으키지 않으면 재해는 일어나지 않는다고 하는 것이다.

해설
- **컷셋** : 정상사상을 발생시키는 기본사상의 집합으로 그 안에 포함되는 모든 기본사상이 발생할 때 정상사상을 발생시킬 수 있는 기본사상의 집합
- **패스셋** : 그 안에 포함되는 모든 기본사상이 일어나지 않을 때 처음으로 정상사상이 일어나지 않는 기본사상의 집합 → 결함

정답 21 ④ 22 ④ 23 ④ 24 ③

25 Chapanis가 정의한 위험의 확률수준과 그에 따른 위험발생률로 옳은 것은?

① 전혀 발생하지 않는(impossible) 발생빈도 : 10^{-8}/day
② 극히 발생할 것 같지 않는(extremely unlikely) 발생빈도 : 10^{-7}/day
③ 거의 발생하지 않은(remote) 발생빈도 : 10^{-6}/day
④ 가끔 발생하는(occasional) 발생빈도 : 10^{-5}/day

해설

발생빈도	평점	발생확률
자주	6	10^{-2}/day
보통	5	10^{-3}/day
가끔	4	10^{-4}/day
거의	3	10^{-5}/day
극히	2	10^{-6}/day
전혀	1	10^{-8}/day

26 시각적 식별에 영향을 주는 각 요소에 대한 설명 중 틀린 것은?

① 조도는 광원의 세기를 말한다.
② 휘도는 단위면적당 표면에 반사 또는 방출되는 광량을 말한다.
③ 반사율은 물체의 표면에 도달하는 조도와 광도의 비를 말한다.
④ 광도 대비란 표적의 광도와 배경의 광도의 차이를 배경 광도로 나눈 값을 말한다.

해설 ① 조도는 물체의 표면에 도달하는 빛의 밀도(표면밝기의 정도)로 단위는 [lux]를 사용하며, 거리가 멀수록 역자승 법칙에 의해 감소한다.

27 반사형 없이 모든 방향으로 빛을 발하는 점광원에서 5m 떨어진 곳의 조도가 120lux라면, 2m 떨어진 곳의 조도는?

① 150lux
② 192.2lux
③ 750lux
④ 3,000lux

해설 $조도 = \frac{광량}{(거리)^2}$

$광량 = 조도 \times (거리)^2$

$120lux \times 5^2 = 3,000lumen$

2m 떨어진 곳에서의 조도 $= 3,000 / 2^2 = 750lux$

28 HAZOP 기법에서 사용하는 가이드워드와 그 의미가 잘못 연결된 것은?

① Other than : 기타 환경적인 요인
② No/Not : 디자인 의도의 완전한 부정
③ Reverse : 디자인 의도의 논리적 반대
④ More/Less : 정량적인 증가 또는 감소

해설 **가이드워드**(Guide words)
- **NO 혹은 NOT** : 설계 의도의 완전한 부정
- **MORE/LESS** : 양의 증가 혹은 감소(정량적)
- **AS WELL AS** : 성질상의 증가(정성적 증가)
- **PART OF** : 성질상의 감소(정성적 감소)
- **REVERSE** : 설계 의도의 논리적인 역(설계 의도와 반대 현상)
- **OTHER THAN** : 완전한 대체의 필요

29 생명유지에 필요한 단위시간당 에너지량을 무엇이라 하는가?

① 기초대사량 ② 산소소비율
③ 작업대사량 ④ 에너지 소비율

해설 **기초대사량**(BMR, Basal Metabolic Rate) : 생명유지에 필요한 단위시간당 에너지량

25 ① 26 ① 27 ③ 28 ① 29 ① 정답

30 FTA에 의한 재해사례 연구 순서 중 2단계에 해당하는 것은?

① FT도의 작성
② 톱사상의 선정
③ 개선계획의 작성
④ 사상의 재해원인을 규명

해설 Top 사상의 선정 → 사상마다 재해원인의 규명 → FT도의 작성 → 개선계획의 작성

31 시각적 표시장치보다 청각적 표시장치를 사용하는 것이 더 유리한 경우는?

① 정보의 내용이 복잡하고 긴 경우
② 정보가 공간적인 위치를 다룬 경우
③ 직무상 수신자가 한곳에 머무르는 경우
④ 수신장소가 너무 밝거나 암순응이 요구될 경우

해설 **청각적 표시장치가 유리한 경우**
- 전언이 간단하다.
- 전언이 짧다.
- 전언이 후에 재참조되지 않는다.
- 전언이 시간적 사상을 다룬다.
- 전언이 즉각적인 행동을 요구한다(긴급할 때).
- 수신장소가 너무 밝거나 암조응 유지가 필요시
- 직무상 수신자가 자주 움직일 때
- 수신자가 시각계통이 과부하 상태일 때

32 HAZOP 분석기법의 장점이 아닌 것은?

① 학습 및 적용이 쉽다.
② 기법 적용에 큰 전문성을 요구하지 않는다.
③ 짧은 시간에 저렴한 비용으로 분석이 가능하다.
④ 다양한 관점을 가진 팀 단위 수행이 가능하다.

해설 HAZOP : 각각의 장비에 대해 잠재된 위험이나 기능저하, 운전 잘못 등과 전체로서의 시설을 결과적으로 미칠 수 있는 영향 등을 평가하기 위해서 공정이나 설계도 등에 체계적이고 비판적인 검토를 행하는 것을 말한다.
전체로서의 시설, 체계적이고 비판적인 검토를 하려면 시간이 많이 걸리고 비용도 많이 사용된다.

33 일반적으로 보통 작업자의 정상적인 시선으로 가장 적합한 것은?

① 수평선을 기준으로 위쪽 5° 정도
② 수평선을 기준으로 위쪽 15° 정도
③ 수평선을 기준으로 아래쪽 5° 정도
④ 수평선을 기준으로 아래쪽 15° 정도

해설 정상시선은 수평하 15° 정도이다.

34 FTA(Fault Tree Analysis)에 사용되는 논리기호와 명칭이 올바르게 연결된 것은?

① 전이기호
② 기본사상
③ 통상사상
④ 결함사상

해설

생략사상	결함사상	기본사상

35 산업안전보건법령상 사업주가 유해위험방지 계획서를 제출할 때에는 사업장별로 관련 서류를 첨부하여 해당 작업 시작 며칠 전까지 해당 기관에 제출하여야 하는가?

① 7일 ② 15일
③ 30일 ④ 60일

해설 제조업 등 유해위험방지계획서에 관련 서류를 첨부하여 해당 작업 시작 15일 전까지 공단에 2부를 제출해야 한다.

정답 30 ④ 31 ④ 32 ③ 33 ④ 34 ③ 35 ②

36 각 부품의 신뢰도가 다음과 같을 때 시스템의 전체 신뢰도는 약 얼마인가?

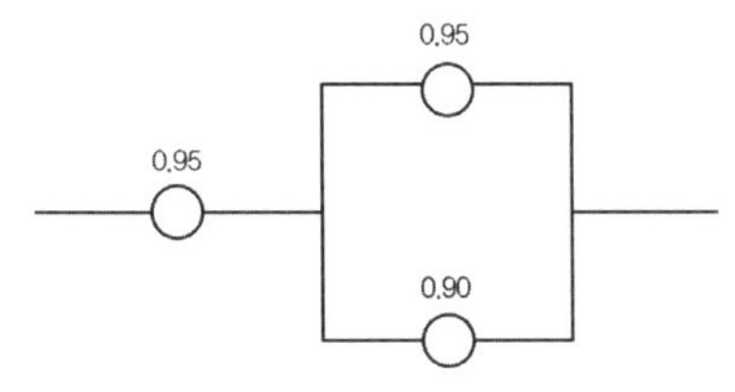

① 0.8123　　② 0.9453
③ 0.9553　　④ 0.9953

해설 직렬 : $R_s = r_1 \times r_2$
병렬 : $R_p = r_1 + r_2(1-r_1)$
$= 1-(1-r_1)(1-r_2)$
신뢰도 = 0.95 × {1 − (1 − 0.95) × (1 − 0.90)}

37 작업면상의 필요한 장소만 높은 조도를 취하는 조명은?

① 완화조명　　② 전반조명
③ 투명조명　　④ 국소조명

해설 필요한 장소만 높은 조도를 취하는 것은 국소조명이다.

38 의자 설계 시 고려해야 할 일반적인 원리와 가장 거리가 먼 것은?

① 자세고정을 줄인다.
② 조정이 용이해야 한다.
③ 디스크가 받는 압력을 줄인다.
④ 요추 부위의 후만곡선을 유지한다.

해설 ◎ **의자 설계 시 고려해야 할 사항**
- 등받이의 굴곡은 요추의 굴곡과 일치해야 한다.
- 좌면의 높이는 사람의 신상에 따라 조절 가능해야 한다.
- 정적인 부하와 고정된 작업자세를 피해야 한다.
- 의자의 높이는 오금의 높이보다 같거나 낮아야 한다.

39 A사의 안전관리자는 자사 화학설비의 안전성평가를 실시하고 있다. 그중 제2단계인 정성적 평가를 진행하기 위하여 평가 항목을 설계단계 대상과 운전관계 대상으로 분류하였을 때 설계관계 항목이 아닌 것은?

① 건조물　　② 공장 내 배치
③ 입지조건　　④ 원재료, 중간제품

해설 ◎ **위험성평가의 단계**
1. **정량적 평가** : 화학설비의 취급물질, 용량, 온도, 압력, 조작
2. **정성적 평가**
   - **설계관계** : 입지조건, 공장 내 배치, 소방설비
   - **운전관계** : 원재료, 중간제, 제품, 수송, 저장, 공정기기 등

40 다음 FT도에서 시스템에 고장이 발생할 확률은 약 얼마인가? (단, X_1과 X_2의 발생확률은 각각 0.05, 0.03이다.)

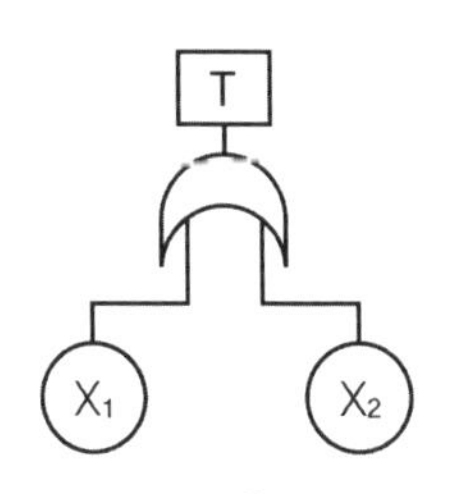

① 0.0015　　② 0.0785
③ 0.9215　　④ 0.9985

해설 $R_p = 1-(1-R_1)(1-R_2)\cdots\cdots(1-R_n)$
$= 1-\prod_{i=1}^{n}(1-R_i)$
= 1 − (1 − 0.05) × (1 − 0.03)

36 ② 37 ④ 38 ④ 39 ④ 40 ② **정답**

3과목 기계위험방지기술

41 다음 중 금속 등의 도체에 교류를 통한 코일을 접근시켰을 때, 결함이 존재하면 코일에 유기되는 전압이나 전류가 변하는 것을 이용한 검사방법은?

① 자분탐상검사
② 초음파탐상검사
③ 와류탐상검사
④ 침투형광탐상검사

해설 ◈ **와류탐상검사** : 전기가 비교적 잘 통하는 물체를 교번 자계(交番磁界 : 방향이 바뀌는 자계) 내에 두면 그 물체에 전류가 흐르는데, 만약 물체 내에 홈이나 결함이 있으면 전류의 흐름이 난조(亂調)를 보이며 변동한다. 그 변화하는 상태를 관찰함으로써 물체 내의 결함의 유무를 검사한다.

42 롤러기의 급정지장치로 사용되는 정지봉 또는 로프의 설치에 관한 설명으로 틀린 것은?

① 복부조작식은 밑면으로부터 1,200~1,400mm 이내의 높이로 설치한다.
② 손조작식은 밑면으로부터 1,800mm 이내의 높이로 설치한다.
③ 손조작식은 앞면 롤 끝단으로부터 수평거리가 50mm 이내에 설치한다.
④ 무릎조작식은 밑면으로부터 400~600mm 이내의 높이로 설치한다.

해설 ◈ **롤러기 급정지장치**
- **손조작식** : 바닥면으로부터 1.8m 이내
- **복부조작식** : 바닥면으로부터 0.8~1.1m 이내
- **무릎조작식** : 바닥면으로부터 0.4~0.6m 이내

43 다음 중 공장 소음에 대한 방지계획에 있어 소음원에 대한 대책에 해당하지 않는 것은?

① 해당 설비의 밀폐
② 설비실의 차음벽 시공
③ 작업자의 보호구 착용
④ 소음기 및 흡음장치 설치

해설 강렬한 소음작업이나 충격소음작업 장소에 대하여 기계·기구 등의 대체, 시설의 밀폐·흡음(吸音) 또는 격리 등 소음 감소를 위한 조치를 하여야 한다.

44 안전계수가 5인 체인의 최대설계하중이 1,000N이라면 이 체인의 극한하중은 약 몇 [N]인가?

① 200N ② 2,000N
③ 5,000N ④ 12,000N

해설 극한하중 / 설계하중
5 = 극한하중 / 1,000N

45 지게차의 안정을 유지하기 위한 안정도 기준으로 틀린 것은?

① 5t 미만의 부하 상태에서 하역작업 시의 전후안정도는 4% 이내이어야 한다.
② 부하 상태에서 하역작업 시의 좌우안정도는 10% 이내이어야 한다.
③ 무부하 상태에서 주행 시의 좌우안정도는 $(15+1.1\times V)$% 이내이어야 한다.(단, V는 구내 최고속도[km/h])
④ 부하 상태에서 주행 시 전후안정도는 18% 이내이어야 한다.

해설 ◈ **지게차의 안정도 기준**
- 하역작업 시의 전후안정도 : 4% 이내
- 주행 시의 전후안정도 : 18% 이내
- 하역작업 시의 좌우안정도 : 6% 이내
- 주행 시의 좌우안정도 : $(15+1.1V)$% 이내

정답 41 ③ 42 ① 43 ③ 44 ③ 45 ②

46 **드릴링 머신에서 드릴의 지름이 20mm이고 원주 속도가 62.8m/min일 때 드릴의 회전수는 약 몇 [rpm]인가?**

① 500rpm ② 1,000rpm
③ 2,000rpm ④ 3,000rpm

해설 드릴의 원주속도(V)[m/min] = πDn
D : 드릴의 직경[m]
n : 회전수[rpm]
3.14 × 0.02m × n = 62.8
∴ n = 1,000rpm

47 **롤러 작업 시 위험점에서 가드(guard) 개구부까지의 최단거리를 60mm라고 할 때, 최대로 허용할 수 있는 가드 개구부 틈새는 약 몇 [mm]인가? (단, 위험점이 비전동체이다.)**

① 6mm ② 10mm
③ 15mm ④ 18mm

해설 개구부 간격(Y) = 6 + 0.15X
(X : 가드와 위험점 간의 거리)
Y = 6 + 0.15×60 = 15mm

48 **보일러에서 압력방출장치가 2개 설치된 경우 최고사용압력이 1MPa일 때 압력방출장치의 설정 방법으로 가장 옳은 것은?**

① 2개 모두 1.1MPa 이하에서 작동되도록 설정하였다.
② 하나는 1MPa 이하에서 작동되고 나머지는 1.1MPa 이하에서 작동되도록 설정하였다.
③ 하나는 1MPa 이하에서 작동되고 나머지는 1.05MPa 이하에서 작동되도록 설정하였다.
④ 2개 모두 1.05MPa 이하에서 작동되도록 설정하였다.

해설
- 보일러 규격에 적합한 압력방출장치를 최고사용압력 이하에서 작동되도록 1개 또는 2개 이상 설치
- 2개 이상 설치된 경우 최고사용압력 이하에서 1개가 작동되고, 다른 압력방출장치는 최고사용압력 1.05배 이하에서 작동되도록 부착

49 **기계설비에 대한 본질적인 안전화 방안의 하나인 풀 프루프(Fool Proof)에 관한 설명으로 거리가 먼 것은?**

① 계기나 표시를 보기 쉽게 하거나 이른바 인체공학적 설계도 넓은 의미의 풀 프루프에 해당된다.
② 설비 및 기계장치 일부가 고장이 난 경우 기능의 저하는 가져오나 전체기능은 정지하지 않는다.
③ 인간이 에러를 일으키기 어려운 구조나 기능을 가진다.
④ 조작 순서가 잘못되어도 올바르게 작동한다.

해설 ② 설비 및 기계장치 일부가 고장이 난 경우 기능의 저하는 가져오나 전체기능이 정지하지 않는 것은 페일 세이프 중 Fail Operational에 해당된다.

50 **크레인에서 일반적인 권상용 와이어로프 및 권상용 체인의 안전율 기준은?**

① 10 이상 ② 2.7 이상
③ 4 이상 ④ 5 이상

해설

와이어로프의 종류	안전율
권상용 와이어로프 지브의 기복용 와이어로프 횡행용 와이어로프	5.0
지브의 지지용 와이어로프 보조 로프 및 고정용 와이어로프	4.0

46 ② 47 ③ 48 ③ 49 ② 50 ④ 정답

51 다음 설명에 해당하는 기계는?

- chip이 가늘고 예리하여 손을 잘 다치게 한다.
- 주로 평면공작물을 절삭 가공하나, 더브테일 가공이나 나사 등의 복잡한 가공도 가능하다.
- 장갑은 착용을 금하고, 보안경을 착용해야 한다.

① 선반 ② 호방 머신
③ 연삭기 ④ 밀링

해설 밀링 머신(milling machine)은 다인(多刃 : 많은 절삭날)의 회전절삭공구인 커터로서 공작물을 테이블에서 이송시키면서 절삭하는 절삭가공기계이다.

52 급정지기구가 부착되어 있지 않아도 유효한 프레의 방호장치로 옳지 않은 것은?

① 양수기동식 ② 가드식
③ 손쳐내기식 ④ 양수조작식

해설 **양수조작식** : 양손으로 누름단추 등의 조작장치를 계속 누르고 있으면 기계는 계속 작동하지만 두 손 중 한 손만 조작장치에서 떼면 기계는 즉시 정지한다. 고용노동부 고시 중 안전에 관한 기술지침에 의무화되어 있는 양수조작식은 이런 종류의 것이다. 급정지기구를 따로 구비할 필요가 없는 기계에 적용할 때 양수조작식이라 한다. 예를 들면 마찰식 클러치가 있는 프레스기를 말한다.

53 프레스 및 전단기에서 위험한계 내에서 작업하는 작업자의 안전을 위하여 안전블록의 사용 등 필요한 조치를 취해야 한다. 다음 중 안전블록을 사용해야 하는 작업으로 가장 거리가 먼 것은?

① 금형 가공작업 ② 금형 해체작업
③ 금형 부착작업 ④ 금형 조정작업

해설 프레스 등의 금형을 부착·해체 또는 조정작업을 하는 때에는 신체의 일부가 위험한계 내에 들어갈 때에 슬라이드가 불시에 하강함으로써 발생하는 위험을 방지하기 위하여 안전블록을 사용하여야 한다.

54 숫돌 바깥지름이 150mm일 경우 평형 플랜지의 지름은 최소 몇 [mm] 이상이어야 하는가?

① 25mm ② 50mm
③ 75mm ④ 100mm

해설 숫돌의 강도는 결합재, 숫돌의 입도, 조직, 형상 등에 의하여 정해지고 있으며 결합재가 인장과 굽힘에는 약하므로 이와 같은 힘이 작용되지 않도록 해야 한다. 숫돌의 바른 고정 방법은 부적절한 힘이 숫돌에 걸리지 않도록 하는 것이므로 표준이 되는 평형숫돌은 좌우대칭의 표준플랜지를 사용하여 플랜지 지름이 작게 되면 숫돌의 과대파괴속도가 저하하기 때문에 숫돌 지름의 1/3 이상이어야 하는 것이다.

55 산업안전보건법령에 따라 프레스 등을 사용하여 작업을 하는 경우 작업시작 전 점검사항과 거리가 먼 것은?

① 전단기의 칼날 및 테이블의 상태
② 프레스의 금형 및 고정볼트 상태
③ 슬라이드 또는 칼날에 의한 위험방지 기구의 기능
④ 전자밸브, 압력조정밸브 기타 공압 계통의 이상 유무

해설 **프레스 등의 작업 전 점검사항**
- 클러치 및 브레이크의 기능
- 크랭크축·플라이휠·슬라이드·연결봉 및 연결 나사의 풀림 여부
- 1행정 1정지기구·급정지장치 및 비상정지장치의 기능
- 슬라이드 또는 칼날에 의한 위험방지 기구의 기능
- 프레스의 금형 및 고정볼트 상태
- 방호장치의 기능
- 전단기(剪斷機)의 칼날 및 테이블의 상태

정답 51 ④ 52 ④ 53 ① 54 ② 55 ④

56 **작업자의 신체 부위가 위험한계 내로 접근하였을 때 기계적인 작용에 의하여 접근을 못하도록 하는 방호장치는?**

① 위치제한형 방호장치
② 접근거부형 방호장치
③ 접근반응형 방호장치
④ 감지형 방호장치

해설 ① **위치제한형 방호장치**(위험장소) : 조작자의 신체 부위가 위험한계 밖에 있도록 기계의 조작장치를 위험구역에서 일정거리 이상 떨어지게 한 방호장치
예 양수조작식 안전장치
③ **접근반응형 방호장치**(위험장소) : 작업자의 신체 부위가 위험한계로 들어오게 되면 이를 감지하여 작동 중인 기계를 즉시 정지시키거나 스위치가 꺼지도록 하는 기능
예 광전자식 안전장치

57 **인장강도가 250N/mm²인 강판의 안전율이 4라면 이 강판의 허용응력[N/mm²]은 얼마인가?**

① 42.5 ② 62.5
③ 82.5 ④ 102.5

해설 $안전율 = \frac{인장강도}{허용응력}$

$\frac{250}{4} = 62.5$

58 **침투탐상검사에서 일반적인 작업 순서로 옳은 것은?**

① 전처리 → 침투처리 → 세척처리 → 현상처리 → 관찰 → 후처리
② 전처리 → 세척처리 → 침투처리 → 현상처리 → 관찰 → 후처리
③ 전처리 → 현상처리 → 침투처리 → 세척처리 → 관찰 → 후처리
④ 전처리 → 침두처리 → 현상처리 → 세척처리 → 관찰 → 후처리

해설

전처리	→	침투	→	세척	→	현상
↑		↑		↑		↑
유분이나 불순물 등 세척제로 제거		건조 후 적색 침투액 도포		마른걸레나 세척제로 침투액 제거		백색현상에 도포

59 **방호장치를 분류할 때는 크게 위험장소에 대한 방호장치와 위험원에 대한 방호장치로 구분할 수 있는데, 다음 중 위험장소에 대한 방호장치가 아닌 것은?**

① 격리형 방호장치
② 접근거부형 방호장치
③ 접근반응형 방호장치
④ 포집형 방호장치

해설 ④ 포집형 방호장치는 위험원에 대한 방호장치이다.

60 **다음 중 용접 결함의 종류에 해당하지 않는 것은?**

① 비드(bead)
② 기공(blow hole)
③ 언더컷(under cut)
④ 용입불량(incomplete penetration)

해설 ① 비드는 모재와 용접봉이 녹아서 생긴 띠 모양의 길쭉한 파형의 용착자국이다.

56 ② 57 ② 58 ① 59 ④ 60 ① 정답

4과목 전기위험방지기술

61 인체의 저항이 5kΩ이고, 심실세동전류와 통전시간의 관계가 $I=\frac{165}{\sqrt{T}}$mA일 때, 심실세동을 일으키는 위험한계에너지는 약 몇 [J]인가? (단, 통전시간은 1초이다.)

① 5 ② 30
③ 136 ④ 825

해설 위험한계에너지

$$Q=I^2RT=\left(\frac{165}{\sqrt{T}}\times10^{-3}\right)^2\times5\times10^3\times1$$
$$=136.125\,\text{J}$$

62 이상적인 피뢰기가 가져야 할 성능으로 틀린 것은?

① 제한전압이 낮을 것
② 방전 개시전압이 낮을 것
③ 뇌전류 방전능력이 작을 것
④ 속류 차단을 확실히 할 것

해설 피뢰기가 갖춰야 할 성능
- 뇌전류 방전능력이 클 것
- 속류를 신속히 차단할 수 있을 것
- 반복 동작이 가능할 것
- 충격방전 개시전압이 낮을 것
- 제한전압이 낮을 것

63 200A의 전류가 흐르는 단상 전로의 한 선에서 누전되는 최소 전류[mA]는?

① 100 ② 200
③ 10 ④ 20

해설 최대공급전류 / 2,000 ≥ 허용누설전류이므로
200 × (1/2,000) = 0.1A = 100mA
※ 전류의 단위에 주의할 것

64 다음 중 방폭구조의 종류가 아닌 것은?

① 고압 방폭구조 ② 내압 방폭구조
③ 압력 방폭구조 ④ 본질안전 방폭구조

해설 방폭구조의 종류
- 내압(d)
- 압력(p)
- 본질안전(ia, ib)
- 유입(o)
- 안전증(e)
- 충전(q)
- 몰드(m)
- 비점화(n)

65 전선의 절연 피복이 손상되어 동선이 서로 직접 접촉한 경우를 무엇이라 하는가?

① 누전 ② 단락
③ 절연 ④ 접지

해설 피복 노출이나 잘못된 결선으로 인해 단상 혹은 3상에서 각 상의 동선이 접촉된 것

66 감전사고의 방지대책으로 가장 거리가 먼 것은?

① 충전부가 노출된 부분에 절연 방호구 사용
② 충전부에 접근하여 작업하는 작업자의 보호구 착용
③ 전기 위험부의 위험 표시
④ 사고 발생 시 처리프로세스 작성 및 조치

해설 ④ 사고 발생 시 처리프로세스 작성 및 조치는 사후 대책이다.

67 전기기계·기구 조작 시 안전조치로서 사업주는 근로자가 안전하게 작업할 수 있도록 전기기계·기구로부터 폭 얼마 이상의 작업 공간을 확보하여야 하는가?

① 30cm ② 50cm
③ 70cm ④ 100cm

해설 전기기계·기구 작업 시 근로자의 안전한 작업을 위해 확보하여야 하는 거리는 70cm이다.

정답 61 ③ 62 ③ 63 ① 64 ① 65 ② 66 ④ 67 ③

68 정전작업 시 작업 전 안전조치사항으로 가장 거리가 먼 것은?

① 단락접지
② 검전기에 의한 정전 확인
③ 잔류전하 방전
④ 절연 보호구 수리

해설
• 공급되는 모든 전원을 관련 도면, 배선도 등으로 확인할 것
• 전원을 차단한 후 각 단로기 등을 개방하고 확인할 것
• 차단장치나 단로기 등에 잠금장치 및 꼬리표를 부착할 것
• 잔류전하를 완전히 방전할 것
• 검전기를 이용하여 충전 여부를 확인할 것
• 단락접지기구를 이용하여 접지할 것

69 심실세동전류란 무엇인가?

① 치사적 전류
② 최소감지전류
③ 고통한계전류
④ 마비한계전류

해설 심실세동전류란 심장의 맥동에 영향을 주어 심장마비 상태를 유발하는 전류이다.

70 고장전류와 같은 대전류를 차단할 수 있는 것은?

① 차단기(CB)
② 선로 개폐기(LS)
③ 유입 개폐기(OS)
④ 단로기(DS)

해설 고장전류와 같은 대전류 차단은 차단기(CB)를 사용하여야 한다.

71 전기 화재의 경로별 원인으로 거리가 먼 것은?

① 누전
② 단락
③ 저전압
④ 접촉부의 과열

해설 ➋ 화재의 원인
• 누전
• 단락
• 스파크
• 접촉부 과열

72 내압 방폭구조는 다음 중 어느 경우에 근접한가?

① 점화원의 방폭적 격리
② 전기설비의 안전도 증가
③ 전기설비의 밀폐화
④ 점화능력의 본질적 억제

해설
① 내압 방폭구조
② 안전증 방폭구조
③ 압력, 유입 방폭구조
④ 본질안전 방폭구조

73 누전차단기의 구성요소가 아닌 것은?

① 영상변류기
② 차단장치
③ 누전검출부
④ 전력퓨즈

해설 ➋ 누전차단기의 구성요소
• 영상변류기
• 차단장치
• 누전검출기

74 방폭전기기기의 온도등급에서 기호 T2의 의미로 맞는 것은?

① 최고표면온도의 허용치가 135℃ 이하인 것
② 최고표면온도의 허용치가 200℃ 이하인 것
③ 최고표면온도의 허용치가 300℃ 이하인 것
④ 최고표면온도의 허용치가 450℃ 이하인 것

해설 ➋ 온도등급

온도등급	최고표면온도[℃]
T1	300 초과 450 이하
T2	200 초과 300 이하
T3	135 초과 200 이하
T4	100 초과 135 이하
T5	85 초과 100 이하
T6	85 이하

68 ④ 69 ① 70 ① 71 ③ 72 ① 73 ④ 74 ③ 정답

75 사업장에서 많이 사용되고 있는 이동식 전기기계·기구의 안전대책으로 가장 거리가 먼 것은?

① 충전부 전체를 절연한다.
② 금속제 외함이 있는 경우 접지를 한다.
③ 절연이 불량인 경우 접지저항을 측정한다.
④ 습기가 많은 장소는 누전차단기를 설치한다.

해설 사업장의 이동식 전기기계·기구의 감전 방지는 외함의 접지, 누전차단기 설치, 안전전압 이하 기계 사용, 절연처리 등을 해야 한다.

76 인체의 대부분이 수중에 있는 상태에서 허용접촉전압으로 옳은 것은?

① 2.5V ② 25V
③ 30V ④ 50V

해설

종별	접촉 상태	허용접촉 전압
제1종	• 인체의 대부분이 수중에 있는 상태	2.5V 이하
제2종	• 인체가 현저히 젖어 있는 상태 • 금속성의 전기·기계장치나 구조물에 인체의 일부가 상시 접촉되어 있는 상태	25V 이하
제3종	• 제1종, 제2종 이외의 경우로 통상의 인체 상태에서 전압이 가해지면 위험성이 높은 상태	50V 이하
제4종	• 제1종, 제2종 이외의 경우로 통상의 인체 상태에서 전압이 가해지더라도 위험성이 낮은 상태 • 접촉전압이 가해질 우려가 없는 경우	제한 없음

77 우리나라의 안전전압으로 옳은 것은?

① 30V ② 50V
③ 60V ④ 70V

해설 우리나라의 안전전압은 30V로 규정하고 있다.

78 전위차가 있는 2개의 대전체가 특정거리에 접근하게 되면 등전위가 되기 위해 전하가 절연공간을 깨고 순간적으로 빛과 열을 발생하며 이동하는 현상을 무엇이라 하는가?

① 대전 ② 방전
③ 충전 ④ 열전

해설 방전에 대한 설명이다.

79 교류아크용접기의 자동전격장치는 전격의 위험을 방지하기 위해 아크발생이 중단된 후 약 1초 이내에 출력측 무부하 전압을 자동적으로 몇 [V] 이하로 저하시켜야 하는가?

① 85V ② 70V
③ 50V ④ 25V

해설 자동전격방지기는 아크발생 중단 시 1초 이내에 2차 무부하 전압을 25V로 감압시킬 수 있어야 한다.

80 개폐 조작 시 차단 순서와 투입 순서로 가장 올바른 것은?

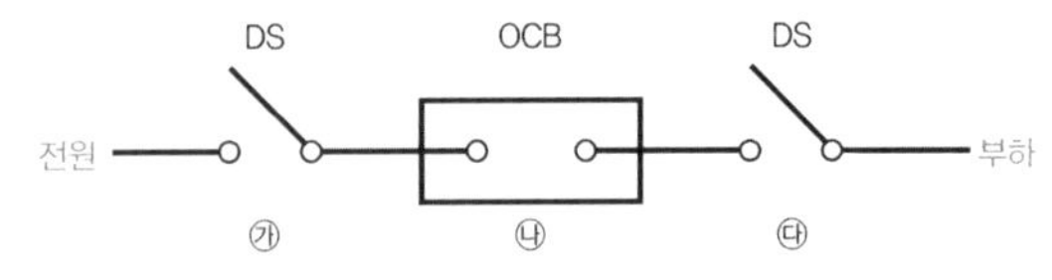

① 차단 : ㉯ → ㉮ → ㉰, 투입 : ㉮ → ㉯ → ㉰
② 차단 : ㉯ → ㉰ → ㉮, 투입 : ㉮ → ㉯ → ㉰
③ 차단 : ㉯ → ㉮ → ㉰, 투입 : ㉰ → ㉯ → ㉮
④ 차단 : ㉯ → ㉰ → ㉮, 투입 : ㉰ → ㉮ → ㉯

해설 투입 시에는 차단기가 맨 뒤, 차단 시에는 차단기가 맨 앞

정답 75 ③ 76 ① 77 ① 78 ② 79 ④ 80 ④

5과목 화학설비위험방지기술

81 다음 중 전기 화재에 해당하는 것은?

① A급 ② B급
③ C급 ④ D급

해설 A급 – 일반 화재, B급 – 유류 화재,
C급 – 전기 화재, D급 –금속 화재

82 다음 중 인화점이 가장 낮은 것은?

① 경유 ② 벤젠
③ 메탄올 ④ 이황화탄소

해설 ❯ 물질들의 인화점
① **경유** : 62℃
② **벤젠** : –11℃
③ **메탄올** : 11℃
④ **이황화탄소** : –30℃

83 비점이 낮은 액체 저장탱크 주위에 화재가 발생했을 때 저장탱크 내부의 비등현상으로 인한 압력 상승으로 내용물이 증발, 팽창하면서 발생되는 현상은?

① Back Draft ② BLEVE
③ Flash Over ④ UVCE

해설 BLEVE는 비등액 팽창증기폭발이다.

84 폭발한계와 완전연소 조정관계인 Jones식을 이용하여 부탄(C_4H_{10})의 폭발하한계를 구하면 몇 [vol%]인가?

① 1.4 ② 1.7
③ 2.0 ④ 2.3

해설 ❯ 부탄(C_4H_{10})의 완전연소반응식
$C_4H_{10} + 6.5O_2 \rightarrow 4CO_2 + 5H_2O$

$$C_{st} = \frac{100}{1+4.773\left(n+\frac{m-f-2\lambda}{4}\right)}$$

$$= \frac{100}{1+4.773\left(4+\frac{10}{4}\right)} = 3.1226$$

Jones식 폭발하한계 = 0.55 × C_{st}
Jones식 폭발상한계 = 3.50 × C_{st}
부탄의 폭발하한계 = 0.55 × 3.1226 = 1.72vol%

85 위험물안전관리법령상 제1류 위험물에 해당하는 것은?

① 과염소산나트륨 ② 과염소산
③ 과산화수소 ④ 과산화벤조일

해설 ② **과염소산** : 제6류 위험물
③ **과산화수소** : 제6류 위험물
④ **과산화벤조일** : 제5류 위험물

86 제1종 분말 소화약제의 주성분에 해당하는 것은?

① 사염화탄소 ② 브롬화메탄
③ 수산화암모늄 ④ 탄산수소나트륨

해설

종류	품명	화학식	분말색
제1종	탄산수소나트륨	$NaHCO_3$	백색
제2종	탄산수소칼륨	탄산수소칼륨 ($KHCO_3$)	담회색
제3종	인산암모늄	제1인산암모늄 ($NH_4H_2PO_4$)	담홍색
제4종	탄산수소칼륨과 요소와의 반응물	탄산수소칼륨 + 요소($KHCO_3$ + $(NH_2)_2CO$)	회(백)색

정답 81 ③ 82 ④ 83 ② 84 ② 85 ① 86 ④

87 고체의 연소형태 중 증발연소에 속하는 것은?

① 나프탈렌 ② 목재
③ TNT ④ 목탄

해설 황, 나프탈렌, 파라핀 등에서 발생한 가연성 증기가 공기와 혼합하여 점화원에 의해 연소한다.

88 위험물안전관리법령상 제3류 위험물 중 금수성 물질에 대하여 적응성이 있는 소화기는?

① 포 소화기
② 이산화탄소 소화기
③ 할로겐화합물 소화기
④ 탄산수소염류 분말 소화기

해설 금수성 물질에서 화재 발생 시 마른모래, 팽창질석, 탄산수소염류 등의 소화약제를 사용할 수 있으며 탄산수소염류 분말 소화기가 가장 효과적이다.

89 에틸알코올 1mol이 완전연소 시 생성되는 CO_2와 H_2O의 mol수로 옳은 것은?

① CO_2 : 1, H_2O : 4
② CO_2 : 2, H_2O : 3
③ CO_2 : 3, H_2O : 2
④ CO_2 : 4, H_2O : 1

해설 **에틸알코올의 완전연소식**
$C_2H_5OH + 3O_2 \rightarrow 2CO_2 + 3H_2O$
에틸알코올 1mol이 완전연소 시 생성되는 CO_2는 2mol, H_2O는 3mol이다.

90 산업안전보건법령에서 정한 위험물질을 기준량 이상 제조하거나 취급하는 화학설비로서 내부의 이상 상태를 조기에 파악하기 위하여 필요한 온도계·유량계·압력계 등의 계측장치를 설치하여야 하는 대상이 아닌 것은?

① 가열로 또는 가열기
② 증류·정류·증발·추출 등 분리를 하는 장치
③ 흡열반응이 일어나는 반응장치
④ 반응폭주 등 이상 화학반응에 의하여 위험물질이 발생할 우려가 있는 설비

해설 ③ 발열반응이 일어나는 반응장치가 온도계·유량계·압력계 등의 계측장치를 설치하여야 하는 대상이다.

91 산업안전보건법령상 위험물질의 종류와 해당물질의 연결이 옳은 것은?

① 폭발성 물질 : 마그네슘 분말
② 인화성 고체 : 중크롬산
③ 산화성 물질 : 니트로소화합물
④ 인화성 가스 : 에탄

해설 ① 물반응성 물질 및 인화성 고체
② 산화성 액체 및 산화성 고체
③ 폭발성 물질 및 유기과산화물

92 산업안전보건법령상 다음 내용에 해당하는 폭발위험장소는?

> 20종 장소 밖으로서 분진운 형태의 가연성 분진이 폭발농도를 형성할 정도의 충분한 양이 정상작동 중에 존재할 수 있는 장소를 말한다.

① 21종 장소 ② 22종 장소
③ 0종 장소 ④ 1종 장소

정답 87 ① 88 ④ 89 ② 90 ③ 91 ④ 92 ①

해설

20종 장소	분진운 형태의 가연성 분진이 연속적, 장기간 또는 자주 폭발 분위기로 존재하는 장소
21종 장소	분진운 형태의 가연성 분진이 정상작동 중에 빈번하게 폭발 분위기를 형성할 수 있는 장소
22종 장소	분진운 형태의 가연성 분진이 폭발 분위기를 거의 형성하지 않고, 만약 발생하더라도 단기간만 지속될 수 있는 장소

93 반응기를 조작방식에 따라 분류할 때 해당되지 않는 것은?

① 회분식 반응기 ② 반회분식 반응기
③ 연속식 반응기 ④ 관형식 반응기

해설
- **조작방식에 따른 분류** : 회분식, 반회분식, 연속식
- **구조에 따른 분류** : 관형, 탑형, 교반기형, 유동층형

94 「산업안전보건기준에 관한 규칙」에 따르면 쥐에 대한 경구투입실험에 의하여 실험동물의 50%를 사망시킬 수 있는 물질의 양, 즉 LD50(경구, 쥐)이 kg당 몇 mg-체중 이하인 화학물질이 급성 독성 물질에 해당하는가?

① 25 ② 100
③ 300 ④ 500

해설 급성 독성 물질
- **경구** : 300mg/kg
- **경피** : 1,000mg/kg
- **가스** : 2,500ppm
- **증기** : 10mg/L
- **분진·미스트** : 1mg/L

95 아세톤에 대한 설명으로 틀린 것은?

① 증기는 유독하므로 흡입하지 않도록 주의해야 한다.
② 무색이고 휘발성이 강한 액체이다.
③ 비중이 0.79이므로 물보다 가볍다.
④ 인화점이 20℃이므로 여름철에 인화 위험이 더 높다.

해설 ④ 아세톤의 인화점은 -20℃이다.

96 공업용 용기의 몸체 도색으로 가스명과 도색명의 연결이 옳은 것은?

① 산소 – 청색 ② 질소 – 백색
③ 수소 – 주황색 ④ 아세틸렌 – 회색

해설 ① 산소 – 녹색
② 질소 – 회색
④ 아세틸렌 – 황색

97 다음 중 산업안전보건법령상 비상조치계획에 포함되지 않는 항목은?

① 주민홍보계획
② 비상조치계획에 따른 교육계획
③ 비상조치를 위한 장비 보유현황
④ 도급업체 안전관리계획

해설 비상조치계획에 포함해야 할 내용
- 비상조치를 위한 장비·인력 보유현황
- 사고 발생 시 각 부서·관련 기관과의 비상연락체계
- 사고 발생 시 비상조치를 위한 조직의 임무 및 수행 절차
- 비상조치계획에 따른 교육계획
- 주민홍보계획
- 그 밖에 비상조치 관련 사항

93 ④ 94 ③ 95 ④ 96 ③ 97 ④ 정답

98 위험물을 저장·취급하는 화학설비 및 그 부속설비를 설치할 때 단위공정시설 및 설비로부터 다른 단위공정시설 및 설비의 사이의 안전거리는 설비의 바깥 면으로부터 몇 [m] 이상이 되어야 하는가?

① 5m ② 10m
③ 15m ④ 20m

해설 단위공정시설 및 설비로부터 다른 단위공정시설 및 설비의 사이는 바깥 면으로부터 10m 이상의 안전거리를 두어야 한다.

99 다음 중 관의 지름을 변경하고자 할 때 필요한 관 부속품은?

① elbow ② reducer
③ plug ④ valve

해설 ② reducer : 배관의 지름을 감소
① elbow : 배관의 방향을 변경
③ plug : 배관의 끝을 막을 때
④ valve : 유체 흐름 개폐

100 사업주는 산업안전보건법령에서 정한 설비에 대해서는 과압에 따른 폭발을 방지하기 위하여 안전밸브 등을 설치하여야 한다. 다음 중 이에 해당하는 설비가 아닌 것은?

① 원심펌프
② 정변위 압축기
③ 정변위펌프(토출축에 차단밸브가 설치된 것만 해당한다)
④ 배관(2개 이상의 밸브에 의하여 차단되어 대기온도에서 액체의 열팽창에 의하여 파열될 우려가 있는 것으로 한정한다)

해설 ① 원심펌프에는 안전밸브를 설치할 필요가 없다.

6과목 건설안전기술

101 산소결핍이라 함은 공기 중 산소농도가 몇 [%] 미만일 때를 의미하는가?

① 20% ② 18%
③ 15% ④ 10%

해설 산소의 결핍은 산소농도 18% 미만이다.

102 풍화암의 굴착면 붕괴에 따른 재해를 예방하기 위한 굴착면의 적정한 기울기 기준은?

① 1 : 1.5 ② 1 : 1.0
③ 1 : 0.5 ④ 1 : 0.3

해설

지반의 종류	굴착면의 기울기
모래	1 : 1.8
연암 및 풍화암	1 : 1.0
경암	1 : 0.5
그 밖의 흙	1 : 1.2

103 건설현장에 설치하는 사다리식 통로의 설치기준으로 옳지 않은 것은?

① 발판과 벽과의 사이는 15cm 이상의 간격을 유지할 것
② 발판의 간격은 일정하게 할 것
③ 사다리의 상단은 걸쳐놓은 지점으로부터 60cm 이상 올라가도록 할 것
④ 사다리식 통로의 길이가 10m 이상인 경우에는 3m 이내마다 계단참을 설치할 것

정답 98 ② 99 ② 100 ① 101 ② 102 ② 103 ④

해설 ➋ **사다리식 통로 등의 구조**(안전보건규칙 제24조)
- 견고한 구조로 할 것
- 심한 손상・부식 등이 없는 재료를 사용할 것
- 발판의 간격은 일정하게 할 것
- 발판과 벽과의 사이는 15cm 이상의 간격을 유지할 것
- 폭은 30cm 이상으로 할 것
- 사다리가 넘어지거나 미끄러지는 것을 방지하기 위한 조치를 할 것
- 사다리의 상단은 걸쳐놓은 지점으로부터 60cm 이상 올라가도록 할 것

104 거푸집 및 동바리를 조립 또는 해체하는 작업을 하는 경우 준수사항으로 옳지 않은 것은?

① 재료, 기구 또는 공구 등을 올리거나 내리는 경우에는 근로자로 하여금 달줄・달포대 등의 사용을 금하도록 할 것
② 낙하・충격에 의한 돌발적 재해를 방지하기 위하여 버팀목을 설치하고 거푸집 및 동바리를 인양장비에 매단 후에 작업을 하도록 하는 등 필요한 조치를 할 것
③ 비, 눈, 그 밖의 기상상태의 불안정으로 날씨가 몹시 나쁜 경우에는 그 작업을 중지할 것
④ 해당 작업을 하는 구역에는 관계 근로자가 아닌 사람의 출입을 금지할 것

해설 ① 재료, 기구 또는 공구 등을 올리거나 내리는 경우에는 근로자로 하여금 달줄・달포대 등을 사용하도록 하여야 한다.

105 유해위험방지계획서 첨부서류에 해당되지 않는 것은?

① 안전관리를 위한 교육자료
② 안전관리 조직표
③ 전체 공정표
④ 재해 발생 위험 시 연락 및 대피방법

해설 ① 안전관리를 위한 교육자료는 첨부서류가 아니다.
➋ **유해위험방지계획서 첨부서류**(산업안전보건법 시행규칙 별표 10)
- 공사 개요서(별지 제101호 서식)
- 공사현장의 주변 현황 및 주변과의 관계를 나타내는 도면(매설물 현황을 포함한다)
- 전체 공정표
- 산업안전보건관리비 사용계획서(별지 제102호 서식)
- 안전관리 조직표
- 재해 발생 위험 시 연락 및 대피방법

106 철골 작업 시 기상조건에 따라 안전상 작업을 중지하여야 하는 경우에 해당되는 기준으로 옳은 것은?

① 강우량이 시간당 5mm 이상인 경우
② 강우량이 시간당 10mm 이상인 경우
③ 풍속이 초당 10m 이상인 경우
④ 강설량이 시간당 20mm 이상인 경우

해설 ➋ **철골 작업 시 안전상 작업중지 사유**
- 풍속이 초당 10m 이상인 경우
- 강우량이 시간당 1mm 이상인 경우
- 강설량이 시간당 1cm 이상인 경우

107 유해위험방지계획서를 제출해야 할 건설공사 대상 사업장 기준으로 옳지 않은 것은?

① 최대 지간길이가 40m 이상인 교량건설등의 공사
② 지상높이가 31m 이상인 건축물
③ 터널 건설등의 공사
④ 깊이 10m 이상인 굴착공사

104 ① 105 ① 106 ③ 107 ① 정답

해설 ◉ 유해위험방지계획서 제출 대상(건설공사)

1. 지상높이가 31m 이상인 건축물 또는 인공구조물
2. 연면적 3만m^2 이상인 건축물
3. 연면적 5천m^2 이상인 시설로서 다음의 어느 하나에 해당하는 시설
   - 문화 및 집회시설(전시장 및 동물원 · 식물원은 제외한다)
   - 판매시설, 운수시설(고속철도의 역사 및 집배송시설은 제외한다)
   - 종교시설
   - 의료시설 중 종합병원
   - 숙박시설 중 관광숙박시설
   - 지하도상가
   - 냉동 · 냉장 창고시설
4. 연면적 5천m^2 이상인 냉동 · 냉장 창고시설의 설비공사 및 단열공사
5. 최대 지간(支間)길이(다리의 기둥과 기둥의 중심 사이의 거리)가 50m 이상인 다리의 건설등 공사
6. 터널의 건설등 공사
7. 다목적댐, 발전용댐, 저수용량 2천만t 이상의 용수전용 댐 및 지방상수도 전용 댐의 건설등 공사
8. 깊이 10m 이상인 굴착공사

108 산업안전보건법령에 다른 유해하거나 위험한 기계 · 기구에 설치하여야 할 방호장치를 연결한 것으로 옳지 않은 것은?

① 포장기계 – 헤드가드
② 예초기 – 날접촉 예방장치
③ 원심기 – 회전체 접촉 예방장치
④ 금속절단기 – 날접촉 예방장치

해설 ◉ 유해 · 위험 방지를 위한 방호조치가 필요한 기구와 방호조치

- 예초기 – 날접촉 예방장치
- 원심기 – 회전체 접촉 예방장치
- 공기압축기 – 압력방출장치
- 금속절단기 – 날접촉 예방장치
- 지게차 – 헤드가드, 백레스트(backrest), 전조등, 후미등, 안전벨트
- 포장기계 – 구동부 방호 연동장치

109 차량계 하역운반기계 등에 화물을 적재하는 경우의 준수사항이 아닌 것은?

① 하중이 한쪽으로 치우치지 않도록 적재할 것
② 구내운반차 또는 화물자동차의 경우 화물의 붕괴 또는 낙하에 의한 위험을 방지하기 위하여 화물에 로프를 거는 등 필요한 조치를 할 것
③ 운전자의 시야를 가리지 않도록 화물을 적재할 것
④ 차륜의 이상 유무를 점검할 것

해설 ④ 차륜의 이상 유무 점검은 지게차에서 적용

110 비계(달비계, 달대비계 및 말비계는 제외)의 높이가 2m 이상인 작업장소에 설치하는 작업발판의 구조 및 설비에 관한 기준으로 옳지 않은 것은?

① 작업발판의 폭이 40cm 이상이 되도록 한다.
② 발판재료 간의 틈은 3cm 이하로 한다.
③ 작업발판을 작업에 따라 이동시킬 경우에는 위험 방지에 필요한 조치를 한다.
④ 작업발판재료는 뒤집히거나 떨어지지 않도록 하나 이상의 지지물에 연결하거나 고정시킨다.

해설 ④ 작업발판재료는 뒤집히거나 떨어지지 않도록 둘 이상의 지지물에 연결하거나 고정시킨다.

111 강관을 사용하여 비계를 구성하는 경우 준수해야 할 사항으로 옳지 않은 것은?

① 비계기둥의 간격은 띠장 방향에서는 1.85m 이하, 장선 방향에서는 1.5m 이하로 할 것
② 띠장 간격은 2m 이하로 설치할 것
③ 비계기둥의 제일 윗부분으로부터 31m 되는 지점 밑부분의 비계기둥은 3개의 강관으로 묶어 세울 것
④ 비계기둥 간의 적재하중은 400kg을 초과하지 않도록 할 것

정답 108 ① 109 ④ 110 ④ 111 ③

해설 ❯ **강관비계의 구조**(안전보건규칙 제60조)

1. 비계기둥의 간격은 띠장 방향에서는 1.85m 이하, 장선(長線) 방향에서는 1.5m 이하로 할 것. 다음에 해당하는 작업의 경우에는 안전성에 대한 구조검토를 실시하고 조립도를 작성하면 띠장 방향 및 장선 방향으로 각각 2.7m 이하로 할 수 있다.
   - 선박 및 보트 건조작업
   - 그 밖에 장비 반입・반출을 위하여 공간 등을 확보할 필요가 있는 등 작업의 성질상 비계기둥 간격에 관한 기준을 준수하기 곤란한 작업
2. 띠장 간격은 2.0m 이하로 할 것. 다만, 작업의 성질상 이를 준수하기가 곤란하여 쌍기둥틀 등에 의하여 해당 부분을 보강한 경우에는 그러하지 아니하다.
3. 비계기둥의 제일 윗부분으로부터 31m 되는 지점 밑부분의 비계기둥은 2개의 강관으로 묶어 세울 것. 다만, 브라켓(bracket, 까치발) 등으로 보강하여 2개의 강관으로 묶을 경우 이상의 강도가 유지되는 경우에는 그러하지 아니하다.
4. 비계기둥 간의 적재하중은 400kg을 초과하지 않도록 할 것

112 **유해・위험 방지를 위한 방호조치를 하지 아니하고는 양도, 대여, 설치 또는 사용에 제동하거나, 양도・대여를 목적으로 진열해서는 아니 되는 기계・기구에 해당하지 않는 것은?**

① 지게차　② 공기압축기
③ 원심기　④ 덤프트럭

해설 ❯ **유해・위험 방지를 위한 방호조치가 필요한 기계・기구**
- 예초기
- 원심기
- 공기압축기
- 금속절단기
- 지게차
- 포장기계(진공포장기, 랩핑기로 한정한다)

113 **보통흙의 건지를 다음 그림과 같이 굴착하고자 한다. 굴착면의 기울기를 1 : 0.5로 하고자 할 경우 L의 길이로 옳은 것은?**

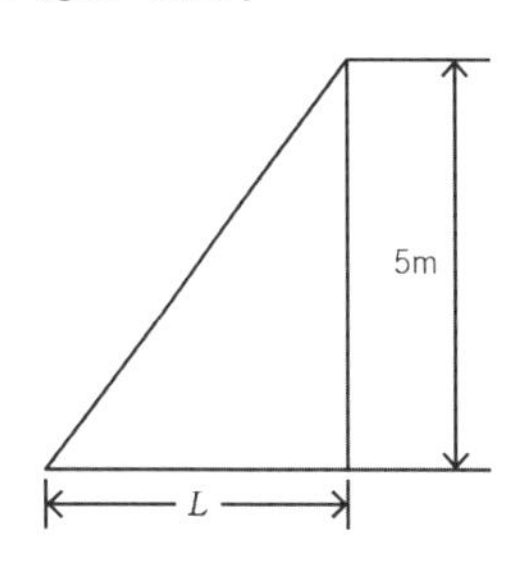

① 2m　② 2.5m
③ 5m　④ 10m

해설 기울기 = 높이(5) / 밑변(L)
기울기를 1 : 0.5 비율로 나타낼 경우 높이 : 밑변이므로 5 : 2.5(= 5 × 0.5)가 된다. 따라서 L의 길이는 2.5m가 된다.

114 **사면 보호공법 중 구조물에 의한 보호공법에 해당되지 않는 것은?**

① 식생구멍공
② 블록공
③ 돌쌓기공
④ 현장타설 콘크리트 격자공

해설 ① 식생공은 비탈면에 식물을 심어서 사면을 보호하는 공법이다.

115 **말비계를 조립하여 사용하는 경우에 지주부재와 수평면의 기울기는 최대 몇 [°] 이하로 하여야 하는가?**

① 30°　② 45°
③ 60°　④ 75°

해설 지주부재와 수평면의 기울기를 75° 이하로 하고, 지주부재와 지주부재 사이를 고정시키는 보조부재를 설치할 것

112 ④　113 ②　114 ①　115 ④ **정답**

116 가설통로의 설치기준으로 옳지 않은 것은?

① 추락할 위험이 있는 장소에는 안전난간을 설치할 것
② 경사가 10°를 초과하는 경우에는 미끄러지지 아니하는 구조로 할 것
③ 경사는 30° 이하로 할 것
④ 건설공사에 사용하는 높이 8m 이상인 비계다리에는 7m 이내마다 계단참을 설치할 것

해설 ▶ 가설통로의 설치기준(안전보건규칙 제23조)
- 견고한 구조로 할 것
- 경사는 30° 이하로 할 것
- 경사는 15°를 초과하는 때에는 미끄러지지 아니하는 구조로 할 것
- 추락의 위험이 있는 장소에는 안전난간을 설치할 것
- 수직갱에 가설된 통로의 길이가 15m 이상인 때에는 10m 이내마다 계단참을 설치할 것
- 건설공사에 사용하는 높이 8m 이상인 비계다리에는 7m 이내마다 계단참을 설치할 것

117 차량계 건설기계를 사용하여 작업할 때에 그 기계가 넘어지거나 굴러떨어짐으로써 근로자가 위험해질 우려가 있는 경우에 조치하여야 할 사항과 거리가 먼 것은?

① 갓길의 붕괴 방지 ② 작업반경 유지
③ 지반의 부동침하 방지 ④ 도로 폭의 유지

해설 ② 위험할 우려가 있기 때문에 작업반경 유지는 해당사항이 아니다.

118 강풍이 불어올 때 타워크레인의 운전작업을 중지하여야 하는 순간풍속의 기준으로 옳은 것은?

① 순간풍속이 초당 10m 초과
② 순간풍속이 초당 15m 초과
③ 순간풍속이 초당 25m 초과
④ 순간풍속이 초당 30m 초과

해설 순간풍속이 초당 10m를 초과하는 경우 타워크레인의 설치・수리・점검 또는 해체 작업을 중지하여야 하며, 순간풍속이 초당 15m를 초과하는 경우에는 타워크레인의 운전작업을 중지하여야 한다(안전보건규칙 제37조 제2항).

119 추락방지용 방망 중 그물코의 크기가 5cm인 매듭방망 신품의 인장강도는 최소 몇 [kg] 이상이어야 하는가?

① 60 ② 110
③ 150 ④ 200

해설

그물코의 크기 (단위 : cm)	방망의 종류(단위 : kg)			
	매듭 없는 방망		매듭 방망	
	신품에 대한	폐기 시	신품에 대한	폐기 시
10	240	150	200	135
5	–		110	50

120 잠함 또는 우물통의 내부에서 굴착작업을 할 때의 준수사항으로 옳지 않은 것은?

① 굴착 깊이가 10m를 초과하는 경우에는 해당 작업장소와 외부와의 연락을 위한 통신설비 등을 설치하여야 한다.
② 산소결핍의 우려가 있는 경우에는 산소의 농도를 측정하는 자를 지명하여 측정하도록 한다.
③ 근로자가 안전하게 승강하기 위한 설비를 설치한다.
④ 측정 결과 산소의 결핍이 인정될 경우에는 송기를 위한 설비를 설치하여 필요한 양의 공기를 공급하여야 한다.

해설 ① 굴착 깊이가 20m를 초과하는 때에는 당해 작업장소와 외부와의 연락을 위한 통신설비 등을 설치한다.

정답 116 ② 117 ② 118 ② 119 ② 120 ①

2023년 제2회 기출 복원문제

1과목 안전관리론

01 산업안전보건법령상 안전보건표지의 종류 중 보안경 착용이 표시된 안전보건표지는?

① 안내표지
② 금지표지
③ 경고표지
④ 지시표지

해설 ▶ 안전보건표지의 종류
- **안내표지** : 녹십자, 응급구호, 들것 등의 녹색표지
- **금지표지** : 출입금지, 보행금지, 차량통행금지 등 원형 모양에 대각선
- **경고표지** : 주로 마름모, 삼각형 표지
- **지시표지** : 보안경 착용, 방독마스크 착용 등 보호구 착용표지

02 유기화합물용 방독마스크 시험가스의 종류가 아닌 것은?

① 염소가스 또는 증기
② 시클로헥산
③ 디메틸에테르
④ 이소부탄

해설 ▶ 방독마스크의 시험가스
- **유기화합물용** : 시클로헥산, 디메틸에테르, 이소부탄
- **할로겐용** : 염화가스 또는 증기
- **황화수소용** : 황화수소가스
- **시안화수소용** : 시안화수소가스
- **아황산용** : 아황산가스
- **암모니아용** : 암모니아가스

03 산업안전보건법령상 환기가 극히 불량한 좁고 밀폐된 장소에서 용접작업을 하는 근로자 대상의 특별안전보건교육 교육내용에 해당하지 않는 것은? (단, 기타 안전보건관리에 필요한 사항은 제외한다.)

① 환기설비에 관한 사항
② 작업환경 점검에 관한 사항
③ 질식 시 응급조치에 관한 사항
④ 화재예방 및 초기대응에 관한 사항

해설 ▶ 특별교육 대상 작업별 교육(밀폐된 장소에서의 용접작업 또는 습한 장소에서 하는 전기용접 작업)
- 작업순서, 안전작업방법 및 수칙에 관한 사항
- 환기설비에 관한 사항
- 전격 방지 및 보호구 착용에 관한 사항
- 질식 시 응급조치에 관한 사항
- 작업환경 점검에 관한 사항
- 그 밖에 안전·보건관리에 필요한 사항

04 헤드십(headship)의 특성에 관한 설명으로 틀린 것은?

① 지휘형태는 권위주의적이다.
② 상사의 권한 근거는 비공식적이다.
③ 상사와 부하의 관계는 지배적이다.
④ 상사와 부하의 사회적 간격은 넓다.

해설

구분	헤드십	리더십
권한 부여 및 행사	위에서 위임하여 임명	아래로부터의 동의에 의한 선출
권한 근거	법적 또는 공식적	개인능력
상관과 부하와의 관계 및 책임귀속	지배적, 상사	개인적인 영향, 상사와 부하
부하와의 사회적 간격	넓다	좁다
지휘형태	권위주의적	민주주의적

정답 01 ④ 02 ① 03 ④ 04 ②

05 데이비스(K. Davis)의 동기부여이론에 관한 등식에서 그 관계가 틀린 것은?

① 지식 × 기능 = 능력
② 상황 × 능력 = 동기유발
③ 능력 × 동기유발 = 인간의 성과
④ 인간의 성과 × 물질의 성과 = 경영의 성과

해설
- 경영의 성과 = 인간의 성과 × 물적인 성과
- 능력(ability) = 지식(knowledge) × 기능(skill)
- 동기유발(motivation) = 상황(situation) × 태도(attitude)
- 인간의 성과(human performance) = 능력(ability) × 동기유발(motivation)

06 산업안전보건법령상 안전관리자의 업무가 아닌 것은? (단, 그 밖에 고용노동부장관이 정하는 사항은 제외한다.)

① 업무 수행 내용의 기록
② 산업재해에 관한 통계의 유지·관리·분석을 위한 보좌 및 지도·조언
③ 안전교육계획의 수립 및 안전교육 실시에 관한 보좌 및 지도·조언
④ 작업장 내에서 사용되는 전체 환기장치 및 국소 배기장치 등에 관한 설비의 점검

해설 **안전관리자의 업무**(산업안전보건법 시행령 제18조 제1항)
- 안전보건관리규정 및 취업규칙에서 정한 업무
- 위험성평가에 관한 보좌 및 지도·조언
- 안전인증대상기계등과 자율안전확인대상기계등 구입 시 적격품의 선정에 관한 보좌 및 지도·조언
- 해당 사업장 안전교육계획의 수립 및 안전교육 실시에 관한 보좌 및 지도·조언
- 사업장 순회점검, 지도 및 조치 건의
- 산업재해 발생의 원인 조사·분석 및 재발 방지를 위한 기술적 보좌 및 지도·조언
- 산업재해에 관한 통계의 유지·관리·분석을 위한 보좌 및 지도·조언
- 법 또는 법에 따른 명령으로 정한 안전에 관한 사항의 이행에 관한 보좌 및 지도·조언
- 업무 수행 내용의 기록·유지
- 그 밖에 안전에 관한 사항으로서 고용노동부장관이 정하는 사항

07 안전점검표(checklist)에 포함되어야 할 사항이 아닌 것은?

① 점검 대상　② 판정 기준
③ 점검 방법　④ 조치 결과

해설 **안전점검표 포함 내용**
- 점검 부분(점검 대상)
- 점검 방법(육안, 기능, 기기, 정밀)
- 점검 항목
- 판정 기준
- 점검 시기
- 판정
- 조치

08 인간관계의 메커니즘 중 다른 사람의 행동 양식이나 태도를 투입시키거나 다른 사람 가운데서 자기와 비슷한 것을 발견하는 것은?

① 동일화　② 일체화
③ 투사　④ 공감

해설 **인간관계 메커니즘**
- **투사**(Projection) : 자기 속에 억압된 것을 다른 사람의 것으로 생각하는 것
- **암시**(Suggestion) : 다른 사람의 판단이나 행동을 그대로 수용하는 것
- **커뮤니케이션**(Communication) : 갖가지 행동 양식이나 기호를 매개로 하여 어떤 사람으로부터 다른 사람에게 전달되는 과정
- **모방**(Imitation) : 남의 행동이나 판단을 기준으로 그에 가까운 행동을 함.
- **동일화**(Identification) : 다른 사람의 행동 양식이나 태도를 투입시키거나, 다른 사람 가운데서 자기와 비슷한 것을 발견하는 것

정답 05 ② 06 ④ 07 ④ 08 ①

09 산업재해의 분석 및 평가를 위하여 재해발생 건수 등의 추이에 대해 한계선을 설정하여 목표 관리를 수행하는 재해통계 분석기법은?

① 폴리건(polygon)
② 관리도(control chart)
③ 파레토도(pareto diagram)
④ 특성 요인도(cause &effect diagram)

해설 ② 관리도는 목표 관리를 행하기 위해 월별의 발생수를 그래프화하여 관리선을 설정하여 관리하는 방법이다.

10 안전보건교육계획 수립 시 고려사항 중 틀린 것은?

① 필요한 정보를 수집한다.
② 현장의 의견을 고려하지 않는다.
③ 지도안은 교육대상을 고려하여 작성한다.
④ 법령에 의한 교육에만 그치지 않아야 한다.

해설 **안전보건교육계획 수립 시 고려사항**
- 교육목표
- 교육의 종류 및 교육대상
- 교육과목 및 교육내용
- 교육장소 및 교육방법
- 교육기간 및 시간
- 교육담당자 및 강사

11 재해조사에 관한 설명으로 틀린 것은?

① 조사목적에 무관한 조사는 피한다.
② 조사는 현장을 정리한 후에 실시한다.
③ 목격자나 현장 책임자의 진술을 듣는다.
④ 조사자는 객관적이고 공정한 입장을 취해야 한다.

해설 **재해조사**
1. **현장보존** : 재해조사는 재해 발생 직후에 실시한다.
2. **사실수집**
   - 현장의 물리적 흔적(증거)을 수집 및 보관한다.
   - 재해현장의 상황을 기록하고 사진을 촬영한다.
3. **진술확보**
   - 목격자 및 현장 관계자의 진술을 확보한다.
   - 재해 피해자와 면담(사고 직전의 상황청취 등)

12 매슬로우(Maslow)의 인간의 욕구단계 중 5번째 단계에 속하는 것은?

① 안전의 욕구 ② 존경의 욕구
③ 사회적 욕구 ④ 자아실현의 욕구

해설 **매슬로우의 욕구단계**

제1단계	생리적 욕구
제2단계	안전의 욕구
제3단계	사회적 욕구
제4단계	인정받으려는 욕구
제5단계	자아실현의 욕구

13 아담스(Edward Adams)의 사고연쇄반응이론 중 관리자가 의사결정을 잘못하거나 감독자가 관리적 잘못을 하였을 때의 단계에 해당되는 것은?

① 사고 ② 작전적 에러
③ 관리구조 결함 ④ 전술적 에러

해설
- **작전적 에러** : 관리감독자의 오판, 누락 등
- **전술적 에러** : 작업자의 에러

09 ② 10 ② 11 ② 12 ④ 13 ② 정답

14 자율검사프로그램을 인정받기 위해 보유하여야 할 검사장비의 이력카드 작성, 교정주기와 방법 설정 및 관리 등의 관리 주체는?

① 사업주
② 제조사
③ 안전관리전문기관
④ 안전보건관리책임자

해설 사업주는 근로자의 재해 예방책임 및 의무 등이 있다.

15 재해통계에 있어 강도율이 2.0인 경우에 대한 설명으로 옳은 것은?

① 재해로 인해 전체 작업비용의 2.0%에 해당하는 손실이 발생하였다.
② 근로자 100명당 2.0건의 재해가 발생하였다.
③ 근로시간 1,000시간당 2.0건의 재해가 발생하였다.
④ 근로시간 1,000시간당 2.0일의 근로손실일수가 발생하였다.

해설 ◆ **강도율** : 근로시간 합계 1,000시간당 재해로 인한 근로손실일수

- 강도율 $= \frac{\text{총요양근로손실일수}}{\text{연근로시간수}} \times 1,000$
- 환산강도율 = 강도율 × 100

- **근로손실일수 계산 시 주의사항**
  휴업일수는 300/365 × 휴업일수로 손실일수 계산

※ 강도율이 2.0이라는 뜻 : 연간 1,000시간당 작업 시 근로손실일수가 2.0일

16 A사업장의 2023년 도수율이 10이라 할 때 연천인율은 얼마인가?

① 2.4　② 5
③ 12　④ 24

해설 연천인율 = 도수율 × 2.4

17 TWI의 교육내용 중 인간관계 관리방법, 즉 부하 통솔법을 주로 다루는 것은?

① JST(Job Safety Training)
② JMT(Job Method Training)
③ JRT(Job Relation Training)
④ JIT(Job Instruction Training)

해설 ◆ TWI 훈련의 종류
- Job Method Training(J.M.T) : 작업방법훈련 – 작업의 개선 방법에 대한 훈련
- Job Instruction Training(J.I.T) : 작업지도훈련 – 작업을 가르치는 기법 훈련
- Job Relations Training(J.R.T) : 인간관계훈련 – 사람을 다루는 기법 훈련
- Job Safety Training(J.S.T) : 작업안전훈련 – 작업안전에 대한 훈련

18 학습지도의 형태 중 참가자에게 일정한 역할을 주어 실제적으로 연기를 시켜봄으로써 자기의 역할을 보다 확실히 인식시키는 방법은?

① 포럼(Forum)
② 심포지엄(Symposium)
③ 롤 플레잉(Role playing)
④ 사례연구법(Case study method)

해설 ③ **롤 플레잉** : 일상생활에서의 여러 역할을 모의로 실연하는 일로, 개인이나 집단의 사회적 적응을 향상하기 위한 치료 및 훈련 방법의 하나이다.

① **포럼** : 공개토의라고도 하며, 전문가의 발표 시간은 10~20분 정도 주어진다. 포럼은 전문가와 일반 참여자가 구분되는 비대칭적 토의이다.

② **심포지엄** : 여러 사람의 강연자가 하나의 주제에 대해서 각각 다른 입장에서 짧은 강연을 하고, 그 뒤 청중으로부터 질문이나 의견을 내어 넓은 시야에서 문제를 생각하고, 많은 사람들에 관심을 가지고, 결론을 이끌어내려고 하는 집단토론방식의 하나이다.

④ **사례연구법** : 교육훈련의 주제에 관한 실제의 사례를 작성하여 배부하고 여기에 관한 토론을 실시하는 교육훈련방법으로, 피교육자에 대하여 많은 사례를 연구하고 분석하게 한다.

정답 14 ① 15 ④ 16 ④ 17 ③ 18 ③

19 무재해 운동의 기본이념 3원칙 중 다음에서 설명하는 것은?

> 직장 내의 모든 잠재위험요인을 적극적으로 사전에 발견, 파악, 해결함으로써 뿌리에서부터 산업재해를 제거하는 것

① 무의 원칙　　② 선취의 원칙
③ 참가의 원칙　　④ 확인의 원칙

해설 **무재해 운동의 기본이념 3원칙**
- **무(Zero)의 원칙** : 산업재해의 근원적인 요소들을 없앤다는 것
- **안전제일의 원칙**(선취의 원칙) : 행동하기 전, 잠재위험요인을 발견하고 파악, 해결하여 재해를 예방하는 것
- **참여의 원칙**(참가의 원칙) : 전원이 일치 협력하여 각자의 위치에서 적극적으로 문제를 해결하는 것

20 산업안전보건법령상 안전보건표지의 색채와 색도기분의 연결이 틀린 것은? (단, 색도기준은 한국산업표준(KS)에 따른 색의 3속성에 이한 표시방법에 따른다.)

① 빨간색 – 7.5R 4/14
② 노란색 – 5Y 8.5/12
③ 파란색 – 2.5PB 4/10
④ 흰색 – N0.5

해설 흰색의 색도는 N9.5로 한다[색도기준은 한국산업표준(KS)에 따른 색의 3속성에 의한 표시방법(KS A 0062)에 따른다].

2과목 인간공학 및 시스템안전공학

21 의자 설계의 인간공학적 원리로 틀린 것은?

① 쉽게 조절할 수 있도록 한다.
② 추간판의 압력을 줄일 수 있도록 한다.
③ 등근육의 정적 부하를 줄일 수 있도록 한다.
④ 고정된 자세로 장시간 유지할 수 있도록 한다.

해설 ④ 고정된 자세가 장시간 유지되지 않도록 설계한다.
의자 설계의 인간공학적 원리
- 등받이의 굴곡은 요추의 굴곡과 일치해야 한다.
- 좌면의 높이는 사람의 신장에 따라 조절 가능해야 한다.
- 정적인 부하와 고정된 작업자세를 피해야 한다.
- 의자의 높이는 오금의 높이보다 같거나 낮아야 한다.

22 다음 그림과 같은 직·병렬 시스템의 신뢰도는? (단, 병렬 각 구성요소의 신뢰도는 R이고, 직렬 구성요소의 신뢰도는 M이다.)

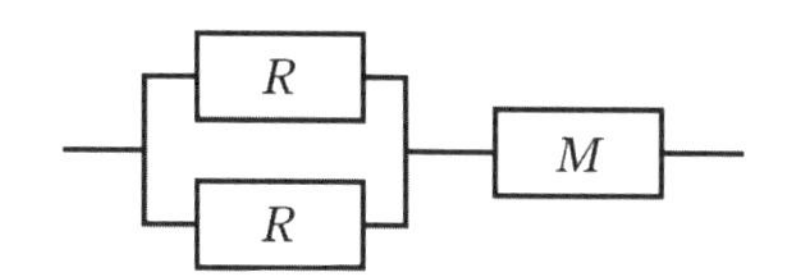

① MR^3　　② $R^2(1-MR)$
③ $M(R^2+R)-1$　　④ $M(2R-R^2)$

해설 신뢰도 $=\{1-(1-R)\times(1-R)\}\times M$

23 FT도에 사용하는 기호에서 3개의 입력 현상 중 임의의 시간에 2개가 발생하면 출력이 생기는 기호의 명칭은?

① 억제 게이트　　② 조합 AND 게이트
③ 배타적 OR 게이트　　④ 우선적 AND 게이트

해설 ① **억제 게이트** : 수정기호를 병용해서 게이트 역할, 입력이 게이트 조건에 만족 시 발생
③ **배타적 OR 게이트** : OR 게이트인데 2개 또는 그 이상의 입력이 존재하는 경우에는 출력이 발생하지 않는다.
④ **우선적 AND 게이트** : 입력사상 중 어떤 사상이 다른 사상보다 앞에 일어났을 때 출력사상이 발생한다.

19 ① 20 ④ 21 ④ 22 ④ 23 ② 정답

24 조종장치를 촉각적으로 식별하기 위하여 사용되는 촉각적 코드화의 방법으로 옳지 않은 것은?

① 색감을 활용한 코드화
② 크기를 이용한 코드화
③ 조종장치의 형상 코드화
④ 표면 촉감을 이용한 코드화

해설 • 형상을 구별하여 사용하는 경우
• 표면 촉감을 사용하는 경우
• 크기를 구별하여 사용하는 경우

25 음량 수준을 평가하는 척도와 관계없는 것은?

① dB ② HSI
③ phon ④ sone

해설 ① dB : 음의 강도 척도
③ phon : 음량 수준 척도
④ sone : 음량 수준으로 다른 음의 상대적인 주관적 크기 비교

26 n개의 요소를 가진 병렬 시스템에 있어 요소의 수명(MTTF)이 지수 분포를 따를 경우, 이 시스템의 수명으로 옳은 것은?

① $\text{MTTF} \times n$

② $\text{MTTF} \times \frac{1}{n}$

③ $\text{MTTF} \times \left(1 + \frac{1}{2} + \cdots + \frac{1}{n}\right)$

④ $\text{MTTF} \times \left(1 \times \frac{1}{2} \times \cdots \times \frac{1}{n}\right)$

해설 평균수명으로서 시스템 부품 등이 고장나기까지의 동작시간 평균치이다. MTBF와 달리 시스템을 수리하여 사용할 수 없는 경우 MTTF라고 한다.

$$\text{MTTF}_s = \text{MTTF}\left(1 + \frac{1}{2} + \frac{1}{3} + \cdots + \frac{1}{n}\right)$$

27 병렬 시스템의 특성이 아닌 것은?

① 요소의 수가 많을수록 고장의 기회는 줄어든다.
② 요소의 중복도가 늘어날수록 시스템의 수명은 길어진다.
③ 요소의 어느 하나라도 정상이면 시스템은 정상이다.
④ 시스템의 수명은 요소 중에서 수명이 가장 짧은 것으로 정해진다.

해설 ④ 시스템의 수명은 요소 중에서 수명이 가장 긴 것으로 정해진다.

28 현재 시험문제와 같이 4지택일형 문제의 정보량은 얼마인가?

① 2bit ② 4bit
③ 2byte ④ 4byte

해설 **정보량**
$H = \log_2 n$, 정보량$(H) = \log_2 4$

29 아령을 사용하여 30분간 훈련한 후, 이두근의 근육 수축작용에 대한 전기적인 신호 데이터를 모았다. 이 데이터들을 이용하여 분석할 수 있는 것은?

① 근육의 질량과 밀도
② 근육의 활성도와 밀도
③ 근육의 피로도와 크기
④ 근육의 피로도와 활성도

해설 근육의 피로도와 활성도(근전도)

정답 24 ① 25 ② 26 ③ 27 ④ 28 ① 29 ④

30 **동작의 합리화를 위한 물리적 조건으로 적절하지 않은 것은?**

① 고유 진동을 이용한다.
② 접촉 면적을 크게 한다.
③ 대체로 마찰력을 감소시킨다.
④ 인체표면에 가해지는 힘을 적게 한다.

해설 ② 접촉 면적을 작게 한다.

31 **시스템 수명주기에 있어서 예비 위험 분석(PHA)이 이루어지는 단계에 해당하는 것은?**

① 구상단계 ② 점검단계
③ 운전단계 ④ 생산단계

해설 **예비 사고 분석** : 시스템 최초 개발 단계의 분석으로 위험요소의 위험 상태를 정성적으로 평가

32 **고령자의 정보처리 과업을 설계할 경우 지켜야 할 지침으로 틀린 것은?**

① 표시 신호를 더 크게 하거나 밝게 한다.
② 개념, 공간, 운동 양립성을 높은 수준으로 유지한다.
③ 정보처리 능력에 한계가 있으므로 시분할 요구량을 늘린다.
④ 제어표시장치를 설계할 때 불필요한 세부 내용을 줄인다.

해설 ③ 시분할 요구량을 줄여야 한다.

33 **일반적으로 작업장에서 구성요소를 배치할 때, 공간의 배치 원칙에 속하지 않는 것은?**

① 사용빈도의 원칙 ② 중요도의 원칙
③ 공정개선의 원칙 ④ 기능성의 원칙

해설 **공간 배치 원칙**
• 중요성의 원칙 • 사용 빈도의 원칙
• 기능별 배치의 원칙 • 사용순서의 원칙

34 **제한된 실내 공간에서 소음문제의 음원에 관한 대책이 아닌 것은?**

① 저소음 기계로 대체한다.
② 소음 발생원을 밀폐한다.
③ 방음 보호구를 착용한다.
④ 소음 발생원을 제거한다.

해설 **소음통제 방법**
• **소음원의 제거** : 가장 적극적인 대책
• **소음원의 통제** : 안전설계, 정비 및 주유, 고무 받침대 부착, 소음기 사용 등
• **소음의 격리** : 씌우개, 방이나 장벽을 이용(창문을 닫으면 10dB 감음 효과)
• 차음 장치 및 흡음재 사용
• 음향 처리제 사용
• 적절한 배치(layout)

35 **다음과 같은 실내 표면에서 일반적으로 추천반사율의 크기를 맞게 나열한 것은?**

㉠ 바닥 ㉡ 천장 ㉢ 가구 ㉣ 벽

① ㉠ < ㉣ < ㉢ < ㉡ ② ㉣ < ㉠ < ㉡ < ㉢
③ ㉠ < ㉢ < ㉣ < ㉡ ④ ㉣ < ㉡ < ㉠ < ㉢

해설 실내 표면에서의 추천반사율의 크기는 바닥 < 가구 < 벽 < 천장의 순서이다.

바닥	가구, 사무용기기, 책상	창문 발, 벽	천장
20~40%	25~45%	40~60%	80~90%

정답 30 ② 31 ① 32 ③ 33 ③ 34 ③ 35 ③

36 **인체계측 자료의 응용원칙이 아닌 것은?**

① 기존 동일 제품을 기준으로 한 설계
② 최대치수와 최소치수를 기준으로 한 설계
③ 조절범위를 기준으로 한 설계
④ 평균치를 기준으로 한 설계

해설 **인체계측 자료의 응용원칙**
- 최대치수와 최소치수를 기준으로 설계
- 조절범위를 기준으로 한 설계
- 평균치를 기준으로 한 설계

37 **FT도에서 시스템의 신뢰도는 얼마인가? (단, 모든 부품의 발생확률은 0.1이다.)**

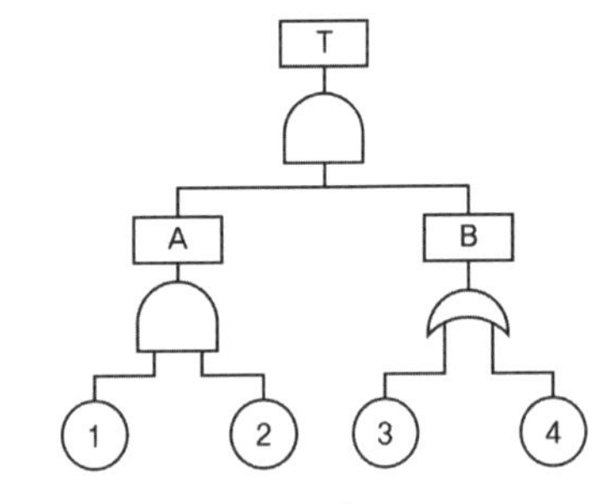

① 0.0033 ② 0.0062
③ 0.9981 ④ 0.9936

해설 A(직렬) = 0.1 × 0.1 = 0.01
B(병렬) = 1 − (1 − 0.1) × (1 − 0.1) = 0.19
T의 고장발생확률 = 0.01 × 0.19 = 0.0019
신뢰도 = 1 − 고장발생확률
따라서, 신뢰도는 1 − 0.0019

38 **시스템의 수명곡선(욕조곡선)에 있어서 디버깅(Debugging)에 관한 설명으로 옳은 것은?**

① 초기 고장의 결함을 찾아 고장률을 안정시키는 과정이다.
② 우발 고장의 결함을 찾아 고장률을 안정시키는 과정이다.
③ 마모 고장의 결함을 찾아 고장률을 안정시키는 과정이다.
④ 기계 결함을 발견하기 위해 동작시험을 하는 기간이다.

해설 ① **초기 고장** : 감소형(debugging 기간, burn-in 기간)
※ debugging 기간 : 인간시스템의 신뢰도에서 결함을 찾아내 고장률을 안정시키는 기간
② **우발 고장** : 일정형
③ **마모 고장** : 증가형

39 **손이나 특정 신체 부위에 발생하는 누적손상장애(CTDs)의 발생인자와 가장 거리가 먼 것은?**

① 무리한 힘
② 다습한 환경
③ 장시간의 진동
④ 반복도가 높은 작업

해설 **CTDs의 원인**
- 부적절한 자세
- 무리한 힘의 사용
- 과도한 반복작업
- 연속작업(비휴식)
- 낮은 온도 등

정답 36 ① 37 ③ 38 ① 39 ②

40 **신체 부위의 운동에 대한 설명으로 틀린 것은?**

① 굴곡(flexion)은 부위 간의 각도가 증가하는 신체의 움직임을 의미한다.
② 외전(abduction)은 신체 중심선으로부터 이동하는 신체의 움직임을 의미한다.
③ 내전(adduction)은 신체의 외부에서 중심선으로 이동하는 신체의 움직임을 의미한다.
④ 외선(lateral rotation)은 신체의 중심선으로부터 회전하는 신체의 움직임을 의미한다.

해설 ① **굴곡** : 관절에서의 각도가 감소

3과목 기계위험방지기술

41 **다음 중 선반의 방호장치로 가장 거리가 먼 것은?**

① 실드(Shield) ② 슬라이딩
③ 척 커버 ④ 칩 브레이커

해설 선반의 방호장치로는 실드, 척 커버, 칩 브레이커가 있다.

42 **산업안전보건법령상 프레스 등을 사용하여 작업을 할 때에 작업시작 전 점검사항으로 가장 거리가 먼 것은?**

① 압력방출장치의 기능
② 클러치 및 브레이크의 기능
③ 프레스의 금형 및 고정볼트 상태
④ 1행정 1정지기구・급정지장치 및 비상정지장치의 기능

해설 **프레스 등의 작업 전 점검사항**
- 클러치 및 브레이크의 기능
- 크랭크축・플라이휠・슬라이드・연결봉 및 연결 나사의 풀림 여부
- 1행정 1정지기구・급정지장치 및 비상정지장치의 기능
- 슬라이드 또는 칼날에 의한 위험방지 기구의 기능
- 프레스의 금형 및 고정볼트 상태
- 방호장치의 기능
- 전단기(剪斷機)의 칼날 및 테이블의 상태

43 **산업안전보건법령상 롤러기의 방호장치 설치 시 유의해야 할 사항으로 가장 적절하지 않은 것은?**

① 손으로 조작하는 급정지장치의 조작부는 롤러기의 전면 및 후면에 각각 1개씩 수평으로 설치하여야 한다.
② 앞면 롤러의 표면속도가 30m/min 미만인 경우 급정지거리는 앞면 롤러 원주의 1/2.5 이하로 한다.
③ 급정지장치의 조작부에 사용하는 줄은 사용 중 늘어져서는 안 된다.
④ 급정지장치의 조작부에 사용하는 줄은 충분한 인장강도를 가져야 한다.

해설 ② 앞면 롤러의 표면속도가 30m/min 미만인 경우 급정지거리는 앞면 롤러 원주의 1/3 이하로 한다.

44 **프레스의 손쳐내기식 방호장치 설치기준으로 틀린 것은?**

① 방호판의 폭이 금형폭의 1/2 이상이어야 한다.
② 슬라이드 행정수가 300spm 이상의 것에 사용한다.
③ 손쳐내기봉의 행정(Stroke)길이를 금형의 높이에 따라 조정할 수 있고 진동폭은 금형폭 이상이어야 한다.
④ 슬라이드 하행정거리의 3/4 위치에서 손을 완전히 밀어내야 한다.

정답 40 ① 41 ② 42 ① 43 ② 44 ②

해설 기계의 슬라이드 작동에 의해서 제수봉의 길이 및 진폭을 조절할 수 있는 구조로 되어야 하며, 손의 안전을 확보할 수 있는 방호판이 구비되어야 한다. 이 방호판의 폭은 금형폭의 1/2(금형의 폭이 200mm 이하에서 사용하는 방호판의 폭은 100mm) 이상이어야 하며 또 높이가 행정길이(행정길이가 300mm를 넘는 것은 300mm의 방호판) 이상이 되어야 한다.

45 선반 작업에 대한 안전수칙으로 가장 적절하지 않은 것은?

① 선반의 바이트는 끝을 짧게 장치한다.
② 작업 중에는 면장갑을 착용하지 않도록 한다.
③ 작업이 끝난 후 절삭 칩의 제거는 반드시 브러시 등의 도구를 사용한다.
④ 작업 중 일감의 치수 측정 시 기계 운전 상태를 저속으로 하고 측정한다.

해설 **선반 작업 시 안전수칙**
- 브러시 등 도구를 사용하여 절삭 칩 제거
- 면장갑 착용 금지
- 기계 정지 후 치수 측정

46 물체의 표면에 침투력이 강한 적색 또는 형광성의 침투액을 표면 개구 결함에 침투시켜 직접 또는 자외선 등으로 관찰하여 결함장소와 크기를 판별하는 비파괴시험은?

① 피로시험 ② 음향탐상시험
③ 와류탐상시험 ④ 침투탐상시험

해설 **침투탐상시험**
- 시험물체를 침투액 속에 넣었다가 다시 집어내어 결함을 육안으로 판별하는 방법
- 침투액에 형광물질을 첨가하여 더욱 정확하게 검출할 수도 있다(형광시험법).

47 페일 세이프(Fail Safe)의 기능적인 면에서 분류할 때 거리가 가장 먼 것은?

① Fool Proof ② Fail Passive
③ Fail Active ④ Fail Operational

해설 Fool Proof는 작업자의 착오, 미스 등 이른바 휴먼에러가 발생하더라도 기계설비나 그 부품은 안전 쪽으로 작동하게 설계하는 안전설계의 기법 중 하나이다. Fail Safe는 부품의 고장에 대한 안전화 기능이다.

48 기계설비의 안전조건인 구조의 안전화와 거리가 가장 먼 것은?

① 전압강하에 따른 오동작 방지
② 재료의 결함 방지
③ 설계상의 결함 방지
④ 가공 결함 방지

해설 ① **기능의 안전화** : 전압강하에 따른 오동작을 방지한다.

49 산업안전보건법령상 지게차 작업시작 전 점검사항으로 거리가 가장 먼 것은?

① 제동장치 및 조종장치 기능의 이상 유무
② 압력방출장치의 작동 이상 유무
③ 바퀴의 이상 유무
④ 전조등 · 후미등 · 방향지시기 및 경보장치 기능의 이상 유무

해설 **지게차 작업시작 전 점검사항**
- 제동장치 및 조종장치 기능의 이상 유무
- 하역장치 및 유압장치 기능의 이상 유무
- 바퀴의 이상 유무
- 전조등 · 후미등 · 방향지시기 및 경보장치 기능의 이상 유무

정답 45 ④ 46 ④ 47 ① 48 ① 49 ②

50 **산업안전보건법령상 로봇의 작동 범위 내에서 그 로봇에 관하여 교시 등 작업을 행하는 때 작업시작 전 점검사항으로 옳은 것은? (단, 로봇의 동력원을 차단하고 행하는 것은 제외)**

① 과부하방지장치의 이상 유무
② 압력제한스위치의 이상 유무
③ 외부 전선의 피복 또는 외장의 손상 유무
④ 권과방지장치의 이상 유무

해설 ◆ **로봇의 작업시작 전 점검사항**
- 외부 전선의 피복 또는 외장의 손상 유무
- 매니퓰레이터(manipulator) 작동의 이상 유무
- 제품장치 및 비상정지장치의 기능

51 **다음 중 가공재료의 칩이나 절삭유 등이 비산되어 나오는 위험으로부터 보호하기 위한 선반의 방호장치는?**

① 바이트 ② 권과방지장치
③ 압력제한스위치 ④ 실드(shield)

해설 ◆ **실드** : 칩이나 절삭유의 비산을 방지하기 위해 설치하는 장치이다.

52 **프레스기의 안전대책 중 손을 금형 사이에 집어넣을 수 없도록 하는 본질적 안전화를 위한 방식(No hand in die)에 해당하는 것은?**

① 수인식 ② 광전자식
③ 방호울식 ④ 손쳐내기식

해설 방호울은 본질적 안전화를 위한 방식이다.

53 **밀링 작업 시 안전수칙에 관한 설명으로 틀린 것은?**

① 칩은 기계를 정지시킨 다음에 브러시 등으로 제거한다.
② 일감 또는 부속장치 등을 설치하거나 제거할 때는 반드시 기계를 정지시키고 작업한다.
③ 면장갑을 반드시 끼고 작업한다.
④ 강력 절삭을 할 때는 일감을 바이스에 깊게 물린다.

해설 ③ 밀링 작업 시는 말려들어갈 위험으로 인해 면장갑 착용을 금지한다.

54 **동력전달부분의 전방 35cm 위치에 일반 평형보호망을 설치하고자 한다. 보호망의 최대 구멍의 크기는 몇 [mm]인가?**

① 41 ② 45
③ 51 ④ 55

해설 ◆ **안전거리**(보호망, 전동체)
$Y\text{mm} = 6 + 0.1 \times \text{거리mm}$
$= 6 + 0.1 \times 350 = 41$

55 **화물중량이 200kgf, 지게차의 중량이 400kgf, 앞바퀴에서 화물의 무게중심까지의 최단거리가 1m일 때 지게차가 안정되기 위하여 앞바퀴에서 지게차의 무게중심까지 최단거리는 최소 몇 [m]를 초과해야 하는가?**

① 0.2m ② 0.5m
③ 1m ④ 2m

해설 화물의 모멘트 평형 = 지게차의 모멘트 평형
$200 \times 1 = 400 \times X$
$X = 200 / 400$

50 ③ 51 ④ 52 ③ 53 ③ 54 ① 55 ② 정답

56 **산업안전보건법령에 따라 레버풀러(lever puller) 또는 체인블록(chain block)을 사용하는 경우 훅의 입구(hook mouth) 간격이 제조자가 제공하는 제품사양서 기준으로 몇 [%] 이상 벌어진 것은 폐기하여야 하는가?**

① 3　　② 5
③ 7　　④ 10

해설 레버풀러 또는 체인블록을 사용하는 경우 훅의 입구(hook mouth) 간격이 제조자가 제공하는 제품사양서 기준으로 10% 이상 벌어진 것은 폐기한다.

57 **산업안전보건법령상 목재가공용 기계에 사용되는 방호장치의 연결이 옳지 않은 것은?**

① 둥근톱기계 : 톱날접촉 예방장치
② 띠톱기계 : 날접촉 예방장치
③ 모떼기기계 : 날접촉 예방장치
④ 동력식 수동대패기계 : 반발 예방장치

해설 ④ **동력식 수동대패기계** : 날접촉 예방장치

58 **산업안전보건법령상에서 정한 양중기의 종류에 해당하지 않는 것은?**

① 크레인[호이스트(hoist)를 포함한다]
② 도르래
③ 곤돌라
④ 승강기

해설 **양중기의 종류**
- 크레인[호이스트(hoist)를 포함한다]
- 이동식 크레인
- 리프트(이삿짐운반용 리프트의 경우에는 적재하중이 0.1t 이상인 것으로 한정한다)
- 곤돌라
- 승강기

59 **산업안전보건법령상 사업주가 진동작업을 하는 근로자에게 충분히 알려야 할 사항과 거리가 가장 먼것은?**

① 인체에 미치는 영향과 증상
② 진동기계·기구 관리방법
③ 보호구 선정과 착용방법
④ 진동재해 시 비상연락체계

해설 **진동작업 시 근로자 주시사항**
- 인체에 미치는 영향과 증상
- 보호구의 선정과 착용방법
- 진동기계·기구 관리방법
- 진동장해 예방방법

60 **플레이너 작업 시의 안전대책이 아닌 것은?**

① 베드 위에 다른 물건을 올려놓지 않는다.
② 바이트는 되도록 짧게 나오도록 설치한다.
③ 프레임 내의 피트(pit)에는 뚜껑을 설치한다.
④ 칩 브레이커를 사용하여 칩이 길게 되도록 한다.

해설 작업장에서는 이동테이블에 사람이나 운반기계가 부딪치지 않도록 플레이너의 운동 범위에 방책을 설치한다. 또 플레이너의 프레임 중앙부의 피트에는 덮개를 설치해서 물건이나 공구류를 두지 않도록 해야 하고 테이블과 고정벽 또는 다른 기계와의 최소거리가 40cm 이하가 될 때는 기계의 양쪽에 방책을 설치하여 통행을 차단하여야 한다.

정답 56 ④　57 ④　58 ②　59 ④　60 ④

4과목 전기위험방지기술

61 욕실 등 물기가 많은 장소에서 인체감전보호형 누전차단기의 정격감도전류와 동작시간은?

① 정격감도전류 15mA, 동작시간 0.01초 이내
② 정격감도전류 15mA, 동작시간 0.03초 이내
③ 정격감도전류 30mA, 동작시간 0.01초 이내
④ 정격감도전류 30mA, 동작시간 0.03초 이내

해설
- **인체감전보호형 누전차단기의 경우** : 정격감도전류 15mA, 동작시간 0.03초 이내
- **일반적 누전차단기의 경우** : 정격감도전류 30mA, 동작시간 0.03초 이내

62 단로기를 사용하는 주된 목적은?

① 이상전압의 차단
② 무부하 선로의 개폐
③ 변성기의 개폐
④ 과부하 차단

해설 단로기는 무부하 선로의 개폐를 목적으로 하며 반드시 부하가 차단된 상태여야 한다.

63 전동기용 퓨즈의 사용 목적으로 알맞은 것은?

① 과전압 차단
② 누설전류 차단
③ 지락과전류 차단
④ 회로에 흐르는 과전류 차단

해설 퓨스는 설정된 부하의 전류보다 큰 전류가 흐르게 되면 회로 또는 부하를 보호하기 위해 전원으로부터 분리하여 보호하는 장치이다.

64 누전차단기를 설치하여야 하는 장소로 옳은 것은?

① 기계·기구를 건조한 장소에 시설한 경우
② 전기용품 및 생활용품 안전관리법의 적용을 받는 이중절연구조의 기계·기구
③ 대지전압이 220V에서 기계·기구를 물기가 없는 장소에 시설한 경우
④ 전원측에 절연 변압기를 시설한 경우

해설
- 대지전압이 150V를 초과하는 이동형 또는 휴대형 전기기계·기구
- 물 등 도전성이 높은 액체가 있는 습윤장소에서 사용하는 저압용 전기기계·기구
- 철판·철골 위 등 도전성이 높은 장소에서 사용하는 이동형 또는 휴대형 전기기계·기구
- 임시배선의 전로가 설치되는 장소에서 사용하는 이동형 또는 휴대형 전기기계·기구

65 누전으로 인한 화재의 3요소에 대한 요건이 아닌 것은?

① 접속점
② 누전점
③ 접지점
④ 출화점

해설 **누전으로 인한 화재의 3요소**
- 누전점
- 접지점
- 출화점

66 방폭구조와 기호의 연결이 틀린 것은?

① 내압 방폭구조 : d
② 압력 방폭구조 : p
③ 안전증 방폭구조 : s
④ 본질안전 방폭구조 : ia 또는 ib

해설

내압	압력	유입	안전증	본질안전	몰드	충전	비점화
d	p	o	e	ia, ib	m	q	n

61 ② 62 ② 63 ④ 64 ③ 65 ① 66 ③ 정답

67 고압 및 특고압의 전로에 시설하는 피뢰기의 접지저항은 몇 [Ω] 이하인가?

① 10Ω 이하　② 100Ω 이하
③ 10kΩ 이하　④ 10MΩ 이하

해설 ▶ **피뢰기의 접지저항** : 고압 및 특고압 접지공사, 10Ω 이하

68 절연전선의 과전류에 의한 연소단계 중 착화단계의 전선 전류밀도[A/mm^2]로 옳은 것은?

① 40　② 50
③ 80　④ 120

해설
- **인화단계** : 40~43A/mm^2
- **착화단계** : 43~60A/mm^2
- **발화단계** : 60~120A/mm^2
- **용단단계** : 120A/mm^2 이상

69 대전의 완화를 나타내는 중요한 인자인 시정수(Time Constant)는 최초의 전하가 약 몇 [%]까지 완화되는 시간을 나타내는가?

① 20　② 28
③ 37　④ 63

해설 전하의 충전 및 방전은 지수함적으로 일어나며 충전 시 63%, 방전 시 37% 될 때까지의 시간이다.

70 상용주파수 60Hz 교류에서 성인 남자의 경우 고통한계전류로 가장 알맞은 것은?

① 1mA　② 7~8mA
③ 10~15mA　④ 15~20mA

해설
- **최소감지전류** : 1mA 미만
- **고통한계전류** : 7~8mA
- **마비한계전류** : 10~15mA
- **심실세동전류** : $I = \frac{165}{\sqrt{T}}$ mA

71 정상작동 상태에서 폭발 가능성이 없으나 이상 상태에서 짧은 시간 동안 폭발성 가스 또는 증기가 존재하는 지역에 사용 가능한 방폭용기를 나타내는 기호는?

① p　② e
③ n　④ ib

해설

구분	특징	KS기준	방폭구조
0종 장소	평상시 폭발 분위기 형성	장기간 또는 빈번하게 있는 장소	• 본질안전 방폭구조
1종 장소	평상시 폭발 분위기 우려 혹은 간헐적 형성	정상작동 중 생성될 수 있는 장소	• 내압 방폭구조 • 압력 방폭구조 • 유입 방폭구조 • 충전 방폭구조 • 몰드 방폭구조 • 안전증 방폭구조 • 본질안전 방폭구조
2종 장소	이상 시 폭발 분위기 형성	정상작동 중에 생성될 가능성은 적고 빈도가 희박하거나 아주 짧은 시간 동안 위험한 장소	• 0종 장소 및 1종 장소에서 사용 가능한 방폭구조 • 비점화 방폭구조

72 정전기 대전 현상의 설명으로 틀린 것은?

① 유동대전 : 액체류가 파이프 등 내부에서 유동할 때 액체와 관 벽 사이에서 정전기가 발생되는 현상
② 충돌대전 : 분체류와 같은 입자 상호 간이나 입자와 고체와의 충돌에 의해 빠른 접촉 또는 분리가 행하여짐으로써 정전기가 발생되는 현상
③ 박리대전 : 고체나 분체류 등과 같은 물체가 파괴되었을 때 전하분리에 의해 정전기가 발생되는 현상
④ 분출대전 : 분체류, 액체류, 기체류가 단면적이 작은 분출구를 통해 공기 중으로 분출될 때 분출하는 물질과 분출구의 마찰로 인해 정전기가 발생되는 현상

정답 67 ① 68 ② 69 ③ 70 ② 71 ③ 72 ③

해설 ③ 박리대전이란, 밀착되어 있는 물체가 떨어지면서 전하 분리가 발생하여 정전기가 발생되는 현상이다.

73 **정전기 발생에 영향을 주는 요인에 대한 설명으로 틀린 것은?**

① 물체의 분리속도가 빠를수록 발생량은 적어진다.
② 접촉면적이 크고 접촉압력이 높을수록 발생량이 많아진다.
③ 물체의 표면이 수분이나 기름으로 오염되면 산화 및 부식에 의해 발생량이 많아진다.
④ 정전기의 발생은 처음 접촉, 분리할 때가 최대로 되고 접촉, 분리가 반복됨에 따라 발생량이 감소된다.

해설 ① 분리속도는 빠를수록 발생량이 많아진다.

74 **방폭전기기기의 성능을 나타내는 기호표시 "EX p IIA T5"를 나타냈을 때 관계가 없는 표시는?**

① 온도등급 ② 폭발성능
③ 방폭구조 ④ 가스등급

해설 방폭구조를 표시하여야 하며 폭발성능은 포함되지 않는다.

75 **피뢰기의 설치장소가 아닌 것은?**

① 저압을 공급받는 수용장소의 인입구
② 가공전선로와 지중전선로가 접속되는 곳
③ 가공전선로에 접속하는 배전용 변압기의 고압측
④ 발전소 또는 변전소의 가공전선 인입구 및 인출구

해설 ① 고압 또는 특별고압의 가공전선로로부터 공급을 받는 수용장소의 인입구

76 **누전화재가 발생하기 전에 나타나는 현상으로 거리가 가장 먼 것은?**

① 인체의 감전 현상
② 전등 밝기의 변화 현상(플리커)
③ 빈번한 퓨즈의 용단
④ 전기 사용 기계장치의 오동작 감소

해설 ④ 오동작이 증가한다.

77 **피뢰침의 제한전압이 800kV, 기준충격절연강도가 1,000kV일 때, 보호여유도는?**

① 25 ② 33
③ 47 ④ 63

해설 ❯ 피뢰침의 보호여유도

$$\text{여유도}[\%] = \frac{1{,}000-800}{800} \times 100 = 25\%$$

78 **정전용량 C = 20㎌, 방전 시 전압 V = 2kV일 때 정전에너지는?**

① 40 ② 400
③ 80 ④ 800

해설 $E = \frac{1}{2}QV = \frac{1}{2}CV^2$

$$= \frac{1}{2} \times 20 \times 10^{-6} \times (2 \times 10^3)^2$$

$$= 40$$

73 ① 74 ② 75 ① 76 ④ 77 ① 78 ① 정답

79 **접지저항 저감 방법으로 틀린 것은?**

① 접지극의 매설깊이를 증가시킨다.
② 접지극을 병렬로 접속시킨다.
③ 접지극의 크기를 최대한 작게 한다.
④ 접지극 주변의 토양을 개량하여 대지 저항률을 떨어뜨린다.

해설 ③ 접지극의 크기를 최대한 크게 해야 한다.

80 **그림과 같은 전기설비에서 누전사고가 발생하여 인체가 전기설비의 외함에 접촉하였을 때 인체를 통과하는 전류는 약 몇 [mA]인가?**

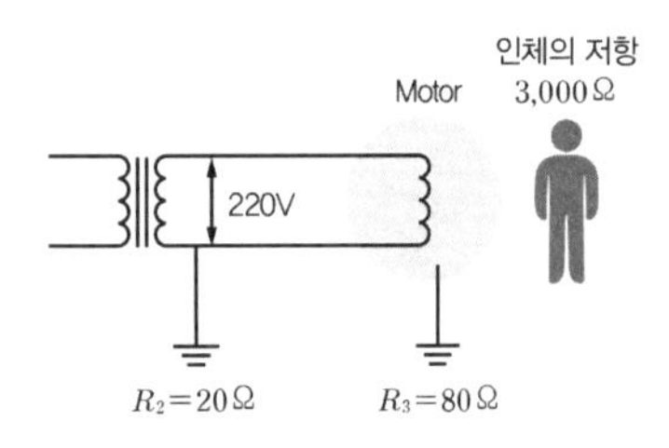

① 43.25 ② 51.24
③ 58.36 ④ 61.68

해설 • 인체의 접지저항(R_h)과 접지저항(R_3)의 저항값($R_h \| R_3$) = 77.92Ω

※ $(R_h \| R_3) = \dfrac{R_h \times R_3}{R_h + R_3} = \dfrac{3{,}000 \times 80}{3{,}000 + 80} = 77.92\Omega$

• **합성저항** : $(R_h \| R_3) + R_2 = 97.92\Omega$

• **폐회로에 흐르는 전류** : $I = \dfrac{R}{V} = \dfrac{220}{97.92} = 2.247\text{A}$

• **인체에 흐르는 전류** :

$$\frac{R_3}{R_h + R_3} \times I = \frac{80}{3{,}000 + 80} \times 2.247 = 0.05835$$

5과목 화학설비위험방지기술

81 **분진폭발의 특징으로 옳은 것은?**

① 연소속도가 가스폭발보다 크다.
② 완전연소로 가스중독의 위험이 작다.
③ 화염의 파급속도보다 압력의 파급속도가 빠르다.
④ 가스폭발보다 연소시간은 짧고 발생에너지는 작다.

해설 ① 연소속도와 폭발압력은 가스폭발보다 작다.
② 불완전연소로 인한 가스중독의 위험이 크다.
④ 가스폭발보다 발생에너지가 크다.

82 **자연발화가 쉽게 일어나는 조건으로 적절하지 않은 것은?**

① 열 축적이 클수록
② 표면적이 작을수록
③ 주위의 온도가 높을수록
④ 적당량의 수분이 존재할 때

해설 ② 입자의 표면적이 작을수록 공기와의 접촉 면적이 작아지기 때문에 자연발화가 어려워진다.

83 **액체 표면에서 발생한 증기농도가 공기 중에서 연소하한농도가 될 수 있는 가장 낮은 액체온도는?**

① 인화점 ② 비등점
③ 연소점 ④ 발화온도

해설 인화점이란 기체 또는 휘발성 액체에서 발생하는 증기가 공기와 섞여 가연성 또는 폭발성 혼합기체를 형성하여 점화원에 의해 연소 및 인화되는 최저의 온도를 말한다.

정답 79 ③ 80 ③ 81 ③ 82 ② 83 ①

84 **헥산 1vol%, 메탄 2vol%, 에틸렌 2vol%, 공기 95vol%로 된 혼합가스의 폭발하한계 값[vol%]은 약 얼마인가? (단, 헥산, 메탄, 에틸렌의 폭발하한계 값은 각각 5.0, 1.1, 2.7vol%이다.)**

① 1.8 ② 3.5
③ 12.8 ④ 21.7

해설 $L=\dfrac{V_1+V_2+\cdots\cdots+V_n}{\dfrac{V_1}{L_1}+\dfrac{V_2}{L_2}+\cdots\cdots+\dfrac{V_n}{L_n}}$

$=\dfrac{1+2+2}{\dfrac{1}{5.0}+\dfrac{2}{1.1}+\dfrac{2}{2.7}}=1.8\text{vol\%}$

85 **공기 중에서 A 물질의 폭발하한계가 4vol%, 상한계가 75vol%라면 이 물질의 위험도는?**

① 16.75 ② 17.75
③ 18.75 ④ 19.75

해설 $위험도=\dfrac{상한계-하한계}{하한계}$

$=\dfrac{75-4}{4}=17.75$

86 **CF_3Br 소화약제의 할론 번호는 옳게 나타낸 것은?**

① 할론 1031 ② 할론 1311
③ 할론 1301 ④ 할론 1310

해설 ③ **할론 1301** : 탄소 1개, 불소 3개, 염소 0개, 브롬 1개

87 **폭발을 기상폭발과 응상폭발로 분류할 때 기상폭발에 해당되지 않는 것은?**

① 분진폭발 ② 혼합가스폭발
③ 분무폭발 ④ 수증기폭발

해설
- **기상폭발** : 분진폭발, 분무폭발, 가스폭발
- **응상폭발** : 수증기폭발, 증기폭발, 전선폭발

88 **물의 소화력을 높이기 위하여 물에 탄산칼륨(K_2CO_3)과 같은 염류를 첨가한 소화약제를 일반적으로 무엇이라 하는가?**

① 포 소화약제 ② 분말 소화약제
③ 강화액 소화약제 ④ 산 알칼리 소화약제

해설 강화액 소화약제는 0℃에서 얼어버리는 물에 탄 칼륨 등을 첨가하여 어는점을 낮추어 겨울철이나 한랭지역에 사용 가능하도록 한 소화약제를 말한다.

89 **다음 중 고체의 연소방식에 관한 설명으로 옳은 것은?**

① 분해연소란 고체가 표면의 고온을 유지하며 타는 것을 말한다.
② 표면연소란 고체가 가열되어 열분해가 일어나고 가연성 가스가 공기 중의 산소와 타는 것을 말한다.
③ 자기연소란 공기 중 산소를 필요로 하지 않고 자신이 분해되며 타는 것을 말한다.
④ 분무연소란 고체가 가열되어 가연성 가스를 발생시키며 타는 것을 말한다.

해설 ① 표면연소
② 분해연소
④ 분해연소

84 ① 85 ② 86 ③ 87 ④ 88 ③ 89 ③ 정답

90 산업안전보건법령상 다음 인화성 가스의 정의에서 ( ) 안에 알맞은 값은?

> "인화성 가스"란 인화한계 농도의 최저한도가 (㉠)% 이하 또는 최고한도와 최저한도의 차가 (㉡)% 이상인 것으로서 표준압력(101.3kPa), 20℃에서 가스 상태인 물질을 말한다.

① ㉠ 13 ㉡ 12
② ㉠ 13 ㉡ 15
③ ㉠ 12 ㉡ 13
④ ㉠ 12 ㉡ 15

해설 인화성 가스란 인화한계 농도의 최저한도가 13% 이하 또는 최고한도와 최저한도의 차가 12% 이상인 것을 말한다.

91 위험물의 저장방법으로 적절하지 않은 것은?

① 탄화칼슘은 물속에 저장한다.
② 벤젠은 산화성 물질과 격리시킨다.
③ 금속나트륨은 석유 속에 저장한다.
④ 질산은 갈색병에 넣어 냉암소에 보관한다.

해설 ① 탄화칼슘(CaC_2, 카바이드)는 물과 만나면 가연성인 아세틸렌(C_2H_2)가스를 발생시키기 때문에 습기 없는 밀폐용기에 불연성 가스를 넣어서 보관한다.

92 산업안전보건법령상 특수화학설비를 설치할 때 내부의 이상 상태를 조기에 파악하기 위하여 필요한 계측장치를 설치하여야 한다. 이러한 계측장치로 거리가 먼 것은?

① 압력계 ② 유량계
③ 온도계 ④ 비중계

해설 사업주는 특수화학설비를 설치하는 경우에는 내부의 이상 상태를 조기에 파악하기 위하여 필요한 온도계·유량계·압력계 등의 계측장치를 설치하여야 한다.

93 Li과 Na에 관한 설명으로 틀린 것은?

① 두 금속 모두 실온에서 자연발화의 위험성이 있으므로 알코올 속에 저장해야 한다.
② 두 금속은 물과 반응하여 수소기체를 발생한다.
③ Li은 비중 값이 물보다 작다.
④ Na은 은백색의 무른 금속이다.

해설 ① 두 금속 모두 실온에서 자연발화의 위험성이 있으므로 석유 속에 저장해야 한다.

94 불연성이지만 다른 물질의 연소를 돕는 산화성 액체 물질에 해당하는 것은?

① 히드라진 ② 과염소산
③ 벤젠 ④ 암모니아

해설 ❯ **산화성 액체** : 차아염소산, 아염소산, 과염소산, 브롬산, 요오드산, 과산화수소, 질산

95 다음 가스 중 가장 독성이 큰 것은?

① CO ② $COCl_2$
③ NH_3 ④ H_2

해설 ② **$COCl_2$(포스겐)** : 0.1ppm
① **CO(일산화탄소)** : 50ppm
③ **NH_3(암모니아)** : 25ppm
④ **H_2(수소)** : 무독성

정답 90 ① 91 ① 92 ④ 93 ① 94 ② 95 ②

96 **에틸알코올(C_2H_5OH) 1mol이 완전연소할 때 생성되는 CO_2의 mol수로 옳은 것은?**

① 1 ② 2
③ 3 ④ 4

해설 ▶ 에틸알코올의 완전연소반응식
$C_2H_5OH + 3O_2 \rightarrow 2CO_2 + 3H_2O$
생성되는 CO_2의 mol수 : 2

97 **다음 중 밀폐공간 내 작업 시의 조치사항으로 가장 거리가 먼 것은?**

① 산소결핍이나 유해가스로 인한 질식의 우려가 있으면 진행 중인 작업에 방해되지 않도록 주의하면서 환기를 강화하여야 한다.
② 해당 작업장을 적정한 공기 상태로 유지되도록 환기하여야 한다.
③ 그 장소에 근로자를 입장시킬 때와 퇴장시킬 때마다 인원을 점검하여야 한다.
④ 그 작업장과 외부의 감시인 간에 항상 연락을 취할 수 있는 설비를 설치하여야 한다.

해설 ① 산소결핍이나 유해가스로 인한 질식의 우려가 있으면 즉시 작업을 중지하고 안전조치를 취해야 한다.

98 **반응 폭주 등 급격한 압력상승의 우려가 있는 경우에 설치하여야 하는 것은?**

① 파열판 ② 통기밸브
③ 체크밸브 ④ Flame arrester

해설 ▶ 파열판의 설치
- 반응 폭주 등 급격한 압력상승 우려가 있는 경우
- 급성 독성 물질의 누출로 인하여 주위의 작업환경을 오염시킬 우려가 있는 경우
- 운전 중 안전밸브에 이상 물질이 누적되어 안전밸브가 작동되지 아니할 우려가 있는 경우

99 **산업안전보건법령에 따라 유해하거나 위험한 설비의 설치·이전 또는 주요 구조부분의 변경공사 시 공정안전보고서의 제출 시기는 착공일 며칠 전까지 관련기관에 제출하여야 하는가?**

① 15일 ② 30일
③ 60일 ④ 90일

해설 사업주는 유해·위험 설비의 설치·이전 또는 주요 구조부분의 변경 공사의 착공일 30일 전까지 공정안전보고서 2부를 한국산업안전보건공단에 제출해야 한다.

100 **공정안전보고서 중 공정안전자료에 포함하여야 할 세부 내용에 해당하는 것은?**

① 비상조치계획에 따른 교육계획
② 안전운전지침서
③ 각종 건물·설비의 배치도
④ 도급업체 안전관리계획

해설 ①, ②, ④는 안전운전계획 또는 비상조치계획의 세부 내용에 해당한다.

96 ② 97 ① 98 ① 99 ② 100 ③ 정답

6과목 건설안전기술

101 작업발판 및 통로의 끝이나 개구부로서 근로자가 추락할 위험이 있는 장소에서 난간 등의 설치가 매우 곤란하거나 작업의 필요상 임시로 난간 등을 해체하여야 하는 경우에 설치하여야 하는 것은?

① 구명구　　② 수직보호망
③ 석면포　　④ 추락방호망

해설 사업주는 난간 등을 설치하는 것이 매우 곤란하거나 작업의 필요상 임시로 난간 등을 해체하여야 하는 경우 제42조 제2항 각 호의 기준에 맞는 추락방호망을 설치하여야 한다(안전보건규칙 제43조).

102 비계의 높이가 2m 이상인 작업장소에 설치하는 작업발판의 설치기준으로 옳지 않은 것은? (단, 달비계, 달대비계 및 말비계는 제외)

① 작업발판의 폭은 40cm 이상으로 한다.
② 작업발판재료는 뒤집히거나 떨어지지 않도록 하나 이상의 지지물에 연결하거나 고정시킨다.
③ 발판재료 간의 틈은 3cm 이하로 한다.
④ 작업발판의 지지물은 하중에 의하여 파괴될 우려가 없는 것을 사용한다.

해설 ② 작업발판재료는 뒤집히거나 떨어지지 않도록 둘 이상의 지지물에 연결하거나 고정시킨다(안전보건규칙 제56조).

103 화물취급작업과 관련한 위험 방지를 위해 조치하여야 할 사항으로 옳지 않은 것은?

① 하역작업을 하는 장소에서 작업장 및 통로의 위험한 부분에는 안전하게 작업할 수 있는 조명을 유지할 것
② 하역작업을 하는 장소에서 부두 또는 안벽의 선을 따라 통로를 설치하는 경우에는 폭을 50cm 이상으로 할 것
③ 차량 등에서 화물을 내리는 작업을 하는 경우에 해당 작업에 종사하는 근로자에게 쌓여 있는 화물 중간에서 화물을 빼내도록 하지 말 것
④ 꼬임이 끊어진 섬유로프 등을 화물운반용 또는 고정용으로 사용하지 말 것

해설 ② 부두 또는 안벽의 선을 따라 통로를 설치하는 경우에는 폭을 90cm 이상으로 할 것(안전보건규칙 제390조)

104 공사진척에 따른 공정률이 다음과 같을 때 안전관리비 사용기준으로 옳은 것은? (단, 공정률은 기성공정률을 기준으로 함)

공정률 : 70% 이상, 90% 미만

① 50% 이상　　② 60% 이상
③ 70% 이상　　④ 80% 이상

해설

공정률	50% 이상 70% 미만	70% 이상 90% 미만	90% 이상
사용기준	50% 이상	70% 이상	90% 이상

정답 101 ④ 102 ② 103 ② 104 ③

105 유해위험방지계획서를 고용노동부장관에게 제출하고 심사를 받아야 하는 대상 건설공사 기준으로 옳지 않은 것은?

① 최대 지간길이가 50m 이상인 다리의 건설등 공사
② 지상높이 25m 이상인 건축물 또는 인공구조물의 건설등 공사
③ 깊이 10m 이상인 굴착공사
④ 다목적댐, 발전용댐, 저수용량 2천만t 이상의 용수 전용 댐 및 지방상수도 전용 댐의 건설등 공사

해설 ② 지상높이가 31m 이상(10층 정도)인 건축물 또는 인공구조물(산업안전보건법 시행령 제42조 제3항 제1호 가목)

106 강관을 사용하여 비계를 구성하는 경우 준수하여야 할 기준으로 옳지 않은 것은?

① 비계기둥의 간격은 띠장 방향에서는 1.85m 이하, 장선(長線) 방향에서는 1.5m 이하로 할 것
② 띠장 간격은 2.0m 이하로 할 것
③ 비계기둥의 제일 윗부분으로부터 31m 되는 지점 밑부분의 비계기둥은 3개의 강관으로 묶어 세울 것
④ 비계기둥 간의 적재하중은 400kg을 초과하지 않도록 할 것

해설 ③ 비계기둥의 제일 윗부분으로부터 31m 되는 지점 밑부분의 비계기둥은 2개의 강관으로 묶어 세울 것. 다만, 브라켓(bracket, 까치발) 등으로 보강하여 2개의 강관으로 묶을 경우 이상의 강도가 유지되는 경우에는 그러하지 아니하다.
① 비계기둥의 간격은 띠장 방향에서는 1.85m 이하, 장선(長線) 방향에서는 1.5m 이하로 할 것. 다음에 해당하는 작업의 경우에는 안전성에 대한 구조검토를 실시하고 조립도를 작성하면 띠장 방향 및 장선 방향으로 각각 2.7m 이하로 할 수 있다.
- 선박 및 보트 건조작업
- 그 밖에 장비 반입·반출을 위하여 공간 등을 확보할 필요가 있는 등 작업의 성질상 비계기둥 간격에 관한 기준을 준수하기 곤란한 작업

② 띠장 간격은 2.0m 이하로 할 것. 다만, 작업의 성질상 이를 준수하기가 곤란하여 쌍기둥틀 등에 의하여 해당 부분을 보강한 경우에는 그러하지 아니하다.
④ 비계기둥 간의 적재하중은 400kg을 초과하지 않도록 할 것

107 동바리를 조립하는 경우에 준수하여야 하는 기준으로 옳지 않은 것은?

① 동바리로 사용하는 파이프 서포트를 이어서 사용하는 경우에는 3개 이상의 볼트 또는 전용철물을 사용하여 이을 것
② 동바리로 사용하는 강관은 높이 2m 이내마다 수평연결재를 2개 방향으로 만들 것
③ 깔목의 사용, 콘크리트 타설, 말뚝박기 등 동바리의 침하를 방지하기 위한 조치를 할 것
④ 동바리로 사용하는 파이프 서포트를 3개 이상 이어서 사용하지 않도록 할 것

해설 ① 파이프 서포트를 이어서 사용하는 경우에는 4개 이상의 볼트 또는 전용철물을 사용하여 이을 것(안전보건규칙 제332조의2 제1호)

108 가설통로 설치에 있어 경사가 최소 얼마를 초과하는 경우에는 미끄러지지 아니하는 구조로 하여야 하는가?

① 15°　② 20°
③ 30°　④ 40°

해설 경사가 15°를 초과하는 경우에는 미끄러지지 아니하는 구조로 할 것(안전보건규칙 제23조)

109 굴착과 싣기를 동시에 할 수 있는 토공기계가 아닌 것은?

① 트랙터셔블(tractor shovel)
② 백호(back hoe)
③ 파워셔블(power shovel)
④ 모터그레이더(motor grader)

105 ②　106 ③　107 ①　108 ①　109 ④　정답

해설 ④ 모터 그레이더(motor grader)는 땅 고르는 건설기계, 그 외는 굴착기계이다.

110 **흙막이 가시설 공사 중 발생할 수 있는 보일링(Boiling) 현상에 관한 설명으로 옳지 않은 것은?**

① 이 현상이 발생하면 흙막이 벽의 지지력이 상실된다.
② 지하수위가 높은 지반을 굴착할 때 주로 발생된다.
③ 흙막이벽의 근입장 깊이가 부족할 경우 발생한다.
④ 연약한 점토지반에서 굴착면의 융기로 발생한다.

해설 **보일링 현상** : 지하수위가 높은 사질토에서 발생하며 지면의 액상화 현상, 굴착면과 배면토의 수두차에 의해 삼투압 현상이 발생하는 것

111 **부두·안벽 등 하역작업을 하는 장소에서 부두 또는 안벽의 선을 따라 통로를 설치하는 경우에는 폭을 최소 얼마 이상으로 하여야 하는가?**

① 85cm　② 90cm
③ 100cm　④ 120cm

해설 부두 또는 안벽의 선을 따라 통로를 설치하는 경우에는 폭을 90cm 이상으로 할 것(안전보건규칙 제390조)

112 **달비계의 최대적재하중을 정함에 있어서 활용하는 안전계수의 기준으로 옳은 것은? (단, 곤돌라의 달비계를 제외한다.)**

① 달기 훅 : 5 이상
② 달기 강선 : 5 이상
③ 달기 체인 : 3 이상
④ 달기 와이어로프 : 5 이상

해설 **안전계수의 기준**(안전보건규칙 제55조)
- **달기 와이어로프 및 달기 강선의 안전계수** : 10 이상
- **달기 체인 및 달기 훅의 안전계수** : 5 이상
- **달기 강대와 달비계의 하부 및 상부 지점의 안전계수** : 강재(鋼材)의 경우 2.5 이상, 목재의 경우 5 이상

※ 안전계수는 와이어로프 등의 절단하중 값을 그 와이어로프 등에 걸리는 하중의 최댓값으로 나눈 값을 말한다.

113 **추락방지용 방망 중 그물코의 크기가 5cm인 매듭방망 신품의 인장강도는 최소 몇 [kg] 이상이어야 하는가?**

① 60　② 110
③ 150　④ 200

해설

그물코의 크기 (단위 : cm)	방망의 종류(단위 : kg)			
	매듭 없는 방망		매듭 방망	
	신품에 대한	폐기 시	신품에 대한	폐기 시
10	240	150	200	135
5	–		110	50

114 **단관비계의 도괴 또는 전도를 방지하기 위하여 사용하는 벽이음의 간격기준으로 옳은 것은?**

① 수직방향 5m 이하, 수평방향 5m 이하
② 수직방향 6m 이하, 수평방향 6m 이하
③ 수직방향 7m 이하, 수평방향 7m 이하
④ 수직방향 8m 이하, 수평방향 8m 이하

해설 **벽이음 간격기준**
- **단관비계** : 수직방향 5m 이하, 수평방향 5m 이하
- **통나무 비계** : 수직방향 5.5m 이하, 수평방향 7.5m 이하
- **틀비계** : 수직방향 6m 이하, 수평방향 8m 이하

정답 110 ④ 111 ② 112 ① 113 ② 114 ①

115 콘크리트 타설작업을 하는 경우 준수하여야 할 사항으로 옳지 않은 것은?

① 당일의 작업을 시작하기 전에 해당 작업에 관한 거푸집 및 동바리의 변형・변위 및 지반의 침하 유무 등을 점검하고 이상이 있으면 보수할 것
② 콘크리트를 타설하는 경우에는 편심이 발생하지 않도록 골고루 분산하여 타설할 것
③ 설계도서상의 콘크리트 양생기간을 준수하여 거푸집 및 동바리를 해체할 것
④ 작업 중에는 감시자를 배치하는 등의 방법으로 거푸집 및 동바리의 변형・변위 및 침하 유무 등을 확인해야 하며, 이상이 있으면 작업을 중지하지 아니하고 즉시 충분한 보강조치를 실시할 것

해설 **콘크리트 타설작업 시 준수사항**(안전보건규칙 제334조)
- 당일의 작업을 시작하기 전에 해당 작업에 관한 거푸집 및 동바리의 변형・변위 및 지반의 침하 유무 등을 점검하고 이상이 있으면 보수할 것
- 작업 중에는 감시자를 배치하는 등의 방법으로 거푸집 및 동바리의 변형・변위 및 침하 유무 등을 확인해야 하며, 이상이 있으면 작업을 중지하고 근로자를 대피시킬 것
- 콘크리트 타설작업 시 거푸집 붕괴의 위험이 발생할 우려가 있으면 충분한 보강조치를 할 것
- 설계도서상의 콘크리트 양생기간을 준수하여 거푸집 및 동바리를 해체할 것
- 콘크리트를 타설하는 경우에는 편심이 발생하지 않도록 골고루 분산하여 타설할 것

116 취급・운반의 원칙으로 옳지 않은 것은?

① 운반작업을 집중하여 시킬 것
② 생산을 최고로 하는 운반을 생각할 것
③ 곡선운반을 할 것
④ 연속운반을 할 것

해설 **취급・운반의 5원칙**
- 운반작업을 집중하여 시킬 것
- 생산을 최고로 하는 운반을 생각할 것
- 직선운반을 할 것
- 연속운반을 할 것
- 최대한 시간과 경비를 절약할 수 있는 운반방법을 고려할 것

117 건설업 산업안전보건관리비 계상 및 사용기준에 따른 안전관리비의 개인보호구 및 안전장구 구입비 항목에서 안전관리비로 사용이 가능한 경우는?

① 안전・보건관리자가 선임되지 않은 현장에서 안전・보건업무를 담당하는 현장관계자용 무전기, 카메라, 컴퓨터, 프린터 등 업무용 기기
② 혹한・혹서에 장기간 노출로 인해 건강장해를 일으킬 우려가 있는 경우 특정 근로자에게 지급되는 기능성 보호 장구
③ 근로자에게 일률적으로 지급하는 보냉・보온장구
④ 감리원이나 외부에서 방문하는 인사에게 지급하는 보호구

해설 **산업안전보건관리비 사용가능 항목**
- 안전관리자・보건관리자의 임금
- 안전시설비
- 보호구
- 안전보건진단비
- 안전보건교육비
- 근로자 건강장해 예방비

115 ④ 116 ③ 117 ② 정답

118 **재해사고를 방지하기 위하여 크레인에 설치된 방호장치로 옳지 않은 것은?**

① 공기정화장치 ② 비상정지장치
③ 제동장치 ④ 권과방지장치

해설 **크레인에 설치된 방호장치의 종류**
- 과부하방지장치
- 권과방지장치
- 비상방지장치
- 제동장치
- 안전밸브

119 **유해위험방지계획서 제출 시 첨부서류로 옳지 않은 것은?**

① 공사현장의 주변 현황 및 주변과의 관계를 나타내는 도면
② 공사 개요서
③ 전체 공정표
④ 작업인부의 배치를 나타내는 도면 및 서류

해설 **유해위험방지계획서 첨부서류**
- 공사 개요서
- 공사현장의 주변 현황 및 주변과의 관계를 나타내는 도면(매설물 현황을 포함한다)
- 전체 공정표
- 산업안전보건관리비 사용계획서(별지 제102호 서식)
- 안전관리 조직표
- 재해 발생 위험 시 연락 및 대피방법

120 **가설공사 표준안전 작업지침에 따른 통로발판을 설치하여 사용함에 있어 준수사항으로 옳지 않은 것은?**

① 추락의 위험이 있는 곳에는 안전난간이나 철책을 설치하여야 한다.
② 작업발판의 최대폭은 1.6m 이내이어야 한다.
③ 비계발판의 구조에 따라 최대적재하중을 정하고 이를 초과하지 않도록 하여야 한다.
④ 발판을 겹쳐 이음하는 경우 장선 위에서 이음을 하고 겹침길이는 10cm 이상으로 하여야 한다.

해설 **가설발판의 지지력**
- 근로자가 작업 및 이동하기에 충분한 넓이 확보
- 추락의 위험이 있는 곳에 안전난간 또는 철책 설치
- 발판을 겹쳐 이음 시 장선 위에 이음하고 겹침길이는 20cm 이상
- 발판 1개에 대한 지지물은 2개 이상
- 작업발판의 최대폭은 1.6m 이내
- 작업발판 위에는 돌출된 못, 옹이, 철선 등이 없을 것
- 비계발판의 구조에 따라 최대적재하중을 정하고 초과 금지

정답 118 ① 119 ④ 120 ④

2023년 제3회 기출 복원문제

1과목 안전관리론

01 산업안전보건법령상 근로자 안전보건교육 중 관리감독자 정기 안전보건교육의 교육내용이 아닌 것은?

① 작업 개시 전 점검에 관한 사항
② 산업보건 및 직업병 예방에 관한 사항
③ 유해·위험 작업환경 관리에 관한 사항
④ 작업공정의 유해·위험과 재해 예방대책에 관한 사항

해설 **관리감독자 정기 안전보건교육**
- 산업안전 및 사고 예방에 관한 사항
- 산업보건 및 직업병 예방에 관한 사항
- 위험성평가에 관한 사항
- 유해·위험 작업환경 관리에 관한 사항
- 산업안전보건법령 및 산업재해보상보험 제도에 관한 사항
- 직무스트레스 예방 및 관리에 관한 사항
- 직장 내 괴롭힘, 고객의 폭언 등으로 인한 건강장해 예방 및 관리에 관한 사항
- 작업공정의 유해·위험과 재해 예방대책에 관한 사항
- 사업장 내 안전보건관리체제 및 안전·보건조치 현황에 관한 사항
- 표준안전 작업방법 결정 및 지도·감독 요령에 관한 사항
- 현장근로자와의 의사소통능력 및 강의능력 등 안전보건교육 능력 배양에 관한 사항
- 비상시 또는 재해 발생 시 긴급조치에 관한 사항
- 그 밖의 관리감독자의 직무에 관한 사항

02 부주의에 대한 사고 방지대책 중 기능 및 작업 측면의 대책이 아닌 것은?

① 작업표준의 습관화　② 적성배치
③ 안전의식의 제고　④ 작업조건의 개선

해설 **기능 및 작업 측면의 사고 방지대책**

구분	원인	대책
외적 원인	작업, 환경조건 불량	환경정비
	작업순서 부적당	작업순서 조절
	작업강도	작업량, 시간, 속도 등의 조절
	기상조건	온도, 습도 등의 조절
내적 원인	소질적 요인	적성배치
	의식의 우회	상담
	경험 부족 및 미숙련	교육
	피로도	충분한 휴식
	정서불안정 등	심리적 안정 및 치료

03 부주이의 발생원인에 포함되지 않는 것은?

① 의식의 단절　② 의식의 우회
③ 의식수준의 저하　④ 의식의 지배

해설 **부주의 발생원인**
- **의식의 우회** : 근심·걱정으로 집중하지 못함.
- **의식의 과잉** : 갑작스러운 사태 목격 시 멍해지는 현상
- **의식의 단절** : 수면상태 또는 의식을 잃어버리는 상태
- **의식의 혼란** : 경미한 자극에 주의력이 흐드러지는 현상
- **의식수준의 저하** : 단조로운 업무를 장시간 수행 시 몽롱해지는 현상(= 감각차단현상)

01 ①　02 ③　03 ④ 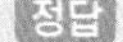

04 다음 중 재해예방의 4원칙과 관련이 가장 적은 것은?

① 모든 재해의 발생원인은 우연적인 상황에서 발생한다.
② 재해손실은 사고가 발생할 때 사고 대상의 조건에 따라 달라진다.
③ 재해예방을 위한 가능한 안전대책은 반드시 존재한다.
④ 재해는 원칙적으로 원인만 제거되면 예방이 가능하다.

해설 ▶ 재해예방의 4원칙
- **예방 가능의 원칙** : 천재지변을 제외한 모든 인재는 예방이 가능하다.
- **손실 우연의 원칙** : 사고의 결과 손실의 유무 또는 대소는 사고 당시의 조건에 따라서 우연적으로 발생한다.
- **원인 연계의 원칙** : 사고에는 반드시 원인이 있고 원인은 대부분 연계 원인이다.
- **대책 선정의 원칙** : 사고의 원인이나 불안전 요소가 발견되면 반드시 대책은 실시되어야 하고, 대책 선정이 가능하다. 대책에는 재해 방지의 세 기둥이라 할 수 있는 3E, 즉 기술적 대책, 교육적 대책, 규제적 대책을 들 수 있다.

05 산업안전보건법령상 명시된 타워크레인을 사용하는 작업에서 신호업무를 하는 작업 시 특별교육 대상 작업별 교육내용이 아닌 것은? (단, 그 밖에 안전보건관리에 필요한 사항은 제외한다.)

① 신호방법 및 요령에 관한 사항
② 걸고리·와이어로프 점검에 관한 사항
③ 화물의 취급 및 안전작업방법에 관한 사항
④ 인양물이 적재될 지반의 조건, 인양하중, 풍압 등이 인양물과 타워크레인에 미치는 영향

해설 ▶ 타워크레인 사용작업 시 신호업무 대상 교육
- 타워크레인의 기계적 특성 및 방호장치 등에 관한 사항
- 화물의 취급 및 안전작업방법에 관한 사항
- 신호방법 및 요령에 관한 사항
- 인양 물건의 위험성 및 낙하·비래·충돌재해 예방에 관한 사항
- 인양물이 적재될 지반의 조건, 인양하중, 풍압 등이 인양물과 타워크레인에 미치는 영향
- 그 밖에 안전·보건관리에 필요한 사항

06 교육훈련기법 중 Off.J.T의 장점에 해당되지 않는 것은?

① 우수한 전문가를 강사로 활용할 수 있다.
② 특별 교재, 교구, 설비를 유효하게 활용할 수 있다.
③ 다수의 근로자에게 조직적 훈련이 가능하다.
④ 직장의 실정에 맞는 실제적인 교육이 가능하다.

해설 ▶ Off.J.T와 OJT의 비교

구분	내용
Off.J.T	• 한 번에 다수의 대상을 일괄적, 조직적으로 교육할 수 있다. • 전문분야의 우수한 강사진을 초빙할 수 있다. • 교육기자재 및 특별 교재 또는 시설을 유효하게 활용할 수 있다.
OJT	• 직장의 현장 실정에 맞는 구체적이고 실질적인 교육이 가능하다. • 교육의 효과가 업무에 신속하게 반영된다. • 교육의 이해도가 빠르고 동기부여가 쉽다.

07 안전점검 보고서 작성내용 중 주요 사항에 해당되지 않는 것은?

① 작업현장의 현 배치 상태와 문제점
② 재해다발요인과 유형분석 및 비교 데이터 제시
③ 안전관리 스태프의 인적사항
④ 보호구, 방호장치 작업환경 실태와 개선 제시

해설 ③ 스태프의 인적사항은 해당되지 않는다.

정답 04 ① 05 ② 06 ④ 07 ③

08 안전교육 훈련에 있어 동기부여 방법에 대한 설명으로 가장 거리가 먼 것은?

① 안전 목표를 명확히 설정한다.
② 안전활동의 결과를 평가, 검토하도록 한다.
③ 경쟁과 협동을 유발시킨다.
④ 동기유발 수준을 과도하게 높인다.

해설 ❯ **동기부여**
- 안전의 근본이념을 인식시킨다.
- 안전 목표를 명확히 설정한다.
- 결과의 가치를 알려준다.
- 상과 벌을 준다.
- 경쟁과 협동을 유도한다.
- 동기유발의 최적수준을 유지하도록 한다.

09 산업안전보건법령에 따른 특정 행위의 지시 및 사실의 고지에 사용되는 안전보건표지의 색도기준으로 옳은 것은?

① 2.5G 4/10 ② 2.5PB 4/10
③ 5Y 8.5/12 ④ 7.5R 4/14

해설 ❯ **안전보건표지의 색도기준 및 용도**

색채	색도기준	용도	사용례
빨간색	7.5R 4/14	금지	정지신호, 소화설비 및 그 장소, 유해행위의 금지
		경고	화학물질 취급장소에서의 유해·위험경고
노란색	5Y 8.5/12	경고	화학물질 취급장소에서의 유해·위험경고 이외의 위험경고, 주의표지 또는 기계방호물
파란색	2.5PB 4/10	지시	특정 행위의 지시 및 사실의 고지
녹색	2.5G 4/10	안내	비상구 및 피난소, 사람 또는 차량의 통행표지
흰색	N9.5		파란색 또는 녹색에 대한 보조색
검은색	N0.5		문자 및 빨간색 또는 노란색에 대한 보조색

10 재해사례 연구 순서로 옳은 것은?

> 재해상황의 파악 → (㉠) → (㉡) → 근본적 문제점의 결정 → (㉢)

① ㉠ 문제점의 발견, ㉡ 대책수립, ㉢ 사실의 확인
② ㉠ 문제점의 발견, ㉡ 사실의 확인, ㉢ 대책수립
③ ㉠ 사실의 확인, ㉡ 대책수립, ㉢ 문제점의 발견
④ ㉠ 사실의 확인, ㉡ 문제점의 발견, ㉢ 대책수립

해설 ❯ **재해사례 연구 순서**
- **제0단계** : 재해상황 파악
- **제1단계** : 사실의 확인
- **제2단계** : 문제점 발견(작업표준 등을 근거)
- **제3단계** : 근본적인 문제점 결정(각 문제점마다 재해요인의 인적·물적·관리적 원인 결정)
- **제4단계** : 대책수립

11 매슬로우(Maslow)의 욕구단계이론 중 제2단계 욕구에 해당하는 것은?

① 자아실현의 욕구 ② 안전에 대한 욕구
③ 사회적 욕구 ④ 생리적 욕구

해설 ❯ **매슬로우 욕구단계**
- **제1단계** : 생리적 욕구
- **제2단계** : 안전의 욕구
- **제3단계** : 사회적 욕구
- **제4단계** : 인정받으려는 욕구
- **제5단계** : 자아실현의 욕구

12 주의의 수준이 Phase 0인 상태에서의 의식상태로 옳은 것은?

① 무의식 상태 ② 의식의 이완 상태
③ 명료한 상태 ④ 과긴장 상태

08 ④ 09 ② 10 ④ 11 ② 12 ① 정답

해설

단계 (phase)	뇌파 패턴	의식상태 (mode)	주의의 작용	생리적 상태	신뢰성
0	δ파	무의식, 실신	제로	수면, 뇌발작	0
Ⅰ	θ파	의식이 둔한 상태	활발하지 않음	피로, 단조, 졸림, 취중	0.9
Ⅱ	α파	편안한 상태	수동적임	안정적 상태, 휴식 시, 정상 작업 시	0.99~0.9999
Ⅲ	β파	명석한 상태	활발함, 적극적임	적극적 활동 시	0.9999 이상
Ⅳ	γ파	흥분상태 (과긴장)	일점에 응집, 판단정지	긴급 방위 반응, 당황, 패닉	0.9 이하

13 **재해원인 분석방법의 통계적 원인분석 중 사고의 유형, 기안물 등 분류항목을 큰 순서대로 도표화 한 것은?**

① 파레토도 ② 특성요인도

③ 크로스도 ④ 관리도

해설 **파레토도**

- 중요한 문제점을 발견하고자 하거나, 문제점의 원인을 조사하고자 하거나, 개선과 대책의 효과를 알고자 할 때 사용한다.
- **작성 순서** : 조사사항을 결정하고 분류 항목을 선정 → 선정된 항목에 대한 데이터를 수집하고 정리 → 수집된 데이터를 이용하여 막대그래프 작성 → 누적곡선을 그림.

14 **산업안전보건법령에 따른 안전보건관리규정에 포함되어야 할 세부 내용이 아닌 것은?**

① 위험성 감소대책 수립 및 시행에 관한 사항

② 하도급 사업장에 대한 안전보건관리에 관한 사항

③ 질병자의 근로 금지 및 취업 제한 등에 관한 사항

④ 물질안전보건자료에 관한 사항

해설 **안전보건관리규정 세부 내용**

- 안전보건관리규정 작성의 목적 및 적용 범위에 관한 사항
- 사업주 및 근로자의 재해 예방 책임 및 의무 등에 관한 사항
- 하도급 사업장에 대한 안전보건관리에 관한 사항

15 **산업재해의 기본원인 중 "작업정보, 작업방법 및 작업환경" 등이 분류되는 항목은?**

① Man ② Machine

③ Media ④ Management

해설
- **사람**(man) : 인간으로부터 비롯되는 재해의 발생원인(착오, 실수, 불안전행동, 오조작 등)
- **기계, 설비**(machine) : 기계로부터 비롯되는 재해발생원(설계착오, 제작착오, 배치착오, 고장 등)
- **물질, 환경**(media) : 작업매체로부터 비롯되는 재해발생원(작업정보 부족, 작업환경 불량 등)
- **관리**(management) : 관리로부터 비롯되는 재해 발생원(교육 부족, 안전조직미비, 계획불량 등)

16 **안전점검의 종류 중 태풍, 폭우 등에 의한 침수, 지진 등의 천재지변이 발생한 경우나 이상사태 발생 시 관리자나 감독자가 기계, 기구, 설비 등의 기능상 이상 유무에 대하여 점검하는 것은?**

① 일상점검 ② 정기점검

③ 특별점검 ④ 수시점검

정답 13 ① 14 ④ 15 ③ 16 ③

해설 ◉ 안전점검의 종류
- **정기점검** : 일정기간마다 정기적으로 실시(법적 기준, 사내규정을 따름)
- **수시점검**(일상점검) : 매일 작업 전, 중, 후에 실시
- **특별점검** : 기계, 기구, 설비의 신설・변경 또는 고장 수리시
- **임시점검** : 기계, 기구, 설비 이상 발견 시 임시로 점검

17 강의식 교육지도에서 가장 많은 시간을 소비하는 단계는?

① 도입 ② 제시
③ 적용 ④ 확인

해설

구분	도입	제시	적용	확인
강의식	5분	40분	10분	5분
토의식	5분	10분	40분	5분

18 산업재해의 분석 및 평가를 위하여 재해발생건수 등의 추이에 대해 한계선을 설정하여 목표 관리를 수행하는 재해통계 분석기법은?

① 폴리곤(polygon)
② 관리도(control chart)
③ 파레토도(pareto diagram)
④ 특성 요인도(cause & effect diagram)

해설 관리도는 목표 관리를 행하기 위해 월별의 발생 수를 그래프화하여 관리선을 설정하여 관리하는 방법이다.

19 안전교육의 학습경험선정 원리에 해당되지 않는 것은?

① 계속성의 원리
② 가능성의 원리
③ 동기유발의 원리
④ 다목적 달성의 원리

해설 ① 계속성의 원리는 학습경험조직의 원리의 특성이다.
◉ **학습경험선정의 원리** : 기회, 만족, 가능성, 다(多)경험, 다(多)성과, 행동의 원리

20 산업안전보건법령상 유해위험방지계획서 제출대상 공사에 해당하는 것은?

① 깊이가 5m 이상인 굴착공사
② 최대지간거리 30m 이상인 교량건설 공사
③ 지상 높이 21m 이상인 건축물 공사
④ 터널 건설 공사

해설 ◉ 유해위험방지계획서 제출대상 공사
- 지상높이가 31m 이상인 건축물 또는 인공구조물, 연면적 30,000m^2 이상인 건축물, 연면적 5,000m^2 이상의 문화 및 집회시설(전시장 및 동물원・식물원 제외), 판매시설, 운수시설(고속철도의 역사 및 집배송시설 제외), 종교시설, 의료시설 중 종합병원, 숙박시설 중 관광숙박시설, 지하도 상가, 냉동・냉장 창고시설의 건설・개조 또는 해체(이하 "건설 등")
- 연면적 5,000m^2 이상의 냉동・냉장 창고시설의 설비공사 및 단열공사
- 최대 지간길이가 50m 이상인 다리의 건설 등 공사
- 터널의 건설 등 공사
- 다목적댐, 발전용댐, 저수용량 2천만톤 이상의 용수 전용 댐, 지방상수도 전용 댐의 건설 등 공사
- 깊이 10m 이상인 굴착공사

17 ② 18 ② 19 ① 20 ② 정답

2과목 인간공학 및 시스템안전공학

21 FTA에 대한 설명으로 틀린 것은?

① 정성적 분석만 가능하다.
② 하향식(top-down) 방법이다.
③ 짧은 시간에 점검할 수 있다.
④ 비전문가라도 쉽게 할 수 있다.

해설 ▶ FTA
- 연역적이고 정량적인 해석방법(top down 형식)
- 정량적 해석기법(컴퓨터처리 가능)
- 논리기호를 사용한 특정 사상에 대한 해석
- 서식이 간단해서 비전문가도 짧은 훈련으로 사용
- Human Error의 검출이 어려움.
- FTA 수행 시 기본사상 간의 독립 여부는 공분산으로 판단

22 인간공학적 의자 설계의 원리로 가장 적합하지 않은 것은?

① 자세고정을 줄인다.
② 요부측만을 촉진한다.
③ 디스크 압력을 줄인다.
④ 등근육의 정적 부하를 줄인다.

해설 ▶ 의자 설계의 원리
- 조절식 설계 원칙 적용
- 요추전만을 유지
- 추간판의 압력과 등근육의 정적 부하를 줄인다.
- 자세고정을 줄인다.
- 디스크 압력을 줄인다.
- 쉽게 조절할 수 있도록 설계한다.
- 여러 사람이 사용하는 의자는 좌면 높이를 오금보다 약간 낮은 5% 오금 높이를 유지한다.

23 국소진동에 지속적으로 노출된 근로자에게 발생할 수 있으며, 말초혈관 장해로 손가락이 창백해지고 동통을 느끼는 질환의 명칭은?

① 레이노병(Raynaud's phenomenon)
② 파킨슨병(Parkinson's disease)
③ 규폐증
④ C5-dip 현상

해설 ① **레이노병** : 국소진동에 지속적으로 노출된 근로자에게 발생할 수 있으며, 말초혈관 장해로 손가락이 창백해지고 동통을 느낌.
② **파킨슨병** : 신경세포 손실로 발생되는 대표적 퇴행성 신경 질환
③ **규폐증** : 유리규산 분진을 흡입함에 따라 발생되는 폐의 섬유화 질환
④ **C5-dip 현상** : 소음성 난청의 초기단계로 4,000Hz에서 청력장애가 현저히 커지는 현상

24 인간-기계 시스템의 설계 과정을 다음과 같이 분류할 때 다음 중 인간, 기계의 기능을 할당하는 단계는?

1단계 : 시스템의 목표와 성능명세 결정
2단계 : 시스템의 정의
3단계 : 기본 설계
4단계 : 인터페이스 설계
5단계 : 보조물 설계 혹은 편의수단 설계
6단계 : 평가

① 기본 설계
② 인터페이스 설계
③ 시스템의 목표와 성능명세 결정
④ 보조물 설계 혹은 편의수단 설계

정답 21 ① 22 ② 23 ① 24 ①

해설 인간–기계 시스템의 설계 과정
- **제1단계** : 목표 및 성능명세 결정 – 시스템 설계 전 그 목적이나 존재 이유가 있어야 함.(인간 요소적인 면, 신체의 역학적 특성 및 인체측정학적 요소 고려)
- **제2단계** : 시스템(체계)의 정의 – 목적을 달성하기 위한 특정한 기본기능들이 수행되어야 함.
- **제3단계** : 기본 설계 – 시스템의 형태를 갖추기 시작하는 단계(직무분석, 작업설계, 기능할당)
- **제4단계** : 계면(인터페이스) 설계 – 사용자 편의와 시스템 성능
- **제5단계** : 촉진물(보조물) 설계 – 인간의 성능을 촉진시킬 보조물 설계
- **제6단계** : 시험 및 평가 – 시스템 개발과 관련된 평가와 인간적인 요소 평가 실시

25 설비의 고장과 같이 발생확률이 낮은 사건의 특정 시간 또는 구간에서의 발생횟수를 측정하는 데 가장 적합한 확률분포는?

① 이항분포(Binomial distribution)
② 푸아송분포(Poisson distribution)
③ 와이블분포(Weibulll distribution)
④ 지수분포(Exponential distribution)

해설 푸아송분포(Poisson distribution)는 확률론에서 단위시간 안에 어떤 사건이 몇 번 발생할 것인지를 표현하는 이산확률분포이다.

26 빨강, 노랑, 파랑의 3가지 색으로 구성된 교통 신호등이 있다. 신호등은 항상 3가지 색 중 하나가 켜지도록 되어 있다. 1시간 동안 조사한 결과, 파란 등은 총 30분 동안, 빨간 등과 노란 등은 각각 총 15분 동안 켜진 것으로 나타났다. 이 신호등의 총 정보량은 몇 [bit]인가?

① 0.5 ② 0.75
③ 1.0 ④ 1.5

해설 총 정보량 = (0.5 × 1) + (0.25 × 2) + (0.25 × 2) = 1.5

정보량 : 실현 가능성이 같은 n개의 대안이 있을 때 총 정보량

- **시간**
  파랑 : 30 / 60 = 0.5, 빨강 : 15 / 60 = 0.25,
  노랑 : 15 / 60 = 0.25
- **정보량**
  파랑 : $\log(\frac{1}{0.5})/\log2 = 1$
  빨강, 노랑 : $\log(\frac{1}{0.25})/\log2 = 2$

27 설비보전을 평가하기 위한 식으로 틀린 것은?

① 성능가동률 = 속도가동률 × 정미가동률
② 시간가동률 = (부하시간 –정지시간) / 부하시간
③ 설비종합효율 = 시간가동률 × 성능가동률 × 양품률
④ 정미가동률 = (생산량 × 기준주기시간) / 가동시간

해설 ④ 정미가동률은 일정 스피드로 안정적으로 가동되고 있는가의 여부를 산출하는 것이다. 지속률 산출이다.

$$\text{정미가동률} = \frac{\text{생산량} \times \text{실제사이클타임}}{\text{부하시간} - \text{정지시간}} = \frac{\text{생산량} \times \text{실제사이클타임}}{\text{가동시간}}$$

28 다음 내용의 (   ) 안에 들어갈 내용을 순서대로 정리한 것은?

근섬유의 수축단위는 (A)(이)라 하는데, 이것은 두 가지 기본형의 단백질 필라멘트로 구성되어 있으며, (B)이/가 (C) 사이로 미끄러져 들어가는 현상으로 근육의 수축을 설명하기도 한다.

① A : 근막, B : 마이오신, C : 액틴
② A : 근막, B : 액틴, C : 마이오신
③ A : 근원섬유, B : 근막, C : 근섬유
④ A : 근원섬유, B : 액틴, C : 마이오신

25 ② 26 ④ 27 ④ 28 ④ 정답

해설 근육은 자극을 받으면 수축하고 수축은 근육의 유일한 활동으로 근육의 길이가 단축된다. 근육이 수축할 때 짧아지는 것은 미오신 필라멘트 속으로 액틴 필라멘트가 미끄러져 들어간 결과이다. 근섬유의 수축단위는 근원섬유이다.

29 다음 설명에 해당하는 설비보전 방식의 유형은?

> 설비보전 정보와 신기술을 기초로 신뢰성, 조작성, 보전성, 안전성, 경제성 등이 우수한 설비의 선정, 조달 또는 설계를 통하여 궁극적으로 설비의 설계, 제작 단계에서 보전활동이 불필요한 체제를 목표로 한 설비보전 방법을 말한다.

① 개량보전 ② 보전예방
③ 사후보전 ④ 일상보전

해설 **보전예방의 실시방법**
- 설비의 갱신
- 갱신의 경우 보전성, 안전성, 신뢰성 등의 보전 실시
- 기존설비의 보전보다 설계, 제작 단계까지 소급하여 보전이 필요 없을 정도의 안전한 설계 및 제작이 필요

30 화학설비의 안전성평가에서 정량적 평가의 항목에 해당되지 않는 것은?

① 훈련 ② 조작
③ 취급물질 ④ 화학설비용량

해설 **안전성평가의 정량적 평가항목** : 화학설비의 취급물질, 용량, 온도, 압력, 조작

31 여러 사람이 사용하는 의자의 좌판 높이 설계 기준으로 옳은 것은?

① 5% 오금 높이 ② 50% 오금 높이
③ 75% 오금 높이 ④ 95% 오금 높이

해설 **다중사용 의자의 좌판 높이 설계 기준**
- 대퇴부의 압박 방지를 위해 좌판 앞부분은 오금 높이보다 높지 않게 설계(치수는 5% 치 사용)
- 좌판의 높이는 개인별로 조절할 수 있도록 하는 것이 바람직
- 사무실 의자의 좌판과 등판각도
  - 좌판각도 : 3°
  - 등판각도 : 100°

32 반사형 없이 모든 방향으로 빛을 발하는 점광원에서 5m 떨어진 곳의 조도가 120lux라면 2m 떨어진 곳의 조도는?

① 150lux ② 192.2lux
③ 750lux ④ 3000lux

해설 $조도 = \frac{광량}{(거리)^2}$

$광량 = 조도 \times (거리)^2$

$120lux \times 5^2 = 3{,}000lumen$

2m 떨어진 곳에서의 조도 $= 3{,}000 / 2^2 = 750lux$

33 안전보건규칙상 작업장의 작업면에 따른 적정 조명 수준은 초정밀작업에서 (㉠) lux 이상이고, 보통작업에서는 (㉡) lux 이상이다. ( ) 안에 들어갈 내용은?

① ㉠ 650, ㉡ 150
② ㉠ 650, ㉡ 250
③ ㉠ 750, ㉡ 150
④ ㉠ 750, ㉡ 250

해설 **작업별 조도기준**(안전보건규칙 제8조)
- **초정밀작업** : 750lux 이상
- **정밀작업** : 300lux 이상
- **보통작업** : 150lux 이상
- **기타 작업** : 75lux 이상

정답 29 ② 30 ① 31 ① 32 ③ 33 ③

34 섬유유연제 생산 공정이 복잡하게 연결되어 있어 작업자의 불안전한 행동을 유발하는 상황이 발생하고 있다. 이것을 해결하기 위한 위험처리 기술에 해당하지 않는 것은?

① Transfer(위험전가)

② Retention(위험보류)

③ Reduction(위험감축)

④ Rearrange(작업순서의 변경 및 재배열)

해설 ▶ **위험**(RISK) **통제방법**(조정기술)
- 회피(Avoidance)
- 경감, 감축(Reduction)
- 보류(Retention)
- 전가(Transfer)

35 조종-반응비(Control-Response Ratio, C/R비)에 대한 설명 중 틀린 것은?

① 조종장치와 표시장치의 이동거리 비율을 의미한다.

② C/R비가 클수록 조종장치는 민감하다.

③ 최적 C/R비는 조정시간과 이동시간의 교점이다.

④ 이동시간과 조정시간을 감안하여 최적 C/R비를 구할 수 있다

해설 ② C/R비가 작을수록 이동시간은 짧고, 조종은 어려워서 민감한 조정장치이다.

36 NOISH lifting guideline에서 권장무게한계(RWL) 산출에 사용되는 계수가 아닌 것은?

① 휴식계수 ② 수평계수

③ 수직계수 ④ 비대칭계수

해설
- LC(부하상수) = 23kg
- HM(수평계수) = 25/H
- VM(수직계수) = 1 − (0.003 × |V − 75|)
- DM(거리계수) = 0.82 + (4.5 / D)
- AM(비대칭계수) = 1 − (0.0032 × A)
- FM(빈도계수)
- CM(결합계수)

37 청각적 표시장치의 설계 시 적용하는 일반 원리에 대한 설명으로 틀린 것은?

① 양립성이란 긴급용 신호일 때는 낮은 주파수를 사용하는 것을 의미한다.

② 검약성이란 조작자에 대한 입력신호는 꼭 필요한 정보만을 제공하는 것이다.

③ 근사성이란 복잡한 정보를 나타내고자 할 때 2단계의 신호를 고려하는 것이다.

④ 분리성이란 두 가지 이상의 채널을 듣고 있다면 각 채널의 주파수가 분리되어 있어야 한다는 의미이다.

해설 ① 양립성은 자극과 반응의 관계가 인간의 기대와 모순되지 않는 성질

38 다음 그림에서 명료도 지수는?

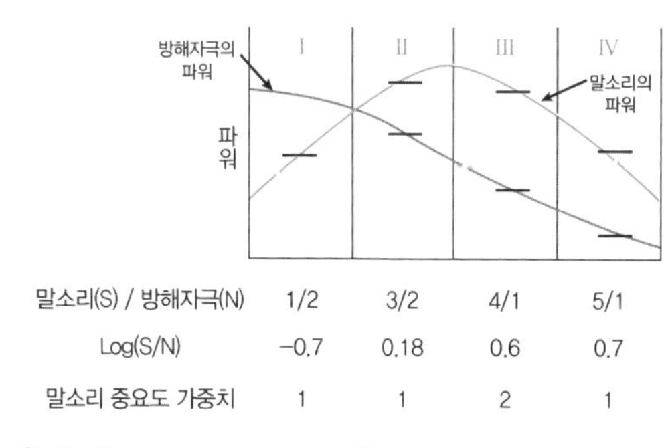

말소리(S) / 방해자극(N)	1/2	3/2	4/1	5/1
Log(S/N)	−0.7	0.18	0.6	0.7
말소리 중요도 가중치	1	1	2	1

① 0.38 ② 0.68

③ 1.38 ④ 5.68

해설 명료도 지수는 통화이해도를 측정하는 지표로 각 옥타브(octave)대의 음성과 잡음의 dB값에 가중치를 곱한다.
−0.7 + 0.18 + (0.6 × 2) + 0.7 = 1.38

34 ④ 35 ② 36 ① 37 ① 38 ③ 정답

39 고용노동부 고시의 근골격계부담작업의 범위에서 근골격계부담작업에 대한 설명으로 틀린 것은?

① 하루에 10회 이상 25kg 이상의 물체를 드는 작업
② 하루에 총 2시간 이상 쪼그리고 앉거나 무릎을 굽힌 자세에서 이루어지는 작업
③ 하루에 총 2시간 이상 집중적으로 자료입력 등을 위해 키보드 또는 마우스를 조작하는 작업
④ 하루에 총 2시간 이상 지지되지 않은 상태에서 4.5kg 이상의 물건을 한 손으로 들거나 동일한 힘으로 쥐는 작업

해설 **근골격계부담작업**
- 하루에 4시간 이상 집중적으로 자료입력 등을 위해 키보드 또는 마우스를 조작하는 작업
- 하루에 총 2시간 이상 목, 어깨, 팔꿈치, 손목 또는 손을 사용하여 같은 동작을 반복하는 작업
- 하루에 총 2시간 이상 머리 위에 손이 있거나, 팔꿈치가 어깨 위에 있거나, 팔꿈치를 몸통으로부터 들거나, 팔꿈치를 몸통 뒤쪽에 위치하도록 하는 상태에서 이루어지는 작업
- 지지되지 않은 상태이거나 임의로 자세를 바꿀 수 없는 조건에서, 하루에 총 2시간 이상 목이나 허리를 구부리거나 트는 상태에서 이루어지는 작업
- 하루에 총 2시간 이상 쪼그리고 앉거나 무릎을 굽힌 자세에서 이루어지는 작업
- 하루에 총 2시간 이상 지지되지 않은 상태에서 1kg 이상의 물건을 한 손의 손가락으로 집어 옮기거나, 2kg 이상에 상응하는 힘을 가하여 한 손의 손가락으로 물건을 쥐는 작업
- 하루에 총 2시간 이상 지지되지 않은 상태에서 4.5kg 이상의 물건을 한 손으로 들거나 동일한 힘으로 쥐는 작업
- 하루에 10회 이상 25kg 이상의 물체를 드는 작업
- 하루에 25회 이상 10kg 이상의 물체를 무릎 아래에서 들거나, 어깨 위에서 들거나, 팔을 뻗은 상태에서 드는 작업
- 하루에 총 2시간 이상 분당 2회 이상 4.5kg 이상의 물체를 드는 작업
- 하루에 총 2시간 이상 시간당 10회 이상 손 또는 무릎을 사용하여 반복적으로 충격을 가하는 작업

40 초음파 소음(ultrasonic noise)에 대한 설명으로 잘못된 것은?

① 전형적으로 20,000Hz 이상이다.
② 가청영역 위의 주파수를 갖는 소음이다.
③ 소음이 3dB 증가하면 허용기간은 반감한다.
④ 20,000Hz 이상에서 노출 제한은 110dB이다.

해설 ③ 소음이 2dB 증가하면 허용시간은 반감
① 일반적으로 20,000Hz 이상
② 가청영역 위의 주파수를 갖는 소음
④ **노출한계** : 20,000Hz 이상에서 110dB로 노출 한정

3과목 기계위험방지기술

41 산업용 로봇에서 근로자에게 발생할 수 있는 부상 등의 위험을 방지하기 위하여 방책을 세우고자 할 때 일반적으로 높이는 몇 [m] 이상으로 해야 하는가?

① 1.8m ② 2.1m
③ 2.4m ④ 2.7m

해설 근로자에게 발생할 수 있는 부상 등의 위험을 방지하기 위하여 높이 1.8m 이상의 울타리(로봇의 가동범위 등을 고려하여 높이로 인한 위험성이 없는 경우에는 높이를 그 이하로 조절할 수 있다)를 설치하여야 한다.

42 안전계수가 5인 체인의 최대설계하중이 1,000N 이라면 이 체인의 극한하중은 약 몇 [N]인가?

① 200N ② 2,000N
③ 5,000N ④ 12,000N

해설 극한하중 / 설계하중
5 = 극한하중 / 1,000N

정답 39 ③ 40 ③ 41 ① 42 ③

43 롤러 작업 시 위험점에서 가드(guard) 개구부까지의 최단거리를 60mm라고 할 때, 최대로 허용할 수 있는 가드 개구부 틈새는 약 몇 [mm]인가? (단, 위험점이 비전동체이다.)

① 6mm ② 10mm
③ 15mm ④ 18mm

해설 개구부 간격(Y) = 6 + 0.15X
(X : 가드와 위험점 간의 거리)
Y = 6 + 0.15 × 60 = 15mm

44 보일러에서 압력방출장치가 2개 설치된 경우 최고사용압력이 1MPa일 때 압력방출장치의 설정 방법으로 가장 옳은 것은?

① 2개 모두 1.1MPa 이하에서 작동되도록 설정하였다.
② 하나는 1MPa 이하에서 작동되고 나머지는 1.1MPa 이하에서 작동되도록 설정하였다.
③ 하나는 1MPa 이하에서 작동되고 나머지는 1.05MPa 이하에서 작동되도록 설정하였다.
④ 2개 모두 1.05MPa 이하에서 작동되도록 설정하였다.

해설
- 보일러 규격에 적합한 압력방출장치를 최고사용압력 이하에서 작동되도록 1개 또는 2개 이상 설치
- 2개 이상 설치된 경우 최고사용압력 이하에서 1개가 작동되고, 다른 압력방출장치는 최고사용압력 1.05배 이하에서 작동되도록 부착
- 1년에 1회 이상 토출압력시험 후 납으로 봉인(공정안전관리 이행수준 평가결과가 우수한 사업장은 4년에 1회 이상 토출압력시험 실시)
- 스프링식, 중추식, 지렛대식(일반적으로 스프링식 안전밸브가 많이 사용)

45 연삭숫돌의 지름이 20cm이고, 원주속도가 250 m/min일 때 연삭숫돌의 회전수는 약 몇 [rpm]인가?

① 398 ② 433
③ 489 ④ 552

해설 $V = (3.14 \times D \times n)/1{,}000$
$n = 1{,}000\,V/(3.14 \times D)$
$D = 200,\ V = 250,\ n ≒ 398.08$

46 다음 중 용접부에 발생한 미세균열, 용입부족, 융합불량의 검출에 가장 적합한 비파괴검사법은?

① 방사선투과검사 ② 침투탐상검사
③ 자분탐상검사 ④ 초음파탐상검사

해설 초음파의 펄스(pulse)를 탐촉자로부터 시험체에 투입시켜 내부 결함을 반사에 의해 탐촉자에 수신되는 현상을 이용하여, 결함의 소재나 결함의 위치 및 크기를 비파괴적으로 알아내는 방법

47 크레인의 방호장치에 대한 설명으로 틀린 것은?

① 권과방지장치를 설치하지 않은 크레인에 대해서는 권상용 와이어로프에 위험표시를 하고 경보장치를 설치하는 등 권상용 와이어로프가 지나치게 감겨서 근로자가 위험해질 상황을 방지하기 위한 조치를 하여야 한다.
② 운반물의 중량이 초과되지 않도록 과부하방지장치를 설치하여야 한다.
③ 크레인이 필요한 상황에서는 저속으로 중지시킬 수 있도록 브레이크장치와 충돌 시 충격을 완화시킬 수 있는 완충장치를 설치한다.
④ 작업 중에 이상발견 또는 긴급히 정지시켜야 할 경우에는 비상정지장치를 사용할 수 있도록 설치하여야 한다.

해설 ③ 크레인이 필요한 상황에서는 저속으로 중지시킬 수 있도록 브레이크장치와 충돌 시 충격을 완화시킬 수 있는 완충장치 설치는 해당하지 않는다.

43 ③ 44 ③ 45 ① 46 ④ 47 ③ 정답

48 "강렬한 소음작업"이라 함은 90dB 이상의 소음이 1일 몇 시간 이상 발생되는 작업을 말하는가?

① 2시간 ② 4시간
③ 8시간 ④ 10시간

해설 강렬한 소음작업
- 90dB 이상의 소음이 1일 8시간 이상 발생하는 작업
- 95dB 이상의 소음이 1일 4시간 이상 발생하는 작업
- 100dB 이상의 소음이 1일 2시간 이상 발생하는 작업
- 105dB 이상의 소음이 1일 1시간 이상 발생하는 작업
- 110dB 이상의 소음이 1일 30분 이상 발생하는 작업
- 115dB 이상의 소음이 1일 15분 이상 발생하는 작업

49 다음 중 기계설비의 정비 · 청소 · 급유 · 검사 · 수리 등의 작업 시 근로자가 위험해질 우려가 있는 경우 필요한 조치와 거리가 먼 것은?

① 근로자의 위험방지를 위하여 해당 기계를 정지시킨다.
② 작업지휘자를 배치하여 갑작스러운 기계가동에 대비한다.
③ 기계 내부에 압출된 기체나 액체가 불시에 방출될 수 있는 경우에는 사전에 방출조치를 실시한다.
④ 기계 운전을 정지한 경우에는 기동장치에 잠금장치를 하고 다른 작업자가 그 기계를 임의 조작할 수 있도록 열쇠를 찾기 쉬운 곳에 보관한다.

해설 ④ 기계 운전을 정지한 경우에는 기동장치에 잠금장치를 하고 다른 작업자가 그 기계를 임의 조작할 수 없도록 열쇠를 감독자가 관리한다.

50 아세틸렌 용접 시 역류를 방지하기 위하여 설치하여야 하는 것은?

① 안전기 ② 청정기
③ 발생기 ④ 유량기

해설 안전기는 가스가 역류하고 역화 폭발을 할 때 위험을 확실히 방호할 수 있는 구조이어야 한다.

51 와이어로프의 꼬임에 관한 설명으로 틀린 것은?

① 보통꼬임에는 S꼬임이나 Z꼬임이 있다.
② 보통꼬임은 스트랜드의 꼬임방향과 로프의 꼬임방향이 반대로 된 것을 말한다.
③ 랭꼬임은 로프의 끝이 자유로이 회전하는 경우나 킹크가 생기기 쉬운 곳에 적당하다.
④ 랭꼬임은 보통꼬임에 비하여 마모에 대한 저항성이 우수하다.

해설 ③ 보통꼬임은 로프의 끝이 자유로이 회전하는 경우나 킹크가 생기기 쉬운 곳에 적당하다.

52 다음 용접 중 불꽃 온도가 가장 높은 것은?

① 산소 – 메탄 용접 ② 산소 – 수소 용접
③ 산소 – 프로판 용접 ④ 산소 – 아세틸렌 용접

해설
- **아세틸렌 용접** : 3,460℃
- **프로판 용접** : 2,820℃
- **메탄 용접** : 2,700℃
- **수소 용접** : 2,900℃

53 지게차의 방호장치인 헤드가드에 대한 설명으로 맞는 것은?

① 상부틀의 각 개구의 폭 또는 길이는 16cm 미만일 것
② 운전자가 앉아서 조작하는 방식의 지게차의 경우에는 운전자의 좌석 윗면에서 헤드가드의 상부틀 아랫면까지의 높이는 1.5m 이상일 것
③ 지게차에는 최대하중의 2배(5t을 넘는 값에 대해서는 5t으로 한다)에 해당하는 등분포정하중에 견딜 수 있는 강도의 헤드가드를 설치하여야 한다.
④ 운전자가 서서 조작하는 방식의 지게차의 경우에는 운전석의 바닥면에서 헤드가드의 상부틀 하면까지의 높이는 1.8m 이상일 것

정답 48 ③ 49 ④ 50 ① 51 ③ 52 ④ 53 ①

해설 • 강도는 지게차의 최대하중의 2배 값(4t을 넘는 값에 대해서는 4t으로 한다)의 등분포정하중(等分布靜荷重)에 견딜 수 있을 것
• 상부틀의 각 개구의 폭 또는 길이가 16cm 미만일 것
• 운전자가 앉아서 조작하거나 서서 조작하는 지게차의 헤드가드는 한국산업표준에서 정하는 높이 기준 이상일 것(좌식 0.903m 이상, 입식 1.88m 이상)

54 프레스 방호장치 중 수인식 방호장치의 일반구조에 대한 사항으로 틀린 것은?

① 수인끈의 재료는 합성섬유로 지름이 4mm 이상이어야 한다.
② 수인끈의 길이는 작업자에 따라 임의로 조정할 수 없도록 해야 한다.
③ 수인끈의 안내통은 끈의 마모와 손상을 방지할 수 있는 조치를 해야 한다.
④ 손목밴드(wrist band)의 재료는 유연한 내유성 피혁 또는 이와 동등한 재료를 사용해야 한다.

해설 ② 수인끈은 작업자와 작업공정에 따라 그 길이를 조정할 수 있다.

55 공기압축기의 방호장치가 아닌 것은?

① 언로드밸브 ② 압력방출장치
③ 수봉식 안전기 ④ 회전부의 덮개

해설 ③ 수봉식 안전기는 아세틸렌 용접장치 및 가스집합 용접장치의 방호장치이다.

56 다음 중 드릴 작업의 안전수칙으로 가장 적합한 것은?

① 손을 보호하기 위하여 장갑을 착용한다.
② 작은 일감은 양손으로 견고히 잡고 작업한다.
③ 정확한 작업을 위하여 구멍에 손을 넣어 확인한다.
④ 작업시작 전 척 렌치(chuck wrench)를 반드시 제거하고 작업한다.

해설 ▶ 드릴 작업의 안전수칙
• 회전하고 있는 주축이나 드릴에 손이나 걸레를 대거나 머리를 가까이 하지 말 것
• 드릴 사용 전에 점검하고 상처나 균열이 있는 것은 사용하지 않는다.
• 가공 중에 드릴의 절삭률이 불량해지고 이상음이 발생하면 중지하고 즉시 드릴을 바꾼다.
• 드릴의 착탈은 회전이 완전히 멈춘 다음 행한다.
• 작은 물건은 바이스나 클램프를 사용하여 장착하고 직접 손으로 지지하는 것을 피한다.
• 가공 중 드릴이 깊이 먹어 들어가면 기계를 멈추고 손돌리기로 드릴을 뽑아낸다.
• 드릴이나 척을 뽑을 때는 공구를 사용하고 해머 등으로 두드려서는 안 된다.
• 드릴이나 척을 뽑을 때는 되도록 주축을 내려서 낙하거리를 적게 하고 테이블 등에 나뭇조각 등을 놓고 받는다.
• 레디얼드릴머신은 작업 중 칼럼(column)과 암(arm)을 확실하게 체결하여 암을 선회시킬 때 주위에 조심한다. 정지 시는 암을 베이스의 중심 위치에 놓는다.
• 공작물과 드릴이 함께 회전하는 경우 : 거의 구멍을 뚫었을 때

57 금형의 설치, 해체, 운반 시 안전사항에 관한 설명으로 틀린 것은?

① 운반을 위하여 관통 아이볼트가 사용될 때는 구멍 틈새가 최소화되도록 한다.
② 금형을 설치하는 프레스의 T홈 안길이는 설치 볼트 지름의 1/2배 이하로 한다.
③ 고정볼트는 고정 후 가능하면 나사산이 3~4개 정도 짧게 남겨 설치 또는 해체 시 슬라이드 면과의 사이에 협착이 발생하지 않도록 해야 한다.
④ 운반 시 상부금형과 하부금형이 닿을 위험이 있을 때는 고정 패드를 이용한 스트랩, 금속재질이나 우레탄 고무의 블록 등을 사용한다.

해설 ② 금형을 설치하는 프레스의 T홈 안길이는 설치 볼트 지름의 2배 이상으로 한다.

54 ② 55 ③ 56 ④ 57 ② 정답

58 **산업안전보건법령에 따른 승강기의 종류에 해당하지 않는 것은?**

① 리프트 ② 승객용 승강기
③ 에스컬레이터 ④ 화물용 승강기

해설 건축물이나 고정된 시설물에 설치되어 일정한 경로에 따라 사람이나 화물을 승강장으로 옮기는 데 사용하는 설비로 화물용 엘리베이터, 승객용 엘리베이터, 에스컬레이터가 있다.

59 **산업안전보건법령상 크레인에서 권과방지장치의 달기구 윗면이 권상장치의 아랫면과 접촉할 우려가 있는 경우 최소 몇 [m] 이상 간격이 되도록 조정하여야 하는가? (단, 직동식 권과방지장치의 경우는 제외)**

① 0.1 ② 0.15
③ 0.25 ④ 0.3

해설 양중기에 대한 권과방지장치는 훅·버킷 등 달기구의 윗면(그 달기구에 권상용 도르래가 설치된 경우에는 권상용 도르래의 윗면)이 드럼, 상부 도르래, 트롤리프레임 등 권상장치의 아랫면과 접촉할 우려가 있는 경우에 그 간격이 0.25m 이상[직동식(直動式) 권과방지장치는 0.05m 이상으로 한다]이 되도록 조정하여야 한다(안전보건규칙 제134조 제2항).

60 **산업안전보건법령상 목재가공용 둥근톱 작업에서 분할날과 톱날 원주면과의 간격은 최대 얼마 이내가 되도록 조정하는가?**

① 10mm ② 12mm
③ 14mm ④ 16mm

해설 분할날(dividing knife)이 대면하는 둥근톱날의 원주면과의 거리는 12mm 이내가 되도록 하여야 한다.

4과목 전기위험방지기술

61 **정전기 재해 방지를 위해 불활성화할 수 없는 탱크, 탱크롤리 등에 위험물을 주입하는 배관 내 액체의 유속제한에 대한 설명으로 틀린 것은?**

① 저항률이 $10^{10}\Omega \cdot cm$ 미만의 도전성 위험물의 배관 유속은 매초 7m 이하로 할 것
② 저항률이 $10^{10}\Omega \cdot cm$ 이상인 위험물의 배관 유속은 관 내경이 0.05m이면 매초 3.5m 이하로 할 것
③ 물이나 기체를 혼합하는 비수용성 위험물의 배관 내 유속은 1m/s 이하로 할 것
④ 이황화탄소 등과 같이 유동대전이 심하고 폭발위험성이 높은 것은 배관 내 유속은 5m/s 이하로 할 것

해설 ④ 이황화탄소, 에테르 등과 같이 폭발 위험성이 높고 유동대전이 심한 액체는 1m/s 이하를 사용한다.

62 **접지목적에 따른 분류에서 병원설비의 의료용 전기전자기기와 모든 금속부분 또는 도전바닥에도 접지하여 전위를 동일하게 하기 위한 접지를 무엇이라 하는가?**

① 계통접지
② 등전위접지
③ 노이즈 방지용 접지
④ 정전기 장해 방지용 접지

해설 전위를 동일하게 등전위로 일치시키면 전위차가 0이 되므로 전하의 이동이 일어나지 않는다.

정답 58 ① 59 ③ 60 ② 61 ④ 62 ②

63 최소 착화에너지가 0.26mJ인 프로판 가스에 정전용량이 100pF인 대전 물체로부터 정전기 방전에 의하여 착화할 수 있는 전압은?

① 2,240 ② 2,260
③ 2,280 ④ 2,300

해설 최소 착화에너지 $E = \frac{1}{2}QV = \frac{1}{2}CV^2$에서 주어진 옵션이 E, C이고 V를 구해야 하므로

$V = \sqrt{\frac{2E}{C}} = \sqrt{\frac{0.26 \times 10^{-3} \times 2}{100 \times 10^{-12}}} \fallingdotseq 2,280$

64 전기기계・기구의 기능 설명으로 틀린 것은?

① CB는 부하전류를 개폐(ON-OFF)할 수 있다.
② ACB는 접촉스파크 소호를 진공상태로 한다.
③ DS는 회로의 개폐(ON-OFF) 및 대용량 부하를 개폐시킨다.
④ LA는 피뢰침으로서 낙뢰 피해의 이상 전압을 낮추어 준다.

해설 ③ DS는 '무부하' 상태에서 선로만 개폐할 수 있다. 반드시 무부하 상태이어야 한다.

65 배전선로 정진작업 중 단락접지기구를 사용하는 목적으로 적합한 것은?

① 통신선 유도 장해 방지
② 배전용 기계・기구의 보호
③ 배전선 통전 시 전위 경도 저감
④ 혼촉 또는 오작동에 의한 감전 방지

해설 정선 상태에서도 역송전, 노출 충전부와 접촉으로 전압이 발생할 수 있는 경우를 대비하여 충분한 용량이 있는 단락접지기구를 사용하여 접지

66 교류아크용접기의 허용사용률[%]은? (단, 정격사용률은 10%, 2차 정격전류는 500A, 교류아크용접기의 사용전류는 250A이다.)

① 30 ② 40
③ 50 ④ 60

해설 교류아크용접기의 허용사용률

$= \frac{(\text{정격 2차 전류})^2}{(\text{실제 용접 전류})^2} \times \text{정격사용률}[\%]$

$= \frac{(500)^2}{(250)^2} \times 10 = 40\%$

67 속류를 차단할 수 있는 최고의 교류전압을 피뢰기의 정격전압이라고 하는데, 이 값은 통상적으로 어떤 값으로 나타내고 있는가?

① 최댓값 ② 평균값
③ 실횻값 ④ 파곳값

해설 교류의 정격전압은 실횻값으로 나타낸다.

68 방폭지역에 전기기기를 설치할 때 그 위치로 적당하지 않은 것은?

① 운전・조작・조정이 편리한 위치
② 수분이나 습기에 노출되지 않는 위치
③ 정비에 필요한 공간이 확보되는 위치
④ 부식성 가스발산구 주변 검지가 용이한 위치

해설 부식성 가스발산구의 주변 및 부식성 액체가 비산하는 위치에 설치하는 것은 피해야 한다.

69 폭연성 분진 또는 화약류의 분말이 전기설비가 발화원이 되어 폭발할 우려가 있는 곳에 시설하는 저압 옥내 전기설비의 공사 방법으로 옳은 것은?

① 금속관 공사 ② 합성수지관 공사
③ 가요전선관 공사 ④ 캡타이어 케이블 공사

63 ③ 64 ③ 65 ④ 66 ② 67 ③ 68 ④ 69 ① 정답

해설 저압 옥내 전기설비 등은 금속관 공사 또는 케이블공사에 의한다.

70 정전작업을 하기 위한 작업 전 조치사항이 아닌 것은?

① 단락접지 상태를 수시로 확인
② 전로의 충전 여부를 검전기로 확인
③ 전력용 커패시터, 전력케이블 등 잔류전하 방전
④ 개로개폐기의 잠금장치 및 통전금지 표지판 설치

해설 작업 전에는 단락접지기구를 이용하여 접지하고 작업 중에 상태를 확인한다.

71 통전 경로별 위험도를 나타낼 경우 위험도가 큰 순서대로 나열한 것은?

ⓐ 왼손 – 오른손　ⓑ 왼손 – 등
ⓒ 양손 – 양발　ⓓ 오른손 – 가슴

① ⓐ – ⓒ – ⓑ – ⓓ　② ⓐ – ⓓ – ⓒ – ⓑ
③ ⓓ – ⓒ – ⓑ – ⓐ　④ ⓓ – ⓐ – ⓒ – ⓑ

해설

통전경로	위험도
왼손 – 가슴	1.5
오른손 – 가슴	1.3
왼손 – 한 발 또는 양발	1.0
양손 – 양발	1.0
오른손 – 한 발 또는 양발	0.8
왼손 – 등	0.7
한 손 또는 양손 – 앉아 있는 자리	0.7
왼손 – 오른손	0.4
오른손 – 등	0.3

72 다음 중 전기 화재 시 소화에 적합한 소화기가 아닌 것은?

① 사염화탄소 소화기　② 분말 소화기
③ 산 알칼리 소화기　④ CO_2 소화기

해설 전기 화재는 할로겐화합물, 분말, CO_2소화기를 사용할 수 있다.

73 활선장구 중 활선 시메라의 사용 목적이 아닌 것은?

① 충전 중인 전선을 장선할 때
② 충전 중인 전선의 변경작업을 할 때
③ 활선작업으로 애자 등을 교환할 때
④ 특고압 부분의 검전 및 잔류전하를 방전할 때

해설 **활선 시메라의 용도**
- 충전 상태인 전선의 변경 및 장선 작업
- 애자 교환 등을 활선작업으로 할 경우

74 심장의 맥동주기 중 어느 때 전격이 인가되면 심실세동을 일으킬 확률이 크고 위험한가?

① 심방의 수축이 있을 때
② 심실의 수축 종료 후 심실의 휴식이 있을 때
③ 심실의 수축이 있을 때
④ 심실의 수축이 있고 심방의 휴식이 있을 때

해설 심장의 맥동주기 T–S파에서 심실 수축 말기(종료) 후에 일어나는 재분극으로 형성되며 전격에 의한 심실세동 확률이 가장 높다.

75 감전에 의해 호흡이 정지한 후 인공호흡을 즉시 실시하면 소생할 수 있는데, 감전에 의한 호흡 정지 후 3분 이내에 올바른 방법으로 인공호흡을 실시하였을 경우 소생률은?

① 25　② 50
③ 75　④ 95

정답 70 ①　71 ③　72 ③　73 ④　74 ②　75 ③

해설

호흡정지 상태에서 인공호흡 개시까지 시간	1분	2분	3분	4분	5분	6분
소생률[%]	95%	90%	75%	50%	25%	10%

76 전기설비 사용 장소의 폭발 위험성에 대한 위험장소 판정 시 기준과 가장 관계가 먼 것은?

① 위험가스의 현존 가능성
② 통풍의 정도
③ 습도의 정도
④ 위험 가스의 특성

해설 위험가스의 현존 가능성, 양, 특성, 가스의 종류, 통풍의 정도를 기준으로 판정한다.

77 의료용 전기전자기기의 접지방식은?

① 금속제 보호접지 ② 등전위접지
③ 계통접지 ④ 기능용접지

해설 병원에 설치하는 접지계통은 등전위접지방식을 주로 채택하여 사용하고 있다.

78 내압 방폭구조에서 안전간극(safe gap)을 적게 하는 이유로 가장 알맞은 것은?

① 최소점화에너지를 높게 하기 위해
② 폭발화염이 외부로 전파되지 않도록 하기 위해
③ 폭발압력에 견디고 파손되지 않도록 하기 위해
④ 쥐가 침입해서 전선 등을 갉아 먹지 않도록 하기 위해

해설 폭발화염이 외부로 전달되지 않도록 한다.

79 정전용량 C_1[μF]과 C_2[μF]가 직렬연결된 회로에 E[V]로 송전되다 갑자기 정전이 되었을 때 C_2 단자의 전압을 나타낸 식은?

① $\frac{C_1}{C_1+C_2}E$ ② $\frac{C_2}{C_1+C_2}E$
③ C_2E ④ $\frac{E}{\sqrt{2}}$

해설 • C_1에 걸리는 전압 : $\frac{C_2}{C_1+C_2}E$
• C_2에 걸리는 전압 : $\frac{C_1}{C_1+C_2}E$

80 그림에서 인체의 허용접촉전압은 약 몇 [V]인가? (단, 심실세동전류는 $\frac{165}{\sqrt{T}}$mA이며, 인체저항 R_k= 1,000Ω, 발의 저항 R_f= 300Ω이며, 접촉시간은 1초이다.)

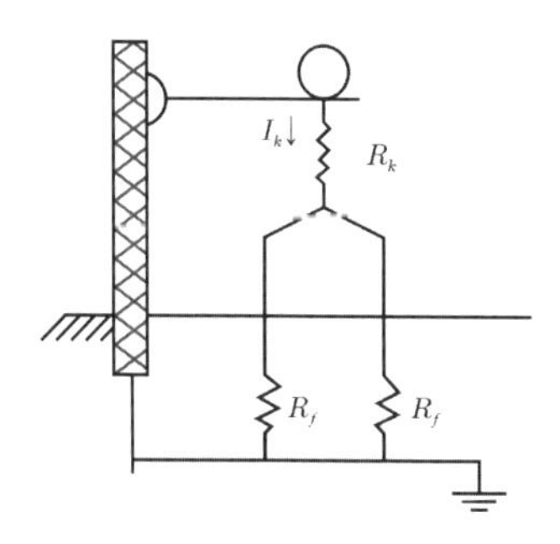

① 100 ② 132
③ 190 ④ 215

해설 $E = IR = \left(\frac{165}{\sqrt{1}} \times 10^{-3}\right) \times (1,000 + (300 \,||\, 300))$
$= 189.75$V

5과목 화학설비위험방지기술

81 인화성 물질이 아닌 것은?

① 아세톤 ② 에틸알코올
③ 디에틸에테르 ④ 과염소산칼륨

해설 • **제1류 위험물(산화성 고체)** : 과염소산칼륨
• **제4류 위험물(인화성 액체)** : 아세톤, 에틸알코올, 디에틸에테르

82 다음 중 폭발한계[vol%]의 범위가 가장 넓은 것은?

① 메탄 ② 부탄
③ 톨루엔 ④ 아세틸렌

해설 ④ **아세틸렌** : 2.5~81
① **메탄** : 5~15
② **부탄** : 1.8~8.4
③ **톨루엔** : 1.4~6.7

83 가연성 가스 A의 연소범위를 2.2~9.5vol%라 할 때 가스 A의 위험도는 얼마인가?

① 2.52 ② 3.32
③ 4.91 ④ 5.64

해설 $위험도 = \frac{상한계 - 하한계}{하한계}$

$= \frac{9.5 - 2.2}{2.2} = 3.32$

84 다음 중 고체연소의 종류에 해당하지 않는 것은?

① 표면연소 ② 증발연소
③ 분해연소 ④ 예혼합연소

해설 고체연소의 종류에는 표면연소, 증발연소, 분해연소, 자기연소 등이 있다.

85 분진폭발의 발생 순서로 옳은 것은?

① 비산 → 분산 → 퇴적분진 → 발화원 → 2차 폭발 → 전면폭발
② 비산 → 퇴적분진 → 분산 → 발화원 → 2차 폭발 → 전면폭발
③ 퇴적분진 → 발화원 → 분산 → 비산 → 전면폭발 → 2차 폭발
④ 퇴적분진 → 비산 → 분산 → 발화원 → 전면폭발 → 2차 폭발

해설 **분진폭발의 발생 순서** : 퇴적분진 → 비산 → 분산 → 발화원 → 전면폭발 → 2차 폭발

86 가연성 가스 및 증기의 위험도에 따른 방폭전기기기의 분류로 폭발등급을 사용하는데, 이러한 폭발등급을 결정하는 것은?

① 발화도 ② 화염일주한계
③ 폭발한계 ④ 최소발화에너지

해설 기구의 용기 접합면의 틈새가 길이에 비해 매우 작은 용기 내부에서 폭발이 발생하여도 폭발화염이 용기 외부의 위험 분위기로 전파되지 않는 최대안전틈새를 화염일주한계라고 한다. 폭발등급은 화염일주한계(=안전간격=최대안전틈새)에 따라 분류한다.

정답 81 ④ 82 ④ 83 ② 84 ④ 85 ④ 86 ②

87 가연성 가스의 폭발범위에 관한 설명으로 틀린 것은?

① 압력 증가에 따라 폭발상한계와 하한계가 모두 현저히 증가한다.

② 불활성 가스를 주입하면 폭발범위는 좁아진다.

③ 온도의 상승과 함께 폭발범위는 넓어진다.

④ 산소 중에서 폭발범위는 공기 중에서 보다 넓어진다.

해설 ① 압력 증가에 따라 폭발상한계는 증가하고 하한계는 영향이 없다.
③ 온도의 상승으로 폭발하한계는 약간 하강하고 폭발상한계는 상승한다.

88 다음 중 자연발화의 방지법으로 적절하지 않은 것은?

① 통풍을 잘 시킬 것

② 습도가 높은 곳에 저장할 것

③ 저장실의 온도상승을 피할 것

④ 공기가 접촉되지 않도록 불활성물질 중에 저장할 것

해설 자연발화를 방지하기 위해서는 온도와 습도를 낮추어야 한다.

89 다음 중 분말 소화약제로 가장 적절한 것은?

① 사염화탄소 ② 브롬화메탄

③ 수산화암모늄 ④ 제1인산암모늄

해설 ④ **제1인산암모늄** : 제3종 분말 소화약제

90 프로판의 연소하한계가 2.2vol%일 때 연소를 위한 최소산소 농도(MOC)는 몇 [vol%]인가?

① 5.0 ② 7.0

③ 9.0 ④ 11.0

해설 **프로판(C_3H_8)의 완전연소반응식**
$C_3H_8 + 5O_2 \rightarrow 3CO_2 + 4H_2O$
MOC = 연소하한계 × O_2의 계수
MOC = 2.2 × 5 = 11.0

91 다음 표를 참조하여 메탄 70vol%, 프로판 21vol%, 부탄 9vol%인 혼합가스의 폭발범위를 구하면 약 몇 [vol%]인가?

가스	폭발하한계 [vol%]	폭발상한계 [vol%]
C_4H_{10}	1.8	8.4
C_3H_8	2.1	9.5
C_2H_6	3.0	12.4
CH_4	5.0	15.0

① 3.45~9.11

② 3.45~12.58

③ 3.85~9.11

④ 3.85~12.58

해설 • **폭발하한값(LFL)**

$$\frac{100}{LFL} = \frac{70}{5.0} + \frac{21}{2.1} + \frac{9}{1.8} \simeq 29$$

$$LFL = \frac{100}{29} \simeq 3.45$$

• **폭발상한값(UFL)**

$$\frac{100}{UFL} = \frac{70}{15} + \frac{21}{9.5} + \frac{9}{8.4} \simeq 7.95$$

$$UFL = \frac{100}{7.95} \simeq 12.58$$

87 ① 88 ② 89 ④ 90 ④ 91 ② 정답

92 다음 중 퍼지의 종류에 해당하지 않는 것은?

① 압력퍼지 ② 진공퍼지
③ 스위프퍼지 ④ 가열퍼지

해설 ❯ **퍼지의 종류** : 압력퍼지, 진공퍼지, 사이폰퍼지, 스위프퍼지

93 액화 프로판 310kg을 내용적 50L 용기에 충전할 때 필요한 소요 용기의 수는 몇 개인가? (단, 액화 프로판의 가스정수는 2.35이다.)

① 15 ② 17
③ 19 ④ 21

해설 가스정수 = 부피 / 무게
부피 = 가스정수 × 무게
부피 = 2.35 × 310 = 728.5

필요 개수 $= \frac{728.5}{50} = 14.57 \rightarrow$ 15개

94 위험물을 산업안전보건법령에서 정한 기준량 이상으로 제조하거나 취급하는 설비로서 특수화학설비에 해당되는 것은?

① 가열시켜 주는 물질의 온도가 가열되는 위험물질의 분해온도보다 높은 상태에서 운전되는 설비
② 상온에서 게이지 압력으로 200kPa의 압력으로 운전되는 설비
③ 대기압하에서 300℃로 운전되는 설비
④ 흡열반응이 행하여지는 반응설비

해설 ②, ③ 온도가 350℃ 이상이거나 게이지 압력이 980kPa 이상인 상태에서 운전되는 설비
④ 발열반응이 일어나는 반응장치

95 다음 중 노출기준(TWA, [ppm]) 값이 가장 작은 물질은?

① 염소 ② 암모니아
③ 에탄올 ④ 메탄올

해설 ① **염소** : 0.5ppm
② **암모니아** : 25ppm
③ **에탄올** : 1,000ppm
④ **메탄올** : 200ppm

96 산업안전보건법령에서 규정하고 있는 위험물질의 종류 중 부식성 염기류로 분류되기 위하여 농도가 40% 이상이어야 하는 물질은?

① 염산 ② 아세트산
③ 불산 ④ 수산화칼륨

해설 ❯ **부식성 염기류** : 농도가 40% 이상인 수산화나트륨, 수산화칼륨, 그 밖에 이와 동등 이상인 부식성을 가지는 염기류

97 다음 중 아세틸렌을 용해가스로 만들 때 사용되는 용제로 가장 적합한 것은?

① 아세톤 ② 메탄
③ 부탄 ④ 프로판

해설 아세틸렌은 가압하면 분해폭발의 위험성이 있으므로 아세톤을 용제로 사용하여 다공성 물질에 침윤시켜 아세틸렌을 용해하여 충전한다.

정답 92 ④ 93 ① 94 ① 95 ① 96 ④ 97 ①

98 증기 배관 내에 생성하는 응축수를 제거할 때 증기가 배출되지 않도록 하면서 응축수를 자동적으로 배출하기 위한 장치를 무엇이라 하는가?

① Vent stack ② Steam trap
③ Blow down ④ Relief valve

해설 ② **스팀트랩** : 증기 중의 응축수만을 배출하고 증기의 누설을 막기 위한 자동밸브이다.

99 물이 관 속을 흐를 때 유동하는 물속의 어느 부분의 정압이 그때의 물의 증기압보다 낮을 경우 물이 증발하여 부분적으로 증기가 발생되어 배관의 부식을 초래하는 경우가 있다. 이러한 현상을 무엇이라 하는가?

① 서징(Surging)
② 공동현상(Cavitation)
③ 비말동반(Entrainment)
④ 수격작용(Water Hammering)

해설 공동현상(Cavitation)이란 관 속에 물이 흐를 때 물속에 어느 부분이 증기압보다 낮은 부분이 생기면 물이 증발을 일으키고 또한 물속의 공기가 기포를 다수 발생시키는 현상이다.

100 다음 중 산업안전보건법상 물질안전보건자료의 작성·제출 제외 대상이 아닌 것은?

① 원자력안전법에 의한 방사성물질
② 농약관리법에 의한 농약
③ 비료관리법에 의한 비료
④ 관세법에 의해 수입되는 공업용 유기용제

해설 ④는 물질안전보건자료 작성·제출 제외 대상이 아니다.

6과목 건설안전기술

101 거푸집 및 동바리 등을 조립 또는 해체하는 작업을 하는 경우 준수사항으로 옳지 않은 것은?

① 재료, 기구 또는 공구 등을 올리거나 내리는 경우에는 근로자로 하여금 달줄·달포대 등의 사용을 금하도록 할 것
② 낙하·충격에 의한 돌발적 재해를 방지하기 위하여 버팀목을 설치하고 거푸집 및 동바리를 인양장비에 매단 후에 작업을 하도록 하는 등 필요한 조치를 할 것
③ 비, 눈, 그 밖의 기상상태의 불안정으로 날씨가 몹시 나쁜 경우에는 그 작업을 중지할 것
④ 해당 작업을 하는 구역에는 관계 근로자가 아닌 사람의 출입을 금지할 것

해설 ① 재료, 기구 또는 공구 등을 올리거나 내리는 경우에는 근로자로 하여금 달줄·달포대 등을 사용하도록 하여야 한다.

102 유해위험방지계획서 첨부서류에 해당되지 않는 것은?

① 안전관리를 위한 교육자료
② 안전관리 조직표
③ 전체 공정표
④ 재해 발생 위험 시 연락 및 대피방법

해설 ① 안전관리를 위한 교육자료는 첨부서류가 아니다.
유해위험방지계획서 첨부서류(산업안전보건법 시행규칙 별표 10)
- 공사 개요서(별지 제101호 서식)
- 공사현장의 주변 현황 및 주변과의 관계를 나타내는 도면(매설물 현황을 포함한다)
- 전체 공정표
- 산업안전보건관리비 사용계획서(별지 제102호 서식)
- 안전관리 조직표
- 재해 발생 위험 시 연락 및 대피방법

98 ② 99 ② 100 ④ 101 ① 102 ① 정답

103 **공정률이 65%인 건설현장의 경우 공사진척에 따른 산업안전보건관리비의 최소 사용기준으로 옳은 것은?**

① 40% 이상 ② 50% 이상
③ 60% 이상 ④ 70% 이상

해설

공정률	50% 이상 70% 미만	70% 이상 90% 미만	90% 이상
사용기준	50% 이상	70% 이상	90% 이상

104 **흙막이 지보공의 안전조치로 옳지 않은 것은?**

① 굴착배면에 배수로 미설치
② 지하매설물에 대한 조사 실시
③ 조립도의 작성 및 작업순서 준수
④ 흙막이 지보공에 대한 조사 및 점검 철저

해설 ① 굴착배면에 배수로 설치

105 **이동식비계를 조립하여 작업을 하는 경우에 작업발판의 최대적재하중은 몇 [kg]을 초과하지 않도록 해야 하는가?**

① 150kg ② 200kg
③ 250kg ④ 300kg

해설 작업발판의 최대적재하중은 250kg을 초과하지 않도록 할 것(안전보건규칙 제68조 제5호)

106 **취급 · 운반의 원칙으로 옳지 않은 것은?**

① 연속운반을 할 것
② 생산을 최고로 하는 운반을 생각할 것
③ 운반작업을 집중하여 시킬 것
④ 곡선운반을 할 것

해설 ④ 직선운반을 할 것

107 **강관비계를 조립할 때 준수하여야 할 사항으로 옳지 않은 것은?**

① 띠장 간격은 2.5m 이하로 설치하되, 첫 번째 띠장은 지상으로부터 3m 이하의 위치에 설치할 것
② 비계기둥의 간격은 띠장 방향에서 1.85m 이하로 할 것
③ 비계기둥의 제일 윗부분으로부터 31m 되는 지점 밑부분의 비계기둥은 2개의 강관으로 묶어 세울 것
④ 비계기둥 간의 적재하중은 400kg을 초과하지 않도록 할 것

해설 **강관비계의 구조**(안전보건규칙 제60조)

1. 비계기둥의 간격은 띠장 방향에서는 1.85m 이하, 장선(長線) 방향에서는 1.5m 이하로 할 것. 다음에 해당하는 작업의 경우에는 안전성에 대한 구조검토를 실시하고 조립도를 작성하면 띠장 방향 및 장선 방향으로 각각 2.7m 이하로 할 수 있다.
   - 선박 및 보트 건조작업
   - 그 밖에 장비 반입 · 반출을 위하여 공간 등을 확보할 필요가 있는 등 작업의 성질상 비계기둥 간격에 관한 기준을 준수하기 곤란한 작업
2. 띠장 간격은 2.0m 이하로 할 것. 다만, 작업의 성질상 이를 준수하기가 곤란하여 쌍기둥틀 등에 의하여 해당 부분을 보강한 경우에는 그러하지 아니하다.
3. 비계기둥의 제일 윗부분으로부터 31m 되는 지점 밑부분의 비계기둥은 2개의 강관으로 묶어 세울 것. 다만, 브라켓(bracket, 까치발) 등으로 보강하여 2개의 강관으로 묶을 경우 이상의 강도가 유지되는 경우에는 그러하지 아니하다.
4. 비계기둥 간의 적재하중은 400kg을 초과하지 않도록 할 것

108 **옥외에 설치되어 있는 주행 크레인에 대하여 이탈방지장치를 작동시키는 등 이탈 방지를 위한 조치를 하여야 하는 풍속기준으로 옳은 것은?**

① 순간풍속이 20m/sec를 초과할 때
② 순간풍속이 25m/sec를 초과할 때
③ 순간풍속이 30m/sec를 초과할 때
④ 순간풍속이 35m/sec를 초과할 때

정답 103 ② 104 ① 105 ③ 106 ④ 107 ① 108 ③

해설 순간풍속이 30m/sec를 초과하는 바람이 불어올 우려가 있는 경우 옥외에 설치되어 있는 주행 크레인에 대하여 이탈방지장치를 작동시키는 등 이탈 방지를 위한 조치를 하여야 한다(안전보건규칙 제140조).

109 **공사현장에서 가설계단을 설치하는 경우 높이가 3m를 초과하는 계단에는 높이 3m 이내마다 최소 얼마 이상의 너비를 가진 계단참을 설치하여야 하는가?**

① 3.5m ② 2.5m
③ 1.2m ④ 1.0m

해설 높이가 3m를 초과하는 계단에 높이 3m 이내마다 진행 방향으로 길이 1.2m 이상의 계단참을 설치하여야 한다.

110 **다음은 사다리식 통로 등을 설치하는 경우의 준수 사항이다. ( ) 안에 들어갈 숫자로 옳은 것은?**

> 사다리의 상단은 걸쳐놓은 지점으로부터 ( )cm 이상 올라가도록 할 것

① 30 ② 40
③ 50 ④ 60

해설 **사다리식 통로 등의 구조**(안전보건규칙 제24조)
- 견고한 구조로 할 것
- 심한 손상·부식 등이 없는 재료를 사용할 것
- 발판의 간격은 일정하게 할 것
- 발판과 벽과의 사이는 15cm 이상의 간격을 유지할 것
- 폭은 30cm 이상으로 할 것
- 사다리가 넘어지거나 미끄러지는 것을 방지하기 위한 조치를 할 것
- 사다리의 상단은 걸쳐놓은 지점으로부터 60cm 이상 올라가도록 할 것

111 **다음은 가설통로를 설치하는 경우의 준수사항이다. ( ) 안에 들어갈 숫자로 옳은 것은?**

> 건설공사에 사용하는 높이 8m 이상인 비계다리에는 ( )m 이내마다 계단참을 설치할 것

① 7 ② 6
③ 5 ④ 4

해설 건설공사에서 사용하는 높이 8m 이상인 비계다리에는 7m 이내마다 계단참을 설치할 것(안전보건규칙 제23조)

112 **건설현장의 가설계단 및 계단참을 설치하는 경우 얼마 이상의 하중에 견딜 수 있는 강도를 가진 구조로 설치하여야 하는가?**

① $200kg/m^2$ ② $300kg/m^2$
③ $400kg/m^2$ ④ $500kg/m^2$

해설 계단 및 계단참을 설치하는 경우 $500kg/m^2$ 이상의 하중에 견딜 수 있는 강도를 가진 구조로 설치하여야 하며, 안전율[안전의 정도를 표시하는 것으로서 재료의 파괴응력도(破壞應力度)와 허용응력도(許容應力度)의 비율을 말한다]은 4 이상으로 하여야 한다(안전보건규칙 제26조 제1항).

113 **거푸집 해체작업 시 유의사항으로 옳지 않은 것은?**

① 일반적으로 수평부재의 거푸집은 연직부재의 거푸집보다 빨리 떼어낸다.
② 해체된 거푸집이나 각목 등에 박혀있는 못 또는 날카로운 돌출물은 즉시 제거하여야 한다.
③ 상하 동시 작업은 원칙적으로 금지하며 부득이한 경우에는 긴밀히 연락을 취하며 작업을 하여야 한다.
④ 거푸집 해체작업장 주위에는 관계자를 제외하고는 출입을 금지시켜야 한다.

해설 ① 일반적으로 연직부재의 거푸집은 수평부재의 거푸집보다 빨리 떼어낸다.

109 ③ 110 ④ 111 ① 112 ④ 113 ① **정답**

114 차량계 하역운반기계 등에 화물을 적재하는 경우에 준수하여야 할 사항으로 옳지 않은 것은?

① 하중이 한쪽으로 치우쳐서 효율적으로 적재되도록 할 것
② 구내운반차 또는 화물자동차의 경우 화물의 붕괴 또는 낙하에 의한 위험을 방지하기 위하여 화물에 로프를 거는 등 필요한 조치를 할 것
③ 운전자의 시야를 가리지 않도록 화물을 적재할 것
④ 최대적재량을 초과하지 않도록 할 것

해설 **차량계 하역운반기계에 화물적재 시 준수사항**(안전보건규칙 제173조)
- 하중이 한쪽으로 치우치지 않도록 적재할 것
- 구내운반차 또는 화물자동차의 경우 화물의 붕괴 또는 낙하에 의한 위험을 방지하기 위하여 화물에 로프를 거는 등 필요한 조치를 할 것
- 운전자의 시야를 가리지 않도록 화물을 적재할 것
- 최대적재량을 초과하지 않도록 할 것

115 작업발판 및 통로의 끝이나 개구부로서 근로자가 추락할 위험이 있는 장소에서 난간 등의 설치가 매우 곤란하거나 작업의 필요상 임시로 난간 등을 해체하여야 하는 경우에 설치하여야 하는 것은?

① 구명구 ② 수직보호망
③ 석면포 ④ 추락방호망

해설 사업주는 난간 등을 설치하는 것이 매우 곤란하거나 작업의 필요상 임시로 난간 등을 해체하여야 하는 경우 제42조 제2항 각 호의 기준에 맞는 추락방호망을 설치하여야 한다(안전보건규칙 제43조).

116 흙막이 공법을 흙막이 지지방식에 의한 분류와 구조방식에 의한 분류로 나눌 때, 다음 중 지지방식에 의한 분류에 해당하는 것은?

① 수평버팀대식 흙막이 공법
② H-Pile 공법
③ 지하연속벽 공법
④ Top down method 공법

해설 **흙막이 설치공법의 분류**
1. **지지방식에 의한 분류**
 - 자립식 공법 : 어미말뚝식 공법, 연결재당겨매기식 공법, 줄기초흙막이 공법
 - 버팀대식 공법 : 수평버팀대 공법, 경사버팀대식 공법, 어스앵커 공법
2. **구조방식에 의한 분류** : H-Pile 공법, 지하연속벽 공법, 엄지말뚝식 공법, 목재널말뚝 공법, 강재(철재)널말뚝 공법

117 콘크리트 타설작업과 관련하여 준수하여야 할 사항으로 가장 거리가 먼 것은?

① 당일의 작업을 시작하기 전에 해당 작업에 관한 거푸집 및 동바리 등의 변형·변위 및 지반의 침하 유무 등을 점검하고 이상이 있으면 보수할 것
② 콘크리트를 타설하는 경우에는 편심이 발생하지 않도록 골고루 분산하여 타설할 것
③ 진동기의 사용은 많이 할수록 균일한 콘크리트를 얻을 수 있으므로 가급적 많이 사용할 것
④ 설계도서상의 콘크리트 양생기간을 준수하여 거푸집 및 동바리 등을 해체할 것

해설 **콘크리트 타설작업 시 준수사항**(안전보건규칙 제334조)
- 당일의 작업을 시작하기 전에 해당 작업에 관한 거푸집 및 동바리의 변형·변위 및 지반의 침하 유무 등을 점검하고 이상이 있으면 보수할 것

정답 114 ① 115 ④ 116 ① 117 ③

- 작업 중에는 감시자를 배치하는 등의 방법으로 거푸집 및 동바리의 변형·변위 및 침하 유무 등을 확인해야 하며, 이상이 있으면 작업을 중지하고 근로자를 대피시킬 것
- 콘크리트 타설작업 시 거푸집 붕괴의 위험이 발생할 우려가 있으면 충분한 보강조치를 할 것
- 설계도서상의 콘크리트 양생기간을 준수하여 거푸집 및 동바리를 해체할 것
- 콘크리트를 타설하는 경우에는 편심이 발생하지 않도록 골고루 분산하여 타설할 것

118 NATM공법 터널공사의 경우 록 볼트 작업과 관련된 계측결과에 해당되지 않는 것은?

① 내공변위 측정 결과
② 천단침하 측정 결과
③ 인발시험 결과
④ 진동 측정 결과

해설 록 볼트 작업과 관련된 계측에는 내공변위 측정, 천단침하 측정, 인발시험 등이 있다.

119 건설재해대책의 사면 보호공법 중 식물을 생육시켜 그 뿌리로 사면의 표층토를 고정하여 빗물에 의한 침식, 동상, 이완 등을 방지하고, 녹화에 의한 경관조싱을 목적으로 시공하는 것은?

① 식생공　② 실드공
③ 뿜어붙이기공　④ 블록공

해설
- **식생공** : 건설재해대책의 사면 보호공법 중 식물을 생육시켜 그 뿌리로 사면의 표층토를 고정하여 빗물에 의한 침식, 동상, 이완 등을 방지하고, 녹화에 의한 경관조성이 목적이다.
- **뿜어붙이기공** : 콘크리트 또는 시멘트모터로 뿜어 붙임.
- **돌쌓기공** : 견치석 또는 콘크리트 블록을 쌓아 보호
- **배수공** : 지반의 강도를 저하시키는 물을 배제
- **표층안정공** : 약액 또는 시멘트를 지반에 그라우팅

120 터널 지보공을 조립하거나 변경하는 경우에 조치하여야 하는 사항으로 옳지 않은 것은?

① 목재의 터널 지보공은 그 터널 지보공의 각 부재에 작용하는 긴압 정도를 체크하여 그 정도가 최대한 차이나도록 할 것
② 강(鋼)아치 지보공의 조립은 연결볼트 및 띠장 등을 사용하여 주재 상호 간을 튼튼하게 연결할 것
③ 기둥에는 침하를 방지하기 위하여 받침목을 사용하는 등의 조치를 할 것
④ 주재(主材)를 구성하는 1세트의 부재는 동일 평면 내에 배치할 것

해설 **터널 지보공 조립·변경 시 조치사항**(안전보건규칙 제364조)

1. 주재(主材)를 구성하는 1세트의 부재는 동일 평면 내에 배치할 것
2. 목재의 터널 지보공은 그 터널 지보공의 각 부재의 긴압 정도가 균등하게 되도록 할 것
3. 기둥에는 침하를 방지하기 위하여 받침목을 사용하는 등의 조치를 할 것
4. 강(鋼)아치 지보공의 조립은 다음의 사항을 따를 것
   - 조립간격은 조립도에 따를 것
   - 주재가 아치작용을 충분히 할 수 있도록 쐐기를 박는 등 필요한 조치를 할 것
   - 연결볼트 및 띠장 등을 사용하여 주재 상호 간을 튼튼하게 연결할 것
   - 터널 등의 출입구 부분에는 받침대를 설치할 것
   - 낙하물이 근로자에게 위험을 미칠 우려가 있는 경우에는 널판 등을 설치할 것

118 ④　119 ①　120 ①　정답

공학박사 김세연

[자격]
산업안전기사
인간공학기사
산업위험성평가사
PSM 지도사
주차관리사
스마트시티평가사

[경력]
교통안전공단 제안서 심사위원/자문위원
서울시 공유촉진위원회 위원
수원시 지방재정계획심의위원회 및 스마트시티협의회 위원
(사)한국선진교통문화연합회 이사장
스마트도시문화연구소 대표
(사)한국안전보건협회 전문위원
(현)한국안전보건평가원 상임이사
(현)한국건설안전공사 연구위원

[연구 및 저술활동]
주차장 법규&운영
온실가스에너지 적산실무

기계공학석사 김창일

(현)글로벌산업기술교육원 전임
(현)신지원에듀 기계위험방지기술 전임 교수
(현)직업능력개발 훈련교사

[자격]
- 기계설계 3급
- 사출금형 3급
- 프레스금형 3급
- 기계가공 3급
- 특수가공 3급
- 건설기계정비 3급
- 기계장치설비 · 정비 3급
- 산업안전관리 3급
- 발송 · 송 · 배전 3급
- 전기기계제작 3급

유재운

[자격]
전기기능장
전기공사 특급기술자
산업안전기사
전기기사
전기공사기사
소방설비기사(전기)
신재생에너지설비기사(태양광)
3D프린터장비운용기능사
컴퓨터응용선반기능사
전기기능사
초경량조종장치1종

[경력]
전기교육 교육대학원 석사학위
공업고등학교 전기제어과 교사
공업고등학교 친환경에너지 전기과 교사
(현)신지원에듀 산업안전기사 전임 강사

김도은

[자격]
산업안전기사
컴퓨터응용밀링기능사
컴퓨터응용선반기능사
3D프린터장비운용기능사
초경량조종장치1종

[경력]
기계금속공학 전공 학사학위
공업고등학교 기계금속 교사

산업안전기사 _ 필기

인 쇄	2024년 4월 5일
발 행	2024년 4월 10일
편저자	김세연 · 김창일 · 유재운 · 김도은
발행인	최현동
발행처	신지원
주 소	07532 서울특별시 강서구 양천로 551-17, 813호(가양동, 한화비즈메트로 1차)
전 화	(02) 2013-8080
팩 스	(02) 2013-8090
등 록	제16-1242호
교재구입문의	(02) 2013-8080~1

저자와의 협의하에 인지 생략

정 가 28,000원
ISBN 979-11-6633-411-5 13530